Excel 2019

公式、函数应用大全

张明真　编著

图书在版编目（CIP）数据

Excel 2019 公式、函数应用大全 / 张明真编著 . —北京：机械工业出版社，2019.10

ISBN 978-7-111-64061-5

I. E…　II. 张…　III. 表处理软件　IV. TP391.13

中国版本图书馆 CIP 数据核字（2019）第 237703 号

Excel 2019 公式、函数应用大全

出版发行：机械工业出版社（北京市西城区百万庄大街 22 号　邮政编码：100037）

责任编辑：陈佳媛　　责任校对：殷　虹

印　　刷：北京瑞德印刷有限公司　　版　　次：2020 年 1 月第 1 版第 1 次印刷

开　　本：185mm×260mm　1/16　　印　　张：30.75

书　　号：ISBN 978-7-111-64061-5　　定　　价：89.00 元

客服电话：（010）88361066　88379833　68326294　　投稿热线：（010）88379604

华章网站：www.hzbook.com　　读者信箱：hzit@hzbook.com

前　　言

随着信息技术的不断发展，Excel 2019 作为一款流行的数据处理软件已经广泛应用于企事业单位的日常办公中。Excel 2019 提供了功能齐全的函数计算和分析工具，如果能熟练用它来进行数据分析，必将能获取更为精确的信息，并大大提高工作效率，从而增强个人社会竞争力。

本书内容

本书内容共 25 章，内容包括初识 Excel 2019、设置 Excel 2019 工作环境、工作表基本操作、工作表页面布局与打印设置、数据有效性与条件格式应用、数据排序与筛选、数据处理与分析、数据组合与分类汇总、名称定义使用、公式与函数基础、逻辑函数应用、文本与信息处理函数应用、日期与时间函数应用、数学函数应用、数据库函数应用技巧、查询与引用函数应用、概率函数应用、统计学函数应用、财务函数应用、工程函数应用、图表分析数据应用、基本数据分析应用、数据透视表分析应用、固定资产折旧分析应用、本量利分析应用技巧。

本书内容全面，语言通俗易懂，适合各层次的 Excel 用户，既可作为初学者的入门指南，又可作为中、高级用户的参考手册。书中大量的实例适合读者直接在工作中借鉴。

本书特色

本书重点向读者展示了在 Excel 2019 中运用函数与公式解决问题的实战技巧，全书始终将理论与实践有机结合，注重内容的新颖性、条理性、系统性和实用性。无论你是初学者还是经常使用 Excel 的行家，本书都可以成为你活学活用 Excel 函数的绝佳参考用书。通过本书的学习，你不仅能学习到函数的操作方法，还可迅速掌握利用函数提高数据处理、分析和管理的能力。

读者对象

职场白领：无论你是初入职场的毕业生，还是资深的职场白领，本书均是你必备的读物。

高校学生：本书既可作为大中专院校、办公软件培训班的授课教材，也可以作为大学高年级学生的辅助读物，为即将踏上职场做好准备。

学校教师：本书可以帮助广大教师群体轻松制作函数案例的教学课件。

广大爱好者：本书也适合作为广大 Excel 爱好者的参考用书。

目　录

第1章 初识 Excel 2019

Excel 2019 是 Office 2019 的重要组成部分，与以前版本相比，Excel 2019 的功能更加强大，操作更加灵活。Excel 2019 继承了 Excel 2016 以功能区为操作主体的操作风格，更加便于用户操作。本章将介绍 Excel 2019 新增的功能、Excel 2019 的启动与退出、Excel2019 的工作环境、文件转换与兼容性，以及如何自助学习 Excel 2019。

- Excel 简介
- 实战：Excel 2019 新增功能介绍
- Excel　2019 的学习方法

1.1 Excel简介

Excel的中文含义就是“超越”。确切地说，它是一个电子表格软件，可以用来制作电子表格、完成许多复杂的数据运算，进行数据的分析和预测，并且具有强大的制作图表的功能；现在的新版本Excel 2019还可以用来制作网页。

1.1.1 Excel应用

由于Excel具有十分友好的人机界面和强大的计算功能，它已成为国内外广大用户管理公司和个人财务、统计数据、绘制各种专业化表格的得力助手。

1.1.2 Excel版本介绍

下面介绍一下Excel各个版本的发展历史，帮助读者对Excel软件有个总体的认识。

1982年

Microsoft推出了它的第一款电子制表软件-Multiplan，并在CP/M系统上大获成功，但在MS-DOS系统上，Multiplan败给了Lotus1-2-3（一款较早的电子表格软件）。这个事件促使了Excel的诞生，正如Excel研发代号DougKlunder：做Lotus1-2-3能做的，并且做得更好。

1983年9月

微软最高的软件专家在西雅图的红狮宾馆召开了3天的“头脑风暴会议”。比尔·盖茨宣布此次会议的宗旨就是尽快推出世界上最高速的电子表格软件。

1985年

第一款Excel诞生，它只用于Mac系统，中文译名为“超越”。

1987年

第一款适用于Windows系统的Excel也产生了（与Windows环境直接捆绑，在Mac中的版本号为2.0）。Lotus1-2-3迟迟不能适用于Windows系统，到了1988年，Excel的销量超过了Lotus1-2-3，使得Microsoft站在了PC软件商的领先位置。这次的事件，促成了软件王国霸主的更替，Microsoft巩固了它强有力的竞争者地位，并从中找到了发展图形软件的方向。

此后大约每两年，Microsoft就会推出新的版本来扩大自身的优势。

早期，由于和另一家公司出售的名为Excel的软件同名，Excel曾成为商标法的目标，经过审判，Microsoft被要求在它的正式文件和法律文档中以Microsoft Excel来命名这个软件。但是，随着时间的过去，这个惯例也就逐渐消逝了。Excel虽然提供了大量的用户界面特性，但它仍然保留了第一款电子制表软件VisiCalc的特性。

Excel是第一款允许用户自定义界面的电子制表软件（包括字体、文字属性和单元格格式）。它还引进了“智能重算”的功能，当单元格数据变动时，只有与之相关的数据才会更新，而原先的制表软件只能重算全部数据或者等待下一个指令。同时，Excel还有强大的图形功能。

1993年

Excel第一次被捆绑进Microsoft Office中时，Microsoft就对Microsoft Word和

Microsoft Powerpoint 的界面进行了重新设计，以适应这款当时极为流行的应用程序。

从 1993 年起，Excel 就开始支持 Visual Basic for Applications（VBA）。VBA 是一款功能强大的工具，它使 Excel 形成了独立的编程环境。使用 VBA 和宏，可以把手工步骤自动化，VBA 也允许创建窗体来获得用户输入的信息。但是，VBA 的自动化功能也导致 Excel 成为宏病毒的攻击目标。

1995 年

Excel 被设计为用户所需要的工具。无论用户是做一个简单的摘要、制作销售趋势图，还是执行高级分析，无论正在做什么工作，Microsoft Excel 能按照用户希望的方式帮助用户完成工作。

1997 年

Excel 97 是 Office 97 中一个重要程序，Excel 一经问世，就被认为是当时功能强大、使用方便的电子表格软件。它可完成表格输入、统计、分析等多项工作，可生成精美直观的表格、图表，为日常生活中处理各式各样的表格提供了良好的工具。此外，因为 Excel 和 Word 同属于 Office 套件，所以它们在窗口组成、格式设定、编辑操作等方面有很多相似之处，因此，在学习 Excel 时要注意应用以前 Word 中已学过的知识。

2001 年

利用 Office XP 中的电子表格程序 Microsoft Excel 2002 版，可以快速创建、分析和共享重要的数据。智能标记和任务窗格的新功能简化了常见的任务；协作方面的增强则进一步精简了信息审阅过程；新增的数据恢复功能确保用户不会丢失自己的劳动成果；可刷新查询功能使用户可以集成来自 Web 及任意其他数据源的活动数据。

2003 年

Excel 2003 使用户能够通过功能强大的工具将杂乱的数据组织成有用的 Excel 信息，然后分析、交流和共享所得到的结果。能帮助用户在团队中工作的更为出色，并能保护和控制对用户工作的访问。另外，还可以使用符合行业标准的扩展标记语言（XML）更方便地连接到业务程序。

2007 年

在 Excel 2003 中显示活动单元格的内容时编辑栏常会越位，挡住列标和工作表的内容，特别是在编辑栏下面的单元格有一个很长的公式，此时单元格内容根本看不见，也无法双击、拖动填充柄。而在 Excel 2007 中的编辑栏上下箭头（如果调整编辑栏高度，则出现滚动条）和折叠编辑栏按钮完全解决此问题，不再占用编辑栏下方的空间。调整编辑栏的高度有两种方式——拖曳编辑栏底部的调整条，或双击调整条。调整编辑栏的高度时，表格也随之下移，因此表里的内容不会再被覆盖。同时为这些操作添加了“Ctrl+Shift+U”组合键，以便在编辑栏的单行和多行模式间快速切换。

Excel 2003 中名称地址框是固定的，不够用来显示长名称。而 Excel 2007 则可以左右活动，有水平方向调整名称框的功能。用户可以通过左右拖曳名称框的分隔符（下凹圆点），来调整宽度，使其能够适应长名称。

Excel 2003 编辑框内的公式限制还是让人感到不便，而 Excel 2007 有几个改进：

1）公式长度限制（字符），2003 版限制：1K 个字符，2007 版限制：8K 个字符。

2）公式嵌套的层数限制，2003 版限制：7 层，2007 版限制：64 层。

3）公式中参数的个数限制：2003 版限制：30 个，2007 版限制：255 个。

2015 年

Excel 2016 预览版发布，相比以前的 Excel，Excel 2016 经历了一次幅度很大的调整，并获得了贴靠和智能滚动等新功能。它的界面对于触控操作非常友好。用户可以通过界面当中的状态栏来在工作簿当中切换表单，并浏览选定单元格的常见公式结果。

在最新版本的 Excel 2016 中，默认增加了 Power Query 功能。此功能原来需要以插件形式单独下载，然后安装到 2010 或 2016 版本中才能用。

1.2 实战：Excel 2019 新增功能介绍

与以往版本相比，Excel 2019 在功能上有了很大的改进，而且新增了一些用户需要的功能。这些新功能的加入使用户的操作更加方便、快捷。本节将介绍 Excel 2019 的新增功能，以便读者更好地使用 Excel 2019。

打开 Excel 2019 后，首先展现在读者面前的是全新的界面，如图 1-1 所示。它更加简洁，其设计宗旨是可以快速获得具有专业外观的结果。其中大量新增功能将帮助用户远离繁杂的数字，绘制出更具说服力的数据图，简单、方便、快捷。

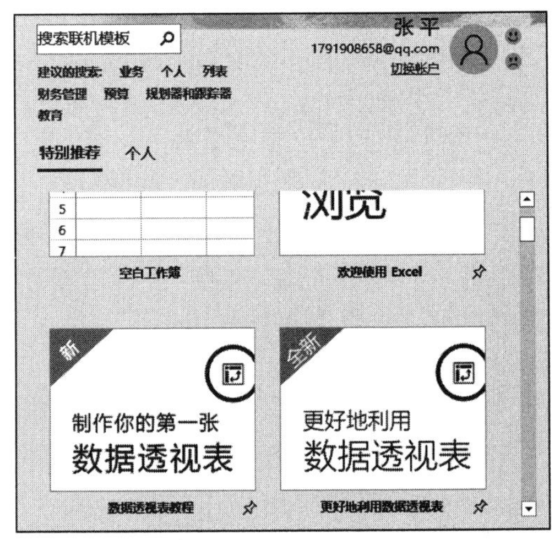

图 1-1 Excel 2019 界面

1.2.1 新增函数

（1）IFS 函数

函数定义：检查是否满足一个或多个条件并返回与第一个 TRUE 条件对应的值。

语法结构如下：

=IFS(条件1，值1，条件2，值2……条件N，值N)

以“新增函数.xlsx”工作簿中的“IFS 函数的使用”工作表为例，具体用法如下。

STEP01：打开“新增函数.xlsx”工作簿中的“IFS 函数的使用”工作表，输入判定条件及需要计算的条件，效果如图 1-2 所示。

STEP02：在 E2 单元格中输入公式“=IF(D2<65,"不及格",IF(D2<75,"合格",IF(D2<85,"中等",IF(D2<95,"良好","优秀"))))”，按“Enter”键返回计算结果。然后利用填充柄工具向下复制公式至 E6 单元格，效果如图 1-3 所示。

STEP03：在 H2 单元格中输入公式“=IFS(D3<65,"不及格",D3<75,"及格",D3<85,"中等",D3<95,"良好",D3>=95,"优秀")”，按“Enter”键返回计算结果。然后利用填充柄工具向下复制公式至 H6 单元格，效果如图 1-4 所示。

从 IF 函数嵌套和 IFS 的公式对比中可以看出，IFS 实现起来非常的简单，只需要条件和值成对出现就可以了。IF 函数与 IFS 函数的功能一样，但使用 IF 函数的过程中需要嵌套多层条件，嵌套 3 层条件以后比较容易产生混乱。

（2）CONCAT 函数

函数定义：CONCAT 函数将多个区域和/或字符串的文本连接起来，但不提供分隔符或 IgnoreEmpty 参数。

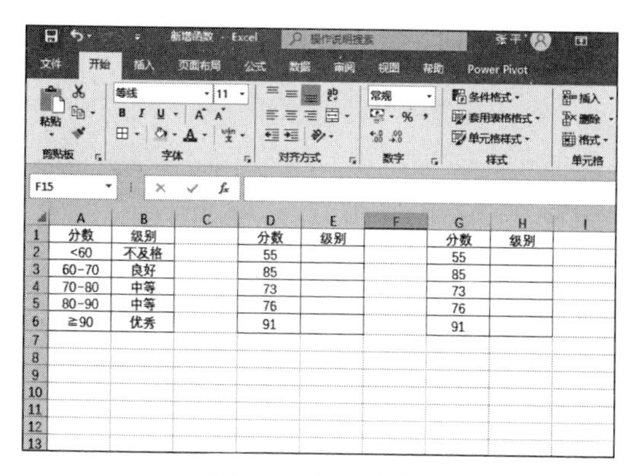

图 1-2 输入条件

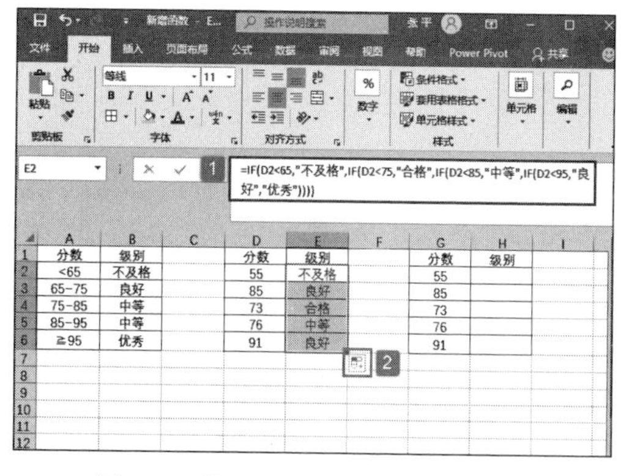

图 1-3 使用 IF 函数计算条件结果

语法结构如下：

CONCAT(text1, [text2], ...)

text1（必需）参数指的是要连接的文本项，字符串或字符串数组，如单元格区域；[text2, ...]（可选）参数指的是要连接的其他文本项。文本项最多可以有 253 个文本参数，每个参数可以是一个字符串或字符串数组，如单元格区域。

以“新增函数 .xlsx”工作簿中的“ CONCAT 函数的使用”工作表为例，具体用法如下。

STEP01：在工作表中的 A1:D1 单元格区域输入“相信自己”的文本，效果如图 1-5 所示。

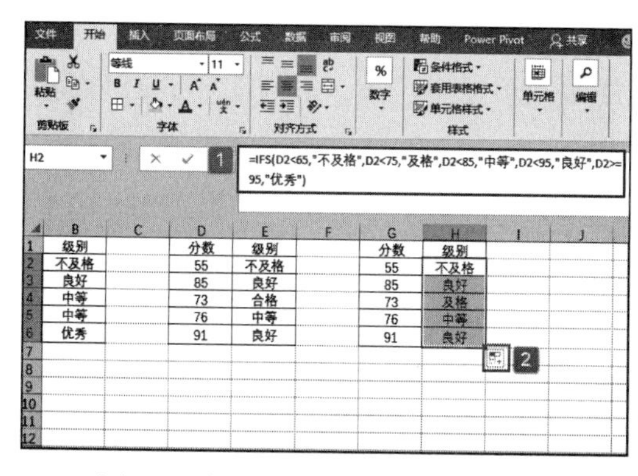

图 1-4 使用 IFS 函数计算条件结果

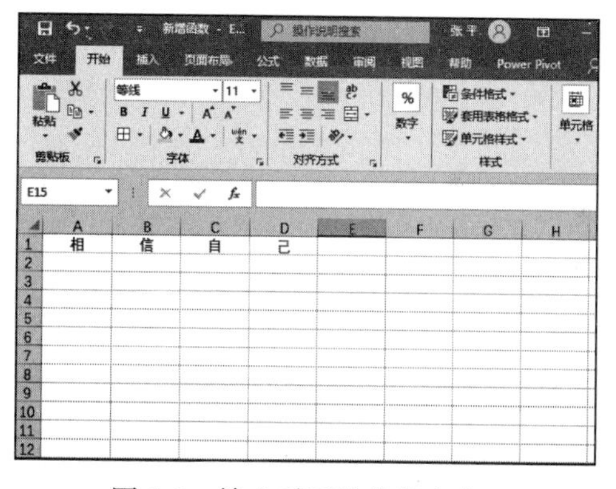

图 1-5 输入需要连接的文本

STEP02：在 E2 单元格中输入公式“=CONCAT(A1:D1)”，按“Enter”键返回即可将 A1:D1 单元格区域内的文本连接起来，效果如图 1-6 所示。

（3）TEXTJOIN 函数

函数定义：使用分隔符连接列表或文本字符串区域。

语法结构如下：

TEXTJOIN(delimiter, ignore_empty, text1, [text2], ...)

ignore_empty（必需）参数如果为 TRUE，则忽略空白单元格；text1（必需）参数指的是要连接的文本项，文本字符串或字符串数组，如单元格区域；[text2, ...]（可选）参数指的是要连接的其他文本项。文本项最多可以包含 252 个文本参数（包含 text1），每个参数都可以是一个文本字符串或字符串数组，如单元格区域。

以“新增函数 .xlsx”工作簿中的“ TEXTJOIN 函数的使用”工作表为例，具体用法如下。

STEP01：在工作表中输入要连接的文本，设置连接条件，效果如图 1-7 所示。

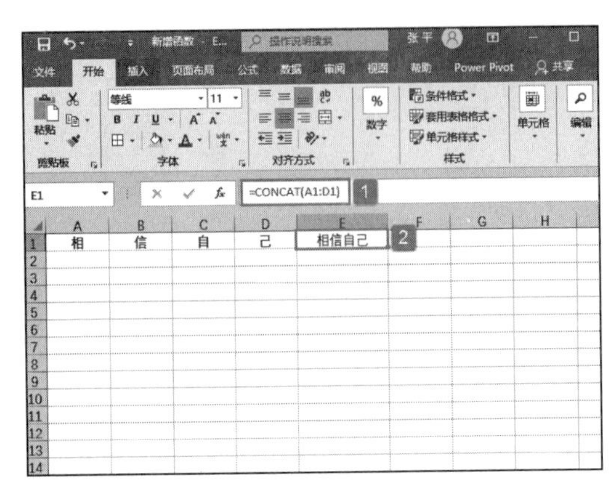

图 1-6　连接文本

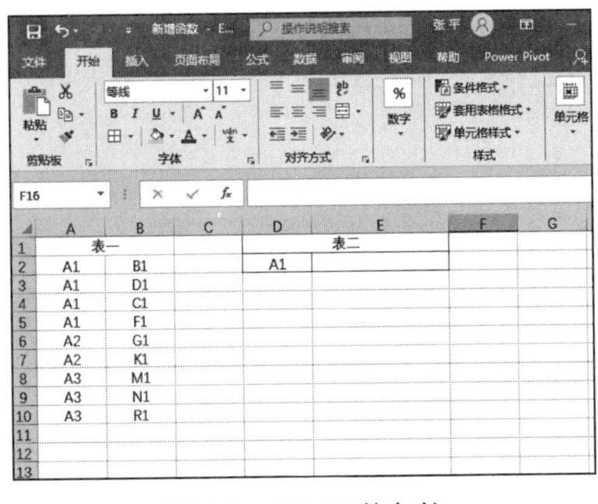

图 1-7　设置函数条件

STEP02：在 E2 单元格中输入公式“=TEXTJOIN(",",TRUE,IF(D2=$A$2:$A$10,$B$2:$B$10,""))”，

按“Ctrl+Shift+Enter”组合键返回，效果如图 1-8 所示。

（4）MAXIFS 函数

定义：返回一组给定条件所指定的单元格中的最大值。

语法结构如下：

MAXIFS(max_range,criteria_range1,criteria1,[criteria_range2,criteria2], ...)

max_range（必需）参数指的是确定最大值的实际单元格区域；criteria_range1（必需）参数指的是一组用于条件计算的单元格；criteria1（必需）参数指的是用于确定哪些单元格是最大值的条件，格式为数字、表达式或文本；[criteria_range2, criteria2, ...]（可选）参数指的是附加区域及其关联条件。最多可以输入 126 个区域 / 条件对。

以“新增函数 .xlsx”工作簿中的“MAXIFS 函数的使用”工作表为例，具体用法如下。

STEP01：在工作表中输入条件数据，效果如图 1-9 所示。

图 1-8　连接 A1 对应的值

图 1-9　输入条件数据

STEP02：在 F2 单元格中输入公式“=MAXIFS(C2:C9,B2:B9,B2)”，按“Enter”键返回即可计算出一月份到四月份的最大现金流入量，如图 1-10 所示。

STEP03：在 G2 单元格中输入公式“=MAXIFS(C2:C9,B2:B9,B3)”，按“Enter”键返回即可计算出一月份到四月份最大现金流出量，如图 1-11 所示。

图 1-10　计算最大现金流入量

图 1-11　计算最大现金流出量

（5）MINIFS 函数

定义：返回一组给定条件所指定的单元格的最小值。

语法结构如下：

MINIFS(min_range,criteria_range1,criteria1,[criteria_range2,criteria2], ...)

min_range（必需）参数指的是确定最小值的实际单元格区域；criteria_range1（必需）参数指的是一组用于条件计算的单元格；criteria1（必需）参数指的是用于确定哪些单元格是最小值的条件，格式为数字、表达式或文本；“criteria_range2,criteria2, ...”（可选）参数指的是附加区域及其关联条件。最多可以输入 126 个区域 / 条件对。

以“新增函数 .xlsx”工作簿中的“MINIFS 函数的使用”工作表为例，具体用法如下。

STEP01：输入条件数据，效果如图 1-12 所示。

STEP02：在 F3 单元格中输入公式“=MINIFS(C1:C9,B1:B9,B3)”，按“Enter”键即可计算出这几天在时段 11:00-12:00 的最低温度，如图 1-13 所示。

图 1-12　输入数据

图 1-13　计算固定时段的最低温度

1.2.2　新增漏斗图

在之前的 Excel 版本中，想要做出漏斗图的效果，需要先建立条形图，在其基础上再次进行复杂的公式设置，最终才能呈现出左右对称的漏斗效果。Excel 2019 中新增了可直接插入的图表类型——漏斗图，极大地方便了图表的制作。下面以“漏斗图 .xlsx”工作簿为例，来简单介绍一下具体操作方法。

STEP01：输入表格数据完善表格，效果如图 1-14 所示。

图 1-14　完善数据

STEP02：选择 A1:B5 单元格区域，切换至“插入”选项卡，在“图表”组中单击“插入瀑布图、漏斗图、股价图、曲面图或雷达图”右侧的下三角按钮，在展开的下拉列表中选择“漏斗图”选项，如图 1-15 所示。随后，工作表中会插入一个漏斗图，效果如图 1-16 所示。

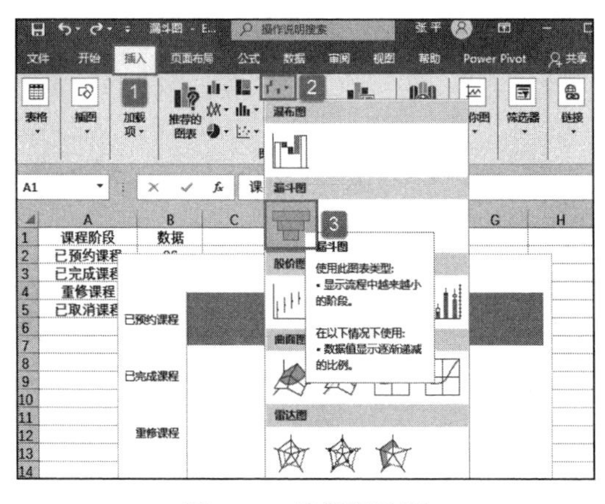

图 1-15　选择漏斗图

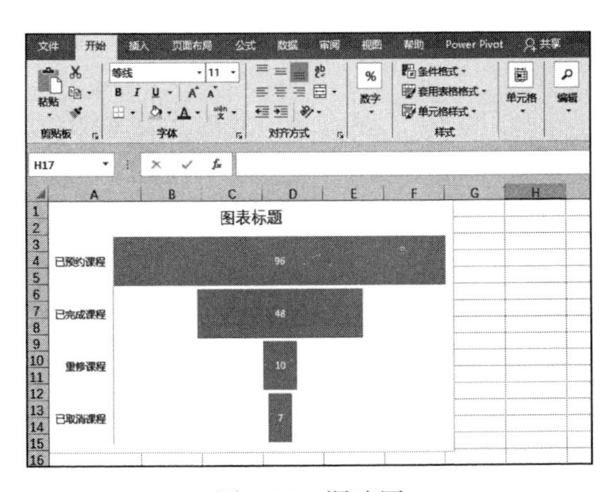

图 1-16　漏斗图

注意：在插入图表之前需要确认数据列的数字是按从大到小的顺序排序的，想要插入漏斗图表应该先排列好数据。

1.2.3　新增 SVG 图标和 3D 模型

1. 内置图标

Excel 2019 在“插图”组中内置了上百个门类的 SVG 图标，用户可以根据需要随意搜索并将其插入图表中，还可以对图形格式进行调整设置。由于这些图标是矢量元素，不会出现因为变形而产生的虚化问题。插入图标的具体操作步骤如下。

STEP01：打开“地图图表.xlsx”工作簿并切换至“Sheet2”工作表。切换至“插入”选项卡，单击“插图”下三角按钮，在展开的下拉列表中选择“图标”选项，如图1-17所示。

STEP02：随后便会打开“插入图标”对话框。单击“教育”标签，在“教育”列表框中选择“地球仪”选项，然后单击“插入”按钮，如图1-18所示。返回工作表后，工作表中便会插入地球仪的图标，如图1-19所示。

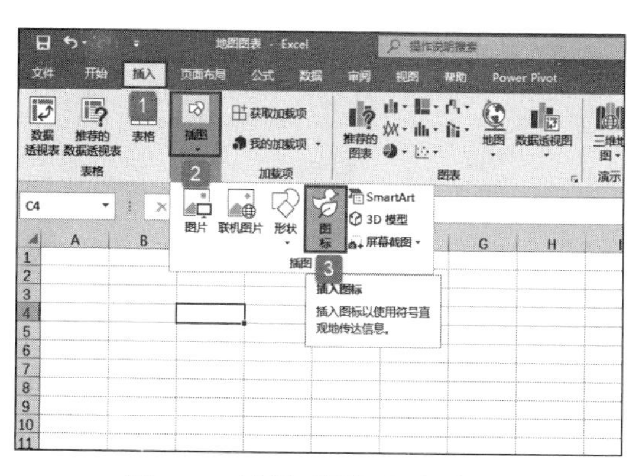

图1-17 选择“图标”选项

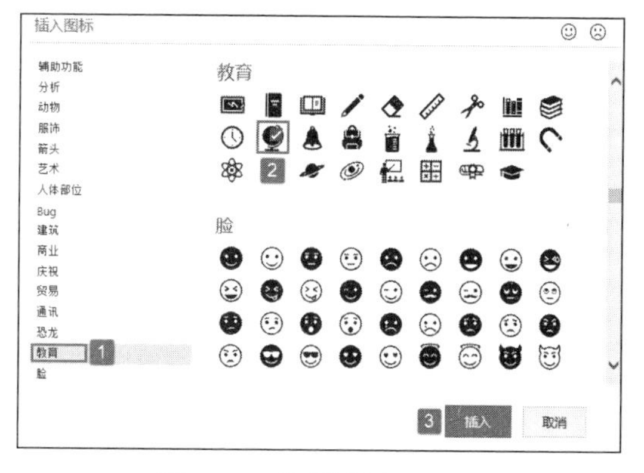

图1-18 选择图标

为了方便对图标的编辑，还可以将图标转化为形状。具体操作方法如下。

STEP01：选择插入的图标，单击鼠标右键，在弹出的隐藏菜单中选择“转换为形状”选项，如图1-20所示。

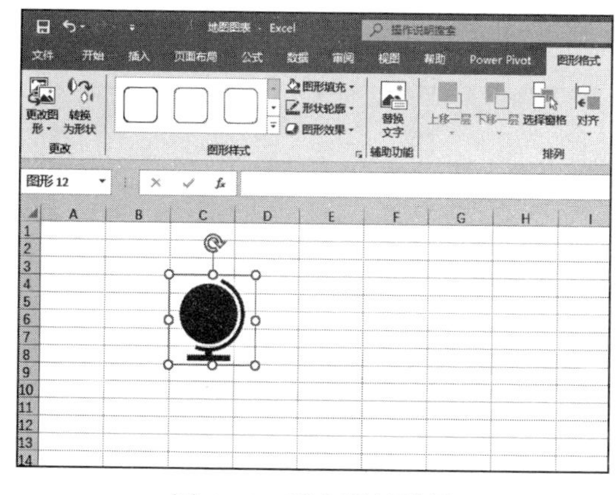

图1-19 插入图标效果

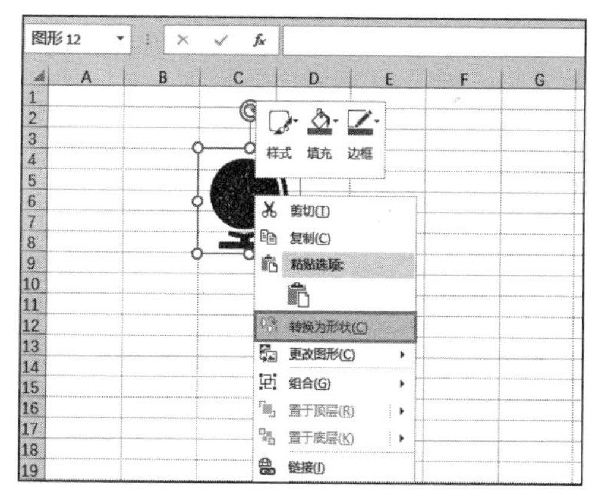

图1-20 选择“转换为形状”选项

STEP02：随后会弹出“Microsoft Excel”对话框，提示“这是一张导入的图片，而不是组合。是否将其转换为Microsoft Office图形对象”，单击“是”按钮即可，如图1-21所示。返回工作表后图标便转换成为形状，效果如图1-22所示。

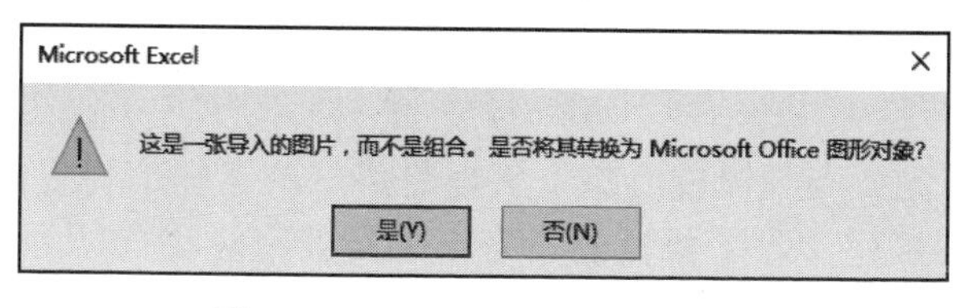

图1-21 Microsoft Excel对话框

2. 3D 模型

除了新增的 SVG 图标以外，Excel 2019 还可以使用 3D 模型来增加工作簿的可视感和创意感。下面具体介绍插入 3D 模型的方法。

STEP01：打开新建的“3D 模型 .xlsx”工作簿，切换至“插入”选项卡，在“插图”组中选择“3D 模型”选项，如图 1-23 所示。打开“插入 3D 模型”对话框。

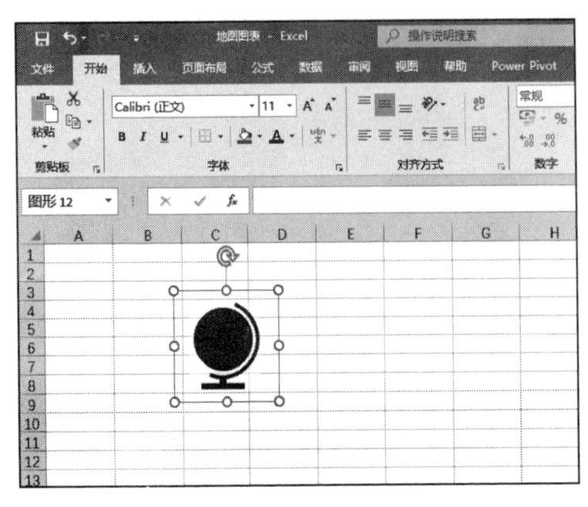

图 1-22　转换为形状效果

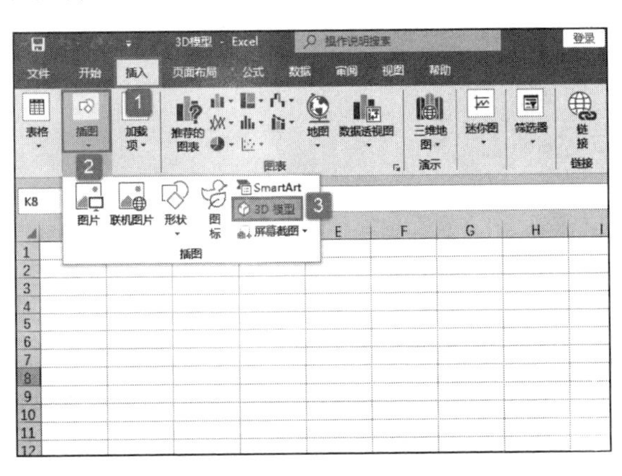

图 1-23　选择“3D 模型”图

STEP02：在打开的“插入 3D 模型”对话框中，系统会自动跳转到 3D 模型所在文件夹的位置，这里 3D 模型的位置在“C:\ 用户 \GodT\3D 对象 \Print 3D”文件夹下，选中文件夹中的 3D 模型，单击“插入”按钮即可返回工作表页面，如图 1-24 所示。插入的 3D 模型效果如图 1-25 所示。

插入 3D 模型后可使用三维控件向任何方向旋转或倾斜 3D 模型，只需单击、按住并拖动鼠标即可。向里或向外拖动图像句柄可缩小或放大图像。

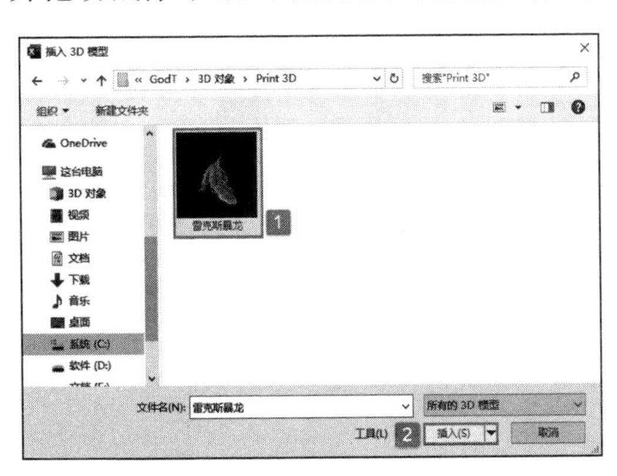

图 1-24　选择 3D 模型

图 1-25　插入 3D 模型效果

1.3　Excel 2019 的学习方法

要学好 Excel 首先要有积极的心态。兴趣是最好的老师，要想获得积极的心态就要对 Excel 保持浓厚的兴趣。除了积极的心态以外还要有正确的学习方法，在学习 Excel 的过程中要循序渐进，从入门基础开始学起，并且要善于使用 Excel 自带的帮助系统和互联网来学习 Excel。本节将介绍一些学习 Excel 2019 的方法，以帮助读者快速地掌握 Excel 的学习技巧。

1.3.1 使用网络查找资源

使用各种搜索引擎在互联网上查找资料，已经成为信息时代获取信息的重要方法。互联网为用户提供了大量的信息，用户可以在海量的信息中查找自己需要的知识，提高学习效率。

如果要使用搜索引擎快速准确地搜到自己想要的内容，需要向搜索引擎提交关键词，同时要注意以下几点：

1）关键词的拼写一定要正确。搜索引擎会按照用户提交的关键词进行搜索，所以一定要提交正确的关键词，如此才能获得准确的搜索结果。

2）多关键词搜索。搜索引擎都支持多关键词搜索，提交的关键词越多、越详细，搜索的结果也会越准确。

3）高级搜索。搜索引擎一般都提供高级搜索，可以设置复杂的搜索条件，以便精确地查找某类信息。

1.3.2 使用微软在线帮助

如果用户在使用 Excel 时遇到疑难问题，可以使用“ Excel 帮助”来解决。在 Excel 帮助窗口的搜索框中输入要搜索的问题，Excel 便会给出相关的搜索结果供用户选择，从列表中选择合适的搜索结果即可。使用 Excel 帮助的操作方法如下。

STEP01：在工作表中切换至“帮助”选项卡，在“帮助”组中单击“帮助”按钮打开“搜索帮助”输入框，如图 1-26 所示。

STEP02：在输入框中输入相关的问题，例如此处输入“工作表”，然后按“Enter”键返回对话框页面，此时会显示相关的搜索结果，如图 1-27 所示。单击要查看的搜索结果链接，即可显示相关的信息。

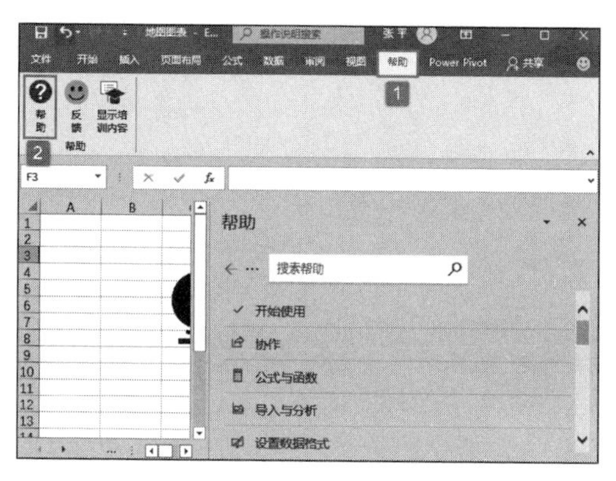

图 1-26 单击“帮助”按钮

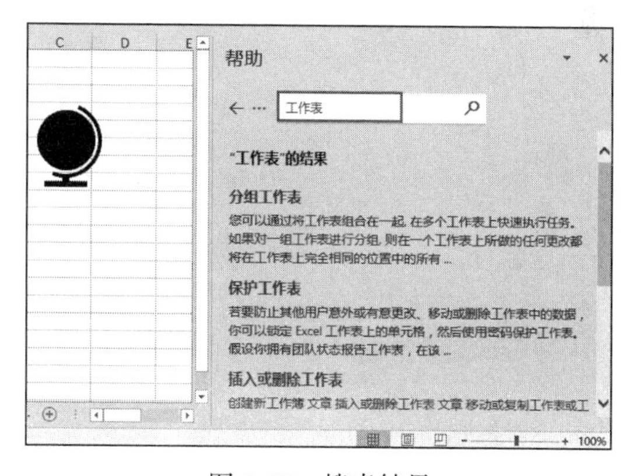

图 1-27 搜索结果

此外，打开 Excel 2019 工作表后，按“ F1”键也可以直接打开 Excel“帮助”对话框。

第2章

设置 Excel 2019 工作环境

本章主要介绍 Excel 2019 的工作环境设置方法，包括 Excel 的界面设置、用户操作习惯的设置、工作簿保存等方面的内容。通过本章的学习，读者可以掌握使用 Excel 选项卡功能的一些基本操作，为进一步学习 Excel 打下良好的基础。

- Excel 2019 的启动与创建
- 工作视图设置
- 功能菜单设置
- 快速访问工具栏设置
- 设置 Excel 实用选项
- 实战：其他常用设置

2.1 Excel 2019 的启动与创建

在使用 Excel 2019 之前，首先需要掌握如何启动和退出 Excel 2019 程序，在此基础上，才能创建快捷方式。

2.1.1 启动 Excel 2019

要熟练地使用 Excel 2019 就要先学会它的启动方法，然后从不同的启动方法中选择快速简单的一种来完成 Excel 2019 的启动。启动 Excel 2019 可通过以下几种方法。

方法一：在搜索框中搜索。

在 Windows 10 底部窗口单击“搜索框”，打开“搜索 Windows”文本框，在文本框中输入“Excel”，列表框中会显示查询到的相关软件或文件。这里单击“Excel 桌面应用”按钮即可启动 Excel 2019，如图 2-1 所示。

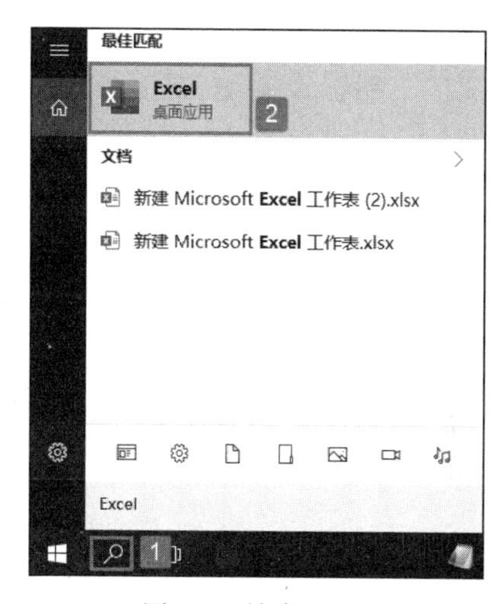

图 2-1　搜索 Excel

方法二：使用桌面快捷方式。

双击桌面 Excel 2019 的快捷方式图标即可启动 Excel 2019，如图 2-2 所示。

方法三：双击文档启动。

双击计算机中存储的 Excel 文档，即可直接启动 Excel 2019 并打开文档，如图 2-3 所示。

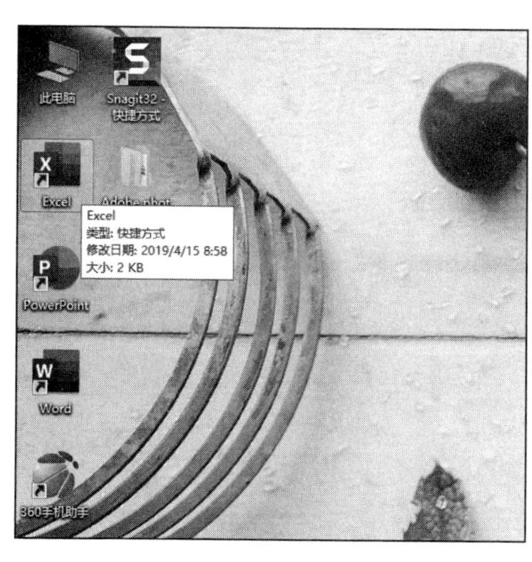

图 2-2　双击快捷方式图标

图 2-3　双击 Excel 文档

2.1.2 退出 Excel 2019

与 Excel 2019 的启动一样，退出也是最基本的操作。Excel 2019 的退出方法有以下几种。

方法一：通过标题栏按钮关闭。

单击 Excel 2019 标题栏右上角的“关闭”按钮，即可退出 Excel 2019，如图 2-4 所示。

方法二：使用快捷键关闭。

按“Alt+F4”组合键也可以退出 Excel 2019 应用程序。

图 2-4 单击“关闭”按钮

2.1.3 设置默认启动工作簿

如果每天都处理一些同样的 Excel 文件，为了在启动 Excel 后，不再花费大量的时间去查找、选择所需的 Excel 文件，可以设置在启动程序时让系统自动打开指定的工作簿。让 Excel 启动时自动打开指定工作薄的方法有如下两种。

方法一：利用 XLSTART 文件夹。

利用 Windows 搜索功能，在本机上查找名为“XLSTART”的文件夹。通常情况下会找到两个或两个以上的同名文件夹（这里的个数会因 Office 版本的不同而不同），其中一个位于 Office 软件安装目录下：“C:\Program Files\Microsoft Office\Office14\XLSTART”。另一个位于本机各用户名的配置文件夹中：“C:\Documents and Settings\<用户名 >\Application Data\Microsoft\Excel\XLSTRAT”，通常情况下此用户配置文件是处于隐藏状态的。

任何存放在 XLSTART 文件夹里面的 Excel 文件都会在 Excel 启动时被自动打开，所以只要把需要打开的文件放在 XLSTART 文件夹里即可。

方法二：在“文件”中设置。

STEP01：切换至“文件”选项卡，在左侧导航栏单击“选项”标签，如图 2-5 所示。打开“Excel 选项”对话框。

STEP02：单击“高级”标签，在对应的右侧窗格中滑动页面至“常规”选项下，在“启动时打开此目录中的所有文件”文本框中进行设置即可。这里设置的是单个工作簿，所以输入的文本是“C:\Users\Administrator\Desktop\ 电子发票”具体路径，如图 2-6 所示。

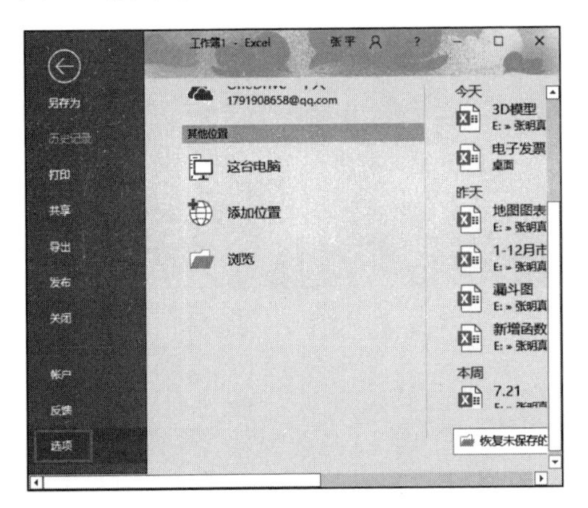

图 2-5 单击“选项”标签

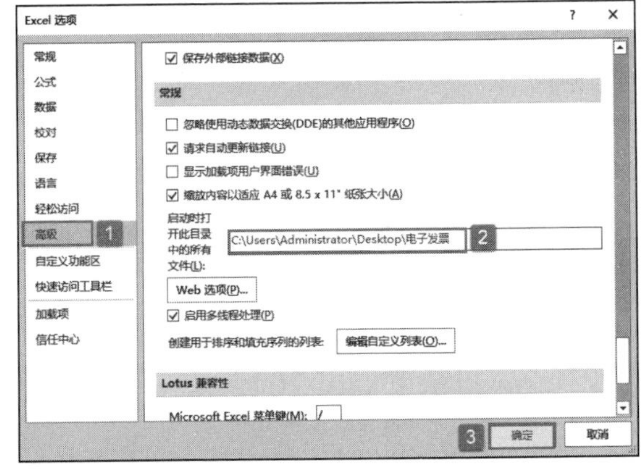

图 2-6 输入启动时打开的文件

2.2 工作视图设置

Excel 2019 提供了多种浏览视图，最基本的视图有：普通视图、分页预览视图、“全屏显示”视图、“Web 页预览”视图、“打印预览”视图等。

2.2.1 设置默认视图

启动 Excel 2019 后，看到工作簿区域显示的方式为普通视图，这是一种系统默认的视图方式。如果用户在下一次新建工作簿时不想看到这种视图方式，可以对其进行更改。为新工作表设置默认视图的具体操作步骤如下。

切换至“文件”选项卡，在左侧导航栏单击“选项”标签打开“ Excel 选项”对话框，如图 2-7 所示。单击“常规”标签，在对应的右侧窗格中滑动页面至“新建工作簿时”选项下，单击“新工作表的默认视图”右侧的下三角按钮，在展开的下拉列表中选择一种工作表视图，这里为默认的“普通视图”，单击“确定”按钮就可以完成设置。

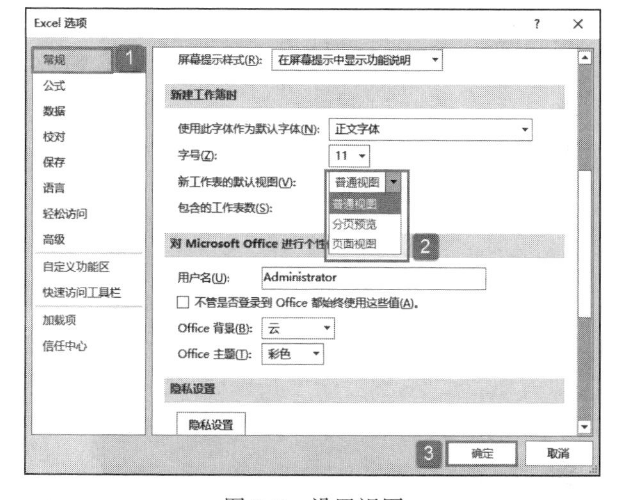

图 2-7 设置视图

2.2.2 切换工作视图

快速地在不同的视图之间进行切换，可以提高工作效率。以下简单介绍切换不同的视图的具体操作步骤。

切换至“视图”选项卡，在“工作簿视图”组中选择一种视图，这里选择的是“普通视图”选项，如图 2-8 所示。

Excel 2019 还允许用户自定义视图，用户可根据实际需要自定义视图。

图 2-8 选择视图

2.2.3 缩放工作视图

用户在操作 Excel 处理大量数据时，通常会缩放工作表视图，以便更直观地查看其他所需数据。缩放工作表视图有如下几种方法，用户可以任选一种进行操作。

方法一：使用自定义状态栏工具。

如果在自定义状态栏时，显示“显示比例”项，则右下方状态栏上会出现“显示比例”的滑块，用鼠标拖动滑块即可缩放工作表视图，如图 2-9 所示。

方法二：通过“显示比例”命令设置。

切换至“视图”选项卡，在“显示比例”组中单击“显示比例”按钮打开“显示比例”对话框，在对话框中选择一种缩放比例，然后单击“确定”按钮就可以完成设置，如图 2-10 所示。另外，在对话框中“自定义”右侧的输入框中输入显示比例的值，单击“确定”按钮返回工作表后便可以精确地指定缩放的比例。

	A	B	C	D	E	F	G	H
1	时间	时间段	气温	单位				
2		10:00-11:00	20	℃				
3	2019/4/29	11:00-12:00	22	℃		22		
4		10:00-11:01	24	℃				
5	2019/4/30	11:00-12:01	25	℃				
6		10:00-11:01	21	℃				
7	2019/5/1	11:00-12:01	23	℃				
8		10:00-11:02	26	℃				
9	2019/5/2	11:00-12:02	27	℃				

图 2-9　拖动滑块缩放视图

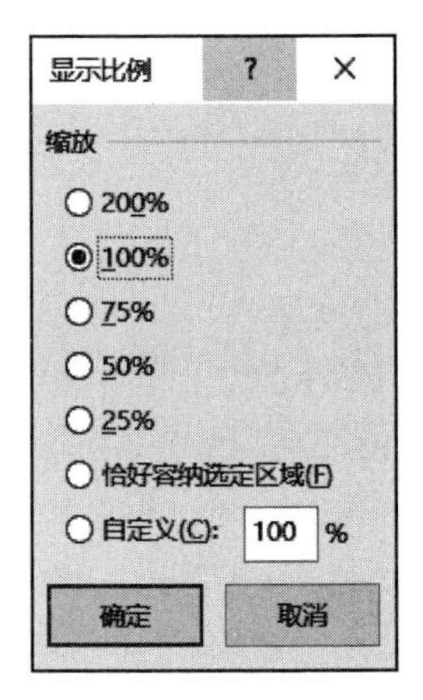

图 2-10　设置显示比例

方法三：使用“缩放到选定区域”命令。

切换至“视图”选项卡，在“显示比例”组中单击“缩放到选定区域”按钮，可将工作表中的数据区域进行放大，如图 2-11 所示。也可以指定数据区域进行放大，效果图如图 2-12 所示。再次在“显示比例”组中单击“100%”按钮，工作表便可回到正常显示的大小。

图 2-11　选择“缩放到选定区域”

图 2-12　区域放大效果图

方法四：用鼠标缩放。

按住“Ctrl”键不放，滚动鼠标滚轮也可以缩放视图。

2.2.4　使用 Backstage 视图

Microsoft Office 2019 程序中的“Backstage 视图”是 Microsoft Office Fluent 用户界面的最新创新技术，并且是功能区的配套功能。切换至“文件”选项卡即可看到

Backstage 视图，如图 2-13 所示。

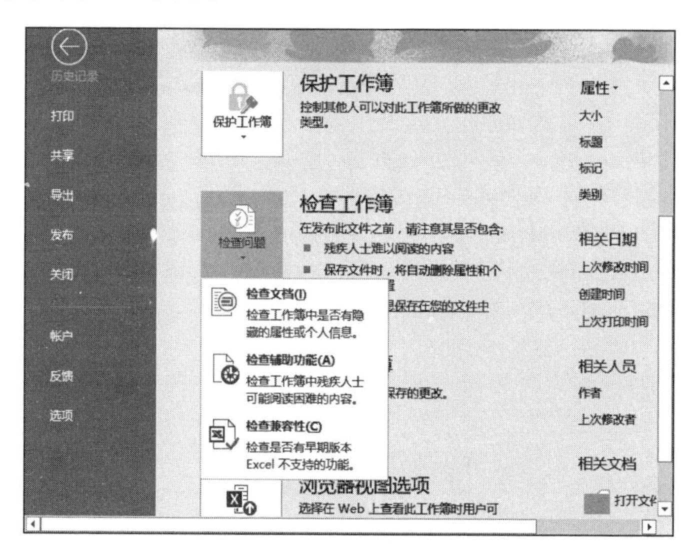

图 2-13　Backstage 视图

在“Backstage 视图”中可以选择打开、保存、打印、共享和管理文件，以及设置程序选项，对 Excel 进行选项设置、向功能区中添加自定义按钮或命令等操作。还可以在 Backstage 视图中管理文件及其相关数据，例如创建、保存、检查隐藏的元数据或个人信息，以及设置选项。简而言之，可通过该视图对文件执行所有无法在文件内部完成的操作。

2.3　功能菜单设置

启动 Excel 2019 后，将看到 Excel 的程序窗口，如图 2-14 所示。如果有使用 Office 系列中应用程序（如 Word 2019 等）的经验，那么应该对它有似曾相识的感觉，因为它们的选项卡、功能区和编辑窗口的布局大体上是相同的。

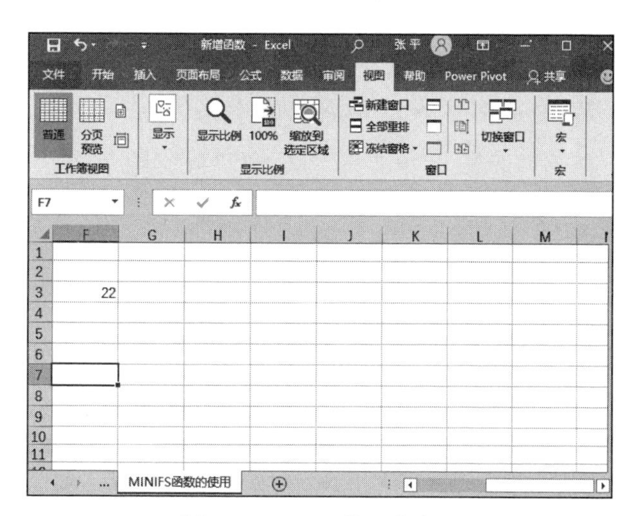

图 2-14　Excel 的程序窗口

2.3.1　显隐功能区

启动 Excel 2019 后可以看到，功能区占据了程序界面将近 1/5 的位置。如果想获得更开阔的工作区域，则可以将功能区进行隐藏。隐藏与显示功能区的操作方法有如下 4 种，可以根据自己的需要任选其中一种进行操作。

方法一：按“Ctrl+F1”快捷键或直接双击当前选项卡。

方法二：在当前选项卡或功能区中的任一空白位置处单击鼠标右键，在弹出的隐藏菜单中选择“折叠功能区”选项，如图 2-15 所示。

图 2-15　选择“折叠功能区”选项

2.3.2　添加自定义命令或按钮

Excel 的功能区中包含许多选项，对应着 Excel 的各项功能。为了便于用户进行操作，Excel 2019 允许用户自定义命令或按钮。下面以添加“常规”单元组和“宏”按钮为例，说明如何向功能区中添加自定义命令或按钮，具体操作步骤如下。

STEP01：在当前选项卡或功能区中的任一空白位置处单击鼠标右键，在弹出的隐藏菜单中选择“自定义功能区”选项，如图 2-16 所示。弹出“Excel 选项”对话框。

STEP02：在“Excel 选项”对话框中单击“自定义功能区”标签，在右侧“自定义功能区”下方的列表框中选择“单元格”选项卡，然后再单击下方的“新建组”按钮。此时在“单元格”的下方出现了“新建组（自定义）”单元组，如图 2-17 所示。

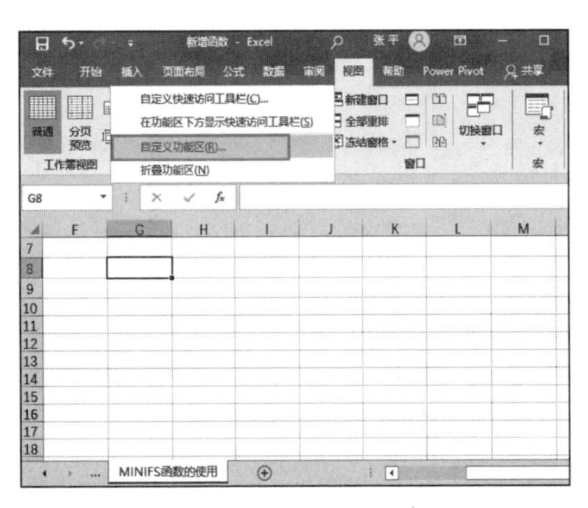

图 2-16　选择“自定义功能区”选项

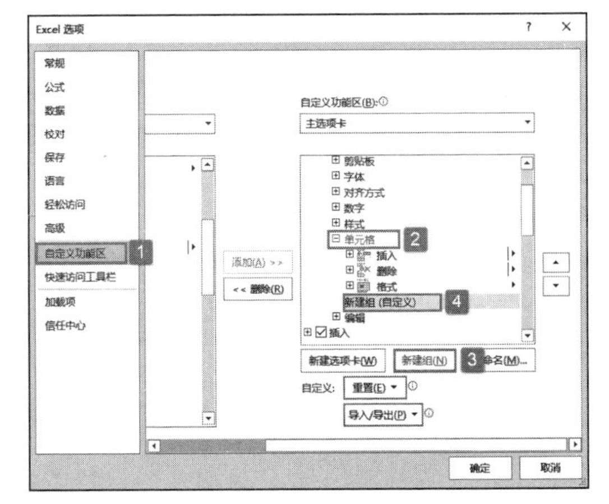

图 2-17　新建组

STEP03：单击对话框中“新建组”按钮右侧的“重命名”按钮打开“重命名”对话框。在对话框“显示名称”右侧的输入框中输入名称，例如这里输入“常规”，然后单击“确定”按钮，如图 2-18 所示。这时可以看到为新建组重命名后的“Excel 选项”对话框，如图 2-19 所示。

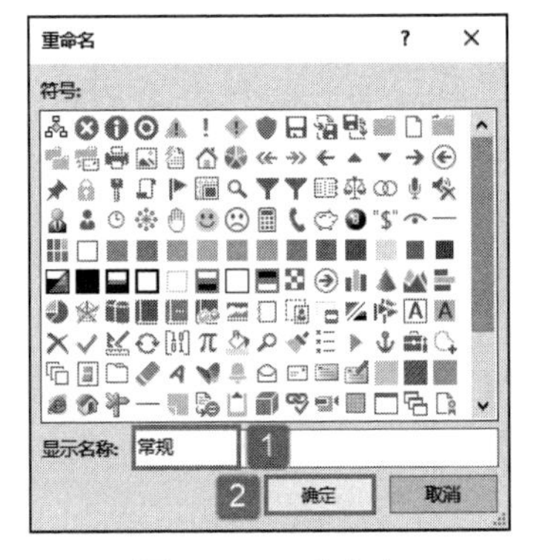

图 12-18　重命名

STEP04：单击“从下列位置选择命令”选择框右侧的下三角按钮，在展开的下拉列表中选择“常用命令”选项，然后在列表框中选择要添加的命令，例如这里选择“宏”项，单击“添加”按钮。此时可以看到“常规

(自定义)”选项卡的下方出现添加的“宏”命令，如图 2-20 所示。

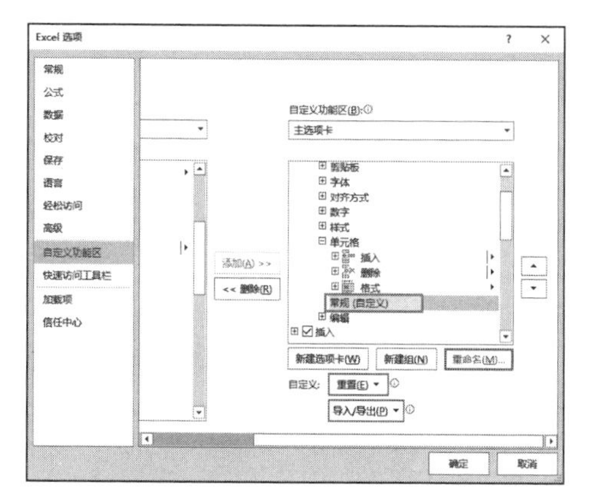

图 2-19　重命名后的对话框

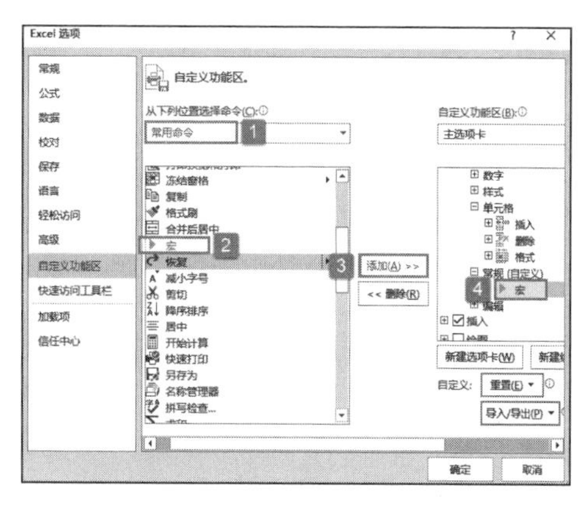

图 2-20　添加“宏”命令

STEP05：单击“确定”按钮返回工作表，此时可以看到功能区的最右侧出现了刚添加的单元组及功能按钮，如图 2-21 所示。

2.3.3　设置界面配色

启动 Excel 2019 后，看到的默认程序界面是彩色的。如果用户不适应这种配色方案，可以对 Excel 2019 界面的配色方案进行更改。更改 Excel 界面配色方案的具体操作步骤如下。

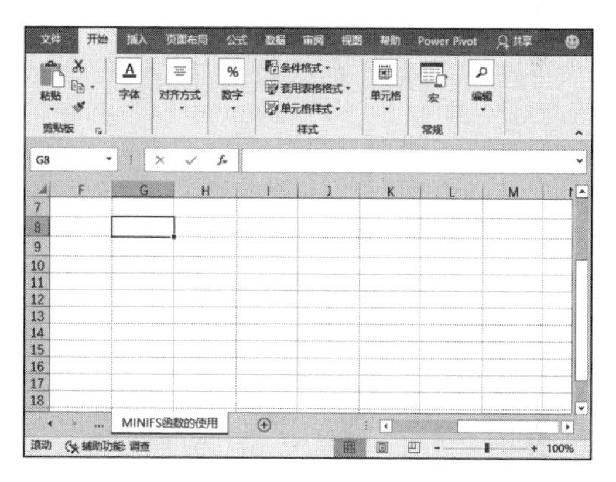

图 2-21　添加单元组及命令后的功能区

STEP01：切换至“文件”选项卡，在左侧导航栏中单击“选项”标签，打开“Excel 选项”对话框。单击“常规”标签，在对应的右侧窗口中下滑至“对 Microsoft Office 进行个性化设置”选项下，单击“Office 主题”右侧的下三角按钮，在展开的下拉列表中选择自己喜欢的主题颜色，例如这里选择“深灰色”，最后单击“确定”按钮，如图 2-22 所示。

STEP02：返回工作表后，更改后的主题效果如图 2-23 所示。

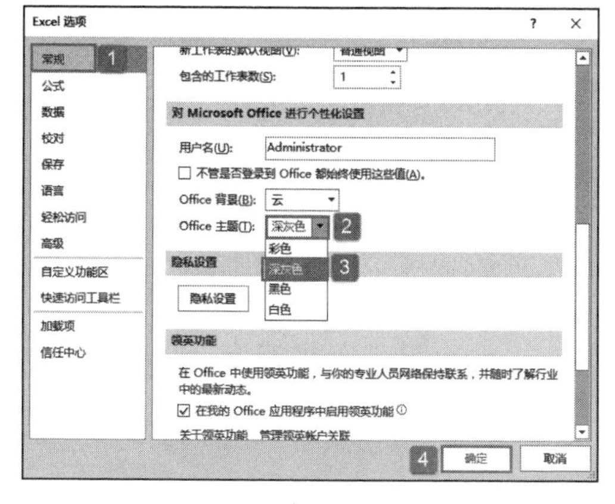

图 2-22　选择主题颜色

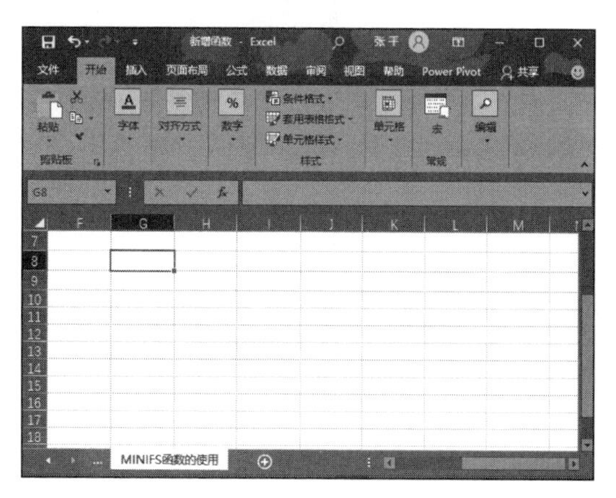

图 2-23　更改主题后的效果

2.4 快速访问工具栏设置

快速访问工具栏是一个可以根据用户需要进行自定义的工具栏，它包含一组独立于当前所显示的选项卡的命令，如图 2-24 所示。

图 2-24　快速访问工具栏

快速访问工具栏通常位于 Microsoft Office 程序图标右侧（默认位置）或功能区的下方位置。

默认情况下，快速访问工具栏包含 3 个常用按钮和一个“自定义快速访问工具栏”按钮。这 3 个常用按钮分别是“保存”按钮、“撤消”按钮和“恢复”按钮。如果单击“自定义快速访问工具栏”下拉按钮，可以弹出如图 2-24 所示的下拉菜单。

2.4.1 添加工具栏常用命令

快速访问工具栏是一个用户可以根据需要进行自定义的工具栏，用户可以向快速访问工具栏中添加一些常用的命令，以方便日后的操作。向快速访问工具栏中添加常用命令的具体操作步骤如下。

STEP01：单击“自定义快速访问工具栏”下拉按钮，在展开的下拉列表中选择“其他命令”选项，打开“Excel 选项”对话框，如图 2-25 所示。

STEP02：单击“快速访问工具栏”标签，然后单击“从下列位置选择命令”选择框右侧的下三角按钮，在展开的下拉列表中选择“常用命令”选项。在常用命令列表框中选择要添加的命令，例如这里选择“打开”，单击“添加”按钮，“打开”选项便会添加到“自定义快速访问工具栏”的列表框下，如图 2-26 所示。如果想继续添加其他命令，选择左侧的命令，然后再单击“添加”按钮即可。

图 2-25　选择“其他命令”选项

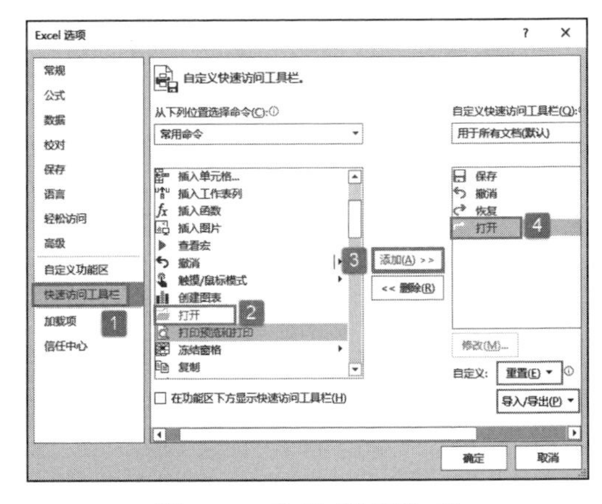

图 2-26　选择“打开”项

STEP03：添加完毕，单击“确定”按钮，此时快速访问工具栏如图 2-27 所示。

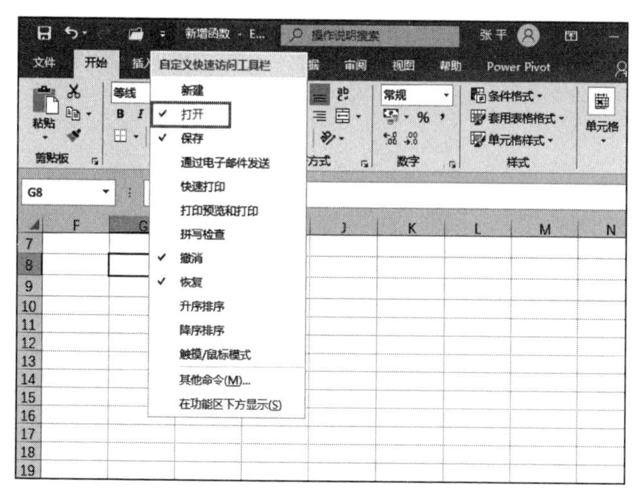

图 2-27　自定义后的快速访问工具栏

2.4.2　调整快速访问工具栏位置

如果不希望快速访问工具栏显示在其当前位置；或者发现程序图标旁的默认位置离工作区太远，想将其移动到靠近工作区的位置；如果快速访问工具栏的位置处于功能区下方，则会超出工作区，如果要最大化工作区，可能需要将快速访问工具栏保留在其默认位置。这时可以通过以下几种方法调整“快速访问工具栏”的位置。

方法一：单击“自定义快速访问工具栏”下拉按钮，在展开的下拉列表中选择“在功能区下方显示”选项，如图 2-28 所示。

方法二：单击“自定义快速访问工具栏”下拉按钮，在展开的下拉列表中选择“其他命令”选项，打开“ Excel 选项”对话框，单击“快速访问工具栏”标签，勾选对话框最底部“在功能区下方显示快速访问工具栏”复选框，然后单击“确定”按钮，如图 2-29 所示。

图 2-28　选择“在功能区下方显示”选项

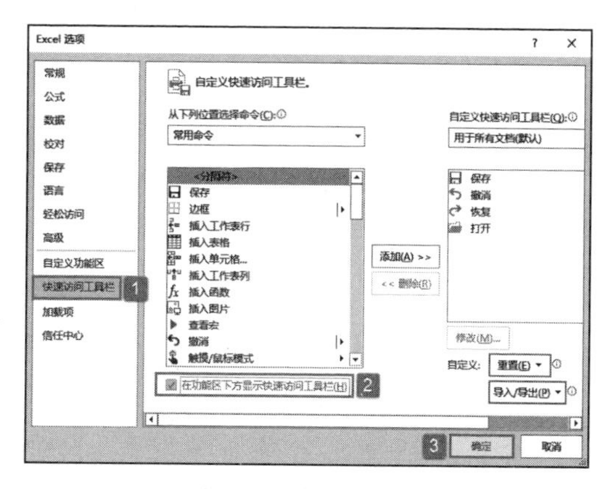

图 2-29　勾选复选框

以上两种方法讲的都是快速访问工具栏在功能区上方显示的情况。如果“快速访问工具栏”当前显示在功能区下方，则在单击“自定义快速访问工具栏”下拉按钮后，在展开的下拉列表中会出现“在功能区上方显示”选项。

2.5 设置 Excel 实用选项

通过设置 Excel 的某些选项，能让 Excel 程序更符合用户的操作习惯来处理问题。接下来介绍一些最常用的设置。

2.5.1 设置最近使用的工作簿数量

在启动 Excel 后，切换至“文件”选项卡，在弹出的“ Backstage 视图”中，会保留 4 个最近打开过的文件，以帮助用户以最快的速度打开上一次使用过的工作簿文件。如果希望改变这个列表的数量，可进行如下操作。

切换至“文件”选项卡，在左侧导航栏单击“选项”标签打开“ Excel 选项”对话框。单击“高级”标签，在对应的右侧窗格中滑动页面至“显示”选项下，勾选“快速访问此数目的‘最近使用的工作簿’”复选框，并在右侧的文本框中将数量 4 修改为 5，然后单击“确定”按钮即可完成更改，如图 2-30 所示。

完成更改后，Excel 并不会把最近使用过的文件的数目马上增加到所更改的数目，仍然是 4 个（或许更少）。只有当用户再次打开一个或一个以上的文件以后，列表中的项目数量才会变成刚才设置的 5 个。

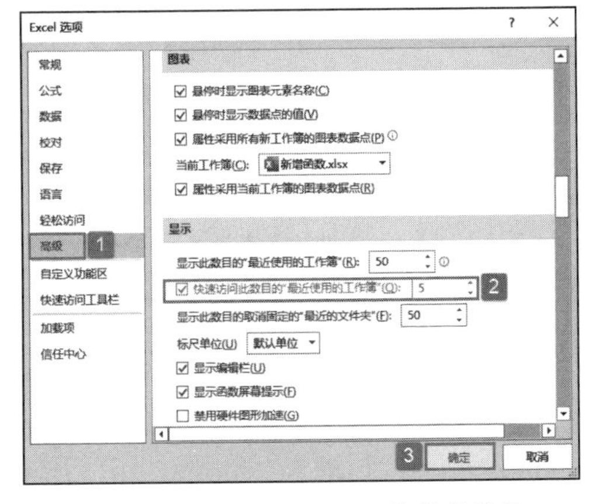

图 2-30　更改快速显示工作簿的数量

2.5.2 设置新建工作簿中的工作表数量

在默认的情况下，Excel 每次新建工作簿时，所包含工作表的数量是 3 个（系统默认）。要重新设置新建工作簿中工作表的数量，按如下方法操作即可。

切换至“文件”选项卡，在左侧导航栏单击“选项”标签打开“Excel 选项”对话框。单击“常规”标签，在对应的右侧窗格中滑动页面至“新建工作簿时”选项下，在“包含的工作表数”右侧的输入框中输入一个数值，或者单击调节按钮选择一个数值，调整的范围在 1 ~ 255 之间。设置完成后，单击“确定”按钮即可，如图 2-31 所示。

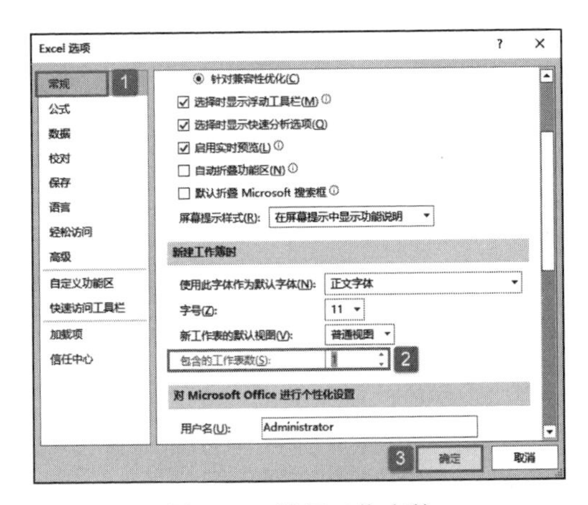

图 2-31　设置工作表数

2.5.3 设置默认文件位置

在 Excel 中打开或保存文件时，无论是“打开”对话框还是“另存为”对话框，默认的文件夹都是当前用户“我的文档”文件夹，例如“ C:\Users\Administrator\

Documents"，如图 2-32 所示。如果不希望把 Excel 文件放在"我的文档"里面，需要多次选择才能将其放在常用的文件夹中。

Excel 2019 允许用户根据需要更改默认文件位置，方便文件的直接保存。具体操作步骤如下。

切换至"文件"选项卡，在左侧导航栏单击"选项"标签打开"Excel 选项"对话框。单击"保存"标签，在对应的右侧窗格中滑动页面至"保存工作簿"选项下，在"默认本地文件位置"文本框中可以手动输入文件夹的绝对路径，单击"确定"按钮即可完成设置，如图 2-33 所示。保存路径可以根据用户实际需求进行设置，这里设置的保存路径为"E:\Users\Administrator\Desktop"。

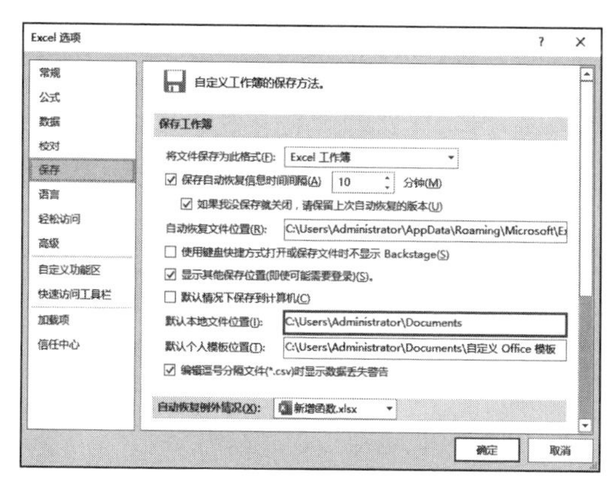

图 2-32 "Excel 选项"对话框

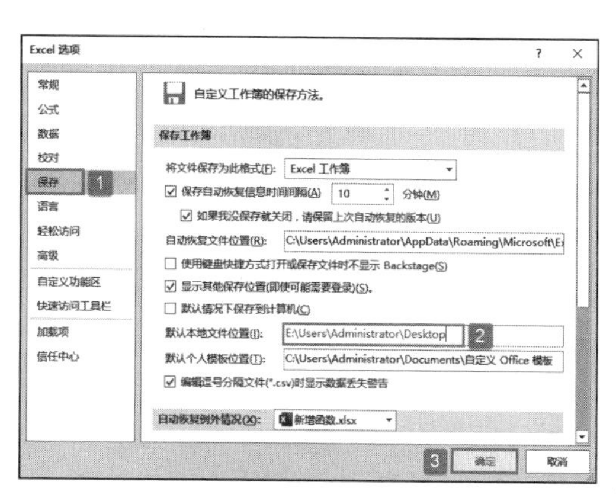

图 2-33 设置保存路径

2.6 实战：其他常用设置

在具体的工作中，也可以设置一些其他常用选项，来达到高效工作的目的。

2.6.1 设置显示浮动工具栏

在 Excel 2019 中，用户可以使用浮动工具栏更加轻松地设置文本格式。选择要设置格式的文本后，浮动工具栏会自动出现在所选文本的上方，如图 2-34 所示。如果将鼠标指针靠近浮动工具栏，则浮动工具栏会渐渐淡入，可以用它来对文本进行加粗、倾斜、字号、颜色等操作。如果将指针移开浮动工具栏，该工具栏会慢慢淡出。如果不想使用浮动工具栏将文本格式应用于某项选择，只需将指针移开一段距离，浮动工具栏即会消失。

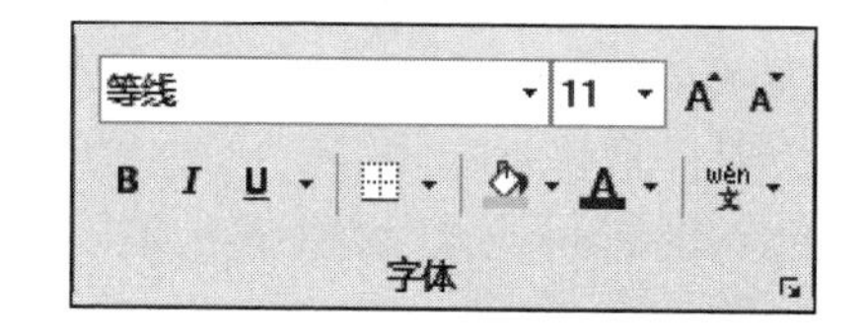

图 2-34 浮动工具栏

下面简单介绍设置浮动工具栏的具体操作步骤。

切换至"文件"选项卡，在左侧导航栏单击"选项"标签打开"Excel 选项"对话框。单击"常规"标签，在对应的右侧窗格中滑动页面至"用户界面选项"处，勾选"选择时显示浮动工具栏"复选框，然后单击"确定"按钮即可完成设置，如图 2-35 所示。

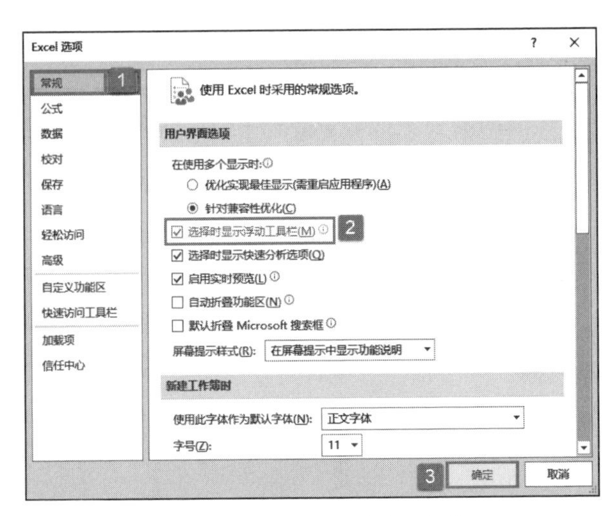

图 2-35　设置显示浮动工具栏

如果用户在选择文本时不想显示浮动工具栏，取消勾选“选择时显示浮动工具栏”复选框就可以了。

2.6.2　设置启用实时预览

在 Excel 2019 中，通常情况下设置启用实时预览，可实现实时预览的功能。如果用户希望启用这项功能，可以执行以下操作步骤。

切换至“文件”选项卡，在左侧导航栏单击“选项”标签打开“Excel 选项”对话框。单击“常规”标签，在对应的右侧窗格中滑动页面至“用户界面选项”处，勾选“启用实时预览”复选框，然后单击“确定”按钮即可完成设置，如图 2-36 所示。

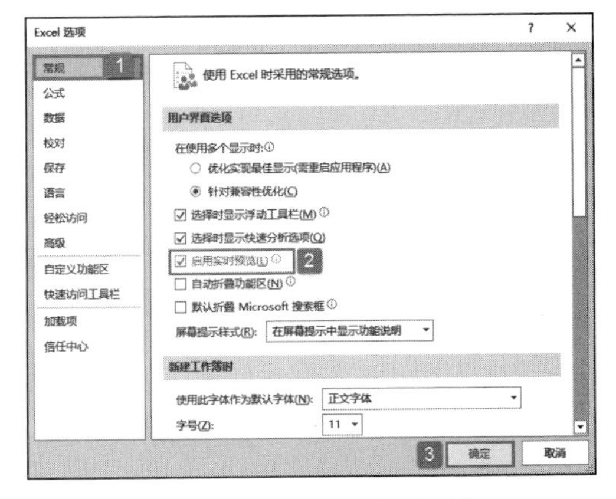

图 2-36　设置启用实时预览

2.6.3　设置屏幕提示样式

屏幕提示指的是将鼠标指针停留在命令或控件上时，显示描述性文本的小窗口，如图 2-37 所示。在 Excel 2019 中，用户可以对屏幕提示样式进行更改。

设置屏幕提示样式的具体操作步骤如下。

切换至“文件”选项卡，在左侧导航栏单击“选项”标签打开“Excel 选项”对话框。单击“常规”标签，在对应的右侧窗格中滑动页面至“用户界面选项”处，单击“屏幕提示样式”右侧的下三角按钮，在展开的下拉列表中选择“在屏幕提示中

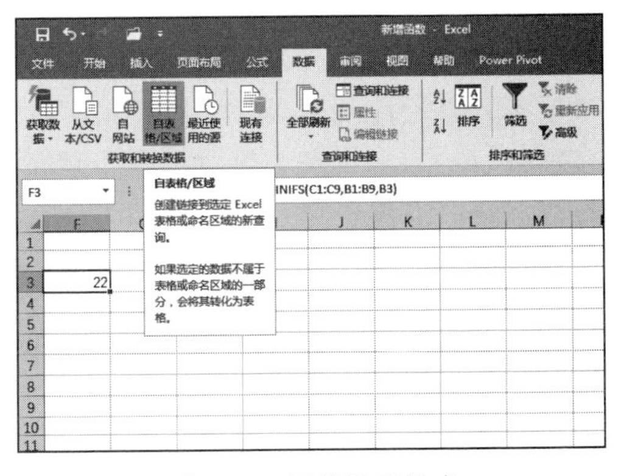

图 2-37　屏幕提示样式

显示功能说明”选项，单击“确定”按钮即可完成设置，如图 2-38 所示。

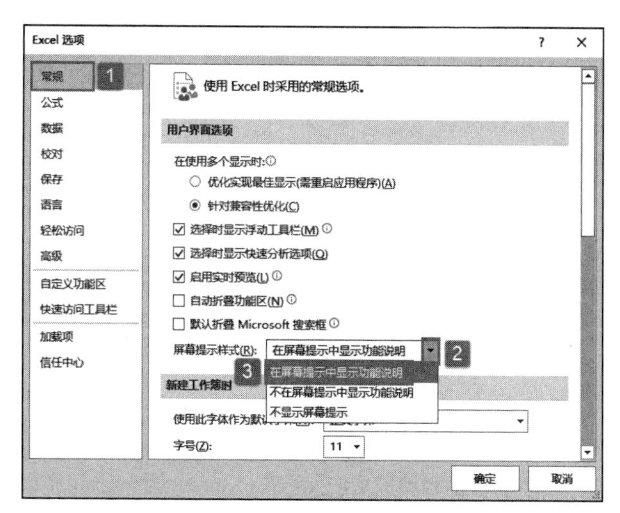

图 2-38　设置屏幕提示样式

2.6.4　设置默认文件保存格式

在 Excel 2019 中可以更改保存工作簿时默认使用的文件类型，这样用户就可以根据设定来更改文件保存格式。更改默认文件保存格式的具体操作步骤如下。

切换至“文件”选项卡，在左侧导航栏单击“选项”标签打开“ Excel 选项”对话框。单击“保存”标签，在对应的右侧窗格中滑动页面至“保存工作簿”选项下，单击“将文件保存为此格式”右侧的下三角按钮，在展开的下拉列表中选择“ Excel 工作簿”选项，最后单击“确定”按钮即可完成设置，如图 2-39 所示。

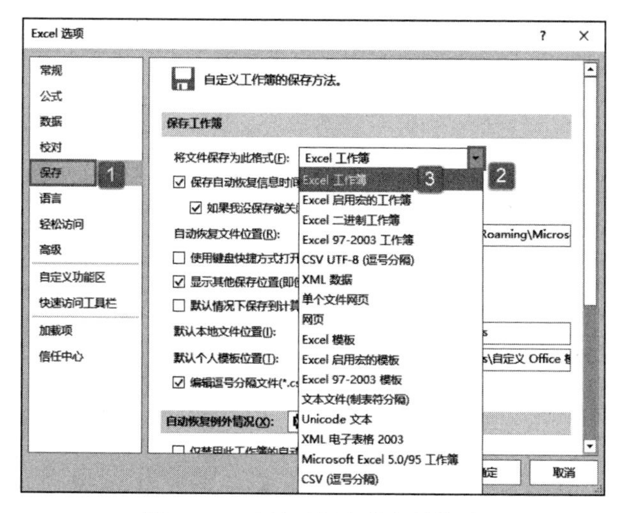

图 2-39　选择要保存的文件格式

第3章 工作表基本操作

在Excel 中，对工作表的操作是最基本也是最常用的操作，例如新建工作表、插入新工作表、移动或复制工作表等。本章将介绍一些关于工作表的操作技巧，用户掌握这些技巧后，可以快速而便捷地对 Excel 工作表进行操作。

- 工作表的常用操作
- 单元格常用操作
- 实战：行列常用操作
- 工作窗口的视图控制

3.1 工作表的常用操作

在制作工作簿数据之前，用户需要掌握工作表的新建、插入、移动或复制等常用操作，本节将详细介绍。

3.1.1 新建工作表

新建工作表是用户对 Excel 进行操作的第一步，几乎所有的操作都是在工作表中进行的，因此新建工作表是使用 Excel 的前提。新建工作表的方法有多种，用户可根据需要任选其中一种进行操作。

启动 Excel 应用程序时，系统会自动创建 3 个新的工作表。

方法一：切换至“文件”选项卡，在页面左侧的导航栏中单击“新建”标签打开“新建”对话框，在中间窗格“可用模板”的列表框中选择“空白工作簿”(系统默认）选项即可，如图 3-1 所示。

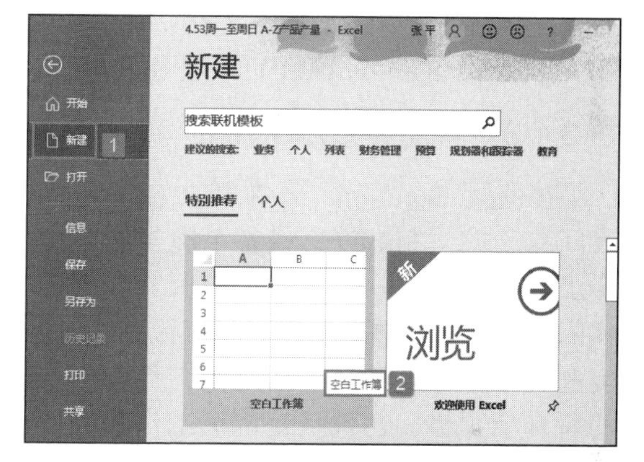

图 3-1 新建工作簿

方法二：按“Ctrl+N”组合键。

方法三：单击“快速访问工具栏”中的“新建”按钮。

以上方法均可在新建工作簿的同时创建新的工作表。如果想在当前使用的工作簿内增加工作表的数量，则可以选择插入工作表，详见下面内容。

3.1.2 插入工作表

在创建工作簿时，通常情况下用户需要创建多个工作表，以满足工作的需要，最好在同一工作簿中创建多个工作表，这样工作起来会比较方便。在这种情况下，可以在同一工作簿中插入一个或多个新的工作表。插入工作表的方法有如下 4 种，用户可以任选一种进行操作。

方法一：使用快捷菜单工具。

STEP01：在“Sheet1”工作表标签处单击鼠标右键，在弹出的隐藏菜单中选择“插入”选项，如图 3-2 所示。打开“插入”对话框。

STEP02：切换至“常用”选项卡，在下方列表框中选择“工作表”选项，如图 3-3 所示。最后单击“确定”按钮返回 Excel 程序界面，可以看到在刚才选择的工作表标签前插入了一个新的工作表，如图 3-4 所示。

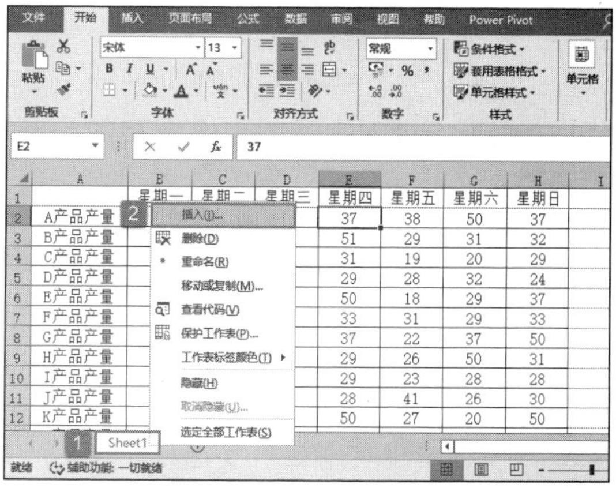

图 3-2 选择“插入”选项

方法二：单击工作表标签右侧的“插入工作表”按钮⊕。

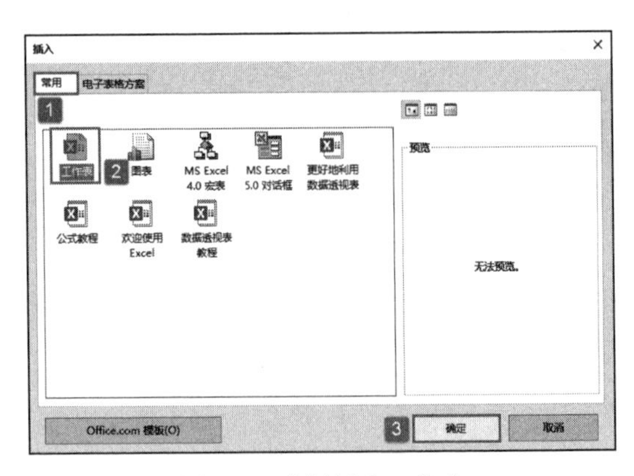

图 3-3　选择插入工作表

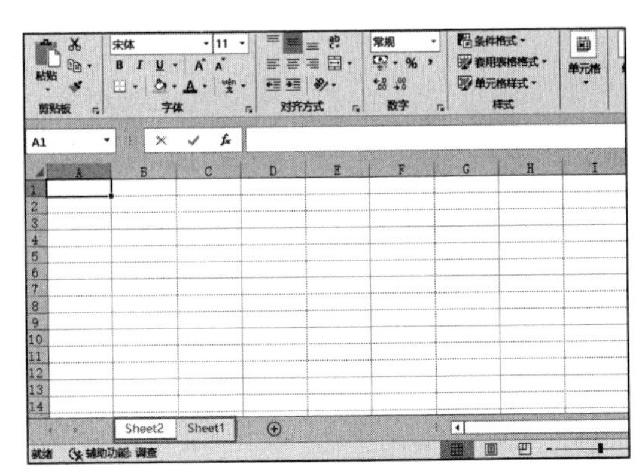

图 3-4　插入新的工作表

方法三：单击功能区的“插入”按钮。切换至“开始”选项卡，在“单元格”组中单击“插入”下三角按钮，在展开的下拉列表中选择“插入工作表”选项即可插入一个新的工作表，如图 3-5 所示。

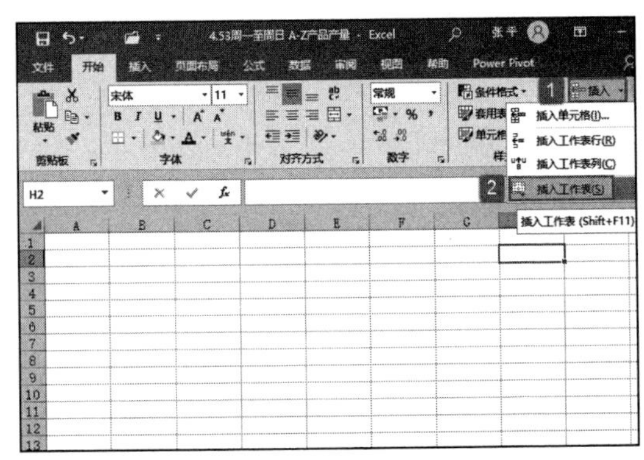

图 3-5　选择“插入工作表”选项

方法四：按“Shift+F11”组合键。

3.1.3　移动或复制工作表

在使用 Excel 时，经常需要在工作表间移动或复制数据，或者干脆复制整个工作表。复制一个工作表中所有单元格的内容和复制整个工作表是有区别的。复制整个工作表不只包括复制工作表中的所有单元格，还包括复制该工作表的页面设置参数，以及自定义的区域名称等。移动与复制工作表的方法有如下几种，用户在操作时可以任选一种。

方法一：使用 Shift 键进行辅助。

单击鼠标左键选择需要移动与复制的工作表标签，按住“Shift”键的同时拖动工作表标签到目标位置。然后松开“Shift”键和鼠标左键，这样就完成了同一工作簿间整个工作表的移动并复制。

方法二：按“Alt+E+M”组合键。

方法三：使用快捷菜单工具。

STEP01：在需要移动或复制的工作表标签处单击鼠标右键，在弹出的隐藏菜单中选择“移动或复制”选项，如图 3-6 所示。打开“移动或复制工作表”对话框。

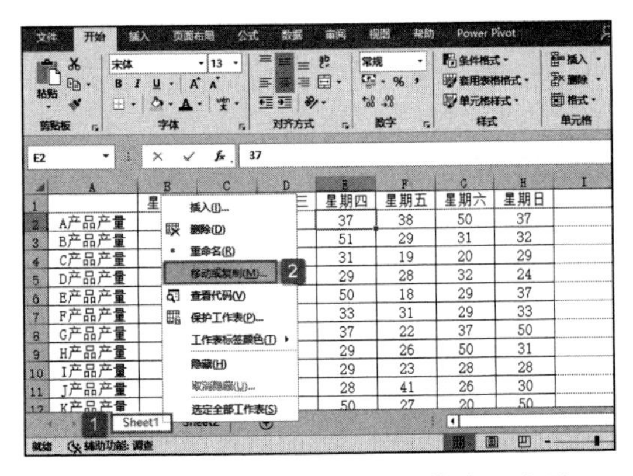

图 3-6　选择“移动或复制工作表”选项

STEP02：在“下列选定工作表之前”列表框中，选择工作表要移动与复制到的目标位置，这里选择“(移至最后)”选项，勾选“建立副本”复选框，然后单击“确定”按钮，返回工作表便会在目标位置复制一个相同的工作表，如图 3-7 所示，效果如图 3-8 所示。

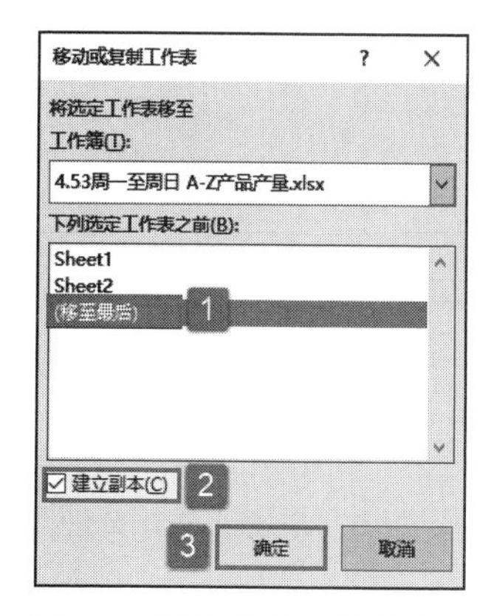

图 3-7　设置移动与复制选项

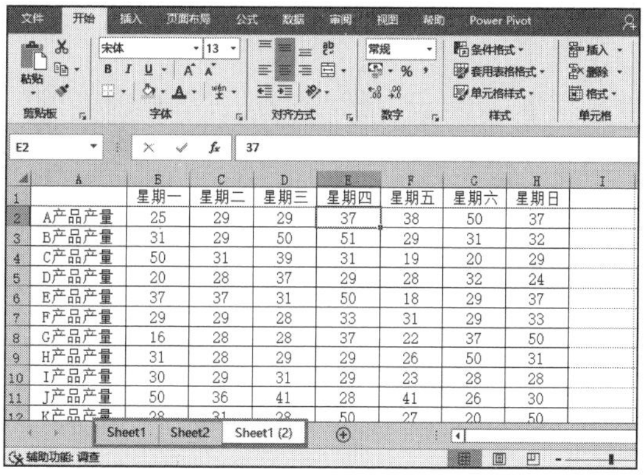

图 3-8　移动与复制工作表效果

以上 3 种方法讲的是在同一工作簿之内进行移动与复制。

方法四：在不同工作簿之间进行移动与复制。

这种方法是在不同的工作簿窗口之间进行移动与复制工作表，因此使用此方法的前提是打开两个或两个以上的工作簿。

STEP01：切换至“视图”选项卡，在“窗口”组中单击“全部重排”按钮，打开“重排窗口”对话框，选择“排列方式”为“平铺”，然后单击“确定”按钮完成设置，如图 3-9 所示。

STEP02：按照方法一所讲述的方法按住“Shift”键拖动工作表，将工作表从一个工作簿复制到另一个工作簿的目标位置。

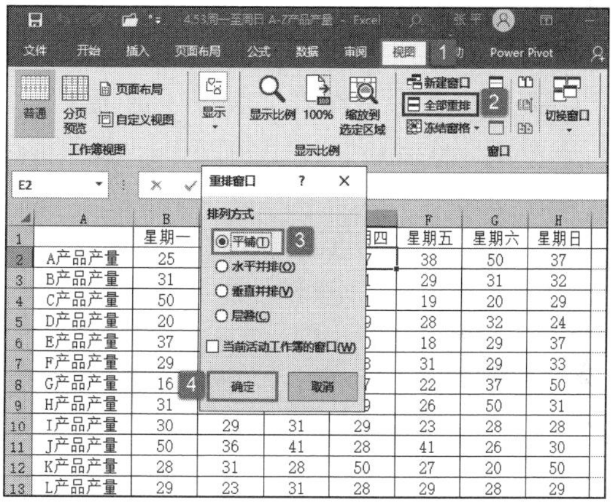

图 3-9　选择排列方式

3.1.4　选择工作表

使用 Excel 2019 进行操作时，经常需要在 Excel 中选择一个或多个工作表。在 Excel 中快速选择一个或多个工作表，不仅能提高工作效率，而且还能避免不必要的时间浪费。在 Excel 2019 中快速选择一个或多个工作表的技巧有如下几种，用户可根据实际情况选择最适合的一种进行操作。

（1）选择一个工作表

在该工作表的标签处单击鼠标左键即可选择该工作表。

（2）选择两张或多张相邻的工作表

在第 1 个工作表的标签处单击鼠标左键，然后在按住“Shift”键的同时在要选择的最后一个工作表的标签处单击鼠标左键即可。

（3）选择两个或多个不相邻的工作表

在第 1 个工作表的标签处单击鼠标左键，然后在按住“Ctrl”键的同时在要选择的其他工作表的标签处单击鼠标左键。

（4）选择工作簿中的所有工作表

在当前工作表的标签处单击鼠标右键，在弹出的隐藏菜单中选择“选定全部工作表”选项即可选中工作簿中的所有工作表，如图 3-10 所示。

（5）选择当前和下一个相邻的一个或多个工作表

确认当前工作表，然后按“Shift+Ctrl+Page Down”组合键向后进行选择。

（6）选择当前和上一个相邻的一个或多个工作表

确认当前工作表，然后按“Shift+Ctrl+Page Up”组合键向前进行选择。

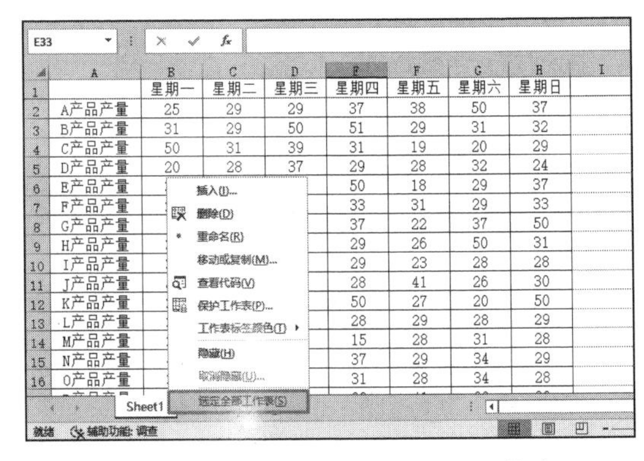

图 3-10　选择工作簿中的所有工作表

3.1.5　切换工作表

几乎每个 Excel 用户都知道，如果一个 Excel 工作簿中包括许多个工作表，可以通过单击窗口下方的工作表标签进行切换。除此之外，还有不是经常使用的工作表切换技巧，下面逐一进行介绍。

方法一：用快捷键快速切换工作表。

按“Ctrl+Page Up”组合键可以切换至上一张工作表，按“Ctrl+Page Down”组合键可以切换至下一张工作表。

方法二：用工作表导航按钮定位工作表。

单击 Excel 窗口左下角的工作表导航按钮，将没显示出来的工作表显示出来，然后通过单击标签切换到某特定工作表，如图 3-11 所示。

方法三：通过工作表导航菜单定位工作表。

如果工作簿中包含大量工作表，例如数十个甚至上百个，在 Excel 窗口底部就没有办法显示出这么多的工作表标签，无论是使用单击标签法，还是使用上述的快捷键法，都无法快速而准确地定位到特定的工作表。在这种情况下，可以在窗口左下角的工作表导航按钮区域任一位置单击鼠标右键，这时会弹出如图 3-12 所示的“激活”对话框，在“活动文档”列表框中选择某一个工作表选项即可快速定位到该工作表。

	A	B	C	D	E	F	G	H
1		星期一	星期二	星期三	星期四	星期五	星期六	星期日
2	A产品产量	25	29	29	37	38	50	37
3	B产品产量	31	29	50	51	29	31	32
4	C产品产量	50	31	39	31	19	20	29
5	D产品产量	20	28	37	29	28	32	24
6	E产品产量	37	37	31	50	18	29	37
7	F产品产量	29	29	28	33	31	29	33
8	G产品产量	16	28	28	37	22	37	50
9	H产品产量	31	28	29	29	26	50	31
10	I产品产量	30	29	31	29	23	28	28
11	J产品产量	50	36	41	28	41	26	30
12	[illegible]	[illegible]	31	28	50	27	20	50
13	[illegible]	[illegible]	23	31	28	29	28	29
14	[illegible]	[illegible]	29	28	15	28	31	28
15	[illegible]	[illegible]	50	41	37	29	34	29
16	[illegible]	[illegible]	28	27	31	28	34	28

Ctrl+单击左键:
滚动到第一个工作表。
单击右键:
查看所有工作表。

... Sheet4 | Sheet2 | Sheet5 | Sheet6

就绪　辅助功能: 调查

图 3-11　单击工作表导航按钮

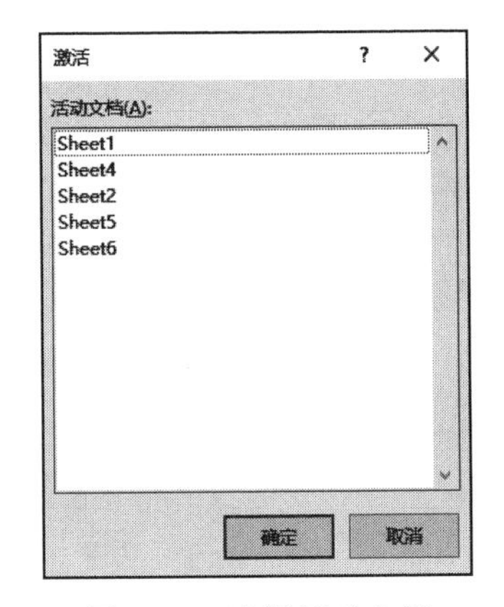

图 3-12　选择活动文档

3.1.6　设置工作表对齐方式

新建的工作表默认的水平对齐方式是靠右对齐，垂直对齐方式是居中，例如在当前单元格中输入数字 1，移动单元格后，数字 1 便自动向右对齐。当然，在 Excel 2019 中有多种对齐方式，用户在操作时可以根据需要或个人习惯选择其他对齐方式。

对齐选定的多个对象通常使用以下两种方法，一种是使用功能区按钮，另一种是使用“设置单元格格式”对话框。

使用功能区按钮对齐选定的多个对象的具体操作步骤如下。

STEP01：打开“产量统计 .xlsx”工作簿，选择 A1:H9 单元格区域，切换至“开始”选项卡，单击“对齐方式”组中的“左对齐”按钮，如图 3-13 所示。

STEP02：选择 A10:H20 单元格区域，切换至“开始”选项卡，单击“对齐方式”组中的“居中”按钮，如图 3-14 所示。此时的工作表如图 3-15 所示。

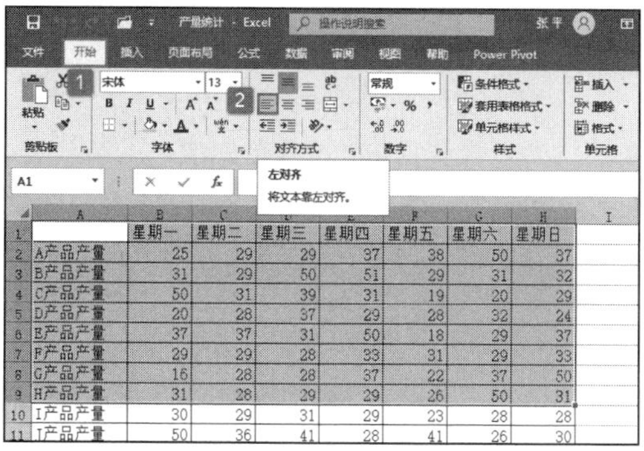

图 3-13　设置文本左对齐

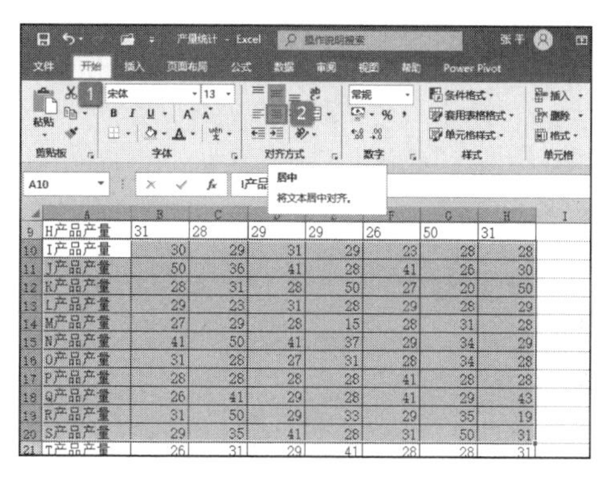

图 3-14　设置居中对齐

使用“设置单元格格式”对话框设置对齐方式的具体操作步骤如下。

STEP01：选择 A21:H27 单元格区域，单击鼠标右键，在弹出的隐藏菜单中选择“设置单元格格式”选项，如图 3-16 所示。打开“设置单元格格式”对话框。

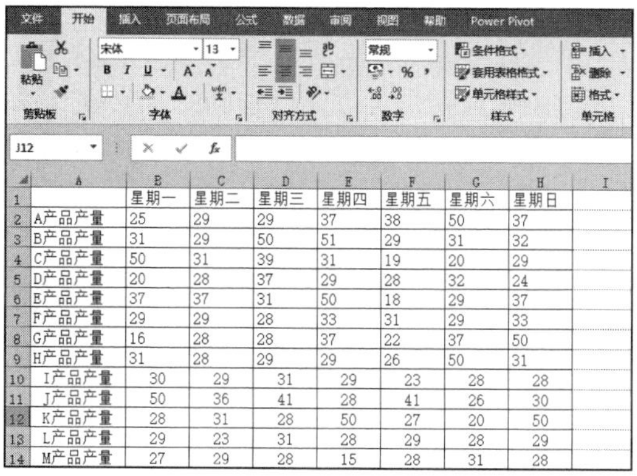

图 3-15　对齐效果

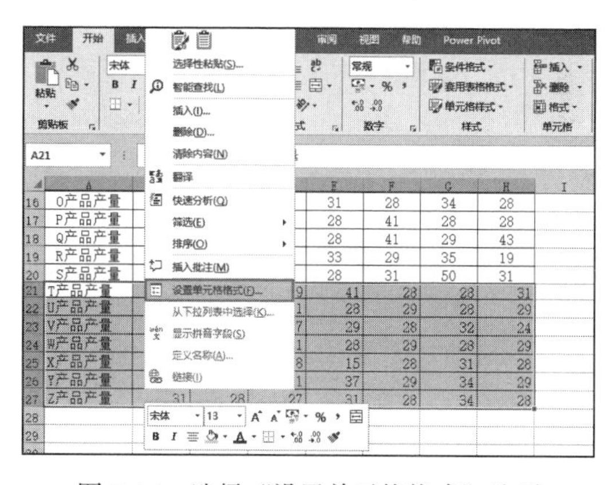

图 3-16　选择“设置单元格格式”选项

STEP02：切换至“对齐”选项卡，单击“水平对齐”选择框右侧的下三角按钮，在展开的下拉列表中选择“靠左（缩进）”对齐，默认缩进“0”值即可；然后单击“垂直对齐”选择框右侧的下三角按钮，在展开的下拉列表中选择“居中”对齐方式，最后单击“确定”按钮，如图 3-17 所示。设置完成后的效果如图 3-18 所示。

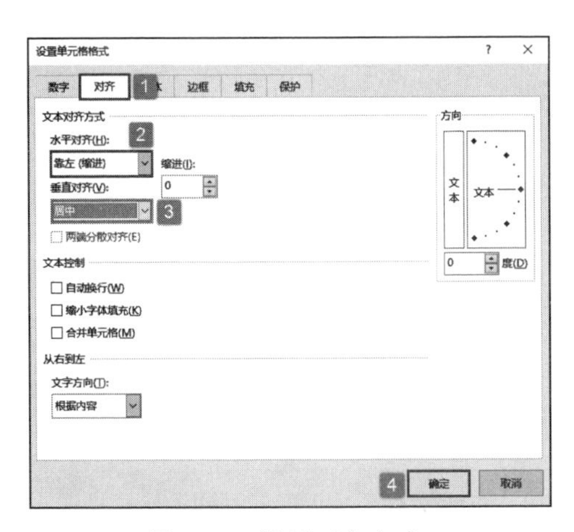

图 3-17　设置对齐方式

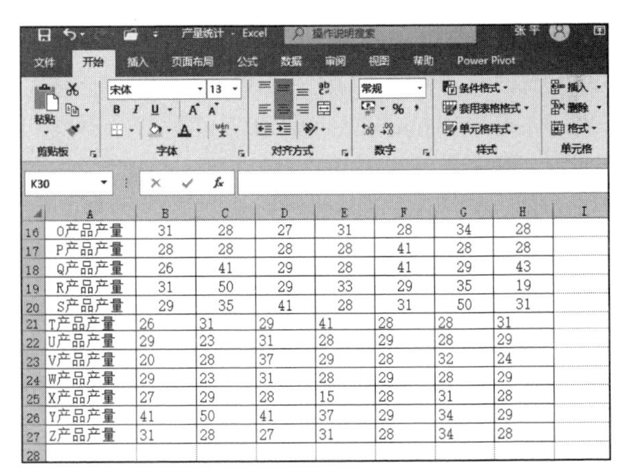

图 3-18　文本对齐效果

3.2　单元格常用操作

本节将介绍选择单元格、定位单元格、插入单元格等单元格常用操作，使得在日后处理数据的过程中更具有高效性。

3.2.1　选择单元格

选择单元格是 Excel 用户经常需要进行的操作。单元格的选取也有一定的技巧，掌握这些技巧后，用户便可以准确而快速地选择单元格。选择工作表中的单元格通常分为以下几种。

（1）使用“Shift”键选择较大区域

如果需要选择一个较小的单元格区域，直接用鼠标拖动来完成就可以了。在很多情况下单元格区域超出了屏幕的显示范围，这时就可以选择用“Shift”键进行选择，以下通过实例进行说明。

方法一： 先选择 G1 单元格，在左手按住“Shift”键的同时，右手按“Home”键，这时 A1:G1 单元格都被选择了。左手按住“Shift”键不放，右手放开“Home”键，按向下方向键到希望选择的行数，这里选择 27，这时就选择了 A1:G27 单元格区域。

方法二： 先选择 A1 单元格，在左手按住“Shift”键的同时，右手按向右方向键，直到 A1:G1 单元格都被选中。左手按住“Shift”键不放，右手放开“Home”键，按向下方向键到希望选择的行数，这里选择 27，这时就选择了 A1:G27 单元格区域。

（2）选择整行

方法一： 用鼠标选择。在行号处单击鼠标左键即可选择整行。如果选中整行之后再向下或向上拖动鼠标，就可以选择多个连续的行。如果选择不相邻的行，则可以按住“Ctrl”键然后在相应的行号处单击鼠标左键即可。

方法二： 用键盘进行选择。

1）选择整行：先选择目标行的任意单元格，然后按“Shift+Space”组合键即可。

2）选择多个连续的行：先选择最上面的列或最下面的列，然后按住“Shift”键，再按向下方向键或向上方向键扩展选区即可。

（3）选择整列

方法一：用鼠标选择。在列行标处单击鼠标左键即可选择整列。如果选择整列之后再向左或向右拖动鼠标，就可以选择多个连续的列。如果选择不相邻的列，则可以按住“Ctrl”键然后在相应的列标处单击鼠标左键即可。

方法二：用键盘进行选择。

1）选择整列：先选择目标列的任意单元格，然后按“Ctrl+Space”组合键即可。

2）选择多个连续的列：先选择最左面的列或最右面的列，然后按住“Shift”键，再按向右方向键或向左方向键扩展选区即可。

（4）选择非连续区域

如果同时选择多个不相邻的单元格或单元格区域，则可以在按住“Ctrl”键的同时用鼠标去选择不同的区域。用键盘组合键同样可以实现选择两个非连续区域，先用鼠标选中一个区域，然后按“Shift+F8”组合键，再用鼠标选中另一个区域即可。

（5）选择当前数据区域

先选中当前数据区域中任意一个单元格，然后按“Ctrl+*”快捷键，即可选择选择当前数据区域。注意，这种方法选择的是当前数据的矩形区域。

（6）反向选择剩余的行

在操作Excel 2019时，有时需要选择指定行以外的所有行，这会是一个相当大的区域，这时可以使用反向选择剩余行的方法。具体操作方法如下。

先整行选择指定行的下一行，然后按“Ctrl+Shift+向下方向键”组合键则会选择从指定行开始，到1048576行的所有行。

按“Ctrl+Shift+向上方向键”组合键则会选择从指定行开始到第1行的所有行。

（7）反向选择剩余的列

同样在操作Excel 2019时，有时需要选择指定列以外的所有列，这也是一个相当大的区域，这时可以使用反向选择剩余列的方法。具体操作方法如下。

先整列选择指定列的右一列，然后按“Ctrl+Shift+向右方向键”组合键，则会选择从指定列开始，到16384列的所有列。

按“Ctrl+Shift+向左方向键”组合键则会选择从指定列开始到第1列的所有列。

（8）选择多个工作表的相同区域

在Excel 2019中，用户不仅能在一张工作表中选择多个区域，还可以在多张工作表中选择相同区域。具体操作方法如下。

先在任意一张工作表中选择数据区域，然后按住“Ctrl”键，单击其他工作表的标签，此时就选中了多张工作表的相同区域。可以看到所有被选定的工作表的标签会亮白显示，如图3-19所示。这时还可以看到标题栏工作簿名称的右侧显示“[组]”。

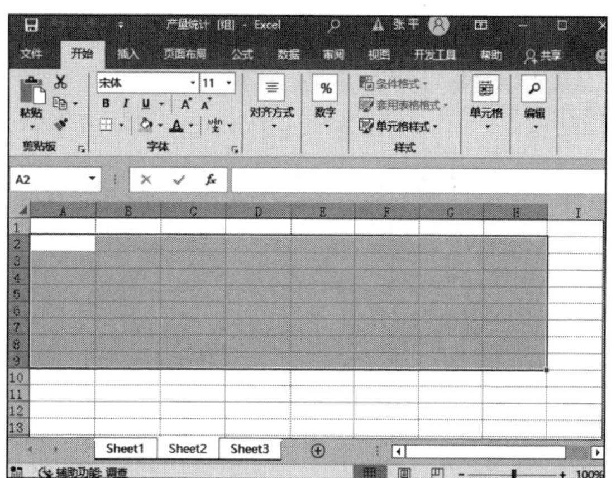

图3-19　选择多个工作表的相同区域

3.2.2　快速定位单元格

前一节讲了如何快速地选择一个

或多个单元格区域，但前提是用户必须知道需要选择的单元格或单元格区域的地址。如果用户希望在工作表中选择具有特殊性的单元格，例如包含公式的单元格，但在选择前不知道它们的具体地址，这时如果再用前面介绍的方法去选择，就会浪费大量的时间，同时工作效率也会降低。这时可以选择利用 Excel 2019 内置的定位功能。

打开“产量统计 .xlsx”工作簿，按“F5”键，这时会弹出如图 3-20 所示的“定位”对话框。如果选择已知地址的单元格区域，例如 A1:C6，则可以在“定位”对话框中的“引用位置”下方的文本框中输入“ A1:C6”，然后单击“确定”按钮。返回 Excel 2019 操作界面，工作表上的 A1:C6 单元格区域已经被选中了，如图 3-21 所示。

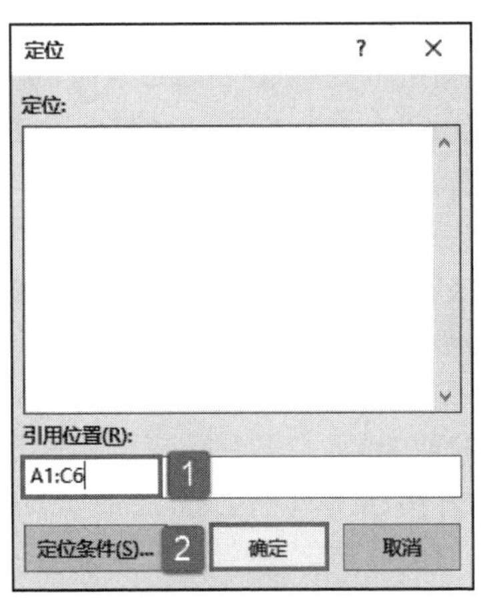

图 3-20 “定位”对话框

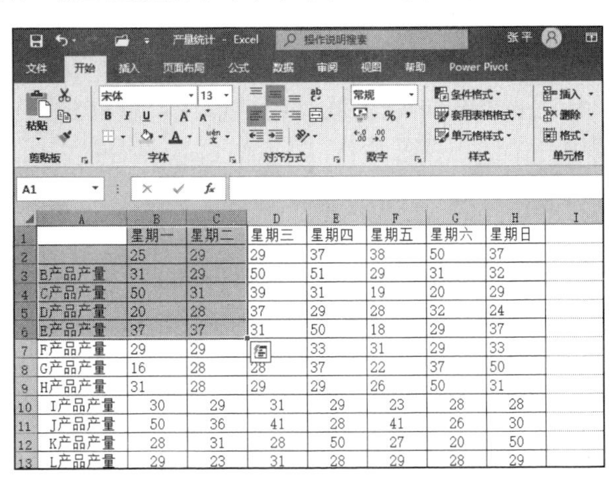

图 3-21 显示定位区域

再次按“ F5”键打开“定位”对话框，单击“定位条件”按钮，如图 3-22 所示。打开的“定位条件”对话框如图 3-23 所示。

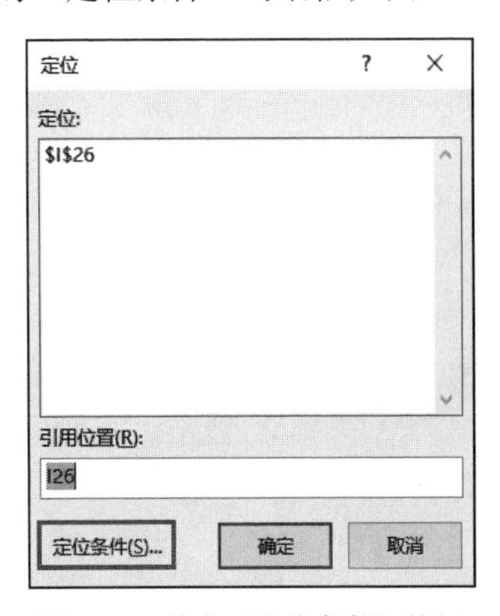

图 3-22 单击“定位条件”按钮

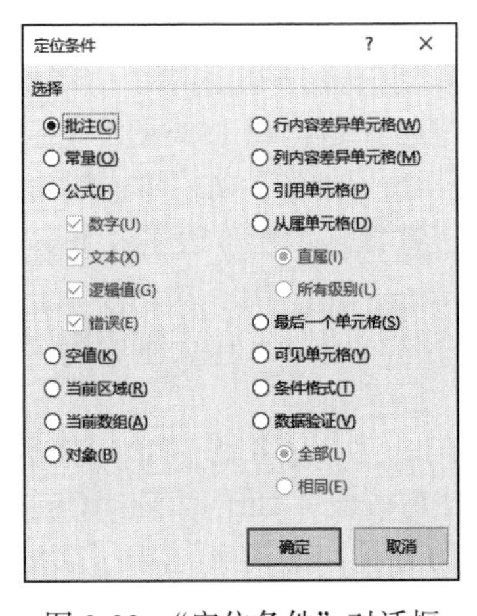

图 3-23 “定位条件”对话框

在“定位条件”对话框中，包含许多用于定位的选项。选择其中的一项，Excel 会在目标区域内选择所有符合该条件的单元格。

如果定位功能在目标区域内没有找到符合条件的单元格，则 Excel 会弹出一个如图 3-24 所示的提示框，来提示用户“未找到单元格”。

图 3-24 提示对话框

所谓目标区域，就是指如果在用户使用定位功能以前，只选中了一个单元格，那么定位的目标区域，就是整个工作表的活动区域。如果选择了一个单元格区域，那么目标区域就是已经被选择的单元格区域。

“定位条件”对话框中各个选项的含义简要介绍如下。

1）批注：选定带有批注的单元格。

2）常量：选定内容为常量的单元格。Excel 中的常量指的是数字、文本、日期或逻辑值等静态数据，公式计算的结果不是常量。常量选项包含 4 个选项，“数字”“文本”“逻辑值”和“错误”，可以选择其中的一个或多个更细化的定位条件。

3）公式：选定包含公式的单元格。与常量一样，可以使用“数字”“文本”“逻辑值”和“错误”这 4 个选项来细化定位条件，寻找计算结果符合要求的公式。

4）空值：选定空单元格（即没有任何内容的单元格）。

5）当前区域：选定活动单元格周围的矩形单元格区域，区域的边界为空行或空列。

6）当前数组：选定活动单元格所在的数组区域单元格。

7）对象：选定所有插入的对象。

8）行内容差异单元格：目标区域中每行与其他单元格不同的单元格。

9）列内容差异单元格：目标区域中每列与其他单元格不同的单元格。

10）引用单元格：选定活动单元格或目标区域中公式所引用的单元格，可以选定直接引用的单元格或所有级别的引用单元格。

11）从属单元格：选定引用了活动单元格或目标区域中公式所在的单元格，可以选定直属单元格或所有级别的从属单元格。

12）最后一个单元格：选定目标区域中右下角带有数据或格式设置的单元格。

13）可见单元格：选定可以看到的单元格。

14）条件格式：选定应用了条件格式的单元格。

15）数据验证：选定设置了数据有效性的单元格。子选项“全部”指的是所有包含数据有效性的单元格；子选项“相同”指的是仅与活动单元格具有相同有效性规则的单元格。

3.2.3 插入单元格

在操作工作表的过程中，可能在某些情况下需要插入一个或多个单元格。在工作表中插入单元格的方法通常有两种，以下详细介绍在工作表中快速插入多个单元格的具体操作方法。

方法一：标准方法。

STEP01：选择 D3 单元格，切换至“开始”选项卡，在“单元格”组中单击“插入”下三角按钮，在展开的下拉列表中选择“插入单元格”选项，如图 3-25 所示。

STEP02：弹出“插入”对话框，选择插入“整行”选项，然后单击“确定”按钮，如图 3-26 所示。返回工作表后，最终效果如图 3-27 所示。

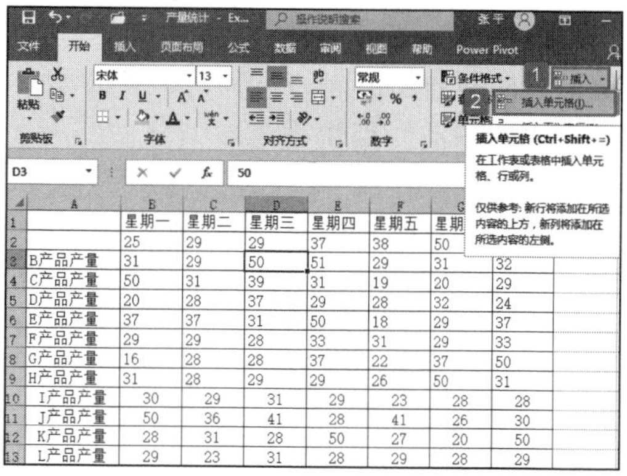

图 3-25　选择插入单元格

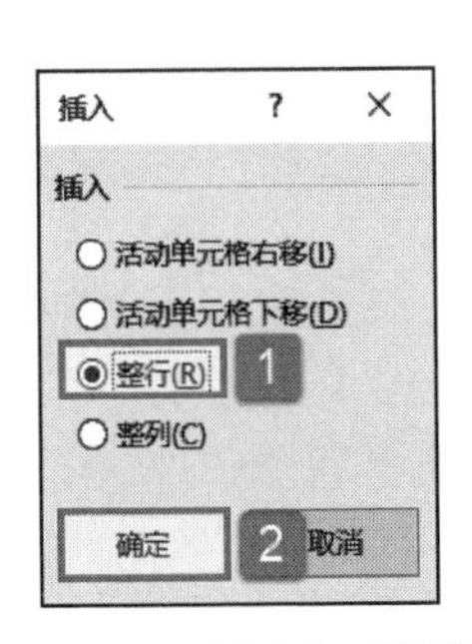

图 3-26 “插入”对话框

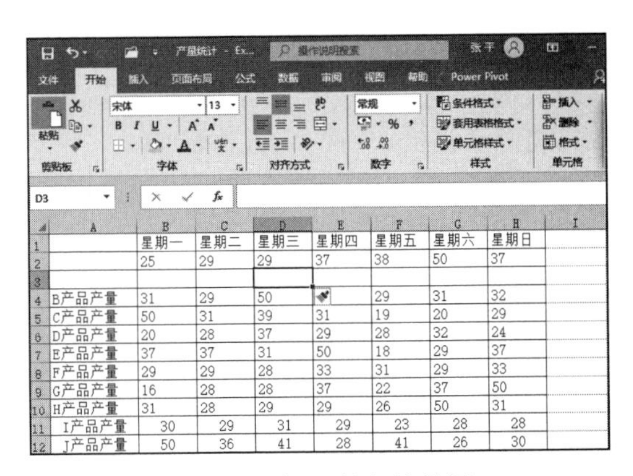

图 3-27 插入整行效果图

方法二：快捷方法。

选择 A3:H3 单元格区域，按住“Shift”键的同时将鼠标放置到选区的右下角，当光标变为分隔箭头时，再继续向下或向右拖动鼠标，拖动的单元格区域就是插入单元格的区域，拖动的方向就是“活动单元格”移动的方向。拖动完毕释放鼠标，此时便可以完成单元格区域的插入，如图 3-28 所示。

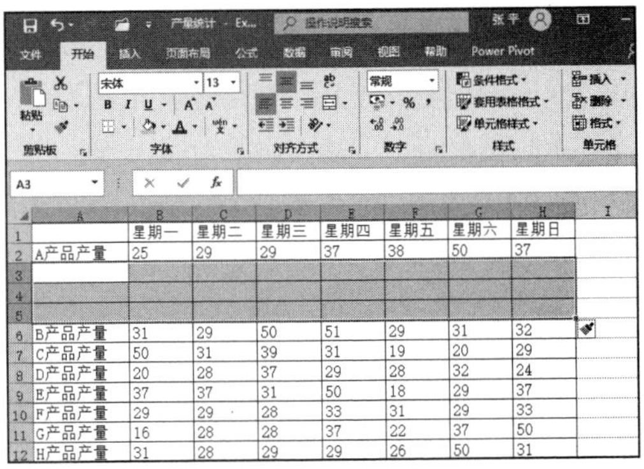

图 3-28 插入单元格区域

3.3 实战：行列常用操作

本节将介绍插入行列、拆分行列、移动或复制行列、行列转置等行列常用操作，使用户对行列的操作更加得心应手。

3.3.1 插入行或列

在工作表中插入行或列是最基本的一项操作，通常情况下用户会随时在需要的位置插入行或列。有时也会遇到在指定的位置插入行或列的情况，其操作方法与常用的插入方法是一样的。在指定位置插入行或列的方法有以下几种。

方法一：使用快捷菜单。

选择 B3 单元格，单击鼠标右键，在弹出的隐藏菜单中选择“插入”选项，打开“插入”对话框。在打开的“插入”对话框中选择需要插入的选项，最后单击“确定”按钮即可，如图 3-29 所示。

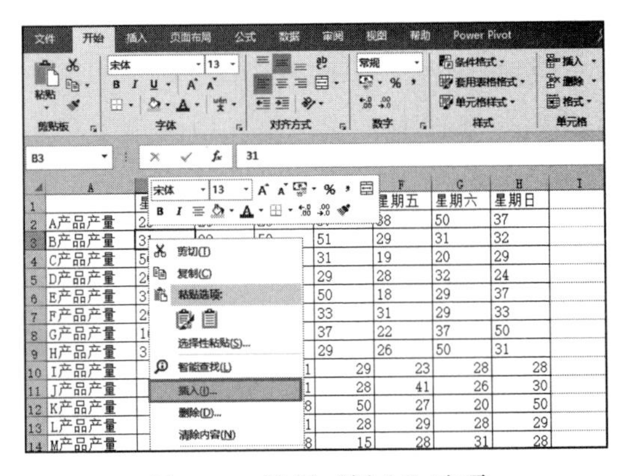

图 3-29 选择“插入”选项

方法二：使用组合键。

选择 B3 单元格，按“Ctrl+Shift+=”组合键打开“插入”对话框，在打开的

“插入”对话框中选择需要插入的选项，最后单击“确定”按钮即可。

用户有时需要在工作表中插入多行或多列，插入多行或多列的方法通常有以下几种，用户可以任选一种进行插入操作。

方法一：在插入一行或一列后，按“Ctrl+Y”快速插入，直到插入足够多的行或列。

方法二：Excel 允许用户一次性插入多行或多列，以下通过插入多列为例说明具体操作方法。

单击需要插入列的下一列，然后向右拖鼠标，拖动的列数就是希望插入的列数。在被选定列的任意位置单击鼠标右键，在弹出的隐藏菜单中选择“插入”选项。

同样，插入行也是进行以上操作。

前面讲的行或列插入的操作技巧，指的都是连续插入。在实际操作过程中，用户并不是只插入连续的行或列。如果要每隔一列插入一列，通常情况下会有两种操作方法。下面以“体育成绩表 .xlsx”工作簿为例进行具体的讲解。

方法一：传统的方法，一列一列地进行插入。这种方法费时费力。

方法二：通过菜单插入。

STEP01：在第 1 行的行标处单击鼠标右键，在弹出的隐藏菜单中选择“插入”选项，如图 3-30 所示。随后会在 A1 单元格所在的行插入一行空白的单元格区域。

STEP02：在 A1 单元格中输入数字 1，然后使用填充柄工具以“填充序列”的方式填充至 L1 单元格，如图 3-31 所示。

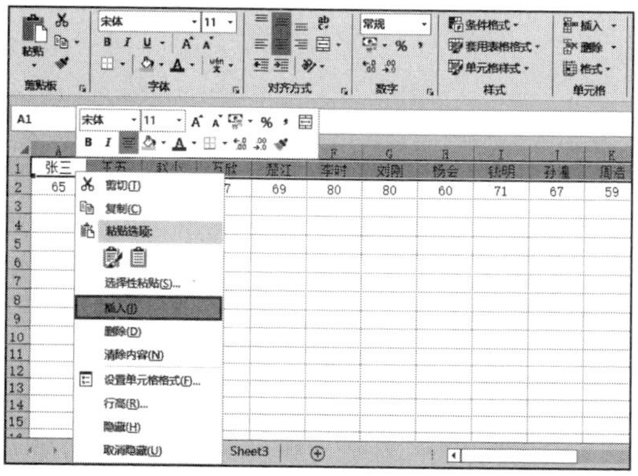

图 3-30　选择“插入”选项

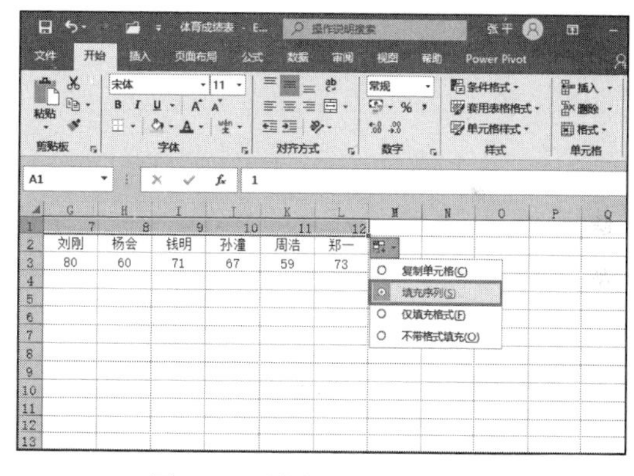

图 3-31　填充 A1:L1 单元格

STEP03：在 M1 单元格中输入数字 1.1，然后使用填充柄工具以“填充序列”的方式填充至单元格 W1，如图 3-32 所示。

STEP04：选择 A1:W3 单元格区域，切换至“数据”选项卡，单击“排序和筛选”组中的“排序”按钮，如图 3-33 所示。打开“排序”对话框。

STEP05：单击“排序”对话框中的“选项”按钮打开“排序选项”对话框，在“方向”列表框中单击“按行排序”单选按钮，最后单击“确定”按钮，如图 3-34 所示。

STEP06：在“排序”对话框中单击“主要关键字”选择框右侧的下拉按钮，在展开的下拉列表中选择“行 1”，如图 3-35 所示。完成设置后单击“确定”按钮即可返回工作表页面。

STEP07：选择第 1 行，在第 1 行的任意位置单击鼠标右键，在弹出的隐藏菜单中选择“删除”选项，如图 3-36 所示。此时可以在工作表中看到隔列插入单元格的效果，如图 3-37 所示。

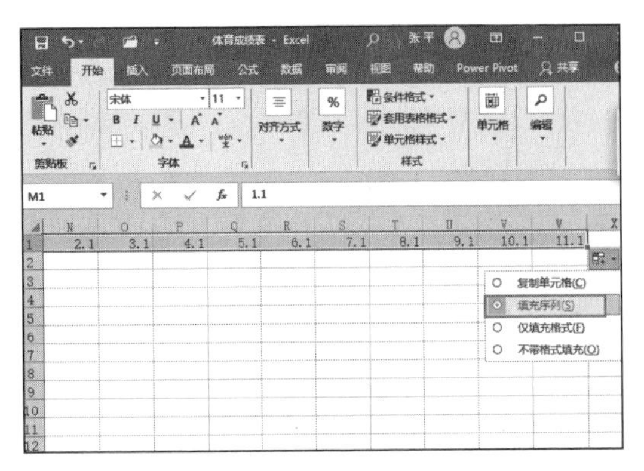

图 3-32　填充 M1:W1 单元格

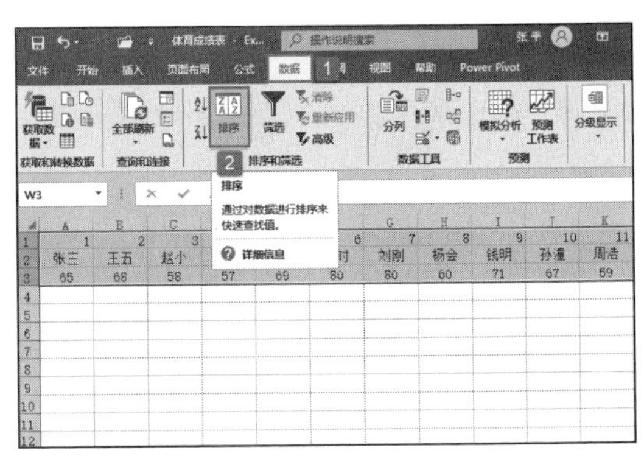

图 3-33　单击“排序”按钮

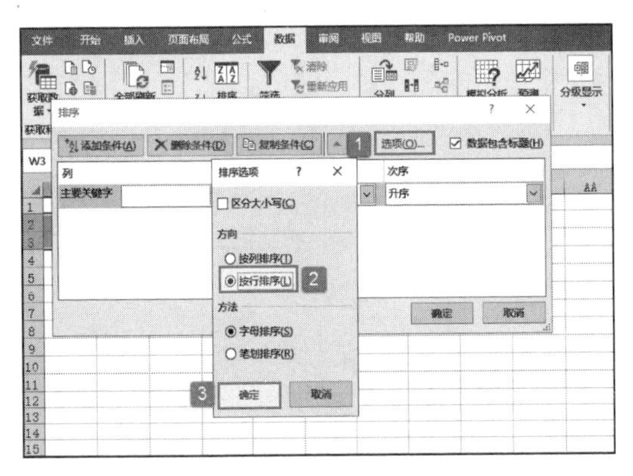

图 3-34　设置排序选项

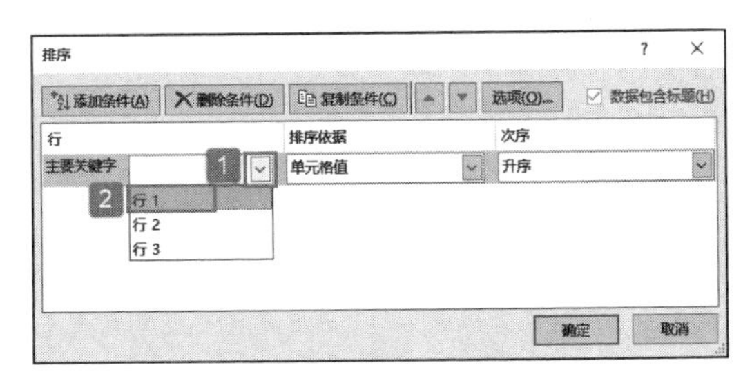

图 3-35　设置筛选的主要关键字

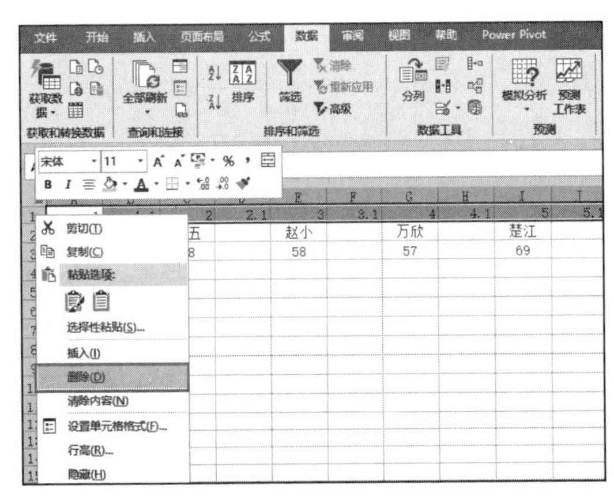

图 3-36　删除首行

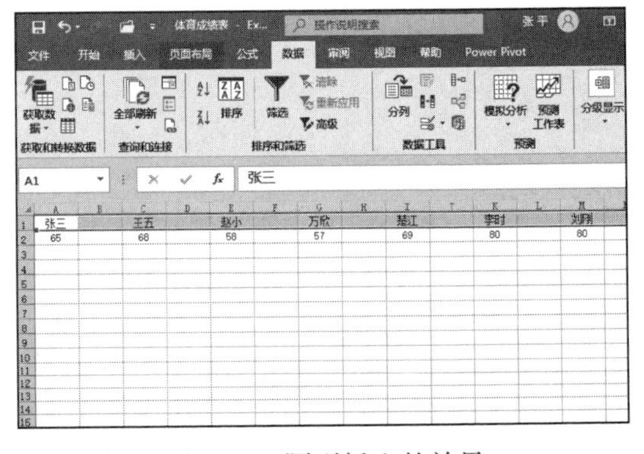

图 3-37　隔列插入的效果

同样，隔行插入也是执行与上述同样的步骤，只是在输入数值时，由 1.1 改为了 1.5。

3.3.2　拆分行列

在用工作表处理数据时，有时候根据要求，将一列资料分为两列或多列。下面通过实例详细讲解如何将工作表中的一列分为多列。

STEP01：打开“行列拆分.xlsx”工作簿，在B列列标处单击鼠标左键选中B列，切换至“数据”选项卡，单击“数据工具”组中的“分列”按钮，如图3-38所示。打开“文本分列向导”对话框。

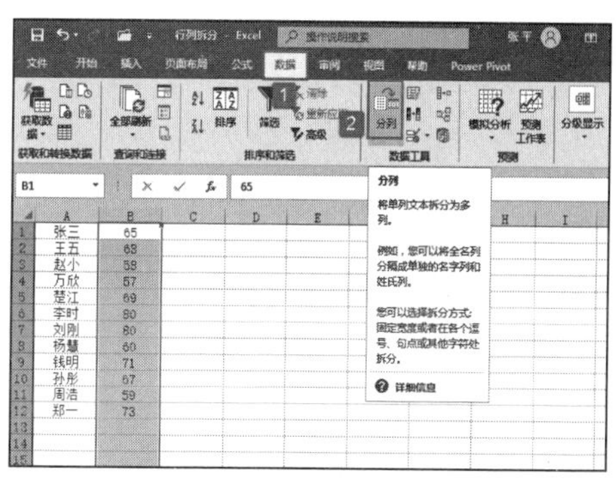

图3-38 单击“分列”按钮

STEP02：在“请选择最合适的文件类型”列表选项中单击“固定宽度–每列字段加空格对齐”单选按钮，然后单击“下一步”按钮，如图3-39所示。

STEP03：在“数据预览”框中将分列线移至数字中间，然后单击“下一步”按钮，如图3-40所示。

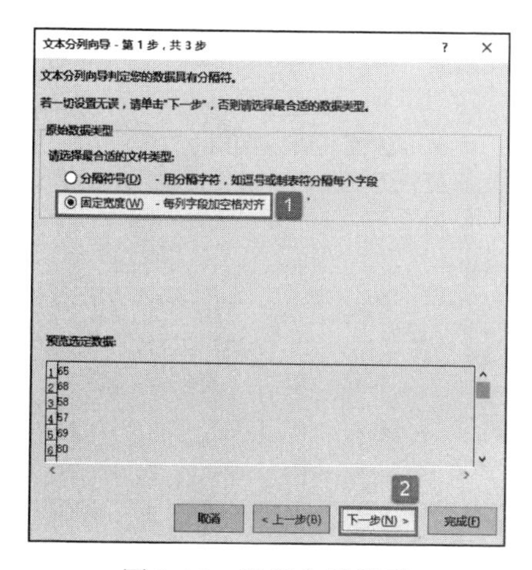

图3-39 设置文件类型

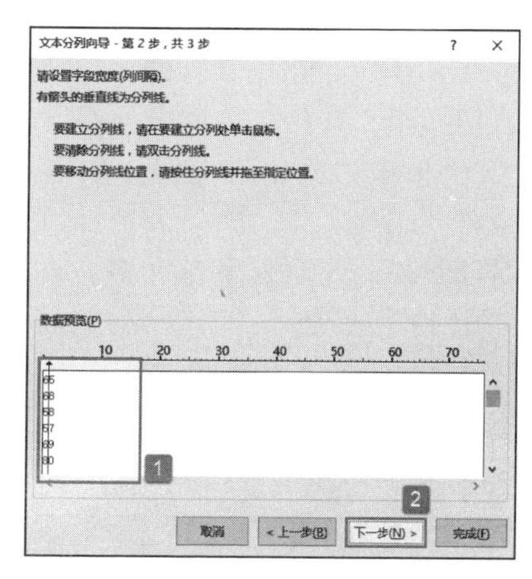

图3-40 调整分列线

STEP04：在“列数据格式”列表选项中单击“常规”单选按钮，然后单击“完成”按钮返回工作表即可，如图3-41所示。拆分后的效果如图3-42所示。

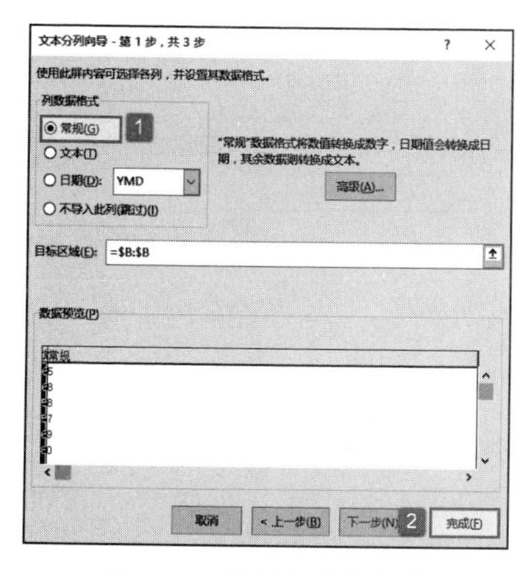

图3-41 设置列数据格式

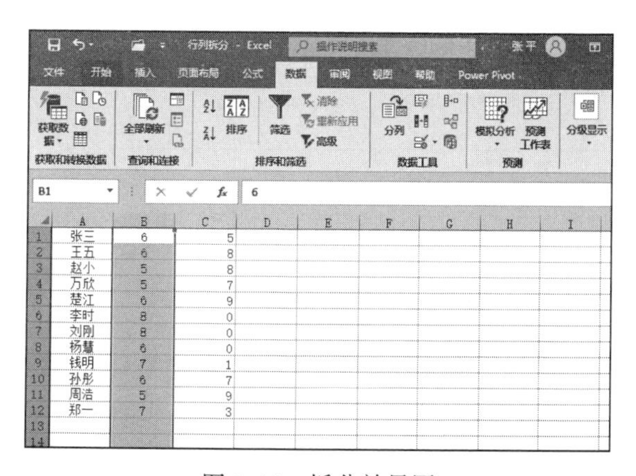

图3-42 拆分效果图

3.3.3 行列的移动与复制

在使用工作表的过程中，有时会遇到移动或复制工作表的行与列的情况。可以通过以下 3 种方法中的一种来进行操作。

方法一：使用快捷键。

选择要复制或移动的行或列。如果要进行移动工作表的行或列操作，需要先按“Ctrl+X”组合键，然后在目标位置按“Ctrl+V”组合键；如果要进行复制工作表的行或列操作，先按“Ctrl+C”组合键，然后在目标位置按“Ctrl+V”组合键进行粘贴操作。

方法二：使用快捷菜单。

选择要复制或移动的行或列，在行标或列标处单击鼠标右键，在弹出的隐藏菜单中选择“剪切”或“复制”命令。然后在目标位置再次单击鼠标右键，在弹出的隐藏菜单中选择“粘贴”选项即可。

方法三：使用功能区按钮。

STEP01：单击第 2 行的行标选择第 2 行，切换至“开始”选项卡，在“剪贴板”组中单击“剪切”按钮，如图 3-43 所示。

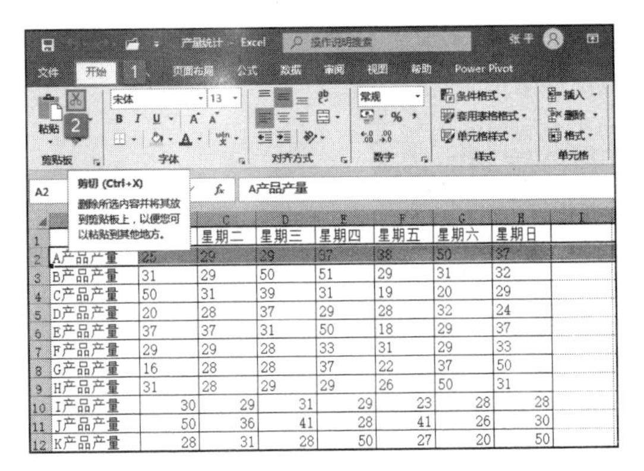

图 3-43　单击“剪切”按钮

STEP02：选择 A24 单元格，再次切换至“开始”选项卡，单击“剪贴板”组中的“粘贴”下三角按钮，在展开的列表中选择“粘贴”选项，如图 3-44 所示。移动后的效果如图 3-45 所示。

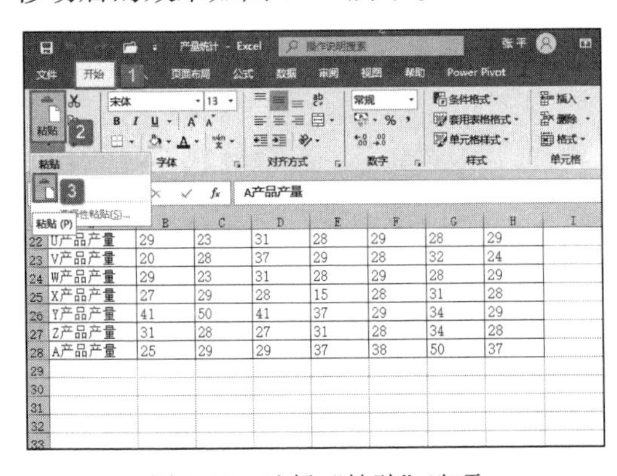

图 3-44　选择“粘贴”选项

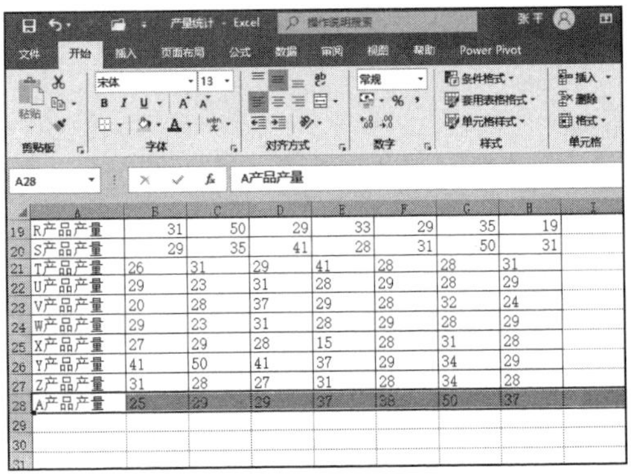

图 3-45　移动后的效果

按照类似步骤，也可以进行复制工作表中的行或列操作。

3.3.4　设置行高与列宽

Excel 工作表中的行高和列宽是自定义的，即可以根据用户的需要随时进行更改。用户可以更改任一行的行高和任一列的列宽，也可以更改整个工作表的行高和列宽。以下通过设置第 2 行的行高和 A 列的列宽来详细说明。

STEP01：选择要更改行高的行标，这里在第 2 行的行标处单击鼠标右键，在弹出的隐藏菜单中选择“行高”选项，如图 3-46 所示。

STEP02：行高的默认值为 14.25，在行高文本框内输入数值，这里输入数值 18，然后单击“确定”按钮，如图 3-47 所示。此时的第 2 行的行高已经设置完毕。

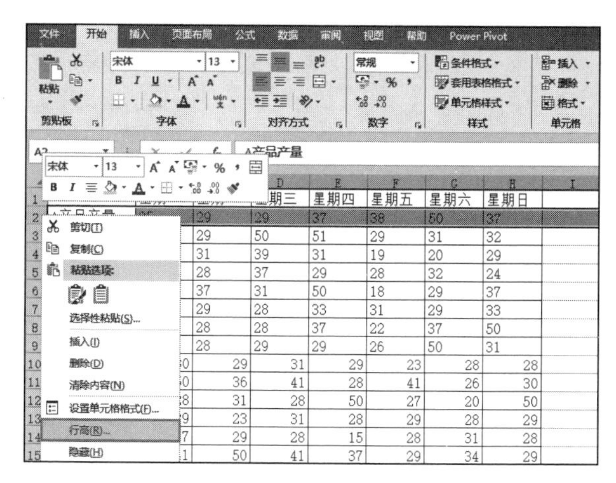

图 3-46　选择“行高”选项

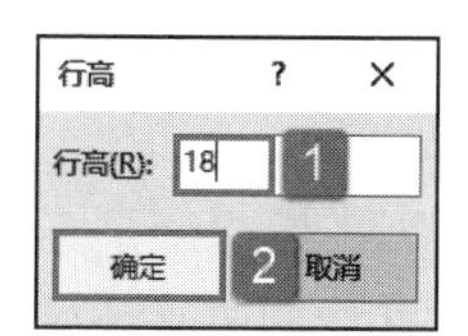

图 3-47　设置行高

STEP03：选择要更改列宽的列标，这里选择 A 列，在 A 列的列标处单击鼠标右键，在弹出的隐藏菜单中选择“列宽”选项，如图 3-48 所示。打开“列宽”对话框。

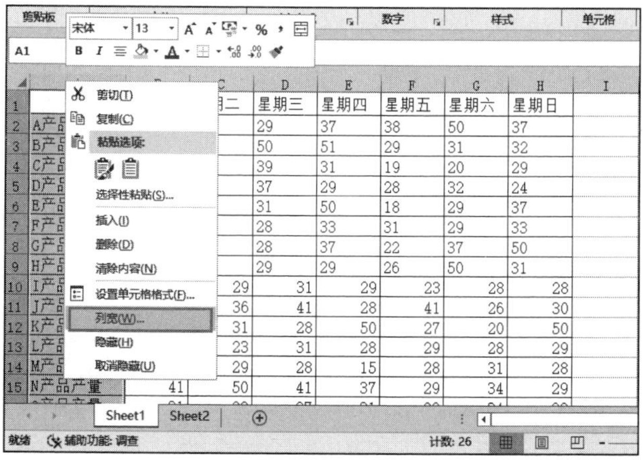

图 3-48　选择“列宽”选项

STEP04：列宽的默认值为 8.38，在列宽文本框中输入数值 13，然后单击“确定”按钮，如图 3-49 所示。此时的 A 列的列宽已经设置完毕。此时可以看到 A 列列宽已变更，结果如图 3-50 所示。

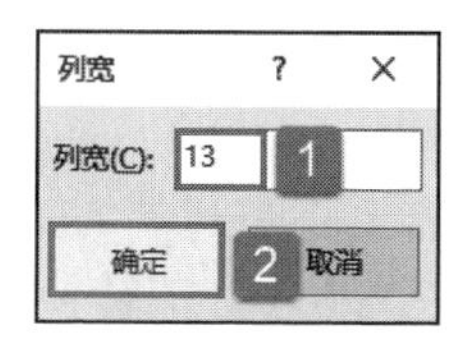

图 3-49　设置列宽

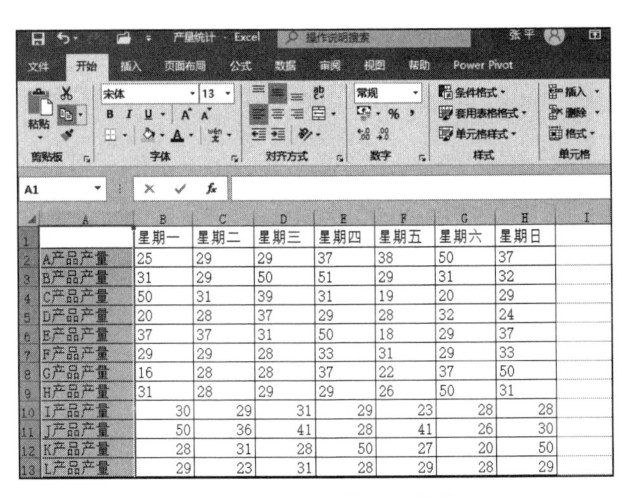

图 3-50　设置行高和列宽值

3.3.5　删除行或列

如果在工作表中有大量的行或列，用户确定不再使用，可以将其进行删除。批量删除工作表方法有如下几种，用户可根据实际情况选择适合的一种进行操作。在删除前用户务必确认数据的有效性，要谨慎删除。

方法一：使用快捷菜单。

选择要删除的多行或多列，在被选择的任意位置处单击鼠标右键，然后在弹出的隐藏菜单中选择“删除”选项，如图 3-51 所示。

方法二：使用功能区按钮。

选择要删除的多行或多列，切换至“开始”选项卡，单击“单元格”组中的“删除”下三角按钮，在展开的下拉列表中选择“删除工作表行”选项或“删除工作表列”选项即可，如图 3-52 所示。

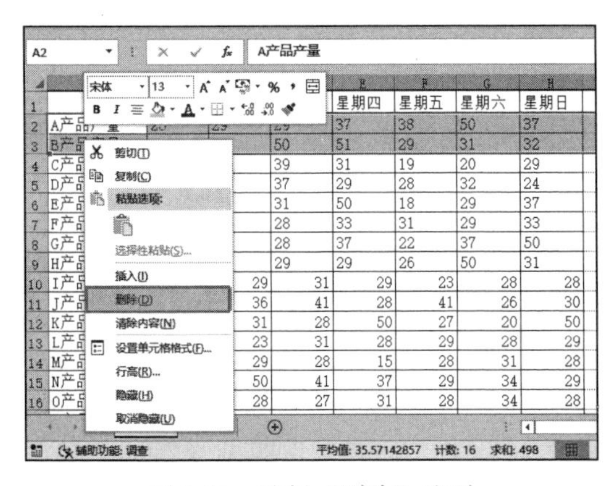

图 3-51　选择“删除”选项

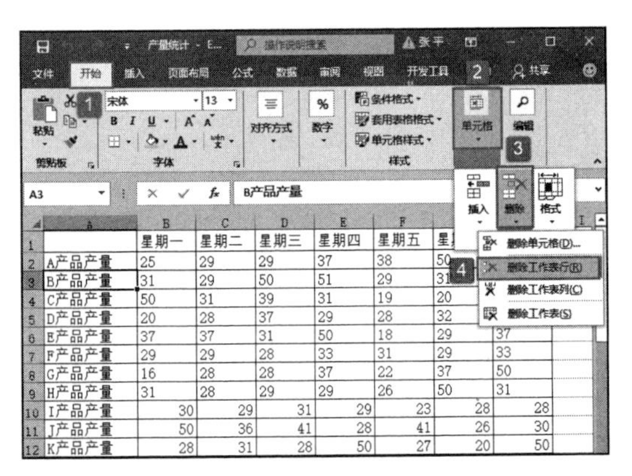

图 3-52　选择删除工作表行

3.3.6　行列转置

有时用户还会遇到这种情况，需要将一行“ABCDEF”，转换为一列“ABCDEF”，即行与列的数据互换。如果一个一个进行手工转换则会浪费大量时间。下面介绍两种轻松互换行与列数据的技巧。

方法一：使用快捷菜单。

STEP01：打开“体育成绩表.xlsx”工作簿，选择A1:L2单元格区域，单击鼠标右键，在弹出的隐藏菜单中选择“复制”选项，如图3-53所示。

STEP02：将光标移动到“Sheet3”工作表中的A1单元格，单击鼠标右键，在弹出的隐藏菜单中选择“粘贴选项”列表下的“转置”选项即可，如图3-54所示。

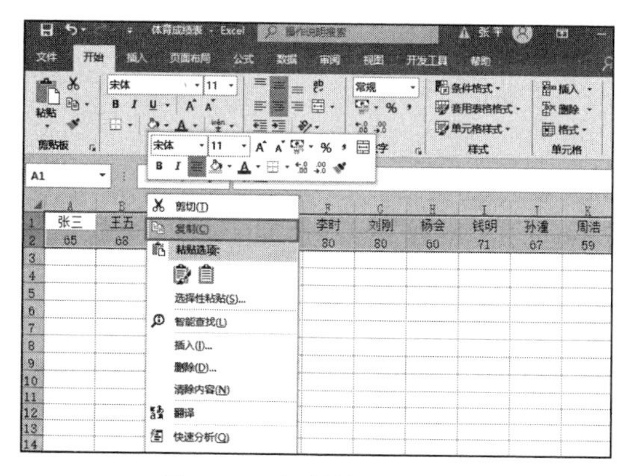

图3-53 复制单元格区域

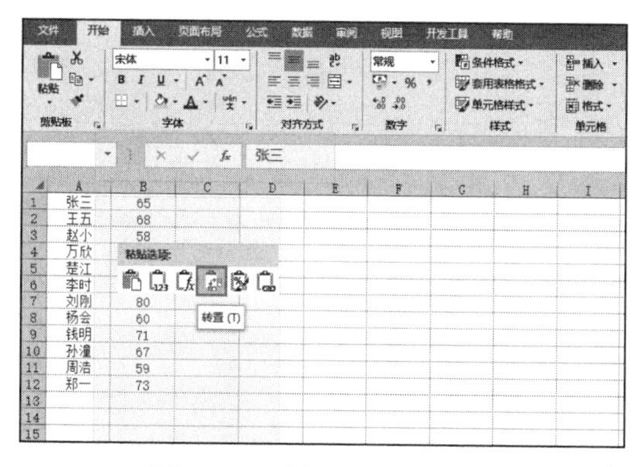

图3-54 选择“转置”选项

方法二：使用功能区中的按钮。

STEP01：选择A1:L2单元格区域，切换至“开始”选项卡，单击“剪贴板”组中的“复制”下三角按钮，在展开的下拉列表中选择“复制”选项，如图3-55所示。

STEP02：将光标移动到“Sheet4”工作表中的A1单元格，切换至“开始”选项卡，在“剪贴板”组中单击“粘贴”下三角按钮，在展开的下拉列表中选择“转置”选项即可完成行列转置，如图3-56所示。

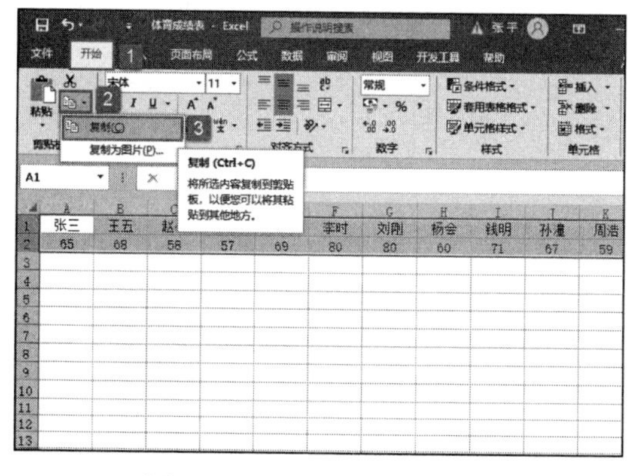

图3-55 选择“复制”选项

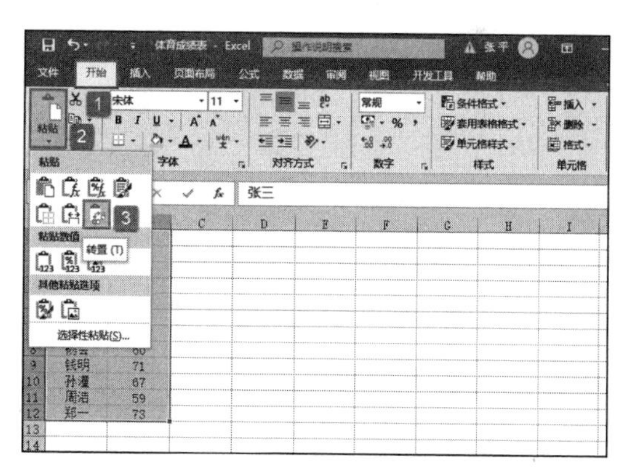

图3-56 选择“转置”选项

3.3.7 显隐特殊行列

在实际操作Excel工作表的过程中，由于某种特殊的原因，经常需要将工作表中的某行或列隐藏。但是很多用户在隐藏行或列后，不知道如何将隐藏的行或列再次显示出来。以下将通过实例隐藏或显示行与列。

通常情况下，隐藏或显示特定的行与列有以下几种方法。

方法一：在要隐藏列的列标处单击鼠标右键，这里选择A列，然后在被选定列的任意位置单击鼠标右键，在弹出的隐藏菜单中选择“隐藏”选项，如图3-57所示。隐藏 A 列后的效果如图 3-58 所示。

图 3-57 选择“隐藏”选项

星期一	星期二	星期三	星期四	星期五	星期六	星期日
25	29	29	37	38	50	37
31	29	50	51	29	31	32
50	31	39	31	19	20	29
20	28	37	29	28	32	24
37	37	31	50	18	29	37
29	29	28	33	31	29	33
16	28	28	37	22	37	50
31	28	29	29	26	50	31
30	29	31	29	23	28	28
50	36	41	28	41	26	30
28	31	28	50	27	20	50
29	23	31	28	29	28	29
27	29	28	15	28	31	28

图 3-58 隐藏 A 列效果图

方法二：选择要隐藏列的一个或多个列标，这里选择 E 列，切换至“开始”选项卡，在“单元格”组中单击“格式”下三角按钮，在展开的下拉列表中选择“隐藏和取消隐藏”选项，在展开的级联列表中选择“隐藏列”选项，如图 3-59 所示。隐藏 E 列效果如图 3-60 所示。

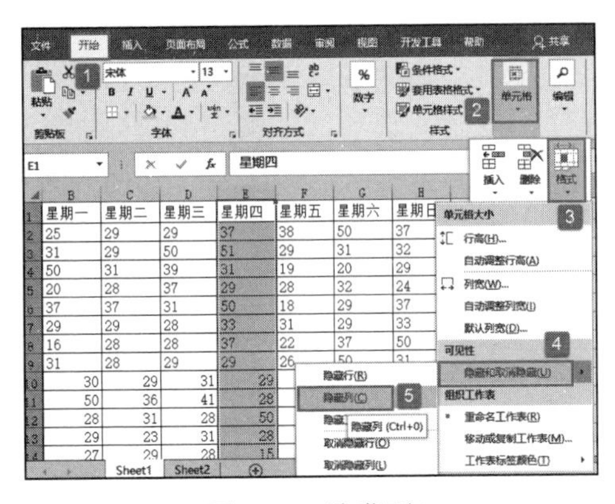

图 3-59 隐藏列

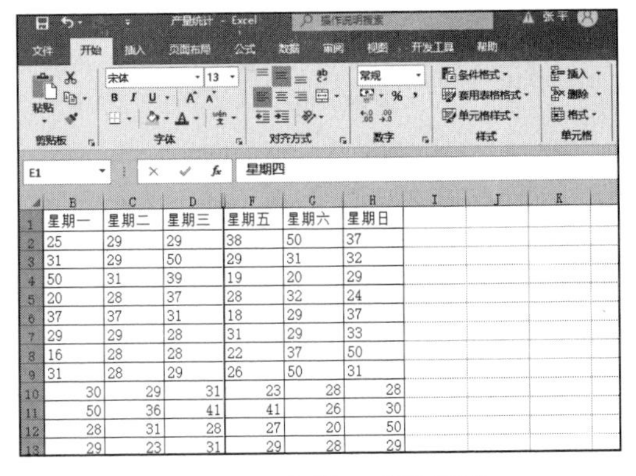

星期一	星期二	星期三	星期五	星期六	星期日
25	29	29	38	50	37
31	29	50	29	31	32
50	31	39	19	20	29
20	28	37	28	32	24
37	37	31	18	29	37
29	29	28	31	29	33
16	28	28	22	37	50
31	28	29	26	50	31
30	29	31	23	28	28
50	36	41	41	26	30
28	31	28	27	20	50
29	23	31	29	28	29

图 3-60 隐藏 E 列效果图

显示列的具体操作步骤如下。

方法一：在隐藏列的列标处单击鼠标右键，这里选择 B 列，然后在被选定列的任意位置单击鼠标右键，在弹出的隐藏菜单中选择“取消隐藏”选项，如图 3-61 所示。取消隐藏 A 列后的效果如图 3-62 所示。

图 3-61 取消隐藏 A 列

	星期一	星期二	星期三	星期五	星期六	星期日
A产品产量	25	29	29	38	50	37
B产品产量	31	29	50	29	31	32
C产品产量	50	31	39	19	20	29
D产品产量	20	28	37	28	32	24
E产品产量	37	37	31	18	29	37
F产品产量	29	29	28	31	29	33
G产品产量	16	28	28	22	37	50
H产品产量	31	28	29	26	50	31
I产品产量	30	29	31	23	28	28
J产品产量	50	36	41	41	26	30
K产品产量	28	31	28	27	20	50
L产品产量	29	23	31	29	28	29
M产品产量	27	29	28	28	31	28

平均值: 30.46153846 计数: 53 求和: 792

图 3-62 取消隐藏 A 列效果图

方法二： 选择 D 列和 F 列，切换至“开始”选项卡，在“单元格”组中单击“格式”下三角按钮，在展开的下拉列表中选择“隐藏和取消隐藏”选项，在展开的级联列表中选择“取消隐藏列”选项，如图 3-63 所示。取消隐藏 E 列效果如图 3-64 所示。

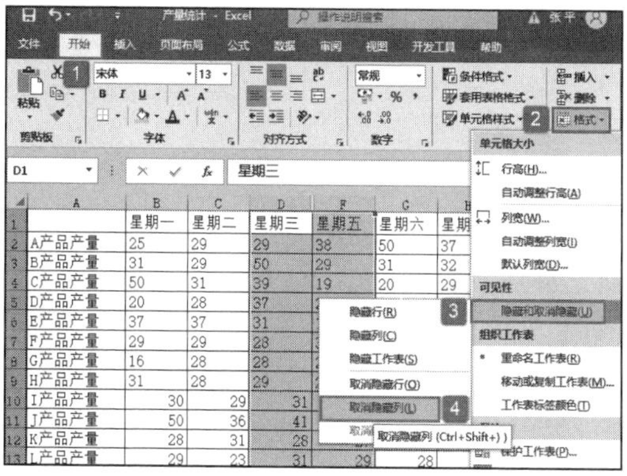

图 3-63　取消隐藏列

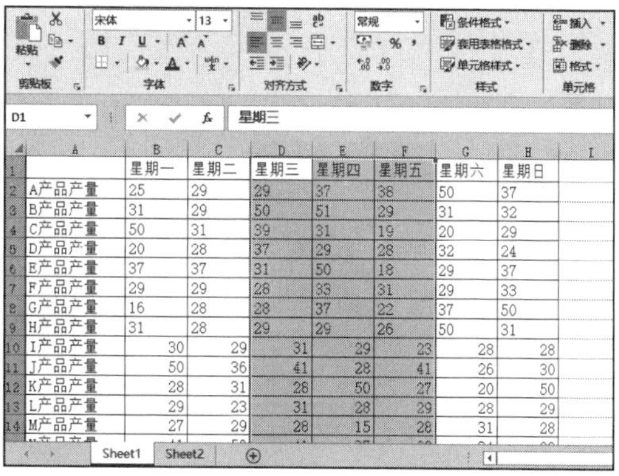

图 3-64　取消隐藏 E 列效果图

3.4 工作窗口的视图控制

窗口被用来表示应用程序的可视内容和管理与用户的直接交互。在 Excel 2019 中，能熟练地对工作窗口进行控制，可以大大提高用户的工作效率。

3.4.1 冻结窗格

在工作表中处理大量数据时，可能会看不到前面的行或列，如图 3-65 所示。这时就需要利用 Excel 提供的冻结或锁定功能来将行与列进行锁定。以下通过实例简单介绍冻结或锁定工作表的行与列的操作步骤。

切换至“视图”选项卡，在“窗口”组中单击“冻结窗格”下三角按钮，在展开的下拉列表中选择“冻结首行”选项或“冻结首列”选项，则第 1 行或第 1 列就被冻结。这里选择“冻结首行”选项，如图 3-66 所示。冻结首行窗格的效果如图 3-67 所示。

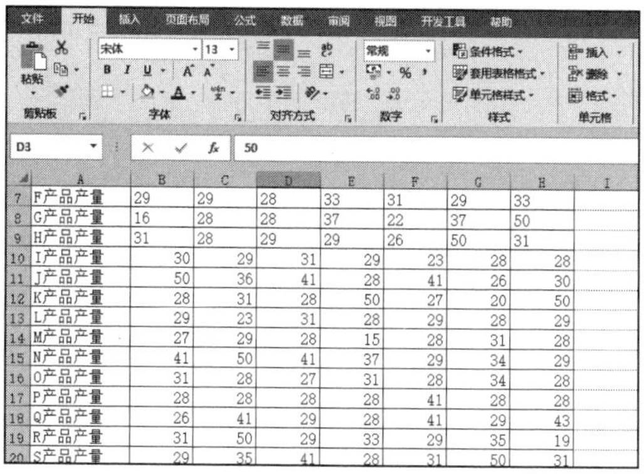

图 3-65　工作表查看

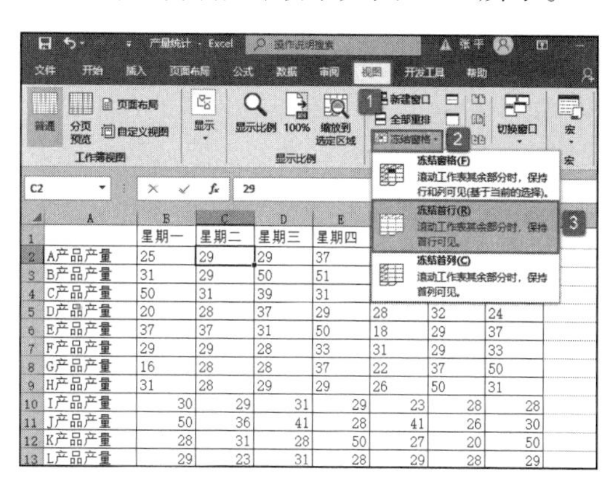

图 3-66　冻结首行

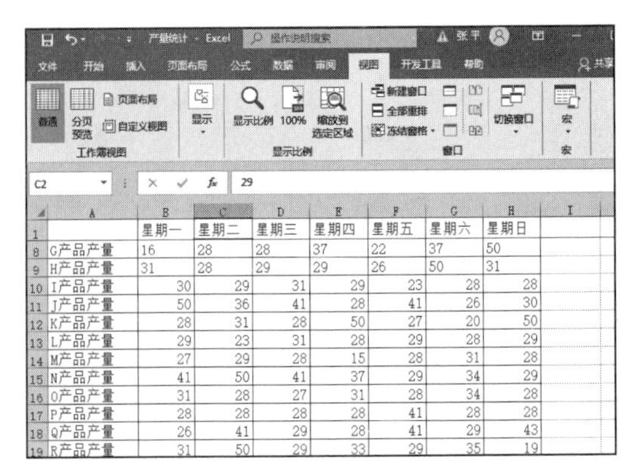

图 3-67　冻结首行效果图

3.4.2　取消冻结窗格

如果要取消冻结窗格，再次切换至“视图”选项卡，在“窗口”组中单击“冻结窗格”下三角按钮，在展开的下拉列表中选择“取消冻结窗格”选项即可，如图 3-68 所示。

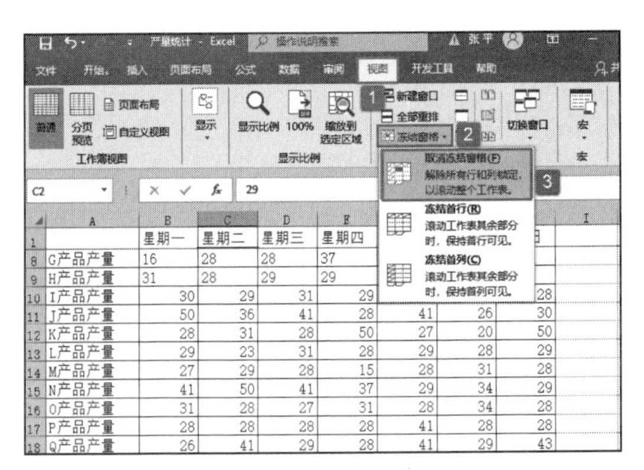

图 3-68　取消冻结窗格

第4章

工作表页面布局与打印设置

在Excel工作表中处理的数据，在很多情况下是需要打印输出的。因此用户需要精确地控制打印输出的内容、打印工作表的页面设置或打印机的设置等。本章将介绍如何对工作表页面进行布局，以及打印设置时应用到的操作技巧。

- 设置表格格式
- 设置页眉页脚
- 实战：打印设置

4.1 设置表格格式

为了让制作好的表格与数据内容更协调，通常还需要对表格进行必要的格式设置。下面具体介绍一下 Excel 2019 单元格格式的知识和设置技巧。

4.1.1 设置表格主题

Excel 2019 采用系统默认的外观，如图 4-1 所示。用户在使用工作表的过程中，如果不喜欢工作表的默认外观，那么可以利用自定义格式来进行外观设置。Excel 2019 允许用户更改 Excel 的主题，来快速地改变工作表的外观。下面简单介绍如何使用主题快速改变工作表的外观。

	B	C	D	E	F	G	H
1	星期一	星期二	星期三	星期四	星期五	星期六	星期日
2	25	29	29	37	38	50	37
3	31	29	50	51	29	31	32
4	50	31	39	31	19	20	29
5	20	28	37	29	28	32	24
6	37	37	31	50	18	29	37
7	29	29	28	33	31	29	33
8	16	28	28	37	22	37	50
9	31	28	29	29	26	50	31
10	30	29	31	29	23	28	28
11	50	36	41	28	41	26	30
12	28	31	28	50	27	20	50
13	29	23	31	28	29	28	29
14	27	29	28	15	28	31	28

图 4-1　默认工作表外观

STEP01：打开“产品产量统计表.xlsx”工作簿，选择 A1:H27 单元格区域，切换至“开始”选项卡，在“样式”组中单击“套用表格格式”下三角按钮，在展开的下拉列表中选择“浅色”系列的“浅黄，表样式浅色 19”选项，如图 4-2 所示。此时的工作表效果如图 4-3 所示。

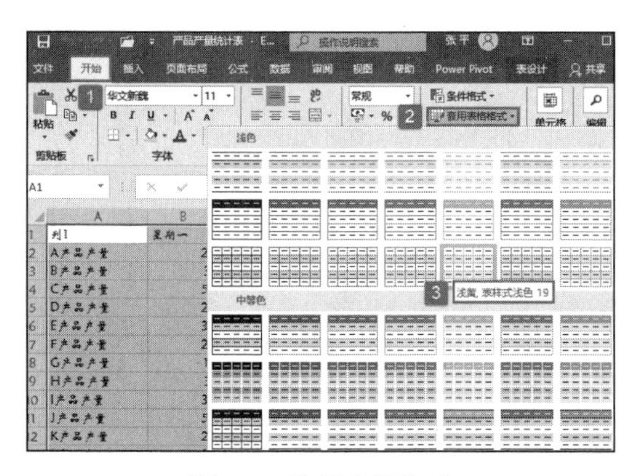

图 4-2　选择表格格式

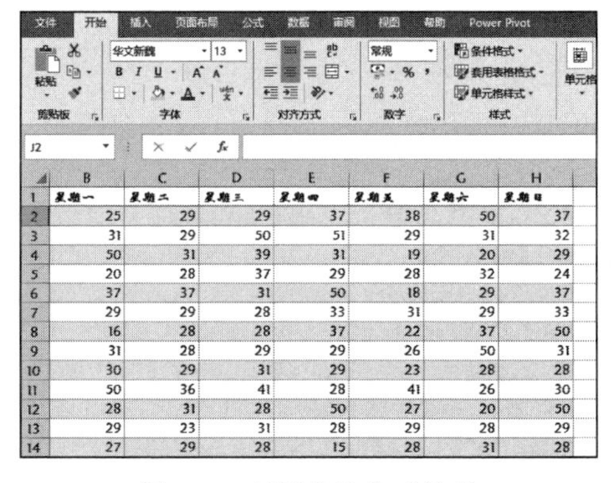

图 4-3　套用表格格式效果

STEP02：切换至“页面布局”选项卡，在“主题”组中单击“主题”下三角按钮，在展开的下拉列表中选择“平面”主题，如图 4-4 所示。应用主题后的效果如图 4-5 所示。

STEP03：切换至“页面布局”选项卡，在“主题”组中单击“颜色”下三角按钮，在展开的下拉列表中选择“黄绿色”选项，如图 4-6 所示。在主题列表中选择了“平面”选项，在颜色、字体和效果弹出的列表中都会默认是“平面”主题颜色、“平面”主题字体和“平面”效果，当然也可以选择其他选项。此时的工作表如图 4-7 所示。

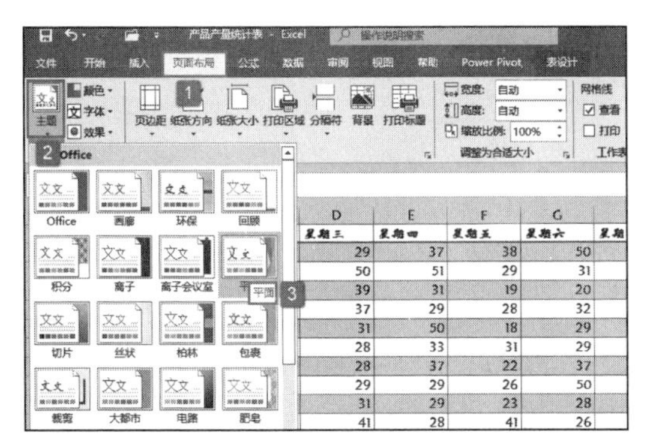

图 4-4 选择主题

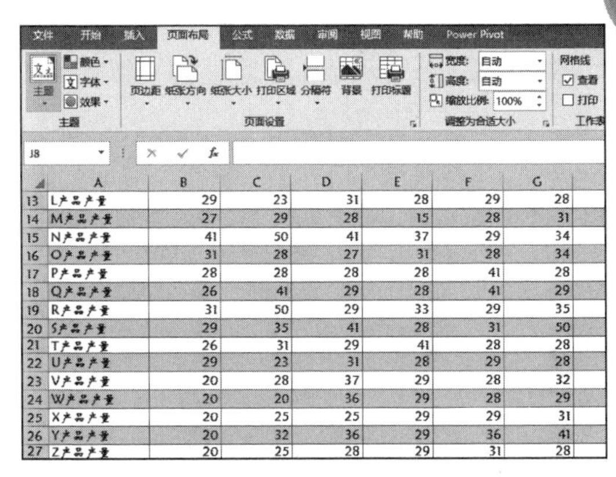

图 4-5 “平面”主题效果图

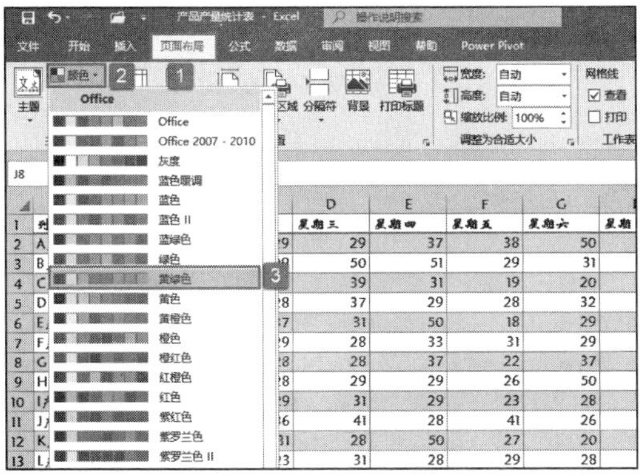

图 4-6 选择主题颜色

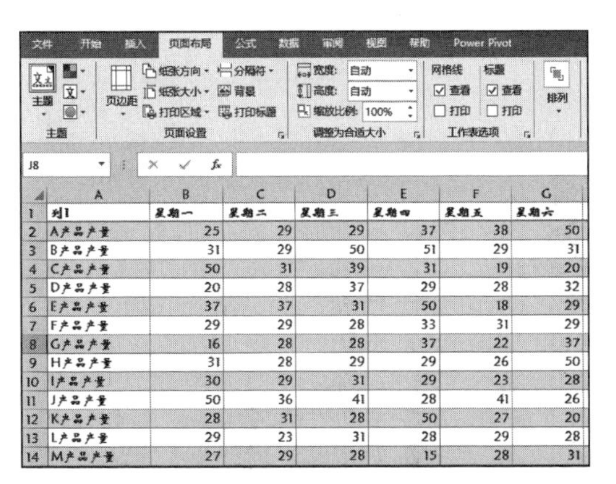

图 4-7 表格格式最终效果图

4.1.2 设置表格背景

在默认的工作表中，所有工作表背景都是白色的。可以选择一种颜色填充工作表单元格，也可以选择一幅图像作为工作表的背景。选择一幅图像作为工作表背景的具体操作步骤如下。

STEP01：打开“产品产量统计表 .xlsx”工作簿，切换至“Sheet2”新工作表。在“页面布局”选项卡下的“页面设置”组中单击“背景”按钮，如图 4-8 所示。打开“插入图片”对话框。

STEP02：在“插入图片”对话框中选择“从文件”中选择背景，选择“浏览”具体位置，如图 4-9 所示。打开“工作表背景”对话框。

STEP03：在打开的对话框中选择要插入的工作表背景图片，然后单击“插入”按钮将图片插入工作表中，如图 4-10 所示。插入背景后的工作表如图 4-11 所示，这时可以在工作表中输入数据了。

如果要删除背景图像，在“页面布局”选项卡下的“页面设置”组中单击“删除背景”按钮即可。

图 4-8　单击“背景”按钮

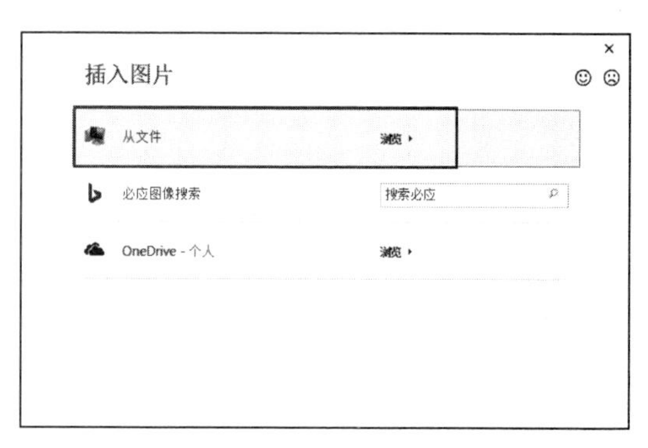

图 4-9　从文件中选择工作表背景

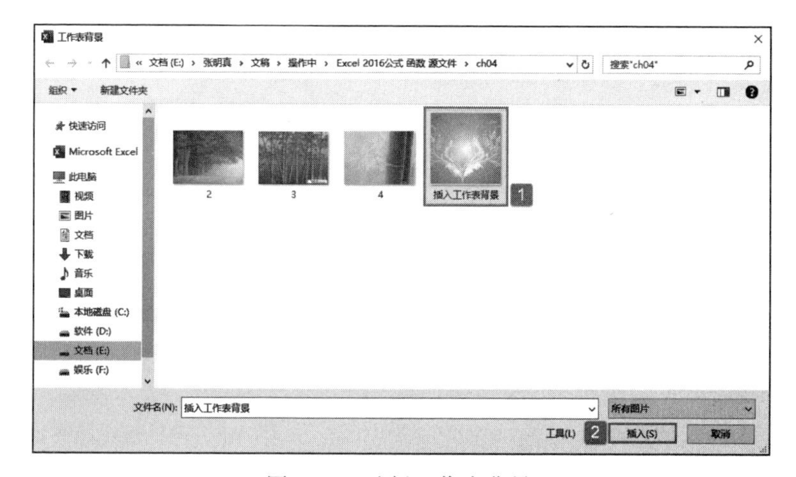

图 4-10　选择工作表背景

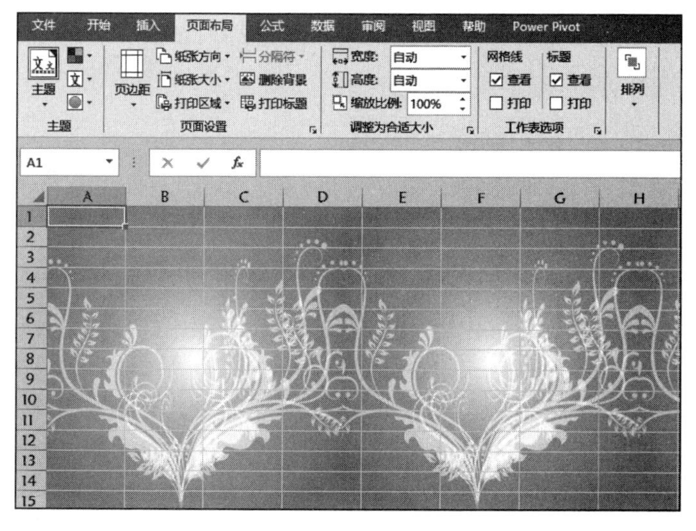

图 4-11　插入工作表背景图片

4.1.3　显隐表格框线

在启动 Excel 2019 时，无论是编辑数据的工作表，还是新建的工作表，用户通常情况下会看到如图 4-12 所示的行与列间的框线（通常将其称为网格线）。这种框线是一种虚拟线，如果不进行特殊的设置，在打印时是不会被打印出来的。它与设置的边框有明显的区别，设置的边框是实线，即使不进行设置也会被打印出来。千万不要混淆框线与边框的概念。如果用户不想看到这些框线，则可以不显示框线。设置隐藏还是显示网格线的方法通常有以下 3 种，用户可以任选一种进行操作。

方法一：打开“产品产量统计表 .xlsx”工作簿，切换至“页面布局”选项卡，在“工作表选项”组中取消勾选“查看”复选框，此时的工作表如图 4-13 所示。

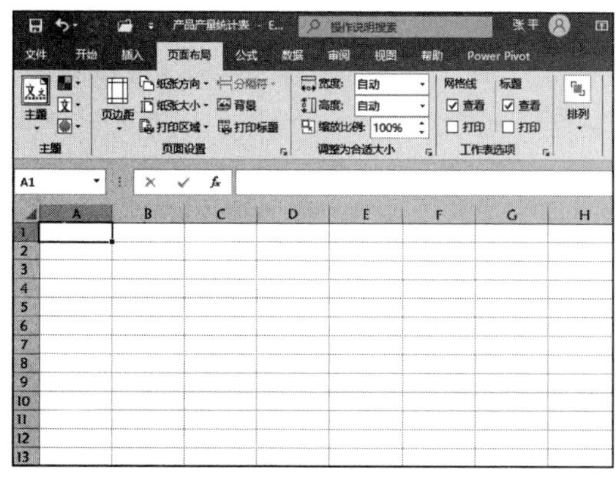

图 4-12　工作表框线

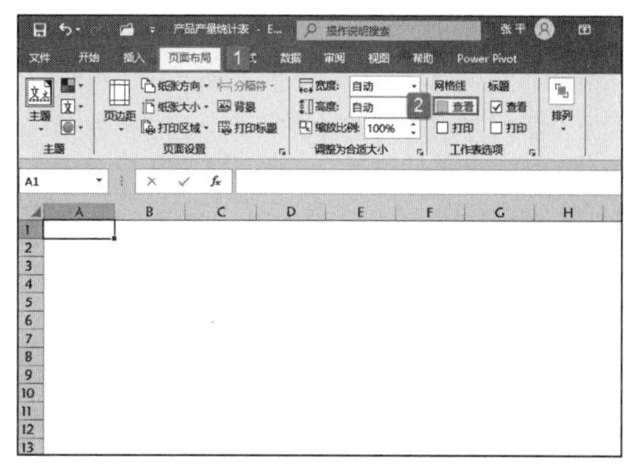

图 4-13　隐藏网格线

如果要让网格线再次显示出来，再次切换至“页面布局”选项卡，在“工作表选项”组中再次勾选“查看”复选框即可。

方法二：切换至“视图”选项卡，在“显示”组中取消勾选“网格线”复选框，工作表中的网格线就会被隐藏，如图 4-14 所示。如果再次勾选“网格线”复选框，则在工作表中便会显示出网格线。

方法三：切换至“页面布局”选项卡，在“排列”组中单击“对齐”下三角按钮，在展开的下拉列表中选择“查看网格线”选项，即可隐藏网格线，如图 4-15 所示。再次选择“查看网格线”便可显示网格线。

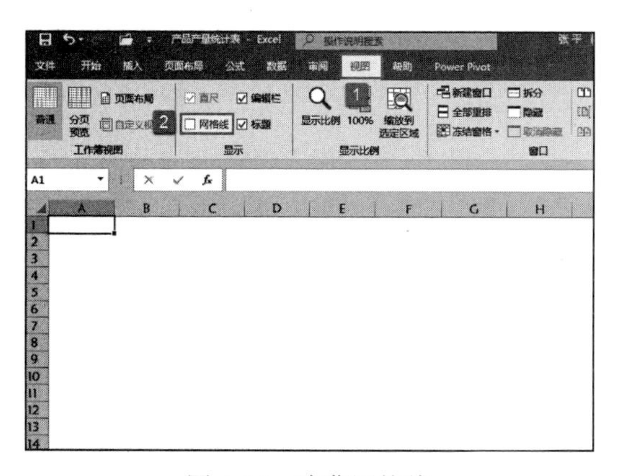

图 4-14　隐藏网格线

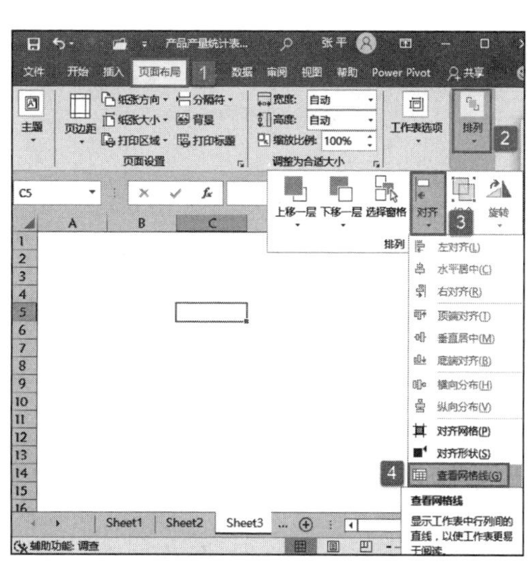

图 4-15　隐藏网格线效果

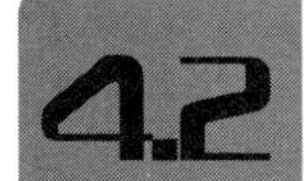

4.2 设置页眉页脚

页眉和页脚都是工作表之外的内容。页眉就是页面最上面的部分，页脚就是页面最下面的部分，例如页面下方的页码就是页脚的一部分。在工作表打印输出时，通常情况下会是两页或更多页，这时设置页眉和页脚是非常有必要的，将为以后查找和阅读提供方便。

4.2.1 添加页眉页脚

要为工作表添加页眉页脚，通常情况下有两种方法。

方法一：通过页面布局设置。

STEP01：打开“产品产量统计表.xlsx”工作簿，切换至“Sheet1”工作表。在工作表页面切换至“页面布局”选项卡，在“页面设置”组中单击“打印标题”按钮打开“页面设置”对话框，如图 4-16 所示。

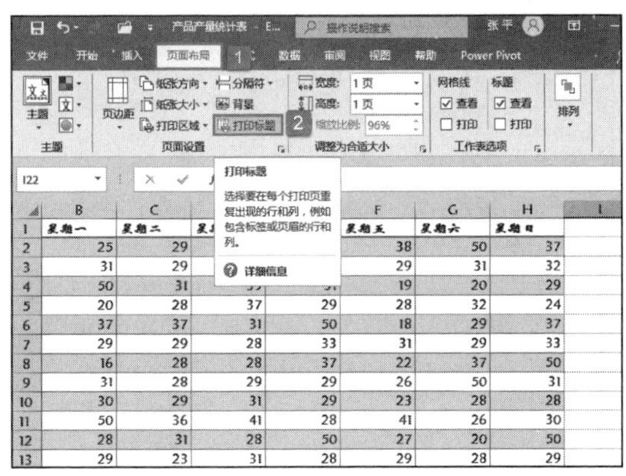

图 4-16 单击“打印标题”按钮

STEP02：在“页面设置”对话框中切换至“页眉 / 页脚”选项卡，单击“页眉”选择框右侧的下拉按钮，在展开的下拉列表中选择“产品产量统计表”选项，如图 4-17 所示。

STEP03：单击“页脚”选择框右侧的下拉按钮，在展开的下拉列表中选择“第 1 页”选项，如图 4-18 所示。

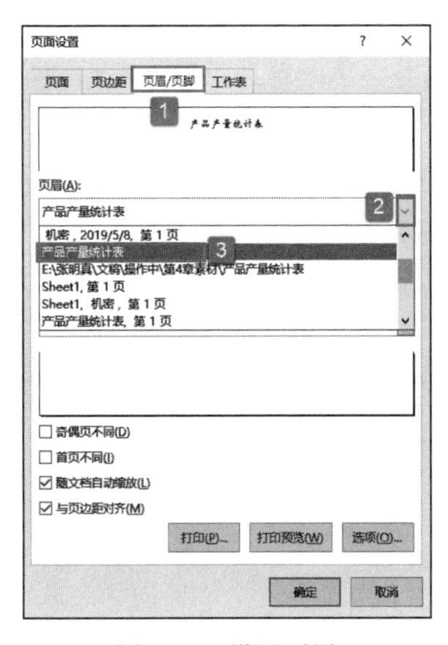

图 4-17 设置页眉

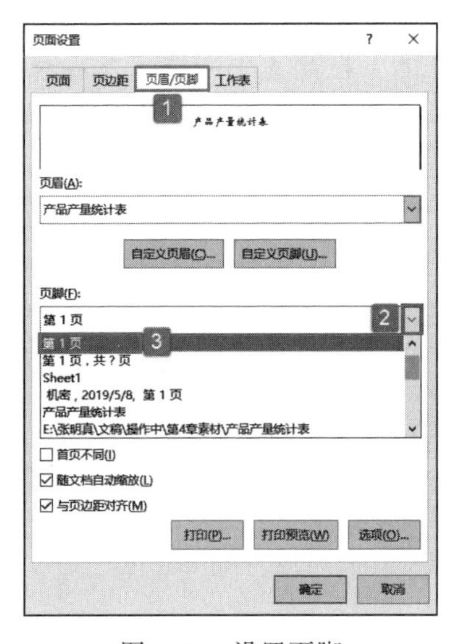

图 4-18 设置页脚

如果用户希望看到设置页眉页脚后的效果，单击“页面设置”对话框中的“打印预览”按钮即可在“打印”预览对话框中查看。这里设置的页眉页脚打印效果如图 4-19 所示。

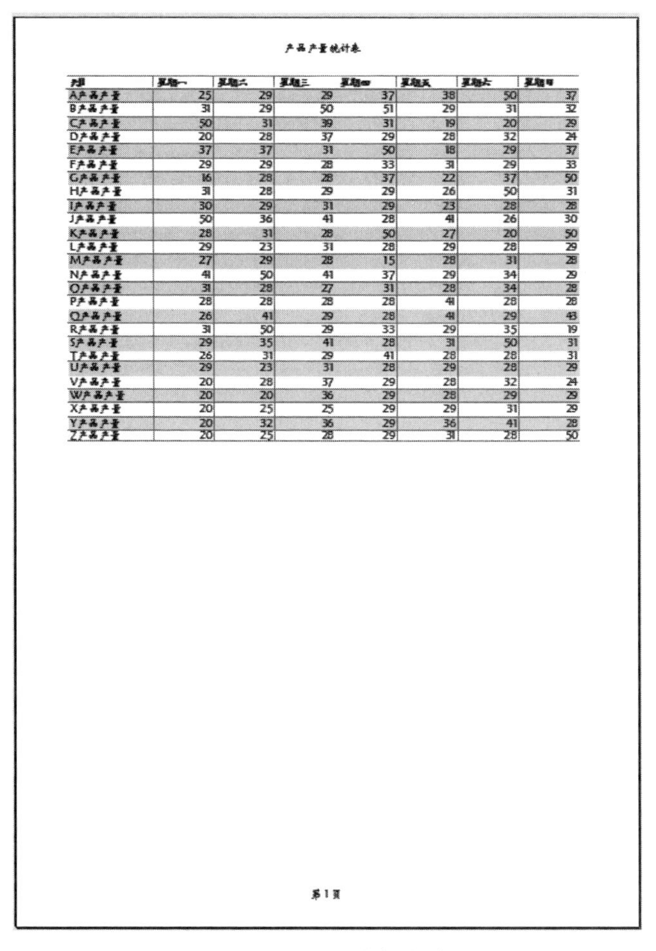

产品产量统计表

产品	星期一	星期二	星期三	星期四	星期五	星期六	星期日
A产品产量	25	29	29	37	38	50	37
B产品产量	31	29	50	51	29	31	32
C产品产量	50	31	39	31	19	20	29
D产品产量	20	28	37	29	28	32	24
E产品产量	37	37	31	50	18	29	37
F产品产量	29	29	28	33	31	29	33
G产品产量	16	28	28	37	22	37	50
H产品产量	31	28	29	29	26	50	31
I产品产量	30	29	31	29	23	28	28
J产品产量	50	36	41	28	41	26	30
K产品产量	28	31	28	50	27	20	50
L产品产量	29	23	31	28	29	28	29
M产品产量	27	29	28	15	28	31	28
N产品产量	41	50	41	37	29	34	29
O产品产量	31	28	27	31	28	34	28
P产品产量	28	28	28	28	41	28	28
Q产品产量	26	41	29	28	41	29	43
R产品产量	31	50	29	33	29	35	19
S产品产量	29	35	41	28	31	50	31
T产品产量	26	31	29	41	28	28	31
U产品产量	29	23	31	28	29	28	29
V产品产量	20	28	37	29	28	32	24
W产品产量	20	20	36	29	28	29	29
X产品产量	20	25	25	29	29	31	29
Y产品产量	20	32	36	29	36	41	28
Z产品产量	20	25	28	29	31	28	50

第1页

图 4-19　页眉页脚打印效果

方法二：通过插入设置。

STEP01：切换至“插入”选项卡，单击“文本”下三角按钮，在展开的下拉列表中选择“页眉和页脚”选项，如图 4-20 所示。

STEP02：此时在工作表的上方和下方分别会出现一个页眉文本框和页脚文本框，在光标闪烁的位置输入页眉或页脚即可。这里在页眉处输入“产品产量统计表”，如图 4-21 所示。然后在页脚处输入“共 1 页，第 1 页”，最终效果如图 4-22 所示。

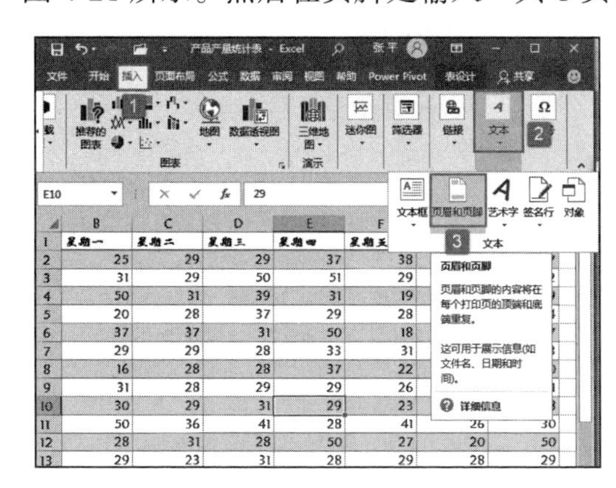

图 4-20　选择插入“页眉和页脚”

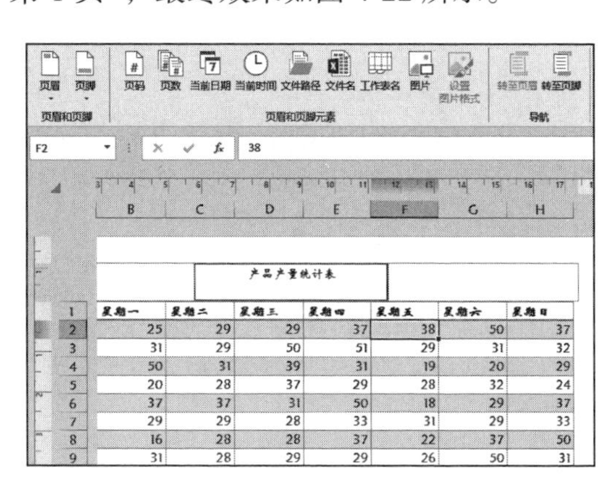

图 4-21　输入页眉

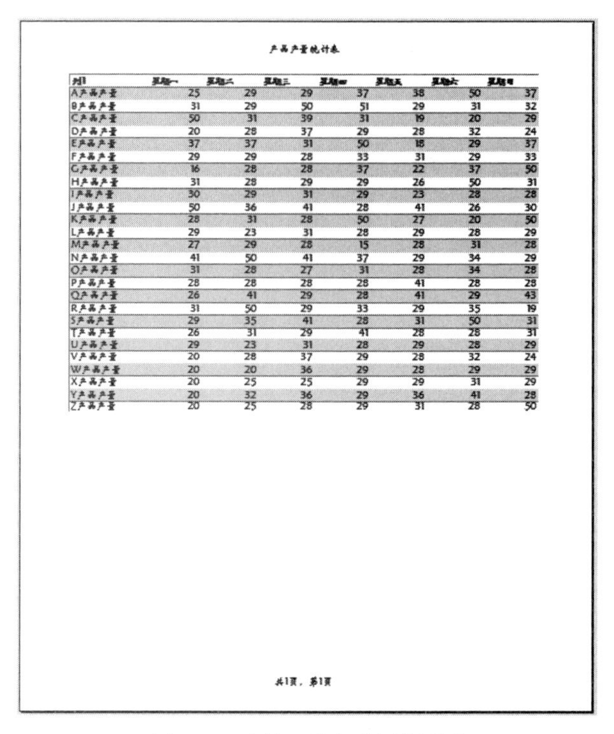

产品产量统计表

列1	星期一	星期二	星期三	星期四	星期五	星期六	星期日
A产品产量	25	29	29	37	38	50	37
B产品产量	31	29	50	51	29	31	32
C产品产量	50	31	39	31	19	20	29
D产品产量	20	28	37	29	28	32	24
E产品产量	37	37	31	50	18	29	37
F产品产量	29	29	28	33	31	29	33
G产品产量	16	28	28	37	22	37	50
H产品产量	31	28	29	29	26	50	31
I产品产量	30	29	31	29	23	28	28
J产品产量	50	36	41	28	41	26	30
K产品产量	28	31	28	50	27	20	50
L产品产量	29	23	31	28	29	28	29
M产品产量	27	29	28	15	28	31	28
N产品产量	41	50	41	37	29	34	29
O产品产量	31	28	27	31	28	34	28
P产品产量	28	28	28	28	41	28	28
Q产品产量	26	41	29	28	41	29	43
R产品产量	31	50	29	33	29	35	19
S产品产量	29	35	41	28	31	50	31
T产品产量	26	31	29	41	28	28	31
U产品产量	29	23	31	28	29	28	29
V产品产量	20	28	37	29	28	32	24
W产品产量	20	20	36	29	28	29	29
X产品产量	20	25	25	29	29	31	29
Y产品产量	20	32	36	29	36	41	28
Z产品产量	20	25	28	29	31	28	50

共1页，第1页

图 4-22　添加页眉页脚效果图

4.2.2　自定义页眉页脚

如果用户在下拉列表中没有找到合适的页眉和页脚，则可以单击“自定义页眉”和“自定义页脚”按钮，在弹出的“页眉”和“页脚”对话框中进行自定义设置，具体操作步骤如下。

STEP01：切换至“页面布局”选项卡，单击“页面设置”组中的对话框启动器按钮打开“页面设置”对话框，如图 4-23 所示。

STEP02：切换至“页眉 / 页脚”选项卡，单击“自定义页眉”按钮打开“页眉”对话框，如图 4-24 所示。

图 4-23　单击对话框启动器按钮

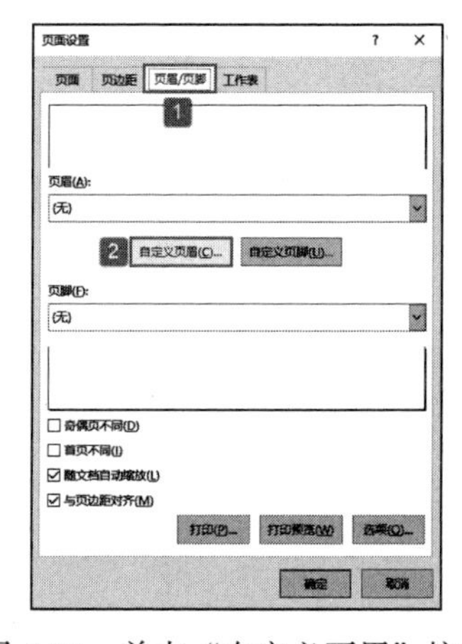

图 4-24　单击“自定义页眉”按钮

STEP03：在“页眉”对话框下方“左部”“中部”“右部”3 个文本框中分别输入

文本或插入相应的图片等。这里在“左部”文本框中输入“产品产量”，在“中部”文本框中输入“数据库”，在“右部”文本框中输入“价格”，然后单击“确定”按钮返回“页面设置”对话框，如图 4-25 所示。

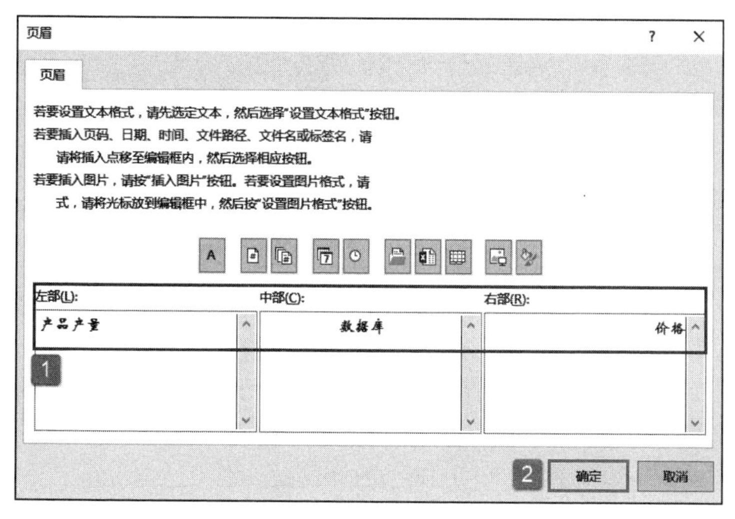

图 4-25　设置页眉

在页眉中可以插入多种格式，对话框中列出了共 10 个按钮，分别是“格式文本”按钮、“插入页码”按钮、“插入页数”按钮、“插入日期”按钮、“插入时间”按钮、“插入文件路径”按钮、“插入文件名”按钮、“插入数据表名称”按钮、“插入图片”按钮、“设置图片格式”按钮。

STEP04：在“页面设置”对话框中单击“自定义页脚”按钮打开“页脚”对话框，在“页脚”对话框下方“左部”“中部”“右部”3 个文本框中分别单击相应的“插入日期”按钮、“插入页码”按钮、“插入时间”按钮，然后单击“确定”按钮返回“页面设置”对话框，如图 4-26 所示。

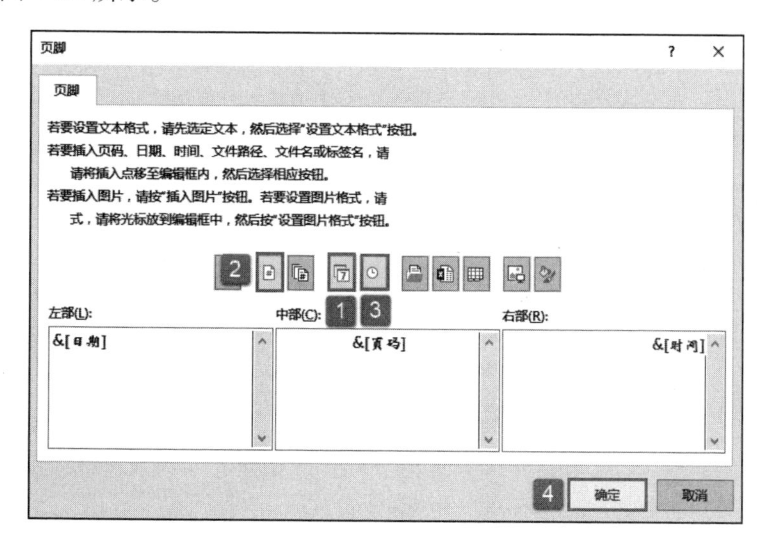

图 4-26　设置页脚

STEP05：此时可以预览页眉和页脚设置的效果，如图 4-27 所示。单击“打印预览”按钮可以在“打印”预览对话框中看到自定义的页眉和页脚，如图 4-28 所示。

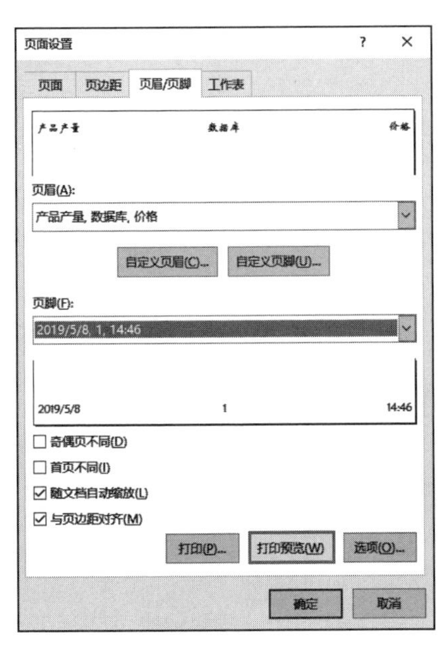

图 4-27　单击“打印预览”按钮

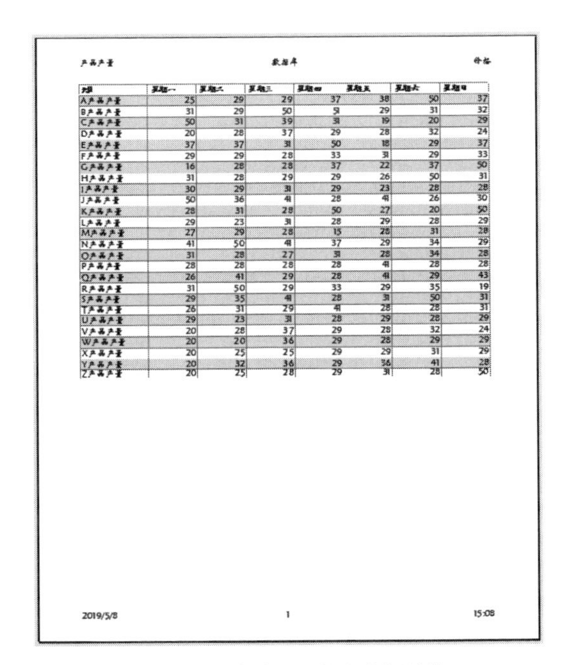

图 4-28　自定义页眉页脚预览

4.2.3　设置奇偶页眉页脚

有的用户在设置页眉页脚时会为奇偶页设置不同的页眉页脚。设置奇偶页不同的页眉和页脚通常也有两种方法。用户可以任意选择一种进行操作。

方法一：通过插入设置。

STEP01：切换至“插入”选项卡，单击“文本”下三角按钮，在展开的下拉列表中选择“页眉和页脚”选项，如图 4-29 所示。

STEP02：切换至“页眉和页脚”选项卡，在“选项”组中勾选“奇偶页不同”复选框，此时工作表会根据打印区域自动显示奇数页页眉和偶数页页眉文本框，在光标闪烁的位置输入奇偶页不同的页眉和页脚即可。这里奇数页页眉输入“产品产量统计”，如图 4-30 所示；偶数页页眉输入“产品产量分析”，页脚均不进行设置，如图 4-31 所示。

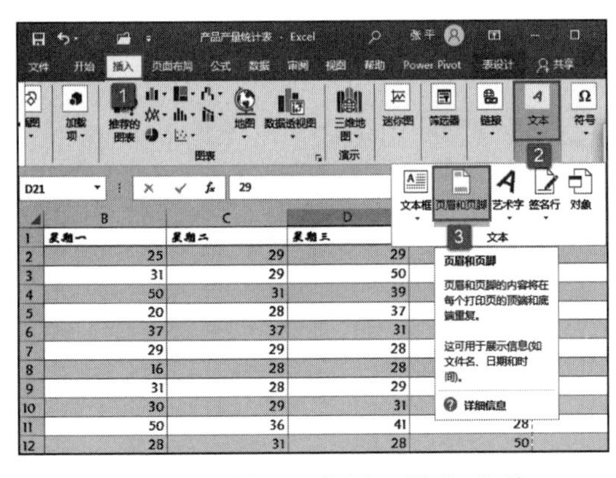

图 4-29　选择“页眉和页脚”选项

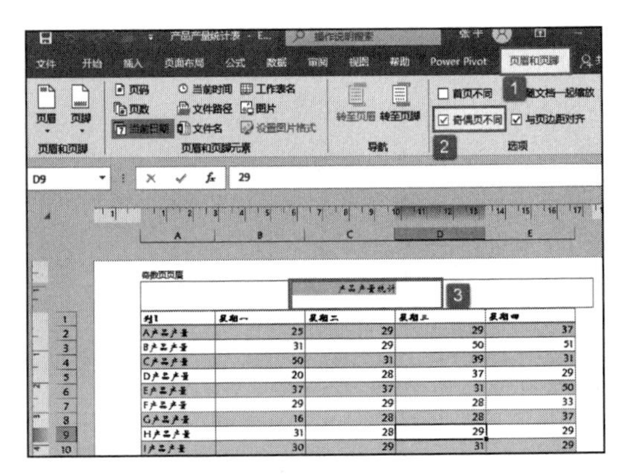

图 4-30　设置奇数页页眉

STEP03：设置完成后，按“Ctrl+P”组合键可以在打印预览中查看奇偶页不同页眉的效果。图 4-32 所示为奇数页页面设置效果，图 4-33 所示为偶数页页面设置效果。

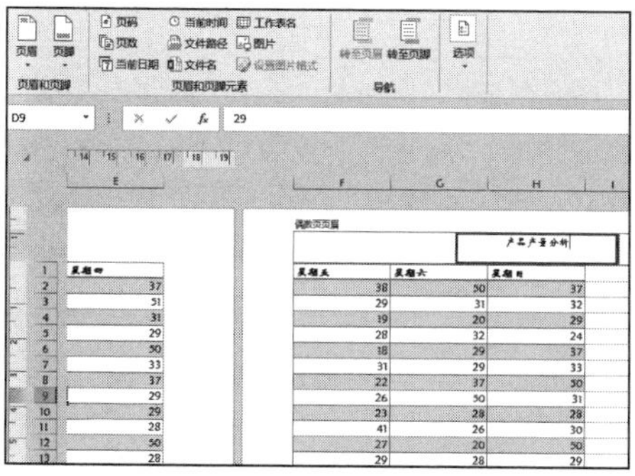

图 4-31　设置偶数页页眉

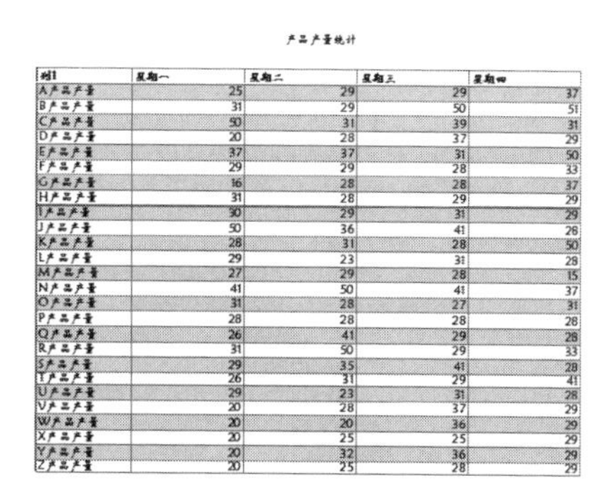

产品产量统计

列1	星期一	星期二	星期三	星期四
A产品产量	25	29	29	37
B产品产量	31	29	50	51
C产品产量	50	31	39	31
D产品产量	20	28	37	29
E产品产量	37	37	31	50
F产品产量	29	29	28	33
G产品产量	16	28	28	37
H产品产量	31	28	29	29
I产品产量	30	29	31	29
J产品产量	50	36	41	28
K产品产量	28	31	28	50
L产品产量	29	23	31	28
M产品产量	27	29	28	15
N产品产量	41	50	41	37
O产品产量	31	28	27	31
P产品产量	28	28	28	28
Q产品产量	26	41	29	28
R产品产量	31	50	29	33
S产品产量	29	35	41	28
T产品产量	26	31	29	41
U产品产量	29	23	31	28
V产品产量	20	28	37	29
W产品产量	20	20	36	29
X产品产量	20	25	25	29
Y产品产量	20	32	36	29
Z产品产量	20	25	28	29

图 4-32　奇数页页面设置效果

方法二：通过页面布局设置。

切换至“页面布局”选项卡，单击“页面设置”组中的对话框启动器按钮打开如图 4-34 所示的“页面设置”对话框。切换至“页眉 / 页脚”选项卡，勾选“奇偶页不同”复选框，然后单击“确定”按钮即可完成设置。

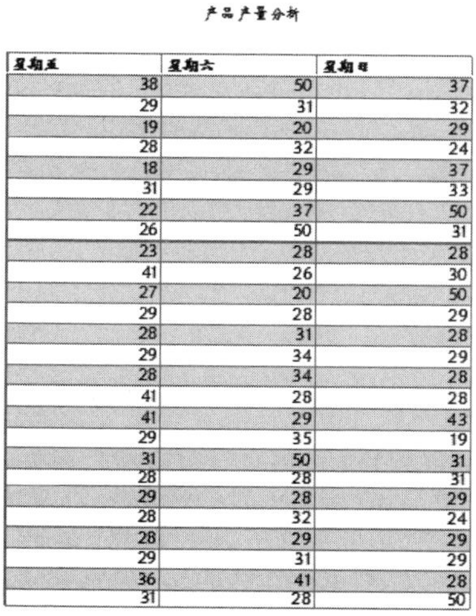

产品产量分析

星期五	星期六	星期日
38	50	37
29	31	32
19	20	29
28	32	24
18	29	37
31	29	33
22	37	50
26	50	31
23	28	28
41	26	30
27	20	50
29	28	29
28	31	28
29	34	29
28	34	28
41	28	28
41	29	43
29	35	19
31	50	31
28	28	31
29	28	29
28	32	24
28	29	29
29	31	29
36	41	28
31	28	50

图 4-33　偶数页页面设置效果

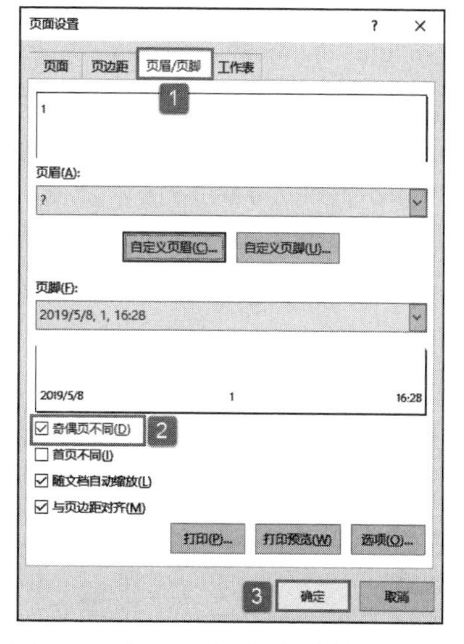

图 4-34　勾选“奇偶页不同”复选框

4.2.4　缩放页眉页脚

文档可以通过百分比收缩或拉伸打印输出，同样页眉页脚也可以随文档自动缩放。只要进行一步简单的设置，即可实现页眉和页脚随文档自动缩放。让页眉和页脚随文档自动缩放也有两种方法，用户可根据需要任选一种进行操作。

方法一：切换至“页面布局”选项卡，单击“页面设置”组中的对话框启动器按钮打开“页面设置”对话框。切换至“页眉 / 页脚”选项卡，勾选“随文档自动缩放”复选框，然后单击“确定”按钮即可完成设置，如图 4-35 所示。

方法二：切换至“插入”选项卡，单击“文本”下三角按钮，在展开的下拉列表中选择“页眉和页脚”选项，然后切换至“页眉和页脚”选项卡，在“选项”组中勾选“随文档一起缩放”复选框即可完成设置，如图 4-36 所示。

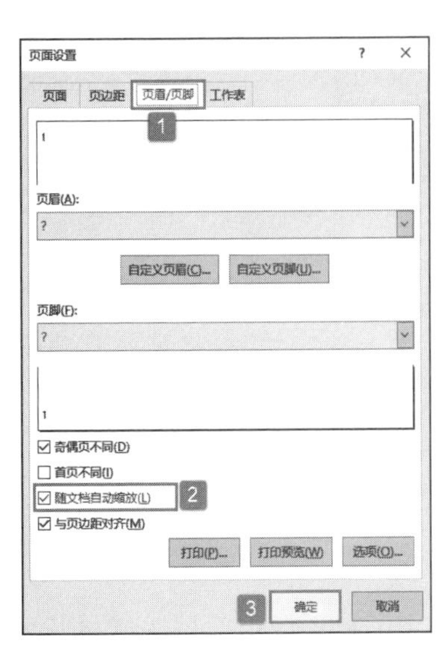

图 4-35　勾选“随文档自动缩放”复选框

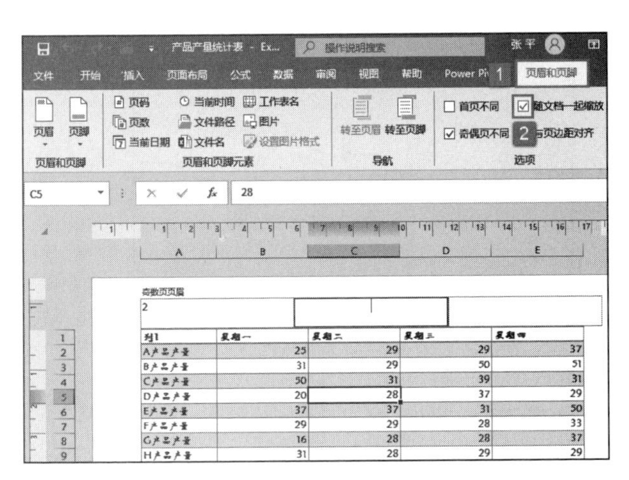

图 4-36　勾选“随文档一起缩放”复选框

4.2.5　对齐页眉页脚

有时用户希望页眉和页脚在打印输出时与页边距对齐。这时可以通过以下两种方法进行设置，用户可根据实际情况任选一种进行操作。

方法一：切换至“页面布局”选项卡，单击“页面设置”组中的对话框启动器按钮打开“页面设置”对话框。切换至“页眉 / 页脚”选项卡，勾选“与页边距对齐”复选框，然后单击“确定”按钮即可完成设置，如图 4-37 所示。

方法二：切换至“插入”选项卡，单击“文本”下三角按钮，在展开的下拉列表中选择“页眉和页脚”选项，然后切换至“页眉和页脚”选项卡，在“选项”组中勾选“与页边距对齐”复选框即可完成设置，如图 4-38 所示。

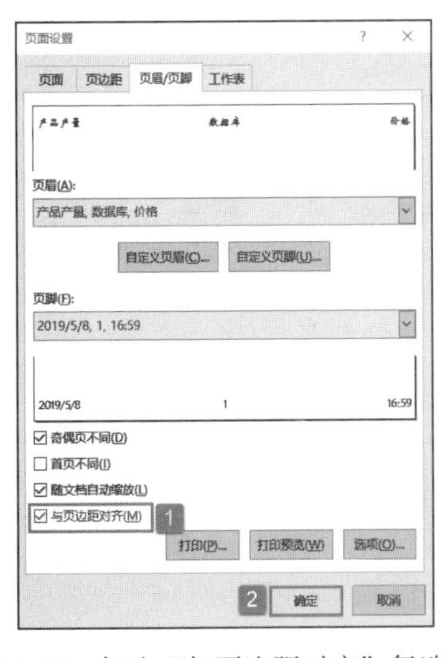

图 4-37　勾选“与页边距对齐”复选框

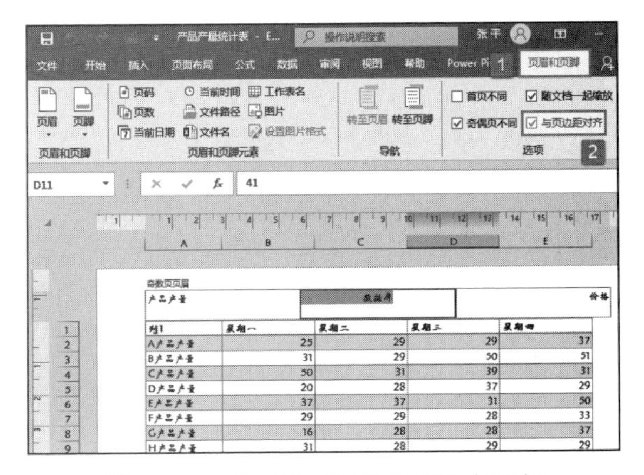

图 4-38　勾选“与页边距对齐”复选框

4.2.6　插入页眉页脚图片

Excel 2019 允许在页眉页脚中插入图片，例如公司的 LOGO 标志、单位徽标或个人标识等。在页眉页脚中插入各类标志图片，不仅实用，另外对公司或个人也是一种宣传。在页眉页脚中插入图片的具体操作步骤如下。

STEP01：切换至“插入”选项卡，单击“文本”下三角按钮，在展开的下拉列表中选择“页眉和页脚”选项，如图 4-39 所示。

STEP02：切换至“页眉和页脚”选项卡，在“页眉和页脚元素”组中单击“图片”按钮打开“插入图片”对话框，如图 4-40 所示。

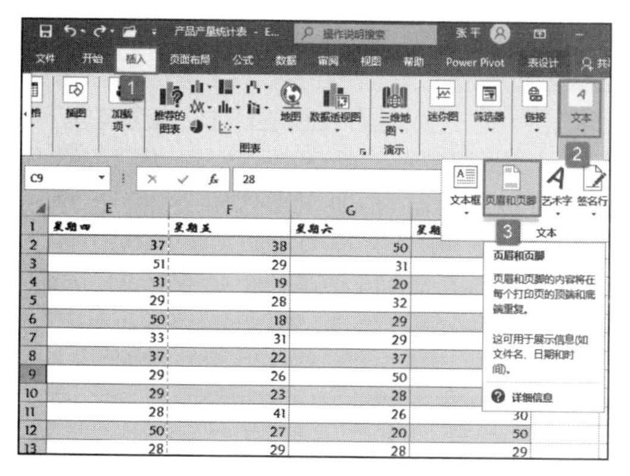

图 4-39　选择“页眉和页脚”选项

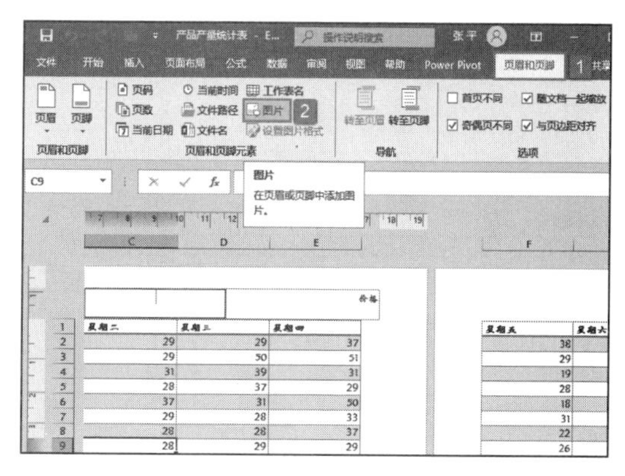

图 4-40　单击“图片”按钮

STEP03：在“插入图片”对话框中选择“从文件”中选择图片，然后选择“浏览”图片所在的具体位置，如图 4-41 所示。

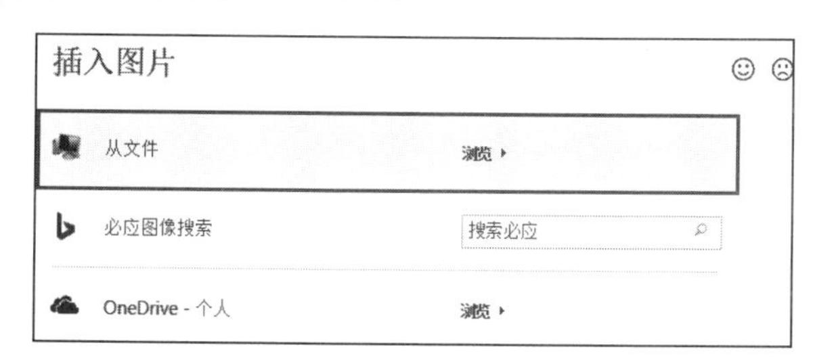

图 4-41　从文件中选择图片

STEP04：在打开的“插入图片”对话框中选择要插入的图片，然后单击“插入”按钮，如图 4-42 所示。页眉插入图片后的效果如图 4-43 所示。

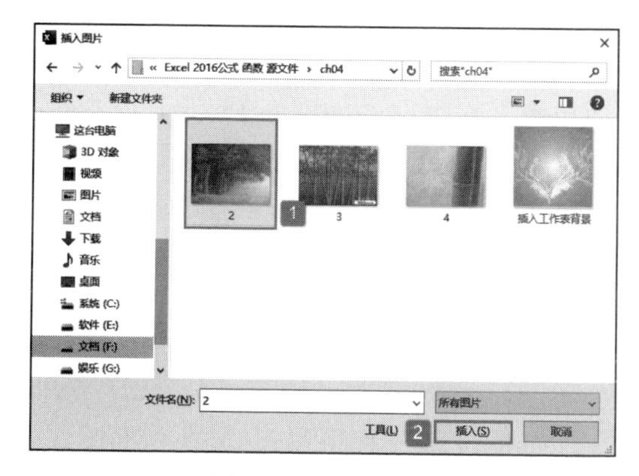

图 4-42　选择图片

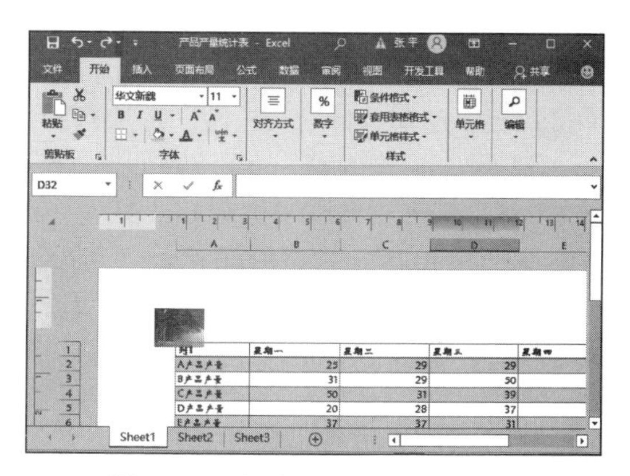

图 4-43　页眉插入图片后的效果图

STEP05：在页脚插入图片的操作步骤与在页眉插入图片的操作步骤相同，按上述步骤为页脚也插入一张图片，最终效果如图 4-44 所示。

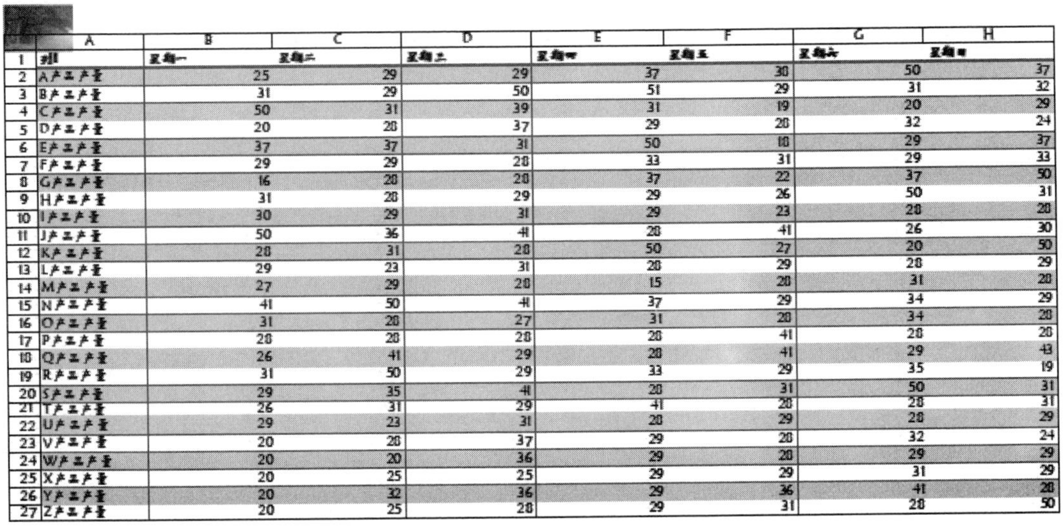

	A	B	C	D	E	F	G	H
1	列1	星期一	星期二	星期三	星期四	星期五	星期六	星期日
2	A产品产量	25	29	29	37	30	50	37
3	B产品产量	31	29	50	51	29	31	32
4	C产品产量	50	31	39	31	19	20	29
5	D产品产量	20	28	37	29	28	32	24
6	E产品产量	37	37	31	50	18	29	37
7	F产品产量	29	29	28	33	31	29	33
8	G产品产量	16	28	28	37	22	37	50
9	H产品产量	31	28	29	29	26	50	31
10	I产品产量	30	29	31	29	23	28	28
11	J产品产量	50	36	41	28	41	26	30
12	K产品产量	28	31	28	50	27	20	50
13	L产品产量	29	23	31	28	29	28	29
14	M产品产量	27	29	28	15	28	31	28
15	N产品产量	41	50	41	37	29	34	29
16	O产品产量	31	28	27	31	28	34	28
17	P产品产量	28	28	28	28	41	28	28
18	Q产品产量	26	41	29	28	41	29	43
19	R产品产量	31	50	29	33	29	35	19
20	S产品产量	29	35	41	28	31	50	31
21	T产品产量	26	31	29	41	28	28	31
22	U产品产量	29	23	31	28	29	28	29
23	V产品产量	20	28	37	29	28	32	24
24	W产品产量	20	20	36	29	28	29	29
25	X产品产量	20	25	25	29	29	31	29
26	Y产品产量	20	32	36	29	36	41	28
27	Z产品产量	20	25	28	29	31	28	50

图 4-44　页眉、页脚均插入图片后的效果图

4.3 实战：打印设置

在 Excel 2019 中做好了工作表，大多数的情况下，需要进行打印输出。设置合适的打印格式，能有效地呈现表格。

4.3.1 页边距设置

如果要对文档进行打印输出操作，设置整个文档或当前节的页边距大小是非常有必要的。如果页边距太大，会造成纸张的浪费；如果页边距太小，则打印后的文档不清晰；或者超出了打印的范围，致使很多数据没有被打印出来。下面介绍设置整个文档或当前节的页边距大小的具体操作步骤。

STEP01：打开“产品产量统计表.xlsx”工作簿，切换至“Sheet1”工作表，切换至“页面布局”选项卡，在“页面设置”组中单击“页边距”下三角按钮，在展开的下拉列表中选择“自定义边距”选项打开“页面设置”对话框，如图 4-45 所示。

STEP02：分别将“上”边距和“下”边距设置为 1.9，“左”边距和“右”边距设置为 1.8，并将“页眉”边距和“页脚”边距设置为 0.8，这些数值将控制页边距的大小，如图 4-46 所示。然后在“居中方式”列表框中勾选“水平”复选框和“垂直”复选框，最后单击“确定”按钮完成页边距的设置。

4.3.2 设置打印纸张方向

在对工作表进行打印输出时，设置纸张的方向是打印过程中最基本的一步操作。纸张的方向有两种：横向和纵向。设置纸张方向通常有以下几种方法，用户可根据实际情况选择一种进行操作即可。

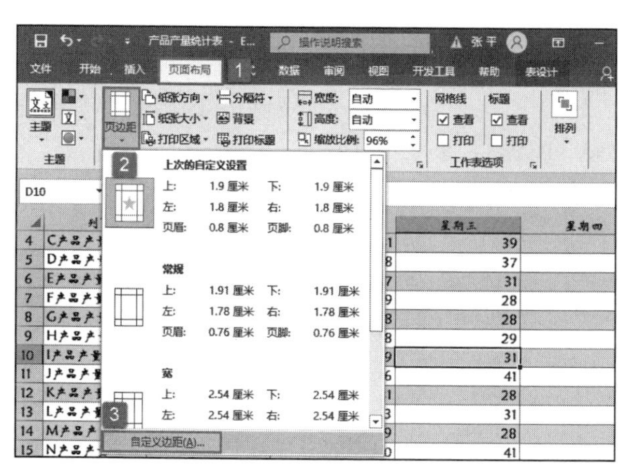
图 4-45　选择“自定义边距”选项

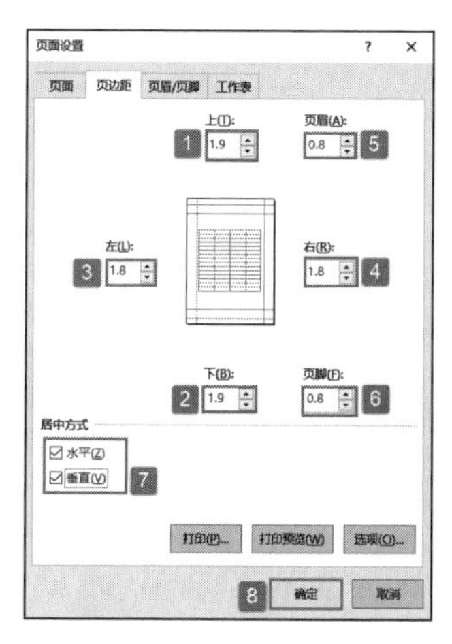
图 4-46　设置页边距

方法一：切换至“文件”选项卡，在左侧导航栏中单击“打印”标签，在右侧的“打印”对话框中单击“设置”列表中的“横向”下三角按钮，在展开的下拉列表中选择“横向”选项或“纵向”选项即可，如图 4-47 所示。

方法二：切换至“页面布局”选项卡，在“页面设置”组中单击“纸张方向”下三角按钮，在展开的下拉列表中选择“横向”选项或“纵向”选项即可，如图 4-48 所示。

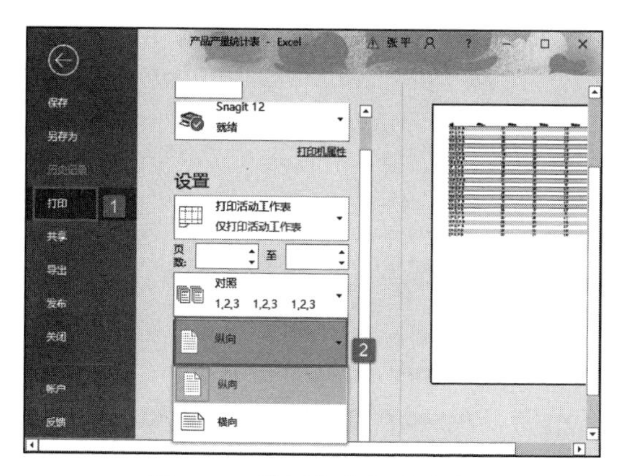
图 4-47　设置打印纸张方向

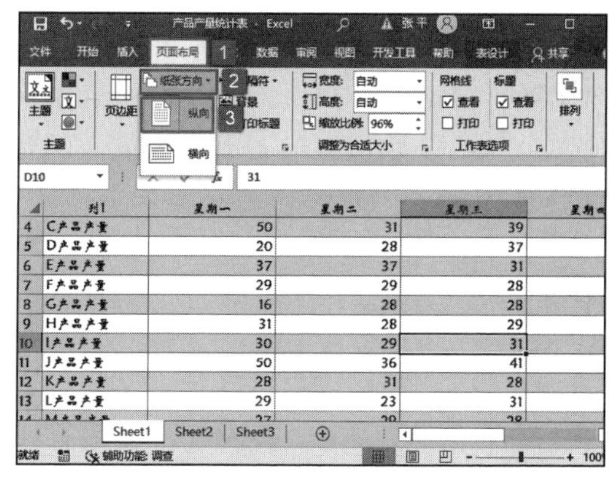
图 4-48　使用功能区按钮设置打印纸张方向

方法三：切换至“页面布局”选项卡，单击“页面设置”组中的对话框启动器按钮打开“页面设置”对话框，在“页面”选项卡中的“方向”列表下可以单击选中“横向”或“纵向”单选按钮，最后单击“确定”按钮即可完成设置，如图 4-49 所示。

图 4-49　使用“页面设置”对话框

4.3.3　设置打印纸张大小

在工作表进行打印输出时，打印纸张大小的设置决定了文档在输出时的纸张形式，例如选择 A4 或 B5 等纸张大小。因此打印纸张的选择也是非常关键的。设置打印纸张的大小通常有以下几种方法，用户可以任选其中一种进行操作。

方法一：切换至“文件”选项卡，在左侧导航栏中单击“打印”标签，在右侧的“打印”对话框中单击“设置”列表中的“A4”下三角按钮，在展开的下拉列表中选择一种纸张大小即可，如图 4-50 所示。默认的纸张大小是“A4”。

方法二：切换至“页面布局”选项卡，在“页面设置”组中单击“纸张大小”下三角按钮，在展开的下拉列表中选择一种纸张大小即可，如图 4-51 所示。

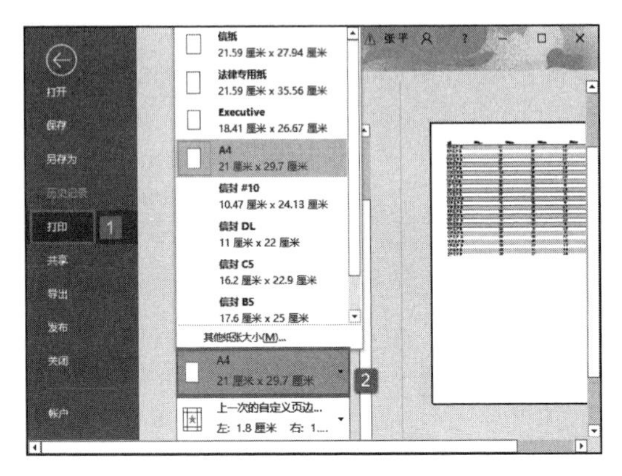

图 4-50　纸张大小列表

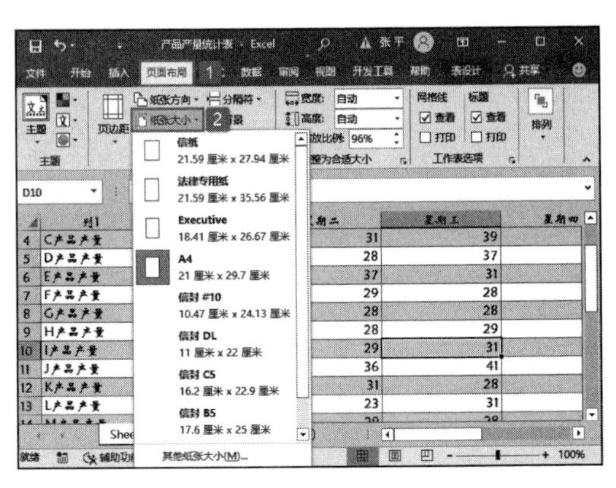

图 4-51　使用功能区按钮设置纸张大小

方法三：切换至“页面布局”选项卡，单击“页面设置”组中的对话框启动器按钮打开“页面设置”对话框。在“页面”选项卡中单击“纸张大小”选择框右侧的下三角按钮，在展开的下拉列表中选择一种纸张大小。这里选择常用的“A4”，最后单击“确定”按钮即可，如图 4-52 所示。

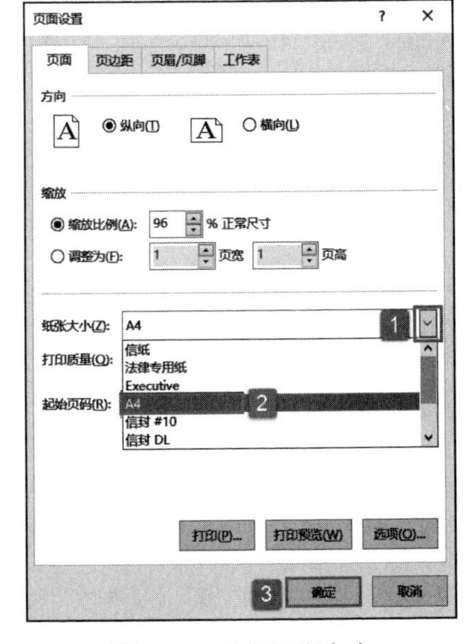

图 4-52　选择纸张大小

4.3.4　打印特定区域

在打印工作表时，有时并不需要打印所有的工作表区域。可以在工作表中选择特定的打印区域，然后做上标记，以便于在打印时能快速地找到并打印它们。标记要打印的特定工作表区域的方法有以下几种，用户可选择一种进行操作。

方法一：选择要打印的单元格区域，例如这里选择 A1:H18 单元格区域，切换至“页面布局”选项卡，在“页面设置”组中单击“打印区域”下三角按钮，在展开的下拉列表中选择“设置打印区域”选项即可完成设置，如图 4-53 所示。

方法二：通过页面布局设置。

STEP01：切换至“页面布局”选项卡，单击“页面设置”组中的“打印标题”按钮打开“页面设置”对话框，如图 4-54 所示。

STEP02：在“打印区域”右侧的文本框中输入要打印的特定单元格区域，这里输入 A1:H18 单元格区域，最后单击“确定”按钮即可完成打印区域的设置，如图 4-55 所示。

图 4-53 选择“设置打印区域”选项

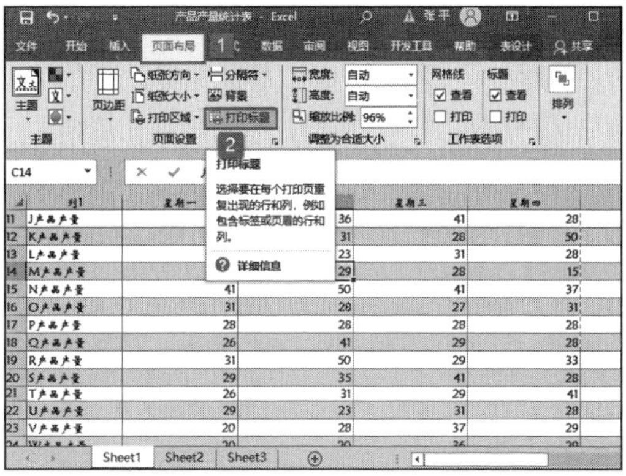

图 4-54 单击“打印标题”按钮

方法三：切换至“文件”选项卡，在左侧导航栏中单击“打印”标签，在右侧的“打印”对话框中单击“设置”列表中的“打印选定区域”下三角按钮，在展开的下拉列表中选择“打印选定区域”选项，如图 4-56 所示。

图 4-55 输入打印区域

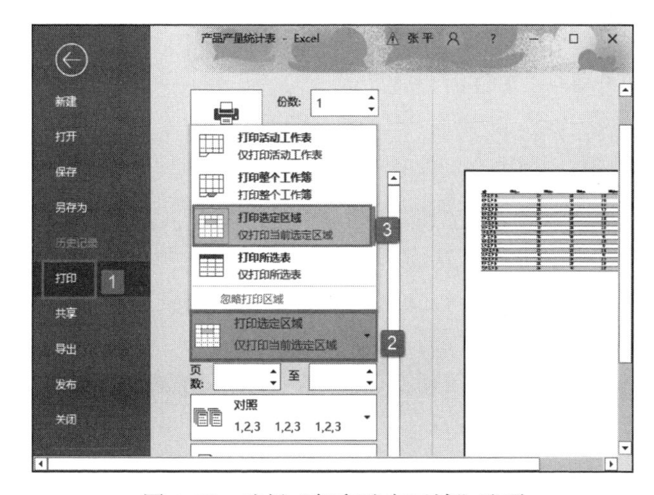

图 4-56 选择“打印选定区域”选项

4.3.5 打印标题设置

在打印输入时通常会遇到表格很长或很宽，需要两页或更多页才能打印完的情况。如果直接打印，在打印第 2 页或更多页时行标题或列标题就不会被打印出来，可以说这样打印出的文档是不完整的。如果要指定作为标题打印的行或列，这样的问题就不会出现。指定要作为标题行打印的行或列的具体操作步骤如下。

STEP01：切换至“页面布局”选项卡，单击“页面设置”组中的“打印标题”按钮打开如图 4-57 所示的“页面设置”对话框。

STEP02：如果要在每一页上都重复打印列标志，单击“顶端标题行”编辑框，然后输入列标志所在行的行号，这里输入“$1:$1”；如果要在每一页上都重复打印行标志，单击“从左侧重复的列数”编辑框，然后输入行标志所在列的列标，这里输入“$A:$A”，最后单击“确定”按钮即可完成打印标题的设置，如图 4-58 所示。

图 4-57 “页面设置”对话框

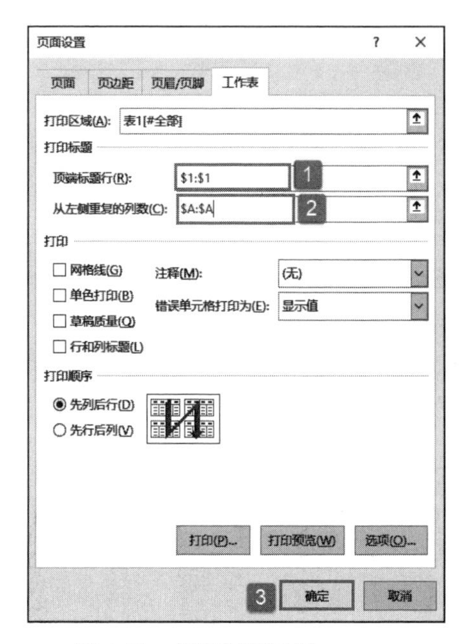

图 4-58 打印标题设置

4.3.6 设置打印宽高

在工作中经常会遇到这样的事情，事先编辑好的 Excel 文档正好可以在 A4 纸上打印，因某种特殊原因将纸型改为了 B5。通常情况下会通过缩小字号、调整列宽、行距等常规手段将文件缩小到 B5 的纸面上，这样操作实在是有些麻烦。其实，当遇到这种情况时不用那么麻烦，用下面介绍的简单方法就可以实现完美的打印效果。

STEP01：切换至“页面布局”选项卡，单击“页面设置”组中的对话框启动器按钮打开“页面设置”对话框，如图 4-59 所示。

STEP02：单击“纸张大小”选择框右侧的下三角按钮，在展开的下拉列表中选择“A4”纸张，然后在“缩放”列表中单击“调整为”单选按钮，将“页宽”和“页高”两个输入框中的数字都设为“1”，并在“方向”列表中单击“横向”单选按钮，如图 4-60 所示。

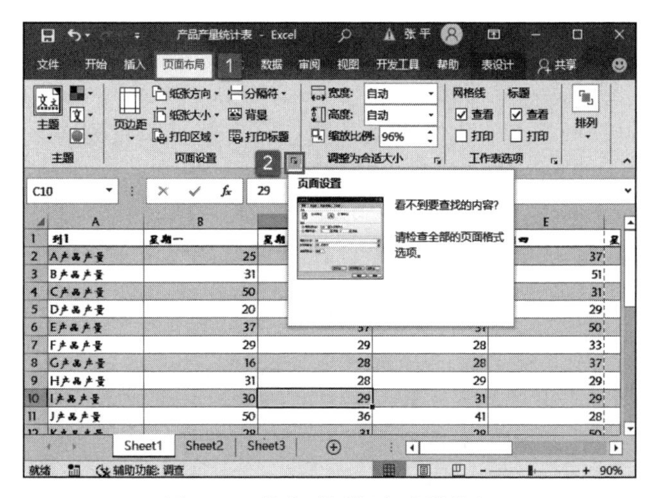

图 4-59 单击对话框启动器按钮

图 4-60 设置打印宽高

STEP03：在“页面设置”对话框中单击“打印预览”按钮，就可以在“打印”预览对话框中看到一张A4纸张就可以打印出整个表格的内容了，如图4-61所示。实际上，在进行以上设置后，Excel会按照需要缩放打印图像和文本。

列1	星期一	星期二	星期三	星期四	星期五	星期六	星期日
A产品产量	25	29	29	37	38	50	37
B产品产量	31	29	50	51	29	31	32
C产品产量	50	31	39	31	19	20	29
D产品产量	20	28	37	29	28	32	24
E产品产量	37	37	31	50	18	29	37
F产品产量	29	29	28	33	31	29	33
G产品产量	16	28	28	37	22	37	50
H产品产量	31	28	29	29	26	50	31
I产品产量	30	29	31	29	23	28	28
J产品产量	50	36	41	28	41	26	30
K产品产量	28	31	28	50	27	20	50
L产品产量	29	23	31	28	29	28	29
M产品产量	27	29	28	15	28	31	28
N产品产量	41	50	41	37	29	34	29
O产品产量	31	28	27	31	28	34	28
P产品产量	28	28	28	28	41	28	28
Q产品产量	26	41	29	28	41	29	43
R产品产量	31	50	29	33	29	35	19
S产品产量	29	35	41	28	31	50	31
T产品产量	26	31	29	41	28	28	31
U产品产量	29	23	31	28	29	28	29
V产品产量	20	28	37	29	28	32	24
W产品产量	20	20	36	29	28	29	29
X产品产量	20	25	25	29	29	31	29
Y产品产量	20	32	36	29	36	41	28
Z产品产量	20	25	28	29	31	28	30

图4-61 打印预览

4.3.7 设置打印框线

前面提到过网格线是一种虚拟线，就是说只能看到，若不进行某项特殊设置的话，在打印时是打印不出来的。如果用户在打印时希望打印输出网格线，则可以选择以下任一种方法进行操作。

方法一： 切换至“页面布局”选项卡，在“工作表选项”组中的“网络线”列表框内分别勾选“查看”复选框和“打印”复选框，如图4-62所示。

方法二： 切换至“页面布局”选项卡，单击“页面设置”组中的“打印标题”按钮打开“页面设置”对话框，在“打印”下方的列表下勾选“网格线”复选框，然后单击“确定”按钮即可完成打印网格线的设置，如图4-63所示。

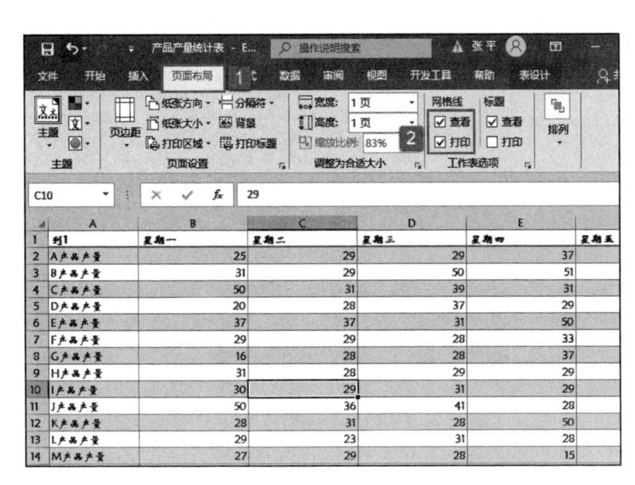

图4-62 勾选“查看”和“打印”复选框

图4-63 勾选“网格线”复选框

4.3.8 设置打印标题

通常说的工作表标题指的是工作表的行标题和列标题。默认情况下，行标题一直显示在工作表的最左侧，而列标题则会显示在工作表的最顶端。如果用户想隐藏或显示工作表的行标题和列标题，可以选择以下方法中的任一种进行操作。

方法一：切换至“页面布局”选项卡，在“工作表选项”组的“标题”列表框下取消勾选“查看”复选框，将其取消。此时的工作表如图 4-64 所示。

图 4-64 隐藏工作表行标题和列标题

方法二：切换至“视图”选项卡，在“显示”组中勾选“标题”复选框，则会显示工作表的行标题和列标题，如图 4-65 所示。取消勾选“标题”复选框则会隐藏工作表的行标题和列标题。

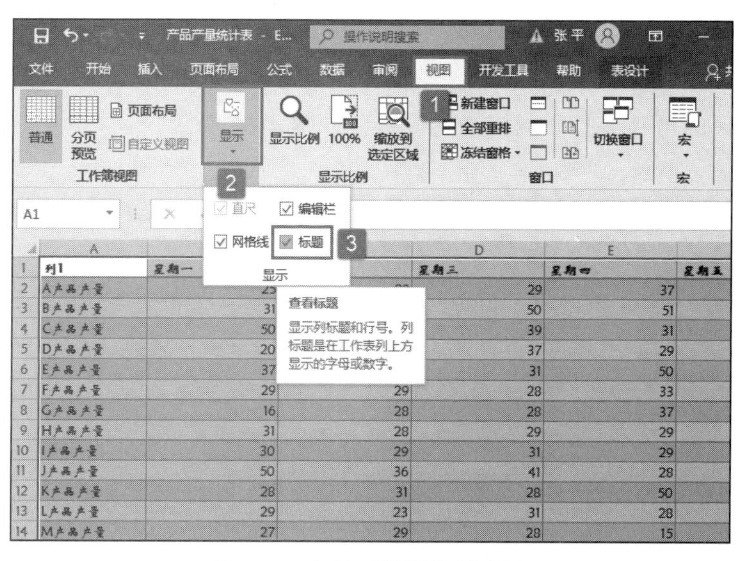

图 4-65 勾选“标题”复选框

第5章 数据有效性与条件格式应用

数据有效性主要是用来限制数据输入的，而条件格式却可以将现有的数据按用户的设置来显示。设置数据有效性可以让用户更准确地输入数据，提高用户的工作效率，同时提高输入的准确性。本章将详细讲解有关数据有效性与条件格式的应用技巧。

- 设置数据有效性
- 条件格式设置
- 实战：条件格式应用

5.1 设置数据有效性

在 Excel 中输入数据时，进行数据有效性的设置，可以节约很多时间，也可以让其他人在制作好的表格中输入数据时提高输入的准确性。

5.1.1 设置有效性特定条件

（1）序列有效性设置

STEP01：新建一个空白工作簿，重命名为“有效性特定条件”。打开工作簿，切换至“ Sheet1”新工作表，选择 A1 单元格，在“数据工具”组中单击“数据验证”下三角按钮，在展开的下拉列表中选择“数据验证”选项，如图 5-1 所示。

STEP02：打开“数据验证”对话框，如图 5-2 所示。单击“允许”选择框右侧的下拉按钮，在展开的下拉列表中可以选择验证条件，这里选择“序列”选项。

图 5-1　选择“数据验证”选项

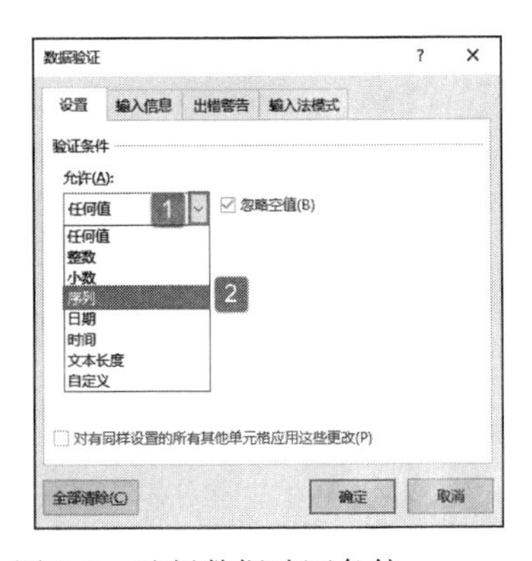

图 5-2　选择数据验证条件

数据有效性允许用户设置的条件有如下几种。

1）任何值：选择该项，用户可以在单元格内输入任何数据类型而不受影响，其他选项卡的设置不变。如果要把所有选项卡的设置都清除，则可以单击对话框下方的“全部清除”按钮。

2）整数：用于限制单元格中只能输入某一范围内的整数。

3）小数：用于限制单元格中只能输入某一范围内的小数（包含该范围内的整数）。

4）序列：用于限制单元格中只能输入某一特定的序列，可以是单元格引用，也可以手工进行输入。

STEP03：在“来源”文本框中输入数据来源为“真，假”，表示的是“真”或“假”，然后单击“确定”按钮返回工作表，如图 5-3 所示。

STEP04：返回工作表后，再次单击设置有效性的单元格会显示一个控件按钮。单击控件按钮，在展开的下拉列表中选择“真”，工作表中便会显示“真”，如图 5-4 所示。这种设置在极大程度上为重复数据的录入节省了大量的时间。

（2）日期有效性设置

工作表中还可以设置限制单元格中只能输入某个范围内的日期，例如只能输入 2019 年 1 月 1 日 ~ 2019 年 5 月 12 日之间的日期。具体操作步骤如下。

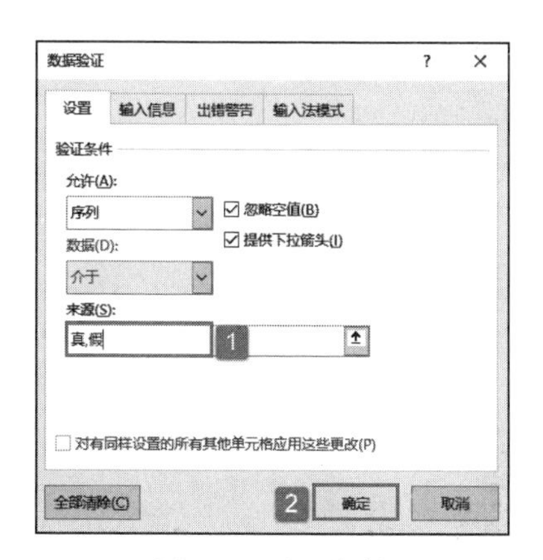

图 5-3　设置条件

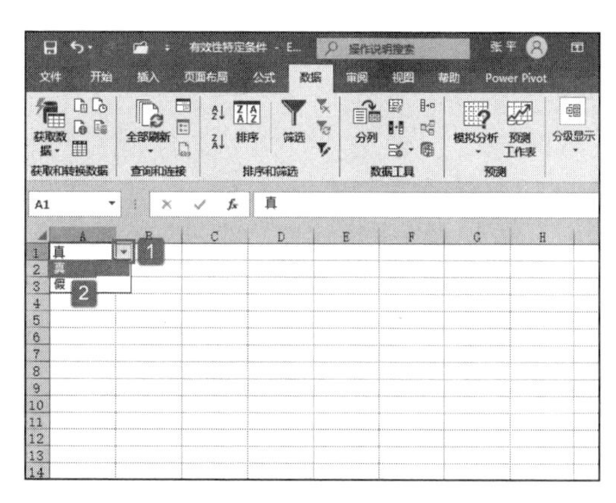

图 5-4　显示控件

STEP01：选择 A2 单元格，在“数据工具”组中单击“数据验证”下三角按钮，在展开的下拉列表中选择“数据验证”选项打开“数据验证”对话框。在“验证条件”窗格中单击“允许”选择框右侧的下拉按钮，在展开的下拉列表中选择“日期”选项，如图 5-5 所示。

STEP02：单击“数据”选择框右侧的下拉按钮，在展开的下拉列表中选择“介于”选项，然后在“开始日期”文本框中输入“2019-1-1”，在“结束日期”文本框中输入“2019-5-12”，最后单击“确定”按钮即可完成设置，如图 5-6 所示。

图 5-5　设置验证条件

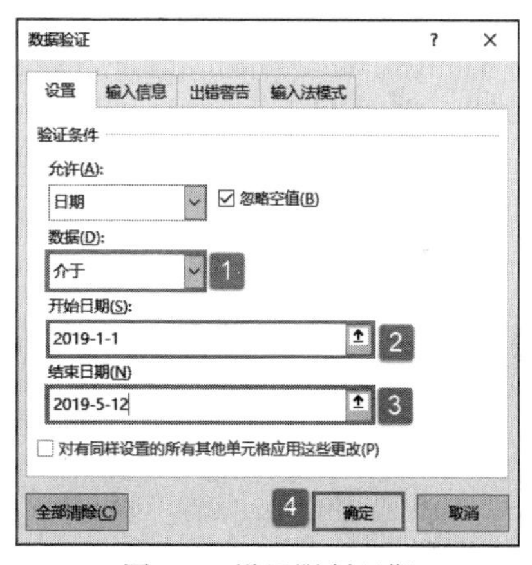

图 5-6　设置限制日期

STEP03：设置完成后，在设置日期输入限制的单元格中只能输入 2019 年 1 月 1 日 ~ 2019 年 5 月 12 日之间的日期，输入的日期不符合限制条件时，工作表中会弹出如图 5-7 所示的“Microsoft Excel”提示框。单击“重试”按钮即可重新在单元格中输入正确的日期。

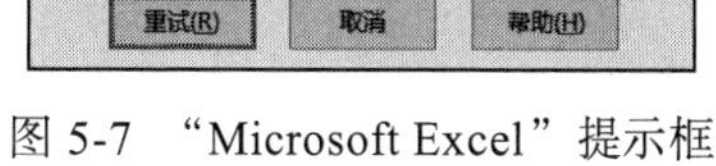

图 5-7　“Microsoft Excel”提示框

（3）时间有效性设置

设置“时间”有效性条件主要用于限制单元格中只能输入某个时间段内的时间，例如学生早上入校时间必须是在 7:05 ~ 7:40 内到校，具体设置步骤如下所示。

STEP01：选择 A3 单元格，在“数据工具”组中单击“数据验证”下三角按钮，在展开的下拉列表中选择“数据验证”选项，打开“数据验证”对话框。在“验证条件”

窗格中单击“允许”选择框右侧的下拉按钮，在展开的下拉列表中选择“时间”选项，如图 5-8 所示。

STEP02：单击“数据”选择框右侧的下拉按钮，在展开的下拉列表中选择“介于”选项，然后在“开始时间”文本框中输入“7:05”，在“结束时间”文本框中输入“7:40”，最后单击“确定”按钮即可完成设置，如图 5-9 所示。

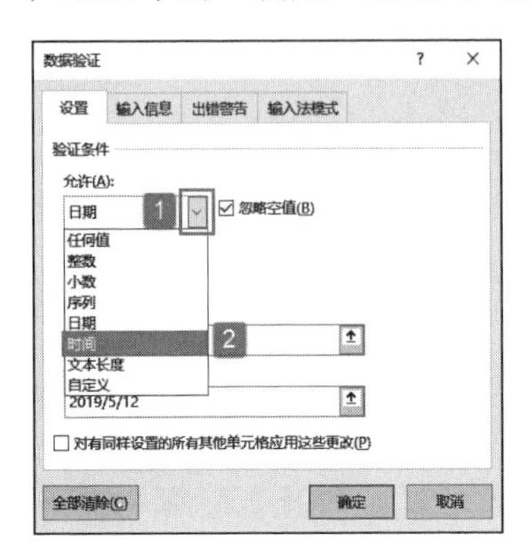

图 5-8　设置时间条件

图 5-9　设置具体时间

STEP03：设置完成后，在设置时间输入限制的单元格中只能输入 7:05 ~ 7:40 之间的时间，输入效果如图 5-10 所示。

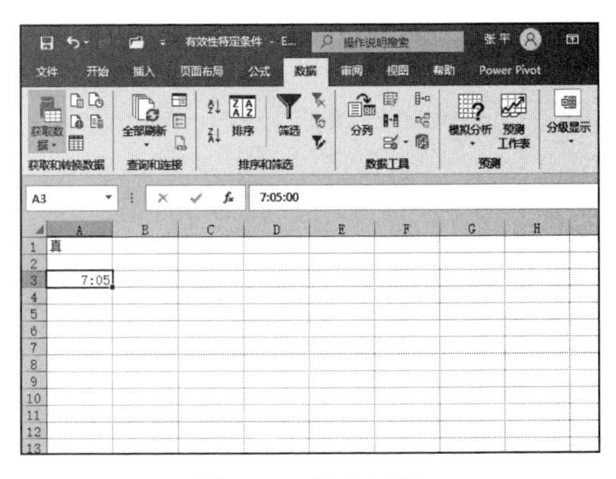

图 5-10　输入时间

（4）文本长度有效性设置

设置文本长度有效性条件主要用于限制单元格中能输入的字符长度，例如输入学生姓名必须为 2 ~ 4 个字符。有效性设置的具体操作步骤如下。

STEP01：选择 A4 单元格，在“数据工具”组中单击“数据验证”下三角按钮，在展开的下拉列表中选择“数据验证”选项，打开“数据验证”对话框。在“验证条件”窗格中单击“允许”选择框右侧的下拉按钮，在展开的下拉列表中选择“文本长度”选项，如图 5-11 所示。

STEP02：单击“数据”选择框右侧的下拉按钮，在展开的下拉列表中选择“介于”选项，然后在“最小值”文本框中输入“2”，在“最大值”文本框中输入“4”，最后单击“确定”按钮即可完成设置，如图 5-12 所示。

STEP03：设置完成后，在设置文本长度输入限制的单元格中只能输入 2 ~ 4 个字符的文本，效果如图 5-13 所示。

该项设置只限制字符串长度，对于输入何种字符并未做出限制。如果要限制比较复杂的数据有效性，则可以使用“自定义”有效性条件。

（5）自定义有效性设置

该项可以设置复杂的数据有效性限制。除了“自定义”之外，其他允许条件的设置都可以通过“自定义”的设置来达到希望的效果。例如限制 A5 单元格文本长度为 11 的自定义设置步骤如下。

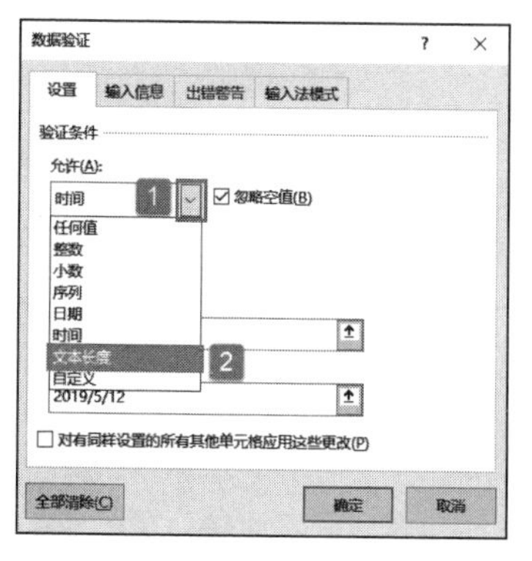

图 5-11　选择文本长度验证条件

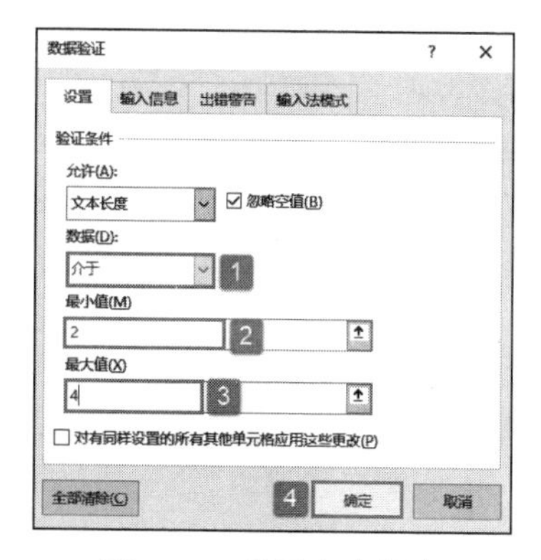

图 5-12　设置文本长度

STEP01：选择 A5 单元格，在“数据工具”组中单击“数据验证”下三角按钮，在展开的下拉列表中选择“数据验证”选项，打开“数据验证”对话框。在“验证条件”窗格中单击“允许”选择框右侧的下拉按钮，在展开的下拉列表中选择“自定义”选项，如图 5-14 所示。

图 5-13　输入 2 个字符的文本

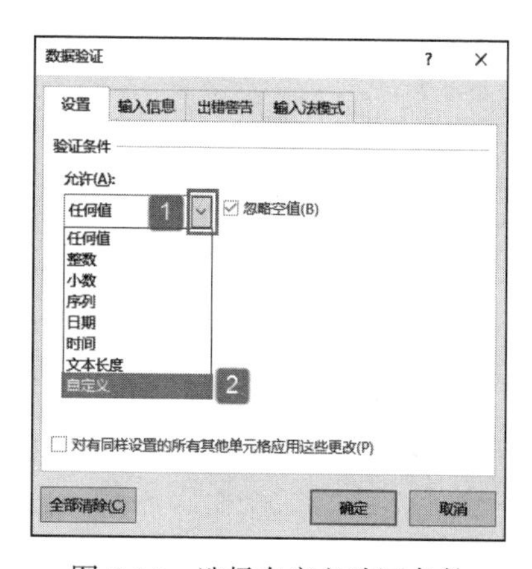

图 5-14　选择自定义验证条件

STEP02：在“公式”文本框中输入文本长度公式“=LEN(A5)=11”，然后单击“确定”按钮完成设置，如图 5-15 所示。

STEP03：设置完成后，在设置文本长度输入限制的单元格中只能输入文本长度为 11 的数据，如图 5-16 所示。

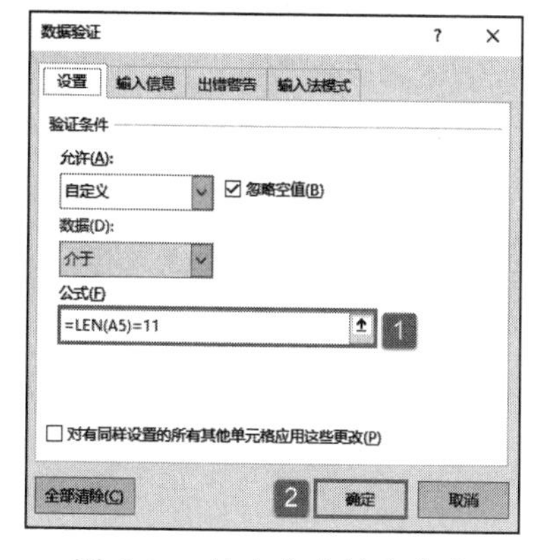

图 5-15　输入文本长度公式

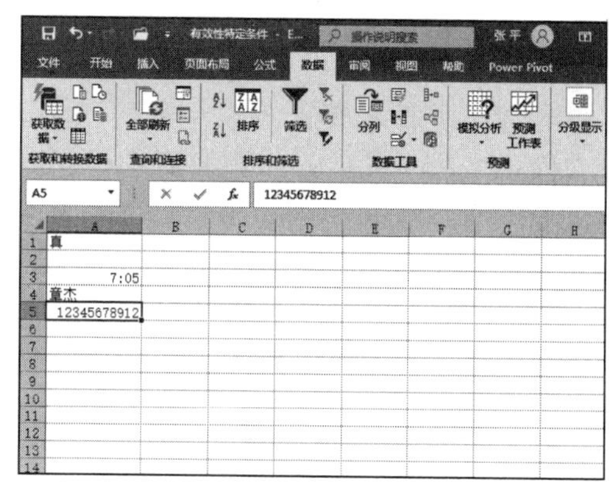

图 5-16　输入长度为 11 的文本

5.1.2 设置选定单元格数据有效性信息

用户如果事先设置了在选定单元格时出现的数据有效性信息，会避免很多错误数据的输入，同时还会提醒用户输入什么样的数据。设置选定单元格时出现的数据有效性信息的具体操作步骤如下。

STEP01：选择A6:D6单元格区域，切换至“数据”选项卡，在“数据工具”组中单击“数据验证”下三角按钮，在展开的下拉列表中选择“数据验证”选项，打开“数据验证”对话框，如图5-17所示。

图5-17 选择“数据验证”选项

STEP02：切换至“输入信息”选项卡，勾选“选定单元格时显示输入信息”复选框，在“标题”文本框中输入“输入正确的信息！”，在“输入信息”文本框中输入“输入11位的手机号码，例如15000001234”，然后单击“确定”按钮完成设置，如图5-18所示。

STEP03：返回工作表后，单击选中A6:D6单元格区域中的任意单元格，都会显示输入信息框，如图5-19所示。

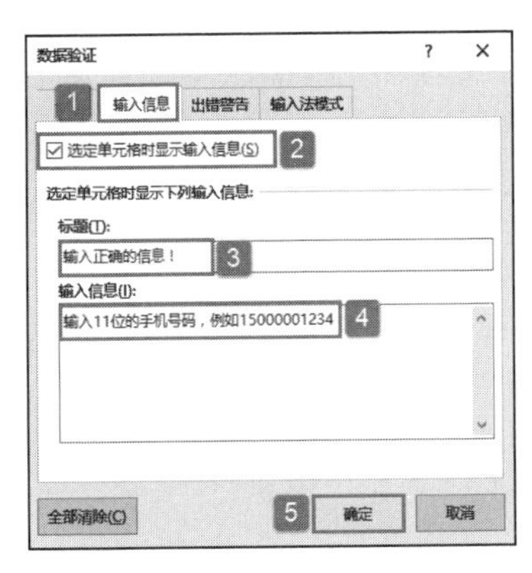

图5-18 设置“输入信息”

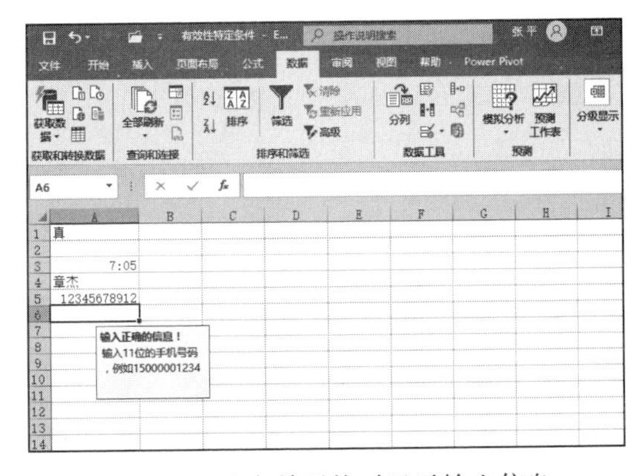

图5-19 选定单元格时显示输入信息

5.1.3 设置唯一数据有效性

Excel工作表给用户的工作带来了极大的方便，但在输入数据的过程中难免会出错，例如输入一些重复的身份证号码或超出范围的有效数据。此类错误可以用设置数据有效性的方法来确定输入数据的唯一性。具体操作步骤如下。

STEP01：在B列列标处单击选中B列，切换至“数据”选项卡，在“数据工具”组中单击“数据验证”下三角按钮，在展开的下拉列表中选择“数据验证”选项，打开“数据验证”对话框，如图5-20所示。

STEP02：在“验证条件”窗格中单击“允许”选择框右侧的下拉按钮，在展开的下拉列表中选择“自定义”选项，如图5-21所示。

STEP03：在“公式”文本框中输入条件公式“=COUNTIF($B:$B,B1)=1”，$B:$B为所选定的列，B1为数据起始单元格，如图5-22所示。

图 5-20　选择“数据验证”选项

图 5-21　选择“自定义”选项

STEP04：切换至“出错警告”选项卡，勾选“输入无效数据时显示出错警告”复选框，在“样式”列表框中选择“警告”项，并在“标题”文本框中输入文本“输入错误”，在“错误信息”文本框中输入文本“重复的数据输入，请确认后再输入！”，最后单击“确定”按钮完成设置，如图 5-23 所示。

图 5-22　输入条件公式

图 5-23　设置出错警告

STEP05：设置完成后，用户在 B 列中输入数据时，如果输入了重复的数据，则会弹出如图 5-24 所示的“输入错误”警告框。

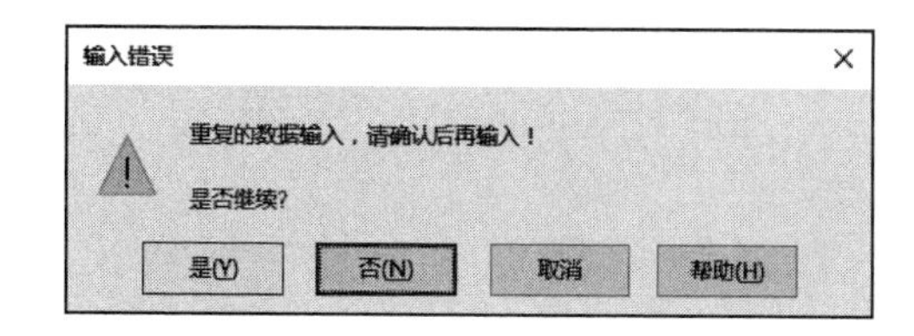

图 5-24　“输入错误”警告框

5.1.4　复制数据有效性

在对某一个单元格设置了数据有效性后，如果还想对其他的单元格进行设置，这时应该怎么办？很多用户会选择对其他的单元格重复设置数据有效性。其实，只需要复制粘贴一下就实现了！

复制数据有效性设置的具体操作步骤如下。

打开“有效性特定条件.xlsx”工作簿，这里以复制 A1 单元格中设置的序列有效性为例进行具体讲解。

STEP01：选择 A1 单元格，单击鼠标右键，在弹出的隐藏菜单中选择“复制”选项，如图 5-25 所示。

STEP02：选择粘贴的目标单元格或单元格区域，例如这里选择 C2 单元格，单击鼠标右键，在弹出的隐藏菜单中选择“选择性粘贴”选项，在打开的级联列表中选择“选择性粘贴命令”，打开“选择性粘贴”对话框，如图 5-26 所示。

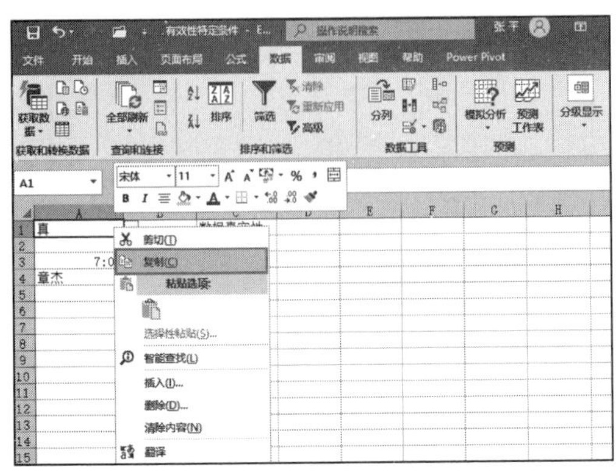

图 5-25　选择复制

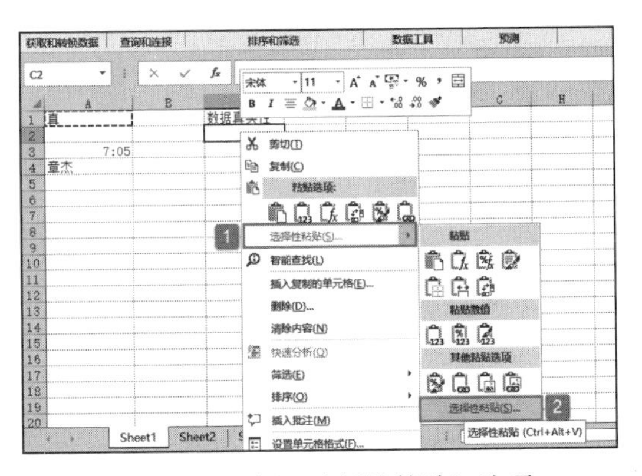

图 5-26　选择“选择性粘贴”选项

STEP03：在打开的对话框中单击“粘贴”列表框下的“验证”单选按钮，然后单击“确定”按钮返回工作表即可，如图 5-27 所示。最终复制数据有效性的效果如图 5-28 所示。

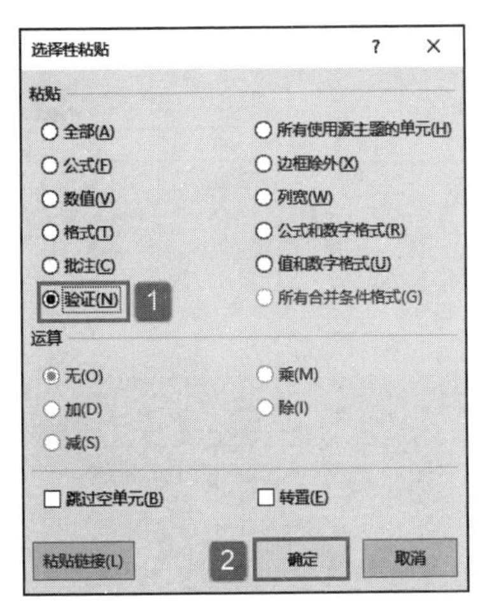

图 5-27　单击“验证”单选按钮

图 5-28　复制序列有效性

5.1.5　利用数据有效性制作下拉列表框

如果某个高校在招生时只面向有限的几个省市，那么在建立学生报表时，这几个省市的出现概率肯定很高，如图 5-29 所示。

用户除了使用“复制”和“粘贴”命令外，只能手工输入了。接下来使用数据有效性制作下拉列表框，让用户在输入时，从下拉列表框中选择即可，这样既提高了数据的输入速度，还保证了输入数据的准确性。

制作数据有效性下拉列表框的具体操作步骤如下。

STEP01：打开“完善学生籍贯 .xlsx”工作簿，选择 E2:E22 单元格区域，切换至“数据”选项卡，在“数据工具”组中单击“数据验证”下三角按钮，在展开的下拉列表中选择“数据验证”选项，打开“数据验证”对话框，如图 5-30 所示。

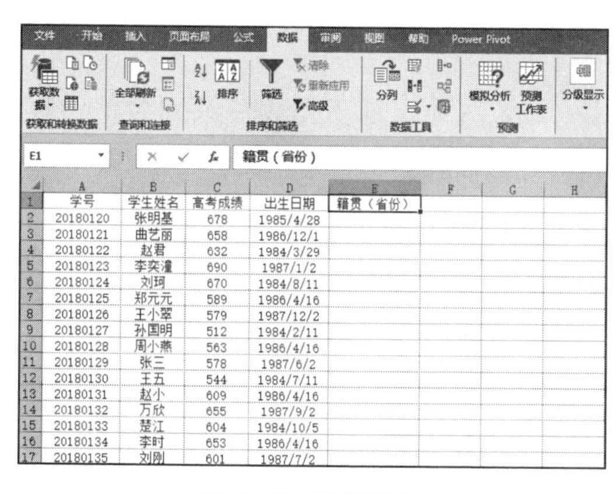

图 5-29　目标数据

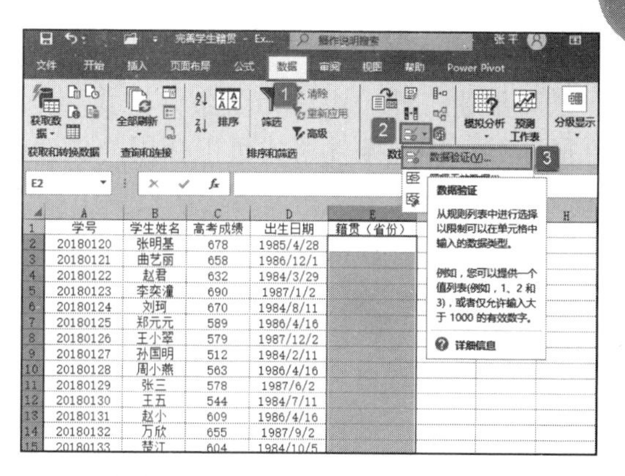

图 5-30　选择“数据验证”选项

STEP02：打开的“数据验证”对话框如图 5-31 所示。单击“允许”选择框右侧的下拉按钮，在展开的下拉列表中选择“序列”选项。

STEP03：在“来源”文本框中输入数据来源为“山东,北京,黑龙江,河北,江苏,安徽”，然后单击“确定”按钮返回工作表，如图 5-32 所示。输入数据来源时，一定要用英文逗号隔开。

STEP04：选择 E2 单元格，单击单元格右侧的控件按钮，在展开的下拉列表中选择相应的省份即可，如图 5-33 所示。

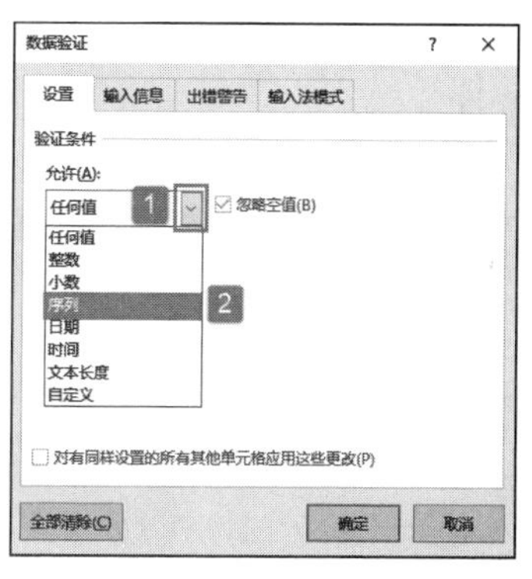

图 5-31　选择序列选项

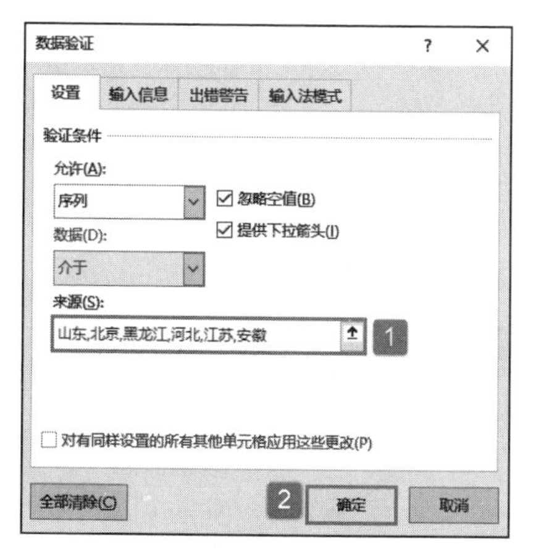

图 5-32　输入数据来源

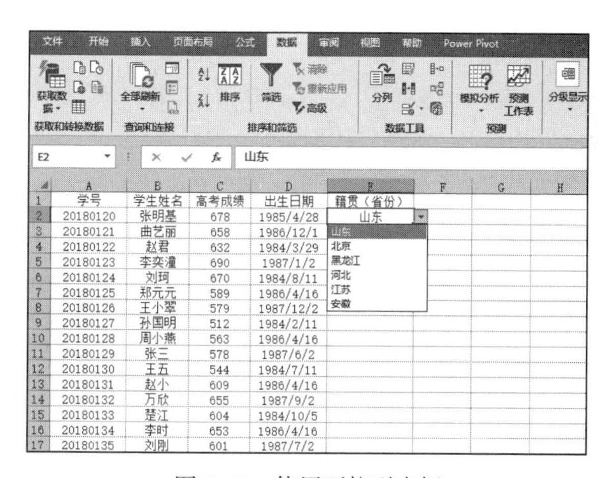

图 5-33　使用下拉列表框

5.2 条件格式设置

Excel 2019 提供了更为丰富的条件格式样式，增加了数据智能的呈现手段。设置相应的条件格式，可以大大提高我们的工作效率。

5.2.1 添加和更改条件格式

如果在工作表中应用了条件格式，则可以一目了然地识别工作表一系列数值中存在的差异。因此条件格式可以让用户更清晰地看到数据变化的幅度。如果用户想添加、更改或清除条件格式，则可以执行以下操作。

STEP01：打开“期中学生成绩统计表.xlsx”工作簿，选择A3:A23单元格区域，切换至“开始”选项卡，在“样式”组中单击“条件格式”下三角按钮，在展开的下拉列表中选择“新建规则”选项，如图5-34所示。

STEP02：打开如图5-35所示的“新建格式规则”对话框。在对话框中可以根据实际需求对新建格式规则的各个选项进行设置。这里在“选择规则类型”列表框中选择“基于各自值设置所有单元格的格式”选项，然后在“编辑规则说明”列表框中选择“格式样式”为“双色刻度”，右侧的颜色选择框设置为“水绿色”，右侧的颜色选择框设置为“浅黄色”，最后单击“确定”按钮即可应用到工作表中，如图5-35所示。最终效果如图5-36所示。

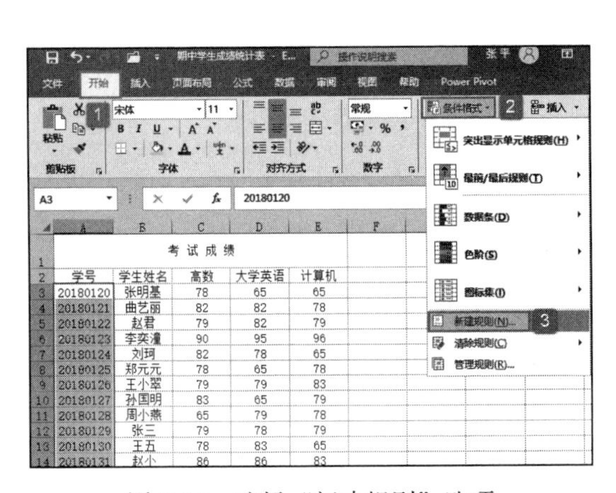

图5-34 选择“新建规则”选项

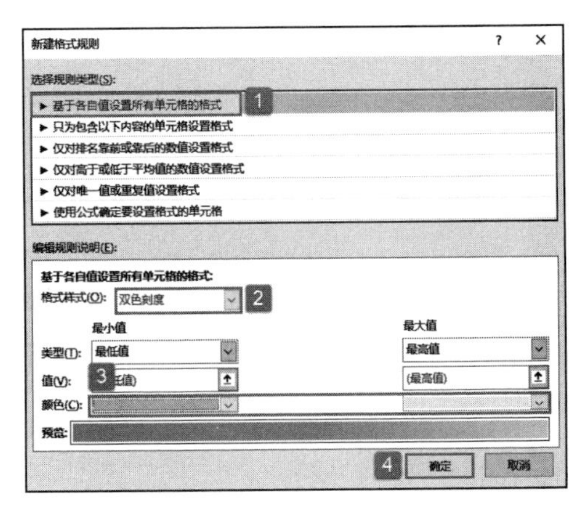

图5-35 “新建格式规则”对话框

STEP03：如果要更改条件格式，则切换至“开始”选项卡，在“样式”组中单击“条件格式”下三角按钮，在展开的下拉列表中选择“管理规则”选项，如图5-37所示。

	A	B	C	D	E
1	考试成绩				
2	学号	学生姓名	高数	大学英语	计算机
3	20180120	张明基	78	65	65
4	20180121	曲艺丽	82	82	78
5	20180122	赵君	79	82	79
6	20180123	李奕瀛	90	95	96
7	20180124	刘珂	82	78	65
8	20180125	郑元元	78	65	78
9	20180126	王小翠	79	79	83
10	20180127	孙国明	83	65	79
11	20180128	周小燕	65	79	78
12	20180129	张三	79	78	79
13	20180130	王五	78	83	65
14	20180131	赵小	86	86	83
15	20180132	万欣	82	65	82
16	20180133	楚江	83	83	82
17	20180134	李时	95	98	95
18	20180135	刘刚	78	82	83
19	20180136	杨会	65	65	78
20	20180137	钱明	82	78	83
21	20180138	孙瀍	82	83	65
22	20180139	周浩	82	82	83
23	20180140	郑一	65	65	82
24					

图5-36 新建规则效果图

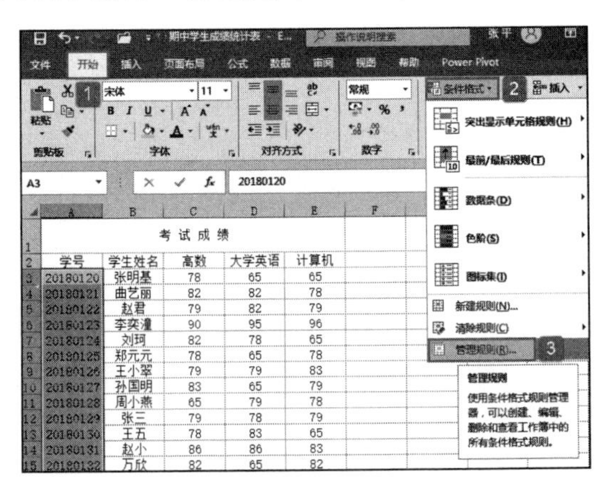

图5-37 选择“管理规则”选项

STEP04：打开“条件格式规则管理器”对话框，选中规则列表框中第一个新建的规则，单击“编辑规则”按钮，打开“编辑格式规则”对话框，如图5-38所示。

STEP05：在“选择规则类型”列表框中选择“基于各自值设置所有单元格的格式”选项，然后在“编辑规则说明”列表框中选择“格式样式”为“数据条”，并设置“条形图外观”为“渐变填充”方式，颜色设置为“绿色”，最后单击“确定”按钮返回“条件格式规则管理器”对话框，如图5-39所示。

STEP06：在对话框中再次单击“确定”按钮返回工作表。更改规则后的效果如图5-40所示。

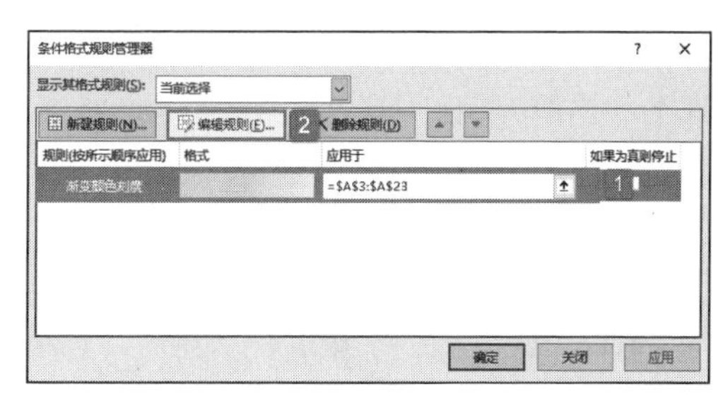

图5-38 单击“编辑规则”按钮

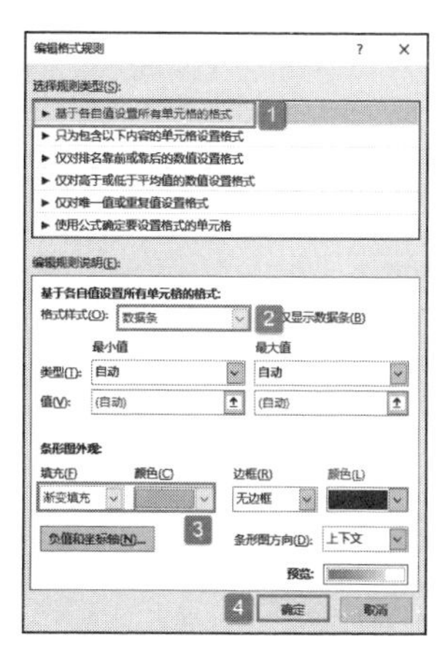

图5-39 更改规则

	A	B	C	D	E	F
1	考 试 成 绩					
2	学号	学生姓名	高数	大学英语	计算机	
3	20180120	张明基	78	65	65	
4	20180121	曲艺丽	82	82	78	
5	20180122	赵君	79	82	79	
6	20180123	李奕潼	90	95	96	
7	20180124	刘珂	82	78	65	
8	20180125	郑元元	78	65	78	
9	20180126	王小翠	79	79	83	
10	20180127	孙国明	83	65	79	
11	20180128	周小燕	65	79	78	
12	20180129	张三	79	78	79	
13	20180130	王五	78	83	65	
14	20180131	赵小	86	86	83	
15	20180132	万欣	82	65	82	
16	20180133	楚江	83	83	82	
17	20180134	李时	95	98	95	
18	20180135	刘刚	78	82	83	
19	20180136	杨会	65	65	78	
20	20180137	钱明	82	78	83	
21	20180138	孙潼	82	83	65	
22	20180139	周浩	82	82	83	
23	20180140	郑一	65	65	82	
24						

图5-40 更改规则效果图

STEP07：如果要清除A13:A23单元格区域中的条件格式，选择该单元格区域，切换至“开始”选项卡，单击“样式”组中的“条件格式”下三角按钮，在展开的下拉列表中选择“清除规则”选项，在展开的级联列表中选择“清除所选单元格的规则”选项，如图5-41所示。

STEP08：随后单元格区域新建的条件格式就会被清除，效果如图5-42所示。

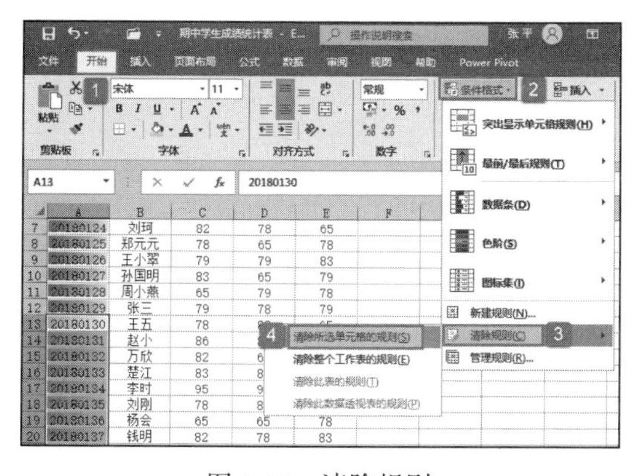

图5-41 清除规则

	A	B	C	D	E	F
1	考 试 成 绩					
2	学号	学生姓名	高数	大学英语	计算机	
3	20180120	张明基	78	65	65	
4	20180121	曲艺丽	82	82	78	
5	20180122	赵君	79	82	79	
6	20180123	李奕潼	90	95	96	
7	20180124	刘珂	82	78	65	
8	20180125	郑元元	78	65	78	
9	20180126	王小翠	79	79	83	
10	20180127	孙国明	83	65	79	
11	20180128	周小燕	65	79	78	
12	20180129	张三	79	78	79	
13	20180130	王五	78	83	65	
14	20180131	赵小	86	86	83	
15	20180132	万欣	82	65	82	
16	20180133	楚江	83	83	82	
17	20180134	李时	95	98	95	
18	20180135	刘刚	78	82	83	
19	20180136	杨会	65	65	78	
20	20180137	钱明	82	78	83	
21	20180138	孙潼	82	83	65	
22	20180139	周浩	82	82	83	
23	20180140	郑一	65	65	82	
24						

图5-42 清除条件格式效果

5.2.2 设置突出显示单元格规则

使用“突出显示单元格规则”命令，可以在单元格数据区域中高亮显示指定的数据，例如识别大于、小于或等于设置值的数值，指明发生在给定区域的日期等。

STEP01：选择 C3:C23 单元格区域，切换至“开始”选项卡，在“样式”组中单击“条件格式”下三角按钮，在展开的下拉列表中选择“突出显示单元格规则”选项，然后在展开的级联列表中选择“大于”选项，如图 5-43 所示。

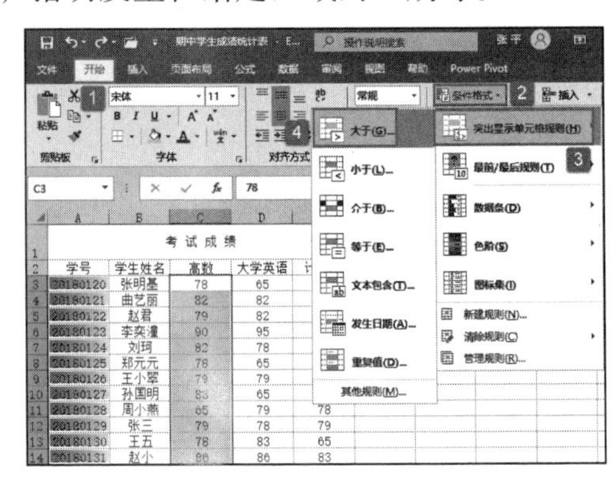

图 5-43　选择突出显示“大于”选项

STEP02：在打开的“大于”对话框中设置大于数值为“90”，设置显示为“浅红填充色深红色文本”，最后单击“确定”按钮返回工作表，如图 5-44 所示。最终显示效果如图 5-45 所示。

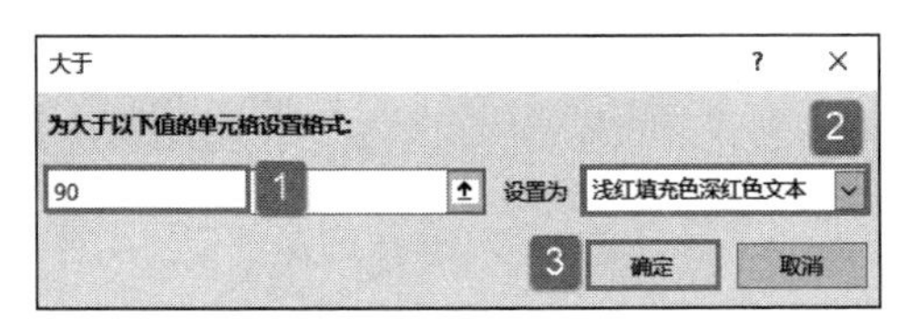

图 5-44　设置“大于”数值格式

	A	B	C	D	E	F
1	考试成绩					
2	学号	学生姓名	高数	大学英语	计算机	
3	20180120	张明基	78	65	65	
4	20180121	曲艺丽	82	82	78	
5	20180122	赵君	79	82	79	
6	20180123	李奕潼	90	95	96	
7	20180124	刘珂	82	78	65	
8	20180125	郑元元	78	65	78	
9	20180126	王小翠	79	79	83	
10	20180127	孙国明	83	65	79	
11	20180128	周小燕	65	79	78	
12	20180129	张三	79	78	79	
13	20180130	王五	78	83	65	
14	20180131	赵小	86	86	83	
15	20180132	万欣	82	65	82	
16	20180133	楚江	83	83	82	
17	20180134	李时	95	98	95	
18	20180135	刘刚	78	82	83	
19	20180136	杨会	65	65	78	
20	20180137	钱明	82	78	83	
21	20180138	孙潼	82	83	65	
22	20180139	周浩	82	82	83	
23	20180140	郑一	65	65	82	
24						

图 5-45　突出显示单元格规则效果图

5.2.3　设置项目选取规则

“项目选取规则”允许用户识别项目中特定的值，例如最大的 5 项、最小的百分数，或者指定大于或小于平均值的单元格等。

STEP01：选择 D3:D23 单元格区域，切换至“开始”选项卡，在“样式”组中单击“条件格式”下三角按钮，在展开的下拉列表中选择“最前 / 最后规则”选项，然后在展开的级联列表中选择“低于平均值”选项，如图 5-46 所示。

STEP02：打开“低于平均值”对话框，设置针对选定区域，设置为“黄填充色深黄色文本”，然后单击“确定”按钮返回工作表，如图 5-47 所示。最终效果如图 5-48

所示。

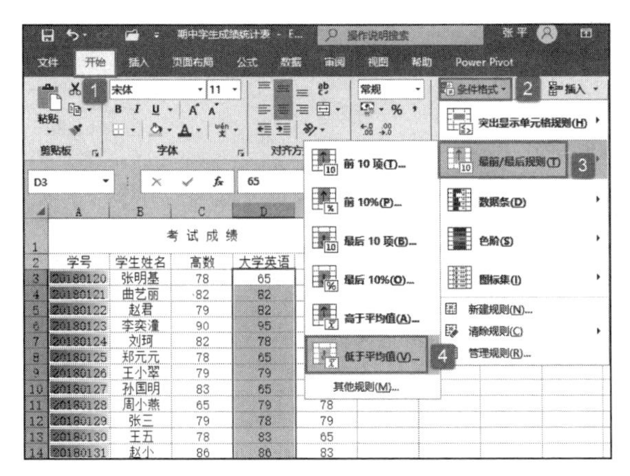

图 5-46　选择“低于平均值”选项

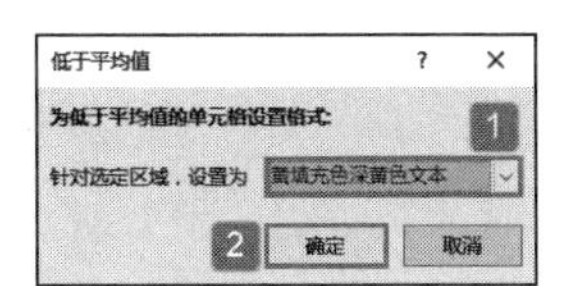

图 5-47　设置格式

	A	B	C	D	E	F	G
1	考 试 成 绩						
2	学号	学生姓名	高数	大学英语	计算机		
3	20180120	张明基	78	65	65		
4	20180121	曲艺丽	82	82	78		
5	20180122	赵君	79	82	79		
6	20180123	李奕潼	90	95	96		
7	20180124	刘珂	82	78	65		
8	20180125	郑元元	78	65	78		
9	20180126	王小翠	79	79	83		
10	20180127	孙国明	83	65	79		
11	20180128	周小燕	65	79	78		
12	20180129	张三	79	78	79		
13	20180130	王五	78	83	65		
14	20180131	赵小	86	86	83		
15	20180132	万欣	82	65	82		
16	20180133	楚江	83	83	82		
17	20180134	李时	95	98	95		
18	20180135	刘刚	78	82	83		
19	20180136	杨会	65	65	78		
20	20180137	钱明	82	78	83		
21	20180138	孙潼	82	83	65		
22	20180139	周浩	82	82	83		
23	20180140	郑一	65	65	82		
24							

图 5-48　显示“低于平均值”效果图

5.2.4　设置数值排名条件格式

根据指定的值查找单元格区域中最高值或最低值。例如在“期中学生成绩统计表”中查找计算机成绩最高的前 5 个数值。具体操作步骤如下。

STEP01：选择 E3:E23 单元格区域，切换至“开始”选项卡，在“样式”组中单击“条件格式”下三角按钮，在展开的下拉列表中选择“新建规则”选项，打开“新建格式规则”对话框，如图 5-49 所示。

STEP02：在“选择规则类型”列表框中选择“仅对排名靠前或靠后的数值设置格式”选项，并在“编辑规则说明”列表框中设置对排列最高的前 5 位数值设置格式。然后单击“格式”按钮打开“设置单元格格式”对话框，如图 5-50 所示。

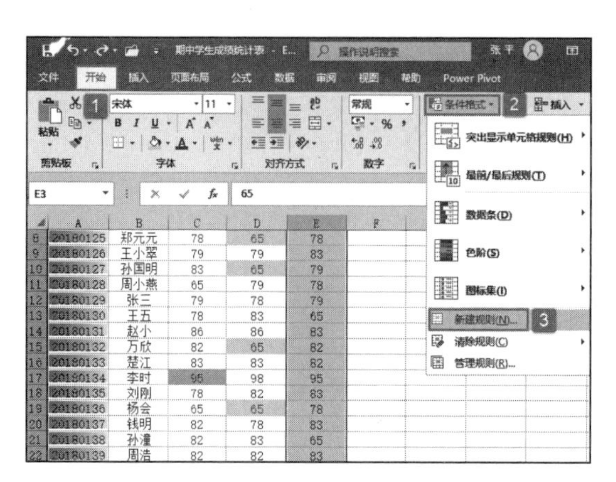
图 5-49　选择“新建规则”选项

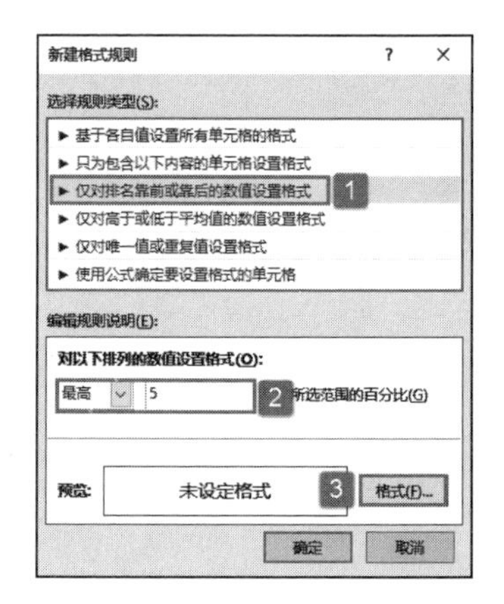
图 5-50　设置格式规则

STEP03：切换至“字体”选项卡，在“字形”列表框中选择“加粗”选项，并设置“字体颜色”为蓝色，单击“确定”按钮完成设置，如图 5-51 所示。在“新建格式规则”对话框中再次单击“确定”按钮返回工作表，可看到计算机成绩最高的前 5 个数值均显示为蓝色，如图 5-52 所示。

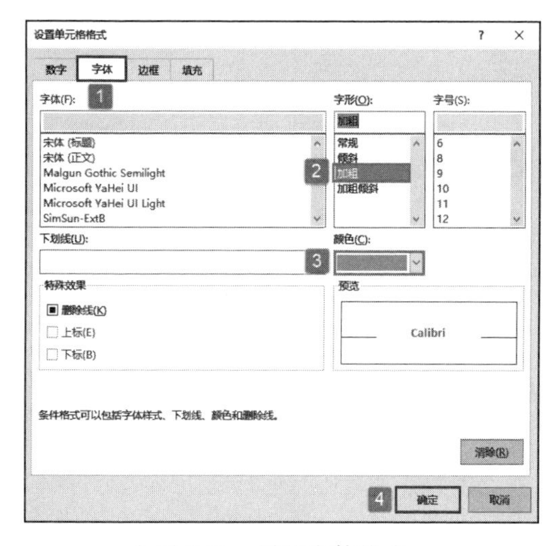
图 5-51　设置字体格式

	A	B	C	D	E	F
1	考试成绩					
2	学号	学生姓名	高数	大学英语	计算机	
3	20180120	张明基	78	65	65	
4	20180121	曲艺丽	82	82	78	
5	20180122	赵君	79	82	79	
6	20180123	李奕瀍	90	95	96	
7	20180124	刘珂	82	78	65	
8	20180125	郑元元	78	65	78	
9	20180126	王小翠	79	79	83	
10	20180127	孙国明	83	65	79	
11	20180128	周小燕	65	79	78	
12	20180129	张三	79	78	79	
13	20180130	王五	78	83	65	
14	20180131	赵小	86	86	83	
15	20180132	万欣	82	65	82	
16	20180133	楚江	83	83	82	
17	20180134	李时	95	98	95	
18	20180135	刘刚	78	82	83	
19	20180136	杨会	65	65	78	
20	20180137	钱明	82	78	83	
21	20180138	孙瀍	82	83	65	
22	20180139	周浩	82	82	83	
23	20180140	郑一	65	65	82	
24						

图 5-52　成绩最高的前 5 个数值

5.2.5　设置标准偏差条件格式

设置标准偏差条件格式可以在单元格区域中查找高于或低于平均值或标准偏差的值。

打开“期末成绩统计表 .xlsx”工作簿，以查找高数课程中高于平均分的学生为例。设置高于平均值的数据设置格式的具体操作步骤如下。

STEP01：选择 B2:B14 单元格区域，切换至“开始”选项卡，在“样式”组中单击“条件格式”下三角按钮，在展开的下拉列表中选择“新建规则”选项，如图 5-53 所示。打开“新建格式规则”对话框。

STEP02：在“选择规则类型”列表框中选择“仅对高于或低于平均值的数值设置格式”选项，并在“编辑规则说明”列表框中为“高于”选定范围的平均值设置格式，然后单击“格式”按钮打开“设置单元格格式”对话框，如图 5-54 所示。

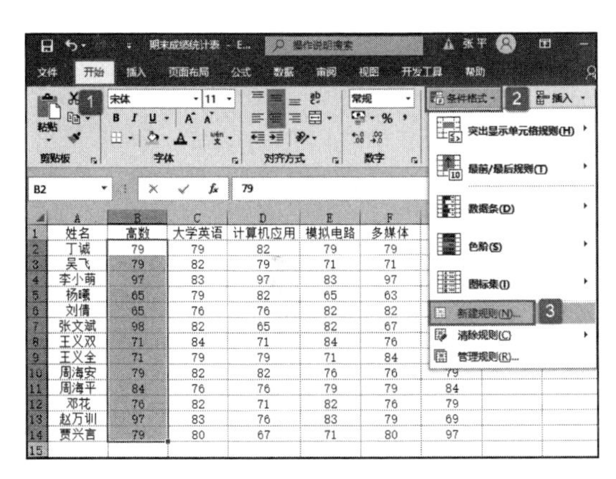

图 5-53　选择“新建规则”选项

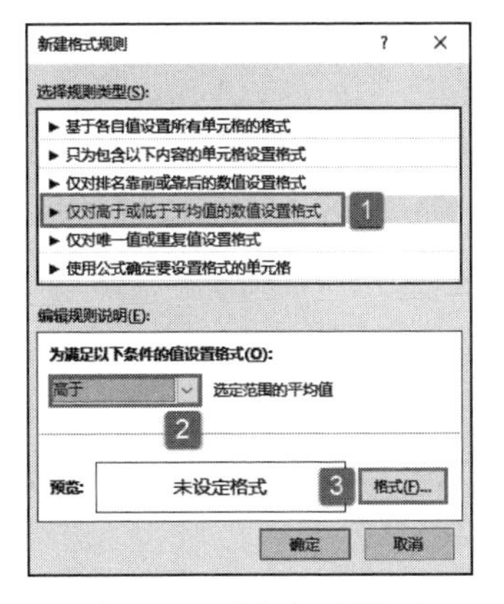

图 5-54　选择规则类型

STEP03：切换至“字体”选项卡，在“字形”列表框中选择“加粗倾斜”选项，设置字体颜色为“黄色”，然后单击“确定”按钮返回“新建格式规则”对话框，如图 5-55 所示。最后单击“确定”按钮返回工作表，为高于选定范围的平均值设置的格式效果如图 5-56 所示。

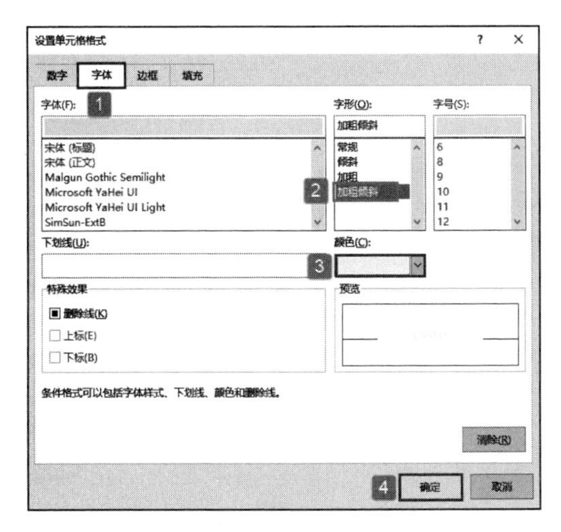

图 5-55　设置字体格式

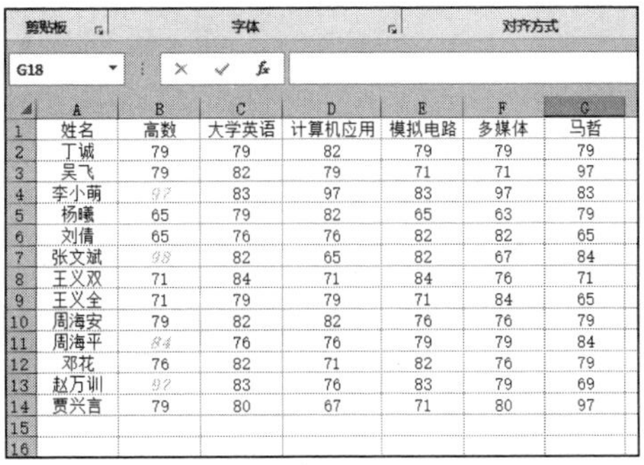

图 5-56　为高于选定范围的平均值设置的格式效果

5.2.6　设置唯一值条件格式

仅对唯一值或重复值设置格式可以在单元格中查找唯一值或重复的值。打开“期末成绩统计表.xlsx”工作簿，以查找大学英语课程中的唯一值为例。设置唯一值条件格式的具体操作步骤如下。

STEP01：选择 C2:C14 单元格区域，切换至“开始”选项卡，在“样式”组中单击“条件格式”下三角按钮，在展开的下拉列表中选择“新建规则”选项，打开如图 5-57 所示的“新建格式规则”对话框。在“选择规则类型”列表框中选择“仅对唯一值或重复值设置格式”选项，并在“编辑规则说明”列表框中为选定范围中“唯一”的数值设置格式，然后单击“格式”按钮，打开“设置单元

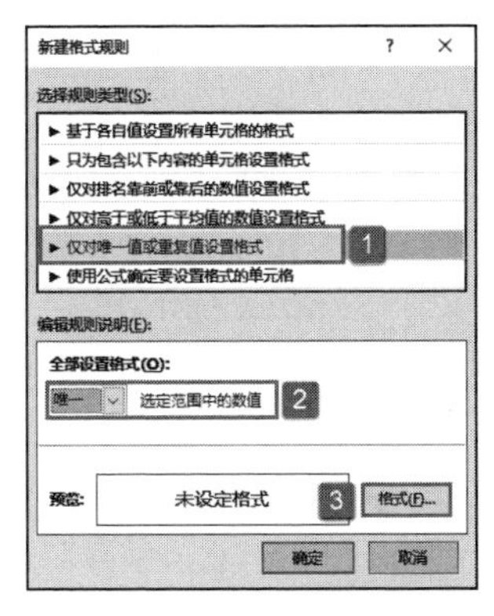

图 5-57　选择规则类型

格格式”对话框，如图 5-57 所示。

STEP02：切换至“填充”选项卡，在“背景色”列表框中选择“浅蓝色”选项，然后单击“确定”按钮返回“新建格式规则”对话框，如图 5-58 所示。再次单击“确定”按钮返回工作表，为选定范围中的唯一值设置的格式效果如图 5-59 所示。

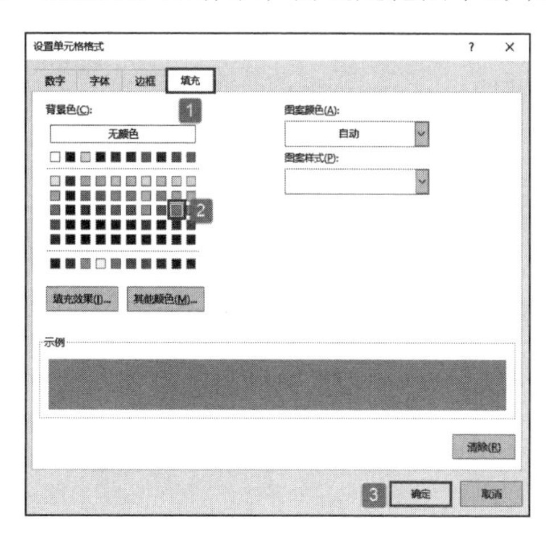

图 5-58　设置填充颜色

	A	B	C	D	E	F	G
1	姓名	高数	大学英语	计算机应用	模拟电路	多媒体	马哲
2	丁诚	79	79	82	79	79	79
3	吴飞	79	82	79	71	71	97
4	李小萌	97	83	97	83	97	83
5	杨曦	65	79	82	65	63	79
6	刘倩	65	76	76	82	82	65
7	张文斌	98	82	65	82	67	84
8	王义双	71	84	71	84	76	71
9	王义全	71	79	79	71	84	65
10	周海安	79	82	82	76	76	79
11	周海平	84	76	76	79	79	84
12	邓花	76	82	71	82	76	79
13	赵万训	97	83	76	83	79	69
14	贾兴言	79	80	67	71	80	97
15							
16							
17							
18							

图 5-59　仅对唯一值设置格式效果

5.3 实战：条件格式应用

利用条件格式，我们可以对数据进行有效处理。我们将提供一些常用的例子，介绍条件格式的应用。

5.3.1 利用条件格式限制输入数据

前面介绍过，在对 Excel 进行数据输入时，为了确保单元格数据输入正确，可以使用数据有效性来限制输入数据的范围。其实也可以用条件格式来达到该目的。例如为超过一定数值的单元格自动加上颜色，比如一个单元格的数值上限设置为 100，如果输入 101，这个单元格就变成红色。

使用条件格式限制输入数据的具体操作步骤如下。

STEP01：选择 B2:G14 单元格区域，切换至“开始”选项卡，在“样式”组中单击“条件格式”下三角按钮，在展开的下拉列表中选择“突出显示单元格规则”选项，然后在展开的级联列表中选择“大于”选项，如图 5-60 所示。

STEP02：在打开的“大于”对话框中设置大于数值为“100”，设置显示为“绿填充色深绿色文本”，最后单击“确定”按钮返回工作表，如图 5-61 所示。

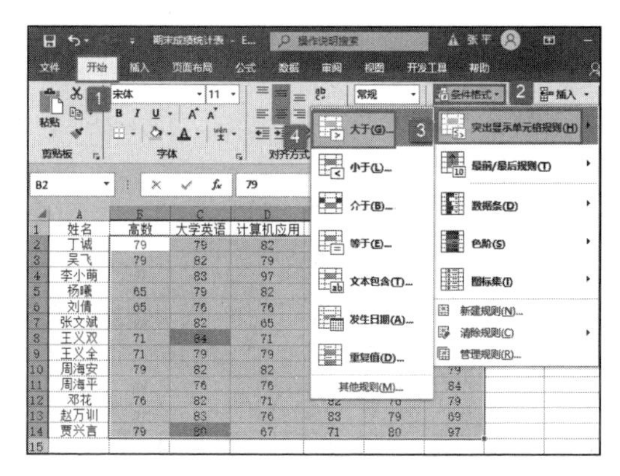

图 5-60　选择条件格式

大于

为大于以下值的单元格设置格式:

100 设置为 绿填充色深绿色文本

确定 取消

图 5-61 设置数值条件

STEP03：如果在选定区域内输入了上限大于 100 的数值，则单元格就会被绿填充色深绿色文本填充，如图 5-62 所示。

	A	B	C	D	E	F	G
1	姓名	高数	大学英语	计算机应用	模拟电路	多媒体	马哲
2	丁诚	79	79	82	79	79	79
3	吴飞	79	82	79	71	71	97
4	李小萌	97	83	97	83	97	83
5	杨曦	65	79	82	330	63	79
6	刘倩	65	76	76	82	82	65
7	张文斌	98	82	65	82	67	84
8	王义双	71	84	71	84	76	71
9	王义全	71	79	103	820	84	65
10	周海安	79	82	82	76	76	79
11	周海平	84	76	101	79	79	84
12	邓花	76	82	71	82	76	79
13	赵万训	97	83	76	83	79	69
14	贾兴言	79	80	67	71	80	97

图 5-62 条件格式设置效果

5.3.2 利用条件格式突出显示重复数据

例如，在高校招生时，会有同名的学生。现在工作人员需要把同名学生的成绩突出显示出来，如图 5-63 所示。此时可以使用“条件格式”功能来实现突出显示重复数据的操作。

其具体操作步骤如下。

STEP01：选择 A2:G17 单元格区域，切换至“开始”选项卡，在“样式”组中单击“条件格式”下三角按钮，在展开的下拉列表中选择“新建规则”选项，打开“新建格式规则”对话框。在“选择规则类型”列表框中选择“使用公式确定要设置格式的单元格”选项，在“为符合此公式的值设置格式”文本框中输入公式，例如这里输入“=COUNTIF($A$2:$A$17,$A2)>1”，然后单击“格式”按钮，如图 5-64 所示。

	A	B	C	D	E	F	G
1	姓名	高数	大学英语	计算机应用	模拟电路	多媒体	马哲
2	丁诚	79	79	82	79	79	79
3	吴飞	79	82	79	71	71	97
4	李小萌	97	83	97	83	97	83
5	杨曦	65	79	82	65	63	79
6	刘倩	65	76	76	82	82	65
7	张文斌	79	82	65	82	79	84
8	李静	75	81	67	80	69	74
9	王义双	71	84	71	84	76	71
10	王义全	71	79	79	71	84	65
11	周海安	79	82	97	76	76	79
12	周海平	84	76	76	79	79	84
13	邓花	76	82	71	82	76	79
14	赵万训	97	83	76	83	79	97
15	贾兴言	79	80	67	71	80	97
16	刘倩	72	74	75	68	69	70
17	李静	75	84	83	90	80	71

图 5-63 数据工作表

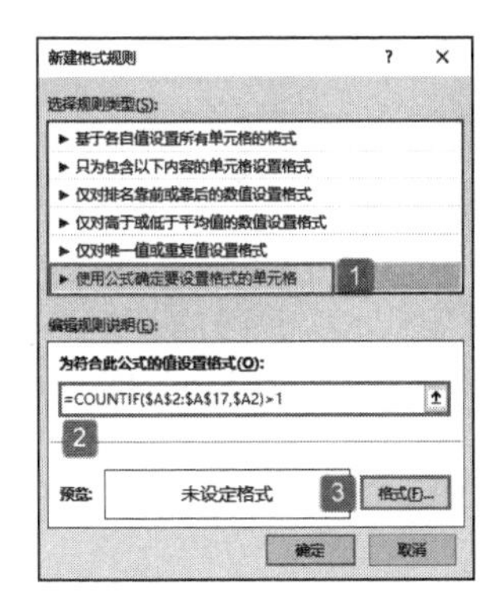

图 5-64 选择规则类型

STEP02：打开“设置单元格格式”对话框，切换至“填充”选项卡，单击“图案颜色”选择框右侧的下拉按钮，在展开的下拉列表中选择“绿色”；单击“图案样式”选择框右侧的下拉按钮，在展开的下拉列表中选择“6.25% 灰色”选项，然后单击“确定”按钮完成单元格格式的设置，如图 5-65 所示。

STEP03：在“新建格式规则”对话框中单击“确定”按钮返回工作表页面，此时的工作表如图 5-66 所示。

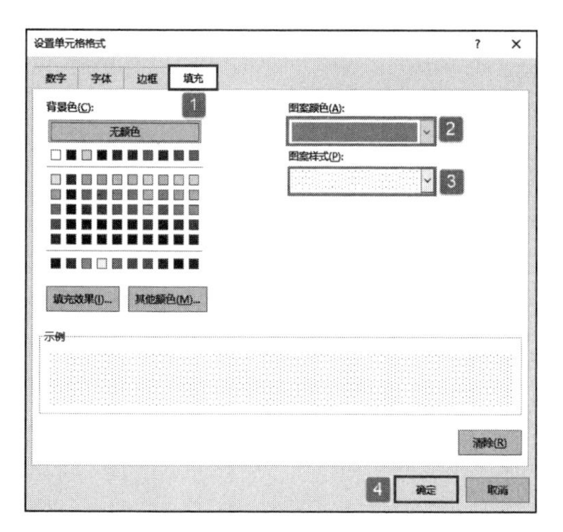

图 5-65 设置单元格格式

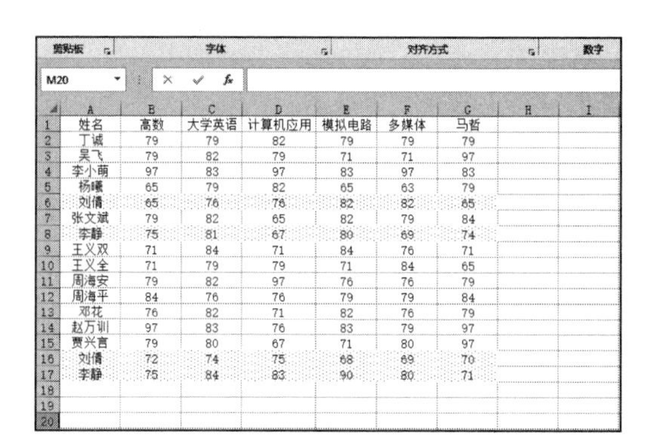

	A	B	C	D	E	F	G	H	I
1	姓名	高数	大学英语	计算机应用	模拟电路	多媒体	马哲		
2	丁诚	79	79	82	79	79	79		
3	吴飞	79	82	79	71	71	97		
4	李小萌	97	83	97	83	97	83		
5	杨曦	65	79	82	65	63	79		
6	刘倩	65	76	76	82	82	65		
7	张文斌	79	82	65	82	79	84		
8	李静	75	81	67	80	69	74		
9	王义双	71	84	71	84	76	71		
10	王义全	71	79	79	71	84	65		
11	周海安	79	82	97	76	76	79		
12	周海平	84	76	76	79	79	84		
13	邓花	76	82	71	82	76	79		
14	赵万训	97	83	76	83	79	97		
15	贾兴言	79	80	67	71	80	97		
16	刘倩	72	74	75	68	69	70		
17	李静	75	84	83	90	80	71		
18									
19									
20									

图 5-66 突出显示同名的学生成绩

5.3.3 利用条件格式准确查数据

例如，某高校学生有 12000 多人，在学生电子档案表中如果要查找某一个学生的具体情况，多数用户会选择拖动鼠标进行查找或使用查找命令，但这种方法既浪费时间，工作效率也不高。其实使用条件格式也可以准确查找到数据。接下来通过实例来说明具体的操作步骤。

STEP01：选择 A5:F18 单元格区域，切换至“开始”选项卡，在“样式”组中单击“条件格式”下三角按钮，在展开的下拉列表中选择“新建规则”选项，打开如图 5-67 所示的“新建格式规则”对话框。在“选择规则类型”列表框中选择“使用公式确定要设置格式的单元格”选项，在“为符合此公式的值设置格式”文本框中输入公式，例如这里输入“=$A5=$B$3”，然后单击“格式”按钮打开“设置单元格格式”对话框。

STEP02：切换至“填充”选项卡，单击“图案颜色”选择框右侧的下拉按钮，在展开的下拉列表中选择“红色”；单击“图案样式”选择框右侧的下拉按钮，在展开的下拉列表中选择“75% 灰色”选项，然后单击“确定”按钮完成单元格格式的设置，如图 5-68 所示。

STEP03：在“新建格式规则”对话框中单击“确定”按钮返回工作表页面，此时在精确查找所对应的 B3 单元格中输入“王义双”，按“Enter”键返回，效果如图 5-69 所示。

如果想实现模糊查找，可以在如图 5-67 所示的“新建格式规则”对话框中输入模糊查找的公式“=LEFT($A5,1)=$C$3”，设置的单元格格式保持不变，单击“确定”按钮返回工作表即可，如图 5-70 所示。此时，在 C3 单元格中输入“王”字时，工作表查找效果如图 5-71 所示。

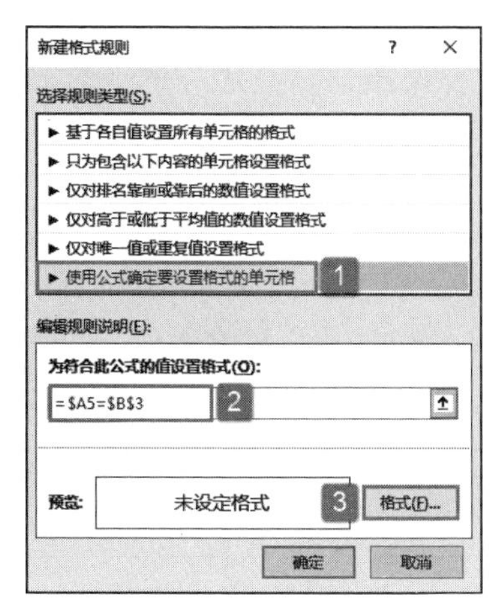

图 5-67 选择规则类型

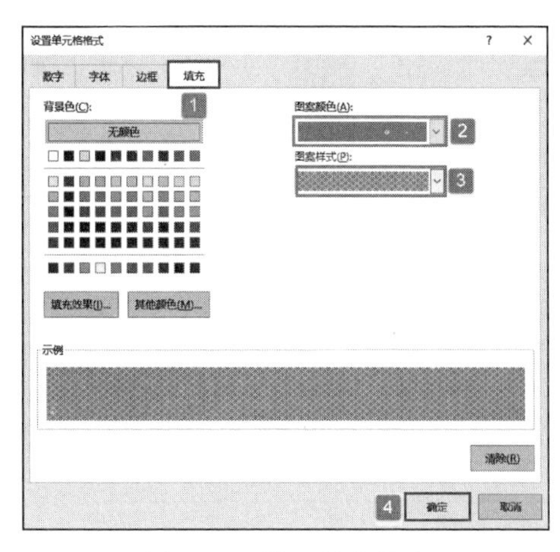

图 5-68 设置填充格式

	A	B	C	D	E	F
1	学 生 电 子 档 案					
2	姓名查询	精确查询	模糊查询			
3		王义双				
4	姓名	入学时间	籍贯	民族	出生日期	入校分数
5	丁诚	2018年6月	北京朝阳	汉族	1998/12/1	578
6	吴飞	2018年6月	山西太原	汉族	1996/3/20	602
7	李小萌	2018年6月	北京朝阳	汉族	1997/4/5	678
8	杨曦	2018年6月	山西太原	汉族	1997/8/13	629
9	刘倩	2018年6月	山西太原	汉族	1996/11/19	512
10	张文斌	2018年6月	河南郑州	汉族	1998/9/27	590
11	李静	2018年6月	河南郑州	汉族	1998/10/5	589
12	王义双	2018年6月	北京朝阳	汉族	[illegible]	[illegible]
13	王义全	2018年6月	河南郑州	汉族	1995/5/9	549
14	周海安	2018年6月	山西太原	汉族	1997/12/6	517
15	周海平	2018年6月	河南郑州	汉族	1996/9/23	509
16	邓花	2018年6月	河南郑州	汉族	1997/2/28	613
17	赵万训	2018年6月	北京朝阳	汉族	1998/3/2	628
18	贾兴言	2018年6月	山西太原	汉族	1994/7/29	520

图 5-69 精确查找效果图

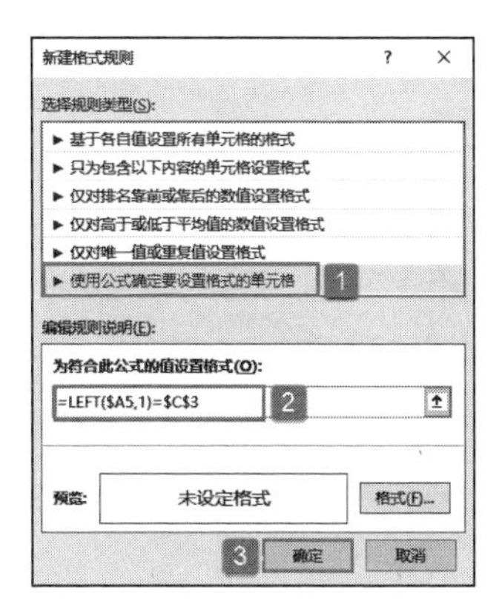

图 5-70 模糊查找公式

	A	B	C	D	E	F
1	学 生 电 子 档 案					
2	姓名查询	精确查询	模糊查询			
3			王			
4	姓名	入学时间	籍贯	民族	出生日期	入校分数
5	丁诚	2018年6月	北京朝阳	汉族	1998/12/1	578
6	吴飞	2018年6月	山西太原	回族	1996/3/20	602
7	李小萌	2018年6月	北京朝阳	藏族	1997/4/5	678
8	杨曦	2018年6月	山西太原	汉族	1997/8/13	629
9	刘倩	2018年6月	山西太原	回族	1996/11/19	512
10	张文斌	2018年6月	河南郑州	汉族	1998/9/27	590
11	李静	2018年6月	河南郑州	回族	1998/10/5	589
12	王义双	2018年6月	北京朝阳	藏族	[illegible]	[illegible]
13	王义全	2018年6月	河南郑州	汉族	[illegible]	[illegible]
14	周海安	2018年6月	山西太原	藏族	1997/12/6	517
15	周海平	2018年6月	河南郑州	汉族	1996/9/23	509
16	邓花	2018年6月	河南郑州	回族	1997/2/28	613
17	赵万训	2018年6月	北京朝阳	藏族	1998/3/2	628
18	贾兴言	2018年6月	山西太原	汉族	1994/7/29	520

图 5-71 模糊查找效果

5.3.4 利用条件格式快速比较不同区域的数值

在实际工作中，用户需要对比的数据可能不是位置一一相对应的。如果工作表中两列编号的排列顺序并不相同，要把两列不匹配的编号一一标记出来，条件格式的设置要相对复杂一些。

通过以下操作步骤，可以快速比较不同区域的数值。

STEP01：打开“匹配数据.xlsx”工作簿，选择A2:B20单元格区域，切换至“开始”选项卡，在“样式”组中单击“条件格式”下三角按钮，在展开的下拉列表中选择“新建规则”选项打开如图5-72所示的“新建格式规则”对话框。在“选择规则类型”列表框中选择“使用公式确定要设置格式的单元格”选项，在“为符合此公式的值设置格式”文本框中输入公式，这里输入“=OR(EXACT(A2,$B$2:$B$20))=FALSE”，然后单击“格式”按钮打开“设置单元格格式”对话框，如图5-72所示。

STEP02：切换至“填充”选项卡，单击“图案颜色”选择框右侧的下拉按钮，在展开的下拉列表中选择“蓝色”；单击“图案样式”选择框右侧的下拉按钮，在展开的下拉列表中选择“75%灰色”选项，然后单击“确定”按钮完成单元格格式的设置，如图5-73所示。

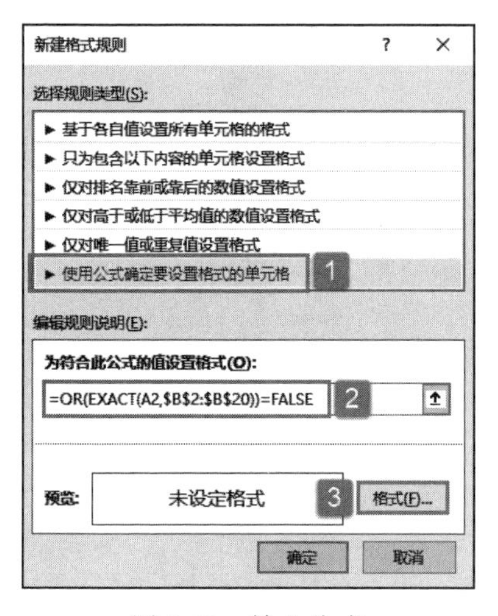

图5-72　输入公式

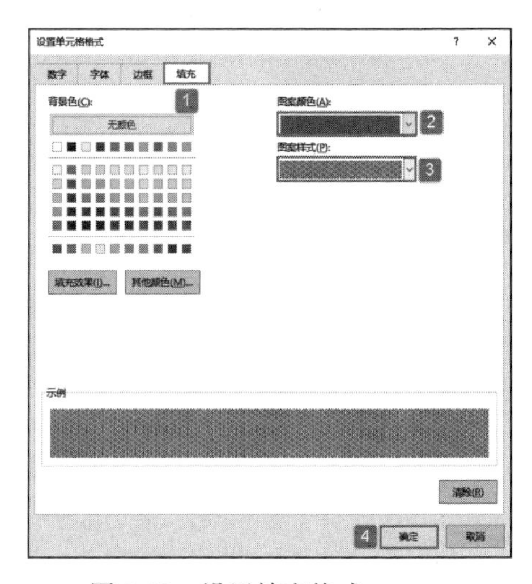

图5-73　设置填充格式

STEP03：在“新建格式规则”对话框中单击“确定”按钮返回工作表页面，此时的工作表如图5-74所示，编号一中所有与编号二不匹配的内容都会被标记出来。

	A	B	C	D	E
1	编号一	编号二			
2	201807081102	201807089261			
3	201807084790	201807083701			
4	201807081109	201807083281			
5	201807081213	201807084278			
6	201807083754	201807081144			
7	201807081134	201807081102			
8	201807081106	201807081109			
9	201807082724	201807083011			
10	[illegible]	201807084970			
11	201807083701	201807082419			
12	[illegible]	201807081213			
13	201807081144	201807082415			
14	201807089261	201807083754			
15	[illegible]	201807082724			
16	201807083281	201807083250			
17	[illegible]	201807084790			
18	201807084278	201807082350			
19	[illegible]	201807081106			
20	201807084970	201807081134			
21					

图5-74　查询不匹配的内容

在上述公式中，EXACT函数用于比较两个文本字符串是否完全相同，如完全相同则返回TRUE，否则返回FALSE。另外，如果在公式中输入“=NOT(OR(A2=$B$2:$B$20))”，也可以实现相同的操作。

5.3.5　利用条件格式检查字节数

用户在输入数据的时候，同一字段的字节数全都是一样的，例如输入1980年之后的身份证号码数字，统一都是18位的，所有数据录入之后，有必要通过函数来确认一下输入的字节数是否一致。

接下来以“学生籍贯统计表.xlsx”工作簿中的准考证号为例，说明具体的操作步骤。

STEP01：选择 A2:A19 单元格区域，切换至“开始”选项卡，在“样式”组中单击“条件格式”下三角按钮，在展开的下拉列表中选择“新建规则”选项打开“新建格式规则”对话框。在“选择规则类型”列表框中选择“使用公式确定要设置格式的单元格”选项，在“为符合此公式的值设置格式”文本框中输入公式，这里输入“ =LEN(A2)=7”，然后单击“格式”按钮，打开“设置单元格格式”对话框，如图 5-75 所示。

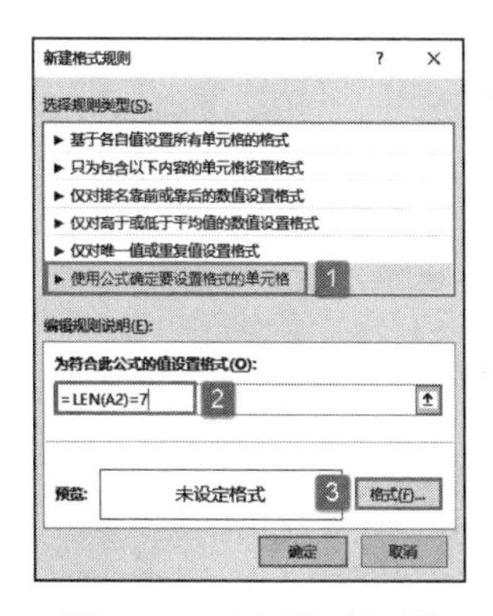

图 5-75　选择格式规则

STEP02：切换至“填充”选项卡，单击“图案颜色”选择框右侧的下拉按钮，在展开的下拉列表中选择“绿色”；单击“图案样式”选择框右侧的下拉按钮，在展开的下拉列表中选择“75% 灰色”选项，然后单击“确定”按钮完成单元格格式的设置，如图 5-76 所示。

STEP03：在“新建格式规则”对话框中单击“确定”按钮返回工作表页面，此时的工作表如图 5-77 所示，字节数一致的都会被标记出来。

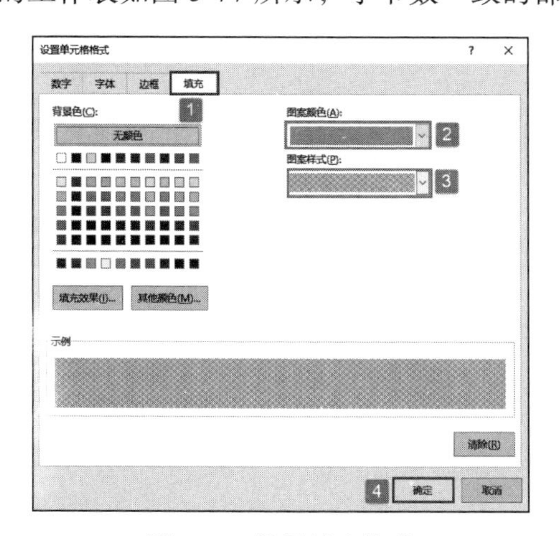

图 5-76　设置填充格式

	A	B	C	D	E	F	G
1	准考证号	考生姓名	籍贯				
2	2018001	丁诚	黑龙江佳木斯				
3	2018006	吴飞	江苏苏州				
4	2018015	李小萌	山东济南				
5	2018004	杨曦	河南洛阳				
6	201805	刘倩	江苏苏州				
7	2018012	张文斌	河南洛阳				
8	2018007	李静	黑龙江佳木斯				
9	2018019	王义双	山东济南				
10	2018009	王义全	河南洛阳				
11	2018010	周海安	四川绵阳				
12	2018017	周海平	江苏苏州				
13	2018011	邓花	四川绵阳				
14	2018013	赵万训	黑龙江佳木斯				
15	2018014	贾兴言	山东济南				
16	2018008	郑树	河南洛阳				
17	201816	李潼	江苏苏州				
18	2018003	曲艺	四川绵阳				
19	2018018	沈一	黑龙江佳木斯				
20							
21							
22							

图 5-77　使用条件格式检查字节数

第6章 数据排序与筛选

本章主要介绍 Excel 2019 排序与筛选功能运用方面的知识。通过学习这些，使用户能在运用 Excel 2019 强大的数据分析能力时，更加得心应手。

- 常用排序技巧
- 实战：常用筛选技巧

6.1 常用排序技巧

排序是工作表数据处理中经常性的操作，Excel 2019 排序分为有序数计算（类似成绩统计中的名次）和数据重排两类。

6.1.1 工作表排序

以下介绍 3 种实用的工作表排序方法。

1. 数值排序

（1）RANK 函数

RANK 函数是 Excel 计算序数的主要工具。它的语法为：RANK（number，ref，order），其中参数 number 为参与计算的数字或含有数字的单元格，参数 ref 是对参与计算的数字单元格区域的绝对引用，参数 order 是用来说明排序方式的数字（如果 order 为零或省略，则以降序方式给出结果，反之按升序方式排序）。

（2）COUNTIF 函数

COUNTIF 函数可以统计某一区域中符合条件的单元格数目。它的语法为 COUNTIF（range，criteria），其中参数 range 为参与统计的单元格区域；参数 criteria 是以数字、表达式或文本形式定义的条件，数字可以直接写入，表达式和文本必须加引号。

（3）IF 函数

Excel 自身带有排序功能，可使数据以降序或升序方式重新排列。如果将它与 IF 函数结合，可以计算出没有空缺的排名。根据排序需要，单击 Excel 工具栏中的“降序排序”或“升序排序”按钮，即可使工作表中的所有数据按要求重新排列。

2. 文本排序

特殊场合需要按姓氏笔划排序，这类排序称为文本排序。其具体操作方法如下。

STEP01：打开“户主信息统计表 .xlsx”工作簿，选中排序关键字所在列（或行）的首个单元格，这里选择 B1 单元格，切换至“数据”选项卡，在“排序和筛选”组中单击“排序”按钮，打开“排序”对话框，如图 6-1 所示。

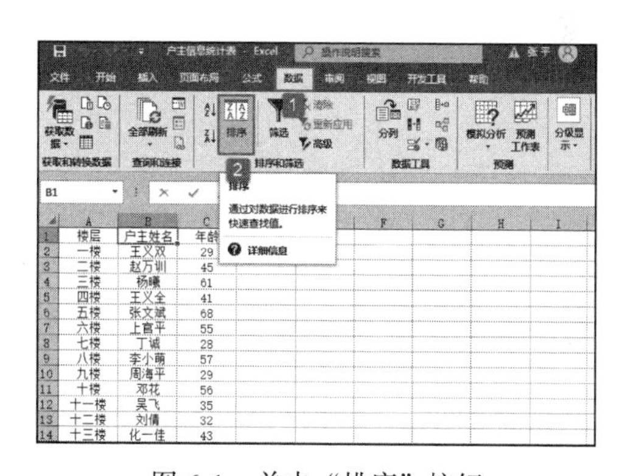

图 6-1　单击“排序”按钮

STEP02：在“排序”对话框中单击“主要关键字”选择框右侧的下拉按钮，在展开的下拉列表中选择“户主姓名”选项，如图 6-2 所示。

STEP03：勾选“数据包含标题”复选框，然后单击“选项”按钮打开“排序选项”对话框，如图 6-3 所示。在“方法”列表框中单击选中“笔划排序”单选按钮，然后单击“确定”按钮完成设置，如图 6-4 所示。

STEP04：返回“排序”对话框后，再次单击“确定”按钮返回工作表，就可以看到列已经按照姓氏笔划升序排列了，如图 6-5 所示。

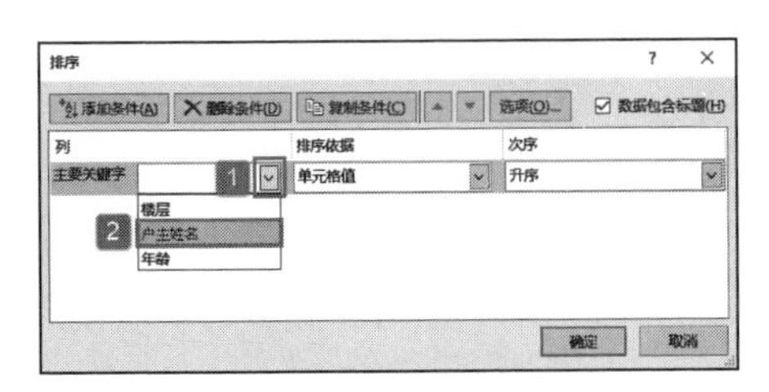

图 6-2 “排序”对话框

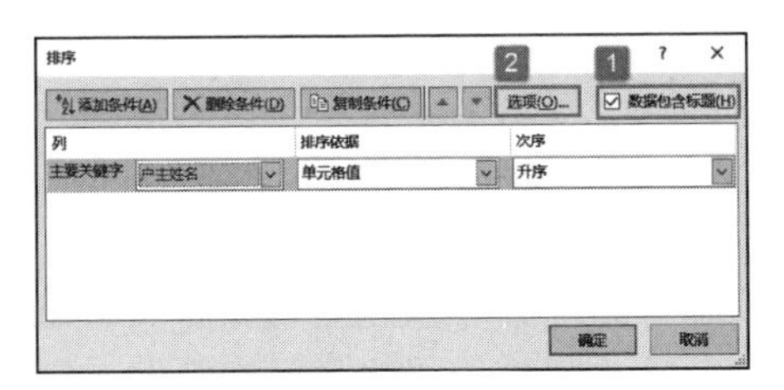

图 6-3 单击“选项”按钮

图 6-4 单击“笔划排序”单选按钮

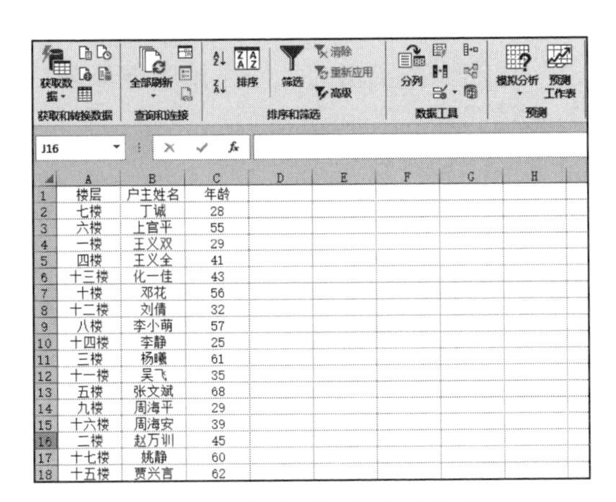

图 6-5 按姓氏笔划排序效果

3. 自定义排序

使用自定义排序的具体方法与文本排序的操作相类似。自定义排序的具体操作步骤如下。

仍以“户主信息统计表.xlsx”工作簿为例。如果是按楼层的层数进行升序排序，则会出现八楼、二楼、九楼这样的排列次序。如何实现按一楼、二楼、三楼的顺序升序排列，是一个非常现实的问题。可以使用设置自定义序列，然后再按自定义序列进行排序。

图 6-6 单击“排序”按钮

STEP01：选择数据区域中的任意单元格，这里选择 A1 单元格，切换至“数据”选项卡，在“排序和筛选”组中单击“排序”按钮，打开“排序”对话框，如图 6-6 所示。

STEP02：在打开的“排序”对话框中，单击“主要关键字”选择框右侧的下拉按钮，在展开的下拉列表中选中“楼层”选项，然后单击“次序”选择框右侧的下拉按钮，在展开的下拉列表中选择“自定义序列”选项，如图 6-7 所示。

STEP03：打开“自定义序列”对话框，在“输入序列”文本框中输入“一楼，二楼，三楼，四楼，五楼，六楼，七楼，八楼，九楼，十楼，十一楼，十二楼，十三楼，十四楼，十五楼，十六楼，十七楼”，层数中间一定要用英文逗号隔开，然后单击“添加”按钮，如图 6-8 所示。

STEP04：在“自定义序列”对话中单击“确定”按钮返回如图 6-9 所示的“排序”对话框。此时“次序”选择框中会显示自定义的序列，然后单击“确定”按钮返回工作表即可看到自定义序列排序效果，如图 6-10 所示。

图 6-7　选择“自定义序列”选项

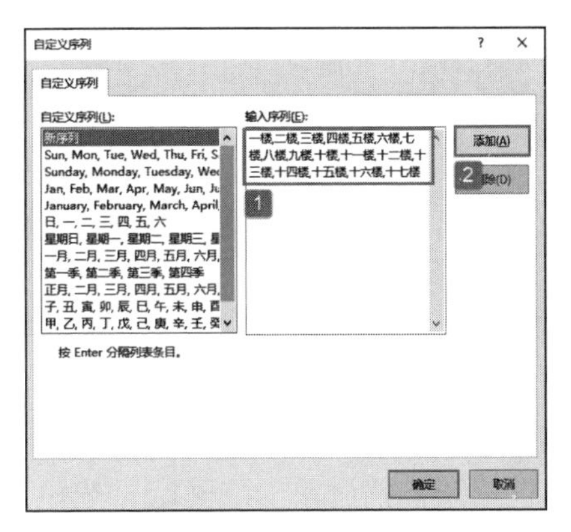

图 6-8　输入序列文本

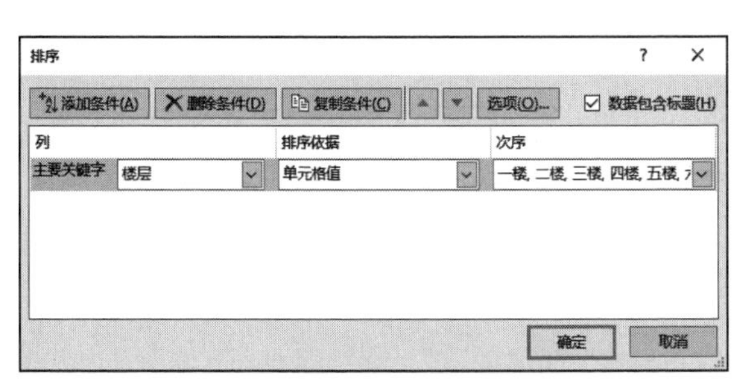

图 6-9　设置按自定义序列排序

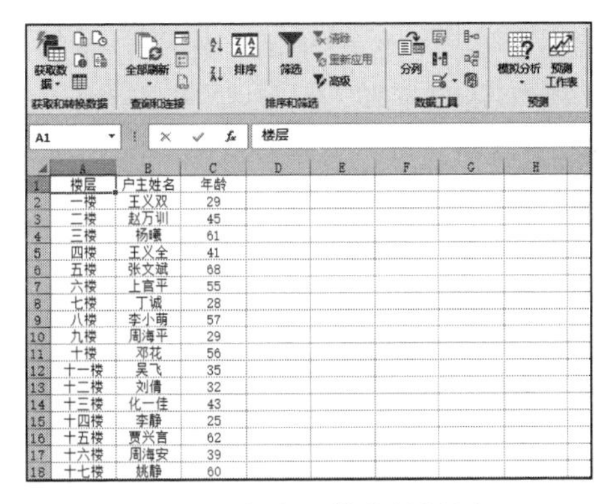

楼层	户主姓名	年龄
一楼	王义双	29
二楼	赵万训	45
三楼	杨曦	61
四楼	王义全	41
五楼	张文斌	68
六楼	上官平	55
七楼	丁诚	28
八楼	李小萌	57
九楼	周海平	29
十楼	邓花	56
十一楼	吴飞	35
十二楼	刘倩	32
十三楼	化一佳	43
十四楼	李静	25
十五楼	贾兴言	62
十六楼	周海安	39
十七楼	姚静	60

图 6-10　自定义排序效果图

6.1.2　多列数据排序

对于经常使用 Excel 排序功能的用户来说，通常情况下只对一列或一行进行排序。然而现在的用户通常都会因工作需要同时运用多关键字排序。Excel 2019 最多可对 64 个关键字进行排序，这在很大程度上满足了用户的需要。

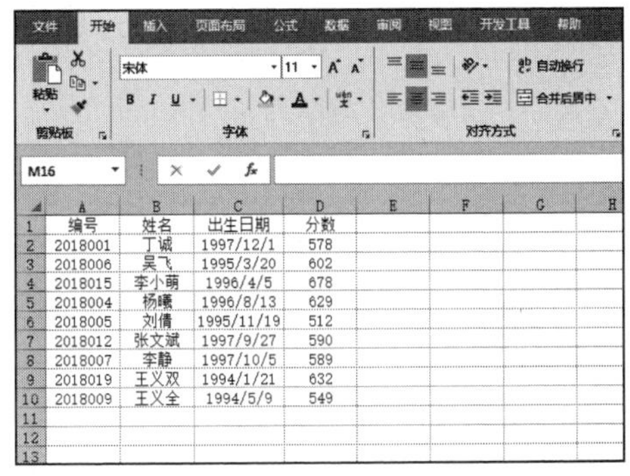

编号	姓名	出生日期	分数
2018001	丁诚	1997/12/1	578
2018006	吴飞	1995/3/20	602
2018015	李小萌	1996/4/5	678
2018004	杨曦	1996/8/13	629
2018005	刘倩	1995/11/19	512
2018012	张文斌	1997/9/27	590
2018007	李静	1997/10/5	589
2018019	王义双	1994/1/21	632
2018009	王义全	1994/5/9	549

图 6-11　分数统计表

打开“分数统计表 .xlsx”工作簿，在如图 6-11 所示的工作表中，有一个 4 列数据的表格，如果需要对这 4 个关键字同时进行排序，用户可执行以下操作步骤。

STEP01：选择数据区域的任一单元格，如 A2 单元格，切换至“数据”选项卡，在“排序和筛选”组中单击“排序”按钮，打开“排序”对话框。勾选“数据包含标题”复选框，单击“主要关键字”选择框右侧的下拉按钮，在展开的下拉列表中选中“编号”选项，然后单击“添加条件”按钮，添加“次要关键字”排序行，如图 6-12 所示。

STEP02：单击“次要关键字”选择框右侧的下拉按钮，在展开的下拉列表中选中

“姓名”选项，然后单击“选项”按钮，如图 6-13 所示。

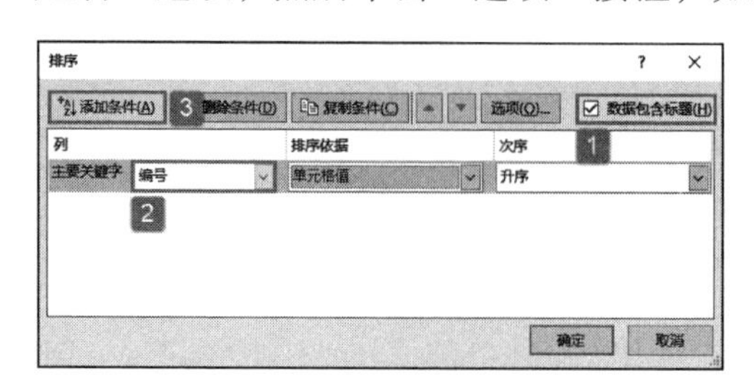

图 6-12 设置主要关键字

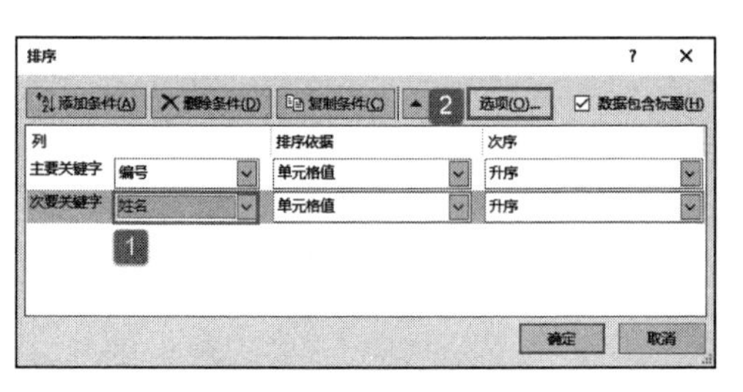
图 6-13 设置次要关键字

STEP03：打开“排序选项”对话框，在“方法”列表框中单击选择“笔划排序”单选按钮，然后单击“确定”按钮，如图 6-14 所示。

STEP04：再次在“排序”对话框中单击“添加条件”按钮添加“次要关键字”排序行，单击“次要关键字”选择框右侧的下拉按钮，在展开的下拉列表中选中“出生日期”选项，然后单击“选项”按钮，如图 6-15 所示。

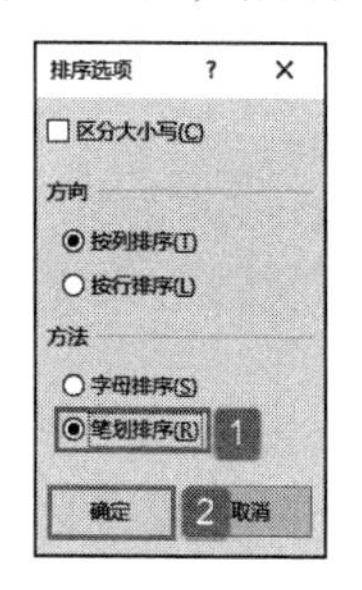
图 6-14 设置排序选项

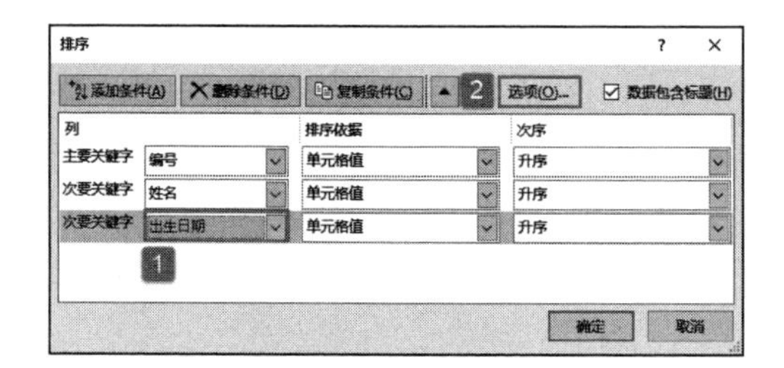
图 6-15 再次设置次要关键字

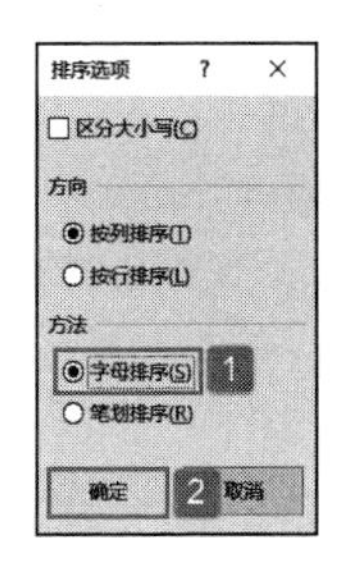
图 6-16 选择排序方法

STEP05：打开“排序选项”对话框，在“方法”列表框中单击选择“字母排序”单选按钮，然后单击“确定”按钮，如图 6-16 所示。

STEP06：返回“排序”对话框后再次单击“添加条件”按钮，添加“次要关键字”排序行，单击“次要关键字”选择框右侧的下拉按钮，在展开的下拉列表中选中“分数”选项，然后单击“次序”选择框右侧的下拉按钮，在展开的下拉列表中选择“降序”选项，最后单击“确定”按钮完成排序设置，如图 6-17 所示。设置后的排序效果如图 6-18 所示。

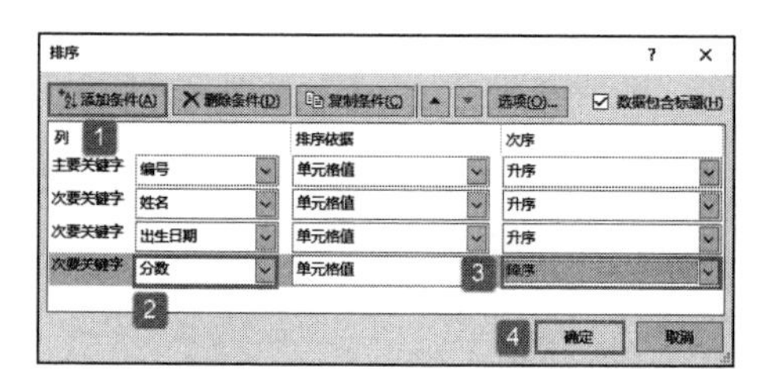
图 6-17 设置分数排序

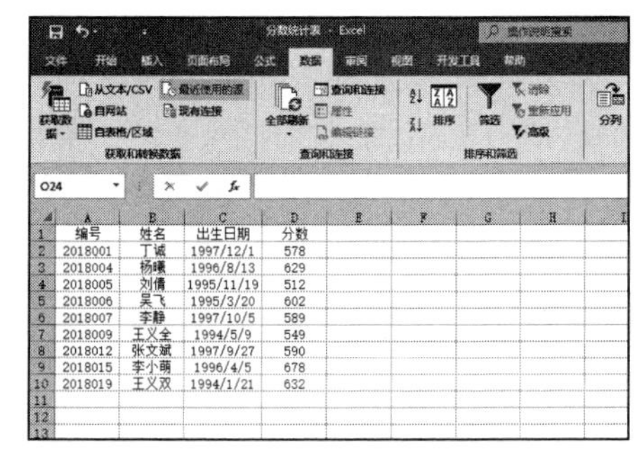

编号	姓名	出生日期	分数
2018001	丁诚	1997/12/1	578
2018004	杨曦	1996/8/13	629
2018005	刘倩	1995/11/19	512
2018006	吴飞	1995/3/20	602
2018007	李静	1997/10/5	589
2018009	王义全	1994/5/9	549
2018012	张文斌	1997/9/27	590
2018015	李小萌	1996/4/5	678
2018019	王义双	1994/1/21	632

图 6-18 多列数据排序效果图

6.1.3 时间排序

打开“订单统计表.xlsx”工作簿，用户通常会遇到如图 6-19 所示的数据表，其中

A 列是日期和时间的混合。如果用户想要对其进行排列，可以按照以下步骤进行操作。

选择 A2 单元格，切换至“数据”选项卡，单击“排序和筛选”组中的“升序”按钮，如图 6-20 所示。最终排序效果如图 6-21 所示。

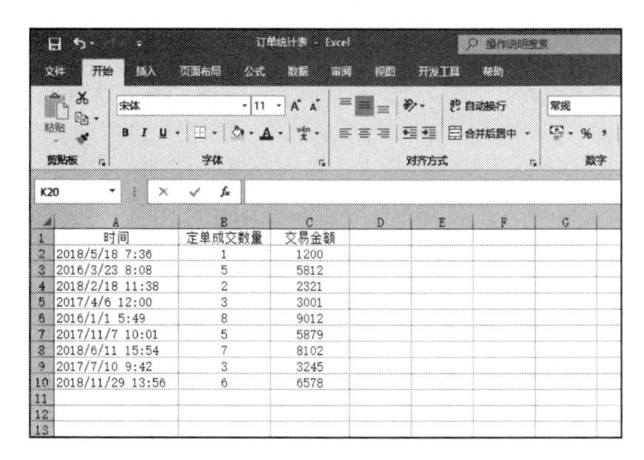

时间	定单成交数量	交易金额
2018/5/18 7:36	1	1200
2016/3/23 8:08	5	5812
2018/2/18 11:38	2	2321
2017/4/6 12:00	3	3001
2016/1/1 5:49	8	9012
2017/11/7 10:01	5	5879
2018/6/11 15:54	7	8102
2017/7/10 9:42	3	3245
2018/11/29 13:56	6	6578

图 6-19　订单统计表

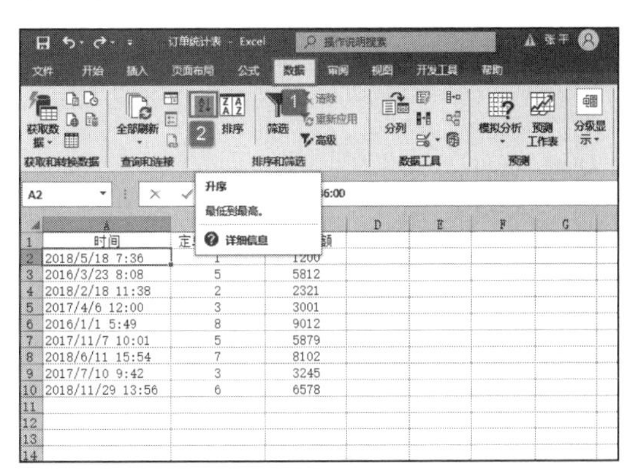

时间	定单成交数量	交易金额
2018/5/18 7:36	1	1200
2016/3/23 8:08	5	5812
2018/2/18 11:38	2	2321
2017/4/6 12:00	3	3001
2016/1/1 5:49	8	9012
2017/11/7 10:01	5	5879
2018/6/11 15:54	7	8102
2017/7/10 9:42	3	3245
2018/11/29 13:56	6	6578

图 6-20　单击“升序”按钮

时间	定单成交数量	交易金额
2016/1/1 5:49	8	9012
2016/3/23 8:08	5	5812
2017/4/6 12:00	3	3001
2017/7/10 9:42	3	3245
2017/11/7 10:01	5	5879
2018/2/18 11:38	2	2321
2018/5/18 7:36	1	1200
2018/6/11 15:54	7	8102
2018/11/29 13:56	6	6578

图 6-21　时间升序排序结果

6.1.4　按字数进行排序

在实际工作中，用户有时需要按字数进行排序。例如，在制作一份歌曲清单时，人们习惯按照歌曲名的字数来把它们分类。但 Excel 2019 并不能直接按字数对其进行排序，如果要实现这一操作，需要先计算出每首歌曲名的字数，然后才可以进行排序。以“喜爱歌曲清单 .xlsx”工作簿中的数据排序为例，具体操作步骤如下。

STEP01：在 C1 单元格中输入“字数”，然后在 C2 单元格中输入公式“=LEN（B2）”计算出 B2 单元格中歌曲的字数，然后选中 C2 单元格，使用填充柄工具向下复制公式至 C20 单元格，如图 6-22 所示。

STEP02：切换至“数据”选项卡，单击“排序和筛选”组中的“升序”按钮，如图 6-23 所示。

STEP03：打开“排序提醒”对话框，单击选择“以当前选定区域排序”单选按钮，然后单击“排序”按钮完成排序，如图 6-24 所示。此时工作表中就按歌曲名字数排列好了歌曲清单，最终排序效果如图 6-25 所示。

图 6-22　计算歌曲名字数

图 6-23　单击“升序”按钮

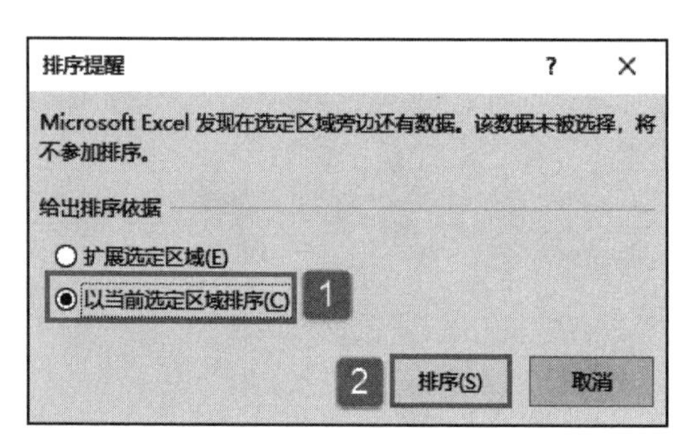

图 6-24　设置排序依据

图 6-25　字数排序效果图

6.1.5　按行排序

多数用户习惯按列进行排序，其实 Excel 不但能按列进行排序，也可以按行进行排序。

打开“总成绩 .xlsx”工作簿，会显示如图 6-26 所示的工作表，A 列是列标题。此种表格，如果按列排序是没有意义的，必须按行排序。

图 6-26　以行排列的工作表

按行排序的具体操作步骤如下。

STEP01：选择需要按行排序的数据区域，这里选择 B1:B8 单元格区域。切换至“数据”选项卡，在“排序和筛选”组中单击“排序”按钮，然后在打开的“排序”对话框中单击“选项”按钮，如图 6-27 所示。

STEP02：打开“排序选项”对话框，在“方向”列表框中单击选择“按行排序”单选按钮，然后单击“确定”按钮返回“排序”对话框，如图 6-28 所示。

STEP03：单击“主要关键字”右侧的下拉按钮，在展开的下拉列表中选择“行 1”选项，然后单击“确定”按钮返回工作表，如图 6-29 所示。这里选择的是第 1 行，第 1 行是学生姓名，所以在升序排序时是按字母顺序进行排序的，排序结果如图 6-30 所示。

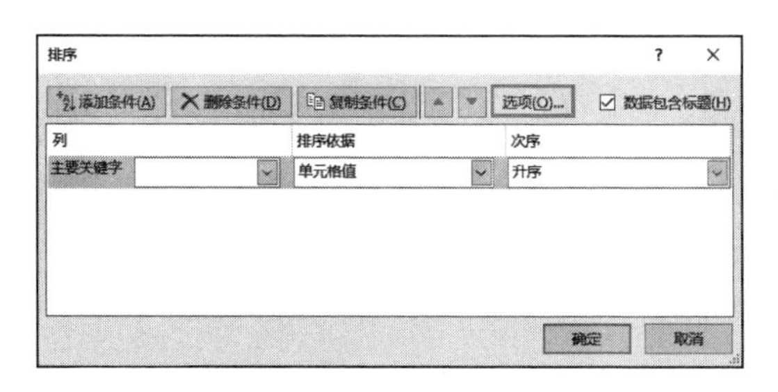

图 6-27　单击“选项”按钮

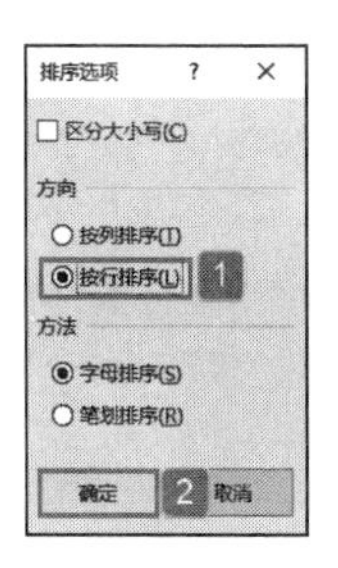

图 6-28　设置按行排序

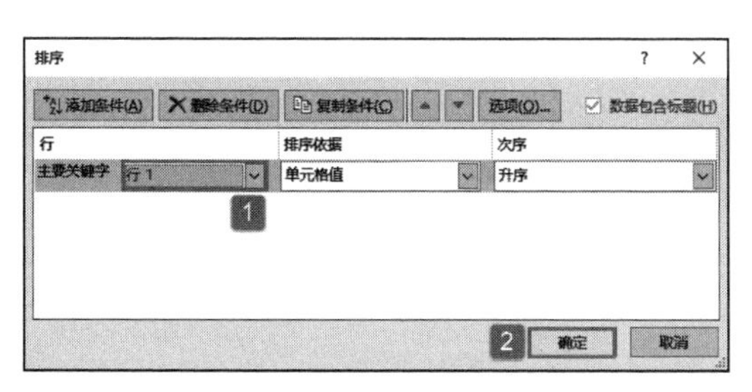

图 6-29　设置主要关键字

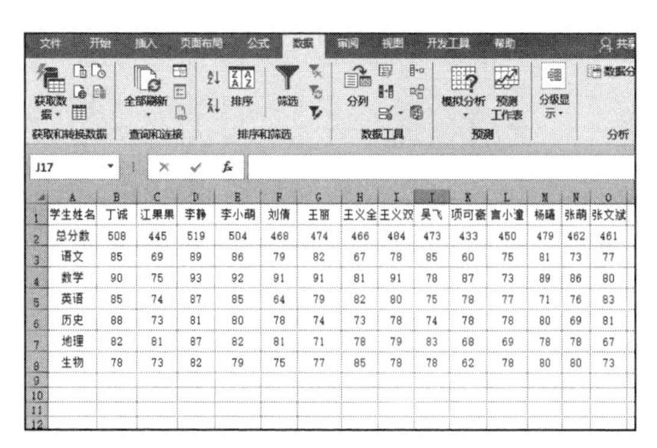

图 6-30　按行排序后的结果

6.1.6　按字母与数字内容进行排序

在平常工作中，用户创建的表格中经常会包含字母和数字的混合数据。对这种数据进行排序的结果总是令用户不满意。

通常情况下用户都是先比较字母的大小，再比较数字的大小。可是按这种排序，“A8”排在第 3 位，而不是第 1 位，如图 6-31 所示。

如果用户希望改变这种排序规则，则需要先调整数据格式，具体操作步骤如下。

STEP01：在 B1 单元格中输入公式“=LEFT(A1,1) & RIGHT("000" & RIGHT(A1,LEN(A1)-1),3)”，按“Enter”键返回计算结果。然后选中 B1 单元格，向下复制公式至 B12 单元格，如图 6-32 所示。

图 6-31　一般的排序结果

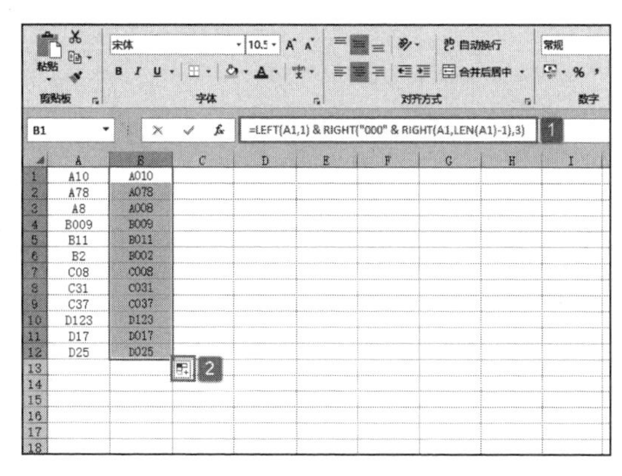

图 6-32　输入公式

STEP02：切换至“数据”选项卡，单击“排序和筛选”组中的“升序”按钮完成排序，如图 6-33 所示。此时可以看到，位于 A 列中的数据，已经按照要求完成了排序操作，结果如图 6-34 所示。

图 6-33　单击“升序”按钮

图 6-34　调整后排序结果

6.1.7　按数据条件进行排序

排序是统计工作中经常涉及的一项工作，在 Excel 中可以将数据按单个条件进行排序、多个条件进行排序，还可以按自定义条件进行排序。

打开“数据条件排序.xlsx”工作簿，以该工作簿中的数据为例来讲解按数据条件进行排序的具体操作方法。

如果需要将数据按某一字段进行排序，此时可以使用按单个条件进行排序的方法。

按单个条件进行排序的具体操作步骤如下。

STEP01：选择数据区域中的任意单元格，这里选择 B2 单元格。切换至“数据”选项卡，在“排序和筛选”组中单击“排序”按钮，打开“排序”对话框。在“排序”对话框中单击“主要关键字”选择框右侧的下拉按钮，在展开的下拉列表中选择“工资”选项，然后单击“次序”选择框右侧的下拉按钮，在展开的下拉列表中选择“降序”选项，最后单击“确定”按钮，如图 6-35 所示。

STEP02：此时的数据已经按工资进行了降序排序，效果如图 6-36 所示。

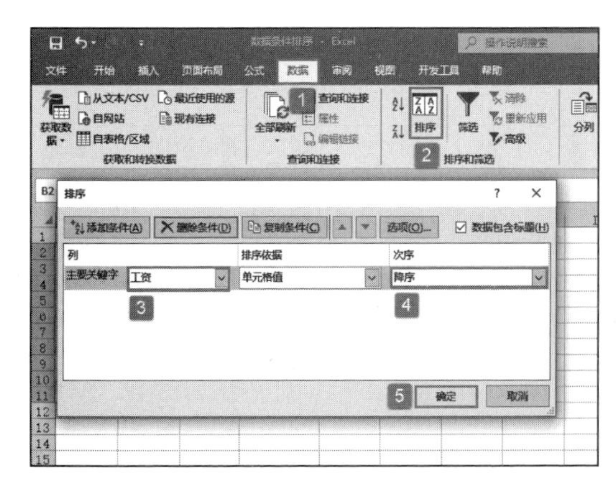

图 6-35　设置排序选项

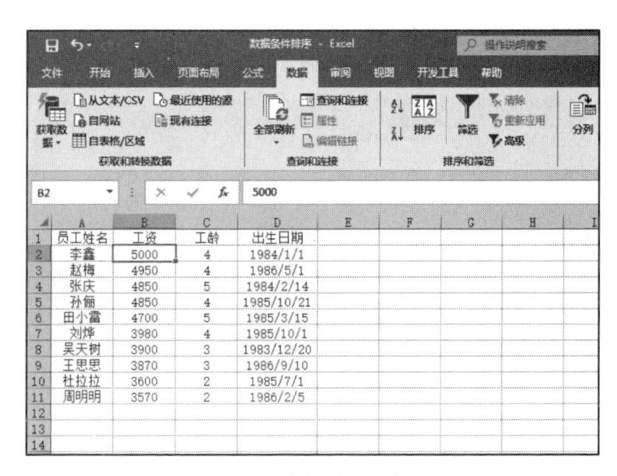

图 6-36　单条件排序效果

当按单个条件进行排序时，有两名员工的工资都是 4850，如图 6-36 所示。此时可以继续添加其他条件进行排序，即按多个条件进行排序。具体操作步骤如下。

STEP01：选择数据区域中的任意单元格，这里选择 B2 单元格。切换至“数据”选项卡，在“排序和筛选”组中单击“排序”按钮，打开“排序”对话框。主要关键字的排序设置不变，直接在“排序”对话框中单击“添加条件”按钮，如图 6-37 所示。

STEP02：单击“次要关键字”选择框右侧的下拉按钮，在展开的下拉列表中选择“工龄”选项，然后单击“次序”选择框右侧的下拉按钮，在展开的下拉列表中选择“升序”选项，最后单击“确定”按钮返回工作表，如图 6-38 所示。此时，排序结果如图 6-39 所示。

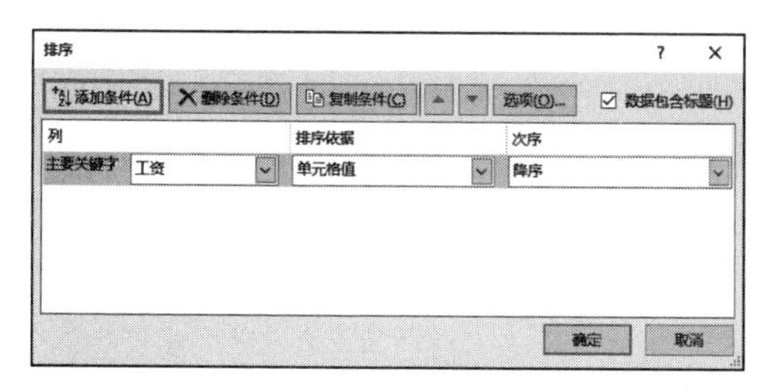

图 6-37　单击“添加条件”按钮

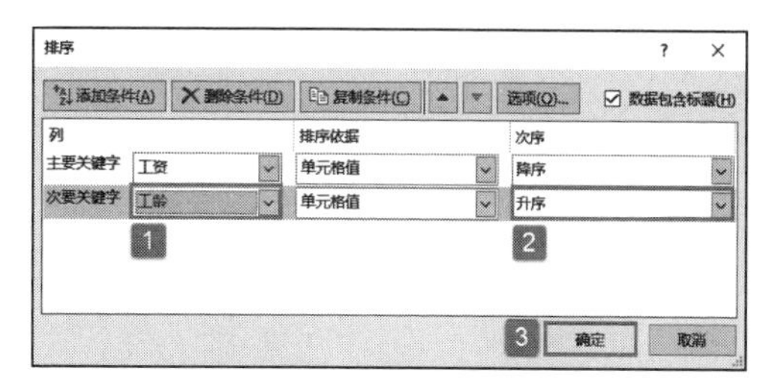

图 6-38　设置次要关键字

在 Excel 2019 中，除了上述基本排序功能外，还可以按自定义的条件进行排序。在录入各员工具体职位的前提下，如果要按董事长、副董事长、总经理、副总经理、办公室主任、办公室副主任职位进行排序，需要先将这些数据定义为序列，然后再进行自定义排序即可。

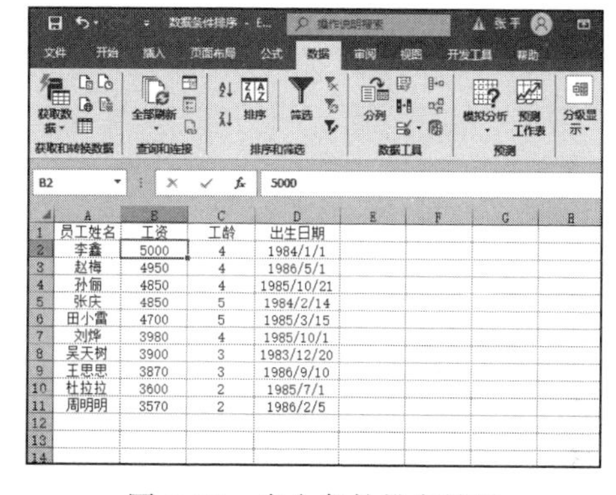

员工姓名	工资	工龄	出生日期
李鑫	5000	4	1984/1/1
赵梅	4950	4	1986/5/1
孙俪	4850	4	1985/10/21
张庆	4850	5	1984/2/14
田小雷	4700	5	1985/3/15
刘烨	3980	4	1985/10/1
吴天树	3900	3	1983/12/20
王思思	3870	3	1986/9/10
杜拉拉	3600	2	1985/7/1
周明明	3570	2	1986/2/5

图 6-39　多个条件排序结果

6.1.8　恢复排序前表格

当用户反复地对表格进行各种排序以后，表格的原有次序已经被打乱。如果在排序后做了一些必要的编辑或修改操作，就不方便再使用 Excel 的撤销功能。这时，如果需要让表格恢复排序前的状态，就存在一定的难度了。

如果用户在排序前就打算保持表格在排序前的状态，则在表格的左侧或右侧插入一列空白列，并填充一组连续的数字，例如 1，2，3……设置完成后，无论用户对表格进行怎样的排序，只要最后以插入的空白列为标准做一次升序排序，就能够返回表格排序前的次序。

6.2　实战：常用筛选技巧

在 Excel 2019 中进行数据查询时，用户一般采用排序或者运用条件格式的方法。排序是重排数据清单，将符合条件的数据靠在一起；条件格式是将满足条件的记录以特殊格式显示。这两种查询方法的缺点是不想查询的数据也会显示出来，不便于对查询结果的查看。

有没有一种更为便捷的查询方法呢？当然有，这种方法就是筛选。筛选与以上两种方法不同，它只显示符合条件的数据，而将不符合条件的数据隐藏起来。

数据的筛选分为自动筛选和高级筛选两种。

自动筛选一般用于简单的条件筛选，筛选时将不满足的条件数据暂时隐藏起来，只显示符合条件的数据。高级筛选用于根据多个条件来查询数据，一般用于复杂的条件筛选。

6.2.1 自动筛选数据

使用 Excel 自动筛选功能，可以轻松地把符合某个条件的数据挑选出来。如图 6-40 所示，用户想把职位为“高级技师”的员工挑选出来。如何实现这一操作呢？

使用“自动筛选”功能把职位为“高级技师”的员工筛选出来的具体操作步骤如下。

STEP01：打开“员工工资统计表 .xlsx”工作簿，选择数据区域中的任意单元格，这里选择 B2 单元格。切换至“数据”选项卡，单击“排序和筛选”组中的“筛选”按钮，如图 6-41 所示。

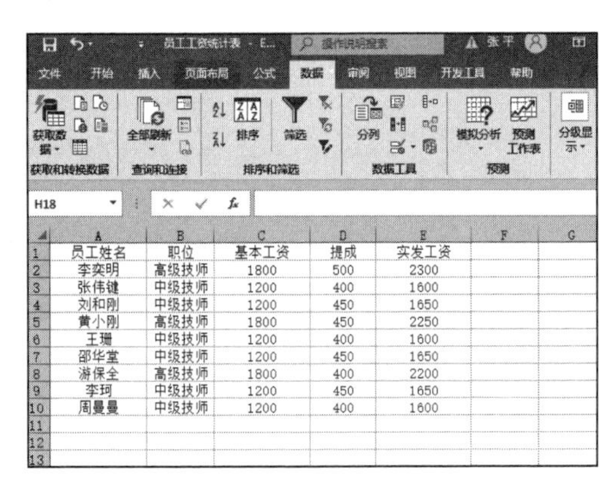

图 6-40　员工工资统计表

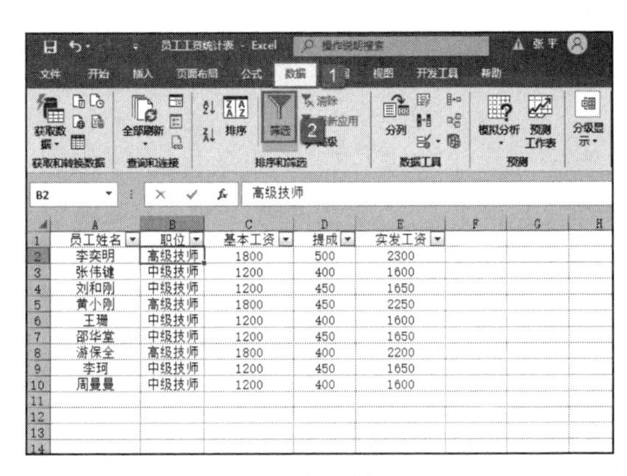

图 6-41　单击“筛选”按钮

STEP02：单击 B1 单元格处的筛选按钮，在展开的下拉列表中取消勾选“中级技师”复选框，然后单击“确定”按钮，如图 6-42 所示。此时，工作表中只显示职位为“高级技师”的员工，如图 6-43 所示。

图 6-42　设置筛选条件

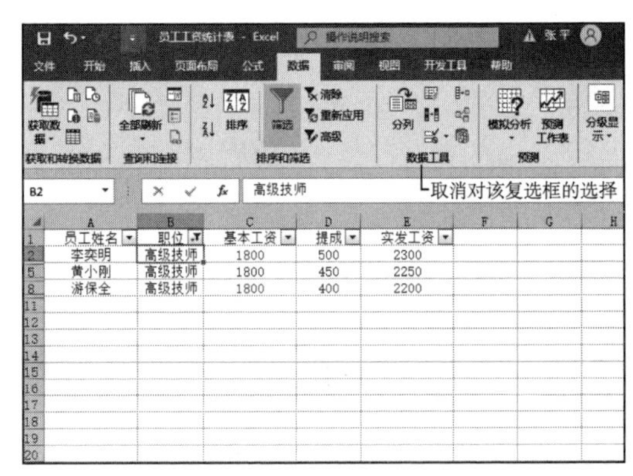

图 6-43　筛选出符合条件的数据

6.2.2 按颜色进行筛选

在 Excel 中不但可以按关键字进行排序和筛选，还可以按颜色进行排序和筛选。以下将通过实例说明如何按颜色进行排序和筛选操作。

STEP01：打开“商品统计 .xlsx”工作簿，在数据区域选择任意单元格，这里选择 B2 单元格。切换至“数据”选项卡，单击“排序和筛选”组中的“筛选”按钮，如图 6-44 所示。

图 6-44　单击“筛选”按钮

STEP02：如图 6-45 所示，如果是要按颜色进行排序，在 C1 单元格处单击筛选按钮，在展开的下拉列表中选择“按颜色排序”选项，在展开的级联列表中选择按“黄色”进行排序，即黄色单元格会在显示在工作表中的最顶端。按颜色排序结果如图 6-46 所示。

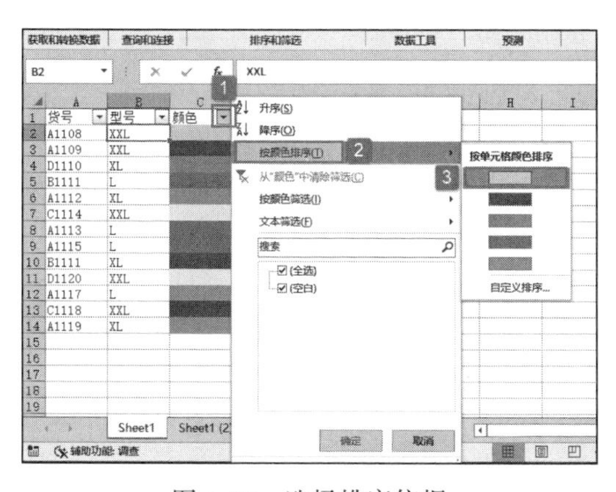

图 6-45　选择排序依据

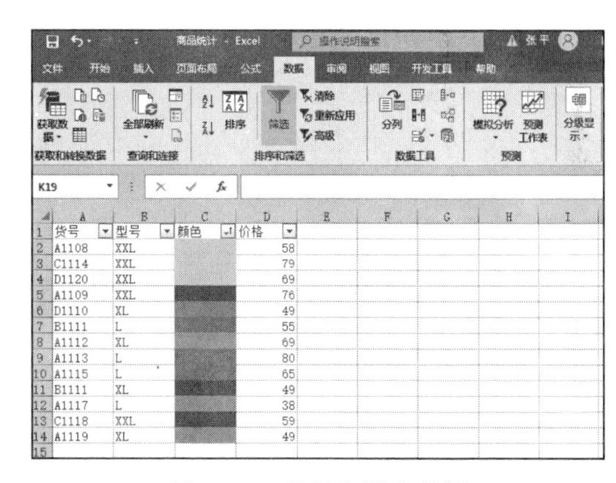

图 6-46　按颜色排序结果

STEP03：如图 6-47 所示，如果是按颜色进行筛选，在 C1 单元格处单击筛选按钮，在展开的下拉列表中选择“按颜色筛选”选项，在展开的级联列表中选择按“黄色”进行筛选，即只有黄色单元格会显示出来。按颜色筛选的结果如图 6-48 所示。

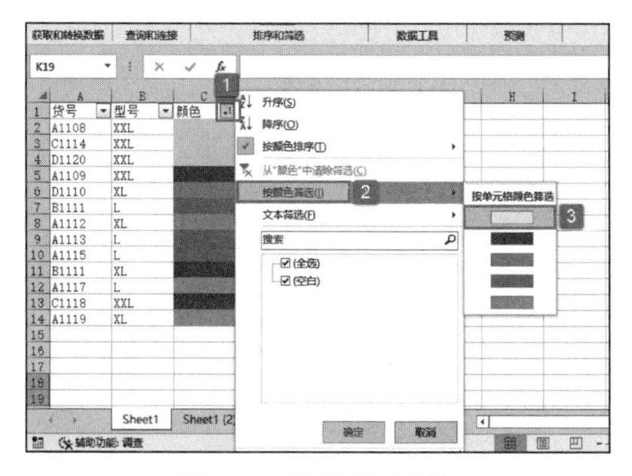

图 6-47　设置筛选颜色

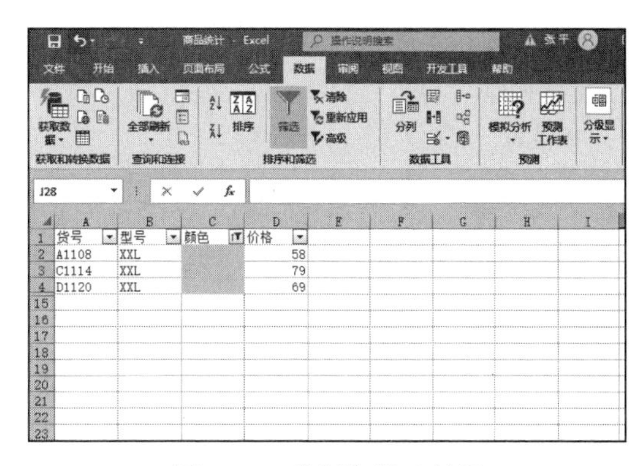

图 6-48　按颜色筛选结果

6.2.3　筛选特定数值段

在对数据进行数值筛选时，Excel 2019 还可以进行简单的数据分析，并筛选出分析结果，例如筛选高于或低于平均值的记录。打开“主科目成绩表.xlxs”工作簿，如图6-49所示。以语文成绩数据为例，说明筛选高于平均值记录的具体操作步骤。

STEP01：在数据区域选择任意单元格，这里选择C2单元格。切换至“数据”选项卡，单击“排序和筛选”组中的“筛选”按钮，如图6-50所示。

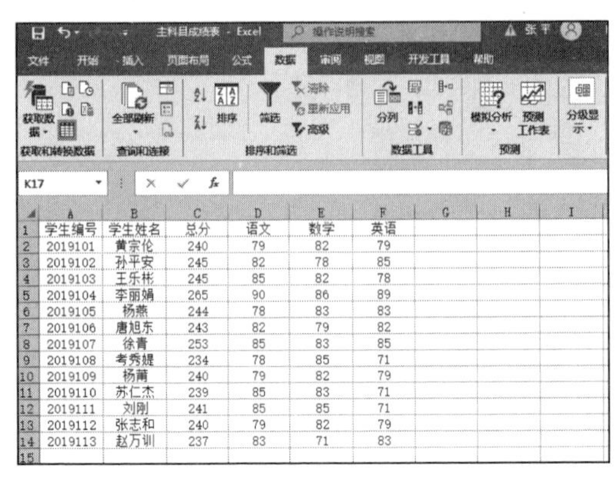

学生编号	学生姓名	总分	语文	数学	英语
2019101	黄宗伦	240	79	82	79
2019102	孙平安	245	82	78	85
2019103	王乐彬	245	85	82	78
2019104	李丽娟	265	90	86	89
2019105	杨燕	244	78	83	83
2019106	唐旭东	243	82	79	82
2019107	徐青	253	85	83	85
2019108	考秀媞	234	78	85	71
2019109	杨莆	240	79	82	79
2019110	苏仁杰	239	85	83	71
2019111	刘刚	241	85	85	71
2019112	张志和	240	79	82	79
2019113	赵万训	237	83	71	83

图6-49　目标数据

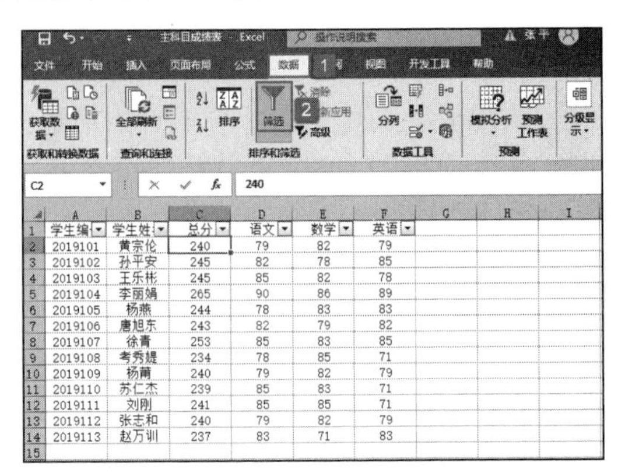

学生编号	学生姓名	总分	语文	数学	英语
2019101	黄宗伦	240	79	82	79
2019102	孙平安	245	82	78	85
2019103	王乐彬	245	85	82	78
2019104	李丽娟	265	90	86	89
2019105	杨燕	244	78	83	83
2019106	唐旭东	243	82	79	82
2019107	徐青	253	85	83	85
2019108	考秀媞	234	78	85	71
2019109	杨莆	240	79	82	79
2019110	苏仁杰	239	85	83	71
2019111	刘刚	241	85	85	71
2019112	张志和	240	79	82	79
2019113	赵万训	237	83	71	83

图6-50　单击“筛选”按钮

STEP02：在D1单元格处单击筛选按钮，在展开的下拉列表中选择“数字筛选”选项，在展开的级联列表中选择“高于平均值”选项，如图6-51所示。此时，工作表中只显示语文成绩高于平均值的数据区域，如图6-52所示。

图6-51　设置数字筛选条件

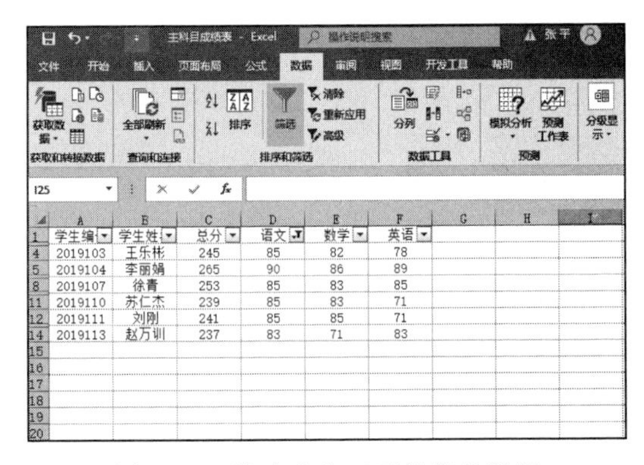

学生编号	学生姓名	总分	语文	数学	英语
2019103	王乐彬	245	85	82	78
2019104	李丽娟	265	90	86	89
2019107	徐青	253	85	83	85
2019110	苏仁杰	239	85	83	71
2019111	刘刚	241	85	85	71
2019113	赵万训	237	83	71	83

图6-52　筛选出高于平均值的数据

6.2.4　高级筛选

如果采用高级筛选方式则可将筛选出的结果存放于其他位置，以便分析数据。在高级筛选方式下可以实现同时满足两个条件的筛选。

仍以“主科目成绩表.xlsx”工作簿为例，筛选出“总分在245分以上且语文成绩在83分以上”的记录，具体操作步骤如下。

STEP01：在A17:B19单元格区域输入要进行筛选的条件，输入结果如图6-53所示。

STEP02：单击数据区域中的任意单元格，这里选择B2单元格，切换至“数据”选项卡，单击“排序和筛选”组中的“高级”按钮，打开“高级筛选”对话框，如图6-54所示。

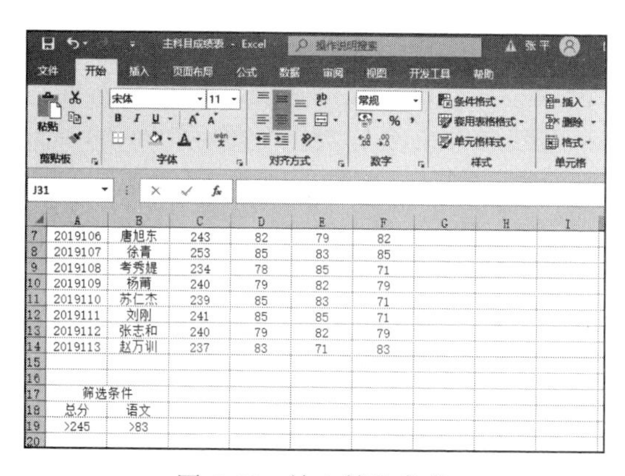

图 6-53　输入筛选条件

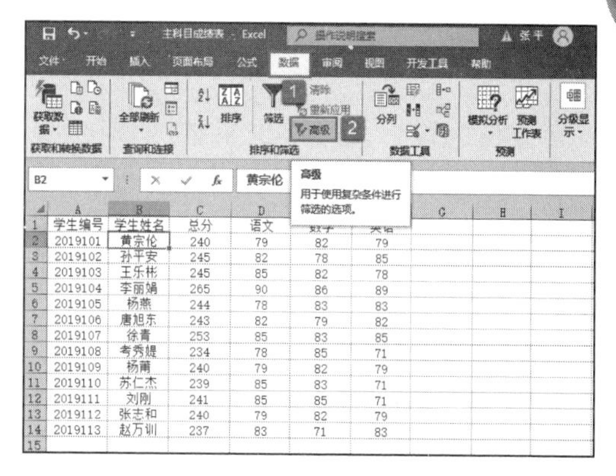

图 6-54　单击“高级”按钮

STEP03：如图 6-55 所示，在“方式”列表框中选择“将筛选结果复制到其他位置”单选按钮，设置引用的“列表区域”位置为“Sheet1!$A$1:$F$14”，引用的“条件区域”为“Sheet1!$A$18:$B$19”，并选择将筛选的结果复制到“Sheet1! $D$21:$I$30”单元格区域处，最后单击“确定”按钮完成高级筛选设置。最终结果如图 6-56 所示。

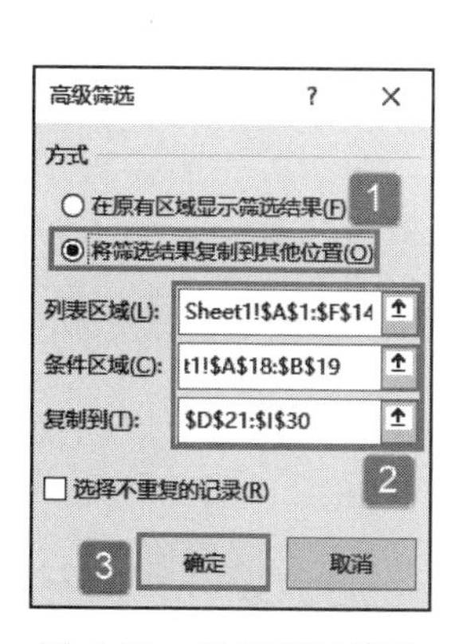

图 6-55　设置高级筛选

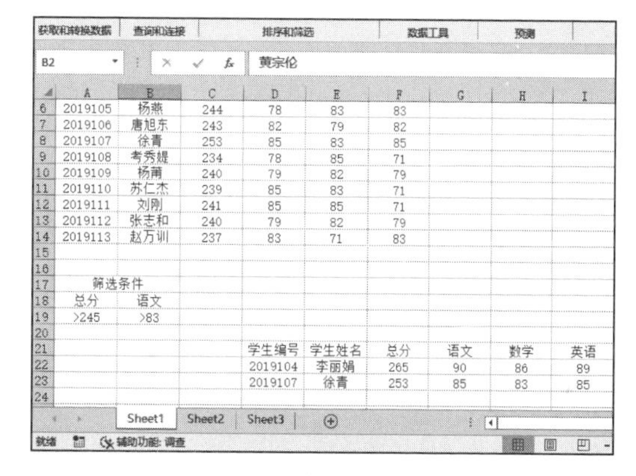

图 6-56　高级筛选结果

6.2.5　利用高级筛选删除重复数据

Excel 有一个小小的缺陷，那就是无法自动识别重复的记录。虽说 Excel 中并没有提供清除重复记录这样的功能，但是可以利用它的高级筛选功能来达到相同的目的。

打开“成绩总计表 .xlsx”工作簿，以该工作簿中的数据为例，筛选出“总分在 450 分以上且语文成绩在 75 分以上”的记录，具体操作步骤如下。

STEP01：在 A18:B20 单元格区域输入要进行筛选的条件，输入结果如图 6-57 所示。

	A	B	C	D	E	F	G	H	I	J
7	高一三班	王丽	474	82	91	79	74	71	77	6
8	高一三班	言小潼	450	75	73	77	78	69	78	12
9	高一三班	张萌	462	73	86	76	69	78	80	10
10	高一四班	杨曦	479	81	89	71	80	78	80	5
11	高一四班	吴飞	473	85	78	75	74	83	78	7
12	高一五班	江果果	445	69	75	74	73	81	73	13
13	高一五班	项可豪	433	60	87	78	78	68	62	14
14	高一一班	刘倩	468	79	91	64	78	81	75	8
15	高一六班	张文斌	461	77	80	83	81	67	73	11
16	高一一班	刘倩	468	79	91	64	78	81	75	8
17										
18	筛选条件									
19	总分数	语文								
20	>450	>75								

图 6-57　输入筛选条件

STEP02：如图 6-58 所示，在“方式”列表框中选择“将筛选结果复制到其他位置”单选按钮，设置引用的“列表区域”位置为“Sheet1!$A$1:$J$16”，引用的“条件区域”为“Sheet1! $A$19:$B$20”，并选择将筛选的结果复制到“Sheet1! $A$22”单元格处，然后勾选“选择不重复的记录”复选框，最后单击“确定”按钮完成高级筛选设置。最终结果如图 6-59 所示，筛选结果中重复的数据只显示唯一的一条记录。

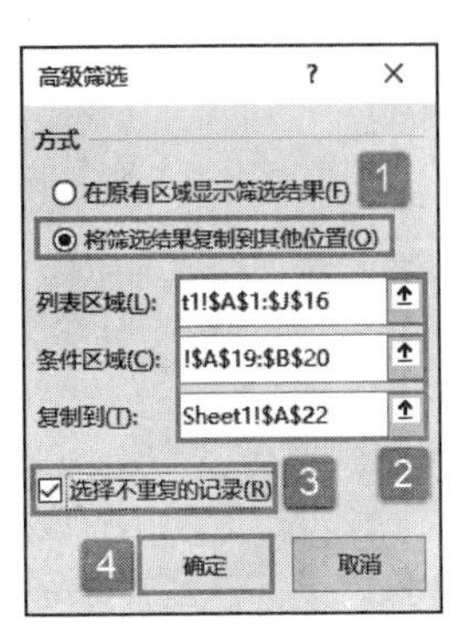

图 6-58　设置筛选区域

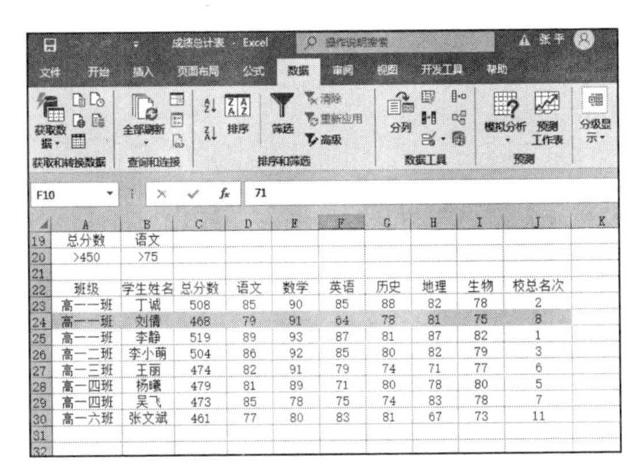

图 6-59　删除重复记录结果

6.2.6　取消数据筛选

打开“主科目成绩表（筛选特定数值段）.xlsx”工作簿，在对工作表进行了数据筛选后，如果要取消当前数据范围的筛选或排序，则可以执行以下操作。

方法一：在 D1 单元格处单击筛选按钮，在展开的“筛选”列表中选择“从‘语文’中清除筛选”选项即可，如图 6-60 所示。

方法二：如果在工作表中应用了多处筛选，用户想要一次清除，则可以切换至“数据”选项卡，在“排序和筛选”组中单击“清除”按钮即可，如图 6-61 所示。

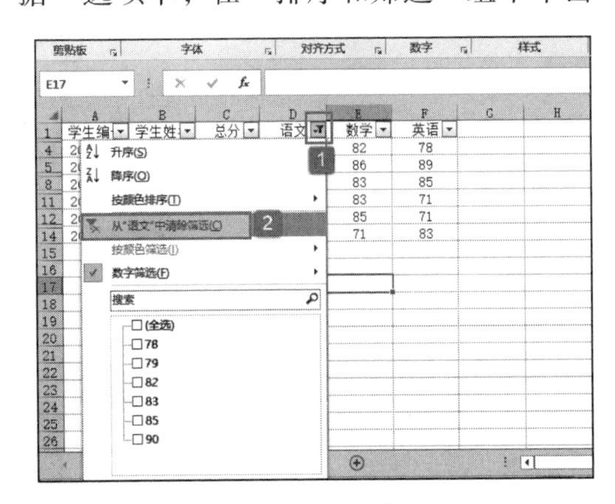

图 6-60　清除筛选

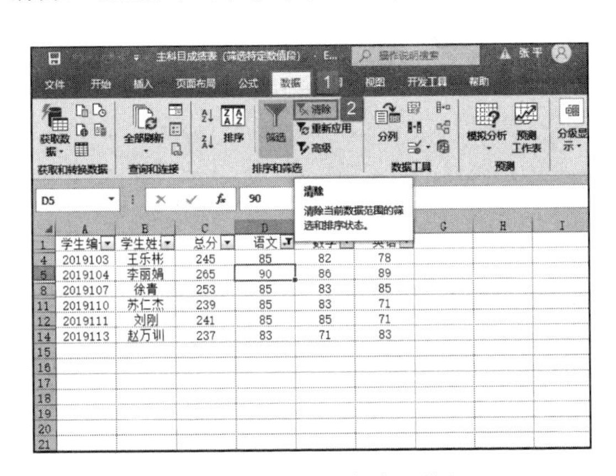

图 6-61　单击“清除”按钮

第7章

数据处理与分析

数据处理与分析是Excel诸多功能中最常用的一部分，本章将主要介绍模拟运算表、单变量求解工具，以及数据分析工具的具体使用方法和技巧。用户熟练掌握这些技巧后，可轻松解决数据分析、处理方面更多复杂问题，从而充分地利用Excel强大的数据分析功能。

- 数据计算
- 方案管理
- 常用数据分析
- 实战：样本方差分析

7.1 数据计算

数据计算是对数据依某种模式而建立起来的关系进行处理的过程。依据 Excel 2019 强大的功能，我们可以进行相应的数据处理计算。

7.1.1 求解二元一次方程

在 Excel 2019 中，单变量求解是提供的目标值，将引用单元格的值不断调整，直到达到所需要的公式的目标值时，变量值才能确定。利用单变量求解功能，可以求解二元一次方程，例如方程式为 A=10−B，B=5+A。

STEP01：打开“求解方程式.xlsx”工作簿，在工作表中输入方程式，如图 7-1 所示。

STEP02：在 A6 单元格中输入公式“=10-B6”，按“Enter”键返回计算结果，如图 7-2 所示。

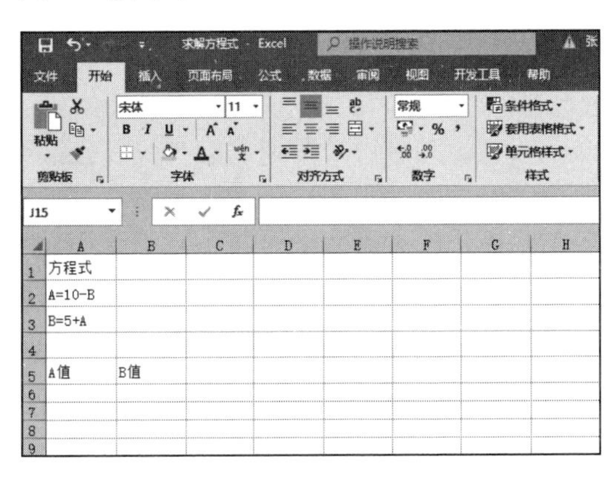

图 7-1 输入方程式

图 7-2 输入公式并得到 A 的值

STEP03：在 B7 单元格中输入公式“=B6-A6”，按“Enter”键返回计算结果，如图 7-3 所示。

STEP04：切换至“数据”选项卡，在“预测”组中单击“模拟分析”下三角按钮，在展开的下拉列表中选择“单变量求解”选项，打开“单变量求解”对话框，如图 7-4 所示。

图 7-3 输入公式并得到 B 的值

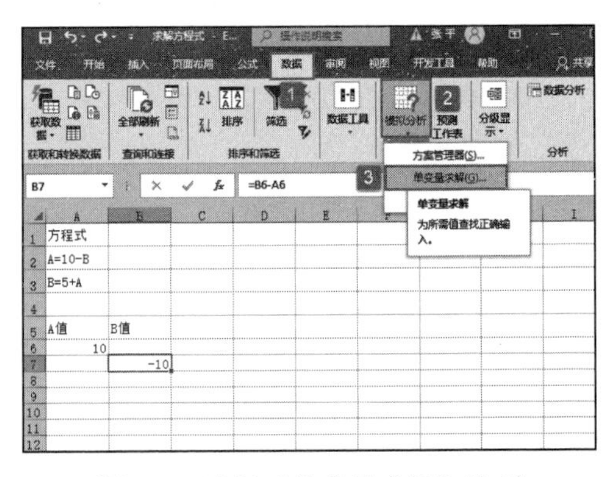

图 7-4 选择“单变量求解”选项

STEP05：在“单变量求解”对话框中设置目标单元格为“$B$7”，设置目标值为“6”，设置可变单元格为“$B$6”，然后单击“确定”按钮，如图 7-5 所示。

STEP06：随后会弹出如图 7-6 所示的“单变量求解状态”对话框，再次单击“确定”按钮返回工作表即可，此时可以求得 B 的值，如图 7-7 所示。

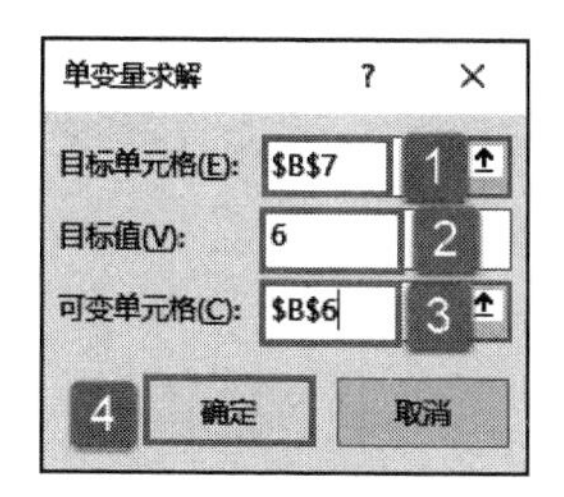

图 7-5　单变量求解对话框

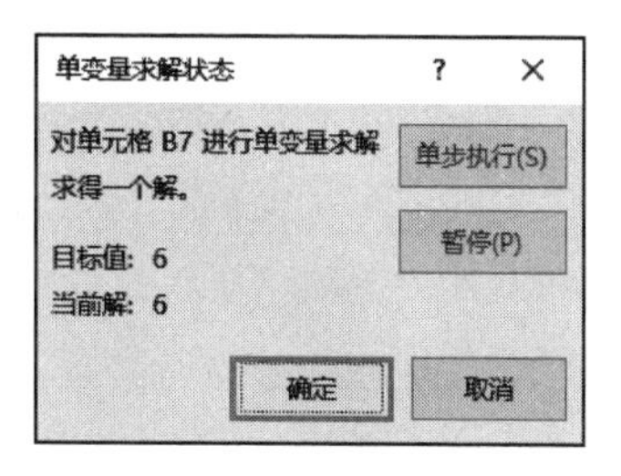

图 7-6　单变量求解状态对话框

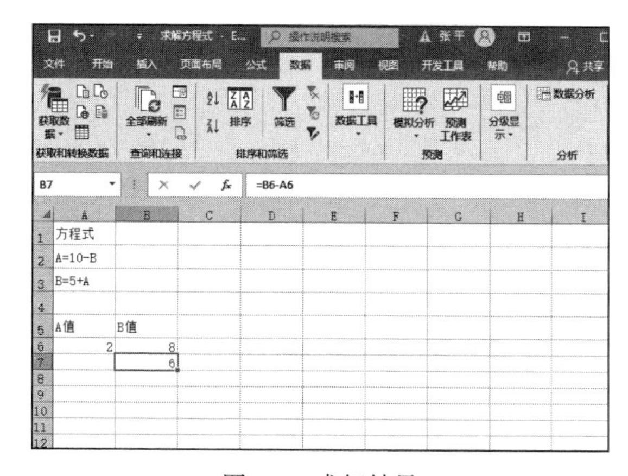

图 7-7　求解结果

7.1.2　单变量数据表运算

在单变量数据运算中，可以对一个单变量输入不同的值来查看它对一个或多个公式的变化。例如，根据产品的不同销售量来计算产品所取得的纯利润。

STEP01：打开“不同销售量纯利润计算表 .xlsx”工作簿，在工作表中输入总成本、单位售价、预计销售量的实际数据，然后在 B5 单元格中输入公式“=B3*B4”，按“Enter”键返回即可计算出销售总收入。根据“纯利润 = 销售总收入 – 总成本”的公式，在 B6 单元格中输入公式“=B5-B2”，按“Enter”键返回即可计算出预计销售量为 20000 时的纯利润，如图 7-8 所示。

STEP02：在 A8 单元格和 B8 单元格中分别输入文本“实际销售量”和“纯利润”，在 A10:A13 单元格区域中分别输入如图 7-9 所示的销售量，并在单元格 B9 中输入公式“=B5-B2”，按“Enter”键返回计算结果即可。

STEP03：选择 A9:B13 单元格区域，切换至“数据”选项卡，在“预测”组中单击“模拟分析”下三角按钮，在展开的下拉列表中选择“模拟运算表”选项，打开“模拟运算表”对话框，如图 7-10 所示。

STEP04：在“输入引用列的单元格”文本框中输入单元格的引用地址为“$B$4”单元格，表示不同的销售量，然后单击“确定”按钮即可返回计算结果，如图 7-11 所示。此时的工作表如图 7-12 所示。

图 7-8　计算总收入和纯利润

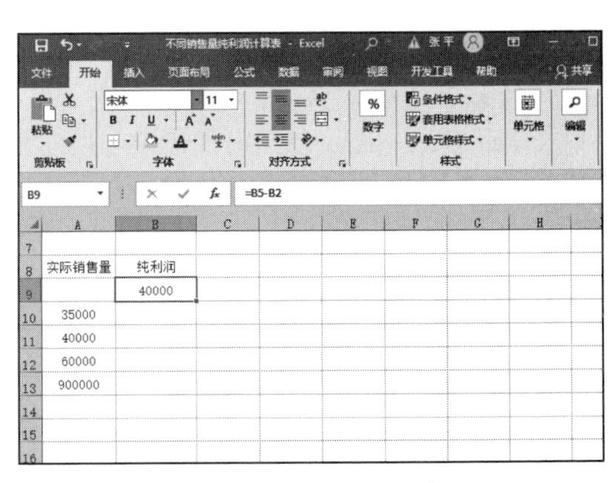

图 7-9　输入销售量和公式

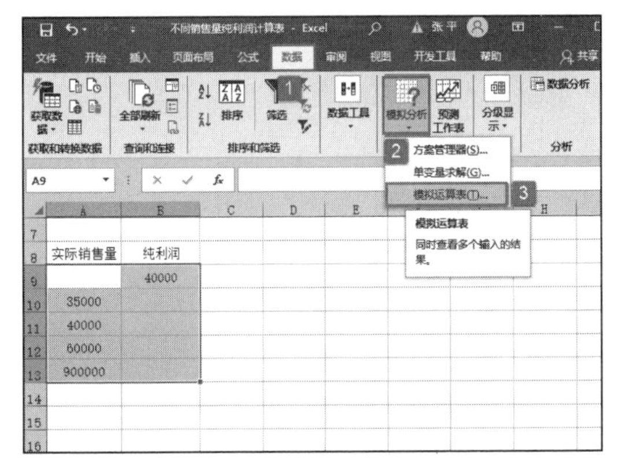

图 7-10　选择“模拟运算表”选项

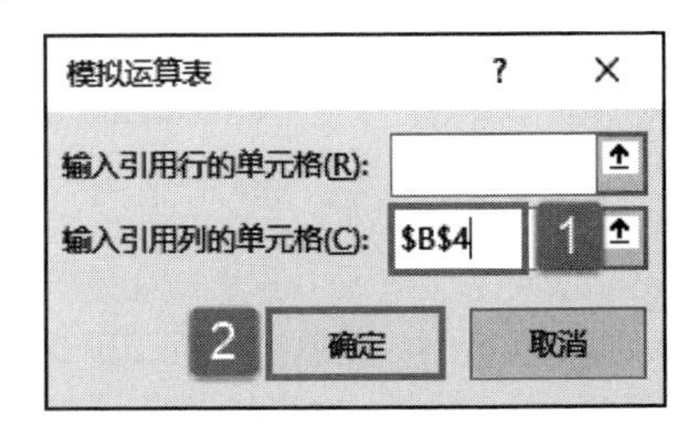

图 7-11　设置引用列的单元格

	A	B	C	D	E	F	G
1	不同销售量纯利润计算						
2	总成本	332000					
3	单位售价	18.6					
4	预计销售量	20000					
5	销售总收入	372000					
6	纯利润	40000					
7							
8	实际销售量	纯利润					
9		40000					
10	35000	319000					
11	40000	412000					
12	60000	784000					
13	900000	16408000					
14							

图 7-12　模拟运算表求解结果

7.1.3　双变量数据表运算

在双变量数据表运算中，为两个变量输入不同的值来查看它对一个公式值的影响变化。例如，在销售利润计算中，当销售量和单位售价都发生变化时，所对应的利润额随之发生变化。

STEP01：打开“双变量数据表运算 .xlsx”工作簿，在工作表中输入总成本、单位售价、预计销售量的实际数据，然后在 B5 单元格中输入公式“ =B3*B4”，按“ Enter”键返回即可计算出销售总收入。根据“纯利润 = 销售总收入 − 总成本”的公式，在 B6 单元格中输入公式“ =B5-B2”，按“ Enter”键返回即可计算出预计销售量为 20000 时的纯利润，如图 7-13 所示。

STEP02：选中 B8:F8 单元格区域，切换至“开始”选项卡，单击“对齐方式”组中的“合并后居中”按钮，然后在 A8 和 B8 单元格中分别输入文本“实际销售量”和“单位售价”，如图 7-14 所示。

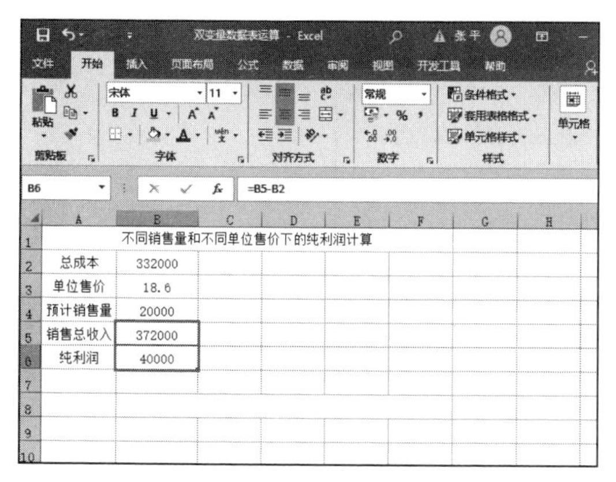

图 7-13　计算总收入和纯利润

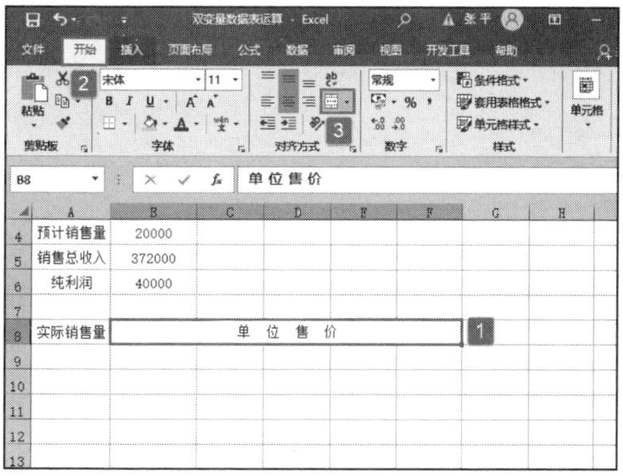

图 7-14　输入文本

STEP03：分别在 A10:A14 单元格区域与 B9:F9 单元格区域中输入实际销售量和单位售价，并在 A9 单元格中输入公式“ =B5-B2”，按“ Enter”键即可返回计算结果，如图 7-15 所示。

STEP04：选中 A9:F14 单元格区域，切换至“数据”选项卡，在“预测”组中单击“模拟分析”下三角按钮，在展开的下拉列表中选择“模拟运算表”选项，打开“模拟运算表”对话框，如图 7-16 所示。

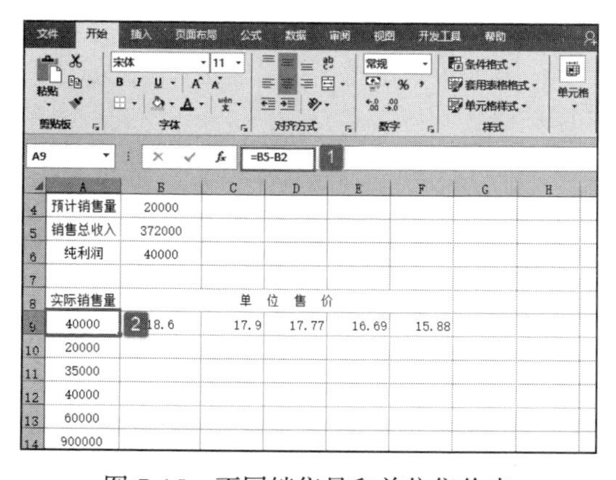

图 7-15　不同销售量和单位售价表

图 7-16　选中“模拟运算表”选项

STEP05：在“输入引用行的单元格”对应的文本框中输入单元格的引用地址为“ $B$3”单元格，表示不同的单位售价，然后在“输入引用列的单元格”文本框中输入单元格的引用地址为“ $B$4”单元格，如图 7-17 所示。然后单击“确定”按钮即可返回计算结果。此时，工作表中的计算结果如图 7-18 所示。

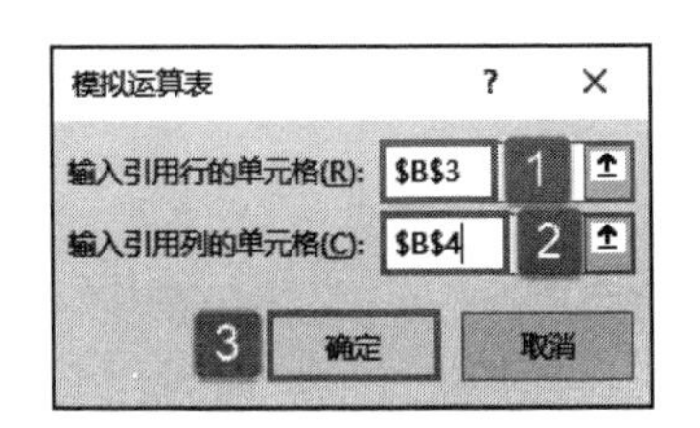

图 7-17　设置引用单元格

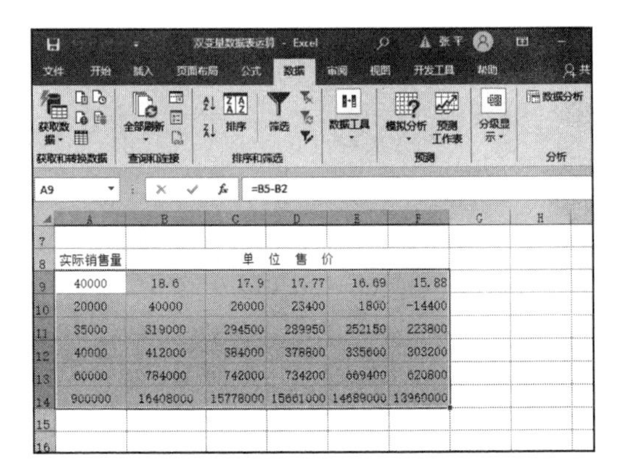

图 7-18　双变量数据表运算结果

7.1.4　常量转换

前面讲过的模拟运算得到的运算结果都是以数组形式保存在单元格中的，例如 7.1.2 节讲的单变量模拟运算的结果保存为类似“{=TABLE(,B4)}”这样的形式，这表示变量在列中，如果出现“{=TABLE(B4,)}”这样的形式，则表示变量在行中。而 7.1.3 节讲的双变量模拟运算的结果保存为类似“{=TABLE(B3,B4)}”这样的形式。无论是单变量模拟运算还是双变量模拟运算返回的单元格区域中，都不允许随意改变单个单元格的值，如果对其进行更改，则会弹出如图 7-19 所示的提示框。

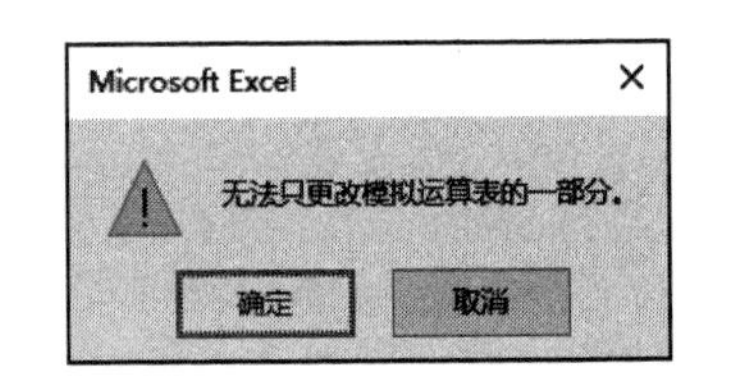

图 7-19　提示框

如果用户想要对其部分进行编辑修改操作，则需要将模拟运算结果转换为常量，然后才能对其进行修改。

将模拟运算结果转换为常量的方法通常有以下两种。

方法一：使用快捷键。

选中包含模拟运算结果的单元格区域（也可以只选中显示模拟运算结果的单元格区域），按“Ctrl+C”组合键进行复制，然后在目标位置按“Ctrl+V”组合键进行粘贴即可。

方法二：使用快捷菜单命令。

STEP01：打开“双变量数据表运算 .xlsx”工作簿，选中包含模拟运算结果的单元格区域（也可以只选中显示模拟运算结果的单元格区域），这里选择 B10:F14 单元格区域，在选中的单元格区域处单击鼠标右键，在弹出的隐藏菜单中选择“复制”选项，如图 7-20 所示。

STEP02：在 B16 单元格处单击鼠标右键，在弹出的隐藏菜单中选择粘贴“值”选项，如图 7-21 所示。粘贴后的效果如图 7-22 所示。此时，可以对 B16:F20 单元格区域中的任意单元格进行编辑修改操作。

图 7-20　选择“复制”选项

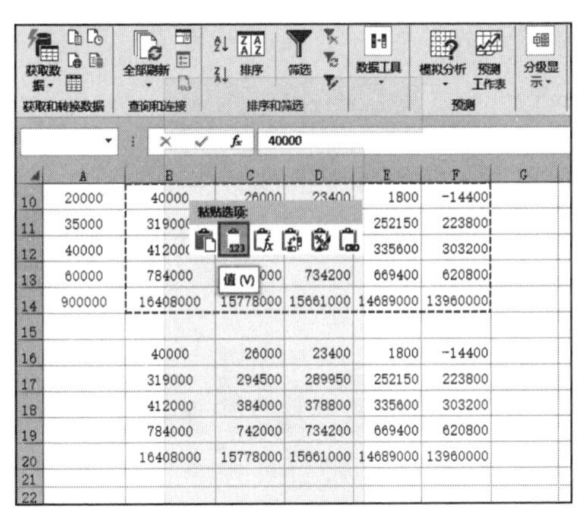

图 7-21　选择粘贴选项

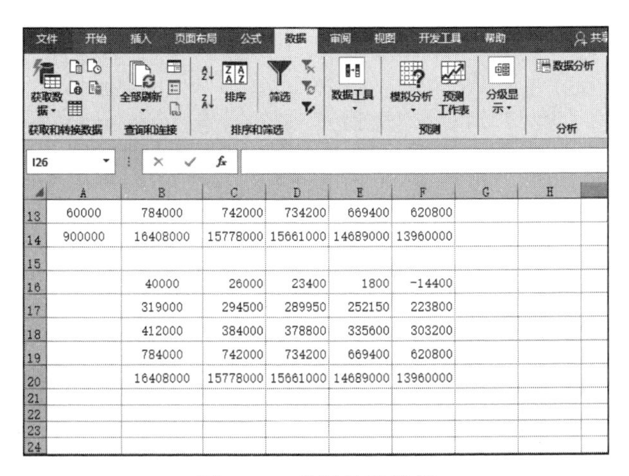

图 7-22　常量转换效果

7.1.5　删除模拟运算结果

由于模拟运算得到的结果是以数组形式保存在单元格中的，因此无法更改或删除模拟运算结果中某个单元格的值。

如果用户想删除模拟运算结果，则可以执行以下操作步骤。

选中显示模拟运算结果的所有单元格区域，按“Delete”键即可删除。也可以在选中的区域处单击鼠标右键，在弹出的隐藏菜单中选择“清除内容”选项即可。

7.2　方案管理

Excel 中的方案管理器能够帮助用户创建和管理方案。使用方案，用户能够方便地进行假设，为多个变量存储输入值的不同组合，同时为这些组合命名。

7.2.1　建立方案

方案管理主要是管理多变量情况下的数据变化。例如，在分析销售利润时，不同的销售量都会影响利润的变化，这里将每一种不同的销售量所对应的利润称为一种方案。

STEP01：打开“方案管理.xlsx”工作簿，切换至“Sheet1”工作表。如图 7-23 所示是 A 产品预计销量为 30000 件时的销售方案。

STEP02：切换至“数据”选项卡，在“预测”组中单击“模拟分析”下三角按钮，在展开的下拉列表中选择“方案管理器”选项，打开“方案管理器”对话框，如图 7-24 所示。

图 7-23 预计销量为 30000 件时的销售方案

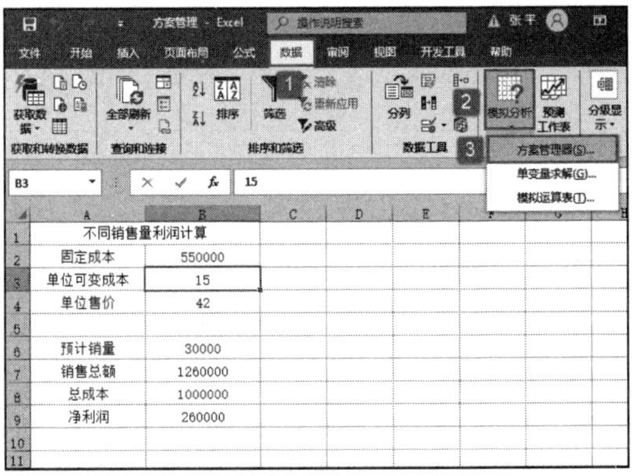

图 7-24 选择“方案管理器”选项

STEP03：在“方案管理器”对话框中单击“添加”按钮，如图 7-25 所示。随后会打开“编辑方案”对话框，在“方案名”文本框中输入方案名，例如这里输入“A 产品 30000 销售方案”，设置“可变单元格”的值，这里选择“$B$6”单元格，然后单击“确定”按钮，如图 7-26 所示。

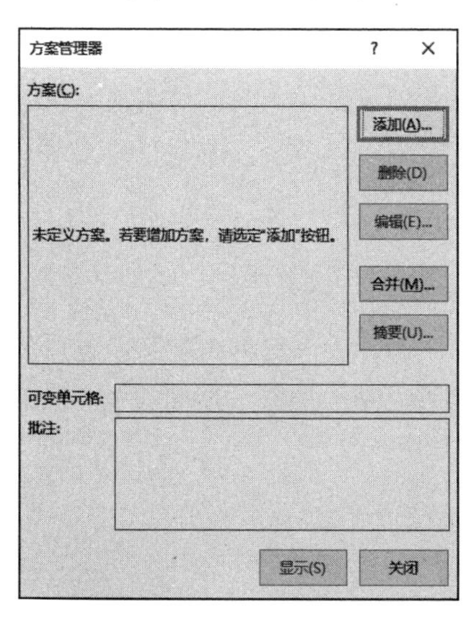

图 7-25 单击“添加”按钮

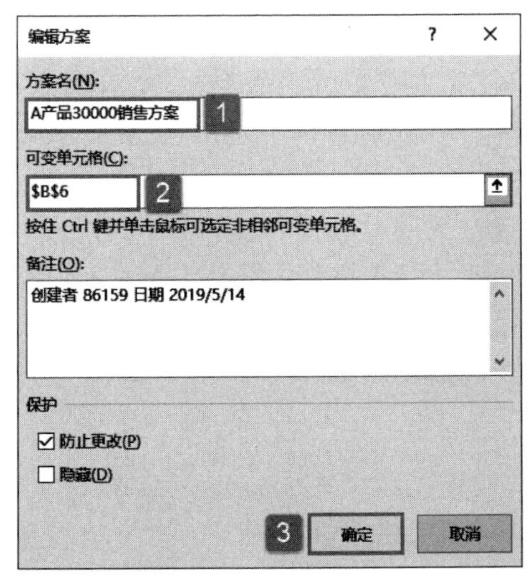

图 7-26 编辑方案

STEP04：随后会弹出“方案变量值”对话框，在“请输入每个可变单元格的值”文本框中输入 B6 单元格现在的值“30000”，如图 7-27 所示。然后单击“确定”按钮返回“方案管理器”对话框，此时，该方案已建立完成，如图 7-28 所示。

STEP05：单击“关闭”按钮关闭“方案管理器”对话框。在工作表中将 B6 单元格中的数据更改为 45000 件，切换至“数据”选项卡，在“预测”组中单击“模拟分析”下三角按钮，在展开的下拉列表中选择“方案管理器”选项，打开“方案管理器”对话框。再次单击“添加”按钮，打开“添加方案”对话框，如图 7-29 所示。

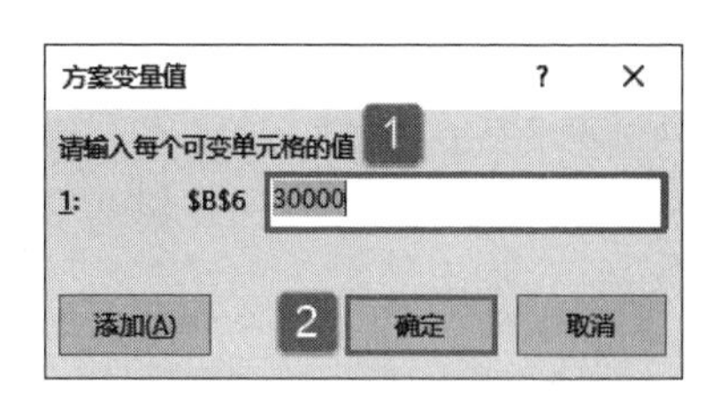

图 7-27　输入变量值

STEP06：随后在“方案名”文本框中输入方案名，例如，这里输入“ A 产品 45000 销售方案”，设置“可变单元格”的值，这里选择“ B6”单元格，然后单击“确定”按钮，如图 7-30 所示。

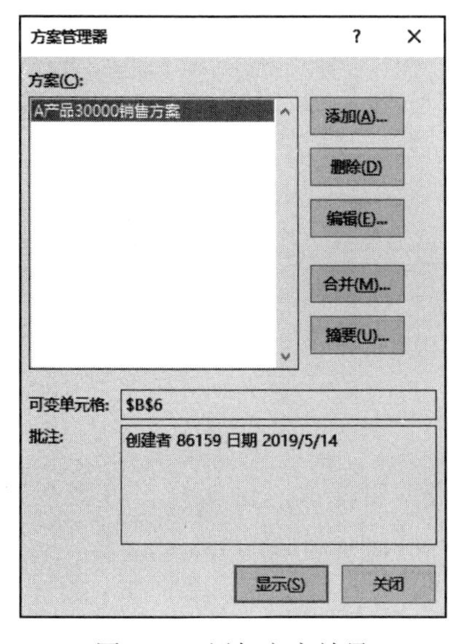

图 7-28　添加方案效果

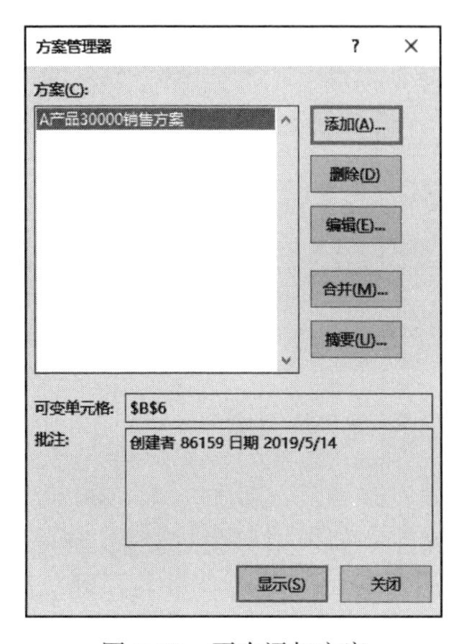

图 7-29　再次添加方案

STEP07：随后会弹出“方案变量值”对话框，在“请输入每个可变单元格的值”文本框中输入 B6 单元格现在的值“45000”，然后单击“确定”按钮返回“方案管理器”对话框，如图 7-31 所示。此时，该方案已添加完成，如图 7-32 所示。

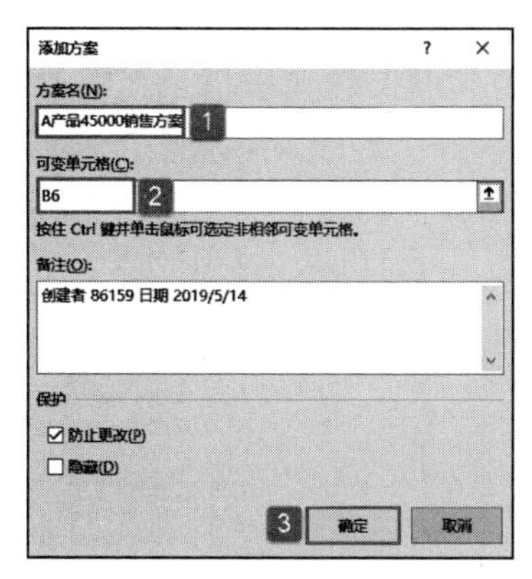

图 7-30　设置添加方案

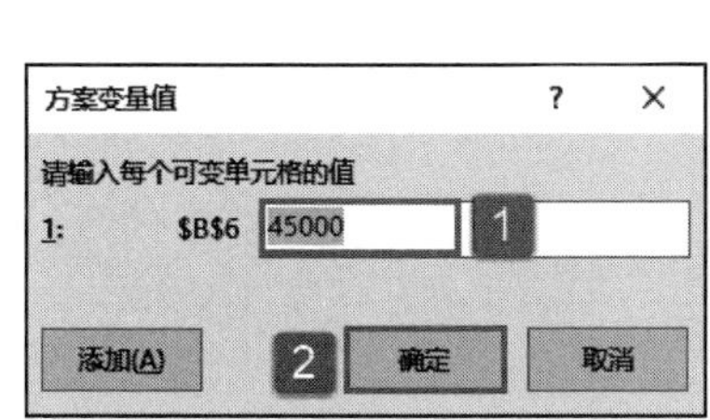

图 7-31　设置方案变量值

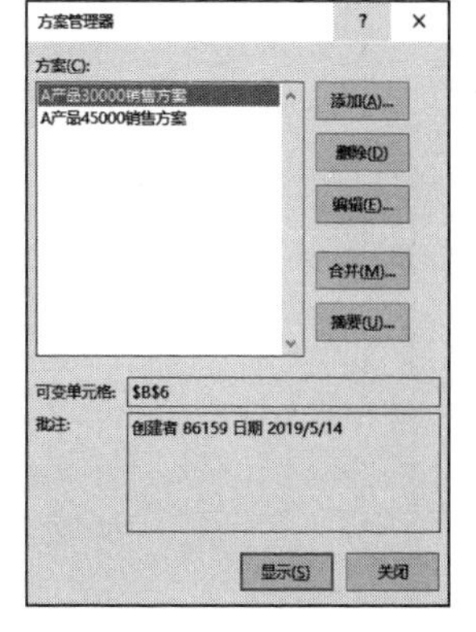

图 7-32　添加方案效果

7.2.2　显示方案

通常情况下用户会在同一张工作表中建立多个方案，这时如果用户要查看不同的方案，则可执行以下操作步骤，来实现这一操作。

STEP01：打开“方案管理 ,xlsx”工作簿，切换至“数据”选项卡，在“预测”组中单击“模拟分析”下三角按钮，在展开的下拉列表中选择“方案管理器”选项，打开“方案管理器”对话框，如图 7-33 所示。

STEP02：在“方案管理器”对话框中选择要显示的方案，这里选择“A 产品 30000 销售方案”，单击“显示”按钮即可，如图 7-34 所示。

图 7-33　选择“方案管理器”选项

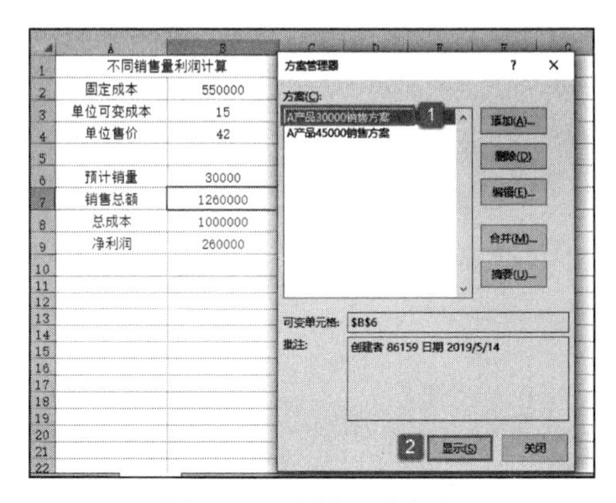

图 7-34　选择显示方案

7.2.3 编辑方案

在方案建立完成后，有时可能还需要对其进行编辑修改，例如修改方案或删除方案等操作。如果用户要对方案进行编辑，则可以执行以下操作步骤。

STEP01：打开“方案管理 ,xlsx”工作簿，切换至“数据”选项卡，在“预测”组中单击“模拟分析”下三角按钮，在展开的下拉列表中选择“方案管理器”选项，打开如图 7-35 所示的“方案管理器”对话框。在“方案管理器”对话框中选择要编辑的方案，这里选择“A 产品 30000 销售方案”，单击“编辑”按钮。

STEP02：随后会打开“编辑方案”对话框，用户可以根据实际需要对方案进行编辑修改，如图 7-36 所示。

如果有一些不再使用的方案，则可以将其进行删除。打开“方案管理器”对话框后，在“方案”列表框中选择要删除的方案，然后单击“删除”按钮即可，如图 7-37 所示。

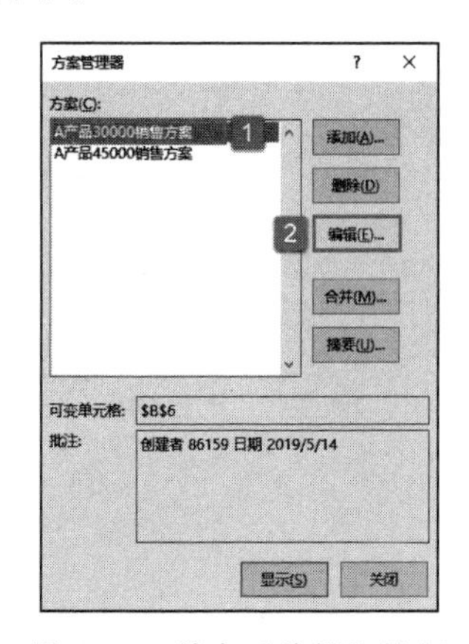

图 7-35　单击“编辑”按钮

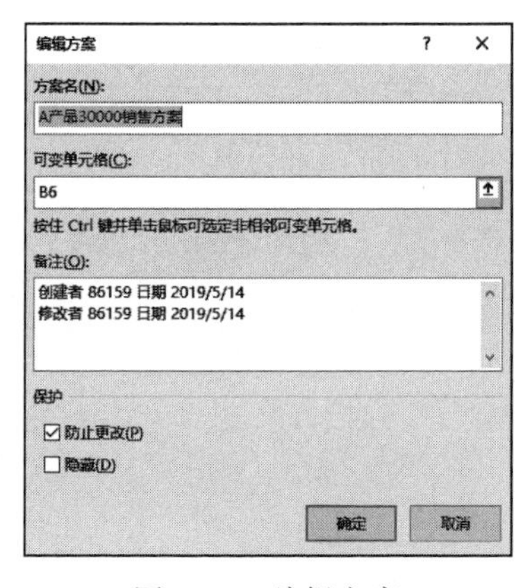

图 7-36　编辑方案

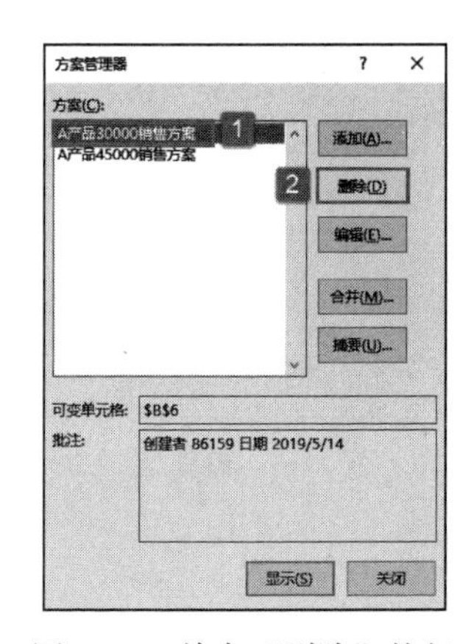

图 7-37　单击“删除”按钮

7.2.4 合并方案

在“方案管理器”对话框中只显示当前活动工作表中建立的方案，其他工作表中建立的方案不会显示出来。为了便于用户查看方案，可以使用“合并”功能将每张工作表中建立的方案合并到一张工作表中。其具体操作步骤如下。

STEP01：打开“方案管理 ,xlsx”工作簿，切换至“Sheet1”工作表，在主页将功能区切换至“数据”选项卡，在“预测”组中单击“模拟分析”下三角按钮，在展开的下拉列表中选择“方案管理器”选项，打开如图 7-38 所示的“方案管理器”对话框。此对话框中显示的是“Sheet1”工作表中建立的方案。

STEP02：切换至“Sheet2”工作表，切换至“数据”选项卡，在“预测”组中单击“模拟分析”下三角按钮，在展开的下拉列表中选择“方案管理器”选项，打开如图 7-39 所示的“方案管理器”对话框。此对话框中显示的是“ Sheet2”工作表中建立的方案。

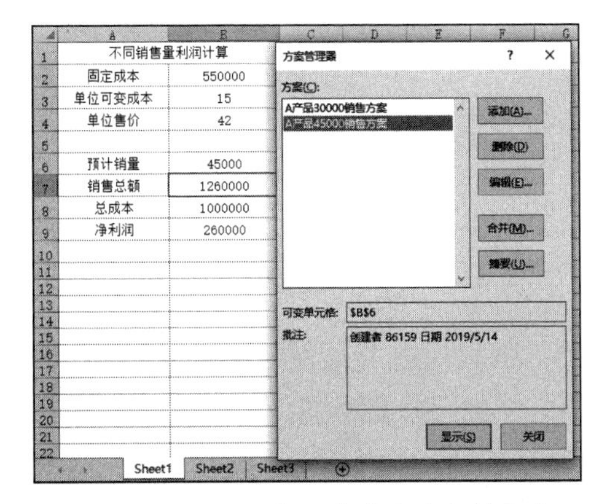

图 7-38 “Sheet1”工作表中建立的方案

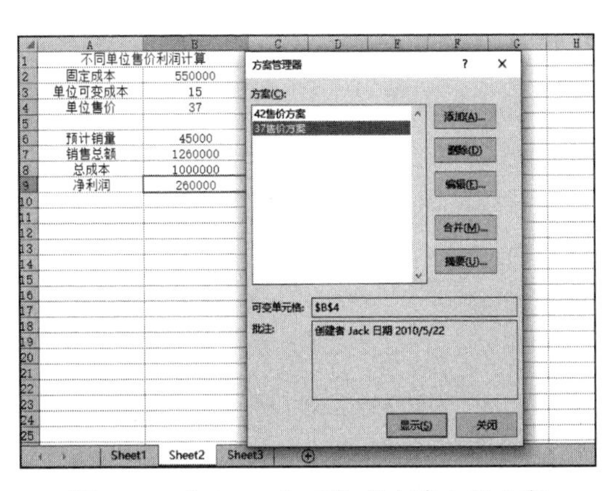

图 7-39 “Sheet2”工作表中建立的方案

STEP03：在“Sheet1”工作表中，切换至“数据”选项卡，在“预测”组中单击“模拟分析”下三角按钮，在展开的下拉列表中选择“方案管理器”选项，打开“方案管理器”对话框，在对话框中单击“合并”按钮，如图 7-40 所示。

STEP04：随后会打开“合并方案”对话框，在工作表列表框中选择要合并其方案所在的工作表，这里选择“Sheet2”工作表，单击“确定”按钮，即可将选中工作表中所有的方案合并到当前活动工作表中，如图 7-41 所示。合并方案后的效果如图 7-42 所示。

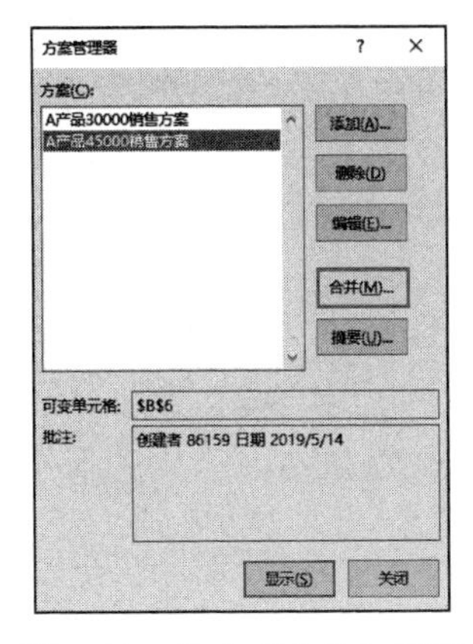

图 7-40 单击“合并”按钮

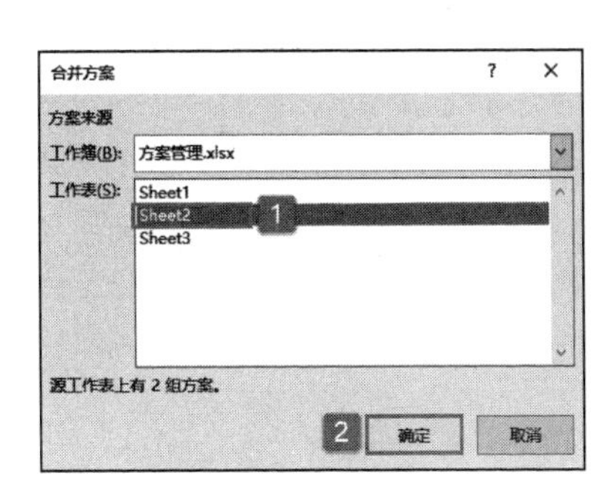

图 7-41 选择合并方案

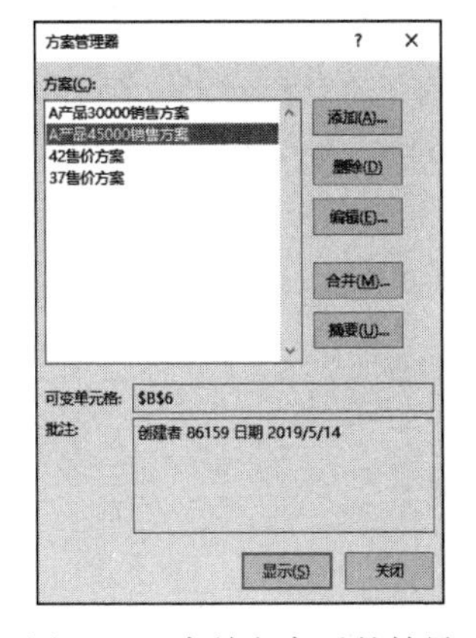

图 7-42 合并方案后的结果

STEP05：如果希望显示“37 售价方案”，在方案列表框中将其选中，单击“显示”按钮，即可在当前工作表中显示单位售价为“37”时的数据表，如图 7-43 所示。

图 7-43　在当前工作表中显示方案

7.2.5　创建方案摘要

方案创建完成后，还可以建立方案摘要，以便更直观地显示不同变量值时的计算结果。创建方案摘要的具体操作步骤如下。

STEP01：打开“方案摘要 .xlsx”工作簿，切换至“Sheet1”工作表，在主页将功能区切换至“数据”选项卡，在“预测”组中单击“模拟分析”下三角按钮，在展开的下拉列表中选择“方案管理器”选项，打开“方案管理器”对话框，如图 7-44 所示。

STEP02：在“方案管理器”对话框中单击“摘要”按钮，打开“方案摘要”对话框，如图 7-45 所示。

图 7-44　选择“方案管理器”选项

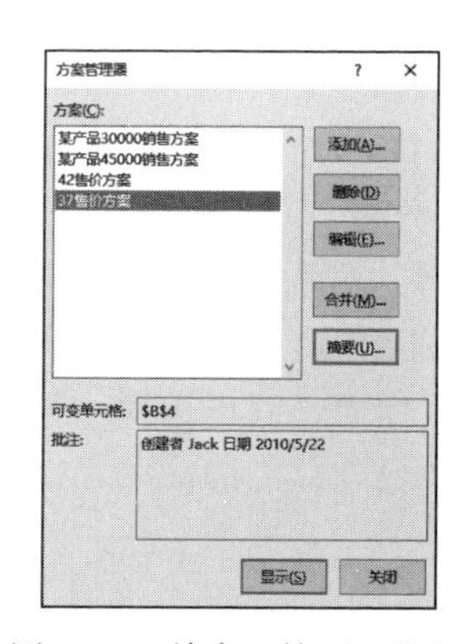

图 7-45　单击“摘要”按钮

STEP03：在“方案摘要”对话框中单击选中“方案摘要”单选按钮，然后设置结果单元格，即想查看具体数据信息的单元格或单元格区域。例如，这里选择显示“销售总额”“总成本”和“净利润”所在的连续单元格“=$B$7:$B$9”，然后单击“确定”按钮，如图 7-46 所示。此时，工作表中会新建一个“方案摘要”工作表，显示其摘要信息，如图 7-47 所示。

图 7-46　设置结果单元格

在工作表中除了创建普通的方案摘要外，还可以创建数据透视表方案摘要。创建数据透视表方案摘要的具体操作步骤如下。

STEP01：打开“方案摘要 .xlsx”工作簿，切换至“Sheet2”工作表，在主页将功能区切换至“数据”选项卡，在“预测”组中单击“模拟分析”下三角按钮，在展开的下拉列表中选择“方案管理器”选项，打开如图 7-48 所示的“方案管理器”对话框。然后单击“摘要”按钮打开“方案摘要”对话框。

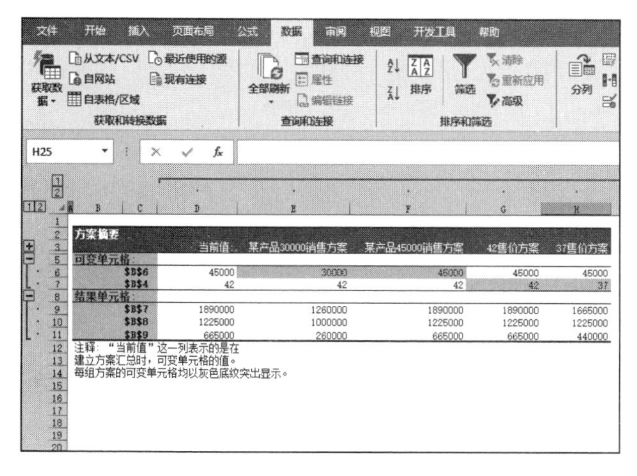

图 7-47 显示“方案摘要”工作表

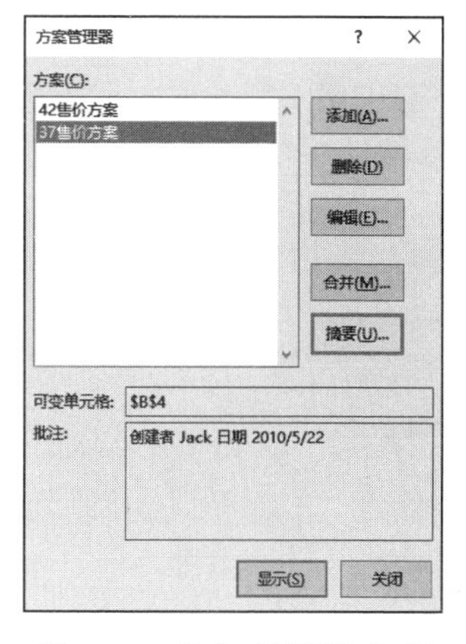

图 7-48 单击“摘要”按钮

STEP02：在“方案摘要”对话框中单击选中“方案数据透视表”单选按钮，然后设置结果单元格，这里选择显示“销售总额”“总成本”和“净利润”所在的连续单元格“=$B$7:$B$9”，然后单击“确定”按钮，如图 7-49 所示。此时，工作表中新建了一个方案数据透视表，如图 7-50 所示。

图 7-49 选择报表类型

图 7-50 新建“方案数据透视表”工作表

7.3 常用数据分析

数据分析是指用适当的统计分析方法对收集来的大量数据进行分析，提取有用信息和形成结论而对数据加以详细研究和概括总结的过程。这一过程也是质量管理体系的支持过程。在实用中，数据分析可帮助人们做出判断，以便采取适当应对策略。

7.3.1 相关系数分析

相关系数是描述两个测量值变量之间的离散程度的指标。利用相关系数，可以判断两个测量值变量的变化是否相关。下面以具体实例详细讲解如何利用相关系数，来分析数据的具体应用技巧。

STEP01：打开“相关系数分析 .xlsx”工作簿，切换到“数据”选项卡，然后在“分析”组中单击“数据分析”按钮，打开“数据分析”对话框，如图 7-51 所示。

STEP02：打开“数据分析”对话框后，在“分析工具”列表框中选择“相关系数”选项，然后单击“确定”按钮，如图 7-52 所示。

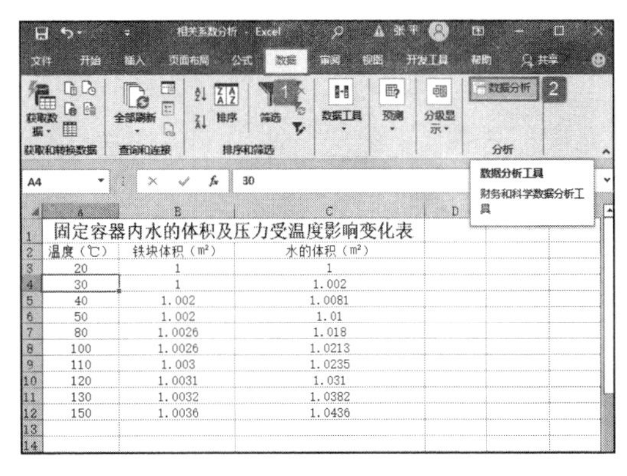

图 7-51　单击“数据分析”按钮

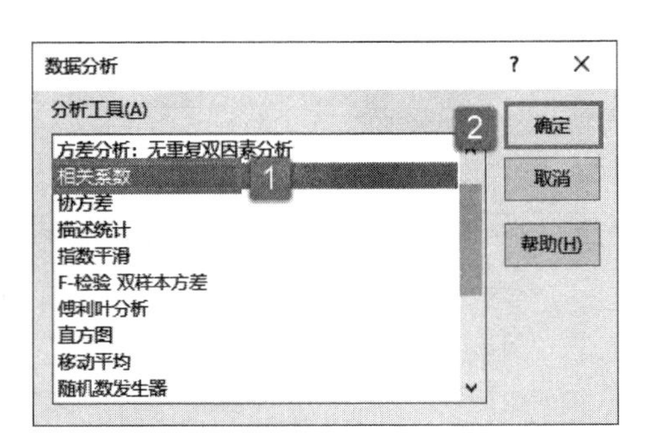

图 7-52　选择相关系数分析工具

STEP03：随后会打开“相关系数”对话框，在“输入”列表区域设置输入区域为“$A$3:$C$12”，在“分组方式”列表中单击选中“逐列”单选按钮，并勾选“标志位于第一行”复选框，在“输出选项”列表中单击选中“输出区域”单选按钮，设置输出区域为“$E$3”单元格，最后单击“确定”按钮，如图 7-53 所示。此时，即可在从 E3 开始的单元格中看到分析的结果，如图 7-54 所示。

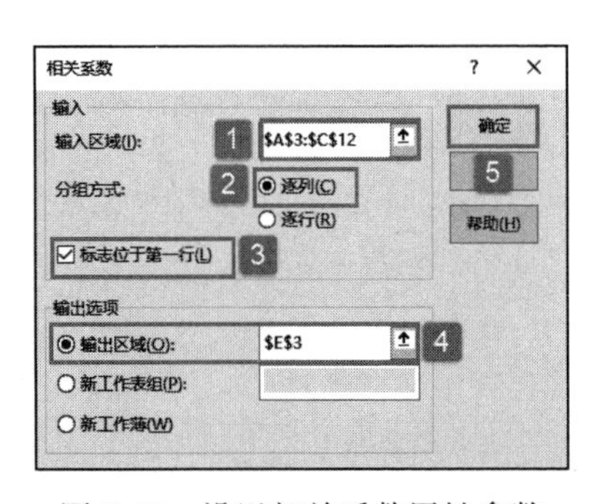

图 7-53　设置相关系数属性参数

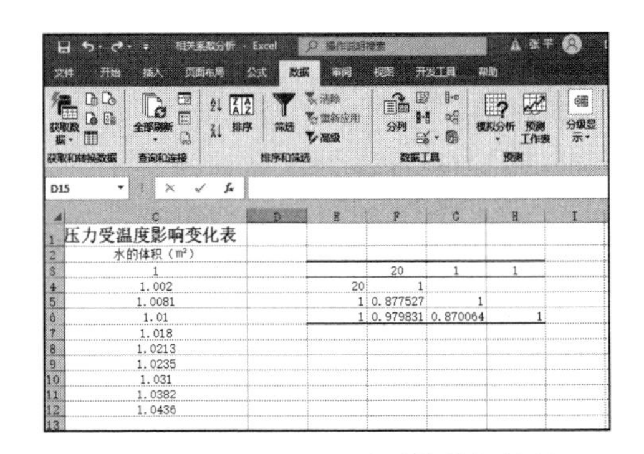

图 7-54　相关系数分析结果

7.3.2 协方差分析

与相关系数一样，协方差是描述两个测量值变量之间的离散程度的指标，即用来衡量两个样本之间的相关性有多少，也就是一个样本的值的偏离程度会对另外一个样本的值的偏离产生多大的影响。下面以实例具体说明如何计算协方差。

STEP01：打开“协方差分析 .xlsx”工作簿，切换到“数据”选项卡，然后在“分析”组中单击“数据分析”按钮，打开如图 7-55 所示的“数据分析”对话框。在“分析工具”列表框中选择“协方差”选项，然后单击“确定”按钮。

STEP02：随后会打开“协方差”对话框，在“输入”列表区域设置输入区域为“$A$3:$C$12”，在“分组方式”列表中单击选中“逐列”单选按钮，并勾选“标志位于第一行”复选框，在“输出选项”列表中单击选中“输出区域”单选按钮，设置输出区域为“$E$3”单元格，最后单击“确定”按钮，如图7-56所示。此时，可在从E3开始的单元格中看到分析的结果，如图7-57所示。

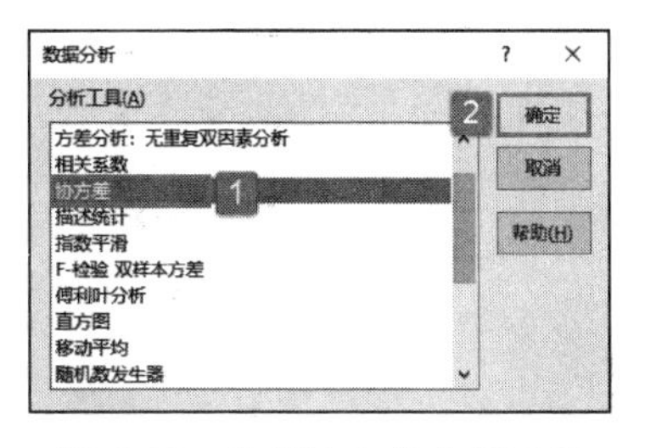

图7-55 选择协方差分析工具

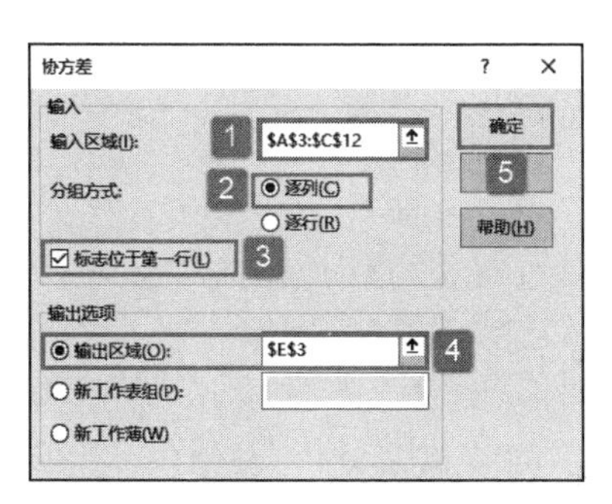

图7-56 设置协方差属性参数

图7-57 协方差分析结果

7.3.3 指数平滑分析

“指数平滑”分析工具基于前期预测值导出相应的新预测值，并修正前期预测值的误差。此工具将使用平滑常数，其大小决定了本次预测对前期预测误差的修正程度。下面通过实例具体讲解如何利用指数平滑来分析数据。

记录某地区从2012年到2018年的棉花产量，对数据进行预测分析。使用“指数平滑”分析工具，可以得到预测值及标准误差，具体操作步骤如下。

STEP01：打开“指数平滑分析.xlsx”工作簿，切换到“数据”选项卡，然后在“分析”组中单击“数据分析”按钮，打开如图7-58所示的“数据分析”对话框。在“分析工具”列表框中选择“指数平滑”选项，然后单击“确定”按钮。

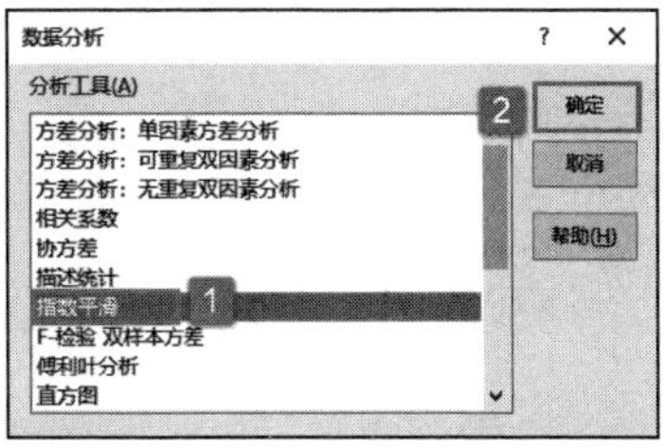

图7-58 选择分析工具

STEP02：随后会打开“指数平滑”对话框，在“输入”列表区域设置输入区域为“$B$3:$B$9”，在“阻尼系数”文本框中输入“0.3”，并勾选“标志”复选框，然后设置输出区域为“$D$4”单元格，并分别勾选“图表输出”复选框和“标准误差”复选框，最后单击“确定”按钮，如图7-59所示。此时，可在从D4开始的单元格中看到分析结果以及相应的数据分析图表结果，如图7-60所示。

阻尼系数是用来将总体样本中收集的数据的不稳定性最小化的修正因子。系统默认的阻尼系数为0.3。

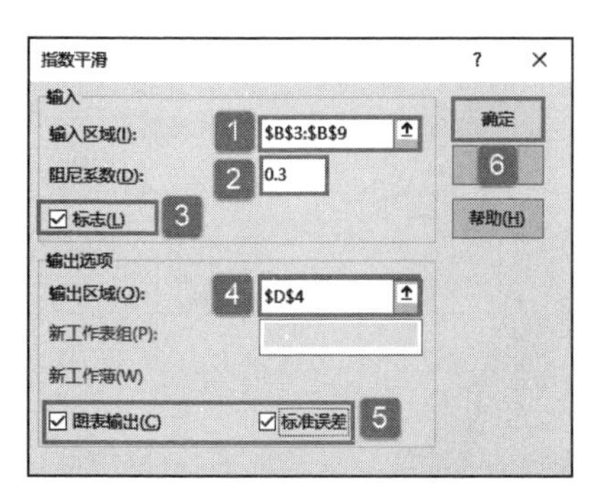

图 7-59　设置指数平滑属性参数

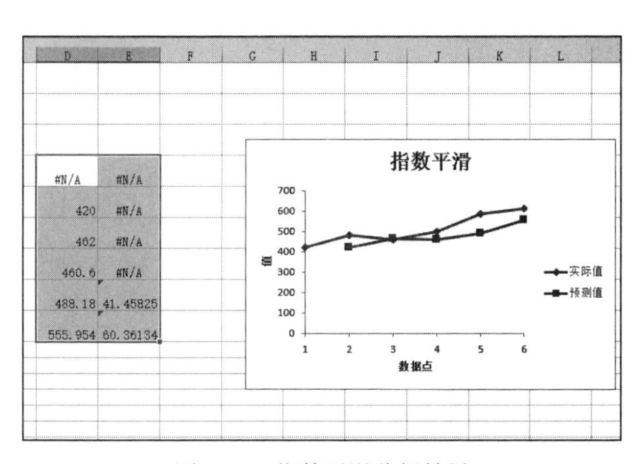

图 7-60　指数平滑分析结果

7.3.4　描述统计分析

描述统计分析工具用于生成源数据区域中数据的单变量统计分析报表，提供有关数据趋中性和易变性的信息。使用“描述统计”工具可以很方便地依次完成计算，得到想要的结果。下面通过实例来具体讲解使用“描述统计”工具的操作技巧

STEP01：打开“描述统计分析 .xlsx”工作簿，切换到“数据”选项卡，然后在“分析”组中单击“数据分析”按钮，打开如图 7-61 所示的“数据分析”对话框。在“分析工具”列表框中选择“描述统计”选项，然后单击“确定”按钮。

STEP02：随后会打开“描述统计”对话框，在“输入”列表区域设置输入区域为“$C$3:$C$15”，在“分组方式”列表中单击选中“逐列”单选按钮，并勾选“标志位于第一行”复选框，在“输出选项”列表区域中单击选中“输出区域”单选按钮，并设置输出区域为“$F$3”单元格。然后分别勾选“汇总统计”复选框和“平均数置信度”复选框，并设置置信度为“95%”，同时勾选“第 K 大值”复选框和“第 K 小值”复选框，在对应的文本框中均输入“1”，最后单击“确定”按钮完成设置，如图 7-62 所示。此时工作表中显示的描述统计分析结果如图 7-63 所示。

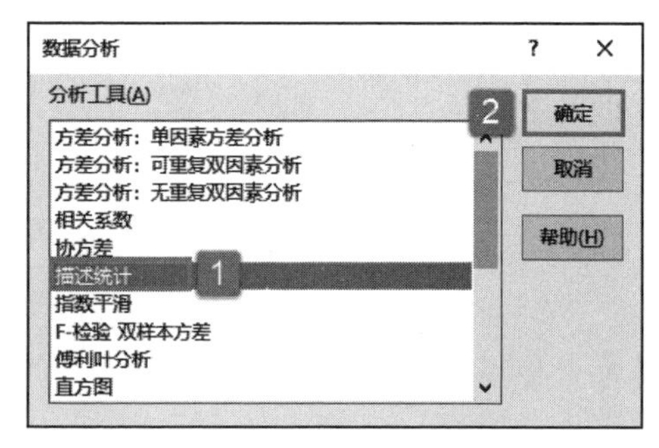

图 7-61　选择描述统计分析工具

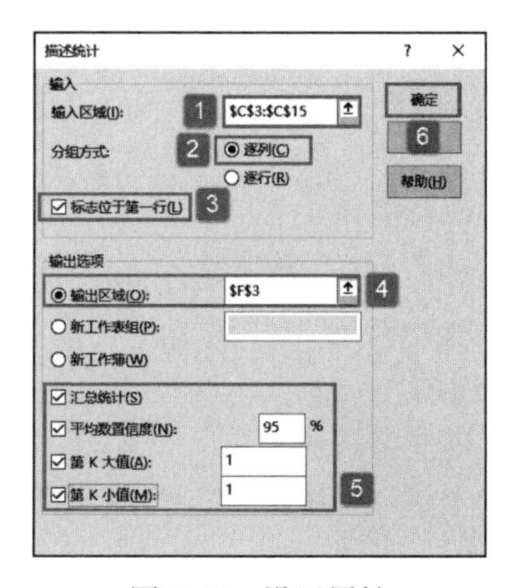

图 7-62　设置属性

以下是“描述统计”对话框中各个字段的属性含义。

1）汇总统计：选中此项可为结果输出表中每个统计结果生成一个字段。这些统计结果有，平均值、标准误差、中位数、众数、标准差、方差、峰度、偏度、区域、最

小值、最大值、求和等。

数学	计算机基础		
86	78	86	
75	88		
82	89	平均	77.08333333
69	69	标准误差	3.206192714
67	63	中位数	72
69	68	众数	69
92	98	标准差	11.10657736
65	98	方差	123.3560606
85	75	峰度	-0.895167864
86	87	偏度	0.689690374
68	86	区域	33
98	62	最小值	65
69	90	最大值	98
		求和	925
		观测数	12
		最大(1)	98
		最小(1)	65
		置信度(95.0%)	7.056782583

图 7-63 描述统计分析结果

2）平均数置信度：为输出表中的每一行指定平均数的置信度，在文本框中输入需要使用的置信度。

3）第 K 大值：为输出表中的某一行指定每个数据区域中的第 K 大值，在文本框中输入数字 K，如果输入 1，则该行输出的是数据集中的最大值。

4）第 K 小值：为输出表中的某一行指定每个数据区域中的第 K 小值，在文本框中输入数字 K，如果输入 1，则该行输出的是数据集中的最小值。

7.3.5 直方图分析

“直方图”分析工具可计算数据单元格区域和数据接收区间的单个核累积频率。此工具可用于统计数据集中某个数值出现的次数。下面通过具体实例，来详细讲解利用“直方图”工具来分析数据的应用操作技巧。

STEP01：打开“直方图分析 .xlsx”工作簿，切换到“数据”选项卡，然后在“分析”组中单击“数据分析”按钮，打开如图 7-64 所示的“数据分析”对话框。在“分析工具”列表框中选择“直方图”选项，然后单击“确定”按钮。

STEP02：随后会打开“直方图”对话框，在“输入”列表区域设置输入区域为“\$C\$4:\$C\$16”，接收区域为“\$E\$4:\$E\$14”，然后在“输出选项”列表中单击选中“输出区域”单选按钮，并设置输出区域为“\$A\$18”单元格，依次勾选“柏拉图”复选框、“累积百分率”复选框和“图表输出”复选框，最后单击“确定”按钮，如图 7-65 所示。此时，在工作表中看到分析结果，该结果中还包含数据分析图表，如图 7-66 所示。

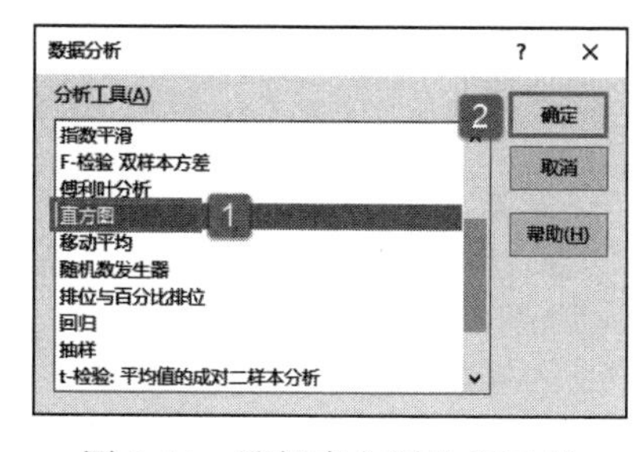

图 7-64 选择直方图分析工具

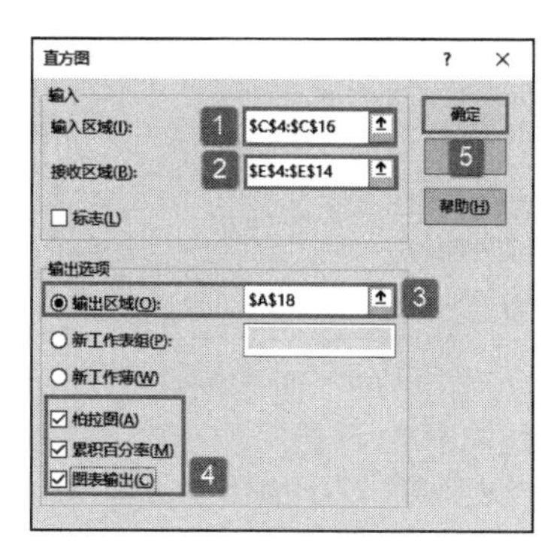

图 7-65 设置直方图属性

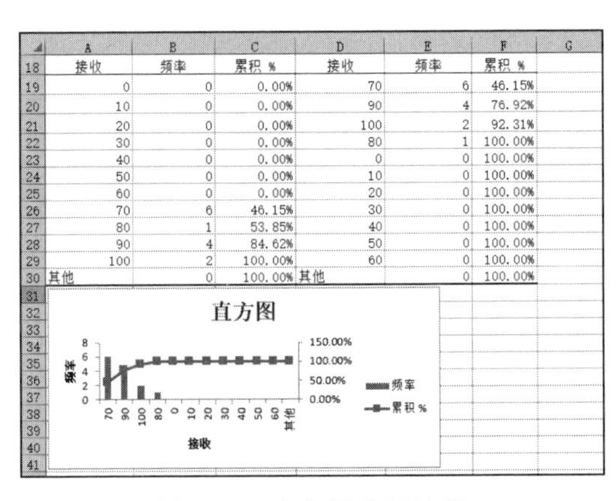

接收	频率	累积 %	接收	频率	累积 %
0	0	0.00%	70	6	46.15%
10	0	0.00%	90	4	76.92%
20	0	0.00%	100	2	92.31%
30	0	0.00%	80	1	100.00%
40	0	0.00%	0	0	100.00%
50	0	0.00%	10	0	100.00%
60	0	0.00%	20	0	100.00%
70	6	46.15%	30	0	100.00%
80	1	53.85%	40	0	100.00%
90	4	84.62%	50	0	100.00%
100	2	100.00%	60	0	100.00%
其他	0	100.00%	其他	0	100.00%

图 7-66　直方图分析结果

7.3.6　傅利叶分析

“傅利叶分析”分析工具可以解决线性系统问题，而且可以通过快速傅利叶变换进行数据变换来分析周期性的数据。此外，该工具还支持逆变换，即通过对变换后的数据的逆变换返回初始数据。下面通过具体实例对该工具的使用技巧进行详细阐述。

STEP01：打开“傅利叶分析.xlsx”工作簿，切换到“数据”选项卡，然后在“分析”组中单击“数据分析”按钮打开如图 7-67 所示的“数据分析”对话框。在“分析工具”列表框中选择“傅利叶分析”选项，然后单击“确定”按钮。

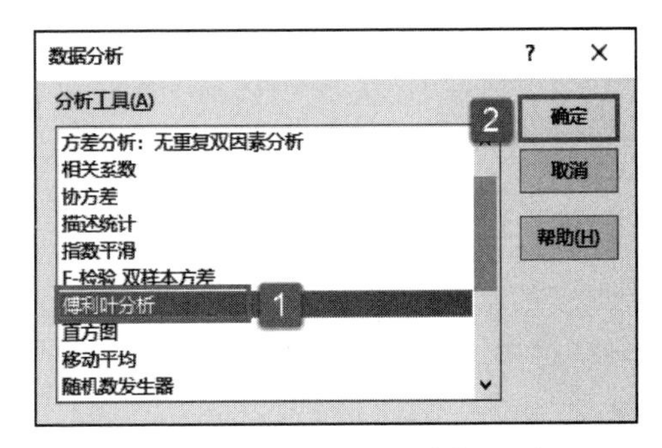

图 7-67　选择傅利叶分析工具

STEP02：随后会打开“傅利叶分析”对话框，在“输入”列表区域设置输入区域为“$B$2:$I$2”，然后在“输出选项”列表中单击选中“输出区域”单选按钮，并设置输出区域为“$A$5”单元格，最后单击“确定”按钮，如图 7-68 所示。此时，在工作表中可以看到如图 7-69 所示的分析结果。

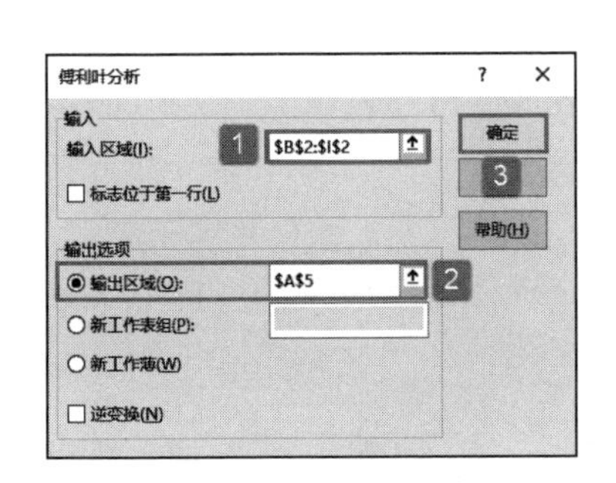

图 7-68　设置属性

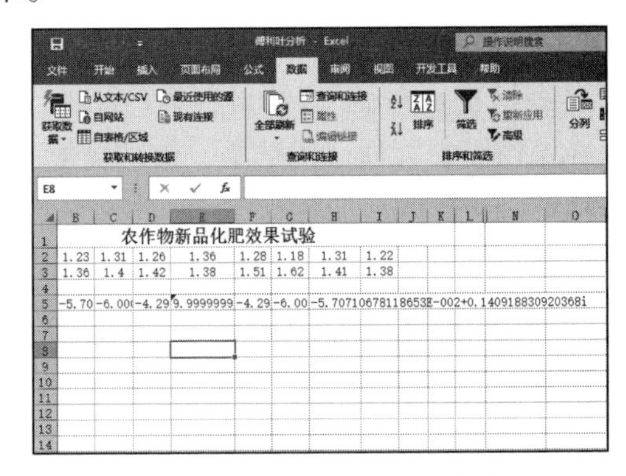

图 7-69　傅利叶分析的结果

7.3.7　移动平均分析

“移动平均”分析工具可以基于特定的过去某段时期中变量的平均值，对未来值进行预测。移动平均值提供了由所有历史数据的简单的平均值所代表的趋势信息。使用该工具可以预测销售量、库存或者其他趋势。下面通过具体实例来详细介绍该工具的操作技巧。

已知B产品在5月份的销量，利用“移动平均”分析工具，分析其销售趋势。具体操作步骤如下。

STEP01：打开“移动平均分析 .xlsx”工作簿，切换到“数据”选项卡，然后在“分析”组中单击“数据分析”按钮，打开如图7-70所示的“数据分析”对话框。在“分析工具”列表框中选择“移动平均”选项，然后单击“确定”按钮。

STEP02：随后会打开“移动平均”对话框，在“输入”列表区域设置输入区域为“$C$4:$C$34”，勾选“标志位于第一行”复选框，在“间隔”文本框中输入“7”，然后在“输出选项”列表区域中设置输出区域为“$D$3”单元格，并勾选“图表输出”复选框和“标准误差”复选框，最后单击“确定”按钮，如图7-71所示。此时，在工作表中可以看到如图7-72所示的分析结果。

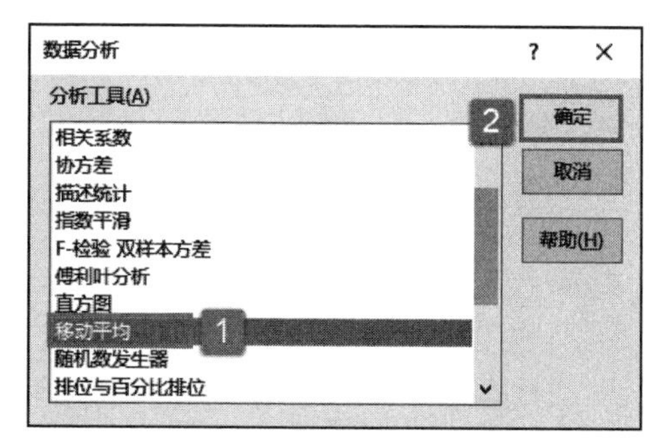

图7-70 选择移动平均分析工具

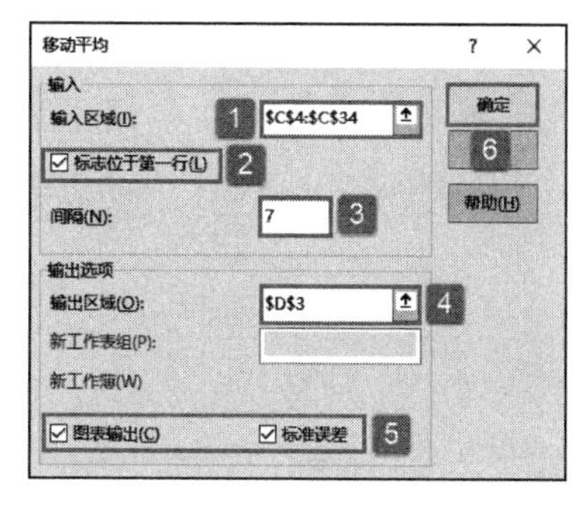

图7-71 设置属性

在“移动平均”对话框中，有一个“标准误差”复选框选项，该选项指定在输出表的一列中包含标准误差值。如果选中该复选框，Excel将生成一个两列的输出表，其中左边一列为预测值，右边一列为标准误差值。如果没有足够的源数据来进行预测或者计算标准误差值，Excel会返回错误值“#N/A”。

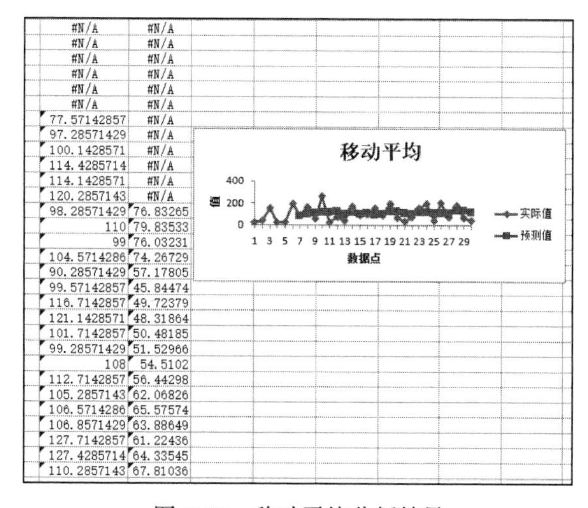

图7-72 移动平均分析结果

7.3.8 随机数发生器分析

“随机数发生器”分析工具可以使用几个分布之一产生一系列的按照要求的独立随机数，可以通过概率分布来表示总体中的主体特征。下面通过实例具体讲解使用“随机数发生器”工具来分析数据的操作技巧。

STEP01：新建一个工作簿，重命名为“随机数发生器分析”，切换至“Sheet1”工作表，可以先在工作表中输入需要产生随机数的变量列的变量名。此处假设有两个变量，输入字段名称后的工作表如图7-73所示。

STEP02：切换至“数据”选项卡，然后在“分析”组中单击“数据分析”按钮，打开如图 7-74 所示的“数据分析”对话框。在“分析工具”列表框中选择“随机数发生器”选项，然后单击“确定”按钮。

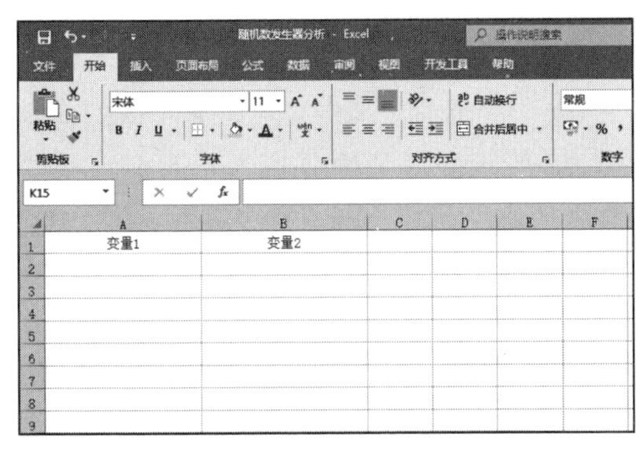

图 7-73　输入字段名称

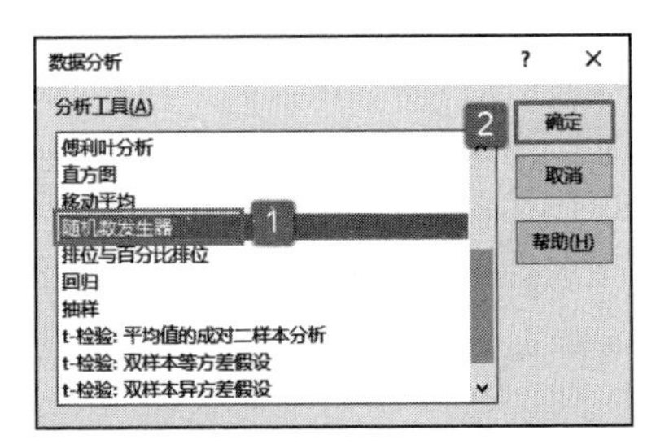

图 7-74　选择“随机数发生器”分析工具

STEP03：随后会打开“随机数发生器”对话框，在“变量个数”文本框中输入“2”，在“随机数个数”文本框中输入“10”。单击“分布”选择框右侧的下拉按钮，在展开的下拉列表中选择“正态”选项，在“参数”列表区域中设置平均值为“10”，标准偏差为“5”。在“输出选项”列表区域中单击选中“输出区域”单选按钮，并设置输出区域为“ $A$2”单元格，最后单击“确定”按钮，如图 7-75 所示。此时，可以看到如图 7-76 所示的分析结果。

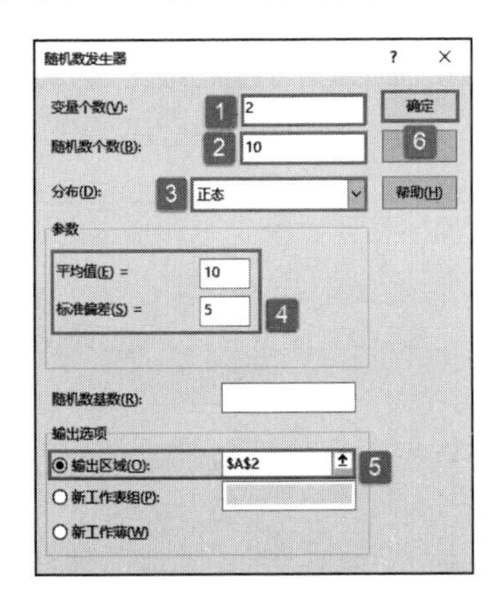

图 7-75　设置属性

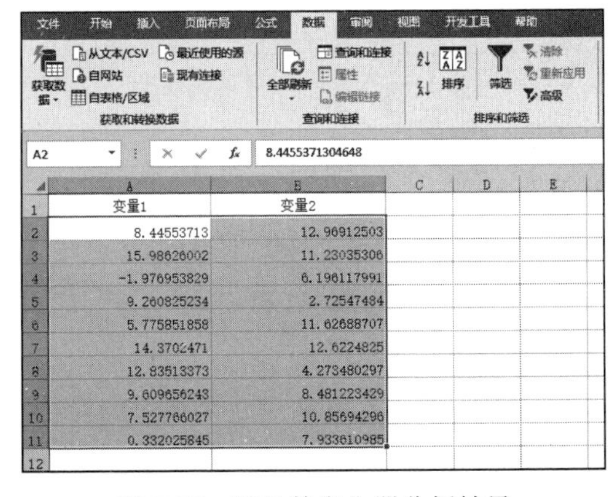

图 7-76　随机数发生器分析结果

在“随机数发生器”对话框中，“分布”右侧的下拉列表框中共包含多种创建随机数的分布方法，下面逐一进行介绍。

1）均匀：以下限和上限来表征。其变量值通过对区域中的所有数值进行等概率抽取而得到。普通的应用使用范围是 0 ～ 1 的均匀分布。

2）正态：以平均值和标准偏差来表征。普通的应用使用平均值为 0、标准偏差为 1 的标准正态分布。

3）伯努利：以给定的试验中成功的概率（p 值）来表征。伯努利随机变量的值为 0 或 1。

4）二项式：以一系列试验中成功的概率（p 值）来表征。

5）泊松：以值 a 来表征，a 等于平均值的倒数。泊松分布经常用于表示单位时间内事件发生的次数。

6）模式：以下界和上界、步幅、数值的重复率和序列的重复率来表征。

7）离散：以数值及相应的概率区域来表征。该区域必须包含两列，左边一列包含数值，右边一列为与该行中的数值相对应的发生概率。所有概率的和必须为 1。

7.3.9 抽样分析

抽样分析工具以数据源区域为总体的数据产生一个随机样本。当总体太大而不能进行处理或绘制时，可以选用具有代表性的样本。如果确认输入区域中的数据是周期性的，还可以对一个周期特定时间段中的数值进行采样。下面通过实例具体讲解该工具的使用技巧。

已知两个零件的测试数值，使用抽样分析工具对测试数值分析，并返回随机数。原始数据如图 7-77 所示。

STEP01：切换到“数据”选项卡，然后在“分析”组中单击“数据分析”按钮，打开如图 7-78 所示的“数据分析”对话框。在“分析工具”列表框中选择“抽样”选项，然后单击“确定”按钮。

STEP02：随后会打开“抽样”对话框，在“输入”列表区域中设置输入区域为“$B$2:$C$15”，在“抽样方法”列表区域中单击选中“随机”单选按钮，并设置样本数为“2”，然后在“输出选项”列表区域中单击选中“输出区域”单选按钮，设置输出区域为“$E$2:$E$3”，最后单击“确定”按钮完成设置，如图 7-79 所示。此时，工作表中显示的分析结果如图 7-80 所示。

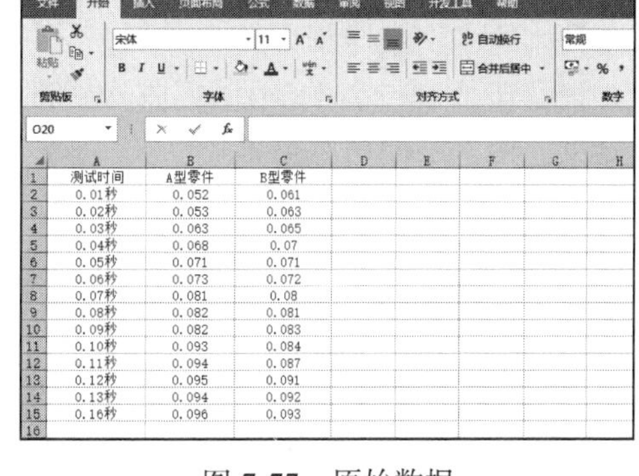

测试时间	A型零件	B型零件
0.01秒	0.052	0.061
0.02秒	0.053	0.063
0.03秒	0.063	0.065
0.04秒	0.068	0.07
0.05秒	0.071	0.071
0.06秒	0.073	0.072
0.07秒	0.081	0.08
0.08秒	0.082	0.081
0.09秒	0.082	0.083
0.10秒	0.093	0.084
0.11秒	0.094	0.087
0.12秒	0.095	0.091
0.13秒	0.094	0.092
0.16秒	0.096	0.093

图 7-77 原始数据

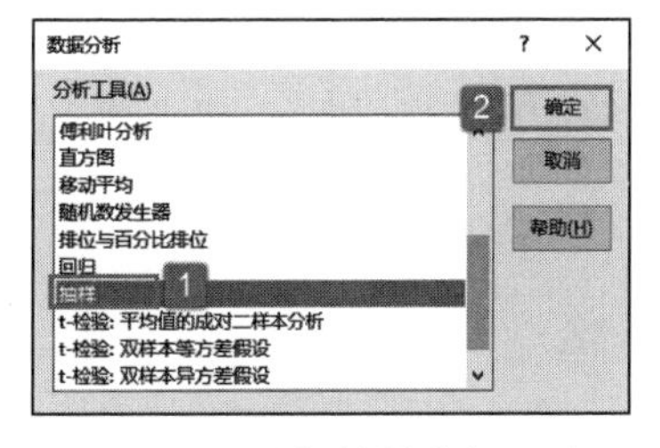

图 7-78 选择抽样分析工具

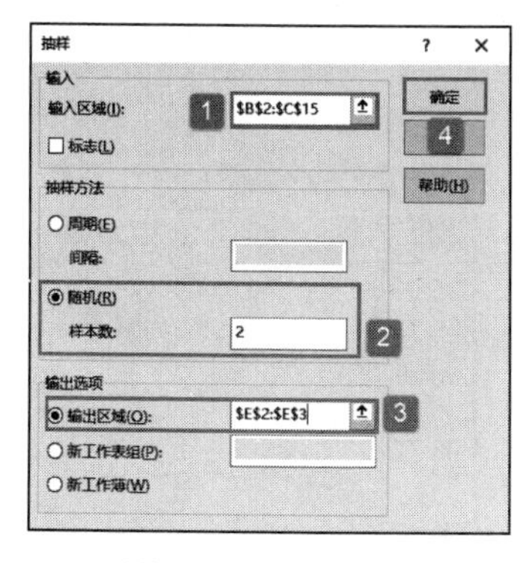

图 7-79 设置属性

测试时间	A型零件	B型零件	D	E
0.01秒	0.052	0.061		0.081
0.02秒	0.053	0.063		0.072
0.03秒	0.063	0.065		
0.04秒	0.068	0.07		
0.05秒	0.071	0.071		
0.06秒	0.073	0.072		
0.07秒	0.081	0.08		
0.08秒	0.082	0.081		
0.09秒	0.082	0.083		
0.10秒	0.093	0.084		
0.11秒	0.094	0.087		
0.12秒	0.095	0.091		
0.13秒	0.094	0.092		
0.16秒	0.096	0.093		

图 7-80 抽样分析结果

“抽样”对话框中的各项属性设置介绍如下。

1）输入区域：需要统计的数据区域。

2）标志：指定数据的范围是否包含标签。

3）周期：从输入区域内按固定间隔选择样品。

4）随机：选择样品的概率。

5）输出区域：存放统计结果的单元格区域，可以单击“输出区域”右侧的“压缩”按钮选择数据区域。

6）新工作表组：新建一个工作表，并将数据分析结果存放在新建工作表中。

7）新工作簿：新建一个工作簿，并将数据分析结果存放在新建工作簿中。

7.3.10 回归分析

回归分析工具通过对一组观察值使用“最小二乘法”直线拟合来执行线性回归分析。本工具可以用来分析单个因变量是如何受一个或几个自变量的值影响的。下面通过具体的实例来详细讲解有关回归分析的操作技巧。

已知某公司 2018 年销售收入明细表，使用回归分析工具对收入、成本与费用进行分析。输入的原始数据如图 7-81 所示。

STEP01：切换至“数据”选项卡，然后在“分析”组中单击“数据分析”按钮，打开如图 7-82 所示的“数据分析”对话框。在“分析工具”列表框中选择“回归”选项，然后单击“确定”按钮。

月份	销售收入	成本	费用
1	600000	250000	100000
2	850000	360000	120000
3	1000000	420000	150000
4	1250000	450000	165000
5	1500000	600000	200000
6	1850000	800000	260000
7	2000000	1000000	350000
8	2200000	1050000	365000
9	2350000	1100000	370000
10	2560000	1150000	380000
11	2800000	1250000	400000
12	3000000	1500000	500000

图 7-81 原始数据

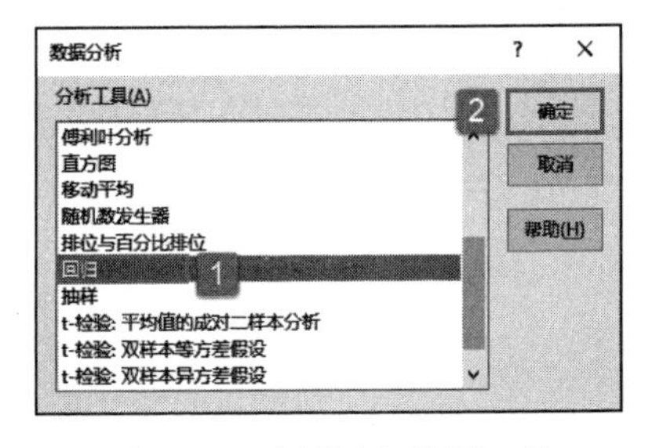

图 7-82 选择回归分析工具

STEP02：随后会打开“回归”对话框，在“输入”列表区域中设置 Y 值输入区域为“$A$2:$A$13”，设置 X 值输入区域为“$B$2:$B$13”，勾选“标志”复选框与“置信度”复选框，并设置置信度为“95%”。然后在“输出选项”列表区域中单击选中“新工作表组”单选按钮，在“残差”列表区域中依次勾选“残差”复选框、“残差图”复选框、“标准残差”复选框及“线性拟合图”复选框，最后在“正态分布”列表区域中勾选“正态概率图”复选框。设置完成后单击“确定”按钮即可返回工作表，如图 7-83 所示。

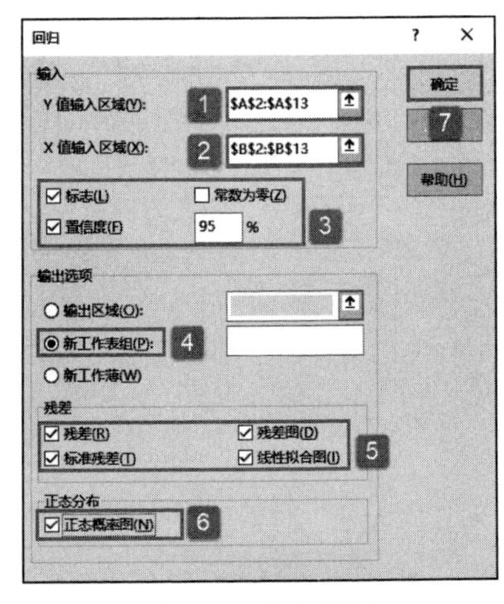

图 7-83 设置属性

提示：在回归分析对话框中，各个属性值的含义如下。

1）Y 值输入区域：独立变量的数据区域。

2）X 值输入区域：一个或多个独立变量的数

据区域。

3）标志：指定数据的范围是否包含标签。

4）常数为零：是否选择一个为零的常量。

5）置信度：表示置信水平。

6）输出区域：存放统计结果的单元格区域，可以单击“输出区域”右侧的压缩按钮选择数据区域。

7）新工作表组：新建一个工作表，并将数据分析结果存放在新建工作表中。

8）新工作簿：新建一个工作簿，并将数据分析结果存放在新建工作簿中。

9）残差：指定在统计结果中是否显示预测值与观察值的差值。

10）残差图：指定在统计结果中是否显示残差图的显示方式。

11）标准残差：指定在统计结果中是否显示标准残差的显示方式。

12）线性拟合图：指定在统计结果中是否显示线性拟合图的显示方式。

13）正态概率图：指定在统计结果中是否显示正态概率图的显示方式。

STEP03：此时，工作簿中会自动新建一个工作表，工作表中显示的回归分析效果如图 7-84 所示。

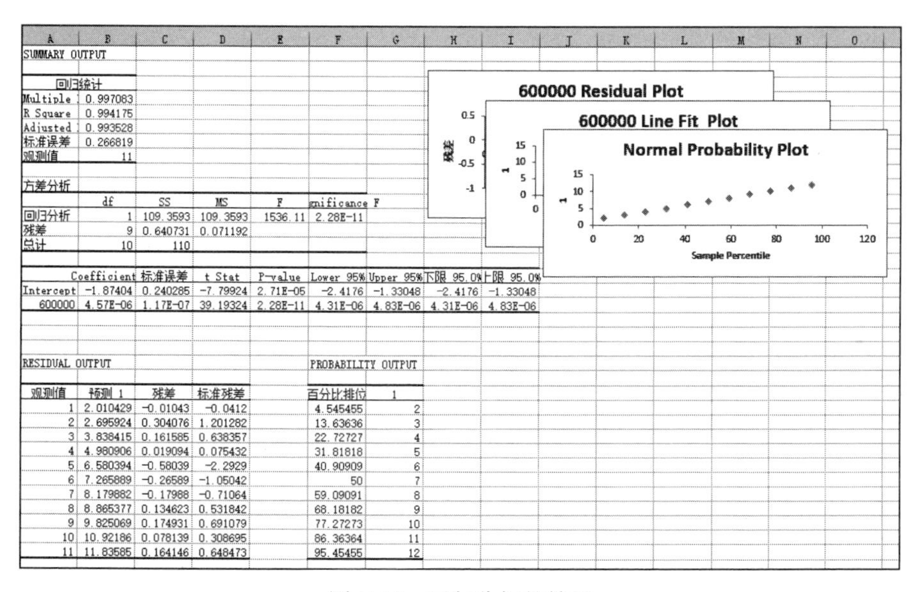

SUMMARY OUTPUT

回归统计	
Multiple	0.997083
R Square	0.994175
Adjusted	0.993528
标准误差	0.266819
观测值	11

方差分析

	df	SS	MS	F	gnificance F
回归分析	1	109.3593	109.3593	1536.11	2.28E-11
残差	9	0.640731	0.071192		
总计	10	110			

	Coefficient	标准误差	t Stat	P-value	Lower 95%	Upper 95%	下限 95.0%	上限 95.0%
Intercept	-1.87404	0.240285	-7.79924	2.71E-05	-2.4176	-1.33048	-2.4176	-1.33048
600000	4.57E-06	1.17E-07	39.19324	2.28E-11	4.31E-06	4.83E-06	4.31E-06	4.83E-06

RESIDUAL OUTPUT

观测值	预测 1	残差	标准残差
1	2.010429	-0.01043	-0.0412
2	2.695924	0.304076	1.201282
3	3.838415	0.161585	0.638357
4	4.980906	0.019094	0.075432
5	6.580394	-0.58039	-2.2929
6	7.265889	-0.26589	-1.05042
7	8.179882	-0.17988	-0.71064
8	8.865377	0.134623	0.531842
9	9.825069	0.174931	0.691079
10	10.92186	0.078139	0.308695
11	11.83585	0.164146	0.648473

PROBABILITY OUTPUT

百分比排位	1
4.545455	2
13.63636	3
22.72727	4
31.81818	5
40.90909	6
50	7
59.09091	8
68.18182	9
77.27273	10
86.36364	11
95.45455	12

图 7-84 回归分析的结果

7.4 实战：样本方差分析

方差分析（Analysis of Variance，简称 ANOVA）又称“变异数分析”，是 R.A.Fisher 发明的，用于两个及两个以上样本均数差别的显著性检验。 方差分析是从观测变量的方差入手，研究诸多控制变量中哪些变量是对观测变量有显著影响的变量。

7.4.1 方差分析

方差分析通常分为两种情况，一种是单因素方差分析，另一种是双因素方差分析。

而双因素方差分析又可分为“无重复双因素方差分析”和“可重复双因素方差分析”两种。下面以“方差分析.xlsx”工作簿为例，逐一对这几种分析工具进行介绍。

1. 单因素方差分析

STEP01：打开“方差分析.xlsx”工作簿，切换至“单因素方差分析”工作表。在主页将功能区切换至“数据”选项卡，然后在“分析”组中单击“数据分析”按钮，打开如图7-85所示的“数据分析”对话框。在“分析工具”列表框中选择“方差分析：单因素方差分析”选项，然后单击“确定”按钮。

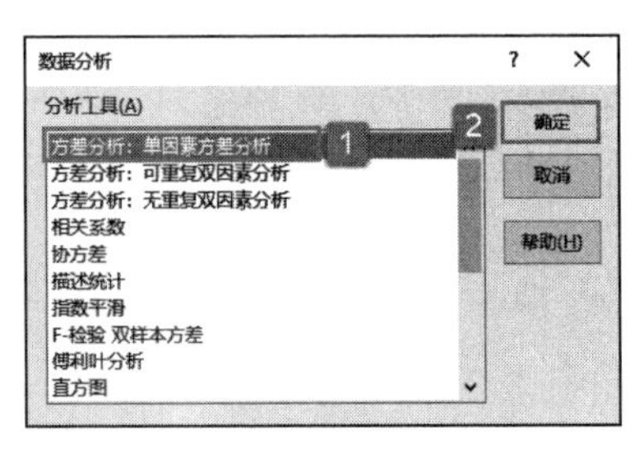

图7-85　选择单因素方差分析工具

STEP02：随后会打开“方差分析：单因素方差分析”对话框，在“输入”列表区域设置输入区域为“$B$2:$D$7”，在“分组方式”列表中单击选中“列”单选按钮，并勾选“标志位于第一行”复选框，设置α的值为“0.05”。然后在“输出选项”列表中单击选中“输出区域”单选按钮，设置输出区域为“$E$2”单元格，最后单击“确定”按钮，如图7-86所示。

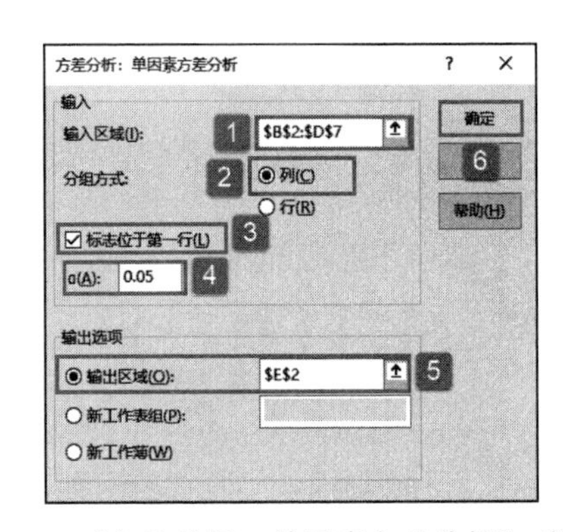

图7-86　“方差分析：单因素方差分析”对话框

对话框中各个设置项的作用简要介绍如下。

1）输入区域：在此输入待分析数据区域的单元格引用。该引用必须由两个或两个以上按列或行组织的相邻数据区域组成。例如这里选择单元格区域为“$B$2:$D$7”。

2）分组方式：指出输入区域中的数据是按行还是按列排列。例如这里选择分组方式为“列”。

3）标志位于第一行/列：如果输入区域的第1行中包含标志项，则可以选中“标志位于第一行”复选框；如果输入区域的第1列中包含标志项，则可以选中“标志位于第一列”复选框；如果输入区域没有标志项，则该复选框不会被选中，Excel将在输出表中生成数据标志。

4）α：根据需要指定显著性水平，例如这里输入“0.05”。

5）输出区域：如果用户选择“输出区域”单选按钮，则在右侧的文本框中输入或选择一个单元格地址。如果用户希望输出至新的工作表组中，则选择“新工作表组”单选按钮；如果用户希望输入至新的工作簿中，则选中“新工作簿”单选按钮。例如这里选择“输出区域”，在右侧的文本框中输入“$E$2”。

STEP03：此时，工作表中会显示“方差分析：单因素方差分析”的分析结果，如图7-87所示。

2. 无重复双因素分析

切换至“双因素方差分析－无重复性”工作表，如图7-88所示的数据表中说明的是某一种产品在5种不同的地点区域的销售情况。不在同区域、不同产品的情况下对销售的影响，即考察的区域不同、销售的产品不同对销售量是否有其显著影响。这两种因素组合只会产生一个销售数据，所以这是一个无重复双因素方差分析。因此，应该使用“无重复双因素分析”工具进行分析，其具体操作步骤如下。

	C	D	E	F	G	H	I	J	K
2	7	14	方差分析：单因素方差分析						
3	11	8							
4	8	10	SUMMARY						
5	13	10	组	观测数	求和	平均	方差		
6	9	11	9	5	52	10.4	3.3		
7	12	10	7	5	53	10.6	4.3		
8			14	5	49	9.8	1.2		
9									
10									
11			方差分析						
12			差异源	SS	df	MS	F	P-value	F crit
13			组间	1.733333	2	0.866667	0.295455	0.749454	3.885294
14			组内	35.2	12	2.933333			
15									
16			总计	36.93333	14				

图 7-87 单因素方差分析结果

	A	B	C	D	E	F
1	品名	城市	城郊	区县	城镇	农村
2	A产品	121	92	78	63	40
3	B产品	130	100	90	70	30
4	C产品	121	116	111	99	100
5	D产品	90	110	118	130	135

图 7-88 “无重复性”数据表

STEP01：切换至“数据”选项卡，然后在“分析”组中单击“数据分析”按钮，打开如图 7-89 所示的“数据分析”对话框。在“分析工具”列表框中选择“方差分析：无重复双因素分析”选项，然后单击“确定”按钮。

STEP02：随后会打开“方差分析：无重复双因素分析”对话框，在“输入”列表区域设置输入区域为“$B$2:$F$5”，设置 α 的值为“0.05”，然后在“输出选项”列表中单击选中“输出区域”单选按钮，设置输出区域为“$A$6”单元格，最后单击“确定”按钮，如图 7-90 所示。

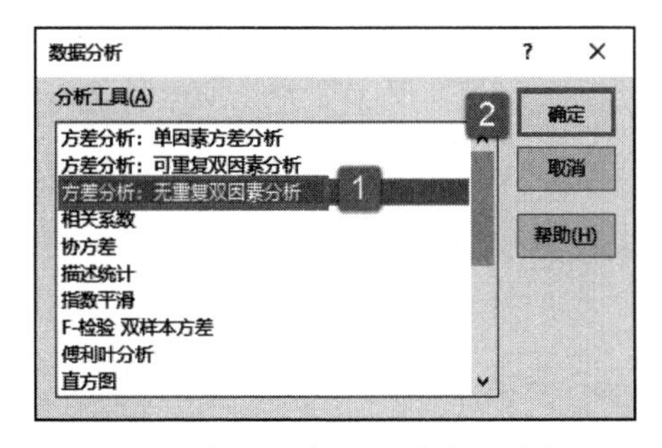

图 7-89 选择无重复双因素方差分析工具

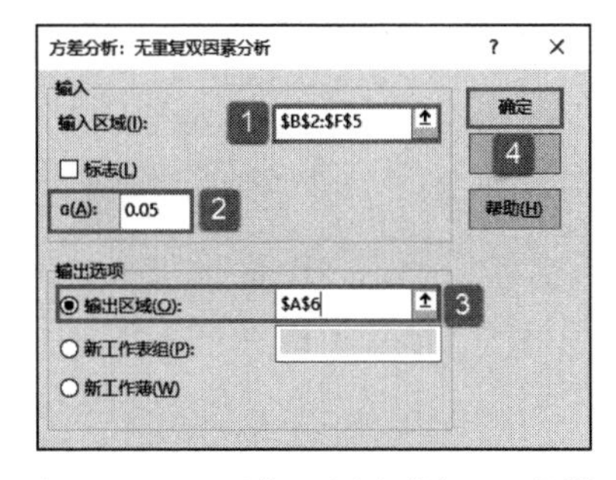

图 7-90 “无重复双因素分析”对话框

STEP03：此时，工作表中会显示“方差分析：无重复双因素分析”的分析结果，如图 7-91 所示。

3. 可重复双因素分析

切换至“双因素方差分析 – 可重复性”工作表，如图 7-92 所示的工作表是一份农作物增收数据，其中化肥和复合肥是两个因素。目的是要考察化肥和复合肥的不同组合方案对农作物的收成是否有显著差异。从表中可以看到，每两个因素的组合都有 4 个数据，所以这是一个可重复性双因素方差分析，因此应该使用“可重复双因素分析”工具进行分析。

STEP01：切换至“数据”选项卡，然后在“分析”组中单击“数据分析”按钮，打开如图 7-93 所示的“数据分析”对话框。在“分析工具”列表框中选择“方差分析：可重复双因素分析”选项，然后单击“确定”按钮。

STEP02：随后会打开“方差分析：可重复双因素分析”对话框，在“输入”列表区域设置输入区域为“$A$1:$C$9”，在“每一样本的行数”文本框中输入“4”，并设置 α 的值为“0.05”，然后在“输出选项”列表中单击选中“输出区域”单选按钮，设置输出区域为“$A$11”单元格，最后单击“确定”按钮，如图 7-94 所示。

方差分析：无重复双因素分析						
SUMMARY	观测数	求和	平均	方差		
行 1	5	394	78.8	927.7		
行 2	5	420	84	1380		
行 3	5	547	109.4	94.3		
行 4	5	583	116.6	317.8		
列 1	4	462	115.5	307		
列 2	4	418	104.5	113		
列 3	4	397	99.25	342.25		
列 4	4	362	90.5	936.333333		
列 5	4	305	76.25	2489.58333		
方差分析						
差异源	SS	df	MS	F	P-value	F crit
行	5190	3	1730	2.81510611	0.08430262	3.490295
列	3504.7	4	876.175	1.42573734	0.28451697	3.259167
误差	7374.5	12	614.541667			
总计	16069.2	19				

图 7-91　无重复双因素方差分析结果

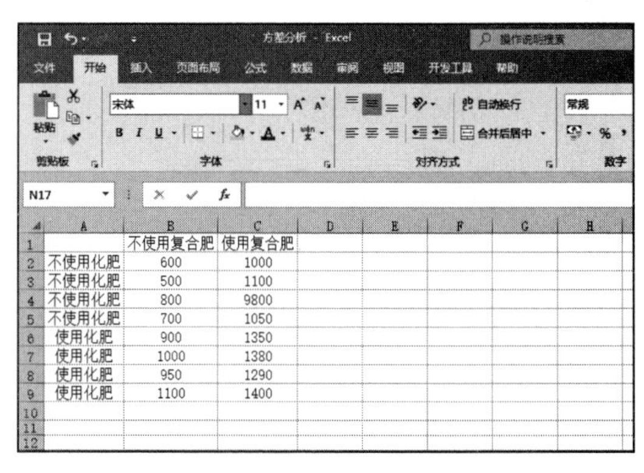

A	B	C
	不使用复合肥	使用复合肥
不使用化肥	600	1000
不使用化肥	500	1100
不使用化肥	800	9800
不使用化肥	700	1050
使用化肥	900	1350
使用化肥	1000	1380
使用化肥	950	1290
使用化肥	1100	1400

图 7-92　农作物增收数据

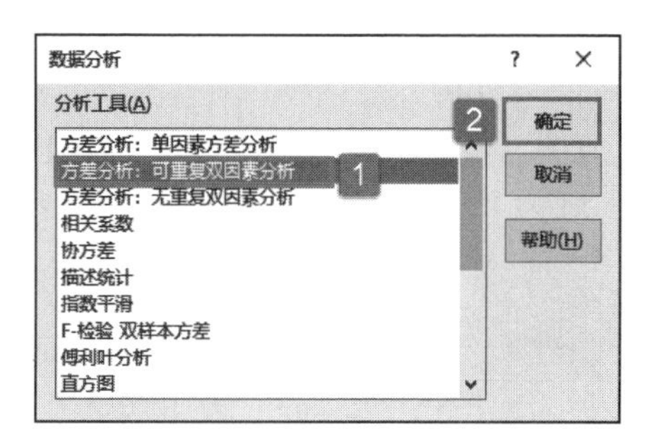

图 7-93　选择可重复双因素分析选项

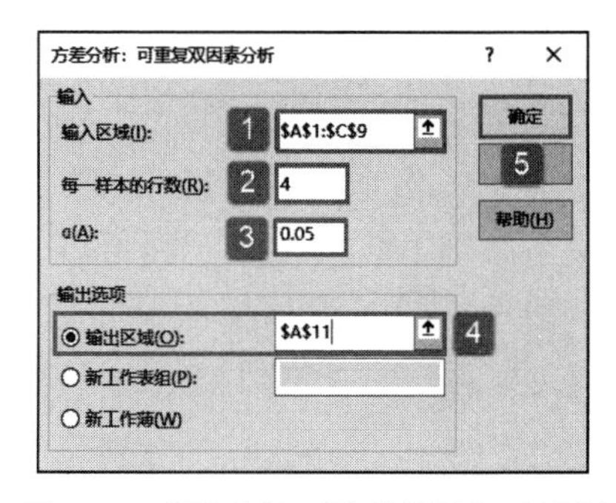

图 7-94　“可重复双因素分析”对话框

对话框中“每一样本的行数”项指的是每一样本的行数，因为在本实例中每一种方案都有 4 行数据，所以这里输入 4。

STEP03：此时，工作表中会显示“方差分析：可重复双因素分析”的分析结果，如图 7-95 所示。

方差分析：可重复双因素分析						
SUMMARY	不使用复合肥	使用复合肥	总计			
不使用化肥						
观测数	4	4	8			
求和	2600	12950	15550			
平均	650	3237.5	1943.75			
方差	16666.66667	19142291.7	10123884			
使用化肥						
观测数	4	4	8			
求和	3950	5420	9370			
平均	987.5	1355	1171.25			
方差	7291.666667	2300	42698.21			
总计						
观测数	8	8				
求和	6550	18370				
平均	818.75	2296.25				
方差	42812.5	9217341.07				
方差分析						
差异源	SS	df	MS	F	P-value	F crit
样本	2387025	1	2387025	0.498113	0.493805	4.747225
列	8732025	1	8732025	1.822157	0.20197	4.747225
交互	4928400	1	4928400	1.028435	0.330538	4.747225
内部	57505650	12	4792138			
总计	73553100	15				

图 7-95　可重复双因素方差分析结果

7.4.2 F- 检验分析

“F- 检验双样本方差”分析工具，通过双样本 F- 检验对两个样本总体的方差进行比较。此分析工具可以进行双样本 F- 检验，又称为方差齐性检验，用来比较两个样本总体的方差是否相等。下面通过具体的实例来详细讲解利用“F- 检验 双样本方差”工具来分析数据的有关技巧。

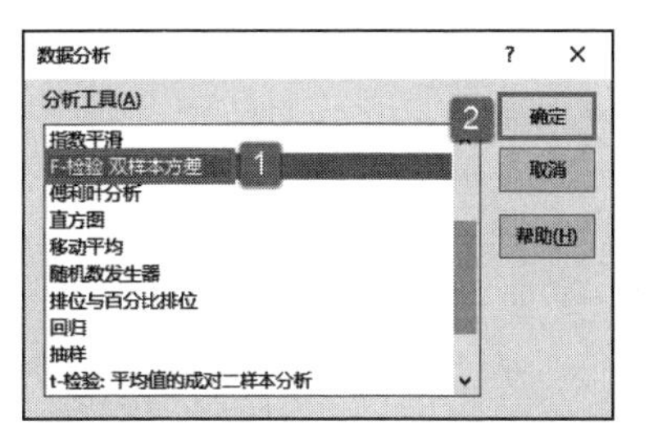

图 7-96 选择 F- 检验分析工具

STEP01：打开“F- 检验分析 .xlsx”工作簿，切换至“数据”选项卡，然后在“分析”组中单击“数据分析”按钮，打开如图 7-96 所示的“数据分析”对话框。在“分析工具”列表框中选择“F- 检验 双样本方差”选项，然后单击“确定”按钮。

STEP02：随后会打开“F- 检验 双样本方差”对话框，在“输入”列表区域设置变量 1 的区域为“$B$2:$K$2”，设置变量 2 的区域为“$B$3:$K$3”，并设置 α 的值为“0.05”，然后在“输出选项”列表中单击选中“输出区域”单选按钮，设置输出区域为“$A$5”单元格，最后单击“确定”按钮，如图 7-97 所示。

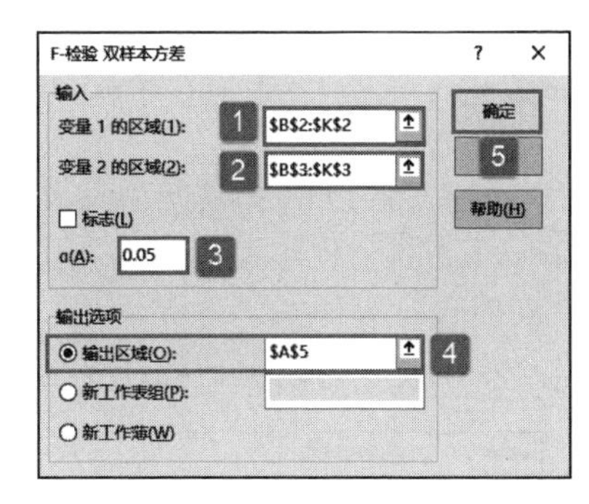

图 7-97 设置“F- 检验 双样本方差”属性

STEP03：此时，工作表中会显示“F- 检验 双样本方差”的分析结果，如图 7-98 所示。

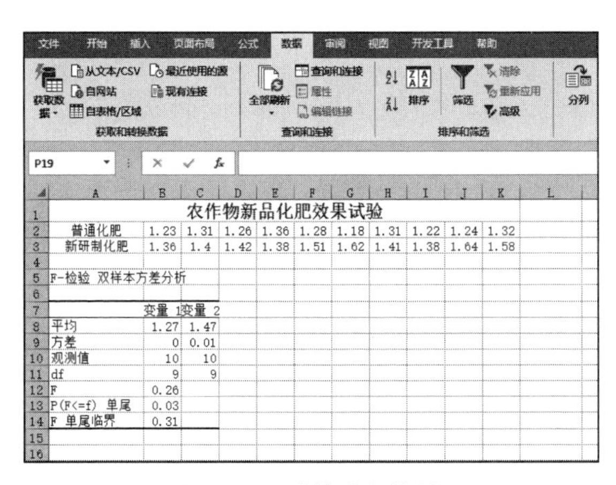

图 7-98 计算分析结果

7.4.3 t- 检验分析

t- 检验工具用于判断每个样本，检验样本总体平均值是否相等。t- 检验工具共分为 3 个工具，分别是平均值的成对二样本分析、双样本等方差假设和双样本异方差假设。

1. 平均值的成对二样本分析

平均值的成对二样本分析可以确定取自处理前后的观察值是否具有相同总体平均

值的分布。当样本中出现自然配对的观察值时，可以使用此工具成对检验。在“数据分析”对话框中，选择“t- 检验 : 平均值的成对二样本分析”选项，然后单击“确定”按钮，打开“t- 检验 : 平均值的成对二样本分析”对话框，如图 7-99 所示。

“平均值的成对二样本分析”对话框中的各项属性设置如下。

1）变量 1 的区域：需要统计的第 1 个样本。

2）变量 2 的区域：需要统计的第 2 个样本。

3）假设平均差：两个平均值之间的假设差异。

4）标志：指定数据的范围是否包含标签。

5）α (A)：表示检验的置信水平。

6）输出区域：存放统计结果的单元格区域，可以单击“输出区域”右侧的压缩按钮选择数据区域。

7）新工作表组：新建一个工作表，并将数据分析结果存放在新建工作表中。

8）新工作簿：新建一个工作簿，并将数据分析结果存放在新建工作簿中。

2. 双样本等方差假设

t- 检验先假设两个数据集具有相同方差的分布，也称作同方差 t- 检验。可以使用 t- 检验来确定两个样本是否具有相同总体平均值的分布。在“数据分析”对话框中，选择“t- 检验：双样本等方差假设”选项，然后单击“确定”按钮，打开“t- 检验 : 双样本等方差假设”对话框，如图 7-100 所示。

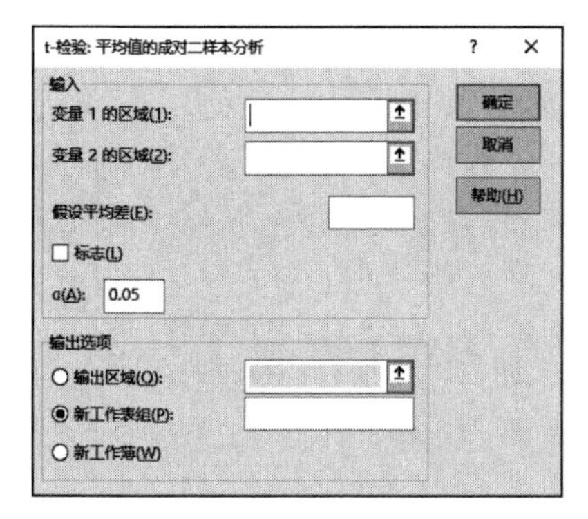

图 7-99 “t- 检验：平均值的成对二样本分析”对话框

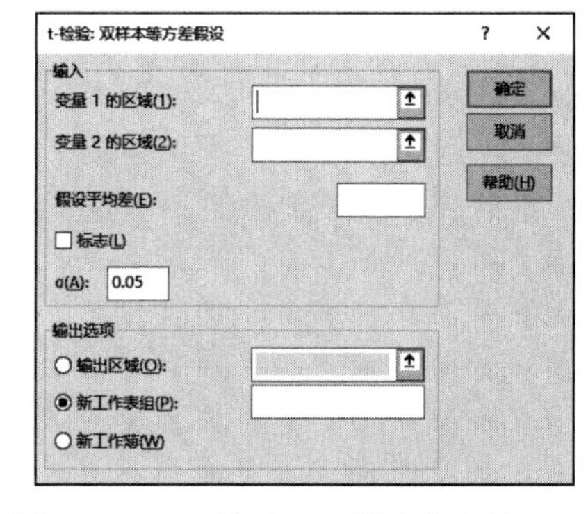

图 7-100 “t- 检验：双样本等方差假设”对话框

“t- 检验：双样本等方差假设”对话框中的各项设置介绍如下。

1）变量 1 的区域：需要统计的第 1 个样本。

2）变量 2 的区域：需要统计的第 2 个样本。

3）假设平均差：两个平均值之间的假设差异。

4）标志：指定数据的范围是否包含标签。

5）α (A)：表示检验的置信水平。

6）输出区域：存放统计结果的单元格区域，可以单击“输出区域”右侧的压缩按钮选择数据区域。

7）新工作表组：新建一个工作表，并将数据分析结果存放在新建工作表中。

8）新工作簿：创建一个工作簿，并将数据分析结果存放在新建工作簿中。

3. 双样本异方差假设

双样本异方差假设先假设两个数据集具有不同方差的分布，也称作异方差 t- 检验。

与上面的“等方差”一样，可以使用t-检验来确定两个样本是否具有相同总体平均值的分布。当两个样本存在截然不同的对象时，可使用此检验。在“数据分析”对话框中，选择“t-检验：双样本异方差假设”选项，然后单击“确定”按钮，打开“t-检验：双样本异方差假设”对话框，如图7-101所示。

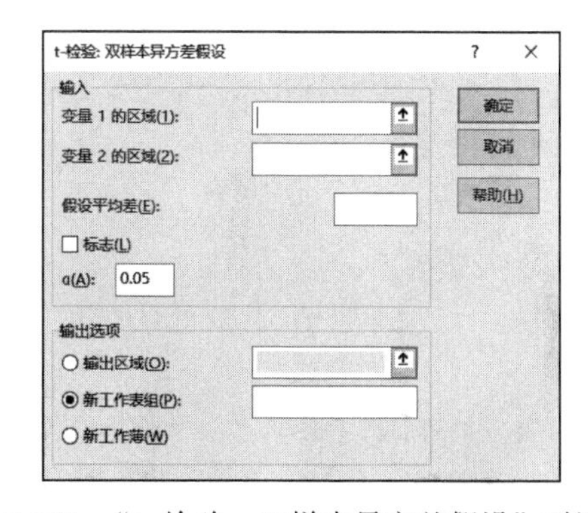

图7-101 “t-检验：双样本异方差假设”对话框

“双样本异方差假设”对话框中的各项设置介绍如下。

1）变量1的区域：需要统计的第1个样本。

2）变量2的区域：需要统计的第2个样本。

3）假设平均差：两个平均值之间的假设差异。

4）标志：指定数据的范围是否包含标签。

5）α(A)：表示检验的置信水平。

6）输出区域：存放统计结果的单元格区域，可以单击“输出区域”右侧的压缩按钮选择数据区域。

7）新工作表组：新建一个工作表，并将数据分析结果存放在新建工作表中。

8）新工作簿：新建一个工作簿，并将数据分析结果存放在新建工作簿中。

以上简单介绍了3种工具的使用方法，下面通过实例来具体讲解应用技巧。

打开“t-检验分析.xlsx”工作簿，已知两个零件的测试数值，使用“双样本等方差假设分析工具”对测试数据进行分析，具体操作步骤如下所示。

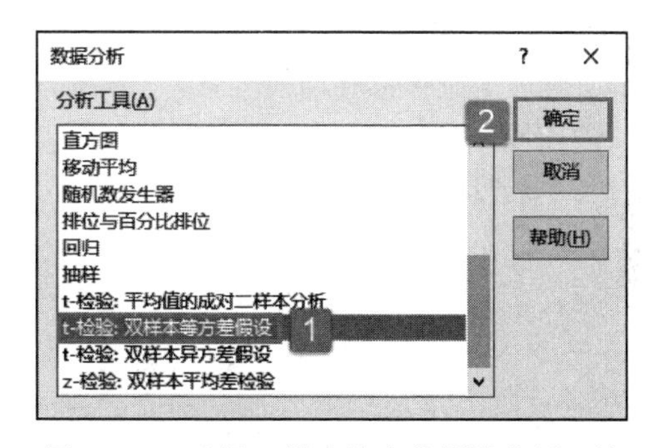

图7-102 选择双样本等方差假设分析工具

STEP01：切换至“数据”选项卡，然后在“分析”组中单击“数据分析”按钮，打开如图7-102所示的“数据分析”对话框。在“分析工具”列表框中选择“t-检验：双样本等方差假设”选项，然后单击“确定”按钮。

STEP02：随后会打开“t-检验：双样本等方差假设”对话框，在“输入”列表区域设置变量1的区域为“$B$2:$B$15”，设置变量2的区域为“$C$2:$C$15”，勾选“标志”复选框，并设置α的值为“0.05”，然后在“输出选项”列表中单击选中“新工作表组”单选按钮，最后单击“确定”按钮，如图7-103所示。

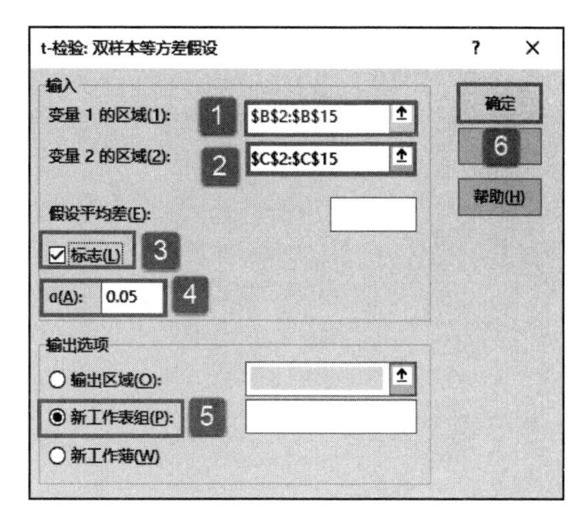

图7-103 设置属性

STEP03：此时，工作表中会显示

“t- 检验 : 双样本等方差假设” 的分析结果，如图 7-104 所示。

7.4.4　z- 检验分析

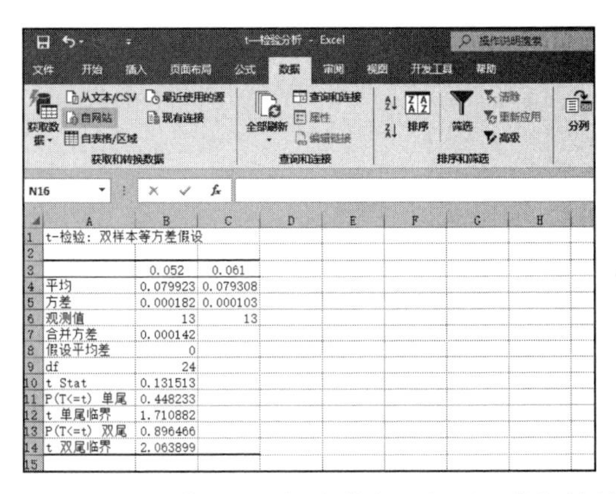

	A	B	C
1	t-检验：双样本等方差假设		
2			
3		0.052	0.061
4	平均	0.079923	0.079308
5	方差	0.000182	0.000103
6	观测值	13	13
7	合并方差	0.000142	
8	假设平均差	0	
9	df	24	
10	t Stat	0.131513	
11	P(T<=t) 单尾	0.448233	
12	t 单尾临界	1.710882	
13	P(T<=t) 双尾	0.896466	
14	t 双尾临界	2.063899	

图 7-104　“t- 检验：双样本等方差假设” 分析结果

z- 检验工具对具有已知方差的平均值进行双样本 z- 检验。通过使用 z- 检验工具，可以检验两个总体平均值之间不存在差异的空值假设，而不是单方或双方的其他假设。而且，也可以使用 z- 检验确定两个汽车模型的性能差异。下面通过具体实例来详细讲解利用 z- 检验分析数据的操作技巧。

已知某公司两个部门的收入数据，使用 “双样本平均差检验” 分析工具对两个部门的收入数据进行分析，分析两个部门收入情况有无明显差异，具体操作步骤如下。

STEP01：打开 “z- 检验分析 .xlsx” 工作簿，切换至 “数据” 选项卡，然后在 “分析” 组中单击 “数据分析” 按钮，打开如图 7-105 所示的 “数据分析” 对话框。在 “分析工具” 列表框中选择 “z- 检验：双样本平均差检验” 选项，然后单击 “确定” 按钮。

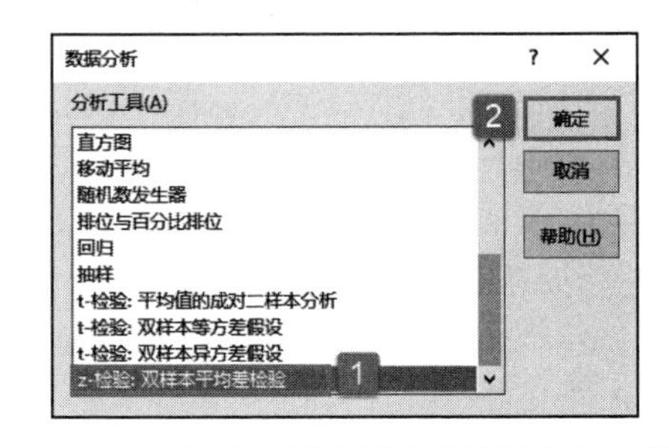

图 7-105　选择双样本平均差检验分析工具

STEP02：随后会打开 “z- 检验 : 双样本平均差检验” 对话框，在 “输入” 列表区域设置变量 1 的区域为 “ $B$2:$B$13”，设置变量 2 的区域为 “ $C$2:$C$13”，设置变量 1 的方差为 “5”，变量 2 的方差为 “8”，并设置 α 的值为 “0.05”，然后在 “输出选项” 列表中单击选中 “新工作表组” 单选按钮，最后单击 “确定” 按钮即可，如图 7-106 所示。

STEP03：此时，工作表中会显示 “z- 检验 : 双样本平均差检验” 的分析结果，如图 7-107 所示。

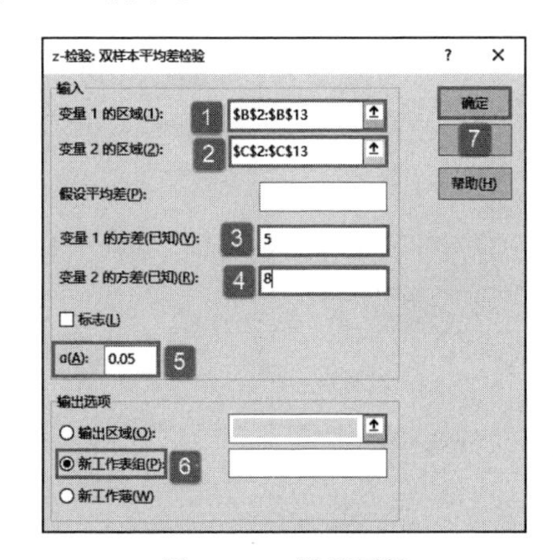

图 7-106　设置属性

	A	B	C
1	z-检验：双样本均值分析		
2			
3		变量 1	变量 2
4	平均	1830000	827500
5	已知协方差	5	8
6	观测值	12	12
7	假设平均差	0	
8	z	963170.8	
9	P(Z<=z) 单尾	0	
10	z 单尾临界	1.644854	
11	P(Z<=z) 双尾	0	
12	z 双尾临界	1.959964	

图 7-107　z- 检验分析结果

第8章 数据组合与分类汇总

通常情况下，要对 Excel 工作表中的数据进行常规计算和分析，并不需要用户掌握多么复杂的函数公式知识和技巧。Excel 本身所提供的分类汇总、合并计算等基础工具，就可以对工作表进行一些常规的数据分类统计。本章主要要介绍有关数据组合与分类汇总的技巧和方法。

- 分级显示
- 分类汇总
- 实战：合并计算

8.1 分级显示

分级显示可以快速显示摘要行或摘要列，或者显示每组的明细数据。Excel 2019 可创建行的分级显示、列的分级显示或者行和列的分级显示。

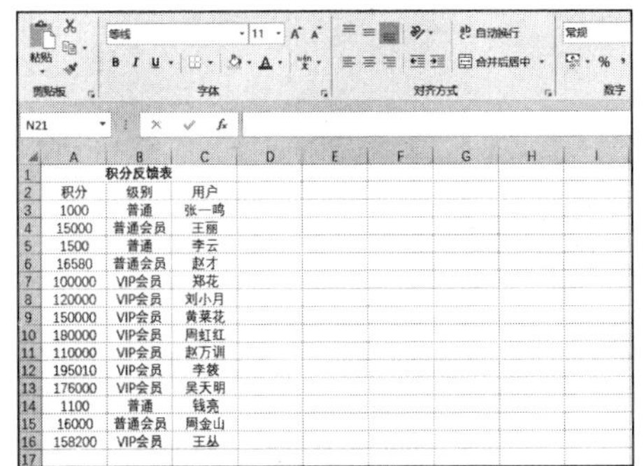

图 8-1 积分反馈表

8.1.1 创建行的分级显示

对于那些层次关系的规律性不是很明显的数据内容，用户通常使用手工创建的方法进行分级显示。如图 8-1 所示的工作表是一张积分反馈表，数据内容都是文本类型的数据。如果按“积分”字段中数据的位数建立分级显示，就需要通过手动的方式创建分级显示。

手动创建行分级显示的具体操作步骤如下。

STEP01：切换至“数据”选项卡，单击“分级显示”组中的对话框启动器按钮，打开如图 8-2 所示的“设置”对话框。在对话框中取消勾选“明细数据的下方”复选框，然后单击“确定”按钮完成设置。

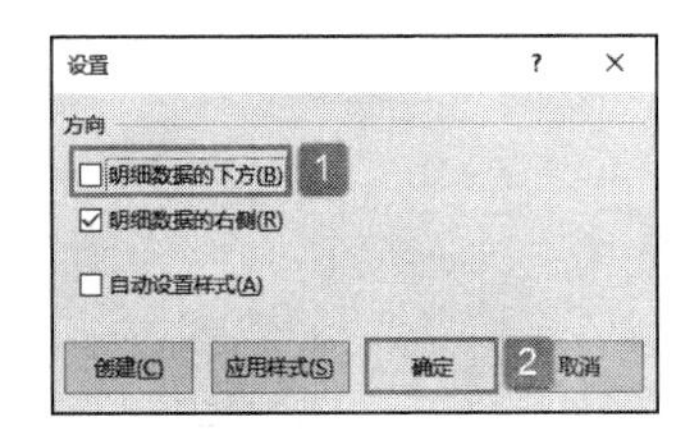

图 8-2 “设置”对话框

STEP02：选中第 4 行，切换至“数据”选项卡，在“分级显示”组中单击“组合”下三角按钮，在展开的下拉列表中选择“组合”选项，建立第 1 级分级显示，如图 8-3 所示。

STEP03：选中第 6 行至第 13 行，切换至“数据”选项卡，在“分级显示”组中单击“组合”下三角按钮，在展开的下拉列表中选择“组合”选项，建立第 2 级分级显示，如图 8-4 所示。

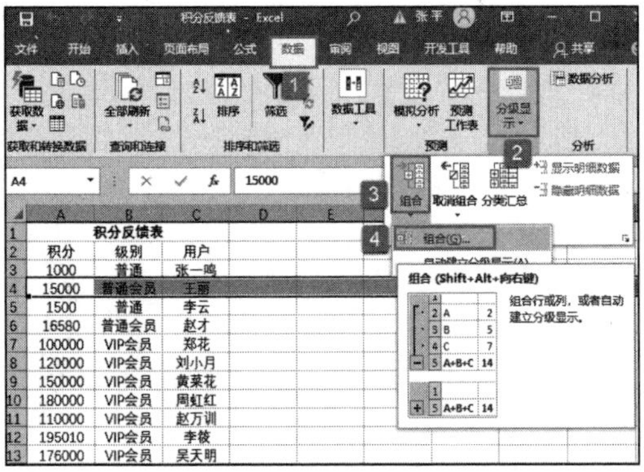

图 8-3 对第 4 行进行组合操作

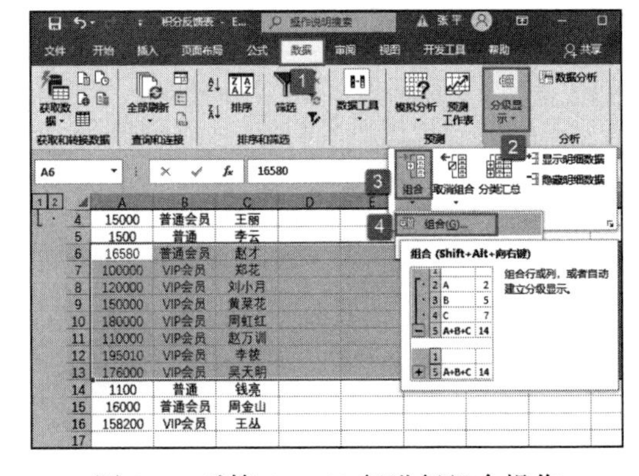

图 8-4 对第 6 ～ 13 行进行组合操作

STEP04：选中第 7 行至第 13 行，切换至“数据”选项卡，在“分级显示”组中单击“组合”下三角按钮，在展开的下拉列表中选择“组合”选项，建立第 3 级分级显示，如图 8-5 所示。

STEP05：选中第 15 行至第 16 行，切换至“数据”选项卡，在“分级显示”组中单击“组合”下三角按钮，在展开的下拉列表中选择“组合”选项，建立第 2 级分级显示，如图 8-6 所示。

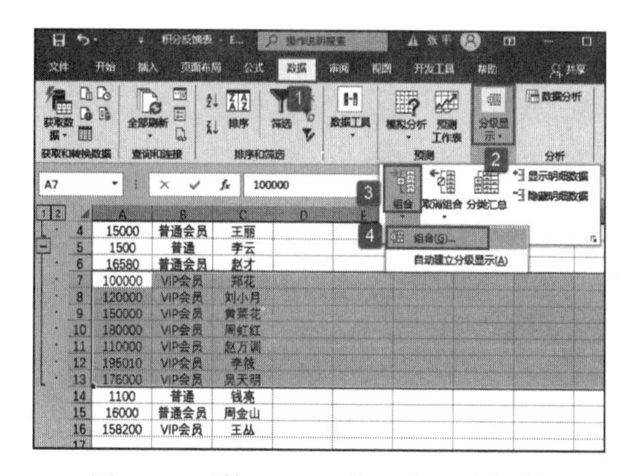

图 8-5　对第 7 ～ 13 行进行组合操作

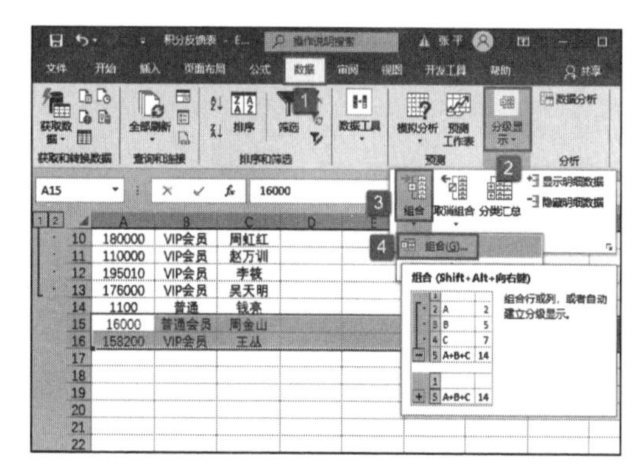

图 8-6　对第 15 ～ 16 行进行组合操作

STEP06：选中第 16 行，切换至“数据”选项卡，在“分级显示”组中单击“组合”下三角按钮，在展开的下拉列表中选择“组合”选项，建立第 3 级分级显示，如图 8-7 所示。

STEP07：建立分级显示的最终效果如图 8-8 所示。在工作表的左侧出现了分级显示符及标识线，通过单击这些分级显示符号按钮即可方便地进行分组显示。

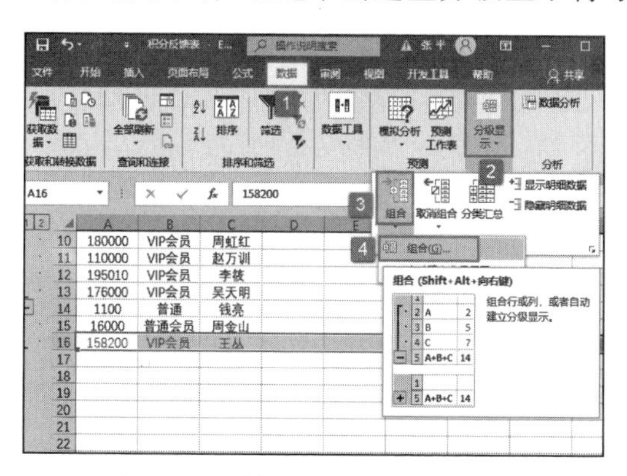

图 8-7　对第 16 行进行组合操作

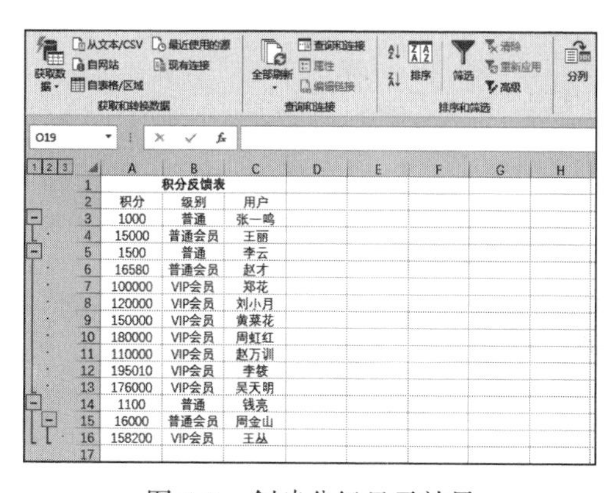

图 8-8　创建分级显示效果

用户单击分级显示符“1”按钮，就能看到第 1 级的显示效果，如图 8-9 所示；单击分级显示符“2”按钮，便可以看到第 2 级的显示效果，如图 8-10 所示。第 3 级相同。

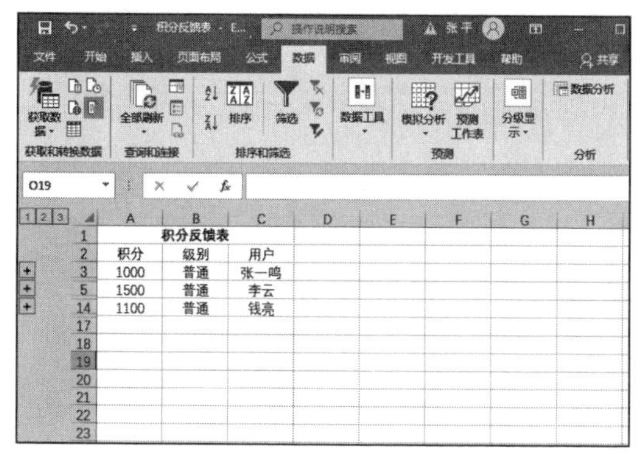

图 8-9　选择第 1 级显示

图 8-10　选择第 2 级显示

8.1.2　创建列的分级显示

前面一节讲的是手动创建行的分级显示。用户也一定注意到，在图 8-2“设置”对话框中有一个“明细数据的右侧”复选框。用户可以取消对该复选框的选择来实现创建列的分组显示。以如图 8-11 所示的工作表数据为例，具体操作步骤如下。

图 8-11　积分反馈工作表

手动创建列的分级显示的具体操作步骤如下。

STEP01：切换至“数据”选项卡，单击“分级显示”组中的对话框启动器按钮，打开如图 8-12 所示的“设置”对话框。在对话框中取消勾选“明细数据的右侧”复选框，然后单击“确定”按钮完成设置。

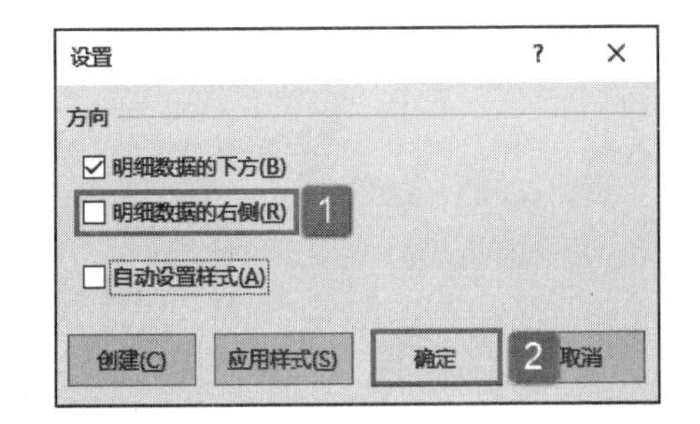

图 8-12　设置分级显示方向

STEP02：选中 D 列，切换至“数据”选项卡，在“分级显示”组中单击“组合”下三角按钮，在展开的下拉列表中选择“组合”选项，建立第 2 级分级显示，如图 8-13 所示。

STEP03：选中第 F 列至第 M 列，切换至“数据”选项卡，在“分级显示”组中单击“组合”下三角按钮，在展开的下拉列表中选择“组合”选项，建立第 2 级分级显示，如图 8-14 所示。

图 8-13　对 D 列进行组合

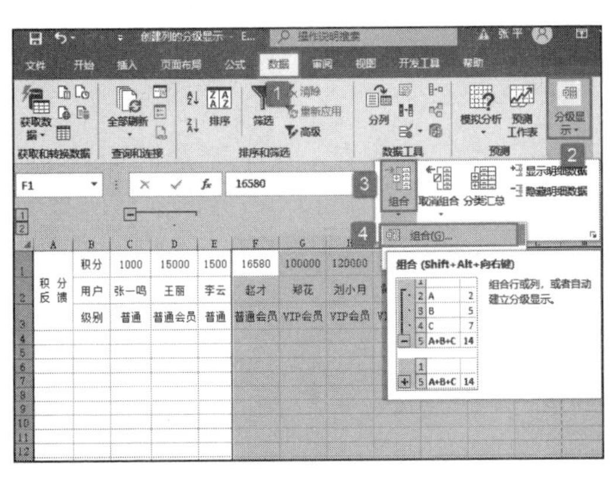

图 8-14　对 F 列至 M 列进行组合

STEP04：选中第G列至第M列，切换至“数据”选项卡，在“分级显示”组中单击“组合”下三角按钮，在展开的下拉列表中选择“组合”选项，建立第3级分级显示，如图8-15所示。

STEP05：选中第O列至第P列，切换至“数据”选项卡，在“分级显示”组中单击“组合”下三角按钮，在展开的下拉列表中选择“组合”选项，建立第2级分级显示，如图8-16所示。

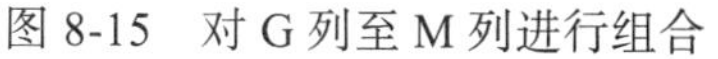

图8-15 对G列至M列进行组合

图8-16 对O列至P列进行组合

STEP06：选中第P列，切换至“数据”选项卡，在“分级显示”组中单击“组合”下三角按钮，在展开的下拉列表中选择“组合”选项，建立第3级分级显示，如图8-17所示。

STEP07：建立分级显示的最终效果如图8-18所示。在工作表的上方出现了分级显示符及标识线，通过单击这些分级显示符按钮可方便地进行分组显示。

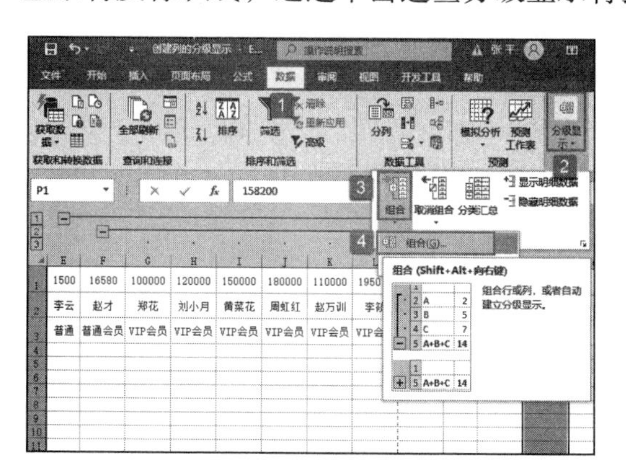

图8-17 对P列进行组合

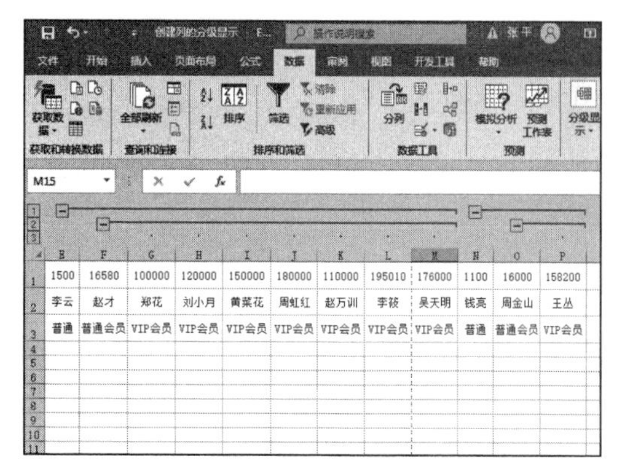

图8-18 手动创建列分级显示

8.1.3 自动创建分级显示

如图8-19所示的工作表是一张已经分别按行方向和列方向设置了分类求和公式的数据表，在使用分级显示功能时，系统会从汇总公式中自动地判别出分级的位置，从而自动生成分级显示的样式。

自动创建分级显示的具体操作步骤如下。

STEP01：选择数据区域中的任意单元格，这里选择B2单元格，切换至“数据”选项卡，在“分级显示”组中单击“组合”下三角按钮，在展开的下拉列表中选择“自动建立分级显示”选项，如图 8-20 所示。

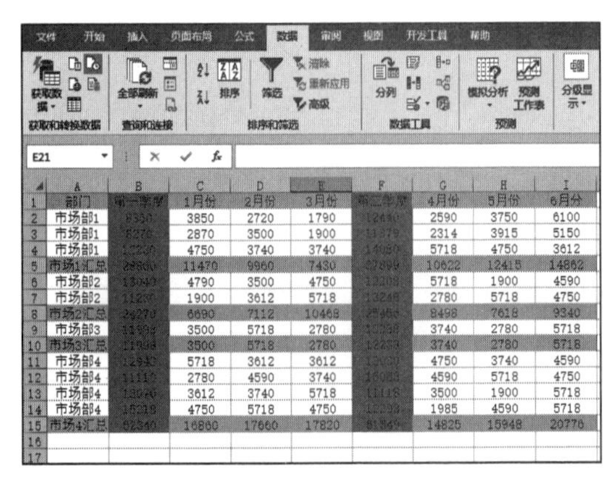

图 8-19　目标数据

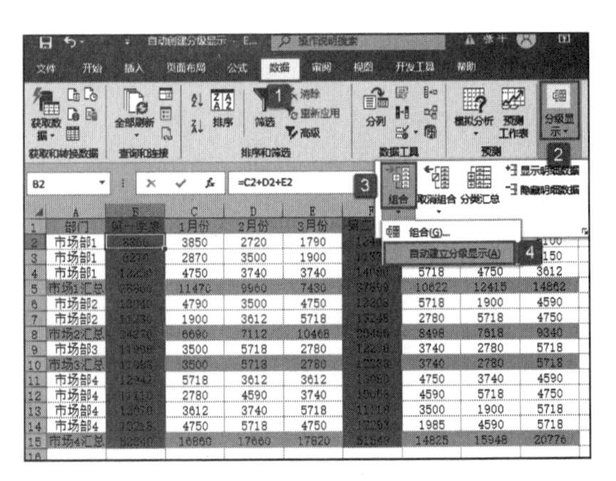

图 8-20　选择“自动建立分级显示”选项

STEP02：此时，在原工作表的行标签左侧和列标签上方分别显示出了分级显示符和标识线，如图 8-21 所示。

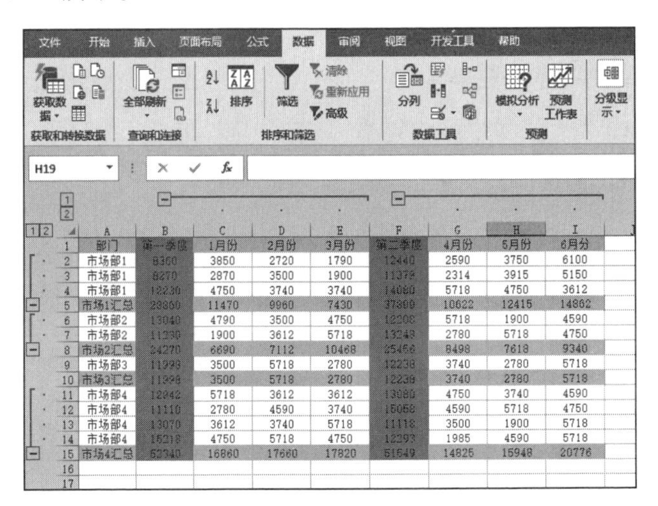

图 8-21　自动生成分组显示

除了使用以上操作方法外，还可以按“Ctrl+8”组合键，打开如图 8-22 所示的对话框，单击“确定”按钮，也可以快速地自动创建分级显示。

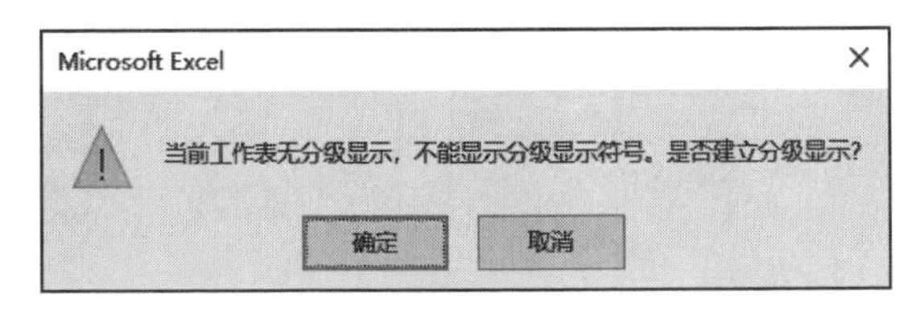

图 8-22　警告对话框

在图 8-21 中的第 10 行“市场 3 汇总”并没有和其他的行一样自动生成 2 级显示，这是因为该行的公式只引用了上面的单独一行，因此不能自动生成相应的分级显示。这时则需要用户通过手动的方式修改“市场 3 汇总”的分级显示，具体操作步骤如下所示。

STEP01：选中第 9 行，切换至“数据”选项卡，在“分级显示”组中单击“组合”

下三角按钮，在展开的下拉列表中选择“组合”选项，建立第 2 级分级显示，如图 8-23 所示。

STEP02：此时便会对第 9 行建立 2 级分级显示，效果如图 8-24 所示。

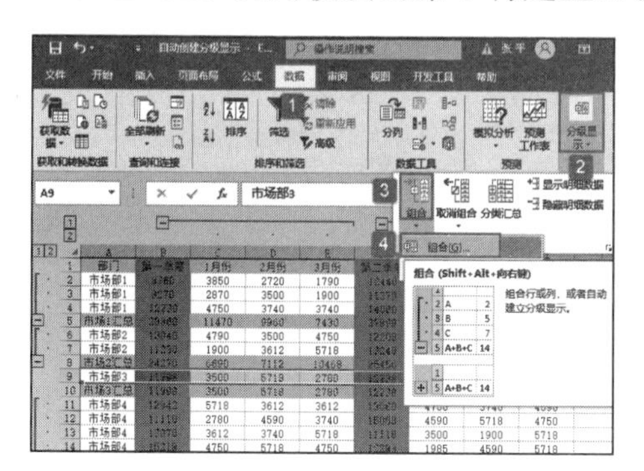

图 8-23 对第 9 行进行组合

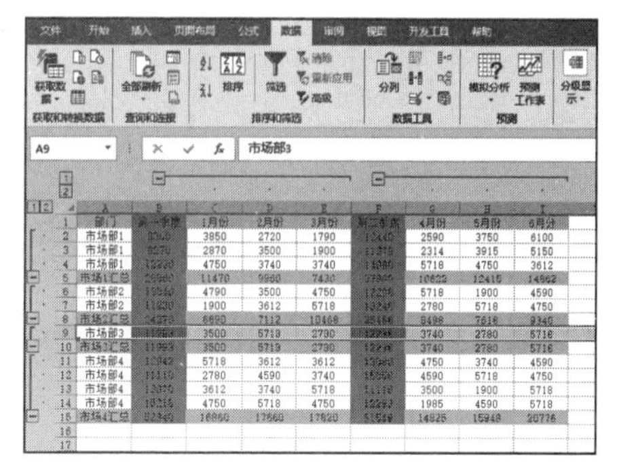

图 8-24 手动修改分级显示的结果

8.1.4 显隐分级显示

用户如果想显示或隐藏分级显示的各个级别，可以通过单击相应的分级显示数字按钮或显示 / 隐藏按钮来实现。

数字 1 的级别是最高的，单击按钮“1”，则显示最高一级的内容，而不显示其他明细数据。数字 2 的级别其次，单击按钮“2”，会同时显示 1 级和 2 级的内容，其他的编号依次类推。如果要显示所有级别的明细数据，单击数字最大的按钮即可。

在同一级别的数据内容中会包含多个分组，单击“显示”按钮可以展开显示相应分组中的明细数据，单击“隐藏”按钮则可以隐藏相应的分组数据。

此外还可以通过功能区的按钮来完成分级显示的隐藏或显示操作。

以“自动创建分级显示.xlsx”工作簿为例，工作表中已经建立了分级显示，局部展开前的工作表如图 8-25 所示。

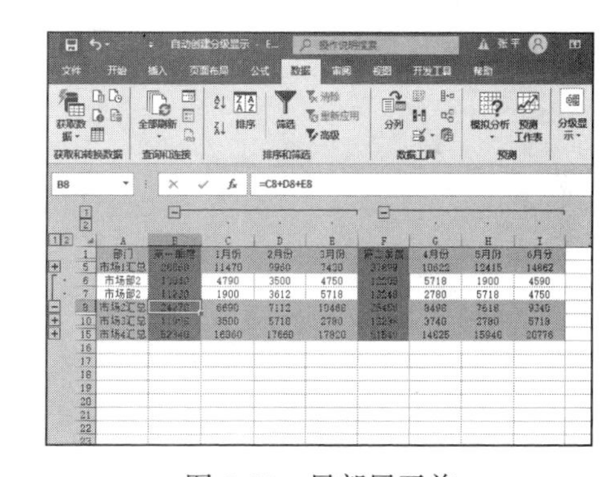

图 8-25 局部展开前

STEP01：如图 8-26 所示，选择 B5 单元格，切换至“数据”选项卡，在“分级显示”组中单击“显示明细数据”按钮。此时的工作表如图 8-27 所示。

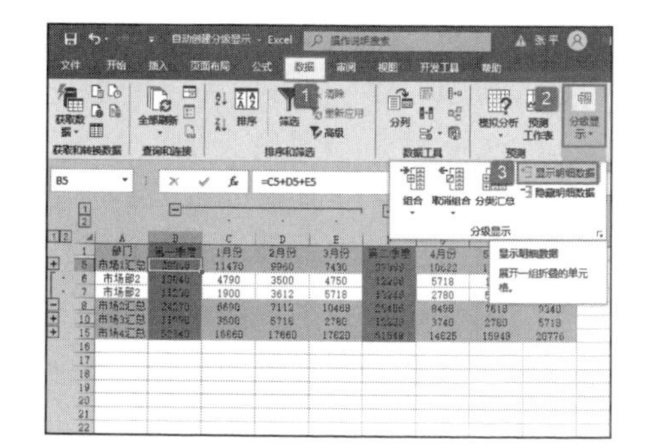

图 8-26 单击“显示明细数据”按钮

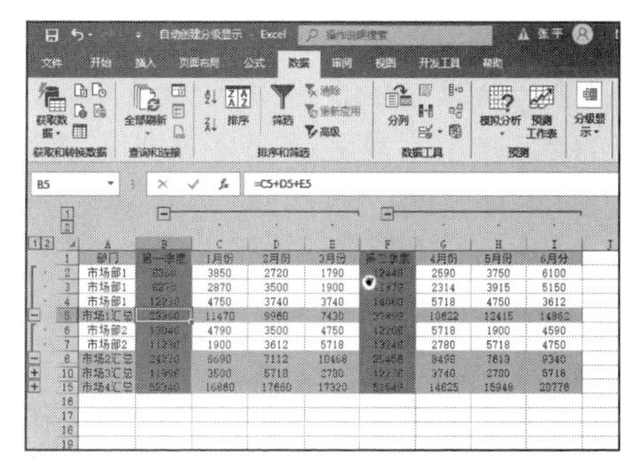

图 8-27 显示分级显示

STEP02：如图 8-28 所示，此时如果选中 B8 单元格，切换至“数据”选项卡，在“分级显示”组中单击“隐藏明细数据”按钮，隐藏分级显示的工作表如图 8-29 所示。

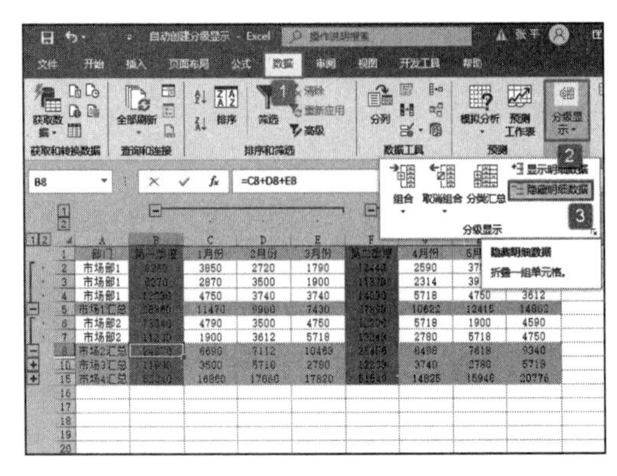

图 8-28　单击“隐藏明细数据”按钮

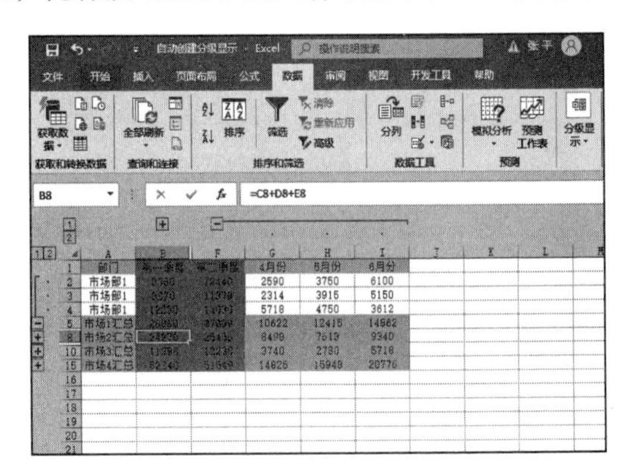

图 8-29　隐藏分级显示

8.1.5　删除分级显示

在删除 Excel 分级显示效果时，不会删除工作表中的任何数据。如果用户想删除分级显示效果，可以按以下具体步骤进行操作。

打开“删除分级显示 .xlsx”工作簿，切换至“数据”选项卡，单击“分级显示”组中的“取消组合”下三角按钮，在展开的下拉列表中选择“清除分级显示”选项，如图 8-30 所示。此时的工作表分级显示效果已经被删除，如图 8-31 所示。

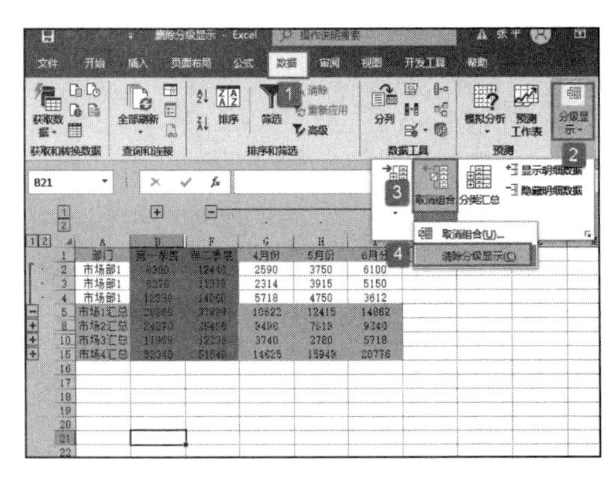

图 8-30　选择“清除分级显示”选项

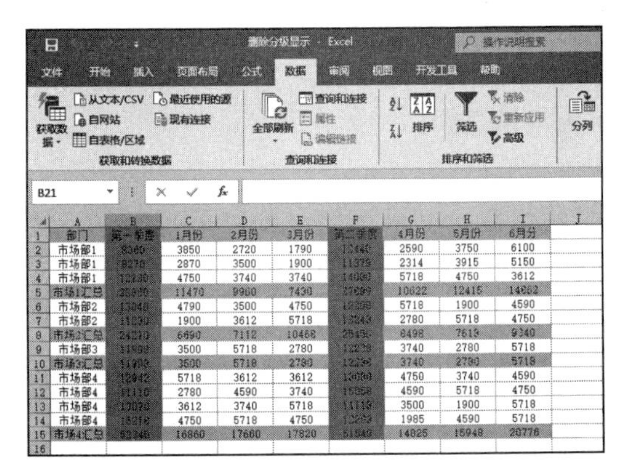

图 8-31　删除分级显示的效果

8.1.6　自定义分级显示样式

对于分级显示行，Microsoft Office Excel 应用 RowLevel-1 和 RowLevel-2 等样式，例如：字体、字号和缩进等格式设置特性的组合，将这一组合作为集合加以命名和存储。应用样式时，会同时应用该样式中所有的格式设置指令。对于分级显示列，Excel 会应用 ColLevel-1 和 ColLevel-2 等样式。这些样式使用加粗、倾斜及其他文本格式来区分数据中的汇总行或汇总列。通过更改每个样式的定义方式，可以应用不同的文本和单元格格式，进而自定义分级显示的外观。无论在分级显示的创建过程中，还是在创建完毕之后，都可以对分级显示应用样式。

自动对汇总行或汇总列应用样式的具体操作步骤如下。

切换至“数据”选项卡，单击“分级显示”组中的对话框启动器按钮，打开如图8-32所示的“设置”对话框。在对话框中勾选“自动设置样式”复选框，然后单击“确定”按钮即可。

对现有汇总行或汇总列应用样式的具体操作步骤如下。

选择要应用分级显示样式的单元格，切换至“数据”选项卡，单击“分级显示”组中的对话框启动器按钮，打开如图8-33所示的“设置”对话框。在对话框中勾选“自动设置样式”复选框，然后单击“应用样式”按钮即可。

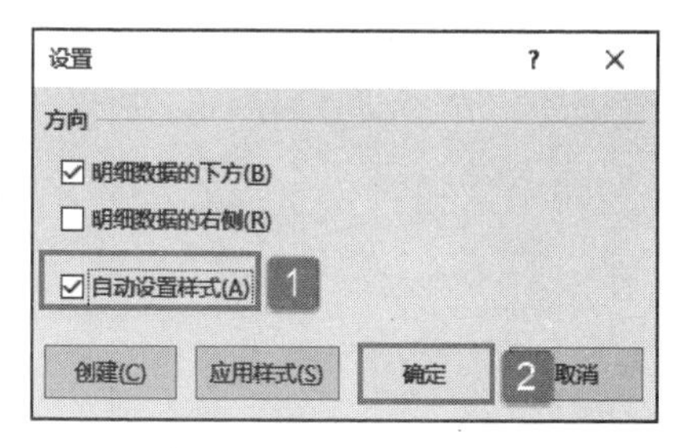

图 8-32　自动向汇总行或汇总列应用样式

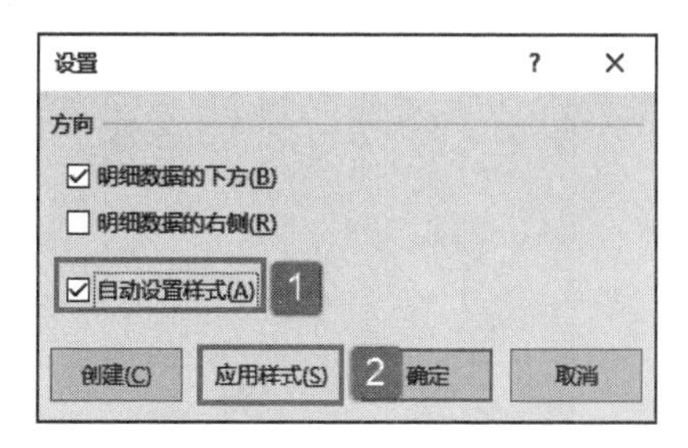

图 8-33　对现有汇总行或汇总列应用样式

此外，还可以使用自动套用格式（可应用于数据区域的内置单元格格式集合，例如，字体大小、图案和对齐方式。Excel 可识别选定区域的汇总数据和明细数据的级别，然后对其应用相应的格式）为分级显示数据设置格式。

8.1.7　复制分级显示数据

对于分级显示状态下的工作表，在选择只显示部分级别的数据时，直接复制当前的显示数据区域到其他工作表中时，并不能得到复制前所显示的结果，而是将整个工作表数据一并复制过来。

STEP01：打开“复制分级显示效果.xlsx”工作簿，切换至“Sheet1”工作表，选择“A1:I15”单元格区域，在选择的区域处单击鼠标右键，在弹出的隐藏菜单中选择“复制”选项，如图8-34所示。

STEP02：切换至“Sheet2”工作表，选择A1单元格，按“Ctrl+V”组合键进行粘贴，粘贴单元格数据后的结果如图8-35所示。

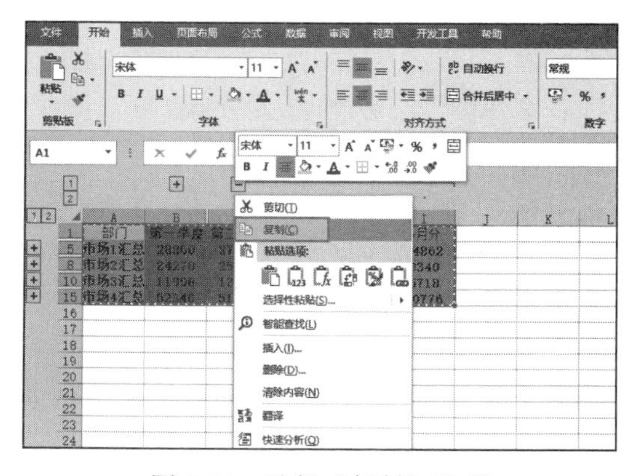
图 8-34　选择“复制”选项

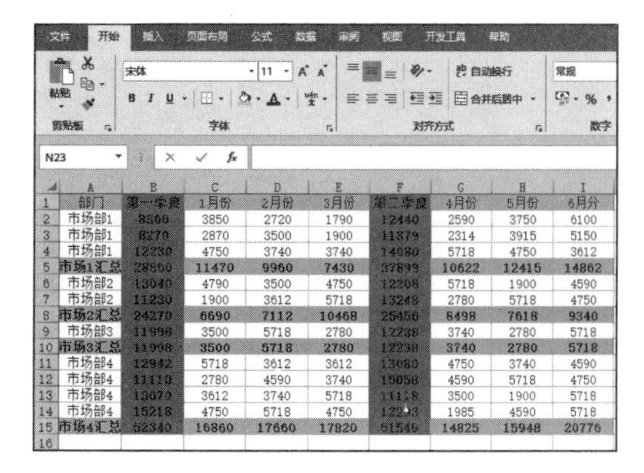
图 8-35　直接复制粘贴的结果

如果想要复制分级显示下的内容，则可以借助于其他方法来实现这一操作。

如图8-34所示的工作表是一个已经建立的行和列分级显示的数据表。把当前显示的结果复制到其他工作表中的具体操作步骤如下。

STEP01：选择“A1:I15”单元格区域，按“F5”键或“Ctrl+G”组合键打开“定位”对话框，在对话框中单击“定位条件”按钮，如图 8-36 所示。

STEP02：随后会弹出“定位条件”对话框，在“选择”列表区域中单击选择“可见单元格”单选按钮，然后单击“确定”按钮，如图 8-37 所示。

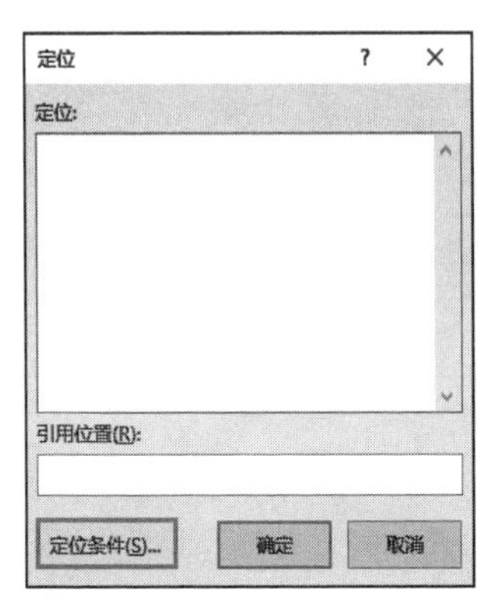

图 8-36　单击“定位条件”按钮

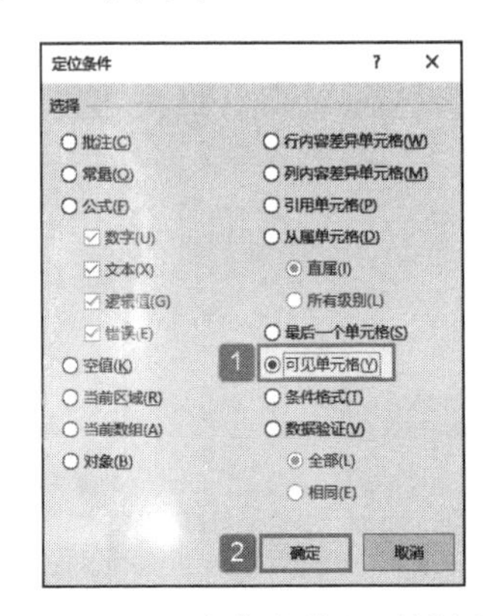

图 8-37　“定位条件”对话框

STEP03：此时工作表中的 A1:I15 单元格区域已经被选中了，按“Ctrl+C”组合键进行复制，如图 8-38 所示。

STEP04：选择目标工作表位置，例如此处选择“Sheet2”工作表中的 A1 单元格，然后按“Ctrl+V”组合键进行粘贴，结果如图 8-39 所示。

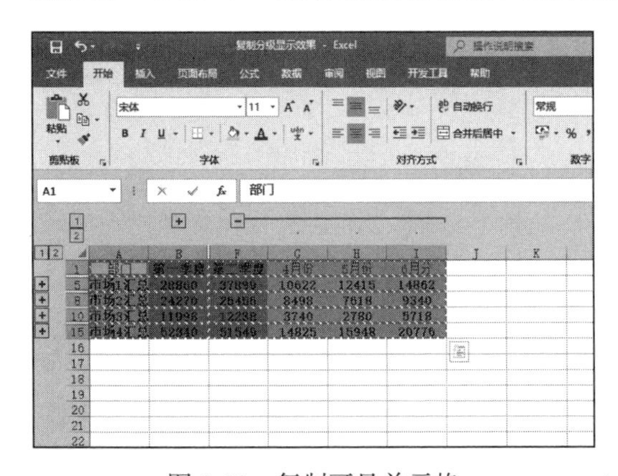

图 8-38　复制可见单元格

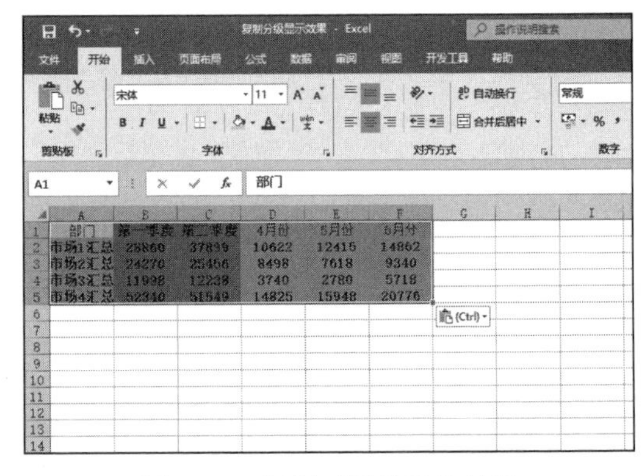

图 8-39　复制可见单元格结果

8.2　分类汇总

在 Excel 中对数据进行分类计算，可以使用分类汇总命令，它操作起来更为简单明确。而且可以直接在数据区域中插入汇总行，从而可以同时看到数据明细和汇总。

8.2.1　插入分类汇总

分类汇总是通过使用 SUBTOTAL 函数与汇总函数（例如“求和”或“平均值”等）

一起计算得到的。可以为每列显示多个汇总函数类型。

插入分类汇总的具体操作步骤如下。

STEP01：打开“市场部业绩统计表.xlsx”工作簿，首先确认数据区域中要对其进行分类汇总计算的每列的第1行都有一个标签，每列中都包含类似的数据，并且该区域中不包含任何空白行或空白列。然后在数据区域中选择任意一个单元格，如B2单元格，切换至“数据”选项卡，在“分级显示”组中单击“分类汇总”按钮，如图8-40所示。

STEP02：随后会打开“分类汇总”对话框，单击“分类字段”选择框右侧的下拉按钮，选择“部门”选项；单击“汇总方式”选择框右侧的下拉按钮，选择“求和”选项；在“选定汇总项”列表区域中勾选“3月份”复选框；然后勾选“替换当前分类汇总”复选框，最后单击“确定”按钮完成分类汇总设置，如图8-41所示。

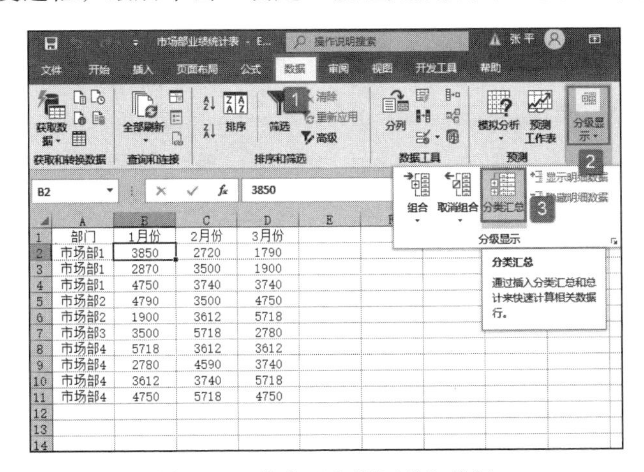

图8-40 单击“分类汇总”按钮

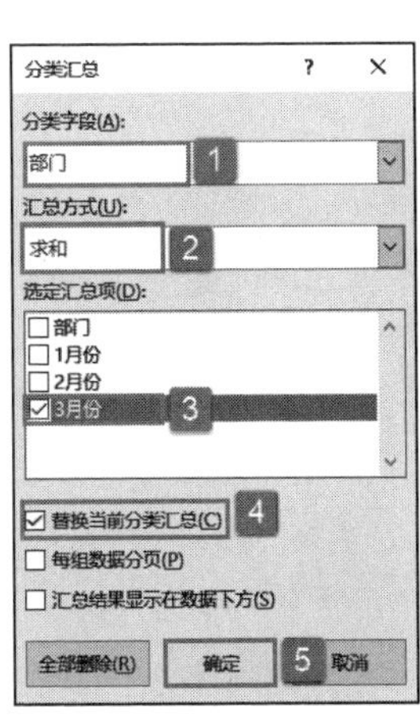

图8-41 “分类汇总”对话框

STEP03：最终插入的分类汇总效果如图8-42所示。如果用户想实现每组分类汇总自动分页，可以在图8-41所示的对话框中勾选“每组数据分页”复选框；如果用户想要指定汇总行位于明细行的最下方，可以在“分类汇总”对话框中勾选“汇总结果显示在数据下方”复选框。

	A	B	C	D
1	部门	1月份	2月份	3月份
2	总计			38498
3	市场部1 汇总			7430
4	市场部1	3850	2720	1790
5	市场部1	2870	3500	1900
6	市场部1	4750	3740	3740
7	市场部2 汇总			10468
8	市场部2	4790	3500	4750
9	市场部2	1900	3612	5718
10	市场部3 汇总			2780
11	市场部3	3500	5718	2780
12	市场部4 汇总			17820
13	市场部4	5718	3612	3612
14	市场部4	2780	4590	3740
15	市场部4	3612	3740	5718
16	市场部4	4750	5718	4750
17				
18				

图8-42 分类汇总效果图

8.2.2 删除分类汇总

如果用户想删除分类汇总，则可以执行以下操作步骤。

打开“分类汇总表.xlsx”工作簿，选择包含分类汇总的区域中的任意单元格，如B2单元格，切换至“数据”选项卡，在“分级显示”组中单击“分类汇总”按钮，打开“分类汇总”对话框，在对话框中单击“全部删除”按钮即可，如图8-43所示。

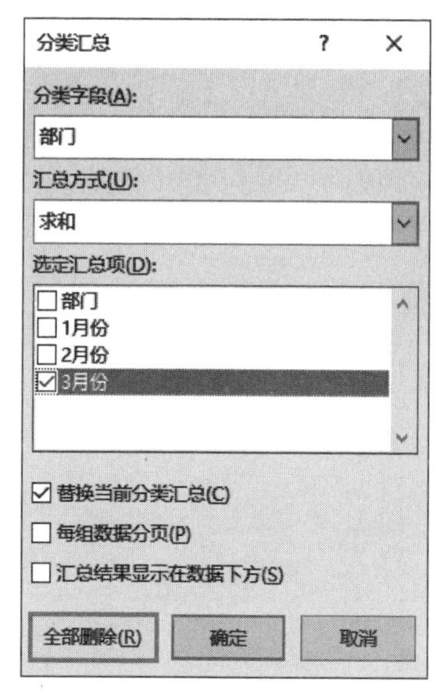

图8-43　单击“全部删除”按钮

8.3 实战：合并计算

数据合并计算，顾名思义，就是将多个区域的数据合并，可以是跨表，合并之后进行加减乘除计算。下面为大家讲解的Excel表格的数据合并计算功能。

8.3.1 按位置合并计算

合并计算的方法有两种，一种是按位置对数据进行合并计算，二是按类别对数据进行合并计算。本节将通过具体实例介绍按位置对数据进行合并计算的具体操作步骤。

打开“按位置合并计算.xlsx”工作簿，工作表中会显示如图8-44所示的两个数据表格，使用合并计算可以轻松地对“成绩1”和“成绩2”进行汇总，具体操作步骤如下。

STEP01：选择作为合并计算的结果的存放起始位置，例如这里选择A9单元格，切换至“数据”选项卡，在“数据工具”组中单击“合并计算”按钮，打开“合并计算”对话框，如图8-45所示。

STEP02：在对话框中单击“函数”选择框右侧的下拉按钮，在展开的下拉列表中选择“求和”选项，单击“引用位置”文本框右侧的单元格引用按钮，在打开的文本框中输入“成绩1”数据所在的单元格区域“$A$3:$C$6”，并单击“添加”按钮，如图8-46所示。

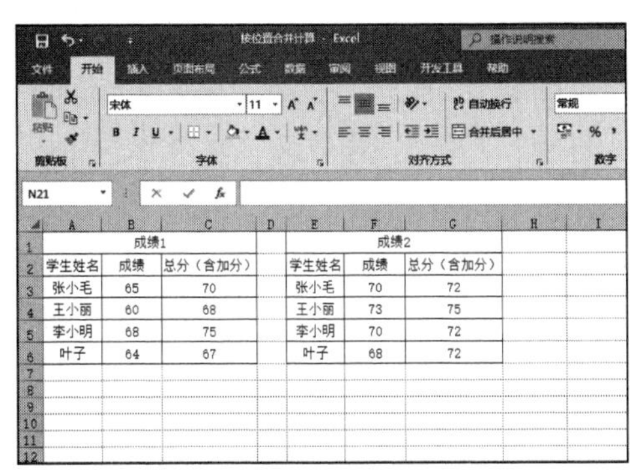
图 8-44 目标数据

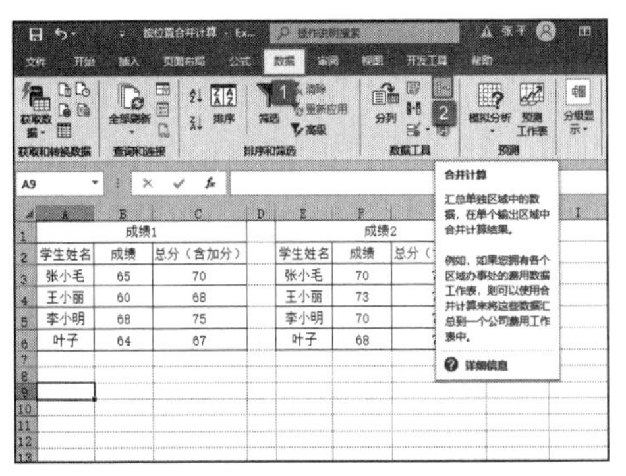
图 8-45 单击“合并计算”按钮

STEP03：在“合并计算”对话框中再次单击“引用位置”文本框右侧的单元格引用按钮，在打开的文本框中输入“成绩 2”数据所在的单元格区域“$E$3:$G$6”，并单击“添加”按钮，如图 8-47 所示。

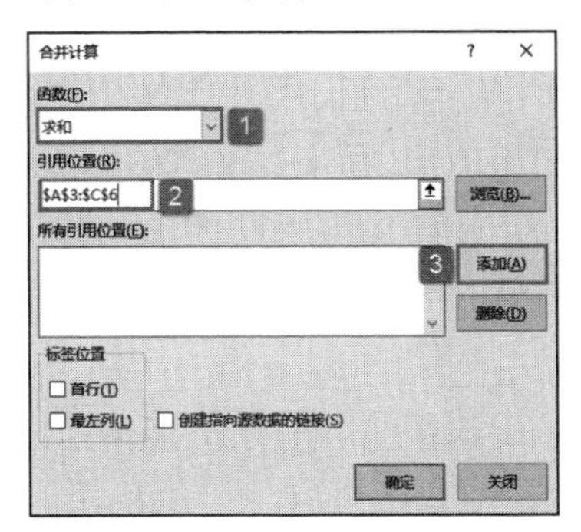
图 8-46 设置计算函数

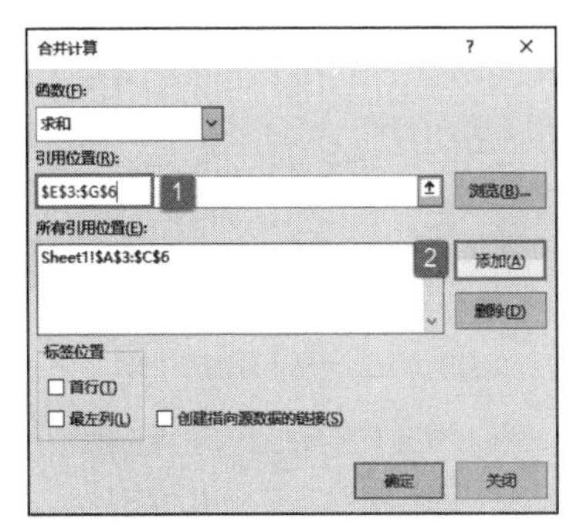
图 8-47 添加引用位置

STEP04：所有引用位置添加完成后，效果如图 8-48 所示。最后单击“确定”按钮即可完成合并计算，按位置合并计算的结果如图 8-49 所示。

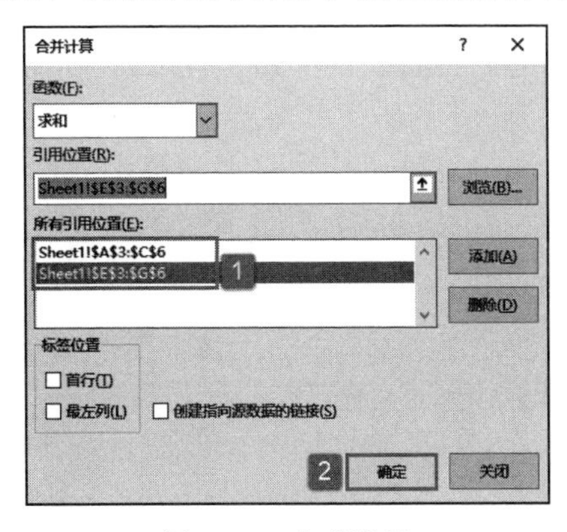
图 8-48 完成设置

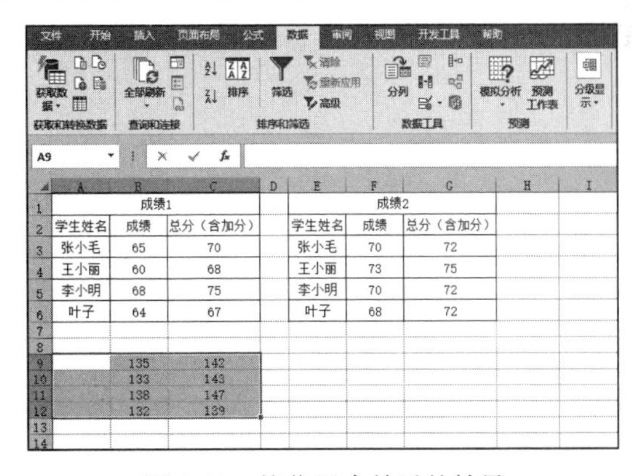
图 8-49 按位置合并后的结果

用户可以看到按位置合并后的数据内容，它不包含行标题和列标题。在按位置进行合并的方式中，Excel 不注重多个源数据表的行列标题内容是否一致，它只是单纯地对相同表格位置上的数据进行了合并计算。

8.3.2 按类别合并计算

如果用户希望 Excel 能够根据行列标题的内容智能化地进行合并计算，则可以使用

“按类别”对数据进行合并计算的方式。

使用“按类别”对数据进行合并计算的方式，需要在“合并计算”对话框中的“标签位置”列表框中选中“首行”或“最左列”复选框，也可以同时选中两个复选框。

按类别对数据进行合并计算的具体操作步骤如下。

STEP01：选择作为合并计算的结果的存放起始位置，例如这里选择 A9 单元格，切换至“数据”选项卡，在“数据工具”组中单击“合并计算”按钮，打开如图 8-50 所示的“合并计算”对话框。

STEP02：在对话框中单击“函数”选择框右侧的下拉按钮，在展开的下拉列表中选择“求和”选项，在引用位置文本框中依次添加“成绩 1”和“成绩 2”数据所在的单元格区域“$A$2:$C$6”和“$E$2:$G$6”，然后在“标签位置”列表框中勾选“首行”复选框，单击“确定”按钮完成合并计算，如图 8-50 所示。

STEP03：此时，工作表中会显示按“首行”标签合并计算的结果，如图 8-51 所示。

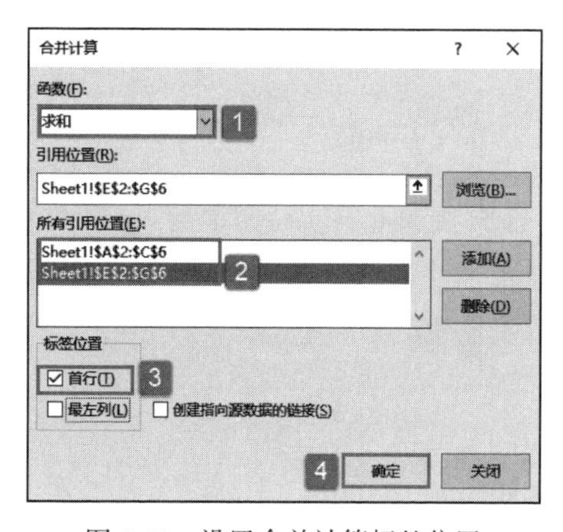

图 8-50　设置合并计算标签位置

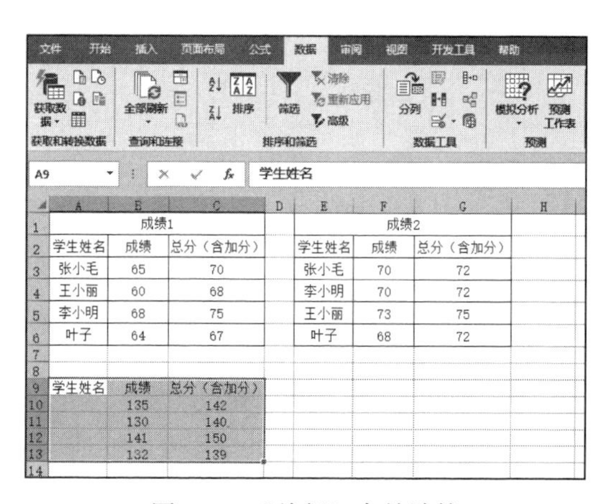

	A	B	C	D	E	F	G
1	成绩1				成绩2		
2	学生姓名	成绩	总分（含加分）		学生姓名	成绩	总分（含加分）
3	张小毛	65	70		张小毛	70	72
4	王小丽	60	68		李小明	70	72
5	李小明	68	75		王小丽	73	75
6	叶子	64	67		叶子	68	72
9	学生姓名	成绩	总分（含加分）				
10		135	142				
11		130	140				
12		141	150				
13		132	139				

图 8-51　“首行”合并计算

STEP04：重新选择作为合并计算的结果的存放起始位置，例如这里选 E9 单元格，切换至“数据”选项卡，在“数据工具”组中单击“合并计算”按钮，打开如图 8-52 所示的“合并计算”对话框。默认函数设置和引用位置设置，然后在“标签位置”列表框中添加勾选“最左列”复选框，最后单击“确定”按钮完成合并计算。

STEP05：此时，工作表中会显示按“首行”标签和“最左列”标签合并计算的结果，如图 8-53 所示。

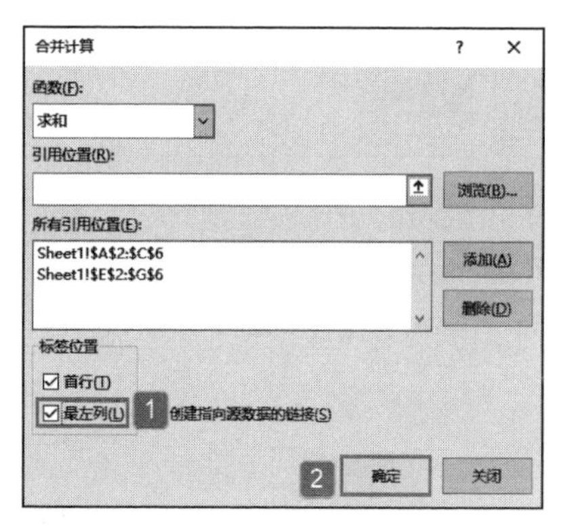

图 8-52　添加勾选标签位置

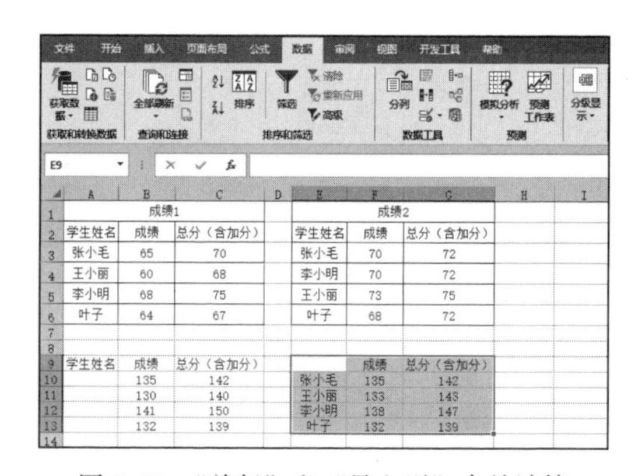

	A	B	C	D	E	F	G
1	成绩1				成绩2		
2	学生姓名	成绩	总分（含加分）		学生姓名	成绩	总分（含加分）
3	张小毛	65	70		张小毛	70	72
4	王小丽	60	68		李小明	70	72
5	李小明	68	75		王小丽	73	75
6	叶子	64	67		叶子	68	72
9	学生姓名	成绩	总分（含加分）			成绩	总分（含加分）
10		135	142		张小毛	135	142
11		130	140		王小丽	133	143
12		141	150		李小明	138	147
13		132	139		叶子	132	139

图 8-53　“首行”和“最左列”合并计算

STEP06：重新选择作为合并计算的结果的存放起始位置，例如这里选择 A16 单元格，切换至“数据”选项卡，在“数据工具”组中单击“合并计算”按钮，打开如图 8-54 所示的“合并计算”对话框。默认函数设置和引用位置设置，然后在“标签位置”列表框中取消勾选“首行”复选框，最后单击“确定”按钮完成合并计算。

STEP07：此时，工作表中会显示按“最左列”标签合并计算的结果，如图 8-55 所示。

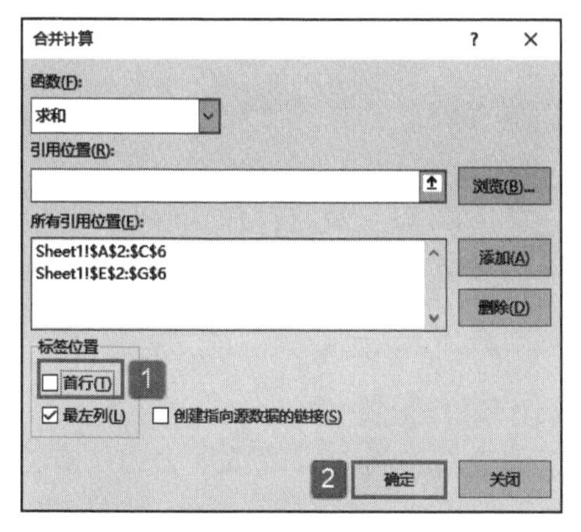

图 8-54　取消勾选“首行”复选框

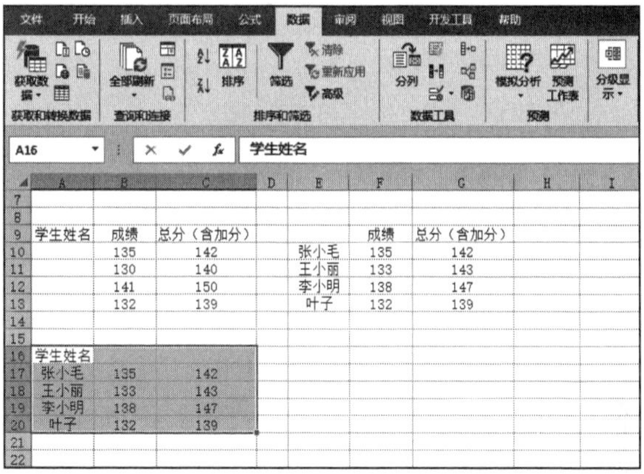

图 8-55　“最左列”合并计算

STEP08：选择按“首行”标签合并计算出的单元格区域“A9:C13”，切换至“数据”选项卡，单击“数据工具”组中的“合并计算”按钮，打开“合并计算”对话框。在“标签位置”列表框中添加勾选“最左列”复选框，然后单击“确定”按钮，如图 8-56 所示。

STEP09：此时，工作表中会显示按“最左列”标签合并计算的结果，如图 8-57 所示。

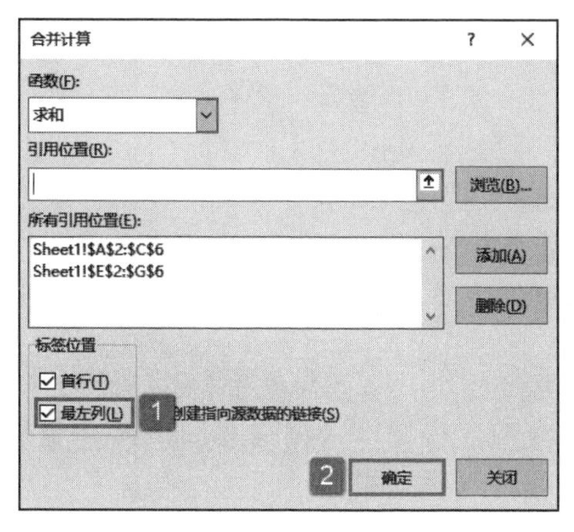

图 8-56　添加勾选标签位置

图 8-57　添加“最左列”标签效果

在使用按类别的合并方式时，如果源数据表中数据记录的排列顺序不同，“成绩 1”和“成绩 2”中“学生姓名”的排列顺序是不同的，在“按类别”合并计算的过程中，Excel 会自动地根据记录标题的分类情况，合并相同类别中的数据内容。

在使用按类别合并时，源数据工作表必须包含行或列标题，并且在“合并计算”对话框中选中相应的复选框。

在按类别对数据进行合并计算时，首先要选中“合并计算”对话框中的“首行”或“最左列”两个复选框，才能实现按类别合并计算。如果用户需要根据列标题进行分类合并计算，则选中“首行”复选框；如果用户需要根据行标题进行分类合并计算，则选中“最左列”复选框；如果用户需要同时根据行标题和列标题进行分类合并计算，则同时选中“首行”和“最左列”两个复选框。

如果源数据表中没有列标题或行标题，只有数据记录，而这时用户又选择了“首行”和“最左列”，则Excel将源数据表中的第1行和第1列分别默认为行标题和列标题。

如果用户同时选中“首行”和“最左列”两个复选框，Excel将按照源数据表中的数据的单元格位置进行计算，但不会自动分类。

通过以上的两个实例，可以简单地总结出合并计算功能的一般性规律：

1）当数据表中的列标题和行标题完全一致时，合并计算所进行的操作是按相同的行或列的标题项进行计算，这些计算包含求和、计数及求平均值等。

2）当数据表中的行标题和列标题不相同时，合并计算则会进行分类合并的操作，即把不同的行或列的数据根据内容进行分类合并，把有相同标题内容的合成一条记录，不同标题内容的则形成并列的多条记录，最后形成的表格中将包含源数据表中所有的行标题和列标题。

8.3.3 利用公式进行合并计算

除了以上两种合并计算以外，还可以使用公式对数据进行合并计算。在公式中使用要组合的其他工作表的单元格引用或三维引用（三维引用指对跨越工作簿中两个或多个工作表的区域的引用），因为没有可依赖的一致位置或分类。

通常情况下，使用公式对数据进行合并计算时会有两种情况，一种是要合并计算的数据位于不同工作表上的不同单元格中，二是位于不同工作表上的相同单元格中。

1）要合并计算的数据位于不同工作表上的不同单元格中，具体操作步骤如下。

打开“公式合并计算.xlsx”工作簿，切换至“Sheet1”工作表，选择任意单元格用来存放合并计算数据，这里选择B23单元格。在单元格中输入一个合并公式，其中包括对每个工作表上源单元格的单元格引用，对于每个单独的工作表都有一个引用。例如，要将Sheet1工作表中单元格B4、Sheet2工作表上单元格F7和Sheet3工作表上单元格C9中的数据合并到主工作表的B23单元格中并求和，此时可以在B23单元格中输入合并公式“=SUM（Sheet1!B4,Sheet2!F7,Sheet3!C9）”，然后按“Enter”键即可返回合并求和计算的结果，如图8-58所示。

2）要合并计算的数据位于不同工作表的相同单元格中，具体操作步骤如下。

在当前工作表中，复制或输入用于合并计算数据的行标签或列标签，选择任意单元格用来存放合并计算数据，这里选择B36单元格。在单元格中输入一个包含三维引用的公式，该公式使用指向一系列工作表名称的引用。例如，要将工作表Sheet1到Sheet3(包括Sheet1和Sheet3)上单元格A4中的数据合并到主工作表的B36单元格中并求和，此时在B36单元格中输入公式“=SUM(Sheet1:Sheet3!A4)”，然后按“Enter”键即可返回合并计算的结果，如图8-59所示。

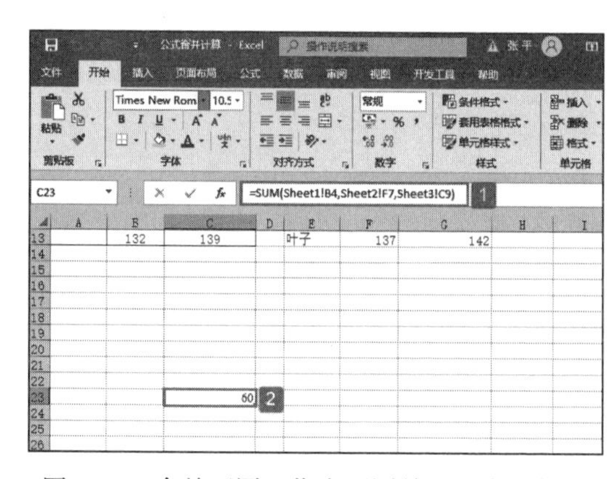

图 8-58 合并不同工作表不同单元格中的数据

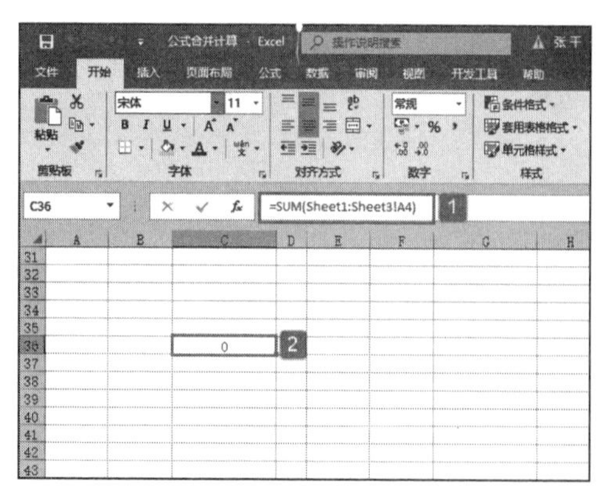

图 8-59 合并不同工作表中相同单元格中的数据

8.3.4 利用数据透视表合并数据

前面讲过的几种对数据的合并，都只是单纯地把数据表合并起来。如果用户希望在将数据表合并的同时还希望合并后的数据可以按升序或降序的顺序排列，这时，用户应该进行怎么样的操作呢?

利用数据透视表合并数据，可解决这一问题。

利用数据透视表合并数据的具体操作步骤如下。

STEP01：打开“成绩求和 .xlsx”工作簿，在“Sheet1”工作表中选择任意单元格，这里选择 B2 单元格，切换至“插入”选项卡，单击“表格”组中的“数据透视表”按钮，打开“创建数据透视表”对话框，如图 8-60 所示。

STEP02：在“请选择要分析的数据”列表区域中单击“选择一个表或区域”单选按钮，然后设置“表 / 区域”为“ Sheet1!$A$2:$C$6”单元格区域，并在“选择放置数据透视表的位置”列表区域中单击选择“新工作表”单选按钮，最后单击“确定”按钮完成数据透视表的创建，如图 8-61 所示。

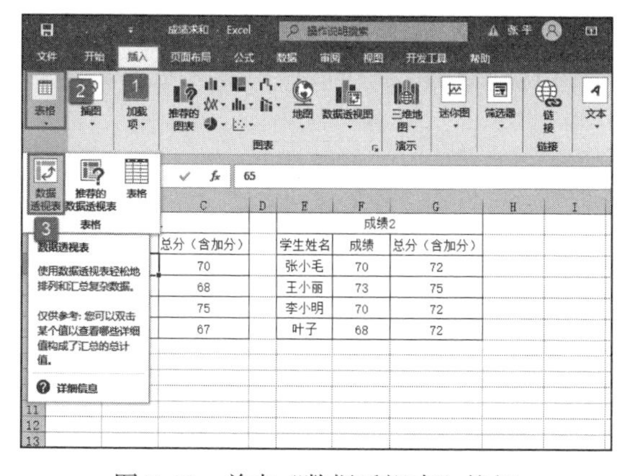

图 8-60 单击“数据透视表”按钮

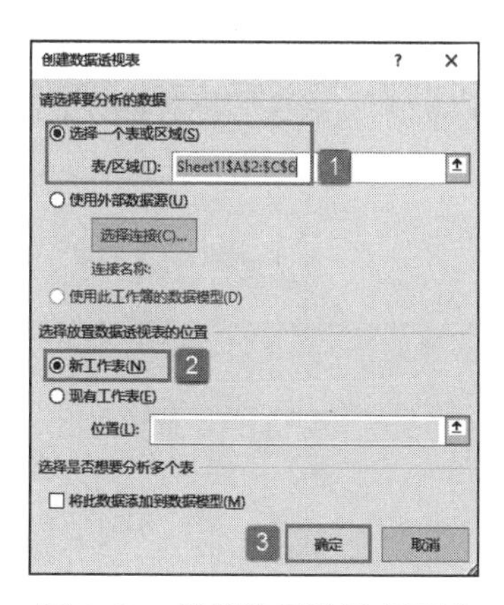

图 8-61 设置数据透视表区域

STEP03：选择新建的数据透视表，打开“数据透视表字段”对话框，在“选择要添加到报表的字段”列表框中依次勾选“学生姓名”“成绩”“总分（含加分）”复选框，此时的工作表如图 8-62 所示。

STEP04：使用同样的方法为“成绩 2”单元格区域创建数据透视表，结果如图 8-63 所示。

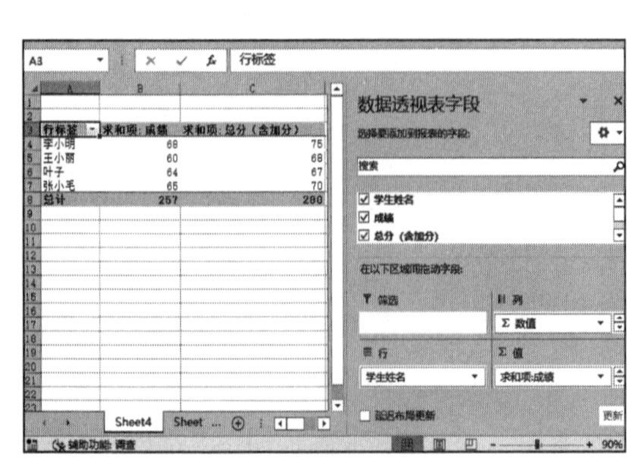

图 8-62　添加报表字段

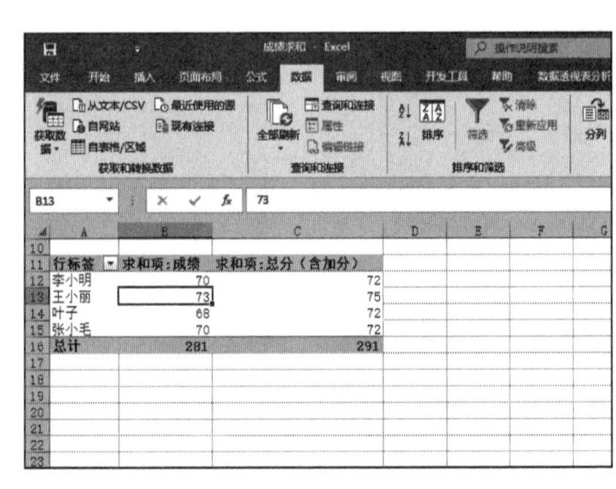

图 8-63　为“成绩 2”创建数据透视表

STEP05：切换至“Sheet4”工作表，然后选择 A18 单元格。切换至“数据”选项卡，在“数据工具”组中单击“合并计算”按钮，打开如图 8-64 所示的“合并计算”对话框。在对话框中单击“函数”选择框右侧的下拉按钮，在展开的下拉列表中选择“求和”选项，在“引用位置”文本框中依次添加“成绩 1”和“成绩 2”数据透视表所在的单元格区域“$A$3:$C$8”和“$A$11:$C$16”，然后在“标签位置”列表框中同时勾选“首行”复选框和“最左列”复选框，最后单击“确定”按钮完成合并计算。

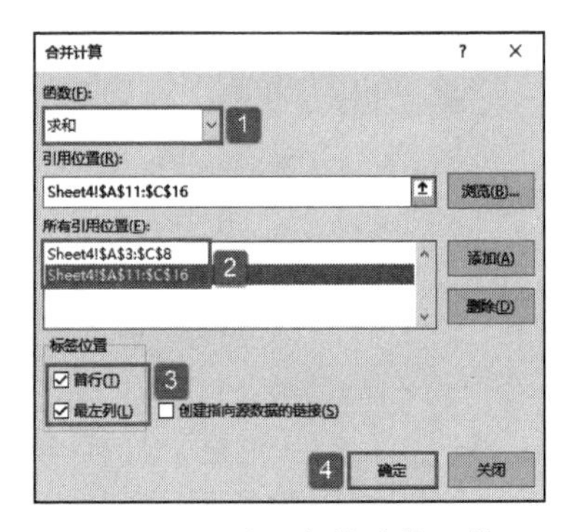

图 8-64　设置合并计算函数

STEP06：此时，工作表中会显示利用数据透视表合并计算的结果，如图 8-65 所示。

可以看出，使用数据透视表合并的数据，不但对数据表进行了合并，还对学生姓名进行了排序。如果用户想要进行更多的设置，可在数据透视表的单元格区域中单击鼠标右键，在弹出的隐藏菜单中选择“数据透视表选项”命令，打开如图 8-66 所示的“数据透视表选项”对话框。在对话框中可以任意切换至各个选项卡，然后对其进行设置，最后单击“确定”按钮即可。

	A	B	C	D	E	F	G
1							
2							
3	行标签	求和项:成绩	求和项:总分（含加分）				
4	李小明	68	75				
5	王小丽	60	68				
6	叶子	64	67				
7	张小毛	65	70				
8	总计	257	280				
9							
10							
11	行标签	求和项:成绩	求和项:总分（含加分）				
12	李小明	70	72				
13	王小丽	73	75				
14	叶子	68	72				
15	张小毛	70	72				
16	总计	281	291				
17							
18		求和项:成绩	求和项:总分（含加分）				
19	李小明	138	147				
20	王小丽	133	143				
21	叶子	132	139				
22	张小毛	135	142				
23	总计	538	571				
24							

图 8-65　使用数据透视表合并数据

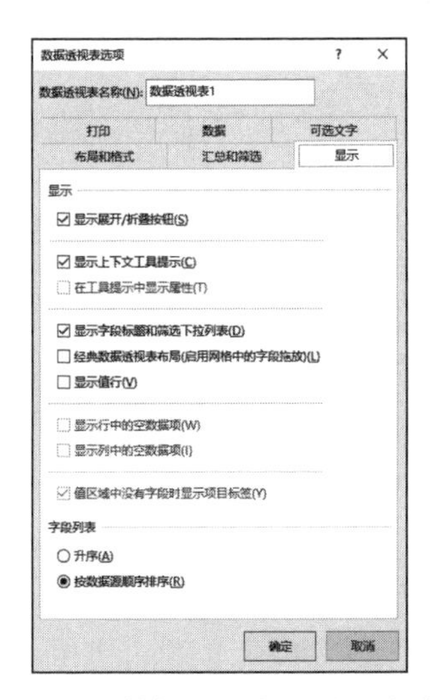

图 8-66　“数据透视表选项”对话框

第9章 名称定义使用

在最新版本的 Excel 2019 中，利用定义的名称可以简化公式编辑，还可以搜索定位数据单元格区域，其中最重要的就是简化公式。本章将结合具体的实例，向读者介绍 Excel 2019 中名称使用的一些常用的操作技巧，包括利用名称框快速定义名称、自动创建所需名称、利用公式定义名称等。

- 认识名称定义
- 名称定义方法
- 实战：名称管理

9.1 认识名称定义

名称定义可以为一个区域、常量值或者数组定义一个名称，从而可以方便快捷地利用所定义的名称编写公式。

9.1.1 名称定义概念

在 Excel 2019 中，使用名称定义可以极大地简化公式，从而提高工作效率。具体来说，Excel 中名称定义具有以下重要作用。

1）减少输入的工作量。如果在一个文档中需要输入很多相同的文本，可以使用定义的名称。例如，定义图表 =“数据透视表和数据透视图”，那么在需要输入该文本的位置处输入“= 图表”，就会显示“数据透视表和数据透视图”。

2）快速定位。例如，在大型数据库中，经常需要选择某些特定的单元格区域进行操作，那么可以事先将这些特定的单元格区域定义为名称。当需要定位时，可以在“名称框”下拉列表中选择名称，程序会自动选择特定的单元格区域。

3）方便计算。简化了编辑公式的时候对单元格区域的引用，尽可能地减少出错概率。

9.1.2 名称定义规则

在定义单元格、数值、公式等名称的时候，需要遵循一定的规则，具体要求如下：

1）名称的第 1 个字符必须是字母、数字或者下划线，其他字符可以是字母、数字、句号或者下划线等符号。

2）名称长度不能超过 255 个字符，字母不区分大小写。

3）名称之中不能有空格符。

4）名称不能和单元格的名称相同。

5）同一工作簿中定义的名称不能相同。

9.2 名称定义方法

了解完名称定义的概念后，下面将通过具体案例来介绍进行名称定义的多种操作方法。

9.2.1 快速定义名称

在 Excel 2019 中，利用“名称定义”的功能，不仅可以快速定义名称，还可以方便地管理名称。下面通过具体实例来讲解利用“名称定义”对话框快速定义名称的操作技巧。

STEP01：打开“产品销售情况统计表 .xlsx”工作簿，选中要定义为名称的单元格区域，这里选择“D4:D12”单元格区域。切换至“公式”选项卡，在“定义的名称”组中单击“定义名称”下三角按钮，在展开的下拉列表中选择“定义名称”选项，打开“新建名称”对话框，如图 9-1 所示。

图 9-1　选择“定义名称”选项

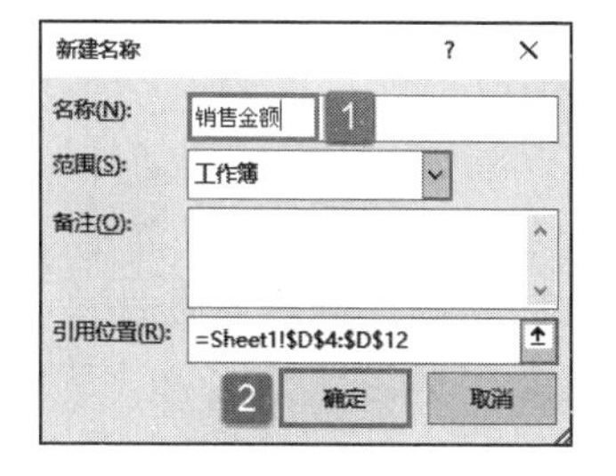

图 9-2　新建名称

STEP02：打开“新建名称”对话框后，在“名称”文本框中输入“销售金额”，然后单击“确定”按钮完成名称的定义，如图 9-2 所示。

STEP03：单击工作表左上角的“名称框”编辑栏，即可看到刚刚定义的名称，单击选中该名称，即可将工作表中的相应单元格区域选中，如图 9-3 所示。

前面介绍了利用“名称定义”来定义名称，其实利用“名称框”定义名称同样具有方便快捷的特点。下面详细介绍利用“名称框”快速定义名称的操作技巧。

STEP01：选中需要自定义名称的单元格区域，这里选择 C4:C12 单元格区域，将光标移动到“名称框”中单击，使名称框处于可编辑状态，如图 9-4 所示。

图 9-3　选中自定义名称

图 9-4　编辑状态的名称框

STEP02：在“名称框”中输入需要定义的名称，这里输入“销售数量”，然后单击“Enter”键返回即可完成名称的定义，如图 9-5 所示。

9.2.2　定义多个名称

在特定的条件下，可以一次性定义多个名称，这种方式只能使用工作表中默认的行标识或列标识作为名称名。下面通过具体的实例来详细讲解一次性定义多个名称的操作技巧。

图 9-5　“名称框”定义名称效果

STEP01：打开“定义多个名称 .xlsx”工作簿，在工作表中选中要定义名称的单元格区域，这里选择 B3:D12 单元格区域。切换至“公式”选项卡，在“定义的名称”组中单击“根据所选内容创建”按钮，如图 9-6 所示。

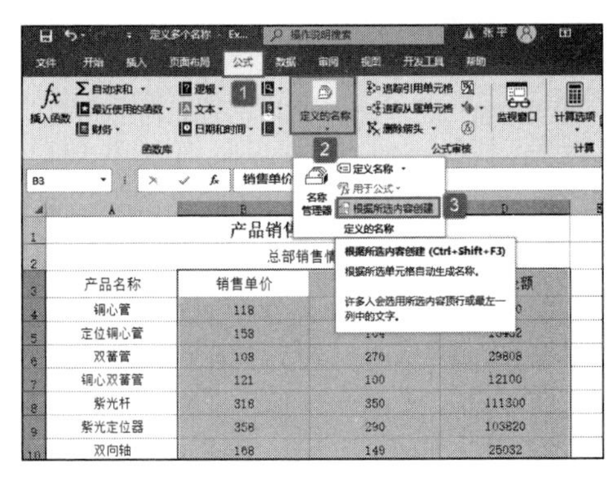

图 9-6　单击“根据所选内容创建”按钮

STEP02：随后会打开“根据所选内容创建名称”对话框。在“根据下列内容中的值创建名称”列表框中可以根据需要进行选择，此处勾选“首行”复选框，表示利用顶端行的文字标记作为名称（其他如“最左列”，即以最左列的文字作为名称），然后单击“确定”按钮完成多个名称的定义，如图 9-7 所示。

STEP03：返回工作表后，单击“名称框”处的下三角按钮，可以在展开的下拉列表中看到一次性定义的 3 个名称，如图 9-8 所示。

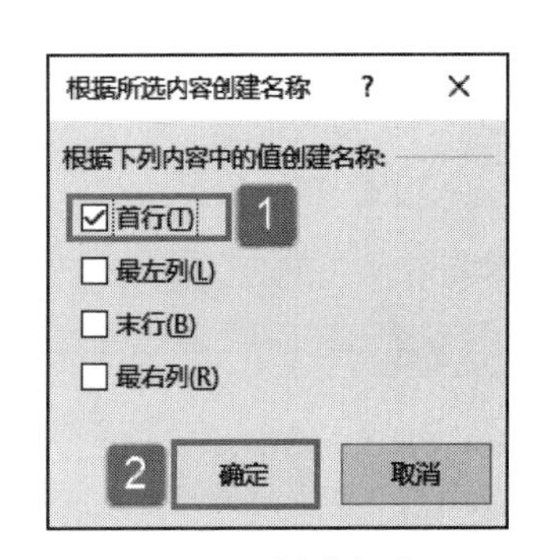

图 9-7　创建名称

产品名称	销售单价	销售数量	销售金额
铜心管	118	120	14160
定位铜心管	158	104	16432
双蓄管	108	276	29808
铜心双蓄管	121	100	12100
紫光杆	318	350	111300
紫光定位器	358	290	103820
双向轴	168	149	25032
铜心双向轴	189	98	18522

图 9-8　定义多个名称

9.2.3　利用公式定义名称

公式是可以定义为名称的，尤其是在进行一些复杂运算或者实现某些动态数据源效果的时候，经常会将特定的公式定义为名称。

打开“公式定义 .xlsx”工作簿，会显示如图 9-9 所示的工作表。其中，预计销量是可以变动的，此处选择预计销量的值为“80000”。现在需要计算利润值，利润值 = 预计销量 * 单位售价 – 总成本。此时可以定义一个名称为“毛利”，其计算公式为：预计销量 * 单位售价。

STEP01：在工作表中任意选择一个单元格，这里选择 B2 单元格。切换至“公式”选项卡，在“定义的名称”组中单击“定义名称”下三角按钮，在展开的下拉列表中选择“定义名称”选项，如图 9-10 所示。

STEP02：随后会打开“新建名称”对话框，在“名称”文本框中输入“毛利”，在“引用位置”文本框中输入“= 利润计算 !$B$3* 利润计算 !$B$4”，然后单击“确定”按钮完成定义名称，如图 9-11 所示。

STEP03：返回工作表后，在 B5 单元格中输入公式“= 毛利 -B2”，然后按

“Enter”键返回即可得到利润值，最终结果如图 9-12 所示。

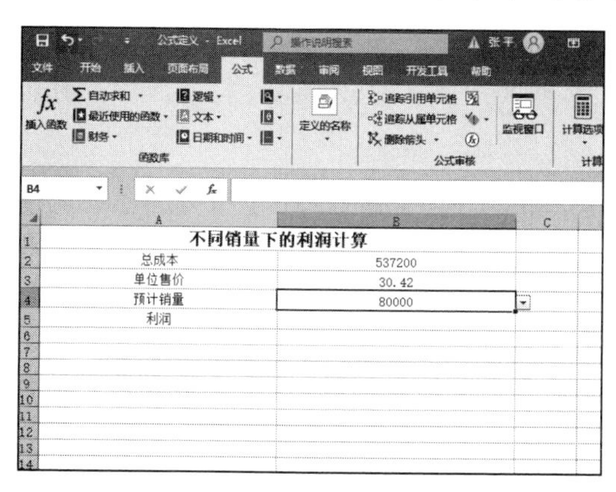

图 9-9 原始数据

图 9-10 选择“定义名称”选项

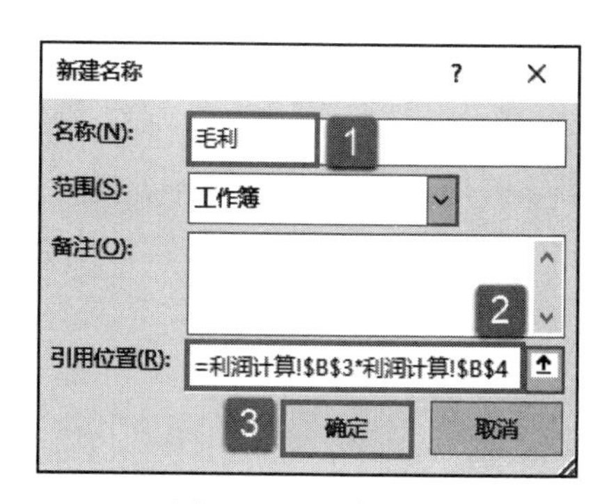

图 9-11 新建名称

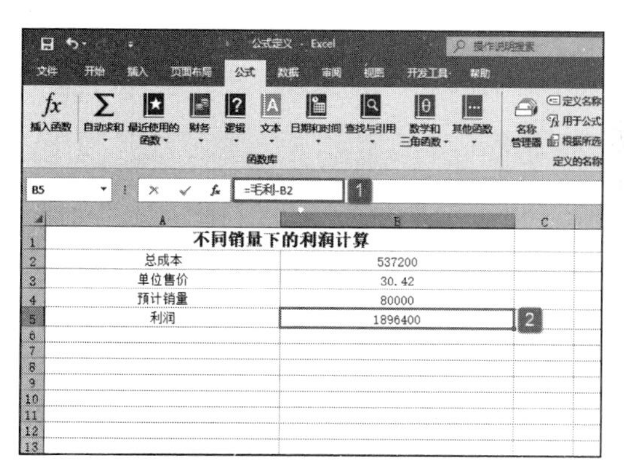

图 9-12 计算利润值结果

9.2.4 利用常量定义名称

常量也是可以定义为名称的。当某一个数值（例如营业税率）需要经常使用时，则可以将其定义为名称来使用。以下是将常量定义为名称的操作技巧。

在工作表中任意选择一个单元格，切换至“公式”选项卡，在“定义的名称”组中单击“定义名称”下三角按钮，在展开的下拉列表中选择“定义名称”选项，打开如图 9-13 所示的“新建名称”对话框。然后在“名称”文本框中输入名称名，如“tax”，在“引用位置”文本框中输入当前的营业税率（如 0.25），最后单击“确定”按钮完成定义名称的设置即可，如图 9-13 所示。

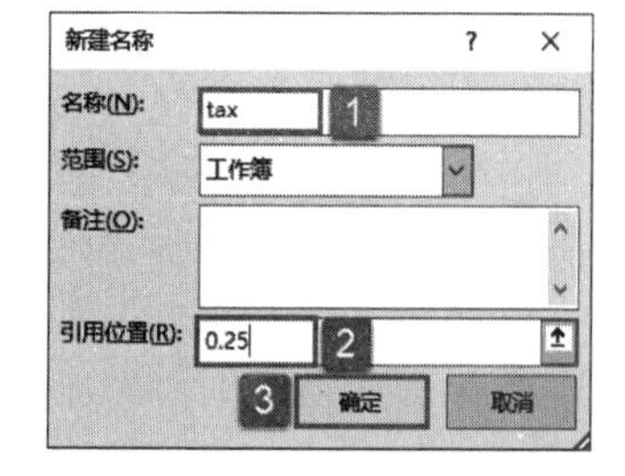

图 9-13 定义常量为名称

9.2.5 定义不连续单元格区域

不连续的单元格区域也可以定义为名称，其定义方法如下所示。

使用“Shift”键或者“Ctrl”键配合鼠标准确选中要定义为名称的不连续的单元格区域。切换至“公式”选项卡，在“定义的名称”组中单击“定义名称”下三角按钮，在展开的下拉列表中选择“定义名称”选项打开“定义名称”对话框，然后按照前面的操作方法对名称进行定义即可。

9.2.6 创建动态名称

利用 OFFSET 函数与 COUNTA 函数的组合，可以创建一个动态名称。动态名称是名称的高级用法，可以实现对一个未知大小的区域的引用，此用法在 Excel 的诸多功能中都可以发挥强大的威力。

在实际工作中，经常会使用如图 9-14 所示的表格来连续记录数据，表格的行数会随着记录的追加而不断增多。

如果需要创建一个名称来引用 C 列中的数据，但是又不希望这个名称引用到空白单元格，那么就不得不在每次追加记录以后，都改变名称的引用位置，以适应表格行数的增加。在这种情况下，可以创建动态名称，根据用户追加或删除数据的结果来自动调整引用位置，以达到始终只引用非空白单元格的效果。下面简单介绍创建动态名称的操作技巧。

STEP01：在工作表中任意选择一个单元格，这里选择 B2 单元格。切换到“公式”选项卡，在“定义的名称”组中单击“定义名称”下三角按钮，在展开的下拉列表中选择“定义名称”选项，打开“新建名称”对话框，如图 9-15 所示。

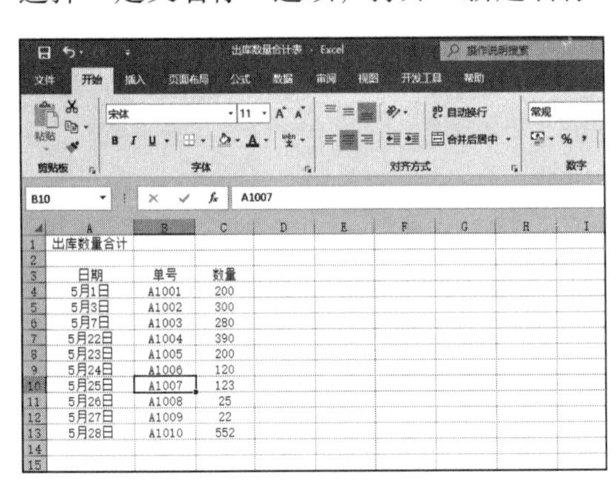

图 9-14 不断追加记录的表格

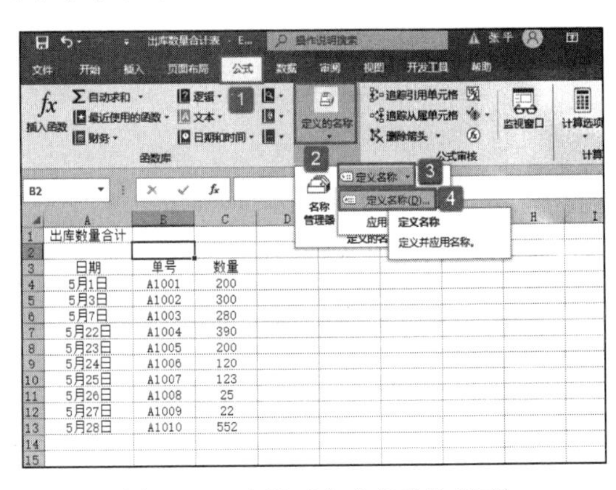

图 9-15 选择“定义名称”选项

STEP02：打开“新建名称”对话框后，在“名称”文本框中输入“Data”，在“引用位置”文本框中输入公式“=OFFSET(Sheet1!$C$4,,,COUNTA(Sheet1!$C:$C)-1)”，然后单击“确定”按钮完成动态名称的创建，如图 9-16 所示。

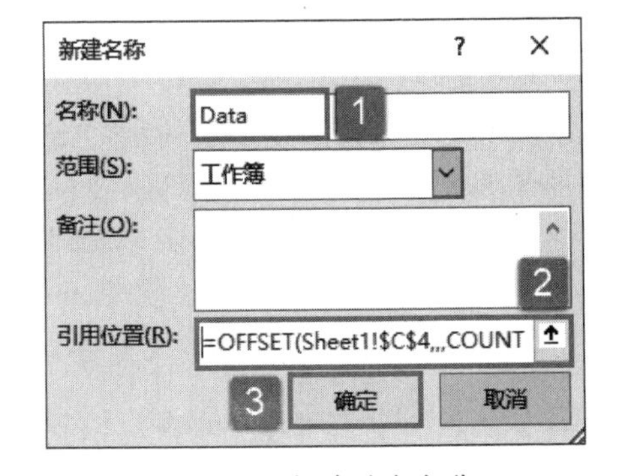

图 9-16 创建动态名称

以上公式首先计算 C 列中除了列标题以外的非空白单元格的数量，然后以 C4 单元格（首个数据单元格）为基准开始定位，定位的行数等于刚才计算出来的数量。

STEP03：下面可以在 C 列以外的单元格中通过计算来验证此名称的引用是否正确。比如在 B1 单元格中输入公式“=SUM（Data)”，按“Enter”键即可得出计算结果，如图 9-17 所示。

STEP04：继续追加记录，这里在 A14:C14 单元格区域中增加一行记录，名称“Data”的引用区域就会自动发生改变，B1 单元格中的计算结果能够体现这一点，如图 9-18 所示。

图 9-17 使用动态名称进行计算

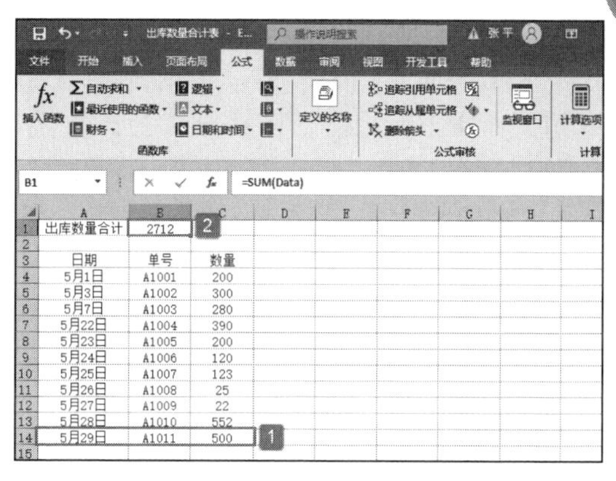

图 9-18 动态适应表格的变化

9.3 实战：名称管理

名称定义完毕后，可以对名称进行编辑、排序、筛选和删除操作。下面具体介绍名称的相应管理。

9.3.1 查看名称定义

在定义了多个名称之后，要想全面掌握所有定义的名称，可以使用 Excel 2019 中的“名称管理器”来查看。以下是具体的操作步骤。

STEP01：打开“定义多个名称 .xlsx”工作簿，选择工作表中的任意一个单元格，这里选择 A2 单元格，切换至“公式”选项卡，在“定义的名称”组中单击“名称管理器”按钮，如图 9-19 所示。

STEP02：随后会打开“名称管理器”对话框，在列表框中可以清晰地看到当前工作簿中的所有名称及引用位置，如图 9-20 所示。

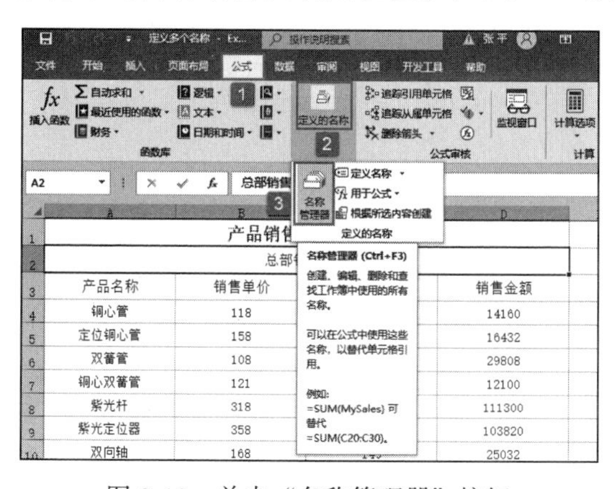

图 9-19 单击“名称管理器”按钮

图 9-20 查看定义的名称

9.3.2 修改名称定义

定义名称之后，如果需要修改（包含修改名称、引用位置），只需要对其重新编辑即可，而不需要重新定义。以下是修改已经定义的名称的具体操作步骤。

STEP01：打开“修改名称定义.xlsx”工作簿，选择工作表中的任意一个单元格，这里选择B2单元格。切换至“公式”选项卡，在“定义的名称”组中单击“名称管理器”按钮，打开“名称管理器”对话框，如图9-21所示。

STEP02：打开“名称管理器”对话框后，在名称列表框中选择需要重新编辑的名称，这里选择“金额”名称行，然后单击“编辑”按钮，如图9-22所示。

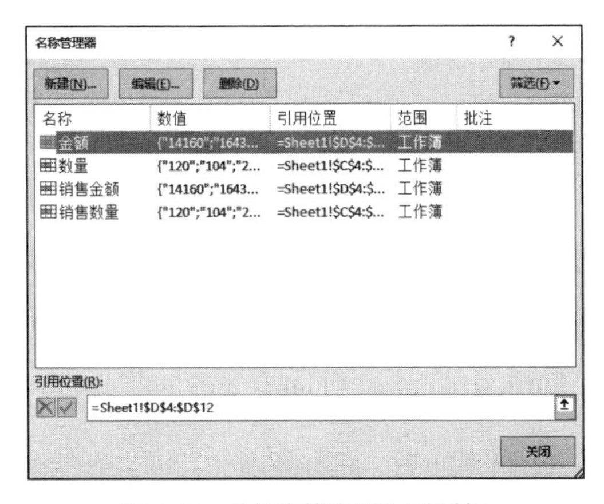

图9-21 “名称管理器”对话框

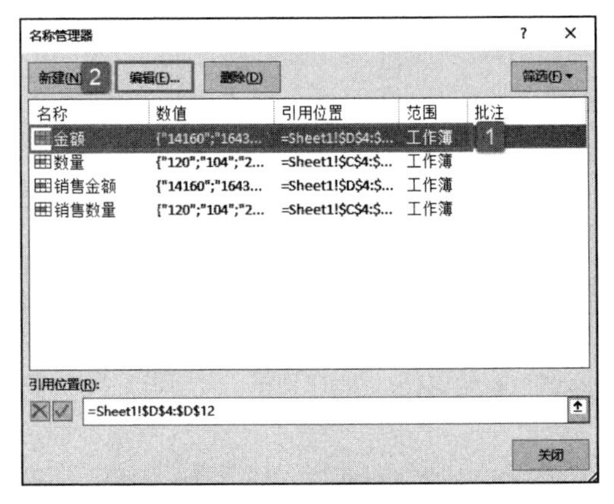

图9-22 选择需要修改的名称

STEP03：随后会打开“编辑名称”对话框，在“名称”框中可以重新修改名称名，这里在“名称”文本框中将“金额”修改为“总价”。在“引用位置”文本框中，可以手工对需要修改的部分进行更改，也可以选中需要修改的部分，然后单击右侧的单元格引用按钮返回工作表，重新选择数据源。这里设置的引用位置仍为“=Sheet1!$D$4:$D$12”，然后单击“确定”按钮完成修改，如图9-23所示。

STEP04：随后会返回“名称管理器”对话框，在列表框中便可以直观地看到修改后的名称效果，如图9-24所示。

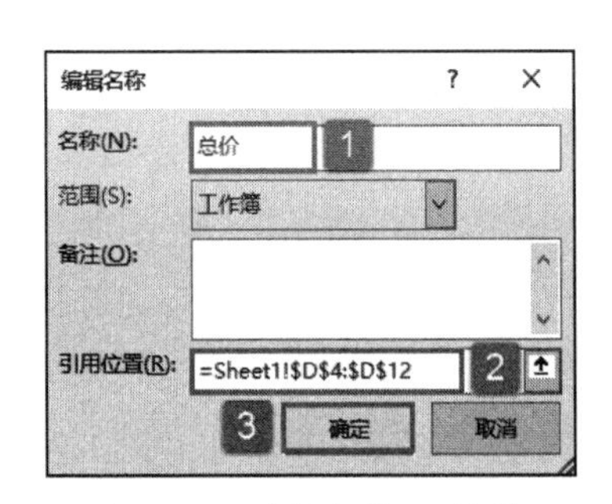

图9-23 “编辑名称”对话框

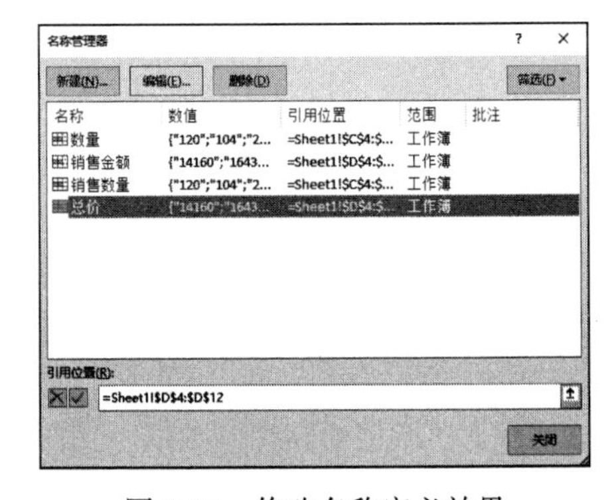

图9-24 修改名称定义效果

9.3.3 删除名称定义

对于一些不再使用的名称，可以通过下面的操作来进行删除。

STEP01：打开“删除名称定义.xlsx”工作簿，选择工作表中的任意一个单元格，这里选择B2单元格。切换至“公式”选项卡，在“定义的名称”组中单击“名称管理器”按钮，打开如图9-25所示的“名称管理器”对话框。在名称列表框中选择需要删除的名称，这里选择“总价”名称行，然后单击“删除”按钮。

STEP02：随后会弹出“Microsoft Excel”提示框，询问“是否确实要删除名称 总价”，单击“确定”按钮即可删除“总价”名称，如图 9-26 所示。删除“总价”名称后的效果如图 9-27 所示，“总价”名称将不再显示在名称列表框中。

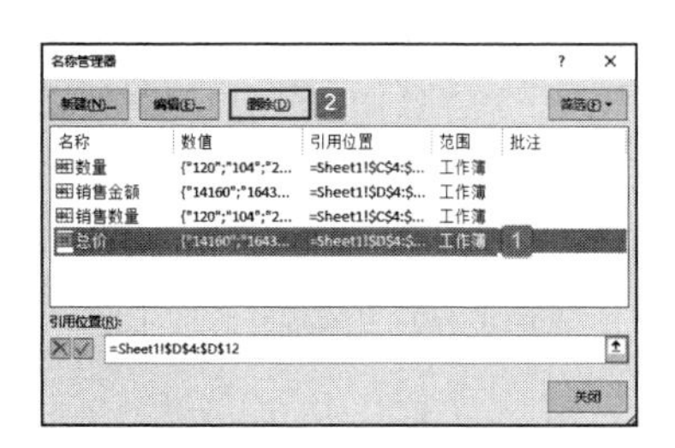

图 9-25　删除名称

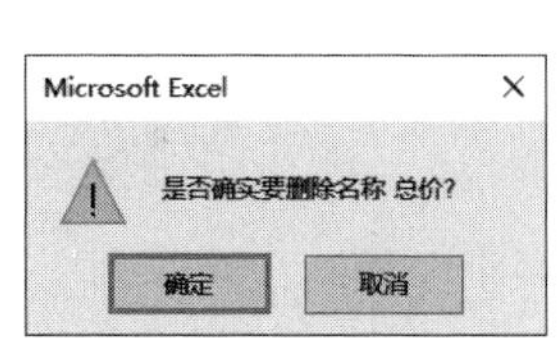

图 9-26　提示框

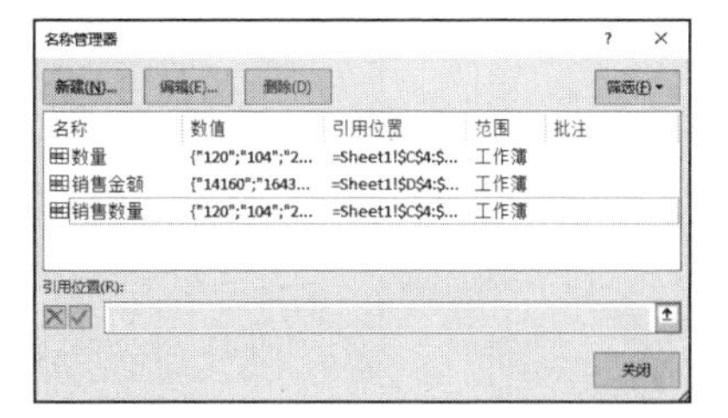

图 9-27　删除名称后的效果

9.3.4　编辑名称引用

如果需要重新编辑已经定义名称的引用位置，可以按“ Ctrl+F3”组合键，在“定义名称”对话框中选中目标名称，然后把光标定位到“引用位置”文本框，进行修改。

在通常情况下，用户会在编辑名称引用的时候遇到一些麻烦，接下来以“设置名称引用 .xlsx”工作簿中的名称为例进行具体讲解。

STEP01：选择工作表中的任意一个单元格，这里选择 B2 单元格。切换至“公式”选项卡，在“定义的名称”组中单击“名称管理器”按钮，打开如图 9-28 所示的“名称管理器”对话框。在名称列表框中选择需要重新编辑的名称，这里选择“ Date”名称行，然后单击“编辑”按钮。

STEP02：随后会打开如图 9-29 所示的“编辑名称”对话框，该对话框中显示了一个已经存在的名称，该名称的引用位置内容是“=Sheet1!$A$1:$E$10”。

图 9-28　选择名称行

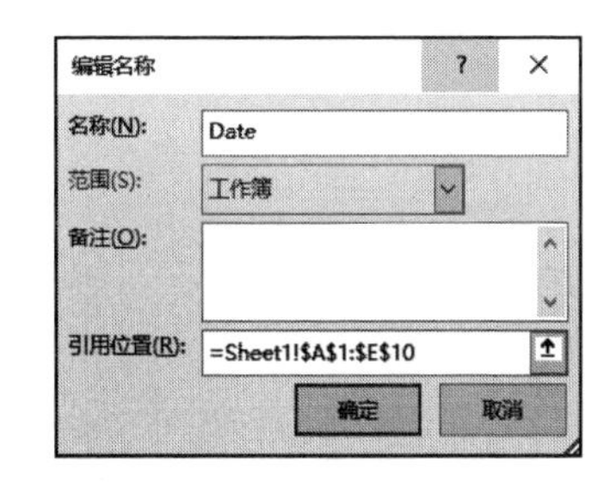

图 9-29　待编辑的名称

STEP03：假设需要把引用位置修改为“ =Sheet1!$A$5:$E$15”，操作方法是在编辑前把光标定位到“引用位置”文本框，按“ F2”键切换至“编辑”模式。然后把光标定位到“ = Sheet1!A”之后，按“ Del”键删除 1，输入 5，然后使用右箭头键将光标往右移，把末尾的 10 修改为 15，最后单击“确定”按钮完成编辑，如图 9-30 所示。

STEP04：返回“名称管理器”对话框，可以在名称列表框中选择“Date”名称行，此时在“引用位置”文本框中显示的单元格区域是编辑后的结果，如图 9-31 所示。

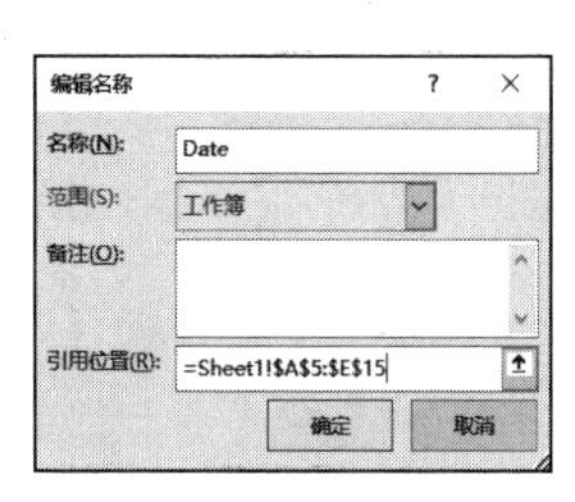

图 9-30 编辑名称引用位置

图 9-31 编辑名称引用效果

9.3.5 定义名称应用

在工作表中定义名称后，默认情况下可应用于整个工作簿，并且同一工作簿中不能定义相同的名称。如果需要定义只适用于某张工作表的名称，可以采用以下步骤进行。例如，此处需要分别在工作表 Sheet1 和 Sheet2 中建立“销售金额”名称。

STEP01：打开“定义名称.xlsx”工作簿，首先在“Sheet1”工作表中选择要定义的单元格区域，这里选择“D4:D12”单元格区域。切换至“公式”选项卡，在“定义的名称”组中单击“定义名称”下三角按钮，在展开的下拉列表中选择“定义名称”选项，打开如图 9-32 所示的“新建名称”对话框。在“名称”文本框输入名称名，这里输入“销售金额”，然后单击“范围”选择框右侧的下拉按钮，在展开的下拉列表中选择“Sheet1”选项，最后单击“确定”按钮完成名称的新建，如图 9-32 所示。

STEP02：切换到“Sheet2”工作表中，选择要定义的单元格区域，这里选择“D4:D12”单元格区域。切换至“公式”选项卡，在“定义的名称”组中单击“定义名称”下三角按钮，在展开的下拉列表中选择“定义名称”选项，打开如图 9-33 所示的“新建名称”对话框。在“名称”文本框输入名称名，这里输入“销售金额”，然后单击“范围”选择框右侧的下拉按钮，在展开的下拉列表中选择“Sheet2”选项，最后单击“确定”按钮完成名称的新建。

图 9-32 设置名称范围为 Sheet1 工作表

图 9-33 设置名称范围为 Sheet2 工作表

9.3.6 选择名称定义域

在工作簿中定义了较多的名称时，可以使用以下两种方法快速地选择名称所对应的单元格区域。下面以“设置名称引用.xlsx”工作簿为实例简单介绍。

方法一：使用“名称框”。

单击“名称框”的下拉箭头，在下拉列表中会显示当前工作表中的所有名称（不包括常量名称和函数名称)。选择其中的一项就可以让该名称所引用的区域处于选择状态，如图 9-34 所示。

方法二：使用“定位”对话框。

按“F5”键，在打开的“定位”对话框中会显示当前工作簿中的所有名称（不包括常量名称和函数名称)。双击其中的一项就可以让该名称所引用的区域处于选择状态，如图 9-35 所示。

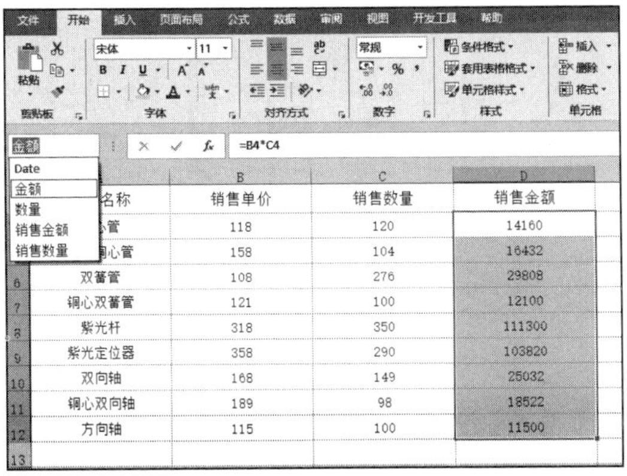

文件 开始 插入 页面布局 公式 数据 审阅 视图 开发工具 帮助

剪贴板 字体 对齐方式 数字 样式 单元格

金额 =B4*C4

Date
金额
数量
销售金额
销售数量

	A	B	C	D
	名称	销售单价	销售数量	销售金额
	心管	118	120	14160
	铜心管	158	104	16432
6	双蓄管	108	276	29808
7	铜心双蓄管	121	100	12100
8	紫光杆	318	350	111300
9	紫光定位器	358	290	103820
10	双向轴	168	149	25032
11	铜心双向轴	189	98	18522
12	方向轴	115	100	11500
13				

图 9-34 使用“名称框”选定名称区域

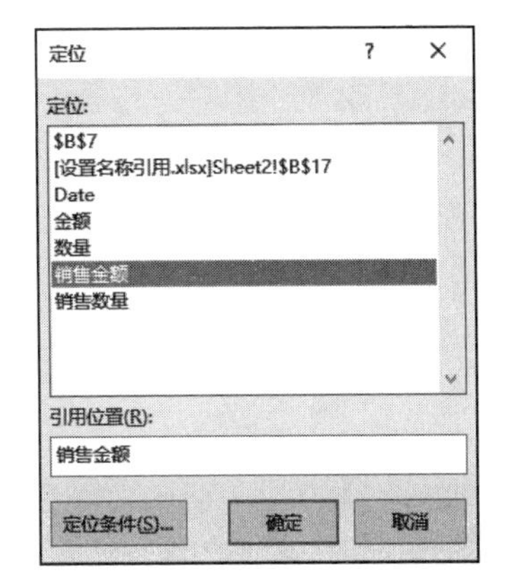

图 9-35 “定位”对话框

第10章 公式与函数基础

用Excel制作的表格可用来完成复杂的数据分析，在表格中公式和数组起着举足轻重的作用。本章主要介绍公式、数据及引用操作技巧相关的知识，让用户了解与掌握公式和数据的更多内容，从而更加熟练地使用Excel。

- 公式常用操作
- 函数常用操作
- 数组常用操作
- 实战：单元格引用常用操作

10.1 公式常用操作

公式是可以进行包括以下操作的方程式：执行计算、返回信息、操作其他单元格的内容以及测试条件等。公式始终以等号（=）开头。

10.1.1 公式常见类型

接下来通过举案例说明可以在工作表中输入的公式类型。

- 输入“=A1+A2+A3”：将单元格 A1、A2 和 A3 中的值相加。
- 输入“=5+2*3”：将 5 加到 2 与 3 的乘积中。
- 输入“=TODAY()”：返回当前日期。
- 输入“=UPPER("hello")”：使用 UPPER 工作表函数将文本“hello”转换为“HELLO”。
- 输入“=SQRT(A1)”：使用 SQRT 函数返回 A1 中值的平方根。
- 输入“=IF(A1>1)”：测试单元格 A1，确定它是否包含大于 1 值。

公式中还可以包含下列部分内容或全部内容：函数、引用、运算符和常量。

- 常量：直接输入公式中的数字或文本值，例如 8。
- 引用：A3 返回单元格 A3 中的值。
- 函数：PI() 函数返回值 PI，3.141592654……
- 运算符：^（脱字号）运算符表示数字的乘方，而 *（星号）运算符表示数字的乘积。

10.1.2 查找和更正公式中的错误

公式中的错误不仅会导致计算结果错误，还会产生意外的结果。查找并及时更正公式中的错误，可以避免此类问题的发生。

如果公式不能计算出正确的结果，则在 Microsoft Excel 单元格中会显示出一个错误的值。公式中的出错原因不同，其解决方法也不相同。

（1）工作表中显示“####”

当列不够宽，或者使用了负的日期或负的时间时，工作表会显示出现错误。

可能的原因和解决方法如下。

1）列宽不足以显示包含的内容，其解决方法有两种。

一是增加列宽：其方法是选择该列，单击鼠标右键，在展开的下拉列表中选择“列宽”选项，打开“列宽”对话框，对列宽的值重新进行设置即可。

二是字体填充：其方法是选择该列，右击该列的任意位置，从弹出的菜单中选择“设置单元格格式”命令，在弹出的“设置单元格格式”对话框中选择“对齐”选项卡，在“文本控制”列表框中选中“缩小字体填充”复选框。

2）由于使用了负的日期或负的时间显示出现错误，其解决方法如下：

如果使用 1900 年日期系统，Microsoft Excel 中的日期和时间必须为正值。

如果对日期和时间进行减法运算，应确保建立的公式是正确的。如果公式是正确的，虽然结果是负值，但可以通过将该单元格的格式设置为非日期或时间格式来显示该值。

（2）工作表中显示“#VALUE!”

如果公式所包含的单元格具有不同的数据类型，则 Microsoft Excel 将显示“#VALUE！”错误。如果启用了错误检查且将鼠标指针定位在错误指示器上，则屏幕提示会显示“公式中所用的某个值是错误的数据类型”。通常，通过对公式进行较少更改即可修复此问题。

可能的原因和解决方法如下。

1）公式中所含的一个或多个单元格包含文本，并且公式使用标准算术运算符（+、-、* 和 /）对这些单元格执行数学运算。例如，公式 =A1+B1（其中 A1 包含字符串“happy”，而 B1 包含数字 1314）将返回“#VALUE！”错误。

解决方法：不要使用算术运算符，而是使用函数（例如 SUM、PRODUCT 或 QUOTIENT）对可能包含文本的单元格执行算术运算，并避免在函数中使用算术运算符，而使用逗号来分隔参数。

2）使用了数学函数（例如 SUM、PRODUCT 或 QUOTIENT）的公式包含的参数是文本字符串，而不是数字。例如，公式 PRODUCT(3，“ happy ”) 将返回“ #VALUE!”错误，因为 PRODUCT 函数要求使用数字作为参数。

解决方法：确保数学函数（例如 SUM、PRODUCT 或 QUOTIENT）中没有直接使用文本作为参数。如果公式使用了某个函数，而该函数引用的单元格包含文本，则会忽略该单元格且不会显示错误。

3）工作簿使用了数据连接，而该连接不可用。

解决方法：如果工作簿使用了数据连接，执行必要步骤以恢复该数据连接，或者，如果可能，可以考虑导入数据。

（3）工作表中显示“#REF”

当单元格引用无效时，会出现此错误。

可能的原因和解决方法如下。

1）可能删除了其他公式所引用的单元格，或者可能将单元格粘贴到其他公式所引用的其他单元格上。

解决方法：如果在 Excel 中启用了错误检查，则单击显示在错误的单元格旁边的按钮◈，并单击“显示计算步骤”(如果显示)，然后单击适合所用数据的解决方案。

2）可能存在指向当前未运行的程序的对象链接和嵌入（OLE）链接。

解决方法：更改公式，或者在删除或粘贴单元格之后立即单击快速访问工具栏上的“撤消”按钮以恢复工作表中的单元格。

3）可能链接到了不可用的动态数据交换（DDE）主题（客户端 / 服务器应用程序的服务器部分中的一组或一类数据），如“系统”。

解决方法：启动对象链接和嵌入（OLE）链接调用的程序。使用正确的动态数据交换（DDE）主题。

4）工作簿中可能有个宏在工作表中输入了返回值为“#REF！”错误的函数。

解决方法：检查函数以确定是否引用了无效的单元格或单元格区域。例如，如果宏在工作表中输入的函数引用函数上面的单元格，而含有该函数的单元格位于第 1 行中，这时函数将返回“#REF!”，因为第 1 行上面再没有单元格了。

如果公式无法正确计算结果，Excel 将会显示错误值，例如“#####、#DIV/0！、#N/A、#NAME？、#NULL！、#NUM！、#REF！和 #VALUE！”，每种错误类型都

有不同的原因和不同的解决方法。

10.1.3 移动或复制公式

在移动公式时，公式内单元格引用不会更改。当复制公式时，单元格引用将根据所引用类型而变化。

以“总收入统计 .xlsx”工作簿中的数据为例，移动公式的具体操作步骤如下。

STEP01：选择包含公式的单元格，这里选择 D2 单元格，单击鼠标右键，在弹出的隐藏菜单中选择“剪切”选项，如图 10-1 所示。

STEP02：在工作表中选择目标放置位置，如 E2 单元格，单击鼠标右键，在弹出的隐藏菜单中选择“粘贴”选项，如图 10-2 所示。移动公式后的效果如图 10-3 所示。

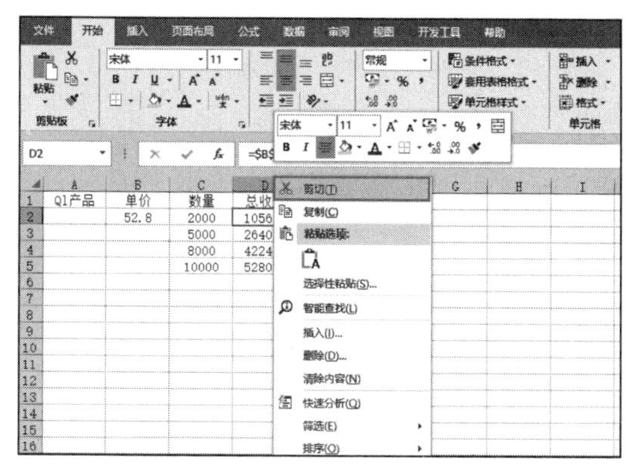

图 10-1 剪切公式

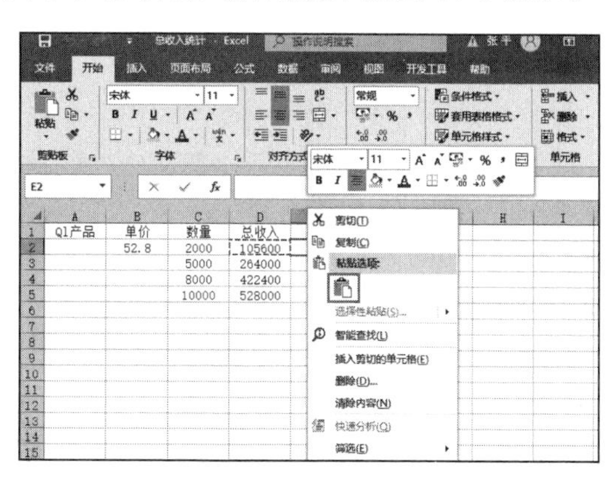

图 10-2 粘贴公式

复制公式的具体操作步骤如下。

STEP01：选择包含公式的单元格，这里选择 D3 单元格，单击鼠标右键，在弹出的隐藏菜单中选择“复制”选项，如图 10-4 所示。

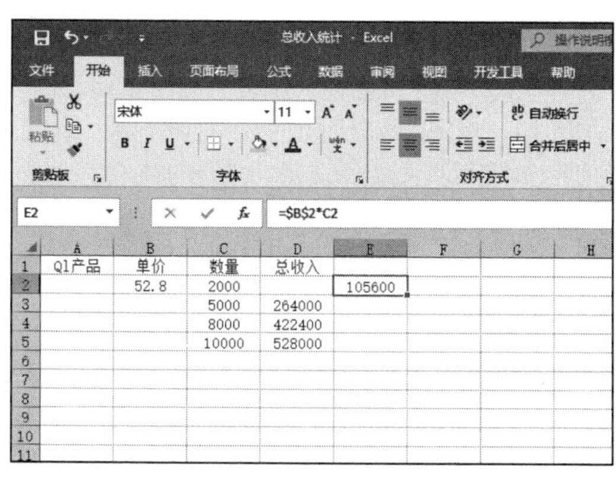

图 10-3 移动公式效果

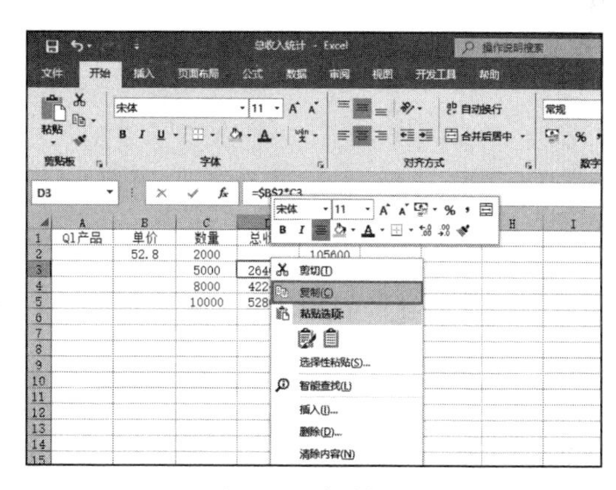

图 10-4 复制公式

STEP02：在工作表中选择目标放置位置，如 E3 单元格，单击鼠标右键，在弹出的隐藏菜单中选择“粘贴选项”列表下的“粘贴公式”选项，如图 10-5 所示。复制公式后的效果如图 10-6 所示。

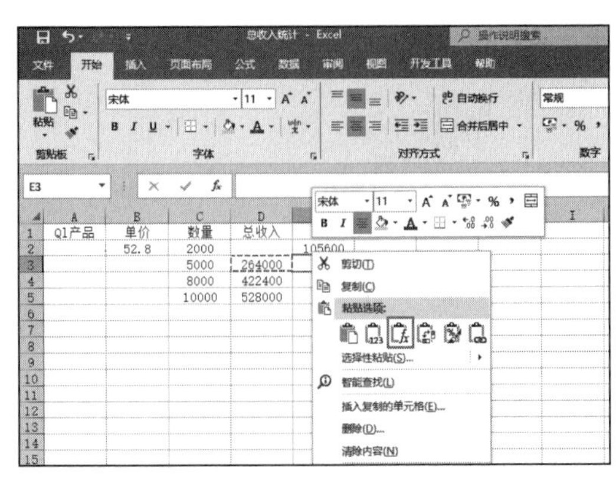

图 10-5 “粘贴公式”选项

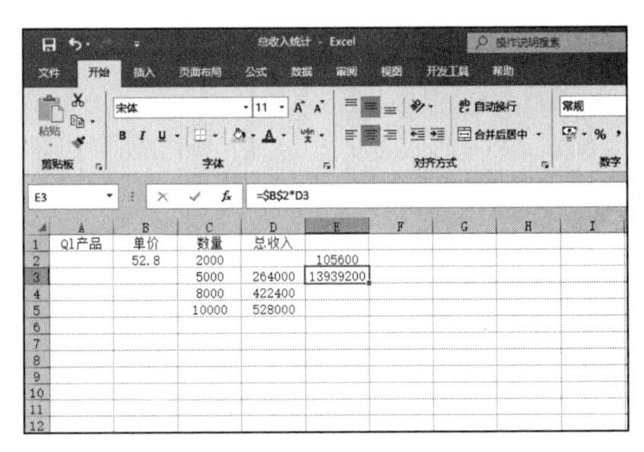

图 10-6 复制公式效果

10.2 函数常用操作

公式是对工作表中数值执行计算的等式，函数则是一些预先编写的、按照特定顺序或者结构执行计算的特殊等式。根据应用领域的不同，Excel 函数一般可以分为：逻辑函数、信息函数、日期与时间函数、数学与三角函数、统计、查找与引用、数据库、文本、财务、工程等类别。此外还有宏表函数、扩展函数及外部函数等。

许多读者在碰到较复杂的函数公式，尤其是函数嵌套公式的时候，往往不知从何读起。其实只要掌握了函数公式的结构等基本知识，就可以像庖丁解牛一样把公式进行分段解读。

10.2.1 输入与编辑函数

输入与编辑函数公式的时候，有许多技巧。下面分别进行详细介绍。

（1）使用工具栏按钮输入函数

许多读者接触 Excel 公式计算都是从求和开始的，所以对功能区上的“自动求和”按钮应该不会陌生。在工作表页面切换至“公式”选项卡，在“函数库”组中单击“自动求和”下三角按钮将出现求和、平均值、计数、最大值、最小值、其他函数 6 个选项（默认为求和），如图 10-7 所示。选择其中一项，就可以在单元格中快捷地插入相对应的常用函数。

（2）使用插入函数向导

插入函数向导是一个交互式输入函数的对话框，选中任意单元格，按“Shift+F3”组合键或者直接单击“公式”选项卡下的“插入函数”按钮，都可以打开如图 10-8 所示的“插入函数”对话框。

如图 10-9 所示，如果对函数所属类别不是很熟悉，可以在此对话框的“搜索函数”文本框里输入简单描述来寻找合适的函数。比如，在文本框中输入“返回两数相除的余数”，然后单击“转到”按钮，则 Excel 会在“选择函数”列表框中“推荐”供用户选择的函数，如 MOD 函数。

如果知道所需函数的类别，可以先在“或选择类别”下拉列表中选择分类，然后从“选择函数”列表框中选择函数。当类别中的函数数量较多的时候，可以移动滚动条或者输入函数开头字母来快速定位函数。

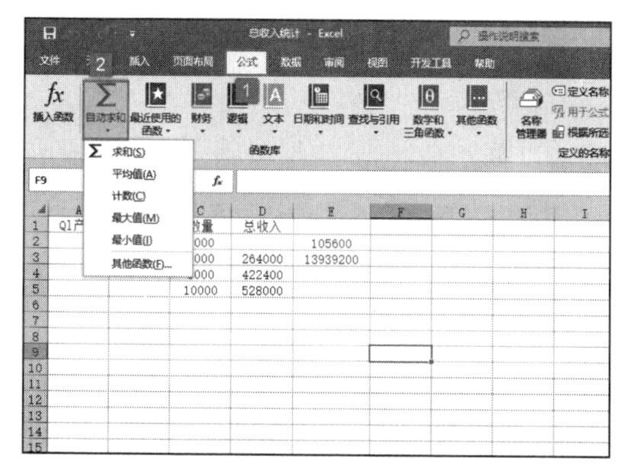

图 10-7 函数选项

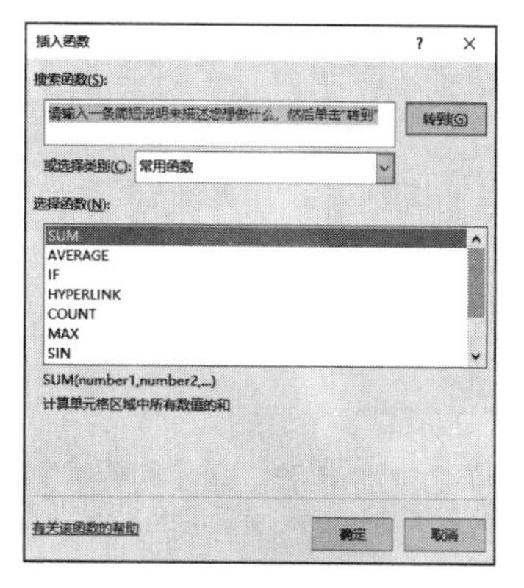

图 10-8 插入函数向导

选定函数后，在“插入函数”对话框中单击“确定”按钮，Excel 会将函数写入编辑栏中，同时会打开“函数参数”对话框，利用此对话框，用户可以方便地输入函数所需的各项参数，每个参数框右边会显示该参数的当前值。对话框下方有关于所选函数的一些简单描述文字，以及对各个参数的相关说明，如图 10-10 所示。

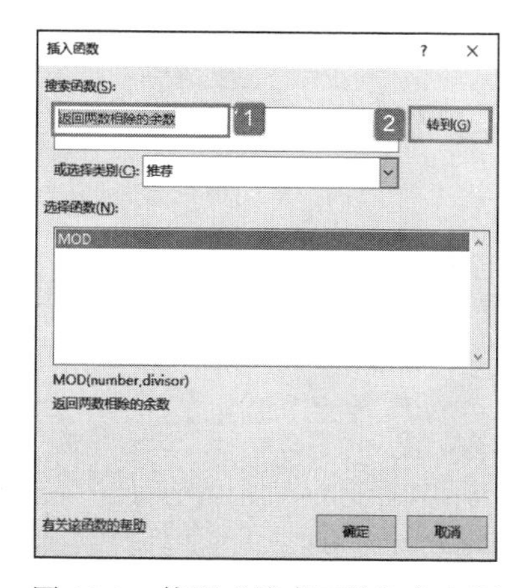

图 10-9 使用“搜索函数”文本框

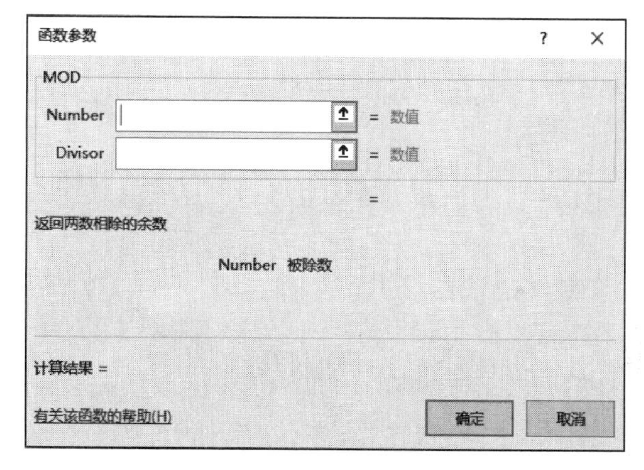

图 10-10 函数参数对话框

（3）手工输入函数

熟悉函数的用户可以直接在单元格中输入函数公式。输入函数公式的方法与输入其他数据没有差别，只要保证输入的内容符合函数公式的结构即可。

（4）公式的编辑

当需要修改公式的时候，可以在编辑栏中移动光标到相应的地方直接修改，或者单击“公式”选项卡下的“插入函数”按钮，在打开的“函数参数”对话框中进行修改。

10.2.2 设置函数工具提示

利用函数工具提示，可以轻松快速掌握函数的使用方法。函数工具提示主要包括以下几种操作。

（1）设置函数工具提示选项

STEP01：切换至“文件”选项卡，在左侧导航栏中单击“选项”标签，打开“Excel 选项”对话框，如图 10-11 所示。

STEP02：单击“公式”标签，在对应的右侧窗格中对更改与公式计算、性能和错误处理相关的选项进行相关设置。这里在“计算选项”列表框下选择“自动重算”单选按钮，在“使用公式”列表框下取消勾选“R1C1 引用样式”复选框，在“错误检查”列表框下勾选“允许后台错误检查”复选框，并设置使用“绿色”标识错误，然后在“错误检查规则”列表框下取消勾选“引用空单元格的公式”复选框。完成设置后，单击“确定”按钮即可返回工作表，如图 10-12 所示。

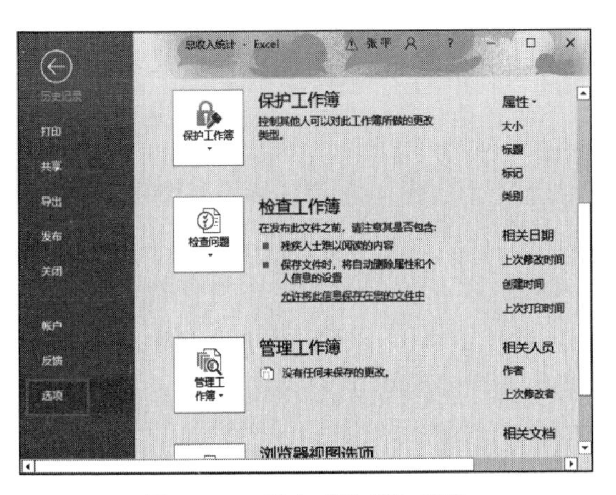

图 10-11　单击“选项”标签

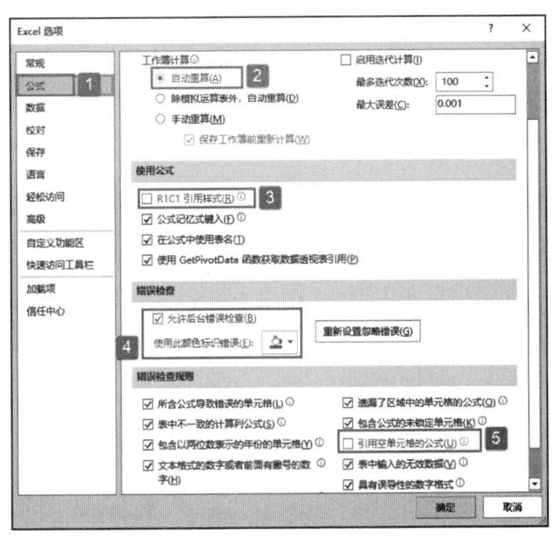

图 10-12　设置公式属性

（2）在单元格中显示函数完整语法

在单元格中输入一个函数公式的时候，按“Ctrl+Shift+A”组合键可以得到包含该函数完整语法的公式。例如输入“=IF”，然后按“Ctrl+Shift+A”组合键，则可以在单元格中得到如图 10-13 所示结果。

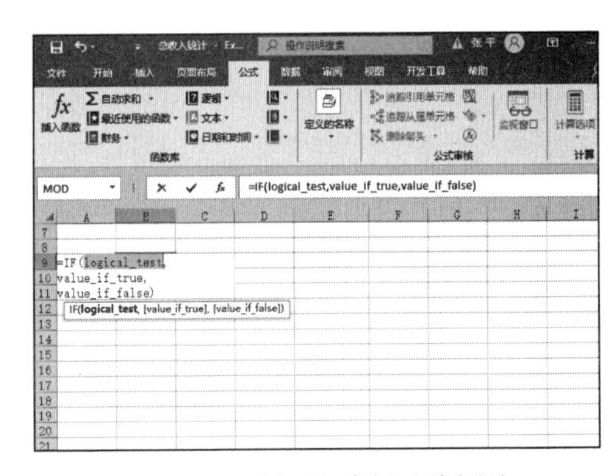

图 10-13　利用组合键查询语法

（3）阅读使用函数帮助文件

Excel 内置函数多数都有相应的帮助文件，单击“插入函数”对话框或者“函数参数”对话框左下角的“有关该函数的帮助”的链接，或者单击“函数提示工具”左边的函数名称，都可以调出相关函数的帮助窗口。

10.2.3　函数查错与监视

在使用函数的过程中，经常会遇到一些不可预知的错误，这些不同类型的错误，对于普通用户来说，往往是不容易理解的，而且不容易掌握。本节就 Excel 中错误的类型以及查错与监视功能展开综合论述。

（1）错误类型

在使用 Excel 公式进行计算的时候，可能会因为某种原因而无法得到正确结果，从而返回一个错误值。表 10-1 列出了常见的错误值及其含义。

表10-1　常见Excel公式错误值说明

错误值类型	含　义
#####	当列不够宽，或者使用了负的日期或者负的时间的时候，出现错误
#VALUE	当使用的参数或者操作数类型错误时，出现错误
#DIV/0!	当数字被 0 除时，出现错误
#NAME?	当 Excel 未识别公式中的文本的时候，出现错误
#N/A	当数值对函数或者公式不可用的时候，出现错误
#REF!	当单元格引用无效时，出现错误
#NUM!	当公式或者函数中使用无效数字的时候，出现错误
#NULL!	当指定并不相交的两个区域的交点时，出现错误，用空格表示两个引用单元格之间的相交运算符

（2）使用错误检查工具

当公式的结果返回错误值的时候，可以使用 Excel 的错误检查工具，快速查找错误原因。

在工作表中切换至“文件”选项卡，在左侧导航栏中单击“选项”标签，打开“ Excel 选项”对话框。单击“公式”标签，在对应的右侧窗格中向下滑动滑块至“错误检查”列表框下，勾选“允许后台错误检查”复选框，并设置使用“绿色”标识错误，然后单击“确定”按钮完成设置，如图 10-14 所示。

如此，当单元格内的公式出现错误的时候，单元格左上角会自动出现一个绿色小三角形，即 Excel 的智能按钮标记，如图 10-15 所示。

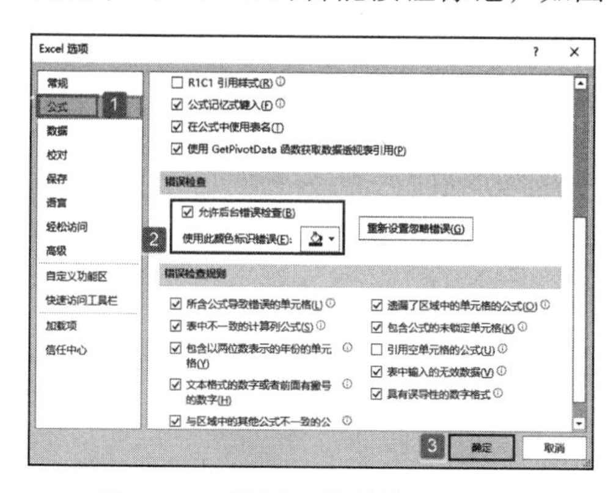

图 10-14　设置“错误检查”选项

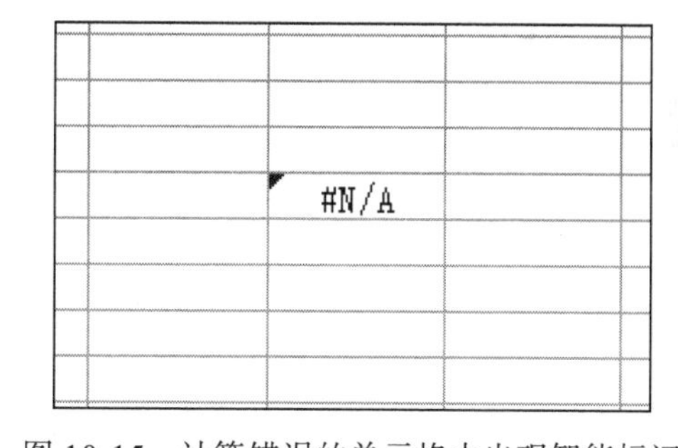

图 10-15　计算错误的单元格中出现智能标记

选定包含错误的单元格，单击出现的下三角按钮，会显示如图 10-16 所示的下拉列表。菜单中包含错误的类型，关于此错误的帮助链接，显示计算步骤，忽略错误，以及在公式编辑栏中编辑等选项，以便用户选择下一步操作。

（3）监视窗口

如果用户创建了链接到其他工作簿的数据的电子表格，可以利用监视窗口随时查看工作表、单元格和公式函数在改动的时候是如何影响当前数据的。

单击“公式”选项卡下的“监视窗口”按钮，打开如图 10-17 所示的“监视窗口”对话框，通过它可以观察单元格及其中的公式。该对话框可以监视单元格的下列属性：所属工作簿、所属工作表、名称、单元格、值及公式。每个单元格只能有一个监视窗口。

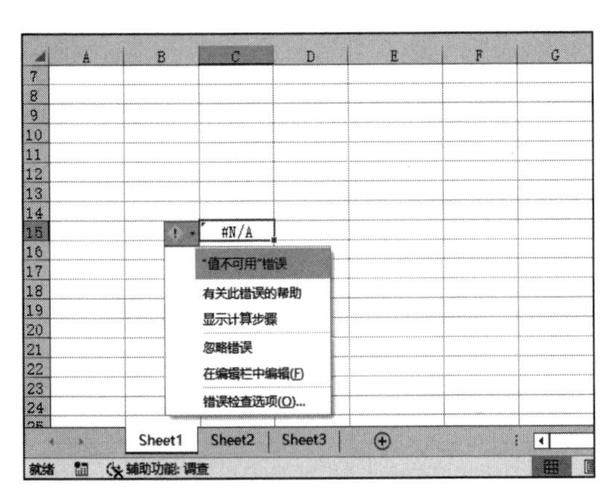

图 10-16　错误检查智能标记选项

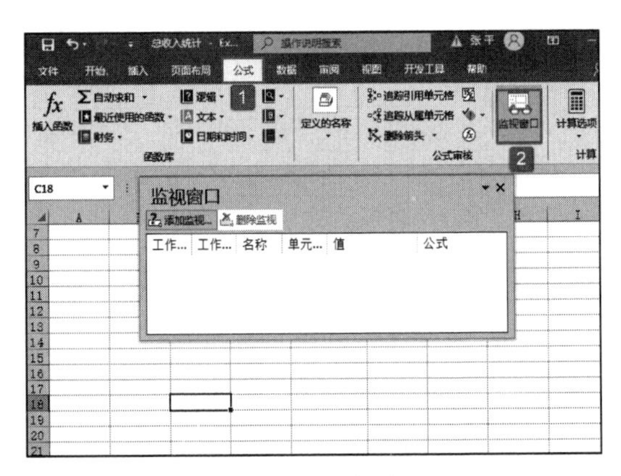

图 10-17　监视窗口

可以先选择工作表上的一个或多个包含公式的单元格，然后单击“监视窗口”对话框中的“添加监视”按钮，即可监视所选的单元格。监视窗口可以移动并改变窗口边界来获取最佳视图。

10.2.4　处理函数参数

在函数的实际使用过程中，并非总是需要把一个函数的所有参数都写完整才可以计算，可以根据需要对参数进行省略和简化，以达到缩短公式长度或者减少计算步骤的目的。本节将具体讲解如何省略、简写及简化函数参数。

函数的帮助文件会将其各个参数表达的意思和要求罗列出来，仔细看看就会发现，有很多参数的描述中包括“忽略”“省略”“默认”等词，而且会注明，如果省略该参数，则表示默认该参数代表某个值。参数的省略是指该参数连同该参数存在所需的逗号间隔都不出现在函数中。

例：判断 B2 是否与 A2 的值相等，如果是则返回 TRUE，否则返回 FALSE。

=if（b2=a2,true,false）

可以省略为：

=if（b2=a2,true）

部分函数中的参数为 TRUE 或者 FALSE，比如 HLOOKUP 函数的参数 range_lookup。当为其指定为 FALSE 的时候，可以用 0 来替代。甚至连 0 也不写，而只是用逗号占据参数位置。下面 3 个公式是等价的：

```
= VLOOKUP(A1,B1:C10,2,FALSE)
= VLOOKUP(A1,B1:C10,2,0)
= VLOOKUP(A1,B1:C10,2,)
```

此外，有些针对数值的逻辑判断，可利用“0= false”和“非 0 数值 = true”的规则来简化。比如，在已知 A1 单元格的数据只可能是数值的前提下，可以将公式 =if(A1<>0，B1/A1,"") 简化为 =if(A1,B1/A1,"")。

10.2.5　保护和隐藏函数公式

如果不希望工作表中的公式被其他用户看到或者修改，可以对其进行保护与隐藏。下面是保护和隐藏工作表中的函数公式的具体操作步骤。

STEP01：打开“总收入统计 .xlsx”工作簿，在工作表页面按“F5”键打开如

图 10-18 所示的“定位”对话框。在对话框中单击“定位”条件按钮，打开“定位条件”对话框。

STEP02：打开“定位条件”对话框后，在“选择”列表框中单击选择“公式”单选按钮，然后单击“确定”按钮返回工作表，如图 10-19 所示。此时，工作表中会自动选择所有包含公式的单元格。

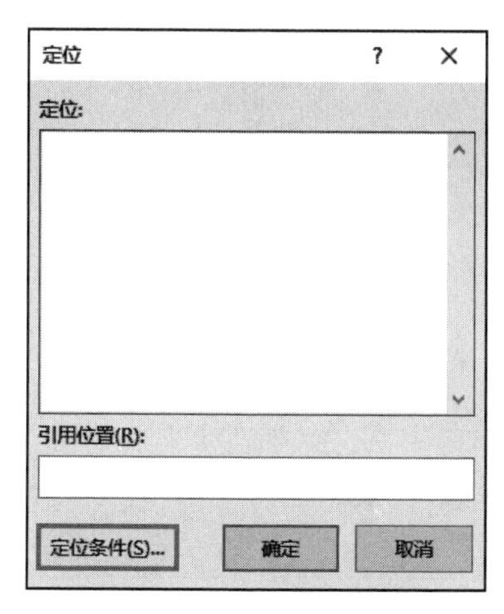

图 10-18 “定位”对话框

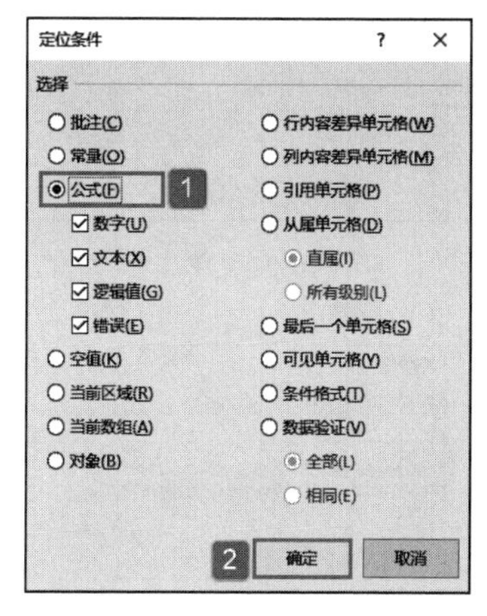

图 10-19 设置定位条件

STEP03：在选择的单元格处单击鼠标右键，在弹出的隐藏菜单中选择“设置单元格格式”选项，如图 10-20 所示。

STEP04：随后会打开“设置单元格格式”对话框，切换至“保护”选项卡，依次勾选“锁定”和“隐藏”复选框，然后单击“确定”按钮返回工作表，如图 10-21 所示。

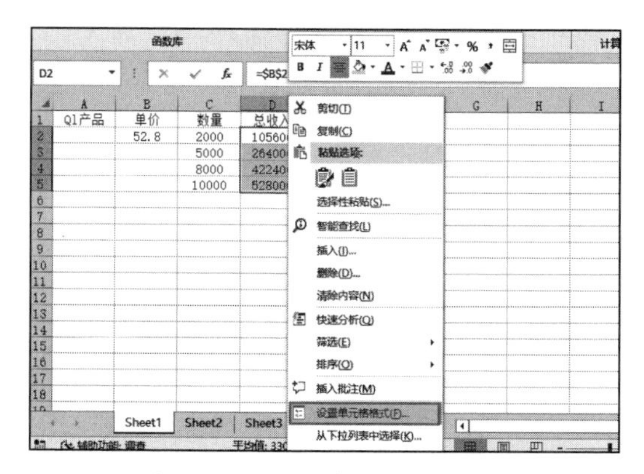

图 10-20 设置单元格保护属性

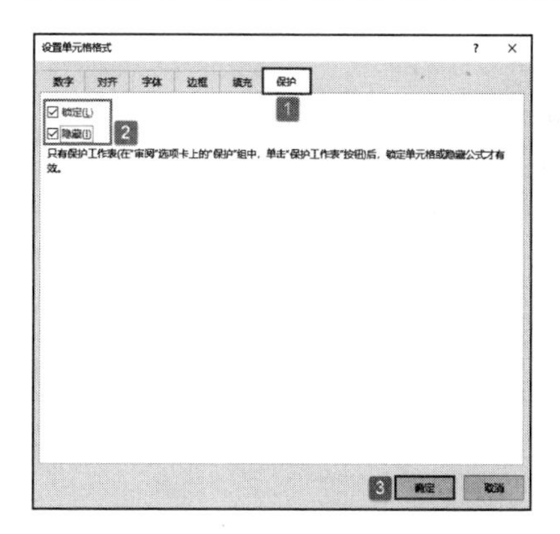

图 10-21 设置保护选项

STEP05：如图 10-22 所示，切换至“审阅”选项卡，在“保护”组中单击“保护工作表”按钮，会打开如图 10-23 所示的“保护工作表”对话框。在“取消工作表保护时使用的密码”文本框中输入“123456”，然后单击“确定”按钮。

STEP06：此时，会弹出“确认密码”对话框，在“重新输入密码”文本框中再次输入密码“123456”，然后单击“确定”按钮即可完成保护设置，如图 10-24 所示。

STEP07：若用户想要修改工作表中被保护的公式数据，会弹出如图 10-25 所示的对话框。

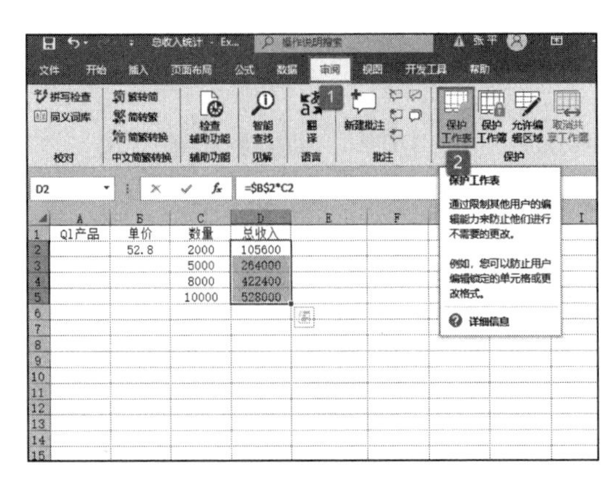

图 10-22　单击“保护工作表”按钮

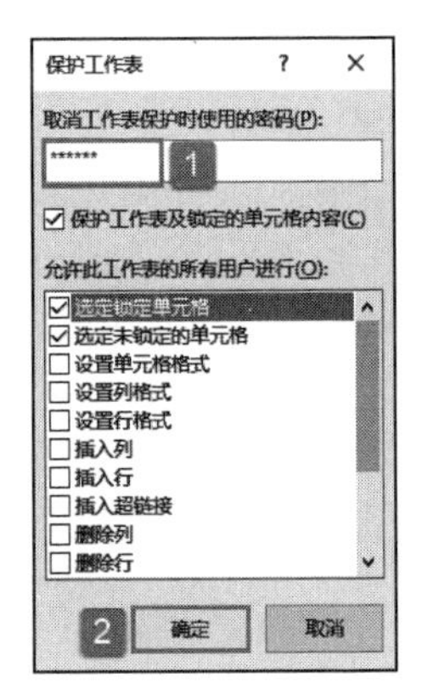

图 10-23　设置密码

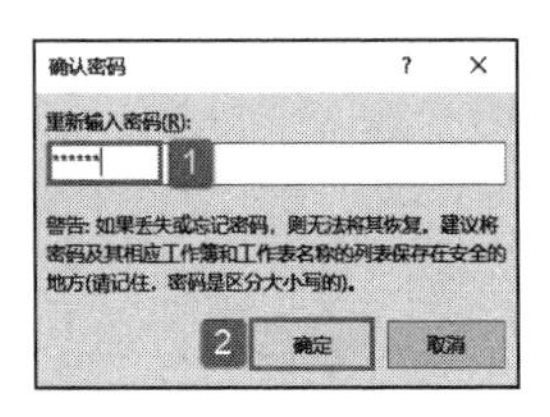

图 10-24　确认密码

图 10-25　提示框

STEP08：如果用户想要取消对工作表的保护，在主页将功能区切换至“审阅”选项卡，单击“保护”组中的“撤销工作表保护”按钮，打开如图 10-26 所示的“撤销工作表保护”对话框。然后在“密码”文本框中输入“123456”，单击“确定”按钮即可。

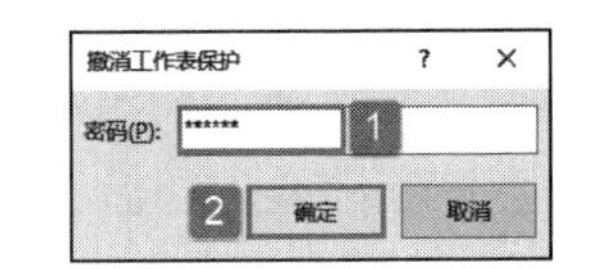

图 10-26　撤销工作表保护

10.3 数组常用操作

数组是具有某种联系的多个元素的组合。例如，一个公司有 100 名员工，如果公司是一个数组，则 100 名员工就是这个数组里的 100 个元素。元素可多可少，可增可减，所以数组里面的元素是可以改变的。也可以这么理解，多个单元格数值的组合就是数组。

10.3.1 认识数组

1）数组类型：数组的类型实际上是指数组元素的取值类型。对于同一个数组，其所有元素的数据类型都是相同的。

2）数组名的书写规则应符合标识符的书写规定。

3）数组名不能与其他变量名相同。

4）方括号中常量表达式表示数组元素的个数，如 a[5] 表示数组 a 有 5 个元素。但是其下标从 0 开始计算。因此 5 个元素分别为 a[0],a[1],a[2],a[3],a[4]。

5）不能在方括号中用变量来表示元素的个数，但是可以用符号常数或常量表达式。

6）允许在同一个类型说明中说明多个数组和多个变量。

在工作表中经常可以看到许多在头尾带有“{}”的公式，有的用户把这些公式直接复制粘贴到单元格中，却没有出现正确的结果，这是为什么呢？其实这些都是数组公式，数组公式的输入方法是将公式输入后，不直接按“Enter”键，而是按“Ctrl+Shift+Enter”组合键，这时电脑自动为公式添加“{}”。

用户如果不小心按了“Enter”键，也不用紧张，用鼠标点一下编辑栏中的公式，再按“Ctrl+Shift+Enter”组合键即可。

数组公式是相对于普通公式而言的，普通公式只占用一个单元格，且返回一个结果，而数组公式则可以占用一个单元格也可以占用多个单元格，它对一组数或多组数进行计算，并返回一个或多个结果。

数组公式用一对大括号“{}”来括住，以区别普通公式，且以按“Ctrl+Shift+Enter”组合键结束。

数组公式主要用于建立可以产生多个结果或对可以存放在行和列中的一组参数进行运算的单个公式。数组公式最大的特点就是可以执行多重计算，它返回的是一组数据结果。数组公式最大的特征就是所引用的参数是数组参数，包括区域数组和常量数组。区域数组是一个矩形的单元格区域，如 $A$1:$D$5；常量数组是一组给定的常量，例如 {1,2,3}、{1;2;3} 或 {1,2,3;1,2,3}。

数组公式中的参数必须为“矩形”，如 {1,2,3;1,2} 就无法引用了。输入后同时按“Ctrl+Shift+Enter”组合键，数组公式的外面会自动加上大括号 {} 予以区分。有的时候，看上去是一般应用的公式也应该属于数组公式，只是它所引用的是数组常量。对于参数为常量数组的公式，则在参数外有大括号 {}，在公式外则没有，输入时也不必按“Ctrl+Shift+Enter”组合键。

10.3.2 返回数组集合

在使用数组公式时，有可能返回的是一个结果，也有可能返回的是一个集合。

STEP01：打开“人员统计.xlsx”工作簿，选中 A1:D4 单元格区域，输入公式“={"编号","姓名","性别","年龄";"001","张三","男","22";"002","张五","男","24";"004","丁一","女","23"}”，如果按“Ctrl+Enter”组合键返回，会显示如图 10-27 所示的结果。

STEP02：如果按“Ctrl+Shift+Enter”组合键则会返回一组集合，结果如图 10-28 所示。

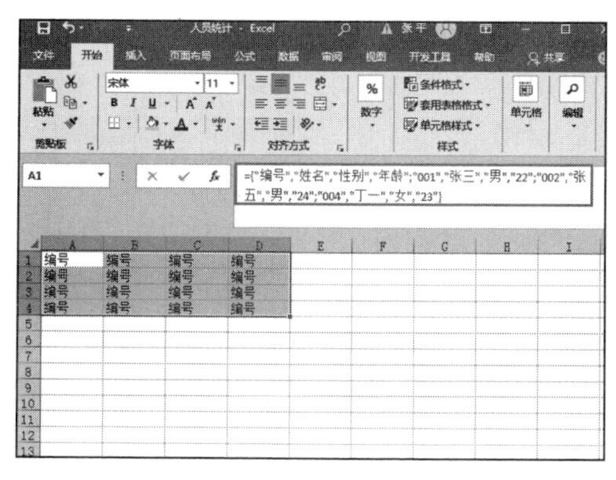

图 10-27 返回结果

图 10-28 返回一组集合

10.3.3 使用相关公式完整性

什么是相关公式完整性？还是以上一节的案例为例。在选中的单元格区域 A1:D4 中选择任意单元格，例如这里选择 B3 单元格，然后对单元格 B3 中的公式进行任意修改（即使和原公式一致），按“Enter”键返回工作表，会弹出如图 10-29 所示的警告对话框。

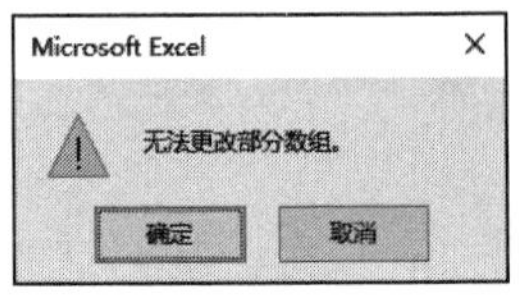

图 10-29　警告对话框

这是什么原因呢？

因为用户正在企图破坏公式的完整性，A1:D4 单元格区域中的数据源都是“={"编号","姓名","性别","年龄";"001","张三","男","22";"002","张五","男","24";"004","丁一","女","23"}”，它们运用的是同一个公式。如果用户想单独更改某一个单元格的公式时，系统会认为用户正在更改部分单元格的数据源，这样一来会导致发生数据源不一致的情况，从而导致与其他相关单元格脱离关系，这样数据公式就失去了意义。所以系统不允许更改数组公式中的部分内容。这样就可以保持数据的完整性，与数据源完全相对应。

10.3.4 利用数组模拟 AND 和 OR

1）AND（与关系）：当两个或多个条件必须同时成立时才判定为真是，则称判定与条件的关系为逻辑与关系，就是平常所说的“且”。

2）OR（或关系）：当两个或多个条件只要有一个成立时就判定为真时，则称判定与条件的关系为逻辑或关系。

在 Excel 中，* 和 + 可以与逻辑判断函数 AND 和 OR 互换，但在数组公式中，* 和 + 号能够替换 AND 和 OR 函数，反之则行不通。这是因为 AND 函数和 OR 函数返回的是一个单值 TRUE 或 FALSE，如果数据公式要执行多重计算，单值不能形成数组公式各参数间的一一对应关系。

打开“工资表 .xlsx”工作簿，例如要统计如图 10-30 所示的表格中基本工资为 2000 ～ 2500 的员工人数，就是说统计工资高于 2000 且工资低于 2500 的人数，由此可以判定该条件是一个“逻辑与”关系。

STEP01：如果在单元格 A8 中输入公式“=SUM(AND(C3:C7>2000,C3:C7<2500)*1)”，按“Ctrl+Shift+Enter”组合键后，返回的结果是 0，如图 10-31 所示。

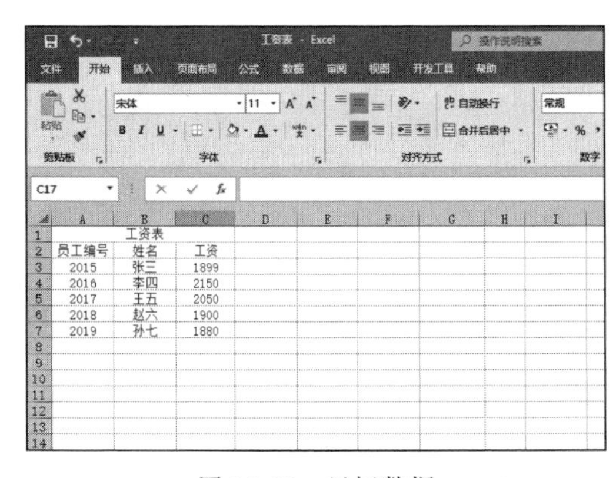

图 10-30　目标数据

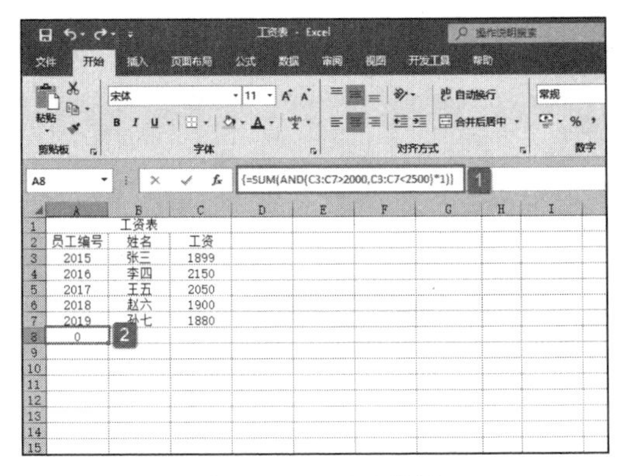

图 10-31　返回结果

因为公式中“C3:C7>2000”返回的值是 {TRUE;FALSE;TRUE;TRUE;TRUE}。而

公式“C3:C7<2500)”返回的值是{TRUE;TRUE;FALSE;TRUE;FALSE}。

这两个公式返回的值再逻辑与，则返回的值是FALSE。所以计算结果“=SUM(FALSE*1)=SUM(0*1)=0”。因此返回的结果为0。

STEP02：在单元格B8中输入公式“=SUM((C3:C7>2000)*(C3:C7<2500))”，按“Ctrl+Shift+Enter”组合键后，返回的结果是2，如图10-32所示。

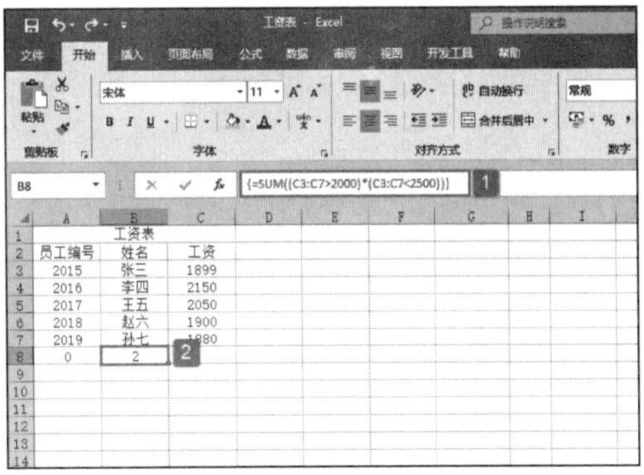

图10-32 返回结果

这是因为在公式中“(C3:C7>2000)*(C3:C7<2500)”

={TRUE;FALSE;TRUE;TRUE;TRUE}*{TRUE;TRUE;FALSE;TRUE;FALSE}

={1;0;1;1;1}*{1;1;0;1;0}

={1;0;0;1;0}

所以公式的计算结果为“=SUM（{1;0;0;1;0}）”=2。

10.3.5 利用数组模拟IF()

前面讲了利用数组模拟AND和OR，同样利用数组也可以模拟IF()。还是以图10-30所示的工作表数据为例。

前一节讲过，在A8单元格中输入公式“=SUM(AND(C3:C7>2000,C3:C7<2500)*1)”，按“Ctrl+Shift+Enter”组合键返回后，得到的结果是0。在B8单元格中输入公式“=SUM((C3:C7>2000)*(C3:C7<2500)*1)”，按“Ctrl+Shift+Enter”组合键返回后，得到的结果是2。

现在把单元格A8中的公式更改为“=SUM(IF(C3:C7>2000,C3:C7<2500)*1)”，按“Ctrl+Shift+Enter”组合键返回后，得到的结果是2，如图10-33所示。

如果把IF去掉，公式又会变成什么样子呢?

在B8单元格中输入公式“=SUM((C3:C7>2000)*(C3:C7<2500))”，按“Ctrl+Shift+Enter”组合键返回后，得到的结果还是2，如图10-34所示。

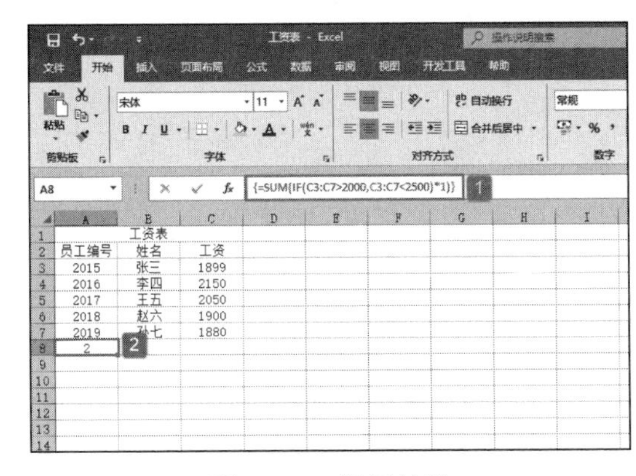

图10-33 返回结果

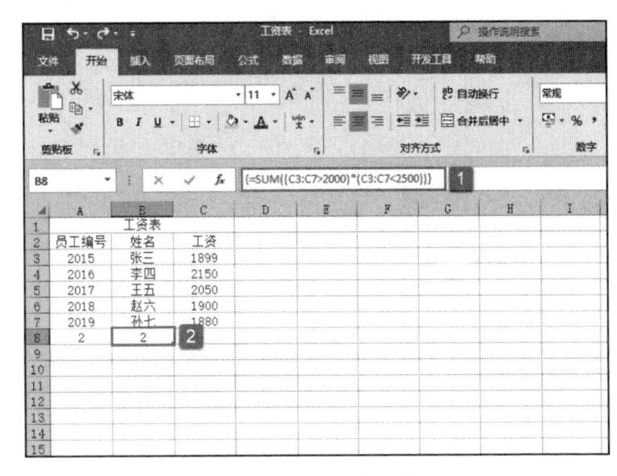

图10-34 返回相同结果

由此可以看出，通常情况下“*”可以模拟IF()。需要注意的是，并不是所有的

IF() 都可以用“*”代替，用户可根据实际情况灵活运用。

10.3.6 引用数组中的大小制约

引用大小制约指的是数组公式中各相关引用之间的大小制约或引用大小对结果集大小的制约。

主关键区域决定数组函数返回值的大小（这里说的关键区域指的是决定数组公式返回结果集大小的区域）。

有相互依赖关系的引用之间大小一定要一致。相互依赖指的就是共同决定某个结果，如果不一致，则会返回一个错误值。

10.4 实战：单元格引用常用操作

一个 Excel 工作表由 65536 行 *256 列单元格组成，以左上角第 1 个单元格为原点，向下、向右分别为行、列坐标的正方向。在 Excel 中，存在几种引用单元格的方式，下面分别加以介绍。

10.4.1 单元格引用样式

（1）A1 引用样式

默认情况下，Excel 使用 A1 引用样式该样式使用数字 1 ～ 65536 表示行号，用字母 A ～ IV 表示列标。例如，第 C 列和第 5 行交叉处的单元格的引用形式为“C5”，如果引用整行或者整列，可以省去列标或者行号，比如 1:1 表示第 1 行。

（2）R1C1 引用样式

在工作表中切换至“文件”选项卡，在左侧导航栏中单击“选项”标签打开“Excel 选项”对话框，单击“公式”标签，在对应的右侧窗格中向下滑动滑块至“使用公式”列表框下，勾选“R1C1 引用样式”复选框，单击“确定”按钮即可完成设置，如图 10-35 所示。用 R1C1 引用样式，可以使用“R”与数字的组合来表示行号，“C”与数字的组合则表示列标。R1C1 样式可以更加直观地体现单元格的“坐标”概念。

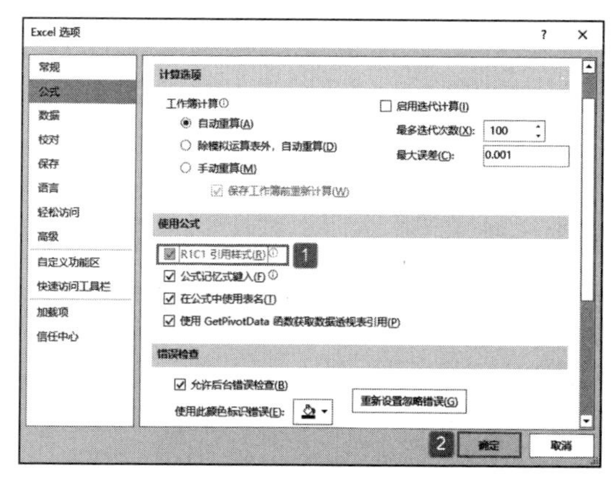

图 10-35 设置 R1C1 引用

（3）三维引用

引用单元格区域时，冒号表示以冒号两边所引用的单元格为左上角和右下角之间的所有单元格组成的矩形区域。

当右下角单元格与左上角单元格处在同一行或者同一列时，这种引用称为一维引用，如 A1:D1，或者 A1:A5。而类似 A1:C5，则表示以 A1 单元格为左上角，C5 单元格为右下角的 5 行 3 列的矩形区域，这就形成了一个二维的面，所以该引用称为二维引用。

当引用区域不只在构成二维平面的方向出现时，其引用就是多维的，是一个由不同层次上多个面组成的空间模型。

打开“三维引用数据.xlsx”工作簿，在“Sheet1”工作表的E8单元格中输入公式“=SUM(Sheet1:Sheet3!A1:C5)”，表示对从工作表Sheet1到Sheet3的A1:C5单元格区域求和，按“Enter”键即可返回计算结果，如图10-36所示。在此公式的引用范围中，每个工作表的A1:C5都是一个二维平面，多个二维平面在行、列和表3个方向上构成了三维引用。

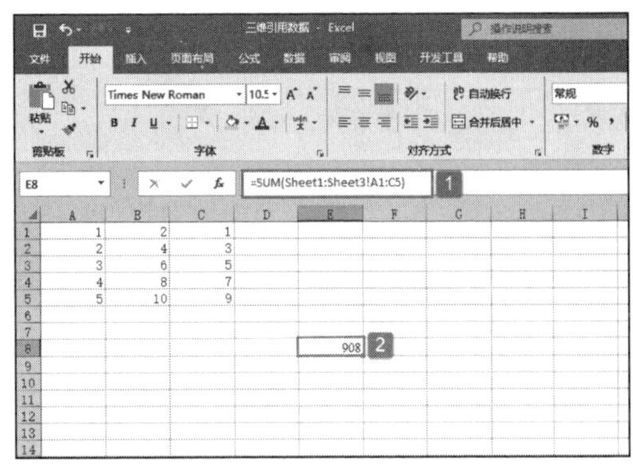

图10-36　三维引用计算结果

10.4.2　相对与绝对引用

单元格的引用有两种，一种是相对引用方式，一种是绝对引用方式。

（1）相对引用

相对引用单元格的方法非常简单，接下来通过一个实例说明相对引用方式的方法。

STEP01：打开“单元格引用数据.xlsx”工作簿，切换至“相对引用.xlsx”工作表，在D2单元格中输入公式“=B2+C2”，按“Enter”键返回即可得到如图10-37所示的计算结果。

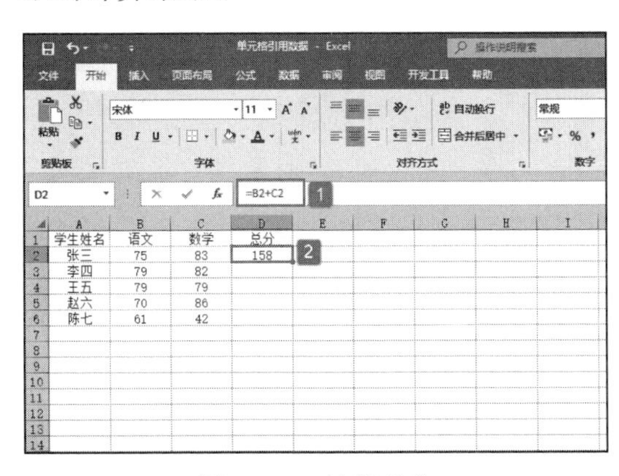

图10-37　计算总分

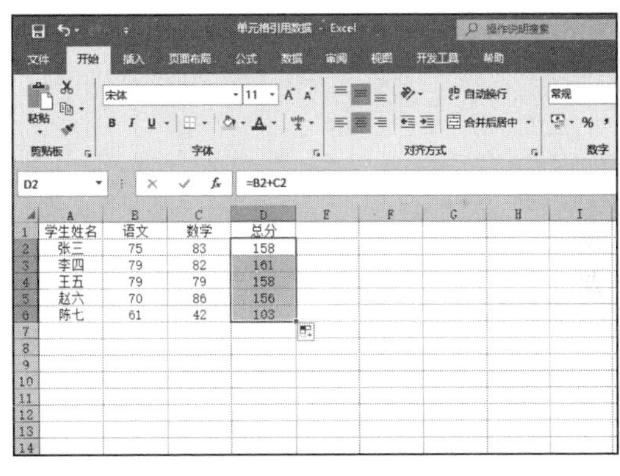

图10-38　复制公式

STEP02：选中D2单元格，利用填充柄工具向下拖动鼠标，复制公式至D6单元格，结果如图10-38所示。

STEP03：选择复制得到公式的单元格，例如D5单元格，此时发现D5单元格中的公式为“=B5+C5”，数据源自动改变了，如图10-39所示。

（2）绝对引用

单元格的绝对引用指的是把公式复制或移动到其他位置时，公式中的固定单元格地址保持不变。如果要对单元格采用绝对引用的方式，则需要使用“$”符号为标识。接下来还是通过一个案例说明如何对单元格进行绝对引用。

STEP01：切换至“绝对引用”工作表，选中D2单元格，在D2单元格中输入公式“=$B$2*C2”，按“Enter”键返回，即可得到如图10-40所示的计算结果。

STEP02：选中D2单元格，利用填充柄工具向下拖动鼠标，复制公式至D5单元格，结果如图 10-41 所示。

STEP03：选择复制得到公式的单元格，例如 D5 单元格，此时发现 D5 单元格中的公式为“=$B$2*C5”，说明绝对引用时地址不变，如图 10-42 所示。

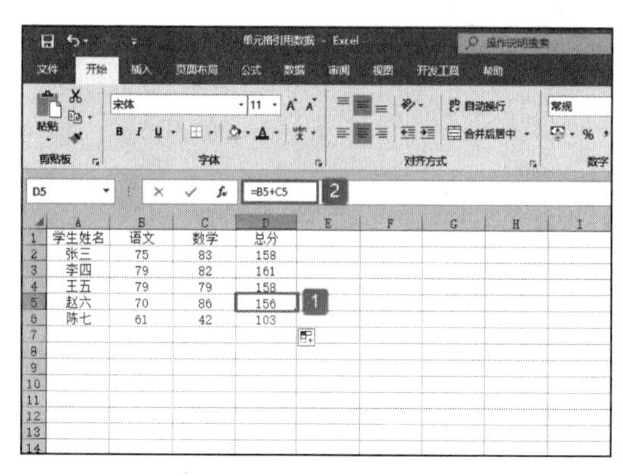

图 10-39　数据源自动改变

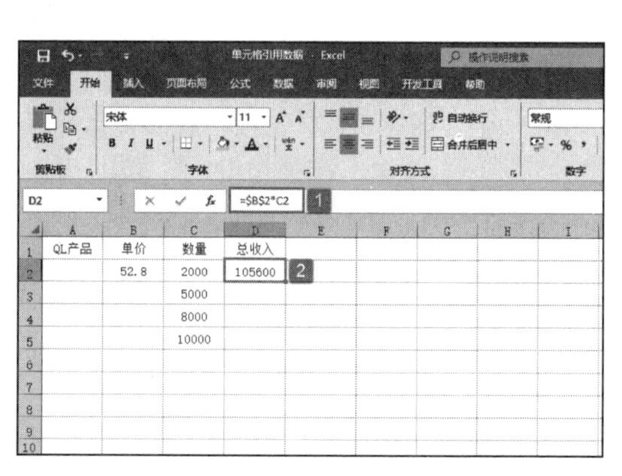

图 10-40　绝对引用计算结果

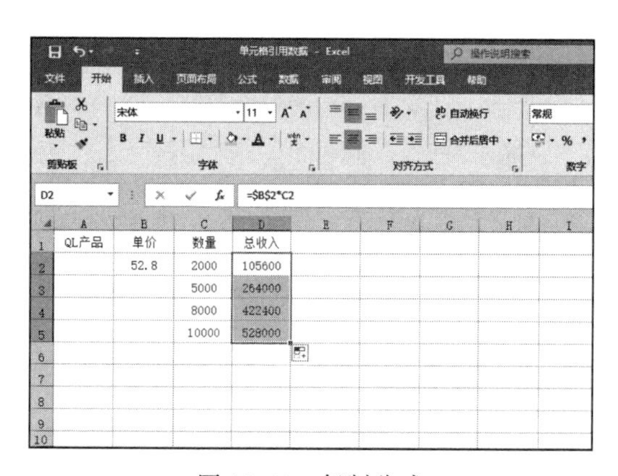

图 10-41　复制公式

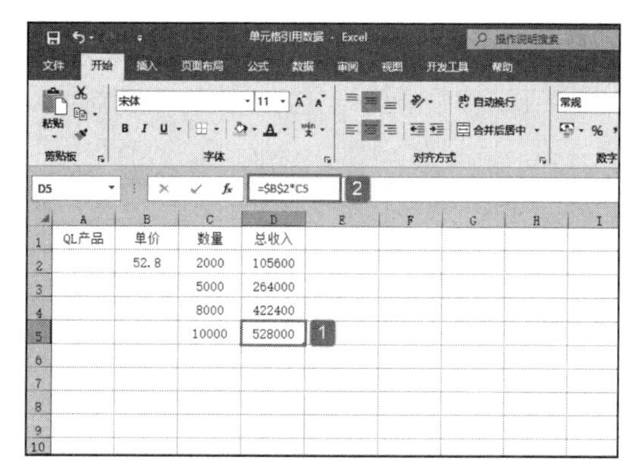

图 10-42　绝对引用时地址不变

10.4.3　引用其他单元格

在进行公式运算时，很多情况下都需要使用其他工作表中的数据来参与计算。在引用其他工作表单元格中的数据时，通常的格式引用是：‘工作表名’！数据源地址。

STEP01：打开“总销售量统计 .xlsx”工作簿，切换至“上半年总销售量”工作表，选中要引用其他工作表的单元格，这里选择 B2 单元格。在该单元格中输入函数“=SUM（”，如图 10-43 所示。

STEP02：单击“1-3 月份销售量”工作表标签，选中要参与计算的单元格或单元格区域，这里选择“B2:D2”单元格区域，如图 10-44 所示。

STEP03：完善公式，在公式文本框中输入“）”，然后按“Enter”键返回即可得出计算结果，此时的工作表如图 10-45 所示。

STEP04：选中 B2 单元格，利用填充柄工具向下拖动鼠标，复制公式至 B6 单元格，结果如图 10-46 所示。

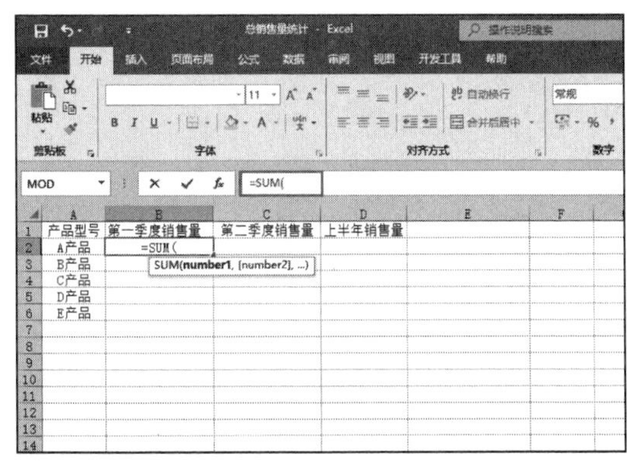

图 10-43　输入部分公式

图 10-44　选择被引用的单元格

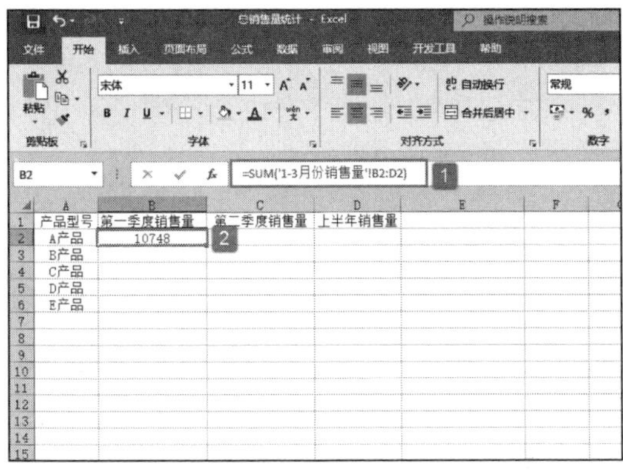

图 10-45　完善公式

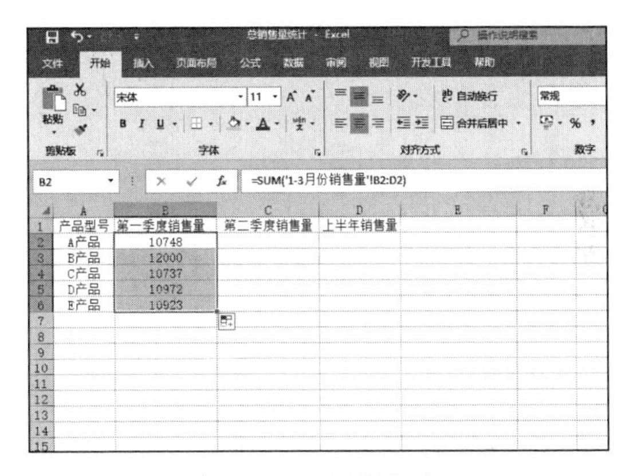

图 10-46　复制公式

10.4.4　更改其他单元格引用

在单元格被引用后通常情况下也会有变动。如何将单元格引用更改为其他单元格引用？其具体操作步骤如下。

双击包含希望更改公式的单元格，使单元格公式处于可编辑状态。然后执行下列操作之一：

如果要将单元格或区域引用更改为其他单元格或区域，则将单元格或单元格区域的彩色标记边框拖动到新的单元格或单元格区域上即可。

如果要在引用中包括更多或更少的单元格，则拖动边框的一角，增大或减小单元格区域的选择即可。

在公式编辑栏中，以公式形式选择引用，然后输入一个新的引用，按“Enter”键返回即可。对于数组公式，则按“Ctrl+Shift+Enter”组合键返回结果。

10.4.5　切换引用

在 Excel 中进行公式编辑时，常常会根据需要在公式中使用不同的单元格引用方式。通常情况下用户会按老套的方法进行输入，这种方法不仅浪费时间，工作效率降低，同时准确度也会随之下降。这时可以用如下方法来快速切换单元格引用方式。

选中包含公式的单元格，在编辑栏中选择要更改的引用单元格，按“F4”键就可以在相对引用、绝对引用和混合引用间快速切换。

例如，选择“A2”引用，按一次“F4”键时，就会变成 \$A\$2；连续按两下“F4”键时，就会变成 A\$2；连续按 3 次“F4”键，就会变成 \$A2；连续按 4 次“F4”键，就会变成 A2。

只要使用“F4”键即可轻松地在 \$A\$2、A\$2、\$A2、A2 之间进行快速切换。

10.4.6 删除与允许循环引用

单元格公式中如果使用了循环引用，在状态栏中的“循环引用”后面显示是循环引用中的某个单元格的引用。如果在状态栏没有“循环引用”一词，则说明活动工作表中不含循环引用。

删除循环引用的具体操作步骤如下。

STEP01：打开“循环引用.xlsx”工作簿，切换至“公式”选项卡，在“公式审核”组中单击“错误检查”下三角按钮，在展开的下拉列表中选中“循环引用”选项，在展开的级联列表中选中一个循环引用单元格，这里选中 A1 单元格，如图 10-47 所示。

STEP02：随后会返回工作表，光标已经将刚才选中的单元格定位。这时，在公式编辑栏中的公式中将其循环引用的单元格删除即可，如图 10-48 所示。

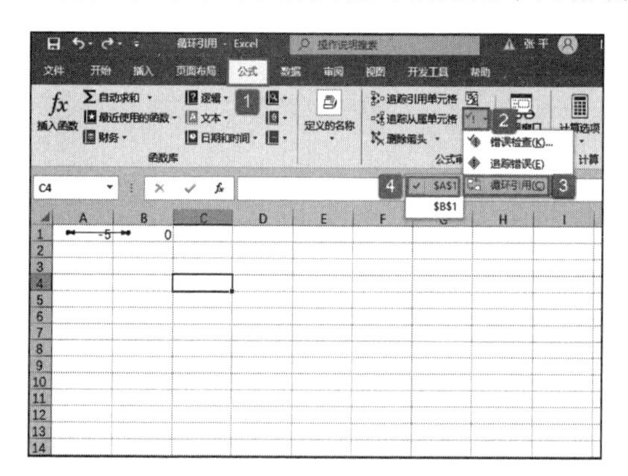

图 10-47 选中循环引用的单元格

图 10-48 删除循环引用的单元格

允许使用循环引用的具体操作步骤如下。

在工作表中切换至“文件”选项卡，在左侧导航栏中单击“选项”标签，打开如图 10-49 所示的“Excel 选项”对话框。单击“公式”标签，在对应的右侧窗格中向下滑动滑块至“计算选项”列表框下，勾选“启用迭代计算”复选框，并在复选框下方设置“最多迭代次数”为 100，设置“最大误差”的值为 0.001，然后单击“确定”按钮完成设置，如图 10-49 所示。

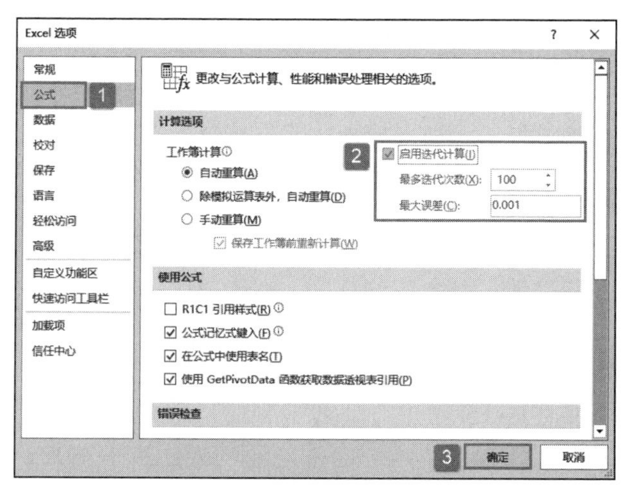

图 10-49 勾选“启用迭代计算”复选框

第 11 章

逻辑函数应用

逻辑函数是用来判断真假值或进行复合检验的 Excel 函数。Excel 2019 为用户提供了多种逻辑函数，这些逻辑函数经常和其他函数联合起来使用，多用来处理一些比较复杂的问题。根据逻辑函数的用途可将逻辑函数分为两类，一类用于判断真假值，一类用于进行复合检验。本章将通过实例来说明逻辑函数的应用。

- 常用逻辑函数运算
- 复合检验逻辑函数应用
- 实战：逻辑分段函数应用

11.1 常用逻辑函数运算

在逻辑函数中，用于判断真假值的函数主要有 AND 函数、FALSE 函数、NOT 函数、OR 函数和 TRUE 函数。本节将以实例的形式来介绍这 5 个函数的功能。

11.1.1 应用 AND 函数进行交集运算

AND 函数是用于对多个逻辑值进行交集的运算。当所有参数的逻辑值为真时，返回结果为 TRUE；只要一个参数的逻辑值为假，返回结果即为 FALSE。AND 函数的语法如下：

```
AND(logical1,logical2, ...)
```

其中参数 logical1、logical2……是 1 ～ 255 个要进行检测的条件，它们可以是 TRUE 也可以是 FALSE。

在 AND 函数功能的讲解中，提到了一个概念——交集。一般地，由所有属于集合 A 且属于集合 B 的元素所组成的集合，叫作 A 与 B 的交集，记作 $A \cap B$（读作“A 交 B”），符号语言表达式为：$A \cap B=\{x|x \in A，且 x \in B\}$，如图 11-1 所示。

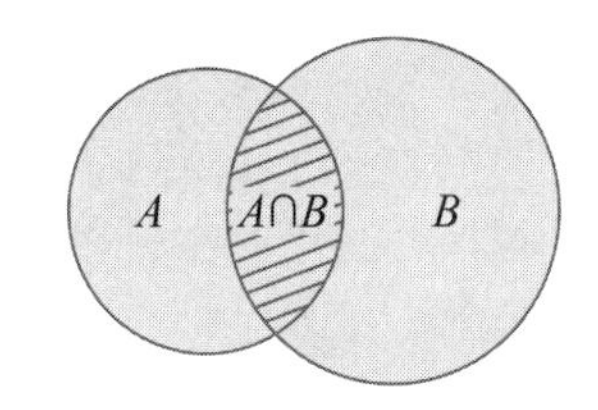

图 11-1　交集的图示表示

打开“成绩册 .xlsx”工作簿，切换至“Sheet1”工作表，该工作表记录了 A 班学生的 3 门成绩。在本例中要求判断出每个学生是否满足“三门功课均超过 80 分”的条件，具体操作步骤如下。

STEP01：在 E2 单元格中输入公式“=AND(B2>80,C2>80,D2>80)”，用来判断第 1 个同学“李红艳”是否满足条件，然后按“Enter”键返回。此时，工作表显示计算结果为“TRUE”，即李红艳 3 门功课均超过 80 分，如图 11-2 所示。

STEP02：选中 E2 单元格，利用填充柄工具向下复制公式至 E16 单元格，通过自动填充功能来判断其他同学是否满足条件，最终结果如图 11-3 所示。

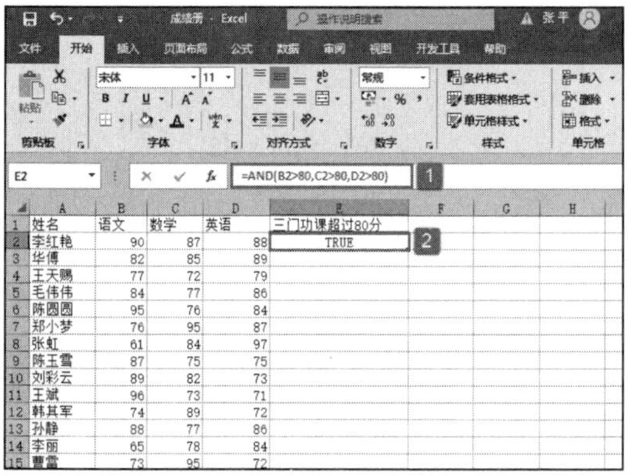

图 11-2　判断李红艳是否满足条件

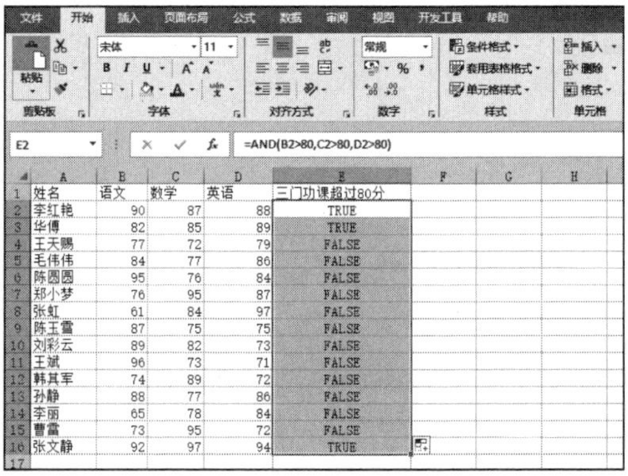

图 11-3　最终判断结果

对于 AND 函数来说，在实际应用中，当两个或多个条件必须同时成立时才判定为真。其参数必须是逻辑值 TRUE 或 FALSE，也可以是包含逻辑值的数组或引用。如果在数组或引用参数中包含了文本或空白单元格，则这些值将被忽略。如果指定的单元格区域内包含了非逻辑值，则 AND 函数将返回错误值“#VALUE!”。

11.1.2 应用 TRUE 函数判断逻辑值

TRUE 函数是用来返回逻辑值 TRUE。其语法如下：

```
TRUE()
```

打开“TRUE.xlsx”工作簿，本例的原始数据如图 11-4 所示。使用 TRUE 函数可以直接返回逻辑值。该函数的具体使用方法如下。

STEP01：在 E2 单元格中输入公式“=B4=C5”，然后按“Enter”键返回，即可得到计算结果“TRUE”，如图 11-5 所示。

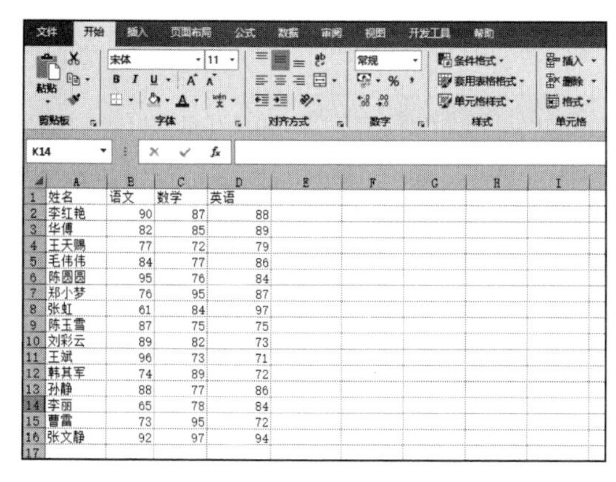

图 11-4 原始数据

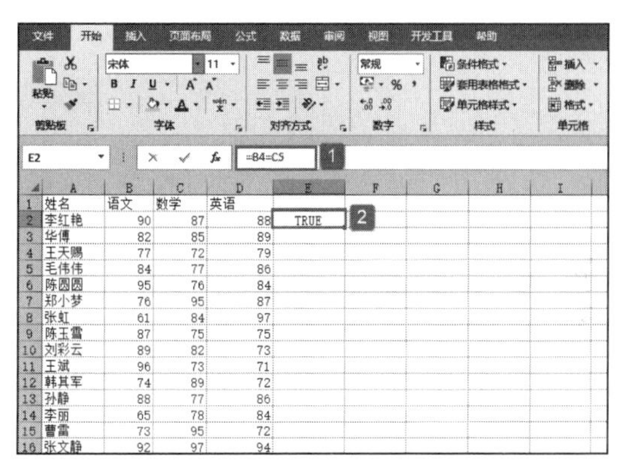

图 11-5 输入公式“=B4=C5”

STEP02：在 E3 单元格中输入公式“=TRUE()”，然后按“Enter”键返回，即可得到计算结果“TRUE”，如图 11-6 所示。

TRUE 函数主要用于与其他电子表格程序进行兼容。可以直接在单元格或公式中输入 TRUE，而可以不使用此函数，Excel 2019 会自动将它解释成逻辑值 TRUE。

图 11-6 输入公式“=TRUE()”

11.1.3 应用 FALSE 函数判断逻辑值

FALSE 函数用来返回逻辑值 FALSE。其语法如下：

```
FALSE()
```

打开“FALSE.xlsx”工作簿，本例的原始数据如图 11-7 所示。使用 FALSE 函数可以直接返回逻辑值，该函数的具体使用方法如下。

STEP01：在 E2 单元格中输入公式“=B1=C1”，然后按“Enter”返回，即可得到计算结果“FALSE”，如图 11-8 所示。

STEP02：在 E3 单元格中输入公式“=FALSE()”，然后按“Enter”键返回，即可得到计算结果“FALSE”，如图 11-9 所示。

FALSE 函数通常可以不使用。也可以直接在工作表或公式中输入 FALSE，Excel 2019 会自动将它解释成逻辑值 FALSE。

	A	B	C	D
1	姓名	语文	数学	英语
2	李红艳	90	87	88
3	华傅	82	85	89
4	王天赐	77	72	79
5	毛伟伟	84	77	86
6	陈圆圆	95	76	84
7	郑小梦	76	95	87
8	张虹	61	84	97
9	陈玉雪	87	75	75
10	刘彩云	89	82	73
11	王斌	96	73	71
12	韩其军	74	89	72
13	孙静	88	77	86
14	李丽	65	78	84
15	曹雷	73	95	72
16	张文静	92	97	94

图 11-7　目标数据

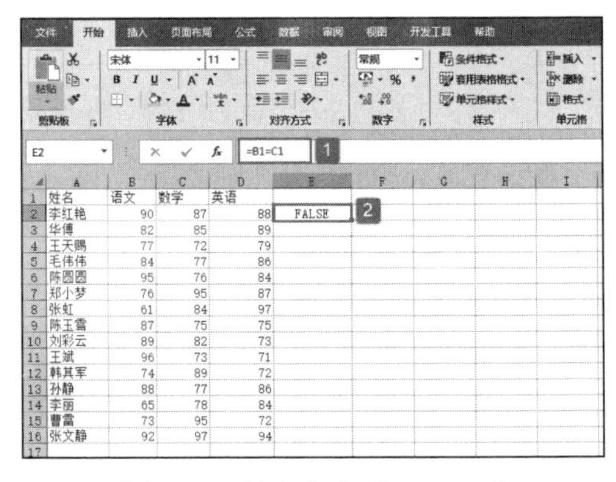

	A	B	C	D	E
1	姓名	语文	数学	英语	
2	李红艳	90	87	88	FALSE
3	华傅	82	85	89	
4	王天赐	77	72	79	
5	毛伟伟	84	77	86	
6	陈圆圆	95	76	84	
7	郑小梦	76	95	87	
8	张虹	61	84	97	
9	陈玉雪	87	75	75	
10	刘彩云	89	82	73	
11	王斌	96	73	71	
12	韩其军	74	89	72	
13	孙静	88	77	86	
14	李丽	65	78	84	
15	曹雷	73	95	72	
16	张文静	92	97	94	

图 11-8　输入公式“=B1=C1”

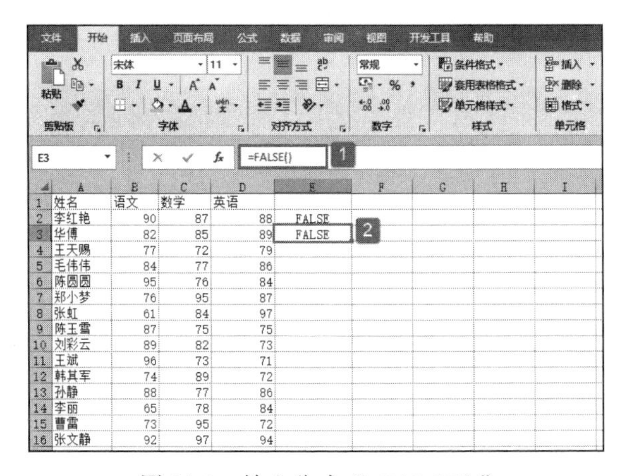

	A	B	C	D	E
1	姓名	语文	数学	英语	
2	李红艳	90	87	88	FALSE
3	华傅	82	85	89	FALSE
4	王天赐	77	72	79	
5	毛伟伟	84	77	86	
6	陈圆圆	95	76	84	
7	郑小梦	76	95	87	
8	张虹	61	84	97	
9	陈玉雪	87	75	75	
10	刘彩云	89	82	73	
11	王斌	96	73	71	
12	韩其军	74	89	72	
13	孙静	88	77	86	
14	李丽	65	78	84	
15	曹雷	73	95	72	
16	张文静	92	97	94	

图 11-9　输入公式“=FALSE()”

11.1.4　应用 NOT 函数计算反函数

NOT 函数用于对参数值进行求反计算，当要保证一个值不等于某一特定值时，可以使用 NOT 函数。其语法如下：

```
NOT(logical)
```

其中参数 logical 是一个可以计算出 TRUE 或 FALSE 的逻辑值或逻辑表达式。

打开“NOT.xlsx”工作簿，切换至“Sheet1”工作表，该工作表中统计了一部分员工的基本信息，如图 11-10 所示。在本例中要求判断出员工的年龄是否大于等于 22 岁，具体操作步骤如下。

STEP01：在 F2 单元格中输入公式“=NOT(C2<22)”，用来判断第 1 个员工的年龄是否大于等于 22 岁，按“Enter”键返回，即可得到计算结果“TRUE”，即第一个员工的年龄大于等于 22 岁，如图 11-11 所示。

STEP02：选中 F2 单元格，利用填充柄工具向下复制公式至 F15 单元格，通过自动填充功能来判断其他员工的年龄情况，最终结果如图 11-12 所示。

对于 NOT 函数来说，如果逻辑值为 FALSE，NOT 函数的返回结果将为 TRUE；如果逻辑值为 TRUE，NOT 函数的返回结果将为 FALSE。

姓名	性别	年龄	职务	工资额	年龄是否大于等于22岁
李沁	女	22	会计	¥1,300.00	
王小雪	女	20	会计	¥1,250.00	
张妍	女	21	销售员	¥1,200.00	
雷运动	男	25	销售员	¥1,100.00	
王海涛	男	24	销售员	¥1,260.00	
刘畅	男	23	销售员	¥1,150.00	
李斯	男	26	销售员	¥1,320.00	
苏小北	男	25	经理	¥1,500.00	
南兰	女	24	采购员	¥1,050.00	
刘爱君	女	23	采购员	¥1,080.00	
申家良	男	21	采购员	¥1,000.00	
王刚	男	20	采购员	¥1,150.00	
李云龙	男	25	采购员	¥1,180.00	
王卿卿	女	22	采购员	¥1,220.00	

图 11-10　目标数据

=NOT(C2<22)

姓名	性别	年龄	职务	工资额	年龄是否大于等于22岁
李沁	女	22	会计	¥1,300.00	TRUE
王小雪	女	20	会计	¥1,250.00	
张妍	女	21	销售员	¥1,200.00	
雷运动	男	25	销售员	¥1,100.00	
王海涛	男	24	销售员	¥1,260.00	
刘畅	男	23	销售员	¥1,150.00	
李斯	男	26	销售员	¥1,320.00	
苏小北	男	25	经理	¥1,500.00	
南兰	女	24	采购员	¥1,050.00	
刘爱君	女	23	采购员	¥1,080.00	
申家良	男	21	采购员	¥1,000.00	
王刚	男	20	采购员	¥1,150.00	
李云龙	男	25	采购员	¥1,180.00	
王卿卿	女	22	采购员	¥1,220.00	

图 11-11　判断第 1 个员工的年龄

=NOT(C2<22)

姓名	性别	年龄	职务	工资额	年龄是否大于等于22岁
李沁	女	22	会计	¥1,300.00	TRUE
王小雪	女	20	会计	¥1,250.00	FALSE
张妍	女	21	销售员	¥1,200.00	FALSE
雷运动	男	25	销售员	¥1,100.00	TRUE
王海涛	男	24	销售员	¥1,260.00	TRUE
刘畅	男	23	销售员	¥1,150.00	TRUE
李斯	男	26	销售员	¥1,320.00	TRUE
苏小北	男	25	经理	¥1,500.00	TRUE
南兰	女	24	采购员	¥1,050.00	TRUE
刘爱君	女	23	采购员	¥1,080.00	TRUE
申家良	男	21	采购员	¥1,000.00	FALSE
王刚	男	20	采购员	¥1,150.00	FALSE
李云龙	男	25	采购员	¥1,180.00	TRUE
王卿卿	女	22	采购员	¥1,220.00	TRUE

图 11-12 最终返回结果

11.1.5　应用 OR 函数进行并集运算

OR 函数用于对多个逻辑值进行并集运算。在其参数组中，任何一个参数逻辑值为 TRUE，即返回 TRUE；所有参数的逻辑值为 FALSE，即返回 FALSE。

其语法如下：

```
OR(logical1,logical2,...)
```

其中，参数 logical1、logical2……是 1 ～ 255 个需要进行检测的条件，检测结果可以为 TRUE 也可以为 FALSE。

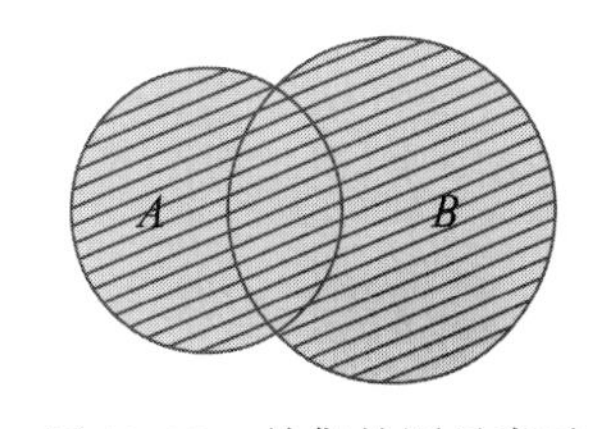

图 11-13　并集的图示表示

在 OR 函数功能的讲解中，提到了一个概念——并集。一般地，由所有属于集合 A 或属于集合 B 的元素所组成的集合，叫作 A 与 B 的并集，记作 A ∪ B（读作“A 并 B”），即 A ∪ B ={x|x ∈ A，或 x ∈ B}，如图 11-13 所示。

打开“OR.xlsx”工作簿，切换至“Sheet1”工作表，该工作表中统计了 B 班级学生的成绩信息，如图 11-14 所示。在本例中要求判断学生的总分成绩是否大于 280 分或者小于 250 分，具体操作步骤如下。

STEP01：在 H2 单元格中输入公式“=OR(F2>280,F2<250)”，用来判断第 1 个学生的总分成绩是否大于 280 分或小于 250 分，按“Enter”键返回，即可得到计算结果为“FALSE”，即第 1 个学生的总分成绩既不大于 280 分，也不小于 250 分，如

图 11-15 所示。

	A	B	C	D	E	F	G	H
1	姓名	性别	语文	数学	英语	总分	平均分	总分成绩大于280分或小于250分
2	李红艳	女	90	87	88	265	88.33	
3	华傅	男	82	85	89	256	85.33	
4	王天鹏	男	77	72	79	228	76.00	
5	毛伟伟	男	84	77	86	247	82.33	
6	陈圆圆	女	95	76	84	255	85.00	
7	郑小梦	女	76	95	87	258	86.00	
8	张虹	女	61	84	97	242	80.67	
9	陈玉雪	女	87	75	75	237	79.00	
10	刘彩云	女	89	82	73	244	81.33	
11	王斌	男	96	73	71	240	80.00	
12	韩其军	男	74	89	72	235	78.33	
13	孙静	女	88	77	86	251	83.67	
14	李丽	女	65	78	84	227	75.67	
15	曹雷	男	73	95	72	240	80.00	
16	张文静	女	92	97	94	283	94.33	

图 11-14　原始数据

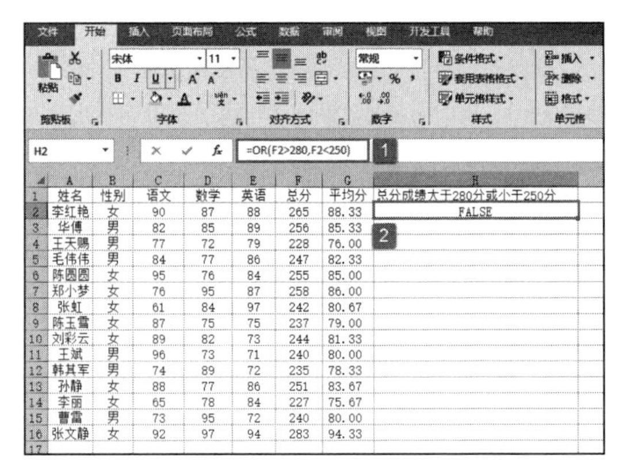

	A	B	C	D	E	F	G	H
1	姓名	性别	语文	数学	英语	总分	平均分	总分成绩大于280分或小于250分
2	李红艳	女	90	87	88	265	88.33	FALSE
3	华傅	男	82	85	89	256	85.33	
4	王天鹏	男	77	72	79	228	76.00	
5	毛伟伟	男	84	77	86	247	82.33	
6	陈圆圆	女	95	76	84	255	85.00	
7	郑小梦	女	76	95	87	258	86.00	
8	张虹	女	61	84	97	242	80.67	
9	陈玉雪	女	87	75	75	237	79.00	
10	刘彩云	女	89	82	73	244	81.33	
11	王斌	男	96	73	71	240	80.00	
12	韩其军	男	74	89	72	235	78.33	
13	孙静	女	88	77	86	251	83.67	
14	李丽	女	65	78	84	227	75.67	
15	曹雷	男	73	95	72	240	80.00	
16	张文静	女	92	97	94	283	94.33	

图 11-15　判断第一个学生的成绩

STEP02：选中 H2 单元格，利用填充柄工具向下复制公式至 H16 单元格，通过自动填充功能来判断其他学生的总分成绩情况，最终结果如图 11-16 所示。

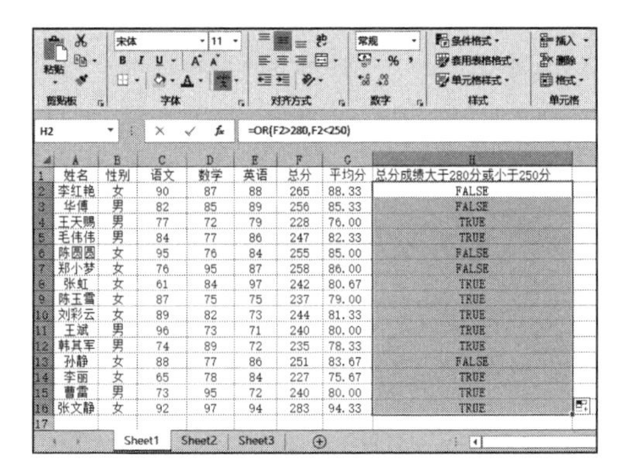

	A	B	C	D	E	F	G	H
1	姓名	性别	语文	数学	英语	总分	平均分	总分成绩大于280分或小于250分
2	李红艳	女	90	87	88	265	88.33	FALSE
3	华傅	男	82	85	89	256	85.33	FALSE
4	王天鹏	男	77	72	79	228	76.00	TRUE
5	毛伟伟	男	84	77	86	247	82.33	TRUE
6	陈圆圆	女	95	76	84	255	85.00	FALSE
7	郑小梦	女	76	95	87	258	86.00	FALSE
8	张虹	女	61	84	97	242	80.67	TRUE
9	陈玉雪	女	87	75	75	237	79.00	TRUE
10	刘彩云	女	89	82	73	244	81.33	TRUE
11	王斌	男	96	73	71	240	80.00	TRUE
12	韩其军	男	74	89	72	235	78.33	TRUE
13	孙静	女	88	77	86	251	83.67	FALSE
14	李丽	女	65	78	84	227	75.67	TRUE
15	曹雷	男	73	95	72	240	80.00	TRUE
16	张文静	女	92	97	94	283	94.33	TRUE

图 11-16　最终返回结果

对于 OR 函数来说，在实际应用中，当两个或多个条件中只要有一个成立就判定为真。其参数必须能计算为逻辑值 TRUE 或 FALSE，或为包含逻辑值的数组或引用。如果数组或引用参数中包含文本或空白单元格，则这些值将被忽略。如果指定的区域中不包含逻辑值，则 OR 函数将返回错误值“#VALUE!”。

11.2　复合检验逻辑函数应用

进行复合检验的逻辑函数包括 IF 函数和 IFERROR 函数。本节将以实例的形式来介绍这两个函数的功能。

11.2.1　应用 IF 函数判断函数真假性

IF 函数用于根据条件计算结果的真假值 TRUE 或 FALSE 来进行逻辑判断，然后返回不同的结果，可以使用 IF 函数对数值和公式执行条件检测。其语法如下：

```
IF(logical_test,value_if_true,value_if_false)
```

其中参数 logical_test 是指定的判断条件，表示计算结果为 TRUE 或 FALSE 的任意值或表达式，此参数可使用任何比较运算符；参数 value_if_true 可以是其他公式，是参数 logical_test 为 TRUE 时返回的值；参数 value_if_false 也可以是其他公式，是参数 logical_test 为 FALSE 时返回的值。

打开“IF.xlsx”工作簿，切换至“Sheet1”工作表，该工作表中统计了 C 公司一部分员工的基本信息，如图 11-17 所示。在本例中要求判断员工的工资是否超过了 1200 元。具体操作步骤如下。

STEP01：在 F2 单元格中输入公式“=IF(E2>1200,"是","否")”，用来判断第 1 个员工的工资是否满足条件。按“Enter”键返回，即可得到计算结果“是”，即第 1 个员工的工资大于 1200，如图 11-18 所示。

图 11-17　原始数据

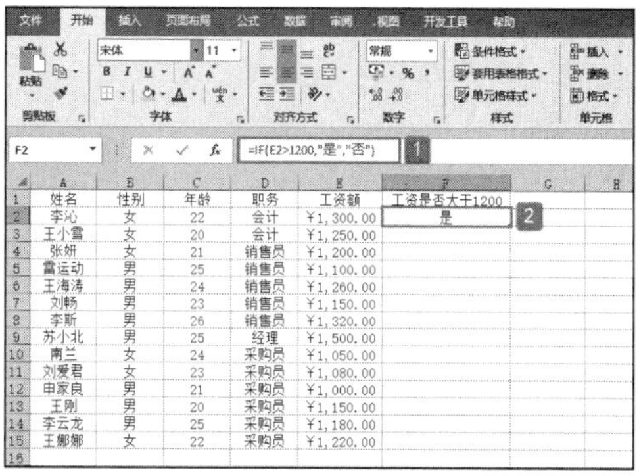

图 11-18　判断第 1 个员工的工资情况

STEP02：选中 F2 单元格，利用填充柄工具向下复制公式至 F15 单元格，通过自动填充功能来判断其他员工的工资是否满足条件，最终结果如图 11-19 所示。

	A	B	C	D	E	F
1	姓名	性别	年龄	职务	工资额	工资是否大于1200
2	李沁	女	22	会计	￥1,300.00	是
3	王小雪	女	20	会计	￥1,250.00	是
4	张妍	女	21	销售员	￥1,200.00	否
5	雷运动	男	25	销售员	￥1,100.00	否
6	王海涛	男	24	销售员	￥1,260.00	是
7	刘畅	男	23	销售员	￥1,150.00	否
8	李斯	男	26	销售员	￥1,320.00	是
9	苏小北	男	25	经理	￥1,500.00	是
10	南兰	女	24	采购员	￥1,050.00	否
11	刘爱君	女	23	采购员	￥1,080.00	否
12	申家良	男	21	采购员	￥1,000.00	否
13	王刚	男	20	采购员	￥1,150.00	否
14	李云龙	男	25	采购员	￥1,180.00	否
15	王娜娜	女	22	采购员	￥1,220.00	是

图 11-19　判断其他员工的工资情况

IF 函数用来进行逻辑判断，根据真假值，返回不同结果。在实际应用中，最多可以使用 64 个 IF 函数作为 value_if_true 和 value_if_false 参数进行嵌套，以便进行更详尽的判断。在计算参数 value_if_true 和 value_if_false 时，IF 函数会返回相应语句执行后的返回值。如果 IF 函数的参数包含数组，则在执行 IF 语句时，数组中的每一个元素都将进行计算。

11.2.2　应用 IFERROR 函数自定义公式错误

IFERROR 函数是一个自定义公式错误时的提示函数。如果公式计算出错则返回指定的值，否则返回公式结果。其语法如下：

```
IFERROR(value,value_if_error)
```

参数 value 为需要检查是否存在错误的参数；参数 value_if_error 为公式计算错误时要返回的值，计算得到的错误类型有：#N/A、#VALUE!、#REF!、#DIV/0!、#NUM!、#NAME? 或 #NULL!。

打开“IFERROR 函数 .xlsx”工作簿，切换至“Sheet1”工作表，该工作表中进行了几个除法运算，如图 11-20 所示。下面通过使用 IFERROR 函数来查找和处理公式中的错误，具体操作步骤如下。

STEP01：在 C2 单元格中输入公式“=IFERROR(A2/B2,”计算中有错误”)”，按“Enter”键返回，即可得到计算结果“8”，如图 11-21 所示。

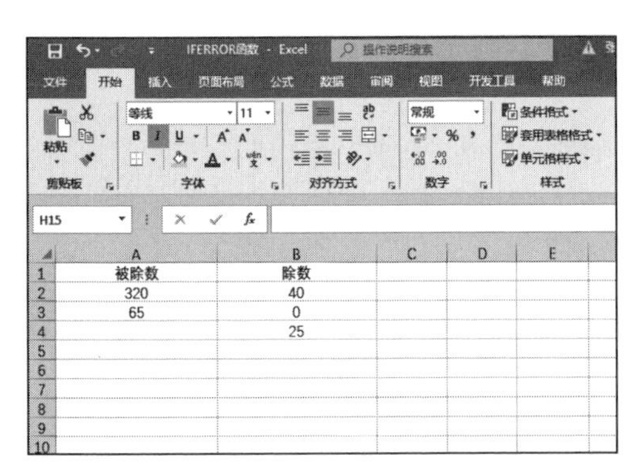

图 11-20　目标数据

图 11-21　返回结果为“8”

STEP02：在 C3 单元格中输入公式“=IFERROR(A3/B3,"计算中有错误")”，按“Enter”键返回，即可得到计算结果“计算中有错误”，如图 11-22 所示。这是因为被除数为“0”。

STEP03：在 C4 单元格中输入公式“=IFERROR(A4/B4,"计算中有错误")”，按“Enter”键返回，即可得到计算结果“0”，如图 11-23 所示。A4 单元格中的值为 0，所以结果为“0”。

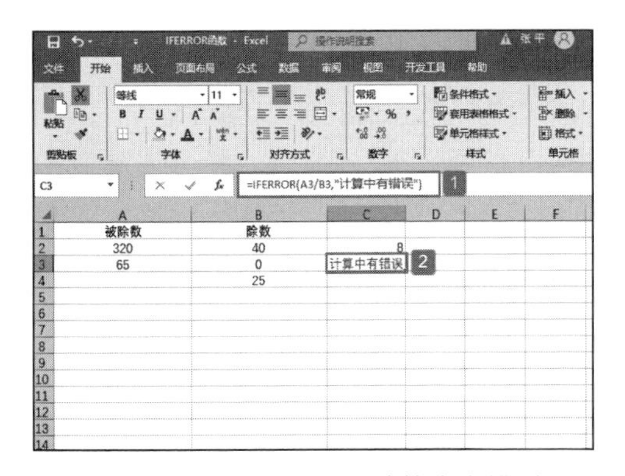

图 11-22　返回结果为“计算中有错误”

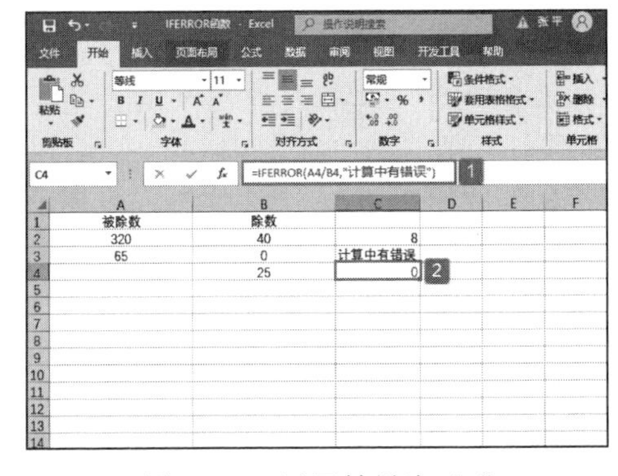

图 11-23　返回结果为“0”

IFERROR 函数可以用来查找和处理公式中的错误。对 IFERROR 函数来说，如果参数 value 或参数 value_if_error 是空单元格，则 IFERROR 函数将其视为空字符串值("")。如果参数 value 是数组公式，则 IFERROR 函数为参数 value 中指定区域的每个单元格返回一个结果数组。

11.3　实战：逻辑分段函数应用

逻辑函数在各个领域中的应用非常广泛。本节将通过一个简单的分段函数实例来介绍逻辑函数在实际中的应用技巧。

假设分段函数需要满足以下条件：

当 $-10 \leqslant x \leqslant 10$ 时，y=x3;

当 10<x<20 或 −20<x<−10 时，y=x;

当 $x \geqslant 20$ 或 x ≤时，y=x2

如果要在工作表中计算随 x 变化的 y 的值，并制作出坐标图，可以按以下步骤进行操作。

STEP01：新建一个空白工作簿，重命名为“分段函数 .xlsx”。打开该工作簿，切换至“ Sheet1”工作表，在 A1:A62 单元格区域中输入所需要的数据，效果如图 11-24 所示。

STEP02：在 B1 单元格中输入文本“ y”，然后在 B2 单元格中输入以上分段函数的表达式“=IF(AND(A2>=−10,A2<=10),A2^3,IF(OR(A2>=20,A2<=−20),(A2)^2,A2))”，按“Enter”键返回，即可得到 y 值的计算结果“900”，如图 11-25 所示。

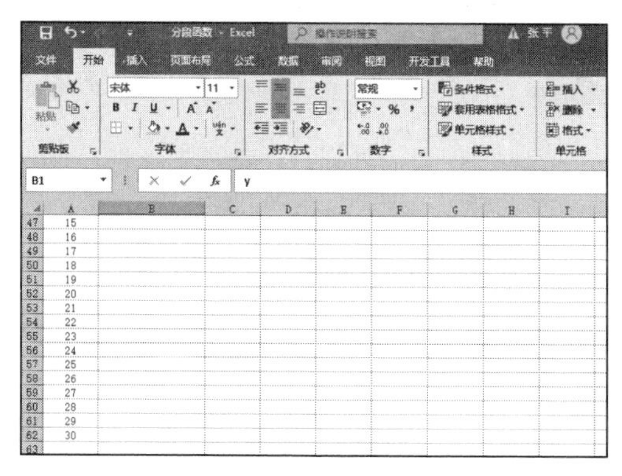

图 11-24　输入数据

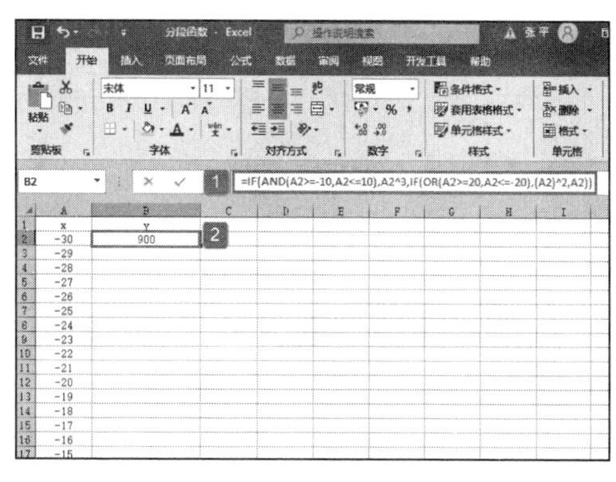

图 11-25　计算对应 y 值

STEP03：选中 B2 单元格，利用填充柄工具向下复制公式至 B62 单元格，通过自动填充功能来计算出其他的 y 值，最终结果如图 11-26 所示。

STEP04：选中 B2:B62 单元格区域，切换至“插入”选项卡，在“图表”组中单击“插入散点图或气泡图”下三角按钮，在展开的下拉列表中选中“散点图”选项，如图 11-27 所示。此时，在工作表中会插入该分段函数的散点坐标图。在“图表标题”文本框中输入“散点图”，最终图表效果如图 11-28 所示。

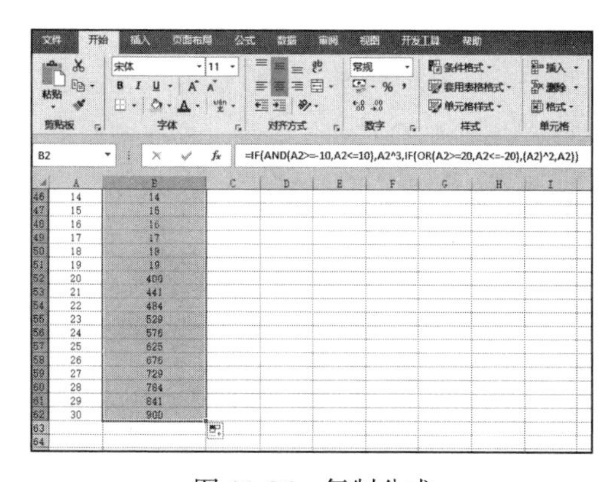

图 11-26　复制公式

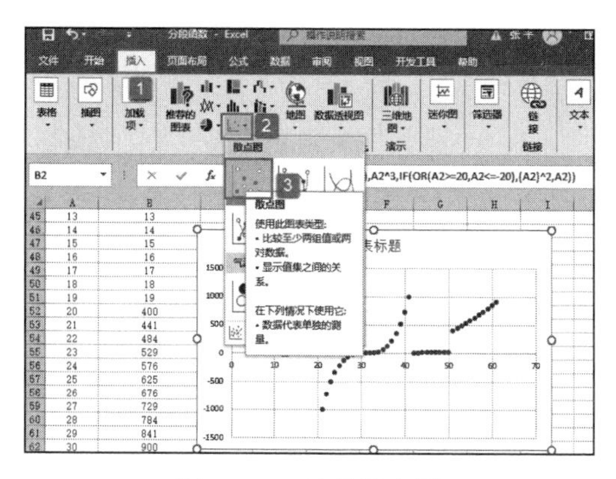

图 11-27　选择散点图

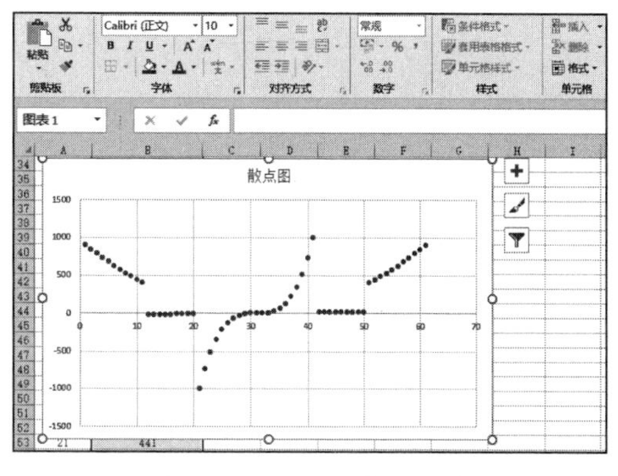

图 11-28　分段函数的图表

第12章 文本与信息处理函数应用

文本函数是以公式的方式对文本进行处理的一种函数。文本函数主要处理文本中的字符串，也可对文本中单元格进行直接引用。而信息函数是用来获取单元格内容信息的函数。信息函数可以使单元格在满足条件的时候返回逻辑值，从而来获取单元格的信息，还可以用于确定存储在单元格中的内容的格式、位置、错误类型等信息。本章就文本与信息处理函数的有关操作技巧展开论述。

- 文本字符串函数处理
- 字符串转换
- 实战：提取公司员工出生日期
- 实战：专家信息统计

12.1 文本字符串函数处理

在 Excel 2019 中提供了非常丰富的字符串函数，利用不同的函数，可以实现不同的处理功能。

12.1.1 判断数据文本

ISTEXT 函数用于判断指定数据是否为文本，语法为：

```
ISTEXT(value)
```

其中，value 参数为指定的数值，如果 value 为文本，返回 TRUE；否则，返回 FALSE。下面通过实例详细讲解该函数的使用方法与技巧。

STEP01：新建一个空白工作簿，重命名为“ISTEXT 函数”。切换至“Sheet1”工作表，并输入原始数据，如图 12-1 所示。

图 12-1 原始数据

STEP02：选中 B2 单元格，在编辑栏中输入公式“=ISTEXT(A2)”，然后按“Enter”键返回，即可检测出 A2 单元格中的数值是否为文本。此时，工作表显示检测结果为“TRUE”，即 A2 单元格中的数值是文本，如图 12-2 所示。

STEP03：选中 B2 单元格，利用填充柄工具向下复制公式至 B6 单元格，通过自动填充功能来检测 A3:A6 单元格区域中的数值是否为文本，最终结果如图 12-3 所示。

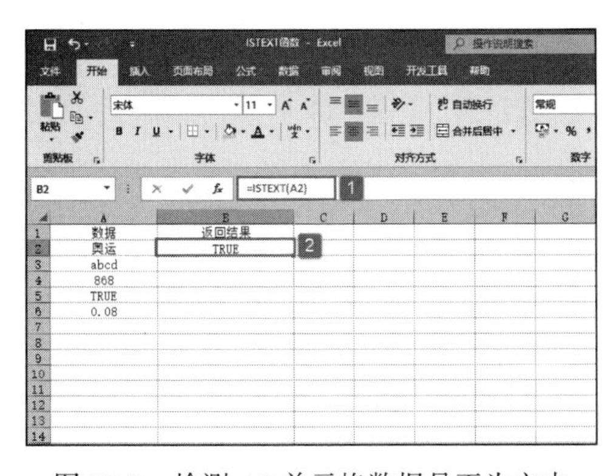

图 12-2 检测 A2 单元格数据是否为文本

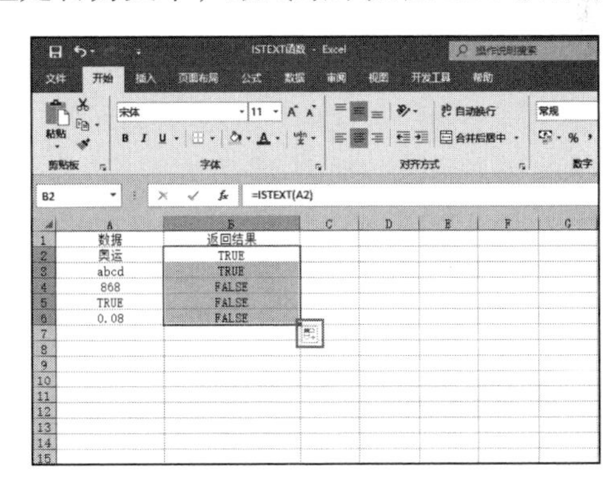

图 12-3 检测结果

如果需要检验数据是否为非文本，可以使用 ISNOTTEXT 函数来实现，其使用方法与 ISTEXT 一样。

12.1.2 判断字符串异同

EXACT 函数用于比较两个字符串是否完全相同（区分大小写），如果相同，返回逻辑值 TRUE，不相同则返回逻辑值 FALSE。其语法是：

```
EXACT(text1,text2)
```

其中，text1 参数为第 1 个字符串；text2 参数为第 2 个字符串。下面通过实例具体讲解该函数的操作技巧。

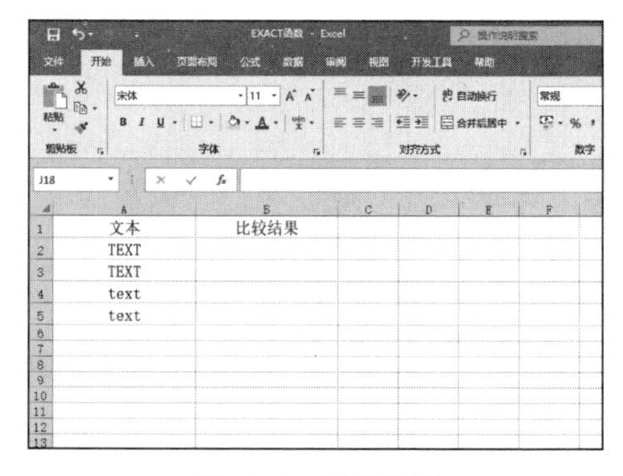

图 12-4　原始数据

STEP01：新建一个空白工作簿，重命名为“EXACT 函数”。切换至“Sheet1”工作表，并输入原始数据，如图 12-4 所示。

STEP02：选中 B2 单元格，在编辑栏中输入公式“=EXACT(A2,A3)”，然后按“Enter”键返回。此时，工作表显示计算结果为“TRUE”，即 A2 单元格与 A3 单元格中两个文本相同，如图 12-5 所示。

STEP03：选中 B3 单元格，在编辑栏中输入公式“=EXACT(A3,A4)”，然后按“Enter”键返回。此时，工作表显示计算结果为“FALSE”，即 A3 单元格与 A4 单元格中两个文本因为大小写不一致，导致不相同，如图 12-6 所示。

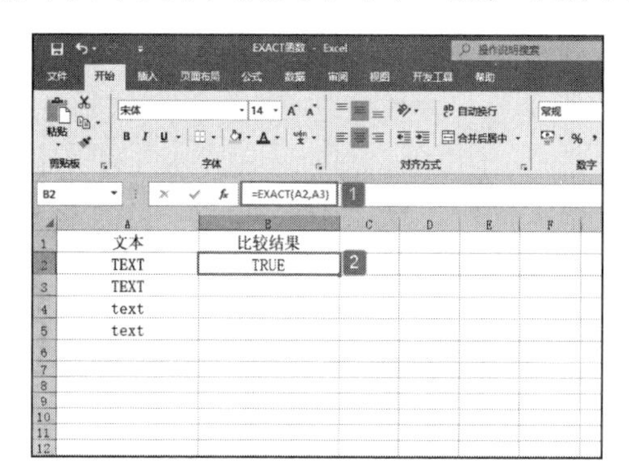

图 12-5　比较 A2 和 A3 是否相同

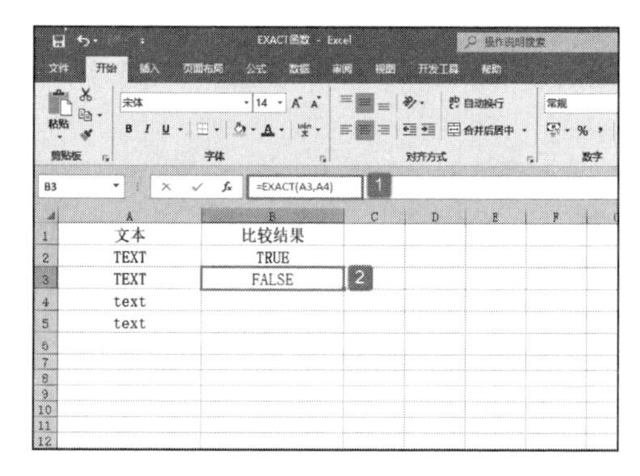

图 12-6　比较 A3 和 A4 是否相同

STEP04：选中 B4 单元格，在编辑栏中输入公式“=EXACT(A4,A5)”，然后按“Enter”键返回。此时，工作表显示计算结果为“TRUE”，即 A4 单元格与 A5 单元格中两个文本相同，如图 12-7 所示。

STEP05：选中 B5 单元格，在编辑栏中输入公式“=EXACT(A5,A6)”，然后按“Enter”键返回。此时，工作表显示计算结果为“FALSE”，即 A5 单元格与 A6 单元格中两个文本完全不相同，如图 12-8 所示。

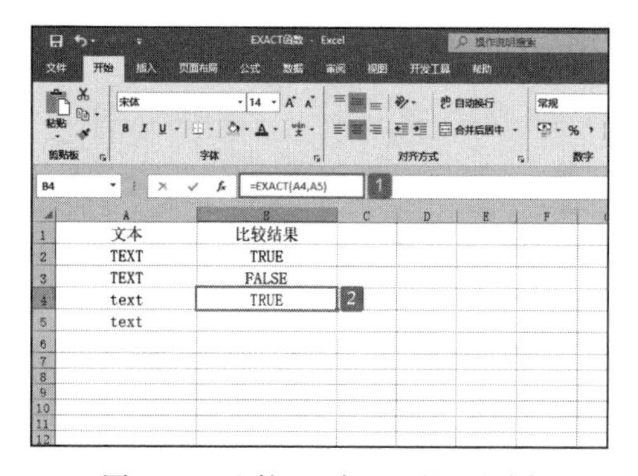

图 12-7　比较 A4 与 A5 是否相同

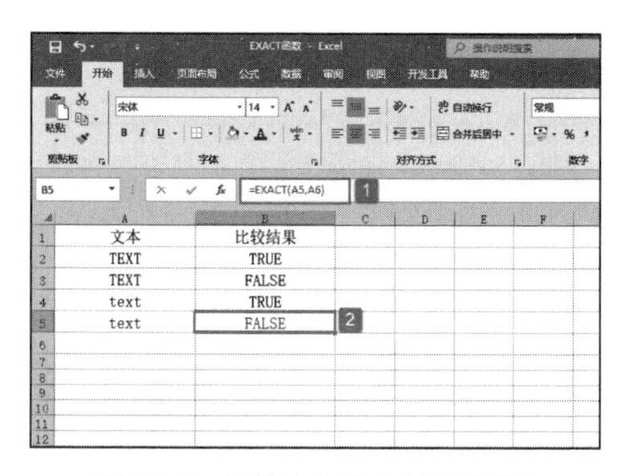

图 12-8　比较 A5 和 A6 是否相同

12.1.3 计算字符串中字符个数

LEN 函数用于返回文本字符串中的字符个数，其语法是：

```
LEN (text)
```

其中，text 参数为要计算长度的文本字符串，或对含有文本单元格的引用，包括空格。下面通过实例具体讲解该函数的操作技巧。

打开“LEN 函数 .xlsx”工作簿，本例中的原始数据如图 12-9 所示。要求使用 LEN 函数统计此文本的字数。具体操作方法如下。

选中 A1 单元格，在编辑栏中输入公式“=LEN（A2）”，然后按“Enter”键返回，即可计算出 A2 单元格中英文字母的个数，如图 12-10 所示。

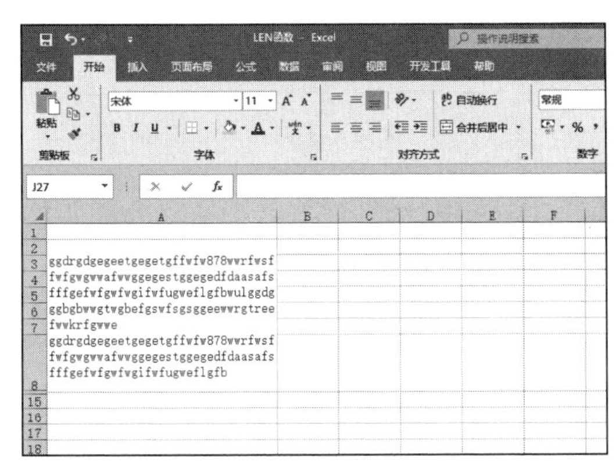

图 12-9　原始数据

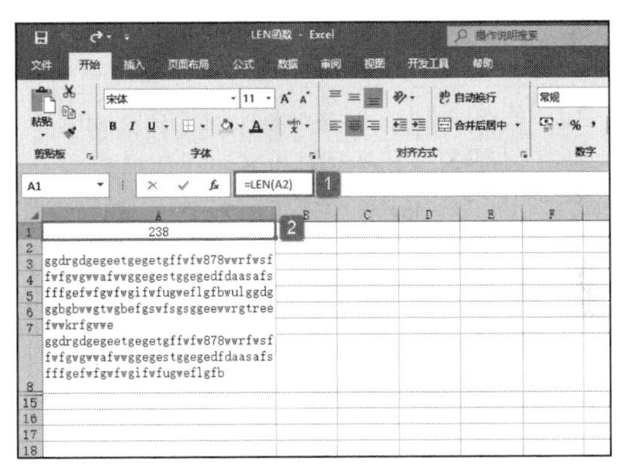

图 12-10　计算英文字母个数

该函数适用于检查文件中所包含字符串的个数，也适用于需要检测字符个数的文本。

12.1.4 删除非打印字符

CLEAN 函数用于删除文本中所有非打印字符，其语法是：

```
CLEAN(text)
```

其中，text 参数是即将删除非打印字符的字符串或文本，或对含有非打印字符串单元格的引用。下面通过实例具体讲解该函数的操作技巧。

用户在网上下载了一份“设备情况报表”的模板，原始数据如图 12-11 所示。用户想将其打印出来，但在“位置”及“状况”标题文本中含有非打印字符，需要先使用 CLEAN 函数删除工作表中的非打印字符。具体操作步骤如下。

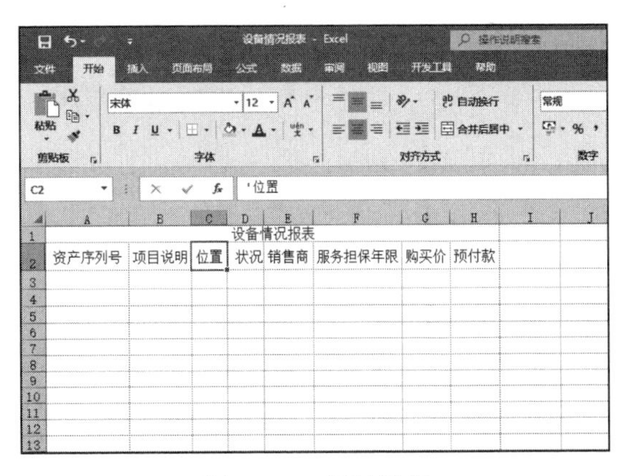

图 12-11　原始数据

STEP01：选中 C3 单元格，在编辑栏中输入公式“=CLEAN(C2)”，然后按“Enter”键返回，即可删除 C2 单元格中的非打印字符，如图 12-12 所示。

STEP02：选中D3单元格，在编辑栏中输入公式“=CLEAN(D2)”，然后按“Enter”键返回，即可删除D2单元格中的非打印字符，如图12-13所示。

图12-12 删除C2单元格中的非打印字符

图12-13 删除非打印字符后的文本

此函数将文本中非打印字符全部删除，适用于任何需要打印的文本，也适用于任何领域。

12.1.5 计算首字符数字代码

CODE函数用于返回文本字符串第1个字符在本机所用字符集中的数字代码，其语法是：

```
CODE(text)
```

其中，text参数是获取第1个字符代码的字符串。下面通过实例来具体讲解该函数的操作技巧。

打开“CODE函数.xlsx”工作簿，本例中的原始数据如图12-14所示。为了便于检索，需要使用CODE函数将文本中的名字返回第1个字符的数字代码。具体操作步骤如下。

STEP01：选中C2单元格，切换到“公式”选项卡，在“函数库”组中单击“插入函数”按钮，打开“插入函数”对话框，如图12-15所示。

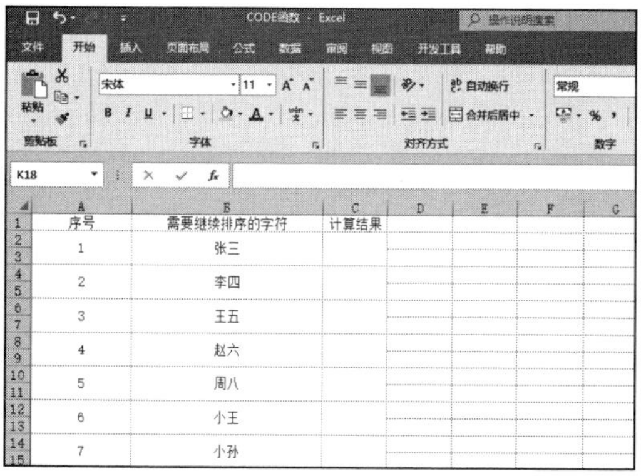

图12-14 原始数据

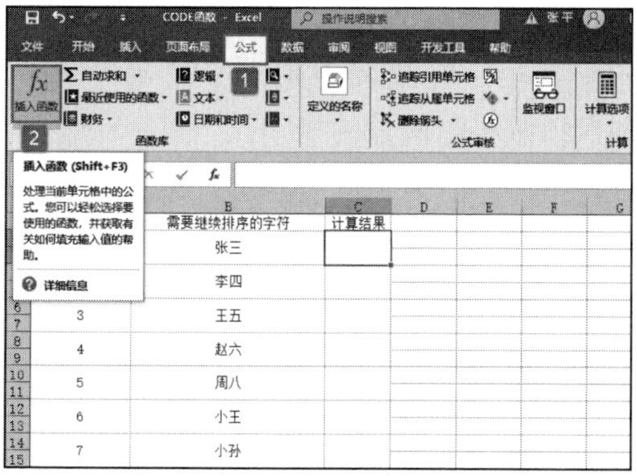

图12-15 单击“插入函数”按钮

STEP02：打开“插入函数”对话框后，单击“或选择类别”选择框右侧的下拉按钮，在展开的下拉列表中选择“文本”选项，并在“选择函数”列表框中选择“CODE”

函数选项，最后单击“确定”按钮，如图 12-16 所示。

STEP03：随后会打开如图 12-17 所示的“函数参数”对话框。在“Text”选项框中输入参数“B2”，然后单击“确定”按钮返回工作表，即可计算出单元格 B2 中第 1 个字符的数字代码，结果如图 12-18 所示。

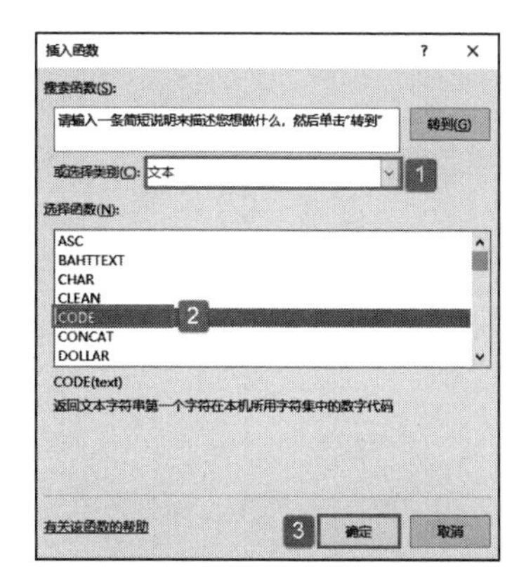

图 12-16 选择函数

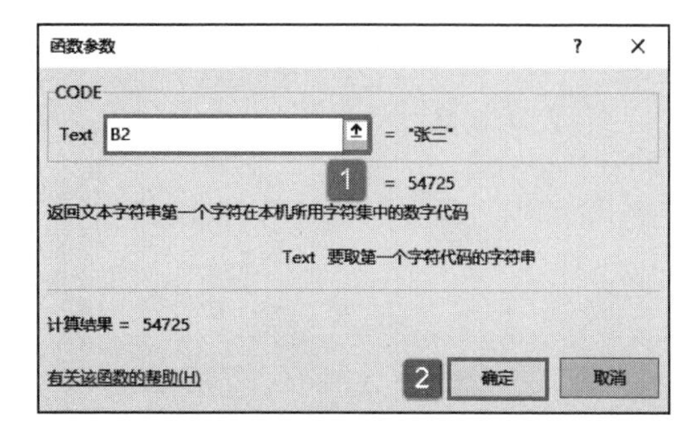

图 12-17 设置参数

STEP04：选中 C2 单元格，利用填充柄工具向下复制公式至最后一个单元格处，通过自动填充功能返回所有文本的第 1 个字符的数字代码，最终结果如图 12-19 所示。

序号	需要继续排序的字符	计算结果
1	张三	54725
2	李四	
3	王五	
4	赵六	
5	周八	
6	小王	
7	小孙	

图 12-18 返回数字代码

序号	需要继续排序的字符	计算结果
1	张三	54725
2	李四	49390
3	王五	52725
4	赵六	54740
5	周八	55004
6	小王	53409
7	小孙	53409

图 12-19 返回所有数字代码

12.1.6 返回指定字符

CHAR 函数用于根据本机中的字符集，返回由代码数字指定的字符。其语法是：

```
CHAR(number)
```

其中，number 参数是数字，对应返回的字符，此数字取值为 1 ～ 255。下面通过实例具体讲解该函数的操作技巧。

打开“CHAR 函数 .xlsx”工作簿，本例中的原始数据如图 12-20 所示。为了隐藏用户的密码，可以将代表密码的数

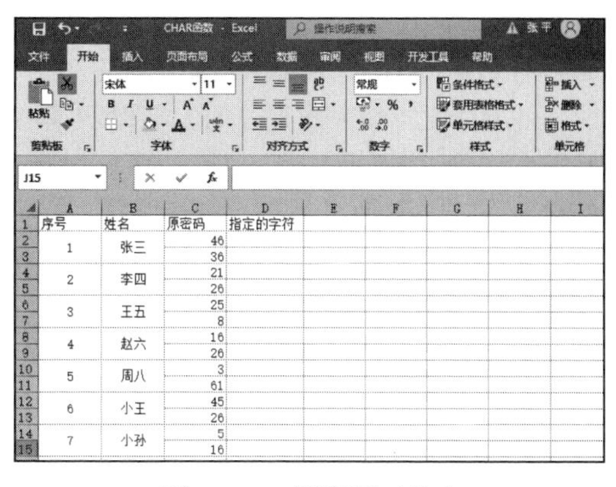

序号	姓名	原密码	指定的字符
1	张三	46	
		36	
2	李四	21	
		26	
3	王五	25	
		8	
4	赵六	16	
		26	
5	周八	3	
		61	
6	小王	45	
		26	
7	小孙	5	
		16	

图 12-20 原密码工作表

字改变成不经常使用的字符，这样既能起到一定的保密作用，还便于网络传输。下面将使用 CHAR 函数，将表格中的数字返回由代码数字指定的字符。具体操作步骤如下。

STEP01：选中 D2 单元格，在编辑栏中输入公式“=CHAR(C2)”，然后按“Enter”键即可返回指定的字符，如图 12-21 所示。

STEP02：选中 D2 单元格，利用填充柄工具向下复制公式至最后一个单元格处，通过自动填充功能返回所有指定字符，如图 12-22 所示。

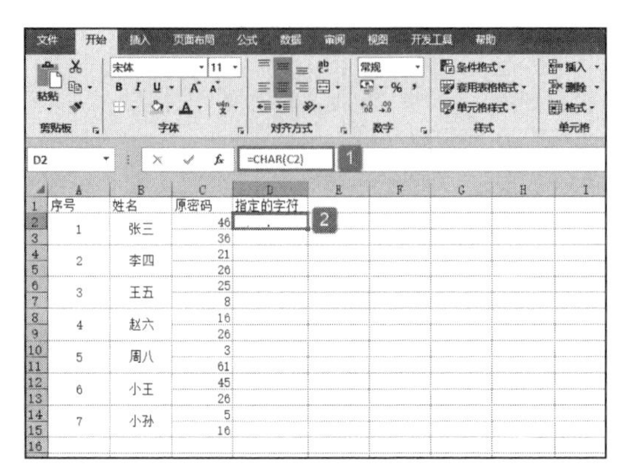

图 12-21　返回 C2 单元格数值指定的字符

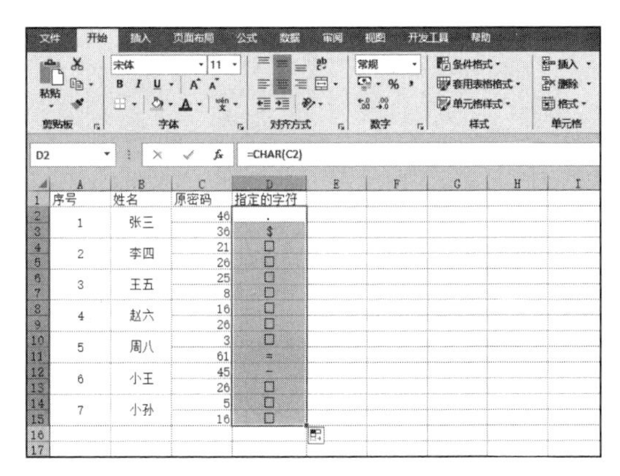

图 12-22　返回所有数字指定的字符

12.1.7　查找其他字符串值

FIND 函数用于返回一个字符串在另一个字符串中出现的起始位置（区分大小写）。其语法是：

```
FIND(find_text,within_text,start_num)
```

其中，find_text 参数为要查找的字符串，或对含有字符串单元格的引用；within_text 参数为要在其中搜索的源文件；start_num 参数为开始搜索的位置；within_text 参数中第 1 个字符的位置为 1，如果忽略则 start_num=1。

此外，FINDB 函数用法与 FIND 函数相同，只是后者还可用于较早版本的 Excel 版本，其语法是：

```
FINDB(find_text,within_text,start_num)
```

其中，find_text 参数为搜索的文本；within_text 参数为包含需要搜索文本的源文件；start_num 参数是指定从哪一个字符开始搜索，下面通过使用 FIND 函数，来具体讲解其操作技巧。关于 FINDB 函数的使用，读者可以自行研究。

小明同学为表现对 2012 年世界杯的热爱，特意使用 FIND 函数将“2012 年世界杯”每个字符返回在另一个字符串出现的起始位置，用所返回位置的数字表示“2012 年世界杯”。那他是如何实现这一操作的呢？

STEP01：新建一个空白工作簿，重命名为“FIND 函数”。切换至“Sheet1”工作表，并输入原始数据，如图 12-23 所示。

STEP02：选中 B2 单元格，在编辑栏中输入公式“=FIND(2,A2,1)”，然后按“Enter”键即可返回起始位置数字“1”，如图 12-24 所示。

STEP03：选中 B3 单元格，在编辑栏中输入公式“=FIND(0,A2,1)”，然后按“Enter”键即可返回起始位置数字“2”，如图 12-25 所示。

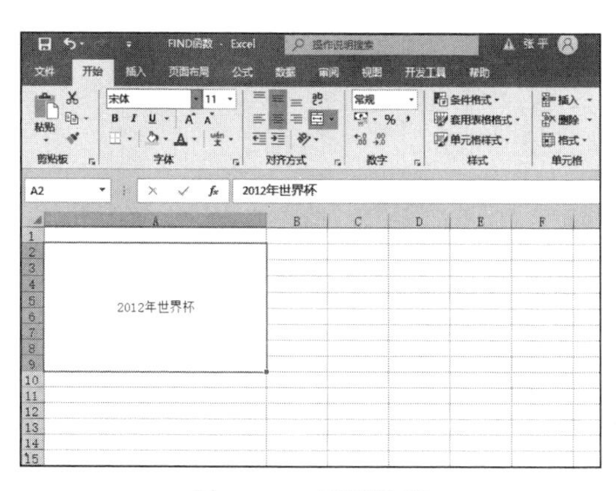

图 12-23　原始数据

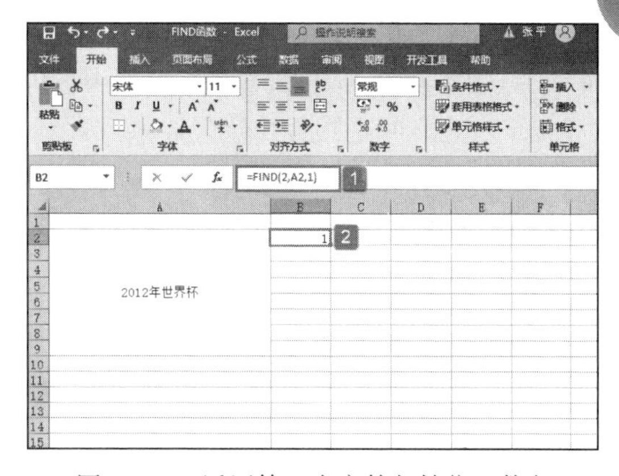

图 12-24　返回第 1 个字符起始位置数字

STEP04：选中 B4 单元格，在编辑栏中输入公式“=FIND(1,A2,1)”，然后按“Enter”键即可返回起始位置数字“3”，如图 12-26 所示。

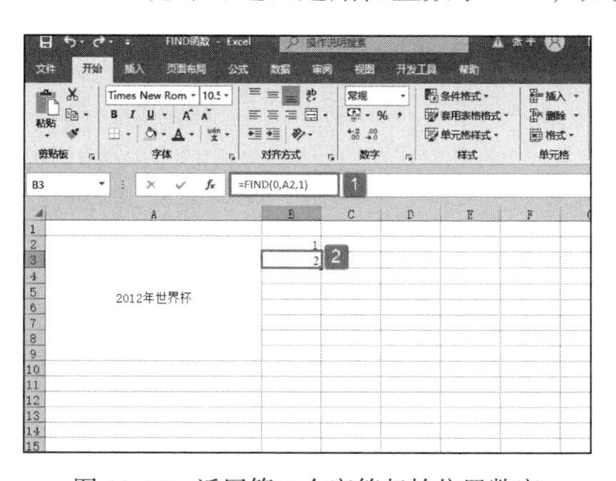

图 12-25　返回第 2 个字符起始位置数字

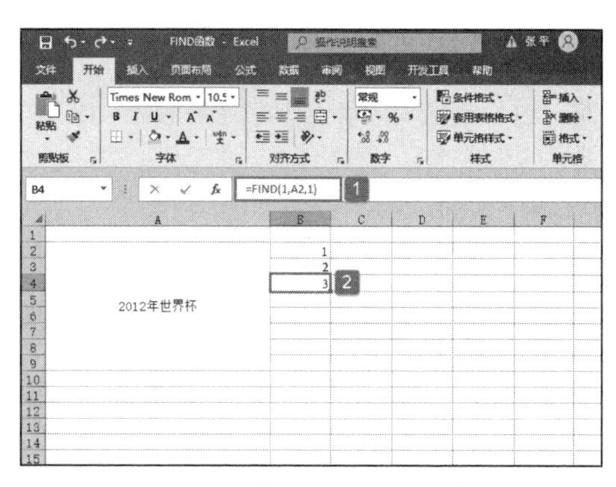

图 12-26　返回第 3 个字符起始位置数字

STEP05：选中 B5 单元格，在编辑栏中输入公式“=FIND(2,A2,1)”，然后按“Enter”键即可返回起始位置数字“1”，如图 12-27 所示。

STEP06：选中 B6 单元格，在编辑栏中输入公式“=FIND(“年”,A2,1)”，然后按“Enter”键即可返回起始位置数字“5”，如图 12-28 所示。

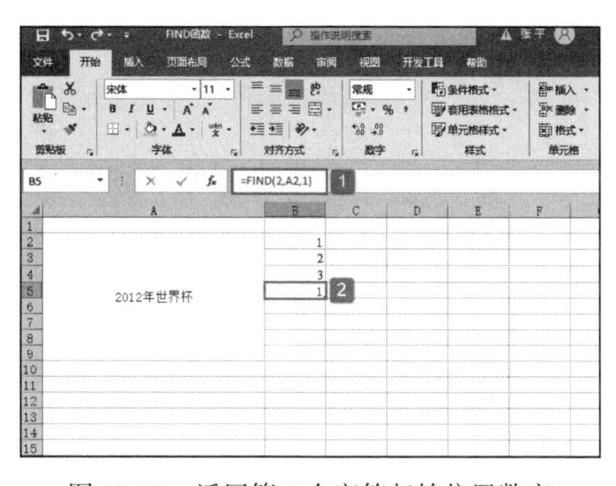

图 12-27　返回第 4 个字符起始位置数字

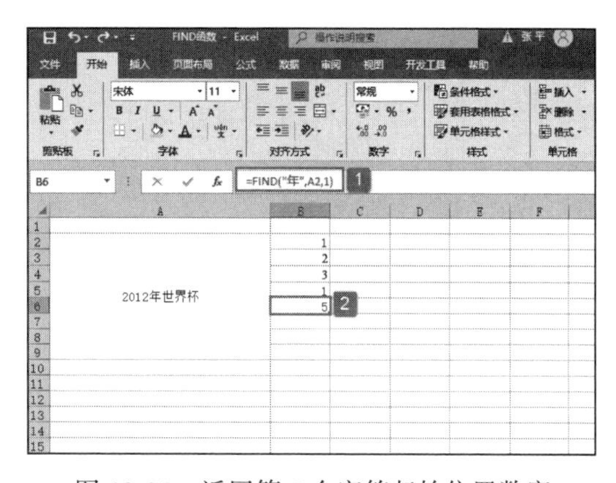

图 12-28　返回第 5 个字符起始位置数字

STEP07：选中 B7 单元格，在编辑栏中输入公式“=FIND(“世”,A2,1)”，然后按“Enter”键即可返回起始位置数字“6”，如图 12-29 所示。

STEP08：选中 B8 单元格，在编辑栏中输入公式“=FIND(" 界 ",A2,1)”，然后按“Enter”键即可返回起始位置数字“7”，如图 12-30 所示。

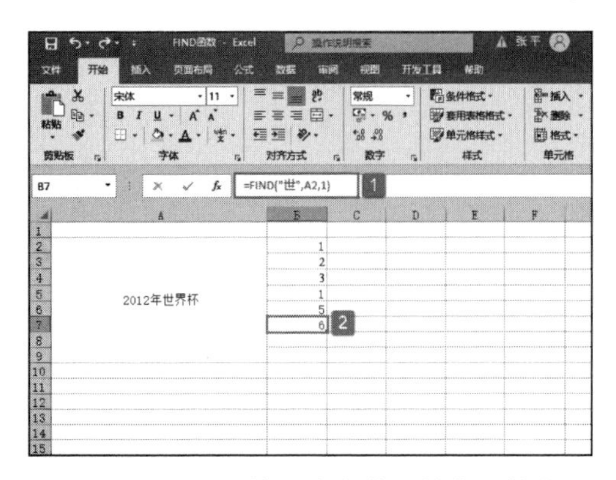

图 12-29　返回第 6 个字符起始位置数字

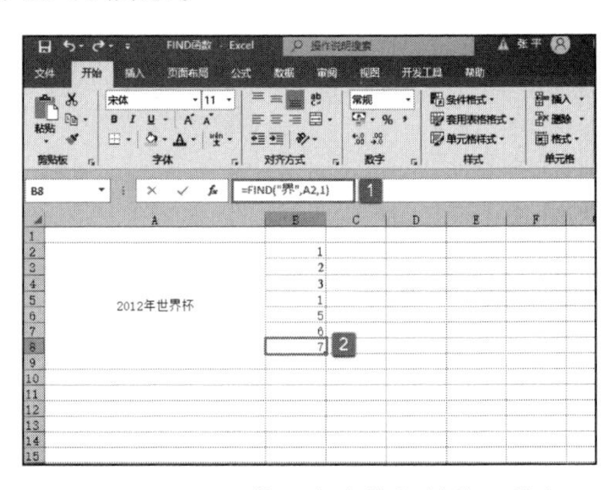

图 12-30　返回第 7 个字符起始位置数字

STEP09：选中 B9 单元格，在编辑栏中输入公式“=FIND(" 杯 ",A2,1)”，然后按“Enter”键即可返回起始位置数字“8”，如图 12-31 所示。

STEP10：选中 B10 单元格，在编辑栏中输入公式“=FIND(" 会 ",A2,1)”，然后按“Enter”键。因为在“2012 世界杯”字符串中没有“会”这个字，所以返回错误代码“#VALUE!”，如图 12-32 所示。

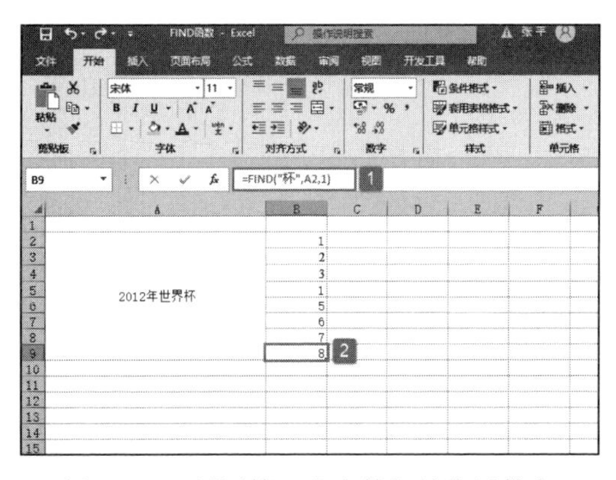

图 12-31　返回第 8 个字符起始位置数字

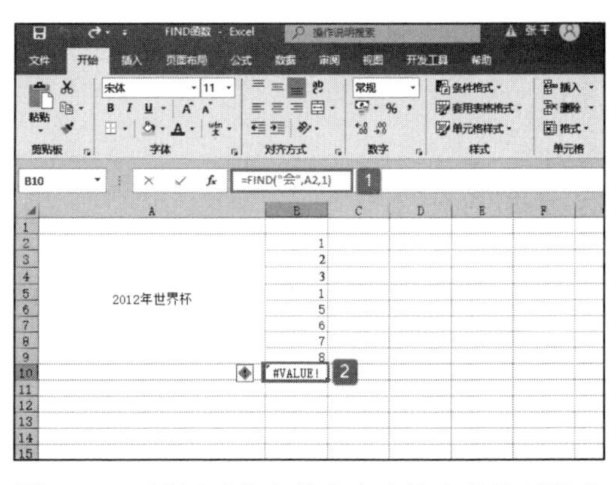

图 12-32　返回不在字符中存在的字符位置数字

12.1.8　应用 TRIM 函数删除空格

TRIM 函数用于删除字符串中多余的空格，但会在英文字符串中保留一个作为词与词之间分隔的空格。其语法是：

```
TRIM(text)
```

其中，text 参数是需要删除空格的文本字符串，或对含有文本字符串单元格的引用。下面通过实例具体讲解该函数的操作技巧。

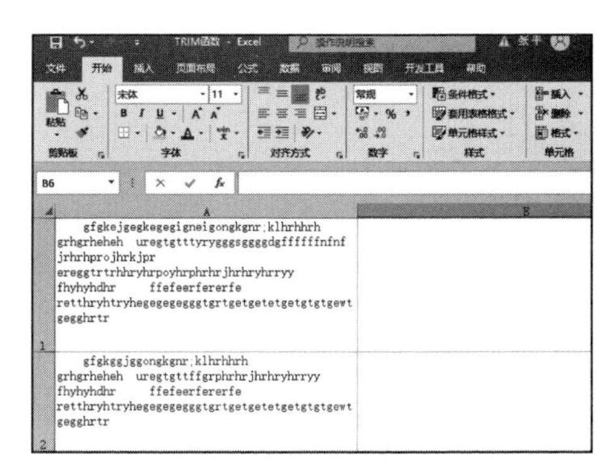

图 12-33　含有空格的单元格

打开“TRIM 函数 .xlsx“工作簿，本例中的原始数据如图 12-33 所示。为了规范工作表中英文字符的书写，需要使用 TRIM 函数将单元格中的多余空格删除，使工作表整体看起来更美观。具体的操作步骤如下。

STEP01：选中 B1 单元格，在编辑栏中输入公式“=TRIM(A1)”，然后按“Enter”键即可返回 A1 单元格中已删除空格的文本，如图 12-34 所示。

STEP02：选中 B2 单元格，在编辑栏中输入公式“=TRIM(A2)”，然后按“Enter”键即可返回 A2 单元格中已删除空格的文本，如图 12-35 所示。

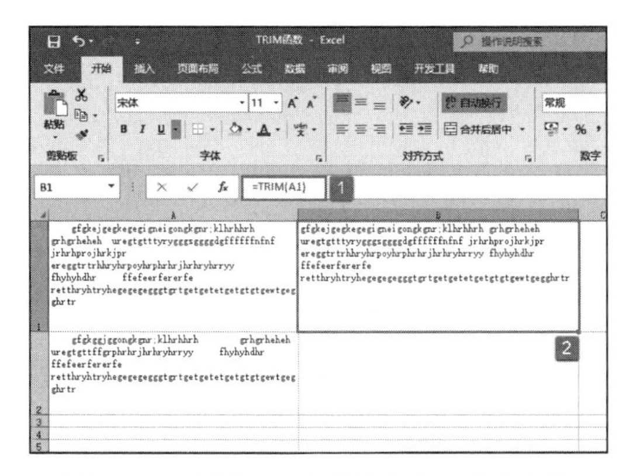

图 12-34　删除 A1 单元格文本中多余空格

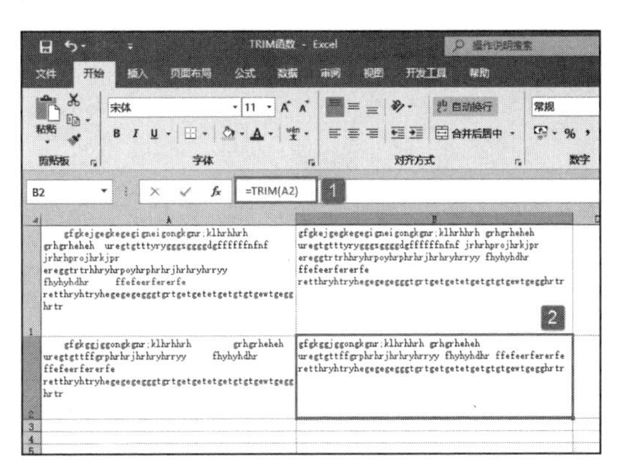

图 12-35　删除 A2 单元格中多余的空格

12.2 字符串转换

对于多种类型的字符串，我们可以通过相应的函数实现字符串转换。下面将介绍几种字符串的转换函数。

12.2.1　全角字符转换为半角字符

ASC 函数用于将双字节字符转换成单字节字符，即将全角英文字母转换为半角英文字母。其语法是：

```
ASC(Text)
```

其中，Text 参数可以是文本，也可以是单元格。转换函数中只对双字节字符（全角英文字母）进行转换。下面通过实例具体讲解该函数的操作技巧。

STEP01：新建一个空白工作簿，重命名为“ASC 函数”。切换至“Sheet1”工作表，并输入原始数据，如图 12-36 所示。

STEP02：选中 B2 单元格，在编辑栏中输入公式“=ASC(A2)”，然后按“Enter”键即可返回 A2 单元格对应的半角文本计算结果，如图 12-37 所示。

STEP03：选中 B2 单元格，利用填

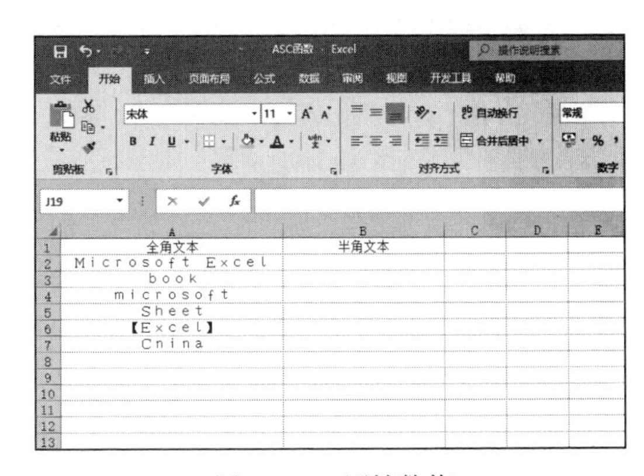

图 12-36　原始数值

充柄工具向下复制公式至 B7 单元格，通过自动填充功能将其他单元格中的字符转换成半角字符，最终结果如图 12-38 所示。

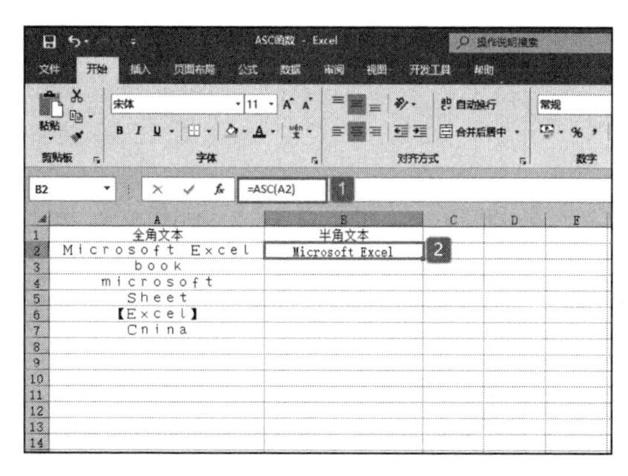

图 12-37　返回 A2 半角文本

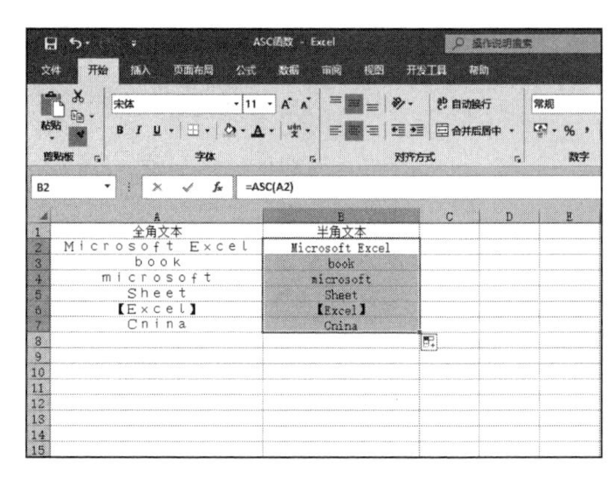

图 12-38　转换其他字符

12.2.2　半角字符转换为全角字符

WIDECHAR 函数用于将单字节字符转换成双字节字符，即将半角英文字母转换为全角英文字母。语法是

```
WIDECHAR(text)
```

其中，text 参数可以是文本，也可以是单元格。下面通过实例具体讲解该函数的操作技巧。

STEP01：新建一个空白工作簿，重命名为“WIDECHAR 函数”。切换至“Sheet1”工作表，并输入原始数据，如图 12-39 所示。

图 12-39　原始数值

STEP02：选中 B2 单元格，在编辑栏中输入公式“=WIDECHAR(A2)”，然后按“Enter”键即可返回 A2 单元格对应的全角文本计算结果，如图 12-40 所示。

STEP03：选中 B2 单元格，利用填充柄工具向下复制公式至 B7 单元格，通过自动填充功能将其他单元格中的字符转换成全角字符，最终结果如图 12-41 所示。

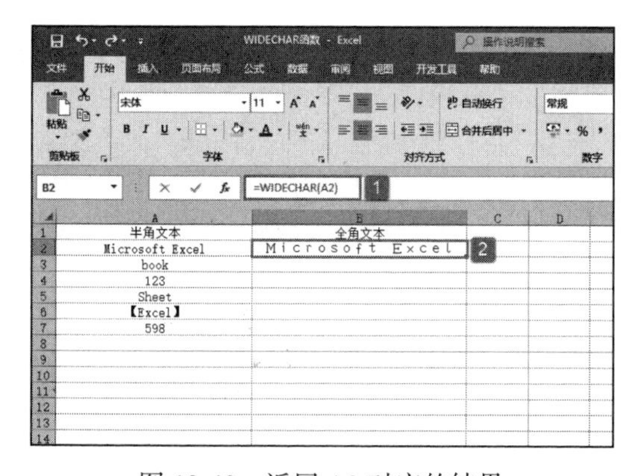

图 12-40　返回 A2 对应的结果

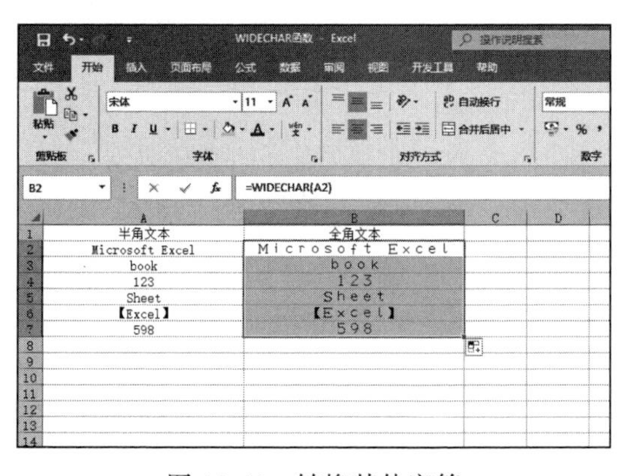

图 12-41　转换其他字符

如果文本中不包含任何半角英文字母，则 WIDECHAR 函数将不会更改文本。

12.2.3 美元货币符转换文本格式

DOLLAR 函数的功能是使用“ $”（美元）货币格式，及给定的小数位数，将数字转换成文本。其语法是：

```
DOLLAR(number,decimals)
```

其中，number 参数是数、数值的公式，或对含有数值单元格的引用；decimals 参数是小数的位数。如果省略 decimals，则假设其值为 2；如果 decimals 为负数，则在小数点左侧进行舍入。下面通过实例具体讲解该函数的操作技巧。

打开“ DOLLAR 函数 .xlsx “工作簿，本例中的原始数据如图 12-42 所示。要求使用 DOLLAR 函数，将工作表中的数值分别按整数、小数点后 7 位及小数点后两位转换成文本格式。具体操作步骤如下。

STEP01：选中 B2 单元格，在编辑栏中输入公式“ =DOLLAR(A2,-2)”，然后按“Enter”键即可返回按整数转换的计算结果，如图 12-43 所示。

图 12-42 原始数据

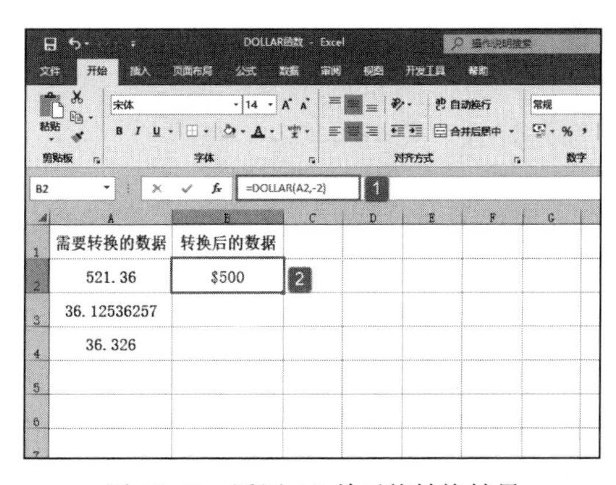

图 12-43 返回 A2 单元格转换结果

STEP02：选中 B3 单元格，在编辑栏中输入公式“ =DOLLAR(A3,7)”，然后按“Enter”键即可返回按小数点后 7 位转换的计算结果，如图 12-44 所示。

STEP03：选中 B4 单元格，在编辑栏中输入公式“ =DOLLAR(A4,2)”，然后按“Enter”键即可返回按小数点后两位转换的计算结果，如图 12-45 所示。

图 12-44 返回 A3 单元格计算结果

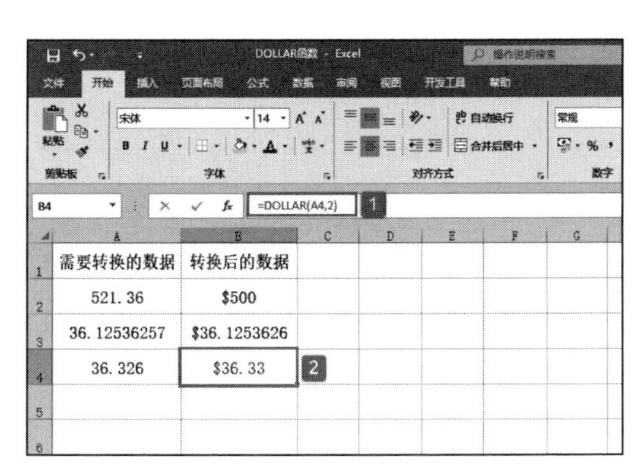

图 12-45 返回 A4 单元格计算结果

12.2.4 字符串大小写转换

LOWER 函数用于将一个文本字符串的所有字母转换为小写形式。其语法是：

```
LOWER(text)
```

其中，text 参数是要转换成小写字母的文本或字符串，或引用含有字符串的单元格。对其中非字母字符串不作转换。

UPPER 函数用于将文本字符串中的字母全部转换成大写。其语法是：

```
UPPER(text)
```

其中，text 参数是要转换成大写字母的文本或字符串，或引用含有字符串的单元格。下面通过实例具体讲解这两个函数的操作技巧。

在利用电子表格输入数据的时候，有时需要进行大小写字母之间的转换，需要将大写字母转换为小写字母，或者将小写字母转换为大写字母。下面通过实例具体讲解这两个函数的操作技巧。首先打开“大小写转换 .xlsx”工作簿，本例中的原始数据如图 12-46 所示。

图 12-46　原始数据

STEP01：选中 C2 单元格，在编辑栏中输入公式“=LOWER(B2)”，然后按“Enter”键即可返回 B2 单元格对应的小写字母，如图 12-47 所示。

STEP02：选中 C2 单元格，利用 Excel 的自动填充功能，复制公式至 C3 单元格，即可计算出 B3 单元格对应的转换数值，结果如图 12-48 所示。

图 12-47　将 B2 单元格中的数据转换为小写

图 12-48　将 B3 单元格中的数据转换为小写

STEP03：选中 C4 单元格，在编辑栏中输入公式“=UPPER(B4)”，然后按“Enter”键即可返回 B4 单元格对应的大写字母，如图 12-49 所示。

STEP04：选中 C4 单元格，利用 Excel 的自动填充功能，复制公式至 C5 单元格，即可计算出 B5 对应的转换数值，结果如图 12-50 所示。

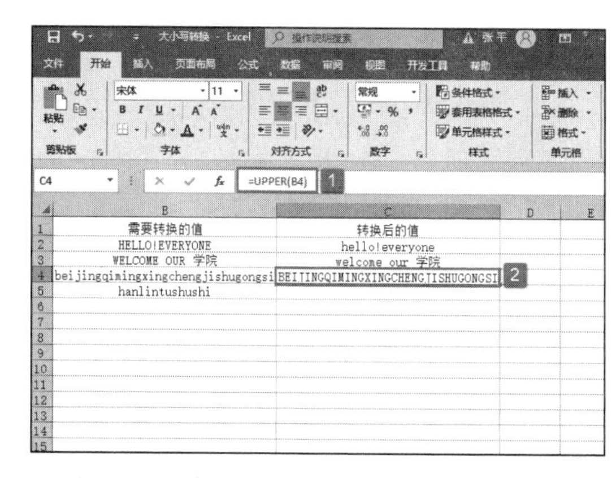

图 12-49 将 B4 单元格中的数据转换为大写

图 12-50 将 B5 单元格中的数据转换为大写

12.2.5 替换字符串

SUBSTITUTE 函数用于将字符串中的部分字符串用新字符串替换。其语法是：

```
SUBSTITUTE(text,old_text,new_text,instance_num)
```

其中，text 参数是包含要替换字符的字符串，或是对文本单元格引用；old_text 参数是要被替换的字符串，如果原有字符串中的大小写不等于新字符串中的大小写，将不进行替换；new_text 参数用于替换 old_text 的新字符串；instance_num 参数是表示指定的字符串 old_text 在源字符串中出现几次，则用本参数指定要替换第几个，如果省略，则全部替换。下面通过实例具体讲解该函数的操作技巧。

打开“SUBSTITUTE 函数 .xlsx”工作簿，本例中的原始数据如图 12-51 所示。在“Sheet1”工作表中可以看到在编写例题步骤文本中含有“Enter”字符串，为规范编辑格式，要求使用 SUBSTITUTE 函数，将“Enter”字符串替换成“回车”字符串。具体的操作方法如下。

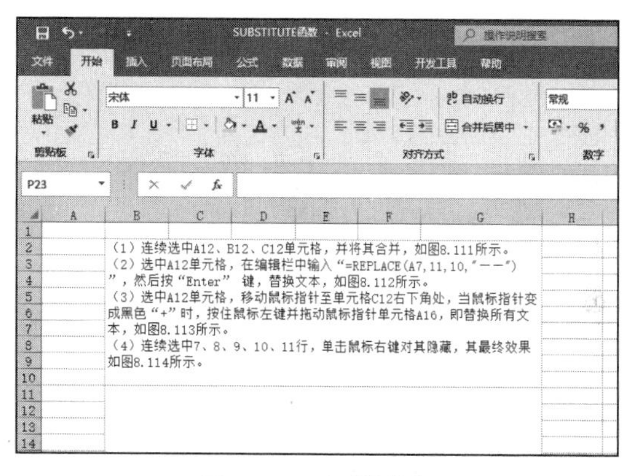

图 12-51 原始数据

选中合并后的 B11 单元格，在编辑栏中输入公式“=SUBSTITUTE(B2,""Enter"","回车")”，然后按“Enter”键返回即可替换指定文本，如图 12-52 所示。

REPLACE 函数用于将一个字符串中的部分字符用另一个字符串替换。其语法是：

```
REPLACE(old_text,start_num,num_chars,new_text)
```

其中，old_text 参数为要将字符进行替换的文本；start_num 参数为要替换 new_text 中字符在 old_text 中的位置；num_chars 参数为要从 old_text 中替换的字符个数；new_text 参数是来对 old_text 中指定字符串进行替换的字符串。下面通过实例具体讲解该函数的操作技巧。

打开“REPLACE 函数 .xlsx”工作簿，本例中的原始数据如图 12-53 所示。在实际应用过程中，财务人员需要使用 REPLACE 函数，将目录与页面之间的符号替换成“——”符号。具体操作步骤如下。

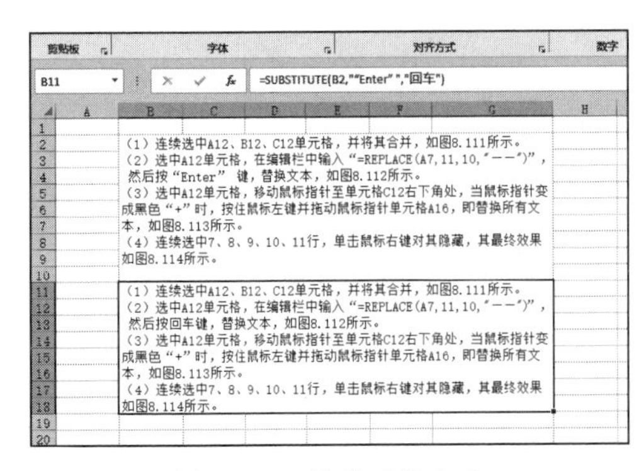

图 12-52　替换后的文本

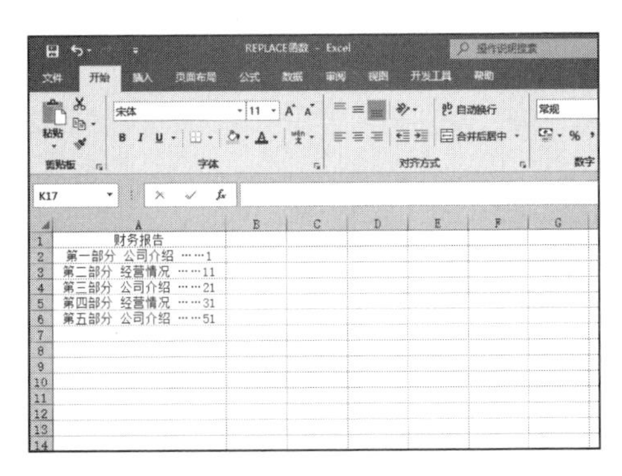

图 12-53　原始数据

STEP01：选中 A8 单元格，在编辑栏中输入公式"=REPLACE(A2,11,10,"——")"，然后按"Enter"键返回即可完成 A2 单元格中的文本替换，结果如图 12-54 所示。

STEP02：选中 A8 单元格，利用填充柄工具向下复制公式至 A12 单元格，实现所有文本的替换，最终结果如图 12-55 所示。

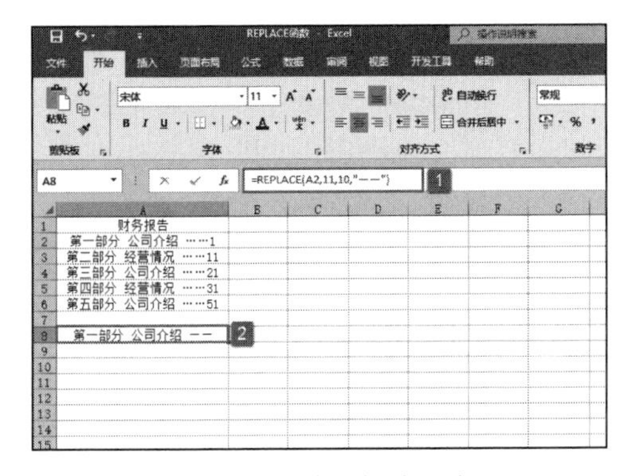

图 12-54　替换部分文本

图 12-55　替换所有文本

12.3　实战：提取公司员工出生日期

打开"员工信息表.xlsx"工作簿，切换至"Sheet1"工作表，本例中的原始数据如图 12-56 所示。某办公人员需要从该工作表中提取公司员工的出生日期，以便计算工龄。下面通过具体的操作步骤来详细讲解该综合应用案例。

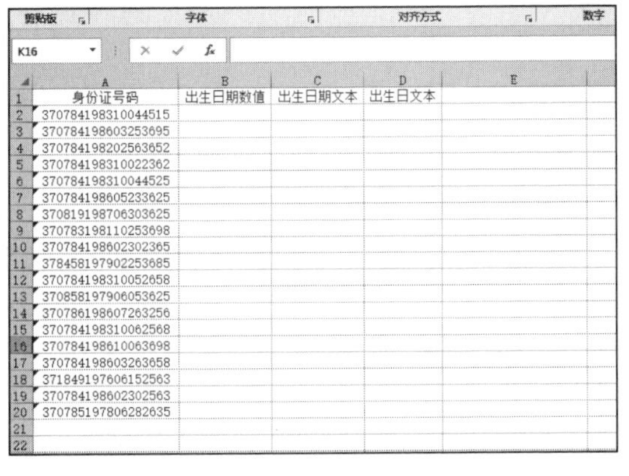

身份证号码	出生日期数值	出生日期文本	出生日文本
370784198310044515			
370784198603253695			
370784198202563652			
370784198310022362			
370784198310044525			
370784198605233625			
370819198706303625			
370783198110253698			
370784198602302365			
378458197902253685			
370784198310052658			
370858197906053625			
370786198607263256			
370784198310062568			
370784198610063698			
370784198603263658			
371849197606152563			
370784198602302563			
370785197806282635			

图 12-56　原始数据

一般来说，身份证号码的第 7 位～ 14 位数字为出生日期，可以先用 MID 函数返回身份证号码中出生日期数值，再使用 TEXT 函数把出生日期数值转换成数值文本格式，最后使用

REPLACEB 函数替换出生年份，得出具体的出生日期。

STEP01：选中 B2 单元格，在编辑栏中输入公式“=MID(A2,7,8)”，然后按“Enter”键即可返回数值“19831004”，如图 12-57 所示。

STEP02：选中 B2 单元格，利用填充柄工具向下复制公式至 B20 单元格，即可返回所有出生日期的数值，如图 12-58 所示。

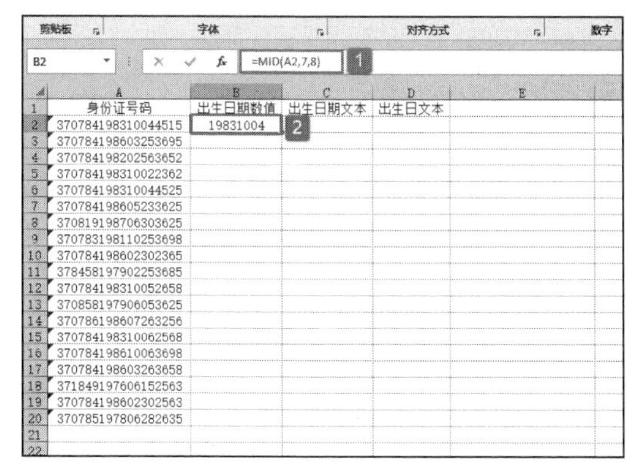

图 12-57　返回出生日期数值

图 12-58　返回所有出生日期的数值

STEP03：选中 C2 单元格，在编辑栏中输入公式“=TEXT(B2,"0000-00-00")”函数，按“Enter”键即可返回“1983-10-04”数值文本，如图 12-59 所示。

STEP04：选中 C2 单元格，利用填充柄工具向下复制公式至 C20 单元格，即可返回所有出生日期的文本，如图 12-60 所示。

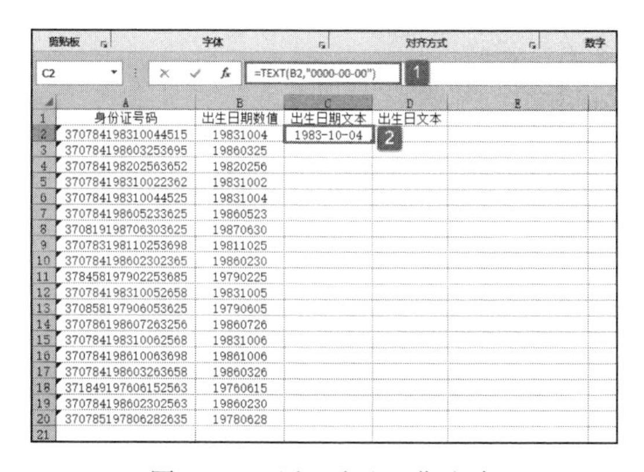

图 12-59　返回出生日期文本

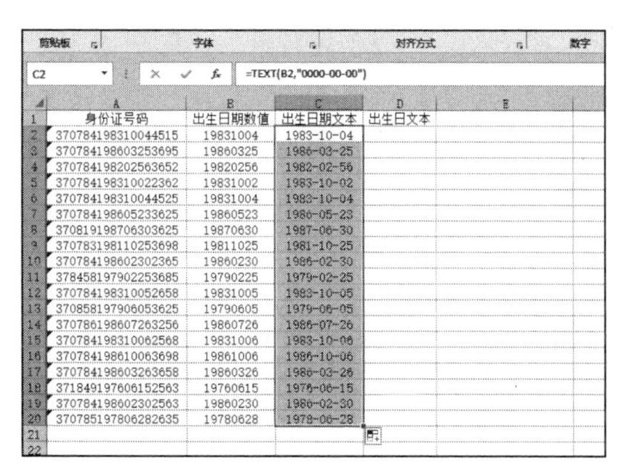

图 12-60　返回所有出生日期文本

STEP05：选中 D2 单元格，在编辑栏中输入公式“=REPLACEB(C2,1,5," ")”函数，按“Enter”键即可返回出生日文本“10-04”，如图 12-61 所示。

STEP06：选中 D2 单元格，利用填充柄工具向下复制公式至 D20 单元格，即可返回所有出生日文本，如图 12-62 所示。

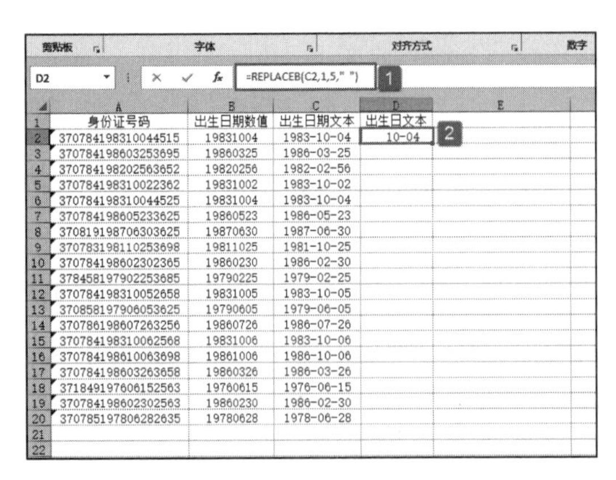

图 12-61　返回出生具体日期

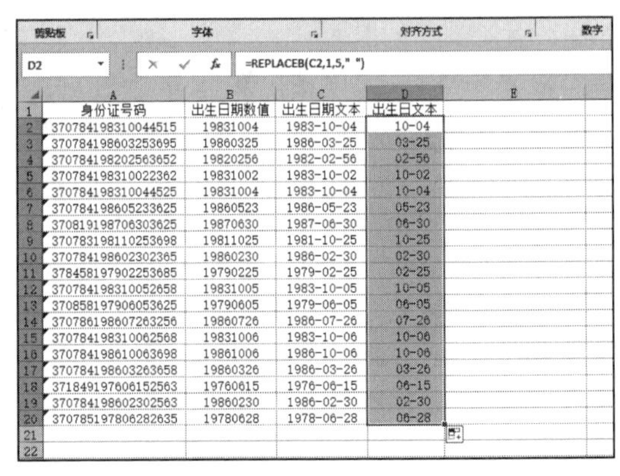

图 12-62　返回所有出生日文本

12.4 实战：专家信息统计

某高校聘请了几位外国教授进行短期讲学，因为其姓名方面比较混乱，现在需要对其信息进行统计，即将专家的名称分为 3 部分，并根据性别输出称呼。下面通过具体步骤来详细介绍如何对专家信息进行统计。

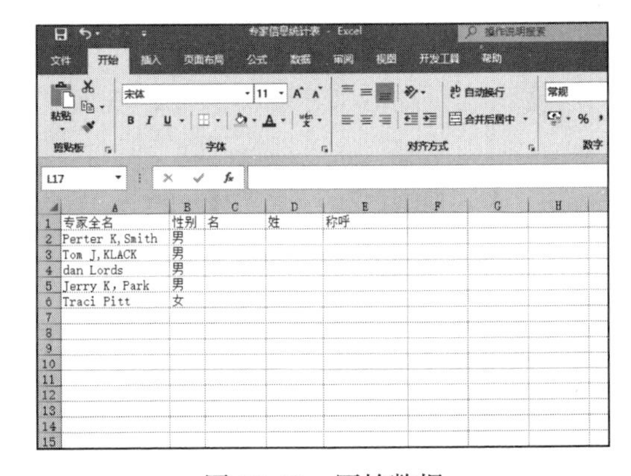

图 12-63　原始数据

STEP01：新建一个空白工作簿，重命名为“专家信息统计表”，切换至“Sheet1”工作表，并输入原始数据，如图 12-63 所示。

STEP02：将“名”从全名中分离出来，在 C2 单元格中输入公式“=LEFT(A2, FIND(" ",A2)-1)”，然后按“Enter”键返回即可得到相应的专家名，如图 12-64 所示。在此公式中利用 FIND 函数查找第 1 个空格，然后返回空格前面的部分。

STEP03：选中 C2 单元格，使用填充柄工具向下复制公式至 C6 单元格，完成对 C3:C6 单元格区域的自动填充，结果如图 12-65 所示。

STEP04：对“姓”进行提取，在 D2 单元格中输入公式“=RIGHT(A2,LEN(A2)-FIND("!",SUBSTITUTE(A2, " ","!",LEN(A2)-LEN(SUBSTITUTE(A2," ","")))))”，然后按“Enter”键返回，得到的结果就是外国专家的姓，如图 12-66 所示。

STEP05：选中 D2 单元格，使用填充柄工具向下复制公式至 D6 单元格，完成对 D3:D6 单元格区域的自动填充，结果如图 12-67 所示。

STEP06：通过性别输出称呼，在 E2 单元格中输入公式“=IF(B2="男", CONCATENATE(D2,"先生"), CONCATENATE(D2,"女士"))”，然后按“Enter”键返回即可得出称呼，结果如图 12-68 所示。

STEP07：选中 E2 单元格，使用填充柄工具向下复制公式至 E6 单元格，完成对 E3:E6 单元格区域的自动填充，最终结果如图 12-69 所示。

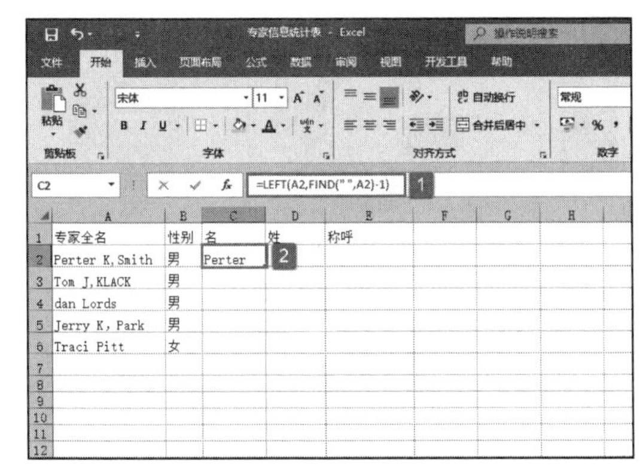

图 12-64 “名”的提取

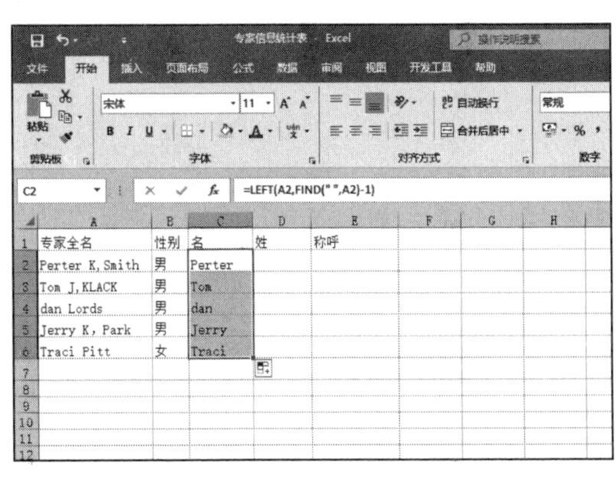

图 12-65 自动填充后的结果

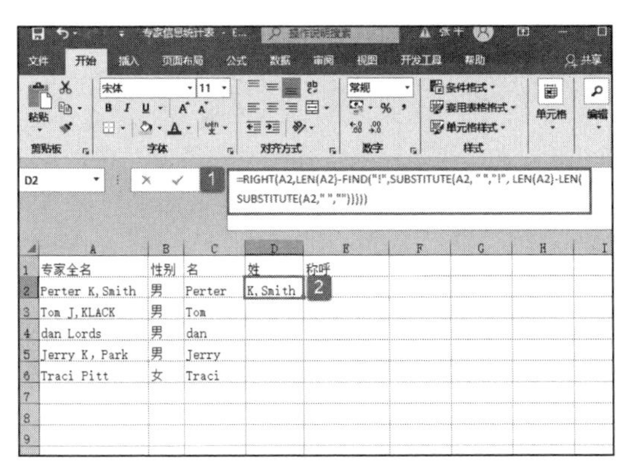

图 12-66 “姓”的提取

图 12-67 D 列填充结果

图 12-68 通过性别输出称呼

图 12-69 最终结果

第13章 日期与时间函数应用

对工作表中的日期与时间按规定进行处理的一种函数就是日期与时间函数。在制作工作表的过程中，一般都与日期或时间有关联，所以在Excel中，日期与时间函数是一个重要的函数。对于公司管理人员或者财务人员来说，熟练运用日期和时间函数，充分理解Excel处理基于时间的信息的方法是非常必要的。本章将以实例的形式来介绍日期与时间函数的操作技巧。

- 显示日期
- 实战：日期与时间常用操作

13.1 显示日期

利用相关的日期函数可以根据用户的系统时钟返回当天日期的序数或时间。

13.1.1 显示当前系统日期

TODAY 函数用于返回系统当前日期，其语法是 TODAY()。该函数没有参数。下面通过实例来具体讲解该函数的操作技巧。

某公司财务人员在制作年终报表的时候，需要记录当前修改日期。下面利用 TODAY 函数，记录当天修改的日期。具体操作步骤如下。

STEP01：新建一个空白工作簿，重命名为“员工资料表”。切换至“Sheet1”工作表，输入本例的原始数据，如图 13-1 所示。

STEP02：选中 G2 单元格，在编辑栏中输入公式“=TODAY()”，然后按“Enter”键即可返回当天修改的日期，如图 13-2 所示。

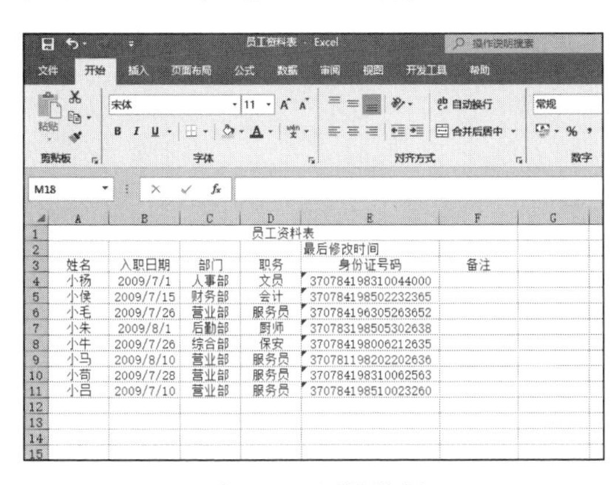

员工资料表					
				最后修改时间	
姓名	入职日期	部门	职务	身份证号码	备注
小杨	2009/7/1	人事部	文员	370784198310044000	
小侯	2009/7/15	财务部	会计	370784198502232365	
小毛	2009/7/26	营业部	服务员	370784196305263652	
小朱	2009/8/1	后勤部	厨师	370783198505302638	
小牛	2009/7/26	综合部	保安	370784198006212635	
小马	2009/8/10	营业部	服务员	370781198202202636	
小苟	2009/7/28	营业部	服务员	370784198310062563	
小吕	2009/7/10	营业部	服务员	370784198510023260	

图 13-1　原始数据

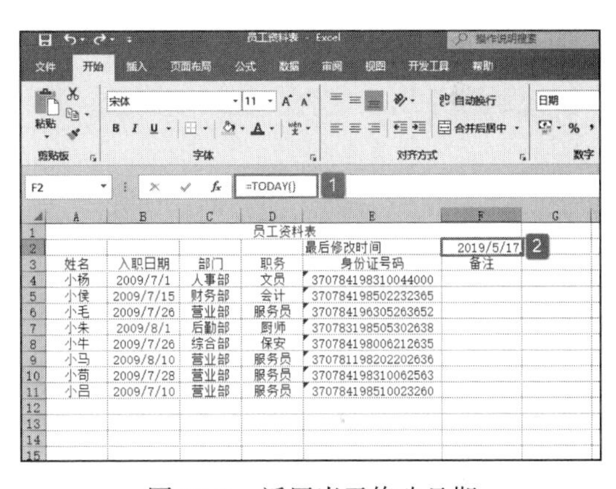

=TODAY()

员工资料表					
				最后修改时间	2019/5/17
姓名	入职日期	部门	职务	身份证号码	备注
小杨	2009/7/1	人事部	文员	370784198310044000	
小侯	2009/7/15	财务部	会计	370784198502232365	
小毛	2009/7/26	营业部	服务员	370784196305263652	
小朱	2009/8/1	后勤部	厨师	370783198505302638	
小牛	2009/7/26	综合部	保安	370784198006212635	
小马	2009/8/10	营业部	服务员	370781198202202636	
小苟	2009/7/28	营业部	服务员	370784198310062563	
小吕	2009/7/10	营业部	服务员	370784198510023260	

图 13-2　返回当天修改日期

此函数广泛适用于人事及财务领域。但此函数所返回的当前日期是指当前所用计算机中的日期。

13.1.2 显示日期天数

DAY 函数用于返回指定任意日期在当月中的天数，介于 1 ～ 31。其语法是 DAY（serial number）

其中，serial number 参数为要进行查找的日期。下面通过实例来具体讲解该函数的操作技巧。

打开“DAY 函数 .xlsx”工作簿，切换至“Sheet1”工作表，本例中的原始数据如图 13-3 所示。该工作表中记录了某公司员工的姓名及出生日期，要求利用 DAY 函数，返回员工生日的具体

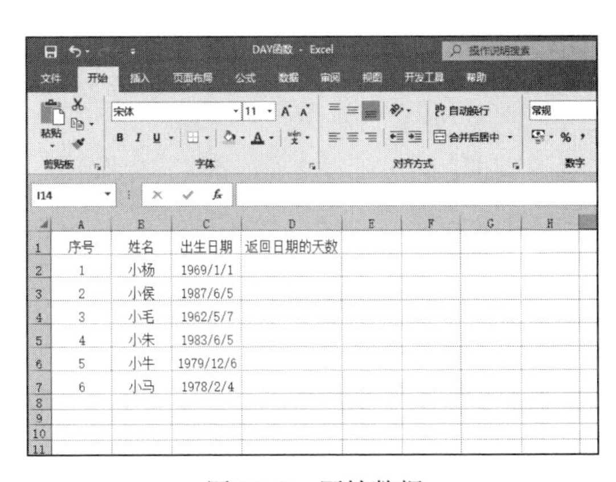

序号	姓名	出生日期	返回日期的天数
1	小杨	1969/1/1	
2	小侯	1987/6/5	
3	小毛	1962/5/7	
4	小朱	1983/6/5	
5	小牛	1979/12/6	
6	小马	1978/2/4	

图 13-3　原始数据

天数。具体操作步骤如下。

STEP01：选中 D2 单元格，在编辑栏中输入公式“=DAY(C2)”，然后按“Enter”键即可返回具体天数，如图 13-4 所示。

STEP02：选中 D2 单元格，利用填充柄工具向下复制公式至 D7 单元格，通过自动填充功能即可返回其他单元格所对应的当月具体天数，如图 13-5 所示。

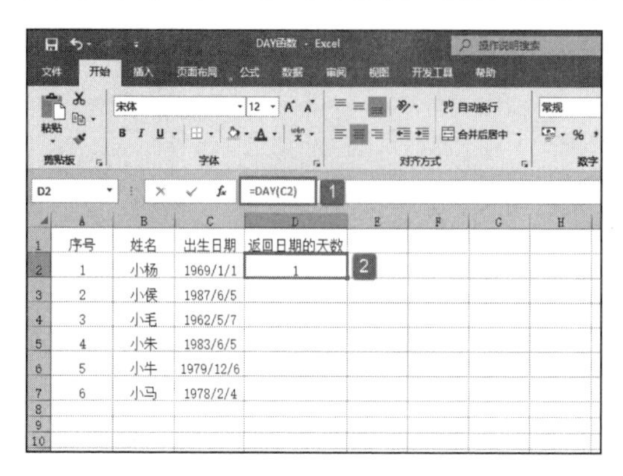

图 13-4　返回 C2 单元格对应的天数

序号	姓名	出生日期	返回日期的天数
1	小杨	1969/1/1	1
2	小侯	1987/6/5	5
3	小毛	1962/5/7	7
4	小朱	1983/6/5	5
5	小牛	1979/12/6	6
6	小马	1978/2/4	4

图 13-5　返回其他单元格对应的天数

此函数常用于配合其他日期函数使用。

13.2 实战：日期与时间常用操作

对于相应的日期时间数据，用户可以进行文本格式转换，达到所需文本要求。同时，利用 EXCEL 日期函数功能，实现相关函数计算。

13.2.1 将文本格式的日期转换为序列号

DATEVALUE 函数用于将以文本格式表示的日期转换成序列号，其语法是：

```
DATEVALUE(date text)
```

其中，date text 参数为以文本格式表示的日期。下面通过实例来具体讲解该函数的操作技巧。

如果用户想计算几个不同年份距离 2019-12-31 的天数，通过计算器或人工计算，比较费劲，可以利用 DATEVALUE 函数计算几个不同年份距离 2019-12-31 的天数。具体操作步骤如下。

STEP01：新建一个空白工作簿，重命名为“DATEVALUE 函数”，切换至“Sheet1”工作表，输入本例的原始数据，如图 13-6 所示。

STEP02：选中 C2 单元格，在编辑栏中输入公式“=DATEVALUE("2019-12-31")-DATEVALUE("1903-1-1")”，然后按“Enter”键即可返回 1903-1-1 到 2019-12-31 的天数，如图 13-7 所示。

STEP03：选中 C3 单元格，在编辑栏中输入公式“=DATEVALUE("2019-12-31")-DATEVALUE("1924-3-5")”，然后按“Enter”键即可返回 1924-3-5 到 2019-12-31 的天数，如图 13-8 所示。

STEP04：选中 C4 单元格，在编辑栏中输入公式“=DATEVALUE("2019-12-31")-DATEVALUE("1952-10-1")”，然后按“Enter”键，返回 1952-10-1 到 2019-12-31 的天数，如图 13-9 所示。

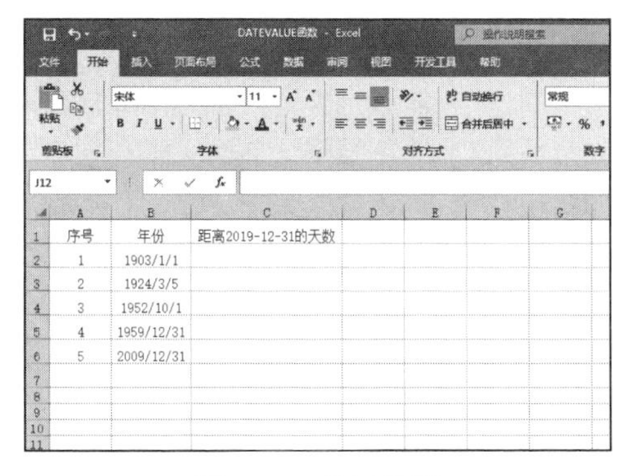

图 13-6 目标数据

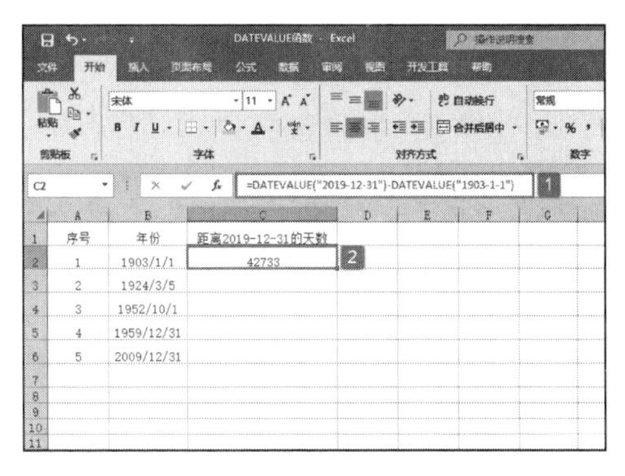

图 13-7 返回单元格 B2 对应结果

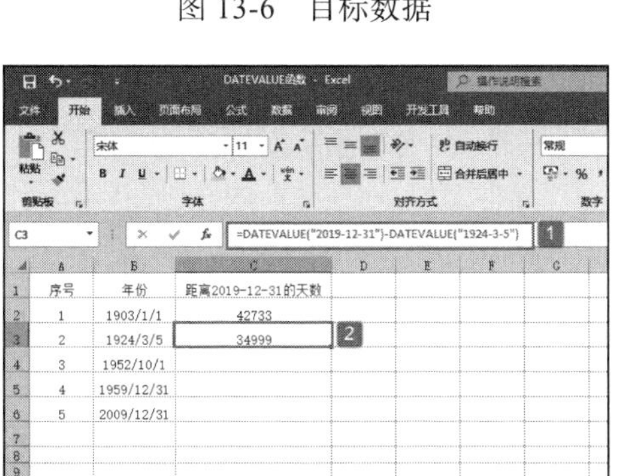

图 13-8 返回 B3 单元格对应的天数

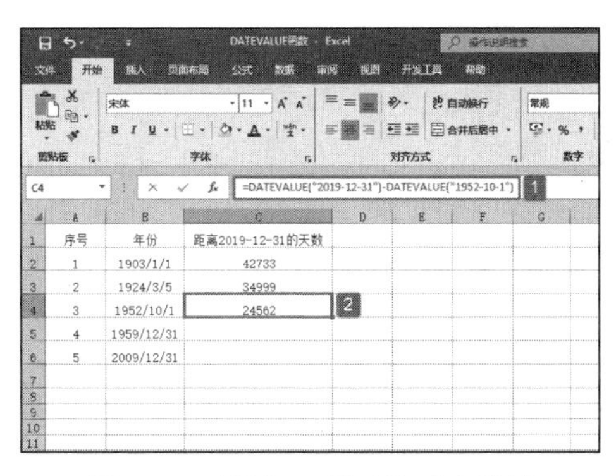

图 13-9 返回 B4 单元格对应结果

STEP05：选中 C5 单元格，在编辑栏中输入公式“=DATEVALUE("2019-12-31")-DATEVALUE("1959-12-31")”，然后按“Enter”键即可返回 1959-12-31 到 2019-12-31 的天数，如图 13-10 所示。

STEP06：选中 C6 单元格，在编辑栏中输入公式“=DATEVALUE("2019-12-31")-DATEVALUE("2009-12-31")”，然后按“Enter”键即可返回 2009-12-31 到 2019-12-31 的天数，如图 13-11 所示。

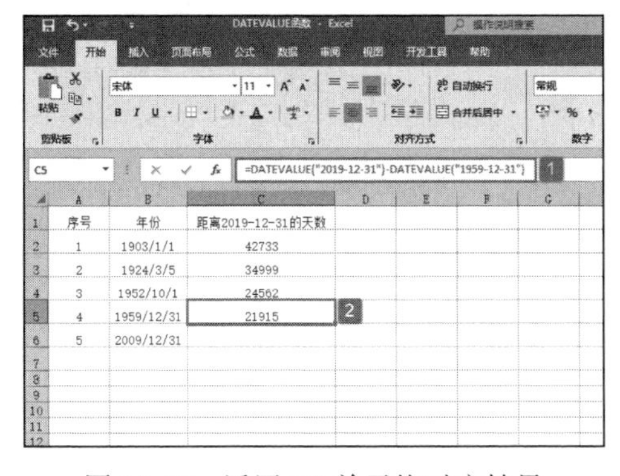

图 13-10 返回 B5 单元格对应结果

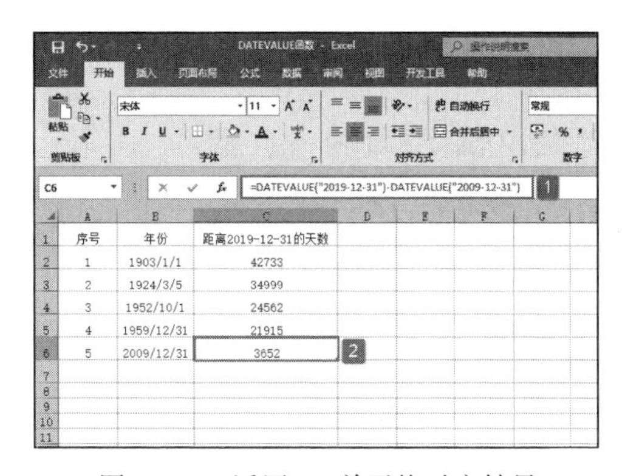

图 13-11 返回 B6 单元格对应结果

此函数适用于将文本格式的日期转换成序列号，便于管理与统计。

13.2.2　将数值转换为日期格式

DATE 函数是用于返回代表特定日期的序列号，其语法如下：

```
DATE(year,month,day)
```

其中 year 参数是 1 ～ 4 位数字，Excel 会根据当前所使用的日期系统来解释 year 参数。month 参数代表一年中从 1 月到 12 月（一月到十二月）各月的正整数或负整数。day 参数代表一个月中从 1 日到 31 日的正整数或负整数。利用该函数可以将数值转换为日期格式。下面通过实例来具体讲解该函数的操作技巧。

STEP01：新建一个空白工作簿，重命名为“DATE 函数”。切换至“Sheet1”工作表，输入本例的原始数据，如图 13-12 所示。

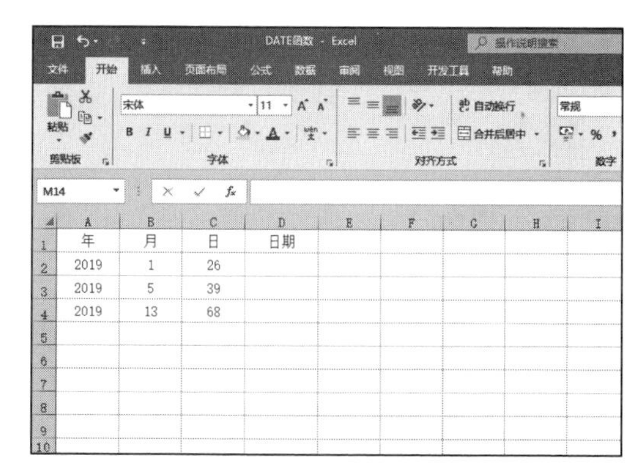

图 13-12　原始数据

STEP02：选中 D2 单元格，在公式编辑栏中输入公式“=DATE(A2,B2,C2)”，按“Enter”键即可将指定单元格中的数据转换为日期格式，如图 13-13 所示。

STEP03：选中 D2 单元格，利用填充柄工具向下复制公式至 D4 单元格，通过自动填充功能即可返回其他单元格所对应的日期，如图 13-14 所示。

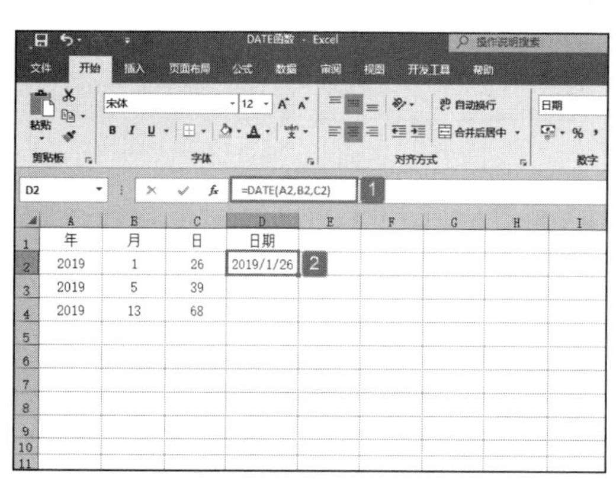

图 13-13　返回对应日期

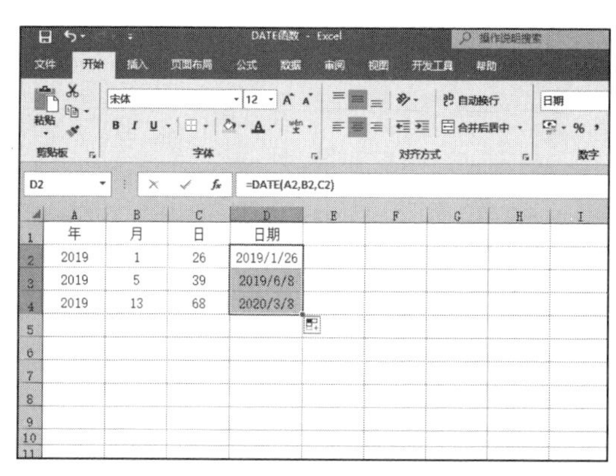

图 13-14　返回其他单元格对应日期

13.2.3　转换标准日期

如图 13-15 所示，为了实现快速输入，在输入日期数据的时候，都采用了类似 20190522、20190220、20190325、20190528 的形式。在完成数据输入后，需要将其转换为标准的日期格式，利用前面介绍的 DATE 函数，可以方便地实现该功能。具体操作步骤如下。

简易输入	标准日期
20190522	
20190220	
20190325	
20190528	

图 13-15　原始数据

STEP01：打开“转换标准日期 .xlsx”

工作簿，切换至“Sheet1”工作表，原始数据如图 13-15 所示。

STEP02：选中 B2 单元格，在公式编辑栏中输入公式“=DATE(MID(A2,1,4), MID(A2,5,2), MID(A2,7,2))”，按“Enter”键即可将非日期数据转换为标准的日期，如图 13-16 所示。

STEP03：选中 B2 单元格，利用填充柄工具向下复制公式至 B5 单元格，通过自动填充功能将其他单元格中的非日期数据转换为标准的日期，结果如图 13-17 所示。

图 13-16　转换日期

图 13-17　转换为标准日期结果

13.2.4　计算天数

DAYS360 函数用于按照一年 365 天进行计算，用于返回两个日期之间相差的天数。其语法是：

```
DAYS360（start_date,end_date,method）
```

其中，start_date 参数为计算日期的起始时间；end_date 参数为计算日期的终止时间；method 参数为用于计算方法的逻辑值，FALSE 或忽略表示使用美国方法，TRUE 则使用欧洲方法。

某公司财务人员需要计算每种固定资产使用的具体天数，由于数据庞大，使用人工计算比较复杂，下面将利用 DAYS360 函数，分别使用美国与欧洲方法计算每种固定资产使用天数。具体操作步骤如下。

STEP01：新建一个空白工作簿，重命名为“DAYS360 函数”，切换至“Sheet1”工作表，输入本例的原始数据，如图 13-18 所示。

序号	固定资产	购买日期	用于统计的日期	使用天数（美国）	使用天数（欧洲）
1	电脑	2013/12/21	2019/12/20		
2	冰箱	2013/6/5	2018/2/23		
3	空调	2013/3/5	2017/2/25		
4	锅炉	2014/12/21	2019/1/30		
5	面包车	2013/1/1	2019/1/30		
6	电动车	2016/12/20	2017/6/15		

图 13-18　原始数据

STEP02：选中 E2 单元格，在编辑栏中输入“=DAYS360(C2,D2)”，然后按“Enter”键即可返回美国方法计算的两日期之间的天数，如图 13-19 所示。

STEP03：选中 E2 单元格，利用填充柄工具向下复制公式至 E7 单元格，通过自动填充功能即可返回所有美国方法计算的两日期之间的天数，如图 13-20 所示。

STEP04：选中 F2 单元格，在编辑栏中输入公式“=DAYS360(C2,D2,TRUE)”，

然后按“Enter”键即可返回欧洲方法计算的两日期之间的天数，如图 13-21 所示。

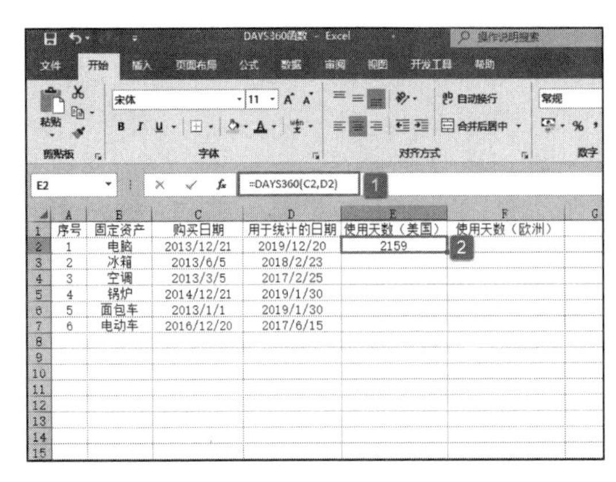

E2 =DAYS360(C2,D2)

序号	固定资产	购买日期	用于统计的日期	使用天数（美国）	使用天数（欧洲）
1	电脑	2013/12/21	2019/12/20	2159	
2	冰箱	2013/6/5	2018/2/23		
3	空调	2013/3/5	2017/2/25		
4	锅炉	2014/12/21	2019/1/30		
5	面包车	2013/1/1	2019/1/30		
6	电动车	2016/12/20	2017/6/15		

图 13-19　返回美国方法计算两日期之间的天数

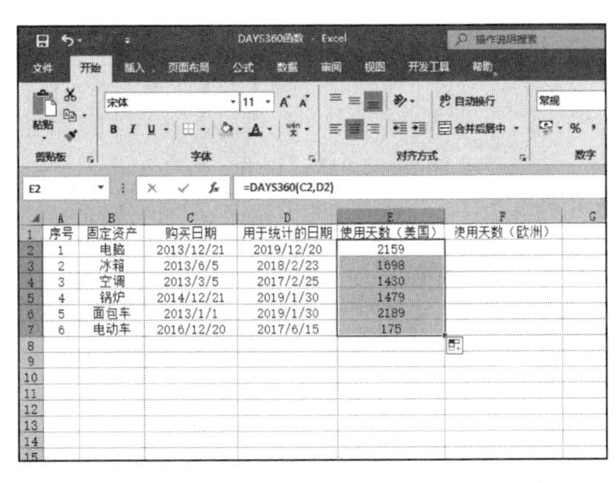

E2 =DAYS360(C2,D2)

序号	固定资产	购买日期	用于统计的日期	使用天数（美国）	使用天数（欧洲）
1	电脑	2013/12/21	2019/12/20	2159	
2	冰箱	2013/6/5	2018/2/23	1698	
3	空调	2013/3/5	2017/2/25	1430	
4	锅炉	2014/12/21	2019/1/30	1479	
5	面包车	2013/1/1	2019/1/30	2189	
6	电动车	2016/12/20	2017/6/15	175	

图 13-20　返回所有美国方法计算两日期之间的天数

STEP05：选中 F2 单元格，利用填充柄工具向下复制公式至 F7 单元格，通过自动填充功能即可返回所有欧洲方法计算的两日期之间的天数，如图 13-22 所示。

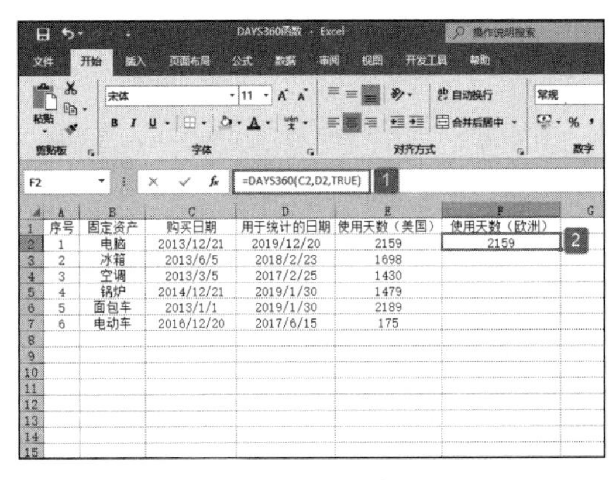

F2 =DAYS360(C2,D2,TRUE)

序号	固定资产	购买日期	用于统计的日期	使用天数（美国）	使用天数（欧洲）
1	电脑	2013/12/21	2019/12/20	2159	2159
2	冰箱	2013/6/5	2018/2/23	1698	
3	空调	2013/3/5	2017/2/25	1430	
4	锅炉	2014/12/21	2019/1/30	1479	
5	面包车	2013/1/1	2019/1/30	2189	
6	电动车	2016/12/20	2017/6/15	175	

图 13-21　返回欧洲方法计算的两日期之间的天数

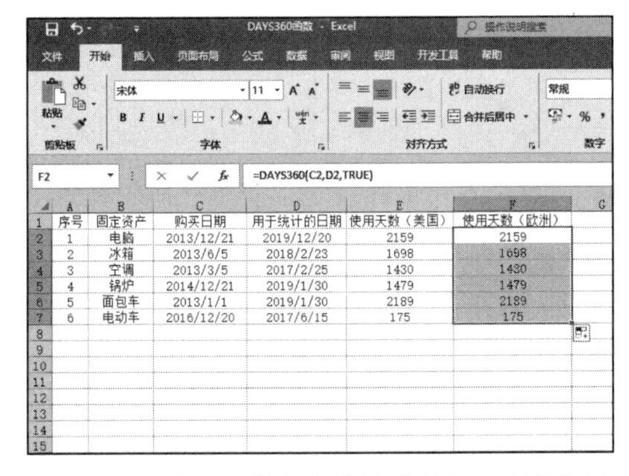

F2 =DAYS360(C2,D2,TRUE)

序号	固定资产	购买日期	用于统计的日期	使用天数（美国）	使用天数（欧洲）
1	电脑	2013/12/21	2019/12/20	2159	2159
2	冰箱	2013/6/5	2018/2/23	1698	1698
3	空调	2013/3/5	2017/2/25	1430	1430
4	锅炉	2014/12/21	2019/1/30	1479	1479
5	面包车	2013/1/1	2019/1/30	2189	2189
6	电动车	2016/12/20	2017/6/15	175	175

图 13-22　返回欧洲方法计算的所有两日期之间的天数

第14章 数学函数应用

Excel 中提供了大量的数学函数，以帮助用户提高运算效率。本章将介绍 Excel 2016 中数学函数的用途、语法及参数的详细说明，并结合实例介绍函数在实际中的应用。在本章的最后提供一个综合案例，以帮助读者理解数学函数的具体用法。

- 常规算术运算
- 特殊值计算
- 幂与平方计算
- 矩阵计算
- 三角函数计算
- 实战：计算个人所得税

14.1 常规算术运算

常规算术函数运算在日常的工作和学习中有着广泛的用途。本节中将以实例的形式来介绍几个四则运算函数的应用。

14.1.1 SUM 函数求和

SUM 函数的功能是计算某一单元格区域中所有数字之和。其语法如下：

```
SUM(number1,number2,...)
```

其中，参数 number1、number2……是要对其求和的 1 ～ 255 个参数。下面通过实例详细讲解该函数的使用方法与技巧。

打开“SUM 函数 .xlsx”工作簿，切换至“Sheet1”工作表，如图 14-1 所示。该工作表记录了 A 公司的 3 个分公司为山区组织捐款的记录，要求计算这个公司 3 个分公司的捐款数额，以及公司总的捐款数额。具体操作步骤如下。

公司一部	捐款数额（元）	公司二部	捐款数额（元）	公司三部	捐款数额（元）	公司捐款总额（元）
公关部	50050	公关部	45600	公关部	12000	
销售部	63200	销售部	78500	销售部	23000	
生产部	30200	生产部	86000	生产部	24000	
账务部	80250	账务部	75000	账务部	25500	
总额		总额		总额		

图 14-1　原始数据

STEP01：选中 B6 单元格，在编辑栏中输入公式“=SUM(B2:B5)”，然后按“Enter”键返回，即可计算出公司一部的捐款总额，如图 14-2 所示。

STEP02：选中 D6 单元格，在编辑栏中输入公式“=SUM(D2:D5)”，然后按“Enter”键返回，即可计算出公司二部的捐款总额，如图 14-3 所示。

公司一部	捐款数额（元）	公司二部	捐款数额（元）	公司三部	捐款数额（元）	公司捐款总额（元）
公关部	50050	公关部	45600	公关部	12000	
销售部	63200	销售部	78500	销售部	23000	
生产部	30200	生产部	86000	生产部	24000	
账务部	80250	账务部	75000	账务部	25500	
总额	223700	总额		总额		

图 14-2　计算一部捐款数额

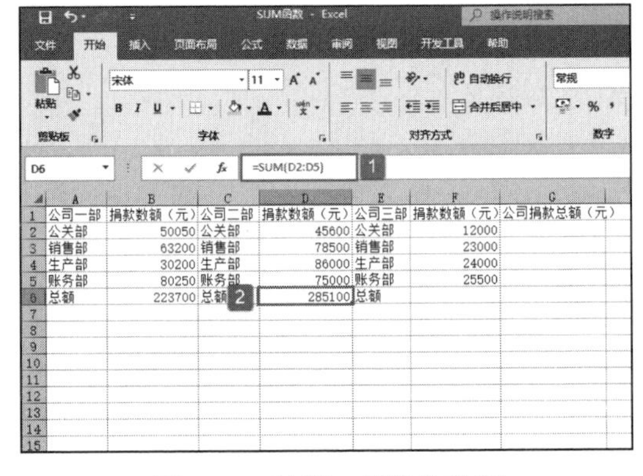

公司一部	捐款数额（元）	公司二部	捐款数额（元）	公司三部	捐款数额（元）	公司捐款总额（元）
公关部	50050	公关部	45600	公关部	12000	
销售部	63200	销售部	78500	销售部	23000	
生产部	30200	生产部	86000	生产部	24000	
账务部	80250	账务部	75000	账务部	25500	
总额	223700	总额	285100	总额		

图 14-3　计算二部捐款数额

STEP03：选中 F6 单元格，在编辑栏中输入公式“=SUM(F2:F5)”，然后按“Enter”键返回，即可计算出公司三部的捐款总额，如图 14-4 所示。

STEP04：选中 G2 单元格，在编辑栏中输入公式“=SUM(B6,D6,F6)”，然后按“Enter”键返回，即可计算出公司总捐款额，最终结果如图 14-5 所示。

SUM 函数的用途比较广泛，在学校中可以求学生的总成绩，在会计部门可以求账务的总和等。对 SUM 函数来说，直接键入到参数表中的数字、逻辑值及数字的文本表达式将被计算。如果参数是一个数组或引用，则只计算其中的数字。数组或引用中的空白单元格、逻辑值或文本将被忽略。如果参数为错误值或为不能转换为数字的文本，将会导致错误。

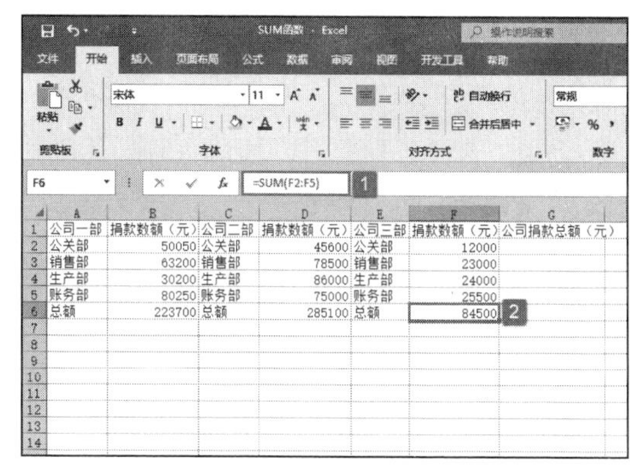

图 14-4　计算三部捐款数额

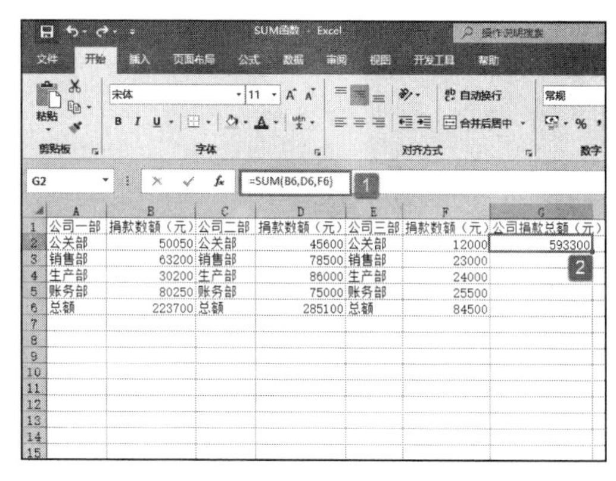

图 14-5　计算总捐款数额

14.1.2　指定单元格求和

SUMIF 函数的功能是按照给定条件对指定的单元格进行求和。其语法如下：

```
SUMIF(range,criteria,sum_range)
```

range 参数是要根据条件计算的单元格区域，每个区域中的单元格都必须是数字和名称、数组和包含数字的引用，空值和文本值将被忽略。criteria 参数为确定对哪些单元格相加的条件，其形式可以为数字、表达式或文本。sum_range 参数为要相加的实际单元格（如果区域内的相关单元格符合条件），如果省略 sum_range 参数，则当区域中的单元格符合条件时，它们既按条件计算，也执行相加。

sum_range 参数与区域的大小和形状可以不同。相加的实际单元格通过以下方法确定：使用 sum_range 中左上角的单元格作为起始单元格，然后包括与区域大小和形状相对应的单元格，如表 14-1 所示。

表14-1　确定相加的实际单元格

如果区域是	并且参数 sum_range 是	则需要求和的实际单元格是
A1:A5	B1:B5	B1:B5
A1:A5	B1:B3	B1:B5
A1:B4	C1:D4	C1:D4
A1:B4	C1:C2	C1:D4

下面通过实例详细讲解该函数的使用方法与技巧。

在体育课上，高一一班的 6 名男同学被分成两组，进行一分钟定点投篮比赛。A 组成员有张辉、徐鑫和郑明涛，B 组成员有王明、毛志强和李卫卫。比赛结束后，又来两名同学，分别是李波和王赐，也进行了定点一分钟投篮。现在要计算 A 组和 B 组的进球总数及其他人员的进球总数。具体操作步骤如下。

STEP01：新建一个空白工作簿，重命名为“SUMIF 函数”，在“Shee1”工作表中输入本例中的原始数据，如图 14-6 所示。

STEP02：选中 D2 单元格，在编辑栏中输入公式“=SUMIF(A2:A9,"A*",B2:B9)”，然后按“Enter”键返回，即可计算出 A 组同学的进球总数，如图 14-7 所示。

图 14-6 原始数据

图 14-7 计算 A 组同学进球总数

STEP03：选中 D3 单元格，在编辑栏中输入公式“=SUMIF(A2:A9,"B*",B2:B9)”，然后按“Enter”键返回，即可计算出 B 组同学的进球总数，如图 14-8 所示。

STEP04：选中 D4 单元格，在编辑栏中输入公式“=SUM(B2:B9)-SUMIF(A2:A9,"a*",B2:B9)-SUMIF(A2:A9,"b*", B2:B9)”，然后按“Enter”键返回，即可计算出其他同学的进球总数，如图 14-9 所示。

图 14-8 计算 B 组同学进球总数

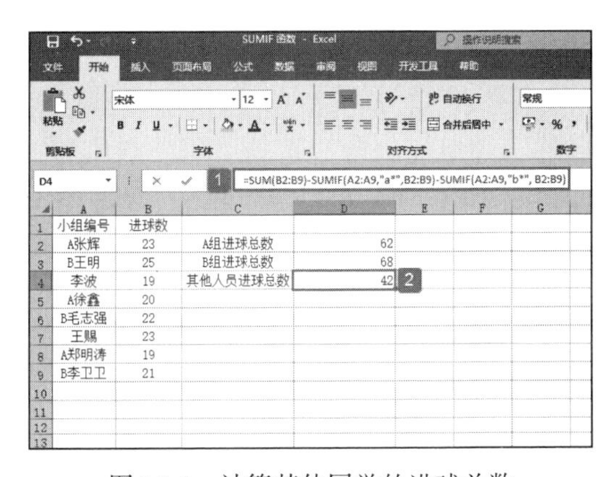

图 14-9 计算其他同学的进球总数

SUMIF 函数主要用于有条件的求和，可以在条件中使用通配符问号（?）和星号（*）。问号匹配任意单个字符；星号匹配任意一串字符。如果要查找实际的问号或星号，可在该字符前键入波形符（~）。

14.1.3 条件求和

SUMIFS 函数的功能是对某一区域内满足多重条件的单元格进行求和。SUMIFS 和 SUMIF 的参数顺序不同。具体而言，sum_range 参数在 SUMIFS 中是第 1 个参数，而在 SUMIF 中则是第 3 个参数。如果要复制和编辑这些相似函数，需要确保按正确顺序放置参数。SUMIFS 函数的语法如下：

```
SUMIFS(sum_range,criteria_range1,criteria1,criteria_range2,criteria2…)
```

其中，sum_range 参数表示要求和的一个或多个单元格，其中包括数字或包含数字的名称、数组或引用。参数 criteria_range1、criteria_range2……表示计算关联条件的

1 ～ 127 个区域。参数 criteria1、criteria2……表示数字、表达式、单元格引用或文本形式的 1 ～ 127 个条件，用于定义要对哪些单元格进行求和。下面通过实例详细讲解该函数的使用方法与技巧。

打开“ SUMIFS 函数 .xlsx”工作簿，本例中的原始数据如图 14-10 所示。现有某地区周一至周四的上午、下午的雨水、平均温度和平均风速的测量值。本例中要对平均温度至少为 20 摄氏度且平均风速小于 10 公里 / 小时的这些天的总降雨量求和。具体操作步骤如下。

选中 A9 单元格，在编辑栏中输入公式“ =SUMIFS(B2:E3,B4:E5,">=20",B6:E7,"<10")”，对平均温度至少为 20 摄氏度且平均风速小于 10 公里 / 小时的这些天的总降雨量求和，按“Enter”键返回计算结果，如图 14-11 所示。

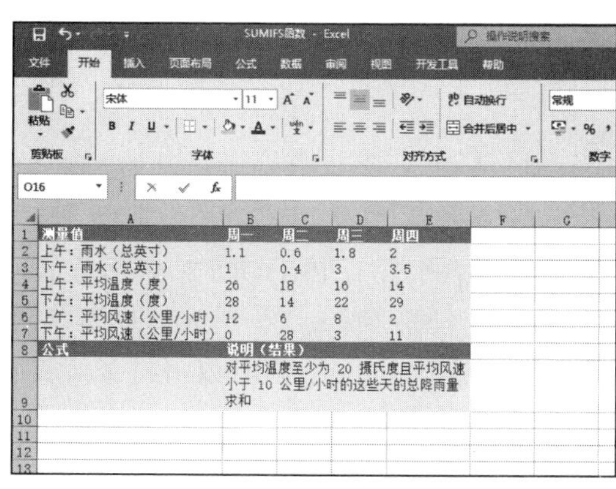

图 14-10 原始数据

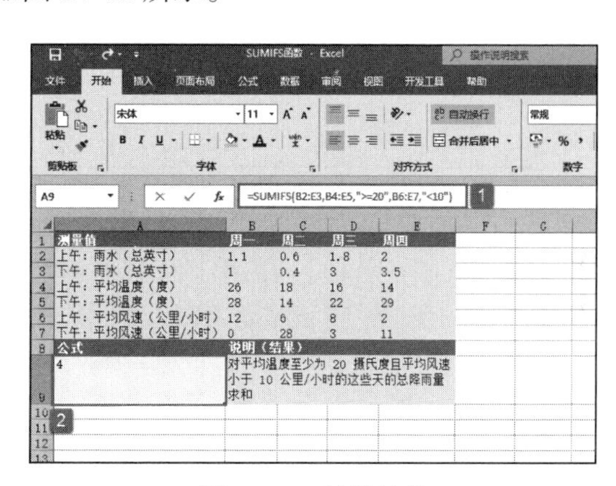

图 14-11 计算结果

只有当 sum_range 中的每一单元格满足为其指定的所有关联条件时，才对这些单元格进行求和。sum_range 中包含 TRUE 的单元格计算为 1 ；sum_range 中包含 FALSE 的单元格计算为 0。与 SUMIF 函数中的区域和条件参数不同的是，SUMIFS 中每个 criteria_range 的大小和形状必须与 sum_range 相同。可以在条件中使用通配符问号（?）和星号（*）。问号匹配任一单个字符；星号匹配任一字符序列。如果要查找实际的问号或星号，则在字符前键入波形符（~）。

14.1.4 计算数字乘积

PRODUCT 函数的功能是将所有以参数形式给出的数字进行相乘，并返回乘积值。其语法如下：

```
PRODUCT(number1,number2,...)
```

其中，参数 number1、number2……是要相乘的 1 ～ 255 个数字。下面通过实例详细讲解该函数的使用方法与技巧。

打开“ PRODUCT 函数 .xlsx”工作簿，本例中的原始数据如图 14-12 所示。

图 14-12 原始数据

STEP01：选中 B2 单元格，在编辑栏中输入公式“ =PRODUCT(A2:A4)”，然后按“ Enter”键返回，即可计算出计算 A2 单元格到 A4 单元格的乘积，如图

14-13 所示。

STEP02：选中 B3 单元格，在编辑栏中输入公式“=PRODUCT(A2:A4,2,3)”，然后按“Enter”键返回，即可计算出 A2 单元格到 A4 单元格的乘积再乘以 2 再乘以 3，结果如图 14-14 所示。

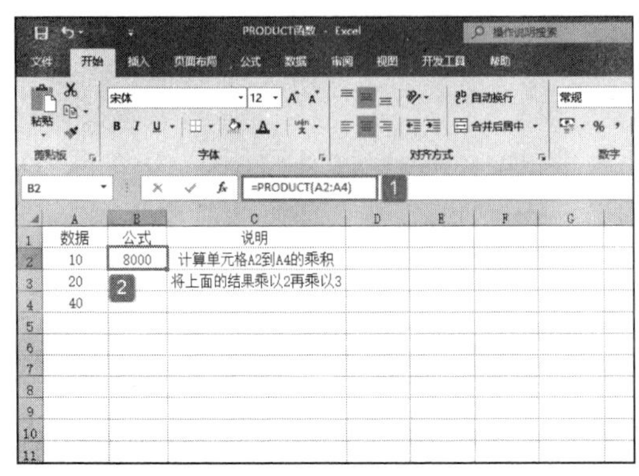

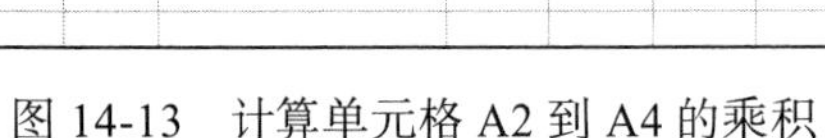

图 14-13　计算单元格 A2 到 A4 的乘积

图 14-14　计算结果

PRODUCT 函数主要用于计算各种情况下数字的乘积，对 PRODUCT 函数来说，当参数为数字、逻辑值或数字的文字型表达式时可以被计算；当参数为错误值或不能转换为数字的文字时，将导致错误。如果参数为数组或引用，只有其中的数字将被计算。数组或引用中的空白单元格、逻辑值、文本或错误值将被忽略。

14.1.5　商整运算

QUOTIENT 函数的功能是计算商的整数部分，该函数可用于舍掉商的小数部分。其语法如下：

```
QUOTIENT(numerator,denominator)
```

其中 numberator 参数为被除数，denominator 参数为除数。下面通过实例详细讲解该函数的使用方法与技巧。

打开“QUOTIENT 函数 .xlsx”工作簿，本例中的原始数据如图 14-15 所示。某旅游景点准备架设几坐吊桥，为了游客的安全，每坐吊桥都有对应的承重量，以限制上桥人数。假设游客的平均体重为 50 公斤，求解每坐吊桥能承载的游客人数。具体的操作步骤如下。

图 14-15　原始数据

STEP01：选中 C2 单元格，在编辑栏中输入公式“=QUOTIENT(A2,B2)”，然后按“Enter”键返回，即可计算出第 1 个吊桥所能承载的游客数，如图 14-16 所示。

STEP02：选中 C2 单元格，利用填充柄工具向下复制公式至 C6 单元格，通过自动填充功能来计算其他吊桥所能承载的游客数，最终计算结果如图 14-17 所示。

对 QUOTIENT 函数来说，如果任一参数为非数值型，则 QUOTIENT 函数返回错误值“#VALUE!”。

吊桥的承载量（公斤）	游客的平均重量（公斤）	可承载的游客数
1510	50	30
2005	50	
1025	50	
2430	50	
620	50	

图 14-16 计算第 1 个吊桥可承载的游客数

吊桥的承载量（公斤）	游客的平均重量（公斤）	可承载的游客数
1510	50	30
2005	50	40
1025	50	20
2430	50	48
620	50	12

图 14-17 计算其他吊桥所能承载的游客数

14.1.6 数值取整

数值取整的功能是将数字向下舍入到最接近的整数。其语法如下：

```
INT(number)
```

其中，number 参数为需要进行向下舍入取整的实数。下面通过实例详细讲解该函数的使用方法与技巧。

打开“INT 函数 .xlsx”工作簿，本例中的原始数据如图 14-18 所示。某旅游公司新进了几辆旅游车，每辆车的载重不一样，所能乘载的客人数也不一样。现在假设每个游客的重量为 50 公斤，需要计算出每辆车能乘载的顾客数。具体的操作步骤如下。

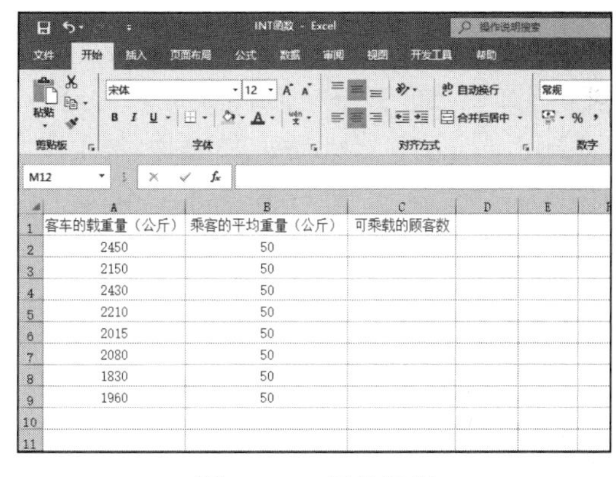

客车的载重量（公斤）	乘客的平均重量（公斤）	可乘载的顾客数
2450	50	
2150	50	
2430	50	
2210	50	
2015	50	
2080	50	
1830	50	
1960	50	

图 14-18 原始数据

STEP01：选中 C2 单元格，在编辑栏中输入公式“=INT(A2/B2)”，然后按“Enter”键返回，即可计算出第 1 辆车所能乘载的顾客数，如图 14-19 所示。

STEP02：选中 C2 单元格，利用填充柄工具向下复制公式至 C9 单元格，通过自动填充功能来计算出其他车辆所能乘载的顾客数，最终计算结果如图 14-20 所示。

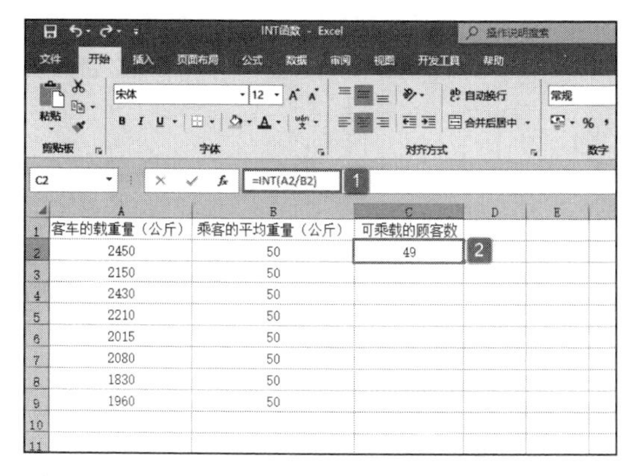

客车的载重量（公斤）	乘客的平均重量（公斤）	可乘载的顾客数
2450	50	49
2150	50	
2430	50	
2210	50	
2015	50	
2080	50	
1830	50	
1960	50	

图 14-19 计算第 1 辆车所能乘载的顾客数

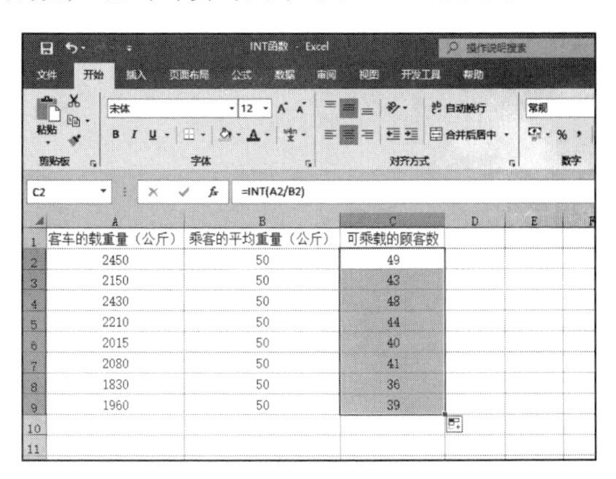

客车的载重量（公斤）	乘客的平均重量（公斤）	可乘载的顾客数
2450	50	49
2150	50	43
2430	50	48
2210	50	44
2015	50	40
2080	50	41
1830	50	36
1960	50	39

图 14-20 计算其他车辆所能乘载的顾客数

在 INT 函数中，如果参数为非数值型，INT 函数将返回错误值“#VALUE!”。

14.1.7 按位取舍

ROUND 函数的功能是计算某个数字按指定位数取整后的数字；ROUNDDOWN 函数的功能是向靠近零值的方向向下（绝对值减小的方向）舍入数字；ROUNDUP 函数的功能是向远离零值的方向向上舍入数字。其语法如下：

```
ROUND(number,num_digits)
ROUNDDOWN(number,num_digits)
ROUNDUP(number,num_digits)
```

其中，number 参数为需要舍入的任意实数，num_digits 参数为四舍五入后的数字的位数。下面通过实例详细讲解该函数的使用方法与技巧。

打开“ROUNDDOWN 函数 .xlsx”工作簿，本例中的原始数据如图 14-21 所示。某网通经营商对家庭用的座机的收费标准如下：每月的座机费为 18 元，打电话时间在 3 分钟以内，收费均为 0.22 元，超过 3 分钟后，每分钟的通话费用为 0.1 元，并按整数计算。本例中要求计算出某家庭在一个月内的电话总费用，具体的操作步骤如下。

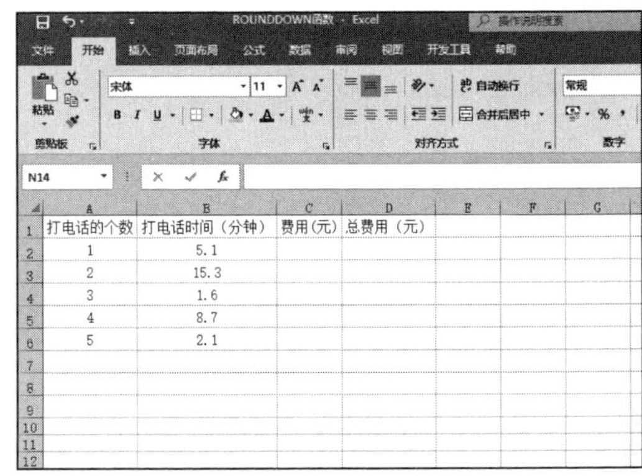

打电话的个数	打电话时间（分钟）	费用（元）	总费用（元）
1	5.1		
2	15.3		
3	1.6		
4	8.7		
5	2.1		

图 14-21 原始数据

STEP01：选中 C2 单元格，在编辑栏中输入公式“=IF(B2<=3,0.22,0.22+ROUNDUP((B2-3),0)*0.1)”，然后按“Enter”键返回，即可计算出第 1 个电话所使用的费用，如图 14-22 所示。

STEP02：选中 C2 单元格，利用填充柄工具向下复制公式至 C6 单元格，通过自动填充功能计算出其他电话的通话费用，最终计算结果如图 14-23 所示。

=IF(B2<=3,0.22,0.22+ROUNDUP((B2-3),0)*0.1)

打电话的个数	打电话时间（分钟）	费用（元）	总费用（元）
1	5.1	0.52	
2	15.3		
3	1.6		
4	8.7		
5	2.1		

图 14-22 计算第 1 个电话所使用的费用

=IF(B2<=3,0.22,0.22+ROUNDUP((B2-3),0)*0.1)

打电话的个数	打电话时间（分钟）	费用（元）	总费用（元）
1	5.1	0.52	
2	15.3	1.52	
3	1.6	0.22	
4	8.7	0.82	
5	2.1	0.22	

图 14-23 计算其他电话的通话费用

STEP03：选中 D2 单元格，在编辑栏中输入公式“=18+SUM(C2:C6)”，然后按“Enter”键返回，即可计算出第 1 个电话对应的本月电话总费用，如图 14-24 所示。

STEP04：选中 D2 单元格，利用填充柄工具向下复制公式至 D6 单元格，通过自动填充功能计算出其他电话对应的本月电话总费用，最终计算结果如图 14-25 所示。

图 14-24　计算电话总费用

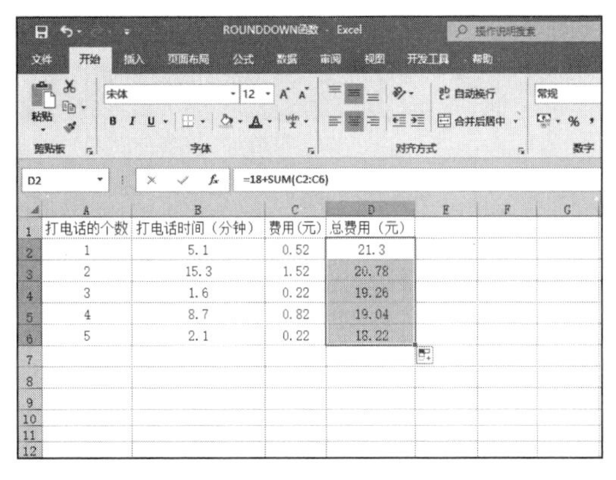

打电话的个数	打电话时间（分钟）	费用（元）	总费用（元）
1	5.1	0.52	21.3
2	15.3	1.52	20.78
3	1.6	0.22	19.26
4	8.7	0.82	19.04
5	2.1	0.22	18.22

图 14-25　计算本月电话总费用

上面的 3 个函数拥有相同的参数。如果 num_digits 参数大于 0，则四舍五入到指定的小数位；如果 num_digits 参数等于 0，则四舍五入到最接近的整数；如果 num_digits 参数小于 0，则在小数点左侧进行四舍五入。

14.2 特殊值计算

特殊值运算主要用于数学专业计算。本节将以实例的形式来介绍特殊值计算的应用。

14.2.1　计算绝对值

ABS 函数的功能是计算数字的绝对值，绝对值是没有符号的。其语法如下：

```
ABS(number)
```

其中，number 参数为需要计算其绝对值的实数。

函数的功能中提到一个概念——绝对值。绝对值在数轴上表示为一个数的点离开原点的距离。一个正实数的绝对值是它本身；一个负实数的绝对值是它的相反数；零的绝对值是零。下面通过实例详细讲解该函数的使用方法与技巧。

打开“ABS 函数 .xlsx”工作簿，本例中的原始数据如图 14-26 所示。该工作表记录了某工厂一批产品的标准重量与实际重量的数值，要求根据这些数据计算出误差百分率。具体的操作步骤如下。

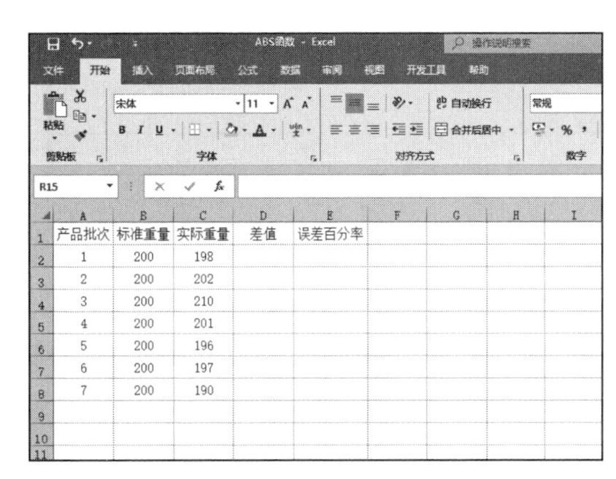

产品批次	标准重量	实际重量	差值	误差百分率
1	200	198		
2	200	202		
3	200	210		
4	200	201		
5	200	196		
6	200	197		
7	200	190		

图 14-26　原始数据

STEP01：选中 D2 单元格，在编辑栏中输入公式“=ABS（C2-B2）”，然后按“Enter”键返回，即可计算出标准重量与实际重量之间的差值并对结果取绝对值，如图 14-27 所示。

STEP02：选中D2单元格，利用填充柄工具向下复制公式至D8单元格，通过自动填充功能计算出其他产品批次对应的差值，计算结果如图14-28所示。

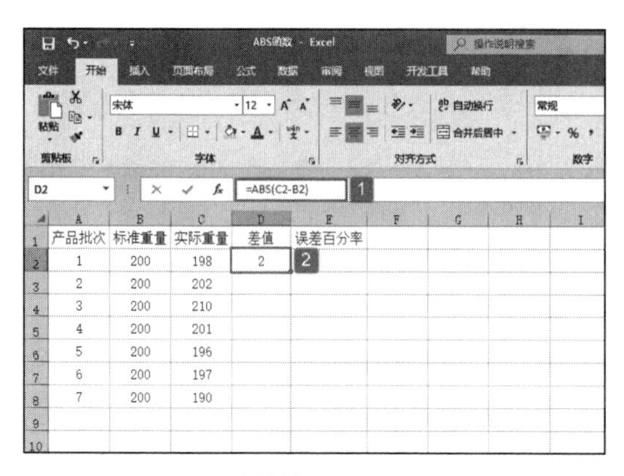

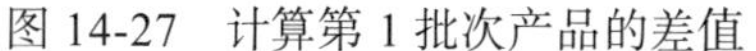

图14-27　计算第1批次产品的差值

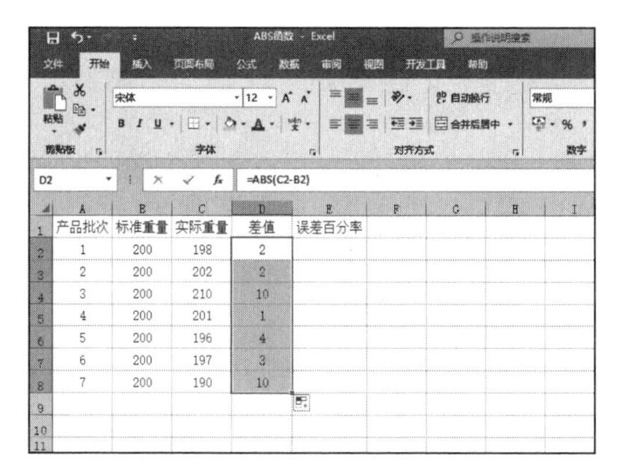

图14-28　计算其他产品批次对应的差值

STEP03：选中E2单元格，在编辑栏中输入公式“=ABS（D2/B2）”，然后按“Enter”键返回，即可计算出实际重量相对标准重量的误差百分率并对结果取绝对值，如图14-29所示。

STEP04：选中E2单元格，利用填充柄工具向下复制公式至E8单元格，通过自动填充功能计算出其他产品批次对应的误差百分率，最终计算结果如图14-30所示。

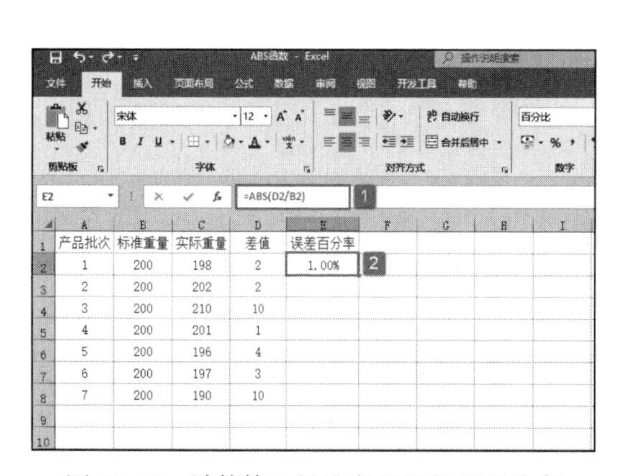

图14-29　计算第1批次产品的误差百分率

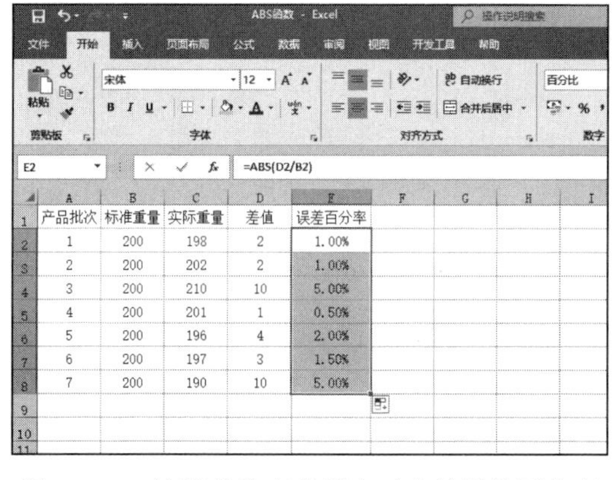

图14-30　计算其他产品批次对应的误差百分率

在求取数字的绝对值时就用到ABS函数。对ABS函数来说，如果number参数不是数值，而是一些字符（如A、b等），则ABS函数将返回错误值“#NAME？”。

14.2.2　计算给定数目对象的组合数

COMBIN函数的功能是计算从给定数目的对象集合中，提取若干对象的组合数。COMBIN函数的语法如下：

```
COMBIN(number,number_chosen)
```

其中，number参数表示项目的数量，number_chosen参数表示每一个组合中项目的数量。下面通过实例详细讲解该函数的使用方法与技巧。

打开“COMBIN函数.xlsx”工作簿，本例中的原始数据如图14-31所示。该工作表记录了工厂车间的5位员工名单，分别是张静、李平、苏刚、王辉和吕丽。现在要从这 5 人中抽出 4 人进行技能比赛，要求计算可以组成的组合数。具体的操作步骤如下。

选中 C2 单元格，在编辑栏中输入公式“=COMBIN(A2,B2)”，然后按“Enter”键返回，即可计算出组合数。可以看到返回结果为“5”，如图 14-32 所示。

图 14-31 原始数据

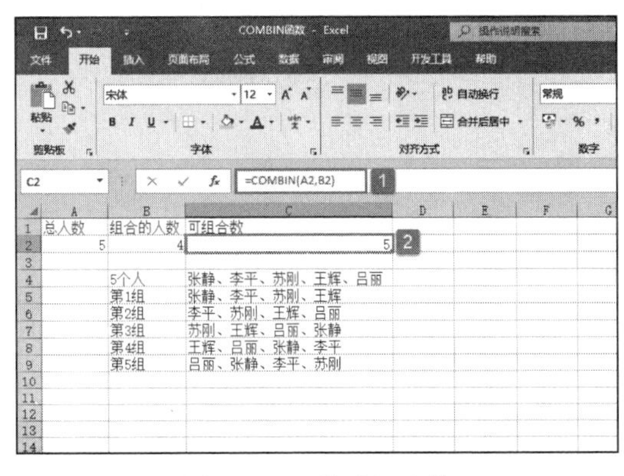

图 14-32 检验组合数

使用 COMBIN 函数可以确定一组对象所有可能的组合数。在 COMBIN 函数中的数字参数将截尾取整。如果参数为非数值型，则 COMBIN 函数将返回错误值“#VALUE!”；如果参数 number<0、参数 number_chosen<0 或参数 number< 参数 number_chosen，则 COMBIN 函数将返回错误值“#NUM!”。

14.2.3 计算数的阶乘

FACT 函数的功能是计算某正数的阶乘，主要用来计算不同参数的阶乘数值。其语法如下：

```
FACT(number)
```

其中，number 参数为要计算其阶乘的数值。一个数的阶乘等于 1*2*3*…*。下面通过实例详细讲解该函数的使用方法与技巧。

打开“FACT 函数 .xlsx”工作簿，本例中要求计算的数值说明如图 14-33 所示。

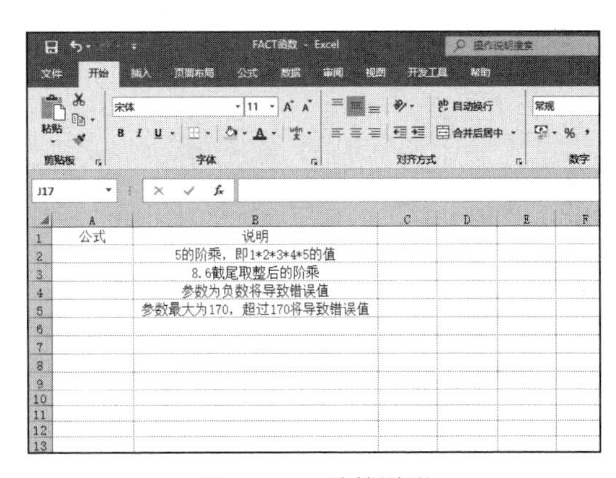

图 14-33 计算说明

STEP01：选中 A2 单元格，在编辑栏中输入公式“=FACT(5)”，然后按“Enter”键返回即可计算出 5 的阶乘，结果如图 14-34 所示。

STEP02：选中 A3 单元格，在编辑栏中输入公式“=FACT(8.6)”，然后按“Enter”键返回即可计算出 8.6 截尾取整后的阶乘，结果如图 14-35 所示。

STEP03：选中 A4 单元格，在编辑栏中输入公式“=FACT(-6)”，然后按“Enter”键返回，可以看到返回结果为“#NUM !”，如图 14-36 所示。

STEP04：选中 A5 单元格，在编辑栏中输入公式“=FACT(171)”，然后按“Enter”键返回，可以看到返回结果为“#NUM !”，如图 14-37 所示。

图 14-34　计算 5 的阶乘

图 14-35　计算 8.6 截尾取整后的阶乘

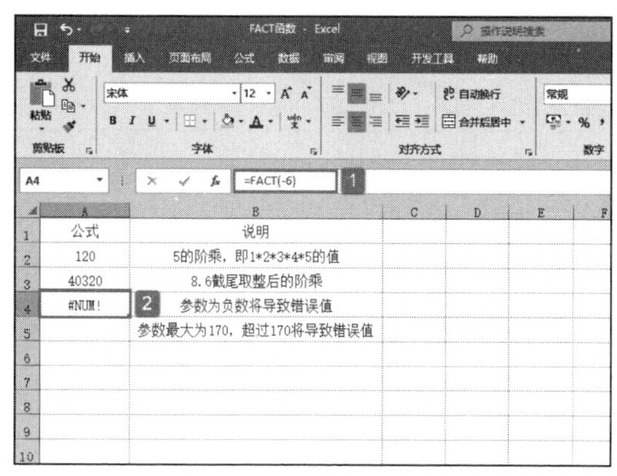

图 14-36　参数为负数计算结果

图 14-37　参数超过 170 后返回的结果

阶乘主要用于排列和组合的计算。在用 FACT 函数计算阶乘时，如果参数 number 不是整数，将截尾取整进行计算；如果参数为负数或超过 170，将会返回错误值“#NUM !”，因为计算阶乘时，参数越大，结果越大。

14.2.4　计算最大公约数与最小公倍数

GCD 函数的功能是返回两个或多个整数的最大公约数，最大公约数是能分别将参数 number1 和 number2 除尽的最大整数。LCM 函数的功能是，返回整数的最小公倍数，最小公倍数是所有整数参数 number1、number2 等的最小正整数倍数。两函数的语法分别如下：

```
GCD(number1,number2,...)
LCM(number1,number2,...)
```

其中参数 number1、number2……为 1 ～ 255 个参数。如果参数不是整数，则截尾取整。下面通过实例详细讲解该函数的使用方法与技巧。

打开“参数数值 .xlsx”工作簿，切换至“ Sheet1”工作表，该工作表中给出了两个参数数值，如图 14-38 所示。需要求解这两个参数的最大公约数和最

图 14-38　原始数据

小公倍数。具体的操作步骤如下。

STEP01：选中B2单元格，在编辑栏中输入公式“=GCD(B1:C1)”，然后按“Enter”键返回即可计算出两个参数的最大公约数，结果为“24”，如图14-39所示。

STEP02：选中B3单元格，在编辑栏中输入公式“=LCM(B1:C1)”，然后按“Enter”键返回即可计算出两个参数的最小公倍数，结果为“144”，如图14-40所示。

图14-39　计算最大公约数

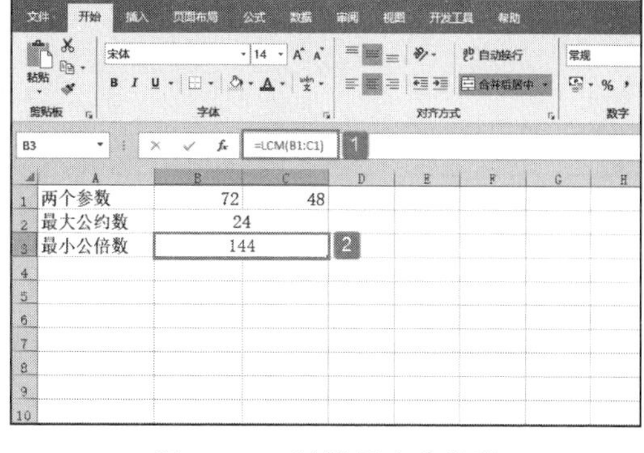

图14-40　计算最小公倍数

LCM函数可以用于将分母不同的分数相加。对两个函数来说，如果参数为非数值型，则都将返回错误值“#VALUE!”；如果参数小于零，则都将返回错误值“#NUM!”。

14.2.5　计算对数

LN函数的功能是计算一个数的自然对数，自然对数以常数项e（2.71828182845904）为底。LOG函数的功能是，计算按所指定的底数返回一个数的对数。LOG10函数的功能是计算以10为底的对数。三个函数的语法如下：

```
LN(number)
LOG(number,base)
LOG10(number)
```

其中，number参数为用于计算对数的正实数，base参数为对数的底数。如果省略底数，则假定其值为10。下面通过实例详细讲解该函数的使用方法与技巧。

已知有4家上市企业，分别是AC钢铁、DF制药、ER玩具和QI服装，并已知其从2018年9月到2019年2月的股票指数数据，投资分析人员需要计算股票的月收益率，以连续复利计。打开“LN函数.xlsx”工作簿，本例中的原始数据如图14-41所示。具体的操作步骤如下。

STEP01：选中F3单元格，在编辑栏中输入公式“=LN(B3/B2)”，然后按“Enter”键返回即可计算出AC钢铁企业在2018年10月的股票收益率，如图14-42所示。

STEP02：选中F3单元格，利用填充柄工具向右复制公式至I3单元格，通过填充功能来计算其他企业的收益率，如图14-43所示。

STEP03：选中F3:I3单元格区域，将鼠标指针移至I3单元格右下角，利用填充柄工具向下复制公式，通过填充功能来计算各个企业在其他日期的收益率，如图14-44所示。

LN函数是EXP函数的反函数。在LOG函数中，如果省略参数base，就假定其值为10。

公司名 日期	AC钢铁	DF制药	ER玩具	QI服装	AC钢铁收益率	DF制药收益率	ER玩具收益率	QI服装收益率
2018年9月	19.033	25.354	21.258	26.354				
2018年10月	18.596	25.412	21.321	26.378				
2018年11月	18.654	24.123	21.489	26.146				
2018年12月	19.123	24.147	20.264	25.456				
2019年1月	18.365	24.002	20.126	25.347				
2019年2月	18.354	23.148	20.005	24.158				

图 14-41　原始数据

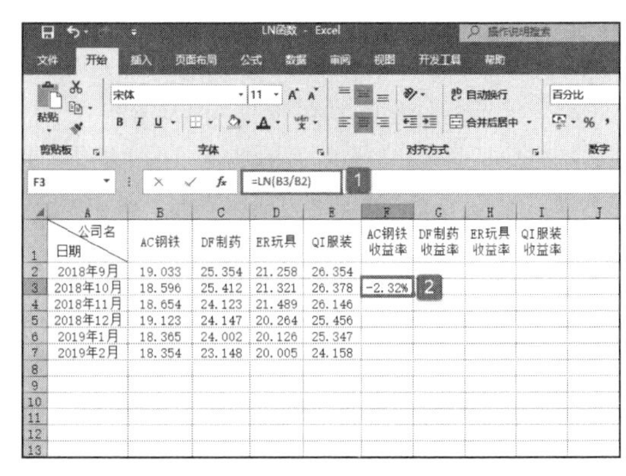

=LN(B3/B2)

公司名 日期	AC钢铁	DF制药	ER玩具	QI服装	AC钢铁收益率	DF制药收益率	ER玩具收益率	QI服装收益率
2018年9月	19.033	25.354	21.258	26.354				
2018年10月	18.596	25.412	21.321	26.378	-2.32%			
2018年11月	18.654	24.123	21.489	26.146				
2018年12月	19.123	24.147	20.264	25.456				
2019年1月	18.365	24.002	20.126	25.347				
2019年2月	18.354	23.148	20.005	24.158				

图 14-42　计算 AC 钢铁 10 月份收益率

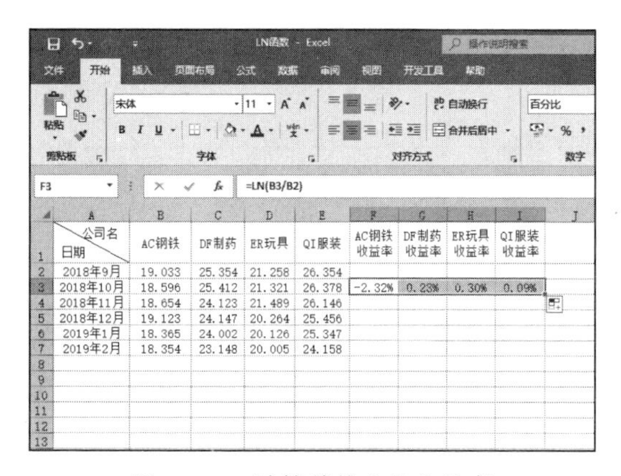

=LN(B3/B2)

公司名 日期	AC钢铁	DF制药	ER玩具	QI服装	AC钢铁收益率	DF制药收益率	ER玩具收益率	QI服装收益率
2018年9月	19.033	25.354	21.258	26.354				
2018年10月	18.596	25.412	21.321	26.378	-2.32%	0.23%	0.30%	0.09%
2018年11月	18.654	24.123	21.489	26.146				
2018年12月	19.123	24.147	20.264	25.456				
2019年1月	18.365	24.002	20.126	25.347				
2019年2月	18.354	23.148	20.005	24.158				

图 14-43　计算其他企业收益率

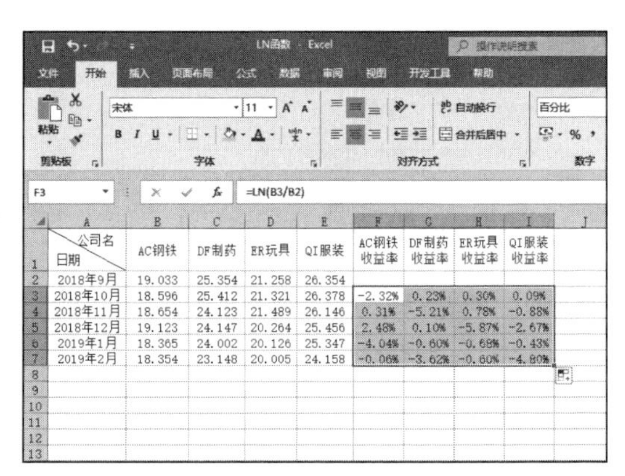

=LN(B3/B2)

公司名 日期	AC钢铁	DF制药	ER玩具	QI服装	AC钢铁收益率	DF制药收益率	ER玩具收益率	QI服装收益率
2018年9月	19.033	25.354	21.258	26.354				
2018年10月	18.596	25.412	21.321	26.378	-2.32%	0.23%	0.30%	0.09%
2018年11月	18.654	24.123	21.489	26.146	0.31%	-5.21%	0.78%	-0.88%
2018年12月	19.123	24.147	20.264	25.456	2.48%	0.10%	-5.87%	-2.67%
2019年1月	18.365	24.002	20.126	25.347	-4.04%	-0.60%	-0.68%	-0.43%
2019年2月	18.354	23.148	20.005	24.158	-0.06%	-3.62%	-0.60%	-4.80%

图 14-44　计算结果

14.2.6　计算余数

MOD 函数功能是计算两数相除的余数。结果的正负号与除数相同。其语法如下：

```
MOD(number,divisor)
```

其中，number 参数为被除数，divisor 参数为除数。下面通过实例详细讲解该函数的使用方法与技巧。

打开“MOD 函数 .xlsx”工作簿，本例中的原始数据如图 14-45 所示。要求使用 MOD 函数来判断这些数字的奇偶性。具体的操作步骤如下。

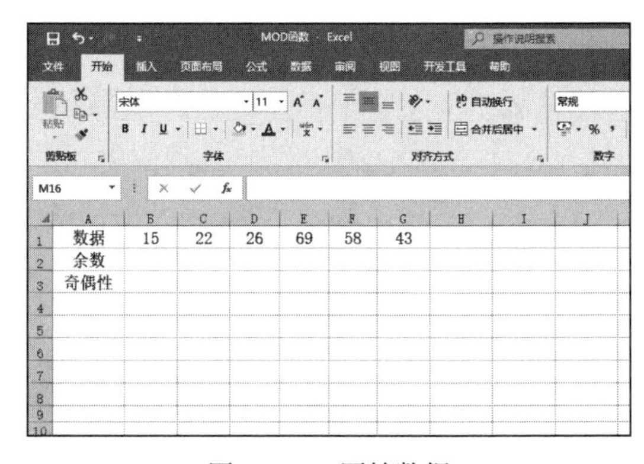

数据	15	22	26	69	58	43
余数						
奇偶性						

图 14-45　原始数据

STEP01：选中 B2 单元格，在编辑栏中输入公式“=MOD(B1,2)”，然后按“Enter”键返回即可计算出一个数据除以 2 后的余数，结果如图 14-46 所示。

STEP02：选中 B2 单元格区域，利用填充柄工具向右复制公式至 G2 单元格，通过填充功能来计算其他数据除以 2 的余数，计算结果如图 14-47 所示。

STEP03：选中 B3 单元格，在编辑栏中输入公式“=IF(B2=1,"奇数","偶数")”，然后按“Enter”键返回即可判断出第 1 个数据的奇偶性，结果如图 14-48 所示。

STEP04：选中 B3 单元格区域，利用填充柄工具向右复制公式至 G3 单元格，通过填充功能来判断其他数据的奇偶性，计算结果如图 14-49 所示。

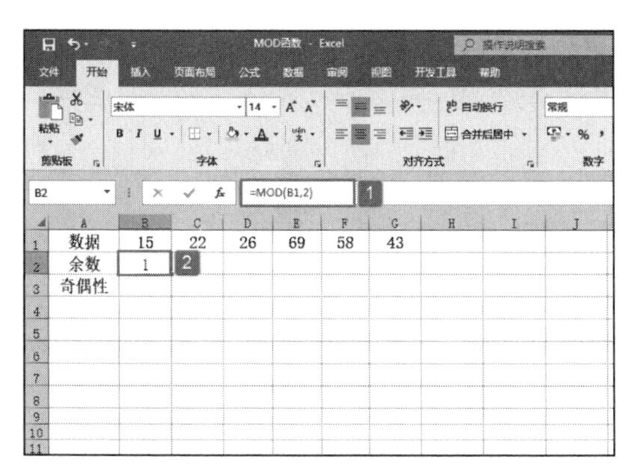

图 14-46　计算 15 除以 2 的余数

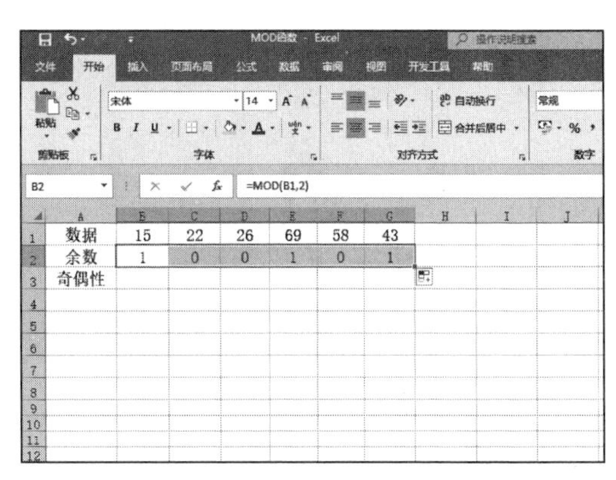

图 14-47　计算其他数据除以 2 的余数

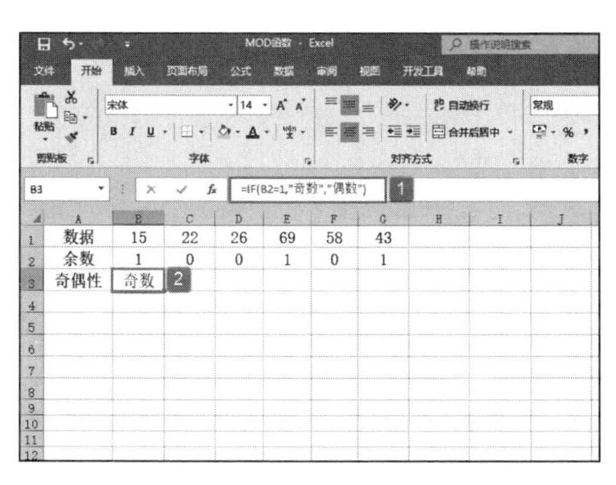

图 14-48　计算 15 的奇偶性

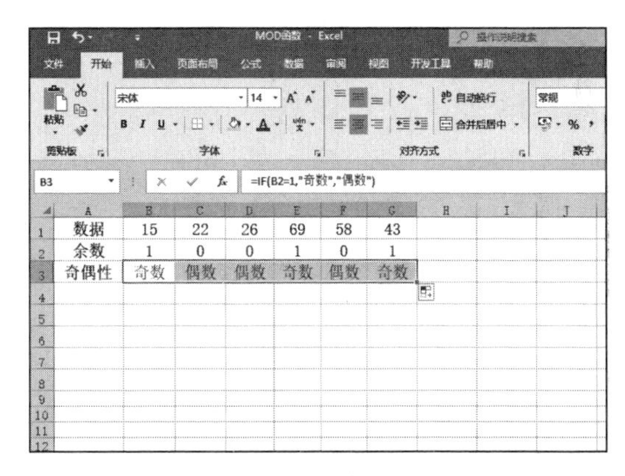

图 14-49　判断奇偶性

在 MOD 函数中，如果参数 divisor 为零，MOD 函数将返回错误值“#DIV/0!”。MOD 函数可以借用函数 INT 来表示：MOD(n,d)=n-d*INT(n/d)。

14.2.7　计算随机数

RAND 函数和功能是计算大于等于 0 及小于 1 的均匀分布的随机实数，每次计算工作表时都将返回一个新的随机实数。RANDBETWEEN 函数的功能是，计算位于指定的两个数之间的一个随机整数，每次计算工作表时都将返回一个新的随机整数。两函数的语法如下：

```
RAND( )
RANDBETWEEN(bottom,top)
```

其中，bottom 参数为 RANDBETWEEN 函数将返回的最小整数，top 参数为 RANDBETWEEN 函数将返回的最大整数。

因为这两个函数都是用于返回随机数，所以可以用来模仿一些掷骰子的游戏。本例中要随机返回 1 ～ 50 的整数，投掷次数为 5 次。打开“RAND 函数 .xlsx”工作簿，本例的原始数据如图 14-50 所示。具体操作步骤如下。

STEP01：选中C3单元格，在编辑栏中输入公式“=INT(RAND()*($B$1-$D$1)+$D$1)”，然后按“Enter”键返回，即可计算第1次的投掷结果，计算结果如图14-51所示。

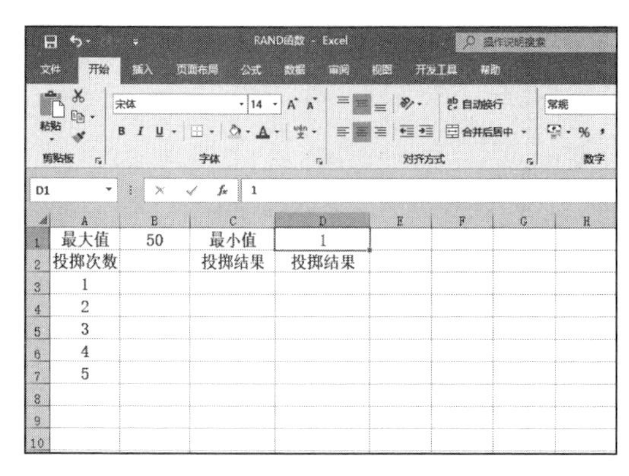

图 14-50　原始数据

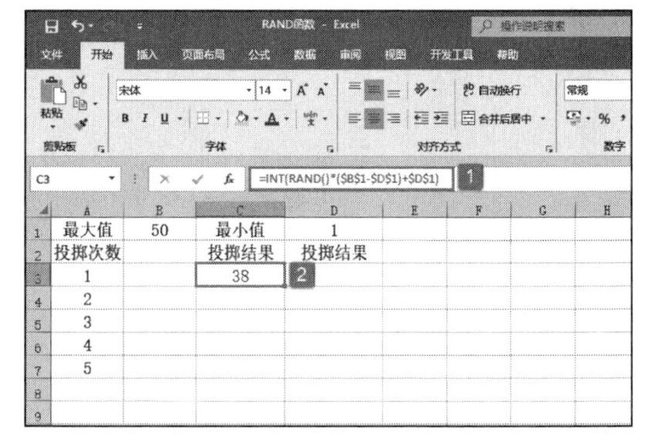

图 14-51　计算第1次投掷结果

STEP02：选中C3单元格，利用填充柄工具向下复制公式至C7单元格，通过填充功能来计算其他次数的投掷结果，如图14-52所示。

STEP03：选中D3单元格，在编辑栏中输入公式“=INT(RANDBETWEEN($D$1,$B$1))”，然后按“Enter”键返回，即可计算出第1次的投掷结果，计算结果如图14-53所示。

图 14-52　计算投掷结果

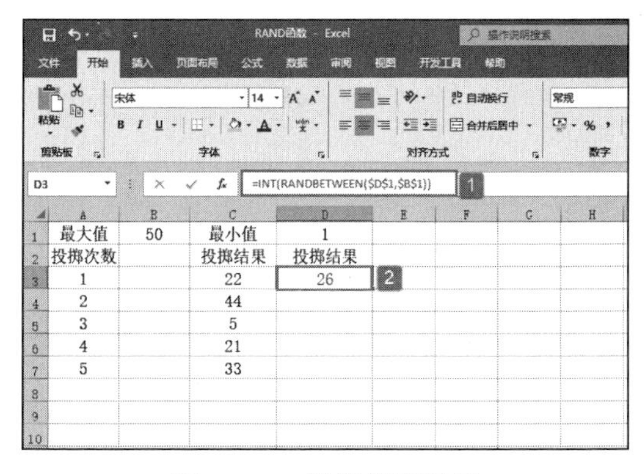

图 14-53　计算投掷结果

STEP04：选中D3单元格，利用填充柄工具向下复制公式至D7单元格，通过填充功能来计算其他次数的投掷结果，如图14-54所示。

STEP05：按“F9”键可以查看重新求解的随机结果，如图14-55所示。

对RAND函数来说：如果要生成a与b之间的随机实数，必须使用“RAND()*(b-a)+a”。如果要使用RAND函数生成一随机数，并且使之不随单元格计算而改变，可以在编辑栏中输入“=RAND()”，保持编辑状态，然后按“F9”键，将公式永久性地改为随机数。

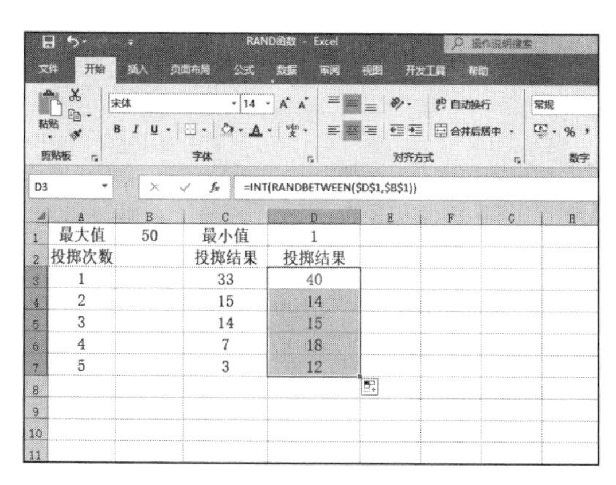

=INT(RANDBETWEEN($D$1,$B$1))

	A	B	C	D
1	最大值	50	最小值	1
2	投掷次数		投掷结果	投掷结果
3	1		33	40
4	2		15	14
5	3		14	15
6	4		7	18
7	5		3	12

图 14-54　计算其他次数的投掷结果

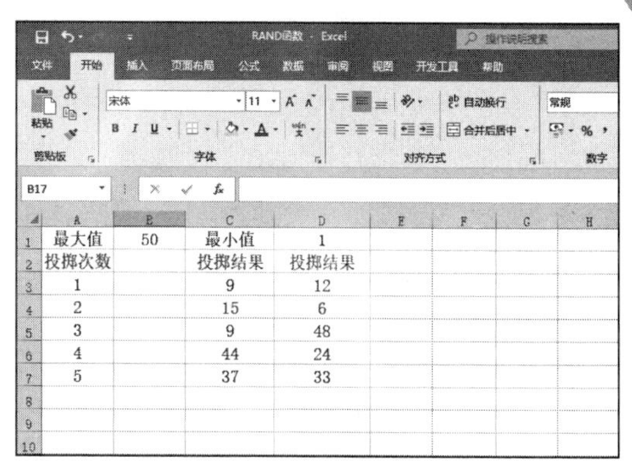

	A	B	C	D
1	最大值	50	最小值	1
2	投掷次数		投掷结果	投掷结果
3	1		9	12
4	2		15	6
5	3		9	48
6	4		44	24
7	5		37	33

图 14-55　重新查看投掷结果

14.3 幂与平方计算

Excel 2019 的数学函数中提供了幂与平方的函数计算，以满足数学专业学习的需求。

14.3.1 计算给定数字的乘幂

POWER 函数的功能是，计算给定数字的乘幂。其语法如下：

```
POWER(number,power)
```

其中，number 参数为底数，可以为任意实数，power 参数为指数，底数按该指数次幂乘方。下面通过实例详细讲解该函数的使用方法与技巧。

打开“POWER 函数 .xlsx”工作簿，本例中要求计算的数值说明如图 14-56 所示。

	A	B
1	公式	说明
2		计算5的-2次幂
3		计算3.5的2.5次幂，结果保留两位小数

图 14-56　原始数据

STEP01：选中 A2 单元格，在编辑栏中输入公式“=POWER(5,-2)”，然后按“Enter”键返回即可计算出 5 的 -2 次幂，结果如图 14-57 所示。

STEP02：选中 A3 单元格，在编辑栏中输入公式“=POWER(3.5,2.5)”，然后按“Enter”键返回即可计算出 3.5 的 2.5 次幂，结果如图 14-58 所示。

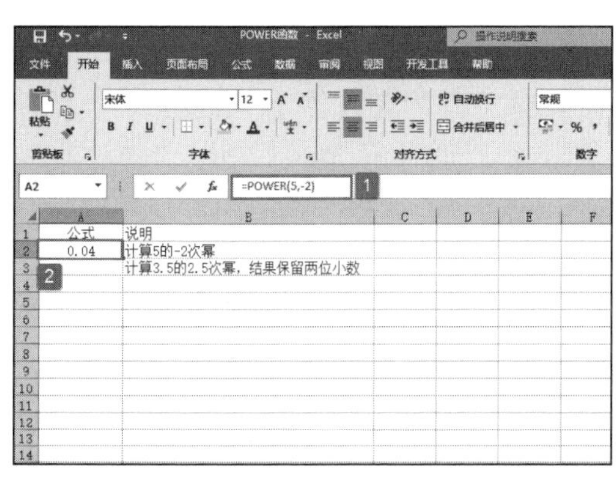

图 14-57　计算 5 的 -2 次幂

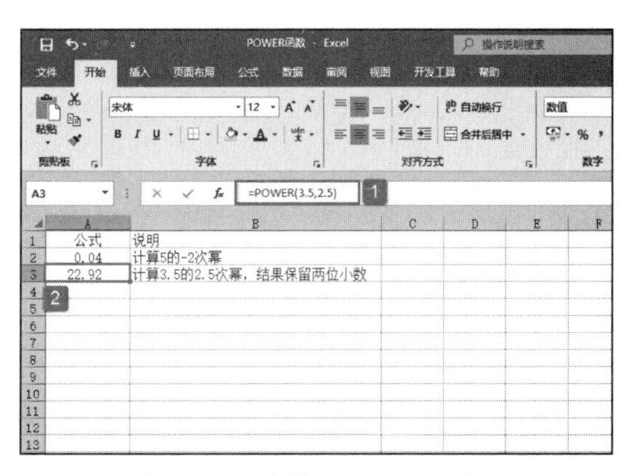

图 14-58　计算 14.6 的 2.5 次幂

POWER 函数主要用来计算不同数据的乘幂。可以用“^”运算符代替函数 POWER 函数来表示对底数乘方的幂次，例如 7^2 的结果等同于公式“=POWER(7,2)”的结果。

14.3.2　计算参数平方和

SUMSQ 函数的功能是计算参数的平方和。其语法如下：

```
SUMSQ(number1,number2, ...)
```

其中，参数 number、number2……为 1 ～ 255 个需要求平方和的参数，也可以使用数组或对数组的引用来代替以逗号分隔的参数。下面通过实例详细讲解该函数的使用方法与技巧。

打开“SUMSQ 函数 .xlsx”工作簿，本例中的原始数据如图 14-59 所示。该工作表中记录了一组数据，要求利用 SUMSQ 函数求这组数据的平方和。具体的操作步骤如下。

选中 B2 单元格，在编辑栏中输入公式“=SUMSQ(B1:F1)”，然后按“Enter”键返回即可计算出以上各数据的平方和，结果如图 14-60 所示。

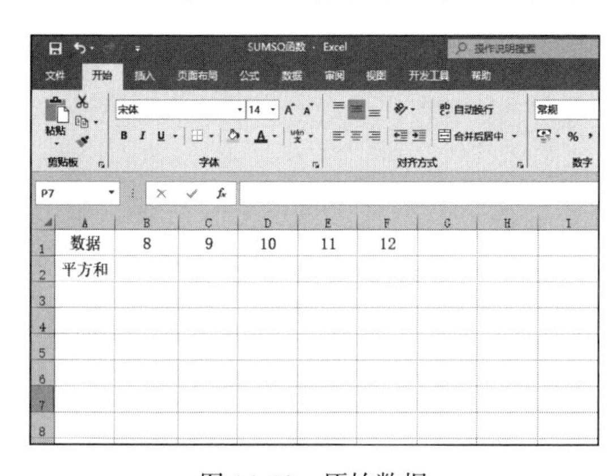

图 14-59　原始数据

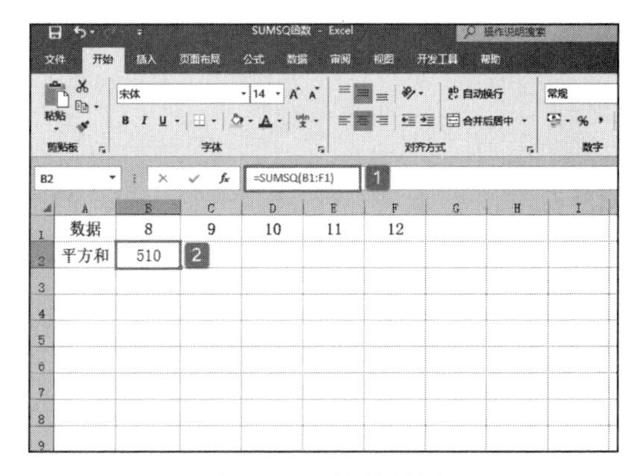

图 14-60　计算结果

14.3.3　计算数组差值的平方和

SUMXMY2 函数的功能是，计算两数组中对应数值之差的平方和。其语法如下：

```
SUMXMY2(array_x,array_y)
```

其中参数 array_x 表示第 1 个数组或数值区域，参数 array_y 表示第 2 个数组或数值区域。下面通过实例详细讲解该函数的使用方法与技巧。

打开“SUMXMY2 函数 .xlsx”工作簿，本例中的原始数据如图 14-61 所示。该工作表中记录了两组数据，要求利用 SUMXMY2 函数求解两组数据的对应差值的平方和。具体的操作步骤如下。

图 14-61　原始数据

STEP01：选中 C2 单元格，在编辑栏中输入公式“=SUMXMY2(A2:A8,B2:B8)”，然后按“Enter”键返回，即可计算出数值区域 1 和数值区域 2 的数值之差的平方和，结果如图 14-62 所示。

STEP02：选中 C3 单元格，在编辑栏中输入公式“=SUMXMY2({3,5,7,2,4,6,9},{8,7,12,3,6,2,5})”，然后按“Enter”键返回，即可计算出数组 1 和数组 2 的数值之差的平方和，结果如图 14-63 所示。可以看出这两种方法求出的结果相同。

图 14-62　计算数值区域差值的平方和

图 14-63　计算数值差的平方和

对 SUMXMY2 函数来说，参数可以是数字、包含数字的名称、数组或引用。如果数组或引用参数包含文本、逻辑值或空白单元格，则这些值将被忽略；但包含零值的单元格将计算在内。如果参数 array_x 和参数 array y 的元素数目不同，SUMXMY2 函数将返回错误值“#N/A”。

14.3.4　计算幂级数之和

SERIESSUM 函数的功能是计算基于幂级数展开式的幂级数之和。许多函数可由幂级数展开式近似地得到。其语法如下：

```
SERIESSUM(x,n,m,coefficients)
```

其中，x 参数为幂级数的输入值；参数 n 为参数 x 的首项乘幂；m 参数为级数中每一项的乘幂 n 的步长增加值；coefficients 参数为一系列与参数 x 各级乘幂相乘的系数，它的数目决定了幂级数的项数，如果参数 coefficients 中有 3 个值，幂级数中将有 3 项。

在该函数的功能提到一个概念——幂级数。幂级数形式上是个无穷多项式，通常依变量 x 的升幂顺序来表示。幂级数是微积分中的重要内容，许多重要的函数可以幂级数表示，而幂级数全体也代表了相当广泛的函数类别。下面通过实例详细讲解该函数的使用方法与技巧。

根据幂级数展开式求解函数 y=sinx 在 x=π/3 的近似函数值，并将该近似值与直接求解的结果进行比较，其中 sinx 的级数展开式为：sinx=x-x3/3!+x5/5!-x7/7!+……。打开“SERIESSUM 函数 .xlsx”工作簿，本例的原始数据如图 14-64 所示。具体操作步骤如下。

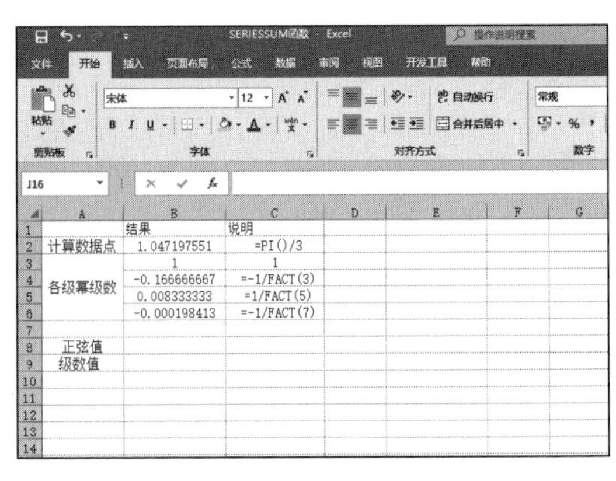

图 14-64　原始数据

STEP01：选中 B8 单元格，在编辑栏中输入公式“=SIN(PI()/3)”，然后按“Enter”键返回，即可计算出 y=sinx 在 x=π/3 的准确结果，如图 14-65 所示。

STEP02：选中 B9 单元格，在编辑栏中输入公式“=SERIESSUM(B2,1,2,B3:B6)”，然后按“Enter”键返回，即可计算出 y=sinx 在 x=π/3 的级数展开数值，如图 14-66 所示。

图 14-65　计算 y=sinx 在 x=π/3 的准确结果

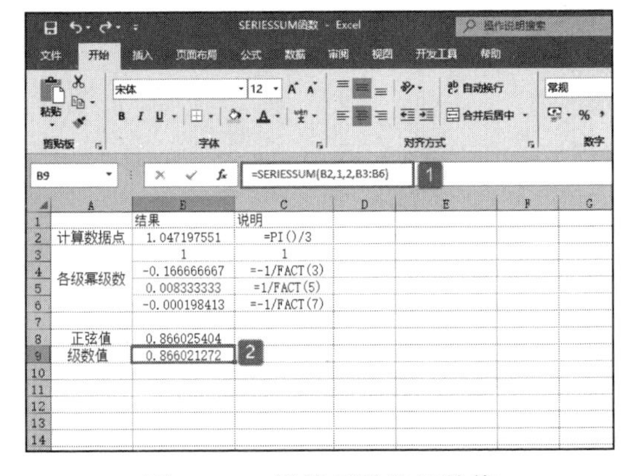

图 14-66　计算函数的级数值

SERIESSUM 函数主要用来求解函数在某一点的近似值。对该函数来说，如果任一参数为非数值型，SERIESSUM 函数将会返回错误值“#VALUE!”。

14.3.5　计算正数平方根

SQRT 函数的功能是计算正数的平方根。其语法如下：

```
SQRT(number)
```

其中，number 参数为要计算平方根的数。下面通过实例详细讲解该函数的使用方法与技巧。

打开“SQRT 函数 .xlsx”工作簿，本例中的原始数据如图 14-67 所示。已知圆的面积，求圆的半径。具体求解步

图 14-67　原始数据

骤如下。

STEP01：选中 B2 单元格，在编辑栏中输入公式“=SQRT(A2/PI())”，然后按“Enter”键返回，即可计算出第 1 个圆的半径，结果如图 14-68 所示。

STEP02：选中 B2 单元格，利用填充柄工具向下复制公式至 B6 单元格，通过自动填充功能来计算其他圆的半径，如图 14-69 所示。

图 14-68　计算第一个圆的半径

圆的面积	圆的半径
49.25	3.95938908
56.34	4.23480566
87	5.2624101
125	6.30783131
45.5	3.8056668

图 14-69　计算所有圆的半径

对 SQRT 函数来说，如果 number 参数为负值，SQRT 函数返回错误值“#NUM!”。

14.3.6　计算 e 的 n 次幂

EXP 函数的功能是计算 e 的 n 次幂。EXP 函数的语法如下：

```
EXP(number)
```

其中，number 参数为应用于底数 e 的指数。常数 e 等于 2.71828182845904，是自然对数的底数。下面通过实例详细讲解该函数的使用方法与技巧。

已知某函数表达式 y=ex，现求解 x 的取值在 −5 ～ 5 之间的函数曲线。打开“EXP 函数.xlsx”工作簿，本例中的原始数据如图 14-70 所示。具体求解步骤如下。

图 14-70　原始数据

STEP01：选中 B2 单元格，在编辑栏中输入公式“=EXP(B1)”，然后按“Enter”键返回，即可计算出 y=e-5 的值，结果如图 14-71 所示。

STEP02：选中 B2 单元格，利用填充柄工具向右复制公式至 L2 单元格，通过自动填充功能来计算出其他的函数值，如图 14-72 所示。

STEP03：切换至“插入”选项卡，在“图表”组中单击“插入散点图或气泡图”下三角按钮，在展开的下拉列表中选择“带平滑线的散点图”选项，如图 14-73 所示。随后，工作表中会自动插入如图 14-74 所示的散点图，即 −5 ～ 5 之间的函数曲线。

用 EXP 函数可以计算不同参数的指数数值。e=2.71828182…是微积分中的两个常用极限之一，它有一些特殊的性质，在数学、物理等学科中有广泛应用。在使用 EXP

函数时，如果要计算以其他常数为底的幂，必须使用指数操作符 (^)。EXP 函数是计算自然对数的 LN 函数的反函数。

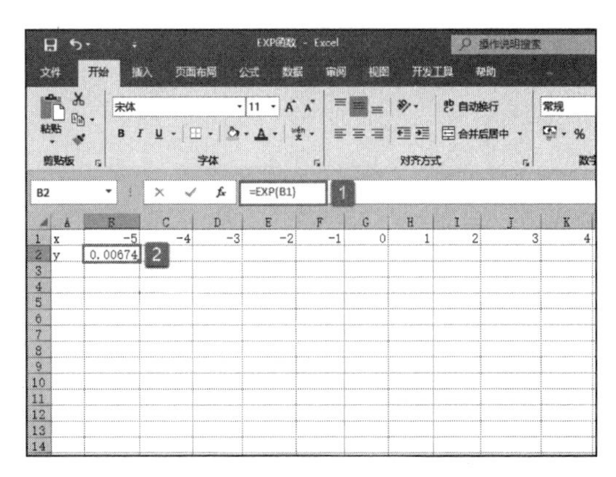

图 14-71　计算 B1 单元格对应的 y 值

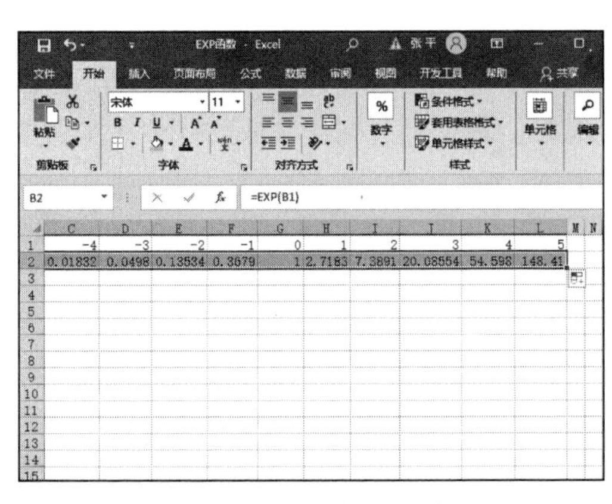

图 14-72　计算函数值

图 14-73　选择散点图类型

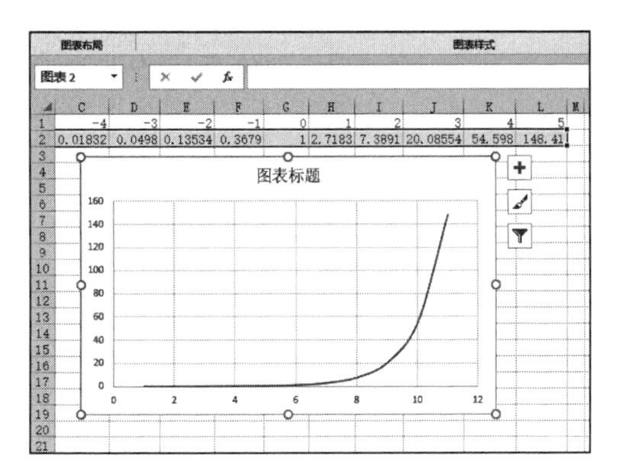

图 14-74　生成函数曲线

14.4 矩阵计算

在数学中，矩阵（Matrix）是一个按照长方阵列排列的复数或实数集合，数据分析时经常会涉及矩阵运算，但当数据量大且值较大时，手工计算效率就很低了，因此掌握相关工具对矩阵进行运算是很有必要的。本节介绍利用 Excel 中的相关函数对数据进行矩阵运算。

14.4.1 计算矩阵行列式的值

MDETERM 函数的功能是计算一个数组的矩阵行列式的值。其语法如下：

```
MDETERM(array)
```

其中，array 参数为行数和列数相等的数值数组。

矩阵行列式的值是由数组中的各元素计算而来的。对于一个 3 行、3 列的数组 A1:C3，其行列式的值定义如下：

```
MDETERM(A1:C3)=A1*(B2*C3-B3*C2)+A2*(B3*C1-B1*C3)+A3*(B1*C2-B2*C1)
```

下面通过实例详细讲解该函数的使用方法与技巧。

已知某矩阵，求解矩阵的行列式，并根据行列式判断矩阵是否可逆。打开“MDETERM 函数 .xlsx”工作簿，本例的原始数据如图 14-75 所示。具体的求解步骤如下。

STEP01：选中 B6 单元格，在编辑栏中输入公式“=MDETERM(A1:D4)”，然后按“Enter”键返回，即可计算出该矩阵行列式，结果如图 14-76 所示。

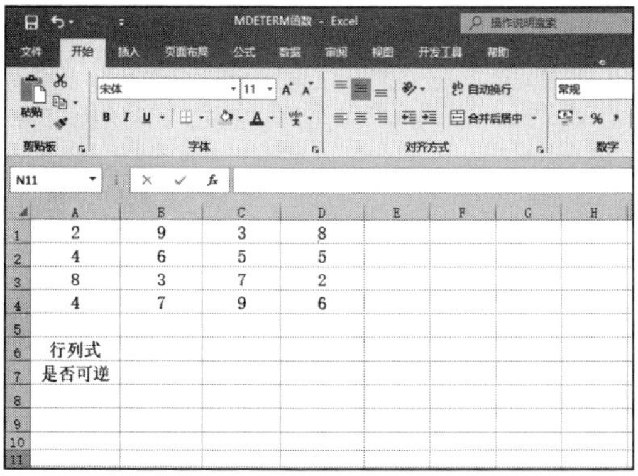

图 14-75　原始数据

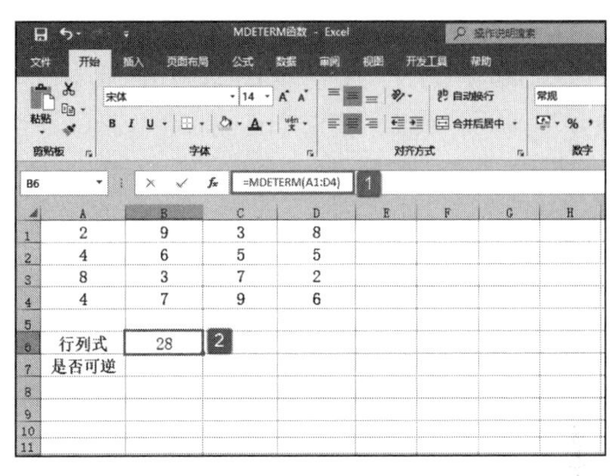

图 14-76　计算行列式

STEP02：选中 B7 单元格，在编辑栏中输入公式“=IF(MDETERM(A1:D4)<>0,"可逆","不可逆")”，然后按“Enter”键返回，即可判断出矩阵是否可逆，结果如图 14-77 所示。

矩阵的行列式值常被用来求解多元联立方程。MDETERM 函数的精确度可达 16 位有效数字，因此运算结果因位数的取舍可能会导致微小误差。在 MDETERM 函数中，array 参数可以是单元格区域，或区域或数组常量的名称。如果 array 参数中的单元格为空、包含文字或是行和列的数目不相等，MDETERM 函数将返回错误值“#VALUE!”。

图 14-77　判断矩阵是否可逆

14.4.2　计算逆矩阵和矩阵乘积

MINVERSE 函数的功能是计算数组中存储的矩阵的逆矩阵。MMULT 函数的功能是计算两个数组的矩阵乘积，结果矩阵的行数与参数 array1 的行数相同，矩阵的列数与参数 array2 的列数相同。两函数的语法分别如下：

```
MINVERSE(array)
MMULT(array1,array2)
```

其中，array 参数是行数和列数相等的数值数组。参数 array1、array2 是要进行矩阵乘法运算的两个数组，可以是单元格区域、数组常量或引用。

在 MINVERSE 函数中，提到了一个概念——逆矩阵。如图 14-78 所示的是计算二阶方阵逆矩阵的示例。假设 A1:B2 中包含以字母 a、b、c 和 d 表示的 4 个任意的数，则该表表示矩阵 A1:B2 的逆矩阵。

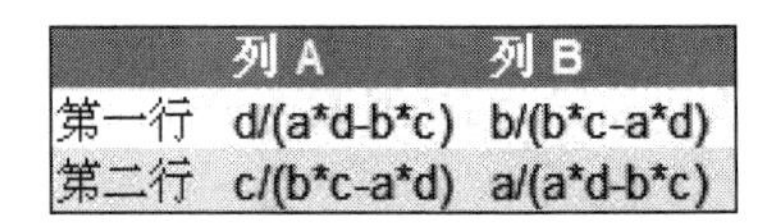

	列 A	列 B
第一行	d/(a*d-b*c)	b/(b*c-a*d)
第二行	c/(b*c-a*d)	a/(a*d-b*c)

图 14-78　矩阵 A1:B2 的逆矩阵

要求使用 MINVERSE 函数和 MMULT 函数，求下面的三元一次方程组的解。

$$\begin{cases} 3x+4y+5z=26 \\ 4x+2y+z=11 \\ 7x+3y+2z=19 \end{cases}$$

打开“求解方程 .xlsx“工作簿，本例的原始数据如图 14-79 所示。

STEP01：选中 A13:C15 单元格区域，在编辑栏中输入公式“=MINVERSE(A7:C9)”，然后按“Ctrl+Shift+Enter”组合键返回，即可计算出系数矩阵的逆矩阵，结果如图 14-80 所示。

图 14-79　原始数据

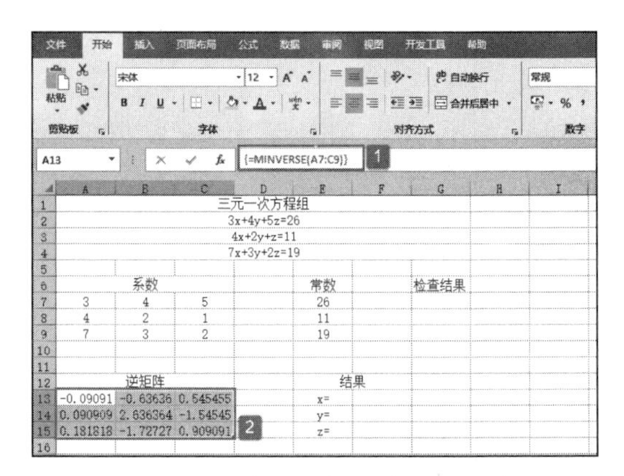

图 14-80　求解系数矩阵的逆矩阵

STEP02：选中 F13:F15 单元格区域，在编辑栏中输入公式“=MMULT(A13:C15, E7:E9)”，然后按“Ctrl+Shift+Enter”组合键返回，即可计算出方程组的数值矩阵，即方程组的解，如图 14-81 所示。

STEP03：选中 G7 单元格，在编辑栏中输入公式“=A7*$F$13+B7*$F$14+C7*$F$15=E7”，用来检查方程组的解是否满足第 1 个方程，按“Enter”键即可返回检查结果，如图 14-82 所示。

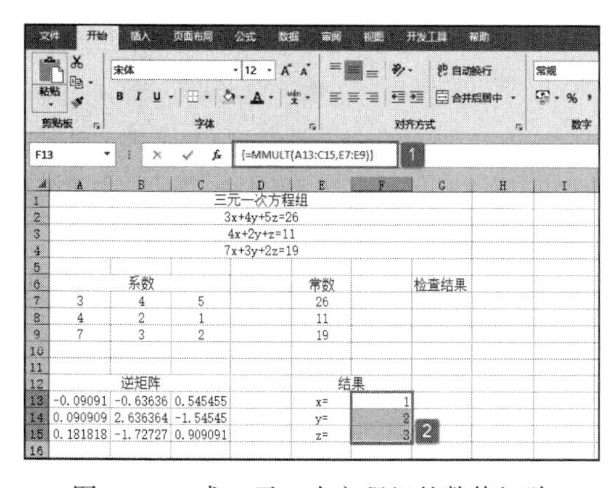

图 14-81　求三元一次方程组的数值矩阵

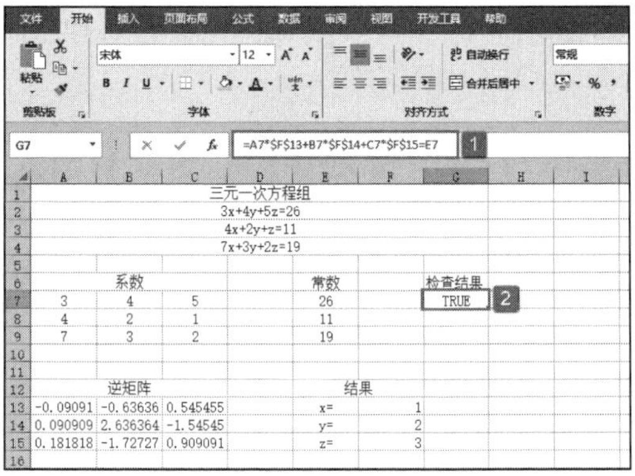

图 14-82　检查方程组的解是否正确

STEP04：选中 G7 单元格，利用填充柄工具向下复制公式至 G9 单元格，通过自动填充功能来检查下面的两个方程是否满足，最终检查结果如图 14-83 所示。

与求行列式的值一样，求解逆矩阵常被用于求解多元联立方程组。所以可以将MINVERSE 函数和 MMULT 函数结合在一起，求解一个方程组。

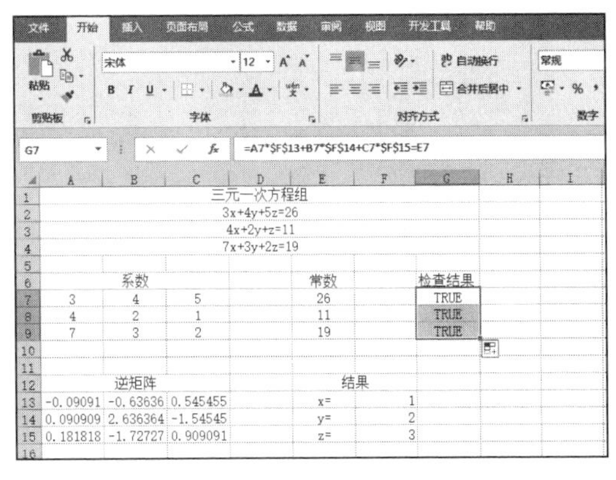

图 14-83　检查方程结果

在 MINVERSE 函数中，array 参数可以是单元格区域，或单元格区域和数组常量的名称。如果 array 参数中的单元格为空、包含文字或是行和列的数目不相等，则函数 MINVERSE 将返回错误值“#VALUE!”。对于一些不能求逆的矩阵，MINVERSE 函数将返回错误值“#NUM!”。不能求逆的矩阵的行列式值为零。

在 MMULT 函数中，array1 参数的列数与 array2 参数的行数必须相同，而且两个数组中都只能包含数值。如果 array1 参数和 array2 参数中的单元格为空、包含文字或是行和列的数目不相等，MMULT 函数将返回错误值“#VALUE!”。

14.5 三角函数计算

三角函数主要用于三角函数的运算。本节中将以实例的形式来介绍十几个三角函数的应用。

14.5.1 计算余弦值

COS 函数的功能是计算给定角度的余弦值。其语法如下：

```
COS(number)
```

其中，number 参数为需要求余弦的角度，以弧度表示。下面通过实例详细讲解该函数的使用方法与技巧。

打开“COS 函数 .xlsx”工作簿，本例中要求计算的数值说明如图 14-84 所示。求解已知角度的余弦值，具体的操作步骤如下。

STEP01：选中 A2 单元格，在编辑栏中输入公式“=COS(3)”，按“Enter”键返回，即可计算出 3 弧度的余弦值，如图 14-85 所示。

STEP02：选中 A3 单元格，在编辑栏中输入公式“=COS(60*PI()/180)”，按“Enter”键返回，即可计算出 60 度的余弦值，如图 14-86 所示。

STEP03：选中 A4 单元格，在编辑栏中输入公式“=COS(RADIANS(60))”，按“Enter”键返回，即可计算出 60 度的余弦值，如图 14-87 所示。

如果角度以度表示，则可将其乘以 PI()/180 或使用 RADIANS 函数将其转换成弧度。

图 14-84　原始数据

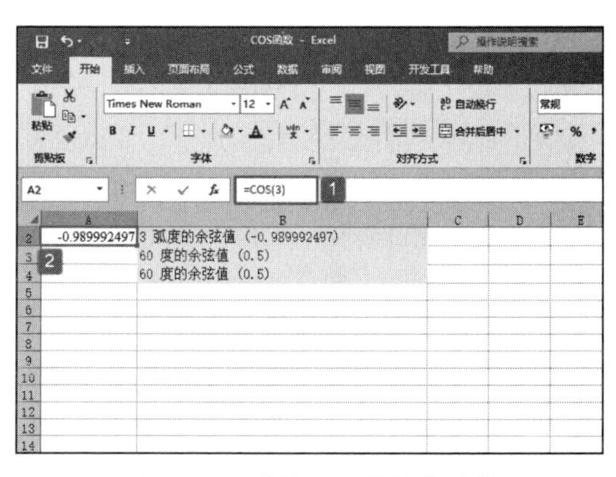

图 14-85　计算 3 弧度的余弦值

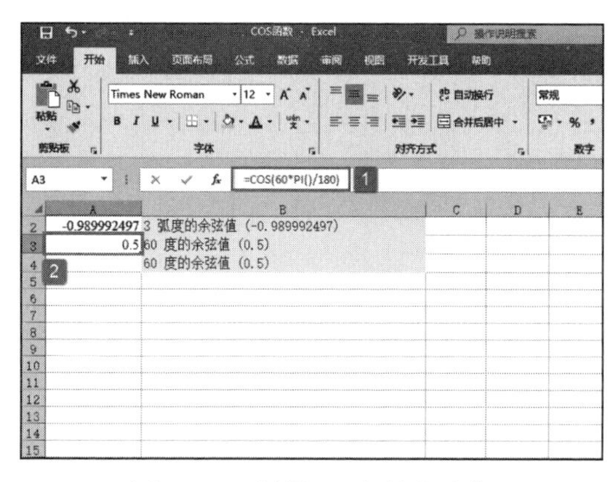

图 14-86　计算 60 度的余弦值

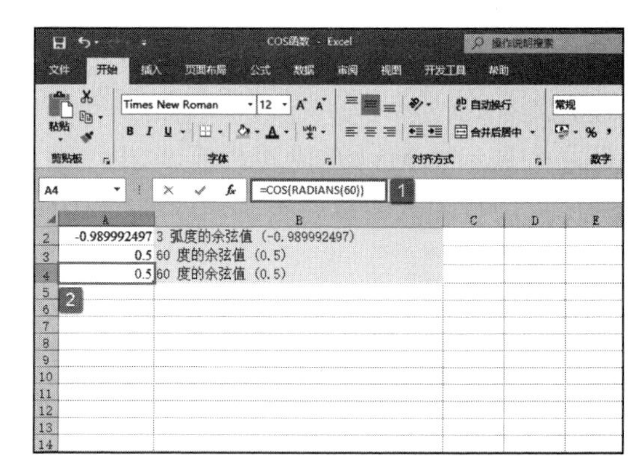

图 14-87　计算 60 度的余弦值

14.5.2　计算反余弦值

ACOS 函数的功能是计算数值的反余弦值。反余弦值是角度，它的余弦值为数值。返回的角度值以弧度表示，范围是 0 ～ π。ACOS 函数的语法如下：

```
ACOS(number)
```

其中，number 参数表示角度的余弦值，必须为 -1 ～ 1。下面通过实例详细讲解该函数的使用方法与技巧。

已知某角度的余弦值为 -1，求该角度的弧度和度数。打开“ACOS 函数.xlsx”工作簿，本例中的原始数据如图 14-88 所示。具体的操作步骤如下。

图 14-88　原始数据

STEP01：选中 B2 单元格，在编辑栏中输入公式“=ACOS(B1)”，按“Enter”键返回，即可计算出余弦值为 -1 的角度的弧度数，计算结果如图 14-89 所示。

STEP02：选中 B3 单元格，在编辑栏中输入公式“=ACOS(B1)*

180/PI()”，按“Enter”键返回，即可计算出余弦值为 -1 的角度的度数，结果如图 14-90 所示。

如果要用度表示反余弦值，则需要将结果再乘以 180/PI() 或用 DEGREES 函数。

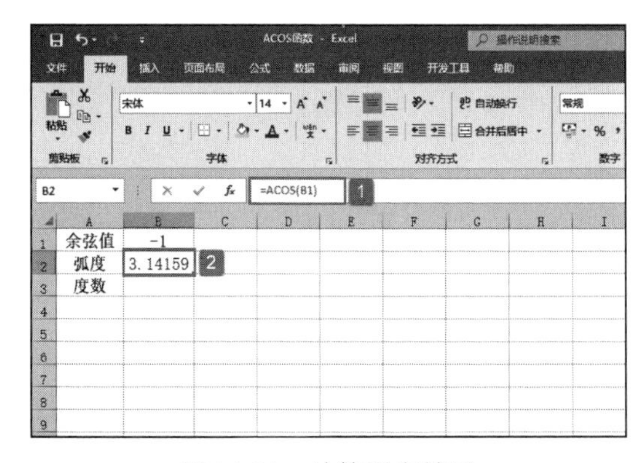

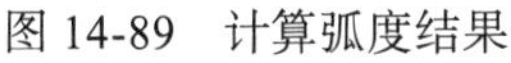
图 14-89 计算弧度结果

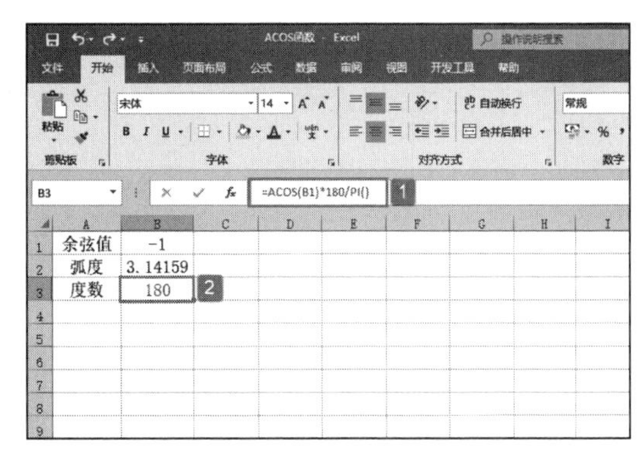

图 14-90 计算角度结果

14.5.3 计算正弦值

SIN 函数的功能是计算给定角度的正弦值。其语法如下：

```
SIN(number)
```

其中，number 参数为需要求正弦的角度，以弧度表示。下面通过实例详细讲解该函数的使用方法与技巧。

求已知角度的正弦值，打开“SIN 函数 .xlsx”工作簿，本例中的原始数据如图 14-91 所示。具体的操作步骤如下。

STEP01：选中 A2 单元格，在编辑栏中输入公式“=SIN(PI())”，按“Enter”键返回，即可计算出 π 弧度的正弦值，结果如图 14-92 所示。

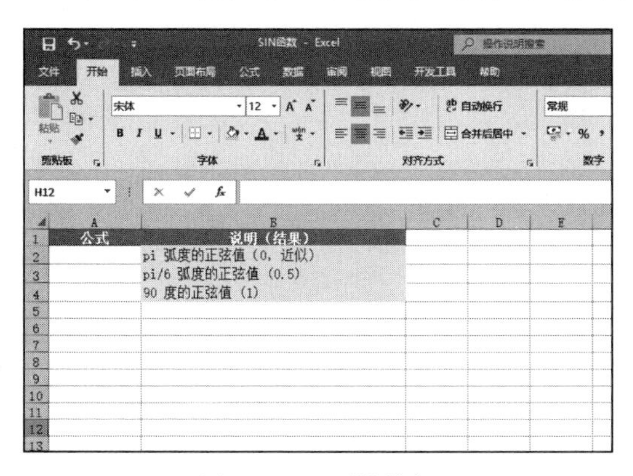

图 14-91 原始数据

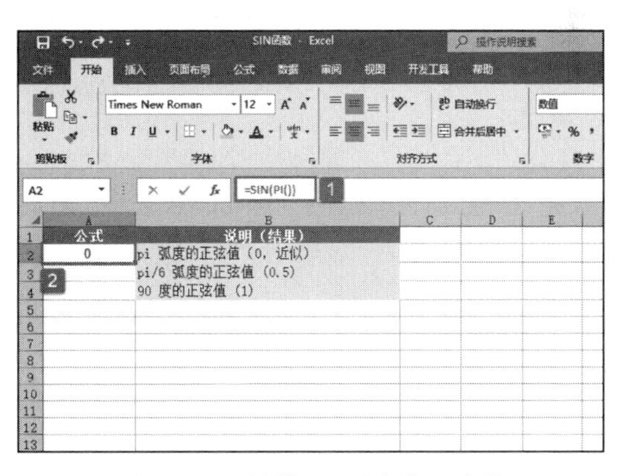

图 14-92 计算 π 弧度的正弦值

STEP02：选中 A3 单元格，在编辑栏中输入公式“=SIN(PI())/6”，按“Enter”键返回，即可计算出 π/6 弧度的正弦值，结果如图 14-93 所示。

STEP03：选中 A4 单元格，在编辑栏中输入公式“=SIN(90*PI()/180)”，按“Enter”键返回，即可计算出 90 度的正弦值，结果如图 14-94 所示。

如果参数的单位是度，则可以乘以 PI()/180 或使用 RADIANS 函数将其转换为弧度。

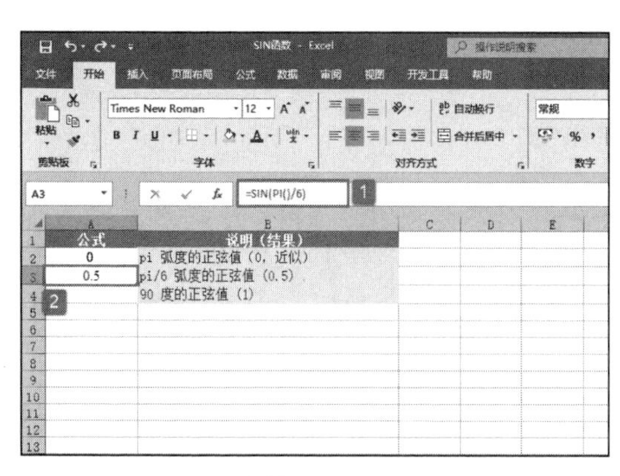

图 14-93　计算 π/6 弧度的正弦值

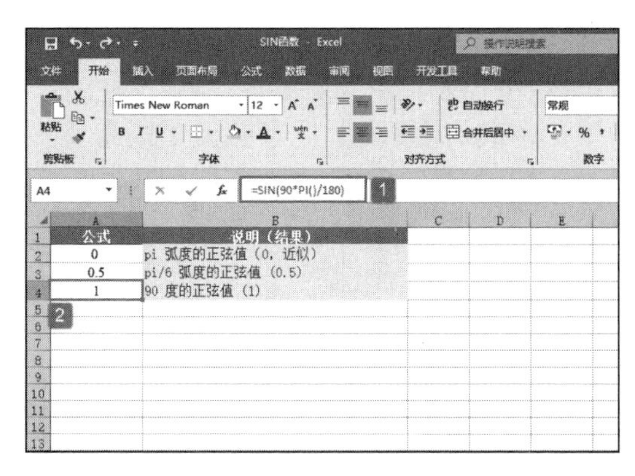

图 14-94　计算 90 度的正弦值

14.5.4　计算反正弦值

ASIN 函数的功能是计算参数的反正弦值。反正弦值为一个角度，该角度的正弦值即等于此函数的参数 number。返回的角度值将以弧度表示，范围为 −π/2 ～ π/2。ASIN 函数的语法如下：

```
ASIN(number)
```

其中，number 参数为角度的正弦值，必须为 −1 ～ 1。下面通过实例详细讲解该函数的使用方法与技巧。

已知某角度的正弦值为 −0.5，求该角度的弧度和度数。打开“ASIN 函数 .xlsx”工作簿，本例中的原始数据如图 14-95 所示。具体的操作步骤如下。

STEP01：选中 B2 单元格，在编辑栏中输入公式“=ASIN(B1)”，按“Enter”键返回，即可计算出正弦值为 -0.5 的角度的弧度数，结果如图 14-96 所示。

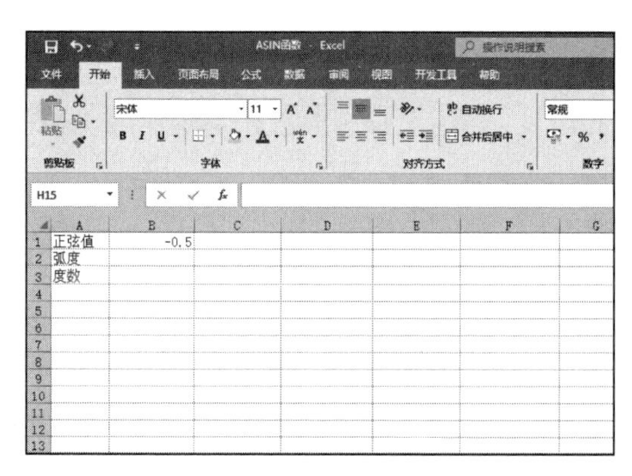

图 14-95　原始数据

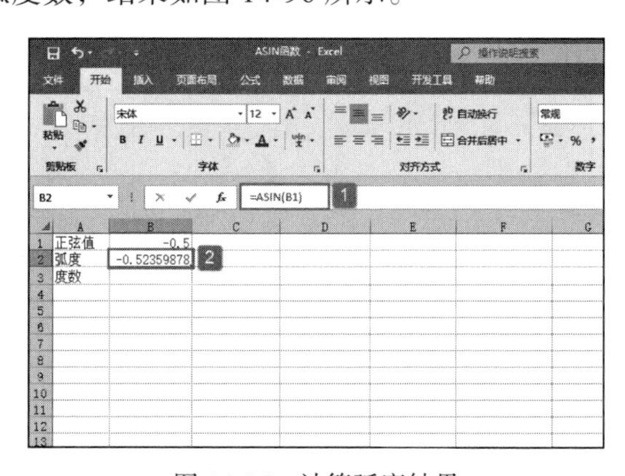

图 14-96　计算弧度结果

STEP02：选中 B3 单元格，在编辑栏中输入公式“=ASIN(B1)*180/PI()”，按“Enter”键返回，即可计算出正弦值为 −0.5 的角度的度数，计算结果如图 14-97 所示。

STEP03：选中 C3 单元格，在编辑栏中输入公式“=DEGREES(ASIN(-0.5))”，按“Enter”键返回，即可计算出正弦值为 −0.5 的角度的度数，计算结果如图 14-98 所示。

如果要用度表示反正弦值，则将结果再乘以 180/PI() 或用 DEGREES 函数表示。

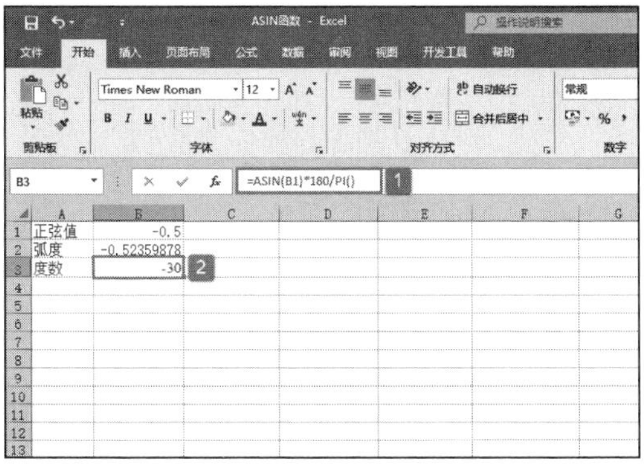

图 14-97　计算角度结果

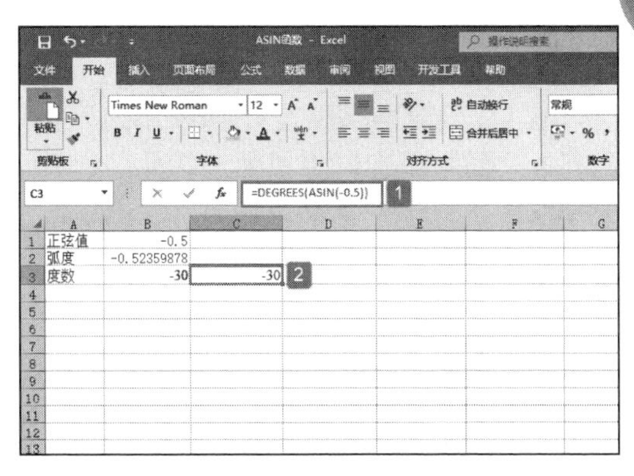

图 14-98　计算角度结果

14.5.5　计算正切值

TAN 函数的功能是计算给定角度的正切值。其语法如下：

```
TAN(number)
```

其中，number 参数为要求正切的角度，以弧度表示。下面通过实例详细讲解该函数的使用方法与技巧。

求解已知角度的正切值，打开“TAN 函数 .xlsx”工作簿，本例中的原始数据如图 14-99 所示。具体的操作步骤如下。

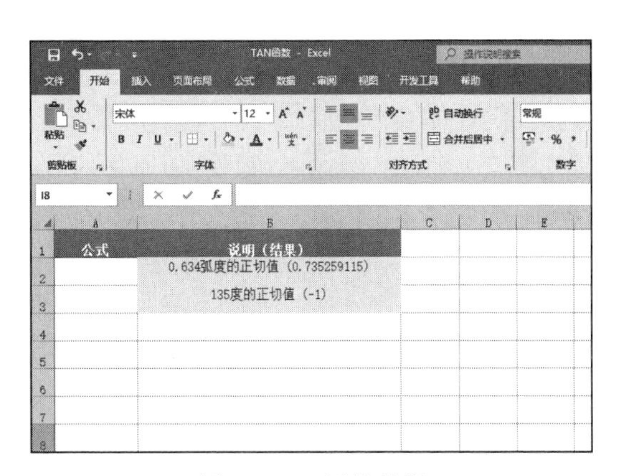

图 14-99　原始数据

STEP01：选中 A2 单元格，在编辑栏中输入公式“=TAN(0.634)”，按“Enter”键返回，即可计算出 0.634 弧度的正切值，计算结果如图 14-100 所示。

STEP02：选中 A3 单元格，在编辑栏中输入公式“=TAN(135*PI()/180)”，按“Enter”键返回，即可计算出 135 度的正切值，结果如图 14-101 所示。

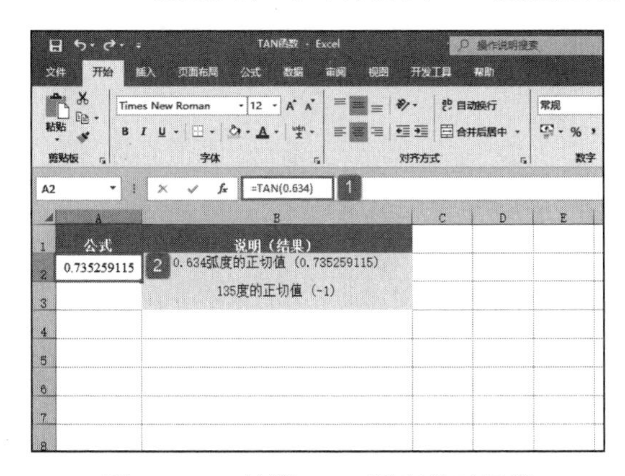

图 14-100　计算 0.634 弧度的正切值

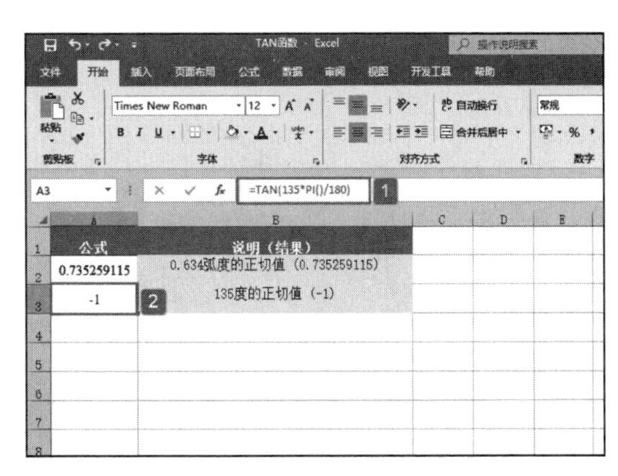

图 14-101　计算 135 度的正切值

如果参数的单位是度，则可以乘以 PI()/180 或使用 RADIANS 函数将其转换为弧度。

14.5.6 计算反正切值

ATAN 函数的功能是计算数字的反正切值。反正切值为角度，其正切值即等于参数的值。返回的角度值将以弧度表示，范围为 $-\pi/2 \sim \pi/2$。ATAN 函数的语法如下：

```
ATAN(number)
```

其中，number 参数为角度的正切值。下面通过实例详细讲解该函数的使用方法与技巧。

求解各数值的反正切值，打开“ATAN 函数 .xlsx”工作簿，本例中的原始数据如图 14-102 所示。具体的操作步骤如下。

STEP01：选中 A2 单元格，在编辑栏中输入公式“=ATAN(1)”，按“Enter”键返回，即可计算出以弧度表示的 1 的反正切值，如图 14-103 所示。

图 14-102　原始数据

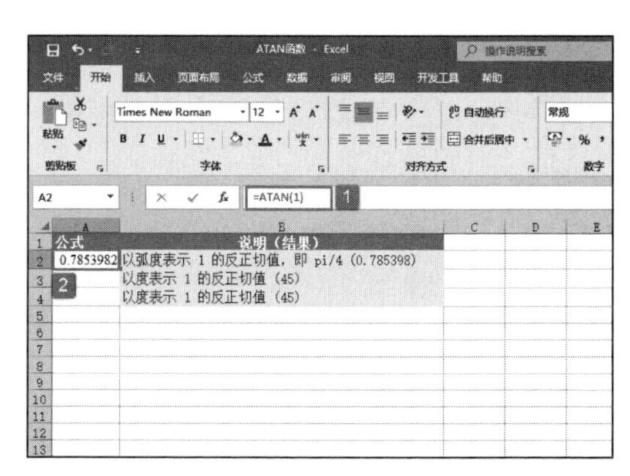

图 14-103　以弧度表示的 1 的反正切值

STEP02：选中 A3 单元格，在编辑栏中输入公式“=ATAN(1)*180/PI()”，按“Enter”键返回，即可计算出以度表示的 1 的反正切值，如图 14-104 所示。

STEP03：选中 A4 单元格，在编辑栏中输入公式“=DEGREES(ATAN(1))”，按“Enter”键返回，即可计算出以度表示的 1 的反正切值，如图 14-105 所示。

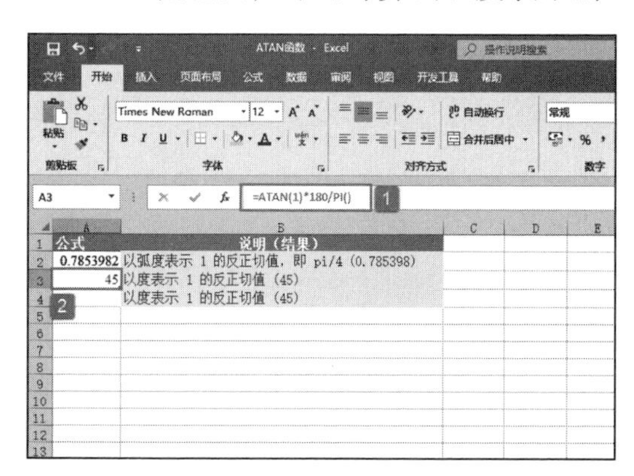

图 14-104　返回反正切值

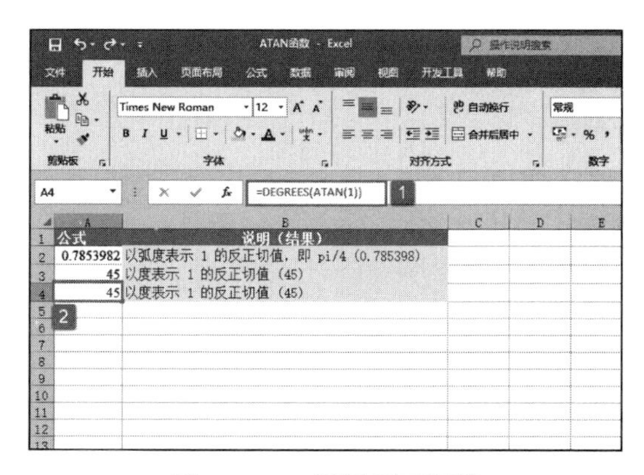

图 14-105　返回反正切值

如果要用度表示反正切值，则将结果再乘以 180/PI() 或使用 DEGREES 函数。

14.5.7 弧度角度转换

DEGREES 函数功能是将弧度转换为度。其语法如下：

```
DEGREES(angle)
```

其中，angle 参数表示待转换的弧度值。下面通过实例详细讲解该函数的使用方法与技巧。

已知弧度值，求弧度值对应的角度值。打开“DEGREES 函数 .xlsx”工作簿，本例中的原始数据如图 14-106 所示。具体的操作步骤如下。

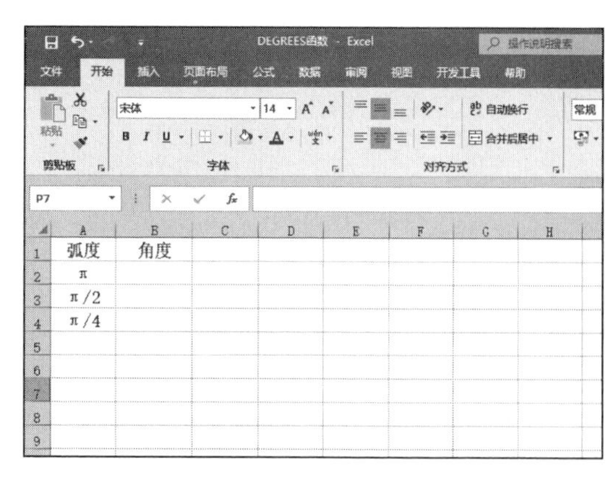

图 14-106　原始数据

STEP01：选中 B2 单元格，在编辑栏中输入公式“=DEGREES(PI())”，按“Enter”键返回，即可计算出弧度 π 对应的角度值，如图 14-107 所示。

STEP02：选中 B3 单元格，在编辑栏中输入公式“=DEGREES(PI()/2)”，按“Enter”键返回，即可计算出弧度 π/2 对应的角度值，如图 14-108 所示。

图 14-107　计算弧度 π 对应的角度值

图 14-108　计算弧度 π/2 对应的角度值

STEP03：选中 B4 单元格，在编辑栏中输入公式“=DEGREES(PI()/4)”，按“Enter”键返回，即可计算出弧度 π/4 对应的角度值，如图 14-109 所示。

RADIANS 函数功能是将角度转换为弧度。其语法如下：

```
RADIANS(angle)
```

其中，angle 参数表示待转换的角度值。下面通过实例详细讲解该函数的使用方法与技巧。

已知角度值，求角度值对应的弧度值。打开“RADIANS 函数 .xlsx”工作簿，本例中的原始数据如图 14-110 所示。具体的操作步骤如下。

STEP01：选中 B2 单元格，在编辑栏中输入公式“=RADIANS(A2)”，按“Enter”键返回，即可计算出 45 度角对应的弧度值，如图 14-111 所示。

STEP02：选中 B2 单元格，利用填充柄工具向下复制公式至 B4 单元格，通过自动填充功能来计算其他角度对应的弧度值，结果如图 14-112 所示。

STEP03：选中 C2 单元格，在编辑栏中输入公式“=RADIANS(A2)/PI()”，按“Enter”键返回，即可计算出 45 度角对应的以 π 表示的弧度值，如图 14-113 所示。

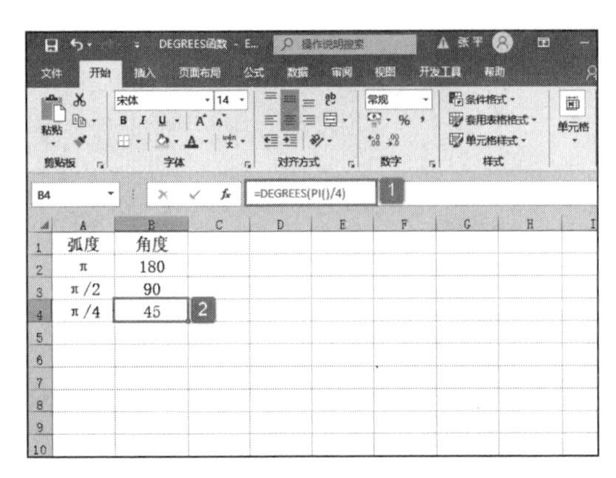

图 14-109　计算弧度 π/4 对应的角度值

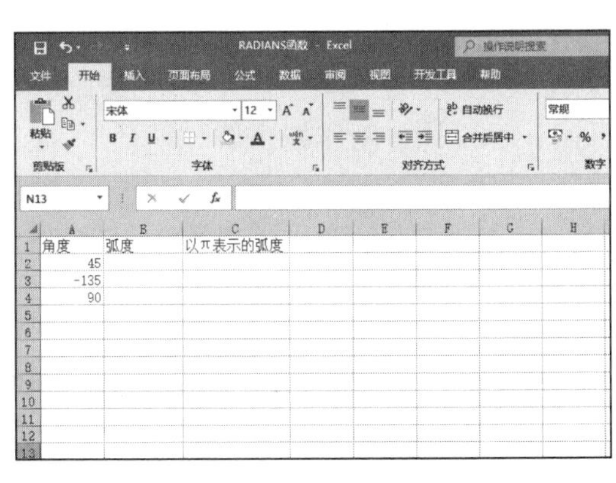

图 14-110　原始数据

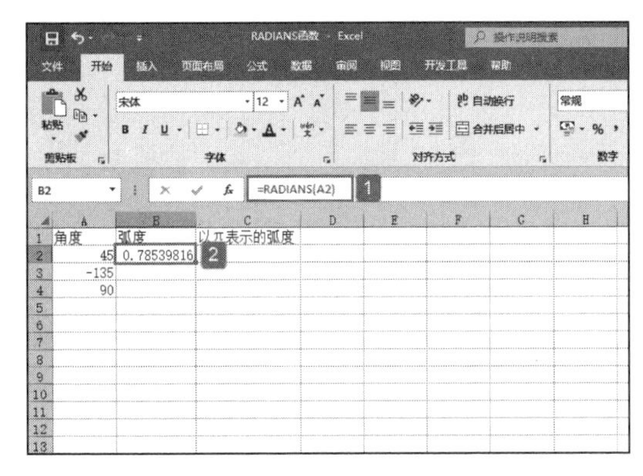

图 14-111　计算 45 度角对应的弧度值

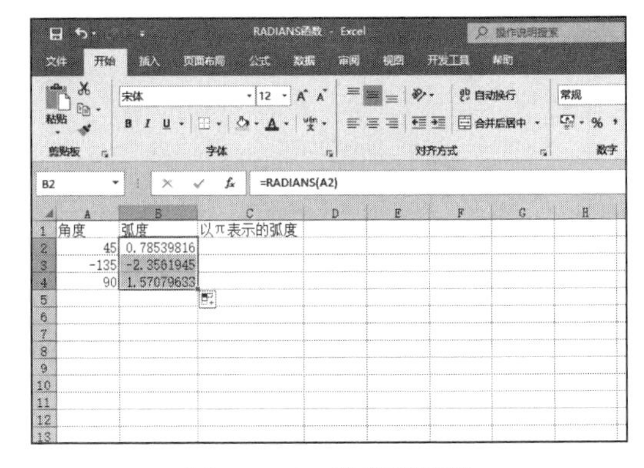

图 14-112　计算弧度值

STEP04：选中 C2 单元格，利用填充柄工具向下复制公式至 C4 单元格，通过自动填充功能来计算其他角度对应的以 π 表示的弧度值，结果如图 14-114 所示。

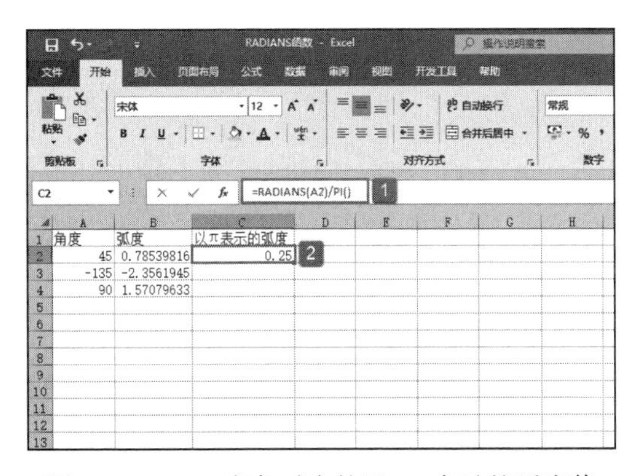

图 14-113　45 度角对应的以 π 表示的弧度值

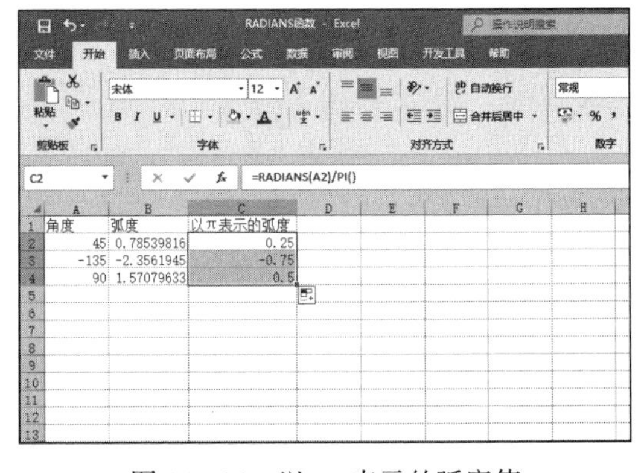

图 14-114　以 π 表示的弧度值

14.6 实战：计算个人所得税

某单位对员工的工资按不同级别计算个人所得税，按月扣除。个人所得税的计算公式是：个人所得税 = 应纳税所得额 × 适用税率 - 速算扣除数。而税后工资的计算公式是：税后工资 = 税前工资 - 个人所得税。不同级别的工资、薪金所得税率如表 14-2 所示。

表14-2　工资、薪金所得税率表

级别	应纳税所得额	税率（%）	速算扣除数（元）
1	小于 500 元	5	0
2	500 ~ 2000 元	10	25
3	2000 ~ 5000 元	15	125
4	5000 ~ 20000 元	20	375
5	20000 ~ 40000 元	25	1375
6	40000 ~ 60000 元	30	3375
7	60000 ~ 80000 元	35	6375
8	80000 ~ 100000 元	40	10375
9	100000 元以上	45	15375

下面通过实例说明如何计算个人所得税。打开“个人所得税 .xlsx”工作簿，本例中的原始数据如图 14-115 所示。

图 14-115　原始数据

STEP01：选中 D5 单元格，在编辑栏中输入公式“=IF(C5>1600,C5-1600,0)”，按“Enter”键返回，即可计算出张大有的计税工资（假设计算个人所得税的基准金额为 1600 元，1600 元以下不计个税），如图 14-116 所示。

以上公式判断 C5 单元格中的数值，如果大于 1600，则用该数值减去基准金额 1600 元，得到应付个人所得税的金额，否则返回 0，即不计税。

STEP02：选中 D5 单元格，利用填充柄工具向下复制公式至 D10 单元格，通过自动填充功能来计算其他员工的计税工资，结果如图 14-117 所示。

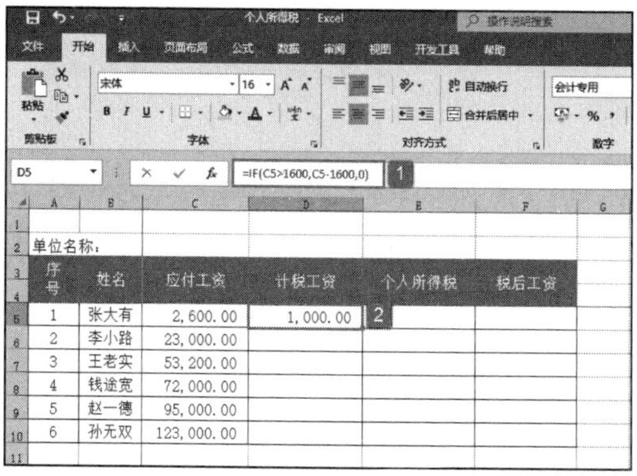

图 14-116　计算张大有的计税工资

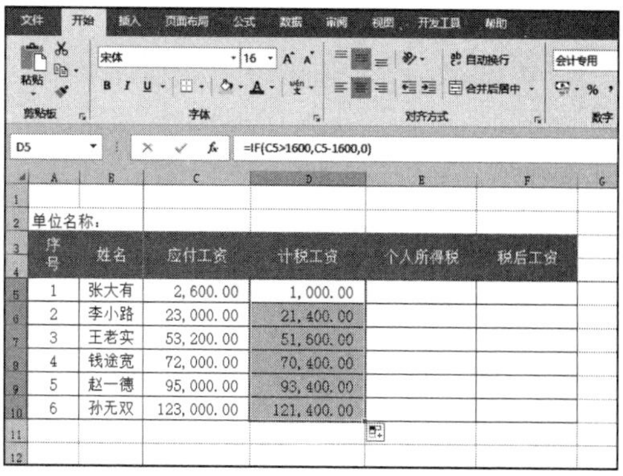

图 14-117　计算其他员工的计税工资

STEP03：选中 E5 单元格，在编辑栏中输入公式“=IF(C5<>"",ROUND(IF(AND(C5>0,C5<=1600),0,SUM(IF((C5-1600>={0,500,2000,5000,20000,40000,60000,80000,100000})+(C5-1600<{500,2000,5000,20000,40000,60000,80000,100000,100000000000})=2,(C5-1600)*{0.05,0.1,0.15,0.2,0.25,0.3,0.35,0.4,0.45}-{0,25,125,375,1375,3375,6375,10375,15375},0))),2),"")”，按“Ctrl+Shift+Enter”组合键返回计算结果，同时，E5 单元格中的公式会转换为数组公式，如图 14-118 所示。

在以上数组公式中，使用 IF 函数结合数组公式来根据不同的工资级别计算个人所得税。使用数组公式的优点是可以对一组或多组值进行多重计算。

STEP04：选中 E5 单元格，利用填充柄工具向下复制公式至 E10 单元格，通过自动填充功能来计算其他员工的个人所得说，结果如图 14-119 所示。

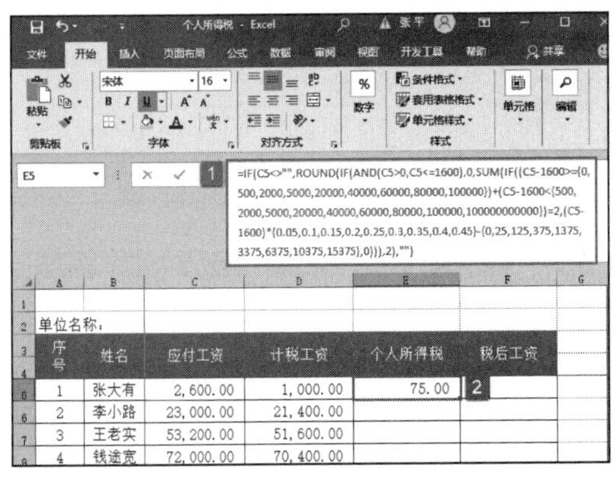

图 14-118　计算张大有的个人所得说

序号	姓名	应付工资	计税工资	个人所得税	税后工资
1	张大有	2, 600. 00	1, 000. 00	75. 00	
2	李小路	23, 000. 00	21, 400. 00	3, 975. 00	
3	王老实	53, 200. 00	51, 600. 00	12, 105. 00	
4	钱途宽	72, 000. 00	70, 400. 00	18, 265. 00	
5	赵一德	95, 000. 00	93, 400. 00	26, 985. 00	
6	孙无双	123, 000. 00	121, 400. 00	39, 255. 00	

图 14-119　计算个人所得说

STEP05：选中 F5 单元格，在编辑栏中输入公式“=C5-E5”，按“Enter”键返回，即可计算出张大有的税后工资，如图 14-120 所示。

STEP06：选中 F5 单元格，利用填充柄工具向下复制公式至 F10 单元格，通过自动填充功能来计算其他员工的税后工资，结果如图 14-121 所示。

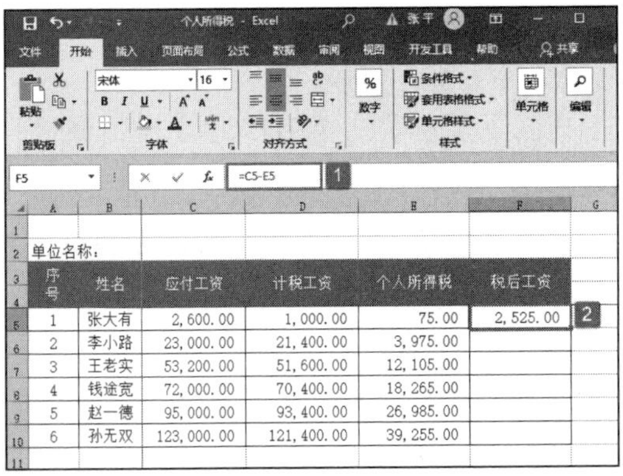

图 14-120　计算张大有的税后工资

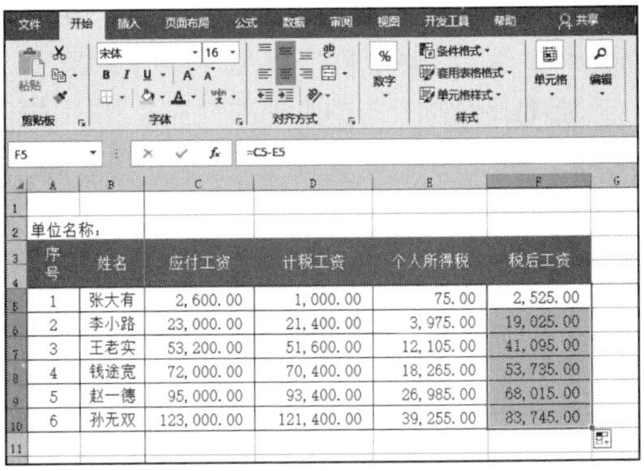

图 14-121　税后工资计算结果

第15章 数据库函数应用技巧

在Excel中包含了一些工作表函数，用于对存储在数据清单或数据库中的数据进行分析，目的是分析数据库数据是否符合条件，这些函数统称为数据库函数。本章将通过实例来详细讲解各数据库函数的功能，及其表达式和参数。

- 数据库函数介绍
- 数据库函数应用
- 实战：员工工资表统计

15.1 数据库函数介绍

当需要分析数据清单中的数值是否符合特定条件时，使用数据库工作表函数。

15.1.1 数据库函数特点

数据库函数具有下面 3 个共同特点。

1）每个函数均有 3 个参数：database、field 和 criteria。这些参数指向函数所使用的工作表区域。

2）除了 GETPIVOTDATA 函数之外，其余 12 个函数都以字母 D 开头。

3）如果将字母 D 去掉，可以发现其实大多数数据库函数已经在的其他类型的 Excel 函数中出现过了。例如，将 DMAX 函数中的 D 去掉的话，就是求最大值的函数 MAX。

15.1.2 数据库函数参数简介

由于每个数据库函数均有 3 个相同参数，因此本节先介绍这 3 个参数的含义，在下面的节中再以实例的形式介绍数据库函数的具体功能。数据库函数的语法形式为：

```
函数名称(database,field,criteria)
```

对参数的说明如下：

1）database 参数为构成数据清单或数据库的单元格区域。数据库是包含一组相关数据的数据清单，其中包含相关信息的行称为数据记录，而包含数据的列称为数据字段。其中，数据清单的第 1 行中包含每一列的标志项。

2）field 参数为指定函数所使用的数据列。数据清单中的数据列必须在第 1 行具有标志项。field 参数可以是文本，即两端带引号的标志项，如“姓名”或“性别”；field 参数也可以是代表数据清单中数据列位置的数字：1 表示第 1 列，2 表示第 2 列，以此类推。

3）criteria 参数为一组包含给定条件的单元格区域。

15.1.3 数据库函数注意项

1）可以为参数 criteria 指定任意区域，但是至少要包含一个列标志和列标志下方用于设定条件的单元格。

2）虽然条件区域可以在工作表的任意位置，但不要将条件区域置于数据清单的下方。

3）确定条件区域没有与数据清单相重叠。

4）如果要对数据库的整个列进行操作，需要在条件区域中的列标志下方输入一个空白行。

5）每一个数据库函数都有条件区域，条件是指所指定的限制查询或筛选的结果集中包含哪些记录的条件；清单是指包含相关数据的一系列工作表行。建立条件区域要满足下面的条件：在可用作条件区域的数据清单上插入至少 3 个空白行；条件区域必须具有列标志；确保在条件值与数据清单之间至少留了一个空白行。

15.1.4 数据清单

根据上节的介绍，每个数据库函数都要有一个基础数据清单。本章中，为了方便介绍各数据库函数，也为了方便用户理解各数据库函数，将使用统一的数据清单。

打开“成绩册.xlsx”工作簿，具体的数据记录如图 15-1 所示。该数据清单为某班的成绩册，数据字段包括：姓名、性别、语文、数学、英语、总分和平均分。

在数据库函数中，条件区域是一个很重要的参数，在每一个数据库函数中均能用到。为了方便后面章节的介绍，本节中将演示条件区域的设置方法，以“性别”和“总分”条件为例，设置要查询的条件数据，结果如图 15-2 所示。

姓名	性别	语文	数学	英语	总分	平均分
李红艳	女	90	87	88	265	88.33
华傅	男	82	85	89	256	85.33
王天赐	男	77	72	79	228	76.00
毛伟伟	男	84	77	86	247	82.33
陈圆圆	女	95	76	84	255	85.00
郑小梦	女	76	95	87	258	86.00
张虹	女	61	84	97	242	80.67
陈玉雪	女	87	75	75	237	79.00
刘彩云	女	89	82	73	244	81.33
王斌	男	96	73	71	240	80.00
韩其军	男	74	89	72	235	78.33
孙静	女	88	77	86	251	83.67
李丽	女	65	78	84	227	75.67
曹雷	男	73	95	72	240	80.00
张文静	女	92	97	94	283	94.33

图 15-1 “成绩册”工作簿

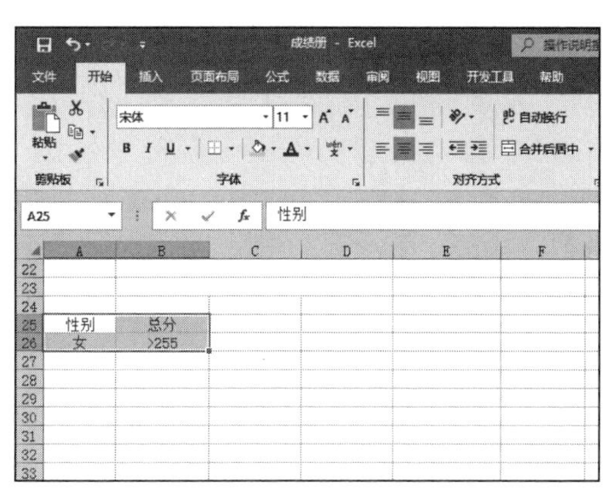

图 15-2 条件区域

在图 15-2 中，“性别”和“总分”为条件区域的列名部分，下面对应的数据就是数据库函数要查询的条件数据。对于条件区域中的列名部分，建议用户使用“复制”和“粘贴”命令，或使用公式引用列名所在的单元格，而不建议使用手工输入，因为手工输入有可能产生误差，导致数据库函数无法得到数据记录。

15.2 数据库函数应用

用户可以应用数据库函数对具体的数据库数据进行分析，本节将介绍 DAVERAGE、DCOUNT、DGET、DMAX 等数据库函数的具体使用。

15.2.1 计算条目平均值

DAVERAGE 函数用于返回列表或数据库中满足指定条件的列中数值的平均值。其语法如下：

```
DAVERAGE(database,field,criteria)
```

下面通过实例详细讲解该函数的使用方法与技巧。根据图 15-1 所示的基础数据清单，班主任想要了解：

1）所有女生总分的平均分。

2）英语成绩大于 80 分的平均分。

具体操作步骤如下所示。

STEP01：根据上面提出的查询条件设置计算表格和条件区域，设置结果如图 15-3 所示。

图 15-3 计算表格和条件区域

STEP02：选中 E22 单元格，在编辑栏中输入公式“=DAVERAGE(A1:G16,F1,A25:A26)”，然后按“Enter”键返回，即可计算出所有女生总分的平均分，结果如图 15-4 所示。

STEP03：选中 E23 单元格，在编辑栏中输入公式“=DAVERAGE(A1:G16,E1,B25:B26)”，然后按“Enter”键返回，即可计算出英语成绩大于 80 分的平均分，结果如图 15-5 所示。

图 15-4　计算所有女生总分的平均分

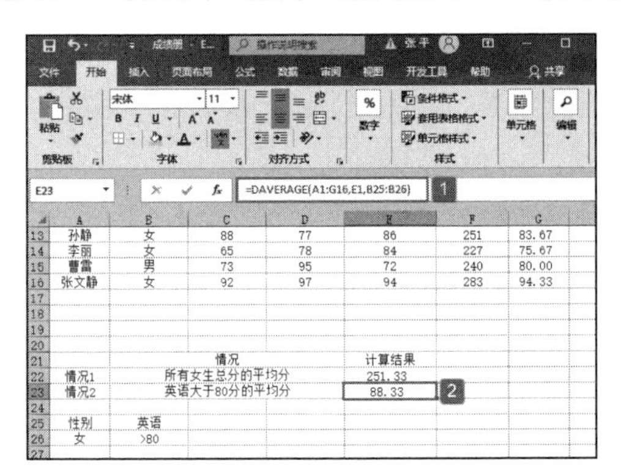

图 15-5　计算英语成绩大于 80 分的平均分

15.2.2　计算单元格数量

DCOUNT 函数用于返回数据清单或数据库中满足指定条件的列中包含数字的单元格个数。其语法如下：

```
DCOUNT(database,field,criteria)
```

其中，field 参数为可选项，如果省略，DCOUNT 函数将返回数据库中满足条件 criteria 的所有记录数。

下面通过实例详细讲解该函数的使用方法与技巧。根据图 15-1 所示的基础数据清单，班主任想要了解：

1）语文成绩大于 80 分的女生个数。

2）数学成绩大于等于 80 分小于 90 分的学生个数。

具体操作步骤如下。

STEP01：根据上面提出的查询条件设置计算表格和条件区域，结果如图 15-6 所示。

STEP02：选中 E22 单元格，在编辑栏中输入公式“=DCOUNT(A1:G16,C1,A25:B26)”，然后按“ Enter”键返回，即可计算出语文成绩大于 80 分的女生个数，结果如图 15-7 所示。

图 15-6　计算表格和条件区域

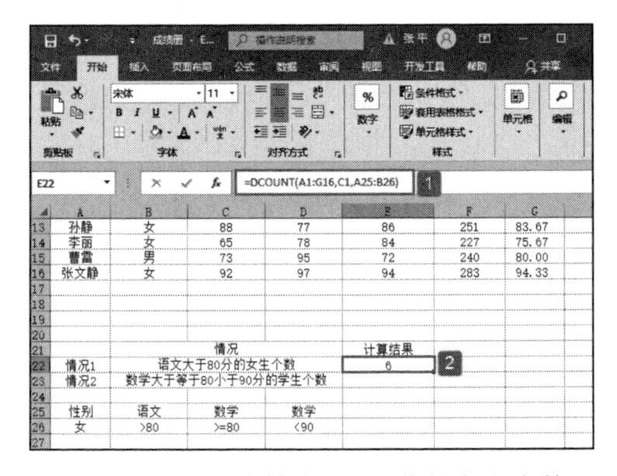

图 15-7　语文成绩大于 80 分的女生个数

STEP03：选中 E23 单元格，在编辑栏中输入公式“=DCOUNT(A1:G16,D1,C25:D26)”，然后按“Enter”键返回，即可计算出数学成绩大于等于 80 小于 90 分的学生个数，结果如图 15-8 所示。

DCOUNTA 函数用于返回数据清单或数据库中满足指定条件的列中非空单元格的个数。参数 field 为可选项，如果省略，则 DCOUNTA 函数将返回数据库中满足条件的所有记录数。其语法如下：

```
DCOUNTA(database,field,criteria)
```

下面通过实例详细讲解该函数的使用方法与技巧。根据如图 15-1 所示的基础数据清单，班主任想要了解：

1）英语成绩大于 80 分的男生个数。

2）总分大于等于 255 分的学生个数。

具体操作步骤如下。

STEP01：根据上面提出的查询条件设置计算表格和条件区域，结果如图 15-9 所示。

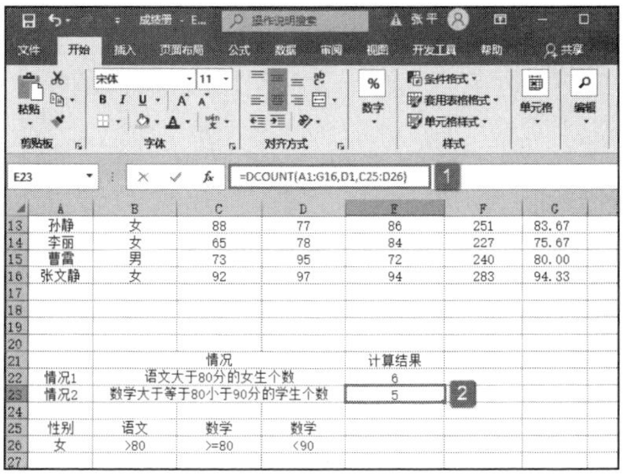

图 15-8 数学成绩大于等于 80 小于 90 分的学生个数

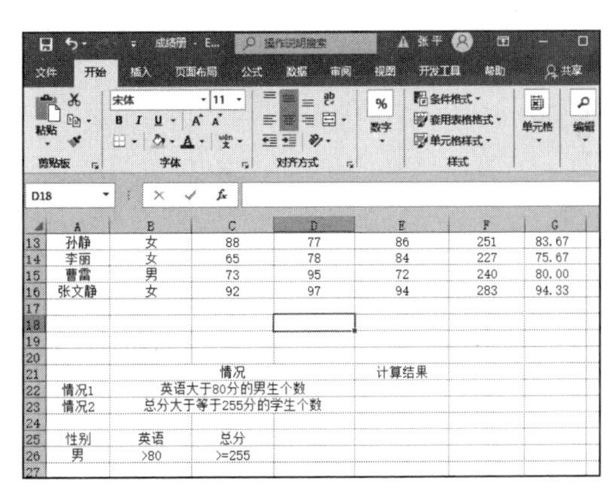

图 15-9 计算表格和条件区域

STEP02：选中 E22 单元格，在编辑栏中输入公式“=DCOUNTA(A1:G16,E1,A25:B26)”，然后按“Enter”键返回，即可计算出英语成绩大于 80 分的男生个数，结果如图 15-10 所示。

STEP03：选中 E23 单元格，在编辑栏中输入公式“=DCOUNTA(A1:G16,F1,C25:C26)”，然后按“Enter”键返回，即可计算出总分大于等于 255 分的学生个数，结果如图 15-11 所示。

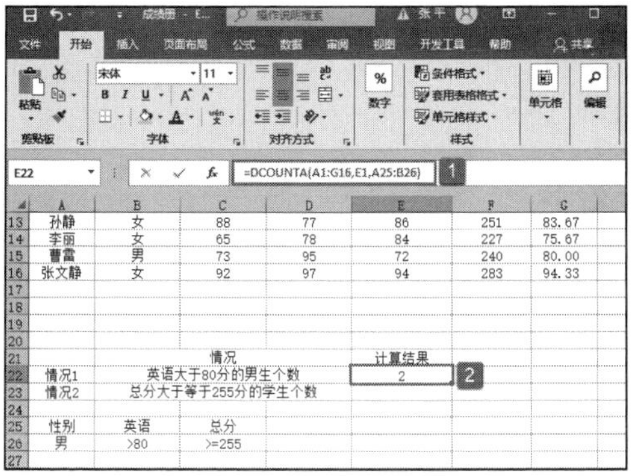

图 15-10 英语成绩大于 80 分的男生个数

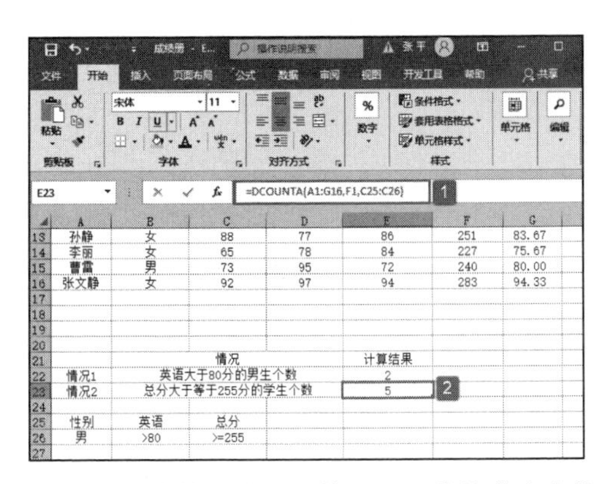

图 15-11 计算总分大于等于 255 分的学生个数

15.2.3 计算指定条件记录值

DGET 函数用于从数据清单或数据库的列中提取符合指定条件的单个值。其语法如下：

```
DGET(database,field,criteria)
```

下面通过实例详细讲解该函数的使用方法与技巧。根据如图 15-1 所示的基础数据清单，班主任想要了解：

1）姓名为“郑小梦”的平均分。

2）总分为 283 的学生姓名。

3）语文成绩为 96 的男生姓名。

具体操作步骤如下。

STEP01：根据上面提出的查询条件设置计算表格和条件区域，结果如图 15-12 所示。

STEP02：选中 E22 单元格，在编辑栏中输入公式“=DGET(A1:G16,G1,A26:A27)”，然后按“Enter”键返回，即可计算出姓名为“郑小梦”的平均分，结果如图 15-13 所示。

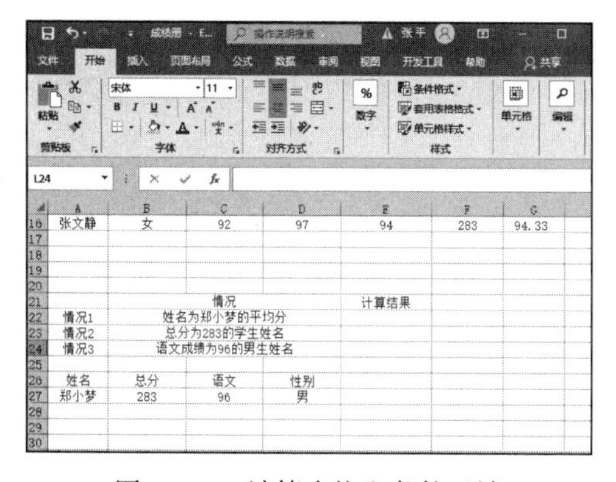

图 15-12　计算表格和条件区域

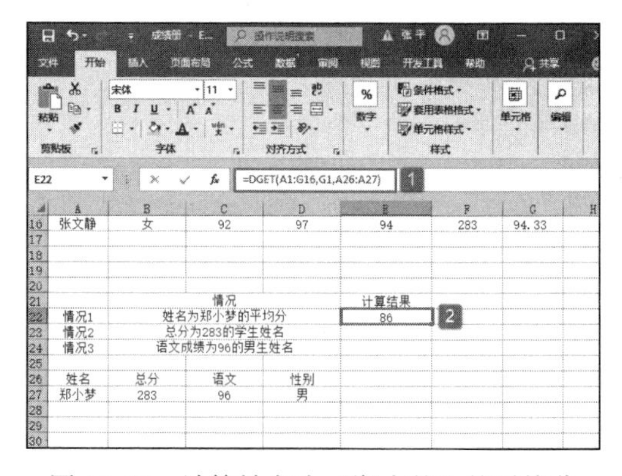

图 15-13　计算姓名为“郑小梦”的平均分

STEP03：选中 E23 单元格，在编辑栏中输入公式“=DGET(A1:G16,A1,B26:B27)”，然后按“Enter”键返回，即可计算出总分为 283 的学生姓名，结果如图 15-14 所示。

STEP04：选中 E24 单元格，在编辑栏中输入公式“=DGET(A1:G16,A1,C26:D27)”，然后按“Enter”键返回，即可计算出语文成绩为 96 的男生姓名，结果如图 15-15 所示。

图 15-14　计算总分为 283 的学生姓名

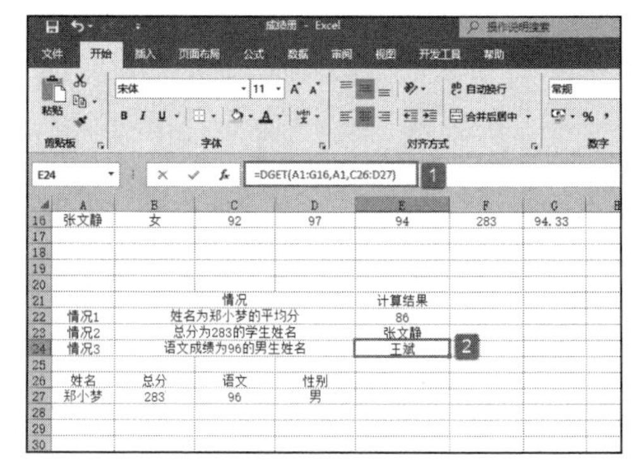

图 15-15　计算语文成绩为 96 的男生姓名

15.2.4 计算符合条件最大值

DMAX 函数用于返回数据清单或数据库中满足指定条件的列中的最大数值。其语法如下：

```
DMAX(database,field,criteria)
```

下面通过实例详细讲解该函数的使用方法与技巧。根据如图 15-1 所示的基础数据清单，班主任想要了解：

1）英语成绩大于 90 分的最高成绩。

2）总分大于 255 的成绩最高的女生成绩。

3）平均分大于 80 的成绩最高的男生成绩。

具体操作步骤如下。

STEP01：根据上面提出的查询条件设置计算表格和条件区域，结果如图 15-16 所示。

STEP02：选中 E22 单元格，在编辑栏中输入公式“=DMAX(A1:G16,E1,A26:A27)”，然后按“Enter”键返回，即可计算出英语成绩大于 90 分的最高成绩，结果如图 15-17 所示。

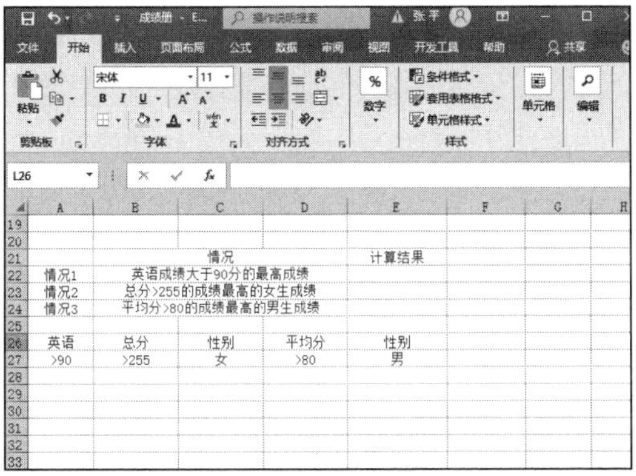

图 15-16　计算表格和条件区域

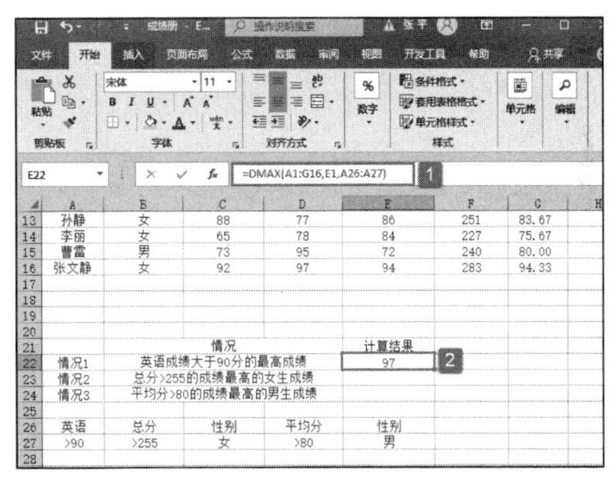

图 15-17　计算英语成绩大于 90 分的最高成绩

STEP03：选中 E23 单元格，在编辑栏中输入公式“=DMAX(A1:G16,F1,B26:C27)”，然后按“Enter”键返回，即可计算出总分大于 255 的成绩最高的女生成绩，结果如图 15-18 所示。

STEP04：选中 E24 单元格，在编辑栏中输入公式“=DMAX(A1:G16,G1,E26:F27)”，然后按“Enter”键返回，即可计算出平均分大于 80 的成绩最高的男生成绩，结果如图 15-19 所示。

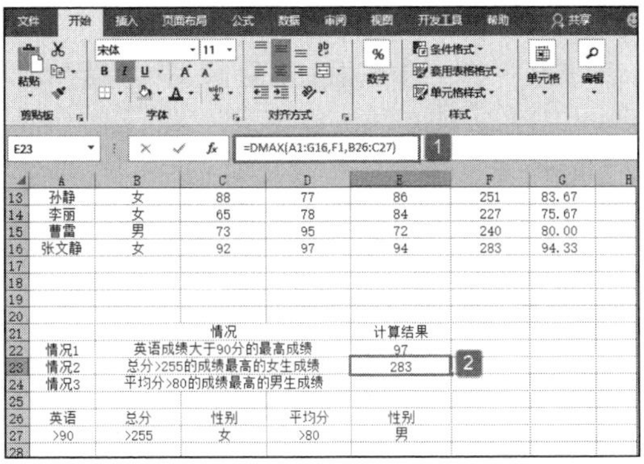

图 15-18　计算总分大于 255 的成绩最高的女生成绩

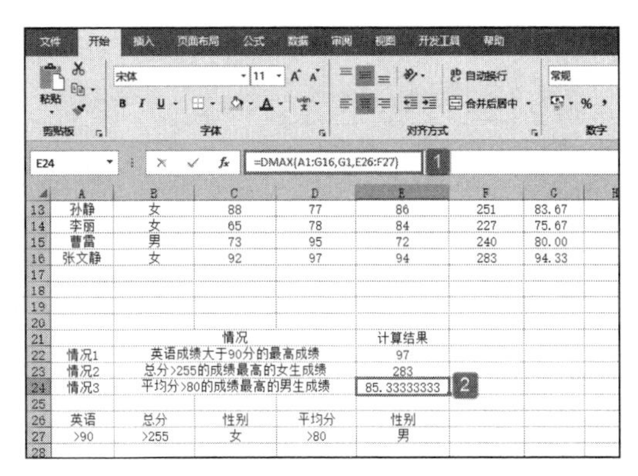

图 15-19　计算平均分大于 80 的成绩最高的男生成绩

15.2.5 计算符合条件最小值

DMIN 函数用于返回数据清单或数据库中满足指定条件的列中的最小数值。其语法如下：

```
DMIN(database,field,criteria)
```

下面通过实例详细讲解该函数的使用方法与技巧。根据如图 15-1 所示的基础数据清单，班主任想要了解：

1）英语成绩大于 80 分的最低成绩。

2）总分大于 255 的成绩最低的女生成绩。

3）平均分大于 80 的成绩最低的男生成绩。

具体操作步骤如下。

STEP01：根据上面提出的查询条件设置计算表格和条件区域，结果如图 15-20 所示。

STEP02：选中 E22 单元格，在编辑栏中输入公式“=DMIN(A1:G16,E1,A26:A27)”，然后按“Enter”键返回，即可计算出英语成绩大于 80 分的最低成绩，结果如图 15-21 所示。

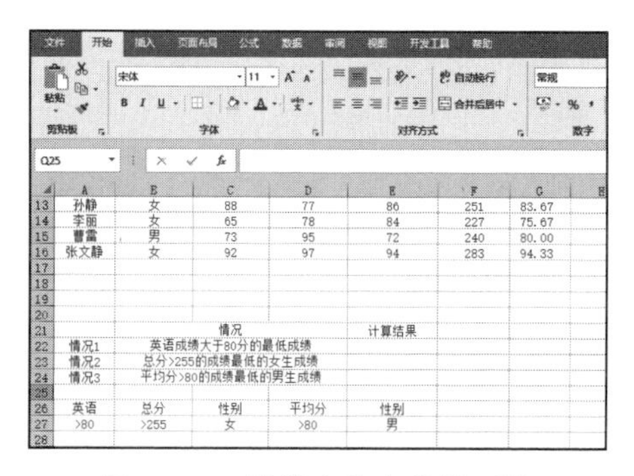

图 15-20 计算表格和条件区域

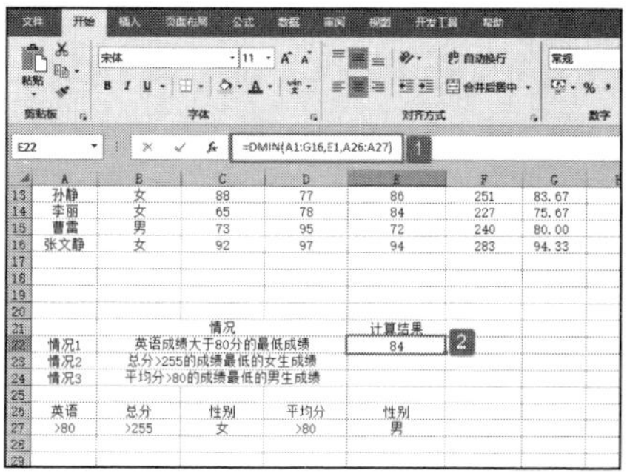

图 15-21 计算英语成绩大于 80 分的最低成绩

STEP03：选中 E23 单元格，在编辑栏中输入公式“=DMIN(A1:G16,F1,B26:C27)”，然后按“Enter”键返回，即可计算出总分大于 255 的成绩最低的女生成绩，结果如图 15-22 所示。

STEP04：选中 E24 单元格，在编辑栏中输入公式“=DMIN(A1:G16,G1,E26:F27)”，然后按“Enter”键返回，即可计算出平均分大于 80 的成绩最低的男生成绩，结果如图 15-23 所示。

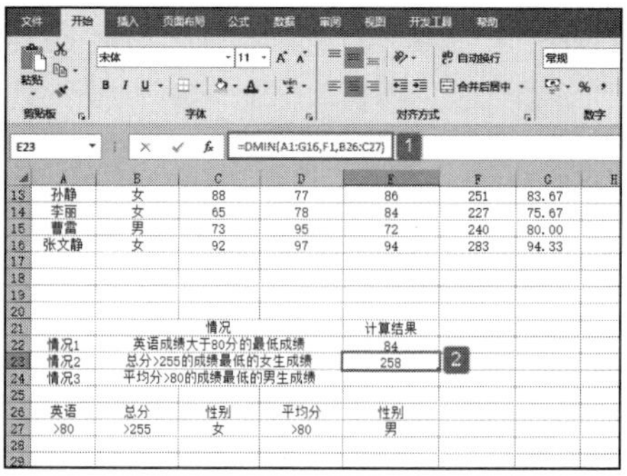

图 15-22 计算总分大于 255 的成绩最低的女生成绩

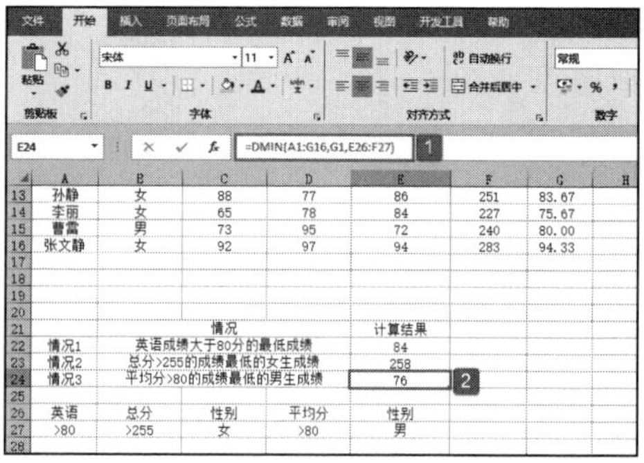

图 15-23 计算平均分大于 80 的成绩最低的男生成绩

15.2.6 计算样本标准偏差

DSTDEV 函数用于返回将列表或数据库中满足指定条件的列中数字作为一个样本，估算出的样本总体标准偏差。其语法如下：

```
DSTDEV(database,field,criteria)
```

下面通过实例详细讲解该函数的使用方法与技巧。根据如图 15-1 所示的基础数据清单，班主任想要了解：

1）性别为女生的英语成绩标准偏差。

2）总分大于等于 240 分的男生成绩标准偏差。

具体操作步骤如下。

STEP01：根据上面提出的查询条件设置计算表格和条件区域，结果如图 15-24 所示。

STEP02：选中 E22 单元格，在编辑栏中输入公式“=DSTDEV(A1:G16,E1,A25:A26)”，然后按“Enter”键返回，即可计算出性别为女生的英语成绩标准偏差，结果如图 15-25 所示。

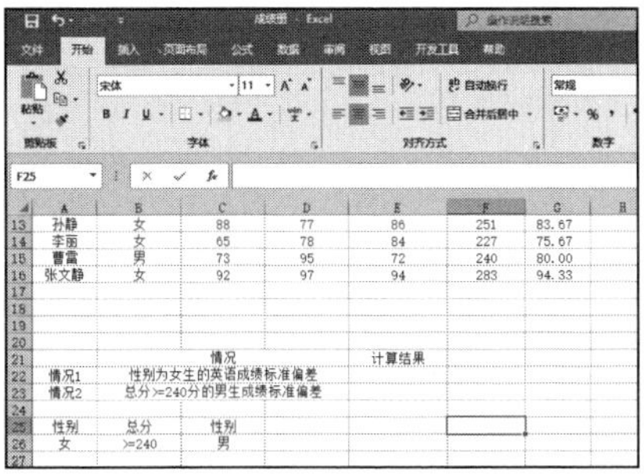

图 15-24　计算表格和条件区域

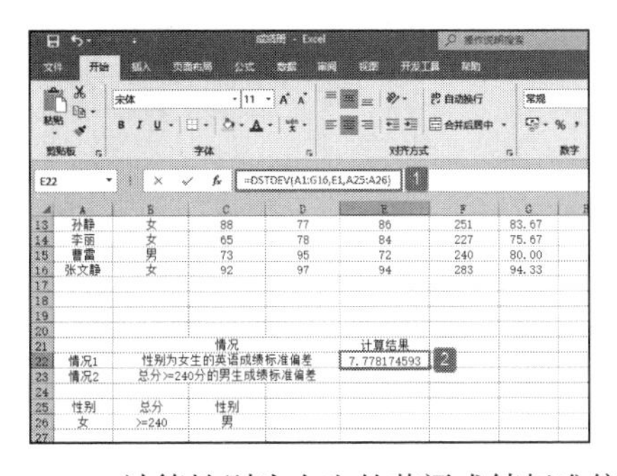

图 15-25　计算性别为女生的英语成绩标准偏差

STEP03：选中 E23 单元格，在编辑栏中输入公式“=DSTDEV(A1:G16,F1,B25:C26)”，然后按“Enter”键返回，即可计算出总分大于等于 240 分的男生成绩标准偏差，结果如图 15-26 所示。

DSTDEVP 函数用于返回将列表或数据库中满足指定条件的列中数字作为样本总体，计算出的总体标准偏差。其语法如下：

```
DSTDEVP(database,field,criteria)
```

下面通过实例详细讲解该函数的使用方法与技巧。根据如图 15-1 所示的基础数据清单，班主任想要了解：

1）性别为女生的英语成绩总体标准偏差。

2）总分大于等于 240 分的男生成绩总体标准偏差。

具体操作步骤如下。

STEP01：根据上面提出的查询条件设置计算表格和条件区域，结果如图 15-27 所示。

STEP02：选中 E22 单元格，在编辑栏中输入公式“=DSTDEVP(A1:G16,E1,A25:A26)”，然后按“Enter”键返回，即可计算出性别为女生的英语成绩总体标准偏差，结果如图 15-28 所示。

STEP03：选中 E23 单元格，在编辑栏中输入公式“=DSTDEVP(A1:G16,F1,B25:C26)”，然后按“Enter”键返回，即可计算出总分大于等于 240 分的男生成绩总体标准偏差，结果如图 15-29 所示。

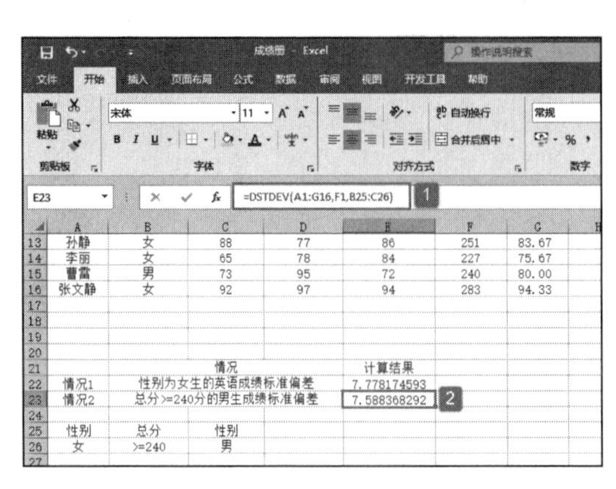

图 15-26　计算总分 >=240 分的男生成绩标准偏差

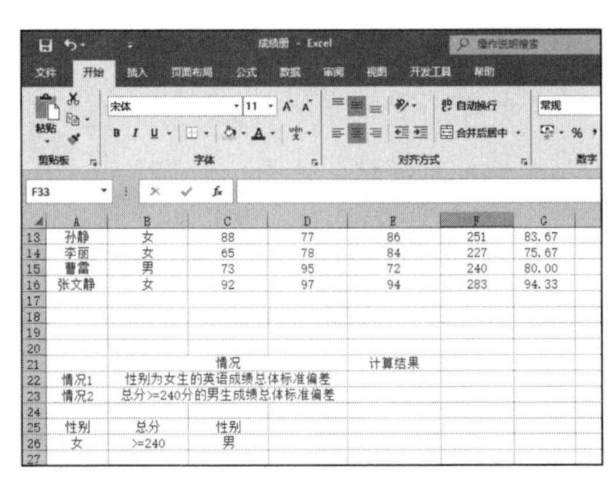

图 15-27　计算表格和条件区域

图 15-28　计算性别为女生的英语成绩总体标准偏差

图 15-29　计算总分 >=240 分的男生成绩总体标准偏差

15.2.7　计算数值和

DSUM 函数用于返回列表或数据库中满足指定条件的列中数值之和。其语法如下：

```
DSUM(database,field,criteria)
```

下面通过实例详细讲解该函数的使用方法与技巧。根据如图 15-1 所示的基础数据清单，班主任想要了解：

1）所有男生的语文成绩的总和。

2）数学成绩为 80～90 的成绩总和。

具体操作步骤如下。

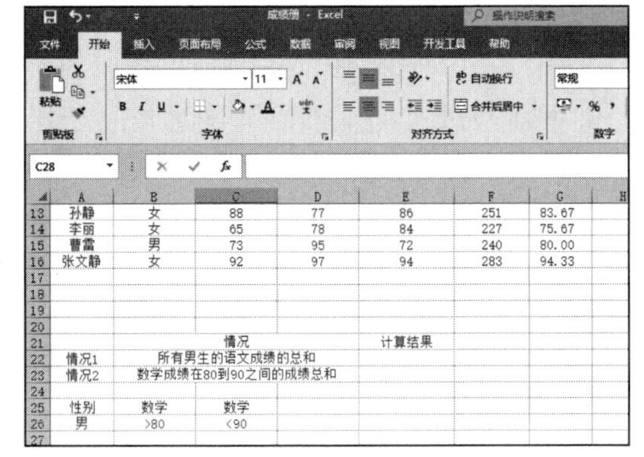

图 15-30　计算表格和条件区域

STEP01：根据上面提出的查询条件设置计算表格和条件区域，结果如图 15-30 所示。

STEP02：选中 E22 单元格，在编辑栏中输入公式“=DSUM(A1:G16,C1,A25:A26)”，然后按“Enter”键返回，即可计算出所有男生的语文成绩的总和，结果如图 15-31 所示。

STEP03：选中 E23 单元格，在编辑栏中输入公式“=DSUM(A1:G16,D1,B25:C26)”，然后按“Enter”键返回，即可计算出数学成绩为 80 ～ 90 的成绩总和，结果如图 15-32 所示。

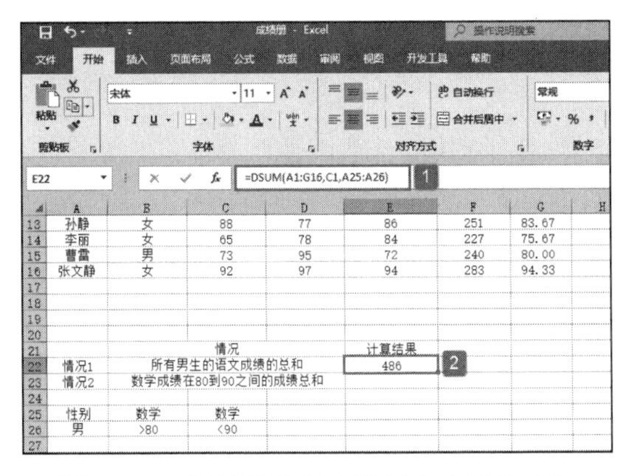

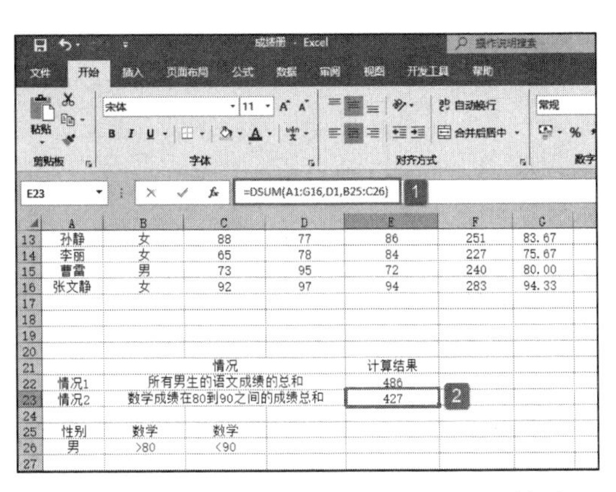

图 15-31 计算所有男生的语文成绩的总和

图 15-32 计算数学成绩为 80 ～ 90 的成绩总和

15.2.8 计算样本方差

DVAR 函数用于返回将列表或数据库中满足指定条件的列中数值作为一个样本，估算样本的总体方差。其语法如下：

```
DVAR(database,field,criteria)
```

下面通过实例详细讲解该函数的使用方法与技巧。根据如图 15-1 所示的基础数据清单，班主任想要了解：

1）性别为女生的英语成绩的样本方差。

2）总分 >=240 分的男生成绩的样本方差。

具体操作步骤如下。

STEP01：根据上面提出的查询条件设置计算表格和条件区域，结果如图 15-33 所示。

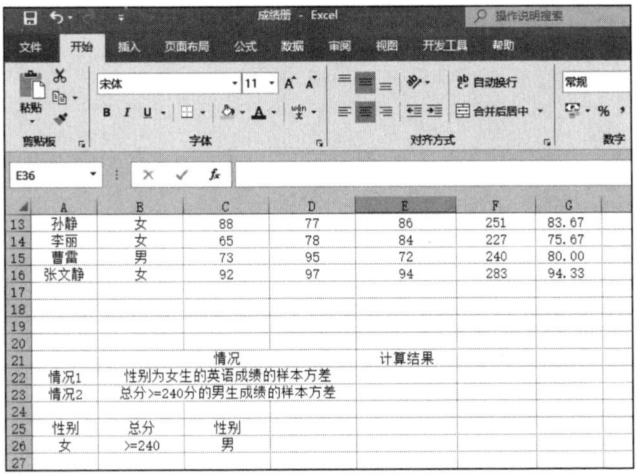

图 15-33 计算表格和条件区域

STEP02：选中 E22 单元格，在编辑栏中输入公式“=DVAR(A1:G16,E1,A25:A26)”，然后按“Enter”键返回，即可计算出性别为女生的英语成绩的样本方差，结果如

图 15-34 所示。

STEP03：选中 E23 单元格，在编辑栏中输入公式“=DVAR(A1:G16,F1,B25:C26)”，然后按“Enter”键返回，即可计算出总分 >=240 分的男生成绩的样本方差，结果如图 15-35 所示。

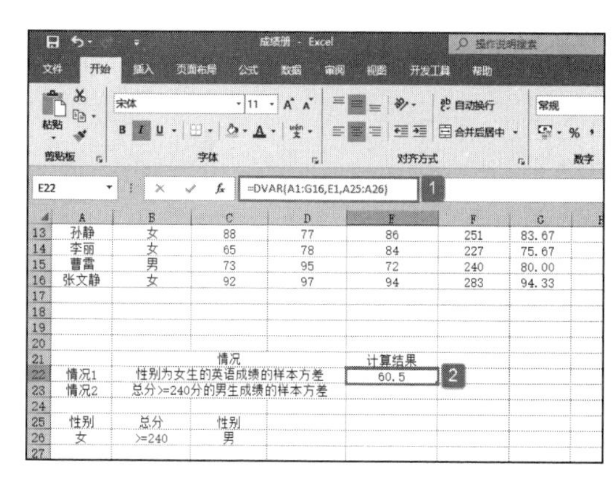

图 15-34　计算性别为女生的英语成绩的样本方差

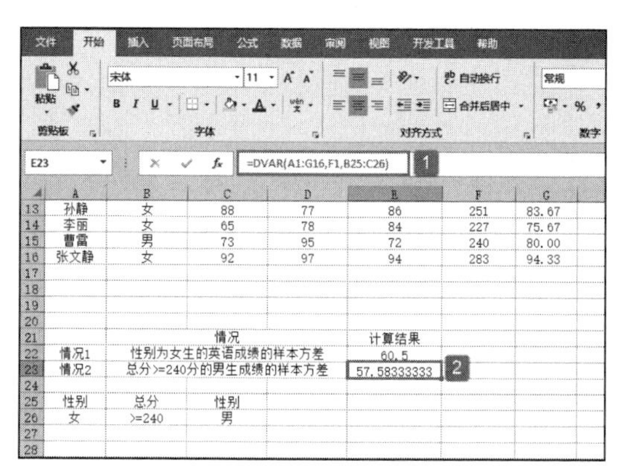

图 15-35　计算总分 >=240 分的男生成绩的样本方差

15.2.9　计算总体方差

DVARP 函数用于返回将列表或数据库中满足指定条件的列中数值作为样本总体，计算出样本的总体方差。其语法如下：

```
DVARP(database,field,criteria)
```

下面通过实例详细讲解该函数的使用方法与技巧。根据如图 15-1 所示的基础数据清单，班主任想要了解：

1）性别为女生的英语成绩的样本总体方差。

2）总分 >=240 分的男生成绩的样本总体方差。

具体操作步骤如下。

STEP01：根据上面提出的查询条件设置计算表格和条件区域，结果如图 15-36 所示。

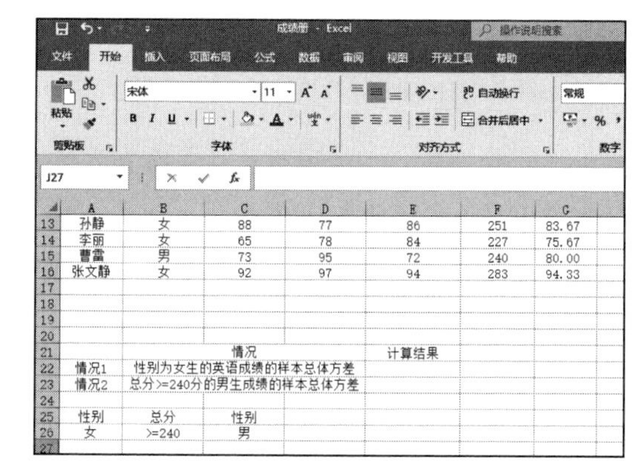

图 15-36　计算表格和条件区域

STEP02：选中 E22 单元格，在编辑栏中输入公式“=DVARP(A1:G16,E1,A25:A26)”，然后按“Enter”键返回，即可计算出女生的英语成绩的样本总体方差，结果如图 15-37 所示。

STEP03：选中 E23 单元格，在编辑栏中输入公式“=DVARP(A1:G16,F1,B25:C26)”，然后按“Enter”键返回，即可计算出总分 >=240 分的男生成绩的样本总体方差，结果如图 15-38 所示。

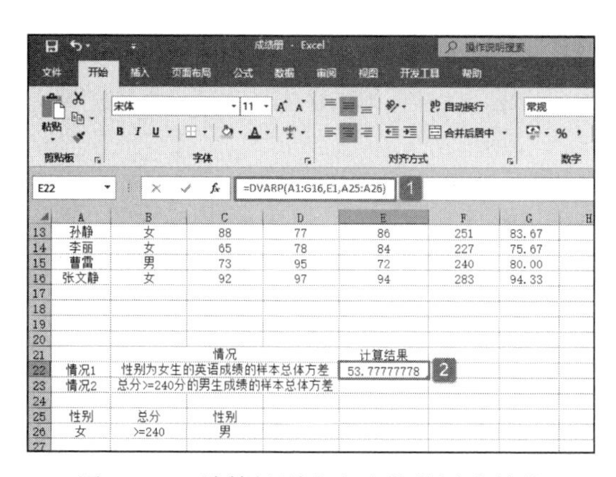

图 15-37　计算性别为女生的英语成绩的样本总体方差

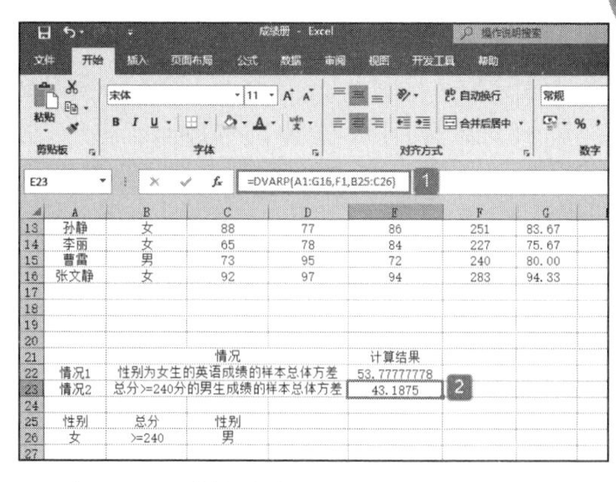

图 15-38　计算总分 >=240 分的男生成绩的样本总体方差

15.3 实战：员工工资表统计

使用数据库函数可以处理和分析数据清单中的数据，以得到用户想要的资料。本节将通过一个综合实例，来说明数据库函数的使用。

打开“员工工资表 .xlsx”工作簿，本例中的原始数据如图 15-39 所示。可以看到，该数据清单的数据字段包括了员工姓名、性别、年龄、职务及其工资额。

根据如图 15-39 所示的基础数据清单，公司需要了解的信息有：

1）销售员中工资额的最高值。

2）工资额在 1200 到 1500 间的员工个数。

3）女员工的平均年龄。

4）采购员的工资总和。

5）经理苏小北的工资额。

6）采购员中工资额的最小值。

下面将详细讲解怎样使用数据库函数，对上面的信息进行统计。

STEP01：根据公司的要了解的信息设置计算表格，结果如图 15-40 所示。

姓名	性别	年龄	职务	工资额
李沁	女	22	会计	¥1,300.00
王小雪	女	20	会计	¥1,250.00
张妍	女	21	销售员	¥1,200.00
雷运动	男	25	销售员	¥1,100.00
王海涛	男	24	销售员	¥1,260.00
刘畅	男	23	销售员	¥1,150.00
李斯	男	26	销售员	¥1,320.00
苏小北	男	25	经理	¥1,500.00
南兰	女	24	采购员	¥1,050.00
刘爱君	女	23	采购员	¥1,080.00
申家良	男	21	采购员	¥1,000.00
王刚	男	20	采购员	¥1,150.00
李云龙	男	25	采购员	¥1,180.00
王卿卿	女	22	采购员	¥1,220.00

图 15-39　原始数据

图 15-40　计算表格

STEP02：统计销售员中工资额的最高值。在 G11:G12 单元格区域设置数据库查询的数据字段“职务”和条件值“销售员”，然后选中 J2 单元格，在编辑栏中输入公式“=DMAX(A1:E15,E1,G11:G12)”，按“Enter”键返回，即可计算出销售员中工资额的最高值，计算结果如图 15-41 所示。

STEP03：统计工资额在 1200 到 1500 间的员工个数。在 H11:I12 单元格区域设置数据库查询的数据字段“工资额”和条件值“>1200”和“<1500”，然后选中 J3 单元格，在编辑栏中输入公式“=DCOUNT(A1:E15,E1,H11:I12)”，按“Enter”键返回，即可计算出工资额在 1200 到 1500 间的员工个数，计算结果如图 15-42 所示。

图 15-41　统计销售员中工资额的最高值

图 15-42　统计工资额在 1200 到 1500 间的员工个数

STEP04：统计女员工的平均年龄。在 J11:J12 单元格区域，设置数据库查询的数据字段“性别”和条件值“女”，然后选中 J4 单元格，在编辑栏中输入公式“=DAVERAGE(A1:E15,C1,J11:J12)”，按“Enter”键返回，即可计算出女员工的平均年龄，计算结果如图 15-43 所示。

STEP05：统计采购员的工资总和。在 G13:G14 单元格区域设置数据库查询的数据字段“职务”和条件值“采购员”，然后选中 J5 单元格，在编辑栏中输入公式“=DSUM(A1:E15,E1,G13:G14)”，按“Enter”键返回，即可计算出采购员的工资总和，计算结果如图 15-44 所示。

图 15-43　统计女员工的平均年龄

图 15-44　统计采购员的工资总和

STEP06：统计经理苏小北的工资额。在 H13:I14 单元格区域设置数据库查询的数据字段“职务”和“姓名”，设置条件值“经理”和“苏小北”，然后选中 J6 单元格，在编辑栏中输入公式“=DGET(A1:E15,E1,H13:I14)”，按“Enter”键返回，即可计算出经理苏小北的工资额，计算结果如图 15-45 所示。

STEP07：统计采购员中工资额的最小值。在 J13:J14 单元格区域设置数据库查询的数据字段“职务”和条件值“采购员”，然后选中 J7 单元格，在编辑栏中输入公式“=DMIN(A1:E15,E1,J13:J14)”，按“Enter”键返回，即可计算出采购员中工资额的最小值，计算结果如图 15-46 所示。

	D	E	F	G	H	I	J
1	职务	工资额			情况		计算结果
2	会计	¥1,300.00			销售员中工资额的最高值		1320
3	会计	¥1,250.00			工资额在1200到1500间的员工个数		5
4	销售员	¥1,200.00			女员工的平均年龄		22
5	销售员	¥1,100.00			采购员的工资总和		¥6,680.00
6	销售员	¥1,260.00			经理苏小北的工资额		¥1,500.00
7	销售员	¥1,150.00			采购员中工资额的最小值		
8	销售员	¥1,320.00					
9	经理	¥1,500.00					
10	采购员	¥1,050.00					
11	采购员	¥1,080.00		职务	工资额	工资额	性别
12	采购员	¥1,000.00		销售员	>1200	<1500	女
13	采购员	¥1,150.00		职务	职务	姓名	
14	采购员	¥1,180.00		采购员	经理	苏小北	
15	采购员	¥1,220.00					

图 15-45　统计经理苏小北的工资额

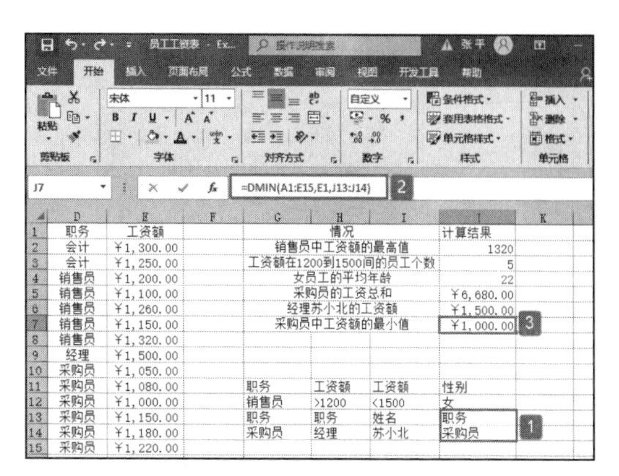

	D	E	F	G	H	I	J
1	职务	工资额			情况		计算结果
2	会计	¥1,300.00			销售员中工资额的最高值		1320
3	会计	¥1,250.00			工资额在1200到1500间的员工个数		5
4	销售员	¥1,200.00			女员工的平均年龄		22
5	销售员	¥1,100.00			采购员的工资总和		¥6,680.00
6	销售员	¥1,260.00			经理苏小北的工资额		¥1,500.00
7	销售员	¥1,150.00			采购员中工资额的最小值		¥1,000.00
8	销售员	¥1,320.00					
9	经理	¥1,500.00					
10	采购员	¥1,050.00					
11	采购员	¥1,080.00		职务	工资额	工资额	性别
12	采购员	¥1,000.00		销售员	>1200	<1500	女
13	采购员	¥1,150.00		职务	职务	姓名	职务
14	采购员	¥1,180.00		采购员	经理	苏小北	采购员
15	采购员	¥1,220.00					

图 15-46　统计采购员中工资额的最小值

第16章 查询与引用函数应用

使用 Excel 中提供的查找和引用函数，可以在工作表中查找特定的数值，或者查找某一特别引用的函数。本章将通过实例说明查找和引用函数的功能及参数，并结合综合实战帮助用户理解查找和引用函数的使用方法。

- 查询函数应用
- 引用函数应用
- 实战：学生成绩查询

16.1 查询函数应用

查询函数不仅具有查找的功能，同时还能根据查找的结果和参数的设定得到用户需要的数值。通过查询函数，可以提高用户的工作效率。

16.1.1 应用 LOOKUP 函数查找数据

LOOKUP 函数用于从单行或单列区域或者从一个数组返回值。LOOKUP 函数具有两种语法形式：向量形式和数组形式。

（1）向量形式

向量是只含一行或一列的区域。LOOKUP 的向量形式在单行区域或单列区域（称为“向量”）中查找值，然后返回第 2 个单行区域或单列区域中相同位置的值。其语法如下：

```
LOOKUP(lookup_value,lookup_vector,result_vector)
```

其中，lookup_value 参数为 LOOKUP 函数在第 1 个向量中搜索的值。lookup_value 可以是数字、文本、逻辑值、名称或对值的引用。lookup_vector 参数为只包含一行或一列的区域。lookup_vector 中的值可以是文本、数字或逻辑值。result_vector 参数为只包含一行或一列的区域。它必须与 lookup_vector 大小相同。

注意：lookup_vector 中的值必须以升序顺序放置：…,-2,-1,0,1,2,…；A-Z；FALSE,TRUE，否则，LOOKUP 可能无法提供正确的值。大写文本和小写文本是等同的。下面通过实例详细讲解该函数的使用方法与技巧。

打开“LOOKUP 函数 .xlsx”工作簿，切换至“Sheet1”工作表，本例中的原始数据如图 16-1 所示。要求根据该工作表中的内容，从单行或单列区域或者从一个数组查找数据。具体的操作步骤如下。

STEP01：选中 A8 单元格，在编辑栏中输入公式“=LOOKUP(13,A2:A6,B2:B6)”，用于在 A 列中查找 13，然后返回 B 列中同一行内的值（兰花厅），输入完成后按“Enter”键返回计算结果，如图 16-2 所示。

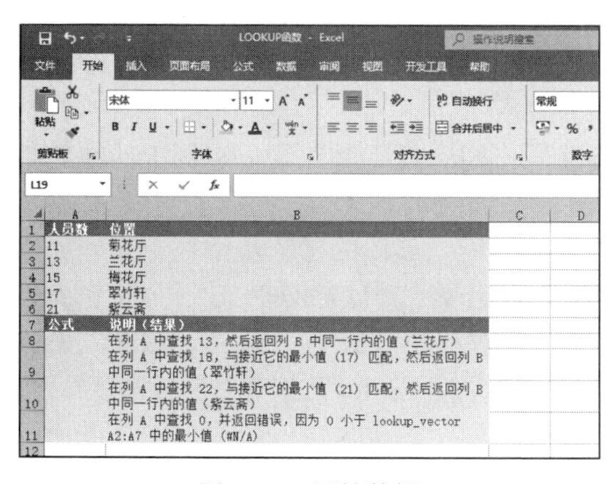

图 16-1 原始数据

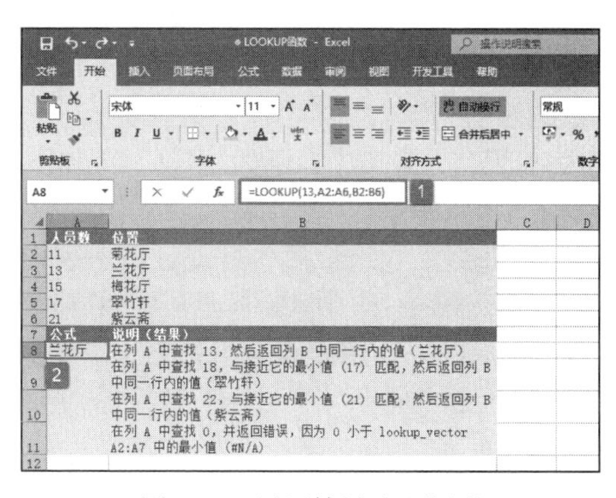

图 16-2 返回结果（兰花厅）

STEP02：选中 A9 单元格，在编辑栏中输入公式“=LOOKUP(18,A2:A6,B2:B6)”，

用于在 A 列中查找 18，与接近它的最小值 17 匹配，然后返回 B 列中同一行内的值（翠竹轩），输入完成后按“Enter”键返回计算结果，如图 16-3 所示。

STEP03：选中 A10 单元格，在编辑栏中输入公式“=LOOKUP(22,A2:A6,B2:B6)”，用于在 A 列中查找 22，与接近它的最小值 21 匹配，然后返回 B 列中同一行内的值（紫云斋），输入完成后按“Enter”键返回计算结果，如图 16-4 所示。

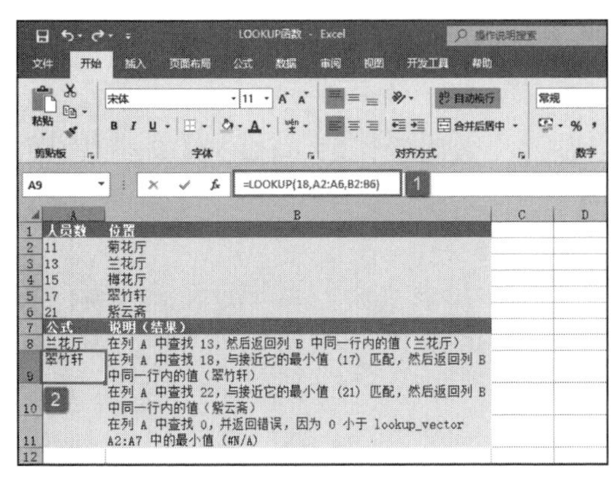

图 16-3　返回结果（翠竹轩）

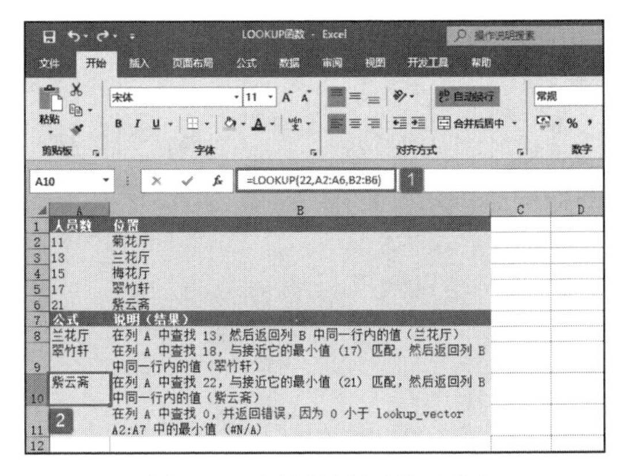

图 16-4　返回结果（紫云斋）

STEP04：选中 A11 单元格，在编辑栏中输入公式“=LOOKUP(0,A2:A6,B2:B6)”，用于在 A 列中查找 0，并返回错误值“#N/A”，0 小于 lookup_vector A2:A7 中的最小值，所以工作表中最终得出的计算结果如图 16-5 所示。

（2）数组形式

LOOKUP 的数组形式在数组的第 1 行或第 1 列中查找指定的值，并返回数组最后一行或最后一列内同一位置的值。当要匹配的值位于数组的第 1 行或第 1 列中时，使用 LOOKUP 的这种形式。当要指定列或行的位置时，则须使用 LOOKUP 的另一种形式。

说明：一般情况下，最好使用 HLOOKUP 或 VLOOKUP 函数而不是 LOOKUP 的数组形式。因为 LOOKUP 的这种形式是为了与其他电子表格程序兼容而提供的。

LOOKUP 的数组形式语法如下：

```
LOOKUP(lookup_value,array)
```

其中，lookup_value 参数为 LOOKUP 在数组中搜索的值。下面通过实例详细讲解该函数的使用方法与技巧。

打开“LOOKUP 函数 .xlsx”工作簿，切换至“Sheet2”工作表，本例中的原始数据如图 16-6 所示。要求根据该工作表中的内容，在数组的第 1 行或第 1 列中查找指定的值，并返回数组最后一行或最后一列内同一位置的值。具体的操作步骤如下。

STEP01：选中 A2 单元格，在编辑栏中输入公式“=LOOKUP("B",{"A","B","C","D";5,6,7,8})”，用于在数组的第 1 行中查找“B”，查找小于或等于它（“B”）的最大值，然后返回最后一行中同一列内的值，输入完成后按“Enter”键返回计算结果，如图 16-7 所示。

STEP02：选中 A3 单元格，在编辑栏中输入公式“=LOOKUP("apple",{"A",3;"B",4;"C",5})”，用于在数组的第 1 行中查找“apple”，查找小于或等于它（“A”）的最大值，然后返回最后一列中同一行内的值，输入完成后按“Enter”键返回计算结果，如

图 16-8 所示。

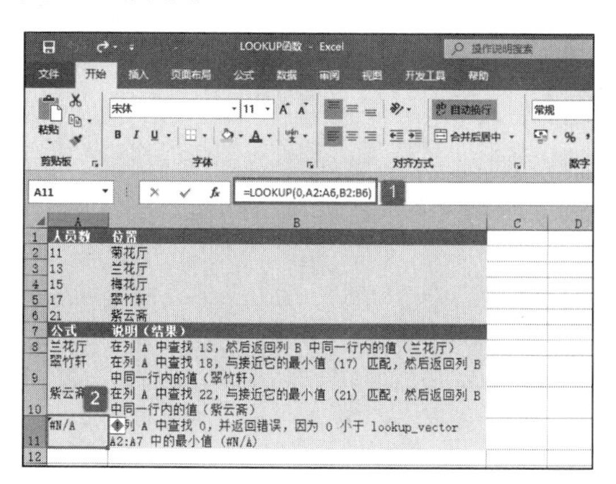

图 16-5　计算结果

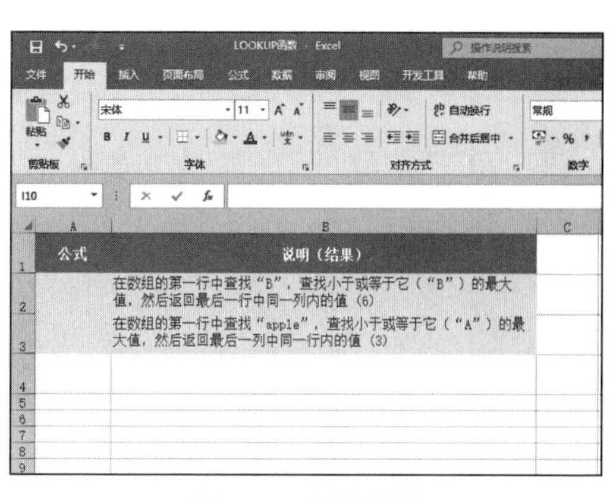

图 16-6　原始数据

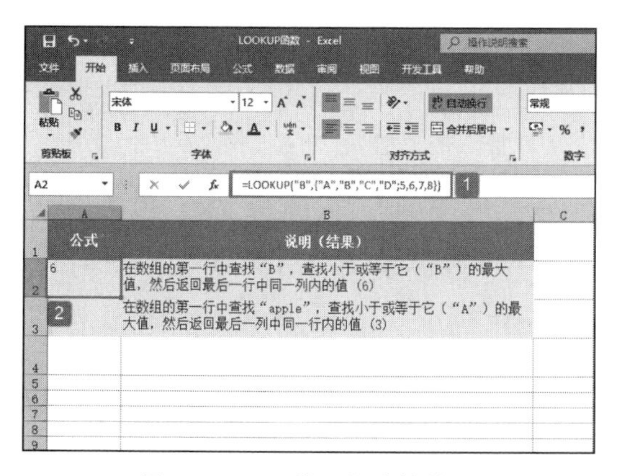

图 16-7　A2 单元格计算结果

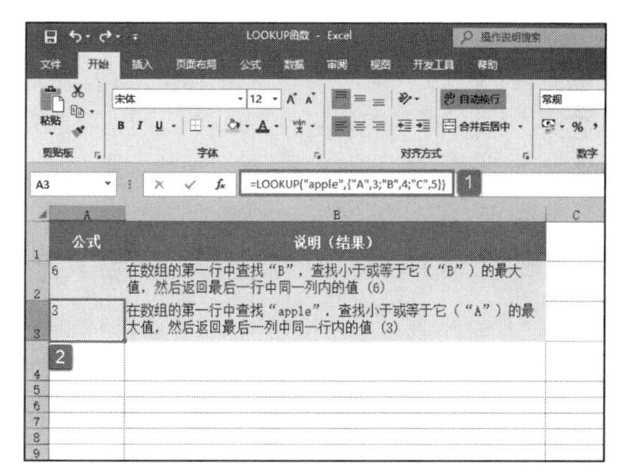

图 16-8　A3 单元格计算结果

16.1.2　MATCH 函数数组元素查找

MATCH 函数用于返回在指定方式下与指定数值匹配的数组中元素的相应位置。如果需要找出匹配元素的位置而不是匹配元素本身，则应该使用 MATCH 函数而不是 LOOKUP 函数。其语法如下：

```
MATCH(lookup_value,lookup_array,match_type)
```

其中，lookup_value 参数为需要在数据表中查找的数值。例如，如果要在电话簿中查找某人的电话号码，则应该将姓名作为查找值，但实际上需要的是电话号码。lookup_array 参数为可能包含所要查找的数值的连续单元格区域，应为数组或数组引用。match_type 参数为数字 −1、0 或 1，指明如何在 lookup_array 中查找 lookup_value。

下面通过实例详细讲解该函数的使用方法与技巧。

打开“MATCH 函数 .xlsx”工作簿，切换至“Sheet1”工作表，本例中的原始数据如图 16-9 所示。要求根据工作表中的数据内容，查找在指定方式下与指定数值匹配的数组中元素的相应位置。具体的操作步骤如下。

STEP01：选中 A7 单元格，在编辑栏中输入公式“=MATCH(1.3,B2:B5,1)”，然后按“Enter”键返回计算结果。由于此处无正确的匹配，所以返回 B2:B5 数据区域中最接近的下一个值（1.2）的位置，结果如图 16-10 所示。

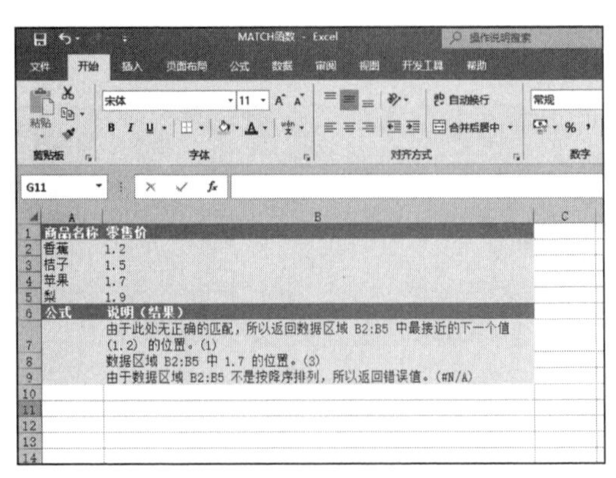

图 16-9　原始数据

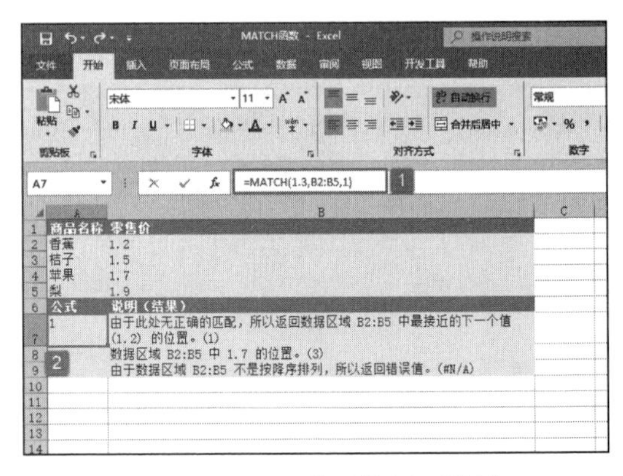

图 16-10　A7 单元格返回结果

STEP02：选中 A8 单元格，在编辑栏中输入公式“=MATCH(1.7,B2:B5,0)”，用于返回 B2:B5 数据区域中 1.7 的位置，输入完成后按“Enter”键返回计算结果，如图 16-11 所示。

STEP03：选中 A9 单元格，在编辑栏中输入公式“=MATCH(1.7,B2:B5,-1)”，然后按“Enter”键返回计算结果，由于 B2:B5 数据区域不是按降序排列，所以返回错误值“#N/A”，如图 16-12 所示。

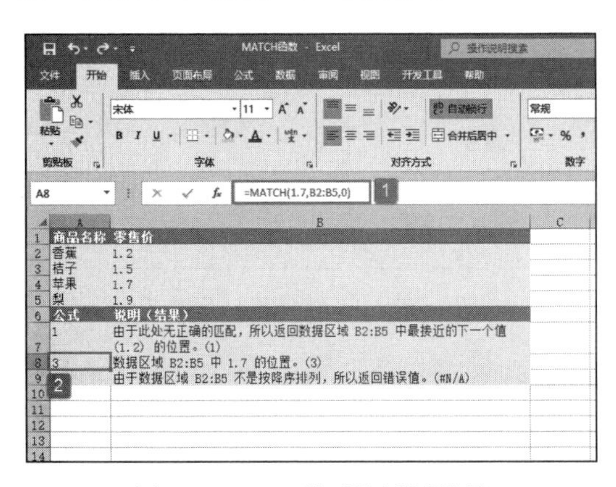

图 16-11　A8 单元格返回结果

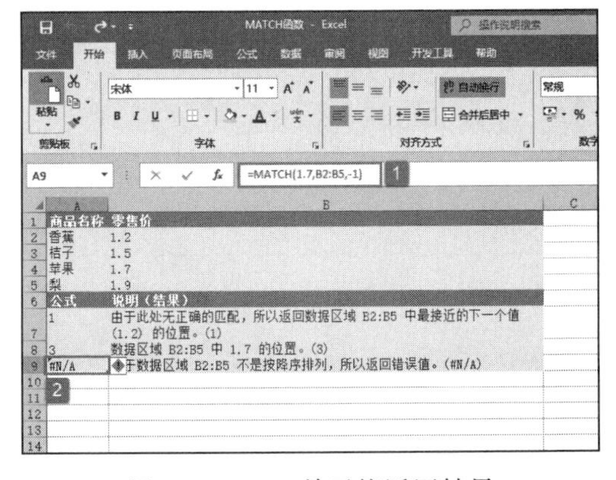

图 16-12　A9 单元格返回结果

16.1.3　HLOOKUP 函数水平查找

HLOOKUP 函数用于在表格或数值数组的首行查找指定的数值，并在表格或数组中指定行的同一列中返回一个数值。当比较值位于数据表的首行，并且要查找下面给定行中的数据时，可以使用函数 HLOOKUP（HLOOKUP 中的 H 代表“行”）。当比较值位于要查找的数据左边的一列时，则须使用函数 VLOOKUP。

HLOOKUP 函数的语法如下：

```
HLOOKUP(lookup_value,table_array,row_index_num,range_lookup)
```

其中，lookup_value 参数为需要在数据表第 1 行中进行查找的数值。lookup_value 可以为数值、引用或文本字符串。table_array 参数为需要在其中查找数据的数据表。使用对区域或区域名称的引用。row_index_num 参数为 table_array 中待返回的匹配值的行序号。range_lookup 参数为一逻辑值，指明函数 HLOOKUP 查找时是精确匹配，还是近似匹配。

下面通过实例详细讲解该函数的使用方法与技巧。

打开“HLOOKUP.xlsx”工作簿，切换至“Sheet1”工作表，本例中的原始数据如图 16-13 所示。要求根据工作表中的数据内容，练习水平查找指定的数值。具体的操作步骤如下所示。

STEP01：选中 A6 单元格，在编辑栏中输入公式“=HLOOKUP("CocaCola",A1:C4,2,TRUE)”，用于在首行查找 CocaCola，并返回同列中第 2 行的值，输入完成后按“Enter”键返回计算结果，如图 16-14 所示。

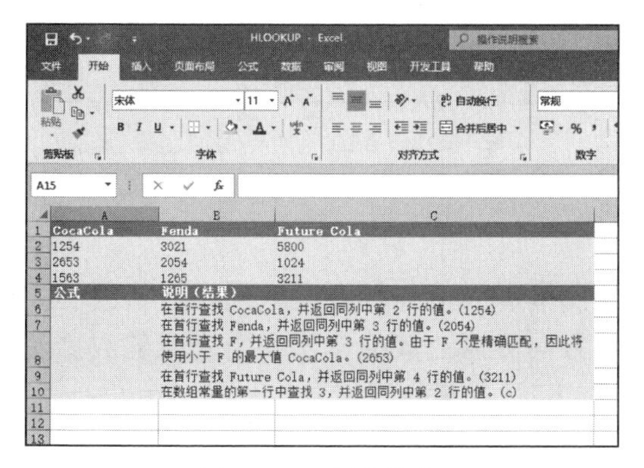

图 16-13　原始数据

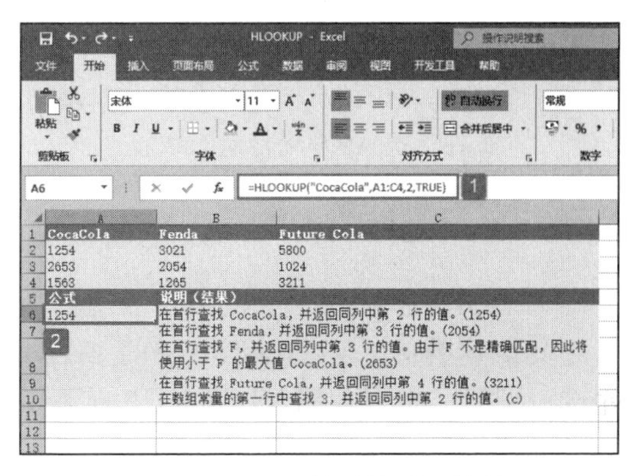

图 16-14　A6 单元格返回结果

STEP02：选中 A7 单元格，在编辑栏中输入公式“=HLOOKUP("Fenda",A1:C4,3,FALSE)”，用于在首行查找 Fenda，并返回同列中第 3 行的值，输入完成后按“Enter”键返回计算结果，如图 16-15 所示。

STEP03：选中 A8 单元格，在编辑栏中输入公式“=HLOOKUP("F",A1:C4,3,TRUE)”，用于在首行查找 F，并返回同列中第 3 行的值，由于 F 不是精确匹配，因此将使用小于 F 的最大值 CocaCola。输入完成后按“Enter”键返回计算结果，如图 16-16 所示。

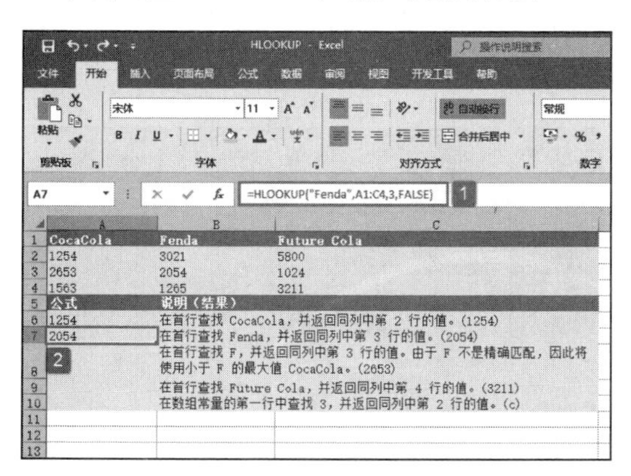

图 16-15　A7 单元格返回结果

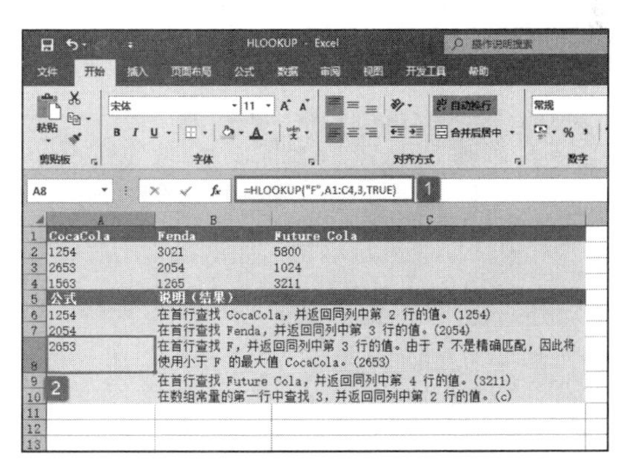

图 16-16　A8 单元格返回结果

STEP04：选中 A9 单元格，在编辑栏中输入公式“=HLOOKUP("Future Cola",A1:C4,4)”，用于在首行查找 Future Cola，并返回同列中第 4 行的值，输入完成后按“Enter”键返回计算结果，如图 16-17 所示。

STEP05：选中 A10 单元格，在编辑栏中输入公式“=HLOOKUP(2,{1,2,3;"a","b","c";"d","e","f"},2,TRUE)”，用于在数组常量的第 1 行中查找 3，并返回同列中第 2 行的值，输入完成后按“Enter”键返回计算结果，如图 16-18 所示。

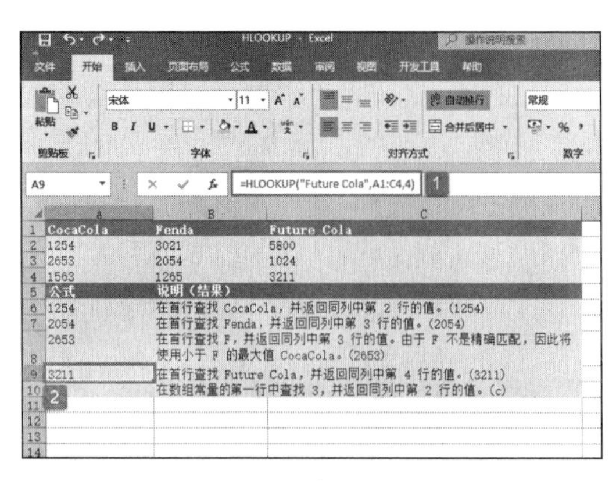

图 16-17　A9 单元格返回结果

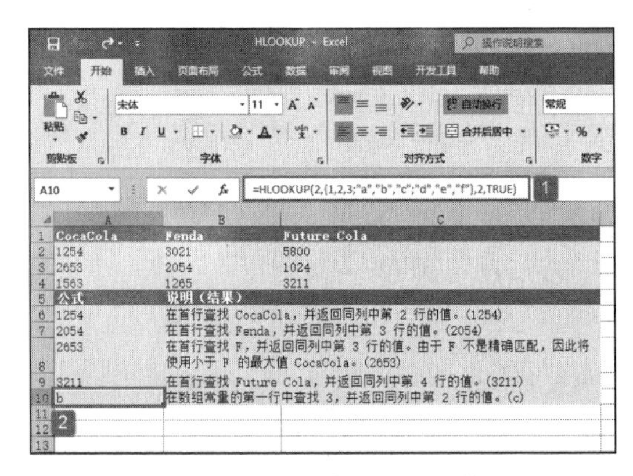

图 16-18　A10 单元格返回结果

16.1.4　VLOOKUP 函数竖直查找

VLOOKUP 函数用于在表格数组的首列查找指定的值，并由此返回表格数组当前行中其他列的值，VLOOKUP 中的 V 表示垂直方向。当比较值位于需要查找的数据左边的一列时，可以使用 VLOOKUP 而不是 HLOOKUP。其语法如下：

```
VLOOKUP(lookup_value,table_array,col_index_num,range_lookup)
```

其中，lookup_value 参数为需要在表格数组第 1 列中查找的数值。lookup_value 可以为数值或引用。table_array 参数为两列或多列数据。col_index_num 参数为 table_array 中待返回的匹配值的列序号。range_lookup 参数为逻辑值，指定希望 VLOOKUP 查找精确的匹配值还是近似匹配值。下面通过实例详细讲解该函数的使用方法与技巧。

打开“VLOOKUP.xlsx”工作簿，切换至“Sheet1”工作表，本例中的原始数据如图 16-19 所示。要求根据工作表中的数据内容，实现竖直查找。具体的操作步骤如下。

STEP01：选中 B10 单元格，在编辑栏中输入公式“=VLOOKUP(A10,$A$2:$C$6,2,FALSE)”，用于在 A2:C6 单元格区域中根据 A10 单元格中输入的姓名查找对应的职务，输入完成后按“Enter”键返回计算结果，如图 16-20 所示。

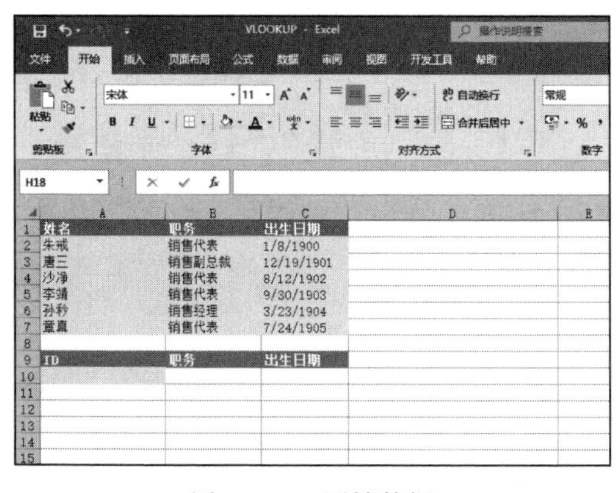

图 16-19　原始数据

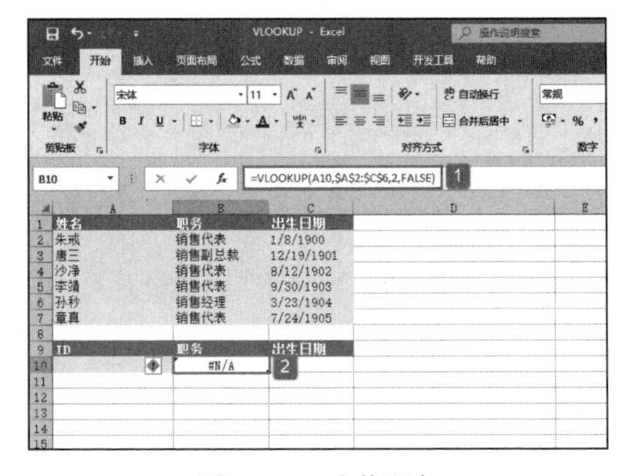

图 16-20　查找职务

STEP02：选中 C10 单元格，在编辑栏中输入公式“=VLOOKUP(A10,$A$2:$C$6,3,FALSE)”，用于在 A2:C6 单元格区域中根据 A10 单元格中输入的姓名查找对应的出生日期，输入完成后按“Enter”键返回计算结果，如图 16-21 所示。

STEP03：在 A10 单元格中输入一个员工姓名，例如“李靖”，在 B10 和 C10 单元格中就会显示出相应的结果，如图 16-22 所示。

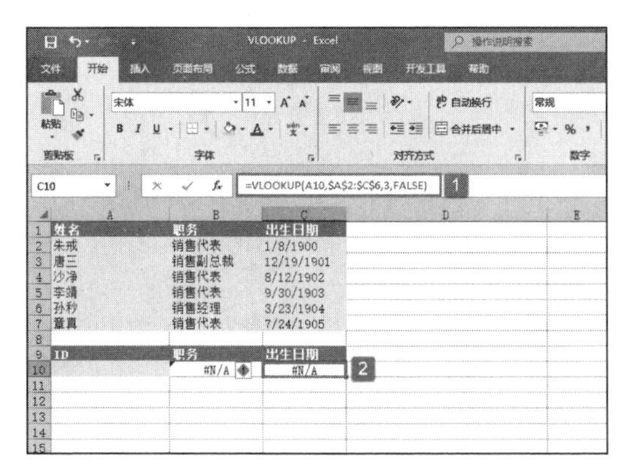

图 16-21　查找出生日期

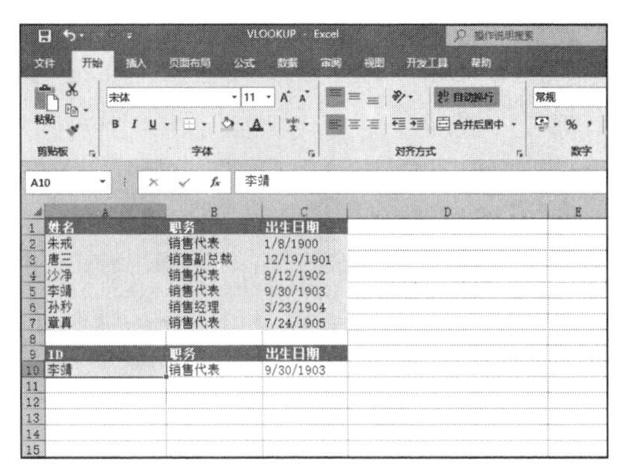

图 16-22　输入员工姓名

16.2 引用函数应用

在 Excel 中引用的作用在于标识工作表上的单元格或单元格区域，并指明公式中所使用的数据的位置。通过引用，可以在公式中使用工作表不同部分的数据，或者在多个公式中使用同一单元格的数值。还可以引用同一工作簿不同工作表的单元格、不同工作簿的单元格，甚至其他应用程序中的数据。

16.2.1 选择参数列表数值

CHOOSE 函数使用 index_num 返回数值参数列表中的数值。使用 CHOOSE 函数可以根据索引号从最多 254 个数值中选择一个。例如，如果 value1 到 value7 表示一周的 7 天，当将 1 到 7 之间的数字用作 index_num 时，则 CHOOSE 返回其中的某一天。其语法如下：

```
CHOOSE(index_num,value1,value2,...)
```

其中，index_num 参数用于指定所选定的值参数。参数 value1、value2…… 为 1 ～ 254 个数值参数，函数 CHOOSE 基于 index_num，从中选择一个数值或一项要执行的操作。参数可以为数字、单元格引用、定义名称、公式、函数或文本。下面通过实例详细讲解该函数的使用方法与技巧。

打开“CHOOSE 函数 .xlsx”工作簿，切换至“Sheet1”工作表，本例中的原始数据如图 16-23 所示。要求根据工作表中的数据内容，返回数值参数列表中的数值。具体操作步骤如下。

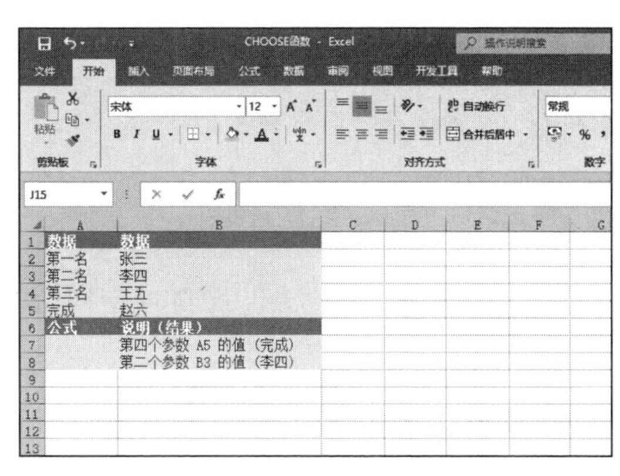

图 16-23　原始数据

STEP01：选中 A7 单元格，在编辑栏中输入公式“=CHOOSE(4,A2,

A3,A4,A5)"，用于返回第 4 个参数 A5 的值（完成），输入完成后按"Enter"键返回计算结果，如图 16-24 所示。

STEP02：选中 A8 单元格，在编辑栏中输入公式"=CHOOSE(2,B2,B3,B4,B5)"，用于返回第 2 个参数 B3 的值（李四），输入完成后按"Enter"键返回计算结果，如图 16-25 所示。

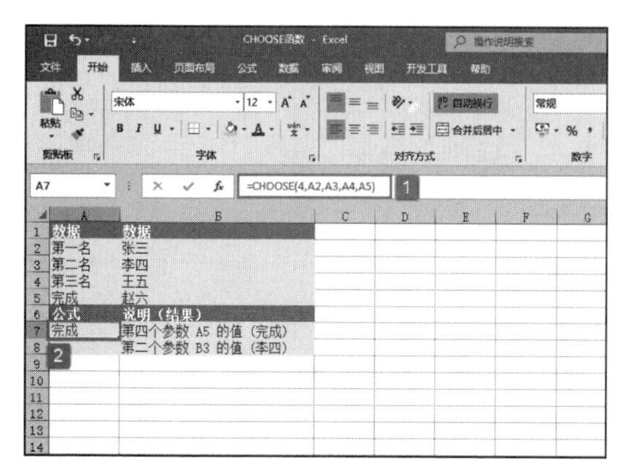

图 16-24　A7 单元格返回结果

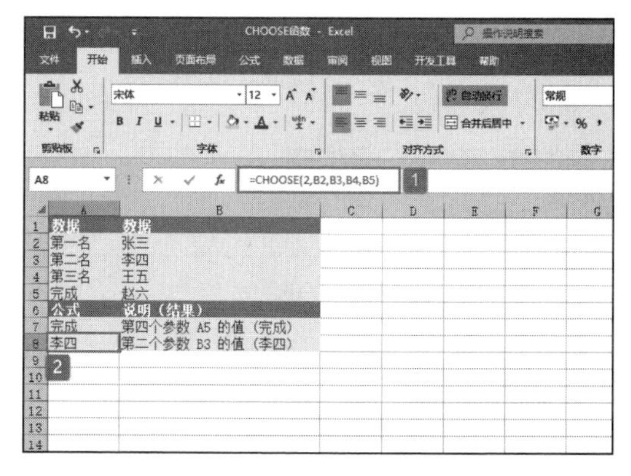

图 16-25　A8 单元格返回结果

index_num 参数必须为 1 ～ 254 的数字，或者是包含数字 1 ～ 254 的公式或单元格引用。如果 index_num 参数为 1，函数 CHOOSE 返回 value1；如果为 2，函数 CHOOSE 返回 value2，依此类推。如果 index_num 参数小于 1 或大于列表中最后一个值的序号，函数 CHOOSE 返回错误值"#VALUE!"。如果 index_num 参数为小数，则在使用前将被截尾取整。如果 index_num 参数为一个数组，则在计算函数 CHOOSE 时计算每一个值。函数 CHOOSE 的数值参数不仅可以为单个数值，也可以为区域引用。例如，下面的公式：

```
=SUM(CHOOSE(2,A1:A10,B1:B10,C1:C10))
```

相当于：

```
=SUM(B1:B10)
```

然后基于 B1:B10 单元格区域中的数值返回值。

函数 CHOOSE 先被计算，返回引用 B1:B10 单元格区域，然后函数 SUM 用 B1:B10 单元格区域进行求和计算。即函数 CHOOSE 的结果是函数 SUM 的参数。

16.2.2　返回单元格地址引用值

ADDRESS 函数用于按照给定的行号和列标，建立文本类型的单元格地址。其语法如下：

```
ADDRESS(row_num,column_num,abs_num,a1,sheet_text)
```

其中，row_num 参数表示在单元格引用中使用的行号，column_num 参数表示在单元格引用中使用的列标，abs_num 参数用于指定返回的引用类型，其返回的引用类型如表 16-1 所示。

a1 参数为用于指定 A1 或 R1C1 引用样式的逻辑值。如果 a1 为 TRUE 或省略，函数 ADDRESS 返回 A1 样式的引用；如果 a1 为 FALSE，函数 ADDRESS 返回 R1C1 样式的引用。

表16-1 abs_num参数返回的引用类型

1 或省略	绝对引用
2	绝对行号，相对列标
3	相对行号，绝对列标
4	相对引用

sheet_text 参数为一文本，用于指定作为外部引用的工作表的名称，如果省略 sheet_text，则不使用任何工作表名。下面通过实例详细讲解该函数的使用方法与技巧。

打开“ADDRESS 函数 .xlsx”工作簿，切换至“Sheet1”工作表，本例中的原始数据如图 16-26 所示。要求根据工作表中的数据内容，以文本形式返回单元格地址引用值。具体操作步骤如下。

STEP01：选中 A2 单元格，在编辑栏中输入公式“=ADDRESS(6,8)”，用于返回绝对引用 ($H$6)，输入完成后按“Enter”键返回计算结果，如图 16-27 所示。

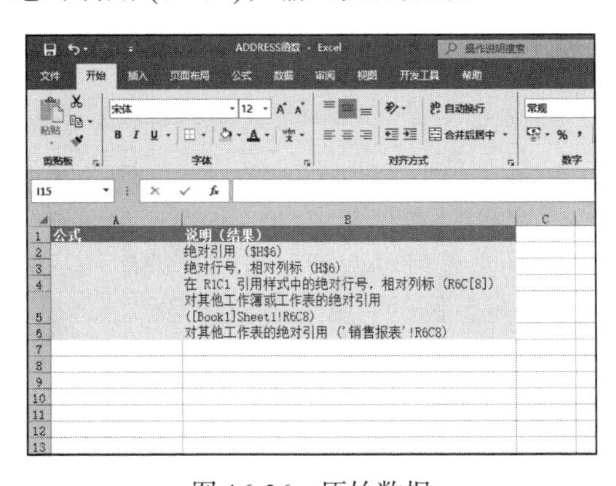

图 16-26 原始数据

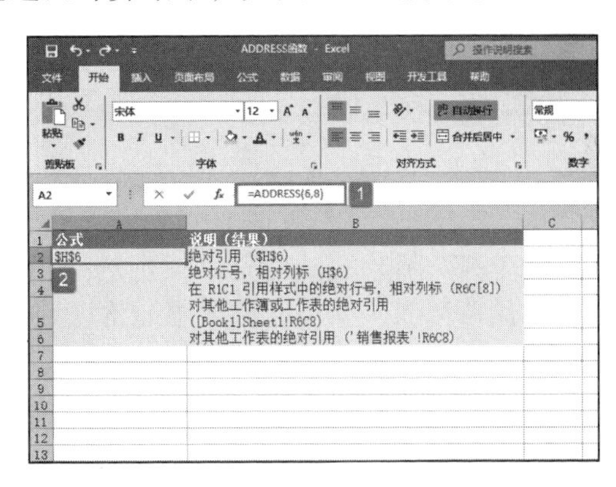

图 16-27 A2 单元格返回结果

STEP02：选中 A3 单元格，在编辑栏中输入公式“=ADDRESS(6,8,2)”，用于返回绝对行号，相对列标 (H$6)，输入完成后按“Enter”键返回计算结果，如图 16-28 所示。

STEP03：选中 A4 单元格，在编辑栏中输入公式“=ADDRESS(6,8,2,FALSE)”，用于返回在 R1C1 引用样式中的绝对行号，相对列标 (R6C[8])，输入完成后按“Enter”键返回计算结果，如图 16-29 所示。

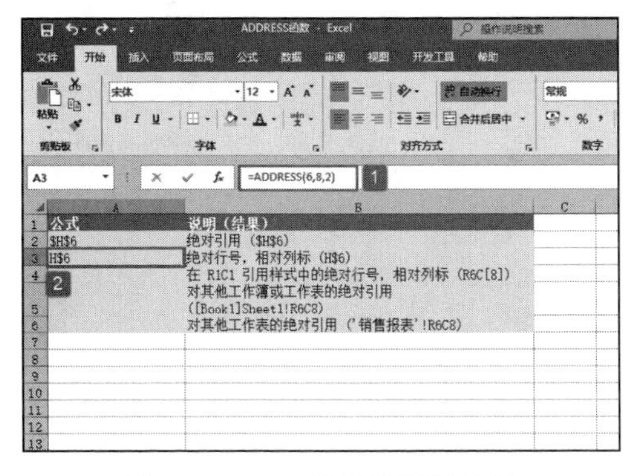

图 16-28 A3 单元格返回结果

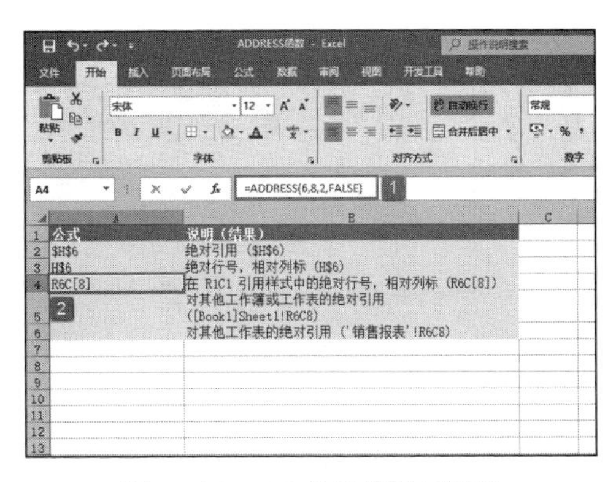

图 16-29 A4 单元格返回结果

STEP04：选中 A5 单元格，在编辑栏中输入公式“=ADDRESS(6,8,1,FALSE,"[Book1]

Sheet1")"，用于返回对其他工作簿或工作表的绝对引用 ([Book1]Sheet1!R6C8)，输入完成后按"Enter"键返回计算结果，如图 16-30 所示。

STEP05：选中 A6 单元格，在编辑栏中输入公式"=ADDRESS(6,8,1,FALSE,"销售报表")"，用于返回对其他工作表的绝对引用 ('销售报表'!R6C8)，输入完成后按"Enter"键返回计算结果，如图 16-31 所示。

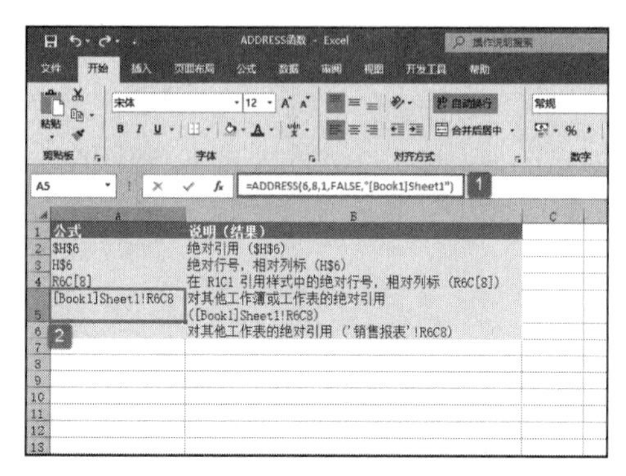

图 16-30　A5 单元格返回结果

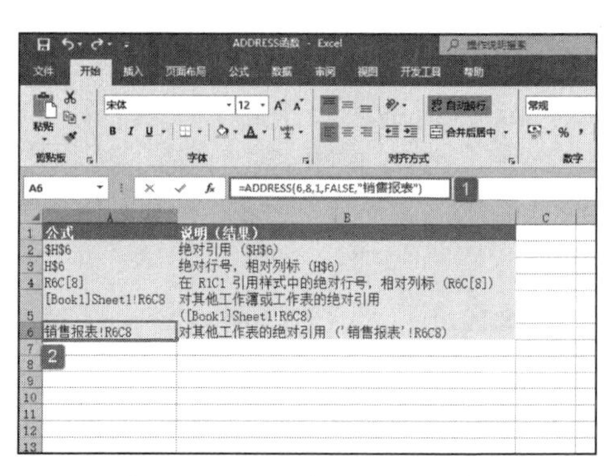

图 16-31　A6 单元格返回结果

16.2.3　调整引用

OFFSET 函数的功能是以指定的引用为参照系，通过给定偏移量得到新的引用。返回的引用可以为一个单元格或单元格区域，并可以指定返回的行数或列数。其语法如下：

```
OFFSET(reference,rows,cols,height,width)
```

其中，reference 参数作为偏移量参照系的引用区域。rows 参数为相对于偏移量参照系的左上角单元格，上（下）偏移的行数。cols 参数为相对于偏移量参照系的左上角单元格，左（右）偏移的列数。height 参数为高度，即所要返回的引用区域的行数，必须为正数。width 参数为宽度，即所要返回的引用区域的列数，必须为正数。下面通过实例详细讲解该函数的使用方法与技巧。

打开"OFFSET 函数 .xlsx"工作簿，切换至"Sheet1"工作表，本例中的原始数据如图 16-32 所示。要求根据工作表中的数据内容，以指定的引用为参照系，通过给定偏移量得到新的引用。具体操作步骤如下。

STEP01：选中 A2 单元格，在编辑栏中输入公式"=OFFSET(B2,2,3,1,1)"，用于显示 E4 单元格中的值，输入完成后按"Enter"键返回计算结果，如图 16-33 所示。

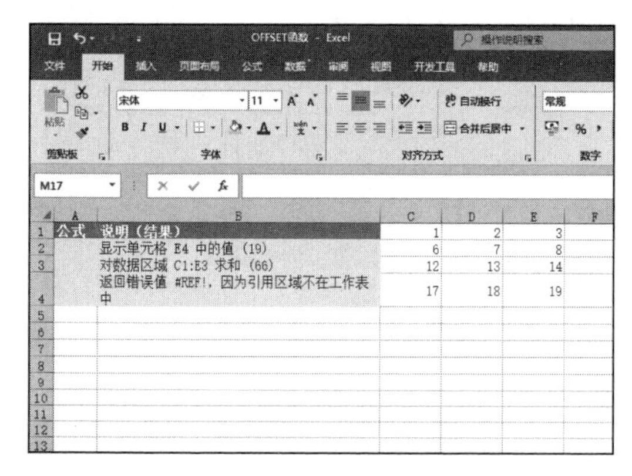

图 16-32　原始数据

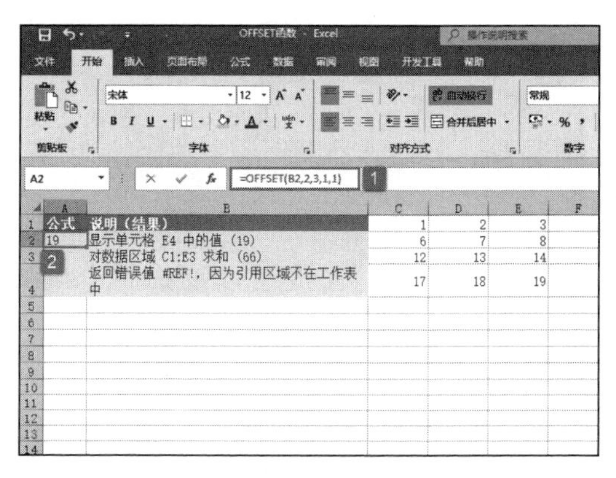

图 16-33　A2 单元格返回结果

STEP02：选中 A3 单元格，在编辑栏中输入公式“=SUM(OFFSET(C3:E5,-2,0,3,3))”，用于对 C1:E3 数据区域进行求和，输入完成后按“Enter”键返回计算结果，如图 16-34 所示。

STEP03：选中 A4 单元格，在编辑栏中输入公式“=OFFSET(C3:E5,0,-3,3,3)”，输入完成后按“Enter”键返回计算结果，因为引用区域不在工作表中，工作表中会显示计算结果为错误值“#REF!”，如图 16-35 所示。

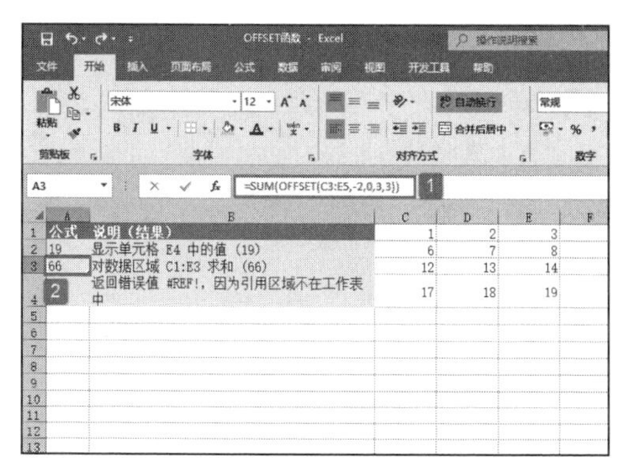

图 16-34　A3 单元格返回结果

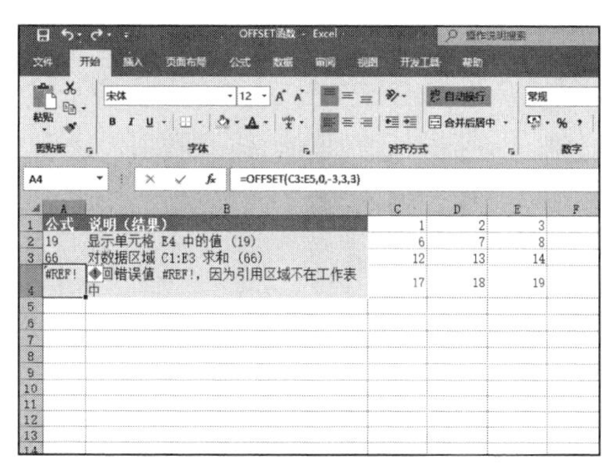

图 16-35　A4 单元格返回结果

16.2.4　计算引用区域个数

AREAS 函数用于返回引用中包含的区域个数，区域表示连续的单元格区域或某个单元格。其语法如下：

```
AREAS(reference)
```

其中，reference 参数表示对某个单元格或单元格区域的引用，也可以引用多个区域。如果需要将几个引用指定为一个参数，则必须用括号括起来，以免 Excel 将逗号作为参数间的分隔符。下面通过实例详细讲解该函数的使用方法与技巧。

打开“AREAS 函数 .xlsx”工作簿，切换至“Sheet1”工作表，本例中的原始数据如图 16-36 所示。要求根据工作表中的数据内容，返回引用中包含的区域个数。具体操作步骤如下。

STEP01：选中 A2 单元格，在编辑栏中输入公式“=AREAS(B1:D5)”，用来计算引用中包含的区域个数，输入完成后按“Enter”键返回，即可得出计算结果为 1，如图 16-37 所示。

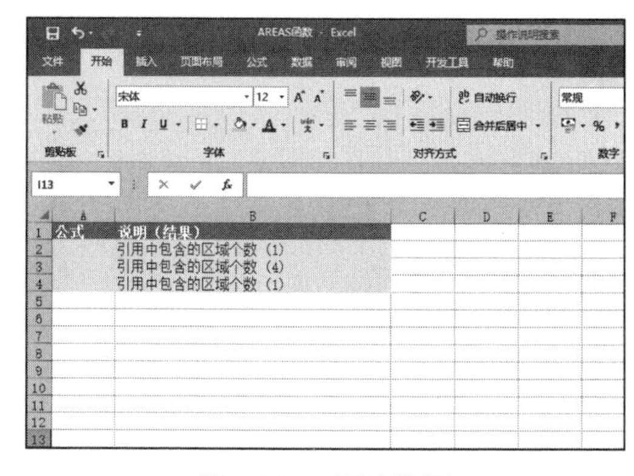

图 16-36　原始数据

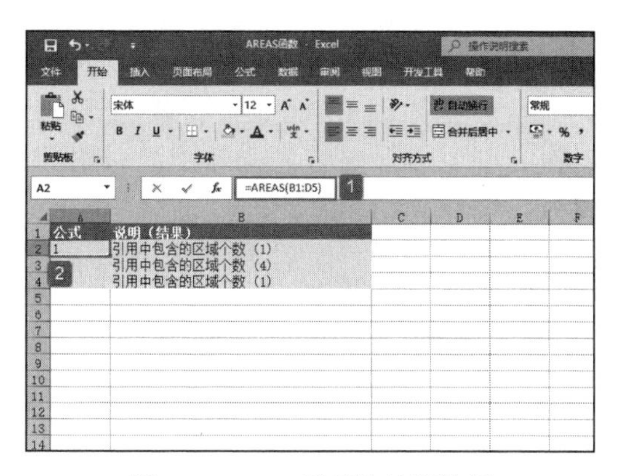

图 16-37　A2 单元格计算结果

STEP02：选中 A3 单元格，在编辑栏中输入公式“=AREAS((B1:D5,E5,F6:I9,G6))”，用来计算引用中包含的区域个数，输入完成后按“Enter”键返回，即可得出计算结果为 4，如图 16-38 所示。

STEP03：选中 A4 单元格，在编辑栏中输入公式“=AREAS(B1:D5 B2)”，用来计算引用中包含的区域个数，输入完成后按“Enter”键返回，即可得出计算结果为 1，如图 16-39 所示。

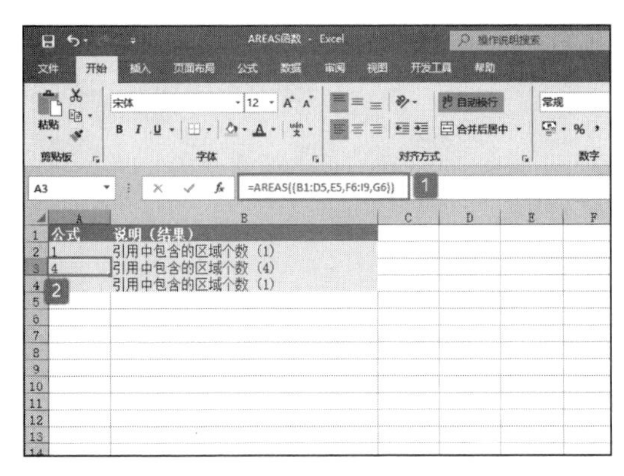

图 16-38　A3 单元格返回结果

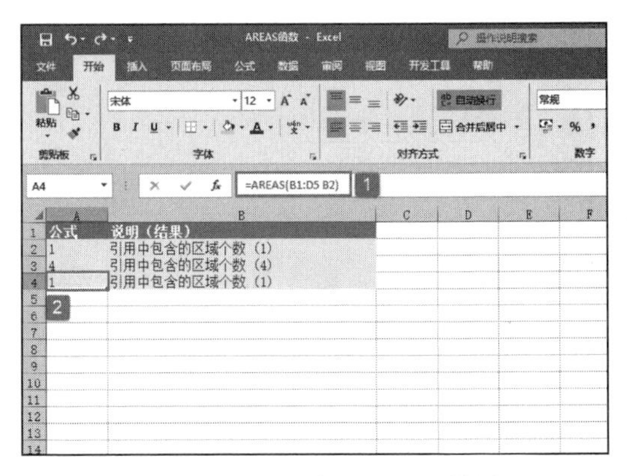

图 16-39　A4 单元格返回结果

16.2.5　计算给定引用列标

COLUMN 函数用于返回给定引用的列标。其语法如下：

```
COLUMN(reference)
```

其中，reference 参数为需要得到其列标的单元格或单元格区域。如果省略 reference，则假定为是对函数 COLUMN 所在单元格的引用。如果 reference 参数为一个单元格区域，并且函数 COLUMN 作为水平数组输入，则函数 COLUMN 将 reference 参数中的列标以水平数组的形式返回。reference 参数不能引用多个区域。下面通过实例详细讲解该函数的使用方法与技巧。

打开“COLUMN 函数.xlsx”工作簿，切换至“Sheet1”工作表，本例中的原始数据如图 16-40 所示。要求根据工作表中的数据内容，返回给定引用的列标。具体操作步骤如下。

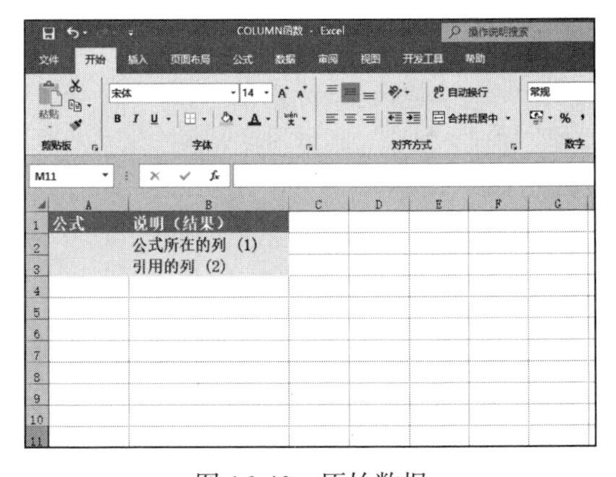

图 16-40　原始数据

STEP01：选中 A2 单元格，在编辑栏中输入公式“=COLUMN()”，用于返回公式所在列的列标，输入完成后按“Enter”键返回计算结果，如图 16-41 所示。

STEP02：选中 A3 单元格，在编辑栏中输入公式“=COLUMN(B15)”，用于返回 B15 的列标，输入完成后按“Enter”键返回计算结果，如图 16-42 所示。

图 16-41　计算公式所在列

图 16-42　计算引用的列

16.2.6　计算数组或引用列数

COLUMNS 函数用于返回数组或引用的列数。其语法如下：

```
COLUMNS(array)
```

其中，array 参数为需要得到其列数的数组或数组公式，或对单元格区域的引用。将 reference 参数中的列标以水平数组的形式返回。reference 参数不能引用多个区域。下面通过实例详细讲解该函数的使用方法与技巧。

打开“COLUMNS 函数 .xlsx”工作簿，切换至“Sheet1”工作表，本例中的原始数据如图 16-43 所示。要求根据工作表中的数据内容，返回数组或引用的列数。具体操作步骤如下。

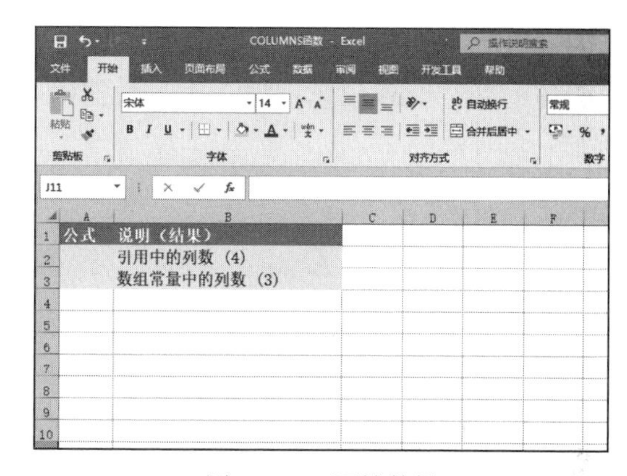

图 16-43　原始数据

STEP01：选中 A2 单元格，在编辑栏中输入公式“=COLUMNS(A1:D5)”，用于返回引用中的列数，输入完成后按“Enter”键返回计算结果，如图 16-44 所示。

STEP02：选中 A3 单元格，在编辑栏中输入公式“=COLUMNS({1,2,3,4;4,5,6,7;5,6,7,8})”，用于返回数组常量中的列数 (3)，输入完成后按“Enter”键返回计算结果，如图 16-45 所示。

图 16-44　返回引用中的列数

图 16-45　返回数组常量中的列数

16.2.7 返回区域值或值引用

INDEX 函数用于返回表或区域中的值或值的引用，它两种形式：数组形式和引用形式。

（1）数组形式

返回表格或数组中的元素值，此元素由行序号和列序号的索引值给定。当函数 INDEX 的第 1 个参数为数组常量时，使用数组形式。其语法如下：

```
INDEX(array,row_num,column_num)
```

其中，array 参数为单元格区域或数组常量。如果数组只包含一行或一列，则相对应的参数 row_num 参数或 column_num 参数为可选参数。如果数组有多行和多列，但只使用 row_num 参数或 column_num 参数，函数 INDEX 返回数组中的整行或整列，且返回值也为数组。row_num 参数为数组中某行的行号，函数从该行返回数值。如果省略 row_num 参数，则必须有 column_num 参数。column_num 参数为数组中某列的列标，函数从该列返回数值。如果省略 column_num 参数，则必须有 row_num 参数。下面通过实例详细讲解该函数的使用方法与技巧。

打开“INDEX.xlsx”工作簿，切换至“Sheet1”工作表，本例中的原始数据如图 16-46 所示。要求根据工作表中的数据内容，返回表格或数组中的元素值。具体操作步骤如下。

STEP01：选中 A5 单元格，在编辑栏中输入公式“=INDEX(A2:B3,2,2)”，用于返回位于区域中第 2 行和第 2 列交叉处的数值（沙和尚），输入完成后按“Enter”键返回计算结果，如图 16-47 所示。

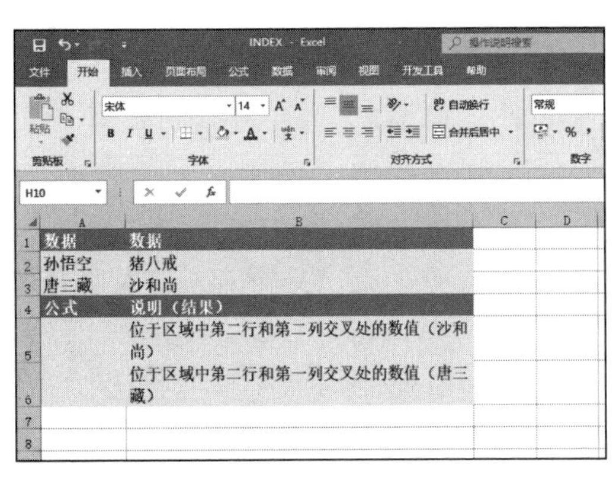

图 16-46 原始数据

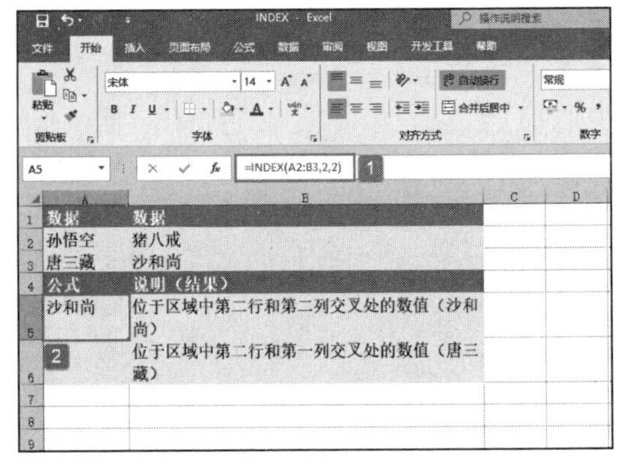

图 16-47 A5 单元格返回结果

STEP02：选中 A6 单元格，在编辑栏中输入公式“=INDEX(A2:B3,2,1)”，用于返回位于区域中第 2 行和第 1 列交叉处的数值（唐三藏），输入完成后按“Enter”键返回计算结果，如图 16-48 所示。

（2）引用形式

返回指定的行与列交叉处的单元格引用。如果引用由不连续的选定区域组成，可以选择某一选定区域。其语法如下：

```
INDEX(reference,row_num,column_num,area_num)
```

其中，reference 参数为对一个或多个单元格区域的引用。如果为引用输入一个不连续的区域，必须将其用括号括起来。如果引用中的每个区域只包含一行或一列，则相应的参数 row_num 参数或 column_num 参数分别为可选项。例如，对于单行的引用，可以使用函数 INDEX(reference,,column_num)。

row_num 参数为引用中某行的行号，函数从该行返回一个引用。column_num 参数为引用中某列的列标，函数从该列返回一个引用。area_num 参数为选择引用中的一个区域，返回该区域中 row_num 参数和 column_num 参数的交叉区域。选中或输入的第 1 个区域序号为 1，第 2 个为 2，依此类推。如果省略 area_num 参数，则函数 INDEX 使用区域 1。

例如，如果引用描述的单元格为 (A1:C4,D1:E4,F1:H4)，则 area_num 1 为区域 A1:C4，area_num 2 为区域 D1:E4，而 area_num 3 为区域 F1:H4。下面通过实例详细讲解该函数的使用方法与技巧。

打开“ INDEX 函数 .xlsx”工作簿，切换至“ Sheet2”工作表，本例中的原始数据如图 16-49 所示。要求根据工作表中的数据内容，返回指定的行与列交叉处的单元格引用。具体操作步骤如下。

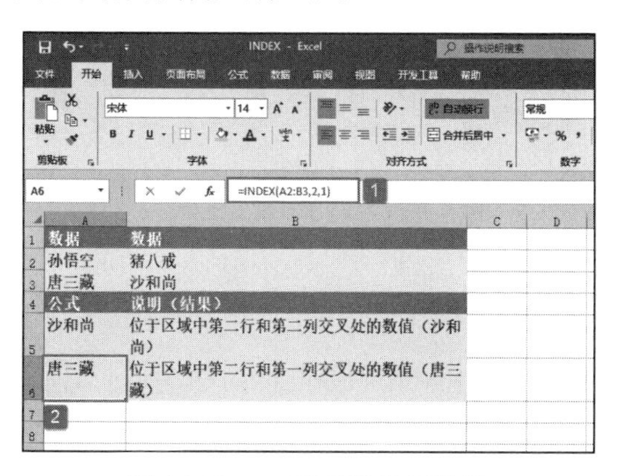

图 16-48 A6 单元格返回结果

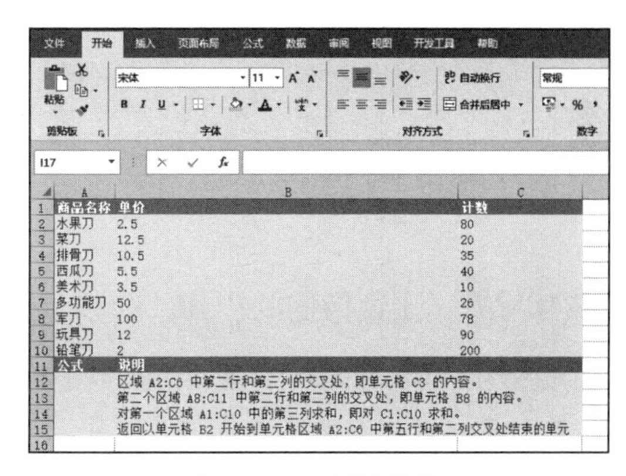

图 16-49 原始数据

STEP01：选中 A12 单元格，在编辑栏中输入公式“ =INDEX(A2:C6,2,3)”，用于返回区域 A2:C6 中第 2 行和第 3 列的交叉处，即 C3 单元格的内容，输入完成后按“Enter”键返回计算结果，如图 16-50 所示。

STEP02：选中 A13 单元格，在编辑栏中输入公式“=INDEX((A1:C6,A7:C10),2,2,2)”，用于返回第 2 个区域 A8:C11 中第 2 行和第 2 列的交叉处，即 B8 单元格的内容，输入完成后按“Enter”键返回计算结果，如图 16-51 所示。

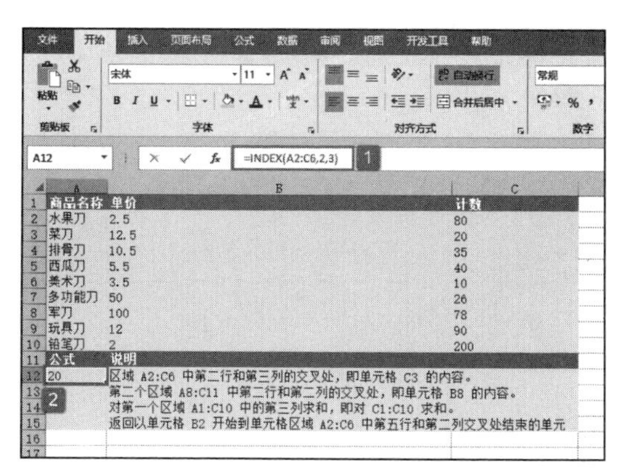

图 16-50 A12 单元格返回结果

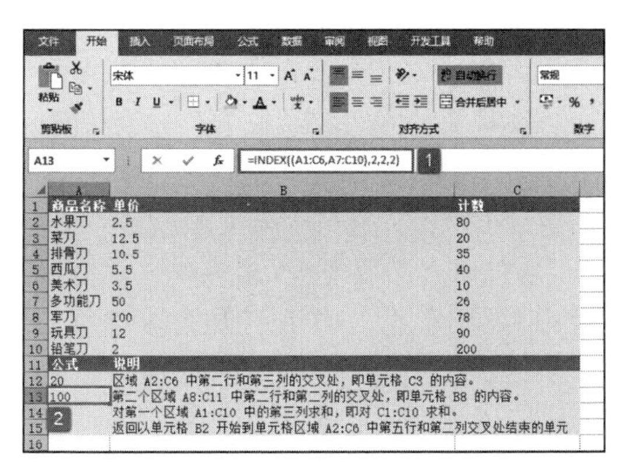

图 16-51 A13 单元格返回结果

STEP03：选中 A14 单元格，在编辑栏中输入公式“=SUM(INDEX(A1:C10,0,3,1))”，用于对第 1 个区域 A1:C10 中的第 3 列求和，即对 C1:C10 求和，输入完成后按“Enter”键返回计算结果，如图 16-52 所示。

STEP04：选中 A15 单元格，在编辑栏中输入公式“=SUM(B2:INDEX(A2:C6,5,2))”，用于返回以 B2 单元格开始到 A2:C6 单元格区域中第 5 行和第 2 列交叉处结束的单元格区域的和，即 B2:B6 单元格区域的和，输入完成后按“Enter”键返回计算结果，如图 16-53 所示。

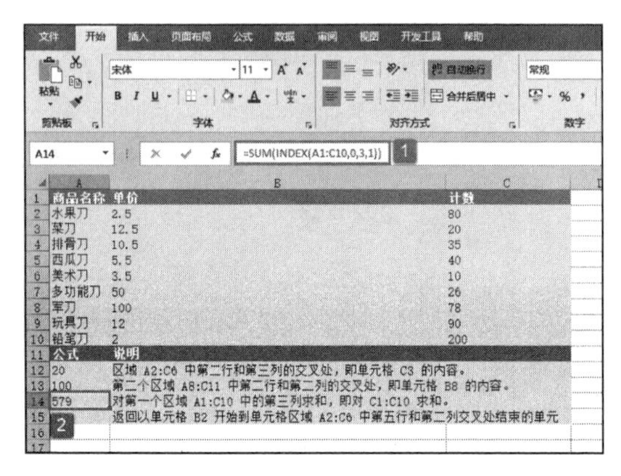

	A	B	C
1	商品名称	单价	计数
2	水果刀	2.5	80
3	菜刀	12.5	20
4	排骨刀	10.5	35
5	西瓜刀	5.5	40
6	美术刀	3.5	10
7	多功能刀	50	26
8	军刀	100	78
9	玩具刀	12	90
10	铅笔刀	2	200
11	公式	说明	
12	20	区域 A2:C6 中第二行和第三列的交叉处，即单元格 C3 的内容。	
13	100	第二个区域 A8:C11 中第二行和第二列的交叉处，即单元格 B8 的内容。	
14	579	对第一个区域 A1:C10 中的第三列求和，即对 C1:C10 求和。	
15		返回以单元格 B2 开始到单元格区域 A2:C6 中第五行和第二列交叉处结束的单元	

图 16-52　A14 单元格返回结果

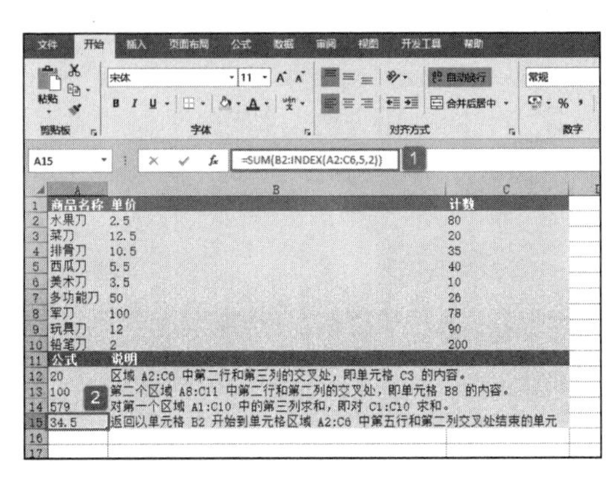

	A	B	C
1	商品名称	单价	计数
2	水果刀	2.5	80
3	菜刀	12.5	20
4	排骨刀	10.5	35
5	西瓜刀	5.5	40
6	美术刀	3.5	10
7	多功能刀	50	26
8	军刀	100	78
9	玩具刀	12	90
10	铅笔刀	2	200
11	公式	说明	
12	20	区域 A2:C6 中第二行和第三列的交叉处，即单元格 C3 的内容。	
13	100	第二个区域 A8:C11 中第二行和第二列的交叉处，即单元格 B8 的内容。	
14	579	对第一个区域 A1:C10 中的第三列求和，即对 C1:C10 求和。	
15	34.5	返回以单元格 B2 开始到单元格区域 A2:C6 中第五行和第二列交叉处结束的单元	

图 16-53　A15 单元格返回结果

16.2.8　计算指定的引用

INDIRECT 函数用于返回由文本字符串指定的引用。此函数立即对引用进行计算，并显示其内容。当需要更改公式中单元格的引用，而不更改公式本身，则须使用函数 INDIRECT。其语法如下：

```
INDIRECT(ref_text,a1)
```

其中，ref_text 参数为对单元格的引用，此单元格可以包含 A1 样式的引用、R1C1 样式的引用、定义为引用的名称或对文本字符串单元格的引用。a1 为一逻辑值，指明包含在单元格 ref_text 中的引用的类型。下面通过实例详细讲解该函数的使用方法与技巧。

打开“INDIRECT 函数 .xlsx”工作簿，切换至“Sheet1”工作表，本例中的原始数据如图 16-54 所示。要求根据工作表中的数据内容，返回由文本字符串指定的引用。具体操作步骤如下。

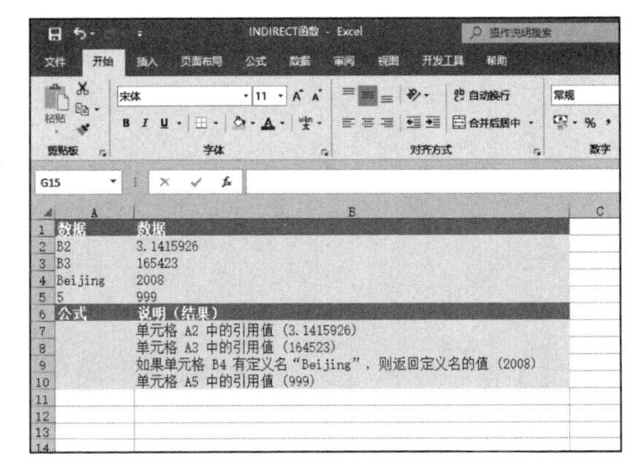

	A	B
1	数据	数据
2	B2	3.1415926
3	B3	165423
4	Beijing	2008
5	5	999
6	公式	说明（结果）
7		单元格 A2 中的引用值（3.1415926）
8		单元格 A3 中的引用值（164523）
9		如果单元格 B4 有定义名“Beijing”，则返回定义名的值（2008）
10		单元格 A5 中的引用值（999）

图 16-54　原始数据

STEP01：选中 A7 单元格，在编辑栏中输入公式“=INDIRECT($A$2)”，用于返回 A2 单元格中的引用值，输入完成后按“Enter”键返回计算结果，如图 16-55 所示。

STEP02：选中 A8 单元格，在编辑栏中输入公式“=INDIRECT($A$3)”，用于返回 A3 单元格中的引用值，输入完成后按“Enter”键返回计算结果，如图 16-56 所示。

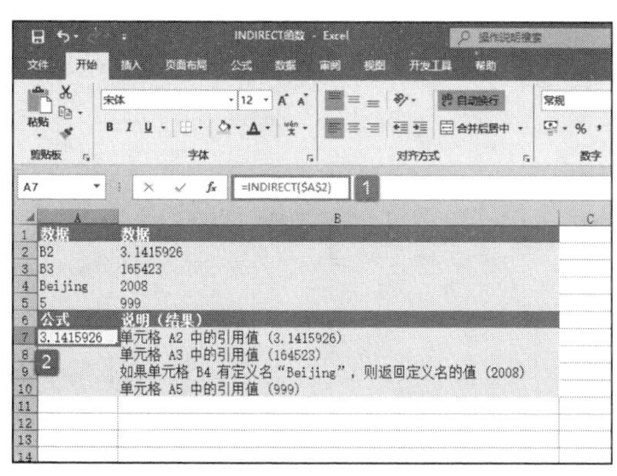

图 16-55　返回单元格 A2 的引用值

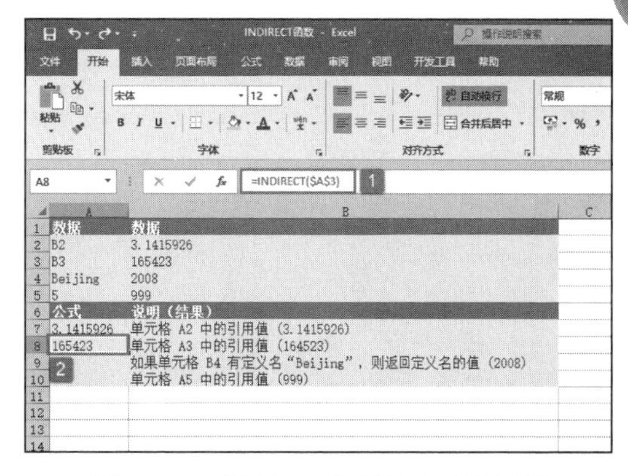

图 16-56　返回 A8 单元格中的引用值

STEP03：选中 A9 单元格，在编辑栏中输入公式“=INDIRECT($A$4)”，用于返回 A4 单元格中的引用值，如果 B4 单元格有定义名“Beijing”，则返回定义名的值（2008），输入完成后按“Enter”键返回计算结果，如图 16-57 所示。

STEP04：选中 A10 单元格，在编辑栏中输入公式“=INDIRECT("B"&$A$5)”，用于返回 A5 单元格中的引用值，输入完成后按“Enter”键返回计算结果，如图 16-58 所示。

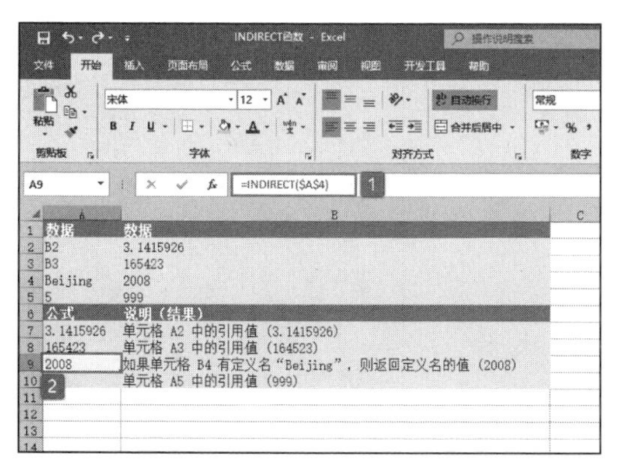

图 16-57　返回 A4 单元格中的引用值

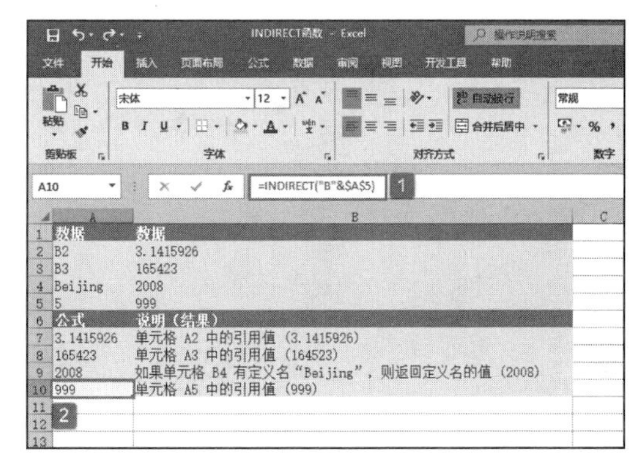

图 16-58　返回 A5 单元格中的引用值

16.2.9　计算行号

ROW 函数用于返回引用的行号。其语法如下：

```
ROW(reference)
```

其中，reference 参数为需要得到其行号的单元格或单元格区域。如果省略 reference 参数，则假定是对函数 ROW 所在单元格的引用。如果 reference 参数为一个单元格区域，并且函数 ROW 作为垂直数组输入，则函数 ROW 将 reference 参数的行号以垂直数组的形式返回。reference 参数不能引用多个区域。下面通过实例详细讲解该函数的使用方法与技巧。

打开“ROW 函数 .xlsx”工作簿，切换至“Sheet1”工作表，本例中的原始数据如图 16-59 所示。要求根据工作表中的数据内容，返回引用的行号。具体操作步骤如下。

STEP01：选中 A2 单元格，在编辑栏中输入公式“=ROW()”，用于返回公式所在行的行号，输入完成后按“Enter”键返回计算结果，如图 16-60 所示。

图 16-59　原始数据

图 16-60　返回公式所在行的行号

STEP02：选中 A3 单元格，在编辑栏中输入公式“=ROW(D19)”，用于返回引用所在行的行号，输入完成后按“Enter”键返回计算结果，如图 16-61 所示。

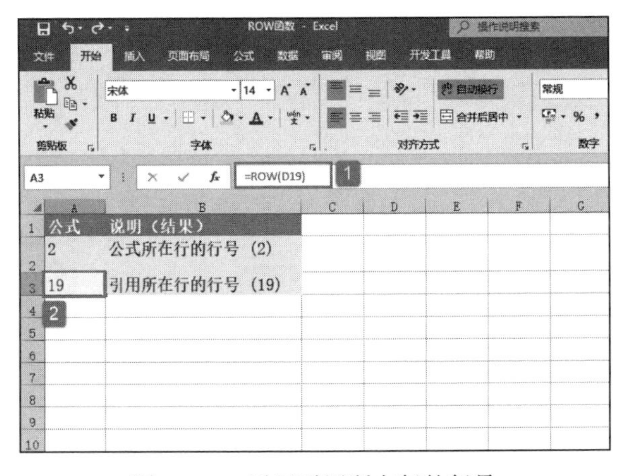

图 16-61　返回引用所在行的行号

16.2.10　计算行数

ROWS 函数用于返回引用或数组的行数。其语法如下：

```
ROWS(array)
```

其中，array 参数为需要得到其行数的数组、数组公式或对单元格区域的引用。下面通过实例详细讲解该函数的使用方法与技巧。

打开“ROWS 函数 .xlsx”工作簿，切换至“Sheet1”工作表，本例中的原始数据如图 16-62 所示。要求根据工作表中的数据内容，返回引用的行数。具体操作步骤如下。

图 16-62　原始数据

STEP01：选中 A2 单元格，在编辑栏中输入公式“=ROWS

(A1:F7)”，用于返回引用中的行数，输入完成后按“Enter”键返回计算结果，如图16-63所示。

STEP02：选中A3单元格，在编辑栏中输入公式“=ROWS({1,2,3,4;5,6,7,8;2,3,4,5})”，用于返回数组常量中的行数，输入完成后按“Enter”键返回计算结果，如图16-64所示。

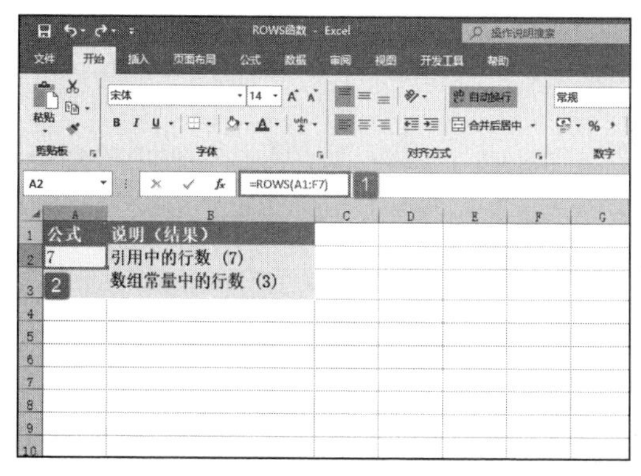

图16-63　返回引用中的行数

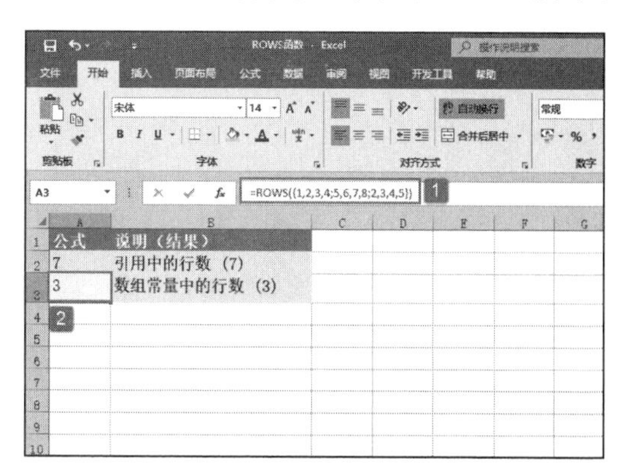

图16-64　返回数组常量中的行数

16.2.11　检索实时数据

RTD函数用于从支持COM自动化的程序中检索实时数据。其语法如下：

```
RTD(ProgID,server,topic1,[topic2],...)
```

其中，ProgID参数为已安装在本地计算机上、经过注册的COM自动化加载宏的ProgID名称，该名称用引号引起来。Server为运行加载宏的服务器的名称。topic1、topic2……为1～253个参数，这些参数放在一起代表一个唯一的实时数据。

例如，以下公式将从LOREM_IPSUM服务器的MyComAddIn.Progid中检索“Price”：

```
=RTD("MyComAddIn.Progid",,"LOREM_IPSUM","Price")
```

16.2.12　计算转置单元格区域

TRANSPOSE函数用于返回转置单元格区域，即将一行单元格区域转置成一列单元格区域，反之亦然。在行列数分别与数组的行列数相同的区域中，必须将TRANSPOSE输入为数组公式。使用TRANSPOSE可在工作表中转置数组的垂直和水平方向。其语法如下：

```
TRANSPOSE(array)
```

其中，array参数为需要进行转置的数组或工作表中的单元格区域。所谓数组的转置就是，将数组的第1行作为新数组的第1列，数组的第2行作为新数组的第2列，依此类推。下面通过实例详细讲解该函数的使用方法与技巧。

打开“TRANSPOSE函数.xlsx”工作簿，切换至“Sheet1”工作表，本例中的原始数据如图16-65所示。要求根据工作表中的数据内容，返回转置单元格区域。具体操作步骤如下。

选中A4:A6单元格区域，在公式编辑框中输入公式“=TRANSPOSE($A$2:$C$2)”，然后按“Ctrl+Shift+Enter”组合键转换为数组公式，得到的计算结果如图16-66所示。

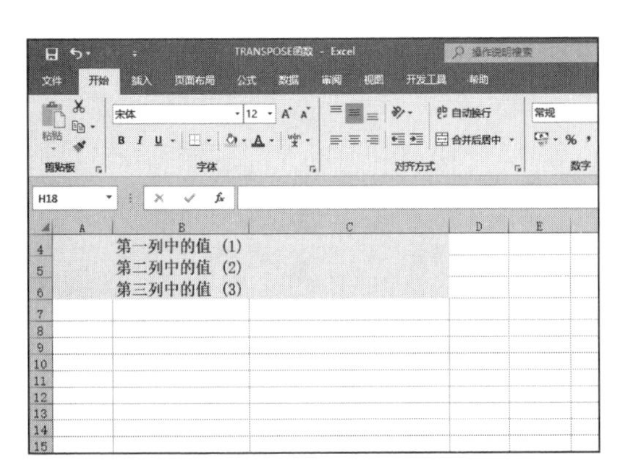

图 16-65　原始数据

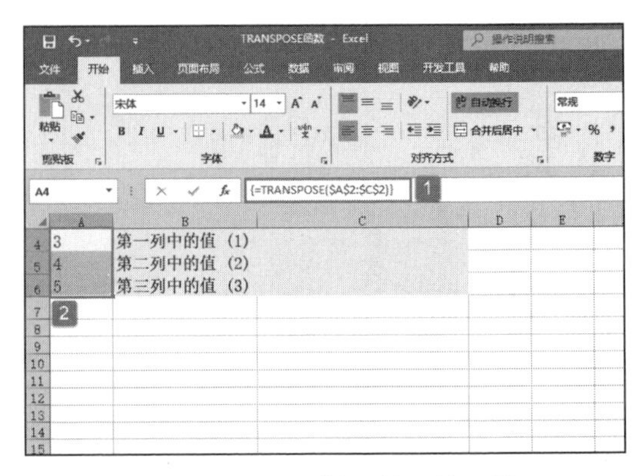

图 16-66　返回转置单元格区域

16.3　实战：学生成绩查询

打开“学生成绩查询 .xlsx”工作簿，某大学语言测试成绩表如图 16-67 所示。现在需要实现只输入学生姓名，就能够查询某一学生的成绩或其他信息。

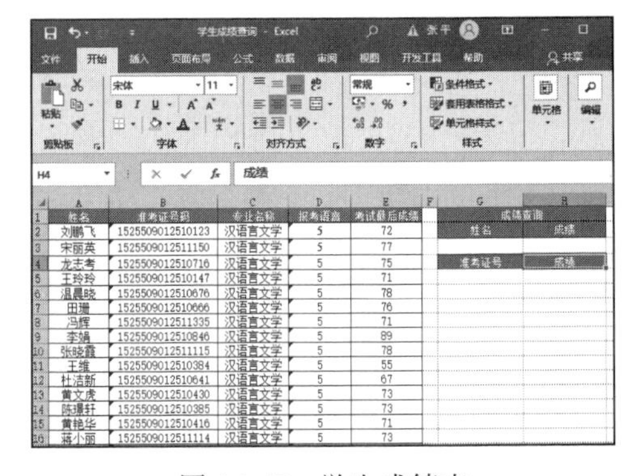

图 16-67　学生成绩表

下面介绍如何使用查找与引用函数中的 INDEX 函数和 MATCH 函数来实现这种查询功能。

STEP01：选中 H3 单元格，在编辑栏中输入公式“=INDEX(E:E,MATCH($G$3,$A:$A,0))”，输入完成后按“Enter”键返回计算结果，如图 16-68 所示。该公式使用 INDEX 函数返回成绩表中 $G$3 所在行对应 E 列的值，使用 MATCH 函数查找成绩表中 A 列与单元格 $G$3 相同的值。

STEP02：选中 G3 单元格，在单元格中输入一个学生的姓名，这里输入“田珊”，然后按“Enter”键返回，可以看到在 H3 单元格中显示出其成绩，如图 16-69 所示。

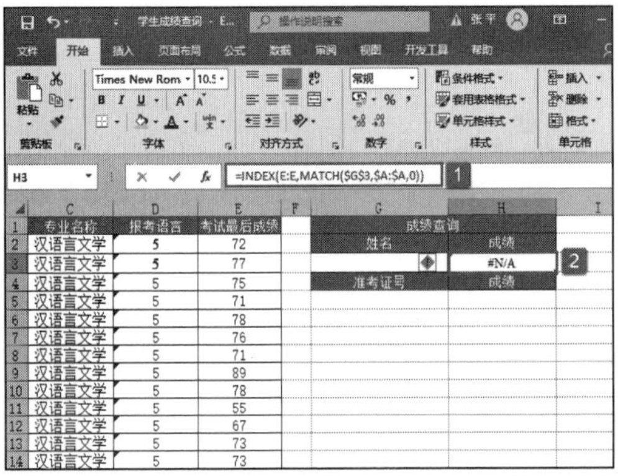

图 16-68　输入成绩公式

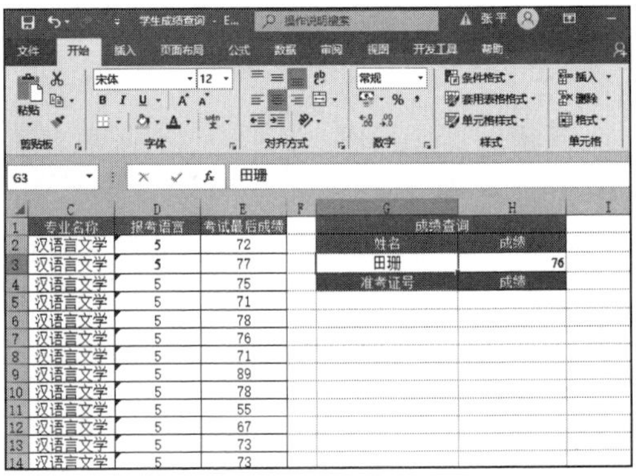

图 16-69　输入学生姓名查询成绩

STEP03：选中 H5 单元格，在编辑栏中输入公式“=INDEX(E:E,MATCH($G$5,$B:$B,0))”，输入完成后按“Enter”键返回计算结果，如图 16-70 所示。该公式使用 INDEX 函数返回成绩表中 $G$5 所在行对应 E 列的值，使用 MATCH 函数查找成绩表中 A 列与单元格 $G$5 相同的值。

STEP04：选中 G5 单元格，在单元格中输入一个学生的准考证号码，这里输入“1525509012510716”，然后按“Enter”键返回，可以看到在 H5 单元格中显示出其成绩，如图 16-71 所示。

图 16-70　在 H5 单元格中输入公式

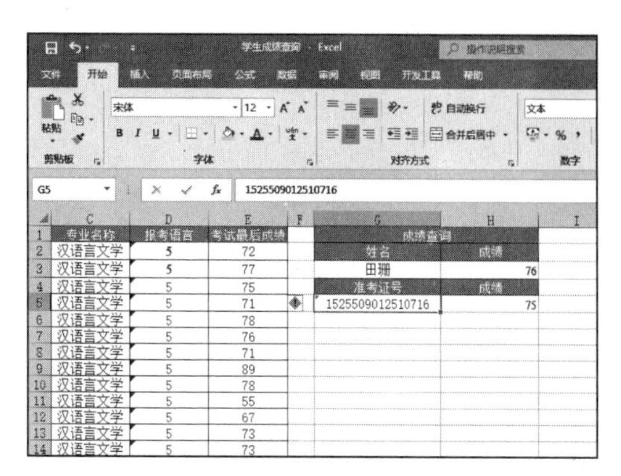

图 16-71　使用准考证号码查询学生成绩

第17章 概率函数应用

概率分布是概率论的基本概念之一，用以表述随机变量取值的概率规律。为了使用的方便，可以根据随机变量所属类型的不同，利用 Excel 2019 提供的相关函数，获取概率分布不同的表现形式。

- 常用概率分布计算
- 实战：检验计算

17.1 常用概率分布计算

概率，又称为或然率、机会率、机率（几率）或可能性，它是概率论的基本概念。概率是对随机事件发生的可能性的度量，一般以一个在 0 ～ 1 的实数表示一个事件发生的可能性大小。本节将介绍 FREQUENCY、BINOMDIST、FDIST、HYPGEOMDIST、PROB 等概率函数计算。

17.1.1 计算区域值出现频率

FREQUENCY 函数用于计算一个值，可以使用该值构建总体平均值的置信区间。FREQUENCY 函数的语法如下：

```
FREQUENCY(data_array,bins_array)
```

其中，data_array 参数是一个数组或对一组数值的引用，要为它计算频率。如果 data_array 参数中不包含任何数值，函数 FREQUENCY 将返回一个零数组。bins_array 参数是一个区间数组或对区间的引用，该区间用于对 data_array 参数中的数值进行分组。如果 bins_array 参数中不包含任何数值，则函数 FREQUENCY 返回的值与 data_array 参数中的元素个数相等。下面通过实例详细讲解该函数的使用方法与技巧。

打开“FREQUENCY 函数 .xlsx”工作簿，切换至“Sheet1”工作表，本例中的原始数据如图 17-1 所示。已知在单元格区域中的若干分数，以及区间分割点，要求计算各区间内的分数个数。具体的操作步骤如下。

选中 A12:A15 单元格，按“F2”键，在 A12 单元格中输入公式“=FREQUENCY(A2:A10,B2:B4)”，然后按“Ctrl+Shift+Enter”组合键返回数组公式，用于分别各区间的分数个数，计算结果如图 17-2 所示。

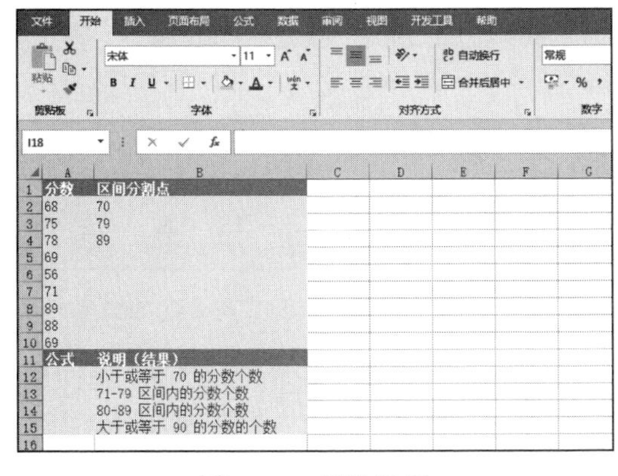

图 17-1 原始数据

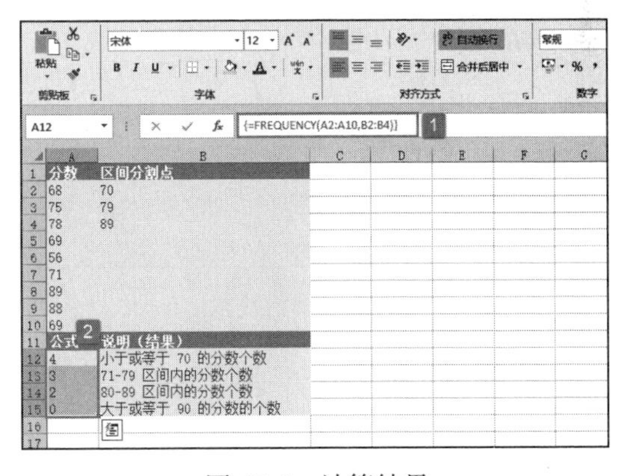

图 17-2 计算结果

在选择了用于显示返回的分布结果的相邻单元格区域后，函数 FREQUENCY 应以数组公式的形式输入。返回的数组中的元素个数比 bins_array 参数中的元素个数多 1 个。多出来的元素表示最高区间之上的数值个数。例如，如果要为 3 个单元格中输入的 3 个数值区间计数，请务必在 4 个单元格中输入 FREQUENCY 函数获得计算结果。多出来的单元格将返回 data_array 参数中第 3 个区间值以上的数值个数。函数 FREQUENCY 将忽略空白单元格和文本。对于返回结果为数组的公式，必须以数组公式的形式输入。

17.1.2 计算一元二项式分布概率值

BINOMDIST 函数可以返回一元二项式分布的概率值。函数 BINOMDIST 适用于固定次数的独立试验，试验的结果只包含成功或失败两种情况，且成功的概率在实验期间固定不变。例如，函数 BINOMDIST 可以计算 3 个婴儿中两个是男孩的概率。BINOMDIST 函数的语法如下：

```
BINOMDIST(number_s,trials,probability_s,cumulative)
```

其中，number_s 参数为试验成功的次数。trials 参数为独立试验的次数。probability_s 参数为每次试验中成功的概率。cumulative 参数为一逻辑值，决定函数的形式。如果 cumulative 参数为 TRUE，函数 BINOMDIST 返回累积分布函数，即至多 number_s 次成功的概率；如果为 FALSE，返回概率密度函数，即 number_s 次成功的概率。下面通过实例详细讲解该函数的使用方法与技巧。

已知工厂中某次产品试验的成功次数为 8，独立试验次数为 12，每次试验的成功概率为 0.6，要求计算 12 次试验中成功 6 次的概率。打开“BINOMDIST 函数 .xlsx”工作簿，切换至“Sheet1”工作表，本例中的原始数据如图 17-3 所示。具体的操作步骤如下。

选中 A6 单元格，在编辑栏中输入公式“=BINOMDIST(A2,A3,A4,FALSE)”，用于计算 12 次试验成功 6 次的概率，输入完成后按“Enter”键返回计算结果，如图 17-4 所示。

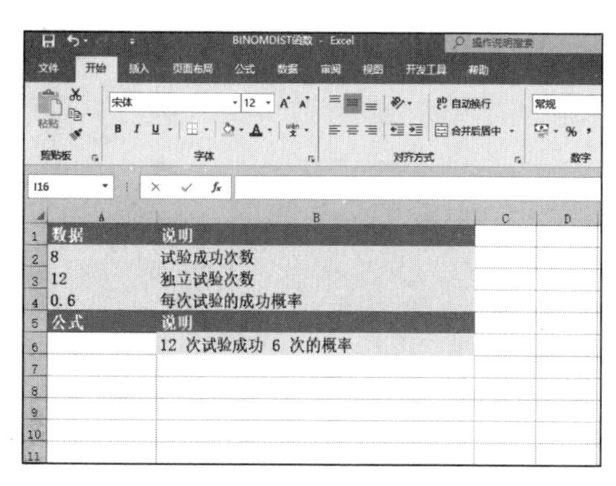

图 17-3 原始数据

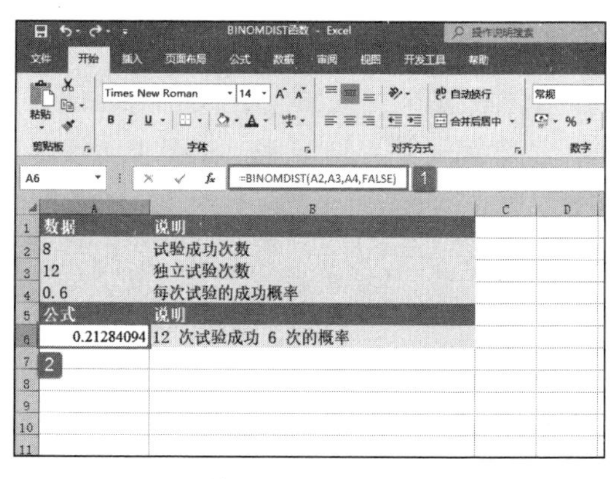

图 17-4 计算 12 次试验成功 6 次的概率

如果参数 number_s、trials 或 probability_s 为非数值型，函数 BINOMDIST 返回错误值“#VALUE!”。如果参数 number_s<0 或参数 number_s>trials，函数 BINOMDIST 返回错误值“#NUM!”。如果参数 probability_s<0 或参数 probability_s>1，函数 BINOMDIST 返回错误值“#NUM!”。一元二项式概率密度函数的计算公式为：

$$b(x;n,p)=\binom{n}{x}p^{n}(1-p)^{n-N}$$

式中：

$\binom{n}{x}$ 等于 COMBIN(n,x)。

一元二项式累积分布函数的计算公式为：

$$B(x;n,p)=\sum_{y=0}^{N}b(y;n,p)$$

17.1.3 计算 χ^2 分布单尾概率

CHIDIST 函数用于返回 χ^2 分布的单尾概率。χ^2 分布与 χ^2 检验相关，使用 χ^2 检验可以比较观察值和期望值。例如，某项遗传学实验假设下一代植物将呈现出某一组颜色。使用此函数比较观测结果和期望值，可以确定初始假设是否有效。CHIDIST 函数的语法如下。

```
CHIDIST(x,degrees_freedom)
```

其中，x 参数为用来计算分布的数值，degrees_freedom 参数为自由度的数值。下面通过实例详细讲解该函数的使用方法与技巧。

打开“CHIDIST 函数 .xlsx”工作簿，切换至“Sheet1”工作表，本例中的原始数据如图 17-5 所示。工作表中已经给定用来计算分布的数值和自由度，要求计算 χ^2 分布的单尾概率。具体的操作步骤如下。

选中 A5 单元格，在编辑栏中输入公式“=CHIDIST(A2,A3)”，用于计算 χ^2 分布的单尾概率，输入完成后按“Enter”键返回计算结果，如图 17-6 所示。

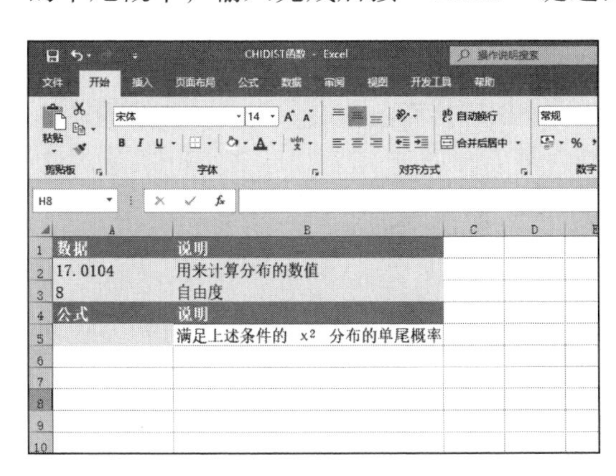

图 17-5 原始数据

图 17-6 计算 χ^2 分布的单尾概率

如果任一参数为非数值型，函数 CHIDIST 返回错误值“#VALUE!”。如果 x 为负数，函数 CHIDIST 返回错误值“#NUM!”。如果 degrees_freedom 参数不是整数，将被截尾取整。如果参数 degrees_freedom<1 或参数 degrees_freedom>10^10，则函数 CHIDIST 返回错误值“#NUM!”。函数 CHIDIST 按 CHIDIST=P(X>x) 计算，式中 X 为 χ^2 随机变量。

CHIINV 函数用于返回 χ^2 分布单尾概率的反函数值。如果 probability=CHIDIST(x,...)，则 CHIINV(probability,...)=x。使用此函数可比较观测结果和期望值，以确定初始假设是否有效。CHIINV 函数的语法如下：

```
CHIINV(probability,degrees_freedom)
```

其中，probability 参数为与 χ^2 分布相关的概率，degrees_freedom 参数为自由度的数值。下面通过实例详细讲解该函数的使用方法与技巧。

打开“CHIINV 函数 .xlsx”工作簿，切换至“Sheet1”工作表，本例中的原始数据如图 17-7 所示。工作表中已经给定用来计算分布的数值和自由度，要求计算 χ^2 分布的单尾概率的反函数值。具体的操作步骤如下。

选中 A5 单元格，在编辑栏中输入公式"=CHIINV(A2,A3)"，用于计算 χ^2 分布的单尾概率的反函数值，输入完成后按"Enter"键返回计算结果，如图 17-8 所示。

图 17-7　原始数据

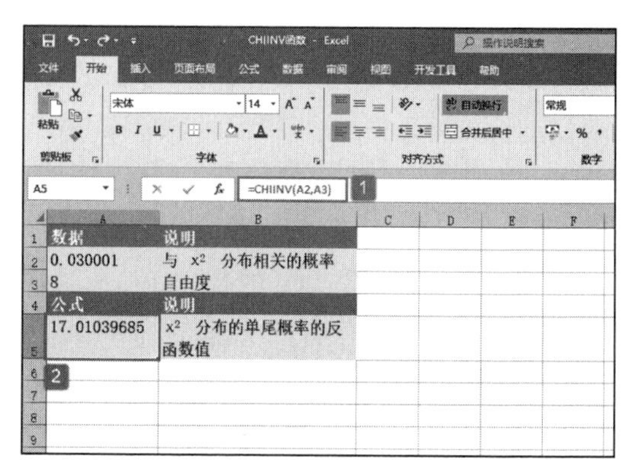

图 17-8　计算 χ^2 分布的单尾概率的反函数值

如果任一参数为非数字型，则函数 CHIINV 返回错误值"#VALUE!"。如果 probability<0 或 probability>1，则函数 CHIINV 返回错误值"#NUM!"。如果 degrees_freedom 不是整数，将被截尾取整。如果 degrees_freedom<1 或 degrees_freedom ≥ 10^10，函数 CHIINV 返回错误值"#NUM!"。如果已给定概率值，则 CHIINV 使用 CHIDIST(x,degrees_freedom)=probability 求解数值 x。因此，CHIINV 的精度取决于 CHIDIST 的精度。CHIINV 使用迭代搜索技术。如果搜索在 100 次迭代之后没有收敛，则函数返回错误值"#N/A"。

17.1.4 计算 F 概率分布

FDIST 函数用于返回 F 概率分布。使用此函数可以确定两个数据集是否存在变化程度上的不同。例如，分析进入高中的男生、女生的考试分数，确定女生分数的变化程度是否与男生不同。FDIST 函数的语法如下：

```
FDIST(x,degrees_freedom1,degrees_freedom2)
```

其中，x 参数为参数值，degrees_freedom1 参数为分子的自由度，degrees_freedom2 参数为分母的自由度。下面通过实例详细讲解该函数的使用方法与技巧。

打开"FDIST 函数 .xlsx"工作簿，切换至"Sheet1"工作表，本例中的原始数据如图 17-9 所示。要求根据工作表中已经给定的参数值、分子自由度、分母自由度，计算 F 概率分布。具体的操作步骤如下。

选中 A6 单元格，在编辑栏中输入公式"=FDIST(A2,A3,A4)"，用于计算 F 概率分布，输入完成后按"Enter"键返回计算结果，如图 17-10 所示。

如果任何参数都为非数值型，函数 FDIST 返回错误值"#VALUE!"。如果 x 参数为负数，函数 FDIST 返回错误值"#NUM!"。如果 degrees_freedom1 参数或 degrees_freedom2 参数不是整数，将被截尾取整。如果参数 degrees_freedom1<1 或参数 degrees_freedom1 ≥ 10^10，函数 FDIST 返回错误值"#NUM!"。如果参数 degrees_freedom2<1 或参数 degrees_freedom2 ≥ 10^10，函数 FDIST 返回错误值"#NUM!"。函数 FDIST 的计算公式为 FDIST=P(F>x)，其中 F 为呈 F 分布且带有 degrees_freedom1

和 degrees_freedom2 自由度的随机变量。

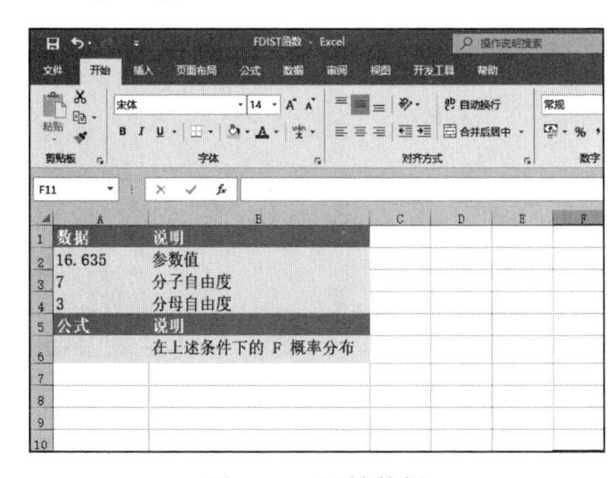

图 17-9 原始数据

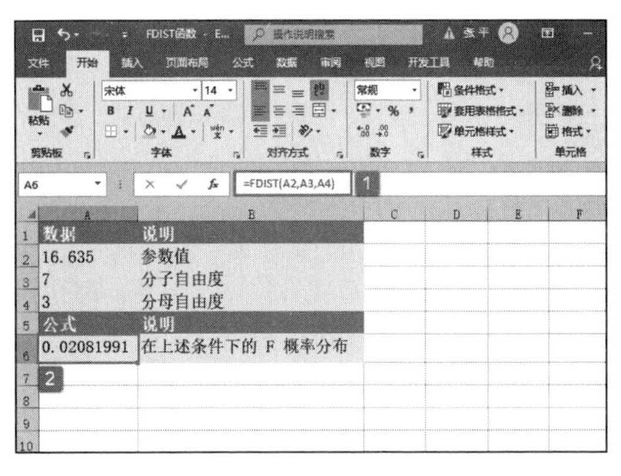

图 17-10 计算 F 概率分布

17.1.5 计算超几何分布

HYPGEOMDIST 函数用于计算超几何分布。给定样本容量、样本总体容量和样本总体中成功的次数，函数 HYPGEOMDIST 返回样本取得给定成功次数的概率。

使用函数 HYPGEOMDIST 可以解决有限总体的问题，其中每个观察值或者为成功或者为失败，且给定样本容量的每一个子集有相等的发生概率。HYPGEOMDIST 函数的语法如下：

```
HYPGEOMDIST(sample_s,number_sample,population_s,number_population)
```

其中，sample_s 参数为样本中成功的次数，number_sample 参数为样本容量，population_s 参数为样本总体中成功的次数，number_population 参数为样本总体的容量。

超几何分布的计算公式如下：

$$P(X=x)=h(x;n,M,N)=\frac{\binom{M}{x}\binom{N-m}{n-x}}{\binom{N}{n}}$$

式中：

x=sample_s

n=number_sample

M, m=population_s

N=number_population

下面通过实例详细讲解该函数的使用方法与技巧。

打开“HYPGEOMDIST 函数 .xlsx”工作簿，切换至“Sheet1”工作表，本例中的原始数据如图 17-11 所示。已知样本中成功的次数、样本容量、样本总体中成功的次数、样本总体的容量，要求计算样本和样本总体的超几何分布。具体的操作步骤如下。

选中 A7 单元格，在编辑栏中输入公式“=HYPGEOMDIST(A2,A3,A4,A5)”，用于返回上述样本和样本总体的超几何分布，输入完成后按“Enter”键返回计算结果，如图 17-12 所示。

如果任一参数为非数值型，函数 HYPGEOMDIST 返回错误值“#VALUE!”。如果参数 sample_s<0 或参数 sample_s 大于 number_sample 参数和 population_s 参数中的

较小值，函数 HYPGEOMDIST 返回错误值“#NUM!”。如果 sample_s 参数小于 0 或 (number_sample−number_population+population_s) 中的较大值，函数 HYPGEOMDIST 返回错误值“#NUM!”。如果参数 number_sample ≤ 0 或参数 number_sample>number_population，函数 HYPGEOMDIST 返回错误值“#NUM!”。如果参数 population_s ≤ 0 或参数 population_s>number_population，函数 HYPGEOMDIST 返回错误值“#NUM!”。如果参数 number_population ≤ 0，函数 HYPGEOMDIST 返回错误值“#NUM!”。

图 17-11　原始数据

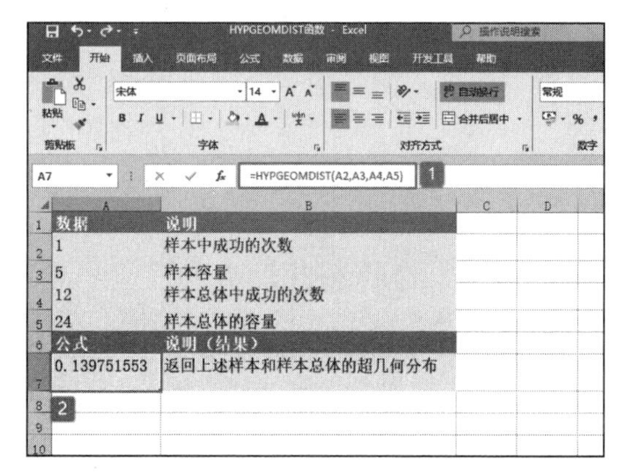

图 17-12　返回上述样本和样本总体的超几何分布

函数 HYPGEOMDIST 用于在有限样本总体中进行不退回抽样的概率计算。

17.1.6　计算数值在指定区间内的概率

PROB 函数用于返回区域中的数值落在指定区间内的概率。如果没有给出上限（upper_limit），则返回区间 x_range 内的值等于下限 lower_limit 的概率。PROB 函数的语法如下：

```
PROB(x_range,prob_range,lower_limit,upper_limit)
```

其中，x_range 参数为具有各自相应概率值的 x 数值区域，prob_range 参数为与 x_range 中的值相对应的一组概率值，lower_limit 参数为用于计算概率的数值下界，upper_limit 参数为用于计算概率的可选数值上界。下面通过实例详细讲解该函数的使用方法与技巧。

打开“PROB 函数.xlsx”工作簿，切换至“Sheet1”工作表，本例中的原始数据如图 17-13 所示。已知具备各自相应概率值的 x 数值区域，要求计算区域中的数值落在指定区间中的概率。具体的操作步骤如下。

图 17-13　原始数据

STEP01：选中 A7 单元格，在编辑栏中输入公式“=PROB(A2:A5,B2:B5,2)”，用于计算 x 为 2 的概率，输入完成后按“Enter”键返回计算结果，如图 17-14 所示。

STEP02：选中 A8 单元格，在编辑栏中输入公式“=PROB(A2:A5,B2:B5,1,3)”，用于计算 x 在 1 到 3 之间的概率，输入完成后按“Enter”键返回计算结果，如图 17-15 所示。

图 17-14　计算 x 为 2 的概率

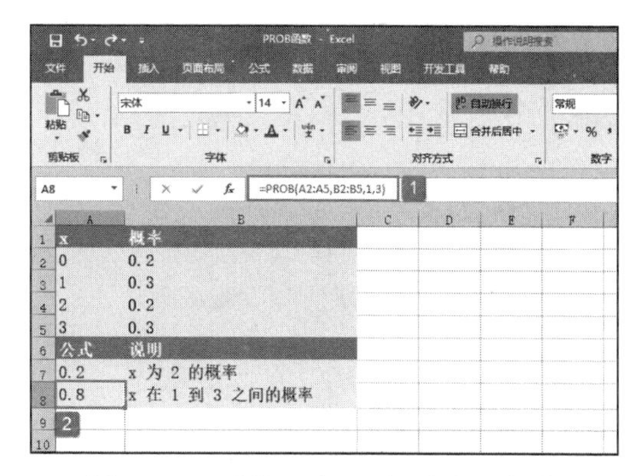

图 17-15　计算 x 在 1 到 3 之间的概率

如果 prob_range 参数中的任意值≤ 0 或 >1，函数 PROB 返回错误值“#NUM!”。如果 prob_range 参数中所有值之和不等于 1，函数 PROB 返回错误值“#NUM!”。如果省略 upper_limit 参数，函数 PROB 返回值等于 lower_limit 时的概率。如果 x_range 参数和 prob_range 参数中的数据点个数不同，函数 PROB 返回错误值“#N/A”。

17.1.7　计算泊松分布

POISSON 函数用于返回泊松分布。泊松分布通常用于预测一段时间内事件发生的次数，比如一分钟内通过收费站的轿车的数量。POISSON 函数的语法如下：

```
POISSON(x,mean,cumulative)
```

其中，x 参数为事件数，mean 参数为期望值，cumulative 参数为一逻辑值，确定所返回的概率分布形式。如果 cumulative 为 TRUE，函数 POISSON 返回泊松累积分布概率，即，随机事件发生的次数在 0 到 x 之间（包含 0 和 1）；如果为 FALSE，则返回泊松概率密度函数，即随机事件发生的次数恰好为 x。下面通过实例详细讲解该函数的使用方法与技巧。

打开“POISSON 函数 .xlsx”工作簿，切换至“Sheet1”工作表，本例中的原始数据如图 17-16 所示。已知事件数和期望值，要求计算符合这些条件的泊松累积分布概率和泊松概率密度函数的结果。具体的操作步骤如下。

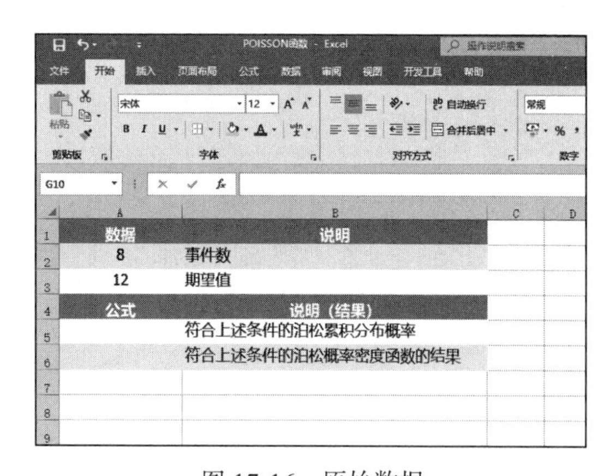

图 17-16　原始数据

STEP01：选中 A5 单元格，在编辑栏中输入公式“=POISSON(A2,A3,TRUE)”，用于计算符合上述条件的泊松累积分布概率，输入完成后按“Enter”键返回计算结果，如图 17-17 所示。

STEP02：选中 A6 单元格，在编辑栏中输入公式“=POISSON(A2,A3,FALSE)”，用于计算符合上述条件的泊松概率密度函数的结果，输入完成后按“Enter”键返回计算结果，如图 17-18 所示。

图 17-17　计算符合上述条件的泊松累积分布概率

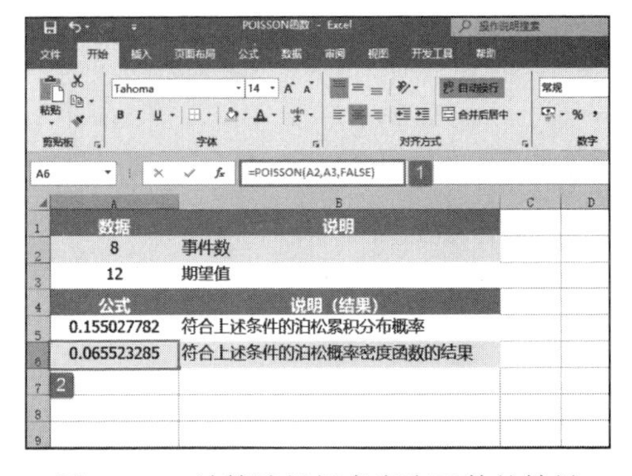

图 17-18　计算泊松概率密度函数的结果

如果 x 参数不为整数，将被截尾取整。如果 x 参数或 mean 参数为非数值型，函数 POISSON 返回错误值“#VALUE!”。如果参数 x<0，函数 POISSON 返回错误值“#NUM!”。如果参数 mean<0，函数 POISSON 返回错误值“#NUM!”。函数 POISSON 的计算公式如下：

假设 cumulative=FALSE，

$$\text{POISSON}=\frac{e^{-\lambda}\lambda^{x}}{x!}$$

假设 cumulative=TRUE，

$$\text{CUMPOISSON}=\sum_{k=0}^{x}\frac{e^{-\lambda}\lambda^{x}}{k!}$$

17.2 实战：检验计算

检验是将抽样结果和抽样分布相对照而做出判断的工作。若要取得抽样结果，依据描述性统计的方法就足够了。而抽样分布则不然，它无法直接从资料中获得，必须利用概率论。如果不对概括的总体和使用的抽样程序做某种必要的假设，这项工作将无法进行。利用 Excel 提供的有关函数，用户可以快速地进行这项工作。

17.2.1 计算独立性检验值

CHITEST 函数用于计算独立性检验值。函数 CHITEST 返回 χ^2 分布的统计值及相应的自由度。可以使用 χ^2 检验值确定假设值是否被实验所证实。CHITEST 函数的语法如下：

```
CHITEST(actual_range,expected_range)
```

其中，actual_range 参数为包含观察值的数据区域，将对期望值做检验。expected_range 参数为包含行列汇总的乘积与总计值之比率的数据区域。下面通过实例详细讲解该函数的使用方法与技巧。

打开“CHITEST 函数 .xlsx”工作簿，切换至“Sheet1”工作表，本例中的原始数据如图 17-19 所示。工作表中统计了某班男生与女生去某地旅游的意向，已知统计的实际数值与期望数值，要求计算出相关性检验值。具体的操作步骤如下。

选中 A10 单元格，在编辑栏中输入公式“=CHITEST(A2:B4,A6:B8)”，用于返回独立性检验值，输入完成后按“Enter”键返回计算结果，如图 17-20 所示。

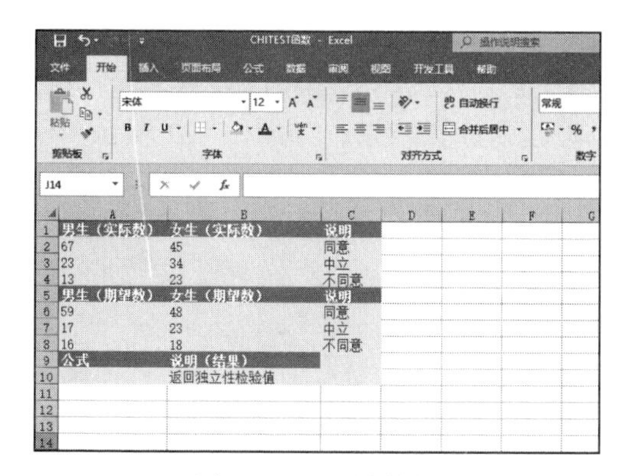

图 17-19　原始数据

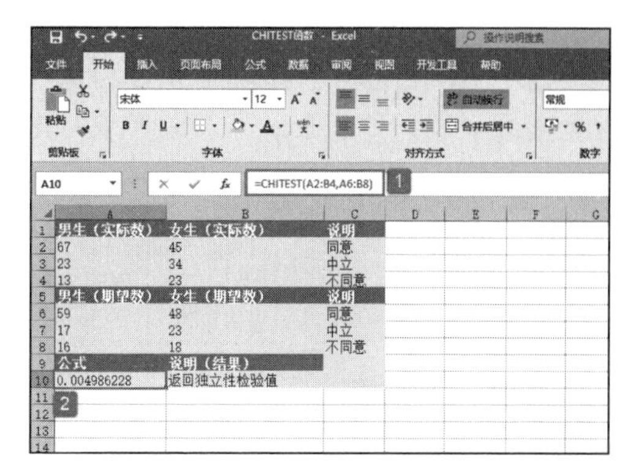

图 17-20　返回独立性检验值

如果 actual_range 参数和 expected_range 参数数据点的个数不同，则函数 CHITEST 返回错误值“#N/A”。χ^2 检验首先使用下面的公式计算 χ^2 统计：

$$x^2 = \sum_{j-1}^{i}\sum_{j-1}^{G}\frac{\left(A_{ij} - E_{ij}\right)^2}{E_y}$$

式中：

A_{ij}= 第 i 行、第 j 列的实际频率

E_{ij}= 第 i 行、第 j 列的期望频率

i= 行数

j= 列数

G= 区间的上限

χ^2 的低值是独立的指示。从公式中可看出，χ^2 总是正数或 0，且为 0 的条件是：对于每个 i 和 j，如果 A_{ij}=E_{ij}。

函数 CHITEST 返回在独立的假设条件下意外获得特定情况的概率，即 χ^2 统计值至少和由上面的公式计算出的值一样大的情况。在计算此概率时，CHITEST 使用具有相应自由度 df 的个数的 χ^2 分布。如果 r>1 且 c>1，则 df=(r−1)(c−1)。如果 r=1 且 c>1，则 df=c–1。或者如果 r>1 且 c=1，则 df=r–1。若出现 r=c=1，则返回“#N/A”。

当 E_{ij} 的值不太小时，使用 CHITEST 最合适。某些统计人员建议每个 E_{ij} 应该大于等于 5。

17.2.2　计算 F 检验值

FTEST 函数用于计算 F 检验的结果。F 检验返回的是当数组 1 和数组 2 的方差无明显差异时的单尾概率。可以使用 FTEST 函数来判断两个样本的方差是否不同。例如，给定几个不同学校的测试成绩，可以检验学校间测试成绩的差别程度。FTEST 函数的语法如下：

```
FTEST(array1,array2)
```

其中，array1 参数为第 1 个数组或数据区域，array2 参数为第 2 个数组或数据区域。下面通过实例详细讲解该函数的使用方法与技巧。

已知在两个数据区域中，给定了两个不同学校不同科目在某一测试中成绩达到优秀分数线的学生数目，要求计算学校间测试成绩的差别程度。打开“FTEST 函数 .xlsx”工作簿，切换至“Sheet1”工作表，本例中的原始数据如图 17-21 所示。具体的操作步骤如下。

选中 A8 单元格，在编辑栏中输入公式“=FTEST(A2:A6,B2:B6)”，用于返回上述数据集的 F 检验结果，输入完成后按“Enter”键返回计算结果，如图 17-22 所示。

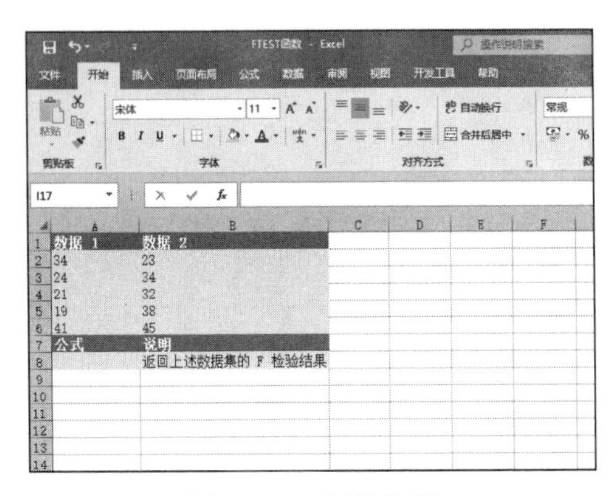

图 17-21　原始数据

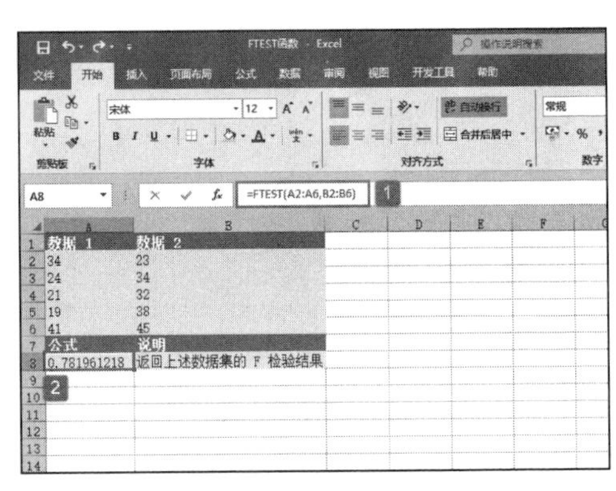

图 17-22　计算 F 检验值

参数可以是数字，或者包含数字的名称、数组或引用。如果数组或引用参数包含文本、逻辑值或空白单元格，则这些值将被忽略；但包含零值的单元格将计算在内。如果数组 1 或数组 2 中数据点的个数小于 2 个，或者数组 1 或数组 2 的方差为零，函数 FTEST 返回错误值“#DIV/0!”。

17.2.3　计算 t 检验相关概率

TTEST 函数用于返回与学生 t 检验相关的概率。可以使用函数 TTEST 判断两个样本是否可能来自两个具有相同平均值的总体。TTEST 函数的语法如下：

```
TTEST(array1,array2,tails,type)
```

其中，array1 参数为第 1 个数据集，array2 参数为第 2 个数据集，tails 参数指示分布曲线的尾数，如果 tails=1，函数 TTEST 使用单尾分布；如果 tails=2，函数 TTEST 使用双尾分布。type 参数为 t 检验的类型，如果 type=1，则检验类型为成对；如果 type=2，则检验类型为等方差双样本检验；如果 type=3，则检验类型为异方差双样本检验。下面通过实例详细讲解该函数的使用方法与技巧。

打开“TTEST 函数 .xlsx”工作簿，切换至“Sheet1”工作表，本例中的原始数据如图 17-23 所示。工作表中记录了两个数据集，要求根据工作表中的数据计算与学生 t 检验相关的概率。具体的操作步骤如下。

选中 A12 单元格，在编辑栏中输入公式“=TTEST(A2:A10,B2:B10,2,1)”，用于计算对应于学生的成对 t 检验的概率，输入完成后按“Enter”键返回计算结果，如图 17-24 所示。

如果 array1 参数和 array2 参数的数据点个数不同，且 type=1（成对），函数 TTEST

返回错误值“#N/A”。参数 tails 和 type 将被截尾取整。如果 tails 参数或 type 参数为非数值型，函数 TTEST 返回错误值“#VALUE!”。如果 tails 参数不为 1 或 2，函数 TTEST 返回错误值“#NUM!”。TTEST 使用 array1 和 array2 中的数据计算非负值 t 统计。如果 tails=1，假设 array1 参数和 array2 参数为来自具有相同平均值的总体的样本，则 TTEST 返回 t 统计的较高值的概率；假设“总体平均值相同”，则当 tails=2 时返回的值是当 tails=1 时返回的值的两倍且符合 t 统计的较高绝对值的概率。

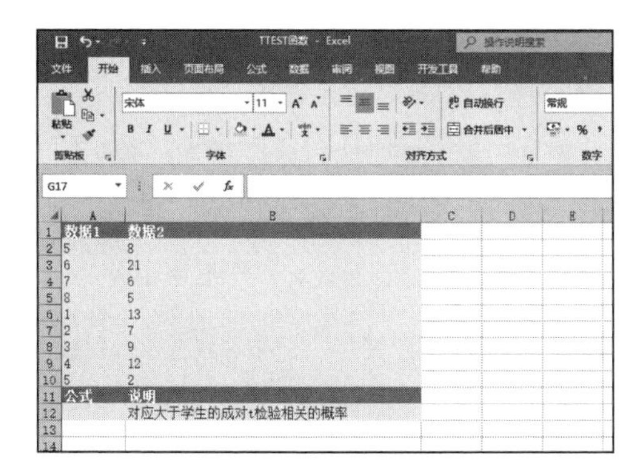

图 17-23　原始数据

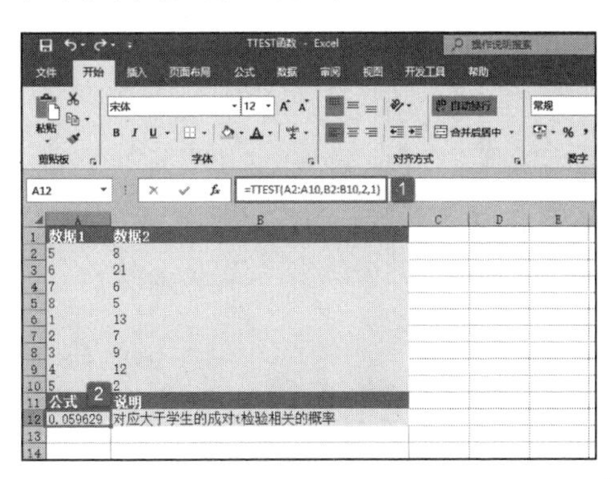

图 17-24　计算 t 检验相关概率

17.2.4　计算 z 检验的单尾概率值

ZTEST 函数用于计算 z 检验的单尾概率值。对于给定的假设总体平均值 μ_0，ZTEST 返回样本平均值大于数据集（数组）中观察平均值的概率，即观察样本平均值。ZTEST 函数的语法如下：

```
ZTEST(array,μ0,sigma)
```

其中，array 参数为用来检验 μ_0 的数组或数据区域，μ_0 参数为被检验的值，sigma 参数为样本总体（已知）的标准偏差，如果省略，则使用样本标准偏差。下面通过实例详细讲解该函数的使用方法与技巧。

打开“ZTEST.xlsx”工作簿，切换至“Sheet1”工作表，本例中的原始数据如图 17-25 所示。工作表中记录了一组数据，要求根据工作表中的数据计算出 z 检验的概率值。具体的操作步骤如下。

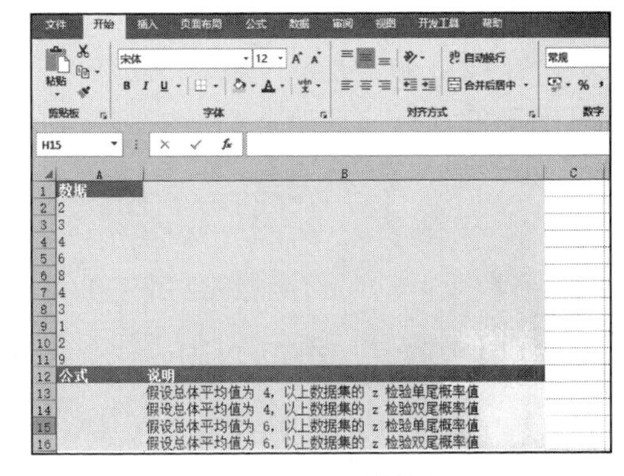

图 17-25　原始数据

STEP01：选中 A13 单元格，在编辑栏中输入公式“=ZTEST(A2:A11,4)”，用于计算总体平均值为 4 时数据集的 z 检验单尾概率值，输入完成后按“Enter”键返回计算结果，如图 17-26 所示。

STEP02：选中 A14 单元格，在编辑栏中输入公式“=2*MIN(ZTEST(A2:A11,4),1-ZTEST(A2:A11,4))”，用于计算总体平均值为 4 时数据集的 z 检验双尾概率值，输入完成后按“Enter”键返回计算结果，如图 17-27 所示。

STEP03：选中 A15 单元格，在编辑栏中输入公式“=ZTEST(A2:A11,6)”，用于计算总体平均值为 6 时数据集的 z 检验单尾概率值，输入完成后按“Enter”键返回计算结果，如图 17-28 所示。

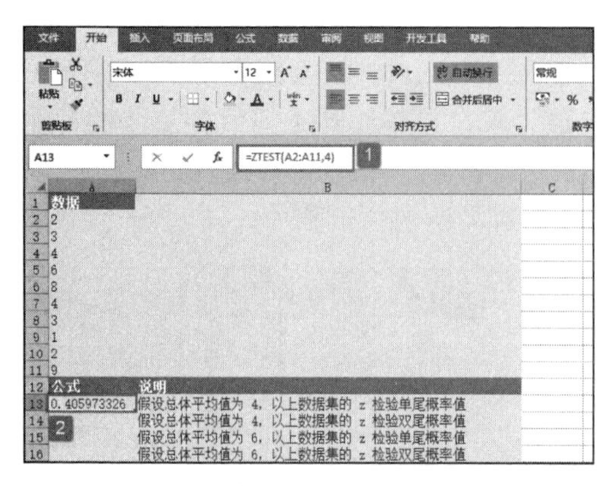

图 17-26　计算 z 检验单尾概率值（一）

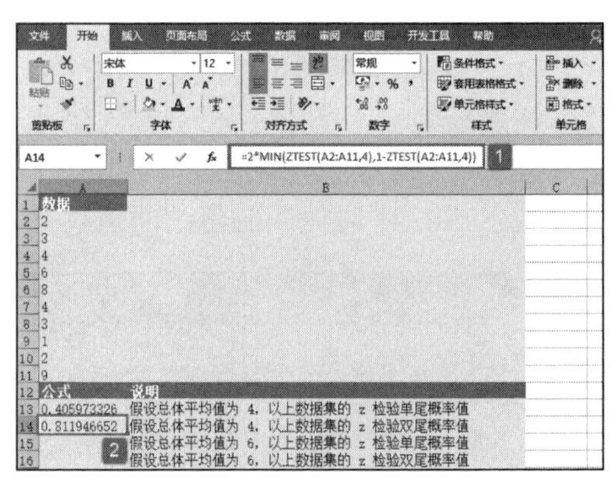

图 17-27　计算 z 检验双尾概率值（一）

STEP04：选中 A16 单元格，在编辑栏中输入公式“=2*MIN(ZTEST(A2:A11,6),1-ZTEST(A2:A11,6))”，用于计算总体平均值为 6 时数据集的 z 检验双尾概率值，输入完成后按“Enter”键返回计算结果，如图 17-29 所示。

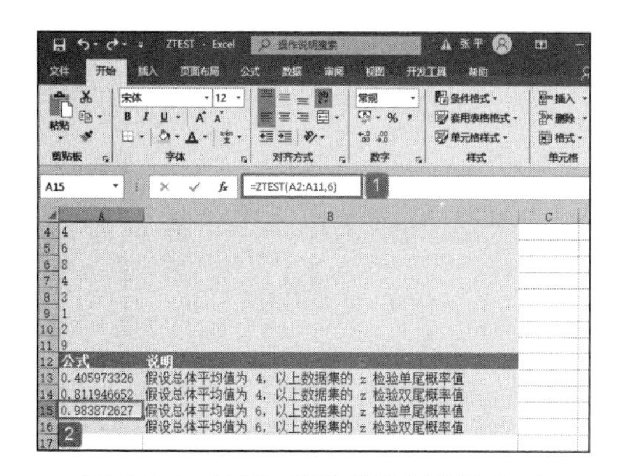

图 17-28　计算 z 检验单尾概率值（二）

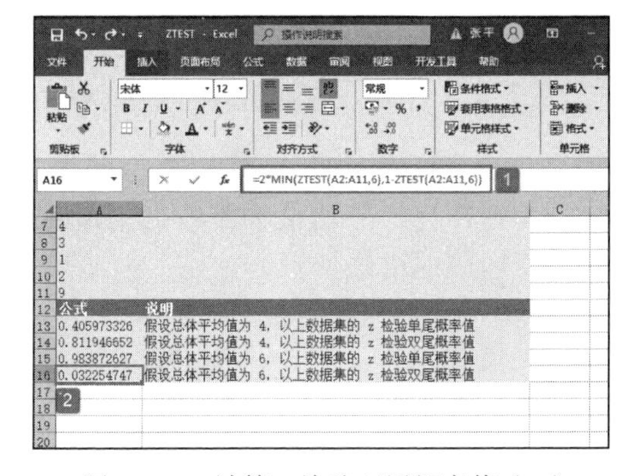

图 17-29　计算 z 检验双尾概率值（二）

如果 array 为空，函数 ZTEST 返回错误值“#N/A”。不省略 sigma 时，函数 ZTEST 的计算公式如下：

$$\text{ZTEST}(\text{array},x)=1-\text{NORMSDIST}\left(\frac{\mu-x}{\sigma+\sqrt{n}}\right)$$

省略 sigma 时，函数 ZTEST 的计算公式如下：

$$\text{ZTEST}(\text{array},\mu_0)=1-\text{NORMSDIST}(\overline{x}-\mu_0)/(s/\sqrt{n})$$

其中，x 为样本平均值 AVERAGE(array)；s 为样本标准偏差 STDEV(array)；n 为样本中的观察值个数 COUNT(array)。

ZTEST 表示当基础总体平均值为 μ_0 时，样本平均值大于观察值 AVERAGE(array) 的概率。由于正态分布是对称的，如果 AVERAGE(array)<μ_0，则 ZTEST 的返回值将大于 0.5。

当基础总体平均值为 μ_0，样本平均值从 μ_0（沿任一方向）变化到 AVERAGE(array) 时，下面的 Excel 公式可用于计算双尾概率：

```
=2*MIN(ZTEST(array,μ0,sigma),1-ZTEST(array,μ0,sigma))
```

第18章 统计学函数应用

Excel 中的统计函数主要用于对数据区域进行各种分类统计与分析。统计函数包括了许多统计学领域的函数，具体包括平均值函数、Beta 分布函数、概率函数、单元格数量计算函数、指数与对数函数、最大值与最小值函数、标准偏差函数、方差函数、正态累积分布函数、数据集相关函数、Pearson 乘积矩函数、t 分布函数等。本章将通过实例介绍相关统计函数的基本语法、参数用法及在实际中的应用。

- 平均值函数应用
- 指数与对数分布函数
- 最大值与最小值函数应用
- 标准偏差与方差函数应用
- 正态累积分布函数应用
- 线性回归线函数应用
- 数据集相关函数应用
- 实战：产品销售量统计
- 实战：统计奖金发放人数

18.1 平均值函数应用

平均值函数主要用于计算给定数值的平均值，具体包括 AVERAGE、AVEDEV、AVERAGEA、AVERAGEIF、AVERAGEIFS、COVAR、CONFIDENCE、GEOMEAN、HARMEAN 函数，它们用于在各种不同情况下计算平均值。

18.1.1 计算参数平均值

AVERAGE 函数用于返回参数的平均值（算术平均值）。其语法如下：

```
AVERAGE(number1,number2,...)
```

其中，参数 number1、number2……是要计算其平均值的 1 ～ 255 个数字参数。下面通过实例详细讲解该函数的使用方法与技巧。

某机械厂车间统计了该车间装配 5 台大型设备各自所需要的时间，需要按不同的类型统计装配设备的平均时间，因此需要计算 5 组给定参数的平均值。此外，另有一台装备未列入表中，需要将所提供的数据与该装备所需时间单独计算平均时间。打开“AVERAGE 函数 .xlsx”工作簿，切换至“Sheet1”工作表，本例中的原始数据如图 18-1 所示。具体的操作步骤如下。

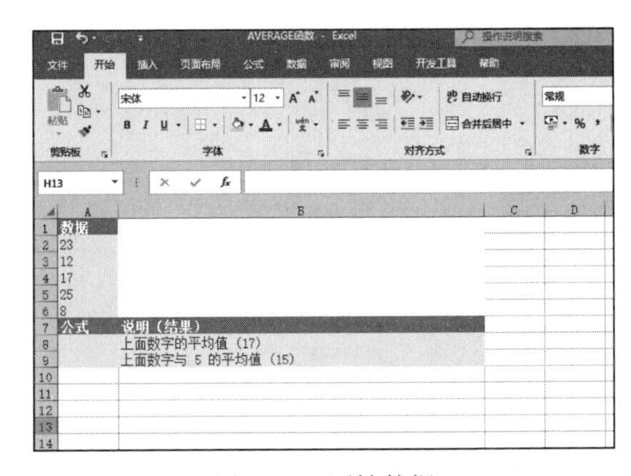

图 18-1　原始数据

STEP01：选中 A8 单元格，在编辑栏中输入公式“=AVERAGE(A2:A6)”，用于计算上面数字的平均值，输入完成后按“Enter”键返回计算结果，如图 18-2 所示。

STEP02：选中 A9 单元格，在编辑栏中输入公式“=AVERAGE(A2:A6,5)”，用于计算上面数字与 5 的平均值，输入完成后按“Enter”键返回计算结果，如图 18-3 所示。

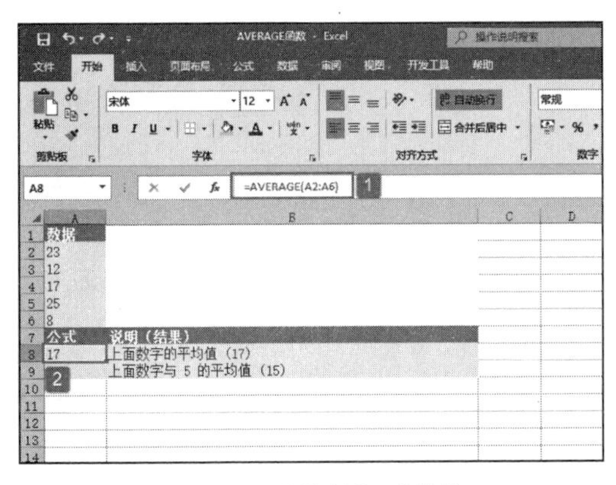

图 18-2　计算数据平均值

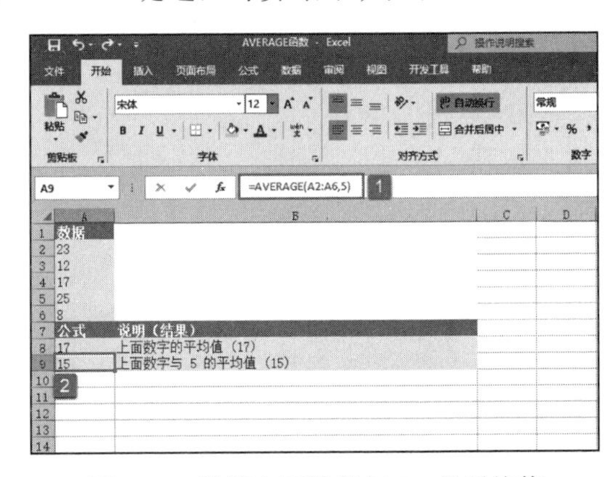

图 18-3　计算上面数字与 5　的平均值

参数可以是数字或者包含数字的名称、数组或引用。逻辑值和直接键入参数列表中代表数字的文本被计算在内。如果数组或引用参数包含文本、逻辑值或空白单元格，则这些值将被忽略；但包含零值的单元格将计算在内。如果参数为错误值或为不能转换为数字的文本，将会导致错误。如果要使计算包括引用中的逻辑值和代表数字的文本，则须使用 AVERAGEA 函数。

18.1.2 计算绝对偏差平均值

AVEDEV 函数用于返回一组数据与其均值的绝对偏差的平均值，AVEDEV 用于评测这组数据的离散度。其语法如下：

```
AVEDEV(number1,number2,...)
```

其中，参数 number1、number2……用于计算绝对偏差平均值的一组参数，参数的个数可以有 1 ~ 255 个，可以用单一数组（即对数组区域的引用）代替用逗号分隔的参数。下面通过实例详细讲解该函数的使用方法与技巧。

某公司的市场拓展部统计了最近 7 个月以来每个月所开拓新区域的数量，为了能够对未来的区域拓展数量进行预测，需要了解区域数量的离散度，因此需要计算一组区域数量与其均值的绝对偏差平均值。打开“AVEDEV 函数 .xlsx”工作簿，切换至“Sheet1”工作表，本例中的原始数据如图 18-4 所示。具体的操作步骤如下。

选中 A10 单元格，在编辑栏中输入公式“=AVEDEV(A2:A8)”，用于计算上面提供的一组数据与其均值的绝对偏差的平均值，输入完成后按“Enter”键返回计算结果，如图 18-5 所示。

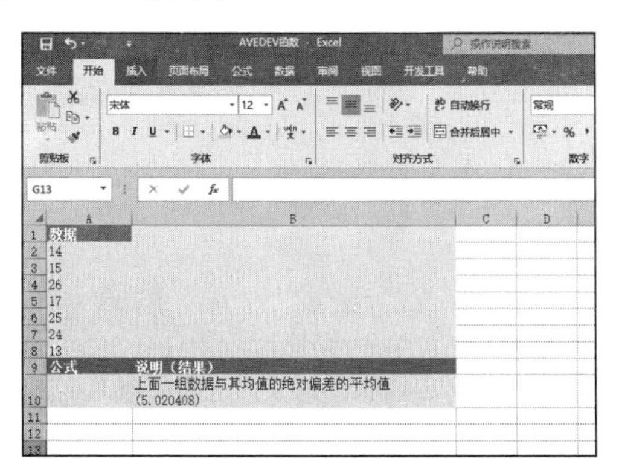

图 18-4 原始数据

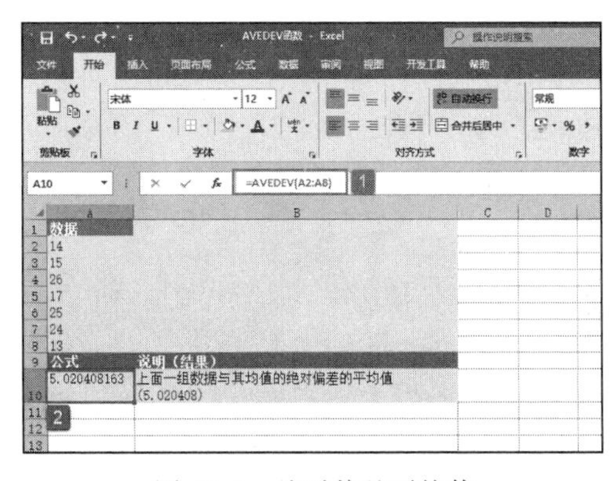

图 18-5 绝对偏差平均值

输入数据所使用的计量单位会影响函数 AVEDEV 的计算结果。参数必须是数字或者包含数字的名称、数组或引用。逻辑值和直接键入参数列表中代表数字的文本会被计算在内。如果数组或引用参数包含文本、逻辑值或空白单元格，则这些值将被忽略；但包含零值的单元格将计算在内。

18.1.3 计算满足条件平均值

AVERAGEIF 函数用于返回某个区域内满足给定条件的所有单元格的平均值（算术平均值）。其语法如下：

```
AVERAGEIF(range,criteria,average_range)
```

其中，range 参数是要计算平均值的一个或多个单元格，其中包括数字或包含数字的名称、数组或引用。criteria 参数是数字、表达式、单元格引用或文本形式的条件，用于定义要对哪些单元格计算平均值。average_range 参数是要计算平均值的实际单元格集，如果忽略，则使用 range。下面通过实例详细讲解该函数的使用方法与技巧。

某公司统计了不同区域的年度销售利润，需要计算几组给定条件（指定区域）的平均值。打开“AVERAGEIF 函数 .xlsx”工作簿，切换至“Sheet1”工作表，本例中的原始数据如图 18-6 所示。具体的操作步骤如下。

STEP01：选中 A9 单元格，在编辑栏中输入公式“=AVERAGEIF(A2:A7,"=*西部",B2:B7)”，用于计算西部和中西部地区的所有利润的平均值，输入完成后按“Enter”键返回计算结果，如图 18-7 所示。

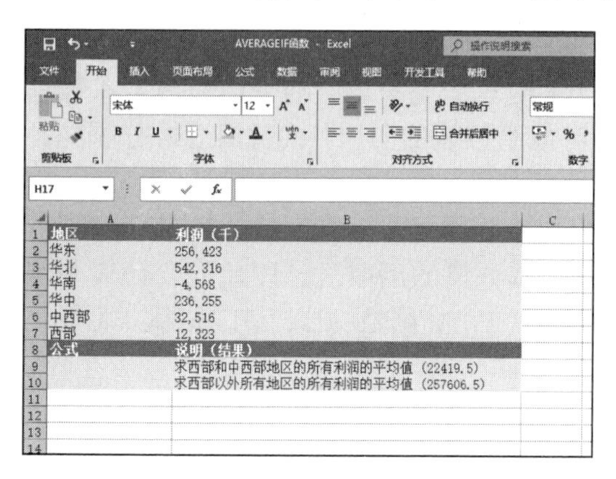

图 18-6　原始数据

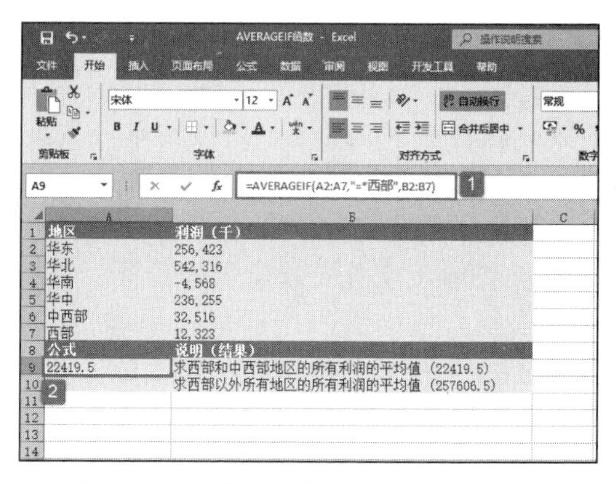

图 18-7　计算西部和中西部地区平均值

STEP02：选中 A10 单元格，在编辑栏中输入公式“=AVERAGEIF(A2:A7,"<>*西部",B2:B7)”，用于计算西部以外所有地区的所有利润的平均值，输入完成后按“Enter”键返回计算结果，如图 18-8 所示。

AVERAGEIFS 函数用于返回满足多重条件的所有单元格的平均值（算术平均值）。其语法如下：

```
AVERAGEIFS(average_range,criteria_range1,criteria1,criteria_range2,criteria2…)
```

其中，average_range 参数是要计算平均值的一个或多个单元格，其中包括数字或包含数字的名称、数组或引用。参数 criteria_range1、criteria_range2……是计算关联条件的 1 ～ 127 个区域。参数 criteria1、criteria2……是数字、表达式、单元格引用或文本形式的 1 ～ 127 个条件，用于定义要对哪些单元格求平均值。下面通过实例详细讲解该函数的使用方法与技巧。

某房产公司统计了两个不同地区不同户型房屋的售价，需要计算满足多重条件的房屋售价的平均值。打开“AVERAGEIFS 函数 .xlsx”工作簿，切换至“Sheet1”工作表，本例中的原始数据如图 18-9 所示。具体的操作步骤如下。

STEP01：选中 A9 单元格，在编辑栏中输入公式“=AVERAGEIFS(B2:B7,C2:C7,"烟台",D2:D7,">2",E2:E7,"是")”，用于计算烟台市一个至少有 3 间卧室和一个车库的住房的平均价格，输入完成后按“Enter”键返回计算结果，如图 18-10 所示。

STEP02：选中 A10 单元格，在编辑栏中输入公式“=AVERAGEIFS(B2:B7,C2:C7,"威海",D2:D7,"<=3",E2:E7,"否")”，用于计算在威海一个最多有 3 间卧室但没有车库的住宅的平均价格，输入完成后按“Enter”键返回计算结果，如图 18-11 所示。

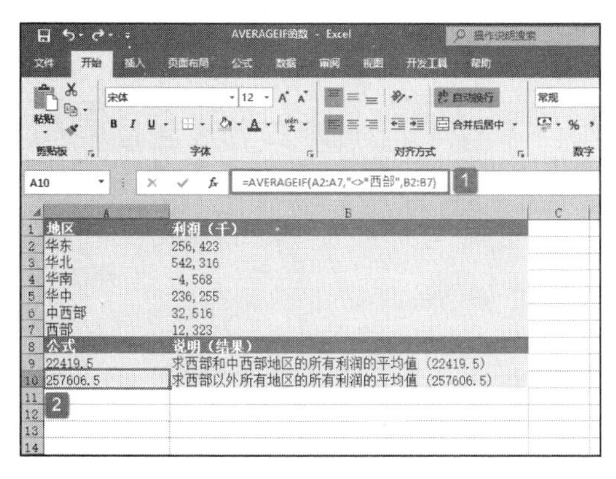

图 18-8　计算西部以外所有地区平均值

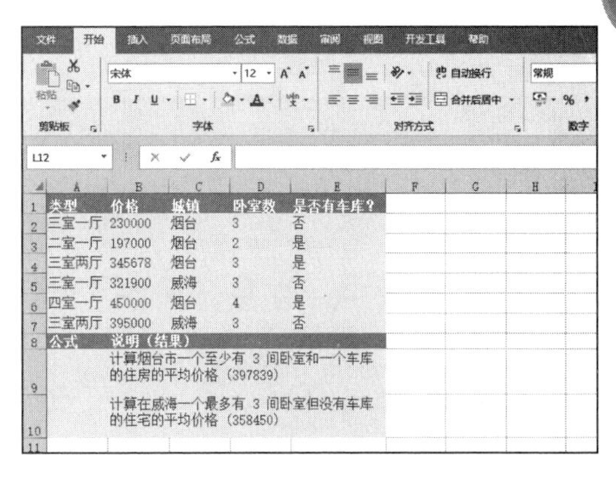

图 18-9　原始数据

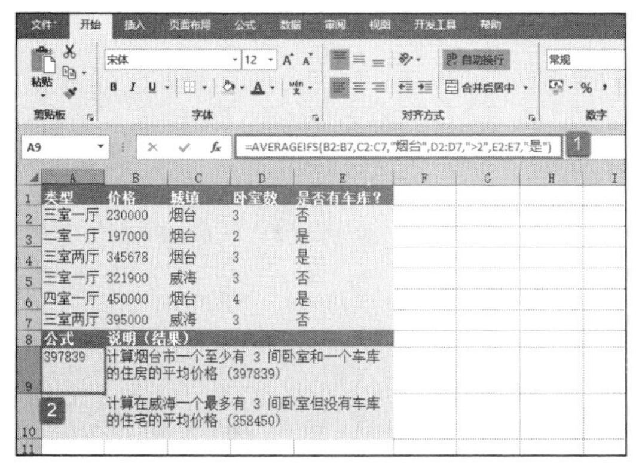

图 18-10　计算烟台市住房平均价格

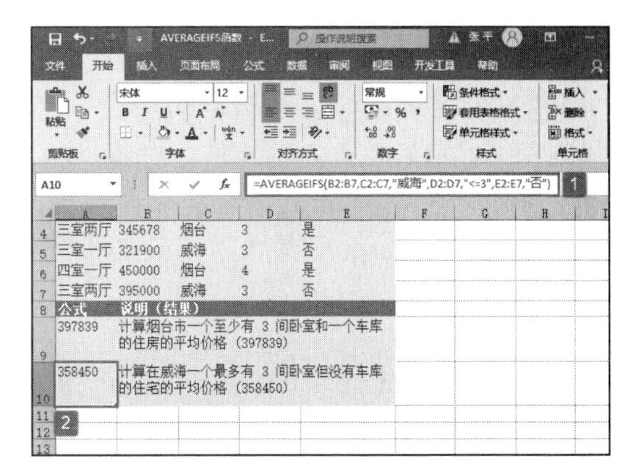

图 18-11　计算威海住宅的平均价格

18.1.4　计算协方差

COVAR 函数用来计算协方差，即每对数据点的偏差乘积的平均数，利用协方差可以决定两个数据集之间的关系。例如，可利用它来检验受教育程度与收入档次之间的关系。COVAR 函数的语法如下：

```
COVAR(array1,array2)
```

其中，array1 参数为第 1 个所含数据为整数的单元格区域，Array2 参数为第 2 个所含数据为整数的单元格区域。

协方差计算公式为：

$$Cov(X,Y)=\frac{1}{n}\sum_{j-10}^{n}\left(x_j-\mu_N\right)\left(y_j-\mu_y\right)$$

其中 x 和 y 是样本平均值 AVERAGE(array1) 和 AVERAGE(array2)，且 n 是样本大小。下面通过实例详细讲解该函数的使用方法与技巧。

某工厂统计了不同加工条件（数据 1）下设备的成品数量（数据 2），需要计算两组数据的协方差。打开“COVAR 函数 .xlsx”工作簿，切换至“Sheet1”工作表，本例中的原始数据如图 18-12 所示。具体的操作步骤如下所示。

选中 A8 单元格，在编辑栏中输入公式“=COVAR(A2:A6,B2:B6)”，用于计算协方差，即上述每对数据点的偏差乘积的平均数，输入完成后按“Enter”键返回计算结果，如图 18-13 所示。

图 18-12　原始数据

图 18-13　计算协方差

参数必须是数字，或者是包含数字的名称、数组或引用。如果数组或引用参数包含文本、逻辑值或空白单元格，则这些值将被忽略；但包含零值的单元格将计算在内。如果 array1 参数和 array2 参数所含数据点的个数不等，则函数 COVAR 返回错误值“#N/A”。如果 array1 参数和 array2 参数当中有一个为空，则函数 COVAR 返回错误值“#DIV/0!”。

18.1.5　计算置信区间

CONFIDENCE 函数返回一个值，可以使用该值构建总体平均值的置信区间。CONFIDENCE 函数的语法如下：

```
CONFIDENCE(alpha,standard_dev,size)
```

其中，alpha 参数是用于计算置信度的显著水平参数。置信度等于 100*(1-alpha)%，也就是说，如果 alpha 参数为 0.05，则置信度为 95%。standard_dev 参数为数据区域的总体标准偏差，假设为已知。size 参数为样本容量。

置信区间是一个值区域。样本平均值 x 位于该区域的中间，区域范围为 x ± CONFIDENCE。例如，如果通过邮购的方式订购产品，其交付时间的样本平均值为 x，则总体平均值的区域范围为 x ± CONFIDENCE。对于任何包含在本区域中的总体平均值 μ_0，从 μ_0 到 x，获取样本平均值的概率大于 alpha；对于任何未包含在本区域中的总体平均值 μ_0，从 μ_0 到 x，获取样本平均值的概率小于 alpha。换句话说，假设使用 x、standard_dev 和 size 构建一个双尾检验，假设的显著性水平为 alpha，总体平均值为 μ_0。如果 μ_0 包含在置信区间中，则不能拒绝该假设；如果 μ_0 未包含在置信区间中，则将拒绝该假设。置信区间不允许进行概率为 1–alpha 的推断，此时下一份邮购包裹的交付时间将肯定位于置信区间内。下面通过实例详细讲解该函数的使用方法与技巧。

打开“CONFIDENCE 函数 .xlsx”工作簿，切换至“Sheet1”工作表，本例中的原始数据如图 18-14 所示。假设样本取自 100 名某生产车间的工人，他们平均每小时加工的零件数量为 30 个，总体标准偏差为 3 个，假设 alpha=0.05。具体操作步骤如下。

选中 A6 单元格，在编辑栏中输入公式“=CONFIDENCE(0.05,3,100)”，用于计算总体平均值的置信区间，输入完成后按“Enter”键返回计算结果，如图 18-15 所示。

图 18-14　原始数据

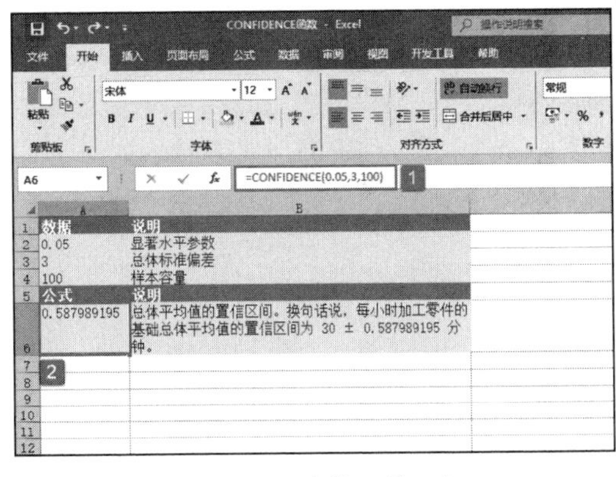

图 18-15　计算置信区间

如果任意参数为非数值型，函数 CONFIDENCE 返回错误值“#VALUE!”。如果参数 alpha ≤ 0 或 alpha ≥ 1，函数 CONFIDENCE 返回错误值“#NUM!”。如参数果 standard_dev ≤ 0，函数 CONFIDENCE 返回错误值“#NUM!”。如果 size 参数不是整数，将被截尾取整。如果参数 size<1，函数 CONFIDENCE 返回错误值“#NUM!”。假设 alpha 参数等于 0.05，则需要计算等于 (1-alpha) 或 95% 的标准正态分布曲线之下的面积。其面积值为 ±1.96。因此置信区间为：

$$\bar{x} \pm 1.96\left(\frac{\sigma}{\sqrt{n}}\right)$$

18.1.6　计算几何平均值

GEOMEAN 函数用于计算正数数组或区域的几何平均值。例如，可以使用函数 GEOMEAN 计算可变复利的平均增长率。GEOMEAN 函数的语法如下：

```
GEOMEAN(number1,number2,...)
```

其中，参数 number1、number2……是用于计算平均值的 1 ～ 255 个参数，也可以不用这种用逗号分隔参数的形式，而用单个数组或对数组的引用的形式。下面通过实例详细讲解该函数的使用方法与技巧。

打开“GEOMEAN 函数 .xlsx”工作簿，切换至“Sheet1”工作表，本例中的原始数据如图 18-16 所示。该工作表中记录了一组数据集，要求根据工作表中的数据计算一个数据集的几何平均值。具体操作步骤如下。

选中 A10 单元格，在编辑栏中输入公式“=GEOMEAN(A2:A8)”，用于计算数据集的几何平均值，输入完成后按“Enter”键返回计算结果，如图 18-17 所示。

参数可以是数字或者是包含数字的名称、数组或引用。逻辑值和直接键入参数列表中代表数字的文本被计算在内。如果数组或引用参数包含文本、逻辑值或空白单元格，则这些值将被忽略；但包含零值的单元格将计算在内。如果参数为错误值或为不能转换为数字的文本，将会导致错误。如果任何数据点小于 0，函数 GEOMEAN 返回错误值“#NUM!”。几何平均值的计算公式如下：

$$GM_{\bar{y}} = \sqrt[n]{y_1 y_2 y_3 \cdots y_n}$$

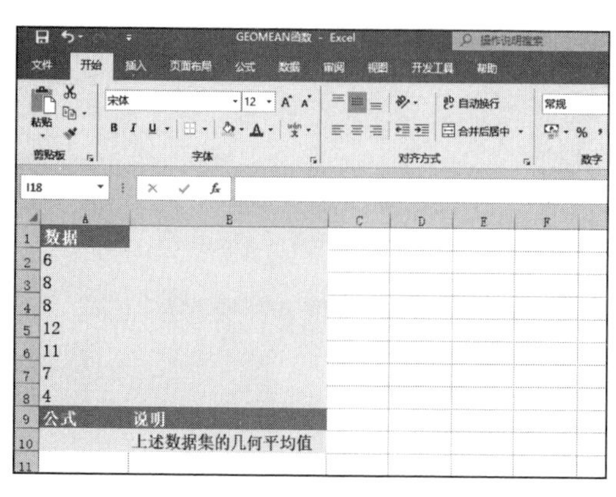

图 18-16 原始数据

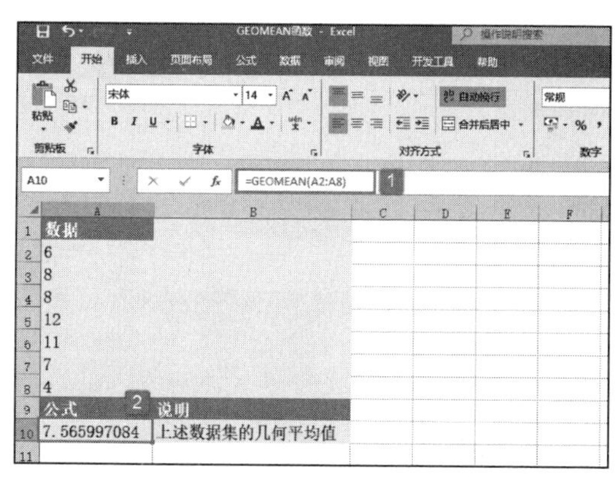

图 18-17 计算几何平均值

18.1.7 计算调和平均值

HARMEAN 函数返回数据集合的调和平均值。调和平均值与倒数的算术平均值互为倒数。HARMEAN 函数的语法如下：

```
HARMEAN(number1,number2,...)
```

其中，参数 number1、number2……是用于计算平均值的 1 ～ 255 个参数，也可以不用这种用逗号分隔参数的形式，而用单个数组或对数组的引用的形式。下面通过实例详细讲解该函数的使用方法与技巧。

打开“HARMEAN 函数 .xlsx”工作簿，切换至“Sheet1”工作表，本例中的原始数据如图 18-18 所示。该工作表中记录了一组数据集，要求计算该组数据的调和平均值。具体操作步骤如下。

选中 A10 单元格，在编辑栏中输入公式“=HARMEAN(A2:A8)”，用于计算数据集的调和平均值，输入完成后按“Enter”键返回计算结果，如图 18-19 所示。

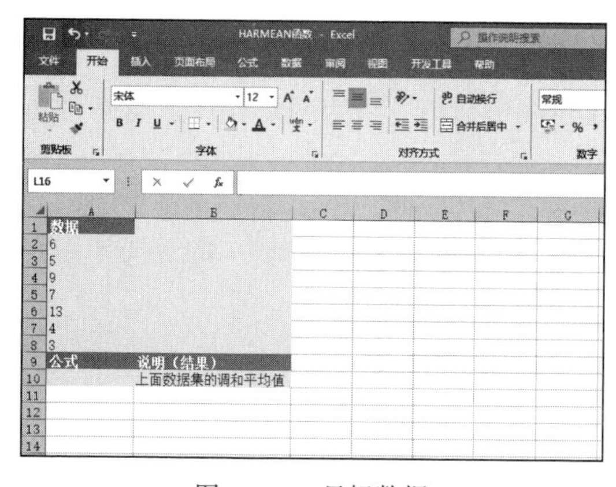

图 18-18 目标数据

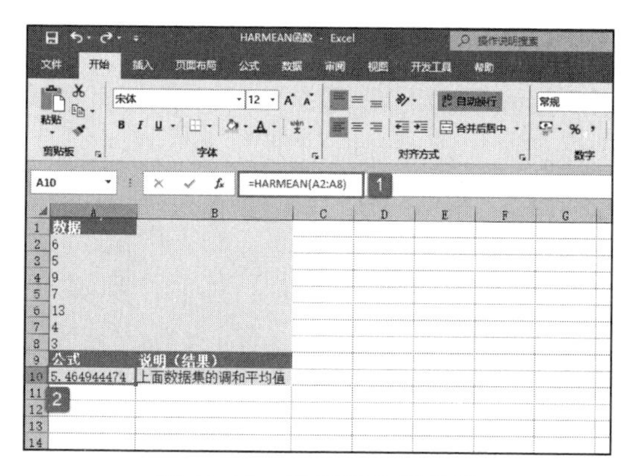

图 18-19 计算调和平均值

调和平均值总小于几何平均值，而几何平均值总小于算术平均值。参数可以是数字或者是包含数字的名称、数组或引用。逻辑值和直接键入参数列表中代表数字的文本被计算在内。如果数组或引用参数包含文本、逻辑值或空白单元格，则这些值将被忽略；但包含零值的单元格将计算在内。如果参数为错误值或为不能转换为数字的文本，将会导致错误。如果任何数据点小于等于 0，函数 HARMEAN 返回错误值“#NUM!”。调和平均值的计算公式如下：

$$\frac{1}{H_y}=\frac{1}{n}\sum\frac{1}{Y_j}$$

18.2 指数与对数分布函数

本节通过实例介绍与指数和对数运算相关的函数，包括 EXPONDIST、GROWTH、LOGINV 等函数。

18.2.1 计算指数分布

EXPONDIST 函数用于返回指数分布。使用函数 EXPONDIST 可以建立事件之间的时间间隔模型。例如，在计算银行自动提款机支付一次现金所花费的时间时，可通过函数 EXPONDIST 来确定这一过程最长持续一分钟的发生概率。EXPONDIST 函数的语法如下：

```
EXPONDIST(x,lambda,cumulative)
```

其中，x 参数为函数的值，lambda 参数为参数值，cumulative 参数为一逻辑值，指定指数函数的形式，如果 cumulative 参数为 TRUE，函数 EXPONDIST 返回累积指数分布函数；如果 cumulative 参数为 FALSE，返回概率指数分布函数。下面通过实例详细讲解该函数的使用方法与技巧。

打开“EXPONDIST 函数 .xlsx”工作簿，切换至“Sheet1”工作表，本例中的原始数据如图 18-20 所示。已知函数的值与参数值，要求返回累积指数分布函数和概率指数分布函数。具体操作步骤如下。

数据	说明
0.15	函数的值
15	参数值
公式	说明
	累积指数分布函数
	概率指数分布函数

图 18-20 原始数据

STEP01：选中 A5 单元格，在编辑栏中输入公式“=EXPONDIST(A2,A3,TRUE)”，用于返回累积指数分布函数，输入完成后按“Enter”键返回计算结果，如图 18-21 所示。

STEP02：选中 A6 单元格，在编辑栏中输入公式“=EXPONDIST(0.2,10, FALSE)”，用于返回概率指数分布函数，输入完成后按“Enter”键返回计算结果，如图 18-22 所示。

如果 x 参数或 lambda 参数为非数值型，函数 EXPONDIST 返回错误值“#VALUE!”。如果参数 x<0，函数 EXPONDIST 返回错误值“#NUM!”。如果参数 lambda ≤ 0，函数 EXPONDIST 返回错误值“#NUM!”。概率指数分布函数的计算公式为：

$$f(x;\lambda)=\lambda e^{-\lambda x}$$

累积指数分布函数的计算公式为：

$$F(x;\lambda)=1-e^{-\lambda x}$$

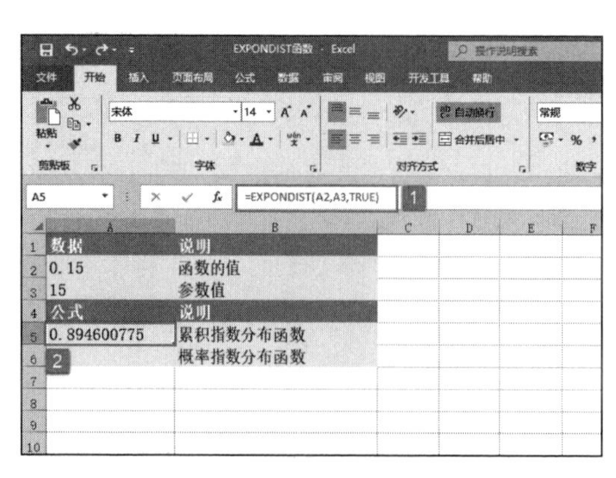

图 18-21　返回累积指数分布函数

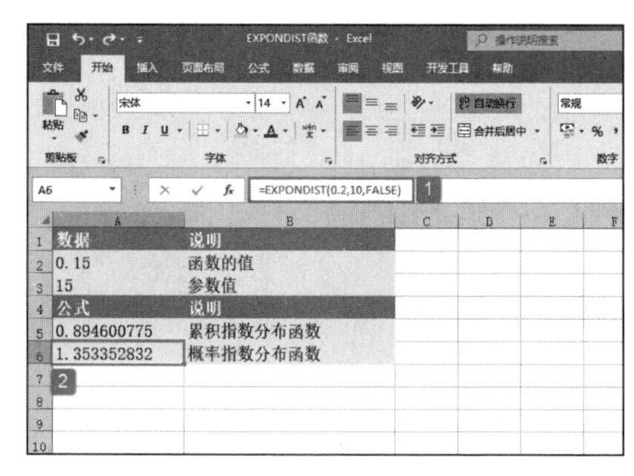

图 18-22　返回概率指数分布函数

18.2.2　计算数据预测指数增长值

GROWTH 函数用于根据现有的数据预测指数增长值。根据现有的 x 值和 y 值，GROWTH 函数返回一组新的 x 值对应的 y 值。可以使用 GROWTH 工作表函数来拟合满足现有 x 值和 y 值的指数曲线。GROWTH 函数的语法如下：

```
GROWTH(known_y's,known_x's,new_x's,const)
```

其中，known_y's 参数为满足指数回归拟合曲线 y=b*m^x 的一组已知的 y 值。known_x's 参数为满足指数回归拟合曲线 y=b*m^x 的一组已知的 x 值，为可选参数。new_x's 参数为需要通过 GROWTH 函数返回的对应 y 值的一组新 x 值。const 参数为一逻辑值，用于指定是否将常数 b 强制设为 1。下面通过实例详细讲解该函数的使用方法与技巧。

打开“GROWTH 函数 .xlsx”工作簿，切换至“Sheet1”工作表，本例中的原始数据如图 18-23 所示。该工作表中记录了一组数据，要求根据现有数据预测指数增长值。具体的操作步骤如下。

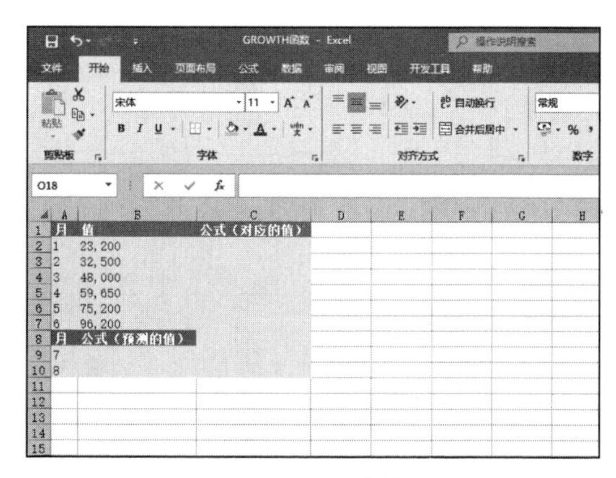

图 18-23　原始数据

STEP01：选中 C2:C7 单元格区域，按“F2”键，输入公式“=GROWTH(B2:B7,A2:A7)”，然后按“Ctrl+Shift+Enter”组合键返回数组公式，并得出计算结果，如图 18-24 所示。

STEP02：选中 B9:B10 单元格区域，按“F2”键，输入公式“=GROWTH(B2:B7,A2:A7,A9:A10)”，然后按“Ctrl+Shift+Enter”组合键返回数组公式，并得出计算结果，如图 18-25 所示。

注意：

1）如果数组 known_y's 在单独一列中，则 known_x's 的每一列被视为一个独立的变量。

2）如果数组 known_y's 在单独一行中，则 known_x's 的每一行被视为一个独立的变量。

3）如果 known_y*s 参数中的任何数为零或为负数，GROWTH 函数将返回错误值“#NUM!”。

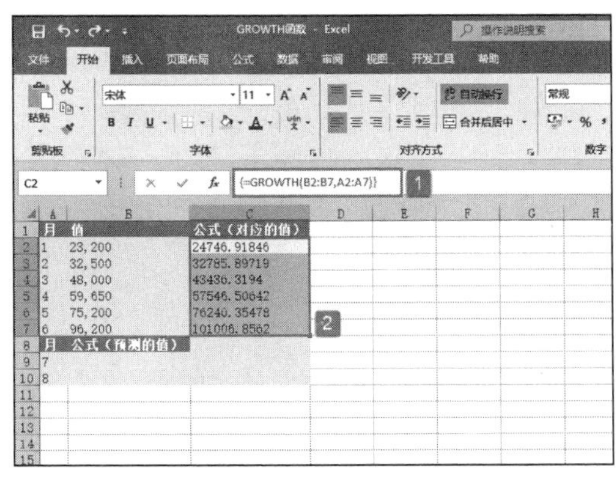
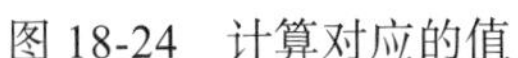

图 18-24　计算对应的值

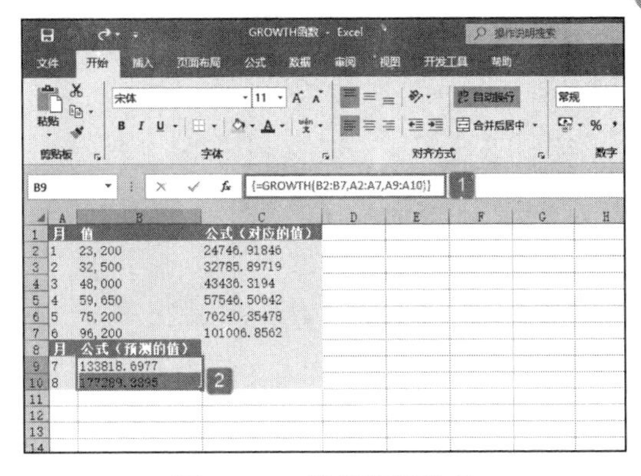

图 18-25　计算预测的值

4）数组 known_x's 可以包含一组或多组变量。如果仅使用一个变量，那么只要 known_x's 参数和 known_y's 参数具有相同的维数，则它们可以是任何形状的区域。如果用到多个变量，则 known_y's 参数必须为向量（即必须为一行或一列）。

5）如果省略 known_x's 参数，则假设该数组为 {1,2,3,...}，其大小与 known_y's 参数相同。

6）new_x's 参数与 known_x's 参数一样，对每个自变量必须包括单独的一列（或一行）。因此，如果 known_y's 参数是单列的，known_x's 参数和 new_x's 参数应该有同样的列数。如果 known_y's 参数是单行的，known_x's 参数和 new_x's 参数应该有同样的行数。

7）如果省略 new_x's 参数，则假设它和 known_x's 参数相同。

8）如果 known_x's 参数与 new_x's 参数都被省略，则假设它们为数组 {1,2,3,...}，其大小与 known_y's 参数相同。

9）如果 const 参数为 TRUE 或省略，b 将按正常计算。

10）如果 const 参数为 FALSE，b 将设为 1，m 值将被调整以满足 y=m^x。

11）对于返回结果为数组的公式，在选定正确的单元格个数后，必须以数组公式的形式输入。

12）当为参数（如 known_x's）输入数组常量时，应当使用逗号分隔同一行中的数据，用分号分隔不同行中的数据。

18.2.3　计算对数分布函数反函数

LOGINV 函数用于计算 x 的对数累积分布函数的反函数，ln(x) 是含有 mean 与 standard_dev 参数的正态分布。如果 p=LOGNORMDIST(x,...)，则 LOGINV（p,...）=x。使用对数分布可分析经过对数变换的数据。LOGINV 函数的语法如下：

```
LOGINV(probability,mean,standard_dev)
```

其中，probability 参数是与对数分布相关的概率，mean 参数为 ln(x) 的平均值，standard_dev 参数为 ln(x) 的标准偏差。下面通过实例详细讲解该函数的使用方法与技巧。

打开“LOGINV 函数 .xlsx”工作簿，切换至“Sheet1”工作表，本例中的原始数据如图 18-26 所示。已知与对数分布相关的概率，ln(x) 的平均值，ln(x) 的标准偏差，要求计算对数正态累积分布函数的反函数值。具体的操作步骤如下。

选中 A6 单元格，在编辑栏中输入公式“=LOGINV(A2,A3,A4)”，用于计算对数正态累积分布函数的反函数值，输入完成后按“Enter”键返回计算结果，如图 18-27 所示。

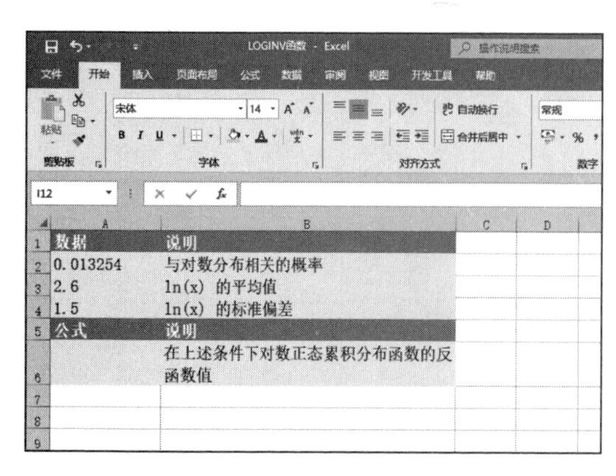

图 18-26　原始数据

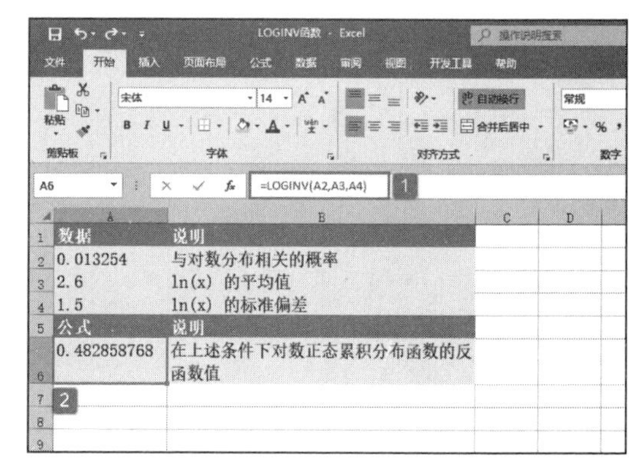

图 18-27　计算对数分布函数反函数

如果变量为非数值参数，则函数 LOGINV 返回错误值“#VALUE!”。如果参数 probability<0 或 probability>1，则函数 LOGINV 返回错误值“#NUM!”。如果参数 standard_dev ≤ 0，则函数 LOGINV 返回错误值“#NUM!”。对数分布函数的反函数为：

$$\mathrm{LOGINV}(p,\mu,\sigma)=\mathrm{e}^{\left[\mu+\sigma x\left(NORMSINT(p)\right)\right]}$$

18.3　最大值与最小值函数应用

一般的，函数最值分为函数最小值与函数最大值。简单来说，最小值即定义域中函数值的最小值，最大值即定义域中函数值的最大值。本节介绍 MAX、MEDIAN、MIN、MODE、SMALL 等最值函数运算。

18.3.1　计算最大值

MAX 函数用于计算一组值中的最大值。MAX 函数的语法如下：

```
MAX(number1,number2,...)
```

其中，参数 number1、number2……是要从中找出最大值的 1 ～ 255 个数字参数。下面通过实例详细讲解该函数的使用方法与技巧。

打开“MAX 函数 .xlsx”工作簿，切换至“Sheet1”工作表，本例中的原始数据如图 18-28 所示。工作表中已经给定了一组数据，需按要求计算出数据列表中的最大值。具体操作步骤如下。

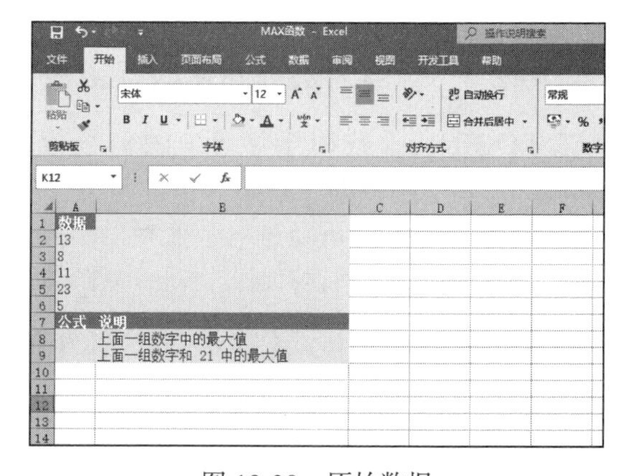

图 18-28　原始数据

STEP01：选中 A8 单元格，在编辑栏中输入公式“=MAX(A2:A6)”，用于计算上面一组数字中的最大值，输入完成后按“Enter”键返回计算结果，如图 18-29 所示。

STEP02：选中 A9 单元格，在编辑栏中输入公式“=MAX(A2:A6,21)”，用于计算上面一组数字和 21 中的最大值，输入完成后按“Enter”键返回计算结果，如图 18-30 所示。

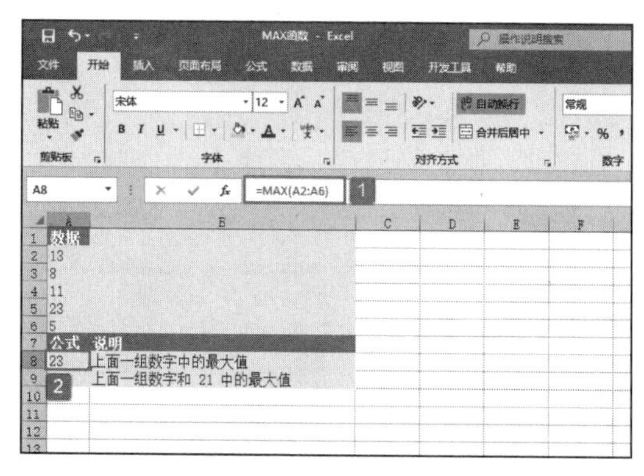

图 18-29　计算数据中的最大值

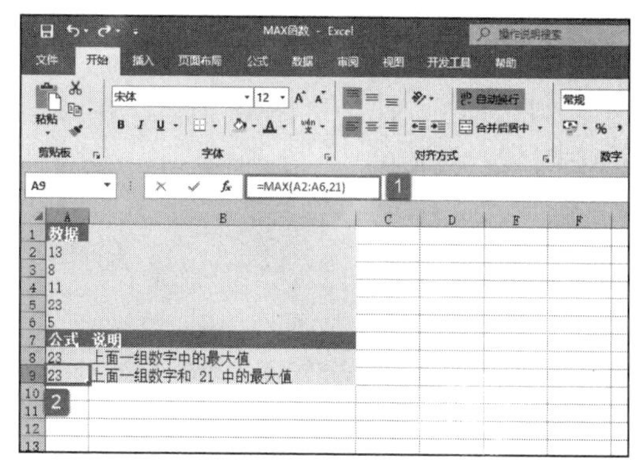

图 18-30　最大值计算结果

参数可以是数字或者是包含数字的名称、数组或引用。逻辑值和直接键入参数列表中代表数字的文本被计算在内。如果参数为数组或引用，则只使用该数组或引用中的数字。数组或引用中的空白单元格、逻辑值或文本将被忽略。如果参数不包含数字，函数 MAX 返回 0（零）。如果参数为错误值或为不能转换为数字的文本，将会导致错误。如果要使计算包括引用中的逻辑值和代表数字的文本，则需要使用 MAXA 函数。

18.3.2　计算中值

MEDIAN 函数用于计算给定数值的中值。中值是在一组数值中居于中间的数值。MEDIAN 函数的语法如下：

```
MEDIAN(number1,number2,...)
```

其中，参数 number1、number2……是要计算中值的 1 ～ 255 个数字。

MEDIAN 函数用于计算趋中性，趋中性是统计分布中一组数中间的位置。3 种最常见的趋中性计算方法如下。

1）平均值：平均值是算术平均数，由一组数相加然后除以这些数的个数计算得出。例如，2、3、3、5、7 和 10 的平均数是 30 除以 6，结果是 5。

2）中值：中值是一组数中间位置的数；即一半数的值比中值大，另一半数的值比中值小。例如，2、3、3、5、7 和 10 的中值是 4。

3）众数：众数是一组数中最常出现的数。例如，2、3、3、5、7 和 10 的众数是 3。

对于对称分布的一组数来说，这 3 种趋中性计算方法是相同的。对于偏态分布的一组数来说，这 3 种趋中性计算方法可能不同。下面通过实例详细讲解该函数的使用方法与技巧。

打开“MEDIAN 函数.xlsx”工作簿，切换至“Sheet1”工作表，本例中的原始数据如图 18-31 所示。工作表中

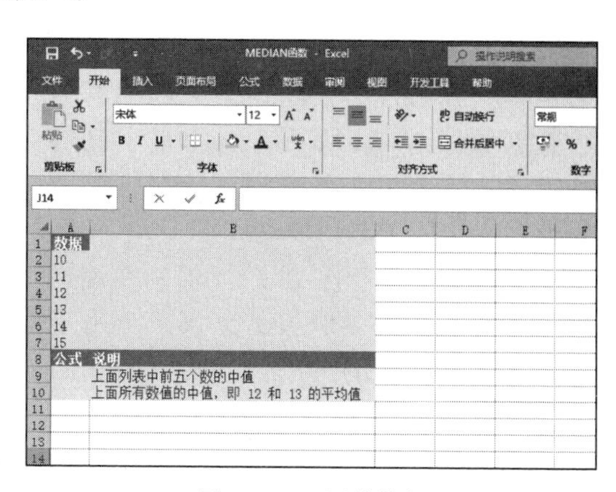

图 18-31　原始数据

已经给定了一组数据，需按要求计算出数据列表中的中值。具体操作步骤如下。

STEP01：选中 A9 单元格，在编辑栏中输入公式“=MEDIAN(A2:A6)”，用于计算上面列表中前 5 个数的中值，输入完成后按“Enter”键返回计算结果，如图 18-32 所示。

STEP02：选中 A10 单元格，在编辑栏中输入公式“=MEDIAN(A2:A7)”，用于计算上面所有数值的中值，输入完成后按“Enter”键返回计算结果，如图 18-33 所示。

图 18-32　计算中值

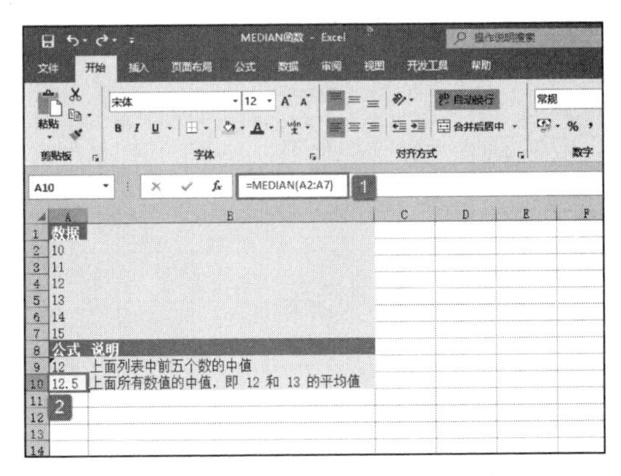

图 18-33　计算所有数值的中值

如果参数集合中包含偶数个数字，函数 MEDIAN 将返回位于中间的两个数的平均值。参数可以是数字或者是包含数字的名称、数组或引用。逻辑值和直接键入参数列表中代表数字的文本被计算在内。如果数组或引用参数包含文本、逻辑值或空白单元格，则这些值将被忽略；但包含零值的单元格将计算在内。如果参数为错误值或为不能转换为数字的文本，将会导致错误。

18.3.3　计算最小值

MIN 函数用于计算一组值中的最小值。MIN 函数的语法如下：

```
MIN(number1,number2,...)
```

其中，参数 number1、number2……是要从中查找最小值的 1 ～ 255 个数字。下面通过实例详细讲解该函数的使用方法与技巧。

打开“MIN 函数 .xlsx”工作簿，切换至“Sheet1”工作表，本例中的原始数据如图 18-34 所示。工作表中已经给定了一组数据，需按要求计算出其中的最小值。具体操作步骤如下。

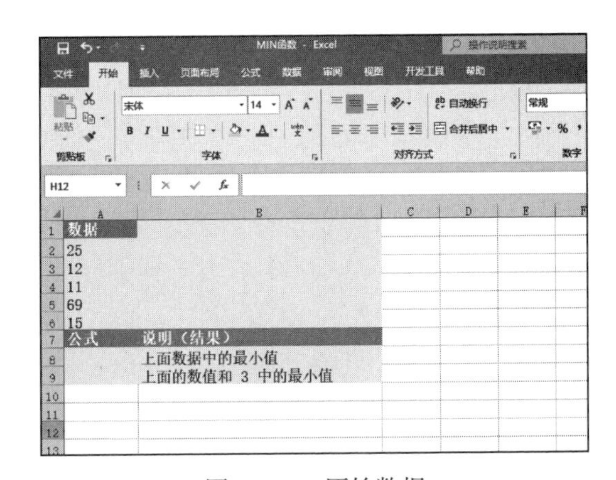

图 18-34　原始数据

STEP01：选中 A8 单元格，在编辑栏中输入公式“=MIN(A2:A6)”，用于计算上面数据中的最小值，输入完成后按“Enter”键返回计算结果，如图 18-35 所示。

STEP02：选中 A9 单元格，在编辑栏中输入公式“=MIN(A2:A6,3)”，用于计算上面的数值和 3 中的最小值，输入完成后按“Enter”键返回计算结果，如图 18-36 所示。

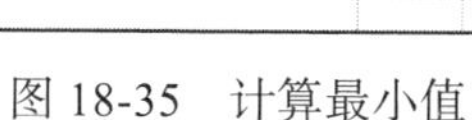
图 18-35　计算最小值

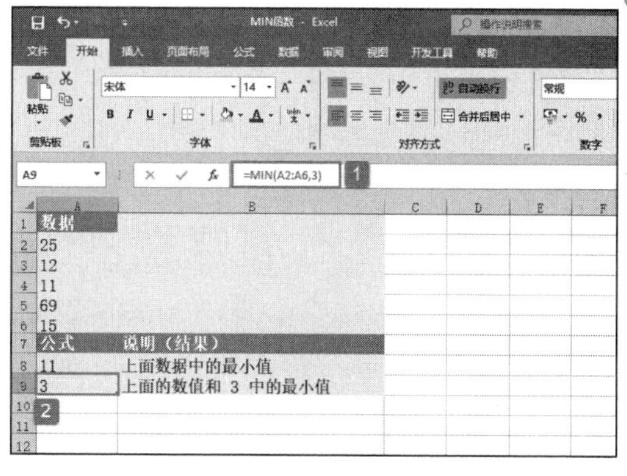

图 18-36　最小值计算结果

参数可以是数字或者是包含数字的名称、数组或引用。逻辑值和直接键入参数列表中代表数字的文本被计算在内。如果参数为数组或引用，则只使用该数组或引用中的数字。数组或引用中的空白单元格、逻辑值或文本将被忽略。如果参数中不含数字，则函数 MIN 返回 0。如果参数为错误值或为不能转换为数字的文本，将会导致错误。如果要使计算包括引用中的逻辑值和代表数字的文本，则需要使用 MINA 函数。

18.3.4　计算最多值

MODE 函数用于计算在某一数组或数据区域中出现频率最多的数值。MODE 函数的语法如下：

```
MODE(number1,number2,...)
```

其中，参数 number1、number2……是用于计算众数的 1 ～ 255 个参数，也可以不用这种用逗号分隔参数的形式，而用单个数组或对数组的引用的形式。

MODE 函数用于计算趋中性，趋中性是统计分布中一组数中间的位置。3 种最常见的趋中性计算方法如下。

1）平均值：平均值是算术平均数，由一组数相加然后除以这些数的个数计算得出。例如，2、3、3、5、7 和 10 的平均数是 30 除以 6，结果是 5。

2）中值：中值是一组数中间位置的数；即一半数的值比中值大，另一半数的值比中值小。例如，2、3、3、5、7 和 10 的中值是 4。

3）众数：众数是一组数中最常出现的数。例如，2、3、3、5、7 和 10 的众数是 3。

对于对称分布的一组数来说，这 3 种趋中性计算方法是相同的。对于偏态分布的一组数来说，这 3 种趋中性计算方法可能不同。下面通过实例详细讲解该函数的使用方法与技巧。

打开“MODE 函数 .xlsx”工作簿，切换至“Sheet1”工作表，本例中的原始数据如图 18-37 所示。工作表中已经给定了一组数据，需按要求计算出这些数字中的众数，即出现频率最高的数。具体操作步骤如下。

选中 A9 单元格，在编辑栏中输入公式“=MODE(A2:A7)”，用于计算上面数字中的众数，即出现频率最高的数，输入完成后按“Enter”键返回计算结果，如图 18-38 所示。

参数可以是数字或者是包含数字的名称、数组或引用。如果数组或引用参数包含文本、逻辑值或空白单元格，则这些值将被忽略；但包含零值的单元格将计算在内。如果参数为错误值或为不能转换为数字的文本，将会导致错误。如果数据集合中不含有重复的数据，则 MODE 数返回错误值“#N/A”。

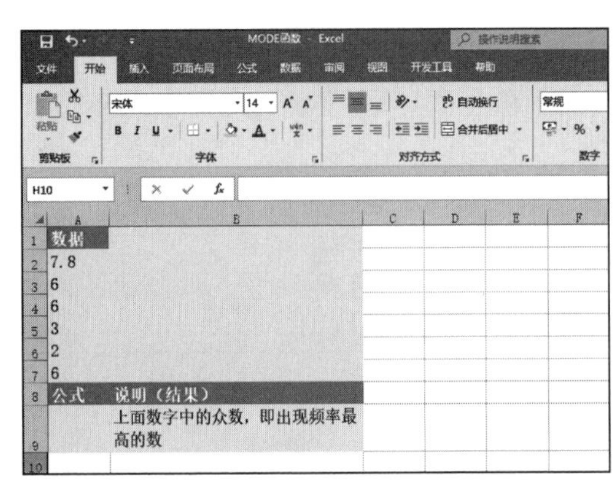

图 18-37　原始数据

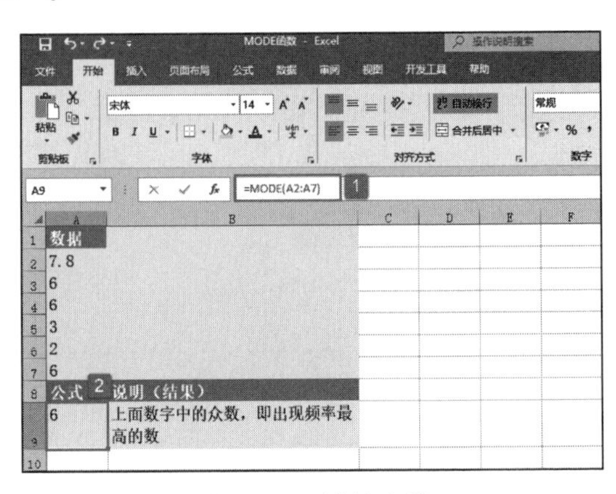

图 18-38　计算众数

18.3.5　CRITBINOM 函数

CRITBINOM 函数用于计算使累积二项式分布大于等于临界值的最小值。此函数可以用于质量检验。例如，使用函数 CRITBINOM 来决定最多允许出现多少个有缺陷的部件，才可以保证当整个产品在离开装配线时检验合格。CRITBINOM 函数的语法如下：

```
CRITBINOM(trials,probability_s,alpha)
```

其中，trials 参数为伯努利试验次数，probability_s 参数为每次试验中成功的概率，alpha 参数为临界值。下面通过实例详细讲解该函数的使用方法与技巧。

打开“CRITBINOM 函数 .xlsx”工作簿，切换至“Sheet1”工作表，本例中的原始数据如图 18-39 所示。已知伯努利试验次数、每次试验成功的概率和临界值，要求计算累积二项式分布大于等于临界值的最小值。具体的操作步骤如下。

选中 A6 单元格，在编辑栏中输入公式“=CRITBINOM(A2,A3,A4)”，用于计算累积二项式分布大于等于临界值的最小值，输入完成后按“Enter”键返回计算结果，如图 18-40 所示。

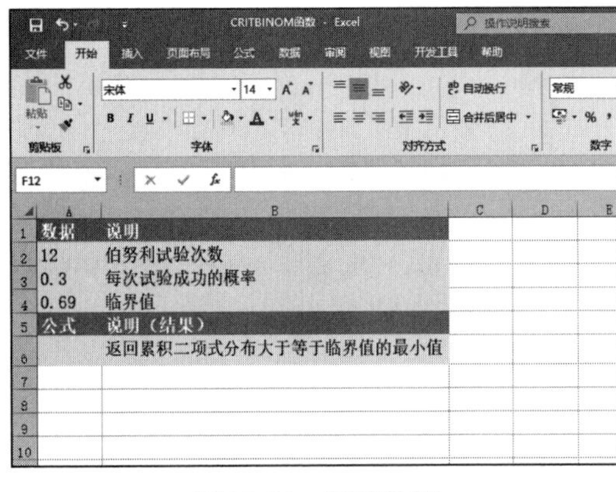

图 18-39　原始数据

图 18-40　计算结果

如果任意参数为非数值型，函数 CRITBINOM 返回错误值“#VALUE!”。如果 trials 参数不是整数，将被截尾取整。如果参数 trial<0，函数 CRITBINOM 返回错误值

“#NUM!”。如果参数 probability_s<0 或参数 probability_s>1，函数 CRITBINOM 返回错误值“#NUM!”。如果参数 alpha<0 或参数 alpha>1，函数 CRITBINOM 返回错误值“#NUM!”。

18.3.6 计算数据集第 k 个最大值

LARGE 函数用于计算数据集中第 k 个最大值。使用此函数可以根据相对标准来选择数值。例如，可以使用函数 LARGE 得到第 1 名、第 2 名或第 3 名的得分。LARGE 函数的语法如下：

```
LARGE(array,k)
```

其中，array 参数为需要从中选择第 k 个最大值的数组或数据区域，k 参数为返回值在数组或数据单元格区域中的位置（从大到小排）。下面通过实例详细讲解该函数的使用方法与技巧。

打开“LARGE 函数 .xlsx”工作簿，切换至“Sheet1”工作表，本例中的原始数据如图 18-41 所示。工作表中已经给定了一组数据，要求计算给定条件下的第 k 个最大值。具体的操作步骤如下。

图 18-41 原始数据

STEP01：选中 A8 单元格，在编辑栏中输入公式“=LARGE(A2:B6,3)”，用于计算所给数据中的第 3 个最大值，输入完成后按“Enter”键返回计算结果，如图 18-42 所示。

STEP02：选中 A9 单元格，在编辑栏中输入公式“=LARGE(A2:B6,7)”，用于计算所给数据中的第 7 个最大值，输入完成后按“Enter”键返回计算结果，如图 18-43 所示。

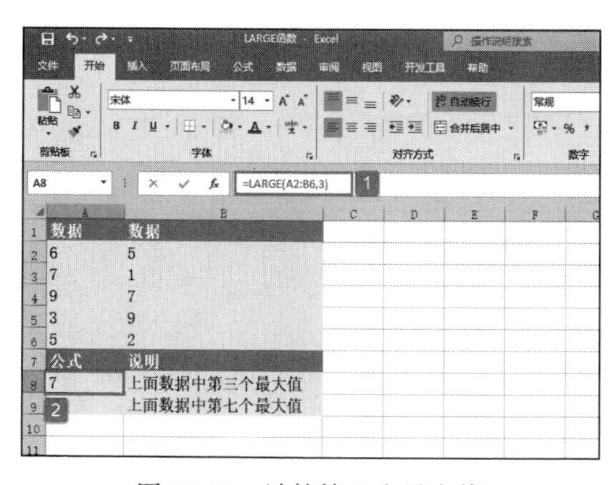

图 18-42 计算第 3 个最大值

图 18-43 计算第 7 个最大值

如果数组为空，函数 LARGE 返回错误值“#NUM!”。如果 k ≤ 0 或 k 大于数据点的个数，函数 LARGE 返回错误值“#NUM!”。如果区域中数据点的个数为 n，则函数 LARGE(array,1) 返回最大值，函数 LARGE(array,n) 返回最小值。

18.3.7 计算数据集第 k 个最小值

SMALL 函数用于计算数据集中第 k 个最小值。使用此函数可以返回数据集中特定位置上的数值。SMALL 函数的语法如下：

```
SMALL(array,k)
```

其中，array 参数为需要找到第 k 个最小值的数组或数字型数据区域，k 参数为返回的数据在数组或数据区域里的位置（从小到大）。下面通过实例详细讲解该函数的使用方法与技巧。

打开“SMALL 函数 .xlsx”工作簿，切换至“Sheet1”工作表，本例中的原始数据如图 18-44 所示。工作表中已经给定了两组数据，要求计算给定条件下的第 k 个最小值。具体的操作步骤如下。

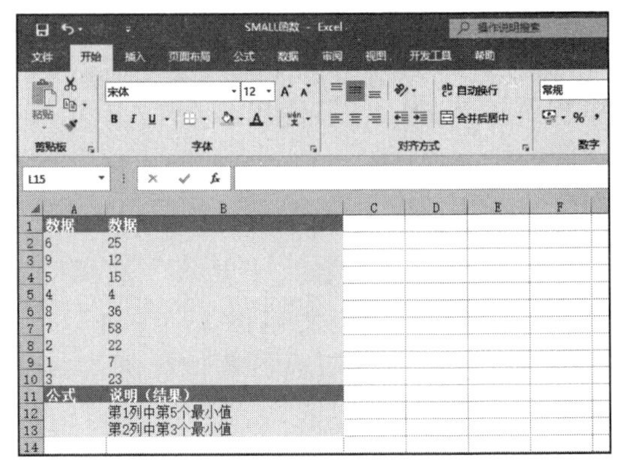

图 18-44　原始数据

STEP01：选中 A12 单元格，在编辑栏中输入公式“=SMALL(A2:A10,5)”，用于计算第 1 列中第 5 个最小值，输入完成后按“Enter”键返回计算结果，如图 18-45 所示。

STEP02：选中 A13 单元格，在编辑栏中输入公式“=SMALL(B2:B10,3)”，用于计算第 2 列中第 3 个最小值，输入完成后按“Enter”键返回计算结果，如图 18-46 所示。

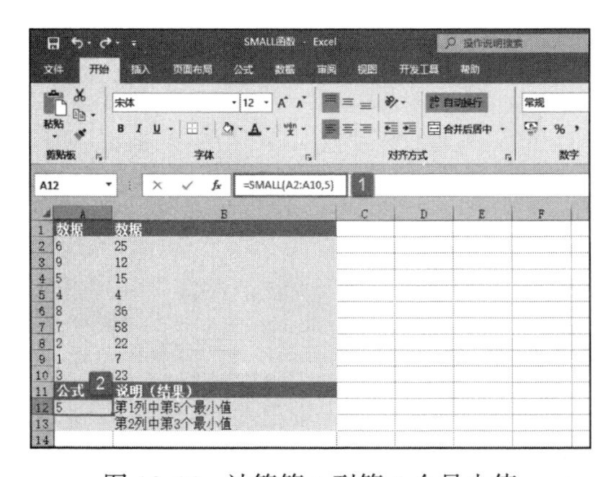

图 18-45　计算第 1 列第 5 个最小值

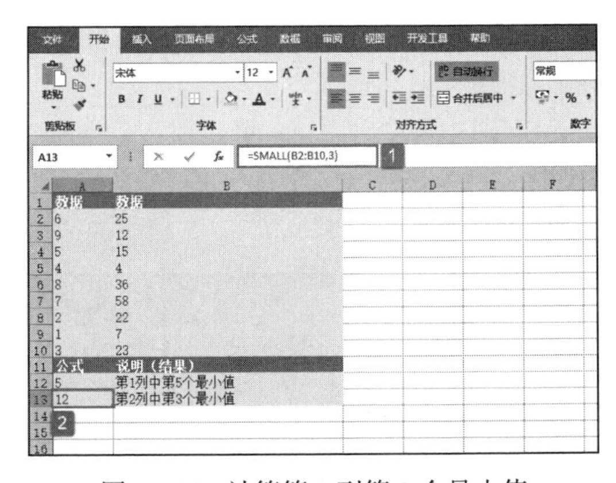

图 18-46　计算第 2 列第 3 个最小值

如果 array 参数为空，函数 SMALL 返回错误值“#NUM!”。如果 k ≤ 0 或 k 超过了数据点个数，函数 SMALL 返回错误值“#NUM!”。如果 n 为数组中的数据点个数，则 SMALL(array,1) 等于最小值，SMALL(array,n) 等于最大值。

18.4 标准偏差与方差函数应用

标准偏差，用以衡量数据值偏离算术平均值的程度；方差，用来度量随机变量和其数学期望（即均值）之间的偏离程度。本节通过实例介绍 DEVSQ、STDEV、VARPA、VAR 等与标准偏差和方差相关的函数。

18.4.1 计算偏差平方和

DEVSQ 函数用于计算数据点与各自样本平均值偏差的平方和。DEVSQ 函数的语法如下：

```
DEVSQ(number1,number2,...)
```

其中，参数 number1、number2……为 1 ～ 255 个需要计算偏差平方和的参数，也可以不使用这种用逗号分隔参数的形式，而用单个数组或对数组的引用的形式。下面通过实例详细讲解该函数的使用方法与技巧。

打开“DEVSQ 函数 .xlsx”工作簿，切换至“Sheet1”工作表，本例中的原始数据如图 18-47 所示。工作表中已经给出了一组数据，要求计算出数据点与各自样本平均值偏差的平方和。具体的操作步骤如下。

选中 A10 单元格，在编辑栏中输入公式“=DEVSQ(A2:A8)”，用于计算上面数据点与各自样本平均值偏差的平方和，输入完成后按“Enter”键返回计算结果，如图 18-48 所示。

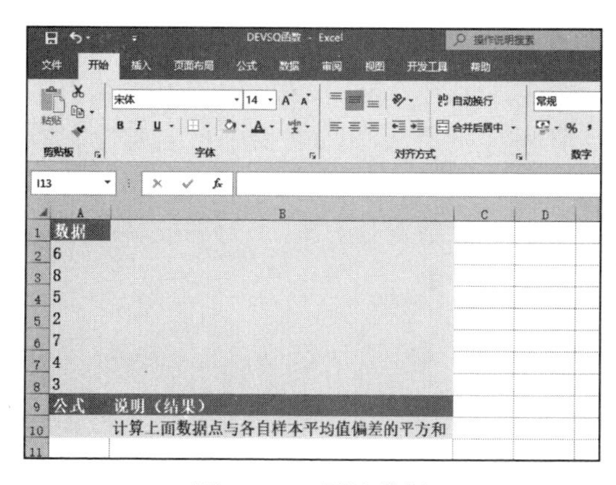

图 18-47　原始数据

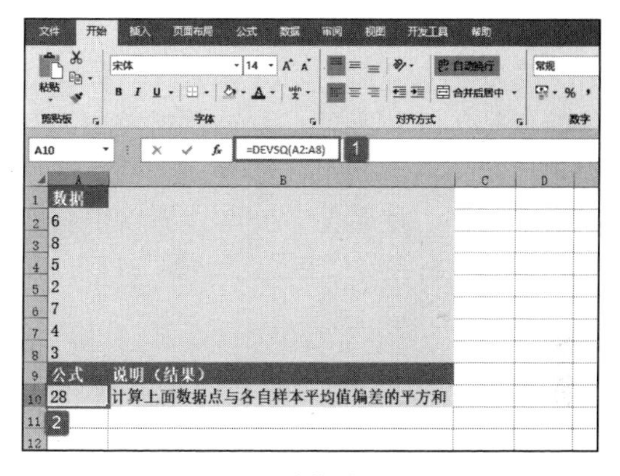

图 18-48　计算偏差平方和

参数可以是数字或者是包含数字的名称、数组或引用。逻辑值和直接键入参数列表中代表数字的文本被计算在内。如果数组或引用参数包含文本、逻辑值或空白单元格，则这些值将被忽略；但包含零值的单元格将计算在内。如果参数为错误值或为不能转换为数字的文本，将会导致错误。偏差平方和的计算公式为：

$$\mathrm{DEVSQ} = \sum(x - \bar{x})^2$$

18.4.2 估算基于样本标准偏差

STDEV 函数用于估算基于样本的标准偏差。标准偏差反映数值相对于平均值（mean）的离散程度。STDEV 函数的语法如下：

```
STDEV(number1,number2,...)
```

其中，参数 number1、number2……为对应于总体样本的 1 ～ 255 个参数。也可以不使用这种用逗号分隔参数的形式，而用单个数组或对数组的引用的形式。下面通过实例详细讲解该函数的使用方法与技巧。

某工厂有 10 种产品在制造过程中是由同一台机器制造出来的，并取样为随机样本进行抗断强度的标准偏差检验。打开“STDEV 函数 .xlsx”工作簿，切换至“Sheet1”工作表，本例中的原始数据如图 18-49 所示。具体的检验步骤如下。

选中 A13 单元格，在编辑栏中输入公式“=STDEV(A2:A11)”，用于计算抗断强度的标准偏差，输入完成后按“Enter”键返回计算结果，如图 18-50 所示。

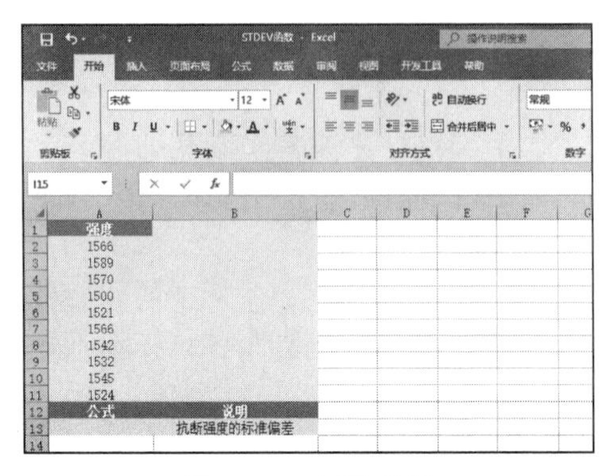

图 18-49　原始数据

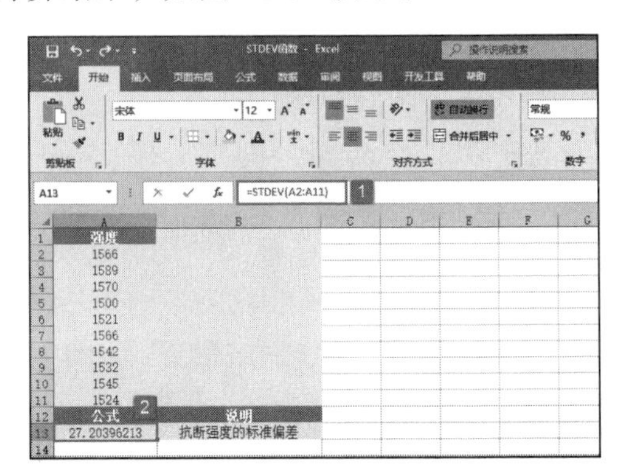

图 18-50　计算标准偏差

函数 STDEV 假设其参数是总体中的样本。如果数据代表全部样本总体，则应该使用函数 STDEVP 来计算标准偏差。如果要使计算包含引用中的逻辑值和代表数字的文本，则需要使用 STDEVA 函数。此处标准偏差的计算使用“n-1”方法。参数可以是数字或者是包含数字的名称、数组或引用。逻辑值和直接键入参数列表中代表数字的文本被计算在内。如果参数是一个数组或引用，则只计算其中的数字。数组或引用中的空白单元格、逻辑值、文本或错误值将被忽略。如果参数为错误值或为不能转换成数字的文本，将会导致错误。函数 STDEV 的计算公式如下：

$$\sqrt{\frac{n\sum x^2-\left(\sum x\right)^2}{n\left(n-1\right)}}$$

其中 x 为样本平均值 AVERAGE(number1,number2,…)，n 为样本大小。

18.4.3　计算基于整个样本总体方差

VARPA 函数用于计算基于整个样本总体的方差。VARPA 函数的语法如下：

```
VARPA(value1,value2,...)
```

其中，参数 value1、value2……为对应于样本总体的 1 ～ 255 个参数。下面通过实例详细讲解该函数的使用方法与技巧。

假定某工厂仅生产了 10 种产品，取样为随机样本进行抗断强度方差的检验。打开“VARPA 函数 .xlsx”工作簿，切换至“Sheet1”工作表，本例中的原始数据如图 18-51 所示。具体的检验步骤如下。

选中 A13 单元格，在编辑栏中输入公式“=STDEV(A2:A11)”，用于计算全部工具抗断强度的方差（假定仅生产了 10 件工具），输入完成后按“Enter”键返回计算结果，如图 18-52 所示。

函数 VARPA 假设其参数为样本总体。如果数据代表的是总体的一个样本，则必须使用函数 VARA 来计算方差。参数可以是下列形式：数值；包含数值的名称、数组或引用；数字的文本表示；或者引用中的逻辑值，例如 TRUE 和 FALSE。逻辑值和直接键入参数列表中代表数字的文本被计算在内。包含 TRUE 的参数作为 1 来计算；包含文本或 FALSE 的参数作为 0（零）来计算。如果参数为数组或引用，则只使用其中的数值。数组或引用中的空白单元格和文本值将被忽略。如果参数为错误值或为不能转换为数字的文本，将会导致错误。如果要使计算不包括引用中的逻辑值和代表数字的文本，则需要使用 VAR 函数。函数 VARPA 的计算公式如下：

$$\frac{n\sum x^2-\left(\sum x\right)^2}{n^2}$$

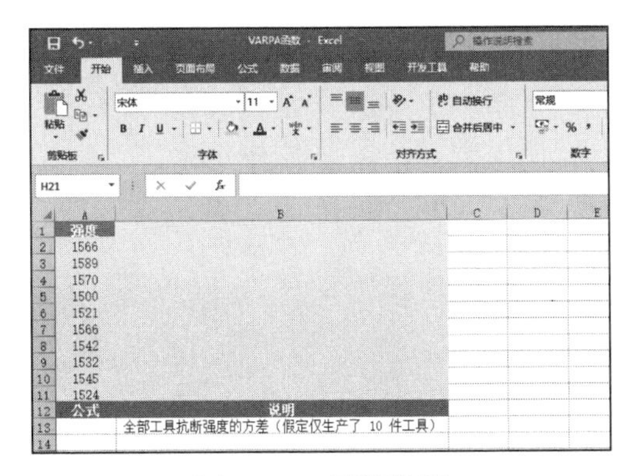

图 18-51　原始数据

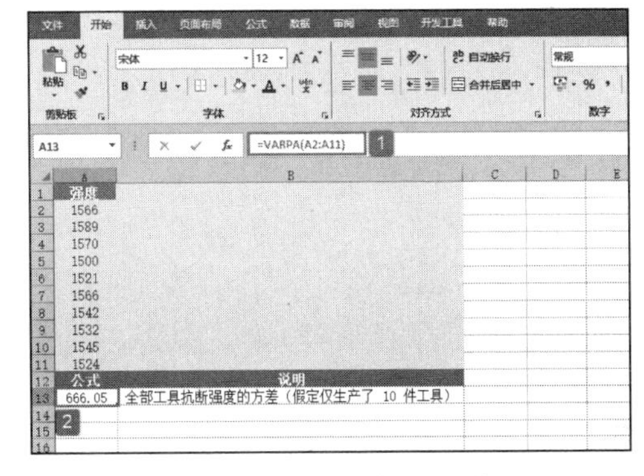

图 18-52　计算总体标准偏差

其中，x 是样本平均值 AVERAGE(value1,value2,…) 且 n 是样本大小。

18.4.4　计算基于给定样本估算方差

VAR 函数用于计算基于给定样本的方差。VAR 函数的语法如下：

```
VAR(number1,number2,...)
```

其中，参数 number1、number2……为对应于总体样本的 1 ～ 255 个参数。下面通过实例详细讲解该函数的使用方法与技巧。

假定某工厂仅生产了 10 种产品，取样为随机样本进行抗断强度方差的检验。打开“VAR 函数 .xlsx”工作簿，切换至“Sheet1”工作表，本例中的原始数据如图 18-53 所示。具体的检验步骤如下。

选中 A13 单元格，在编辑栏中输入公式“ =VAR(A2:A11)”，用于计算工具抗断强度的方差，输入完成后按“Enter”键返回计算结果，如图 18-54 所示。

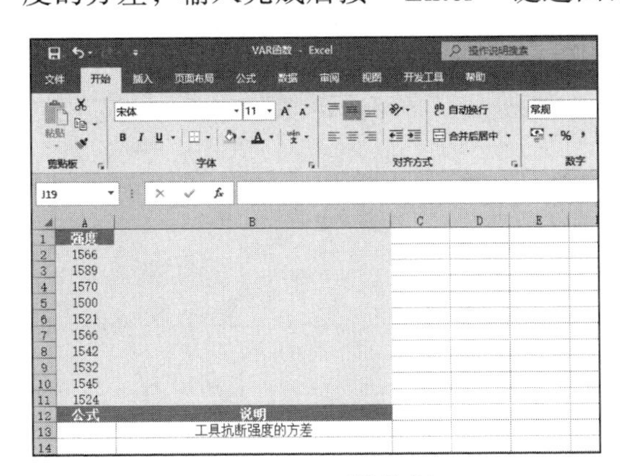

图 18-53　原始数据

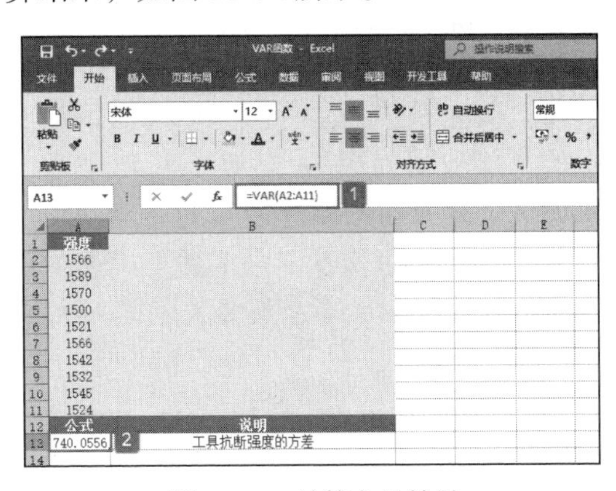

图 18-54　计算方差结果

函数 VAR 假设其参数是样本总体中的一个样本。如果数据为整个样本总体，则应使用函数 VARP 来计算方差。参数可以是数字或者是包含数字的名称、数组或引用。逻辑值和直接键入参数列表中代表数字的文本被计算在内。如果参数是一个数组或引用，则只计算其中的数字。数组或引用中的空白单元格、逻辑值、文本或错误值将被忽略。如果参数为错误值或为不能转换为数字的文本，将会导致错误。如果要使计算包含引用中的逻辑值和代表数字的文本，则需要使用 VARA 函数。函数 VAR 的计算公式如下：

$$\frac{n\sum x^2-\left(\sum x\right)^2}{n(n-1)}$$

其中，x 为样本平均值 AVERAGE(number1,number2,⋯)，n 为样本大小。

18.5 正态累积分布函数应用

正态曲线与基线之间某一区间的面积，相当于能在该区间找到个体的概率。累积正态分布函数指的是 X 轴上的所有无限区间上的 Y 值的累积量。本节通过实例介绍 NORMDIST、NORMINV、STANDARDIZE 等正态累积分布相关函数。

18.5.1 计算正态累积分布

（1）NORMDIST 函数

NORMDIST 函数用于计算指定平均值和标准偏差的正态分布函数。此函数在统计方面应用范围广泛（包括假设检验）。NORMDIST 函数的语法如下：

```
NORMDIST(x,mean,standard_dev,cumulative)
```

其中，x 参数为需要计算其分布的数值，mean 参数为分布的算术平均值，standard_dev 参数为分布的标准偏差，cumulative 参数为一逻辑值，决定函数的形式，如果 cumulative 参数为 TRUE，函数 NORMDIST 返回累积分布函数；如果为 FALSE，返回概率密度函数。下面通过实例详细讲解该函数的使用方法与技巧。

打开“NORMDIST 函数 .xlsx”工作簿，切换至“Sheet1”工作表，本例中的原始数据如图 18-55 所示。已知需要计算其分布的数值、分布的算术平均值和分布的标准偏差，要求计算出累积分布函数值和概率密度函数值。具体的操作步骤如下。

图 18-55 原始数据

STEP01：选中 A6 单元格，在编辑栏中输入公式“=NORMDIST(A2,A3,A4,TRUE)”，用于计算在上述条件下的累积分布函数值，输入完成后按“Enter”键返回计算结果，如图 18-56 所示。

STEP02：选中 A7 单元格，在编辑栏中输入公式“=NORMDIST(A2,A3,A4,FALSE)”，用于计算在上述条件下的概率密度函数值，输入完成后按“Enter”键返回计算结果，如图 18-57 所示。

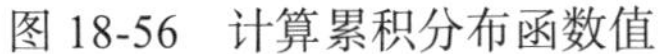
图 18-56 计算累积分布函数值

图 18-57 计算概率密度函数值

如果 mean 参数或 standard_dev 参数为非数值型，函数 NORMDIST 返回错误值“#VALUE!”。如果参数 standard_dev ≤ 0，函数 NORMDIST 返回错误值“#NUM!”。如果参数 mean=0，参数 standard_dev=1，且参数 cumulative=TRUE，则函数 NORMDIST 返回标准正态分布，即函数 NORMSDIST。正态分布密度函数 (cumulative=FALSE) 的计算公式如下：

$$f(x;\mu,\sigma)=\frac{1}{\sqrt{2\pi}\sigma}\mathrm{e}^{-\left(\frac{(N-\mu)^2}{2\sigma^2}\right)}$$

如果 cumulative=TRUE，则公式为从负无穷大到公式中给定的 X 的积分。

（2）NORMINV 函数

NORMINV 函数用于计算指定平均值和标准偏差的正态累积分布函数的反函数。NORMINV 函数的语法如下：

```
NORMINV(probability,mean,standard_dev)
```

其中，probability 参数为正态分布的概率值，mean 参数为分布的算术平均值，standard_dev 参数为分布的标准偏差。下面通过实例详细讲解该函数的使用方法与技巧。

打开“NORMINV 函数 .xlsx”工作簿，切换至“Sheet1”工作表，本例中的原始数据如图 18-58 所示。已知需要计算其分布的数值、分布的算术平均值和分布的标准偏差，要求计算在这些条件下正态累积分布函数的反函数值。具体的操作步骤如下。

选中 A6 单元格，在编辑栏中输入公式“=NORMINV(A2,A3,A4)”，用于计算正态累积分布函数的反函数值，输入完成后按“Enter”键返回计算结果，如图 18-59 所示。

如果任一参数为非数值型，函数 NORMINV 返回错误值“#VALUE!”。如果参数 probability<0 或参数 probability>1，函数 NORMINV 返回错误值“#NUM!”。如果参数 standard_dev ≤ 0，函数 NORMINV 返回错误值“#NUM!”。如果参数 mean=0 且参数 standard_dev=1，函数 NORMINV 使用标准正态分布。如果已给定概率值，则 NORMINV 使用 NORMDIST(x,mean,standard_dev,TRUE)=probability 求解数值 x。因此，NORMINV 的精度取决于 NORMDIST 的精度。NORMINV 使用迭代搜索技术。如果搜索在 100 次迭代之后没有收敛，则函数返回错误值“#N/A”。

图 18-58 原始数据

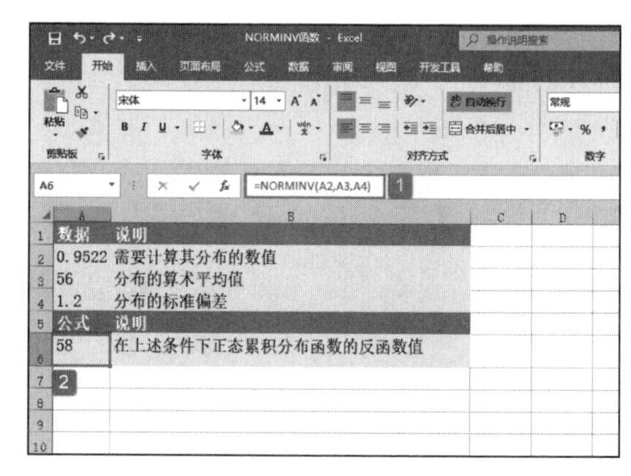

图 18-59 计算正态累积分布函数的反函数

（3）NORMSDIST 函数

NORMSDIST 函数用于计算标准正态累积分布函数，该分布的平均值为 0，标准偏差为 1。可以使用该函数代替标准正态曲线面积表。NORMSDIST 函数的语法如下：

```
NORMSDIST(z)
```

其中，z 参数为需要计算其分布的数值。下面通过实例详细讲解该函数的使用方法与技巧。

打开“NORMSDIST 函数 .xlsx”工作簿，会自动切换至如图 18-60 所示的工作表页面。本例中需要计算 1.66667 的正态累积分布函数值。计算的方法如下。

选中 A2 单元格，在编辑栏中输入公式“=NORMSDIST(1.66667)”，用于计算 1.66667 的正态累积分布函数值，输入完成后按“Enter”键返回计算结果，如图 18-61 所示。

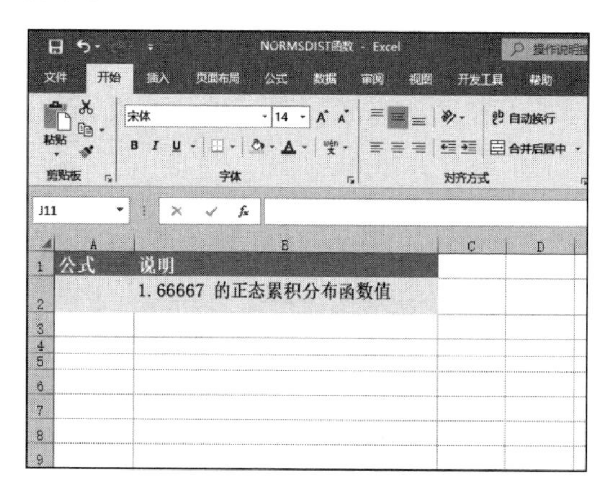

图 18-60 需要计算的值

图 18-61 计算结果

如果 z 参数为非数值型，函数 NORMSDIST 返回错误值“#VALUE!”。标准正态分布密度函数计算公式如下：

$$f(z;0,1)=\frac{1}{\sqrt{2\pi}}\mathrm{e}^{-\frac{x^2}{2}}$$

（4）NORMSINV 函数

NORMSINV 函数用于计算标准正态累积分布函数的反函数。该分布的平均值为 0，标准偏差为 1。NORMSINV 函数的语法如下：

```
NORMSINV(probability)
```

其中，probability 参数为正态分布的概率值。下面通过实例详细讲解该函数的使用方法与技巧。

打开“NORMSINV 函数 .xlsx”工作簿，会自动切换至如图 18-62 所示的工作表页面。本例中需要计算概率为 0.95221 时标准正态累积分布函数的反函数值。计算的方法如下。

选中 A2 单元格，在编辑栏中输入公式“ =NORMSINV(0.95221)”，用于计算概率为 0.95221 时标准正态累积分布函数的反函数值，输入完成后按“ Enter”键返回计算结果，如图 18-63 所示。

图 18-62　需要计算的值

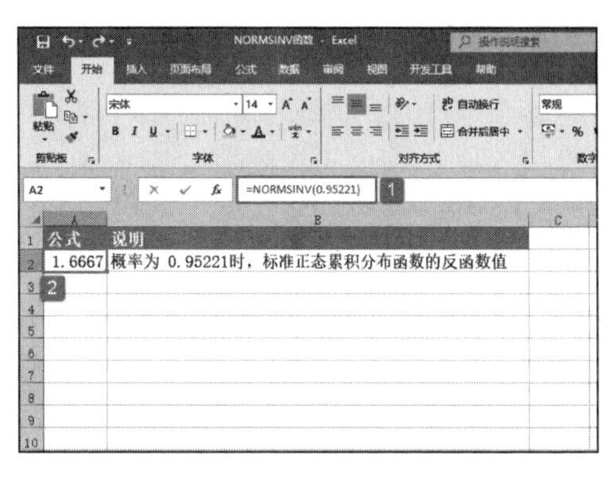

图 18-63　计算反函数值

如果参数 probability 为非数值型，函数 NORMSINV 返回错误值“#VALUE!”。如果参数 probability<0 或参数 probability>1，函数 NORMSINV 返回错误值“ #NUM!”。如果已给定概率值，则 NORMSINV 使用 NORMSDIST(z)=probability 求解数值 z。因此，NORMSINV 的精度取决于 NORMSDIST 的精度。NORMSINV 使用迭代搜索技术。如果搜索在 100 次迭代之后没有收敛，则函数返回错误值“#N/A”。

18.5.2　计算正态化数值

STANDARDIZE 函数用于计算以 mean 为平均值，以 standard_dev 为标准偏差的分布的正态化数值。STANDARDIZE 函数的语法如下：

```
STANDARDIZE(x,mean,standard_dev)
```

其中，x 参数为需要进行正态化的数值，mean 参数为分布的算术平均值，standard_dev 参数为分布的标准偏差。下面通过实例详细讲解该函数的使用方法与技巧。

打开“ STANDARDIZE 函数 .xlsx”工作簿，切换至“ Sheet1”工作表，本例中的原始数据如图 18-64 所示。已知要正态化的数值、分布的算术平均值和分布的标准偏差，要求计算符合上述条件的 58 的正态化数值。具体的操作步骤如下。

选中 A6 单元格，在编辑栏中输入公式“ =STANDARDIZE(A2,A3,A4)”，用于返回符合上述条件的 58 的正态化数值，输入完成后按“ Enter”键返回计算结果，如图 18-65 所示。

如果参数 standard_dev ≤ 0，函数 STANDARDIZE 返回错误值“ #NUM!”。正态化数值的计算公式如下：

$$Z = \frac{X - \mu}{\sigma}$$

图 18-64　原始数据

图 18-65　计算正态化数值

18.6 线性回归线函数应用

线性回归是利用数理统计中回归分析，来确定两种或两种以上变量间相互依赖的定量关系的一种统计分析方法，运用十分广泛。本节通过实例介绍 SLOPE、STEYX、INTERCEPT、LINEST、FORECAST 等线性回归函数运算。

18.6.1　计算线性回归线斜率

SLOPE 函数用于计算根据 known_y's 和 known_x's 中的数据点拟合的线性回归直线的斜率。斜率为直线上任意两点的垂直距离与水平距离的比值，也就是回归直线的变化率。SLOPE 函数的语法如下：

```
SLOPE(known_y's,known_x's)
```

其中，known_y's 参数为数字型因变量数据点数组或单元格区域，known_x's 参数为自变量数据点集合。下面通过实例详细讲解该函数的使用方法与技巧。

打开“ SLOPE 函数 .xlsx”工作簿，切换至“ Sheet1”工作表，本例中的原始数据如图 18-66 所示。该工作表中记录了一组 x、y 值，要求根据这些数据点计算拟合的线性回归直线的斜率。具体的操作步骤如下。

选中 A10 单元格，在编辑栏中输入公式“ =SLOPE(A2:A8,B2:B8)”，用于计算线性回归直线的斜率，输入完成后按“Enter”键返回计算结果，如图 18-67 所示。

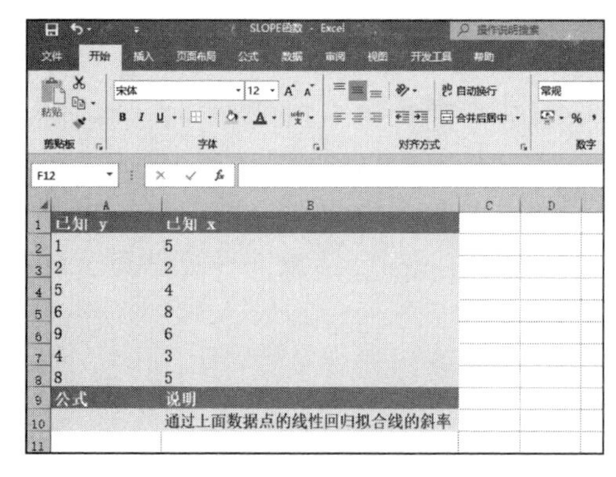

图 18-66　原始数据

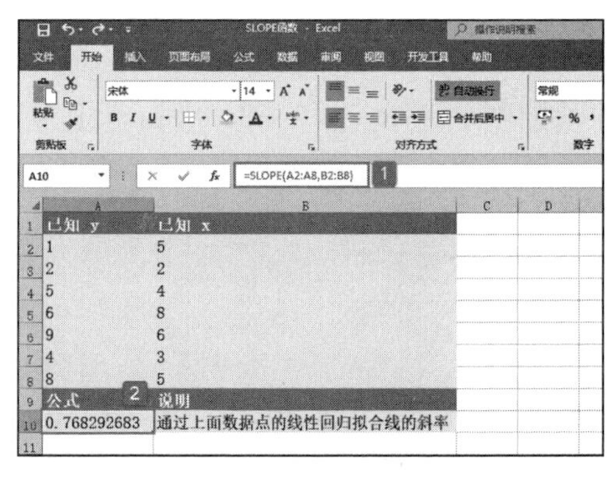

图 18-67　计算斜率

注意：

1）参数可以是数字，或者是包含数字的名称、数组或引用。

2）如果数组或引用参数包含文本、逻辑值或空白单元格，则这些值将被忽略；但包含零值的单元格将计算在内。

3）如果 known_y's 参数和 known_x's 参数为空或其数据点个数不同，函数 SLOPE 返回错误值“#N/A”。回归直线的斜率计算公式如下：

$$b=\frac{n\sum xy-\left(\sum x\sum y\right)}{n\sum x^2-\left(\sum x\right)^2}$$

其中 x 和 y 是样本平均值 AVERAGE(known_x's) 和 AVERAGE(known_y's), n 是样本大小。

18.6.2 线性回归法预测标准误差

STEYX 函数用于计算通过线性回归法计算每个 x 的 y 预测值时所产生的标准误差。标准误差用来度量根据单个 x 变量计算出的 y 预测值的误差量。STEYX 函数的语法如下：

```
STEYX(known_y's,known_x's)
```

其中，known_y's 参数为因变量数据点数组或区，known_x's 参数为自变量数据点数组或区域。下面通过实例详细讲解该函数的使用方法与技巧。

打开“STEYX 函数 .xlsx”工作簿，切换至“Sheet1”工作表，本例中的原始数据如图 18-68 所示。该工作表中记录了一组 x、y 值，要求用线性回归法计算每个 x 的 y 预测值时所产生的标准误差。具体的操作步骤如下。

选中 A10 单元格，在编辑栏中输入公式“=STEYX(A2:A8,B2:B8)”，用线性回归法计算每个 x 的 y 预测值时所产生的标准误差，输入完成后按“Enter”键返回计算结果，如图 18-69 所示。

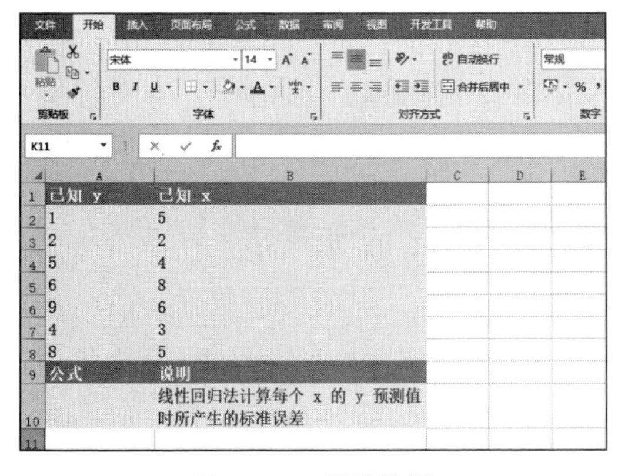

已知 y	已知 x
1	5
2	2
5	4
6	8
9	6
4	3
8	5
公式	说明
	线性回归法计算每个 x 的 y 预测值时所产生的标准误差

图 18-68 原始数据

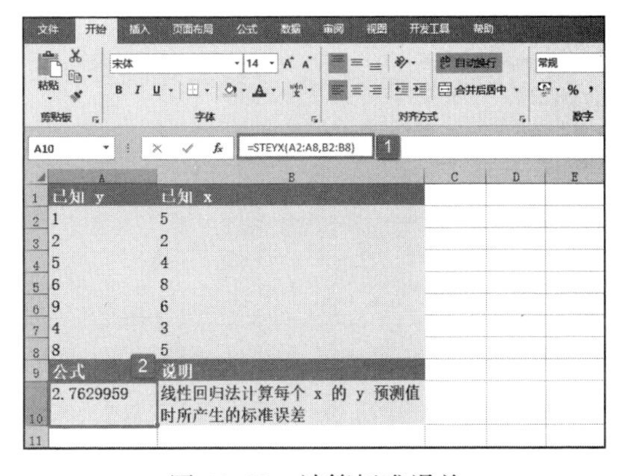

已知 y	已知 x
1	5
2	2
5	4
6	8
9	6
4	3
8	5
公式	说明
2.7629959	线性回归法计算每个 x 的 y 预测值时所产生的标准误差

图 18-69 计算标准误差

参数可以是数字或者包含数字的名称、数组或引用。逻辑值和直接键入参数列表中代表数字的文本被计算在内。如果数组或引用参数包含文本、逻辑值或空白单元格，则这些值将被忽略；但包含零值的单元格将计算在内。如果参数为错误值或为不能转换成数字的文本，将会导致错误。如果 known_y's 和 known_x's 的数据点个数不同，函数 STEYX 返回错误值“#N/A”。如果 known_y's 和 known_x's 为空或其数据点个数小于 3，函数 STEYX 返回错误值“#DIV/0!”。预测值 y 的标准误差计算公式如下：

$$S_{y-x}=\sqrt{\left[\frac{1}{n(n-2)}\right]\left[n\sum y^2-\left(\sum y\right)^2-\frac{\left[n\sum xy-\left(\sum x\right)\left(\sum y\right)\right]^2}{n\sum x^2-\left(\sum x\right)^2}\right]}$$

其中 x 和 y 是样本平均值 AVERAGE(known_x's) 和 AVERAGE(known_y's)，且 n 是样本大小。

18.6.3 计算线性回归线截距

INTERCEPT 函数用于利用现有的 x 值与 y 值计算直线与 y 轴的截距。截距为穿过已知的 known_x's 和 known_y's 数据点的线性回归线与 y 轴的交点。当自变量为 0（零）时，使用 INTERCEPT 函数可以决定因变量的值。例如，当所有的数据点都是在室温或更高的温度下取得的，可以用 INTERCEPT 函数预测在 0℃时金属的电阻。INTERCEPT 函数的语法如下：

```
INTERCEPT(known_y's,known_x's)
```

其中，known_y's 参数为因变的观察值或数据集合，known_x's 参数为自变的观察值或数据集合。下面通过实例详细讲解该函数的使用方法与技巧。

打开“INTERCEPT 函数.xlsx”工作簿，切换至“Sheet1”工作表，本例中的原始数据如图 18-70 所示。该工作表中记录了一组 x、y 值，要求计算直线与 y 轴的截距。具体的操作步骤如下。

选中 A8 单元格，在编辑栏中输入公式“=INTERCEPT(A2:A6, B2:B6)”，利用上面已知的 x 值与 y 值计算直线与 y 轴的截距，输入完成后按“Enter”键返回计算结果，如图 18-71 所示。

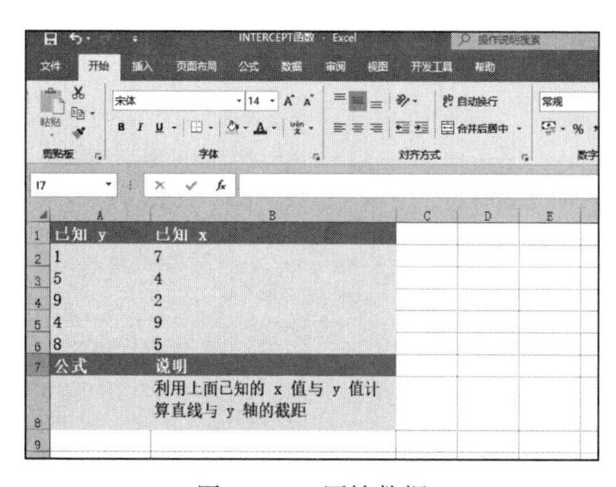

图 18-70　原始数据

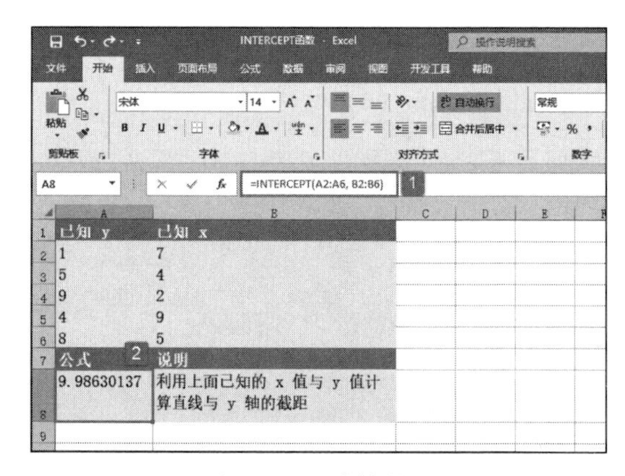

图 18-71　计算截距

参数可以是数字，或者包含数字的名称、数组或引用。如果数组或引用参数包含文本、逻辑值或空白单元格，则这些值将被忽略；但包含零值的单元格将计算在内。如果 known_y's 和 known_x's 所包含的数据点个数不相等或不包含任何数据点，则函数 INTERCEPT 返回错误值“#N/A”。回归线 a 的截距公式为：

$$a=\bar{Y}-b\bar{X}$$

公式中斜率 b 计算如下：

$$b=\frac{n\sum xy-\left(\sum x\right)\left(\sum y\right)}{n\sum x^{2}-\left(\sum x\right)^{2}}$$

其中 x 和 y 是样本平均值 AVERAGE(known_x's) 和 AVERAGE(known_y's)，n 为样本大小。

18.6.4 计算线性趋势参数

LINEST 函数用于使用最小二乘法对已知数据进行最佳直线拟合，然后返回描述此直线的数组。也可以将 LINEST 与其他函数结合，以便计算未知参数中其他类型的线性模型的统计值，包括多项式、对数、指数和幂级数。因为此函数返回数值数组，所以必须以数组公式的形式输入。LINEST 函数的语法如下：

```
LINEST(known_y's,known_x's,const,stats)
```

其中，known_y's 参数是关系表达式 y=mx+b 中已知的 y 值集合。如果数组 known_y's 在单独一列中，则 known_x's 的每一列被视为一个独立的变量。如果数组 known_y's 在单独一行中，则 known_x's 的每一行被视为一个独立的变量。

known_x's 参数是关系表达式 y=mx+b 中已知的可选 x 值集合。数组 known_x's 可以包含一组或多组变量。如果仅使用一个变量，那么只要 known_x's 参数和 known_y's 参数具有相同的维数，则它们可以是任何形状的区域。如果用到多个变量，则 known_y's 参数必须为向量（即必须为一行或一列）。如果省略 known_x's 参数，则假设该数组为 {1,2,3,...}，其大小与 known_y's 参数相同。

const 参数为一逻辑值，用于指定是否将常量 b 强制设为 0。如果 const 参数为 TRUE 或省略，b 将按正常计算。如果 const 参数为 FALSE，b 将被设为 0，并同时调整 m 值使 y=mx。stats 参数为一逻辑值，指定是否返回附加回归统计值。如果 stats 参数为 TRUE，则 LINEST 函数返回附加回归统计值，这时返回的数组为 {mn,mn-1,…,m1,b;sen,sen-1,…,se1,seb;r2,sey;F,df;ssreg,ssresid}。如果 stats 参数为 FALSE 或省略，LINEST 函数只返回系数 m 和常量 b。

直线的公式为：y=mx+b 或 y=m1x1+m2x2+…+b（如果有多个区域的 x 值）。

其中，因变量 y 是自变量 x 的函数值。m 值是与每个 x 值相对应的系数，b 为常量。注意 y、x 和 m 可以是向量。LINEST 函数返回的数组为 {mn,mn-1,…,m1,b}。LINEST 函数还可返回附加回归统计值。

附加回归统计值如表 18-1 所示。

表18-1 附加回归统计值

统计值	说明
se1,se2,…,sen	系数 m1,m2,…,mn 的标准误差值
seb	常量 b 的标准误差值（当 const 为 FALSE 时，seb=#N/A）
r2	判定系数。Y 的估计值与实际值之比，范围在 0 到 1 之间。如果为 1，则样本有很好的相关性，Y 的估计值与实际值之间没有差别；如果判定系数为 0，则回归公式不能用来预测 Y 值
sey	Y 估计值的标准误差
F	F 统计或 F 观察值。使用 F 统计可以判断因变量和自变量之间是否偶尔发生过可观察到的关系

（续）

统计值	说　　明
df	自由度，用于在统计表上查找 F 临界值。将从表中查得的值与 LINEST 函数返回的 F 统计值进行比较可确定模型的置信度
ssreg	回归平方和
ssresid	残差平方和

打开“LINEST 函数 .xlsx”工作簿，切换至“Sheet1”工作表，本例中的原始数据如图 18-72 所示。已知某公司 1 月～6 月的产品销售额，要求估算第 8 个月的销售值。具体的操作步骤如下。

选中 A9 单元格，在编辑栏中输入公式“=SUM(LINEST(B2:B7,A2:A7)*{8,1})”，用于估算第 8 个月的销售值，输入完成后按“Enter”键返回计算结果，如图 18-73 所示。

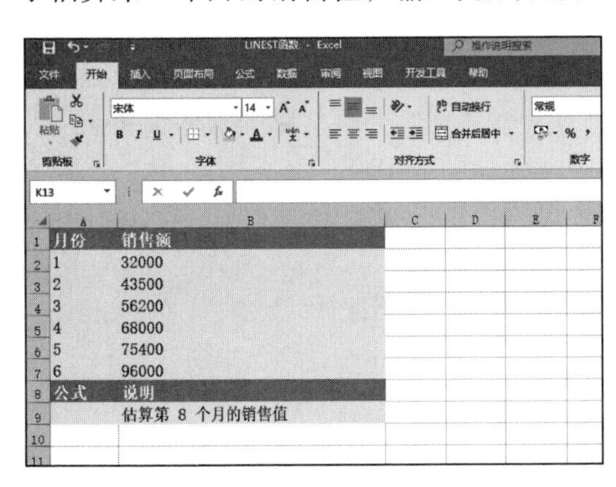

图 18-72　原始数据

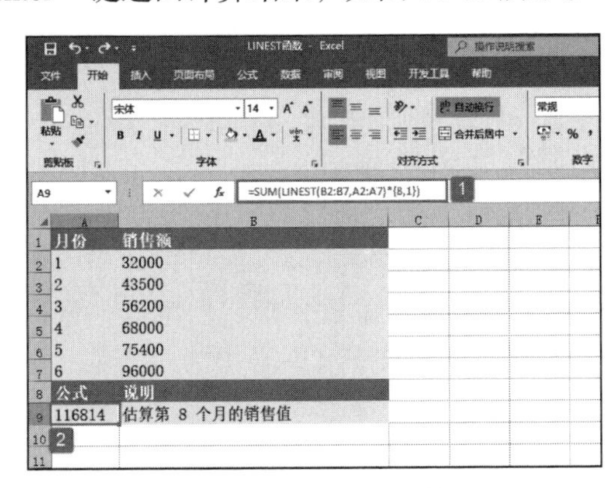

图 18-73　估算销售值

需要注意的有以下几点：

1）可以使用斜率和 y 轴截距描述任何直线。

斜率（m）通常记为 m，如果需要计算斜率，则选取直线上的两点，(x1,y1) 和 (x2,y2)；斜率等于 (y2−y1)/(x2−x1)。

Y 轴截距 (b) 通常记为 b，直线的 y 轴的截距为直线通过 y 轴时与 y 轴交点的数值。

直线的公式为 y=mx+b。如果知道了 m 和 b 的值，将 y 或 x 的值代入公式就可计算出直线上的任意一点。还可以使用 TREND 函数计算。

2）当只有一个自变量 x 时，可直接利用下面公式得到斜率和 y 轴截距值。

斜率：

```
=INDEX(LINEST(known_y's,known_x's),1)
```

Y 轴截距：

```
=INDEX(LINEST(known_y's,known_x's),2)
```

3）数据的离散程度决定了 LINEST 函数计算的精确度。数据越接近线性，LINEST 模型就越精确。LINEST 函数使用最小二乘法来判定最适合数据的模型。当只有一个自变量 x 时，m 和 b 是根据下面的公式计算出的。

$$m=\frac{n\left(\sum xy\right)-\left(\sum x\right)\left(\sum y\right)}{n\left(\sum\left(x^2\right)\right)-\left(\sum x\right)^2}$$

$$b=\frac{\left(\sum y\right)\left(\sum (x)^2\right)-\left(\sum x\right)\left(\sum xy\right)}{n\left(\sum \left(x^2\right)\right)-\left(\sum x\right)^2}$$

其中 x 和 y 是样本平均值，例如 x=AVERAGE(knownx's) 和 y=AVERAGE(known_y's)。

4）直线和曲线函数 LINEST 和 LOGEST 可用来计算与给定数据拟合程度最高的直线或指数曲线，但需要判断两者中哪一个更适合数据。可以用函数 TREND(known_y's,known_x's) 来计算直线，或用函数 GROWTH(known_y's,known_x's) 来计算指数曲线。这些不带参数 new_x's 的函数可在实际数据点上根据直线或曲线来返回 y 的数组值，然后可以将预测值与实际值进行比较。还可以用图表方式来直观地比较二者。

5）回归分析时，Excel 计算每一点的 y 的估计值和实际值的平方差。这些平方差之和称为残差平方和 (ssresid)。然后 Excel 计算总平方和 (sstotal)。当 const=TRUE 或被删除时，总平方和是 y 的实际值和平均值的平方差之和。当 const=FALSE 时，总平方和是 y 的实际值的平方和（不需要从每个 y 值中减去平均值）。回归平方和 (ssreg) 可通过公式 ssreg=sstotal-ssresid 计算出来。残差平方和与总平方和的比值越小，判定系数 r2 的值就越大，r2 是表示回归分析公式的结果反映变量间关系的程度的标志。r2=ssreg/sstotal。

6）在某些情况下，一个或多个 X 列可能没有出现在其他 X 列中的预测值（假设 Y's 和 X's 位于列中）。换句话说，删除一个或多个 X 列可能导致同样精度的 y 预测值。在这种情况下，这些多余的 X 列应该从回归模型中删除。这种现象被称为“共线”，因为任何多余的 X 列可表示为多个非多余 X 列的和。LINEST 将检查是否存在共线，并在识别出来之后从回归模型中删除任何多余的 X 列。由于包含 0 系数以及 0se's，所以已删除的 X 列能在 LINEST 输出中被识别出来。如果一个或多个多余的列被删除，则将影响 df，原因是 df 取决于被实际用于预测目的的 X 列的个数。如果由于删除多余的 X 列而更改了 df，则也会影响 sey 和 F 的值。

实际上，出现共线的情况应该相对很少。但是，如果某些 X 列仅包含 0's 和 1's 作为一个实验中的对象是否属于某个组的指示器，则很可能引起共线。如果 const=TRUE 或被删除，则 LINEST 可有效地插入所有 1's 的其他 X 列，以便模型化截取。如果在一列中，1 对应于每个男性对象，0 对应于非男性对象；而在另一列中，1 对应于每个女性对象,0 对应于非女性对象，那么后一列就是多余的，因为其中的项可通过从所有 1’s（由 LINEST 添加）的另一列中减去“男性指示器”列中的项来获得。

7）df 的计算方法如下所示（没有 X 列由于共线而从模型中被删除）。如果存在 known_x's 的 k 列和 const=TRUE 或被删除，那么 df=n–k–1。如果 const=FALSE，那么 df=n–k。在这两种情况下，每次由于共线而删除一个 X 列都会使 df 加 1。

8）对于返回结果为数组的公式，必须以数组公式的形式输入。

当输入一个数组常量（如 known_x's）作为参数时，以逗号作为同一行中各数值的分隔符，以分号作为不同行中各数值的分隔符。分隔符可能因“控制面板”的“区域和语言选项”中区域设置的不同而有所不同。

9）如果 y 的回归分析预测值超出了用来计算公式的 y 值的范围，它们可能是无效的。

函数 LINEST 中使用的下层算法与函数 SLOPE 和 INTERCEPT 中使用的下层算法

不同。当数据未定且共线时，这些算法之间的差异会导致不同的结果。例如，如果参数 known_y's 的数据点为 0，参数 known_x's 的数据点为 1：

LINEST 返回值 0。LINEST 算法用来返回共线数据的合理结果，在这种情况下至少可找到一个答案。

SLOPE 和 INTERCEPT 返回错误 #DIV/0!。SLOPE 和 INTERCEPT 算法用来查找一个且仅一个答案，在这种情况下可能有多个答案。

10）除了使用 LOGEST 计算其他回归分析类型的统计值外，还可以使用 LINEST 计算其他回归分析类型的范围，方法是将 x 和 y 变量的函数作为 LINEST 的 x 和 y 系列输入。例如，下面的公式：

```
=LINEST(yvalues,xvalues^COLUMN($A:$C))
```

将在使用 y 值的单个列和 x 值的单个列计算下面的方程式的近似立方（多项式次数 3）值时运行：

*y=m1*x+m2*x^2+m3*x^3+b*

可以调整此公式以计算其他类型的回归，但是在某些情况下，需要调整输出值和其他统计值。

18.6.5 计算或预测未来值

FORECAST 函数用于根据已有的数值计算或预测未来值。此预测值为基于给定的 x 值推导出的 y 值。已知的数值为已有的 x 值和 y 值，再利用线性回归对新值进行预测。可以使用该函数对未来销售额、库存需求或消费趋势进行预测。FORECAST 函数的语法如下：

```
FORECAST(x,known_y's,known_x's)
```

其中，x 参数为需要进行预测的数据点，known_y's 参数为因变量数组或数据区域，known_x's 参数为自变量数组或数据区域。下面通过实例详细讲解该函数的使用方法与技巧。

打开“FORECAST 函数 .xlsx”工作簿，切换至“Sheet1”工作表，本例中的原始数据如图 18-74 所示。该工作表中记录了一组给定的 X 和 Y 值，要求基于给定的 X 值 25 预测一个 Y 值。具体的操作步骤如下。

选中 A8 单元格，在编辑栏中输入公式“=FORECAST(25,A2:A6,B2:B6)”，基于给定的 X 值 25 预测一个 Y 值，输入完成后按“Enter”键返回计算结果，如图 18-75 所示。

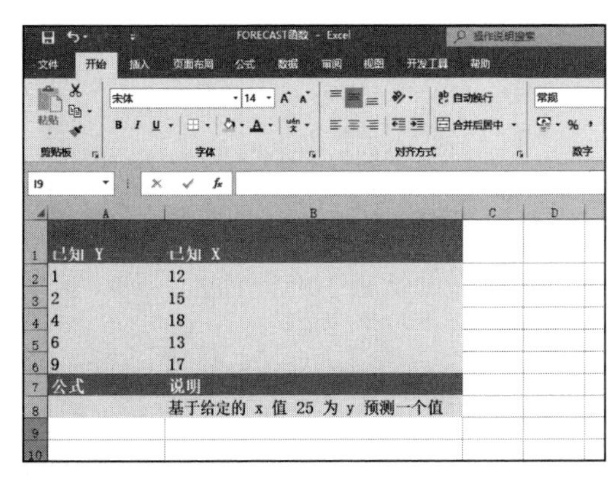

图 18-74　原始数据

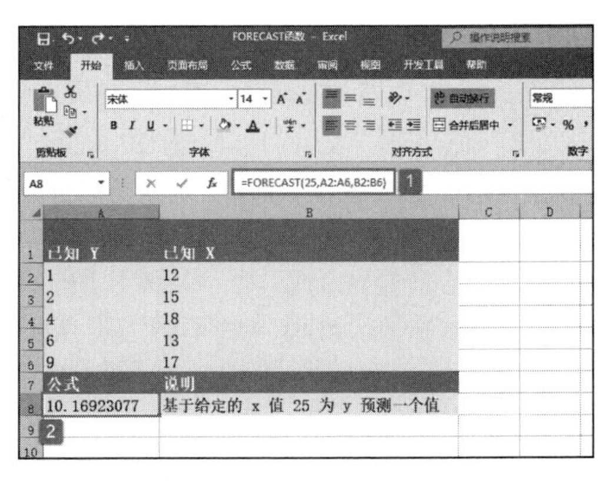

图 18-75　计算预测值

如果 x 为非数值型，函数 FORECAST 返回错误值“#VALUE!”。如果 known_y's 和 known_x's 为空或含有不同个数的数据点，函数 FORECAST 返回错误值“#N/A”。如果 known_x's 的方差为零，函数 FORECAST 返回错误值“#DIV/0!”。函数 FORECAST 的计算公式为 a+bx，式中：

$$a = \bar{Y} - b\bar{X}$$

且：

$$b = \frac{n\sum xy - (\sum x)(\sum y)}{n\sum x^2 - (\sum x)^2}$$

且其中 x 和 y 是样本平均值 AVERAGE(known_x's) 和 AVERAGE(known_y's)，n 是样本的大小。

18.7 数据集相关函数应用

数据集，又称为资料集、数据集合或资料集合，是一种由数据所组成的集合。本节通过实例介绍 CORREL、KURT、PERCENTRANK、RANK 等数据集函数运算。

18.7.1 计算数据集间相关系数

CORREL 函数用于计算单元格区域 array1 和 array2 之间的相关系数。使用相关系数可以确定两种属性之间的关系。例如，可以检测某地的平均温度和空调使用情况之间的关系。CORREL 函数的语法如下：

```
CORREL(array1,array2)
```

其中，array1 参数为第 1 组数值单元格区域，array2 参数为第 2 组数值单元格区域。下面通过实例详细讲解该函数的使用方法与技巧。

打开“CORREL 函数 .xlsx”工作簿，切换至“Sheet1”工作表，本例中的原始数据如图 18-76 所示。该工作表中记录了两组数据集，要求计算这两个数据集的相关系数。具体的操作步骤如下。

选中 A8 单元格，在编辑栏中输入公式“=CORREL(A2:A6,B2:B6)”，用于计算两个数据集的相关系数，输入完成后按“Enter”键返回计算结果，如图 18-77 所示。

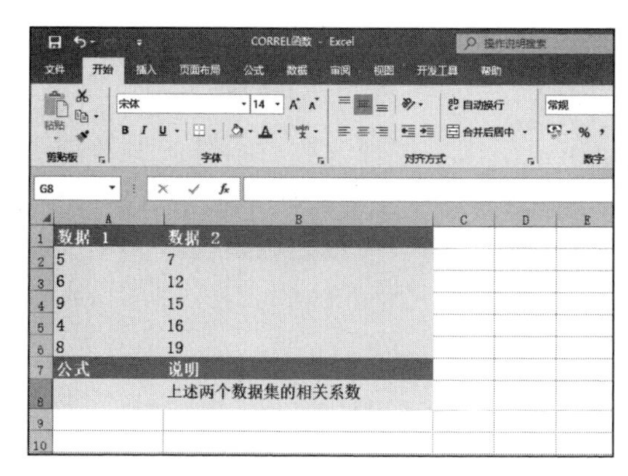

图 18-76　原始数据

图 18-77　计算相关系数

如果数组或引用参数包含文本、逻辑值或空白单元格，则这些值将被忽略；但包含零值的单元格将计算在内。如果 array1 参数和 array2 参数的数据点的个数不同，函数 CORREL 返回错误值“#N/A”。如果 array1 参数或 array2 参数为空，或者其数值的 s（标准偏差）等于零，函数 CORREL 返回错误值“#DIV/0!”。相关系数的计算公式为：

$$\rho_{x,y}=\frac{Cov(X,Y)}{\sigma_x,\sigma_y}$$

其中 x 和 y 是样本平均值 AVERAGE(array1) 和 AVERAGE(array2)。

18.7.2 计算数据集峰值

KURT 函数用于返回数据集的峰值。峰值反映与正态分布相比某一分布的尖锐度或平坦度。正峰值表示相对尖锐的分布。负峰值表示相对平坦的分布。KURT 函数的语法如下：

```
KURT(number1,number2,...)
```

其中，参数 number1、number2……是用于计算峰值的 1 ～ 255 个参数。也可以不用这种用逗号分隔参数的形式，而用单个数组或对数组的引用。下面通过实例详细讲解该函数的使用方法与技巧。

打开“KURT 函数 .xlsx”工作簿，切换至“Sheet1”工作表，本例中的原始数据如图 18-78 所示。该工作表中记录了一组数据，要求计算出上述数据集的峰值。具体的操作步骤如下。

选中 A13 单元格，在编辑栏中输入公式“=KURT(A2:A11)”，用于计算给定数据集的峰值，输入完成后按“Enter”键返回计算结果，如图 18-79 所示。

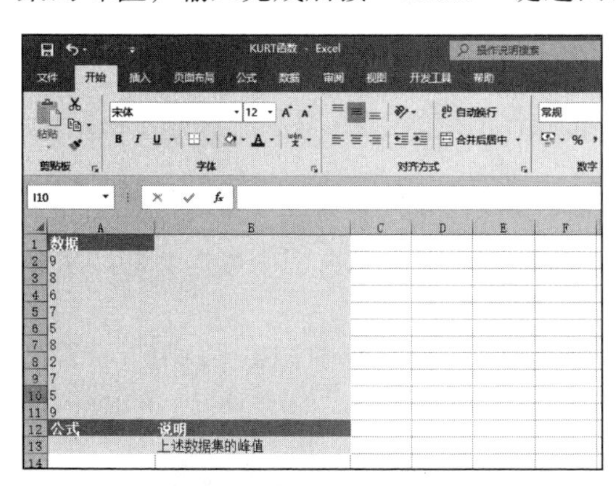

图 18-78　原始数据

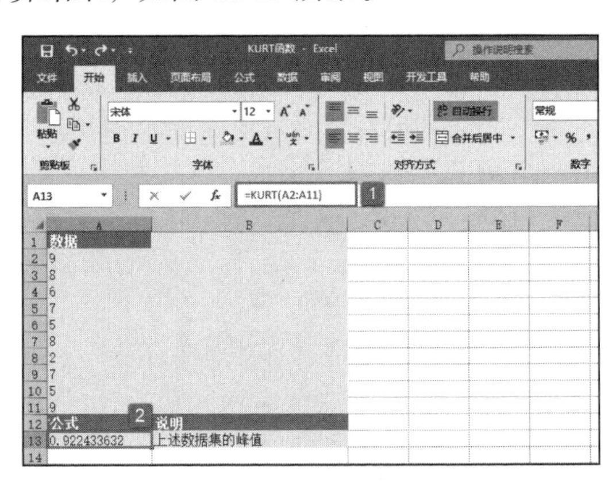

图 18-79　计算峰值

参数可以是数字或者包含数字的名称、数组或引用。逻辑值和直接键入参数列表中代表数字的文本被计算在内。如果数组或引用参数包含文本、逻辑值或空白单元格，则这些值将被忽略；但包含零值的单元格将计算在内。如果参数为错误值或为不能转换为数字的文本，将会导致错误。如果数据点少于 4 个，或样本标准偏差等于 0，函数 KURT 返回错误值“#DIV/0!”。峰值的计算公式如下：

$$\left\{\frac{n(n+1)}{(n-1)(n-2)(n-3)}\sum\left(\frac{x_j-\bar{x}}{s}\right)^4\right\}-\frac{3(n-1)^2}{(n-2)(n-3)}$$

s 为样本的标准偏差。

18.7.3 计算百分比排位

PERCENTRANK 函数用于计算特定数值在一个数据集中的百分比排位。此函数可用于查看特定数据在数据集中所处的位置。例如，可以使用函数 PERCENTRANK 计算某个特定的能力测试得分在所有的能力测试得分中的位置。PERCENTRANK 函数的语法如下：

```
PERCENTRANK(array,x,significance)
```

其中，array 参数为定义相对位置的数组或数字区域。x 为数组中需要得到其排位的值。significance 参数为可选项，表示返回的百分数值的有效位数，如果省略，函数 PERCENTRANK 保留 3 位小数。下面通过实例详细讲解该函数的使用方法与技巧。

打开“PERCENTRANK 函数 .xlsx”工作簿，切换至“Sheet1”工作表，本例中的原始数据如图 18-80 所示。该工作表中记录了一组数据列表，要求计算出指定的数字在列表中的百分比排位。具体的操作步骤如下。

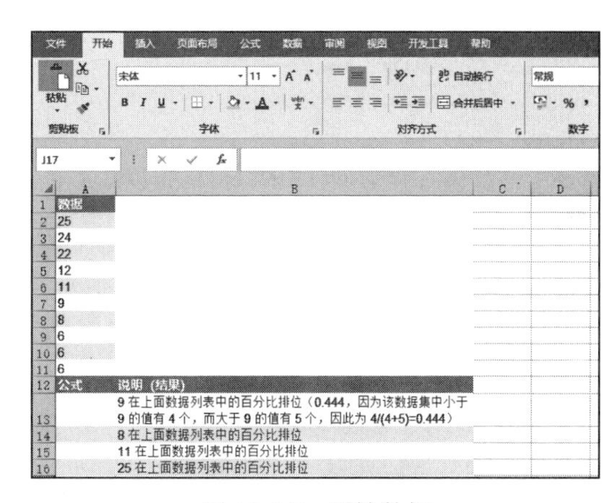

图 18-80　原始数据

STEP01：选中 A13 单元格，在编辑栏中输入公式“=PERCENTRANK(A2:A11,9)”，用于计算 9 在上面数据列表中的百分比排位，输入完成后按“Enter”键返回计算结果。因为该数据集中小于 9 的值有 4 个，而大于 9 的值有 5 个，因此为 4/(4+5)=0.444，如图 18-81 所示。

STEP02：选中 A14 单元格，在编辑栏中输入公式“=PERCENTRANK(A2:A11,8)”，用于计算 8 在上面数据列表中的百分比排位，输入完成后按“Enter”键返回计算结果，如图 18-82 所示。

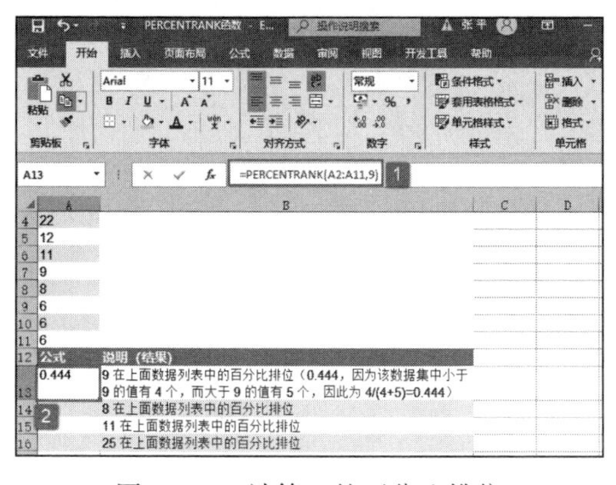

图 18-81　计算 9 的百分比排位

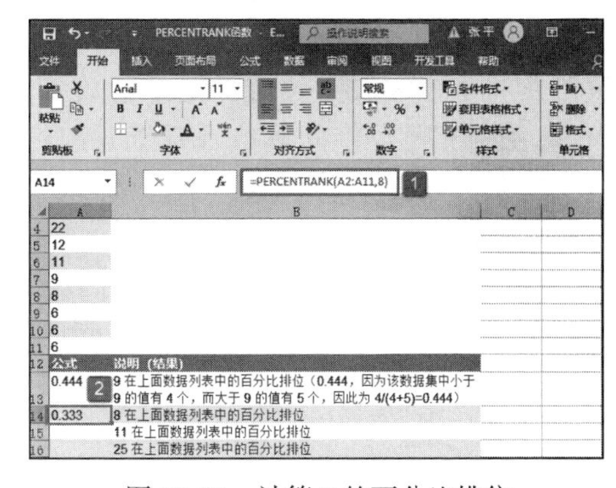

图 18-82　计算 8 的百分比排位

STEP03：选中 A15 单元格，在编辑栏中输入公式“=PERCENTRANK(A2:A11,11)”，用于计算 11 在上面数据列表中的百分比排位，输入完成后按“Enter”键返回计算结果，如图 18-83 所示。

STEP04：选中 A16 单元格，在编辑栏中输入公式“=PERCENTRANK(A2:A11, 25)”，用于计算 25 在上面数据列表中的百分比排位，输入完成后按“Enter”键返回计算结果，如图 18-84 所示。

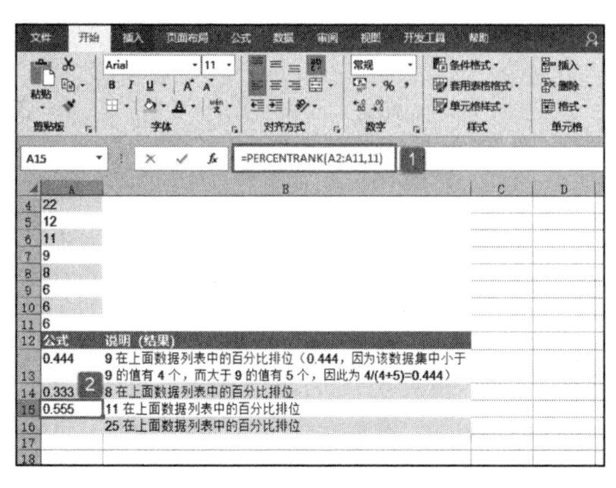

图 18-83 计算 11 的百分比排位

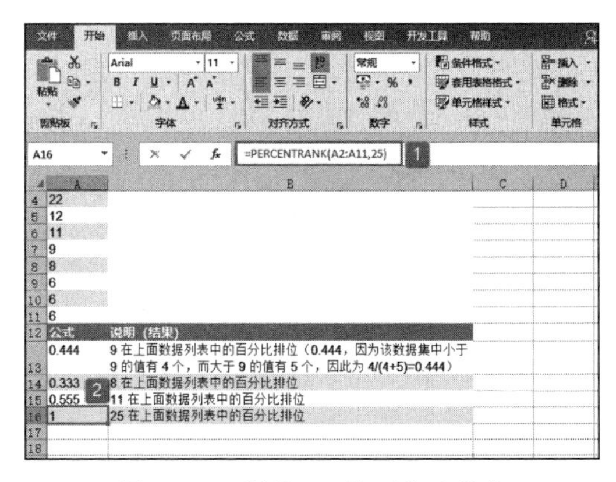

图 18-84 计算 25 的百分比排位

如果数组为空，函数 PERCENTRANK 返回错误值“#NUM!”。如果参数 significance< 1，函数 PERCENTRANK 返回错误值“#NUM!”。如果数组里没有与 x 相匹配的值，函数 PERCENTRANK 将进行插值以返回正确的百分比排位。

18.7.4 数字排位

RANK 函数用于计算一个数字在数字列表中的排位。数字的排位是其大小与列表中其他值的比值（如果列表已排过序，则数字的排位就是它当前的位置）。RANK 函数的语法如下：

```
RANK(number,ref,order)
```

其中，number 参数为需要找到排位的数字。ref 参数为数字列表数组或对数字列表的引用，ref 参数中的非数值型参数将被忽略。order 参数为一数字，指明排位的方式，如果 order 参数为 0（零）或省略，Excel 对数字的排位是基于 ref 参数为按照降序排列的列表；如果 order 参数不为零，Excel 对数字的排位是基于 ref 参数为按照升序排列的列表。下面通过实例详细讲解该函数的使用方法与技巧。

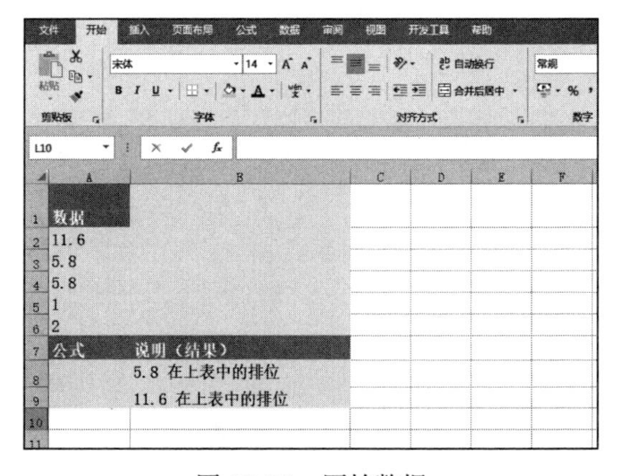

图 18-85 原始数据

打开“RANK 函数 .xlsx”工作簿，切换至“Sheet1”工作表，本例中的原始数据如图 18-85 所示。该工作表中记录了一组数据，要求计算出指定数值在数据集中的排位。具体的操作步骤如下。

STEP01：选中 A8 单元格，在编辑栏中输入公式“=RANK(A3,A2:A6,1)”，用于计算 5.8 在上表中的排位，输入完成后按“Enter”键返回计算结果，如图 18-86 所示。

STEP02：选中 A9 单元格，在编辑栏中输入公式“=RANK(A2,A2:A6,1)”，用于计算 11.6 在上表中的排位，输入完成后按“Enter”键返回计算结果，如图 18-87 所示。

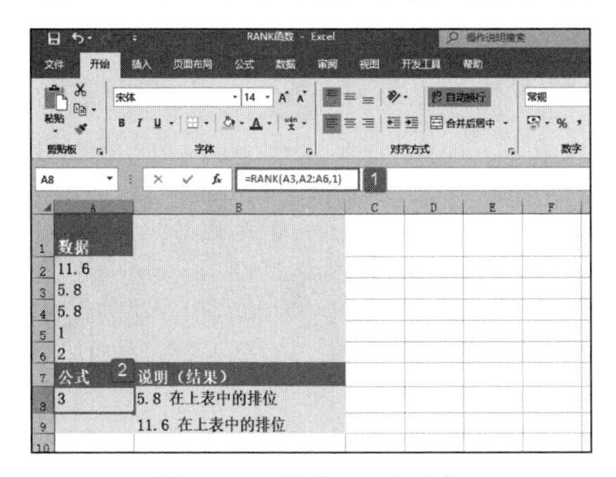

图 18-86　计算 5.8 的排位

图 18-87　计算 11.6 的排位

函数 RANK 对重复数的排位相同。但重复数的存在将影响后续数值的排位。例如，在一列按升序排列的整数中，如果整数 10 出现两次，其排位为 5，则 11 的排位为 7(没有排位为 6 的数值)。

由于某些原因，用户可能使用考虑重复数字的排位定义。在前面的示例中，用户可能要将整数 10 的排位改为 5.5。这可通过将下列修正因素添加到按排位返回的值来实现。该修正因素对于按照升序计算排位（顺序 = 非零值）或按照降序计算排位（顺序 =0 或被忽略）的情况都是正确的。

重复数排位的修正因素 =[COUNT(ref)+1–RANK(number,ref,0)–RANK(number,ref,1)]/2。

在上面的示例中，RANK(A2,A1:A5,1) 等于 3。修正因素是 (5+1–2–3)/2=0.5，考虑重复数排位的修改排位是 3+0.5=3.5。如果数字仅在 ref 出现一次，由于不必调整 RANK，因此修正因素为 0。

18.8 实战：产品销售量统计

2018 年，某公司分别向 4 个超市连续供应了一年 A 商品，并在“产品销量统计 .xlsx”工作簿中详细统计了该商品一年中在每个超市各月份的销售量。现在欲统计该商品在 2018 年一年中的最小销量、最大销量、销量众数、销量中数、销量平均值，以及分段销量的频率。打开“产品销量统计 .xlsx”工作簿，本例的原始数据如图 18-88 所示。

下面根据基础销量统计数据分步详细介绍如何进行上述数据计算。

STEP01：定义数据区域。选中 B3:E14 单元格区域，切换至“公式”选项卡，在“定义的名称”组中单击“定义名称”下三角按钮，在展开的下拉列表中选择“定义名称”选项，如图 18-89 所示。

STEP02：随后会打开“新建名称”对话框，在“名称”文本框中输入“ sales”，其他选项采用默认设置，单击“确定”按钮完成名称的定义，如图 18-90 所示。

STEP03：选中 H1 单元格，在编辑栏中输入公式“ =MIN(sales)”，统计一年中商品销量的最小值，输入完成后按“Enter”键返回计算结果，如图 18-91 所示。

STEP04：选中 H2 单元格，在编辑栏中输入公式“=MAX(sales)”，统计一年中商品销量的最大值，输入完成后按“Enter”键返回计算结果，如图 18-92 所示。

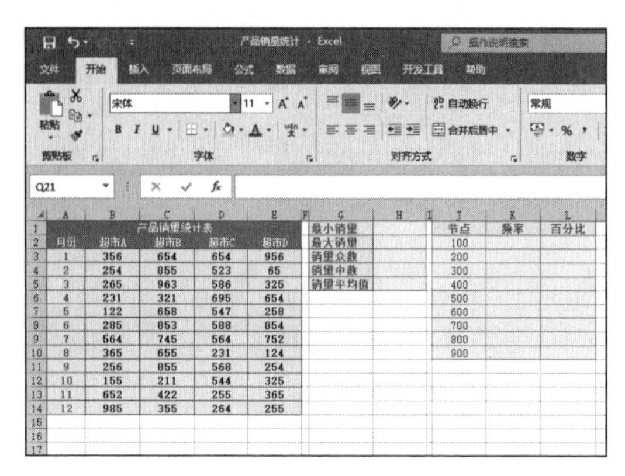

图 18-88　基础销量统计数据

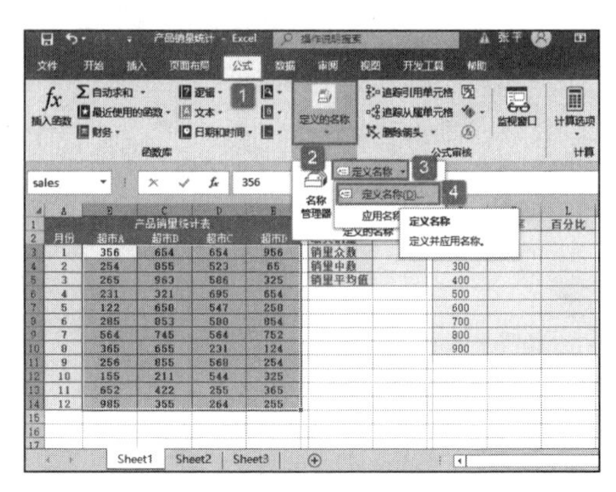

图 18-89　选项“定义名称”选项

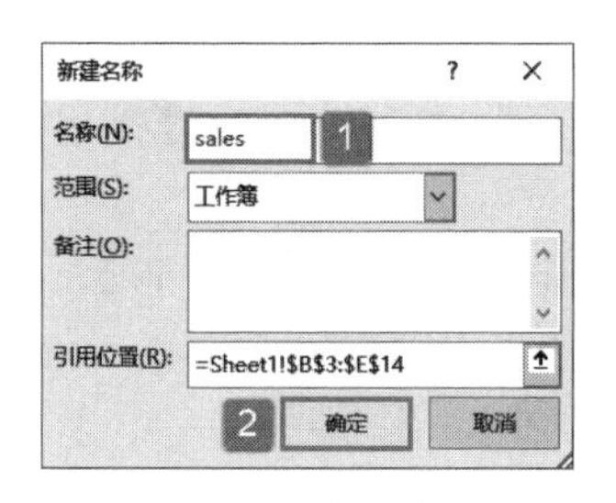

图 18-90　定义名称

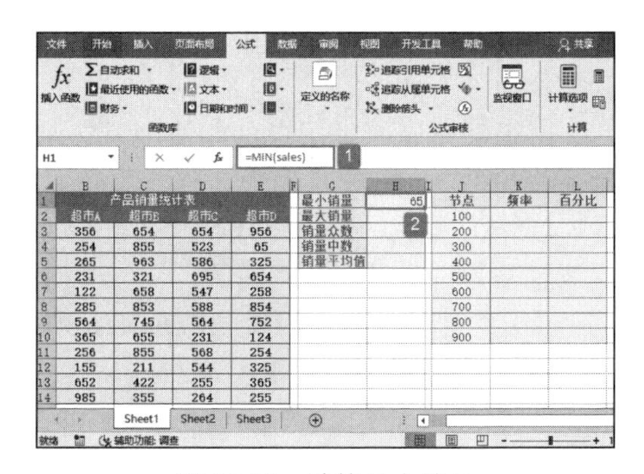

图 18-91　计算最小销量

STEP05：选中 H3 单元格，在编辑栏中输入公式“=MODE(sales)”，统计一年中商品销量的众数，输入完成后按“Enter”键返回计算结果，如图 18-93 所示。

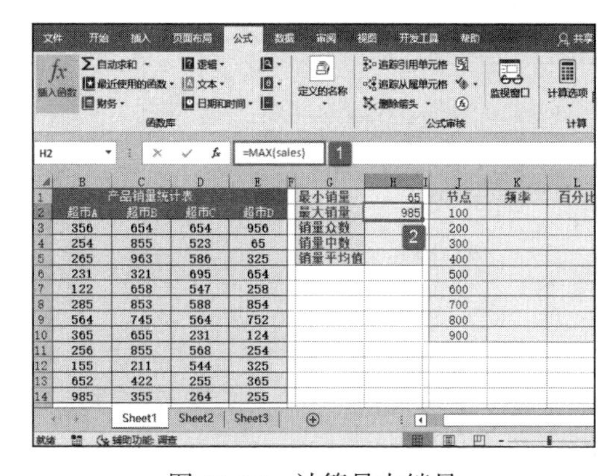

图 18-92　计算最大销量

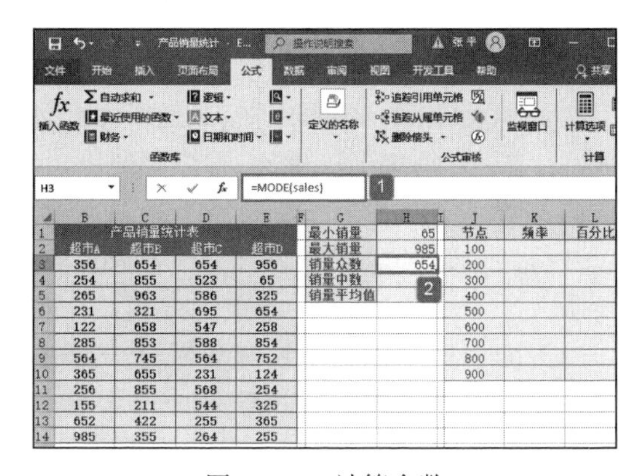

图 18-93　计算众数

STEP06：选中 H4 单元格，在编辑栏中输入公式“=MEDIAN(sales)”，统计一年中商品销量的中数，输入完成后按“Enter”键返回计算结果，如图 18-94 所示。

STEP07：选中 H5 单元格，在编辑栏中输入公式“=AVERAGE(sales)”，统计一年中商品销量的平均值，输入完成后按“Enter”键返回计算结果，如图 18-95 所示。

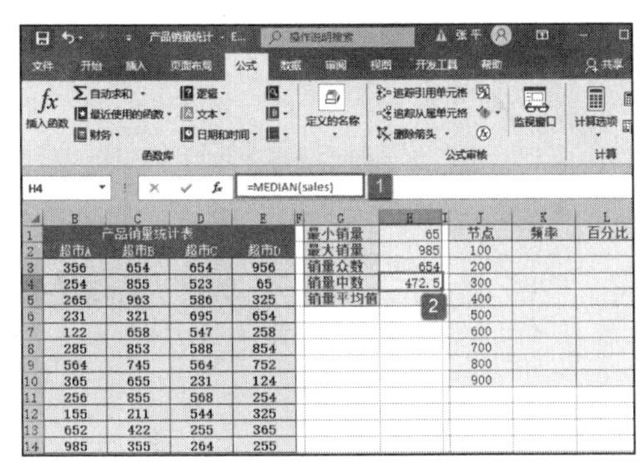

图 18-94 计算中数

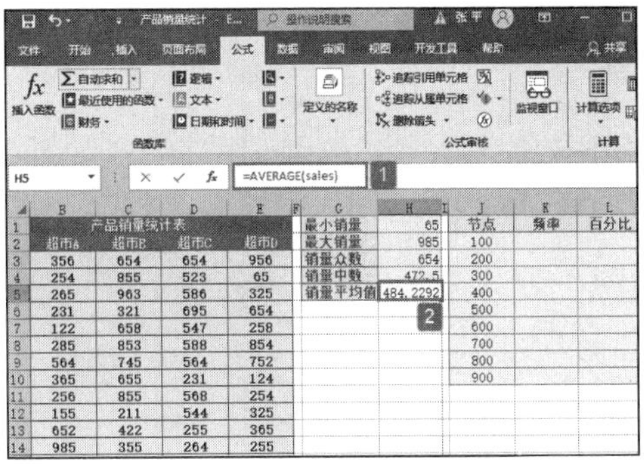

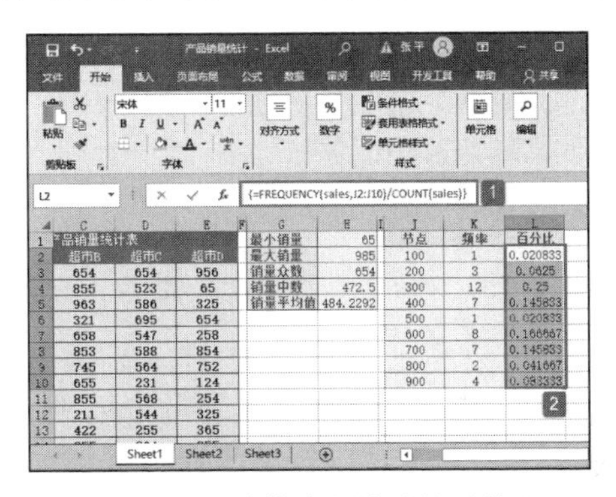

图 18-95 计算平均值

STEP08：计算分段销量的频率。选中 K2:K10 单元格区域，按“F2”键，然后输入公式“=FREQUENCY(sales,J2:J10)”，输入完成后按“Ctrl+Shift+Enter”组合键将其转化为数组公式，并返回计算结果，如图 18-96 所示。

STEP09：计算分段销量的百分比。选中 L2:L10 单元格区域，按“F2”键，然后输入公式“=FREQUENCY(sales,J2:J10)/COUNT(sales)”，输入完成后按“Ctrl+Shift+Enter”组合键将其转化为数组公式，并返回计算结果，如图 18-97 所示。

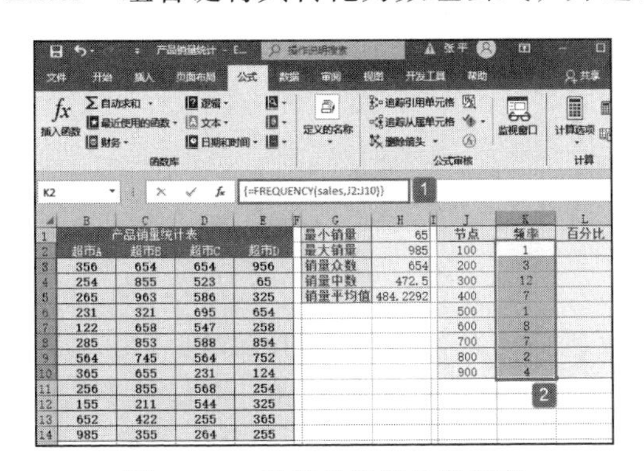

图 18-96 计算分段销量的频率

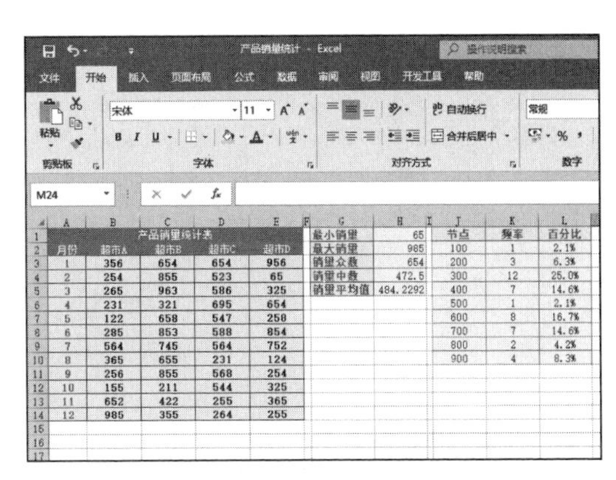

图 18-97 计算分段销量的百分比

STEP10：保持 L2:L10 单元格区域的选中状态，按“Ctrl+1”组合键打开如图 18-98 所示的“设置单元格格式”对话框。切换至“数字”选项卡，在“分类”列表框中选择“百分比”选项，然后将“小数位数”设置为 1，最终单击“确定”按钮完成设置，如图 18-98 所示。最终结果如图 18-99 所示。

图 18-98 “设置单元格格式”对话框

图 18-99 分段销量的百分比结果

18.9 实战：统计奖金发放人数

某公司于月初发放了上个月员工奖金，包括销售奖励与全勤奖励两种。现在需要对奖金发放人数进行统计。有的员工既发放了销售奖金，还发放了全勤奖，所以统计时应该考虑到重复出现的员工姓名。打开“员工奖金发放统计 .xlsx”工作簿，本例的原始数据如图 18-100 所示。下面介绍具体的操作步骤。

选中 G2 单元格，按“F2”键，在公式编辑栏中输入公式“=SUM(1/COUNTIF(A3:A14,A3:A14))”，输入完成后按“Ctrl+Shift+Enter”组合键将其转化为数组公式，并返回计算结果，如图 18-101 所示。

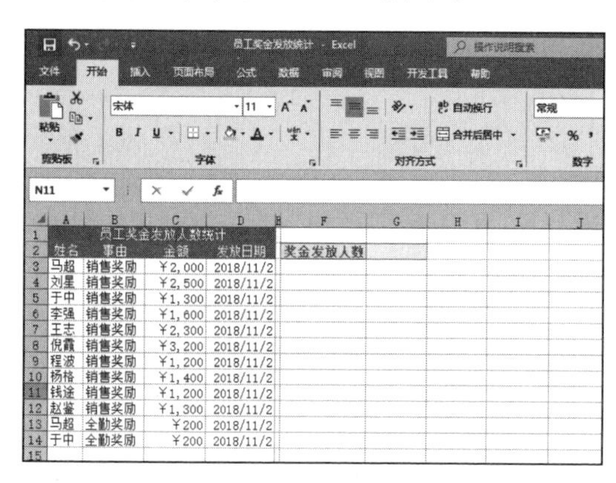

图 18-100　原始数据

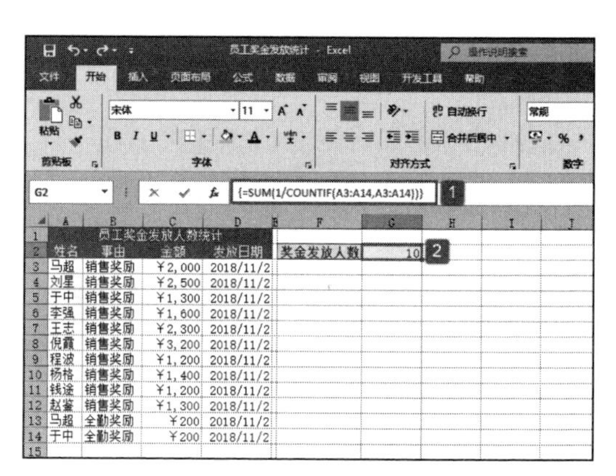

图 18-101　计算结果

以上公式先利用 COUNTIF 函数返回单元格区域内某记录出现的次数的数组，取倒数，然后求和。如果姓名不重复出现，则得到 1，如果重复出现 2 次，则得到 1/2，求和之后仍然是 1，这样可以实现不重复统计。经过以上操作，即实现了奖金发放人数的统计。

第19章 财务函数应用

像数学和三角函数、统计函数一样，Excel还提供了许多财务函数。财务函数是指计算财务数据时所用到的函数，用户可以利用财务函数进行一般的财务计算，如计算贷款的支付额、投资、本金和利息、折旧、债券的价值等。使用财务函数不需要理解高级财务知识，只要填写变量值即可。本章将通过实例的形式详细介绍财务函数的使用。

- 利息与利率函数应用
- 天数与付息日计算函数应用技巧
- 收益函数应用
- 本金计算函数应用
- 现价计算函数应用
- 净现值与贴现率函数应用
- 期限与期数函数应用
- 价格转换函数应用

19.1 利息与利率函数应用

利息是货币所有者因为发出货币资金而从借款者手中获得的报酬；利率（interest rate）表示一定时期内利息量与本金的比率。本节通过实例介绍 ACCRINT、ACCRINTM、COUPNUM、CUMIPMT、EFFECT、INTRATE、IPMT、ISPMT、NOMINAL、RATE 等与利息与利率相关的函数运算。

19.1.1 计算应计利息

（1）ACCRINT 函数

ACCRINT 函数用于计算定期付息证券的应计利息。ACCRINT 函数的语法如下：

```
ACCRINT(issue,first_interest,settlement,rate,par,frequency,basis,calc_method)
```

其中，issue 参数表示有价证券的发行日；first_interest 参数表示证券的首次计息日；settlement 参数表示证券的结算日，结算日是指在发行日之后，证券卖给购买者的日期；rate 参数表示有价证券的年息票利率；par 参数表示证券的票面值，如果该参数被省略，则 ACCRINT 函数将使用 1000。frequency 参数表示年付息次数，如果按年支付，参数 frequency=1；按半年期支付，参数 frequency=2；按季支付，参数 frequency=4。basis 参数表示日计数基准类型。如表 19-1 所示为 basis 参数的日计数基准。

表19-1　参数basis的日计数基准

basis	日计数基准
0 或省略	US（NASD）30/360
1	实际天数 / 实际天数
2	实际天数 /360
3	实际天数 /365
4	欧洲 30/360

calc_method 参数表示逻辑值，指定当结算日期晚于首次计息日期时，用于计算总应计利息的方法。如果值为 TRUE(1)，则计算从发行日到结算日的总应计利息；如果值为 FALSE(0)，则计算从首次计息日到结算日的应计利息。如果此参数被省略，则默认值为 TRUE。下面通过实例详细讲解该函数的使用方法与技巧。

打开“ACCRINT 函数 .xlsx”工作簿，切换至“Sheet1”工作表，本例的原始数据如图 19-1 所示。该工作表中记录了国债的发行日、首次计息日、结算日、票息率、票面值等信息，要求根据给定的数据计算出定期支付利息的债券的应计利息。具体的操作步骤如下。

STEP01：选中 A10 单元格，在编辑栏中输入公式“=ACCRINT(A2,A3,A4,A5,A6,A7,A8)”，用于计算满足上述条件的国债应计利息，输入公式后按“Enter”键返回计算结果，如图 19-2 所示。

STEP02：选中 A11 单元格，在编辑栏中输入公式“=ACCRINT(DATE(2010,3,5),A3,A4,A5,A6,A7,A8)”，用于计算满足上述条件（除发行日为 2010 年 3 月 5 日之外）的应计利息，输入公式后按“Enter”键返回计算结果，如图 19-3 所示。

STEP03：选中 A12 单元格，在编辑栏中输入公式“=ACCRINT(DATE(2010,4,5),A3,A4,A5,A6,A7,A8,TRUE)”，用于计算满足上述条件（除发行日为 2010 年 4 月 5 日且应计利息从首次计息日计算到结算日之外）的应计利息，输入公式后按“Enter”键返回计算结果，如图 19-4 所示。

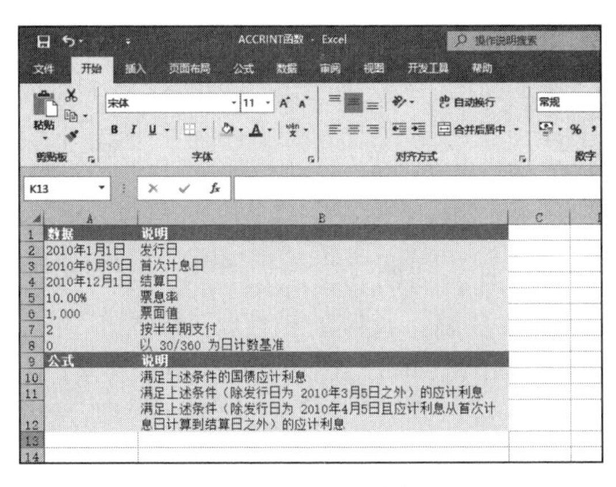

图 19-1　原始数据

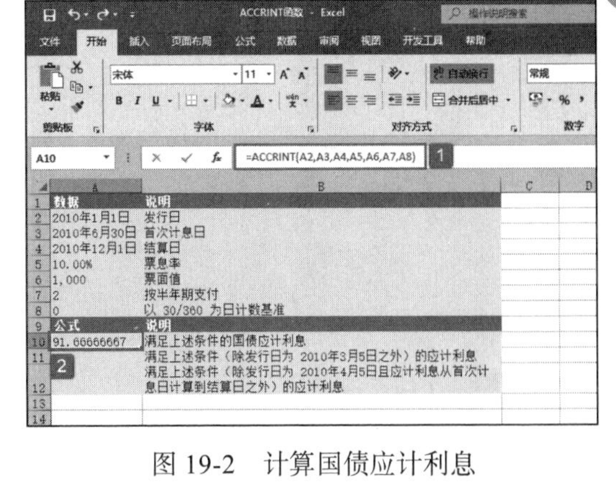

图 19-2　计算国债应计利息

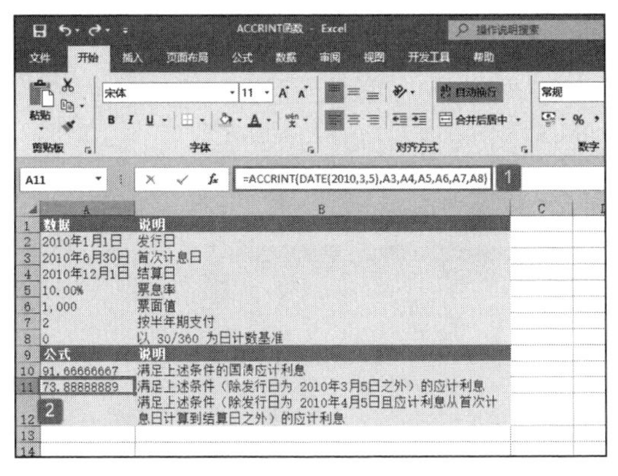

图 19-3　计算（除发行日为 2010 年 3 月 5 日之外）的应计利息

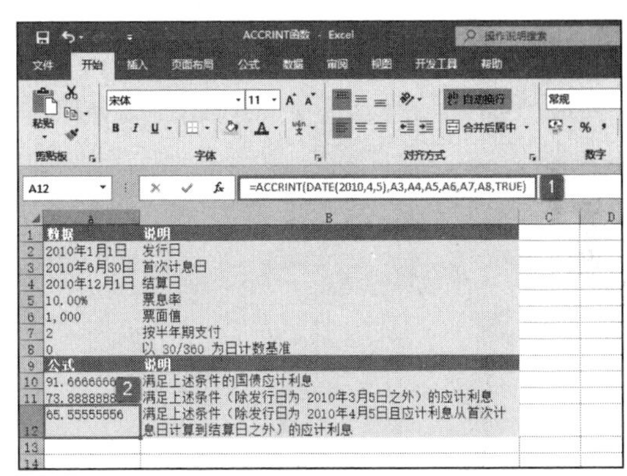

图 19-4　计算（除发行日为 2010 年 4 月 5 日且应计利息从首次计算日计算到结算日之外）的应计利息

参数 issue、first_interest、settlement、frequency 和 basis 将被截尾取整。如果参数 issue、first_interest 或 settlement 不是有效日期，则 ACCRINT 函数将返回错误值“#VALUE!”。如果参数 rate ≤ 0 或参数 par ≤ 0，则 ACCRINT 函数将返回错误值“#NUM!”。如果 frequency 参数不是数字 1、2 或 4，则 ACCRINT 将返回错误值“#NUM!”。如果参数 basis ＜ 0 或 basis ＞ 4，则 ACCRINT 将返回错误值“#NUM!”。如果参数 issue ≥ settlement，则 ACCRINT 函数将返回错误值“#NUM!”。

函数 ACCRINT 的计算公式如下：

$$\mathrm{ACCRINT} = \mathrm{par} \times \frac{\mathrm{rate}}{\mathrm{frequency}} \times \sum_{i=1}^{\mathrm{NC}} \frac{A_i}{\mathrm{NL}_i}$$

其中：

A_i= 奇数期内第 i 个准票息期的应计天数。

NC= 奇数期内的准票息期期数。如果该数含有小数位，则向上进位至最接近的整数。

NL_i= 奇数期内第 i 个准票息期的正常天数。

（2）ACCRINTM 函数

ACCRINTM 函数用于计算到期一次性付息有价证券的应计利息。ACCRINTM 函数的语法如下：

```
ACCRINTM(issue,settlement,rate,par,basis)
```

其中，参数 issue 为有价证券的发行日。settlement 为有价证券的到期日。rate 为有价证券的年息票利率。par 为有价证券的票面价值，如果省略 par，函数 ACCRINTM 视 par 为 1000。basis 为日计数基准类型。参数 basis 的日计数基准如表 19-1 所示。下面通过实例详细讲解该函数的使用方法与技巧。

打开“ACCRINTM 函数 .xlsx”工作簿，切换至“Sheet1”工作表，本例的原始数据如图 19-5 所示。该工作表中记录了某债券的发行日、到期日、息票利率、票面值等信息，要求根据给定的数据计算满足这些条件的应计利息。具体的操作步骤如下。

选中 A8 单元格，在编辑栏中输入公式“=ACCRINTM(A2,A3,A4,A5,A6)”，用于计算满足上述条件的应计利息，输入公式后按“Enter”键返回计算结果，如图 19-6 所示。

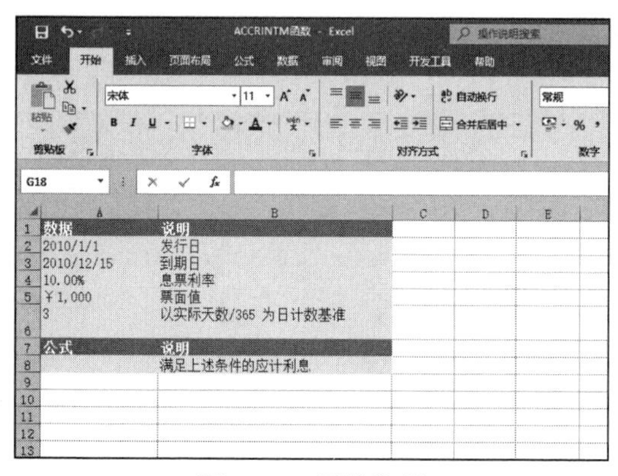

图 19-5　原始数据

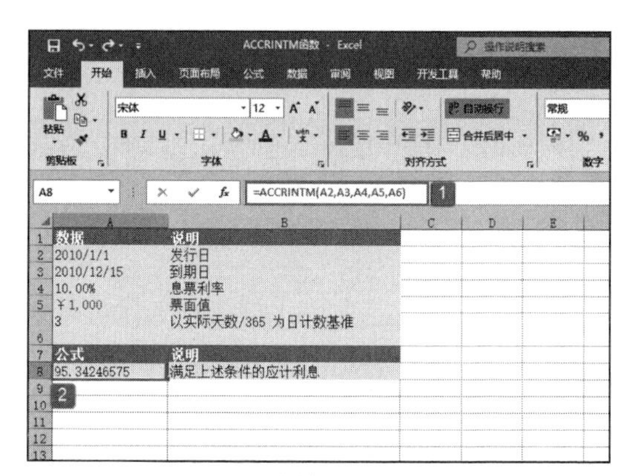

图 19-6　计算应计利息结果

如果 issue 参数或 settlement 参数不是有效日期，函数 ACCRINTM 返回错误值“#VALUE!”。如果利率为 0 或票面价值为 0，函数 ACCRINTM 返回错误值“#NUM!”。如果参数 basis ＜ 0 或参数 basis ＞ 4，函数 ACCRINTM 返回错误值“#NUM!”。如果参数 issue ≥ settlement 参数，函数 ACCRINTM 返回错误值“#NUM!”。ACCRINTM 的计算公式如下：

$$\text{ACCRINTM} = \text{par} \times \text{rate} \times \frac{A}{D}$$

式中：

A= 按月计算的应计天数。在计算到期付息的利息时指发行日与到期日之间的天数。

D= 年基准数。

19.1.2　计算应付数次

COUPNUM 函数用于计算应付数次。COUPNUM 函数的语法如下：

```
COUPNUM(settlement,maturity,frequency,basis)
```

其中，settlement 参数为证券的结算日，结算日是在发行日之后，证券卖给购买者的日期。maturity 参数为有价证券的到期日，到期日是有价证券有效期截止时的日期。frequency 参数为年付息次数，如果按年支付，frequency=1；按半年期支付，frequency=2；按季支付，frequency=4。basis 参数为日计数基准类型。下面通过实例详细讲解该函数的使用方法与技巧。

打开“COUPNUM 函数 .xlsx”工作簿，切换至“Sheet1”工作表，本例的原始数据如图 19-7 所示。该工作表中记录了某债券的结算日、到期日等信息，要求根据给定的数据计算满足这些条件的债券的付息次数。具体的操作步骤如下。

选中 A7 单元格，在编辑栏中输入公式“=COUPNUM(A2,A3,A4,A5)”，用于计算债券的付息次数，输入公式后按“Enter”键返回计算结果，如图 19-8 所示。

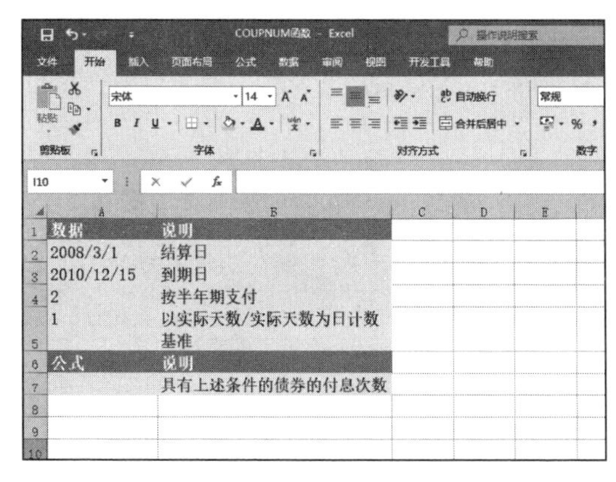

图 19-7　原始数据

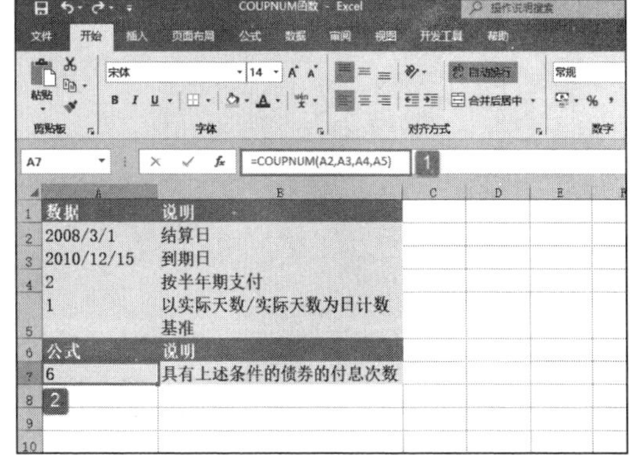

图 19-8　计算付息次数

结算日是购买者买入息票（如债券）的日期。到期日是息票有效期截止时的日期。例如，在 2008 年 1 月 1 日发行的 30 年期债券，6 个月后被购买者买走，则发行日为 2008 年 1 月 1 日，结算日为 2008 年 7 月 1 日，而到期日是在发行日 2008 年 1 月 1 日的 30 年后，即 2038 年 1 月 1 日。

如果 settlement 参数或 maturity 参数不是合法日期，则 COUPNUM 将返回错误值“#VALUE!”。如果 frequency 参数不为 1、2 或 4，则 COUPNUM 将返回错误值“#NUM!”。如果参数 basis < 0 或者参数 basis > 4，则 COUPNUM 返回错误值“#NUM!”。如果参数 settlement ≥ maturity 参数，则 COUPNUM 返回错误值“#NUM!”。

19.1.3　计算付款期间累积支付利息

CUMIPMT 函数用于计算一笔贷款在给定的 start_period 到 end_period 期间累计偿还的利息数额。CUMIPMT 函数的语法如下：

```
CUMIPMT(rate,nper,pv,start_period,end_period,type)
```

其中，rate 参数为利率；nper 参数为总付款期数；pv 参数为现值；start_period 参数为计算中的首期，付款期数从 1 开始计数；end_period 参数为计算中的末期；type 参数为付款时间类型，为 0 时付款类型为期末付款，为 1 时付款类型为期初付款。下面通过实例详细讲解该函数的使用方法与技巧。

图 19-9　原始数据

打开“CUMIPMT 函数.xlsx”工作簿，切换至“Sheet1”工作表，本例的原始数据如图 19-9 所示。该工作表中记录了某笔贷款的年利率、贷款期限、现值，要求根据给定的数据计算该笔贷款在第 1 个月所付的利息。具体的操作步骤如下。

STEP01：选中 A6 单元格，在编辑栏中输入公式“=CUMIPMT(A2/12,A3*12,A4,13,24,0)”，用于计算该笔贷款在第 2 年中所付的总利息（第 13 期到第 24 期），输入公式后按“Enter”键返回计算结果，如图 19-10 所示。

STEP02：选中 A7 单元格，在编辑栏中输入公式“=CUMIPMT(A2/12,A3*12,A4,1,1,0)”，用于计算该笔贷款在第 1 个月所付的利息，输入公式后按“Enter”键返回计算结果，如图 19-11 所示。

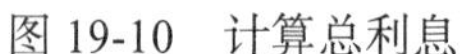
图 19-10　计算总利息

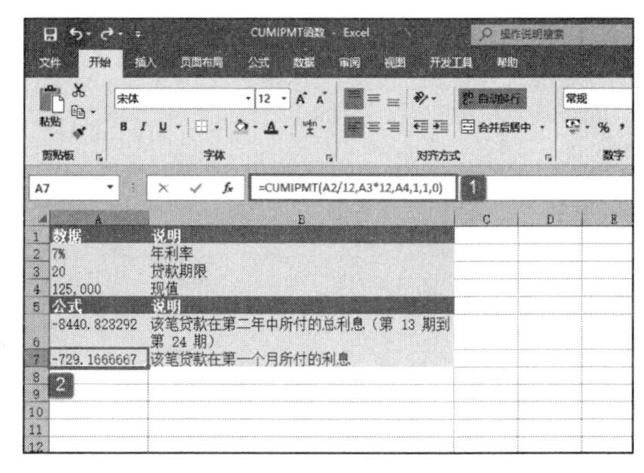

图 19-11　计算第 1 个月的利息

应确认所指定的 rate 参数和 nper 参数单位的一致性。例如，同样是四年期年利率为 10% 的贷款，如果按月支付，rate 参数应为 10%/10，nper 参数应为 4*12；如果按年支付，rate 参数应为 10%，nper 参数为 4。

如果参数 rate ≤ 0、参数 nper ≤ 0 或参数 pv ≤ 0，函数 CUMIPMT 返回错误值“#NUM!”。如果参数 start_period < 1、参数 end_period < 1 或参数 start_period > end_period 参数，函数 CUMIPMT 返回错误值“#NUM!”。如果 type 参数不是数字 0 或 1，函数 CUMIPMT 返回错误值“#NUM!”。

19.1.4　计算年有效利率

EFFECT 函数利用给定的名义年利率和每年的复利期数，计算有效的年利率。EFFECT 函数的语法如下：

```
EFFECT(nominal_rate,npery)
```

其中，nominal_rate 参数为名义利率，npery 参数为每年的复利期数。下面通过实例详细讲解该函数的使用方法与技巧。

打开“EFFECT 函数 .xlsx”工作簿，切换至“Sheet1”工作表，本例的原始数据如图 19-12 所示。该工作表中记录了某贷款的名义利率与每年的复利期数，要求根据给定的数据计算满足这些条件的有效利率。具体的操作步骤如下。

选中 A5 单元格，在编辑栏中输入公式“=EFFECT(A2,A3)”，然后按“Enter”键返回，即可计算出有效利率的计算结果，如图 19-13 所示。

如果任一参数为非数值型，函数 EFFECT 返回错误值“#VALUE!”。如果参数 nominal_rate ≤ 0 或参数 npery < 1，函数 EFFECT 返回错误值“#NUM!”。函数 EFFECT 的计算公式为：

$$\text{EFFECT}=\left(1+\frac{\text{Normal\_rate}}{\text{Npery}}\right)^{\text{Npery}}-1$$

图 19-12　原始数据

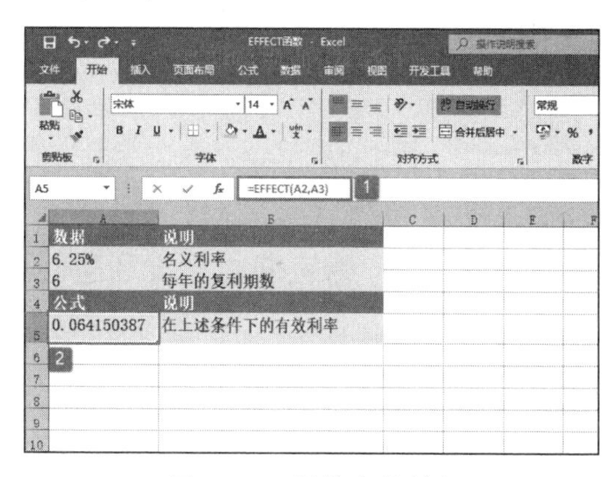

图 19-13　计算有效利率

19.1.5　计算完全投资型债券利率

INTRATE 函数用于计算一次性付息证券的利率。INTRATE 函数的语法如下：

```
INTRATE(settlement,maturity,investment,redemption,basis)
```

其中，settlement 参数为证券的结算日，结算日是在发行日之后，证券卖给购买者的日期。maturity 参数为有价证券的到期日，到期日是有价证券有效期截止时的日期。investment 参数为有价证券的投资额。redemption 参数为有价证券到期时的清偿价值。basis 参数为日计数基准类型。下面通过实例详细讲解该函数的使用方法与技巧。

打开“INTRATE 函数 .xlsx”工作簿，切换至“Sheet1”工作表，本例的原始数据如图 19-14 所示。该工作表中记录了某债券的结算日、到期日、投资额、清偿价值等信息，要求根据给定的数据计算在此债券期限的贴现率。具体的操作步骤如下。

选中 A8 单元格，在编辑栏中输入公式“=INTRATE(A2,A3,A4,A5,A6)”，然后按“Enter”键返回，即可计算出在此债券期限的贴现率，如图 19-15 所示。

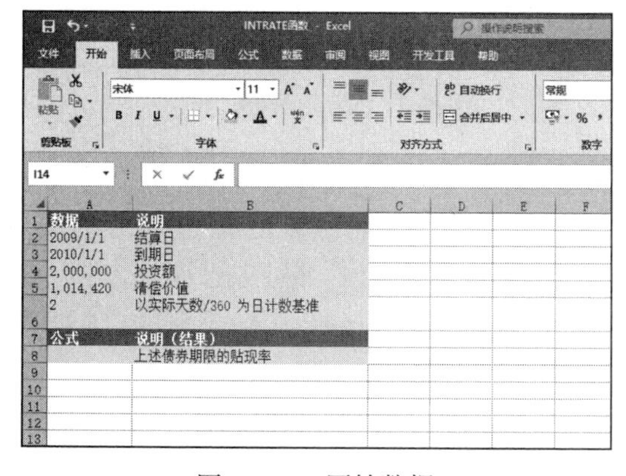

图 19-14　原始数据

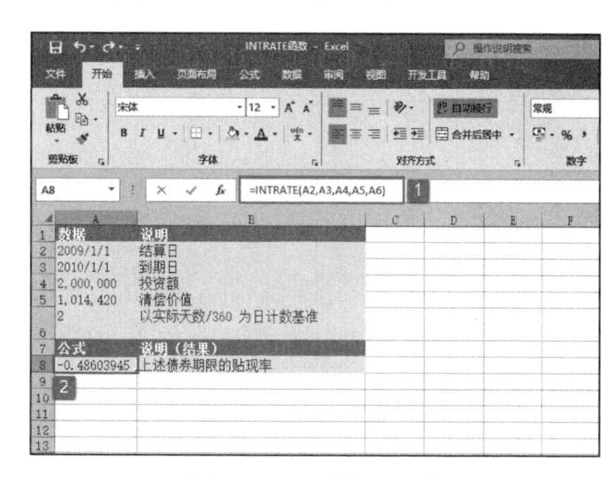

图 19-15　计算贴现率

如果 settlement 参数或 maturity 参数不是合法日期，函数 INTRATE 返回错误值“#VALUE!”。如果参数 investment ≤ 0 或参数 redemption ≤ 0，函数 INTRATE 返回错误值“#NUM!”。如果参数 basis < 0 或参数 basis > 4，函数 INTRATE 返回错误值

“#NUM!”。如果参数 settlement ≥ maturity，函数 INTRATE 返回错误值“#NUM!”。函数 INTRATE 的计算公式如下：

$$\text{INTRATE} = \frac{\text{redemption} - \text{investment}}{\text{investment}} \times \frac{B}{\text{DIM}}$$

式中：

B= 一年之中的天数，取决于年基准数。

DIM= 结算日与到期日之间的天数。

19.1.6　计算给定期内投资利息偿还额

IPMT 函数用于基于固定利率及等额分期付款方式，计算给定期数内对投资的利息偿还额。IPMT 函数的语法如下：

```
IPMT(rate,per,nper,pv,fv,type)
```

其中，rate 参数为各期利率。per 参数用于计算其利息数额的期数，必须为 1 ～ nper。nper 参数为总投资期，即该项投资的付款期总数。pv 参数为现值，或一系列未来付款的当前值的累积和。fv 参数为未来值，或在最后一次付款后希望得到的现金余额，如果省略 fv 参数，则假设其值为零（例如，一笔贷款的未来值即为零）。type 参数为数字 0 或 1，用以指定各期的付款时间是在期初还是期末，如果省略 type 参数，则假设其值为零。下面通过实例详细讲解该函数的使用方法与技巧。

打开“IPMT 函数 .xlsx”工作簿，切换至“Sheet1”工作表，本例的原始数据如图 19-16 所示。该工作表中记录了某贷款的年利率、用于计算其利息数额的期数、贷款的年限、贷款的现值，要求根据给定的数据计算在这些条件下贷款第一个月的利息和贷款最后一年的利息。具体的操作步骤如下。

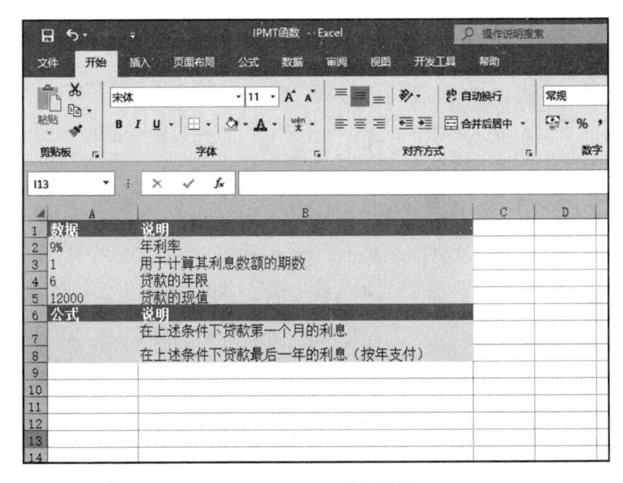

图 19-16　原始数据

STEP01：选中 A7 单元格，在编辑栏中输入公式“=IPMT(A2/12,A3*3,A4,A5)”，然后按“Enter”键返回，即可计算出贷款第 1 个月的利息，如图 19-17 所示。

STEP02：选中 A8 单元格，在编辑栏中输入公式“=IPMT(A2,3,A4,A5)”，然后按“Enter”键返回，即可计算出贷款最后一年的利息（按年支付），如图 19-18 所示。

应确认所指定的 rate 参数和 nper 参数单位的一致性。例如，同样是四年期年利率为 12% 的贷款，如果按月支付，rate 参数应为 12%/12，nper 参数应为 4*12；如果按年支付，rate 参数应为 12%，nper 参数为 4。对于所有参数，支出的款项，如银行存款，表示为负数；收入的款项，如股息收入，表示为正数。

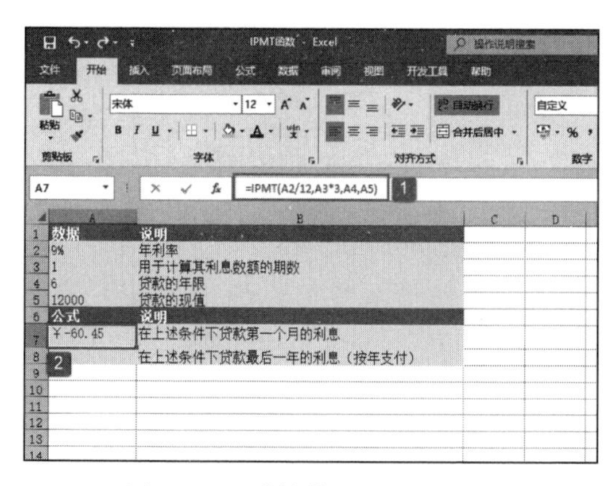

图 19-17　计算第 1 个月的利息

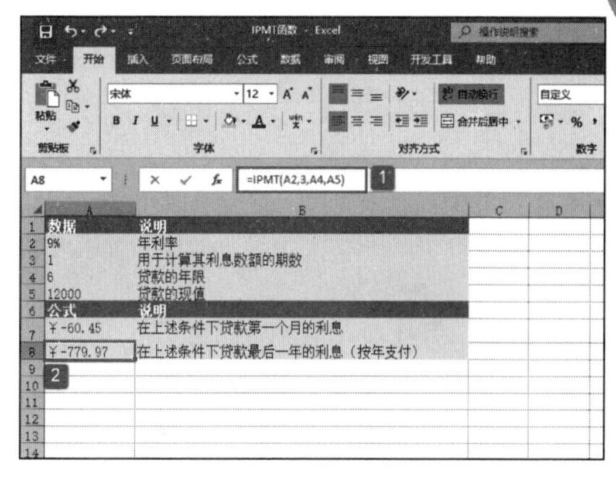

图 19-18　计算最后一年的利息

19.1.7　计算特定投资期支付利息

ISPMT 函数用于计算特定投资期内要支付的利息。Excel 提供此函数是为了与 Lotus1-2-3 兼容。ISPMT 函数的语法如下：

```
ISPMT(rate,per,nper,pv)
```

其中，rate 参数为投资的利率。per 参数为要计算利息的期数，此值必须为 1 ～ nper。nper 参数为投资的总支付期数。pv 参数为投资的当前值，对于贷款，pv 参数为贷款数额。下面通过实例详细讲解该函数的使用方法与技巧。

打开“ISPMT 函数 .xlsx”工作簿，切换至“Sheet1”工作表，本例的原始数据如图 19-19 所示。该工作表中记录了某贷款的年利率、利息的期数、投资的年限、贷款额，要求根据给定的数据计算在这些条件下对贷款第 1 个月支付的利息和对贷款第一年支付的利息。具体的操作步骤如下。

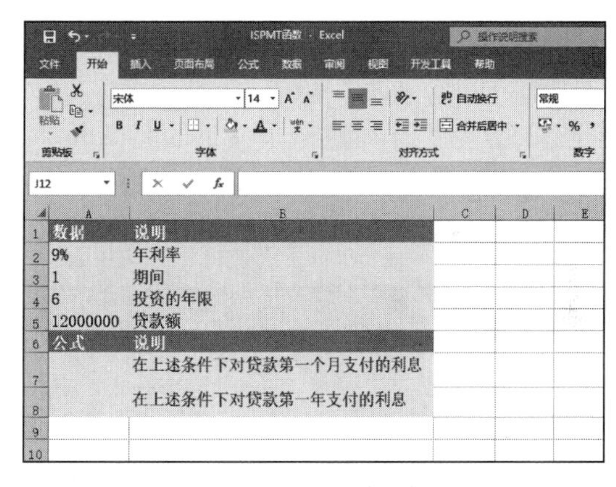

图 19-19　原始数据

STEP01：选中 A7 单元格，在编辑栏中输入公式“=ISPMT(A2/12,A3,A4*12,A5)”，然后按“Enter”键返回，即可计算出对贷款第一个月支付的利息，如图 19-20 所示。

STEP02：选中 A8 单元格，在编辑栏中输入公式“=ISPMT(A2,1,A4,A5)”，然后按“Enter”键返回，即可计算出对贷款第一年支付的利息，如图 19-21 所示。

应确认所指定的 rate 参数和 nper 参数单位的一致性。例如，同样是四年期年利率为 12% 的贷款，如果按月支付，rate 参数应为 12%/12，nper 参数应为 4*12；如果按年支付，rate 参数应为 12%，nper 参数为 4。对所有参数，都以负数代表现金支出（如存款或他人取款），以正数代表现金收入（如股息分红或他人存款）。

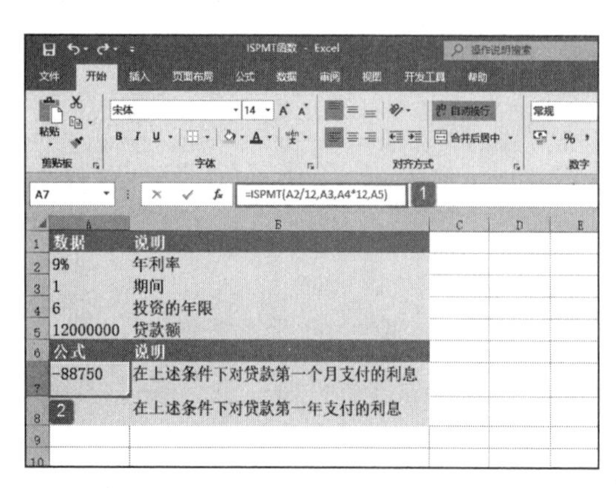

图 19-20　计算第 1 个月支付的利息

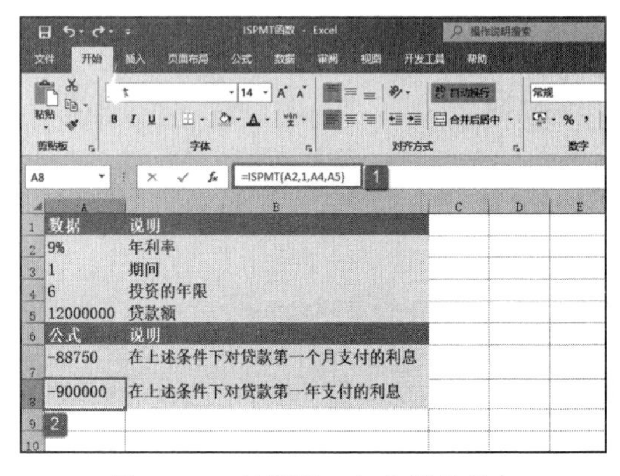

图 19-21　计算第一年支付的利息

19.1.8　计算年度名义利率

NOMINAL 函数用于基于给定的实际利率和年复利期数，计算名义年利率。NOMINAL 函数的语法如下：

```
NOMINAL(effect_rate,npery)
```

其中，effect_rate 参数为实际利率，npery 参数为每年的复利期数。下面通过实例详细讲解该函数的使用方法与技巧。

打开“NOMINAL 函数 .xlsx”工作簿，切换至“Sheet1”工作表，本例的原始数据如图 19-22 所示。该工作表中记录了某债券的实际利率、每年的复利期数，要求根据给定的数据计算在这些条件下的名义利率。具体的操作步骤如下。

选中 A5 单元格，在编辑栏中输入公式“=NOMINAL(A2,A3)”，然后按“Enter”键返回，即可计算出名义利率，如图 19-23 所示。

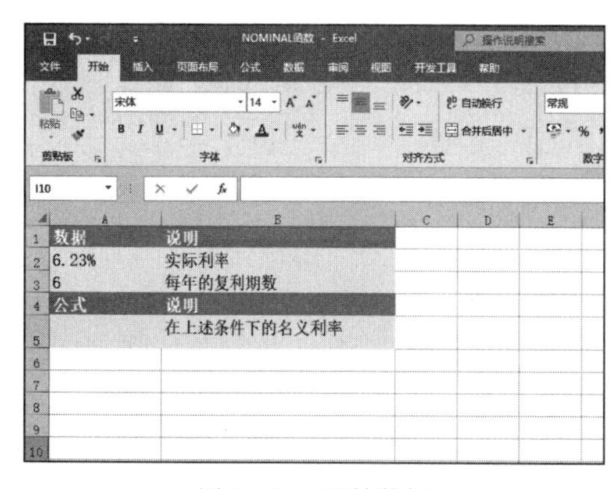

图 19-22　原始数据

图 19-23　计算名义利率

如果任一参数为非数值型，函数 NOMINAL 返回错误值“#VALUE!”。如果参数 effect_rate ≤ 0 或参数 npery ＜ 1，函数 NOMINAL 返回错误值“#NUM!”。函数 NOMINAL 与函数 EFFECT 相关，如下式所示：

$$\text{EFFECT}=\left(1+\frac{\text{Normal\_rate}}{\text{Npery}}\right)^{\text{Npery}}-1$$

19.1.9 计算年金各期利率

RATE 函数用于计算年金的各期利率。函数 RATE 通过迭代法计算得出，并且可能无解或有多个解。如果在进行 20 次迭代计算后，函数 RATE 的相邻两次结果没有收敛于 0.0000001，函数 RATE 将返回错误值“#NUM!”。RATE 函数的语法如下：

```
RATE(nper,pmt,pv,fv,type,guess)
```

nper 参数为总投资期，即该项投资的付款期总数。pmt 参数为各期所应支付的金额，其数值在整个年金期间保持不变；通常，pmt 参数包括本金和利息，但不包括其他费用或税款；如果忽略 pmt 参数，则必须包含 fv 参数。pv 参数为现值，即从该项投资开始计算时已经入账的款项，或一系列未来付款当前值的累积和，也称为本金。fv 参数为未来值，或在最后一次付款后希望得到的现金余额；如果省略 fv 参数，则假设其值为零。type 参数为数字 0 或 1，用以指定各期的付款时间是在期初还是期末。guess 参数为预期利率，如果省略，则假设该值为 10%。如果函数 RATE 不收敛，则需要改变 guess 参数的值。通常当 guess 参数为 0 ～ 1 时，函数 RATE 是收敛的。

下面通过实例详细讲解该函数的使用方法与技巧。

打开“RATE 函数 .xlsx”工作簿，切换至“Sheet1”工作表，本例的原始数据如图 19-24 所示。该工作表中记录了一组贷款数据，包括贷款期限、每月支付额和贷款额，要求根据给定的数据计算这些条件下的贷款月利率和年利率。具体的操作步骤如下。

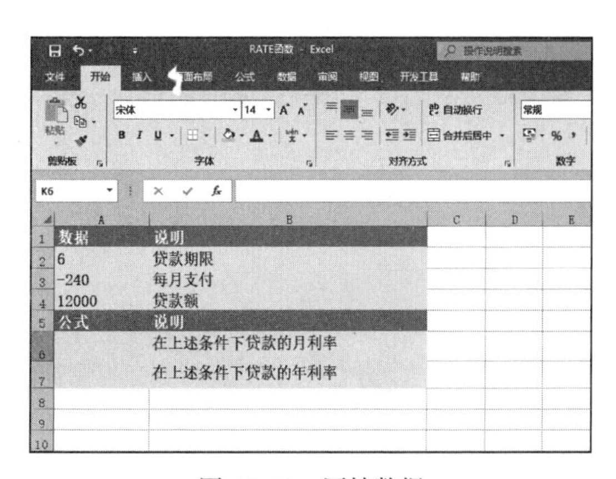

图 19-24 原始数据

STEP01：选中 A6 单元格，在编辑栏中输入公式“=RATE(A2*12,A3,A4)”，然后按“Enter”键返回，即可计算出贷款的月利率，如图 19-25 所示。

STEP02：选中 A7 单元格，在编辑栏中输入公式“=RATE(A2*12,A3,A4)*12”，然后按“Enter”键返回，即可计算出贷款的年利率，如图 19-26 所示。

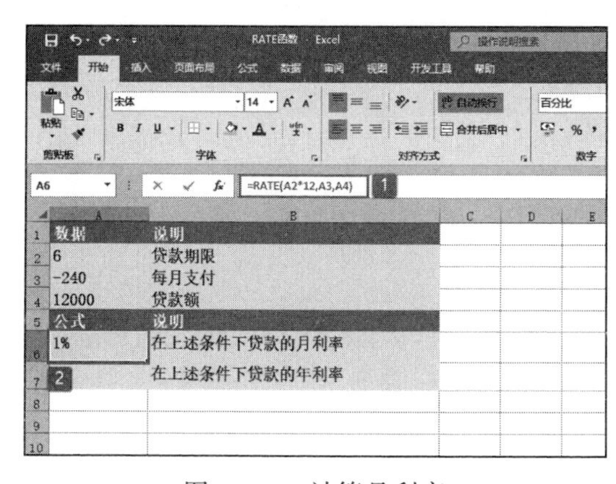

图 19-25 计算月利率

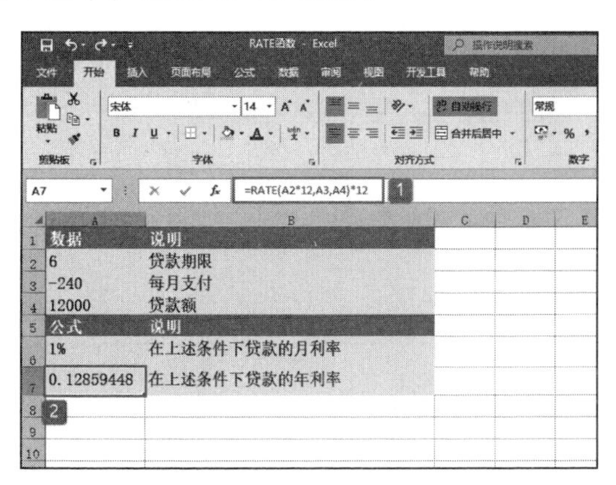

图 19-26 计算年利率

应确认所指定的 guess 参数和 nper 参数单位的一致性，对于年利率为 12% 的 4

年期贷款，如果按月支付，guess 参数为 12%/12，nper 参数为 4*12；如果按年支付，guess 参数为 12%，nper 参数为 4。

19.2 天数与付息日计算函数应用技巧

本节通过实例介绍与天数和付息日计算相关的函数，包括 COUPDAYBS、COUPDAYS、COUPDAYSNC、COUPNCD、COUPPCD 函数。

19.2.1 计算付息期与结算日之间的天数

（1）COUPDAYBS 函数

COUPDAYBS 函数用于计算当前付息期内截止到结算日的天数。COUPDAYBS 函数的语法如下：

```
COUPDAYBS(settlement,maturity,frequency,basis)
```

其中，settlement 参数为证券的结算日，结算日是在发行日之后，证券卖给购买者的日期。maturity 参数为有价证券的到期日，到期日是有价证券有效期截止时的日期。frequency 参数为年付息次数，如果按年支付，frequency=1；按半年期支付，frequency=2；按季支付，frequency=4。basis 参数为日计数基准类型。下面通过实例详细讲解该函数的使用方法与技巧。

打开“COUPDAYBS 函数 .xlsx”工作簿，切换至“Sheet1”工作表，本例的原始数据如图 19-27 所示。该工作表中记录了某债券的结算日、到期日、支付方式等信息，要求根据给定的条件计算在这些条件下从债券付息期开始到结算日的天数。具体的操作步骤如下。

选中 A7 单元格，在编辑栏中输入公式“=COUPDAYBS(A2,A3,A4,A5)”，然后按“Enter”键返回，即可计算出从债券付息期开始到结算日的天数，如图 19-28 所示。

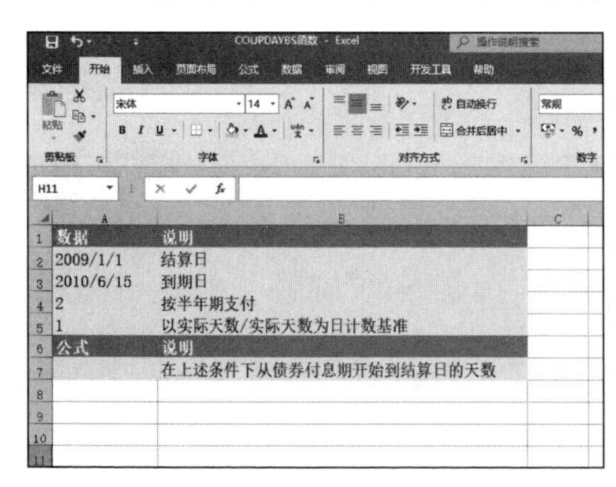

图 19-27　原始数据

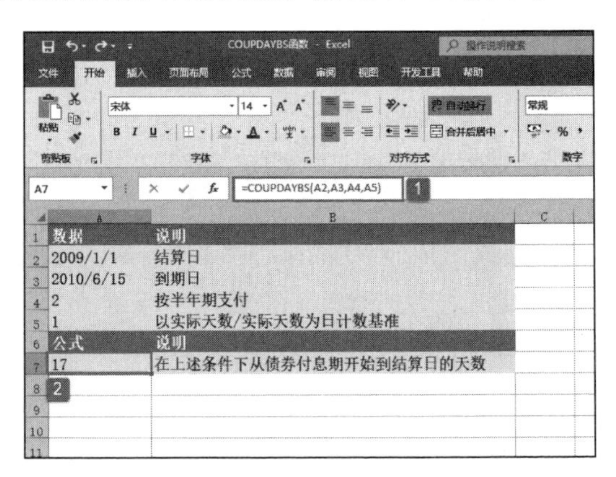

图 19-28　计算天数

如果 settlement 参数或 maturity 参数不是合法日期，函数 COUPDAYBS 返回错误值“#VALUE!”。如果 frequency 参数不是数字 1、2 或 4，函数 COUPDAYBS 返回错误值“#NUM!”。如果参数 basis ＜ 0 或参数 basis ＞ 4，函数 COUPDAYBS 返回错误值“#NUM!”。如果参数 settlement ≥ maturity 参数，函数 COUPDAYBS 返回错误值

“#NUM!”。

（2）COUPDAYS 函数

COUPDAYS 函数用于计算结算日所在的付息期的天数。COUPDAYS 函数的语法如下：

```
COUPDAYS(settlement,maturity,frequency,basis)
```

其中，参数 settlement 为证券的结算日，结算日是在发行日之后，证券卖给购买者的日期。maturity 为有价证券的到期日，到期日是有价证券有效期截止时的日期。frequency 为年付息次数，如果按年支付，frequency=1；按半年期支付，frequency=2；按季支付，frequency=4。basis 为日计数基准类型。下面通过实例详细讲解该函数的使用方法与技巧。

打开“COUPDAYS 函数 .xlsx”工作簿，切换至“Sheet1”工作表，本例的原始数据如图 19-29 所示。该工作表中记录了某债券的结算日、到期日、支付方式等信息，要求根据给定的条件计算在这些条件下包含结算日的债券票息期的天数。具体的操作步骤如下。

选中 A7 单元格，在编辑栏中输入公式“=COUPDAYS(A2,A3,A4,A5)”，然后按“Enter”键返回，即可计算出包含结算日的债券票息期的天数，如图 19-30 所示。

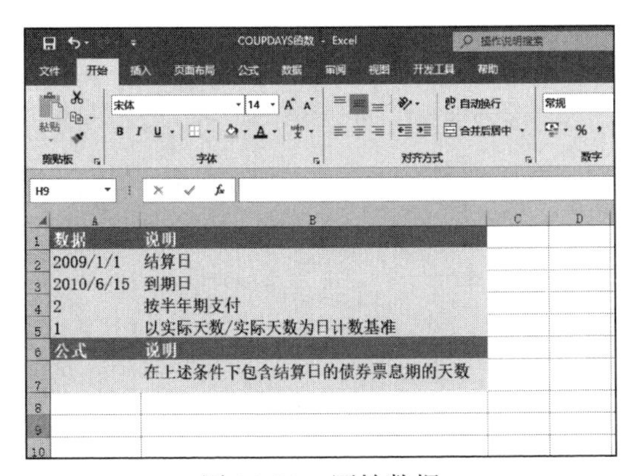

图 19-29　原始数据

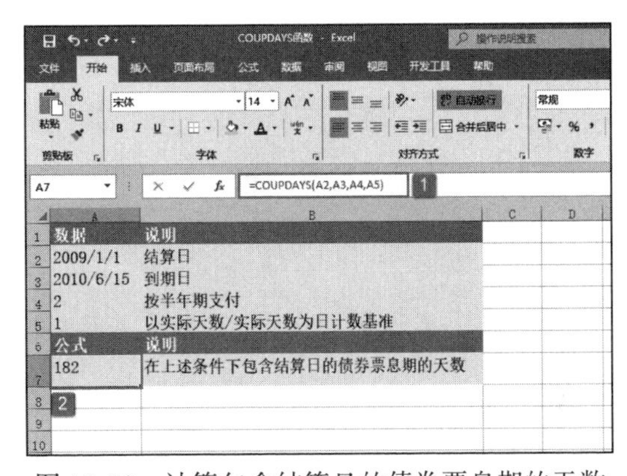

图 19-30　计算包含结算日的债券票息期的天数

如果 settlement 参数或 maturity 参数不是合法日期，函数 COUPDAYS 返回错误值“#VALUE!”。如果 frequency 参数不是数字 1、2 或 4，函数 COUPDAYS 返回错误值“#NUM!”。如果参数 basis ＜ 0 或参数 basis ＞ 4，函数 COUPDAYS 返回错误值“#NUM!”。如果参数 settlement ≥ maturity 参数，函数 COUPDAYS 返回错误值“#NUM!”。

19.2.2　计算从成交日到付息日之间的天数

COUPDAYSNC 函数用于计算从结算日到下一付息日之间的天数。COUPDAYSNC 函数的语法如下：

```
COUPDAYSNC(settlement,maturity,frequency,basis)
```

其中，settlement 参数为证券的结算日，结算日是在发行日之后，证券卖给购买者的日期。maturity 参数为有价证券的到期日，到期日是有价证券有效期截止时的日期。frequency 参数为年付息次数，如果按年支付，frequency=1；按半年期支付，frequency=2；按季支付，frequency=4。basis 参数为日计数基准类型。下面通过实例详细讲解该函数的使用方法与技巧。

打开“COUPDAYSNC 函数 .xlsx”工作簿，切换至“Sheet1”工作表，本例的原始数据如图 19-31 所示。该工作表中记录了某债券的结算日、到期日、支付方式等信息，要求根据给定的条件计算在这些条件下某债券从结算日到下一个付息日的天数。具体的操作步骤如下。

选中 A7 单元格，在编辑栏中输入公式“=COUPDAYSNC(A2,A3,A4,A5)”，然后按“Enter”键返回，即可计算出某债券从结算日到下一个付息日的天数，如图 19-32 所示。

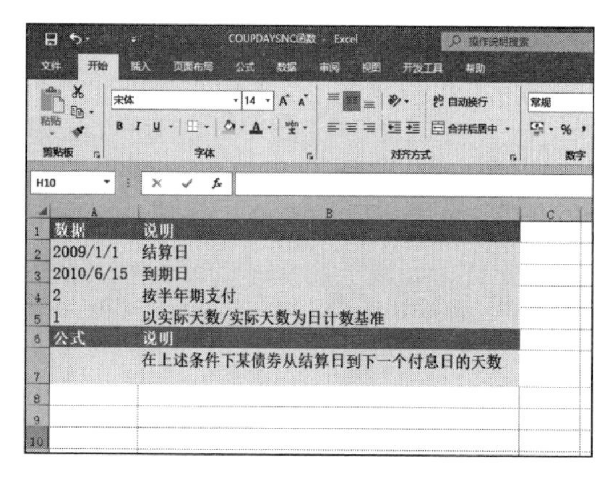

图 19-31　原始数据

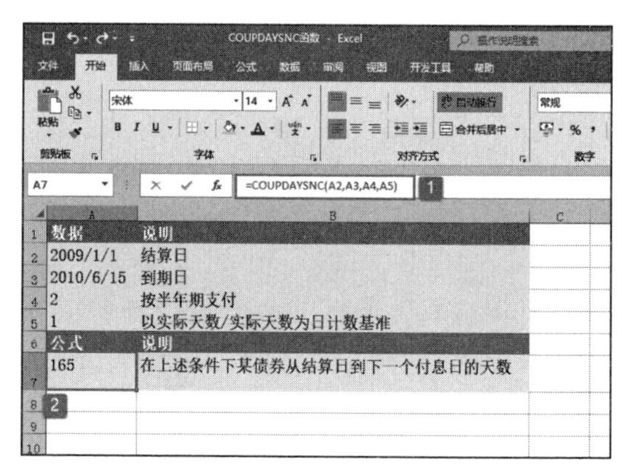

图 19-32　计算结算日到付息日的天数

如果 settlement 参数或 maturity 参数不是合法日期，函数 COUPDAYSNC 返回错误值“#VALUE!”。如果 frequency 参数不是数字 1、2 或 4，函数 COUPDAYSNC 返回错误值“#NUM!”。如果参数 basis ＜ 0 或参数 basis ＞ 4，函数 COUPDAYSNC 返回错误值“#NUM!”。如果参数 settlement ≥ maturity 参数，函数 COUPDAYSNC 返回错误值“#NUM!”。

19.2.3　计算下一付息日

COUPNCD 函数用于计算一个表示在结算日之后下一个付息日的数字。COUPNCD 函数的语法如下：

```
COUPNCD(settlement,maturity,frequency,basis)
```

其中，settlement 参数为证券的结算日，结算日是在发行日之后，证券卖给购买者的日期。maturity 参数为有价证券的到期日，到期日是有价证券有效期截止时的日期。frequency 参数为年付息次数，如果按年支付，frequency=1；按半年期支付，frequency=2；按季支付，frequency=4。basis 参数为日计数基准类型。下面通过实例详细讲解该函数的使用方法与技巧。

打开“COUPNCD 函数 .xlsx”工作簿，切换至“Sheet1”工作表，本例的原始数据如图 19-33 所示。该工作表中记录了某债券的结算日、到期日、支付方式等信息，要求根据给定的条件计算在这些条件下的债券为结算日之后的下一个付息日。具体的操作步骤如下。

选中 A7 单元格，在编辑栏中输入公式“=COUPNCD(A2,A3,A4,A5)”，然后按“Enter”键返回，即可计算出结算日之后的下一个付息日，如图 19-34 所示。

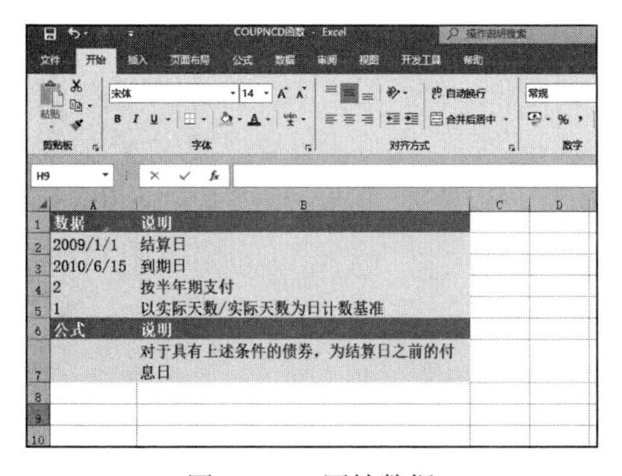

图 19-33　原始数据

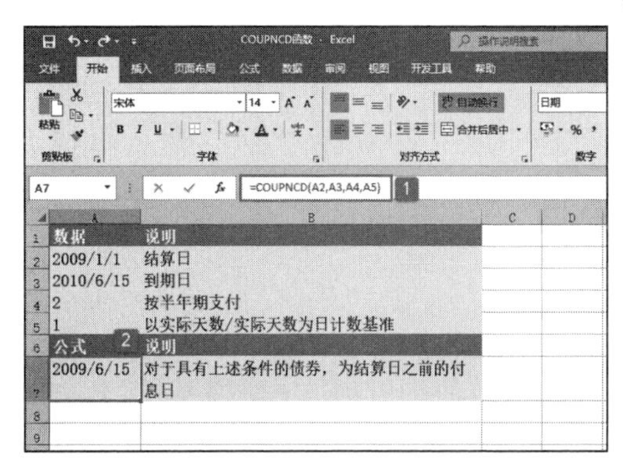

图 19-34　计算下一付息日

如果 settlement 参数或 maturity 参数不是合法日期，则函数 COUPNCD 将返回错误值“#VALUE!”。如果 frequency 参数不为 1、2 或 4，则函数 COUPNCD 将返回错误值“#NUM!”。如果参数 basis < 0 或者参数 basis > 4，则函数 COUPNCD 返回错误值“#NUM!”。如果参数 settlement ≥ maturity 参数，则函数 COUPNCD 返回错误值“#NUM!”。

19.2.4　计算上一付息日

COUPPCD 函数用于计算成交日之前的上一付息日。COUPPCD 函数的语法如下：

```
COUPPCD(settlement,maturity,frequency,basis)
```

其中，settlement 参数为证券的结算日，结算日是在发行日之后，证券卖给购买者的日期。maturity 参数为有价证券的到期日，到期日是有价证券有效期截止时的日期。frequency 参数为年付息次数，如果按年支付，frequency=1；按半年期支付，frequency=2；按季支付，frequency=4。basis 参数为日计数基准类型。下面通过实例详细讲解该函数的使用方法与技巧。

打开“COUPPCD 函数.xlsx”工作簿，切换至“Sheet1”工作表，本例的原始数据如图 19-35 所示。该工作表中记录了已知某债券的结算日、到期日、支付方式等信息，要求根据给定的条件计算在这些条件下的债券成交日之前的上一付息日。具体的操作步骤如下。

选中 A7 单元格，在编辑栏中输入公式“=COUPPCD(A2,A3,A4,A5)”，然后按“Enter”键返回，即可计算出债券结算日之前的付息日，如图 19-36 所示。

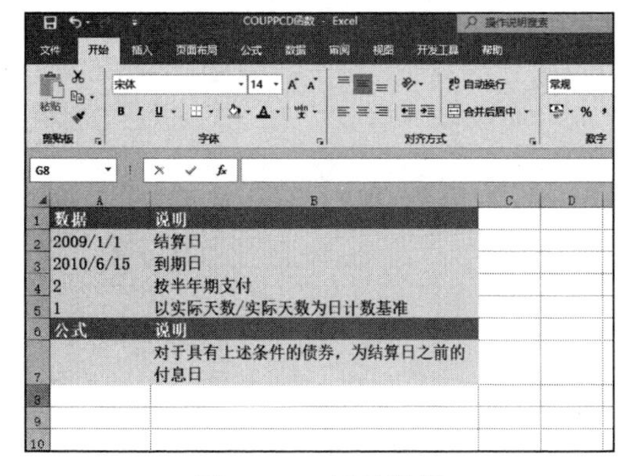

图 19-35　原始数据

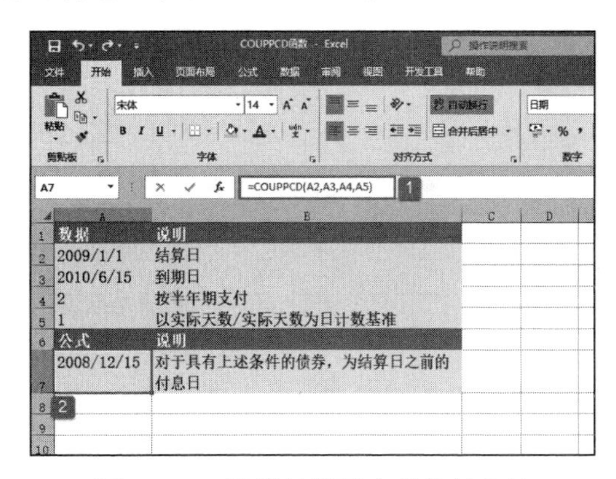

图 19-36　计算结算日之前的付息日

如果 settlement 参数或 maturity 参数不是合法日期，则函数 COUPPCD 将返回错误值“#VALUE!”。如果 frequency 参数不为 1、2 或 4，则函数 COUPPCD 将返回错误值“#NUM!”。如果参数 basis ＜ 0 或者参数 basis ＞ 4，则函数 COUPPCD 返回错误值“#NUM!”。如果参数 settlement ≥ maturity 参数，则函数 COUPPCD 返回错误值“#NUM!”。

19.3 收益函数应用

本节通过实例介绍收益与收益率计算相关函数，包括 IRR、MIRR、ODDFYIELD、ODDLYIELD、TBILLEQ、TBILLYIELD、YIELD、YIELDDISC、YIELDMAT、XIRR 函数。

19.3.1 计算现金流内部收益率

IRR 函数用于计算由数值代表的一组现金流的内部收益率。这些现金流不必为均衡的，但作为年金，它们必须按固定的间隔产生，如按月或按年。内部收益率为投资的回收利率，其中包含定期支付（负值）和定期收入（正值）。IRR 函数的语法如下：

```
IRR(values,guess)
```

其中，values 参数为数组或单元格的引用，包含用来计算返回的内部收益率的数字。guess 参数为对函数 IRR 计算结果的估计值。下面通过实例详细讲解该函数的使用方法与技巧。

已知某公司某项业务的初期成本费用、前 5 年的净收入，需要计算投资若干年后的内部收益率。打开“IRR 函数 .xlsx”工作簿，切换至“Sheet1”工作表，本例的原始数据如图 19-37 所示。具体的计算步骤如下。

STEP01：选中 A9 单元格，在编辑栏中输入公式“=IRR(A2:A6)”，然后按“Enter”键返回，即可计算出投资 4 年后的内部收益率，如图 19-38 所示。

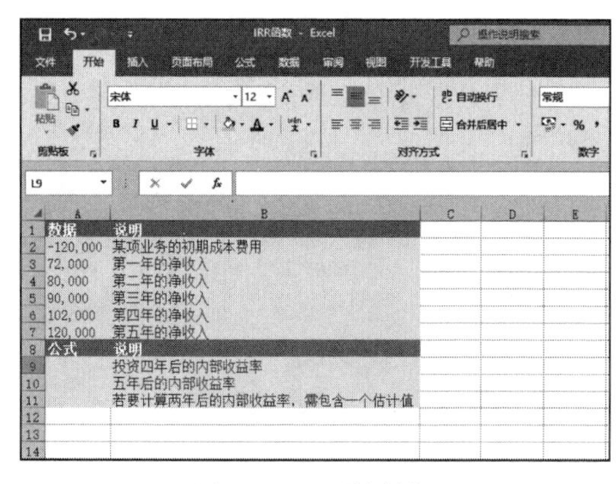

图 19-37 原始数据

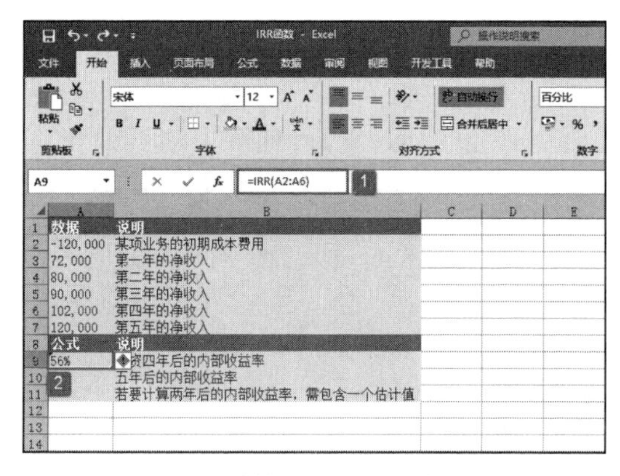

图 19-38 计算 4 年后的内部收益率

STEP02：选中 A10 单元格，在编辑栏中输入公式“=IRR(A2:A7)”，然后按“Enter”键返回，即可计算出投资 5 年后的内部收益率，如图 19-39 所示。

STEP03：选中 A11 单元格，在编辑栏中输入公式“=IRR(A2:A4,-10%)”，然后按

“Enter”键返回，即可计算出两年后的内部收益率（使用了一个估计值），如图 19-40 所示。

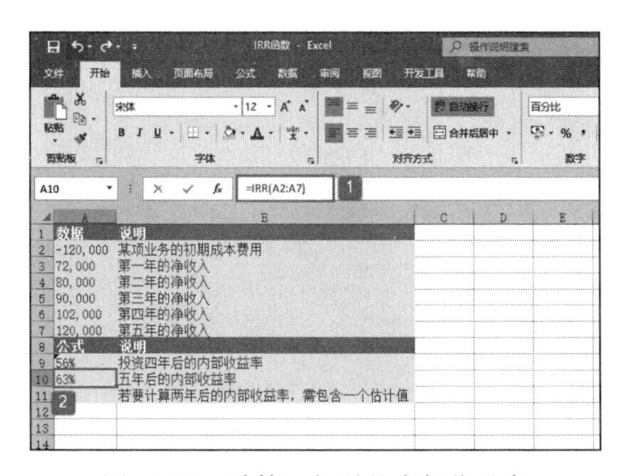

图 19-39 计算五年后的内部收益率

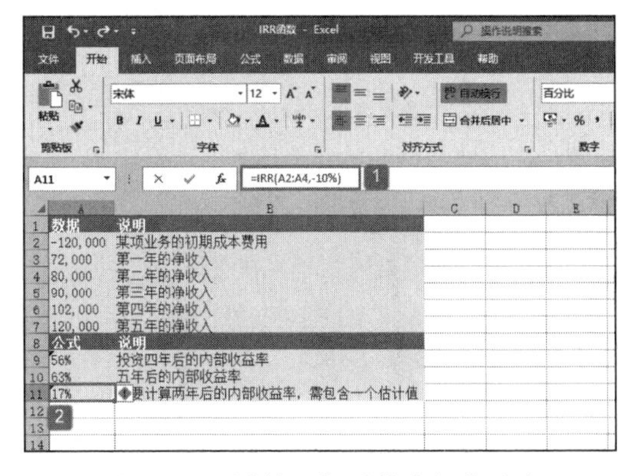

图 19-40 计算两年后的内部收益率

Values 参数必须包含至少一个正值和一个负值，以计算返回的内部收益率。函数 IRR 根据数值的顺序来解释现金流的顺序，故应确定按需要的顺序输入了支付和收入的数值。如果数组或引用包含文本、逻辑值或空白单元格，这些数值将被忽略。Excel 使用迭代法计算函数 IRR。从 guess 参数开始，函数 IRR 进行循环计算，直至结果的精度达到 0.00001%。如果函数 IRR 经过 20 次迭代，仍未找到结果，则返回错误值“#NUM!”。

在大多数情况下，并不需要为函数 IRR 的计算提供 guess 值。如果省略 guess 参数，假设它为 0.1(10%)。如果函数 IRR 返回错误值“#NUM!”，或结果没有靠近期望值，可用另一个 guess 值再试一次。

19.3.2 计算不同利率内部收益率

MIRR 函数用于计算某一连续期间内现金流的修正内部收益率。函数 MIRR 同时考虑了投资的成本和现金再投资的收益率。MIRR 函数的语法如下：

```
MIRR(values,finance_rate,reinvest_rate)
```

其中，values 参数为一个数组或对包含数字的单元格的引用。这些数值代表着各期的一系列支出（负值）及收入（正值）。values 参数中必须至少包含一个正值和一个负值，才能计算修正后的内部收益率，否则函数 MIRR 会返回错误值“#DIV/0!”。如果数组或引用参数包含文本、逻辑值或空白单元格，则这些值将被忽略；但包含零值的单元格将计算在内。finance_rate 参数为现金流中使用的资金支付的利率。reinvest_rate 参数为将现金流再投资的收益率。下面通过实例详细讲解该函数的使用方法与技巧。

已知某公司某项资产的原值、前 5 年每年的收益，要求计算 5 年后投资的修正收益率、3 年后的修正收益率及基于 14% 的再投资收益率的 5 年修正收益率。打开“MIRR 函数 .xlsx”工作簿，切换至“Sheet1”工作表，本例的原始数据如图 19-41 所示。具体的计算步骤如下。

STEP01：选中 A11 单元格，在编辑栏中输入公式“=MIRR(A2:A7, A8, A9)”，然后按“Enter”键返回，即可计算出 5 年后投资的修正收益率，如图 19-42 所示。

STEP02：选中 A12 单元格，在编辑栏中输入公式“=MIRR(A2:A5,A8,A9)”，然后按“Enter”键返回，即可计算出 3 年后的修正收益率，如图 19-43 所示。

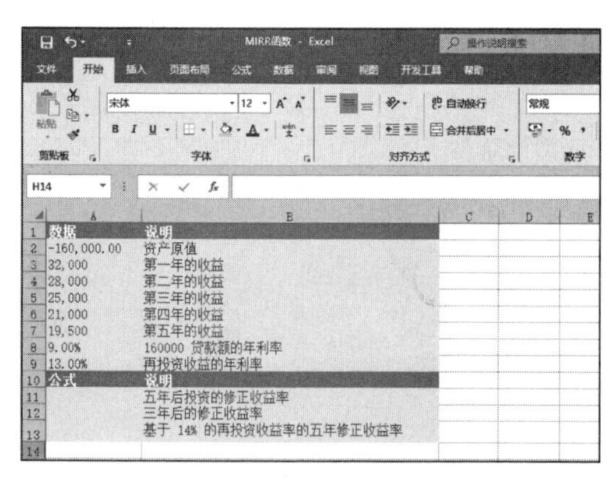

图 19-41 原始数据

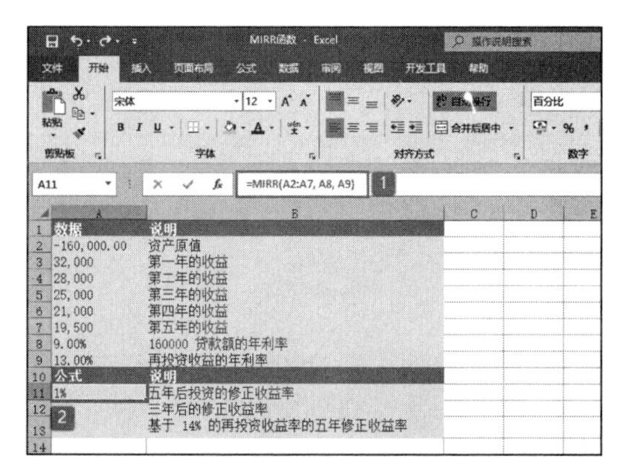

图 19-42 计算 5 年后的修正收益率

STEP03：选中 A13 单元格，在编辑栏中输入公式“=MIRR(A2:A7,A8,14%)”，然后按“Enter”键返回，即可计算出基于 14% 的再投资收益率的 5 年修正收益率，如图 19-44 所示。

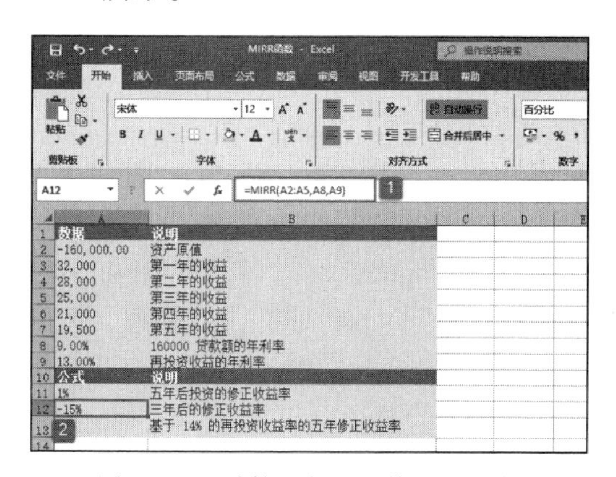

图 19-43 计算 3 年后的修正收益率

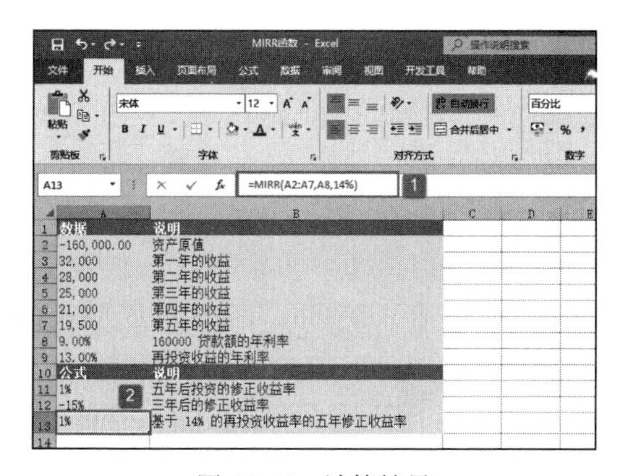

图 19-44 计算结果

函数 MIRR 根据输入值的次序来解释现金流的次序。所以，务必按照实际的顺序输入支出和收入数额，并使用正确的正负号（现金流入用正值，现金流出用负值）。如果现金流的次数为 n，finance_rate 为 frate，而 reinvest_rate 为 rrate，则函数 MIRR 的计算公式为：

$$\left(\frac{-\mathrm{NPV}\left(\mathrm{rrate},\mathrm{values}\left[\mathrm{positive}\right]\right)\times\left(1+\mathrm{rrate}\right)^{n}}{\mathrm{NPV}\left(\mathrm{frate},\mathrm{values}\left[\mathrm{negative}\right]\right)\times\left(1+\mathrm{frate}\right)}\right)^{\frac{1}{n-1}}-1$$

19.3.3 计算第一期为奇数的债券收益

ODDFYIELD 函数用于计算首期付息日不固定的有价证券（长期或短期）的收益率。ODDFYIELD 函数的语法如下：

```
ODDFYIELD(settlement,maturity,issue,first_coupon,rate,pr,redemption,frequency,basis)
```

其中，settlement 参数为有价证券的结算日，结算日是有价证券结算日是在发行日之后，有价证券卖给购买者的日期。maturity 参数为有价证券的到期日，到期日是有价证券有效期截止时的日期。issue 参数为有价证券的发行日。first_coupon 参数为有价证券的首期付息日。rate 参数为有价证券的利率。pr 参数为有价证券的价格。redemption

参数指的是面值￥100的有价证券的清偿价值。frequency参数为年付息次数，如果按年支付，frequency = 1；按半年期支付，frequency = 2；按季支付，frequency = 4。basis参数为要使用的日计数基准类型。下面通过实例详细讲解该函数的使用方法与技巧。

已知某债券的结算日、到期日、发行日、首期付息日、息票利率、价格、清偿价值等信息，要求计算在这些条件下的债券首期付息日不固定的有价证券的收益率。打开“ODDFYIELD函数.xlsx”工作簿，切换至“Sheet1”工作表，本例的原始数据如图19-45所示。具体的计算步骤如下。

选中A12单元格，在编辑栏中输入公式“=ODDFYIELD(A2,A3,A4,A5,A6,A7,A8,A9,A10)”，然后按“Enter”键返回，即可计算出首期付息日不固定的有价证券的收益率，如图19-46所示。

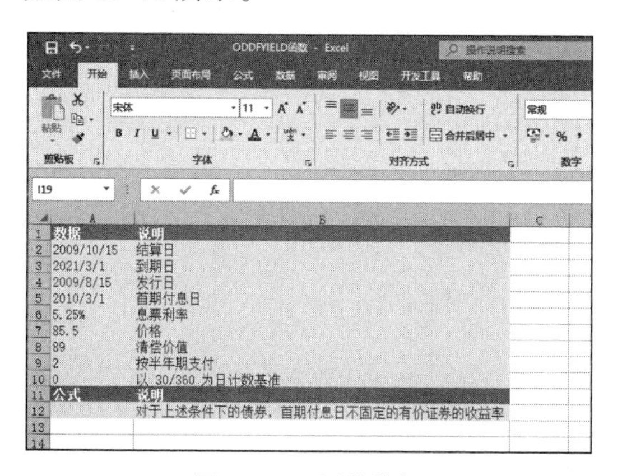

图19-45 原始数据

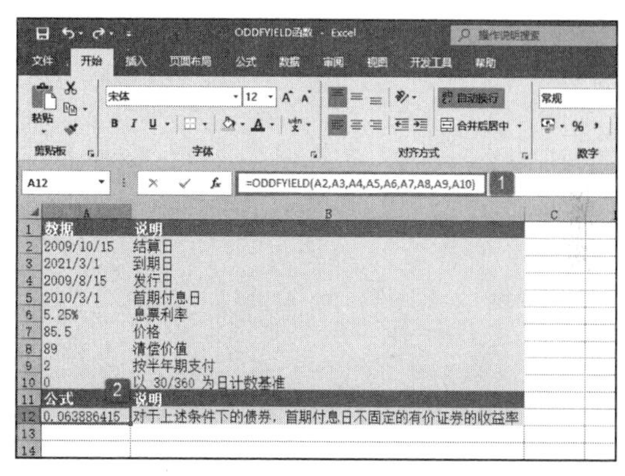

图19-46 计算收益率

如果settlement参数、maturity参数、issue参数或first_coupon参数不是合法日期，函数ODDFYIELD返回错误值“#VALUE!”。如果参数rate ＜ 0或参数pr ≤ 0，函数ODDFYIELD返回错误值“#NUM!”。如果参数basis ＜ 0或参数basis ＞ 4，函数ODDFYIELD返回错误值“#NUM!”。必须满足下列日期条件，否则，函数ODDFYIELD返回错误值“#NUM!”。

```
maturity > first_coupon > settlement > issue
```

Excel使用迭代法计算函数ODDFYIELD。该函数基于ODDFPRICE中的公式进行牛顿迭代演算。在100次迭代过程中，收益率不断变化，直到按给定收益率导出的估计价格接近实际价格。

19.3.4 计算末一期为奇数的债券收益

ODDLYIELD函数用于计算末期付息日不固定的有价证券（长期或短期）的收益率。ODDLYIELD函数的语法如下：

```
ODDLYIELD(settlement,maturity,last_interest,rate,pr,redemption,frequency,basis)
```

其中，settlement参数为证券的结算日，结算日是在发行日之后，证券卖给购买者的日期。maturity参数为有价证券的到期日，到期日是有价证券有效期截止时的日期。last_interest参数为有价证券的末期付息日。rate参数为有价证券的利率。pr参数为有价证券的价格。redemption参数为面值￥100的有价证券的清偿价值。frequency参数为年付息次数，如果按年支付，frequency=1；按半年期支付，frequency=2；按季支付，frequency=4。basis 参数为日计数基准类型。下面通过实例详细讲解该函数的使用方法与技巧。

已知某债券的结算日、到期日、末期付息日、息票利率、价格、清偿价值等信息，要求计算对于上述条件下的债券，末期付息日不固定的有价证券的收益率。打开“ODDLYIELD 函数 .xlsx”工作簿，切换至“Sheet1”工作表，本例的原始数据如图 19-47 所示。具体的计算步骤如下。

选中 A11 单元格，在编辑栏中输入公式“=ODDLYIELD(A2,A3,A4,A5,A6,A7,A8,A9)”，然后按“Enter”键返回，即可计算出末期付息日不固定的有价证券的收益率，如图 19-48 所示。

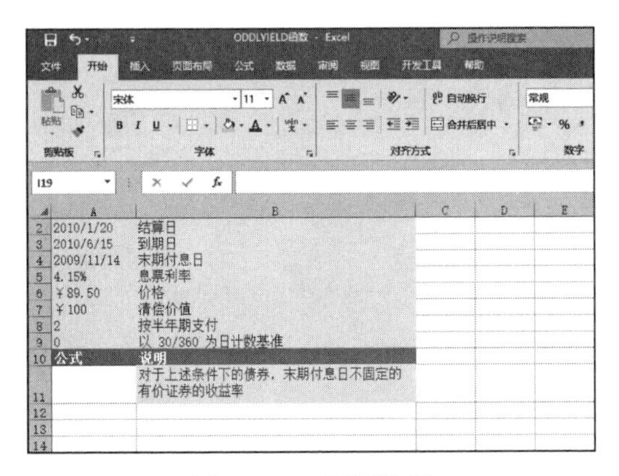

图 19-47　原始数据

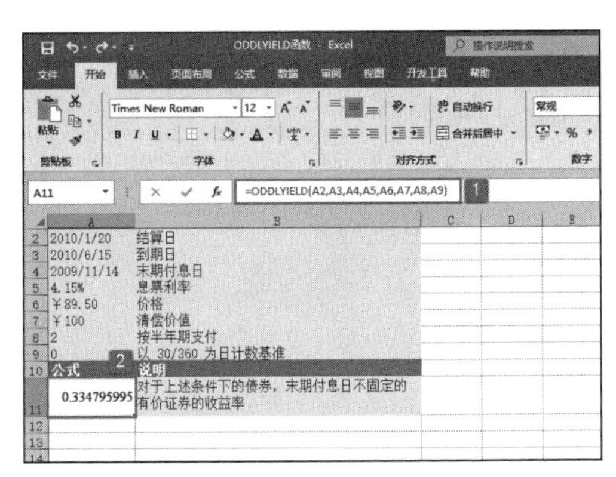

图 19-48　计算末期付息日不固定的收益率

如果 settlement 参数、maturity 参数或 last_interest 参数不是合法日期，函数 ODDLYIELD 返回错误值“#VALUE!”。如果参数 rate ＜ 0 或参数 pr ≤ 0，函数 ODDLYIELD 返回错误值“#NUM!”。如果参数 basis ＜ 0 或参数 basis ＞ 4，函数 ODDLYIELD 返回错误值“#NUM!”。必须满足下列日期条件，否则，函数 ODDLYIELD 返回错误值“#NUM!”：

```
maturity > settlement > last_interest
```

19.3.5　计算国库券等价债券收益

TBILLEQ 函数用于计算国库券的等价债券收益率。TBILLEQ 函数的语法如下：

```
TBILLEQ(settlement,maturity,discount)
```

其中，settlement 参数为国库券的结算日，即在发行日之后，国库券卖给购买者的日期。maturity 参数为国库券的到期日，到期日是国库券有效期截止时的日期。discount 参数为国库券的贴现率。下面通过实例详细讲解该函数的使用方法与技巧。

已知国库券的结算日、到期日、贴现率，要求计算国库券在这些条件下的等价债券收益率。打开“TBILLEQ 函数 .xlsx”工作簿，切换至“Sheet1”工作表，本例的原始数据如图 19-49 所示。具体的计算步骤如下。

选中 A6 单元格，在编辑栏中输入公式“=TBILLEQ(A2,A3,A4)”，然后按“Enter”键返回，即可计算出国库券的等价债券收益率，如图 19-50 所示。

如果 settlement 参数或 maturity 参数不是合法日期，函数 TBILLEQ 返回错误值“#VALUE!”。如果参数 discount ≤ 0，函数 TBILLEQ 返回错误值“#NUM!”。

如果参数 settlement ＞ maturity 参数或 maturity 参数在 settlement 参数之后超过一年，函数 TBILLEQ 返回错误值“#NUM!”。函数 TBILLEQ 的计算公式为 TBILLEQ=(365 × rate)/(360-(rate × DSM))，式中 DSM 是按每年 360 天的基准计算的 settlement 与 maturity 之间的天数。

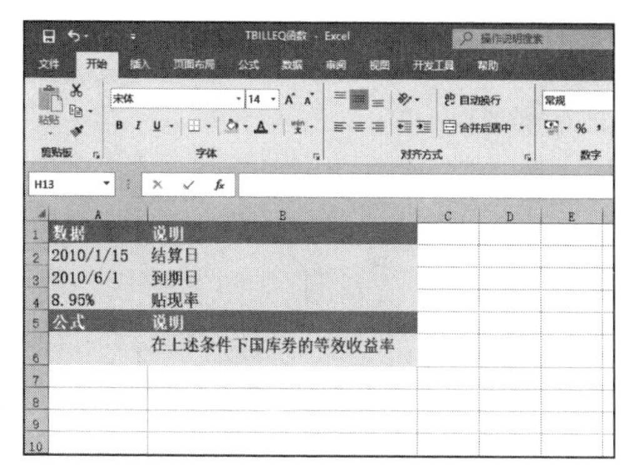

图 19-49 原始数据

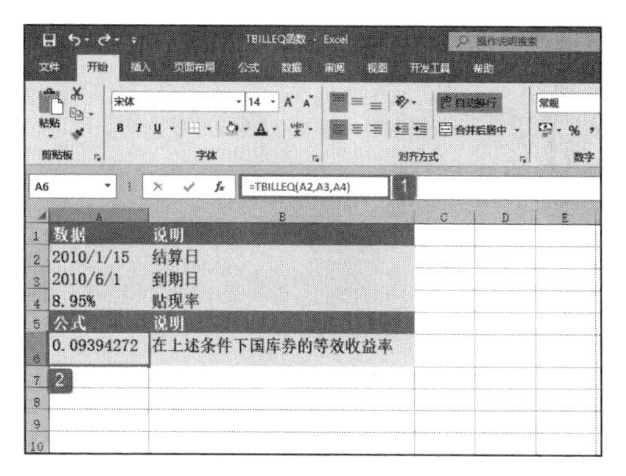

图 19-50 计算国库券的等效收益率

19.3.6 计算国库券收益率

TBILLYIELD 函数用于计算国库券的收益率。TBILLYIELD 函数的语法如下：

```
TBILLYIELD(settlement,maturity,pr)
```

其中，settlement 参数为国库券的结算日，即在发行日之后，国库券卖给购买者的日期。maturity 参数为国库券的到期日，到期日是国库券有效期截止时的日期。pr 参数为面值￥100 的国库券的价格。下面通过实例详细讲解该函数的使用方法与技巧。

已知国库券的结算日、到期日、每￥100 面值的价格，要求计算在这些条件下国库券的等效收益率。打开“TBILLYIELD 函数 .xlsx”工作簿，切换至“Sheet1”工作表，本例的原始数据如图 19-51 所示。具体的计算步骤如下。

选中 A6 单元格，在编辑栏中输入公式“=TBILLYIELD(A2,A3,A4)”，然后按“Enter”键返回，即可计算出国库券的等效收益率，如图 19-52 所示。

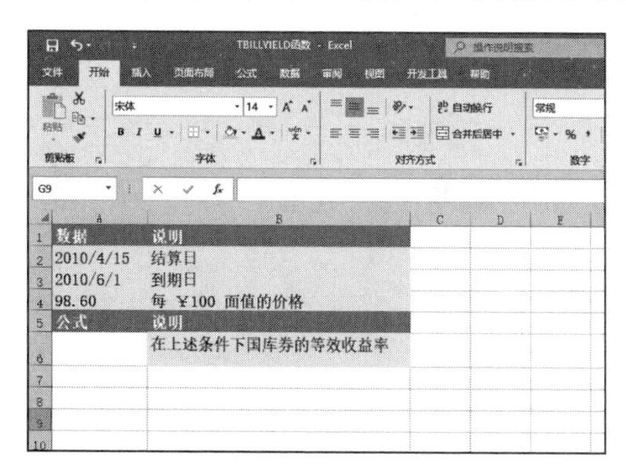

图 19-51 原始数据

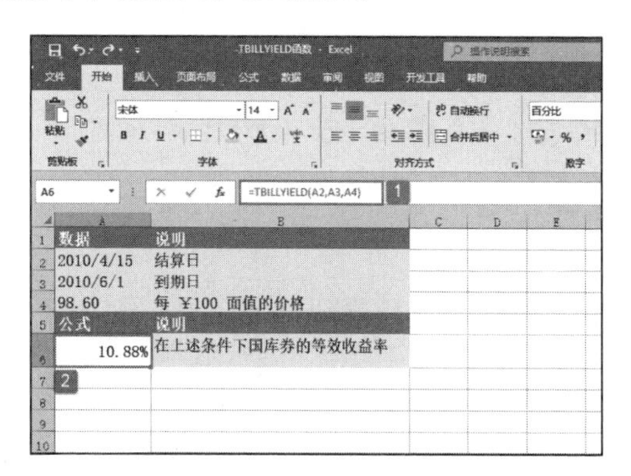

图 19-52 计算国库券收益率

如果 settlement 参数或 maturity 参数不是合法日期，函数 TBILLYIELD 返回错误值“#VALUE”。如果参数 pr ≤ 0，则函数 TBILLYIELD 返回错误值“#NUM!”。如果参数 settlement ≥ maturity 参数或 maturity 在 settlement 一年之后，函数 TBILLYIELD 返回错误值“#NUM!”。函数 TBILLYIELD 的计算公式如下：

$$\text{TBILLYIELD} = \frac{100 - par}{par} \times \frac{360}{DSM}$$

式中：

DSM= 结算日与到期日之间的天数。如果结算日与到期日相隔超过一年，则无效。

19.3.7　计算定期支付利息的债券收益

YIELD 函数用于计算定期支付利息的债券的收益率。YIELD 函数的语法如下：

```
YIELD(settlement,maturity,rate,pr,redemption,frequency,basis)
```

其中，settlement 参数为证券的结算日，结算日是在发行日之后，证券卖给购买者的日期。maturity 参数为有价证券的到期日，到期日是有价证券有效期截止时的日期。rate 参数为有价证券的年息票利率。pr 参数为面值￥100 的有价证券的价格。redemption 参数为面值￥100 的有价证券的清偿价值。frequency 参数为年付息次数，如果按年支付，frequency=1；按半年期支付，frequency=2；按季支付，frequency=4。basis 参数为日计数基准类型。下面通过实例详细讲解该函数的使用方法与技巧。

已知某债券的结算日、到期日、息票利率、价格、清偿价值、支付方式等信息，要求计算在这些条件下债券的收益率。打开“YIELD 函数 .xlsx”工作簿，切换至“Sheet1”工作表，本例的原始数据如图 19-53 所示。具体的计算步骤如下。

选中 A10 单元格，在编辑栏中输入公式“=YIELD(A2,A3,A4,A5,A6,A7,A8)”，然后按“Enter”键返回，即可计算出债券的收益率，如图 19-54 所示。

图 19-53　原始数据

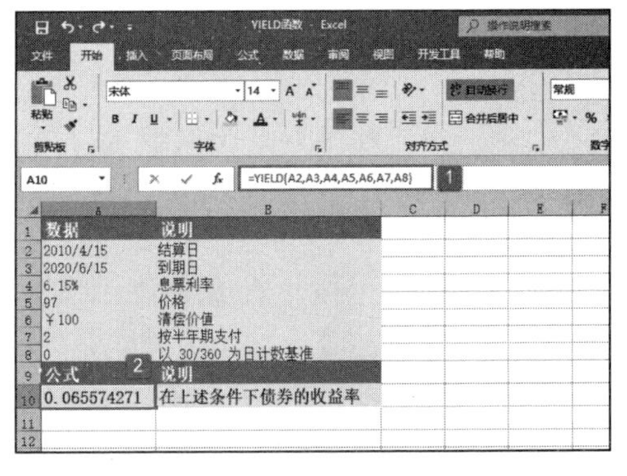

图 19-54　计算债券的收益率

如果 settlement 参数或 maturity 参数不是合法日期，函数 YIELD 返回错误值“#VALUE!”。如果参数 rate ＜ 0，函数 YIELD 返回错误值“#NUM!”。如果参数 pr ≤ 0 或参数 redemption ≤ 0，函数 YIELD 返回错误值“#NUM!”。如果 frequency 参数不为 1、2 或 4，函数 YIELD 返回错误值“#NUM!”。如果参数 basis ＜ 0 或参数 basis ＞ 4，函数 YIELD 返回错误值“#NUM!”。如果参数 settlement ≥ maturity 参数，函数 YIELD 返回错误值“#NUM!”。

如果在清偿日之前只有一个或是没有付息期间，函数 YIELD 的计算公式为：

$$\text{YIELD} = \frac{\left(\frac{\text{redemption}}{100} + \frac{\text{rate}}{\text{frequency}}\right) - \left(\frac{\text{par}}{100} + \left(\frac{A}{E} \times \frac{\text{rate}}{\text{frequency}}\right)\right)}{\frac{\text{par}}{100} + \left(\frac{A}{E} \times \frac{\text{rate}}{\text{frequency}}\right)} \times \frac{\text{frequency} \times E}{\text{DSR}}$$

式中：

A= 付息期的第 1 天到结算日之间的天数（应计天数）。

DSR= 结算日与清偿日之间的天数。

E= 付息期所包含的天数。

如果在 redemption 参数之前尚有多个付息期间，则通过 100 次迭代来计算函数 YIELD。基于函数 PRICE 中给出的公式，并使用牛顿迭代法不断修正计算结果，直到在给定的收益率下的计算价格逼近于实际价格。

19.3.8 计算已贴现债券年收益

YIELDDISC 函数用于计算折价发行的有价证券的年收益率。YIELDDISC 函数的语法如下：

```
YIELDDISC(settlement,maturity,pr,redemption,basis)
```

其中，settlement 参数为证券的结算日，结算日是在发行日之后，证券卖给购买者的日期。maturity 参数为有价证券的到期日，到期日是有价证券有效期截止时的日期。pr 参数为面值￥100 的有价证券的价格。redemption 参数为面值￥100 的有价证券的清偿价值。basis 参数为日计数基准类型。下面通过实例详细讲解该函数的使用方法与技巧。

已知某债券的结算日、到期日、价格、清偿价值等信息，要求计算在这些条件下债券的收益率。打开“YIELDDISC 函数 .xlsx”工作簿，切换至“Sheet1”工作表，本例的原始数据如图 19-55 所示。具体的计算步骤如下。

选中 A8 单元格，在编辑栏中输入公式“ =YIELDDISC(A2,A3,A4,A5,A6)”，然后按“Enter”键返回，即可计算出债券的收益率，如图 19-56 所示。

图 19-55　原始数据

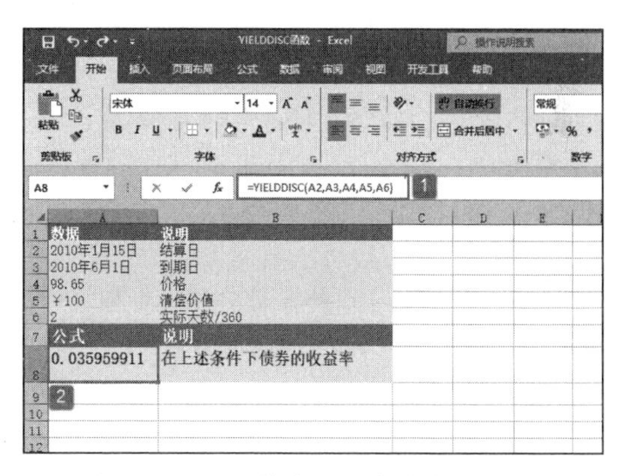

图 19-56　债券收益率计算结果

如果 settlement 参数或 maturity 参数不是有效日期，函数 YIELDDISC 返回错误值“#VALUE!”。如果参数 pr ≤ 0 或参数 redemption ≤ 0，函数 YIELDDISC 返回错误值“#NUM!”。如果参数 basis < 0 或参数 basis > 4，函数 YIELDDISC 返回错误值“#NUM!”。如果参数 settlement ≥ maturity 参数，函数 YIELDDISC 返回错误值“#NUM!”。

19.3.9 计算到期付息年收益

YIELDMAT 函数用于计算到期付息的有价证券的年收益率。YIELDMAT 函数的语法如下：

```
YIELDMAT(settlement,maturity,issue,rate,pr,basis)
```

其中，settlement 参数为证券的结算日，结算日是在发行日之后，证券卖给购买者的日期。maturity 参数为有价证券的到期日，到期日是有价证券有效期截止时的日期。issue 参数为有价证券的发行日，以时间序列号表示。rate 参数为有价证券在发行日的利率。pr 参数为面值￥100 的有价证券的价格。basis 参数为日计数基准类型。下面通过实例详细讲解该函数的使用方法与技巧。

已知某债券的结算日、到期日、发行日、息票半年利率、价格等信息，要求计算在这些条件下债券的收益率。打开“YIELDMAT 函数 .xlsx”工作簿，切换至“Sheet1”工作表，本例的原始数据如图 19-57 所示。具体的计算步骤如下。

选中 A9 单元格，在编辑栏中输入公式“=YIELDMAT(A2,A3,A4,A5,A6,A7)”，然后按“Enter”键返回，即可计算出债券的收益率，如图 19-58 所示。

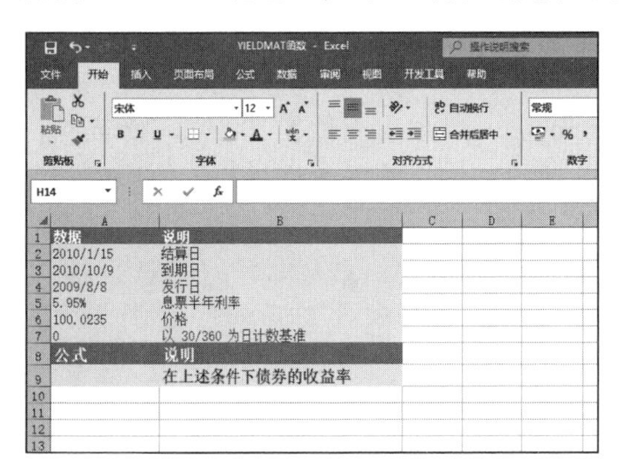

图 19-57　原始数据

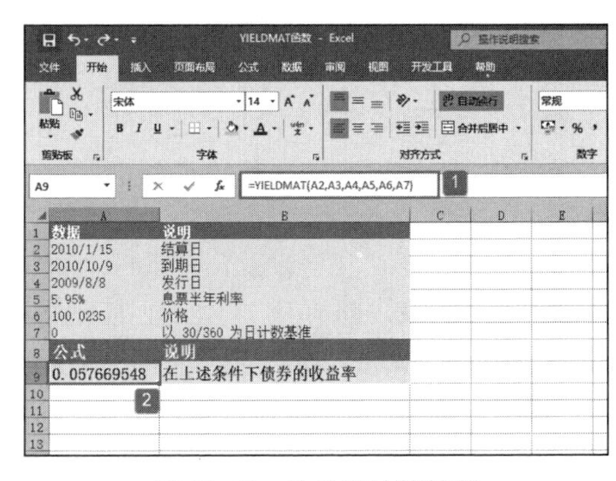

图 19-58　收益率计算结果

如果 settlement 参数、maturity 参数或 issue 参数不是合法日期，函数 YIELDMAT 返回错误值“#VALUE!”。如果参数 rate ＜ 0 或参数 pr ≤ 0，函数 YIELDMAT 返回错误值“#NUM!”。如果参数 basis ＜ 0 或参数 basis ＞ 4，函数 YIELDMAT 返回错误值“#NUM!”。如果参数 settlement ≥ maturity 参数，函数 YIELDMAT 返回错误值 #NUM!。

19.3.10　计算现金流内部收益率

XIRR 函数用于计算一组现金流的内部收益率，这些现金流不一定定期发生。如果要计算一组定期现金流的内部收益率，则需要使用函数 IRR。XIRR 函数的语法如下：

```
XIRR(values,dates,guess)
```

其中，values 参数为与 dates 中的支付时间相对应的一系列现金流。首期支付是可选的，并与投资开始时的成本或支付有关。如果第 1 个值是成本或支付，则它必须是负值。所有后续支付都基于 365 天 / 年贴现。系列中必须包含至少一个正值和一个负值。dates 参数为与现金流支付相对应的支付日期表。第 1 个支付日期代表支付表的开始，其他日期应迟于该日期，但可按任何顺序排列。应使用 DATE 函数输入日期，或者将函数作为其他公式或函数的结果输入。例如，使用函数 DATE(2008,5,23) 输入 2008 年 5 月 23 日。如果日期以文本形式输入，则会出现问题。guess 参数为对函数 XIRR 计算结果的估计值。下面通过实例详细讲解该函数的使用方法与技巧。

打开“XIRR 函数 .xlsx”工作簿，切换至“Sheet1”工作表，本例的原始数据如图 19-59 所示。该工作表记录了现金流的值与支付时间，要求根据给定的数据计算其内部收益率。具体的计算步骤如下。

选中 A8 单元格，在编辑栏中输入公式“=XIRR(A2:A6,B2:B6,0.1)”，然后按“Enter”键返回，即可计算出现金流的内部收益率，如图 19-60 所示。

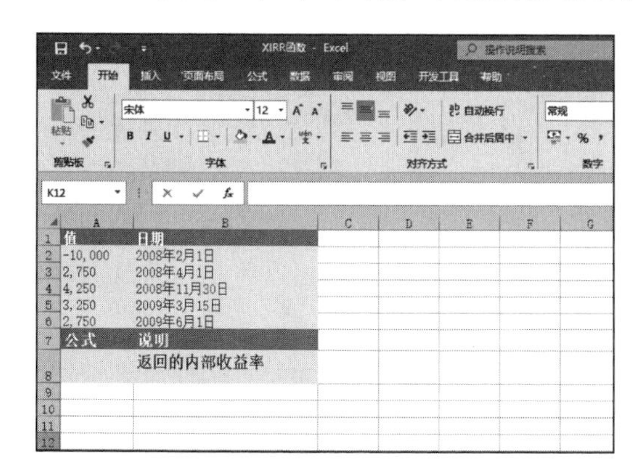

图 19-59　原始数据

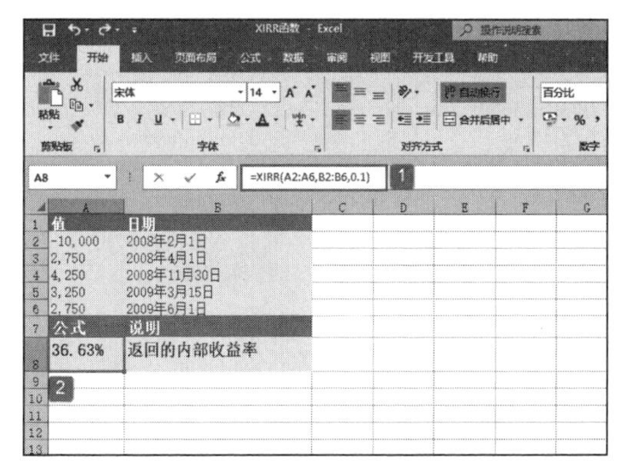

图 19-60　计算现金流内部收益率

函数 XIRR 要求至少有一个正现金流和一个负现金流，否则函数 XIRR 返回错误值“#NUM!”。如果 dates 参数中的任一数值不是合法日期，函数 XIRR 返回错误值“#VALUE”。如果 dates 参数中的任一数字先于开始日期，函数 XIRR 返回错误值“#NUM!”。如果 values 参数和 dates 参数所含数值的数目不同，函数 XIRR 返回错误值“#NUM!”。多数情况下，不必为函数 XIRR 的计算提供 guess 参数值，如果省略，guess 参数值假定为 0.1(10%)。函数 XIRR 与净现值函数 XNPV 密切相关。函数 XIRR 计算的收益率即为函数 XNPV=0 时的利率。Excel 使用迭代法计算函数 XIRR。通过改变收益率（从 guess 开始），不断修正计算结果，直至其精度小于 0.000001%。如果函数 XIRR 运算 100 次，仍未找到结果，则返回错误值“#NUM!”。

19.4 本金计算函数应用

本节通过实例介绍与本金计算相关函数的应用，包括 CUMPRINC 函数和 PPMT 函数。

19.4.1 计算付款期间贷款累积支付本金

CUMPRINC 函数用于计算一笔贷款在给定的 start_period 到 end_period 期间累计偿还的本金数额。CUMPRINC 函数的语法如下：

```
CUMPRINC(rate,nper,pv,start_period,end_period,type)
```

其中，rate 参数为利率，nper 参数为总付款期数，pv 参数为现值，start_period 参数为计算中的首期，付款期数从 1 开始计数。end_period 参数为计算中的末期，type 参数为付款时间类型。下面通过实例详细讲解该函数的使用方法与技巧。

已知贷款的年利率、贷款期限和现值，要求计算该笔贷款在第 2 年偿还的全部本金之和（第 13 期～第 24 期）和第 1 个月偿还的本金。打开“ CUMPRINC 函数 .xlsx”工作簿，切换至“ Sheet1”工作表，本例的原始数据如图 19-61 所示。具体的操作步骤如下。

STEP01：选中 A6 单元格，在编辑栏中输入公式“ =CUMPRINC(A2/12,A3*12,A4,13,24,0)”，然后按“Enter”键返回，即可计算出该笔贷款在第 2 年偿还的全部本金之和（第 13 期～第 24 期），如图 19-62 所示。

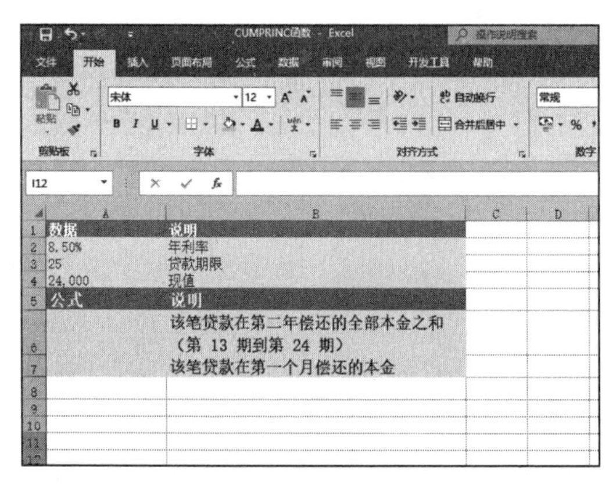

图 19-61　原始数据

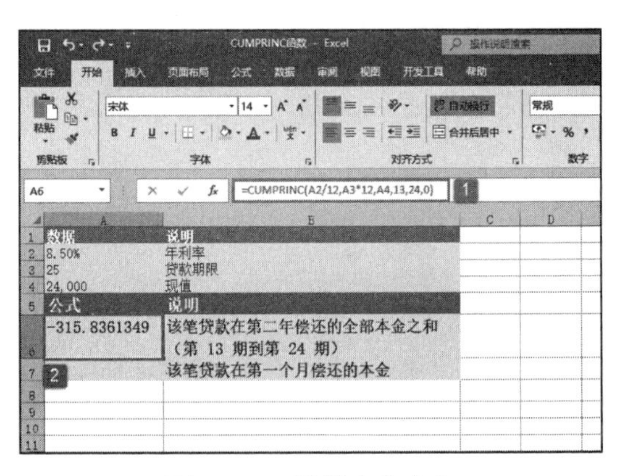

图 19-62　计算本金之和

STEP02：选中 A7 单元格，在编辑栏中输入公式“=CUMPRINC(A2/12,A3*12,A4,1,1,0)”，然后按“Enter”键返回，即可计算出该笔贷款在第 1 个月偿还的本金，如图 19-63 所示。

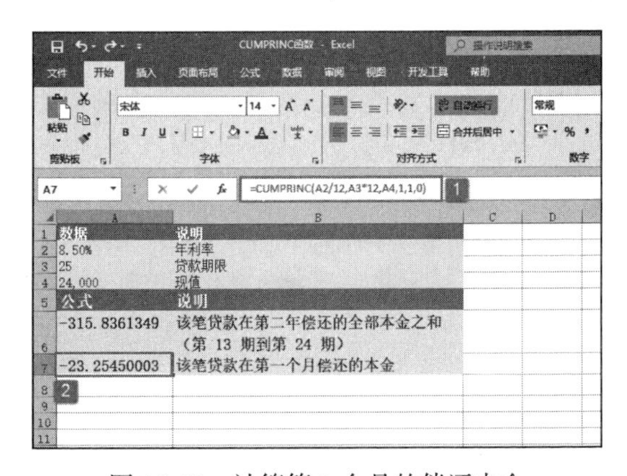

图 19-63　计算第 1 个月的偿还本金

应确认所指定的 rate 参数和 nper 参数单位的一致性。例如，同样是四年期年利率为 12% 的贷款，如果按月支付，rate 参数应为 12%/12，nper 参数应为 4*12；如果按年支付，rate 参数应为 12%，nper 为参数 4。

如果参数 rate ≤ 0、参数 nper ≤ 0 或参数 pv ≤ 0，函数 CUMPRINC 返回错误值“ #NUM!”。如果参数 start_period < 1，参数 end_period < 1 或参数 start_period > end_period 参数，函数 CUMPRINC 返回错误值“ #NUM!”。如果 type 参数为 0 或 1 之外的任何数，函数 CUMPRINC 返回错误值“#NUM!”。

19.4.2　计算定期间内偿还本金

PPMT 函数用于计算一笔投资在给定期间内偿还的本金。PPMT 函数的语法如下：

```
PPMT(rate,per,nper,pv,fv,type)
```

其中，rate 参数为各期利率，per 参数用于计算其本金数额的期数，必须为 1 ～ nper。nper 参数为总投资期，即该项投资的付款期总数。pv 参数为现值，即从该项投资开始计算时已经入账的款项，或一系列未来付款当前值的累积和，也称为本金。fv 参数为未来值，或在最后一次付款后希望得到的现金余额，如果省略 fv 参数，则假设其值为零，也就是一笔贷款的未来值为零。type 参数为数字 0 或 1，用以指定各期的付款时间是在期初还是期末。下面通过实例详细讲解该函数的使用方法与技巧。

打开“PPMT 函数 .xlsx”工作簿，切换至“Sheet1”工作表，本例的原始数据如图 19-64 所示。该工作表中记录了一组贷款数据，包括贷款的年利率、贷款期限和贷款额，要求计算该笔贷款第 1 个月的本金支付。具体的操作步骤如下。

选中 A6 单元格，在编辑栏中输入公式“=PPMT(A2/12,1,A3*12,A4)”，然后按“Enter”键返回，即可计算出该笔贷款第 1 个月的本金支付，如图 19-65 所示。

图 19-64 原始数据

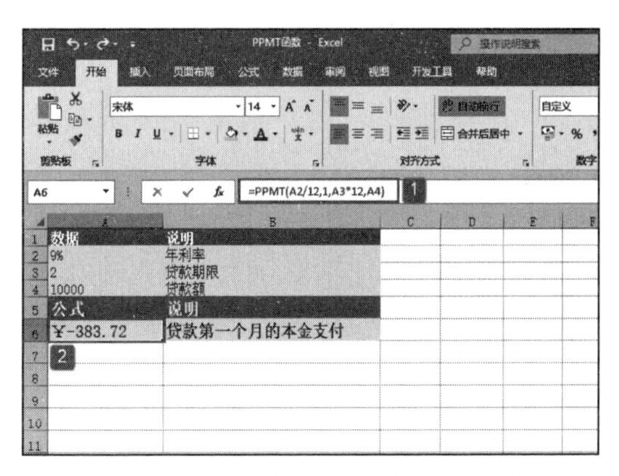

图 19-65 计算第 1 个月的本金支付

应确认所指定的 rate 参数和 nper 参数单位的一致性。例如，同样是四年期年利率为 12% 的贷款，如果按月支付，rate 参数应为 12%/12，nper 参数应为 4*12；如果按年支付，rate 参数应为 12%，nper 参数为 4。

19.5 现价计算函数应用

本节通过实例介绍与现价计算相关函数，包括 ODDFPRICE、ODDLPRICE、PRICE、PRICEDISC、PRICEMAT 函数。

19.5.1 计算首期付息日不固定债券现价

ODDFPRICE 函数用于计算首期付息日不固定（长期或短期）的面值￥100 的有价证券价格。ODDFPRICE 函数的语法如下：

```
ODDFPRICE(settlement,maturity,issue,first_coupon,rate,yld,redemption,frequency,basis)
```

其中，settlement 参数为证券的结算日，结算日是在发行日之后，证券卖给购买者的日期。maturity 参数为有价证券的到期日，到期日是有价证券有效期截止时的日期。issue 参数为有价证券的发行日。first_coupon 参数为有价证券的首期付息日。rate 参数为有价证券的利率。yld 参数为有价证券的年收益率。redemption 参数为面值￥100 的有价证券的清偿价值。frequency 参数为年付息次数，如果按年支付，frequency=1；按半年期支付，frequency=2；按季支付，frequency=4。basis 参数为日计数基准类型。下面通过实例详细讲解该函数的使用方法与技巧。

打开“ODDFPRICE 函数 .xlsx”工作簿，切换至“Sheet1”工作表，本例的原始数据如图 19-66 所示。该工作表记录了一组债券数据，包括债券的结算日、到期日、发行日、首期付息日、息票利率、收益率、清偿价值等信息，要求计算在这些条件下首期付息日不固定（长期或短期）的面值￥100 的有价证券的价格。具体的操作步骤如下。

选中 A12 单元格，在编辑栏中输入公式“=ODDFPRICE(A2,A3,A4,A5,A6,A7,A8,A9,A10)”，然后按“Enter”键返回，即可计算出首期付息日不固定（长期或短期）的面值￥100 的有价证券的价格，如图 19-67 所示。

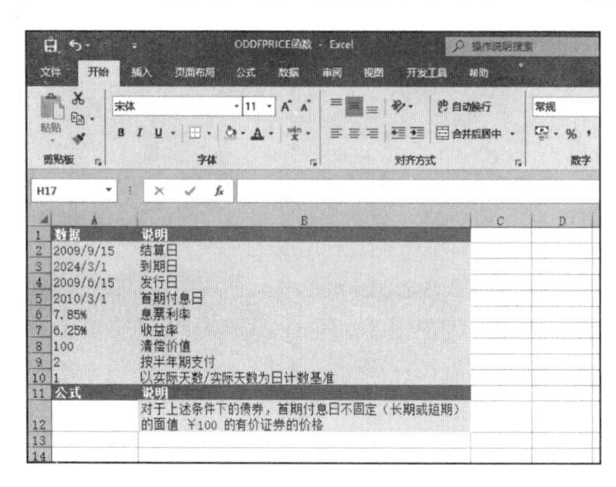

图 19-66　原始数据

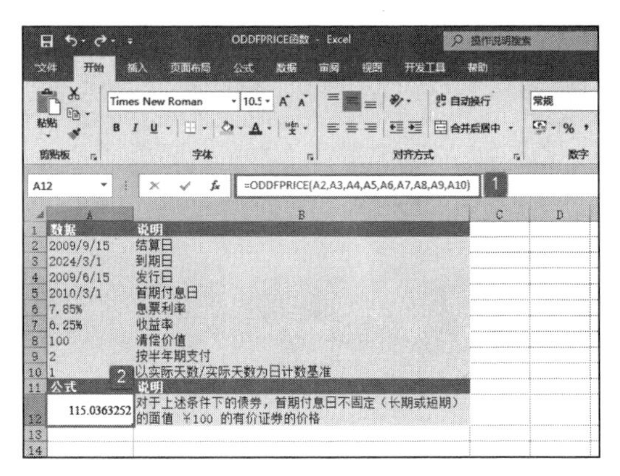

图 19-67　计算有价证券的价格

如果 settlement 参数、maturity 参数、issue 参数或 first_coupon 参数不是合法日期，则 ODDFPRICE 函数将返回错误值“#VALUE!”。如果参数 rate ＜ 0 或参数 yld ＜ 0，则 ODDFPRICE 函数返回错误值“#NUM!”。如果参数 basis ＜ 0 或参数 basis ＞ 4，则 ODDFPRICE 函数返回错误值“#NUM!”。必须满足下列日期条件，否则，ODDFPRICE 函数返回错误值“#NUM!”：

```
maturity > first_coupon > settlement > issue
```

19.5.2　计算末期付息日不固定债券现价

ODDLPRICE 函数用于计算末期付息日不固定的面值￥100 的有价证券（长期或短期）的价格。ODDLPRICE 函数的语法如下：

```
ODDLPRICE(settlement,maturity,last_interest,rate,yld,redemption,frequency,basis)
```

其中，settlement 参数为证券的结算日，结算日是在发行日之后，证券卖给购买者的日期。maturity 参数为有价证券的到期日，到期日是有价证券有效期截止时的日期。last_interest 参数为有价证券的末期付息日。rate 参数为有价证券的利率。yld 参数为有价证券的年收益率。redemption 参数为面值￥100 的有价证券的清偿价值。frequency 参数为年付息次数，如果按年支付，frequency=1；按半年期支付，frequency=2；按季支付，frequency=4。basis 参数为日计数基准类型。下面通过实例详细讲解该函数的使用方法与技巧。

打开“ODDLPRICE 函数 .xlsx”工作簿，切换至“Sheet1”工作表，本例的原始数据如图 19-68 所示。该工作表记录了一组债券数据，包括债券的结算日、到期日、末期付息日、息票利率、收益率、清偿价值等信息，要求计算在这些条件下末期付息日不固定的面值￥100 的有价证券（长期或短期）的价格。具体的操作步骤如下。

选中 A11 单元格，在编辑栏中输入公式“=ODDLPRICE(A2,A3,A4,A5,A6,A7,A8,A9)”，然后按“Enter”键返回，即可计算出末期付息日不固定的面值￥100 的有价证券（长期或短期）的价格，如图 19-69 所示。

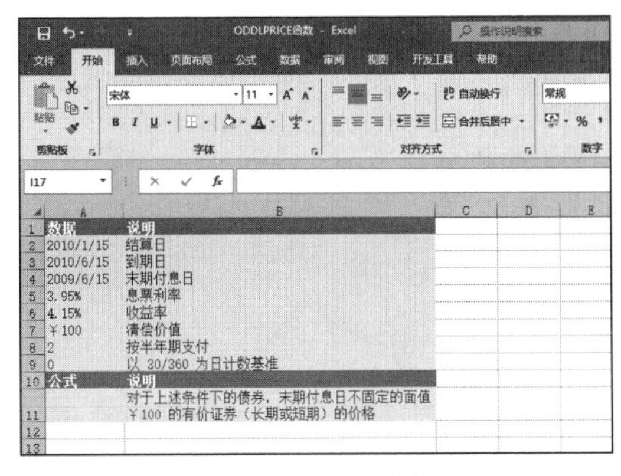

图 19-68 原始数据

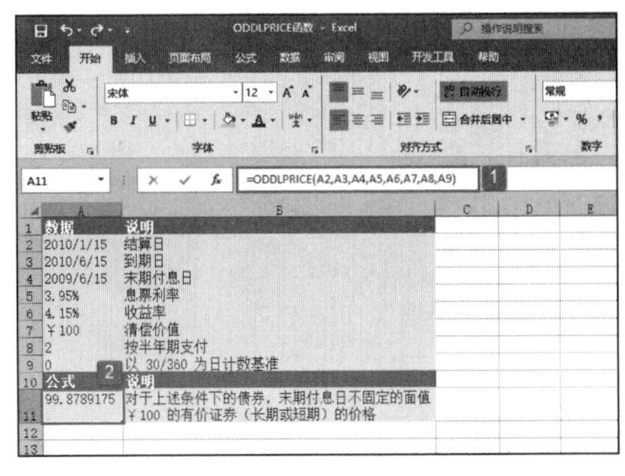

图 19-69 计算末期付息日有价证券的价格

如果 settlement 参数、maturity 参数或 last_interest 参数不是合法日期，函数 ODDLPRICE 返回错误值“#VALUE!”。如果参数 rate ＜ 0 或参数 yld ＜ 0，函数 ODDLPRICE 返回错误值“#NUM!”。如果参数 basis ＜ 0 或参数 basis ＞ 4，函数 ODDLPRICE 返回错误值“#NUM!”。必须满足下列日期条件，否则，函数 ODDLPRICE 返回错误值“#NUM!”：

```
maturity > settlement > last_interest
```

19.5.3 计算定期支付利息债券现价

PRICE 函数用于计算定期付息的面值￥100 的有价证券的价格。PRICE 函数的语法如下：

```
PRICE(settlement,maturity,rate,yld,redemption,frequency,basis)
```

其中，settlement 参数为证券的结算日，结算日是在发行日之后，证券卖给购买者的日期。maturity 参数为有价证券的到期日，到期日是有价证券有效期截止时的日期。rate 参数为有价证券的年息票利率。yld 参数为有价证券的年收益率。redemption 参数为面值￥100 的有价证券的清偿价值。frequency 参数为年付息次数，如果按年支付，frequency=1；按半年期支付，frequency=2；按季支付，frequency=4。basis 参数为日计数基准类型。下面通过实例详细讲解该函数的使用方法与技巧。

打开“PRICE 函数 .xlsx”工作簿，切换至“Sheet1”工作表，本例的原始数据如图 19-70 所示。该工作表记录了一组债券数据，包括债券的结算日、到期日、息票半年利率、收益率、清偿价值等信息，要求计算在这些条件下债券的价格。具体的操作步骤如下。

选中 A10 单元格，在编辑栏中输入公式“=PRICE(A2,A3,A4,A5,A6,A7,A8)”，然后按“Enter”键返回，即可计算出债券的价格，如图 19-71 所示。

如果 settlement 参数或 maturity 参数不是合法日期，函数 PRICE 返回错误值“#NUM!”。如果参数 yld ＜ 0 或参数 rate ＜ 0，函数 PRICE 返回错误值“#NUM!”。如果参数 redemption ≤ 0，函数 PRICE 返回错误值“#NUM!”。如果 frequency 参数不为 1、2 或 4，函数 PRICE 返回错误值“#NUM!”。如果参数 basis ＜ 0 或参数 basis

> 4，函数 PRICE 返回错误值“#NUM!”。如果参数 settlement ≥ maturity 参数，函数 PRICE 返回错误值“#NUM!”。

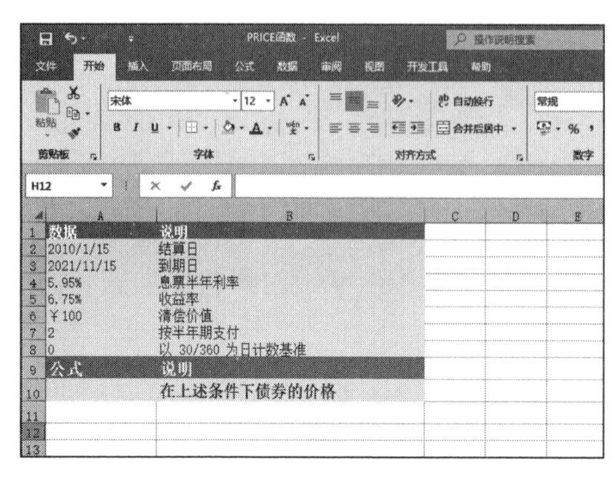

图 19-70　原始数据

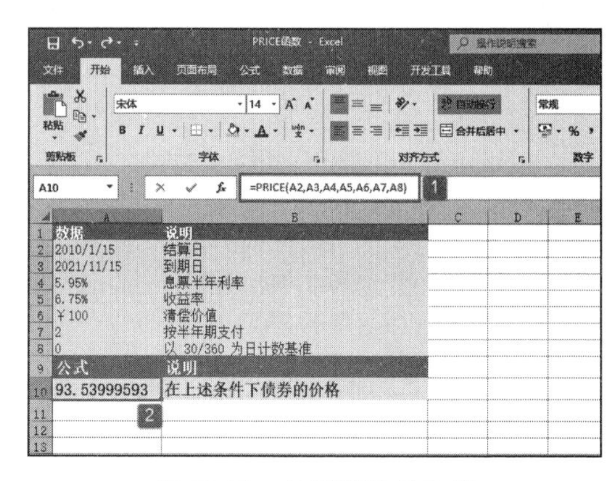

图 19-71　计算债券的价格

19.5.4　计算已贴现债券的现价

PRICEDISC 函数用于计算折价发行的面值￥100 的有价证券的价格。PRICEDISC 函数的语法如下：

```
PRICEDISC(settlement,maturity,discount,redemption,basis)
```

其中，settlement 参数为证券的结算日，结算日是在发行日之后，证券卖给购买者的日期。maturity 参数为有价证券的到期日，到期日是有价证券有效期截止时的日期。discount 参数为有价证券的贴现率。redemption 参数为面值￥100 的有价证券的清偿价值。basis 参数为日计数基准类型。下面通过实例详细讲解该函数的使用方法与技巧。

打开“PRICEDISC 函数 .xlsx”工作簿，切换至“Sheet1”工作表，本例的原始数据如图 19-72 所示。该工作表记录了一组债券数据，包括债券的结算日、到期日、贴现率、清偿价值，要求计算在这些条件下债券的价格。具体的操作步骤如下。

选中 A8 单元格，在编辑栏中输入公式“=PRICEDISC(A2,A3,A4,A5,A6)”，然后按“Enter”键返回，即可计算出债券的价格，如图 19-73 所示。

图 19-72　原始数据

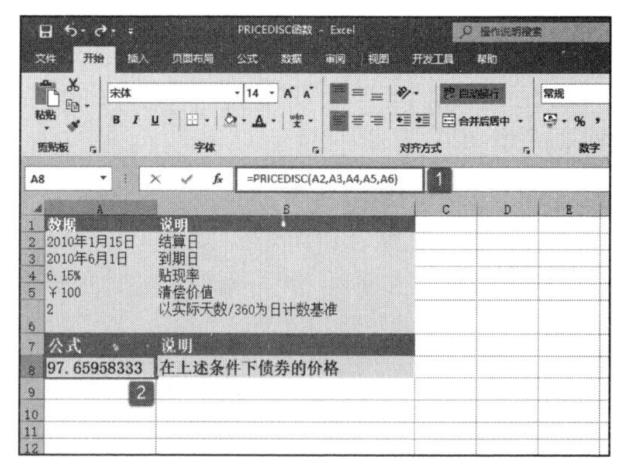

图 19-73　计算债券价格

如果 settlement 参数或 maturity 参数不是合法日期，函数 PRICEDISC 返回错误值“#VALUE!”。如果参数 discount ≤ 0 或参数 redemption ≤ 0，函数 PRICEDISC 返回错误值“#NUM!”。如果参数 basis < 0 或参数 basis > 4，函数 PRICEDISC 返回错误值“#NUM!”。

如果参数 settlement ≥ maturity 参数，函数 PRICEDISC 返回错误值“#NUM!”。

19.5.5 计算到期日支付利息债券现价

PRICEMAT 函数用于计算到期付息的面值￥100 的有价证券的价格。PRICEMAT 函数的语法如下：

```
PRICEMAT(settlement,maturity,issue,rate,yld,basis)
```

其中，settlement 参数为证券的结算日，结算日是在发行日之后，证券卖给购买者的日期。maturity 参数为有价证券的到期日，到期日是有价证券有效期截止时的日期。issue 参数为有价证券的发行日，以时间序列号表示。rate 参数为有价证券在发行日的利率。yld 参数为有价证券的年收益率。basis 参数为日计数基准类型。下面通过实例详细讲解该函数的使用方法与技巧。

打开“PRICEMAT 函数 .xlsx”工作簿，切换至“Sheet1”工作表，本例的原始数据如图 19-74 所示。该工作表记录了一组债券数据，包括债券的结算日、到期日、发行日、息票半年利率、收益率等信息，要求计算在这些条件下债券的价格。具体的操作步骤如下。

选中 A8 单元格，在编辑栏中输入公式“=PRICEMAT(A2,A3,A4,A5,A6,A7)”，然后按“Enter”键返回，即可计算出债券的价格，如图 19-75 所示。

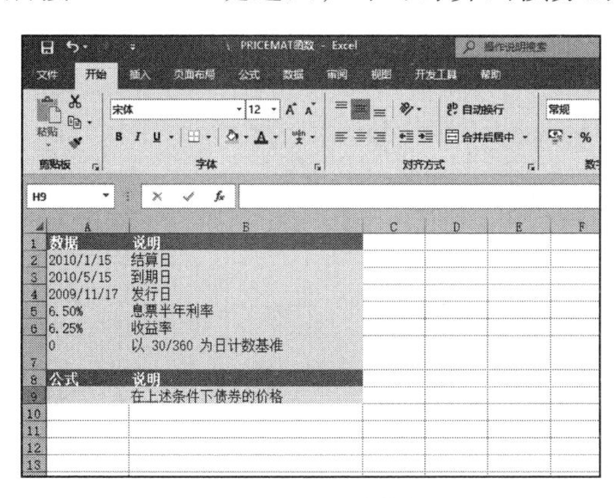

图 19-74 原始数据

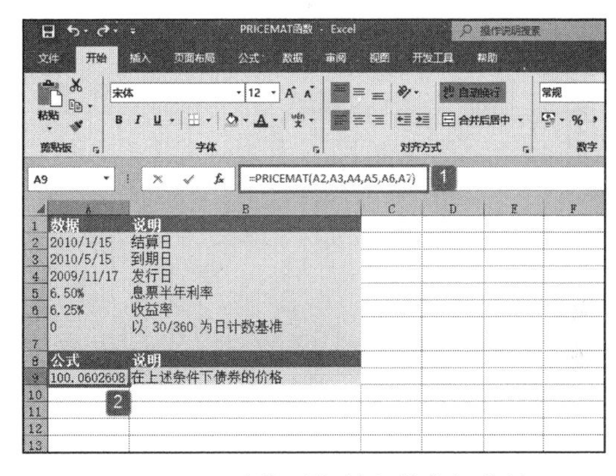

图 19-75 计算到期付息债券的价格

如果 settlement、maturity 或 issue 不是合法日期，函数 PRICEMAT 返回错误值“#VALUE”。如果 rate < 0 或 yld < 0，函数 PRICEMAT 返回错误值“#NUM!”。如果 basis < 0 或 basis > 4，函数 PRICEMAT 返回错误值“#NUM!”。如果 settlement ≥ maturity，函数 PRICEMAT 返回错误值“#NUM!”。

19.6 净现值与贴现率函数应用

本节通过实例介绍净现值与贴现率计算相关函数，包括 DISC、NPV、XNPV、PV 函数。

19.6.1 计算债券的贴现率

DISC 函数用于计算有价证券的贴现率。DISC 函数的语法如下：

```
DISC(settlement,maturity,pr,redemption,basis)
```

其中，settlement 参数为证券的结算日，结算日是在发行日之后，证券卖给购买者的日期。maturity 参数为有价证券的到期日，到期日是有价证券有效期截止时的日期。pr 参数为面值￥100 的有价证券的价格。redemption 参数为面值￥100 的有价证券的清偿价值。basis 参数为日计数基准类型。下面通过实例详细讲解该函数的使用方法与技巧。

打开“DISC 函数 .xlsx”工作簿，切换至“Sheet1”工作表，本例的原始数据如图 19-76 所示。该工作表记录了一组有价证券数据，包括有价证券的结算日、到期日、价格、清偿价值，要求计算在这些条件下有价证券的贴现率。具体的操作步骤如下。

选中 A8 单元格，在编辑栏中输入公式“=DISC(A2,A3,A4,A5,A6)”，然后按“Enter”键返回，即可计算出有价证券的贴现率，如图 19-77 所示。

图 19-76 原始数据

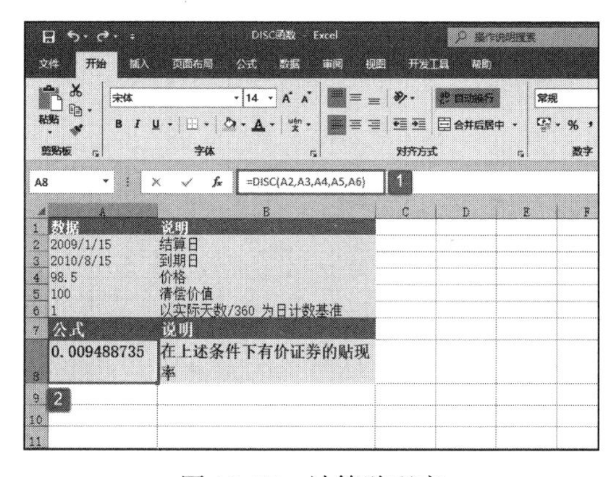

图 19-77 计算贴现率

如果 settlement 参数或 maturity 参数不是合法日期，函数 DISC 返回错误值“#VALUE!”。如果参数 pr ≤ 0 或参数 redemption ≤ 0，函数 DISC 返回错误值“#NUM!”。如果参数 basis < 0 或参数 basis > 4，函数 DISC 返回错误值“#NUM!”。如果参数 settlement ≥ maturity 参数，函数 DISC 返回错误值“#NUM!”。

19.6.2 计算投资净现值

NPV 函数用于通过使用贴现率以及一系列未来支出（负值）和收入（正值），计算一项投资的净现值。NPV 函数的语法如下：

```
NPV(rate,value1,value2,...)
```

其中，rate 参数为某一期间的贴现率，是一固定值。参数 value1、value2……代表支出及收入的 1 ～ 254 个参数。参数 value1、value2……在时间上必须具有相等间隔，并且都发生在期末。函数 NPV 使用 value1、value2……的顺序来解释现金流的顺序，所以务必保证支出和收入的数额按正确的顺序输入。如果参数为数值、空白单元格、逻辑值或数字的文本表达式，则都会计算在内；如果参数是错误值或不能转化为数值的文本，则被忽略。如果参数是一个数组或引用，则只计算其中的数字。数组或引用中的空白单元格、逻辑值、文本或错误值将被忽略。下面通过实例详细讲解该函数的使用方法与技巧。

已知某项投资的年贴现率、一年前的初期投资、第 1 年的收益、第 2 年的收益、第 3 年的收益，要求根据给定的数据计算该投资的净现值。打开“NPV 函数 .xlsx”工作簿，切换至“Sheet1”工作表，本例的原始数据如图 19-78 所示。具体的操作步骤如下。

选中 A8 单元格，在编辑栏中输入公式“=NPV(A2,A3,A4,A5,A6)”，然后按“Enter”键返回，即可计算出该投资的净现值，如图 19-79 所示。

图 19-78　原始数据

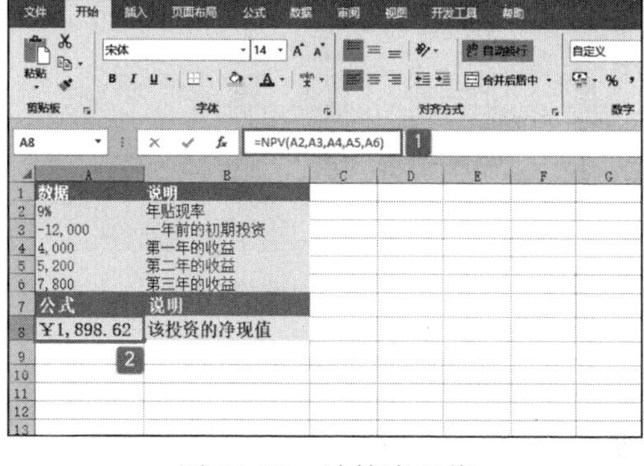

图 19-79　计算净现值

函数 NPV 假定投资开始于 value1 现金流所在日期的前一期，并结束于最后一笔现金流的当期。函数 NPV 依据未来的现金流来进行计算。如果第 1 笔现金流发生在第 1 个周期的期初，则第 1 笔现金必须添加到函数 NPV 的结果中，而不应包含在 values 参数中。如果 n 是数值参数表中的现金流的次数，则 NPV 的公式如下：

$$\text{NPV}=\sum_{j=1}^{n}\frac{\text{values}_j}{(1+\text{rate})^j}$$

函数 NPV 与函数 PV（现值）相似。PV 与 NPV 之间的主要差别在于：函数 PV 允许现金流在期初或期末开始。与可变的 NPV 的现金流数值不同，PV 的每一笔现金流在整个投资中必须是固定的。函数 NPV 与函数 IRR（内部收益率）也有关，函数 IRR 是使 NPV 等于零的比率：NPV(IRR(...),...)=0。

19.6.3　计算现金净现值

XNPV 函数用于计算一组现金流的净现值，这些现金流不一定定期发生。如果要计算一组定期现金流的净现值，则需要使用函数 NPV。XNPV 函数的语法如下：

```
XNPV(rate,values,dates)
```

其中，rate 参数为应用于现金流的贴现率，即 values 参数与 dates 参数中的支付时间相对应的一系列现金流。首期支付是可选的，并与投资开始时的成本或支付有关。如果第 1 个值是成本或支付，则它必须是负值。所有后续支付都基于 365 天 / 年贴现。数值系列必须至少要包含一个正数和一个负数。dates 参数为与现金流支付相对应的支付日期表。第 1 个支付日期代表支付表的开始，其他日期应迟于该日期，但可按任何顺序排列。下面通过实例详细讲解该函数的使用方法与技巧。

打开“XNPV 函数 .xlsx”工作簿，切换至“Sheet1”工作表，本例的原始数据如图 19-80 所示。该工作表中记录了一组数据，要求根据给定的数据计算出现金流的净现值。具体的操作步骤如下。

选中 A8 单元格，在编辑栏中输入公式“=XNPV(0.09,A2:A6,B2:B6)”，然后按“Enter”键返回，即可计算出现金流的净现值，如图 19-81 所示。

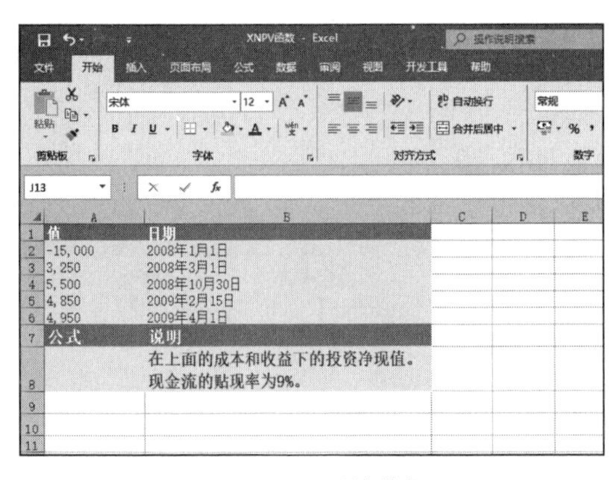

图 19-80　原始数据

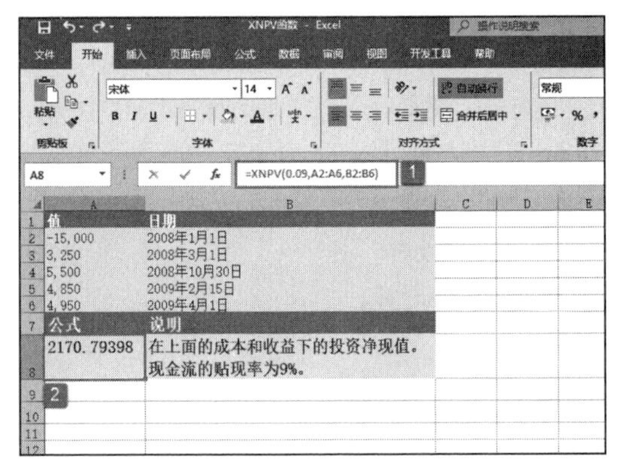

图 19-81　计算现金净现值

如果任一参数为非数值型，函数 XNPV 返回错误值“#VALUE!”。如果 dates 参数中的任一数值不是合法日期，函数 XNPV 返回错误值“#VALUE”。如果 dates 参数中的任一数值先于开始日期，函数 XNPV 返回错误值“#NUM!”。如果 values 参数和 dates 参数所含数值的数目不同，函数 XNPV 返回错误值“#NUM!”。函数 XNPV 的计算公式如下：

$$\text{XNPV}=\sum_{i=1}^{N}\frac{P_i}{(1+\text{rate})^{\frac{(d_i d_1)}{365}}}$$

式中：

d_i= 第 i 个或最后一个支付日期。

d_1= 第 0 个支付日期。

P_i= 第 i 个或最后一个支付金额。

19.6.4　计算投资现值

PV 函数用于计算投资的现值。现值为一系列未来付款的当前值的累积和。例如，借入方的借入款即为贷出方贷款的现值。PV 函数的语法如下：

```
PV(rate,nper,pmt,fv,type)
```

其中，rate 参数为各期利率。例如，如果按 10% 的年利率借入一笔贷款来购买汽车，并按月偿还贷款，则月利率为 10%/12（即 0.83%）。可以在公式中输入 10%/12、0.83% 或 0.0083 作为 rate 的值。

nper 参数为总投资期，即该项投资的付款期总数。例如，对于一笔四年期按月偿还的汽车贷款，共有 4*12（即 48）个偿款期数。可以在公式中输入 48 作为 nper 的值。

pmt 参数为各期所应支付的金额，其数值在整个年金期间保持不变。通常，pmt 参数包括本金和利息，但不包括其他费用或税款。例如，￥10 000 的年利率为 12% 的四年期汽车贷款的月偿还额为￥263.33。可以在公式中输入 −263.33 作为 pmt 的值。如果忽略 pmt，则必须包含 fv 参数。

fv 参数为未来值，或在最后一次支付后希望得到的现金余额，如果省略 fv 参数，则假设其值为零（例如，一笔贷款的未来值即为零）。例如，如果需要在 18 年后支付

￥50 000，则￥50 000 就是未来值。可以根据保守估计的利率来决定每月的存款额。如果忽略 fv，则必须包含 pmt 参数。

type 参数为数字 0 或 1，用以指定各期的付款时间是在期初还是期末。

下面通过实例详细讲解该函数的使用方法与技巧。

打开“PV 函数 .xlsx”工作簿，切换至“Sheet1”工作表，本例的原始数据如图 19-82 所示。该工作表中记录了一组数据，具体包括每月底一项保险年金的支出、投资收益率、付款的年限，要求根据给定的数据计算在这些条件下年金的现值。具体的操作步骤如下。

选中 A6 单元格，在编辑栏中输入公式“=PV(A3/12,12*A4,A2,,0)”，然后按“Enter”键返回，即可计算出年金的现值，如图 19-83 所示。

图 19-82　原始数据

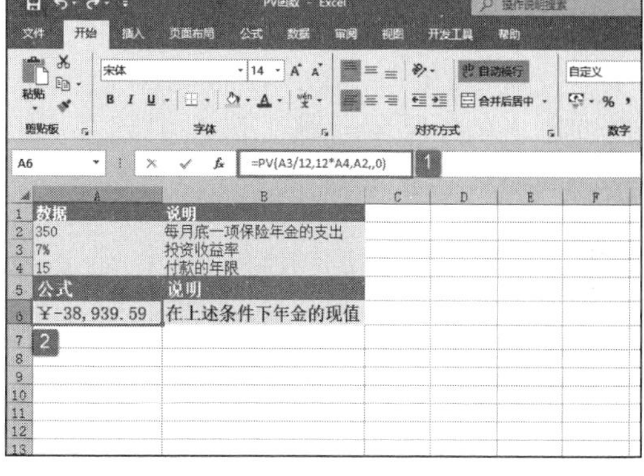

图 19-83　计算年金的现值

应确认所指定的 rate 参数和 nper 参数单位的一致性。例如，同样是四年期年利率为 12% 的贷款，如果按月支付，rate 参数应为 12%/12，nper 参数应为 4*12；如果按年支付，rate 参数应为 12%，nper 参数为 4。

年金是在一段连续期间内的一系列固定的现金付款。例如汽车贷款或购房贷款就是年金。在年金函数中，支出的款项，如银行存款，表示为负数；收入的款项，如股息收入，表示为正数。例如，对于储户来说，￥1000 银行存款可表示为参数 −1000，而对于银行来说该参数为 1000。

下面列出的是 Excel 进行财务运算的公式，如果 rate 不为 0，则：

$$pv\times(1+\text{rate})^{\text{nper}}+\text{pmt}(1+\text{rate}\times\text{type})\times\left(\frac{(1+\text{rate})^{\text{nper}}-1}{\text{rate}}\right)+fv=0$$

如果 rate 为 0，则：

(pmt*nper)+pv+fv=0

19.7 期限与期数函数应用

本节通过实例介绍期限与期数计算相关函数，包括 DURATION、MDURATION、NPER 函数。

19.7.1 计算定期支付利息债券每年期限

DURATION 函数用于计算假设面值￥100 的定期付息有价证券的修正期限。期限定义为一系列现金流现值的加权平均值，用于计量债券价格对于收益率变化的敏感程度。DURATION 函数的语法如下：

```
DURATION(settlement, maturity, coupon, yld, frenguency, basis)
```

其中，settlement 参数为证券的结算日，结算日是在发行日之后，证券卖给购买者的日期。maturity 参数为有价证券的到期日，到期日是有价证券有效期截止时的日期。coupon 参数为有价证券的年息票利率。yld 参数为有价证券的年收益率。frequency 参数为年付息次数，如果按年支付，frequency=1；按半年期支付，frequency=2；按季支付，frequency=4。basis 参数为日计数基准类型。下面通过实例详细讲解该函数的使用方法与技巧。

打开“DURATION 函数 .xlsx”工作簿，切换至“Sheet1”工作表，本例的原始数据如图 19-84 所示。该工作表中记录了一组有价证券数据，具体包括有价证券的结算日、到期日、息票利率、收益率等信息，要求根据给定的数据计算出有价证券的修正期限。具体的操作步骤如下。

选中 A9 单元格，在编辑栏中输入公式“=DURATION(A2,A3,A4,A5,A6,A7)”，然后按“Enter”键返回，即可计算出有价证券的修正期限，如图 19-85 所示。

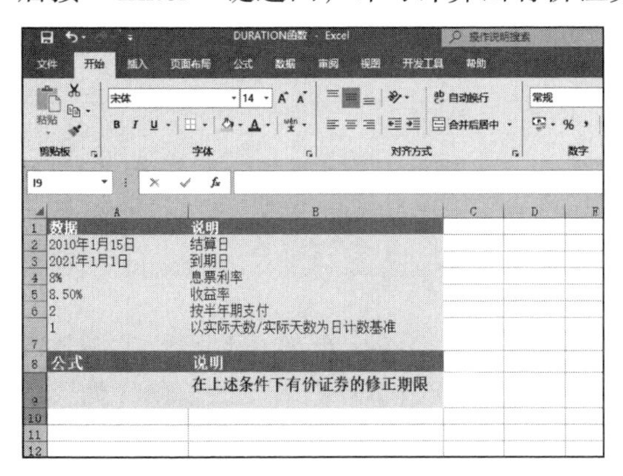

图 19-84 原始数据

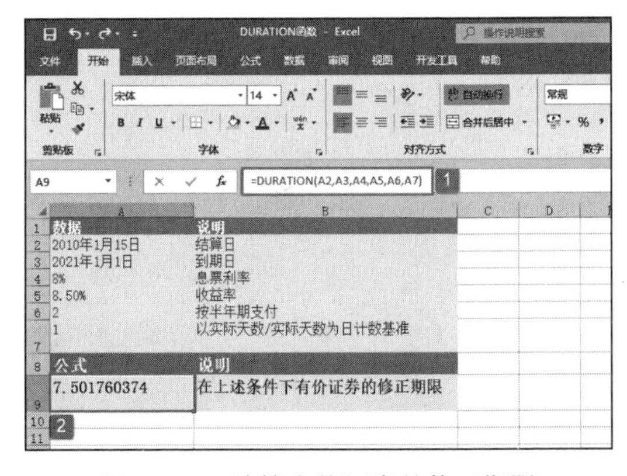

图 19-85 计算有价证券的修正期限

如果 settlement 参数或 maturity 参数不是合法日期，函数 DURATION 返回错误值“#VALUE!”。如果参数 coupon ＜ 0 或参数 yld ＜ 0，函数 DURATION 返回错误值“#NUM!”。如果 frequency 参数不是数字 1、2 或 4，函数 DURATION 返回错误值“#NUM!”。如果参数 basis ＜ 0 或参数 basis ＞ 4，函数 DURATION 返回错误值“#NUM!”。如果参数 settlement ≥ maturity 参数，函数 DURATION 返回错误值“#NUM!”。

19.7.2 计算修正期限

MDURATION 函数用于计算假设面值￥100 的有价证券的 Macauley 修正期限。MDURATION 函数的语法如下：

```
MDURATION(settlement,maturity,coupon,yld,frequency,basis)
```

其中，settlement 参数为证券的结算日，结算日是在发行日之后，证券卖给购买者的日期。maturity 参数为有价证券的到期日，到期日是有价证券有效期截止时的日期。coupon 参数为有价证券的年息票利率。yld 参数为有价证券的年收益率。frequency 参数为年付息次数，如果按年支付，frequency=1；按半年期支付，frequency=2；按季支付，frequency=4。basis 参数为日计数基准类型。下面通过实例详细讲解该函数的使用方法与技巧。

打开“MDURATION 函数.xlsx”工作簿，切换至“Sheet1”工作表，本例的原始数据如图 19-86 所示。该工作表中记录了一组债券数据，具体包括债券的结算日、到期日、息票利率、收益率等信息，要求根据给定的数据计算出债券的修正期限。具体的操作步骤如下。

选中 A9 单元格，在编辑栏中输入公式“=MDURATION(A2,A3,A4,A5,A6,A7)”，然后按“Enter”键返回，即可计算出债券的修正期限，如图 19-87 所示。

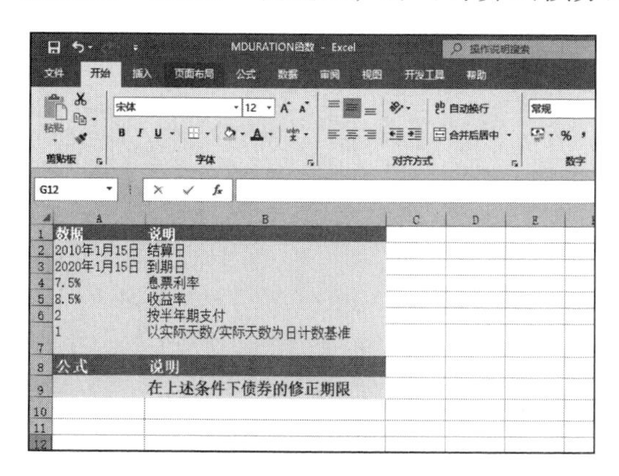

图 19-86　原始数据

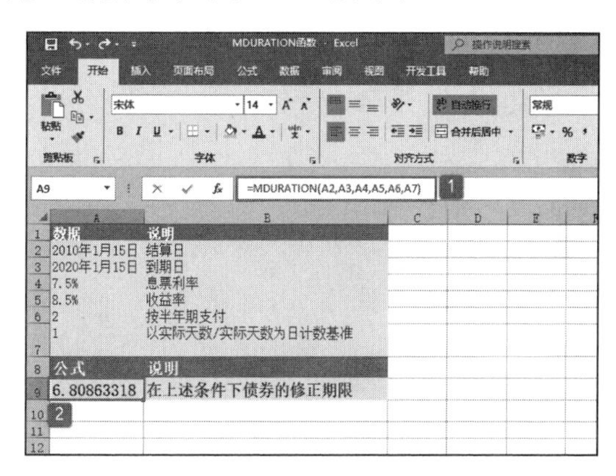

图 19-87　计算债券的修正期限

如果 settlement 参数或 maturity 参数不是合法日期，函数 MDURATION 返回错误值“#VALUE!”。如果参数 yld ＜ 0 或参数 coupon ＜ 0，函数 MDURATION 返回错误值“#NUM!”。如果 frequency 参数不是数字 1、2 或 4，函数 MDURATION 返回错误值“#NUM!”。如果参数 basis ＜ 0 或参数 basis ＞ 4，函数 MDURATION 返回错误值“#NUM!”。如果参数 settlement ≥ maturity 参数，函数 MDURATION 返回错误值“#NUM!”。修正期限的计算公式如下：

$$\text{MDURATION} = \frac{\text{DURATION}}{1+\left(\dfrac{\text{市场收益率}}{\text{每年的息票支付额}}\right)}$$

19.7.3　计算投资期数

NPER 函数用作基于固定利率及等额分期付款方式计算某项投资的总期数。NPER 函数的语法如下：

```
NPER(rate,pmt,pv,fv,type)
```

其中，rate 参数为各期利率。pmt 参数为各期所应支付的金额，其数值在整个年金期间保持不变。通常，pmt 参数包括本金和利息，但不包括其他费用或税款。pv 参数为现值，或一系列未来付款的当前值的累积和。fv 参数为未来值，或在最后一次付款后希望得到的现金余额。如果省略 fv 参数，则假设其值为零（例如，一笔贷款的未来值即为零）。type 参数为数字 0 或 1，用以指定各期的付款时间是在期初还是期末。下面通过实例详细讲解该函数的使用方法与技巧。

打开“NPER 函数 .xlsx”工作簿，切换至“Sheet1”工作表，本例的原始数据如图 19-88 所示。该工作表中记录了某项投资的年利率、各期所付的金额、现值、未来值等信息，要求计算在这些条件下的总期数。具体的操作步骤如下。

STEP01：选中 A8 单元格，在编辑栏中输入公式“=NPER(A2/12,A3,A4,A5,1)”，然后按“Enter”键返回，即可计算出投资的总期数，如图 19-89 所示。

图 19-88　原始数据

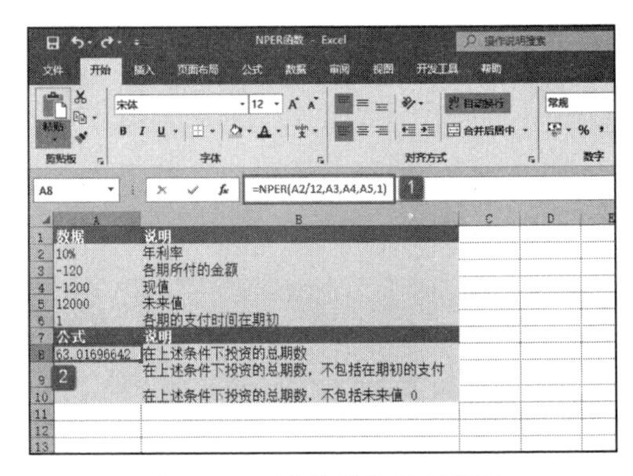

图 19-89　计算投资的总期数

STEP02：选中 A9 单元格，在编辑栏中输入公式“=NPER(A2/12,A3,A4,A5)”，然后按“Enter”键返回，即可计算出投资的总期数（不包括在期初的支付），如图 19-90 所示。

STEP03：选中 A10 单元格，在编辑栏中输入公式“=NPER(A2/12,A3,A4)”，然后按“Enter”键返回，即可计算出投资的总期数（不包括未来值 0），如图 19-91 所示。

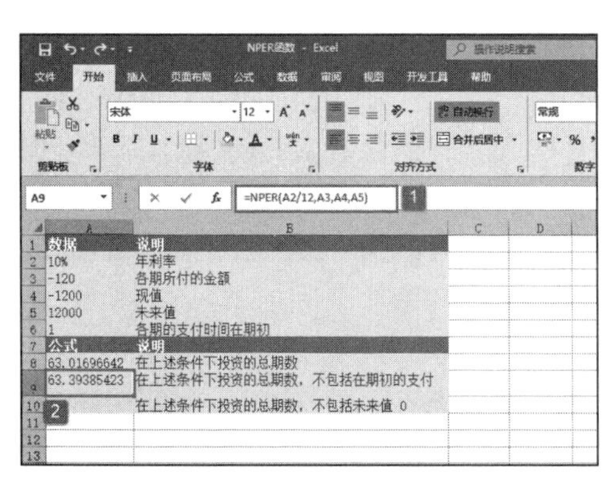

图 19-90　计算出投资的总期数（不包括在期初的支付）

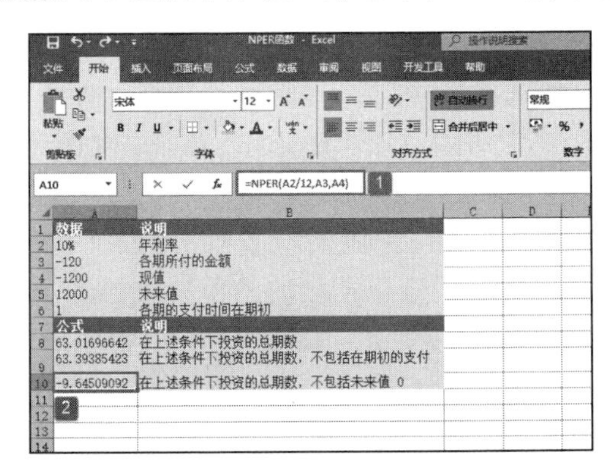

图 19-91　计算投资的总期数（不包括未来值 0）

19.8　价格转换函数应用

本节通过实例介绍价格转换相关函数，包括 DOLLARDE、DOLLARFR、TBILLPRICE 函数。

19.8.1 分数价格转换小数价格

DOLLARDE 函数用于将按分数表示的价格转换为按小数表示的价格，使用函数 DOLLARDE 可以将分数表示的金额数字，如证券价格，转换为小数表示的数字。DOLLARDE 函数的语法如下：

```
DOLLARDE(fractional_dollar,fraction)
```

其中，fractional_dollar 参数为以分数表示的数字，fraction 参数为分数中的分母，为一个整数。下面通过实例详细讲解该函数的使用方法与技巧。

打开“DOLLARDE 函数 .xlsx”工作簿，切换至“Sheet1”工作表，本例的原始数据如图 19-92 所示。要求将以分数表示的价格转换为以小数表示的价格。具体的操作步骤如下。

STEP01：选中 A2 单元格，在编辑栏中输入公式“=DOLLARDE(1.5,16)”，用于将按分数表示的价格 1.5（读作四又十六分之二）转换为按小数表示的价格，输入公式后按“Enter”键返回计算结果，如图 19-93 所示。

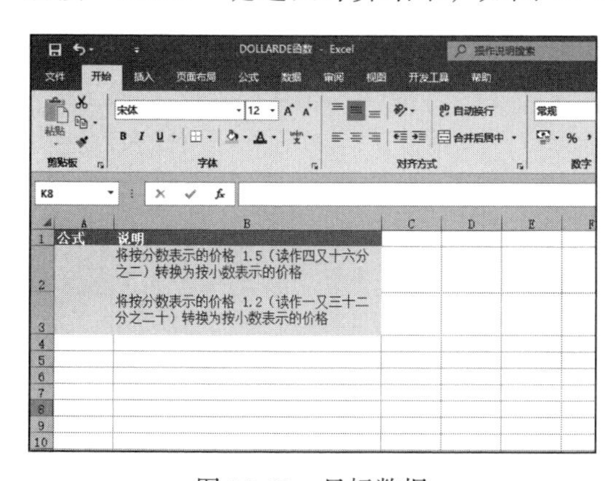

图 19-92　目标数据

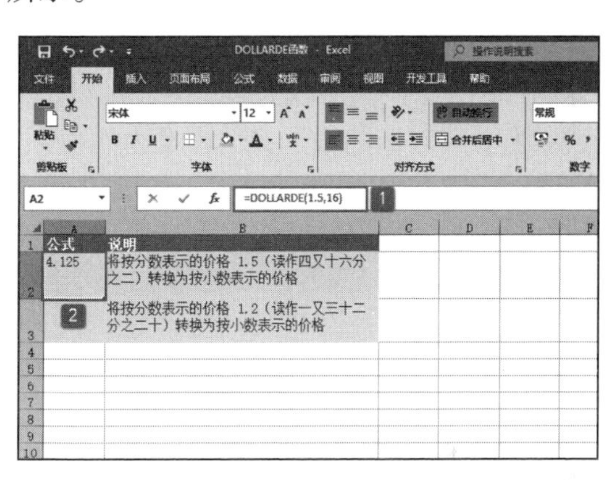

图 19-93　将分数 1.5 转化为小数

STEP02：选中 A3 单元格，在编辑栏中输入公式“=DOLLARDE(1.2,32)”，用于将按分数表示的价格 1.2（读作一又三十二分之二十）转换为按小数表示的价格，输入公式后按“Enter”键返回计算结果，如图 19-94 所示。

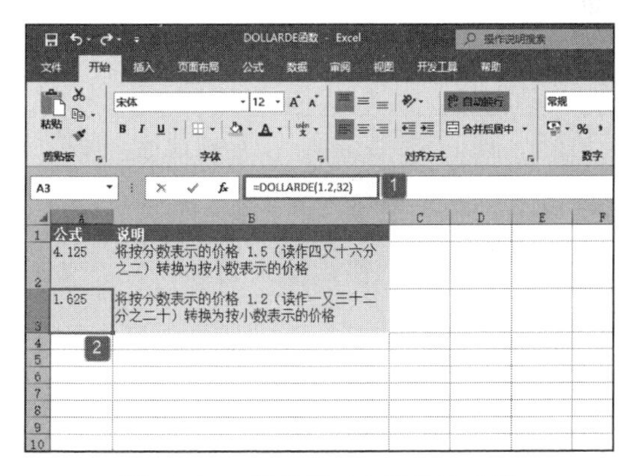

图 19-94　将分数 1.2 转化为小数

如果 fraction 参数不是整数，将被截尾取整。如果 fraction 参数小于 0，函数 DOLLARDE 返回错误值“#NUM!”。如果 fraction 参数为 0，函数 DOLLARDE 返回错误值“#DIV/0!”。

19.8.2 小数价格转分数价格

DOLLARFR 函数用于将按小数表示的价格转换为按分数表示的价格。使用函数 DOLLARFR 可以将小数表示的金额数字，如证券价格，转换为分数型数字。DOLLARFR 函数的语法如下：

```
DOLLARFR(decimal_dollar,fraction)
```

其中，decimal_dollar参数为小数。fraction参数为分数中的分母，为一个整数。下面通过实例详细讲解该函数的使用方法与技巧。

图 19-95　原始数据

打开“DOLLARFR函数.xlsx”工作簿，切换至“Sheet1”工作表，本例的原始数据如图19-95所示。要求将以小数表示的价格转换为以分数表示的价格。具体的操作步骤如下。

STEP01：选中A2单元格，在编辑栏中输入公式“=DOLLARFR(1.125,16)”，用于将按小数表示的数1.125转换为按分数表示的数（读作一又十六分之二），输入公式后按“Enter”键返回计算结果，如图19-96所示。

STEP02：选中A3单元格，在编辑栏中输入公式“=DOLLARFR(1.125,32)”，用于将按小数表示的数1.125转换为按分数表示的数（读作一又八分之一），输入公式后按“Enter”键返回计算结果，如图19-97所示。

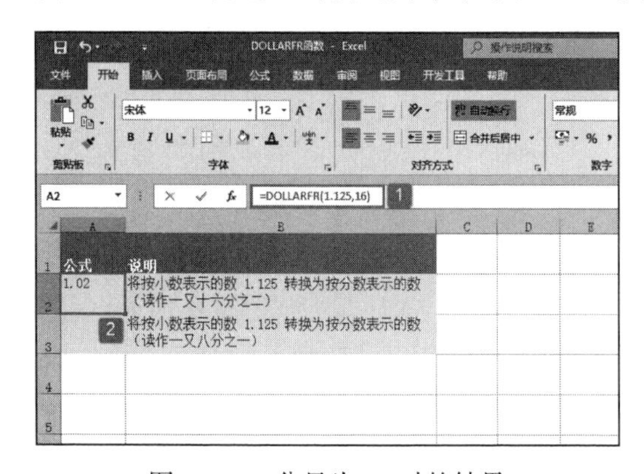

图 19-96　分母为16时的结果

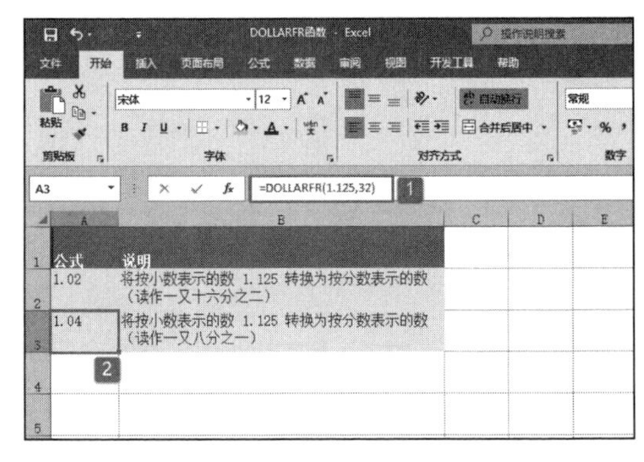

图 19-97　分母为32时的结果

如果fraction参数不是整数，将被截尾取整。如果fraction参数小于0，函数DOLLARFR返回错误值“#NUM!”。如果fraction参数为0，函数DOLLARFR返回错误值“#DIV/0!”。

19.8.3　计算未来值

FV函数可以基于固定利率及等额分期付款方式，计算某项投资的未来值。FV函数的语法如下：

```
FV(rate,nper,pmt,pv,type)
```

其中，rate参数为各期利率。nper参数为总投资期，即该项投资的付款期总数。pmt参数为各期所应支付的金额，其数值在整个年金期间保持不变。通常，pmt参数包括本金和利息，但不包括其他费用或税款。如果省略pmt参数，则必须包括pv参数。pv参数为现值，或一系列未来付款的当前值的累积和。如果省略pv参数，则假设其值为零，并且必须包括 pmt 参数。type 参数为数字 0 或 1，用以指定各期的付款时间是在期初还是期末。如果省略 type 参数，则假设其值为零。下面通过实例详细讲解该函数的使用方法与技巧。

打开“FV 函数 .xlsx”工作簿，切换至“Sheet1”工作表，本例的原始数据如图 19-98 所示。该工作表中记录了某项投资的年利率、付款期总数、各期应付金额、现值等信息，要求计算在这些条件下投资的未来值。具体的操作步骤如下。

选中 A8 单元格，在编辑栏中输入公式“=FV(A2/12,A3,A4,A5,A6)”，用于计算在上述条件下投资的未来值，输入公式后按“Enter”键返回计算结果，如图 19-99 所示。

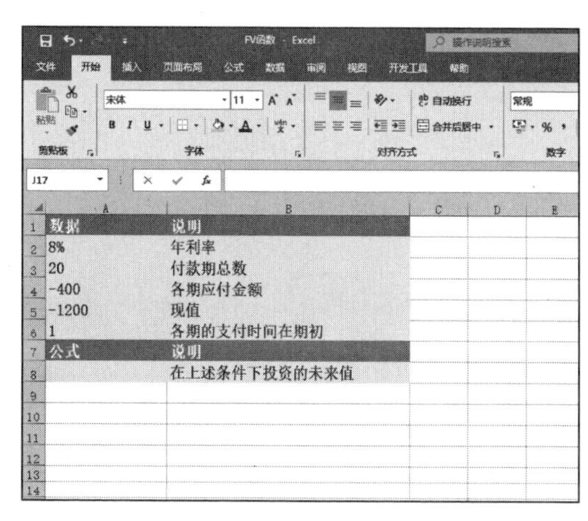

图 19-98 原始数据

图 19-99 计算投资的未来值

应确认所指定的 rate 参数和 nper 参数单位的一致性。例如，同样是四年期年利率为 12% 的贷款，如果按月支付，rate 参数应为 12%/12，nper 参数应为 4*12；如果按年支付，rate 参数应为 12%，nper 参数为 4。对于所有参数，支出的款项，如银行存款，表示为负数；收入的款项，如股息收入，表示为正数。

19.8.4 计算初始本金未来值

FVSCHEDULE 函数用于基于一系列复利返回本金的未来值。函数 FVSCHEDULE 用于计算某项投资在变动或可调利率下的未来值。FVSCHEDULE 函数的语法如下：

```
FVSCHEDULE(principal,schedule)
```

其中，principal 参数为现值，schedule 参数为利率数组。下面通过实例详细讲解该函数的使用方法与技巧。

打开“FVSCHEDULE 函数 .xlsx”工作簿，需要计算的数据说明如图 19-100 所示。具体的计算步骤如下所示。

选中 A2 单元格，在编辑栏中输入公式“=FVSCHEDULE(1,{0.09,0.11,0.1})”，然后按“Enter”键返回，即可计算出基于复利率数组 {0.09,0.11,0.1} 返回本金 1 的未来值，如图 19-101 所示。

schedule 参数中的值可以是数字或空白单元格；其他任何值都将在函数 FVSCHEDULE 的运算中产生错误值“#VALUE!”。空白单元格被认为是 0（没有利息）。

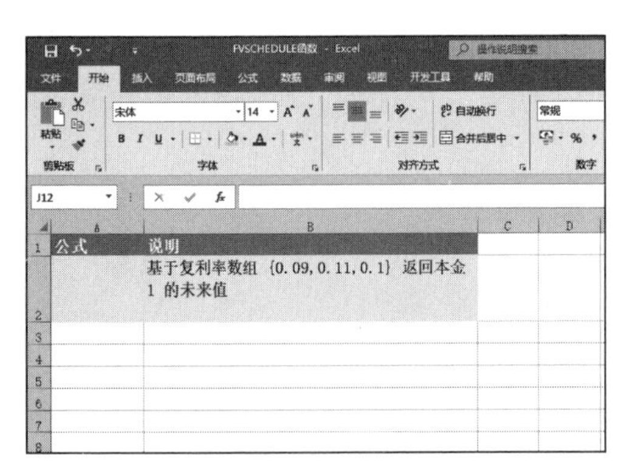

图 19-100　原始数据

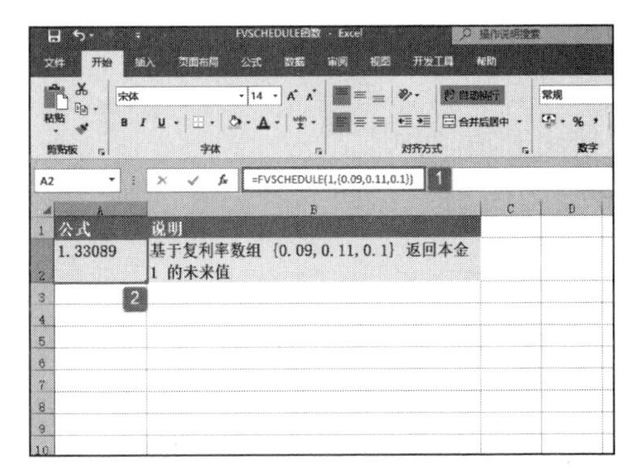

图 19-101　未来值计算结果

19.8.5　计算年金定期支付金额

PMT 函数用作基于固定利率及等额分期付款方式，计算贷款的每期付款额。PMT 函数的语法如下：

```
PMT(rate,nper,pv,fv,type)
```

其中，rate 参数为贷款利率。nper 参数为该项贷款的付款总数。pv 参数为现值，或一系列未来付款的当前值的累积和，也称为本金。fv 参数为未来值，或在最后一次付款后希望得到的现金余额，如果省略 fv 参数，则假设其值为零，也就是一笔贷款的未来值为零。type 参数为数字 0 或 1，用以指定各期的付款时间是在期初还是期末。下面通过实例详细讲解该函数的使用方法与技巧。

已知储蓄存款的年利率、计划储蓄的年数、18 年内计划储蓄的数额，要求计算的金额为 18 年后最终得到 70 000，每个月应存的数额。打开“PMT 函数 .xlsx”工作簿，本例中的原始数据如图 19-102 所示。具体的操作步骤如下。

选中 A6 单元格，在编辑栏中输入公式“=PMT(A2/12,A3*12,0,A4)”，然后按“Enter”键返回，即可计算出每个月应存的数额，如图 19-103 所示。

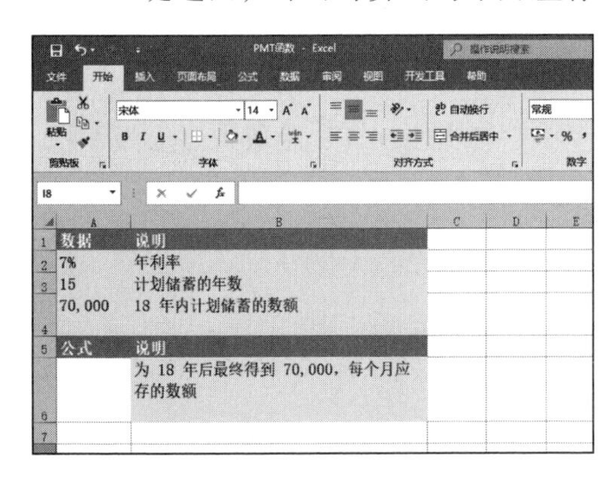

图 19-102　原始数据

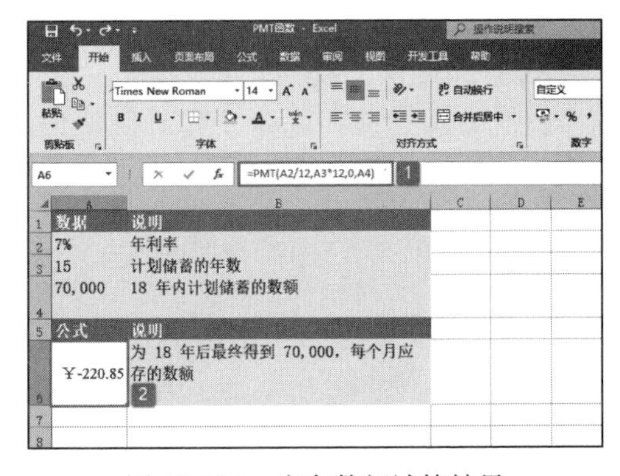

图 19-103　应存数额计算结果

函数 PMT 返回的支付款项包括本金和利息，但不包括税款、保留支付或某些与贷款有关的费用。应确认所指定的 rate 参数和 nper 参数单位的一致性。例如，同样是四年期年利率为 12% 的贷款，如果按月支付，rate 参数应为 12%/12，nper 参数应为 4*12；如果按年支付，rate 参数应为 12%，nper 参数为 4。如果要计算贷款期间的支付总额，则需要用函数 PMT 返回值乘以 nper 参数。

第20章 工程函数应用

工程函数主要用于工程分析，大致可分为以下几种类型：不同进制转换函数、复数计算函数、指数与对数函数、在不同的度量系统中进行数值转换的函数等。在实际工作中合理地应用工程函数，可以简化程序，提高工作效率。

- 进制转换函数应用
- 复数函数应用
- 指数与对数函数应用
- 贝塞尔函数应用
- 其他工程函数应用

20.1 进制转换函数应用

本节介绍用于不同进制之间进行转换的函数，包括用于转换二进制数的BIN2DEC、BIN2HEX、BIN2OCT函数，用于转换十进制数的DEC2BIN、DEC2HEX、DEC2OCT函数，用于转换十六进制数的HEX2BIN、HEX2DEC、HEX2OCT函数，用于转换八进制数的OCT2BIN、OCT2DEC、OCT2HEX函数。

20.1.1 二进制转换其他进制

BIN2DEC函数用于将二进制数转换为十进制数；BIN2HEX函数用于将二进制数转换为十六进制数；BIN2OCT函数用于将二进制数转换为八进制数。BIN2DEC、BIN2HEX、BIN2OCT函数的表达式为：

```
BIN2DEC(number)
BIN2HEX(number,places)
BIN2OCT(number,places)
```

其中，number参数为待转换的二进制数。number参数的位数不能多于10位（二进制位），最高位为符号位，后9位为数字位。负数用二进制数的补码表示。places参数为所要使用的字符数。如果省略places参数，函数BIN2HEX和BIN2OCT用能表示此数的最少字符来表示。当需要在返回的数值前置零时，places参数尤其有用。下面通过实例详细讲解该函数的使用方法与技巧。

打开“二进制.xlsx”工作簿，切换至“Sheet1”工作表，本例的原始数据如图20-1所示。该工作表中记录了一组要转换的二进制数，需要将这些数据与其他各进制之间的数值进行转换。具体的操作步骤如下。

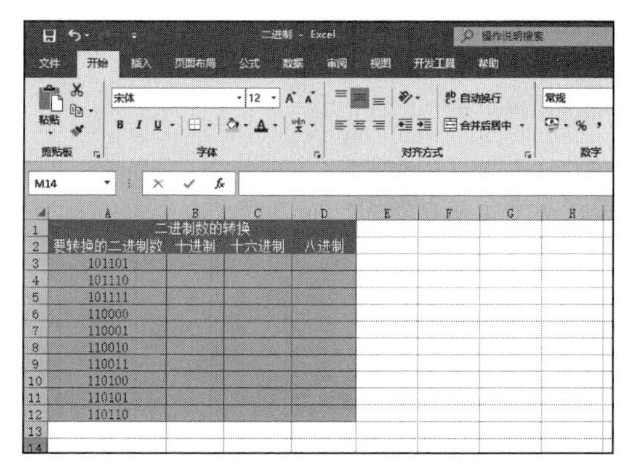

图20-1 原始数据

STEP01：选中B3单元格，在编辑栏中输入公式“=BIN2DEC(A3)”，然后按“Enter”键返回，即可将A3单元格中的二进制数转换为十进制数，如图20-2所示。

STEP02：选中C3单元格，在编辑栏中输入公式“=BIN2HEX(A3)”，然后按“Enter”键返回，即可将A3单元格中的二进制数转换为十六进制数，如图20-3所示。

STEP03：选中D3单元格，在编辑栏中输入公式“=BIN2OCT(A3)”，然后按“Enter”键返回，即可将A3单元格中的二进制数转换为八进制数，如图20-4所示。

STEP04：选中B3:D3单元格区域，将鼠标移至D3单元格右下角，利用填充柄工具复制公式至B4:D12单元格区域，最终转换结果如图20-5所示。

如果数字为非法二进制数或位数多于10位，函数BIN2DEC、BIN2HEX和BIN2OCT返回错误值“#NUM!”。如果数字为负数，函数BIN2HEX和BIN2OCT忽略pLaces参数，返回以10个字符表示的八进制数。如果函数BIN2HEX和BIN2OCT需要比places参数指定的更多的位数，将返回错误值“#NUM!”。如果places参数不是整数，将截尾取整。如果 places 参数为非数值型，函数 BIN2HEX 和 BIN2OCT 返回错误值“#VALUE!”。如果 places 参数为负值，函数 BIN2HEX 和 BIN2OCT 返回错误值“#NUM!”。

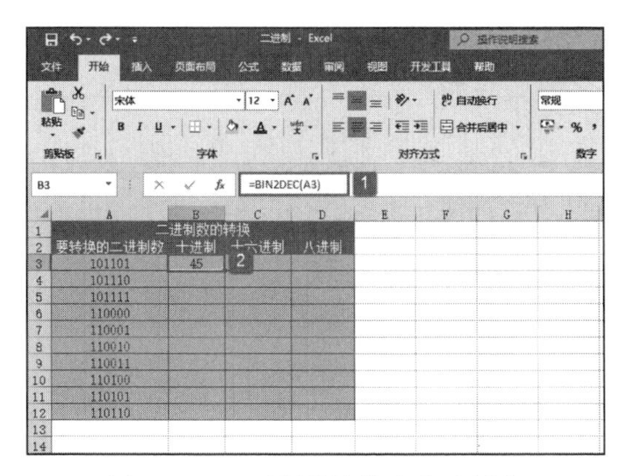

图 20-2　二进制数转换为十进制数

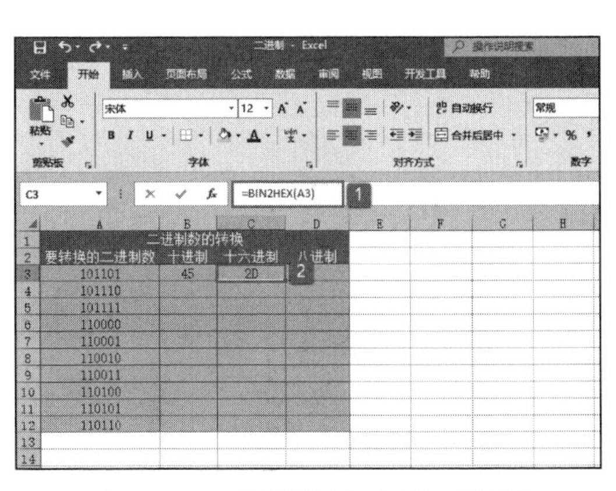

图 20-3　二进制数转换为十六进制数

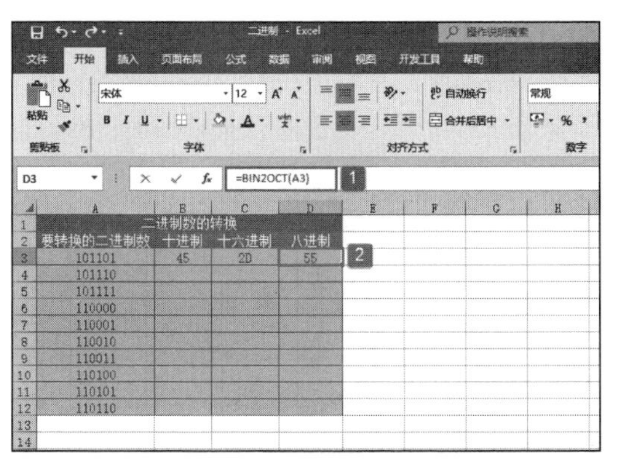

图 20-4　二进制数转换为八进制数

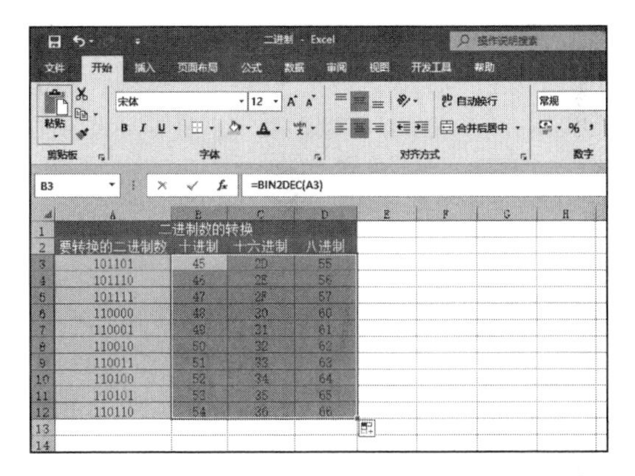

图 20-5　最终结果

20.1.2　八进制转换其他进制

OCT2BIN 函数用于将八进制数转换为二进制数；OCT2DEC 函数用于将八进制数转换为十进制数；OCT2HEX 函数用于将八进制数转换为十六进制数。OCT2BIN、OCT2DEC、OCT2HEX 函数的表达式为：

```
OCT2BIN(number,places)
OCT2DEC(number)
OCT2HEX(number,places)
```

其中，number 参数为待转换的八进制数。参数的位数不能多于 10 位八进制数（30 位二进制数），数字的最高位（二进制位）是符号位，其他 29 位是数据位。负数用二进制数的补码表示。places 参数为所要使用的字符数。如果省略 places 参数，函数 OCT2BIN 和 OCT2HEX 用能表示此数的最少字符来表示。当需要在返回的数值前置零时，places 参数尤其有用。下面通过实例详细讲解该函数的使用方法与技巧。

打开“八进制 .xlsx”工作簿，切换至“Sheet1”工作表，本例的原始数据如图 20-6 所示。该工作表中记录了一组要转换的八进制数，需要将这些数据与其他各进制之间的数值进行转换。具体的操作步骤如下。

STEP01：选中B3单元格，在编辑栏中输入公式“=OCT2BIN(A3)”，然后按“Enter”键返回，即可将A3单元格中的八进制数转换为二进制数，如图20-7所示。

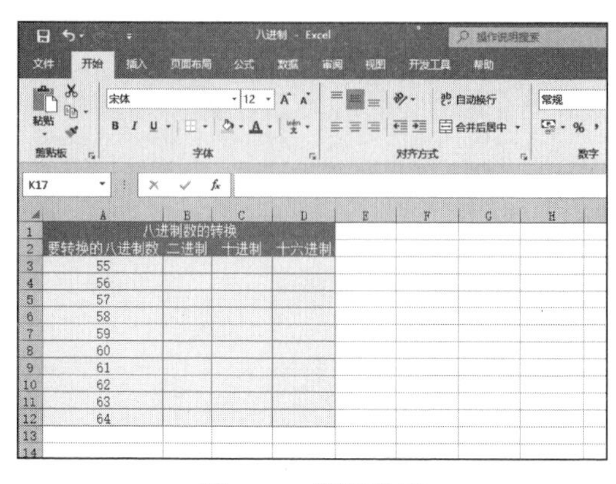

图20-6 原始数据

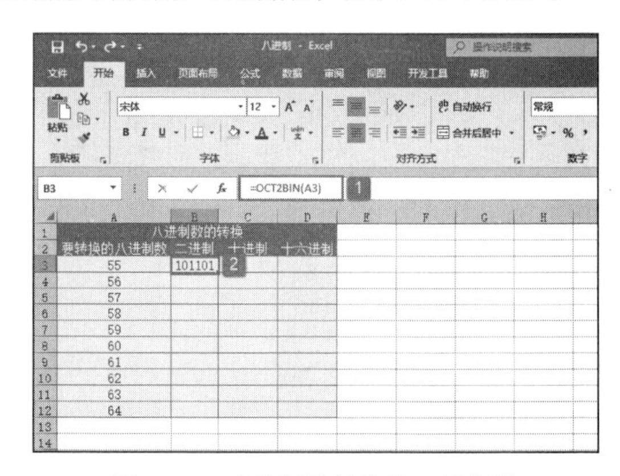

图20-7 八进制数转换为二进制数

STEP02：选中C3单元格，在编辑栏中输入公式“=OCT2DEC(A3)”，然后按“Enter”键返回，即可将A3单元格中的八进制数转换为十进制数，如图20-8所示。

STEP03：选中D3单元格，在编辑栏中输入公式“=OCT2HEX(A3)”，然后按“Enter”键返回，即可将A3单元格中的八进制数转换为十六进制数，如图20-9所示。

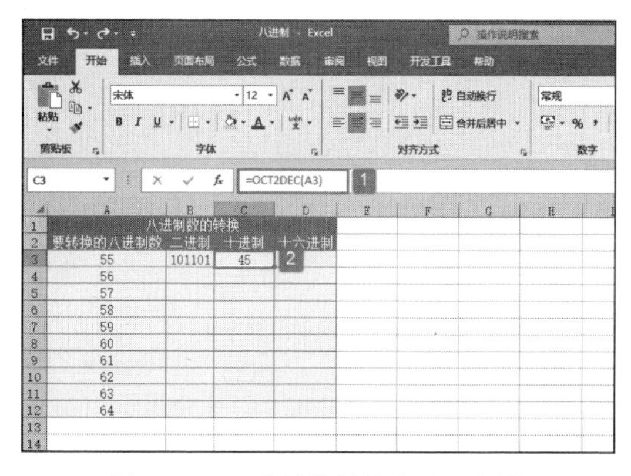

图20-8 八进制数转换为十进制数

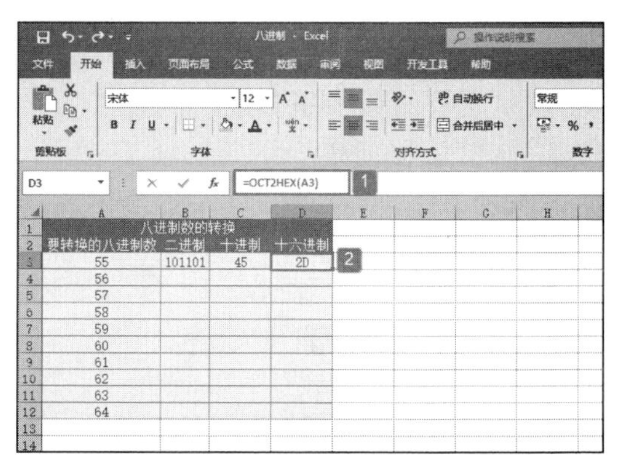

图20-9 八进制数转换为十六进制数

STEP04：选中B3:D3单元格区域，将鼠标移至D3单元格右下角，利用填充柄工具复制公式至B4:D12单元格区域，最终转换结果如图20-10所示。因为58、59不是有效的八进制数，所以在进行转换时均返回错误值“#NUM!”。

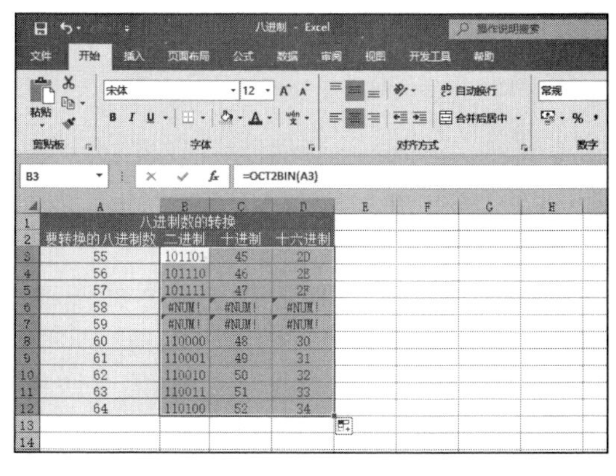

图20-10 最终计算结果

如果number参数为负数，函数OCT2BIN、OCT2HEX将忽略places参数，返回10位二进制数。对于函数OCT2BIN，如果number参数为负数，不能小于7777777000；如果number参数为正数，不能大于777。如果number参数不是有效的八进制数，函数OCT2BIN、OCT2DEC、OCT2HEX

返回错误值“#NUM!”。如果函数 OCT2BIN、OCT2HEX 需要比 places 参数指定的更多的位数，将返回错误值“#NUM!”。如果 places 参数不是整数，将截尾取整。如果 places 参数为非数值型，函数 OCT2BIN、OCT2HEX 返回错误值“#VALUE!”。如果 places 参数为负数，函数 OCT2BIN、OCT2HEX 返回错误值“#NUM!”。

20.1.3 十进制转换其他进制

DEC2BIN 函数用于将十进制数转换为二进制数；DEC2HEX 函数用于将十进制数转换为十六进制数；DEC2OCT 函数用于将十进制数转换为八进制数。DEC2BIN、DEC2HEX、DEC2OCT 函数的表达式为：

```
DEC2BIN(number,places)
DEC2HEX(number,places)
DEC2OCT(number,places)
```

其中，number 参数为待转换的十进制整数。如果参数 number 参数是负数，则省略有效位值并且 DEC2BIN 返回 10 位二进制数，该数最高位为符号位，其余 9 位是数字位；函数 DEC2HEX 返回 10 位十六进制数（40 位二进制数），最高位为符号位，其余 39 位是数字位。函数 DEC2OCT 返回 10 位八进制数（30 位二进制数），最高位为符号位，其余 29 位是数字位。负数用二进制数的补码表示。places 参数为所要使用的字符数。如果省略 places 参数，函数 DEC2BIN、DEC2HEX、DEC2OCT 用能表示此数的最少字符来表示。当需要在返回的数值前置零时，places 参数尤其有用。下面通过实例详细讲解该函数的使用方法与技巧。

打开“十进制 .xlsx”工作簿，切换至“Sheet1”工作表，本例的原始数据如图 20-11 所示。该工作表中记录了一组要转换的十进制数，需要将这些数据与其他各进制之间的数值进行转换。具体的操作步骤如下。

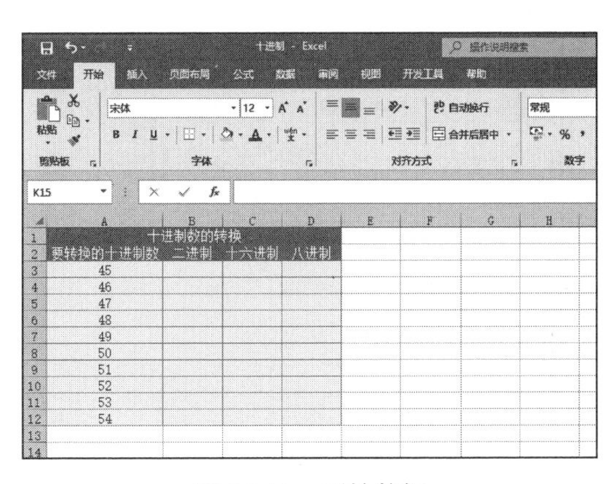

图 20-11　原始数据

STEP01：选中 B3 单元格，在编辑栏中输入公式“=DEC2BIN(A3)”，然后按“Enter”键返回，即可将 A3 单元格中的十进制数转换为二进制数，如图 20-12 所示。

STEP02：选中 C3 单元格，在编辑栏中输入公式“=DEC2HEX(A3)”，然后按“Enter”键返回，即可将 A3 单元格中的十进制数转换为十六进制数，如图 20-13 所示。

STEP03：选中 D3 单元格，在编辑栏中输入公式“=DEC2OCT(A3)”，然后按“Enter”键返回，即可将 A3 单元格中的十进制数转换为八进制数，如图 20-14 所示。

STEP04：选中 B3:D3 单元格区域，将鼠标移至 D3 单元格右下角，利用填充柄工具复制公式至 B4:D12 单元格区域，最终转换结果如图 20-15 所示。

如果参数 number < −512 或参数 number > 511，函数 DEC2BIN 返回错误值“#NUM!”。如果参数 number < −549、755、813、888 或者参数 number > 549、755、813、887，则函数 DEC2HEX 返回错误值“#NUM!”。如果参数 number < −536、870、912 或者参数 number > 535、870、911，函数 DEC2OCT 将返回错误值“#NUM!”。

如果 number 参数为非数值型，函数 DEC2BIN、DEC2HEX、DEC2OCT 返回错误值“#VALUE!”。如果函数 DEC2BIN、DEC2HEX、DEC2OCT 需要比 places 参数指定的更多的位数，将返回错误值“#NUM!”。如果 places 参数不是整数，将截尾取整。如果 places 为非数值型，函数 DEC2BIN、DEC2HEX、DEC2OCT 返回错误值“#VALUE!”。如果 places 参数为零或负值，函数 DEC2BIN、DEC2HEX、DEC2OCT 返回错误值“#NUM!”。

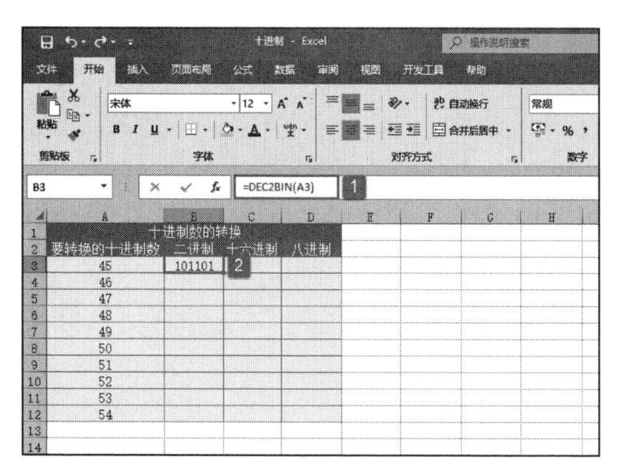

图 20-12　十进制数转换为二进制数

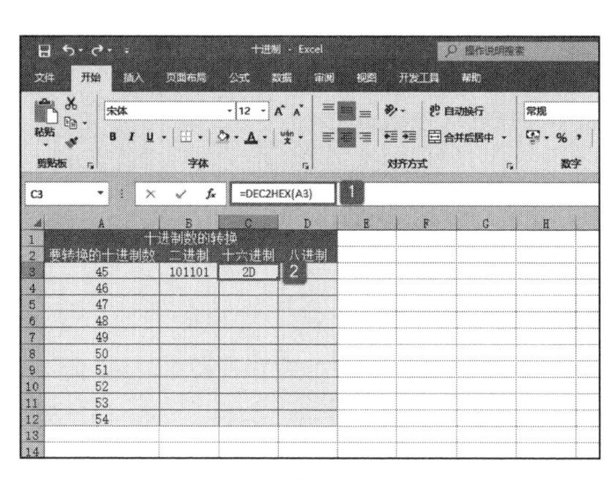

图 20-13　十进制数转换为十六进制数

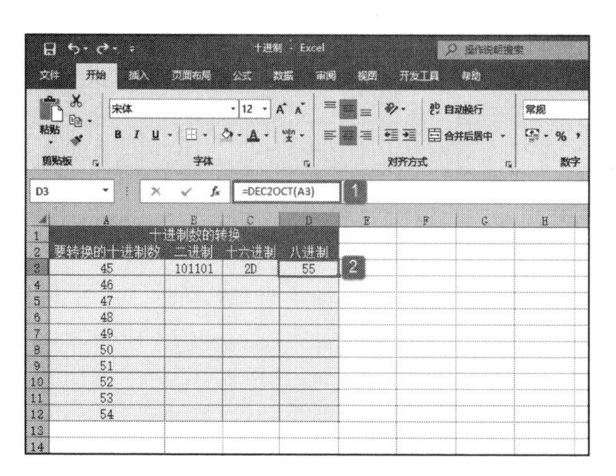

图 20-14　十进制数转换为八进制数

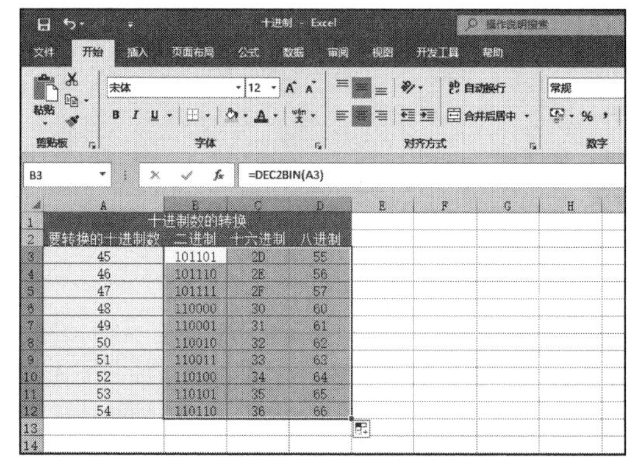

图 20-15　十进制数转换结果

20.1.4　十六进制转换其他进制

HEX2BIN 函数用于将十六进制数转换为二进制数；HEX2DEC 函数用于将十六进制数转换为十进制数；HEX2OCT 函数用于将十六进制数转换为八进制数。HEX2BIN、HEX2DEC、HEX2OCT 函数的表达式为：

```
HEX2BIN(number,places)
HEX2DEC(number)
HEX2OCT(number,places)
```

其中，number 参数为待转换的十六进制数。参数的位数不能多于 10 位，最高位为符号位（从右算起第 40 个二进制位），其余 39 位是数字位。负数用二进制数的补码表示。places 参数为所要使用的字符数。如果省略 places 参数，函数 HEX2BIN 和 HEX2OCT 用能表示此数的最少字符来表示。当需要在返回的数值前置零时，places 参数尤其有用。下面通过实例详细讲解该函数的使用方法与技巧。

打开“十六进制.xlsx”工作簿，切换至“Sheet1”工作表，本例的原始数据如图 20-16 所示。该工作表中记录了一组要转换的十六进制数，需要将这些数据与其他各进制之间的数值进行转换。具体的操作步骤如下。

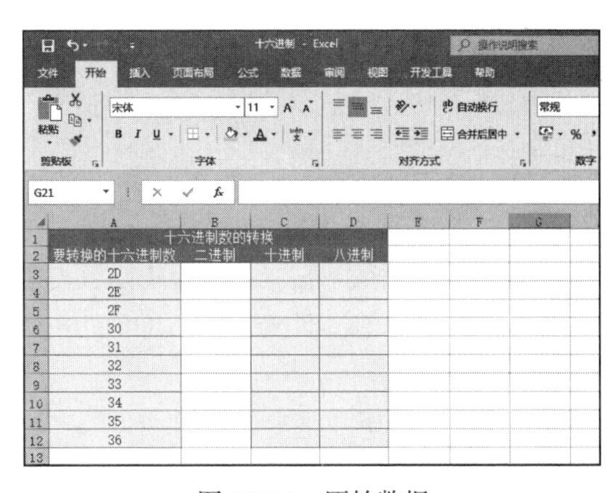

图 20-16 原始数据

STEP01：选中 B3 单元格，在编辑栏中输入公式“=HEX2BIN(A3)”，然后按“Enter”键返回，即可将 A3 单元格中的十六进制数转换为二进制数，如图 20-17 所示。

STEP02：选中 C3 单元格，在编辑栏中输入公式“=HEX2DEC(A3)”，然后按“Enter”键返回，即可将 A3 单元格中的十六进制数转换为十进制数，如图 20-18 所示。

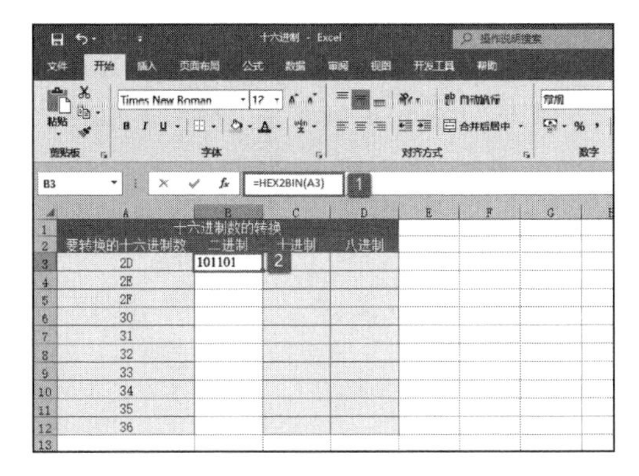

图 20-17 十六进制数转换为二进制数

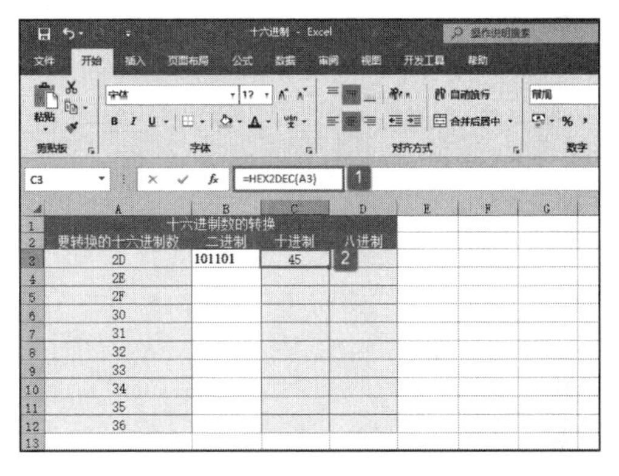

图 20-18 十六进制数转换为十进制

STEP03：选中 D3 单元格，在编辑栏中输入公式“=HEX2OCT(A3)”，然后按“Enter”键返回，即可将 A3 单元格中的十六进制数转换为八进制数，如图 20-19 所示。

STEP04：选中 B3:D3 单元格区域，将鼠标移至 D3 单元格右下角，利用填充柄工具复制公式至 B4:D12 单元格区域，最终转换结果如图 20-20 所示。

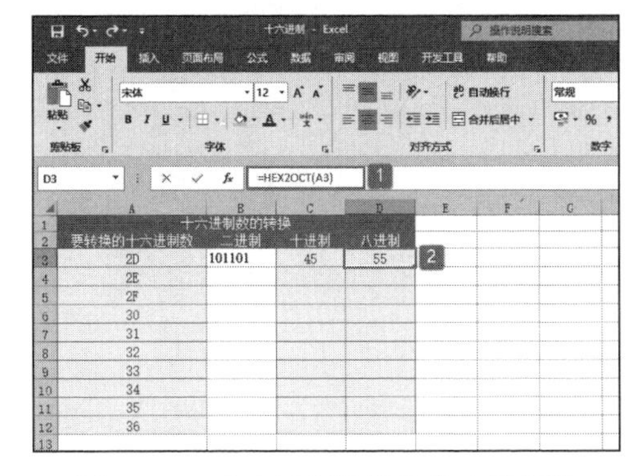

图 20-19 十六进制数转换为八进制数

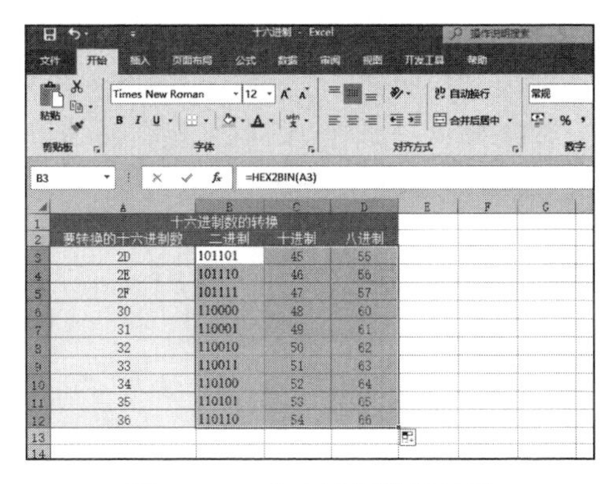

图 20-20 十六进制数的转换

如果 number 参数为负数，则函数 HEX2BIN 和 HEX2OCT 将忽略 places，返回 10 位二进制数。对于函数 HEX2BIN：如果 number 参数为负数，不能小于 FFFFFFFE00；如果 number 参数为正数，不能大于 1FF。对于函数 HEX2OCT：如果 number 参数为负数，不能小 FFE0000000；如果 number 参数为正数，不能大于 1FFFFFFF。如果 number 参数不是合法的十六进制数，则函数 HEX2BIN、HEX2DEC、HEX2OCT 返回错误值“#NUM!”。如果 HEX2BIN、HEX2OCT 需要比 places 参数指定的更多的位数，将返回错误值“#NUM!”。如果 places 参数不是整数，将截尾取整。如果 places 参数为非数值型，函数 HEX2BIN、HEX2OCT 返回错误值“#VALUE!”。如果 places 参数为负值，函数 HEX2BIN、HEX2OCT 返回错误值“#NUM!”。

20.2 复数函数应用

本节介绍用于复数计算的函数，包括用于将实系数和虚系数转换为复数的 COMPLEX 函数，用于计算复数的模和角度的 IMABS 和 IMARGUMENT 函数，用于求解复数的共轭复数的 IMCONJUGATE 函数，用于计算复数的余弦和正弦的 IMCOS 和 IMSIN 函数，用于计算复数的商、积、差与和的 IMDIV、IMPRODUCT、IMSUB 和 IMSUM 函数，用于计算复数的虚系数和实系数的 IMAGINARY 和 IMREAL 函数，用于计算复数的平方根的 IMSQRT 函数。

20.2.1 实系数和虚系数转换为复数

COMPLEX 函数用于将实系数和虚系数转换为 x+yi 或 x+yj 形式的复数。COMPLEX 函数的语法如下：

```
COMPLEX(real_num,i_num,suffix)
```

其中，real_num 参数为复数的实部；i_num 参数为复数的虚部；suffix 参数为复数中虚部的后缀，如果省略，则认为它为 i。所有复数函数均接受 i 和 j 作为后缀，但不接受 I 和 J。使用大写将导致错误值“#VALUE!”。使用两个或多个复数的函数要求所有复数的后缀一致。下面通过实例详细讲解该函数的使用方法与技巧。

打开“complex.xlsx”工作簿，切换至“Sheet1”工作表，本例的数据说明如图 20-21 所示。要求将已知的数值转换为复数。具体的操作步骤如下。

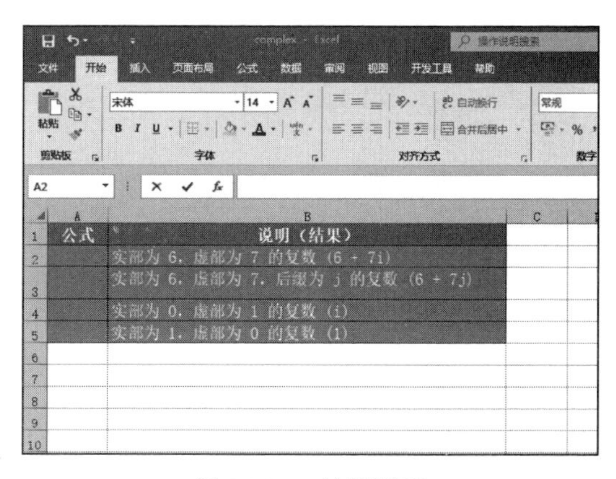

图 20-21 计算说明

STEP01：选中 A2 单元格，在编辑栏中输入公式“=COMPLEX(6,7)”，然后按“Enter”键返回，即可计算出实部为 6、虚部为 7 的复数，如图 20-22 所示。

STEP02：选中 A3 单元格，在编辑栏中输入公式“=COMPLEX(6,7,"j")”，然后按“Enter”键返回，即可计算出实部为 6、虚部为 7、后缀为 j 的复数，如

图 20-23 所示。

图 20-22　A2 单元格计算结果

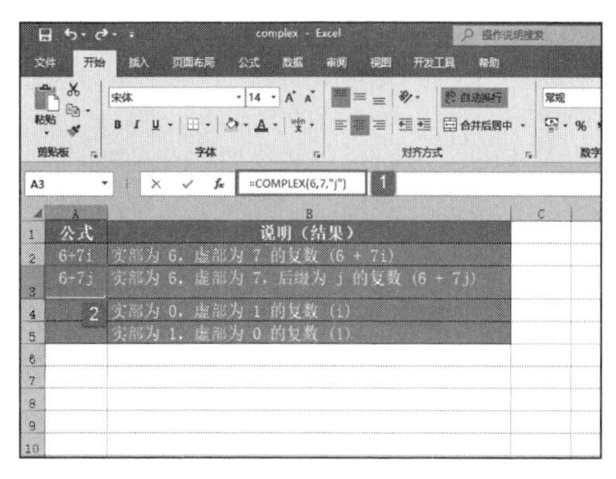

图 20-23　A3 单元格计算结果

STEP03：选中 A4 单元格，在编辑栏中输入公式“=COMPLEX(0,1)”，然后按“Enter”键返回，即可计算出实部为 0、虚部为 1 的复数，如图 20-24 所示。

STEP04：选中 A5 单元格，在编辑栏中输入公式“=COMPLEX(1,0)”，然后按“Enter”键返回，即可计算出实部为 1、虚部为 0 的复数，如图 20-25 所示。

图 20-24　A4 单元格计算结果

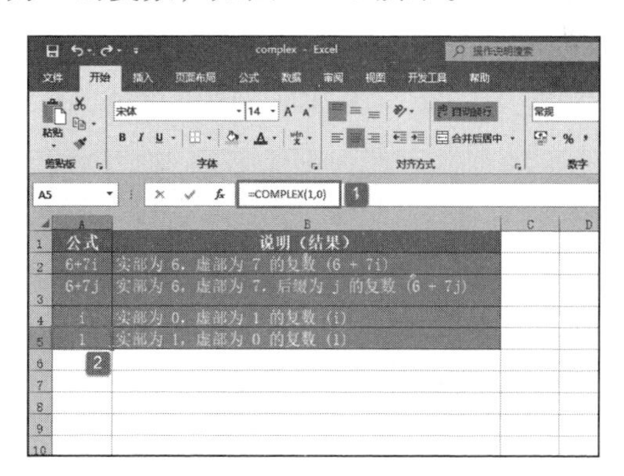

图 20-25　A5 单元格计算结果

如果 real_num 参数为非数值型，函数 COMPLEX 返回错误值“#VALUE!”。如果 i_num 参数为非数值型，函数 COMPLEX 返回错误值“#VALUE!”。如果后缀不是 i 或 j，函数 COMPLEX 返回错误值“#VALUE!”。

20.2.2　计算复数的模和角度

IMABS 函数用于计算以 x+yi 或 x+yj 文本格式表示的复数的绝对值（模）；IMARGUMENT 函数用于计算返回以弧度表示的角 θ，如 $x+yi=|x+yi|\times e^{\theta}=|x+yi|(\cos\theta+i\sin\theta)$。IMABS、IMARGUMENT 函数的语法如下：

```
IMABS(inumber)
IMARGUMENT(inumber)
```

其中，函数 IMABS 的 inumber 参数为需要计算其绝对值的复数，函数 IMARGUMENT 的 inumber 参数为用来计算角度值 θ 的复数。

复数绝对值的计算公式如下：

$$\text{IMABS}(z)=|z|=\sqrt{x^2+y^2}$$

式中：

$$z = x + yi$$

函数 IMARGUMENT 的计算公式如下：

$$\text{IMARGUMENT}(z) = \tan^{-1}\left(\frac{y}{x}\right) = \theta$$

式中：

$\theta \in [-\pi;\pi]$ 且 $z = x + yi$

下面通过实例详细讲解该函数的使用方法与技巧。

打开“IMABS 函数 .xlsx”工作簿，切换至“Sheet1”工作表，本例的数据说明如图 20-26 所示。要求对复数的模和角度进行求解。具体的操作步骤如下。

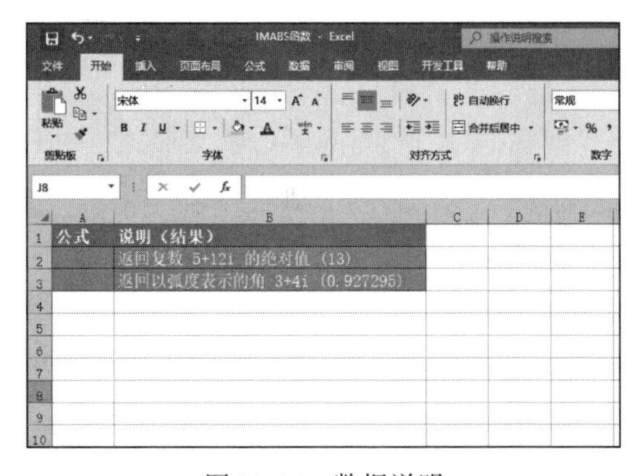

图 20-26 数据说明

STEP01：选中 A2 单元格，在编辑栏中输入公式“=IMABS("5+12i")”，然后按“Enter”键返回，即可计算出复数 5+12i 的绝对值，结果如图 20-27 所示。

STEP02：选中 A3 单元格，在编辑栏中输入公式“=IMARGUMENT("3+4i")”，然后按“Enter”键返回，即可计算出以弧度表示的角 3+4i，结果如图 20-28 所示。

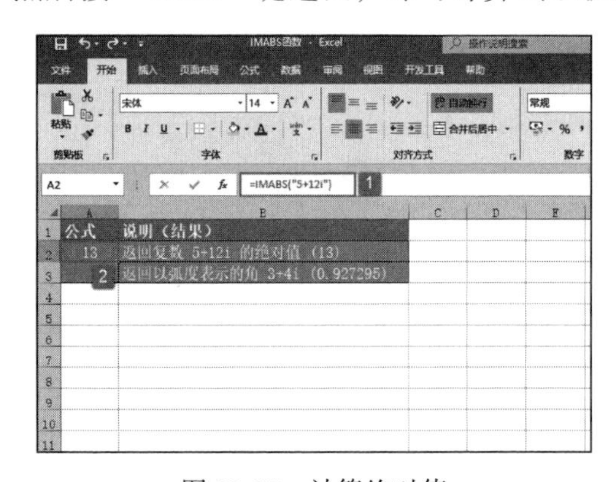

图 20-27 计算绝对值

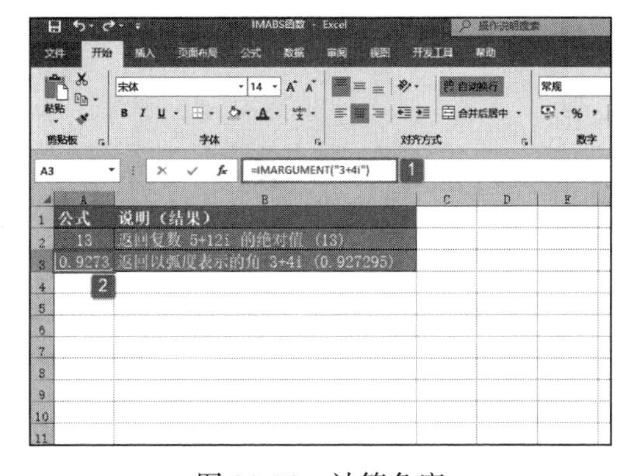

图 20-28 计算角度

20.2.3 计算共轭复数

IMCONJUGATE 函数用于计算以 x+yi 或 x+yj 文本格式表示的复数的共轭复数。IMCONJUGATE 函数的语法如下：

```
IMCONJUGATE(inumber)
```

其中，inumber 参数为需要计算其共轭数的复数。

共轭复数的计算公式如下：

$$\text{IMCONJUGATE}(x + yi) = \overline{z} = (x - yi)$$

下面通过实例详细讲解该函数的使用方法与技巧。

打开“IMCONJUGATE 函数 .xlsx”工作簿，切换至“Sheet1”工作表，本例的数据说明如图 20-29 所示。要求计算复数的共轭复数。具体的操作步骤如下。

STEP01：选中 A2 单元格，在编辑栏中输入公式“=IMCONJUGATE("7+9i")”，

然后按“Enter”键返回，即可计算出复数 7+9i 的共轭复数，结果如图 20-30 所示。

图 20-29　原始数据

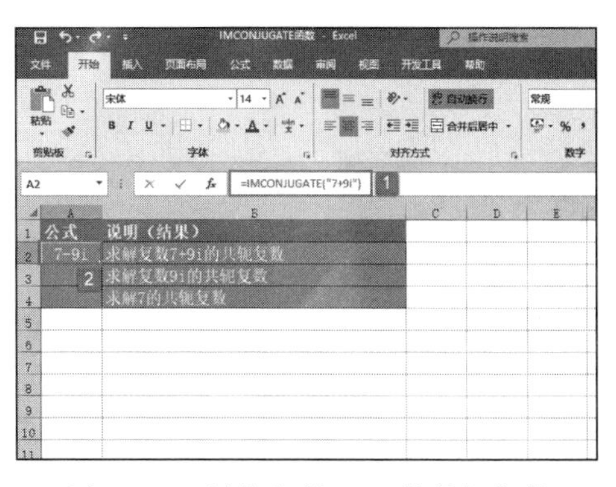

图 20-30　计算复数 7+9i 的共轭复数

STEP02：选中 A3 单元格，在编辑栏中输入公式“=IMCONJUGATE("9i")”，然后按“Enter”键返回，即可计算出复数 9i 的共轭复数，结果如图 20-31 所示。

STEP03：选中 A4 单元格，在编辑栏中输入公式“=IMCONJUGATE("7")”，然后按“Enter”键返回，即可计算出 7 的共轭复数，结果如图 20-32 所示。

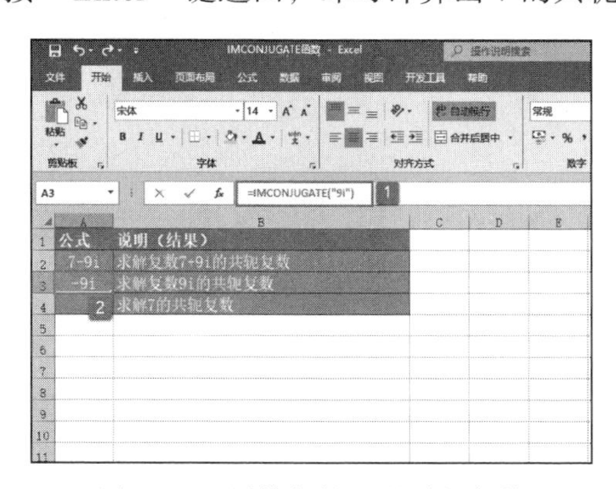

图 20-31　计算复数 9i 的共轭复数

图 20-32　计算 7 的共轭复数

使用函数 IMCONJUGATE 可以将实系数和虚系数复合为复数。

20.2.4　计算复数余弦与正弦

IMCOS 函数用于计算以 x+yi 或 x+yj 文本格式表示的复数的余弦。IMSIN 函数用于计算以 x+yi 或 x+yj 文本格式表示的复数的正弦。IMCOS、IMSIN 函数的语法如下：

```
IMCOS(inumber)
IMSIN(inumber)
```

其中，inumber 参数为需要计算其余弦或正弦的复数。

复数余弦的计算公式如下：

$$\cos(x+yi)=\cos(x)\cosh(y)-\sin(x)\sinh(y)i$$

复数正弦的计算公式如下：

$$\sin(x+yi)=\sin(x)\cosh(y)-\cos(x)\sinh(y)i$$

下面通过实例详细讲解该函数的使用方法与技巧。

打开“IMCOS 函数.xlsx”工作簿，切换至“Sheet1”工作表，本例的数据说明如

图 20-33 所示。要求计算复数的正弦和余弦。具体的操作步骤如下。

STEP01：选中 A2 单元格，在编辑栏中输入公式“=IMCOS("3+4i")”，然后按“Enter”键返回，即可计算出复数 3+4i 的余弦值，结果如图 20-34 所示。

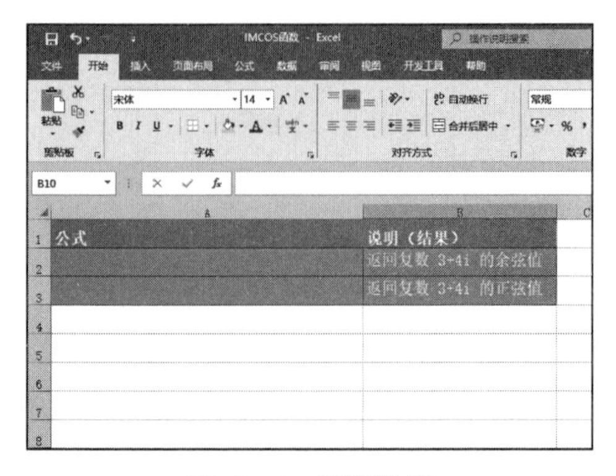

图 20-33　原始数据

图 20-34　计算余弦值

STEP02：选中 A3 单元格，在编辑栏中输入公式“=IMSIN("3+4i")”，然后按“Enter”键返回，即可计算出复数 3+4i 的正弦值，结果如图 20-35 所示。

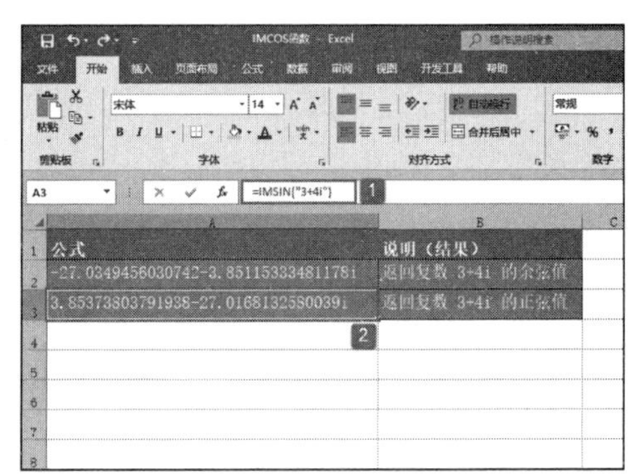

图 20-35　计算正弦值

20.2.5　计算复数的和差商积

IMDIV 函数用于计算以 x+yi 或 x+yj 文本格式表示的两个复数的商。IMPRODUCT 函数用于计算以 x+yi 或 x+yj 文本格式表示的 1 ～ 255 个复数的乘积。IMSUB 函数用于计算以 x+yi 或 x+yj 文本格式表示的两个复数的差。IMSUM 函数用于计算以 x+yi 或 x+yj 文本格式表示的两个或多个复数的和。IMDIV、IMPRODUCT、IMSUB 和 IMSUM 函数的语法如下：

```
IMDIV(inumber1,inumber2)
```

其中，inumber1 参数为复数分子（被除数），inumber2 参数为复数分母（除数）。

```
IMPRODUCT(inumber1,inumber2,...)
```

其中，参数 inumber1、inumber2……为 1 ～ 255 个用来相乘的复数。

```
IMSUB(inumber1,inumber2)
```

其中，inumber1 参数为被减（复）数，inumber2 参数为减（复）数。

```
IMSUM(inumber1,inumber2,...)
```

其中，参数 inumber1、inumber2……为 1 ～ 255 个用来相加的复数。

两个复数商的计算公式为：

$$\mathrm{IMDIV}(z_1,z_2)=\frac{(a+bi)}{(c+di)}=\frac{(ac+bd)+(bc-ad)i}{c^2+d^2}$$

两复数乘积的计算公式如下：

$$(a+bi)(c+di)=(ac-bd)+(ad+bc)i$$

两复数差的计算公式如下：

$$(a+bi)-(c+di)=(a-c)+(b-d)i$$

两复数和的计算公式如下：

$$(a+bi)+(c+di)=(a+c)+(b+d)i$$

下面通过实例详细讲解该函数的使用方法与技巧。

打开“IMDIV 函数 .xlsx”工作簿，切换至“Sheet1”工作表，本例的数据说明如图 20-36 所示。该工作表中记录了复数 A 和复数 B 两个数据，要求计算复数的商、积、差与和。具体的操作步骤如下。

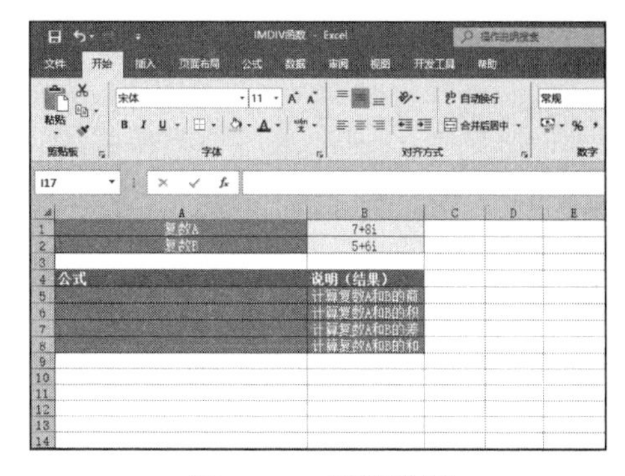

图 20-36　原始数据

STEP01：选中 A5 单元格，在编辑栏中输入公式“=IMDIV(B1,B2)”，然后按“Enter”键返回，即可计算出复数 A 和 B 的商，结果如图 20-37 所示。

STEP02：选中 A6 单元格，在编辑栏中输入公式“=IMPRODUCT(B1,B2)”，然后按“Enter”键返回，即可计算出复数 A 和 B 的积，结果如图 20-38 所示。

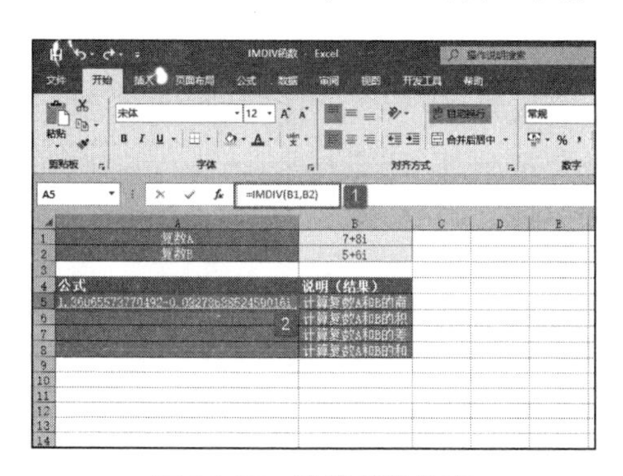

图 20-37　计算复数的商

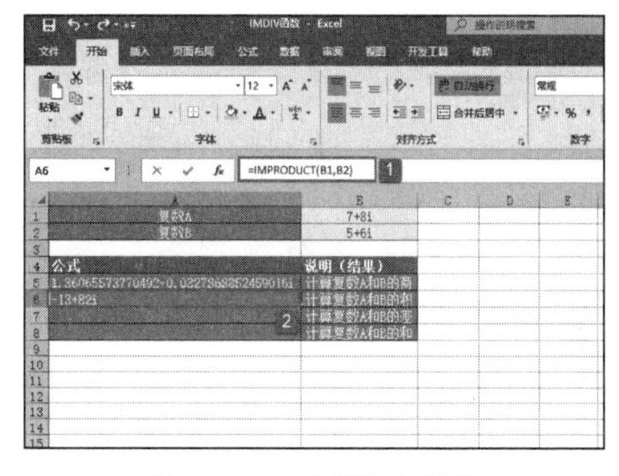

图 20-38　计算复数的积

STEP03：选中 A7 单元格，在编辑栏中输入公式“=IMSUB(B1,B2)”，然后按“Enter”键返回，即可计算出复数 A 和 B 的差，结果如图 20-39 所示。

STEP04：选中 A8 单元格，在编辑栏中输入公式“=IMSUM(B1,B2)”，然后按“Enter”键返回，即可计算出复数 A 和 B 的和，结果如图 20-40 所示。

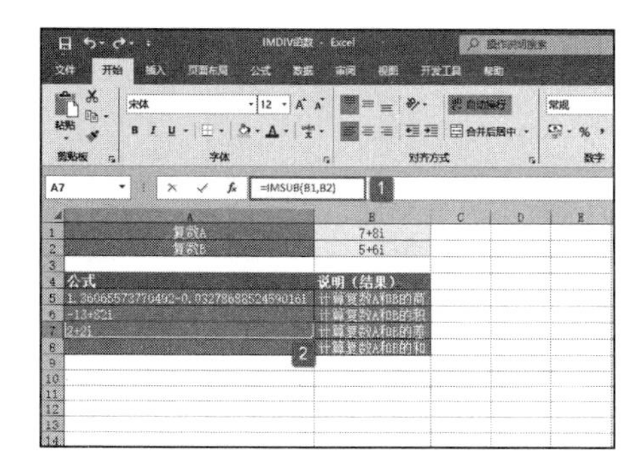

图 20-39　计算复数的差

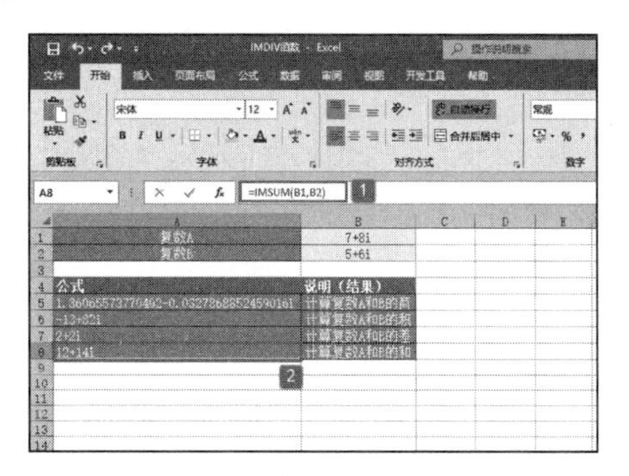

图 20-40　计算复数的和

20.2.6　计算虚系数与实系数

IMAGINARY 函数用于计算以 x+yi 或 x+yj 文本格式表示的复数的虚系数。IMREAL 函数用于计算以 x+yi 或 x+yj 文本格式表示的复数的实系数。IMAGINARY 和 IMREAL 函数的语法如下：

```
IMAGINARY(inumber)
```

其中，inumber 参数为需要计算其虚系数的复数。

```
IMREAL(inumber)
```

其中，inumber 参数为需要计算其实系数的复数。

下面通过实例详细讲解该函数的使用方法与技巧。

打开“IMAGINARY 函数 .xlsx”工作簿，切换至“Sheet1”工作表，本例的数据说明如图 20-41 所示。该工作表中记录了复数为“7+8i”，要求计算复数的虚系数和实系数。具体的操作步骤如下。

图 20-41　原始数据

STEP01：选中 A4 单元格，在编辑栏中输入公式“=IMAGINARY(B1)”，然后按“Enter”键返回，即可计算出复数的虚系数，结果如图 20-42 所示。

STEP02：选中 A5 单元格，在编辑栏中输入公式“=IMREAL(B1)”，然后按“Enter”键返回，即可计算出复数的实系数，结果如图 20-43 所示。

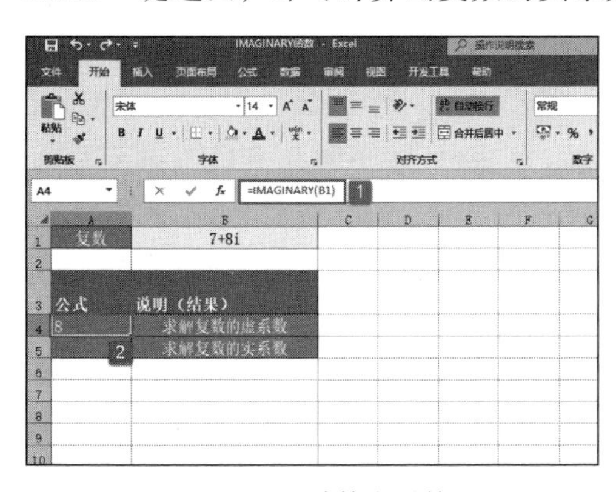

图 20-42　计算虚系数

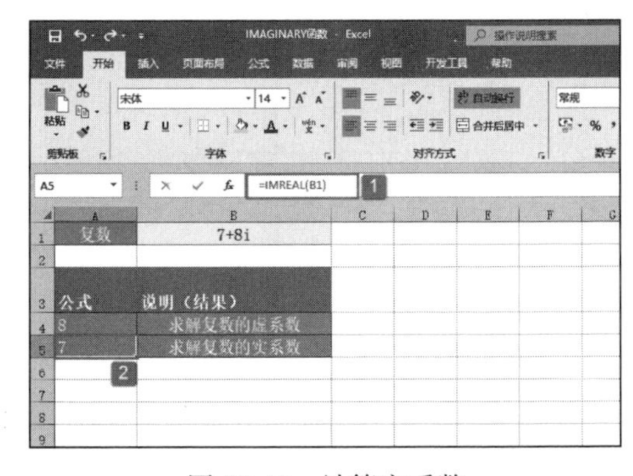

图 20-43　计算实系数

20.2.7　计算复数平方根

IMSQRT 函数用于计算以 x+yi 或 x+yj 文本格式表示的复数的平方根。IMSQRT 函数的语法如下：

```
IMSQRT(inumber)
```

其中，inumber 参数为需要计算其平方根的复数。

复数平方根的计算公式如下：

$$\sqrt{x+yi}=\sqrt{r}\cos\left(\frac{\theta}{2}\right)+i\sqrt{r}\sin\left(\frac{\theta}{2}\right)$$

式中：

$r=\sqrt{x^2+y^2}$ 且 $\theta=\tan^{-1}\left(\frac{y}{x}\right)$ 且 $\theta\in[-\pi;\pi]$

下面通过实例详细讲解该函数的使用方法与技巧。

打开“IMSQRT 函数 .xlsx”工作簿，切换至“Sheet1”工作表，本例的数据说明如图 20-44 所示。该工作表中记录了复数为“7+8i”，要求计算复数的平方根。具体的操作步骤如下。

选中 A4 单元格，在编辑栏中输入公式“=IMSQRT(B1)”，然后按“Enter”键返回，即可计算出复数的平方根，结果如图 20-45 所示。

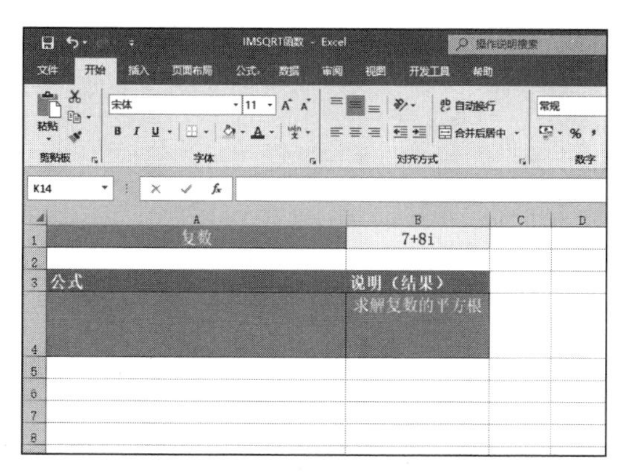

图 20-44　原始数据

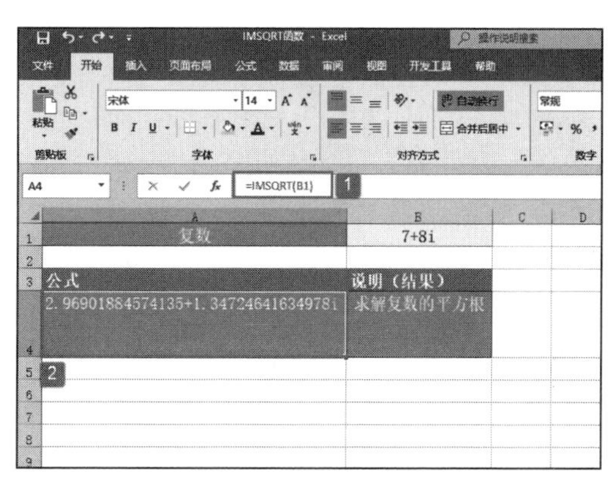

图 20-45　计算复数的平方根

20.3 指数与对数函数应用

本节介绍用于指数与对数计算的函数，包括用于计算指数和整数幂的 IMEXP 和 IMPOWER 函数，用于计算对数的 IMLN、IMLOG10 和 IMLOG2 函数。

20.3.1 计算指数和整数幂

IMEXP 函数用于计算以 x+yi 或 x+yj 文本格式表示的复数的指数。IMPOWER 函数用于计算以 x+yi 或 x+yj 文本格式表示的复数的 n 次幂。IMEXP 和 IMPOWER 函数的语法如下：

```
IMEXP(inumber)
```

其中，inumber 参数为需要计算其指数的复数。

```
IMPOWER(inumber,number)
```

其中，inumber 参数为需要计算其幂值的复数，number 参数为需要计算的幂次。

复数指数的计算公式如下：

$$\text{IMEXP}(z)=e^{(N+yi)}=e^{N}e^{yi}=e^{N}(\cos y+i\sin y)$$

复数 n 次幂的计算公式如下：

$$(x+yi)^n=r^n e^{in\partial}=r^n\cos n\theta+ir^n\sin n\theta$$

式中：

$$r=\sqrt{x^2+y^2} \text{ 且 } \theta=\tan^{-1}\left(\frac{y}{x}\right) \text{ 且 } \theta\in[-\pi;\pi]$$

下面通过实例详细讲解该函数的使用方法与技巧。

打开“IMEXP函数.xlsx”工作簿，切换至“Sheet1”工作表，本例的数据说明如图20-46所示。该工作表中记录了复数为“1+i”，要求计算复数的指数和整数幂。具体的操作步骤如下。

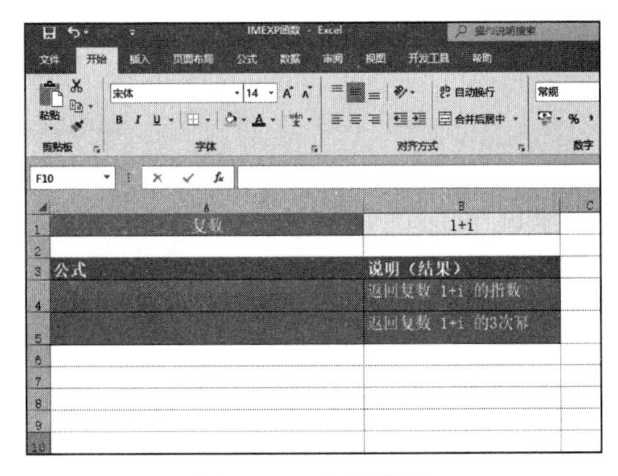

图20-46 原始数据

STEP01：选中A4单元格，在编辑栏中输入公式“=IMEXP(B1)”，然后按“Enter”键返回，即可计算出复数的指数，结果如图20-47所示。

STEP02：选中A5单元格，在编辑栏中输入公式“=IMPOWER(B1,3)”，然后按“Enter”键返回，即可计算出复数的3次幂，结果如图20-48所示。

图20-47 计算复数指数

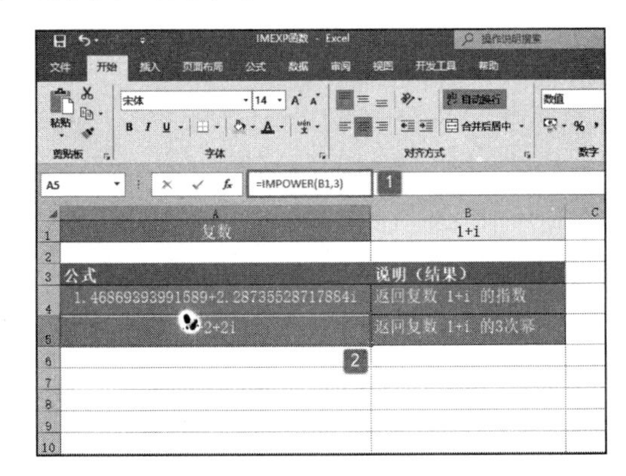

图20-48 计算复数的3次幂

20.3.2 计算对数

IMLN函数用于计算以x+yi或x+yj文本格式表示的复数的自然对数。IMLOG10函数用于计算以x+yi或x+yj文本格式表示的复数的常用对数（以10为底数）。IMLOG2函数用于计算以x+yi或x+yj文本格式表示的复数的以2为底数的对数。IMLN、IMLOG10和IMLOG2函数的语法如下：

```
IMLN(inumber)
```

其中，inumber参数为需要计算其自然对数的复数。

```
IMLOG10(inumber)
```

其中，inumber参数为需要计算其常用对数的复数。

```
IMLOG2(inumber)
```

其中，inumber参数为需要计算以2为底数的对数值的复数。

复数的自然对数的计算公式如下：

$$\ln(x+yi)=\ln\sqrt{x^2+y^2}+i\tan^{-1}\left(\frac{y}{x}\right)$$

复数的常用对数可按以下公式由自然对数导出：

$$\log_{10}(x+yi)=(\log_{10}e)\ln(x+yi)$$

复数的以 2 为底数的对数可按以下公式由自然对数计算出：

$$\log_2(x+yi)=(\log_2 e)\ln(x+yi)$$

下面通过实例详细讲解该函数的使用方法与技巧。

打开“IMLN 函数 .xlsx”工作簿，切换至“Sheet1”工作表，本例的数据说明如图 20-49 所示。该工作表中记录了复数为“5+6i”，要求计算复数的自然对数、常用对数和以 2 为底的对数。具体的操作步骤如下。

STEP01：选中 A4 单元格，在编辑栏中输入公式“=IMLN(B1)”，然后按“Enter”键返回，即可计算出复数的自然对数，结果如图 20-50 所示。

图 20-49　原始数据

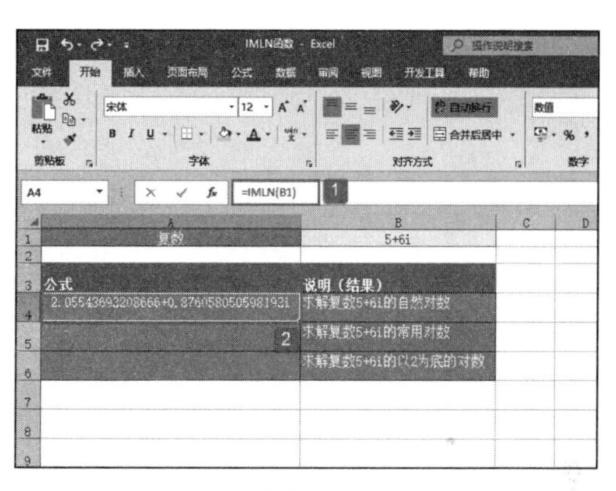

图 20-50　计算复数的自然对数

STEP02：选中 A5 单元格，在编辑栏中输入公式“=IMLOG10(B1)”，然后按“Enter”键返回，即可计算出复数的常用对数，结果如图 20-51 所示。

STEP03：选中 A6 单元格，在编辑栏中输入公式“=IMLOG2(B1)”，然后按“Enter”键返回，即可计算出复数以 2 为底的对数，结果如图 20-52 所示。

图 20-51　计算复数的常用对数

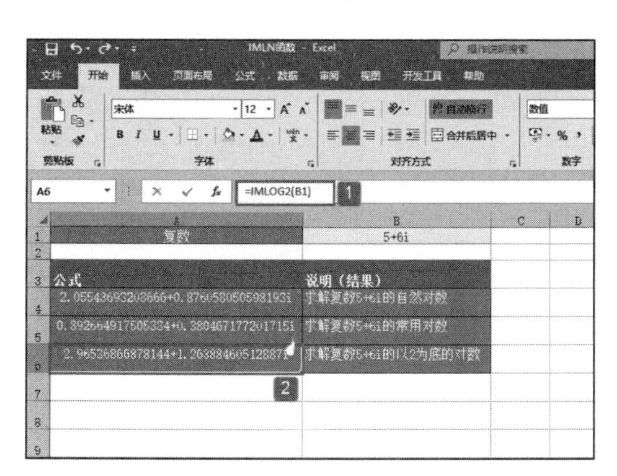

图 20-52　计算复数以 2 为底的对数

20.4 贝塞尔函数应用

贝塞尔相关函数包括 BESSELI、BESSELJ、BESSELK、BESSELY 函数，用于计算修正的 Bessel 函数值。

20.4.1 计算修正 Bessel 函数值 Ln(x)

BESSELI 函数用于计算修正 Bessel 函数值 Ln(x)，它与用纯虚数参数运算时的 Bessel 函数值相等，其语法如下。

```
BESSELI(x,n)
```

其中，x 参数为参数值，n 参数为函数的阶数。如果 n 参数不是整数，则截尾取整。

x 的 n 阶修正 Bessel 函数值为：

$$l_n(x)=(i)^{-n}J_n(ix)$$

下面通过实例详细讲解该函数的使用方法与技巧。

打开“BESSELI 函数 .xlsx”工作簿，切换至“Sheet1”工作表，本例的数据说明如图 20-53 所示。需要求解修正的 Bessel 函数值 Ln(x)。具体的操作步骤如下。

STEP01：选中 A2 单元格，在编辑栏中输入公式“=BESSELI(3.5,1)”，用于求解 3.5 的 1 阶修正 Bessel 函数值，输入完成后按“Enter”键返回计算结果，如图 20-54 所示。

STEP02：选中 A3 单元格，在编辑栏中输入公式“=BESSELI(文本 ,1)”，用于求解 x 为非数值型数据时的修正 Bessel 函数值，输入完成后按“Enter”键返回计算结果。由于 x 为非数值型数据，可以看到返回结果为“#NAME？”，如图 20-55 所示。

STEP03：选中 A4 单元格，在编辑栏中输入公式“=BESSELI(3.5, 文本)”，用于求解 n 为非数值型数据时的修正 Bessel 函数值，输入完成后按“Enter”键返回计算结果。由于 n 为非数值型数据，可以看到返回结果为“#NAME？”，如图 20-56 所示。

STEP04：选中 A5 单元格，在编辑栏中输入公式“=BESSELI(-3.5,1)”，用于求解 x 为负数时的修正 Bessel 函数值，输入完成后按“Enter”键返回计算结果，如图 20-57 所示。

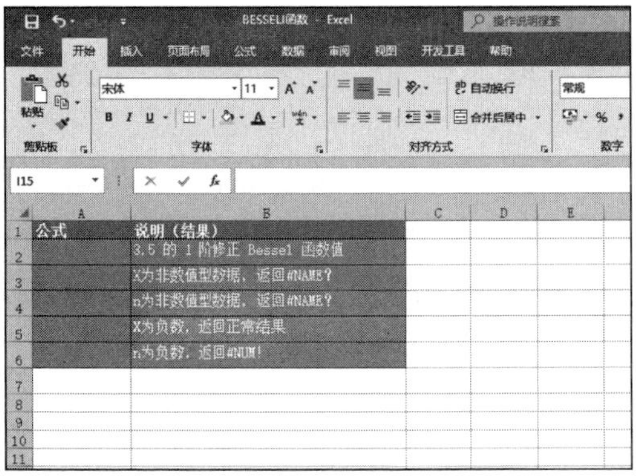

图 20-53　数据说明

图 20-54　Bessel 函数值

图 20-55　x 为非数值型计算结果

图 20-56　n 为非数值型计算结果

STEP05：选中 A6 单元格，在编辑栏中输入公式“=BESSELI(3.5,-1)”，用于求解 n 为负数时的修正 Bessel 函数值，输入完成后按“Enter”键返回计算结果，如图 20-58 所示。

图 20-57　x 为负数计算结果

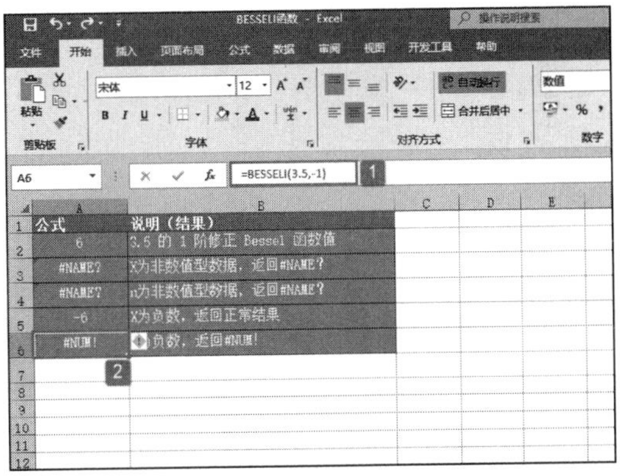

图 20-58　n 为负数计算结果

如果 x 为非数值型，则 BESSELI 返回错误值“#VALUE!”。如果 n 为非数值型，则 BESSELI 返回错误值“#VALUE!”。如果 n ＜ 0，则 BESSELI 返回错误值“#NUM!”。

20.4.2　计算 Bessel 函数值 Jn(x)

BESSELJ 函数用于计算 Bessel 函数值，其语法如下。

```
BESSELJ(x,n)
```

其中，x 参数为参数值，n 参数为函数的阶数。如果 n 参数不是整数，则截尾取整。x 的 n 阶修正 Bessel 函数值为：

$$J_n(x)=\sum_{k=0}^{\infty}\frac{(-1)^k}{k!\Gamma(n+k+1)}\left(\frac{x}{2}\right)^{n+2x}$$

式中：

$$\Gamma(n+k+1)=\int_0^{\infty}e^{-N}x^{\eta+k}dx$$

为 Gamma 函数。

下面通过实例详细讲解该函数的使用方法与技巧。

打开“BESSELJ 函数 .xlsx”工作簿，切换至“Sheet1”工作表，本例的数据说明如图 20-59 所示。需要求解 Bessel 函数值 Jn(x)。具体的操作步骤如下。

STEP01：选中 A2 单元格，在编辑栏中输入公式“=BESSELJ(3.5,1)”，用于求解 3.5 的 1 阶修正 Bessel 函数值，输入完成后按“Enter”键返回计算结果，如图 20-60 所示。

图 20-59　原始数据

图 20-60　Bessel 函数值 Jn(x)

STEP02：选中 A3 单元格，在编辑栏中输入公式“=BESSELJ(文本 ,2)”，用于求解 x 为非数值型数据时的修正 Bessel 函数值，输入完成后按“Enter”键返回计算结果。由于 x 为非数值型数据，可以看到返回结果为“#NAME ?”，如图 20-61 所示。

STEP03：选中 A4 单元格，在编辑栏中输入公式“=BESSELJ(1.9, 文本)”，用于求解 n 为非数值型数据时的修正 Bessel 函数值，输入完成后按“Enter”键返回计算结果。由于 n 为非数值型数据，可以看到返回结果为“#NAME ?”，如图 20-62 所示。

STEP04：选中 A5 单元格，在编辑栏中输入公式“=BESSELJ(-1.9,2)”，用于求解 x 为负数时的修正 Bessel 函数值，输入完成后按“Enter”键返回计算结果，如图 20-63 所示。

STEP05：选中 A6 单元格，在编辑栏中输入公式“=BESSELJ(1.9,-2)”，用于求解 n 为负数时的修正 Bessel 函数值，输入完成后按“Enter”键返回计算结果，如图 20-64 所示。

如果 X 为非数值型，则 BESSELJ 返回错误值“#VALUE!”。如果 n 为非数值型，则 BESSELJ 返回错误值“#VALUE!”。如果 n ＜ 0，则 BESSELJ 返回错误值“#NUM!”。

图 20-61　x 为非数值型数结果

图 20-62　n 为非数值型数据结果

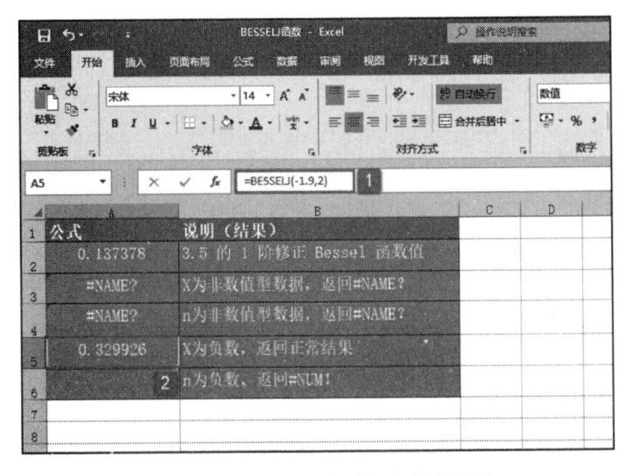

图 20-63　x 为负数计算结果

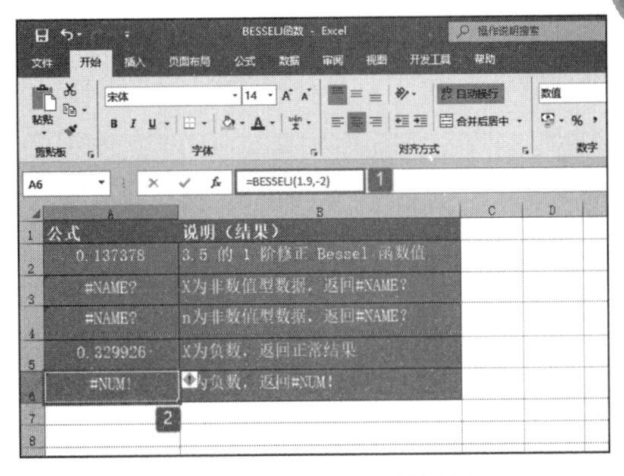

图 20-64　n 为负数计算结果

20.4.3　计算修正 Bessel 函数值 Kn(x)

BESSELK 函数用于计算修正 Bessel 函数值 Kn(x)，它与用纯虚数参数运算时的 Bessel 函数值相等。其语法如下：

```
BESSELK(x,n)
```

其中，x 参数为参数值，n 参数为函数的阶数。如果 n 参数不是整数，则截尾取整。

x 的 n 阶修正 Bessel 函数值为：

$$K_n(x)=\frac{P}{2}i^{n+1}\left[J_n(ix)+iY_n(ix)\right]$$

式中 J_n 和 Y_n 分别为 J 和 Y 的 Bessel 函数。

下面通过实例详细讲解该函数的使用方法与技巧。

打开“BESSELK 函数 .xlsx”工作簿，切换至“Sheet1”工作表，本例的数据说明如图 20-65 所示。需要求解 Bessel 函数值 Kn(x)。具体的操作步骤如下。

图 20-65　原始数据

STEP01：选中 A2 单元格，在编辑栏中输入公式“=BESSELK(1.9,2)”，用于求解 1.9 的 2 阶修正 Bessel 函数值，输入完成后按“Enter”键返回计算结果，如图 20-66 所示。

STEP02：选中 A3 单元格，在编辑栏中输入公式“=BESSELK(文本 ,2)”，用于求解 x 为非数值型数据时的修正 Bessel 函数值，输入完成后按“Enter”键返回计算结果。由于 x 为非数值型数据，可以看到返回结果为“#NAME ?”，如图 20-67 所示。

STEP03：选中 A4 单元格，在编辑栏中输入公式“=BESSELK(1.9, 文本)”，用于求解 n 为非数值型数据时的修正 Bessel 函数值，输入完成后按“Enter”键返回计算结果。由于 n 为非数值型数据，可以看到返回结果为“#NAME ?”，如图 20-68 所示。

STEP04：选中 A5 单元格，在编辑栏中输入公式“=BESSELK(1.9,-2)”，用于求解 n 为负数时的修正 Bessel 函数值，输入完成后按“Enter”键返回计算结果，如图 20-69 所示。

图 20-66　2 阶修正 Bessel 函数值

图 20-67　x 为非数值型结果

图 20-68　n 为非数值型结果

图 20-69　n 为负数计算结果

如果 x 为非数值型，则 BESSELK 返回错误值“#VALUE!”。如果 n 为非数值型，则 BESSELK 返回错误值“#VALUE!”。如果 n＜0，则 BESSELK 返回错误值“#NUM!”。

20.4.4　计算 Bessel 函数值 Yn(x)

BESSELY 函数用于计算 Bessel 函数值，也称为 Weber 函数或 Neumann 函数。其语法如下：

```
BESSELY(x,n)
```

其中，x 参数为参数值，n 参数为函数的阶数。如果 n 参数不是整数，则截尾取整。x 的 n 阶修正 Bessel 函数值为：

$$Y_n(x)=\lim_{v\to n}\frac{J_v(x)\cos(v\pi)-J_{-v}(x)}{\sin(v\pi)}$$

下面通过实例详细讲解该函数的使用方法与技巧。

打开“BESSELY 函数 .xlsx”工作簿，切换至“Sheet1”工作表，本例的数据说明如图 20-70 所示。需要求解 Bessel 函数值 Yn(x)。具体的操作步骤如下。

STEP01：选中 A2 单元格，在编辑栏中输入公式“=BESSELY(1.9,2)”，用于求解

1.9 的 2 阶修正 Bessel 函数值，输入完成后按“Enter”键返回计算结果，如图 20-71 所示。

STEP02：选中 A3 单元格，在编辑栏中输入公式“=BESSELY(文本,2)”，用于求解 x 为非数值型数据时的修正 Bessel 函数值，输入完成后按“Enter”键返回计算结果。由于 x 为非数值型数据，可以看到返回结果为“#NAME？”，如图 20-72 所示。

图 20-70 原始数据

STEP03：选中 A4 单元格，在编辑栏中输入公式“=BESSELY(1.9,文本)”，用于求解 n 为非数值型数据时的修正 Bessel 函数值，输入完成后按“Enter”键返回计算结果。由于 n 为非数值型数据，可以看到返回结果为“#NAME？”，如图 20-73 所示。

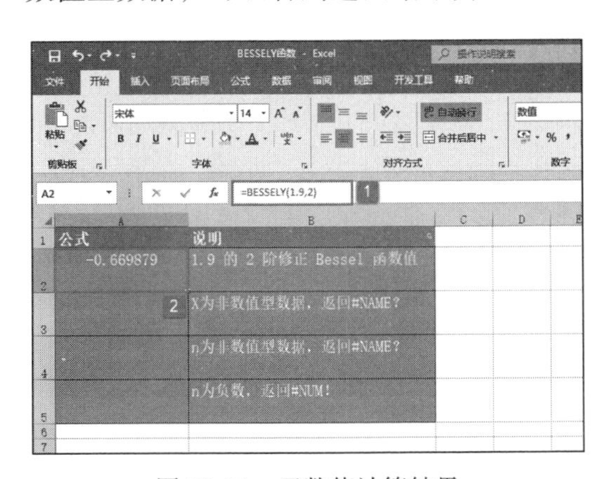

图 20-71 函数值计算结果

图 20-72 x 为非数值型计算结果

STEP04：选中 A5 单元格，在编辑栏中输入公式“=BESSELY(1.9,-2)”，用于求解 n 为负数时的修正 Bessel 函数值，输入完成后按“Enter”键返回计算结果，如图 20-74 所示。

图 20-73 n 为非数值型数据

图 20-74 n 为负数计算结果

如果 x 为非数值型，则 BESSELY 返回错误值“#VALUE!”。如果 n 为非数值型，则 BESSELY 返回错误值“#VALUE!”。如果 n ＜ 0，则 BESSELY 返回错误值“#NUM!”。

20.5 其他工程函数应用

本节介绍其他工程函数，包括用于转换数值的度量系统的 CONVERT 函数，用于检验是否两个值相等的 DELTA 函数，用于返回错误和互补错误的 ERF、ERFC 函数，用于检验数字是否大于阈值 r GESTEP 函数。

20.5.1 转换数值度量系统

CONVERT 函数用于将数字从一个度量系统转换到另一个度量系统中，例如，可以将一个以“英里”为单位的距离表转换成一个以“公里”为单位的距离表。其语法如下：

```
CONVERT(number,from_unit,to_unit)
```

其中，number 参数为以 from_unit 为单位的需要进行转换的数值，from_unit 参数为数值 number 的单位，to_unit 参数为结果的单位。下面通过实例详细讲解该函数的使用方法与技巧。

打开“CONVERT 函数 .xlsx”工作簿，切换至“Sheet1”工作表，本例的数据说明如图 20-75 所示。要求转换工作表中给定数值的度量系统。具体的操作步骤如下。

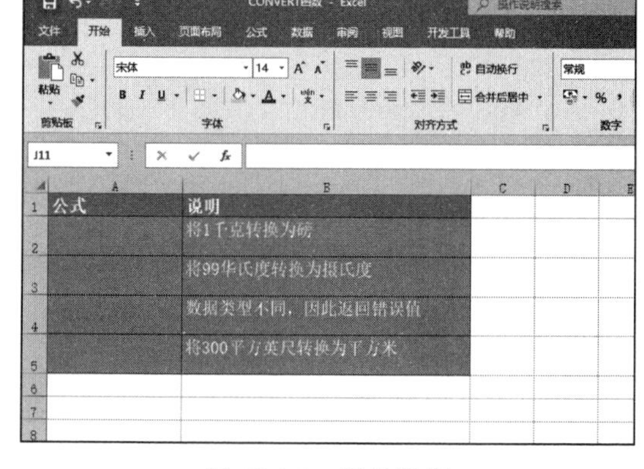

图 20-75　原始数据

STEP01：选中 A2 单元格，在编辑栏中输入公式“=CONVERT(1,"kg","lbm")”，然后按“Enter”键返回，即可将 1 千克转换为磅，如图 20-76 所示。

STEP02：选中 A3 单元格，在编辑栏中输入公式“=CONVERT(99,"F","C")”，然后按“Enter”键返回，即可将 99 华氏度转换为摄氏度，如图 20-77 所示。

图 20-76　1 千克转换为磅

图 20-77　将华氏度转换为摄氏度

STEP03：选中 A4 单元格，在编辑栏中输入公式“=CONVERT(2.5,"ft","min")”，然后按“Enter”键返回计算结果，由于数据类型不同，结果会返回错误值“#N/A”，如图 20-78 所示。

STEP04：选中 A5 单元格，在编辑栏中输入公式“=CONVERT(CONVERT(300,"ft","m"),"ft","m")”，然后按“Enter”键返回，即可将 300 平方英尺转换为平方米，如图 20-79 所示。

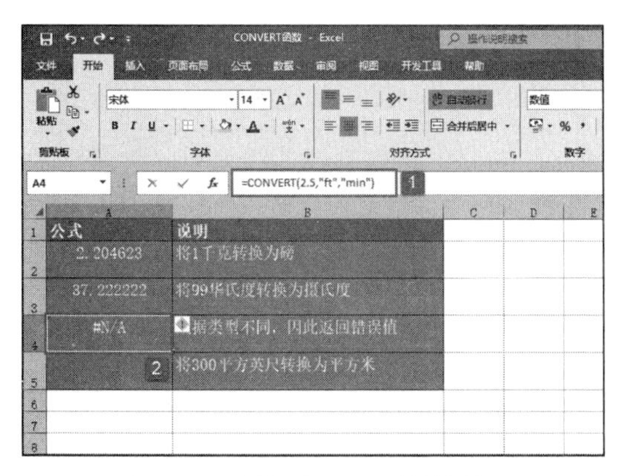

图 20-78　数据类型不同转换结果

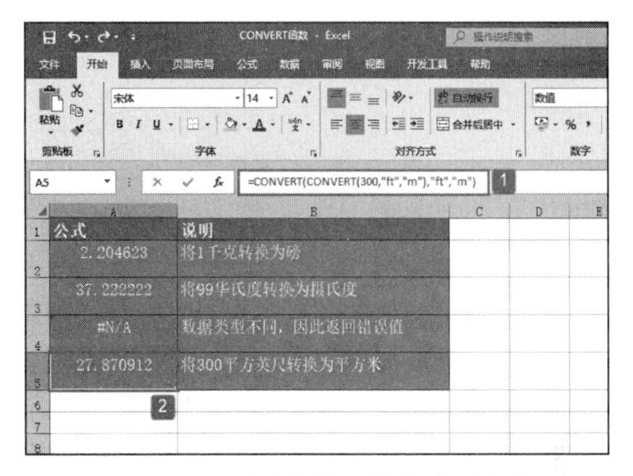

图 20-79　将平方英尺转换为平方米

如果输入数据的拼写有误，函数 CONVERT 返回错误值“#VALUE!”。如果单位不存在，函数 CONVERT 返回错误值“#N/A”。如果单位不支持缩写的单位前缀，函数 CONVERT 返回错误值“#N/A”。如果单位在不同的组中，函数 CONVERT 返回错误值“#N/A”。单位名称和前缀要区分大小写。

20.5.2　检验两值相等性

DELTA 函数测试两个数值是否相等。如果 number1=number2，则返回 1，否则返回 0。可用此函数筛选一组数据，例如，通过对几个 DELTA 函数求和，可以计算相等数据对的数目。该函数也称为 Kronecker Delta 函数。其语法如下：

```
DELTA(number1,number2)
```

其中，number1 参数为第 1 个参数；number2 参数为第 2 个参数，如果省略，则假设 number2 值为零。下面通过实例详细讲解该函数的使用方法与技巧。

打开“DELTA 函数 .xlsx”工作簿，切换至“Sheet1”工作表，本例的数据说明如图 20-80 所示。要求在工作表中测试两个值是否相等。具体的操作步骤如下。

STEP01：选中 A2 单元格，在编辑栏中输入公式“=DELTA(7,9)”，然后按“Enter”键返回，此时工作表结果显示为“0”，即 7 与 9 不相等，如图 20-81 所示。

STEP02：选中 A3 单元格，在编辑栏中输入公式“=DELTA(7,7)”，然后按“Enter”键返回，此时工作表结果显示为“1”，即 7 与 7 相等，如图 20-82 所示。

STEP03：选中 A4 单元格，在编辑栏中输入公式“=DELTA(0.1,0)”，然后按“Enter”键返回，此时工作表结果显示为“0”，即 0.1 与 0 不相等，如图 20-83 所示。

如果 number1 参数为非数值型，则函数 DELTA 将返回错误值“#VALUE!”。如果 number2 为非数值型，则函数 DELTA 将返回错误值“#VALUE!”。

图 20-80　原始数据

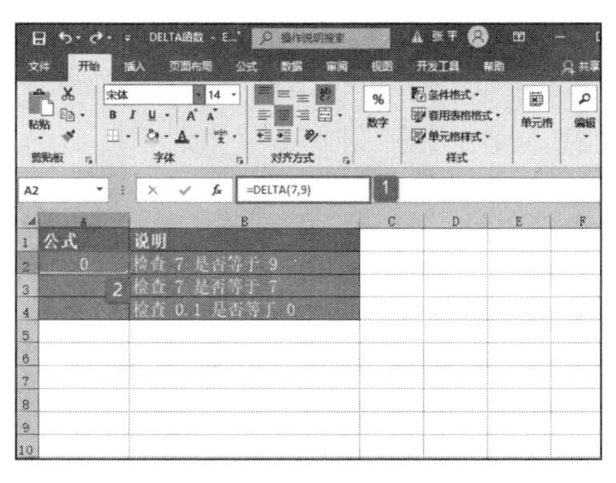

图 20-81　检查 7 是否等于 9

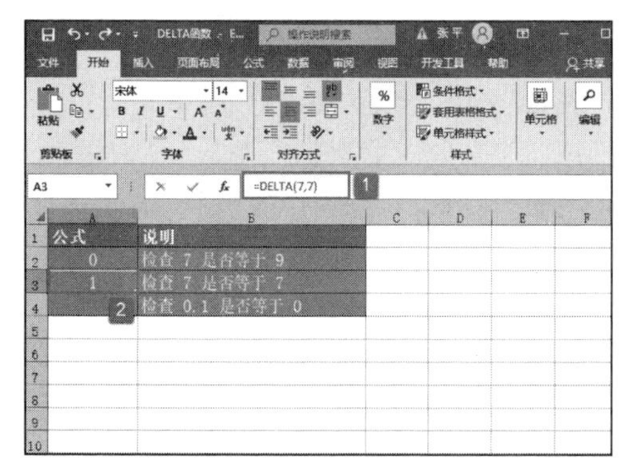

图 20-82　检查 7 是否等于 7

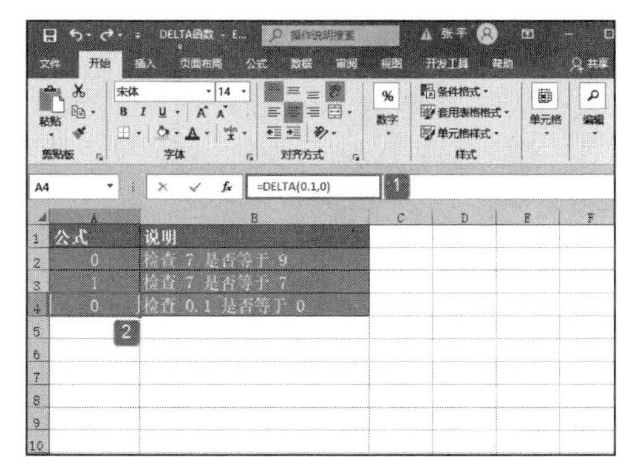

图 20-83　检查 0.1 是否等于 0

20.5.3　计算错误与互补错误函数

ERF 函数用于计算误差函数在上下限之间的积分。ERFC 函数用于返回从 x 到 ∞（无穷）积分的 ERF 函数的补余误差函数。ERF、ERFC 函数的语法如下：

```
ERF(lower_limit,upper_limit)
```

其中，lower_limit 参数为 ERF 函数的积分下限，upper_limit 参数为 ERF 函数的积分上限。如果省略，ERF 将在零到下限之间进行积分。

```
ERFC(x)
```

其中，x 参数为 ERF 函数的积分下限。

计算公式如下：

$$\mathrm{ERF}(z)=\frac{2}{\sqrt{\pi}}\int_{0}^{z}\mathrm{e}^{-t^{2}}\mathrm{d}t$$

$$\mathrm{ERF}(a,b)=\frac{2}{\sqrt{\pi}}\int_{a}^{b}\mathrm{e}^{-t^{2}}\mathrm{d}t=\mathrm{ERF}(b)-\mathrm{ERF}(a)$$

$$\mathrm{ERFC}(x)=\frac{2}{\sqrt{\pi}}\int_{0}^{\infty}\mathrm{e}^{-t^{2}}\mathrm{d}t=1-\mathrm{ERF}(x)$$

下面通过实例详细讲解该函数的使用方法与技巧。

打开“ERF 函数 .xlsx”工作簿，切换至“Sheet1”工作表，本例的数据说明如图 20-84 所示。要求根据给定的数据条件计算误差函数在上下限之间的积分、从 x 到 ∞

（无穷）积分的 ERF 函数的补余误差函数。具体的操作步骤如下。

STEP01：选中 A2 单元格，在编辑栏中输入公式“=ERF(0.6598)”，然后按“Enter”键返回，即可计算出误差函数在 0 与 0.6598 之间的积分值，如图 20-85 所示。

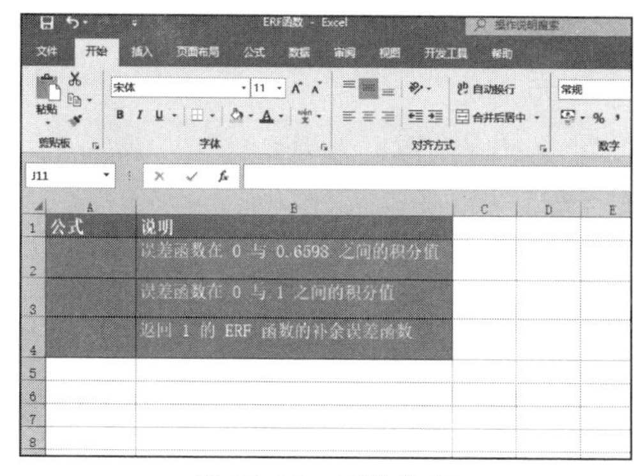

图 20-84 原始数据

图 20-85 计算 0 与 0.6598 之间的积分值

STEP02：选中 A3 单元格，在编辑栏中输入公式“=ERF(1)”，然后按“Enter”键返回，即可计算出误差函数在 0 与 1 之间的积分值，如图 20-86 所示。

STEP03：选中 A4 单元格，在编辑栏中输入公式“=ERFC(1)”，然后按“Enter”键返回，即可返回 1 的 ERF 函数的补余误差函数，如图 20-87 所示。

图 20-86 计算 0 与 1 之间的积分值

图 20-87 计算补余误差函数

如果下限是非数值型，函数 ERF 返回错误值“#VALUE!”。如果下限是负值，函数 ERF 返回错误值“#NUM!”。如果上限是非数值型，函数 ERF 返回错误值“#VALUE!”。如果上限是负值，函数 ERF 返回错误值“#NUM!”。如果 x 是非数值型，则函数 ERFC 返回错误值“#VALUE!”。如果 x 是负值，则函数 ERFC 返回错误值“#NUM!”。

20.5.4 比较数值与阈值

GESTEP 函数用于检验数字是否大于阈值。如果 number 大于等于 step，返回 1，否则返回 0。使用该函数可筛选数据。例如，通过计算多个函数 GESTEP 的返回值，可以检测出数据集中超过某个临界值的数据个数。GESTEP 函数的语法如下：

```
GESTEP(number,step)
```

其中，number 参数为待测试的数值，step 参数为阈值。如果省略 step 参数，则函数 GESTEP 假设其为零。下面通过实例详细讲解该函数的使用方法与技巧。

打开“GESTEP 函数 .xlsx”工作簿，切换至“Sheet1”工作表，本例的数据说明如图 20-88 所示。要求在工作表中检查数字是否大于阈值。具体的操作步骤如下。

STEP01：选中 A2 单元格，在编辑栏中输入公式“=GESTEP(8,7)”，然后按“Enter”键返回，此时工作表结果显示为“1”，即检查出 8 满足大于等于 7 的条件，如图 20-89 所示。

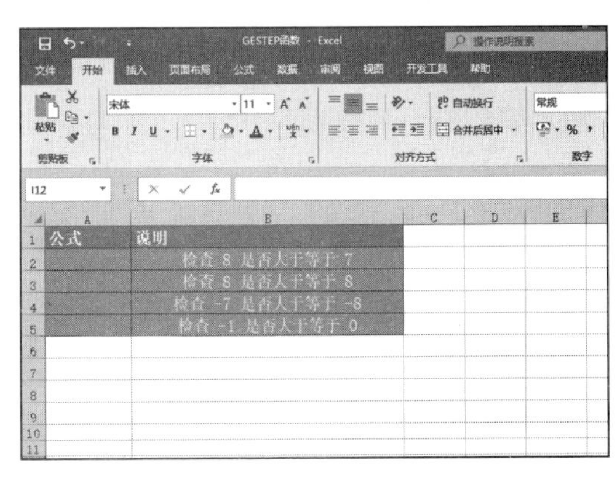

图 20-88　原始数据

STEP02：选中 A3 单元格，在编辑栏中输入公式“=GESTEP(8,8)”，然后按“Enter”键返回，此时工作表结果显示为“1”，即检查出 8 满足大于等于 8 的条件，如图 20-90 所示。

STEP03：选中 A4 单元格，在编辑栏中输入公式“=GESTEP(-7,-8)”，然后按“Enter”键返回，此时工作表结果显示为“1”，即检查出 -7 满足大于等于 -8 的条件，如图 20-91 所示。

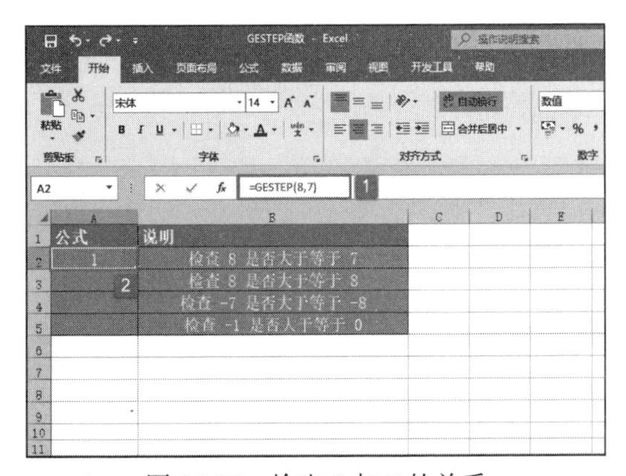

图 20-89　检查 8 与 7 的关系

图 20-90　检查 8 与 8　的关系

STEP04：选中 A5 单元格，在编辑栏中输入公式“=GESTEP(-1,0)”，然后按“Enter”键返回，此时工作表结果显示为“0，即检查出 -1 不满足大于等于 0 的条件，如图 20-92 所示。

图 20-91　检查 −7 与 −8 的关系

图 20-92　检查 −1 与 0 的关系

如果任一参数为非数值，则函数 GESTEP 返回错误值“#VALUE!”。

第21章 图表分析数据应用

通过在图表中使用趋势线、折线、误差线等，可以帮助进行各种数据分析，从而直观地说明数据的变化趋势。趋势线和折线多用于预测数据的未来走势，误差线主要用于科学计算或实验，用图形表示相对于数据系列中每个数据点或数据标记的潜在误差量。本章介绍如何在图表中添加趋势线、折线和误差线，以及如何利用它们进行相关数据分析。

- 趋势线应用
- 折线应用
- 涨/跌柱线应用
- 误差线应用

21.1 趋势线应用

趋势线可以用图形的方式表示数据的变化趋势，从而帮助用户进行数据的预测分析（也叫作“回归分析”），以便及时指导实际工作。

21.1.1 趋势线适用图表

Excel 2019 中支持趋势线的图表有如下几种：柱形图；条形图；折线图；股价图；气泡图；XY 散点图。

其他图表类型如面积图、三维图、堆积图、雷达图、饼图、圆环图，不能添加趋势线。如果将图表类型更改为不支持趋势线的类型，则原有的趋势线会被删除。例如，如果原来柱形图中已经添加了趋势线，但将图表类型改为面积图后，则将会删除原有趋势线。

21.1.2 趋势线适用数据

并不是所有的数据都适合使用趋势线来进行分析与预测，有些图表中的数据使用趋势线是毫无意义的。一般来说，下面两种类型的数据比较适合使用趋势线。

1）与时间相关的数据：例如一年的产品销量、一天当中的温度变化等，常见于 XY 散点图、柱形图、折线图等。

2）成对的数字数据：如 XY 散点图中的数据，因其两个轴都是数值轴，故数字成对出现。

21.1.3 趋势线类型

在“设置趋势线格式”对话框中，可以选择趋势线的更多类型，并且可以针对每种类型做具体的选项设置。下面分别介绍一下这些趋势线的特点与用途。

1）指数：指数趋势线是一种曲线，用于以越来越高的速率上升或下降的数据值。对于指数趋势线，数据不应该包含零值或负数。

2）线性：线性趋势线适用于以最佳拟合直线显示包含以稳定速率增加或减少的数据值的简单线性数据集。如果数据点构成的图案类似一条直线，则表明数据为线性。

3）对数：对数趋势线适用于以最佳拟合曲线显示稳定前快速增加或减少的数据值。对于对数趋势线，数据可以包含负数和正数。

4）多项式：多项式趋势线适用于用曲线表示波动较大的数据值，当需要分析大量数据的偏差时，可以使用多项式趋势线。选中此项后，可以在“次数”框中输入 2 到 6 之间的整数，从而确定曲线中拐点（峰值和峰谷）的个数。例如，如果将“次序”的值设为 2，则图表通常只显示一个峰值或峰谷，值为 3 则显示一个或两个峰值或峰谷，值为 4 则最多可以显示 3 个峰值或峰谷。

5）幂：幂趋势线应用曲线显示以特定速率增加的测量值的数据值。要应用幂趋势线的数据不应该包含零值或负数。

6）移动平均：移动平均趋势线使用弯曲趋势线显示数据值，同时平滑数据波动，这样可以更清晰地显示图案或趋势。选中此项后，可以在“周期”框中输入一个介于 2 和系列中数据点的数量减 1 之间的数值，从而确定在趋势线中用作点的数据点平均值。

例如，如果将“周期”设为 2，那么前两个数据点的平均值就是移动平均趋势线中的第 1 个点。第 2 个和第 3 个数据点的平均值就是趋势线中第 2 个点，以此类推。

21.1.4 添加趋势线

以“市场占有率统计表 .xlsx”工作簿中的数据为例，为图表添加趋势线的具体操作步骤如下。

STEP01：打开“市场占有率统计表 .xlsx”工作簿，切换至“Sheet1”工作表。选择“A1:B13”单元格区域，在主页将功能区切换至“插入”选项卡，单击“图表”组中的“插入柱形图或条形图”下三角按钮，在展开的下拉列表中选择“二维柱形图”列表下的“簇状柱形图”选项，如图 21-1 所示。

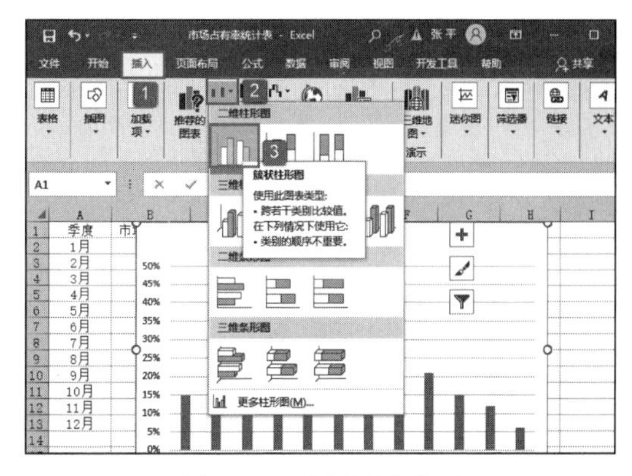

图 21-1 选择图表类型

STEP02：随后，工作表中会自动插入一个柱形图。选中图表，切换至“图表设计”选项卡，单击“图表布局”组中的“添加图表元素”下三角按钮，在展开的下拉列表中选择“趋势线”选项，在展开的级联列表中选择“移动平均”趋势线，如图 21-2 所示。添加趋势线的图表效果如图 21-3 所示。

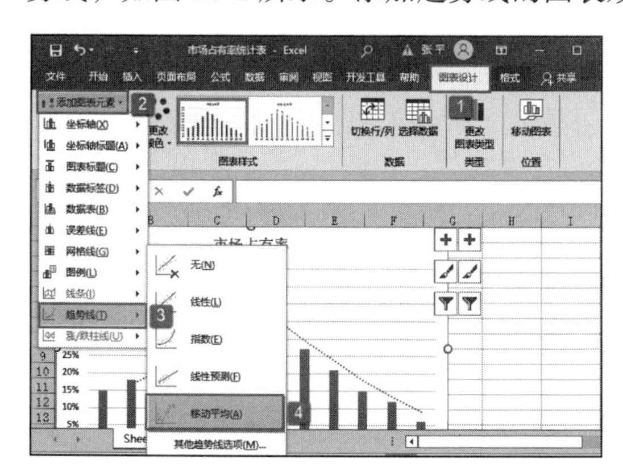

图 21-2 选择趋势线类型

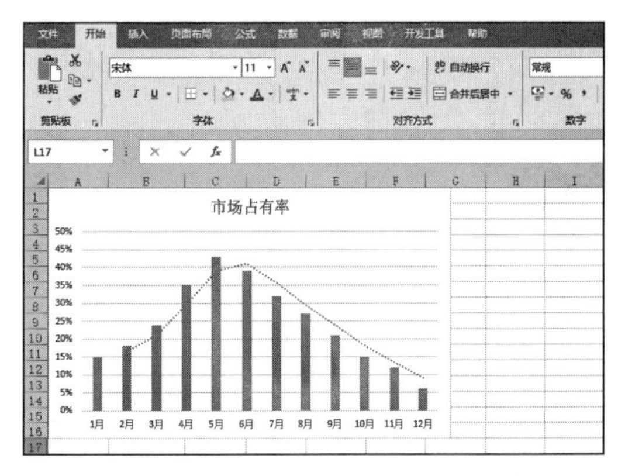

图 21-3 添加趋势线效果图

21.1.5 设置趋势线格式

为了使图表更加美观，可以在添加趋势线后再设置其格式。如果已经为图表中的数据系列添加了趋势线，则可以按照以下操作步骤进行设置。

STEP01：选中图表中要修改的趋势线，单击鼠标右键，在弹出的快捷菜单中选择“设置趋势线格式”选项，如图 21-4 所示。

STEP02：随后会打开如图 21-5 所示的“设置趋势线格式”对话框。单击“填充与线条”图标，在“线条”列表下单击选中“实线”单选按钮，设置线条颜色为“红色”，并调节线条宽度为“1 磅”，然后单击“短划线类型”右侧的下三角按钮，在展开的下拉列表中选择“实线”选项。

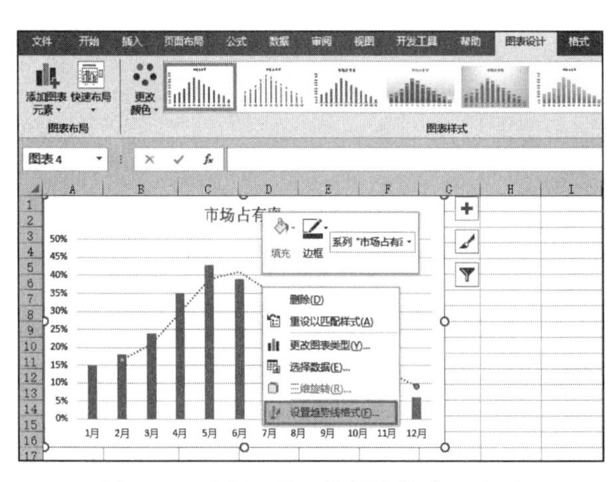

图 21-4 选择“设置趋势线格式”选项

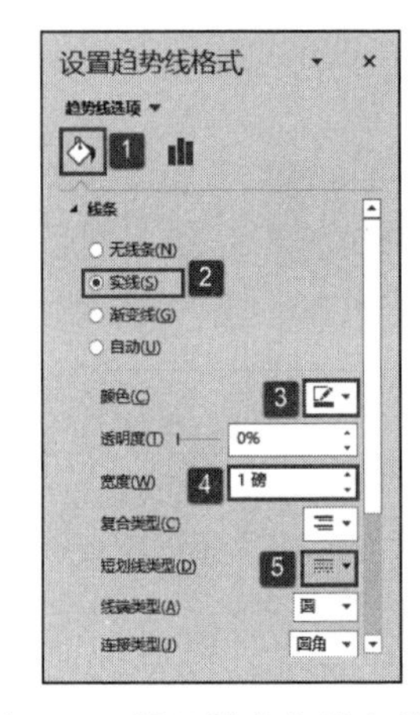

图 21-5 设置填充与线条格式

STEP03：单击“效果”图标，在“阴影”列表框中单击“预设”右侧的下三角按钮，然后在展开的下拉列表中选择“外部”选项下的“偏移：向右”选项，设置阴影颜色为“红色”，其他设置保持默认，如图 21-6 所示。

STEP04：用户可以根据自己的实际需要进行设置，设置完成后单击“设置趋势线格式”对话框右上角的“关闭”按钮，即可返回工作表。最终设置的趋势线效果如图 21-7 所示。

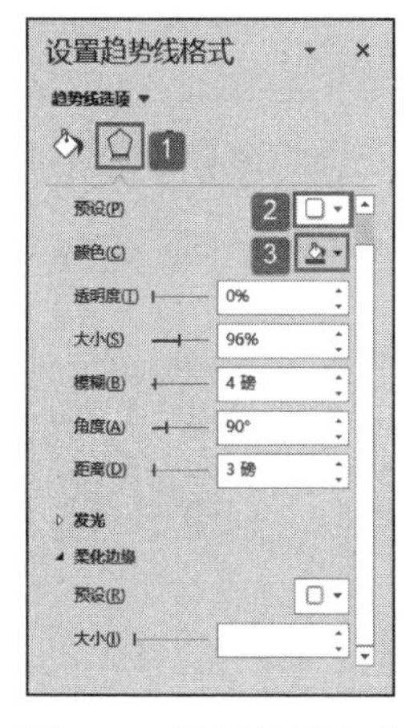

图 21-6 设置效果格式

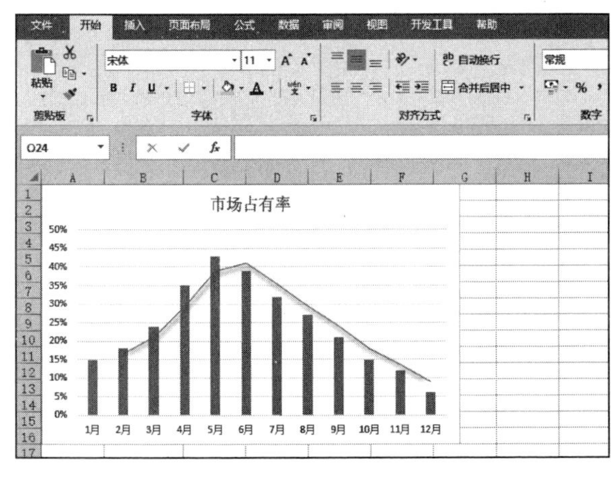

图 21-7 设置趋势线格式后的效果

21.1.6 删除趋势线

如果要删除图表中的趋势线，可以按照以下方法进行操作。

方法一： 使用快捷菜单。

选中图表中要删除的趋势线，单击鼠标右键，在弹出的快捷菜单中选择“删除”选项便可以直接删除选中的趋势线，如图 21-8 所示。

方法二： 使用功能区中的选项卡和命令功能。

选中图表，切换至“图表设计”选项卡，单击“图表布局”组中的“添加图表元素”下三角按钮，在展开的下拉列表中选择“趋势线”选项，然后在展开的级联列表中选择“无”趋势线，便可以删除当前选中的趋势线，如图 21-9 所示。

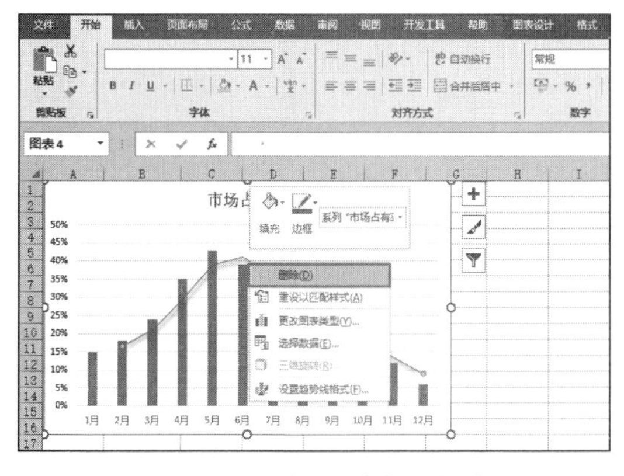

图 21-8　选择“删除”选项

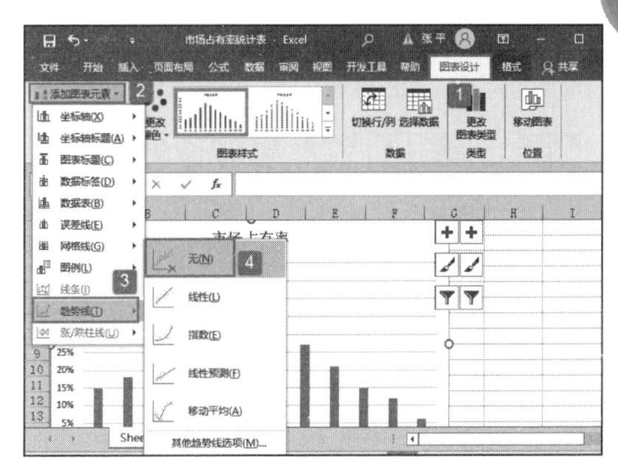

图 21-9　选择“无”趋势线

21.2 折线应用

在 Excel 2019 中可以为图表添加两种类型的折线：垂直线和高低点连线。本节将仍以“市场占有率统计表 .xlsx”工作簿中的数据为例，介绍在图表中如何添加垂直线和高低点连线，以及如何删除这两种折线。

21.2.1 添加垂直线

垂直线可以用于折线图和面积图，如果需要在图表中添加垂直线，需要按照以下步骤进行操作。

STEP01：打开“市场占有率统计表 .xlsx”工作簿，切换至“Sheet2”工作表。选择“A1:B13”单元格区域，在主页将功能区切换至“插入”选项卡，单击“图表”组中的“插入折线图或面积图”下三角按钮，在展开的下拉列表中选择“二维折线图”列表下的“折线图”选项，如图 21-10 所示。

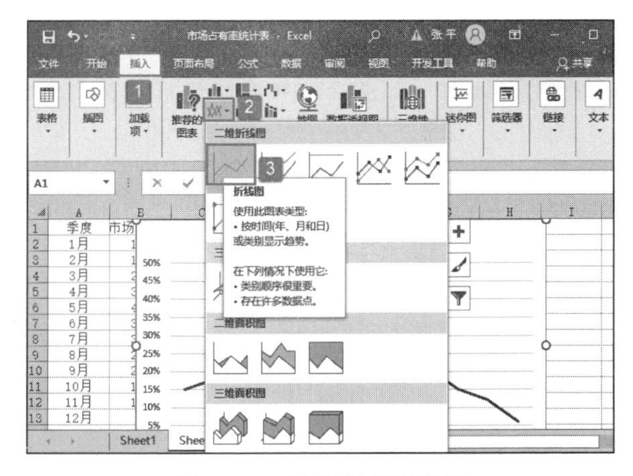

图 21-10　选择折线图类型

STEP02：随后，工作表中会自动插入一个折线图。选中图表，切换至“图表设计”选项卡，单击“图表布局”组中的“添加图表元素”下三角按钮，在展开的下拉列表中选择“线条”选项，然后在展开的级联列表中选择“垂直线”选项，如图 21-11 所示。添加垂直线后的图表效果如图 21-12 所示。

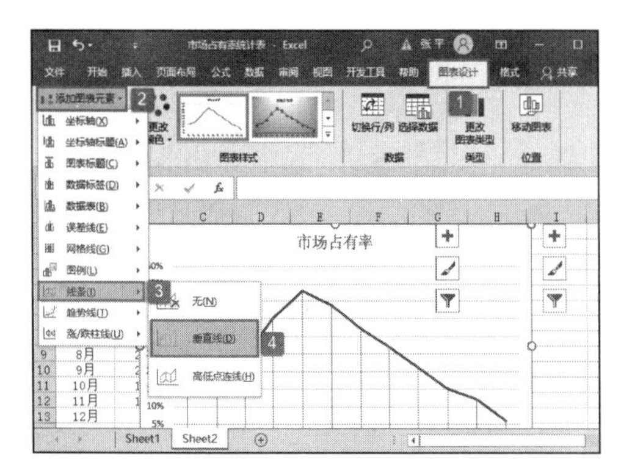
图 21-11　选择添加的线条

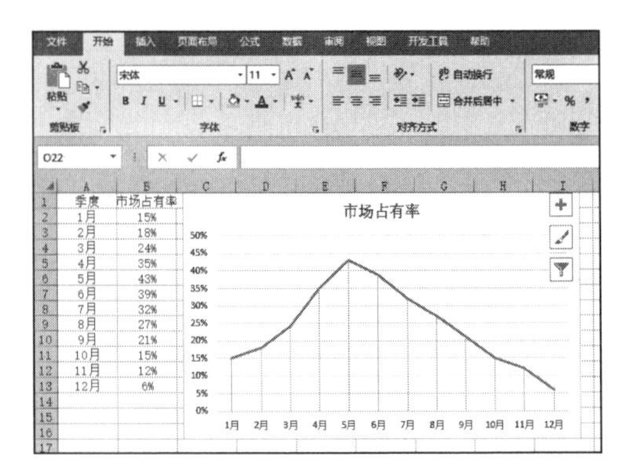
图 21-12　添加垂直线后的图表效果

21.2.2　添加高低点连线

高低点连线可以用于二维折线图，常用于股价图。如果要在图表中添加高低点连线，需要按照以下步骤进行操作。

STEP01：打开“收入统计表.xlsx”工作簿，切换至“Sheet1”工作表。选择“A3:E15”单元格区域，在主页将功能区切换至“插入”选项卡，单击“图表”组中的“插入折线图或面积图”下三角按钮，在展开的下拉列表中选择“二维折线图”列表下的“折线图”选项，如图 21-13 所示。

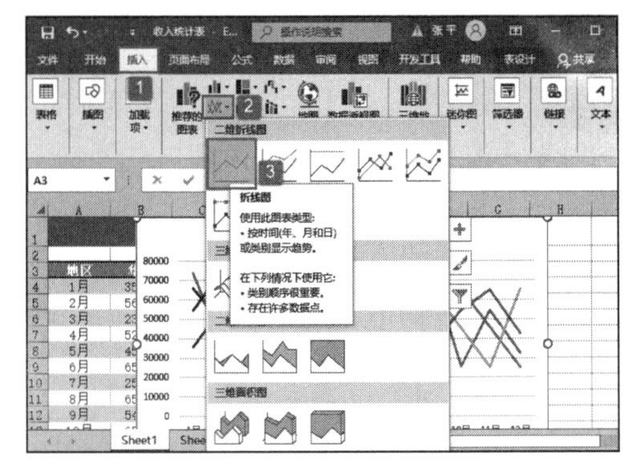
图 21-13　选择折线图类型

STEP02：随后，工作表中会自动插入一个折线图。选中图表，切换至“图表设计”选项卡，单击“图表布局”组中的“添加图表元素”下三角按钮，在展开的下拉列表中选择“线条”选项，然后在展开的级联列表中选择“高低点连线”选项，如图 21-14 所示。添加高低点连线后的图表效果如图 21-15 所示。

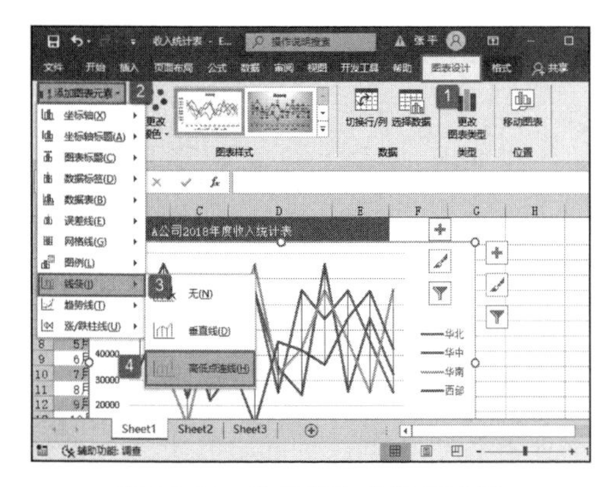
图 21-14　选择添加的线条类型

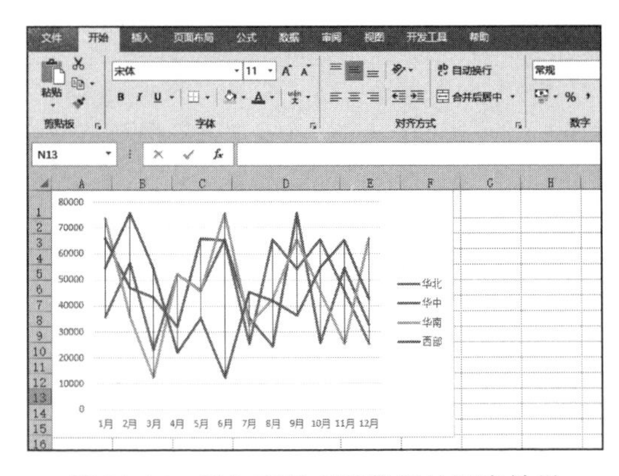
图 21-15　添加高低点连线后的图表效果

21.2.3 删除折线

如果要删除图表中的折线，可以按照以下方法进行操作。

方法一：使用快捷键

打开已经添加了高低点连线的“收入统计表.xlsx”工作簿，切换至“Sheet1”工作表，在图表中选中要删除的高低点连线，按“Delete”键便可以直接进行删除。

方法二：使用快捷菜单

选中图表中要删除的高低点连线，单击鼠标右键，在弹出的快捷菜单中选择“删除”选项便可以直接删除选中的高低点连线，如图 21-16 所示。

方法三：使用功能区中的选项卡和命令功能

选中图表，切换至“图表设计”选项卡，单击“图表布局”组中的“添加图表元素”下三角按钮，在展开的下拉列表中选择“线条”选项，然后在展开的级联列表中选择“无”选项，便可以删除当前选中的线条，如图 21-17 所示。

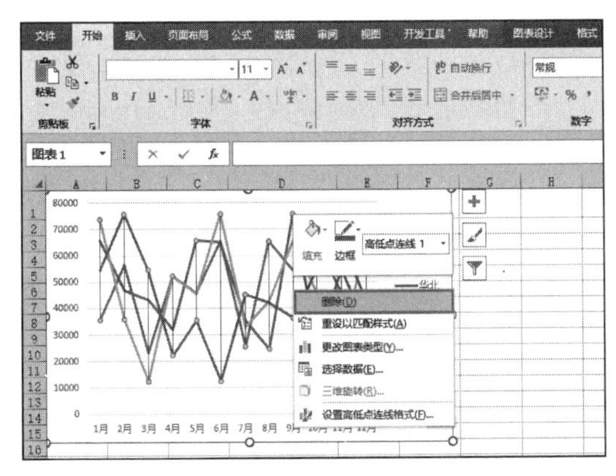

图 21-16　选择“删除”选项

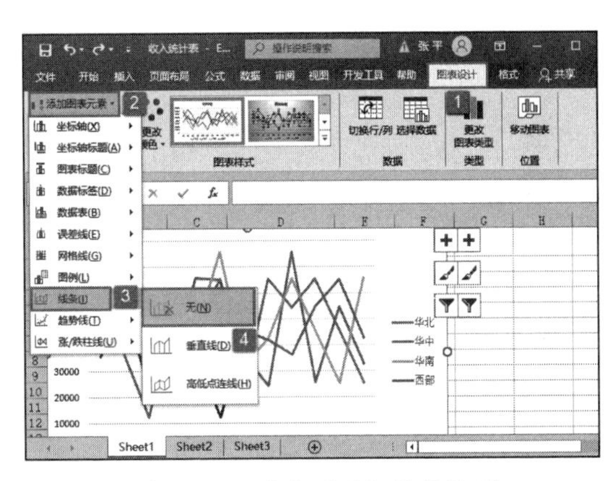

图 21-17　选中“无”线条选项

21.3 涨 / 跌柱线应用

涨 / 跌柱线适用于二维折线图，常用于股价图。本节将重点对涨 / 跌柱线的添加和删除操作进行介绍。

21.3.1 添加涨 / 跌柱线

如果要在图表中添加涨 / 跌柱线，可以按照以下步骤进行操作。

打开“收入统计表.xlsx”工作簿，切换至“Sheet2”工作表。选中工作表中的二维折线图，切换至“图表设计”选项卡，单击“图表布局”组中的“添加图表元素”下三角按钮，在展开的下拉列表中选择“涨 / 跌柱线”选项，然后在展开的级联列表中再次选择“涨 / 跌柱线”选项，如图 21-18 所示。添加涨 / 跌柱线后的图表效果如图 21-19 所示。

图 21-18　添加涨 / 跌柱线

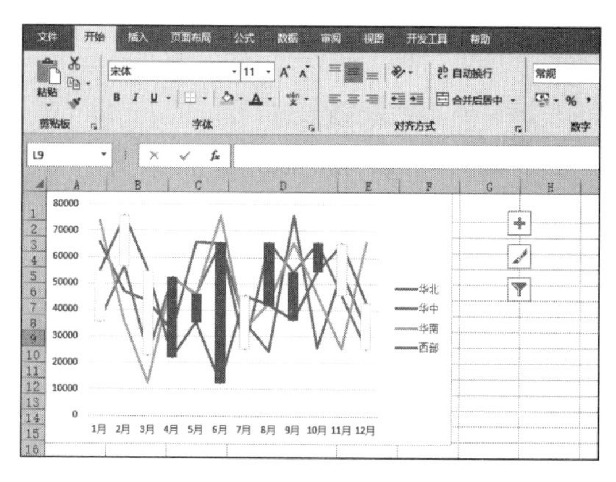

图 21-19　添加涨 / 跌柱线后的图表效果

21.3.2　删除涨 / 跌柱线

如果要删除涨 / 跌柱线，可以按照以下方法进行操作。

方法一：使用快捷键

打开已经添加了涨 / 跌柱线的“收入统计表 .xlsx”工作簿，切换至“Sheet2”工作表，在图表中选中要删除的涨 / 跌柱线，按“Delete”键便可以直接进行删除。

方法二：使用快捷菜单

选中图表中要删除的涨 / 跌柱线，单击鼠标右键，在弹出的快捷菜单中选择“删除”选项便可以直接删除选中的涨 / 跌柱线，如图 21-20 所示。

方法三：使用功能区中的选项卡和命令功能

选中图表，切换至“图表设计”选项卡，单击“图表布局”组中的“添加图表元素”下三角按钮，在展开的下拉列表中选择“涨 / 跌柱线”选项，然后在展开的级联列表中选择“无”选项，便可以删除当前图表中添加的涨 / 跌柱线，如图 21-21 所示。

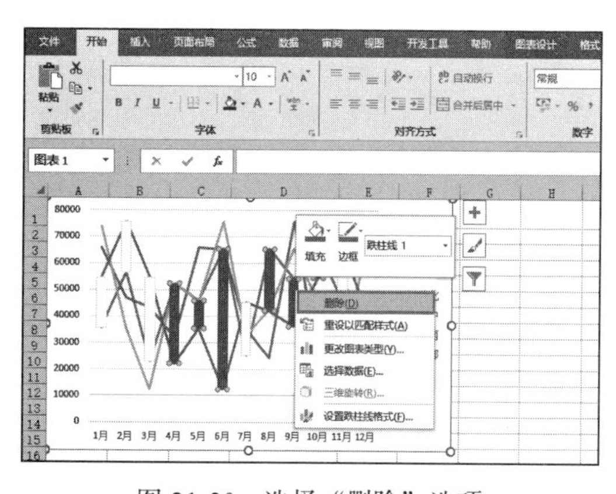

图 21-20　选择“删除”选项

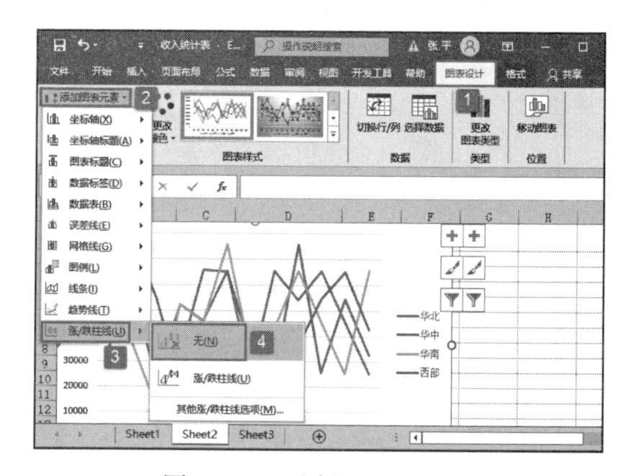

图 21-21　选择“无”选项

21.4　误差线应用

误差线与趋势线一样，都是非常重要的辅助功能线，通常用于统计或科学记数法数据中，显示相对序列中的每个数据标记的潜在误差或不确定度。

21.4.1 误差线适用图表

支持误差线的图表类型有如下几种：面积图；条形图；柱形图；折线图；XY 散点图；气泡图。

21.4.2 添加误差线

如果要在图表中添加误差线，可以按照以下步骤进行操作。

STEP01：打开“收入统计表 .xlsx”工作簿，切换至“ Sheet3”工作表。选择“ A3:C15”单元格区域，在主页将功能区切换至“插入”选项卡，单击“图表”组中的“插入折线图或面积图”下三角按钮，在展开的下拉列表中选择“二维面积图”列表下的“堆积面积图”选项，如图 21-22 所示。

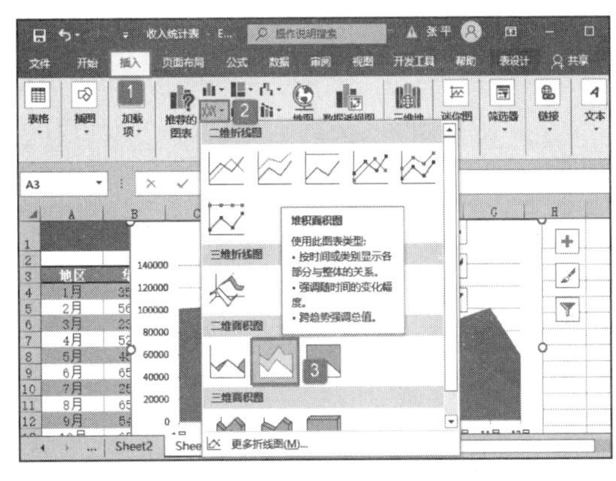

图 21-22 选择面积图类型

STEP02：随后，工作表中会自动插入一个二维堆积面积图。选中图表，切换至“图表设计”选项卡，单击“图表布局”组中的“添加图表元素”下三角按钮，在展开的下拉列表中选择“误差线”选项，然后在展开的级联列表中选择“标准偏差”选项，如图 21-23 所示。添加误差线后的图表效果如图 21-24 所示。

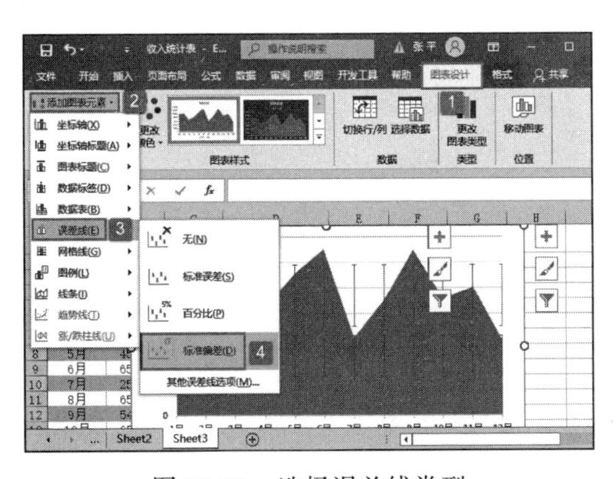

图 21-23 选择误差线类型

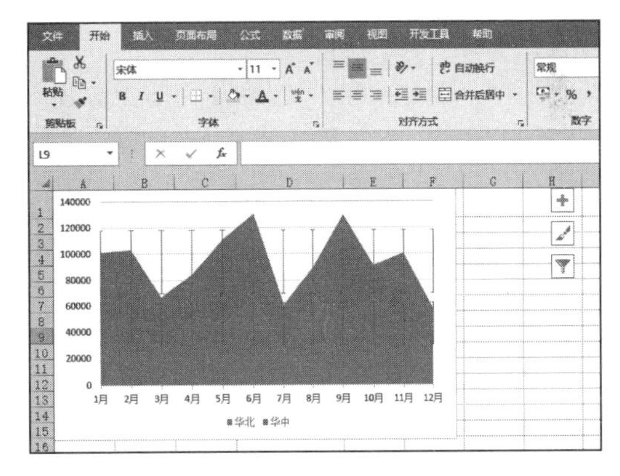

图 21-24 添加误差线后的面积图

21.4.3 设置误差线显示选项

选中图表中的误差线，单击鼠标右键，在弹出的快捷菜单中选择“设置错误栏格式”选项，如图 21-25 所示。打开“设置误差线格式”对话框，在“误差线选项”图标下，用户可以设置误差线的显示选项，可以更改其方向和末端样式，如图 21-26 所示。

方向设置样式有以下 3 种。

- ❑ 正负偏差：实际数据点值加上并减去特定误差量。

❑ 负偏差：实际数据点值减去特定误差量。
❑ 正偏差：实际数据点值加上特定误差量。
末端样式设置样式有以下两种。
❑ 无线端：没有端帽的误差线。
❑ 线端：有端帽的误差线。

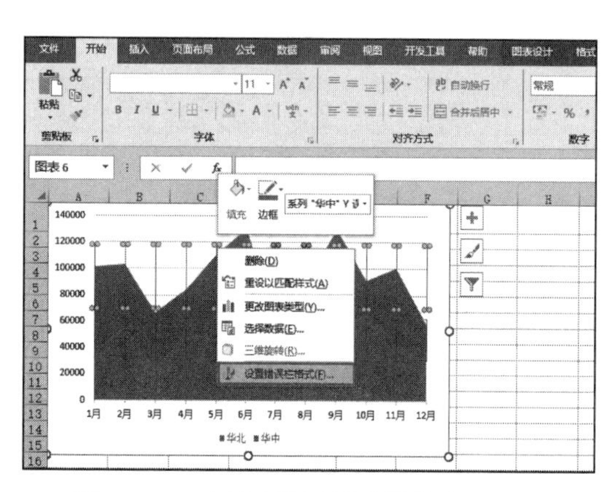

图 21-25　选择“设置错误栏格式”选项

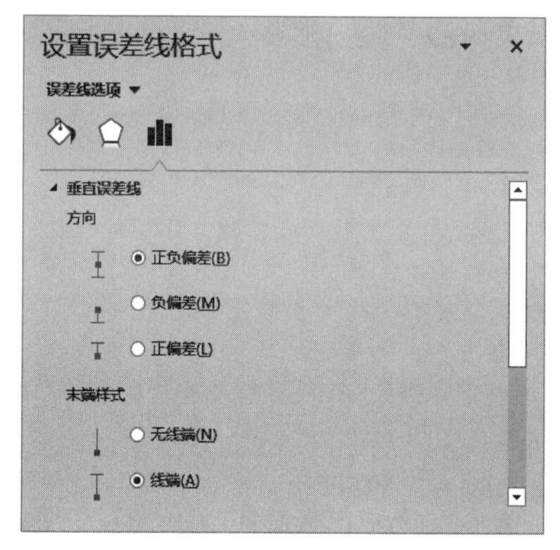

图 21-26　设置误差线显示选项

21.4.4　设置误差线误差量选项

此外，在“设置误差线格式”对话框中，用户还可以设置误差线的误差量选项，如图 21-27 所示。

1）固定值：在“固定值”框中指定常量值以计算每个数据点的误差量，每条误差线有相同的高度（或对 X 误差线有相同的宽度）。

2）百分比：在“百分比”框中指定百分比以计算每个数据点的误差量，并作为该数据点值的百分比。基于百分比的误差线在大小上不同。

3）标准偏差：显示为每个数据点计算的绘制值，然后乘以在“标准偏差”框中指定的数字的标准偏差。得到的 Y 误差线或 X 误差线的大小相同，并且不随每个数据点而变化。

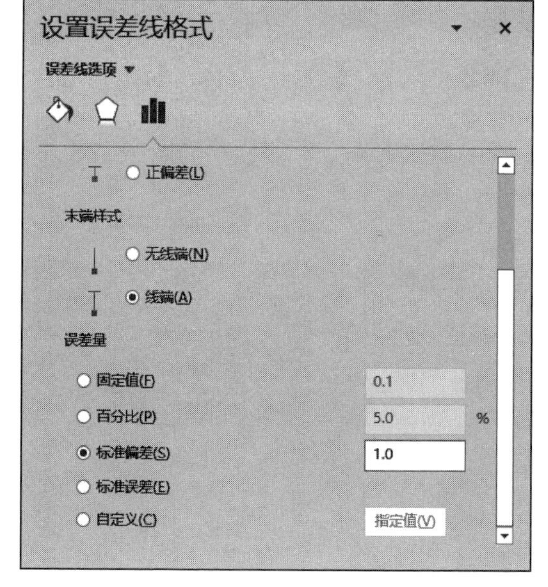

图 21-27　设置误差线误差量选项

4）标准误差：显示所有绘制值的标准误差量。每条误差线高度相同（或对 X 误差线有相同的宽度）。

5）自定义：误差量由工作表区域中指定的值决定。使用此选项时，可以在工作表区域中包含公式。

21.4.5 删除误差线

如果要删除误差线，可以按照以下方法进行操作。

方法一：使用快捷键

打开已经添加了误差线的“收入统计表.xlsx”工作簿，切换至“Sheet3”工作表，在图表中选中要删除的误差线，按“Delete”键便可以直接进行删除。

方法二：使用快捷菜单

选中图表中要删除的误差线，单击鼠标右键，在弹出的快捷菜单中选择“删除”选项便可以直接删除选中的误差线，如图21-28所示。

方法三：使用功能区中的选项卡和命令功能

选中图表，切换至“图表设计”选项卡，单击“图表布局”组中的“添加图表元素”下三角按钮，在展开的下拉列表中选择“误差线”选项，然后在展开的级联列表中选择“无”选项，便可以删除当前选中的误差线，如图21-29所示。

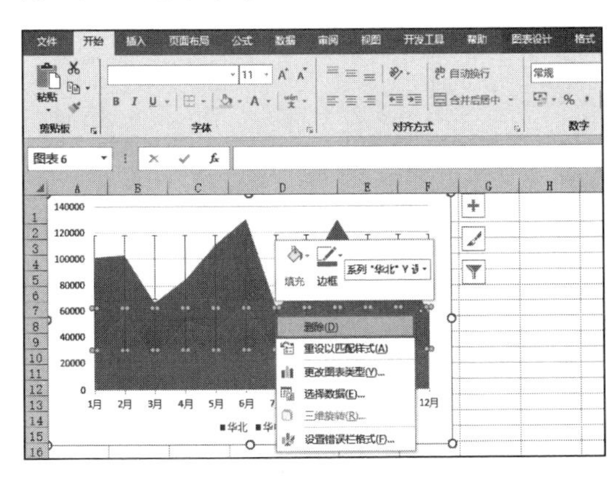

图21-28 删除误差线

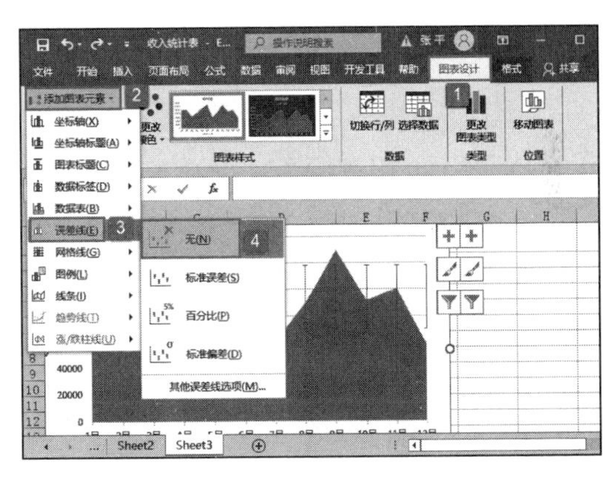

图21-29 选择“无”误差线

第22章 基本数据分析应用

本章将介绍Excel 2019中常用的数据分析方法与分析工具，包括使用数据表进行假设分析、使用假设分析方案、使用分析工具库、单变量求解和规划求解。熟练掌握并应用这些数据分析方法与工具，能够有助于解决各种复杂的数据分析与处理方面的问题。

- 数据表假设分析应用
- 假设分析方案应用
- 分析工具库应用
- 实战：计算银行贷款利率

22.1 数据表假设分析应用

数据表指的是一个单元格区域，可用于显示一个或多个公式中某些值的更改对公式结果的影响。数据表实际是一组命令的组成部分，有时也称这些命令为“假设分析”。用户可以通过更改单元格中的值，查看这些更改对工作表中公式结果有何影响。使用数据表可以快捷地通过一步操作计算出多种情况下的值，可以有效查看和比较由工作表中不同的变化所引起的各种结果。

22.1.1 数据表类型

数据表有两种类型：单变量数据表和双变量数据表。在具体使用时，需要根据待测试的变量数来决定是创建单变量数据表还是双变量数据表。下面以计算购房贷款月还款额为例，介绍这两种类型的区别（实例将在后面的两节中详细介绍）。

1）单变量数据表：如果需要查看不同年限对购房贷款月还款额的影响，可以使用单变量数据表。在单变量数据表示例中，B8 单元格中包含付款公式 =PMT(B3/12,A8*12,B2-B5)，它引用了输入 A8 单元格。

2）双变量数据表：双变量数据表可用于显示不同利率和贷款年限对购房贷款月还款额的影响。在双变量数据表示例中，A7 单元格中包含付款公式 =PMT(B3/12,B4*12,B2-B5)，它引用了输入 B3 单元格和 B4 单元格。

22.1.2 单变量数据表

下面通过实例详细说明如何使用单变量数据表进行假设分析。

打开“数据表类型分析 .xlsx”工作簿，切换至“Sheet1”工作表，本例中的原始数据如图 22-1 所示。使用单变量数据表对其进行假设分析的具体操作步骤如下。

STEP01：选中 B8 单元格，在编辑栏中输入公式“=PMT(B3/12,A8*12,B2-B5)”，然后按“Enter”键返回，即可计算出年限为 1 年的贷款每月还款额，如图 22-2 所示。

STEP02：选中 A8:B19 单元格区域，切换至“数据”选项卡，单击“预测”组中的“模拟分析”下三角按钮，在展开的下拉列表中选择“模拟运算表”选项打开“模拟运算表”对话框，如图 22-3 所示。

图 22-1 原始数据

STEP03：打开“模拟运算表”对话框后，在“输入引用列的单元格”文本框中输入单元格的引用地址为“$A$8”单元格（如果数据表为行方向，则需要在“输入引用行的单元格”文本框中选择行引用单元格），表示不同的年限，然后单击“确定”按钮返回计算结果，如图 22-4 所示。此时的工作表如图 22-5 所示。

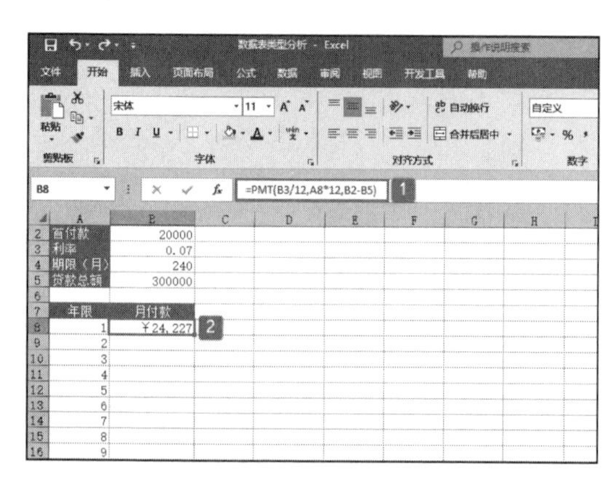

图 22-2　计算每月还款额

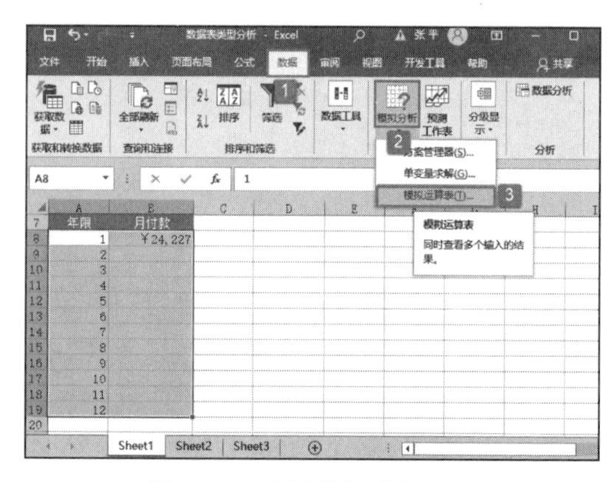

图 22-3　选择模拟分析工具

单变量数据表的输入数值应当排列在一列中（列方向）或一行中（行方向），而且单变量数据表中使用的公式必须引用输入单元格。所谓的输入单元格指的是，该单元格中源于数据表的输入值将被替换。可以将工作表中的任何单元格作为输入单元格，而不必是数据表的一部分。

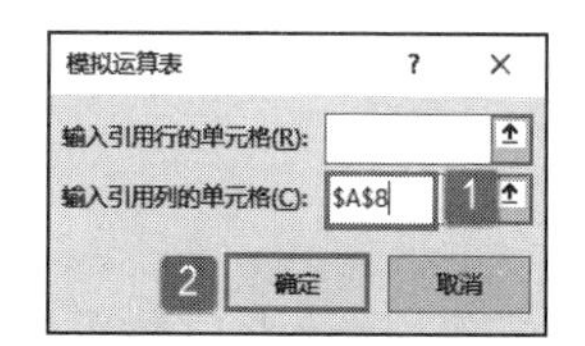

图 22-4　设置引用单元格

如果单击 B9 单元格至 B19 单元格中任一单元格，或者选中 B9:B19 单元格区域，可以在编辑栏中看到数据表的区域数组形式：{=TABLE(,A8)}，其中 () 中的单元格地址即为所引用的单元格。由于是单变量数据表，所以其中只有一个单元格地址，而且又因为是列引用，所以是 (,A8) 的形式；如果是行引用，则为 (A8,) 的形式。

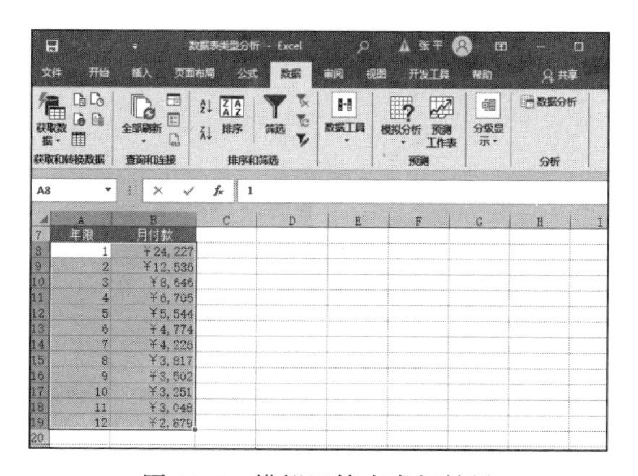

图 22-5　模拟运算表求解结果

用户无法对区域数组中的数据进行单元编辑，因为区域数组是以整体的形式存在的，而不是以单独的形式存在的。如果用户试图编辑其中的一个数值，则会出现警告对话框，提示不能更改数据表的一部分。

22.1.3　双变量数据表

下面通过实例详细说明如何使用双变量数据表进行假设分析。

打开“数据表类型分析 .xlsx”工作簿，切换至“Sheet2”工作表，本例中的原始数据如图 22-6 所示。使用双变量数据表对其进行假设分析的具体操作步骤如下。

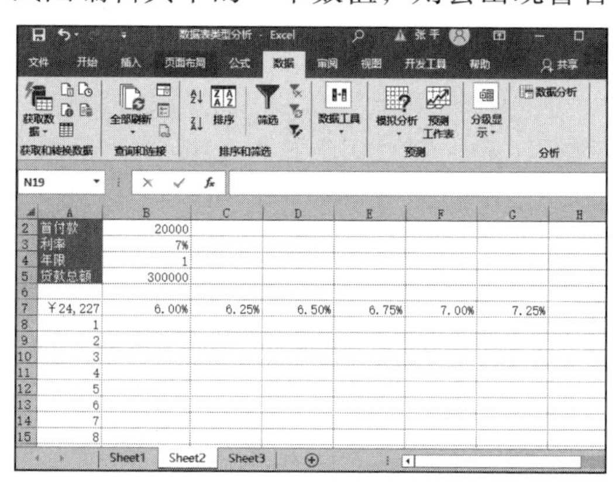

图 22-6　原始数据

STEP01：选中 B8 单元格，在编辑栏中输入公式“ =PMT(B3/12,B4*12,B2-B5)”，然后按“ Enter”键返回，即可计算出每月还款额，如图 22-7 所示。在双变量数据表中，输入公式必须位于两组输入值的行与列相交的单元格，否则无法进行双变量假设分析。本例中的 B8 单元格即为相交的单元格。

STEP02：选中 A7:G19 单元格区域，切换至“数据”选项卡，单击“预测”组中的“模拟分析”下三角按钮，在展开的下拉列表中选择“模拟运算表”选项打开“模拟运算表”对话框，如图 22-8 所示。

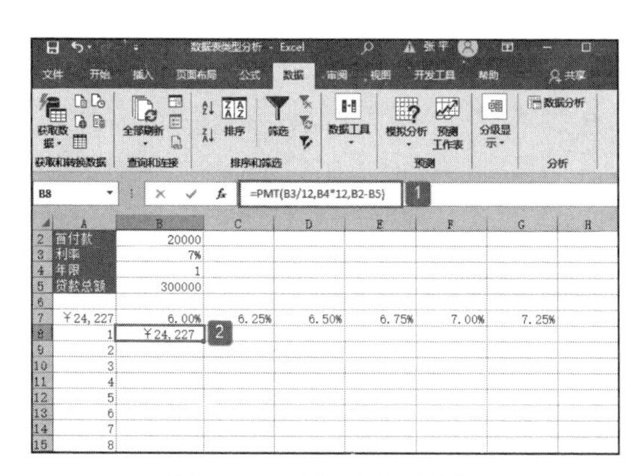

图 22-7　计算每月还款额

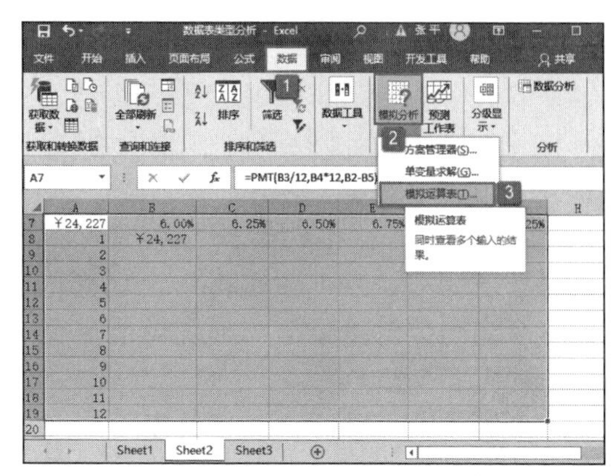

图 22-8　选择“模拟运算表”选项

STEP03：打开“模拟运算表”对话框后，在“输入引用行的单元格”文本框中输入单元格的引用地址为“ $B$3”单元格，表示不同的利率，在“输入引用列的单元格”文本框中输入单元格的引用地址为“ $B$4”单元格，表示不同的年限，然后单击“确定”按钮返回计算结果，如图 22-9 所示。此时的工作表如图 22-10 所示。

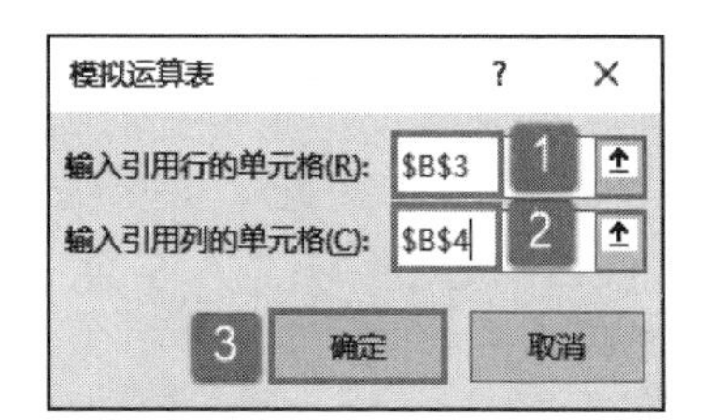

图 22-9　输入引用行与引用列的单元格

如果单击 B8 单元格至 B19 单元格中任一单元格，或者选中 B8:B19 单元格区域，可以在编辑栏中看到数据表的区域数组形式：{=TABLE(B3,B4)}，其中 () 中的单元格地址即为所引用的单元格。由于是双变量数据表，所以其中有两个单元格地址，一个为行引用（即 B3），一个为列引用（即 B4）。

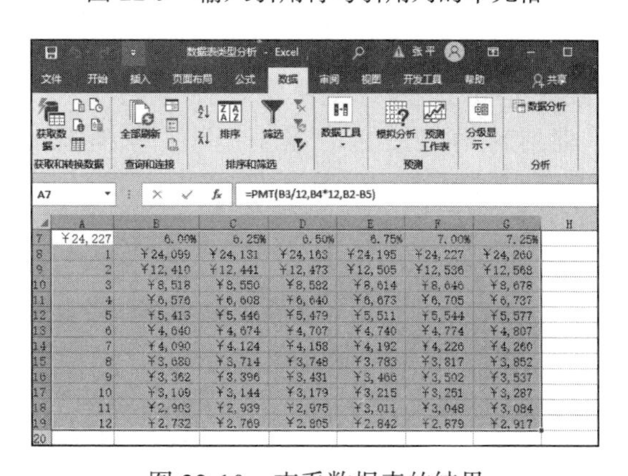

图 22-10　查看数据表的结果

22.1.4　清除数据表

如果要清除数据表，可以按照以下方法进行操作。

选中显示模拟运算结果的所有单元格区域，按“ Delete”键即可删除。也可以在选中的区域处单击鼠标右键，在弹出的隐藏菜单中选择“清除内容”选项即可。

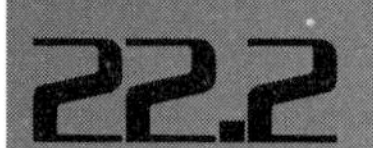

22.2 假设分析方案应用

在 Excel 中，可以使用“方案管理器”创建不同的假设分析方案，来预测使用不同组合的输入值计算出的不同结果。创建方案后可以在“方案管理器”中方便地查看不同方案所对应的数据表的数值变化，还可以生成方案总结报表以供预测分析。

22.2.1 定义方案

下面通过一个具体案例来说明如何定义一个方案。打开“假设分析方案.xlsx”工作簿，本例中的原始数据如图 22-11 所示。这是一个简单的图书销售利润统计表，其中顾客折扣、运费和数量对应的数值是根据实际统计情况直接记录在工作表中的。

图 22-11　图书销售利润统计表

在本例中，单价、进货折扣为固定值，单本书售价、单本书的利润、每种书的总利润、总利润则使用简单的公式计算得出，其公式分别如下。

单本书售价：从左至右依次为“=B7*B2”，“=C7*B2”，“=D7*B2”，“=E7*B2”。

单本书的利润：从左至右依次为“=B9-B7*(B2-B8-B3)”，“=C9-C7*(B2-C8-B3)”，“=D9-D7*(B2-D8-B3)”，“=E9-E7*(B2-E8-B3)”。

每种书的总利润：从左至右依次为“=B4*B10”，“=B4*C10”，“=B4*D10”，“=B4*E10”。

总利润：“=B11+C11+D11+E11”。

如果希望分析不同的顾客折扣、运费和数量下书籍销售的利润情况，则可以确定不同的方案。例如，可以分为“促销期”“滞销期”“常销期”3 个方案，如表 22-1 所示。

表22-1　3个不同的方案

方案名称	顾客折扣	运　费	数　量
促销期	75%	1%	300
滞销期	80%	2%	50
常销期	90%	1.5%	100

22.2.2 创建方案

下面通过实例介绍如何创建假设分析的方案。

STEP01：选中工作表中的任意一个单元格，如 B2 单元格，切换至“数据”选项卡，单击“预测”组中的“模拟分析”下三角按钮，在展开的下拉列表中选择“方案管理器”选项打开“方案管理器”对话框，如图 22-12 所示。

STEP02：因为是第 1 次打开该对话框，在“方案”列表框中会出现“未定义方案。若要增加方案，请选定‘添加’按钮”的提示。单击“添加”按钮打开“编辑方案”对话框，如图 22-13 所示。

STEP03：打开“编辑方案”对话框后，在“方案名”文本框中输入“促销期”，在“可变单元格”文本框中输入可变单元格的地址，此处按住 Ctrl 键的同时单击 B2、

B3、B4 单元格，这样可以在“可变单元格”文本框中输入 $B$2、$B$3、$B$4，然后单击“确定”按钮，如图 22-14 所示。

图 22-12　选择“方案管理器”选项

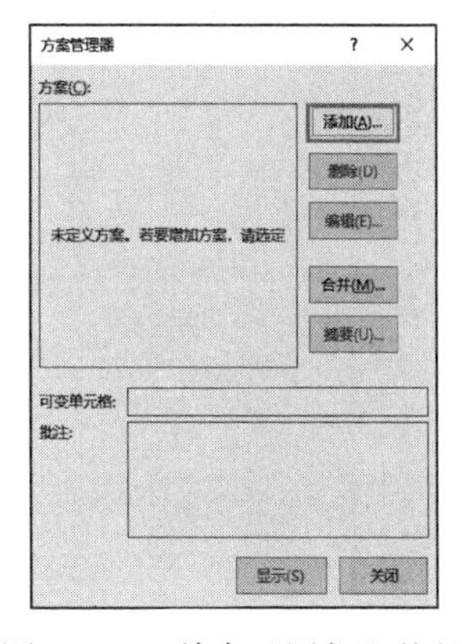

图 22-13　单击“添加”按钮

“编辑方案”对话框各选项简介如下。

1）方案名：假设分析方案的名称，可以使用任意的名称，但最好能有助于识别方案的内容。

2）可变单元格：在此输入引用单元格的地址，允许输入多个单元格，而且输入单元格不必是相邻的。也可以按住 Ctrl 键的同时单击要输入的单元格，Excel 会自动完成输入。

3）备注：默认会显示创建者的名字以及创建的日期，也可以根据实际情况输入其他内容或修改与删除内容。

4）保护：当工作簿被保护且“保护工作簿”中的“结构”选项被选中时，这两个选项即生效。保护方案可以防止其他人更改此方案。如果选择隐藏方案，则被隐藏的方案不会在“方案管理器”中出现。

STEP04：随后会打开“方案变量值”对话框，在“请输入每个可变单元格的值”文本框中分别输入每个可变单元格所对应的值，然后单击“添加”按钮返回“编辑方案”对话框，如图 22-15 所示。

STEP05：在“方案名”文本框中输入“滞销期”，在“可变单元格”文本框中输入可变单元格的地址，此处按住 Ctrl 键的同时单击 B2、B3、B4 单元格，这样可以在“可变单元格”文本框中输入 $B$2、$B$3、$B$4，然后单击“确定”按钮，如图 22-16 所示。

STEP06：随后会打开“方案变量值”对话框，在“请输入每个可变单元格的值”文本框中分别输入每个可变单元格所对应的值，然后单击“添加”按钮再次返回“编辑方案”对话框，如图 22-17 所示。

STEP07：在“方案名”文本框中输入“常销期”，

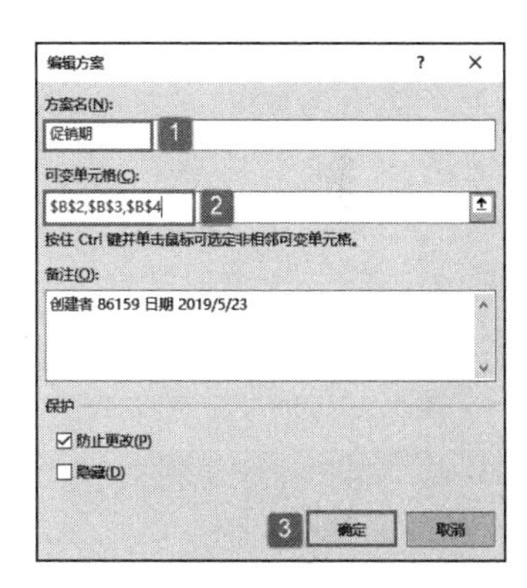

图 22-14　编辑“促销期”方案

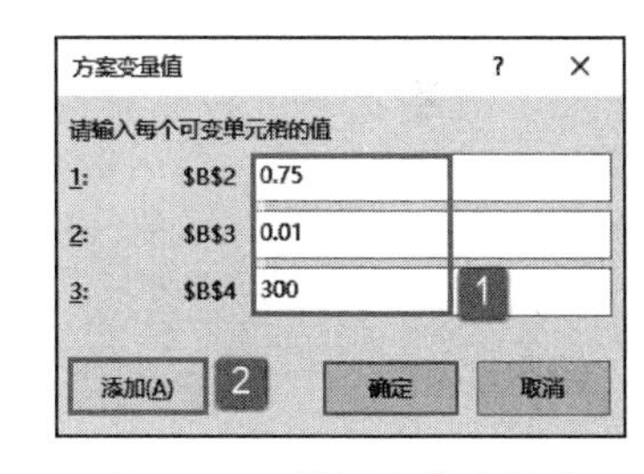

图 22-15　设置方案变量值

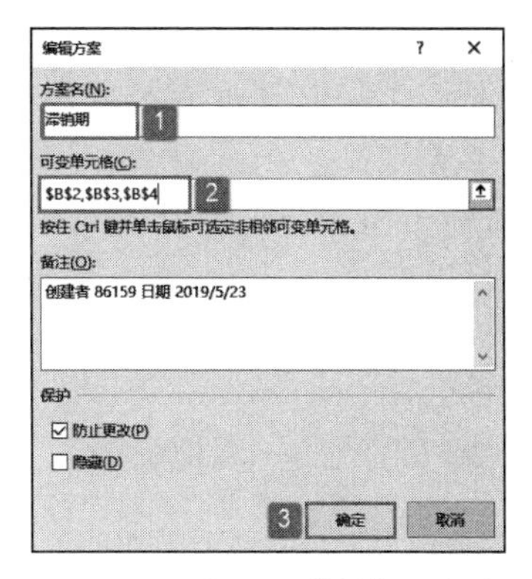

图 22-16　设置“滞销期”方案

在“可变单元格”文本框中输入可变单元格的地址，此处按住 Ctrl 键的同时单击 B2、B3、B4 单元格，这样可以在“可变单元格”文本框中输入 $B$2、$B$3、$B$4，然后单击“确定”按钮，如图 22-18 所示。

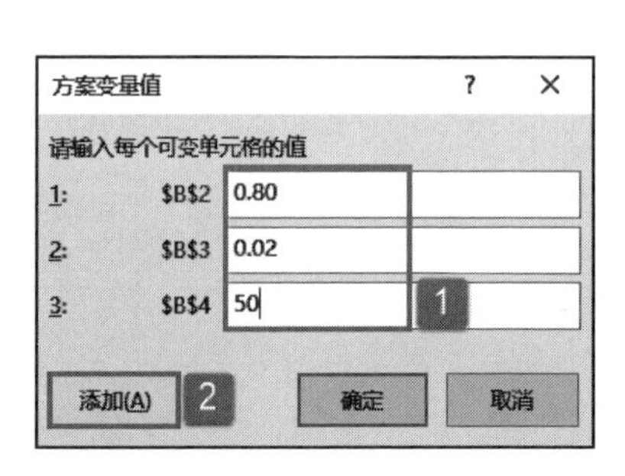

图 22-17 输入可变单元格的值

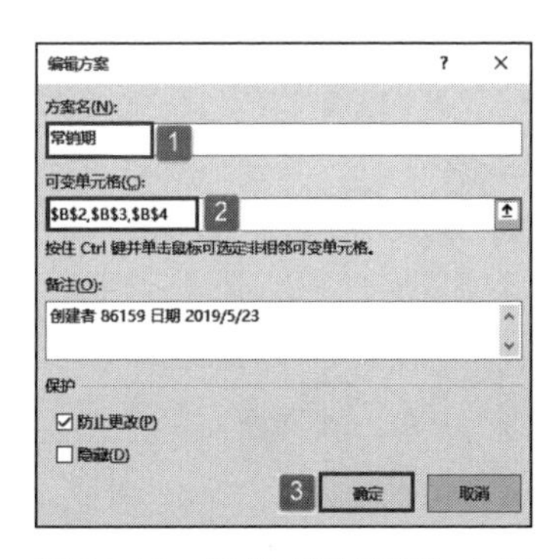

图 22-18 设置“常销期”方案

STEP08：随后会打开“方案变量值”对话框，在“请输入每个可变单元格的值”文本框中分别输入每个可变单元格所对应的值，然后单击“确定”按钮返回“方案管理器”对话框，如图 22-19 所示。

STEP09：此时，可以在“方案”列表框中看到刚才创建的 3 个方案，如图 22-20 所示。如果想返回工作表，单击对话框右下角的“关闭”按钮即可。

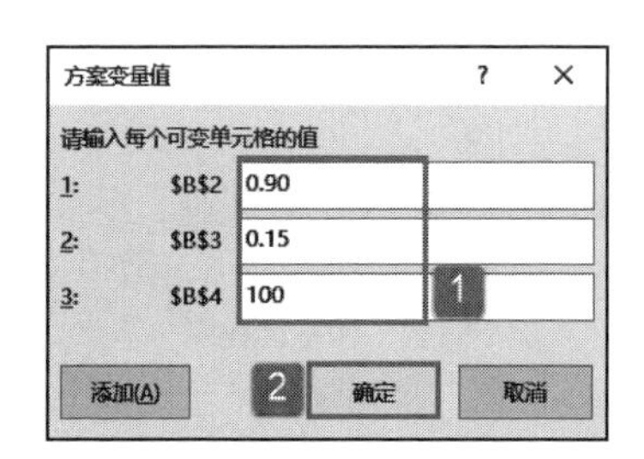

图 22-19 输入每个可变单元格的值

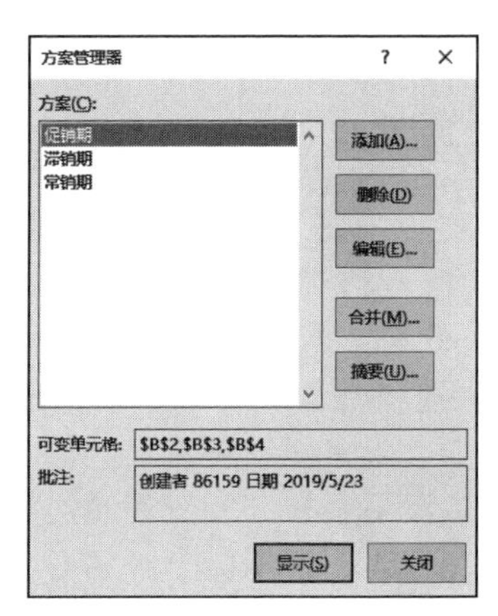

图 22-20 创建的 3 个方案

22.2.3 显示方案

当假设分析方案创建完毕，即可在“方案管理器”中查看与管理方案。本节介绍如何在工作表中显示各方案所对应的可变单元格的信息。

选中工作表中的任意一个单元格，如 B2 单元格，切换至“数据”选项卡，单击“预测”组中的“模拟分析”下三角按钮，在展开的下拉列表中选择“方案管理器”选项，打开如图 22-21 所示的“方案管理器”对话

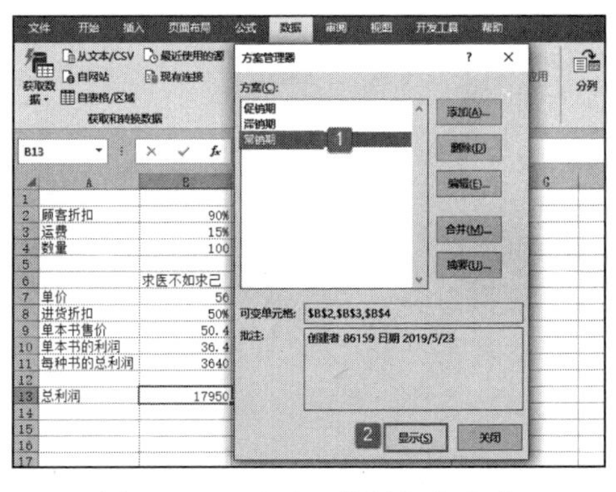

图 22-21 显示“常销期”方案

框。在“方案”列表框中选择要显示的方案，这里选择“常销期”方案，然后单击“显示”按钮，即可在工作表中显示该方案的结果。

22.3 分析工具库应用

Excel 2019 提供了一组数据分析工具，当需要开发复杂的统计或工程分析时，使用这些工具会节省不少步骤与时间。只需要为所用的分析工具提供数据与参数，该工具就会使用相应的函数计算与分析出结果。有些工具还能同时生成图表，这种方法无疑比单纯使用函数来解决问题要容易和方便得多。

22.3.1 加载分析工具库

要使用分析工具库，需要首先确保 Excel 中加载了分析工具库。如果在“数据”选项卡“分析”组中可以看到“数据分析”按钮，则已经加载了分析工具库，否则，必须先按以下步骤进行操作将其加载到 Excel 中。

STEP01：在工作表页面切换至“文件”选项卡，然后单击左侧导航栏中的“选项”标签打开“Excel 选项”对话框，如图 22-22 所示。

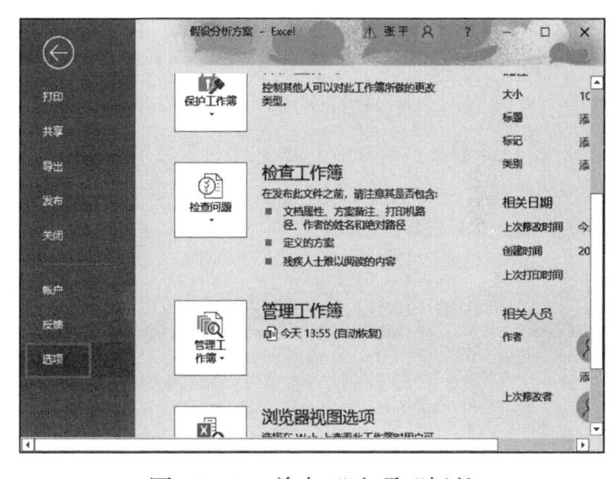

图 22-22 单击“选项“标签

STEP02：打开“Excel 选项”对话框后，在左侧的导航栏中单击“加载项”标签，然后在“查看和管理 Microsoft Office 加载项”页面单击“管理”选择框右侧的下三角按钮，在展开的下拉列表中选择“Excel 加载项”，单击“转到”按钮，如图 22-23 所示。

STEP03：随后会打开“加载项”对话框，在“可用加载宏”列表框中勾选“分析工具库”复选框，然后单击“确定”按钮即可完成分析工具库的加载，如图 22-24 所示。

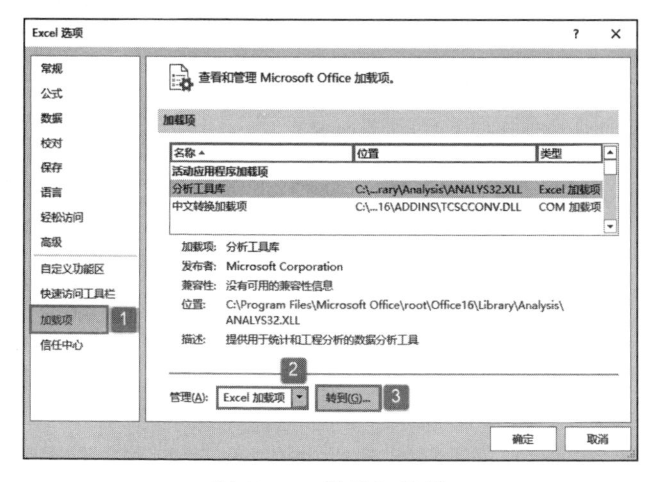

图 22-23 设置加载项

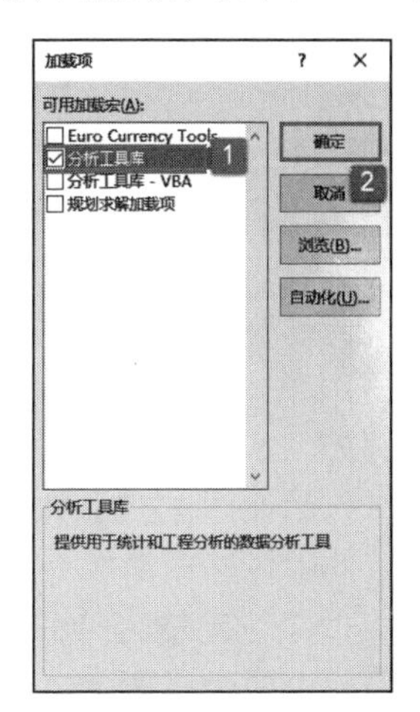

图 22-24 勾选“分析工具库”复选框

22.3.2 方差分析

方差分析工具提供了以下 3 种不同类型的方差分析：单因素方差分析、包含重复的双因素方差分析和无重复的双因素方差分析。具体应该使用何种工具，需要根据因素的个数以及待检验样本总体中所含样本的个数而定。

（1）单因素方差分析

也叫作一维方差分析，此工具可对两个或更多样本的数据执行简单的方差分析。此分析可提供一种假设测试，该假设的内容是：每个样本都取自相同的基础概率分布，而不是对所有样本来说基础概率分布都不相同。如果只有两个样本，则可使用工作表函数 TTEST。如果有两个以上的样本，则没有使用方便的 TTEST 归纳，可改为调用“单因素方差分析”模型。

下面通过实例说明如何进行单因素方差分析。

STEP01：打开“单因素方差分析 .xlsx”工作簿，将要处理的数据输入工作表中。本例将 5 个地区一天当中发生交通事故的次数输入工作表，原始数据如图 22-25 所示。下面将以 α=0.01 检验各地区平均每天交通事故的次数是否相等。

STEP02：选中工作表中的任意一个单元格，如 B2 单元格，切换至“数据”选项卡，然后在“分析”组中单击“数据分析”按钮打开“数据分析”对话框，如图 22-26 所示。

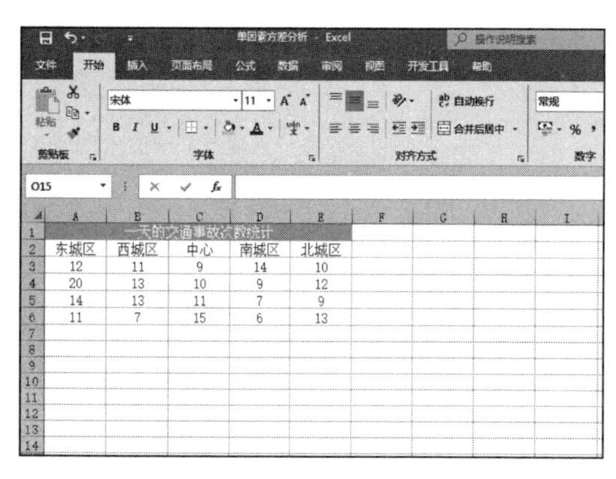

一天的交通事故次数统计				
东城区	西城区	中心	南城区	北城区
12	11	9	14	10
20	13	10	9	12
14	13	11	7	9
11	7	15	6	13

图 22-25　原始数据

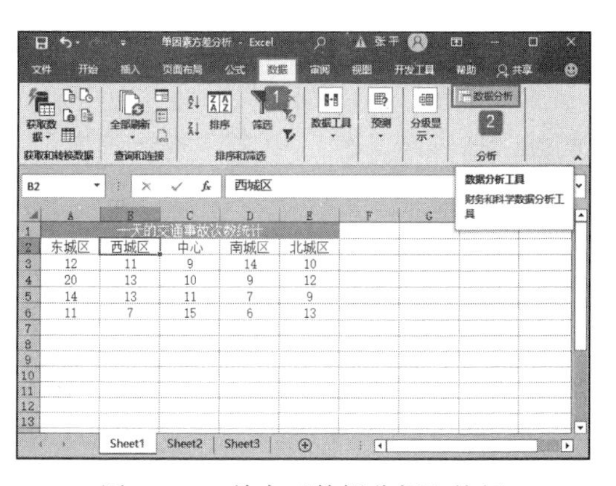

图 22-26　单击“数据分析”按钮

STEP03：打开“数据分析”对话框后，在“分析工具”列表框中选择“方差分析：单因素方差分析”选项，然后单击“确定”按钮，如图 22-27 所示。

STEP04：随后会打开“方差分析：单因素方差分析”对话框，在“输入”列表区域设置输入区域为“$A$3:$E$6”，在“分组”方式列表中单击选中“列”单选按钮，设置 α 的值为“0.01”。然后在“输出选项”列表区域中单击选中“输出区域”单选按钮，并设置输出区域为“$A$8”单元格，最后单击“确定”按钮返回工作表，如图 22-28 所示。

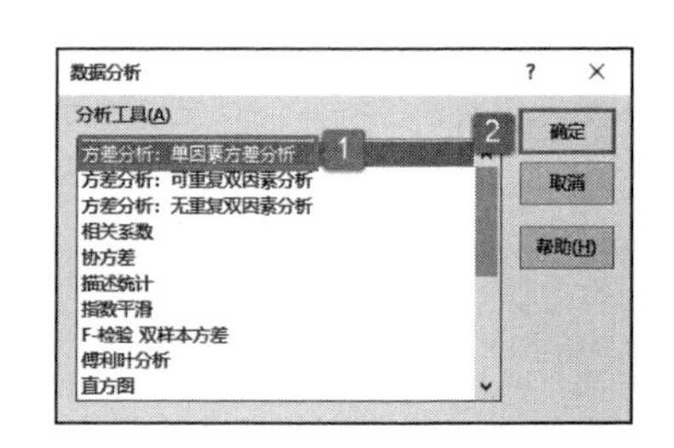

图 22-27　选择分析工具

对话框中各选项简要介绍如下。

1）输入区域：输入待分析数据区域的单元格引用，该引用必须由两个或两个以上按列或行排列的数据区域组成。

2）分组方式：如果要指定输入区域中的数据是按行还是按列排列，则选择“行”

或“列”单选按钮。

3）标志位于第一行 / 标志位于第一列：如果输入区域的第 1 行中包含标志项，则选中“标志位于第一行”复选框。如果输入区域的第 1 列中包含标志项，则选中“标志位于第一列”复选框。如果输入区域没有标志项，则不选择该复选框，Excel 将在输出表中生成合适的标志项。

4）α：输入要用来计算 F 统计的临界值的置信度。α 置信度为与 I 型错误发生概率相关的显著性水平（拒绝真假设）。

5）输出区域：输入对输出表左上角单元格的引用，Excel 只在输出表的半边填写结果，这是因为两个区域中数据的协方差与区域被处理的次序无关。在输出表的对角线上为每个区域的方差。

6）新工作表组：选择此项可以在当前工作簿中插入新工作表，并由新工作表的 A1 单元格开始粘贴计算结果。如果要为新工作表命名，则在右侧的文本框中输入名称。

7）新工作簿：选择此项可以创建一个新的工作簿，并在新工作簿的新工作表中粘贴计算结果。

STEP05：此时，工作表中会显示“方差分析：单因素方差分析”的分析结果，如图 22-29 所示。由于 F=1.50265 ＜ Fα=5.952544683，说明各地区每天的交通事故次数差异不显著。Fα 为统计学固定值。

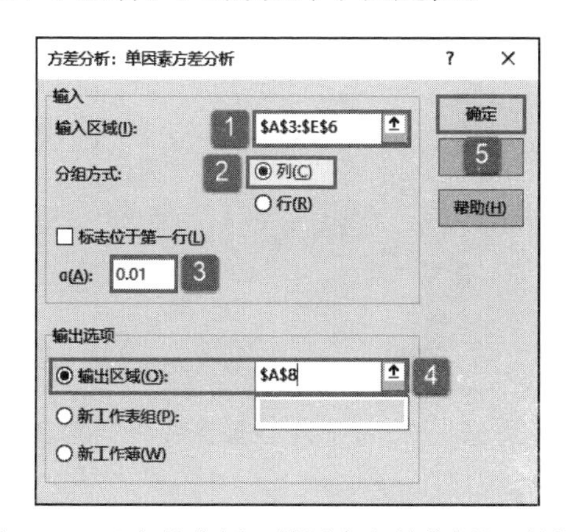

图 22-28 “方差分析：单因素方差分析”对话框

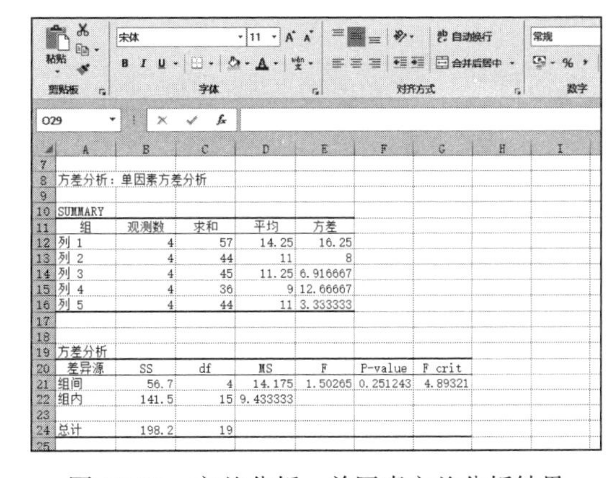

方差分析：单因素方差分析

SUMMARY

组	观测数	求和	平均	方差
列 1	4	57	14.25	16.25
列 2	4	44	11	8
列 3	4	45	11.25	6.916667
列 4	4	36	9	12.66667
列 5	4	44	11	3.333333

方差分析

差异源	SS	df	MS	F	P-value	F crit
组间	56.7	4	14.175	1.50265	0.251243	4.89321
组内	141.5	15	9.433333			
总计	198.2	19				

图 22-29 方差分析：单因素方差分析结果

（2）包含重复的双因素方差分析

双因素方差分析用于观察两个因素的不同水平对所研究对象的影响是否存在明显的不同。根据是否考虑两个因素的交互作用，它又可以分为“包含重复的双因素方差分析”和“无重复的双因素方差分析”。本节首先介绍“包含重复的双因素方差分析”。

例如，在测量植物生长高度的实验中，共施用了 5 种不同品牌的化肥（A、B、C、D、E)，同时植物处于不同温度（20 ℃、25 ℃、30 ℃）的环境中。对于每种化肥与每种温度的组合各统计两次，测定结果如图 22-30 所示，本例中的原

不同品牌化肥和不同温度对植物生长影响分析

	化肥A	化肥B	化肥C	化肥D	化肥D
20℃	76	58	49	68	64
	68	56	45	65	62
25℃	66	54	42	60	56
	62	50	38	58	52
30℃	59	48	40	50	49
	56	46	38	48	45

图 22-30 统计数据

始数据记录保存在“可重复双因素分析 .xlsx”工作簿中。

使用“包含重复的双因素方差分析”可以检验：

1）施用不同化肥的植物高度是否取自相同的基础样本总体，此分析忽略温度。

2）处于不同温度环境中的植物高度是否取自相同的基础样本总体，此分析忽略所使用的化肥品牌。

无论是否考虑上述不同品牌化肥之间的差异的影响以及不同温度之间差异的影响，代表所有{化肥，温度}值对的样本都取自相同的样本总体。另一种假设是除了基于化肥或温度单个因素的差异带来的影响之外，特定的{化肥，温度}值对也会有影响。

下面通过实例介绍进行包含重复的双因素方差分析的具体操作步骤。

STEP01：选中工作表中的任意一个单元格，如 B2 单元格，切换至“数据”选项卡，然后在“分析”组中单击“数据分析”按钮打开如图 22-31 所示的“数据分析”对话框，在“分析工具”列表框中选择“方差分析：可重复双因素分析”选项，然后单击“确定”按钮。

STEP02：随后会打开“方差分析：可重复双因素分析”对话框，在“输入”列表区域设置输入区域为“$A$3:$F$9”，在“每一样本的行数”文本框中输入“2”，设置 α 的值为“0.05”。然后在“输出选项”列表区域中单击选中“输出区域”单选按钮，并设置输出区域为“$A$11”单元格，最后单击“确定”按钮返回工作表，如图 22-32 所示。

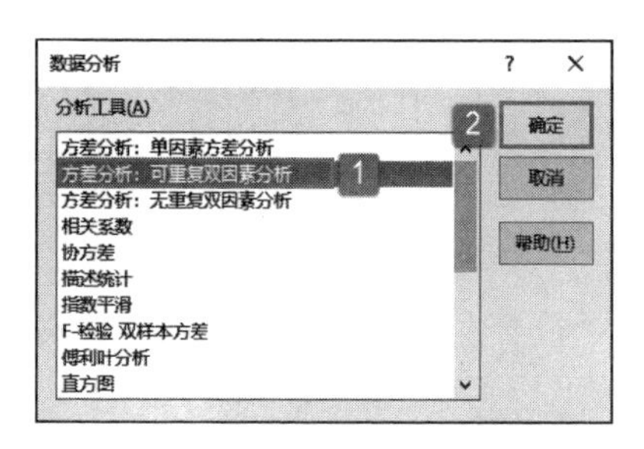

图 22-31　选择分析工具

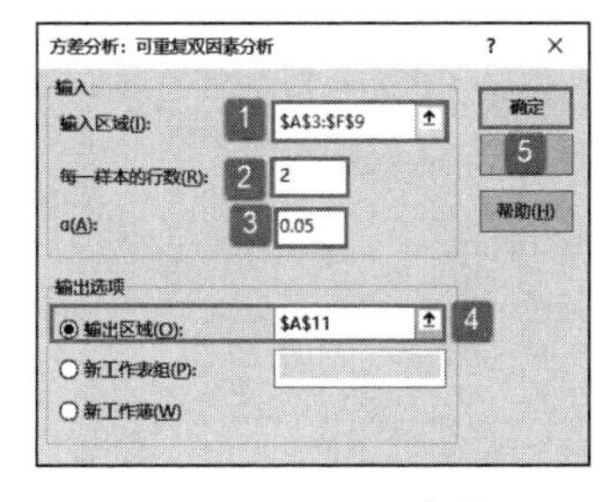

图 22-32　设置参数

在“每一样本的行数”框中输入包含在每个样本中的行数。每个样本必须包含同样的行数，因为每一行代表数据的一个副本。

STEP03：此时，工作表中会显示“方差分析：可重复双因素分析”的分析结果，如图 22-33 所示。

	A	B	C	D	E	F	G	H	I	J
11	方差分析：可重复双因素分析									
12										
13	SUMMARY	化肥A	化肥B	化肥C	化肥D	化肥D	总计			
14	20℃									
15	观测数	2	2	2	2	2	10			
16	求和	144	114	94	133	126	611			
17	平均	72	57	47	66.5	63	61.1			
18	方差	32	2	8	4.5	2	86.988889			
19										
20	25℃									
21	观测数	2	2	2	2	2	10			
22	求和	128	104	80	118	108	538			
23	平均	64	52	40	59	54	53.8			
24	方差	8	8	8	2	8	75.955556			
25										
26	30℃									
27	观测数	2	2	2	2	2	10			
28	求和	115	94	78	98	94	479			
29	平均	57.5	47	39	49	47	47.9			
30	方差	4.5	2	2	2	8	40.766667			
31										
32	总计									
33	观测数	6	6	6	6	6				
34	求和	387	312	252	349	328				
35	平均	64.5	52	42	58.166667	54.666667				
36	方差	51.1	22.4	18.8	63.366667	55.066667				
37										
38										
39	方差分析									
40	差异源	SS	df	MS	F	P-value	F crit			
41	样本	874.46667	2	437.23333	64.935644	4.105E-08	3.6823203			
42	列	1654.2	4	413.55	61.418317	4.043E-09	3.0555683			
43	交互	78.2	8	9.775	1.4517327	0.2540582	2.6407969			
44	内部	101	15	6.7333333						
45										
46	总计	2707.8667	29							
47										

图 22-33　可重复双因素方差分析结果

（3）无重复的双因素方差分析

此分析工具可用于当数据像可重复双因素那样按照两个不同维度进行分类时的情况，只是此工具假设每一对值只有一个观察值，例如，在上面的示例中的每个{化肥，温度}值对。下面通过实例说明如何进行无重复的双因素方差分析。

STEP01：打开“无重复双因素分析 .xlsx”工作簿，将要处理的数据输入工作表中，本例中的原始数据如图 22-34 所示。

STEP02：选中工作表中的任意一个单元格，如 B2 单元格，切换至“数据”选项卡，然后在“分析”组中单击“数据分析”按钮打开如图 22-35 所示的“数据分析”对话框。在“分析工具”列表框中选择“方差分析：无重复双因素分析”选项，然后单击“确定”按钮。

STEP03：随后会打开“方差分析：无重复双因素分析”对话框，在“输入”列表区域设置输入区域为“\$B\$4:\$F\$6”，设置 α 的值为“0.05”。然后在“输出选项”列表区域中单击选中“输出区域”单选按钮，并设置输出区域为“\$A\$8”单元格，最后单击“确定”按钮返回工作表，如图 22-36 所示。

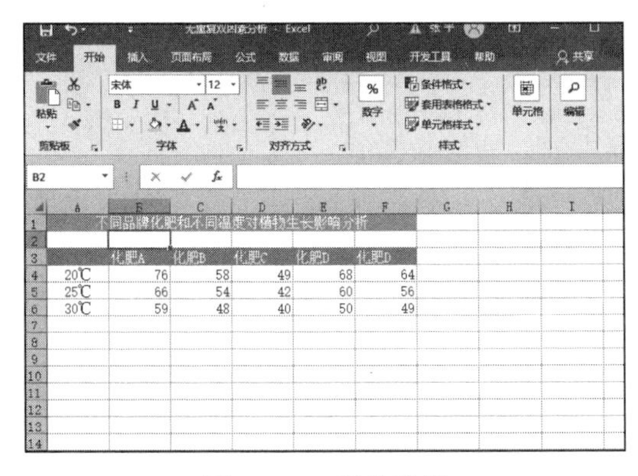

	A	B	C	D	E	F
1	不同品牌化肥和不同温度对植物生长影响分析					
2						
3		化肥A	化肥B	化肥C	化肥D	化肥D
4	20℃	76	58	49	68	64
5	25℃	66	54	42	60	56
6	30℃	59	48	40	50	49

图 22-34　原始数据

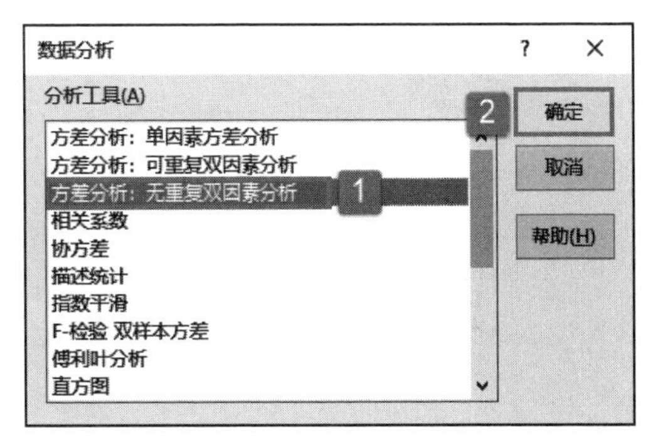

图 22-35　选择分析工具

STEP04：此时，工作表中会显示“方差分析：无重复双因素分析”的分析结果，如图 22-37 所示。

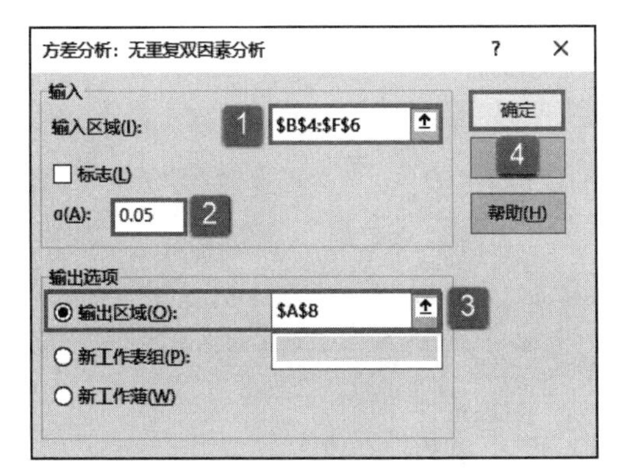

图 22-36　设置分析参数

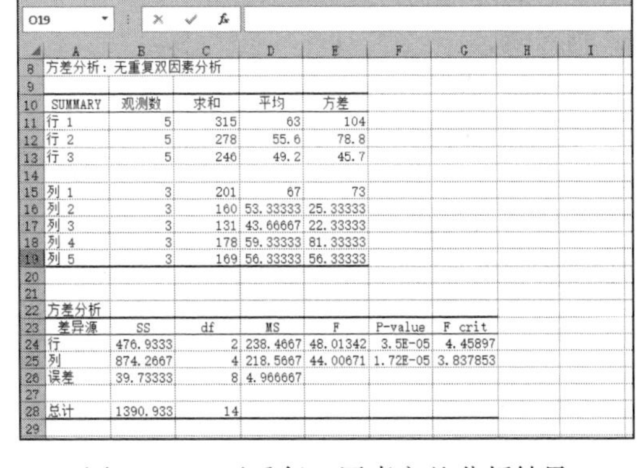

	A	B	C	D	E	F	G
8	方差分析：无重复双因素分析						
9							
10	SUMMARY	观测数	求和	平均	方差		
11	行 1	5	315	63	104		
12	行 2	5	278	55.6	78.8		
13	行 3	5	246	49.2	45.7		
14							
15	列 1	3	201	67	73		
16	列 2	3	160	53.33333	25.33333		
17	列 3	3	131	43.66667	22.33333		
18	列 4	3	178	59.33333	81.33333		
19	列 5	3	169	56.33333	56.33333		
20							
21							
22	方差分析						
23	差异源	SS	df	MS	F	P-value	F crit
24	行	476.9333	2	238.4667	48.01342	3.5E-05	4.45897
25	列	874.2667	4	218.5667	44.00671	1.72E-05	3.837853
26	误差	39.73333	8	4.966667			
27							
28	总计	1390.933	14				
29							

图 22-37　无重复双因素方差分析结果

22.3.3　相关系数分析

相关系数与协方差一样是描述两个测量值变量之间的离散程度的指标。与协方差的不同之处在于，相关系数是成比例的，因此它的值与这两个测量值变量的表示单位无关。例如，如果两个测量值变量为重量和高度，当重量单位从磅换算成千克时，相关系数的值并不改变。任何相关系数的值都必须为 −1 ～ +1（包括 −1 和 +1）。

可以使用相关系数分析工具来检验每对测量值变量，以便确定两个测量值变量是否趋向于同时变动，即，一个变量的较大值是否趋向于与另一个变量的较大值相关联（正相关）；或者一个变量的较小值是否趋向于与另一个变量的较大值相关联（负相关）；

或者两个变量的值趋向于互不关联（相关系数近似于零）。

下面通过实例说明如何进行相关系数分析。

STEP01：打开“相关系数分析.xlsx”工作簿，将要处理的数据输入工作表中，本例中的原始数据如图 22-38 所示。

STEP02：选中工作表中的任意一个单元格，如 B3 单元格，切换至“数据”选项卡，然后在“分析”组中单击“数据分析”按钮，打开如图 22-39 所示的“数据分析”对话框。在“分析工具”列表框中选择“相关系数”选项，然后单击“确定”按钮。

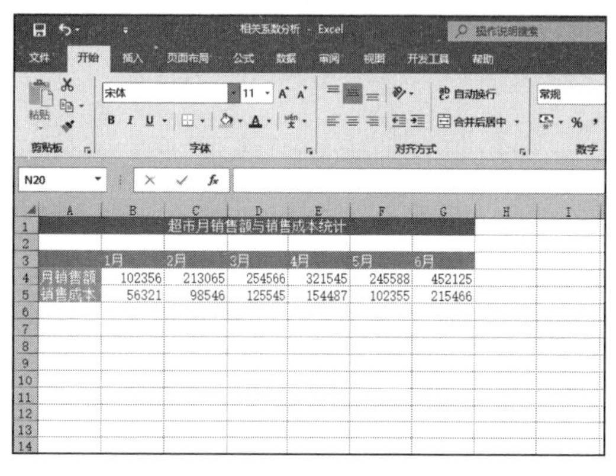

图 22-38　原始数据

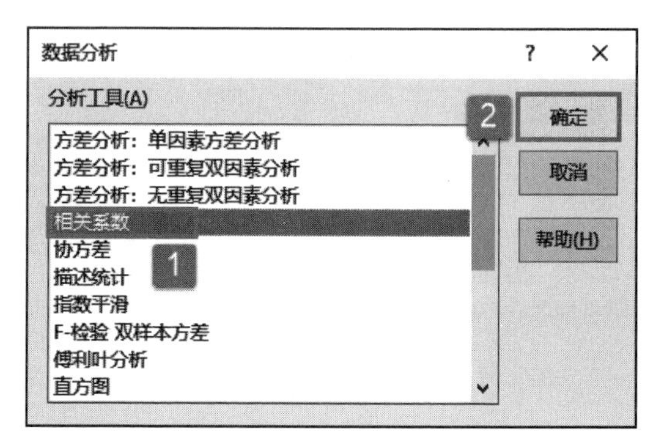

图 22-39　选择“相关系数”分析工具

STEP03：随后会打开“相关系数”对话框，在“输入”列表区域设置输入区域为“$B$4:$G$5”，在“分组方式”列表下单击选中“逐行”单选按钮。然后在“输出选项”列表区域中单击选中“输出区域”单选按钮，并设置输出区域为“ $A$7”单元格，最后单击“确定”按钮返回工作表，如图 22-40 所示。

STEP04：此时，工作表中会显示“相关系数”的分析结果，如图 22-41 所示。

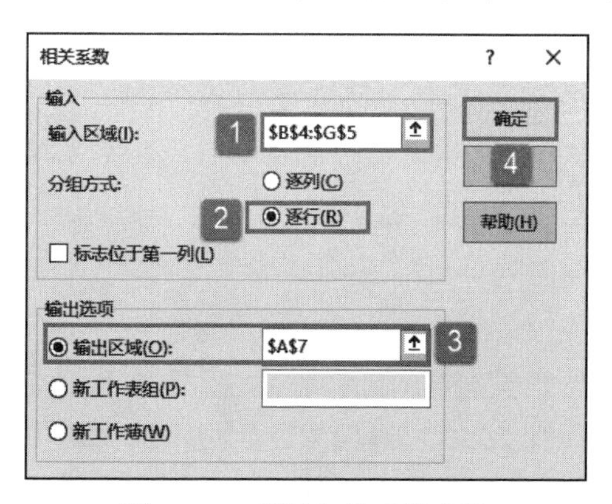

图 22-40　设置相关系数参数

图 22-41　相关系数分析结果

从相关系数分析结果可以看出，月销售额与销售成本之间的相关系数达到了 0.990317，说明两者之间呈现良好的正相关性。

22.3.4　协方差分析

与相关系数一样，协方差也是用于描述两个测量值变量之间离散程序的指标。当需要对一组个体进行观测而获得了 N 个不同的测量值变量时，“相关系数”和“协方差”工具可以在相同设置下使用，两者都会提供一张输出表，其中分别显示每对测量值变量之间的相关系数或协方差。不同之处在于相关系数的取值为 −1 ～ +1（包括 −1 和 +1），而协方差则没有限定的取值范围。

“协方差”工具为每对测量值变量计算工作表函数 COVAR 的值。在“协方差”工具的输出表中的第 i 行、第 i 列的对角线上的输入值是第 i 个测量值变量与其自身的协方差，这正好是用工作表函数 VARP 计算得出的变量的总体方差。

可以使用“协方差”工具来检验每对测量值变量，以便确定两个测量值变量是否趋向于同时变动，即，一个变量的较大值是否趋向于与另一个变量的较大值相关联（正相关）；或者一个变量的较小值是否趋向于与另一个变量的较大值相关联（负相关）；或者两个变量中的值趋向于互不关联（协方差近似于零）。

22.3.5 描述统计分析

“描述统计”分析工具用于生成数据源区域中数据的单变量统计分析报表，提供有关数据趋中性和易变性的信息。

下面通过实例说明如何进行描述统计分析。

STEP01：打开“描述统计分析 .xlsx”工作簿，将要处理的数据输入工作表中，本例中的原始数据如图 22-42 所示。

STEP02：选中工作表中的任意一个单元格，如 B1 单元格，切换至“数据”选项卡，然后在“分析”组中单击“数据分析”按钮，打开如图 22-43 所示的“数据分析”对话框。在“分析工具”列表框中选择“描述统计”选项，然后单击“确定”按钮。

图 22-42　原始数据

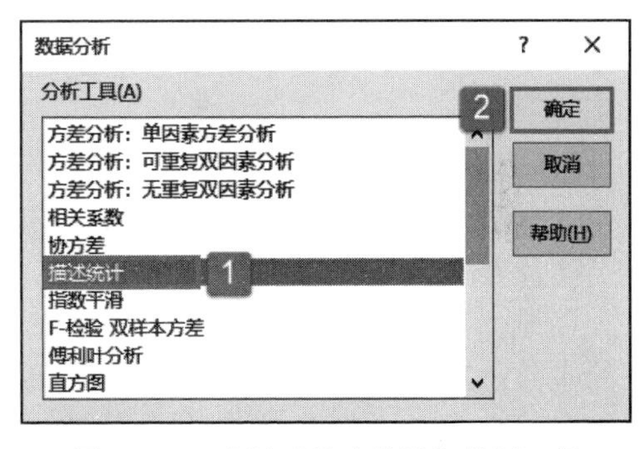

图 22-43　选择“描述统计”分析工具

STEP03：随后会打开“描述统计”对话框，在“输入”列表区域设置输入区域为“$B$2:$B$25”，在“分组方式”列表下单击选中“逐列”单选按钮。然后在“输出选项”列表区域中单击选中“输出区域”单选按钮，并设置输出区域为“$D$2”单元格，勾选“汇总统计”复选框，最后单击“确定”按钮返回工作表，如图 22-44 所示。

其中一些不同于其他分析工具的选项简要介绍如下。

1）汇总统计：选中此项可以为结果输出表中每个统计结果生成一个字段，包括平均值、标准误差、中值、众数、标准偏差、方差、峰值、偏斜度、极差、最小值、最大值、总和、计数、最大值（#）、最小值（#）和置信度。

2）平均数置信度：如果需要在输出表的某一行中包含平均数置信度，则选中“平均数置信度”复选框，并在右侧的文本框中输入所要使用的置信度。例如，数值 95% 用来计算在显著性水平为 5% 时的平均值置信度。此处使用默认值 95%。

3）第 K 大值：如果需要在输出表的某一行中包含每个数据区域中的第 K 个最大值，则选中“第 K 最大值”复选框。在右侧的文本框中，输入 K 的数字。如果输入 1，则该行将包含数据集中的最大值。此处使用默认值 1。

4）第 K 小值：如果需要在输出表的某一行中包含每个数据区域中的第 K 个最小值，则选中“第 K 最小值”复选框。在右侧的文本框中，输入 K 的数字。如果输入 1，则该行将包含数据集中的最小值。此处使用默认值 1。

STEP04：此时，工作表中会显示“描述统计”的分析结果，如图 22-45 所示。

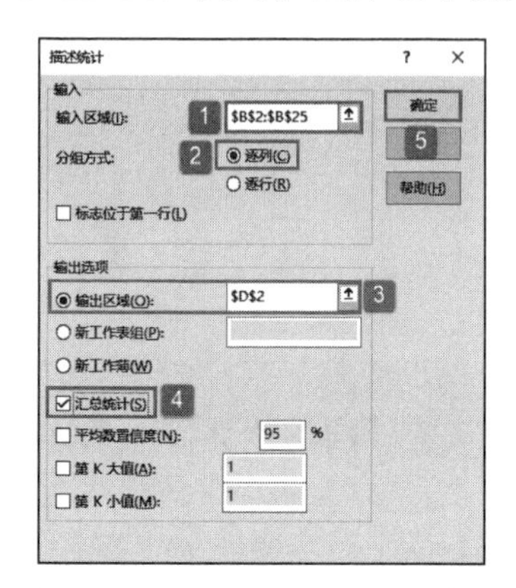

图 22-44　设置“描述统计”参数

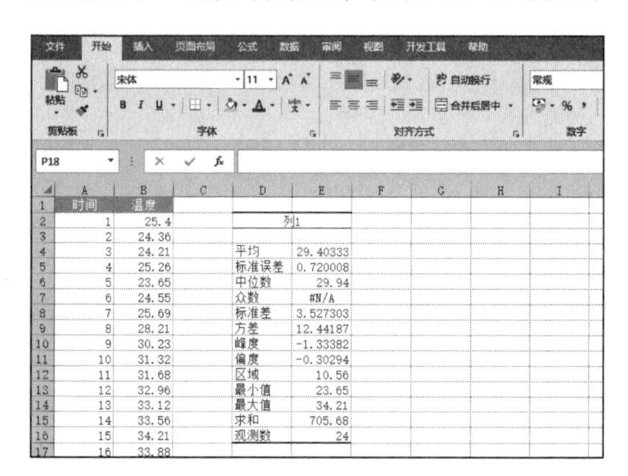

图 22-45　描述统计分析结果

22.3.6 直方图分析

“直方图”分析工具可计算数据单元格区域和数据接收区间的单个和累积频率。此工具可用于统计数据集中某个数值出现的次数。

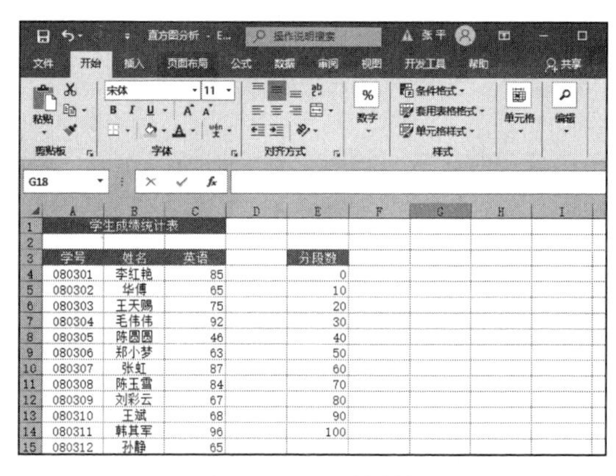

图 22-46　原始数据

例如，在一个有 20 名学生的班里，可按字母评分的分类来确定成绩的分布情况。直方图表可给出字母评分的边界，以及在最低边界和当前边界之间分数出现的次数。出现频率最多的分数即为数据集中的众数。下面通过实例说明如何进行直方图分析。

STEP01：打开“直方图分析 .xlsx”工作簿，将要处理的数据输入工作表中，本例中的原始数据如图 22-46 所示。

STEP02：选中工作表中的任意一个单元格，如 B3 单元格，切换至“数据”选项卡，然后在“分析”组中单击“数据分析”按钮，打开如图 22-47 所示的“数据分析”对话框。在“分析工具”列表框中选择“直方图”选项，然后单击“确定”按钮。

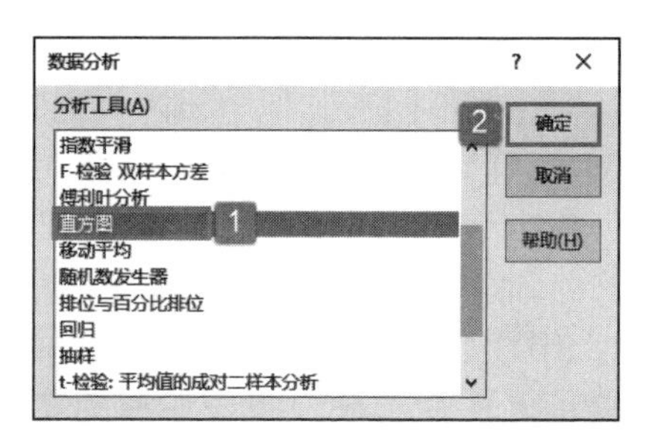

图 22-47　选中“直方图“分析工具

STEP03：随后会打开“直方图”对

话框，在“输入”列表区域设置输入区域为“$C$4:$C$23”，接收区域为“$E$4:$E$14”，然后在“输出选项”列表区域中单击选中“输出区域”单选按钮，并设置输出区域为“$G$3”单元格，依次勾选“柏拉图”“累积百分率”和“图表输出”复选框，最后单击“确定”按钮返回工作表，如图 22-48 所示。

其中一些不同于其他分析工具的选项简要介绍如下。

1）接收区域（可选）：在此输入接收区域的单元格引用，该区域包含一组可选的用来定义接收区域的边界值。这些值应当按升序排列。Excel 将统计在当前边界值和相邻边界值之间的数据点个数（如果存在）。如果数值等于或小于边界值，则该值将被归到以该边界值为上限的区域中进行计数。所有小于第 1 个边界值的数值将一同计数；同样，所有大于最后一个边界值的数值也将一同计数。

2）柏拉图：选中此复选框可以在输出表中按降序来显示数据。如果此复选框被清除，Excel 将只按升序来显示数据并省略最右边包含排序数据的 3 列数据。

3）累积百分率：选中此复选框可以在输出表中生成一列累积百分比值，并在直方图中包含一条累积百分比线。如果清除此选项，则会省略累积百分比。

4）图表输出：选中此复选框可以在输出表中生成一个嵌入直方图。

STEP04：此时，工作表中会显示“直方图”的分析结果，如图 22-49 所示。

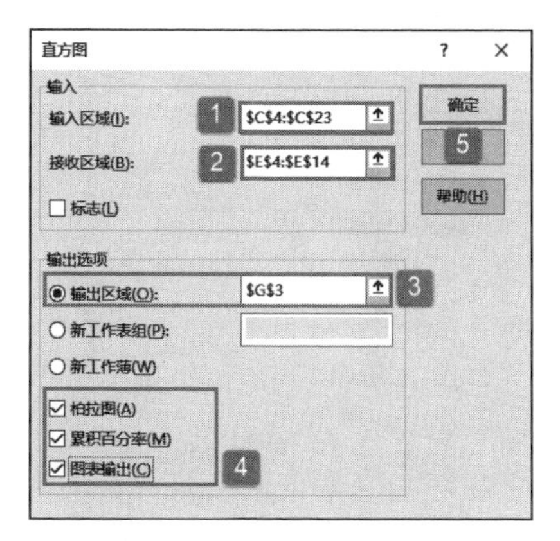

图 22-48　设置直方图分析参数

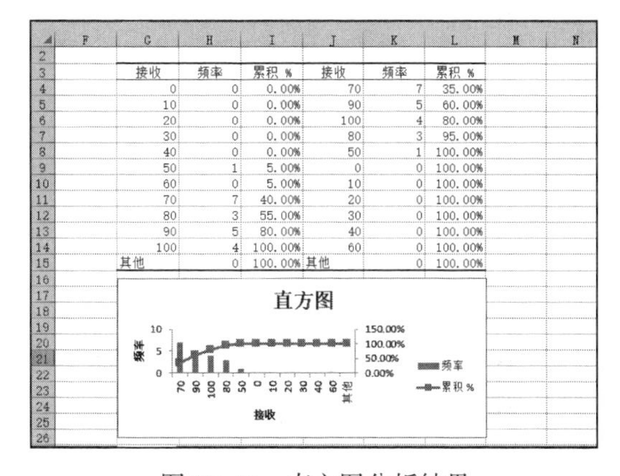

接收	频率	累积 %	接收	频率	累积 %
0	0	0.00%	70	7	35.00%
10	0	0.00%	90	5	60.00%
20	0	0.00%	100	4	80.00%
30	0	0.00%	80	3	95.00%
40	0	0.00%	50	1	100.00%
50	1	5.00%	0	0	100.00%
60	0	5.00%	10	0	100.00%
70	7	40.00%	20	0	100.00%
80	3	55.00%	30	0	100.00%
90	5	80.00%	40	0	100.00%
100	4	100.00%	60	0	100.00%
其他	0	100.00%	其他	0	100.00%

图 22-49　直方图分析结果

22.3.7　随机数发生器

“随机数发生器”分析工具可用几个分布之一产生的独立随机数来填充某个区域。可以通过概率分布来表示总体中的主体特征。例如，可以使用正态分布来表示人体身高的总体特征，或者使用双值输出的伯努利分布来表示掷币实验结果的总体特征。

下面通过实例说明如何进行随机数发生器分析。

STEP01：打开“随机数发生器 .xlsx”工作簿，切换至“Sheet1”工作表，在 A1 单元格、B1 单元格和 C1 单元格中分别输入文本“变量 1”“变量 2”和“变量 3”，如图 22-50 所示。

STEP02：选中工作表中的任意一个单元格，如 B1 单元格，切换至“数据”选项卡，然后在“分析”组中单击“数据分析”按钮，打开如图 22-51 所示的“数据分析”对话框。在“分析工具”列表框中选择“随机数发生器”选项，然后单击“确定”按钮。

STEP03：随后会打开“随机数发生器”对话框，在“变量个数”文本框中输入“3”，在“随机数个数”文本框中输入“12”，单击“分布”选择框右侧的下拉按钮，在展开的下拉列表中选择“正态”选项，在“参数”列表区域中设置平均值为“10”，标准偏差为“3”。然后在“输出选项”列表区域中单击选中“输出区域”单选按钮，并设置输出区域为“$A$2”单元格，最后单击“确定”按钮返回工作表，如图22-52所示。

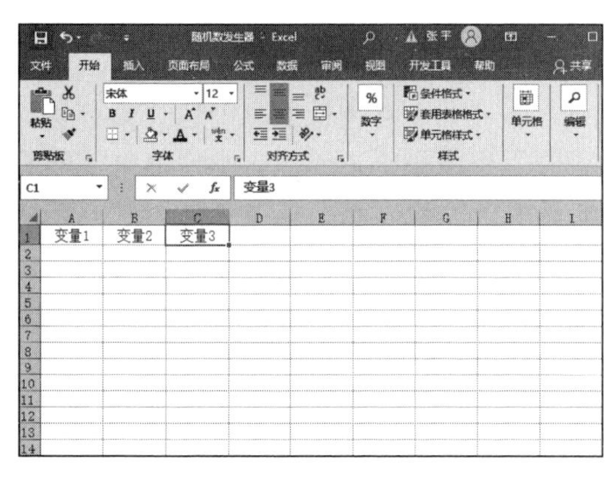

图22-50　输入文本

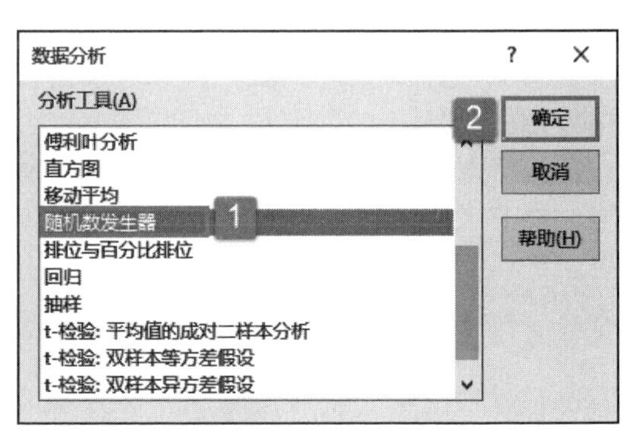

图22-51　选择分析工具

其中一些不同于其他分析工具的选项简要介绍如下。

1）随机数个数：在此输入要查看的数据点个数。每一个数据点出现在输出表的一行中。如果没有输入数字，Excel会在指定的输出区域中填充所有的行。

2）分布：在此选择用于创建随机数的分布方法。Excel 2019共提供了7种随机数的分布方法：均匀、正态、伯努利、二项式、泊松、模式和离散。

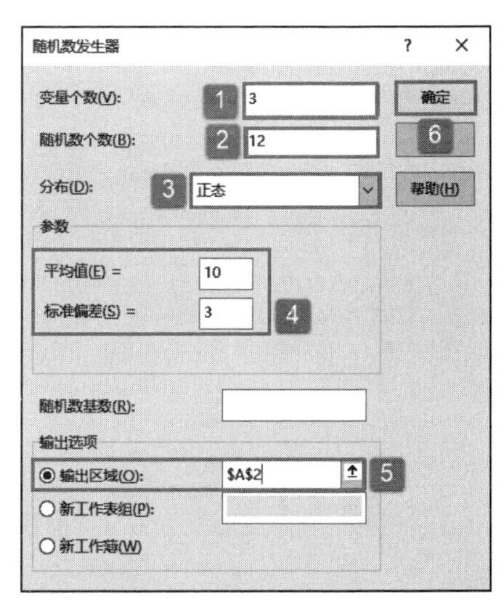

图22-52　设置随机数发生器参数

- ❑ 均匀：以下限和上限来表征。其变量是通过对区域中的所有数值进行等概率抽取而得到的。普通的应用是在范围0到1之间的均匀分布。
- ❑ 正态：以平均值和标准偏差来表征。普通的应用是平均值为0、标准偏差为1的标准正态分布。
- ❑ 伯努利：以给定的试验中成功的概率（p值）来表征。伯努利随机变量的值为0或1。例如，可以在范围0到1之间抽取均匀分布随机变量。如果变量小于或等于成功的概率，则伯努利随机变量的值为1，否则，随机变量的值为0。
- ❑ 二项式：以一系列试验中成功的概率（p值）来表征。例如，可以按照“试验次数”框中指定的个数生成一系列伯努利随机变量，这些变量之和为一个二项式随机变量。
- ❑ 泊松：以值λ来表征，λ等于平均值的倒数。泊松分布经常用于表示单位时间内事件发生的次数，例如，汽车到达收费停车场的平均速率。
- ❑ 模式：以上界和下界、步长、数值重复率以及序列重复率来表征。
- ❑ 离散：以数值及相应的概率区域来表征。在本对话框中给定的输入区域必须包含两列，左边一列包含数值，右边一列为与数值对应的发生概率。所有概率的和必须为 1。

3）参数：在此输入用于表征选定分布的数值。

4）随机数基数：在此输入用来构造随机数的可选数值。可以在以后重新使用该数值来生成相同的随机数。

STEP04：此时，工作表中会显示“随机数发生器”的分析结果，如图 22-53 所示。

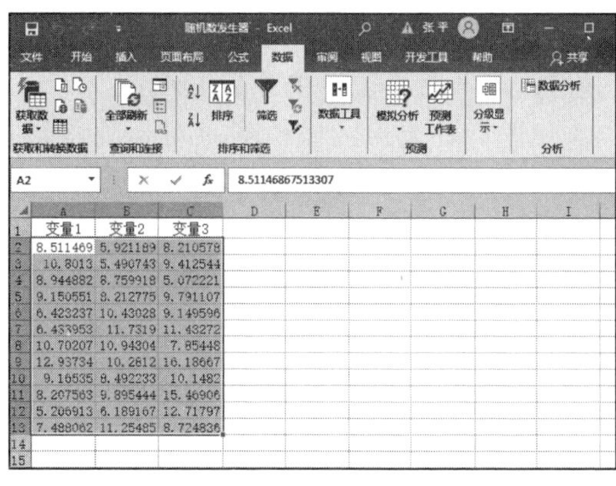

变量1	变量2	变量3
8.511469	5.921189	8.210578
10.8013	5.490743	9.412544
8.944882	8.759918	5.072221
9.150551	8.212775	9.791107
6.423237	10.43028	9.149596
6.433953	11.7319	11.43272
10.70207	10.94304	7.85448
12.93734	10.2812	16.18667
9.16535	8.492233	10.1482
8.207563	9.895444	15.46906
5.206913	6.189167	12.71797
7.488062	11.25485	8.724836

图 22-53　随机数发生器分析结果

22.3.8　回归分析

“回归”分析工具通过对一组观察值使用“最小二乘法”直线拟合来执行线性回归分析。本工具可用来分析单个因变量是如何受一个或几个自变量的值影响的。例如，观察某个运动员的运动成绩与一系列统计因素（如年龄、身高和体重等）的关系。可以基于一组已知的成绩统计数据，确定这 3 个因素分别在运动成绩测试中所占的比重，然后使用该结果对尚未进行过测试的运动员的表现进行预测。“回归”工具使用工作表函数 LINEST。

下面通过实例说明如何进行回归分析。

STEP01：打开“回归分析 .xlsx”工作簿，将要处理的数据输入工作表中，本例中的原始数据如图 22-54 所示。

STEP02：选中工作表中的任意一个单元格，如 B1 单元格，切换至“数据”选项卡，然后在“分析”组中单击“数据分析”按钮，打开如图 22-55 所示的“数据分析”对话框。在“分析工具”列表框中选择“回归”选项，然后单击“确定”按钮。

自由运动员情况记录

运动员	成绩	年龄	身高	体重
1	41.44	18	1.72	64
2	43.8	17	1.7	60
3	51	20	1.72	62
4	34	17	1.75	59
5	36.84	18	1.71	65
6	40.78	19	1.7	63
7	43.46	20	1.69	64
8	32.16	17	1.73	62
9	46.39	19	1.74	66
10	40.98	18	1.72	63

图 22-54　原始数据

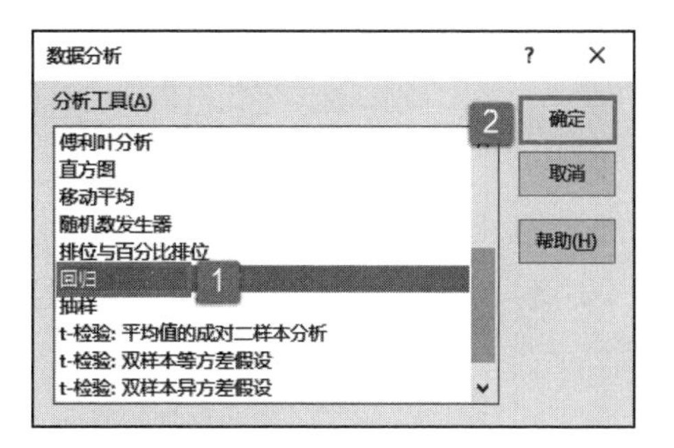

图 22-55　选择“回归”分析工具

STEP03：随后会打开“回归”对话框，在“输入”列表区域中设置 Y 值输入区域为“$A$4:$A$13”，设置 X 值输入区域为“$B$4:$B$13”，勾选“标志”复选框与“置信度”复选框，并设置置信度为“95%”。然后在“输出选项”列表区域中单击选中“新工作表组”单选按钮，在“残差”列表区域中依次勾选“残差”、“残差图”、“标准残差”及“线性拟合图”复选框，最后在“正态分布”列表区域中勾选“正态概率图”复选框。

设置完成后单击“确定”按钮即可返回工作表，如图 22-56 所示。

根据需要设置以下选项。

1）Y 值输入区域：输入对因变量数据区域的引用，该区域必须由单列数据组成。

2）X 值输入区域：输入对自变量数据区域的引用，Excel 将对此区域中的自变量从左到右进行升序排列。自变量的个数最多为 16。

3）置信度：如果需要在汇总输出表中包含附加的置信度信息，则选中此复选框。在右侧的框中输入所要使用的置信度，默认值为 95%。

4）常数为零：如果要强制回归线经过原点，则选中此复选框。

5）输出区域：输入对输出表左上角单元格的引用。汇总输出表至少需要有 6 列，其中包括方差分析表、系数、y 估计值的标准误差、r2 值、观察值个数以及系数的标准误差。

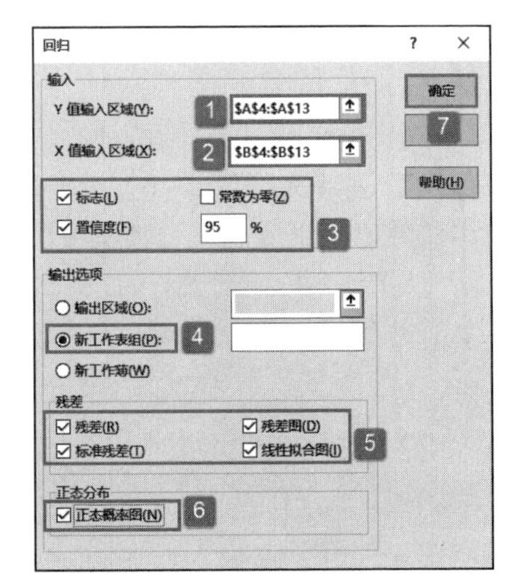

图 22-56 设置回归参数

6）残差：如果需要在残差输出表中包含残差，则选中此复选框。

7）标准残差：如果需要在残差输出表中包含标准残差，则选中此复选框。

8）残差图：如果需要为每个自变量及其残差生成一张图表，则选中此复选框。

9）线性拟合图：如果需要为预测值和观察值生成一张图表，则选中此复选框。

10）正态概率图：如果需要生成一张图表来绘制正态概率，则选中此复选框。

STEP04：此时，“Sheet1”工作表前会自动新建一张新的工作表“Sheet4”，工作表中会显示回归分析的具体结果，如图 22-57 所示。

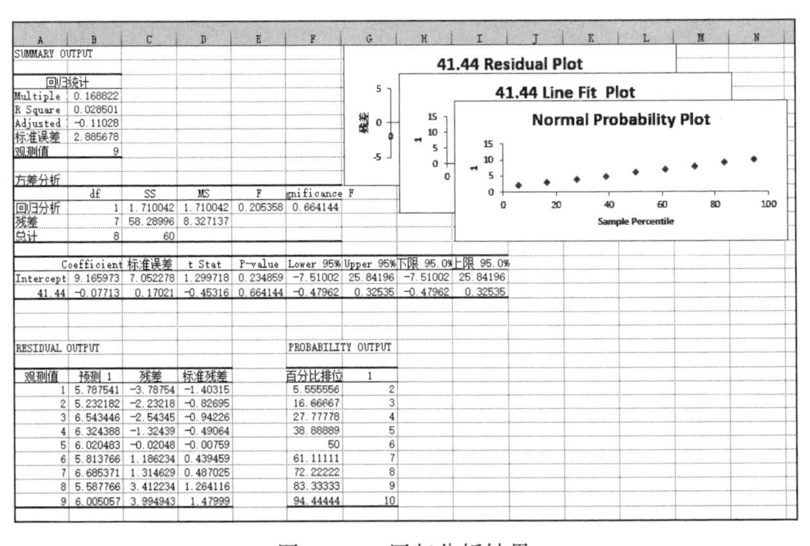

SUMMARY OUTPUT

回归统计	
Multiple	0.168822
R Square	0.028501
Adjusted	-0.11028
标准误差	2.885678
观测值	9

方差分析

	df	SS	MS	F	gnificance F
回归分析	1	1.710042	1.710042	0.205358	0.664144
残差	7	58.28996	8.327137		
总计	8	60			

	Coefficient	标准误差	t Stat	P-value	Lower 95%	Upper 95%	下限 95.0%	上限 95.0%
Intercept	9.165973	7.052278	1.299718	0.234859	-7.51002	25.84196	-7.51002	25.84196
41.44	-0.07713	0.17021	-0.45316	0.664144	-0.47962	0.32535	-0.47962	0.32535

RESIDUAL OUTPUT

观测值	预测 1	残差	标准残差
1	5.787541	-3.78754	-1.40315
2	5.232182	-2.23218	-0.82695
3	6.543446	-2.54345	-0.94226
4	6.324388	-1.32439	-0.49064
5	6.020483	-0.02048	-0.00759
6	5.813766	1.186234	0.439459
7	6.685371	1.314629	0.487025
8	5.587766	3.412234	1.264116
9	6.005057	3.994943	1.47999

PROBABILITY OUTPUT

百分比排位	1
5.555556	2
16.66667	3
27.77778	4
38.88889	5
50	6
61.11111	7
72.22222	8
83.33333	9
94.44444	10

图 22-57 回归分析结果

22.3.9 抽样分析

“抽样”分析工具以数据源区域为总体，从而为其创建一个样本。当总体太大而不能进行处理或绘制时，可以选用具有代表性的 s 样本。如果确认数据源区域中的数据是周期性的，还可以仅对一个周期中特定时间段中的数值进行采样。例如，如果数据源区域包含季度销售量数据，则以 4 为周期进行采样，将在输出区域中生成与数据源区域中相同季度的数值。

下面通过实例说明如何进行抽样分析。

STEP01：打开“抽样分析 .xlsx”工作簿，将要处理的数据输入工作表中，本例中的原始数据如图 22-58 所示。

	A	B	C	D
1	学生成绩统计表			
2				
3	学号	姓名	改进方法之前的测试	改进方法之后的测试
4	20180101	李红艳	85	
5	20180102	华傅	65	
6	20180103	王天赐	75	
7	20180104	毛伟伟	92	
8	20180105	陈圆圆	46	
9	20180106	郑小梦	63	
10	20180107	张虹	87	
11	20180108	陈玉雪	84	
12	20180109	刘彩云	67	
13	20180110	王斌	68	
14	20180111	韩其军	96	
15	20180112	孙静	65	

图 22-58　原始数据

STEP02：选中工作表中的任意一个单元格，如 A1 单元格，切换至“数据”选项卡，然后在“分析”组中单击“数据分析”按钮，打开如图 22-59 所示的“数据分析”对话框。在“分析工具”列表框中选择“抽样”选项，然后单击“确定”按钮。

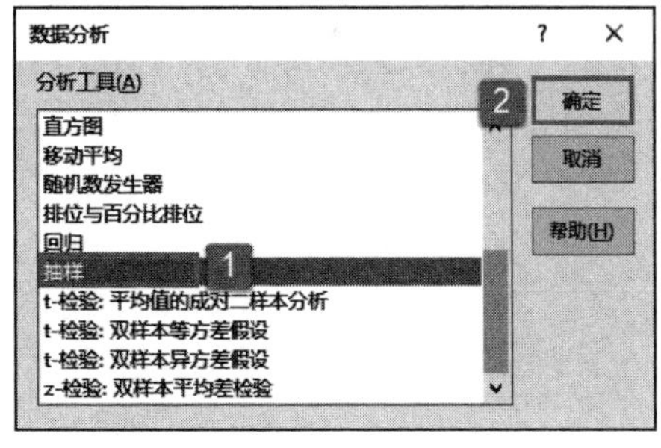

图 22-59　选择分析工具

STEP03：随后会打开“抽样”对话框，在“输入”列表区域中设置输入区域为“$A$4:$A$23”，在“抽样方法”列表区域中单击选中“随机”单选按钮，并设置样本数为“5”。然后在“输出选项”列表区域中单击选中“输出区域”单选按钮，设置输出区域为“$E$3”，最后单击“确定”按钮完成设置，如图 22-60 所示。

其中一些选项简要介绍如下。

1）输入区域：输入数据区域引用，该区域中包含需要进行抽样的总体数据。Excel 先从第 1 列中抽取样本，然后是第 2 列，等等。

2）抽样方法：单击“周期”或“随机”可指明所需的抽样间隔。

3）间隔：输入进行抽样的周期间隔。输入区域中位于间隔点处的数值以及此后每一个间隔点处的数值将被复制到输出列中。当到达输入区域的末尾时，抽样将停止。

4）样本数：输入需要在输出列中显示的随机数的个数。每个数值是从输入区域中的随机位置上抽取出来的，而且任何数值都可以被多次抽取。

5）输出区域：输入对输出表左上角单元格的引用。所有数据均将写在该单元格下方的单列里。如果选择的是“周期”，则输出表中数值的个数等于输入区域中数值的个数除以“间隔”。如果选择的是“随机”，则输出表中数值的个数等于“样本数”。

STEP04：此时，工作表中会显示抽样分析的具体结果，如图 22-61 所示。

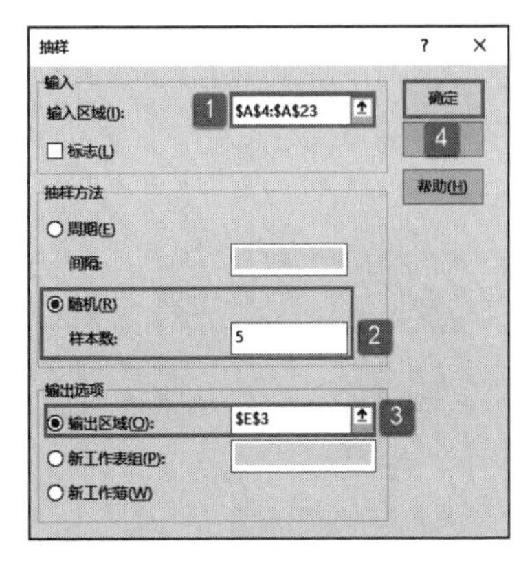

图 22-60　设置抽样参数

图 22-61　抽样分析结果

22.4 实战：计算银行贷款利率

在计算贷款利率时，需要使用 PMT 函数；而如果反过来计算符合目标月还款额的贷款利率，则可以使用单变量求解和 PMT 函数来实现。下面通过实例说明具体操作步骤。

STEP01：打开“银行贷款.xlsx”工作簿，将要处理的数据输入工作表中，本例中的原始数据如图 22-62 所示。

STEP02：选中 B4 单元格，在编辑栏中输入公式“=PMT(B3/12,B2,B1)”，用于计算月还款金额，然后按“Enter”键返回工作表页面，如图 22-63 所示。

图 22-62　原始数据

图 22-63　设置月还款额计算公式

在本例中，已知每月需要还款额为 900，但并不需要在此处输入该金额，因为下一步需要使用单变量求解确定利率，而单变量求解需要以公式开头。由于单元格 B3 中不含有数值，Excel 会假设利率为 0%，并使用本例中的值返回月还款金额 555.56，此时可以忽略该值。

STEP03：选择 B3 单元格，单击鼠标右键，在弹出的隐藏菜单中选择“设置单元格格式”选项，打开如图 22-64 所示的“设置单元格格式”对话框。切换至“数字”选项卡，在“分类”列表框中选择“百分比”选项，并将小数位数设置为“2”，最后单击“确定”按钮完成对B3单元格数字格式的设置。

STEP04：在工作表页面将功能区切换至“数据”选项卡，单击“预测”组中的“模拟分析”下三角按钮，在展开的下拉列表中选择“单变量求解”选项，打开“单变量求解”对话框，如图22-65所示。

图 22-64　设置数字格式

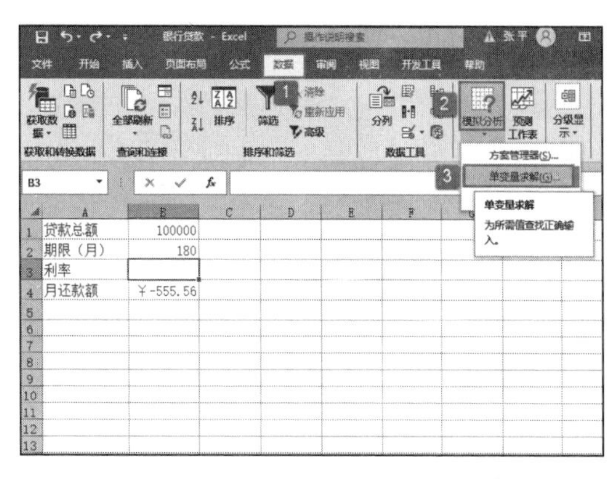

图 22-65　选择“单变量求解”选项

STEP05：打开“单变量求解”对话框后，在“目标单元格”文本框中输入要求解的公式所在单元格的引用，本例中输入“$B$4”；在“目标值”文本框中输入所需要的公式结果，本例中结果为“−900”(负数表示为还款金额)；在“可变单元格”文本框中输入要调整的值所在单元格的引用，本例中输入“$B$3”，最后单击“确定”按钮，如图22-66所示。

STEP06：随后会弹出如图22-67所示的“单变量求解状态”对话框。在对话框中单击“确定”按钮，单变量求解功能就可以运行并产生结果。当月还款额为900时，利率为7.02%，如图22-68所示。

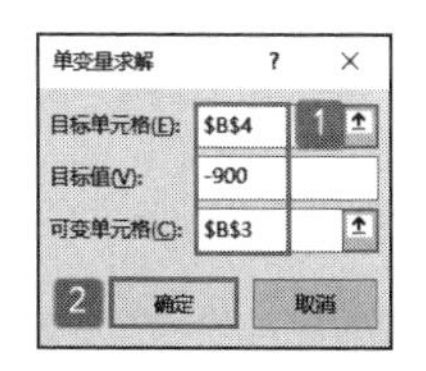

图 22-66　设置参数

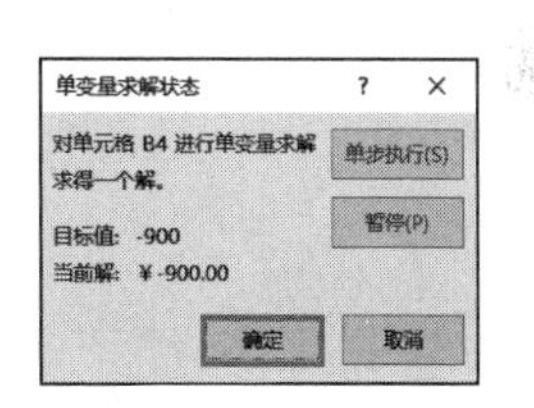

图 22-67　单变量求解状态

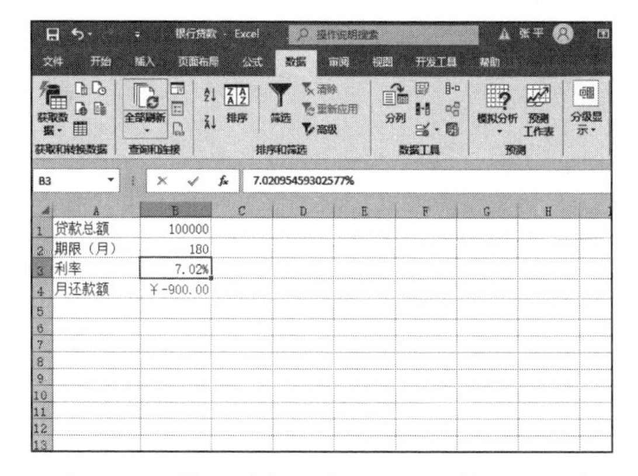

图 22-68　使用单变量求解功能计算出的利率

第23章 数据透视表分析应用

Excel中的数据透视表是一种可以快速汇总大量数据的分析工具，能够深入分析数值数据。熟练掌握数据透视表，可以有效地分析和组织大量复杂的数据，对数据进行分类汇总和聚合。当工作表数据庞大、结构复杂时，使用数据透视表更能够表现出数据分布的规律。数据透视表的交互特性使得用户不必使用复杂的公式及烦琐的操作即可实现对数据的动态分析。

- 创建数据透视表
- 自定义数据透视表
- 数据透视表常用操作

23.1 创建数据透视表

本节首先介绍数据透视表的特点，然后介绍如何创建与删除数据透视表，如何选择数据透视表的源数据。

23.1.1 数据透视表概述

在 Excel 中，使用数据透视表可以快速汇总大量数据，并能够对生成的数据透视表进行各种交互式操作。使用数据透视表可以深入分析数值数据，并且可以回答一些预料不到的数据问题。数据透视表主要具有以下用途。

1）使用多种用户友好的方式查询大量数据。

2）分类汇总和聚合数值数据，按分类与子分类对数据进行汇总，并创建自定义计算和公式。

3）展开或折叠要关注结果的数据级别，查看感兴趣区域汇总数据的明细。

4）将行移动到列或将列移动到行（或“透视”），以查看源数据的不同汇总。

5）对最有用和最关注的数据子集进行筛选、排序、分组，并有条件地设置格式，使所关注的信息更加清晰明了。

6）提供简明而有吸引力的联机报表或打印报表，并且可以带有批注。

图 23-1 数据透视表

当需要分析相关的汇总值，特别是在要合计较大的数字列表并对每个数字进行多种不同的比较时，通常使用数据透视表。例如，在如图 23-1 所示的数据透视表中，可以方便地看到 D5 单元格中第 3 季度非常可乐销售额与其他产品第 3 季度或其他季度的销售额的比较。

在数据透视表中，源数据中的每列或每个字段都称为汇总多行信息的数据透视表字段。在上面的例子中，“产品名称”列称为“产品名称”字段，非常可乐的每条记录在单个非常可乐项中进行汇总。

数据透视表中的值字段（如某一产品某一季度的“求和项：销售额”）提供要汇总的值。上述报表中的 D5 单元格包含的“求和项：销售额”值来自源数据中“产品名称”列包含“非常可乐”和“季度”列包含“三季度”的每一行。默认情况下，值区域中的数据采用以下两种方式对数据透视图中的基本源数据进行汇总：数值使用 SUM 函数，文本值使用 COUNT 函数。

23.1.2 创建数据透视表

如果要创建数据透视表，必须连接到一个数据源，并输入报表的位置。下面通过实例说明如何创建数据透视表。

STEP01：打开“数据透视表 .xlsx”工作簿，切换至“Sheet1”工作表。选择工作表中的任意一个单元格，如 B2 单元格，切换至“插入”选项卡，在“表格”组中单击

“数据透视表”按钮，打开“创建数据透视表”对话框，如图 23-2 所示。

STEP02：打开“创建数据透视表”对话框后，在“请选择要分析的数据”列表区域中单击选中“选择一个表或区域”单选按钮，然后在“表 / 区域”单元格引用框中设置引用的区域为“$A$1:$C$14”单元格区域，在“选择放置数据透视表的位置”列表区域中单击选中“新工作表”单选按钮，最后单击“确定”按钮完成数据透视表的创建，如图 23-3 所示。

图 23-2 单击“数据透视表”按钮

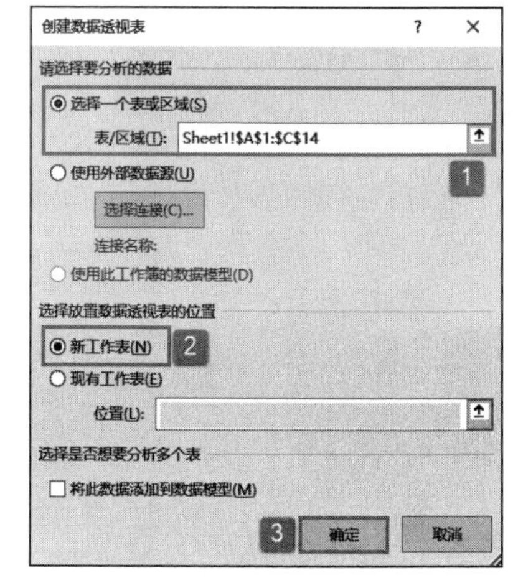

图 23-3 创建数据透视表

STEP03：此时 Excel 会将空的数据透视表添加至指定位置，并在窗口右侧显示数据透视表字段列表，以便添加字段、创建布局以及自定义数据透视表，如图 23-4 所示。

STEP04：在右侧“数据透视表字段”窗格中，选中要添加到报表的字段，本例中依次勾选“产品名称”“季度”和“销售额”复选框，此时，“产品名称”字段和“季度”字段会自动添加至“行”标签，“销售额”字段会自动添加至“Σ 值”标签。添加字段后的数据透视表效果如图 23-5 所示。

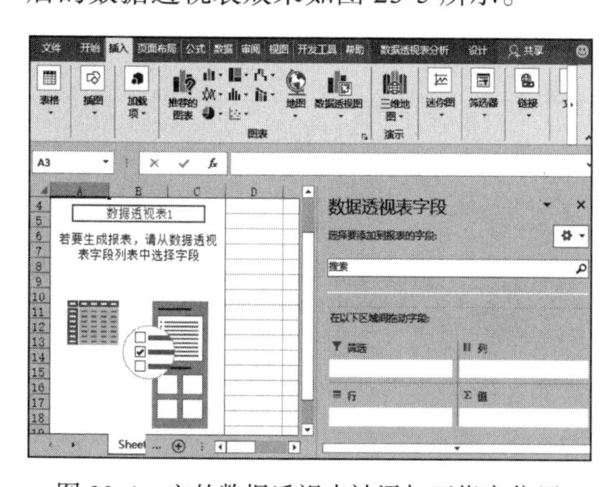

图 23-4 空的数据透视表被添加至指定位置

图 23-5 添加字段后的效果

STEP05：为了更方便地观察比较销售数据，可以对“季度”字段进行进一步的调整。在“选择要添加到报表的字段”列表框中，选中“季度”字段，单击鼠标右键，在弹出的快捷菜单中选择“添加到列标签”选项，如图 23-6 所示。最终创建的数据透视表如图 23-7 所示。

图 23-6 设置“季度”字段

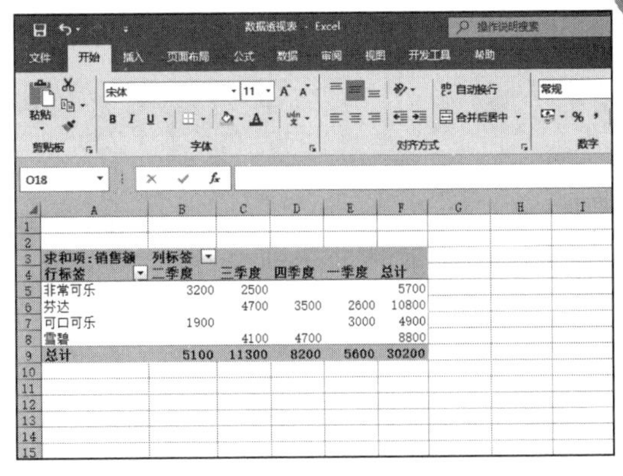

图 23-7 数据透视表创建效果

23.2 自定义数据透视表

创建数据透视表后，可以使用数据透视表字段列表向数据透视表中添加或删除字段，从而更改数据透视表的布局。数据透视表字段列表可以停靠在窗口的任一段，也可以取消停靠，而且不管停靠与否，都可以改变其大小以方便操作。

23.2.1 添加数据透视表字段

如果要将字段添加到数据透视表中，可以执行下列操作之一。

1）在数据透视表字段列表的字段部分中选中要添加的字段旁边的复选框。此时字段会放置在布局部分的默认区域中，也可以在需要时重新排列这些字段。

2）默认情况下，非数值字段会被添加到“行标签”区域，数值字段会被添加到“值”区域，而 OLAP 日期和时间层次会被添加到“列标签”区域。

3）在数据透视表字段列表的字段部分右键单击字段名称，然后在弹出的快捷菜单中选择相应的命令：“添加到报表筛选”“添加到列标签”“添加到行标签”和“添加到值”，从而将该字段放置在布局部分中的某个特定区域中，如图 23-8 所示。

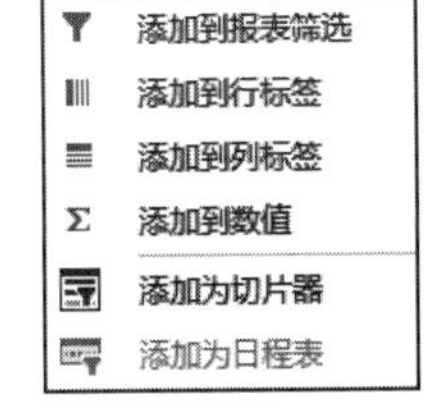

图 23-8 选择字段添加到的区域

4）在数据透视表字段列表的字段部分单击并按住某个字段名，然后将其拖放到布局部分中的某个区域。如果要多次添加某个字段，则重复该操作。

23.2.2 删除数据透视表字段

如果要删除数据透视表字段，可以执行下列方法之一。

方法一：使用快捷菜单

在工作表中选择字段名称所在的单元格，这里选择 B4 单元格，单击鼠标右键，在弹出的快捷菜单中选择“删除‘季度’”选项，即可删除“季度”字段，如图 23-9 所示。

删除后的效果如图 23-10 所示。

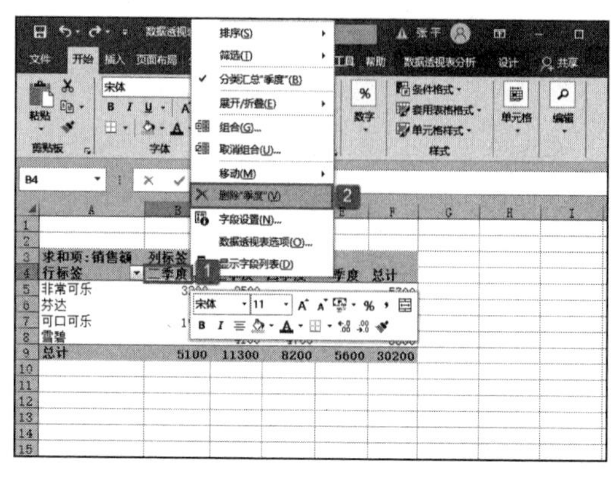

图 23-9　选择“删除‘季度’”选项

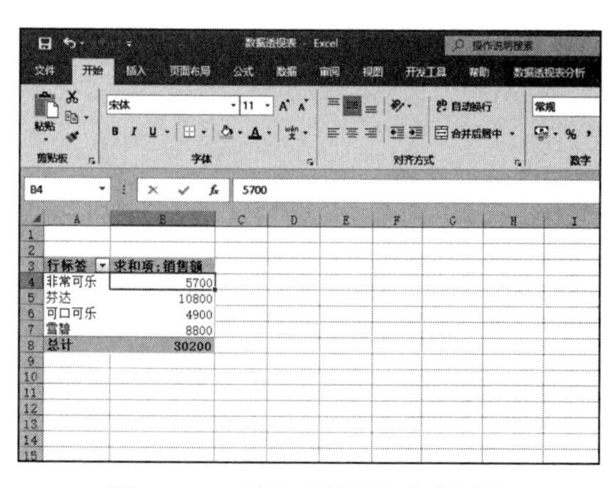

图 23-10　删除“季度”字段效果

方法二：设置“数据透视表字段”对话框

如图 23-11 所示，选择数据透视表区域的任意单元格，如 B4 单元格，单击鼠标右键，在弹出的快捷菜单中选择“显示字段列表”选项，打开如图 23-12 所示的“数据透视表字段”对话框。然后在“请选择要添加到报表的字段”列表框中，取消勾选“季度”复选框，也可以实现图 23-10 所示的效果。

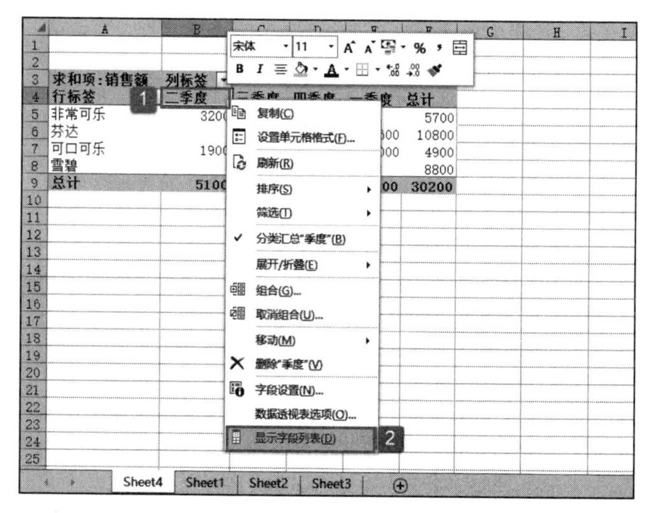

图 23-11　设置显示字段列表

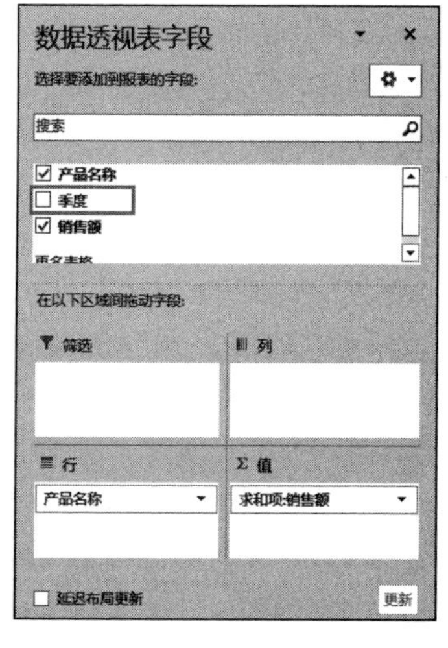

图 23-12　取消勾选字段

23.2.3　更改字段列表视图方式

数据透视表共有 5 种不同的视图方式，在修改数据透视表字段时，可以更改视图以满足不同的需要。如果要改变视图，可以单击数据透视表字段列表顶部的“工具”下三角按钮，然后在展开的下拉列表中选择其中一项即可，如图 23-13 所示。

1）字段节和区域节层叠：这是默认视图，是为少量字段而设计的。

2）字段节和区域节并排：当在各区域中有 4 个以上字段时可以使用这种视图，如图 23-14 所示。

3）仅字段节：此视图是为添加和删除多个字段而设计的，如图 23-15 所示。

4）仅 2×2 区域节：此视图只是为重新排列多个字段而设计的，如图 23-16 所示。

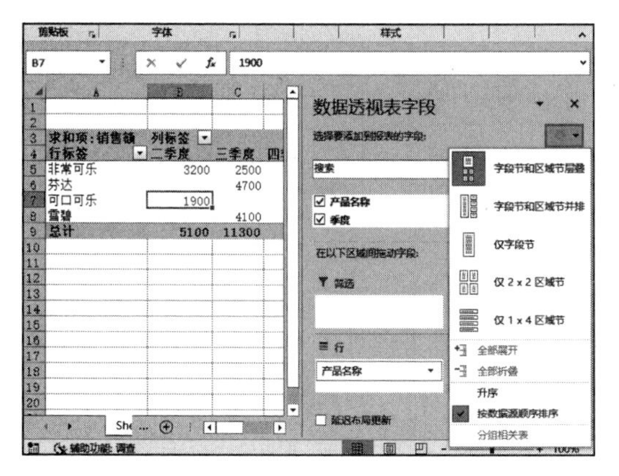

图 23-13　5 种不同的视图方式

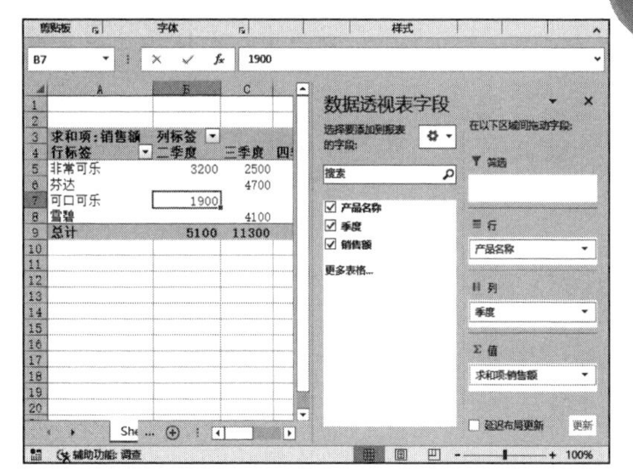

图 23-14　字段节和区域节并排

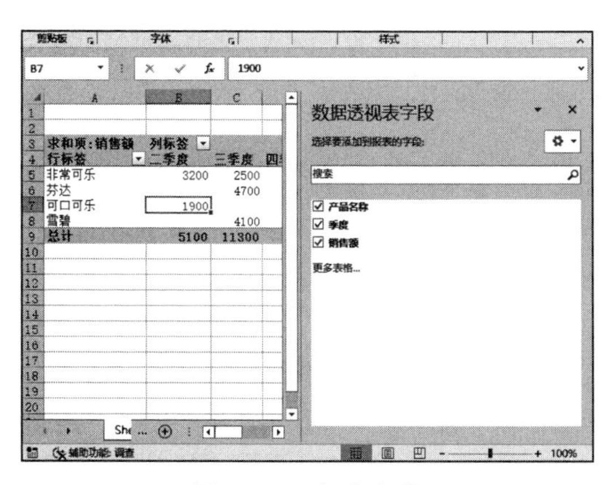

图 23-15　仅字段节

图 23-16　仅 2×2 区域节

5）仅 1×4 区域节：此视图只是为重新排列多个字段而设计的，如图 23-17 所示。

在“字段节和区域节层叠”和“字段节和区域节并排”视图中，可以调整每一部分的宽度和高度以方便查看与操作。方法是，将鼠标指针悬停在两个部分的分隔线上，当指针变为垂直双箭头 ↕ 或水平双箭头 ↔ 时，将双箭头向上下左右拖动到所需位置，然后单击双箭头或按“Enter”键即可。

图 23-17　仅 1×4 区域节

23.2.4　设置数据透视表选项

创建数据透视表后，可以像设置单元格格式一样设置数据透视表的选项。如果要打开“数据透视表选项”对话框，可以按照以下步骤进行操作。

打开“数据透视表 .xlsx”工作簿，切换至“Sheet4”工作表，选择数据透视表区域中的任意单元格，如 A3 单元格，单击鼠标右键，在弹出的快捷菜单中选择“数据透视表选项”命令打开“数据透视表选项”对话框，如图 23-18 所示。打开的“数据透视表选项”对话框如图 23-19 所示。

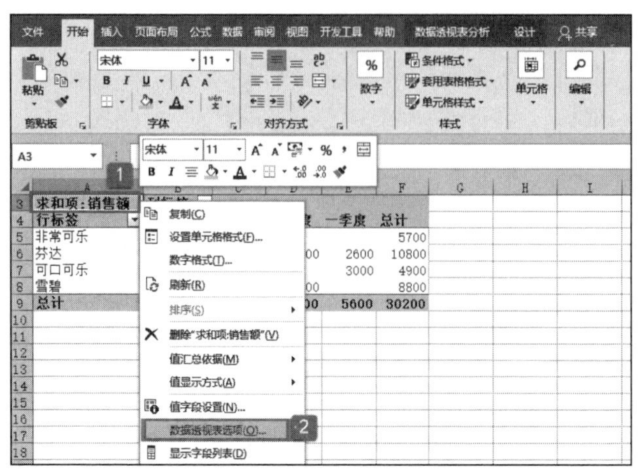

图 23-18　选择“数据透视表选项”命令

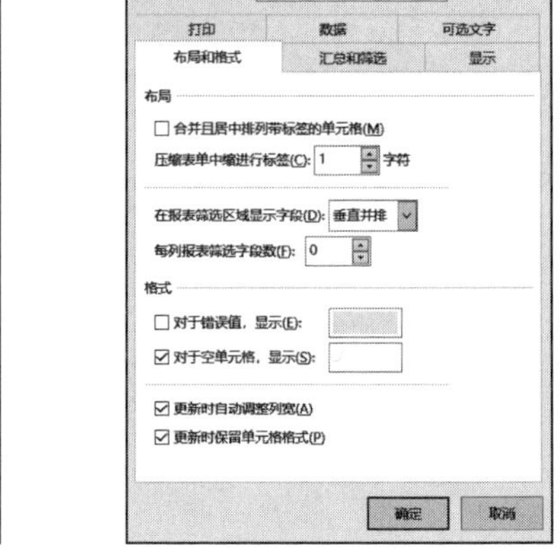

图 23-19　“数据透视表选项”对话框

打开“数据透视表选项”对话框后，即可根据需要设置数据透视表的布局和格式、汇总和筛选、显示、打印、数据等选项。

23.2.5　字段设置

字段设置可以控制数据透视表中字段的各种格式、打印、分类汇总和筛选器设置。如果要进行字段设置，可以按照以下步骤进行操作。

打开“数据透视表 .xlsx”工作簿，切换至“ Sheet4”工作表，在数据透视表中选择要进行设置的字段所在的单元格，如 A5 单元格，单击鼠标右键，在弹出的快捷菜单中选择“字段设置”选项，打开“字段设置”对话框，如图 23-20 所示。打开的“字段设置”对话框如图 23-21 所示。

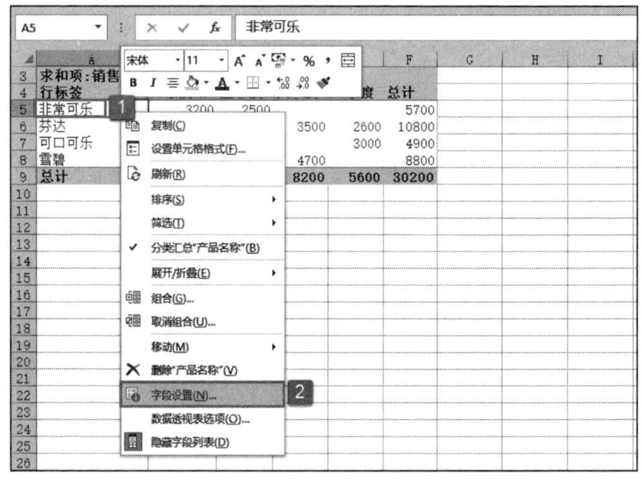

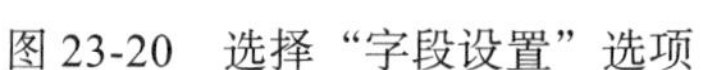

图 23-20　选择“字段设置”选项

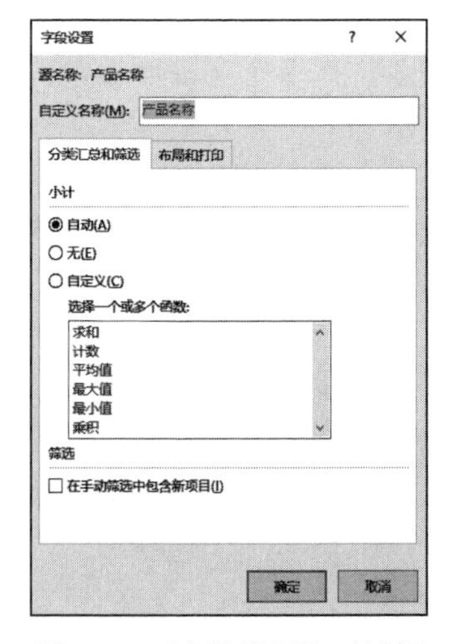

图 23-21“字段设置”对话框

打开“字段设置”对话框后，即可根据需要设置字段的汇总和筛选、布局和打印等选项。

23.2.6　值字段设置

如果要格式化数据透视表中的数据，以便将数据统一为相同样式，可以进行值字段设置。下面介绍具体操作步骤。

打开“数据透视表.xlsx”工作簿，切换至“ Sheet4”工作表，在数据透视表中选择包含数值数据的任一单元格，如 A3 单元格，单击鼠标右键，在弹出的快捷菜单中选择“值字段设置”选项，打开“值字段设置”对话框，如图 23-22 所示。打开的“值字段设置”对话框如图 23-23 所示。

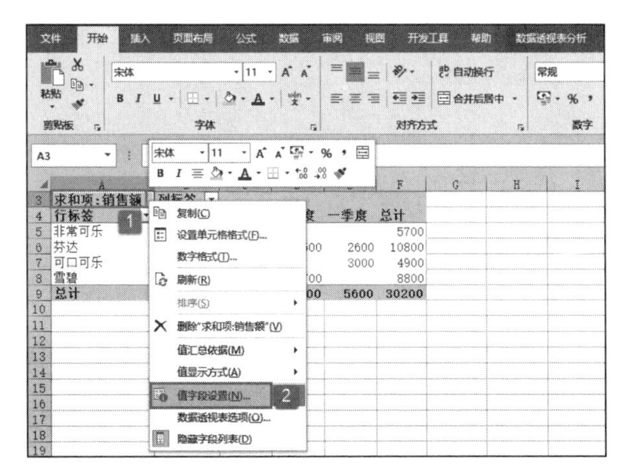

图 23-22　选择“值字段设置”选项

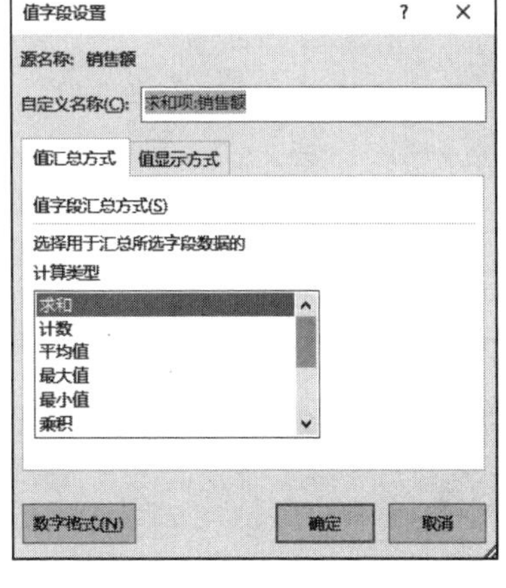

图 23-23　“值字段设置”对话框

打开“值字段设置”对话框后，即可根据需要设置值汇总方式和值显示方式。

23.3 数据透视表常用操作

创建数据透视表后，有时需要对数据透视表进行一些操作，例如复制和移动数据透视表、清除数据透视表、对数据透视表进行重新命名、刷新数据透视表等。本节将介绍有关数据透视表的一些常用操作。

23.3.1　复制数据透视表

通过复制数据透视表，可以有效地备份数据。以“数据透视表.xlsx”工作簿中的数据为例，复制数据透视表的具体操作步骤如下。

STEP01：打开“数据透视表.xlsx”工作簿，切换至“ Sheet4”工作表。选择数据透视表区域中的任意单元格，如 A3 单元格，切换至“数据透视表分析”选项卡，在“操作”组中单击“选择”下三角按钮，在展开的下拉列表中选择“整个数据透视表”选项将整个数据透视表选中，如图 23-24 所示。

STEP02：在选中的数据透视表区域处单击鼠标右键，在弹出的隐藏菜单中选择“复制”选项，如图 23-25 所示。

STEP03：此时，数据透视表周围出现一个虚框。选择要将数据透视表复制到的位置所在单元格，如 A11 单元格，然后单击鼠标右键，在弹出的隐藏菜单中选择“粘贴”选项，如图 23-26 所示。复制后的效果如图 23-27 所示。

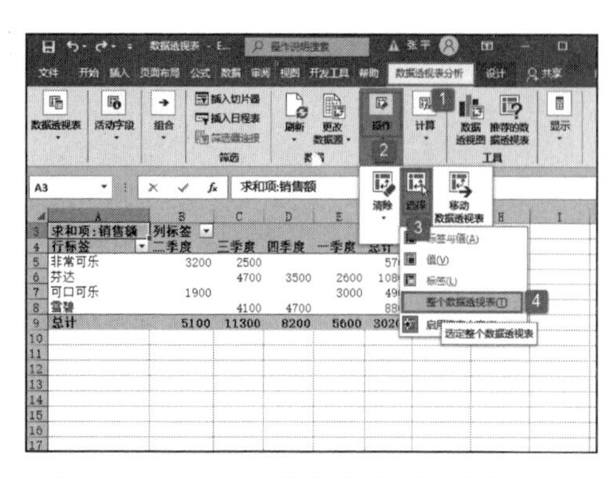

图 23-24　选择“整个数据透视表”选项

图 23-25　复制数据透视表

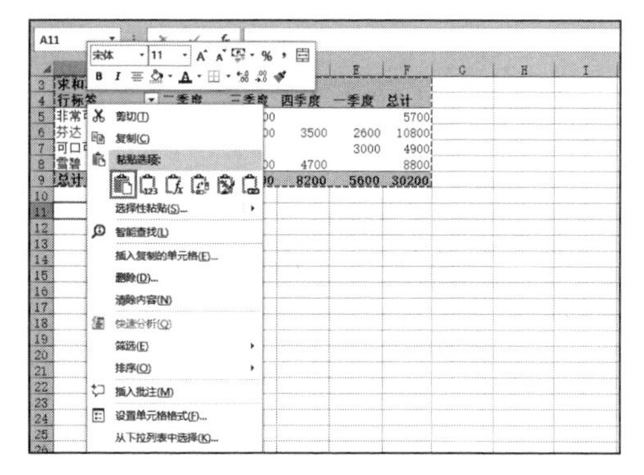

图 23-26　选择粘贴位置

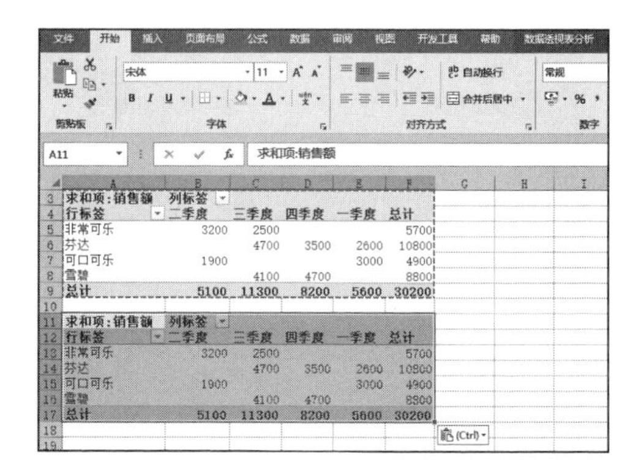

图 23-27　复制数据透视表效果

23.3.2　移动数据透视表

有时可能需要移动数据透视表的位置，以便在原来的位置插入工作表单元格、行或列等其他内容。以“数据透视表.xlsx”工作簿中的数据为例，移动数据透视表的具体操作步骤如下。

STEP01：打开“数据透视表.xlsx”工作簿，切换至“Sheet4”工作表。选择数据透视表区域中的任意单元格，如C5单元格，切换至“数据透视表分析”选项卡，在“操作”组中单击“移动数据透视表”按钮，打开“移动数据透视表”对话框，如图23-28所示。

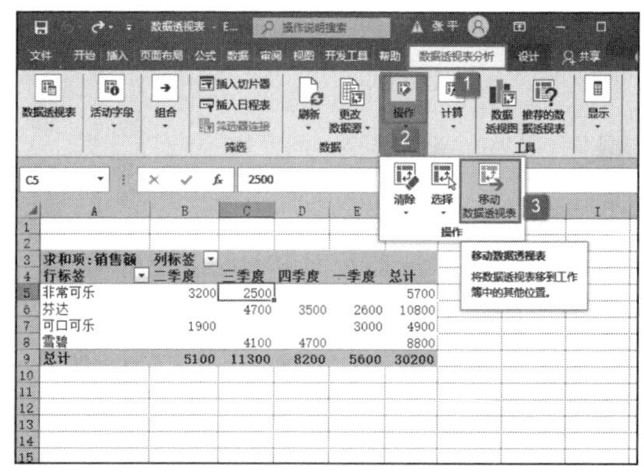

图 23-28　单击“移动数据透视表”按钮

STEP02：打开“移动数据透视表”对话框后，在“选择放置数据透视表的位置”列表区域中单击选中“现有工作表”单选按钮，选择移动位置为“Sheet4!$A$11”单元格，然后单击“确定”按钮完成数据透视表的移动操作，如图23-29所示。移动后的效果如图23-30所示。

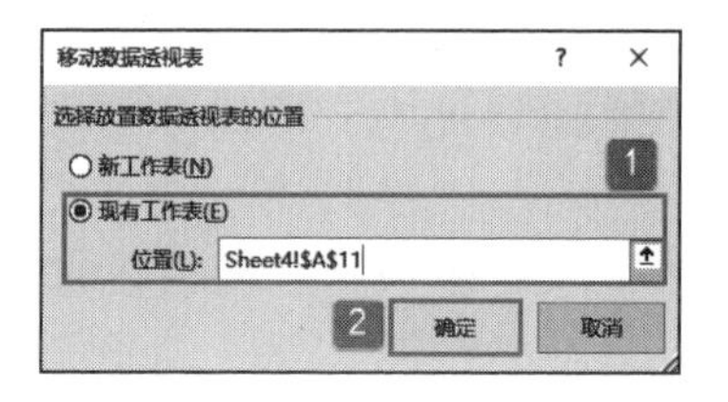

图 23-29　选择移动位置

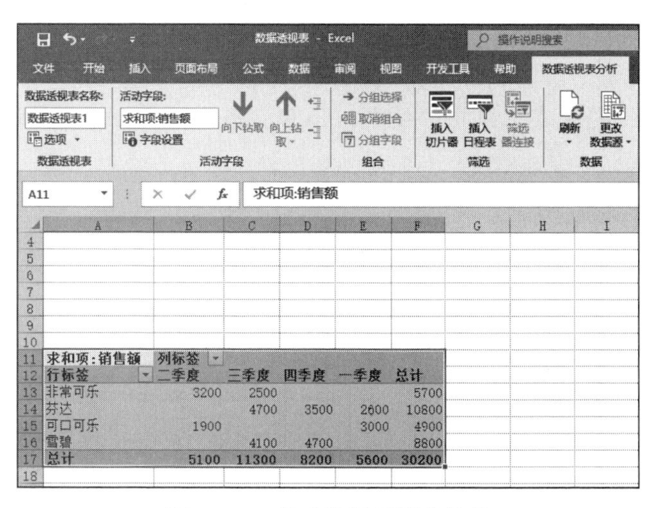

图 23-30　移动数据透视表效果

23.3.3　清除与删除数据透视表

如果要从数据透视表中删除所有的报表筛选、行标签和列标签、值以及格式，然后重新设计数据透视表的布局，可以使用“全部清除”命令。具体操作步骤如下。

打开“数据透视表.xlsx”工作簿，切换至“ Sheet4”工作表。选择数据透视表区域中的任意单元格，如 B2 单元格，切换至“数据透视表分析”选项卡，在“操作”组中单击“清除”下三角按钮，在展开的下拉列表中选择“全部清除”选项，如图 23-31 所示。

使用“全部清除”命令可以快速重新设置数据透视表，但不会删除数据透视表。如图 23-32 所示，“全部清除”之后，数据透视表的数据连接、位置和缓存仍然保持不变。如果存在与数据透视表关联的数据透视图，则“全部清除”命令还会删除相关的数据透视图字段、图表自定义和格式。

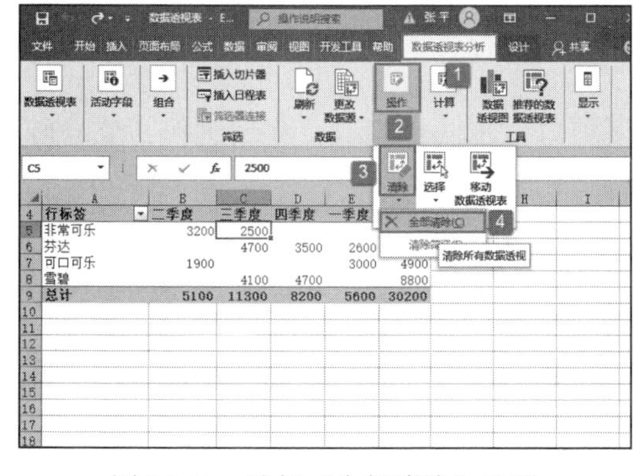

图 23-31　选择“全部清除”选项

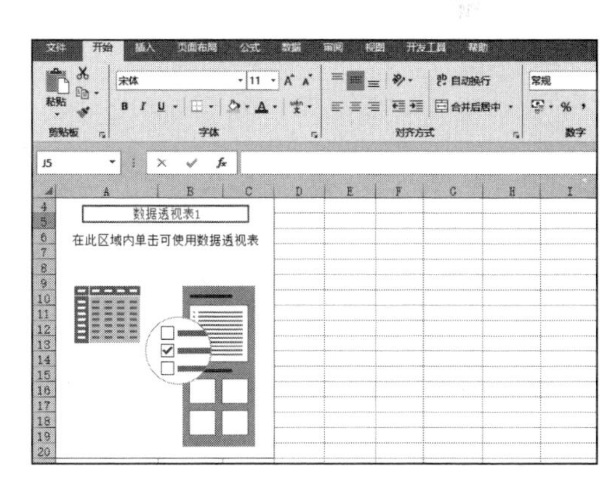

图 23-32　清除数据透视表效果

要注意的是，如果在两个或多个数据透视表之间共享数据连接或使用相同的数据，然后对其中一个数据透视表使用“全部清除”命令，则同时还会删除其他共享数据透视表中的分组、计算字段或项及自定义项。但是，Excel 在删除其他共享数据透视表中的项之前会发出警告，此时可以取消该操作。

如果包含数据透视表的工作表有保护，则不会显示“全部清除”命令。如果为工作表设置了保护，并选中了“保护工作表”对话框中的“使用数据透视表”复选框，则“全部清除”命令将无效，因为“全部清除”命令需要刷新操作。

如果要删除数据透视表，则可以按照以下步骤进行操作。注意体会“全部清除”与删除的不同。

打开“数据透视表.xlsx”工作簿，切换至“Sheet4”工作表。选择数据透视表区域中的任意单元格，如A3单元格，切换至“数据透视表分析”选项卡，单击“操作”组中的“选择”下三角按钮，在展开的下拉列表中选择“整个数据透视表”选项将整个数据透视表选中，然后按“Delete”键便可将选中的数据透视表直接删除。

23.3.4 重命名数据透视表

在创建数据透视表时，默认情况下Excel会使用“数据透视表1”“数据透视表2”这样的名称为数据透视表命名，可以更改数据透视表的名称以使其更有意义。具体操作步骤如下。

打开“数据透视表.xlsx”工作簿，切换至“Sheet4”工作表。选择数据透视表区域中的任意单元格，如C4单元格，切换至“数据透视表分析”选项卡，在“数据透视表”组中单击“数据透视表名称”文本框，使文本框处于可编辑的状态。然后在文本框中输入新的名称，如“销售分析表”，输入完成后按“Enter”返回即可，如图23-33所示。

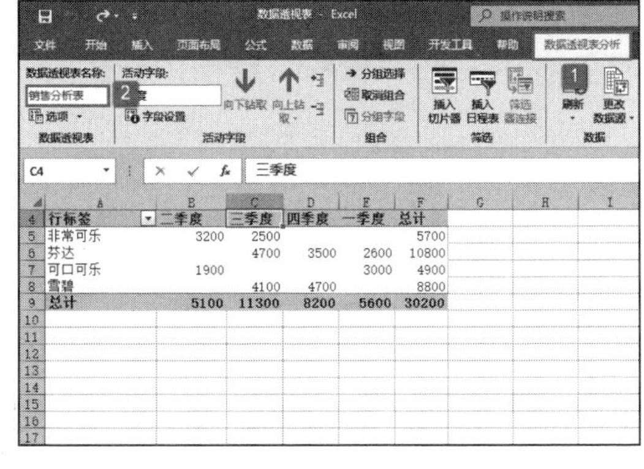

图23-33 输入名称

23.3.5 刷新数据透视表

如果修改了工作表中数据透视表的源数据，数据透视表并不会自动随之发生相应的变化，需要用户手动进行刷新。下面通过实例介绍刷新数据透视表的具体操作步骤。

STEP01：打开“数据透视表.xlsx”工作簿，切换至“Sheet1”工作表，该工作表为创建数据透视表的源数据，如图23-34所示。

STEP02：选中C2单元格，修改第一季度可口可乐的销售额，将销售额“¥3000”修改为“¥5000”，如图23-35所示。

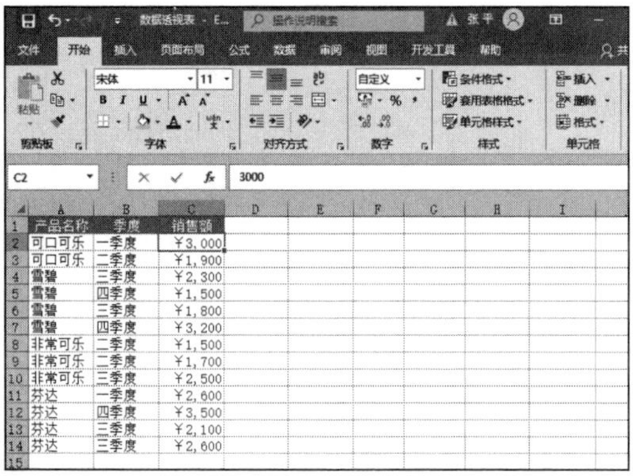

图23-34 源数据

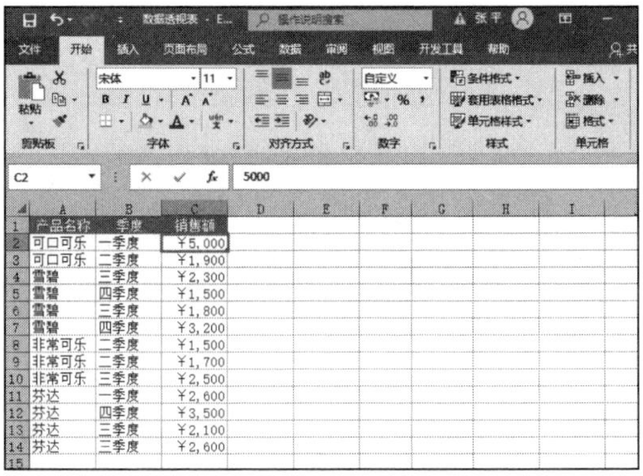

图23-35 修改销售额

STEP03：切换至“Sheet4”工作表，即数据透视表所在的工作表，选择B5单元格，单击鼠标右键，在弹出的隐藏菜单中选择“刷新”选项对当前的数据透视表进行刷新，如图23-36所示。刷新后的数据透视表如图23-37所示，透视表中第一季度可口可乐的销售额被修改为“¥5000”。

图23-36 选择“刷新”选项

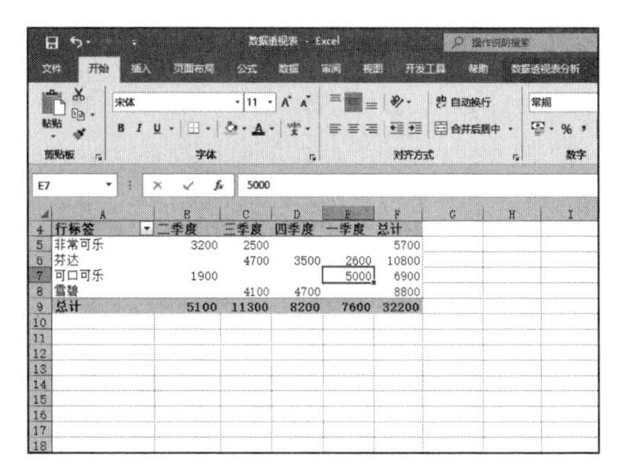

图23-37 刷新效果

23.3.6 显示与隐藏字段列表

默认情况下，当选中数据透视表中的任一单元格时，在窗口右侧就会显示“数据透视表字段”窗格。如果数据透视表占用屏幕空间比较大，而暂时又不需要使用字段列表时，可以将其隐藏，当需要时再将其显示出来。

如果要隐藏字段列表，可以按照以下步骤进行操作。

打开“数据透视表.xlsx”工作簿，切换至“Sheet4”工作表。选择数据透视表区域中的任意单元格，如B4单元格，单击鼠标右键，在弹出的隐藏菜单中选择“隐藏字段列表”选项，便可以将“数据透视表字段”窗格进行隐藏，如图23-38所示。

如果要将隐藏的字段列表显示出来，可以按照以下步骤进行操作。

打开“数据透视表.xlsx”工作簿，切换至“Sheet4”工作表。选择数据透视表区域中的任意单元格，如C4单元格，单击鼠标右键，在弹出的隐藏菜单中选择“显示字段列表”选项即可，如图23-39所示。

图23-38 隐藏字段列表

图23-39 显示字段列表

23.3.7 更改数据透视表的排序方式

在数据透视表中可以方便地对数据进行排序。下面通过实例介绍具体操作步骤。

STEP01：打开“数据透视表 3.xlsx”工作簿，切换至“数据透视表”工作表，本例中要进行排序操作的数据透视表如图 23-40 所示。

STEP02：单击行标签右侧的筛选按钮，在展开的下拉列表中选择“降序”选项，如图 23-41 所示。经过上述操作，行标签更改为按降序排列，结果如图 23-42 所示。

图 23-40 数据透视表

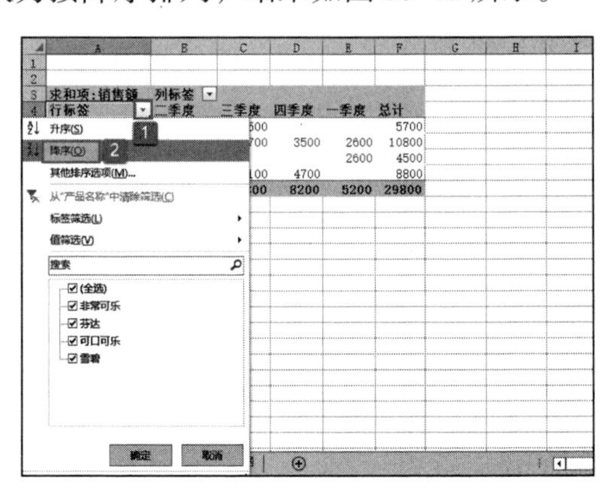

图 23-41 选择“降序”选项

如果要将行标签的排序方式改回升序排列，按以下步骤进行即可实现。

STEP01：单击行标签右侧的筛选按钮，在展开的下拉列表中选择“其他排序选项”命令，打开“排序（产品名称）”对话框，如图 23-43 所示。

图 23-42 行标签降序排列

图 23-43 选择“其他排序选项”命令

STEP02：打开“排序（产品名称）”对话框后，在“排序选项”列表区域中单击选中“升序排序（从 A 到 Z）依据”单选按钮，然后单击下方选择框右侧的下拉按钮，在展开的下拉列表中选择“产品名称”选项，最后单击“确定”按钮将产品名称（行标签）的排序方式改回升序排列，如图 23-44 所示。

如果要设置更多的排序选项，可以在图 23-44 所示的“排序（产品名称）”对话框中单击“其他选项”按钮，打开“其他排序选项（产品名称）”对话框，然后设置自动排序、主关键字排序次序、排序依据、方法等选项，如图 23-45 所示。例如，如果希望每次更新报表时都自动排序数据，则勾选“每次更新报表时自动排序”复选框即可。

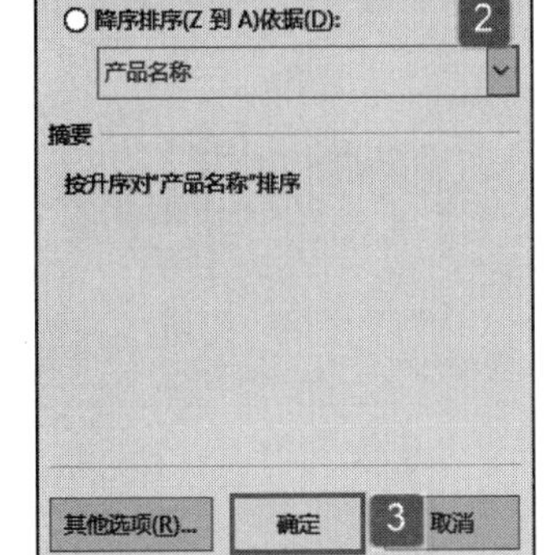

图 23-44　设置排序方式

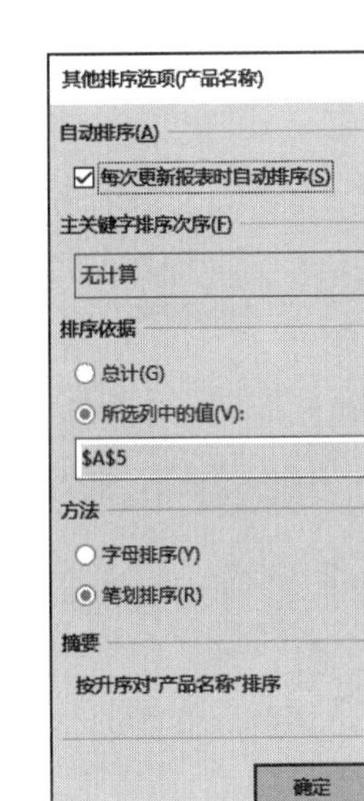

图 23-45　“其他排序选项（产品名称）”对话框

23.3.8　更改数据透视表汇总方式

默认情况下，数据透视表的汇总方式为求和汇总，也可以根据需要将其更改为其他汇总方式，例如平均值、最大值、最小值、计数等。下面通过实例说明如何更改数据透视表的汇总方式。

STEP01：打开“数据透视表 3.xlsx”工作簿，切换至“数据透视表”工作表。在数据透视表的数值区域选择任意单元格，如 B5 单元格，单击鼠标右键，在展开的下拉列表中选择“值汇总依据”选项，然后在展开的级联列表中选择“计数”选项，如图 23-46 所示。

STEP02：更改汇总方式后的数据透视表如图 23-47 所示。此时的数据透视表按“计数”方式进行汇总。

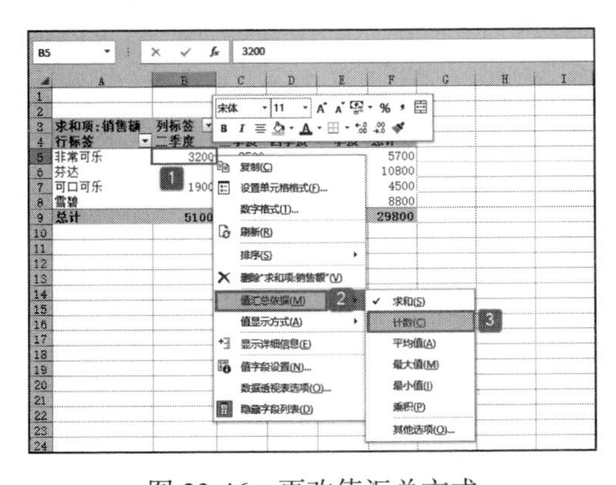

图 23-46　更改值汇总方式

图 23-47　计数汇总结果

也可以通过“值字段设置”命令更改汇总方式，具体操作步骤如下。

STEP01：选择 B5 单元格，单击鼠标右键，在展开的下拉列表中选择“值字段设置”选项，打开“值字段设置”对话框，如图 23-48 所示。

STEP02：打开“值字段设置”对话框后，切换至“值汇总方式”选项卡，在“计算类型”列表框中选择“计数”选项，然后单击“确定”按钮即可完成数据透视表汇总方式的更改，如图 23-49 所示。

图 23-48　选择“值字段设置”选项

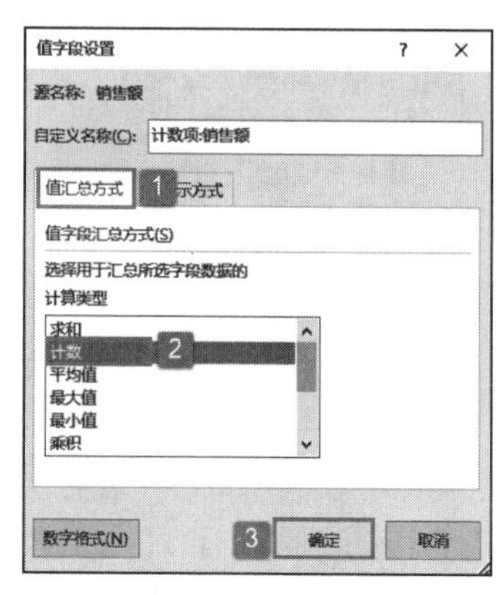

图 23-49　选择计算类型

23.3.9　筛选汇总结果

在使用数据透视表时，除了可以对汇总数据进行排序和更改汇总方式之外，还可以对汇总的结果进行筛选。使用筛选功能可以完成许多复杂的操作。下面通过实例说明筛选汇总结果的具体操作步骤。

STEP01：打开“数据透视表 4.xlsx”工作簿，切换至“数据透视表”工作表。本例中要对汇总结果进行筛选的数据透视表如图 23-50 所示。

STEP02：选择“步步高”所在的单元格，即 A5 单元格，单击鼠标右键，在弹出的隐藏菜单中选择“筛选”选项，然后在展开的级联列表中选择“仅保留所选项目”选项，如图 23-51 所示。筛选后的结果如图 23-52 所示。

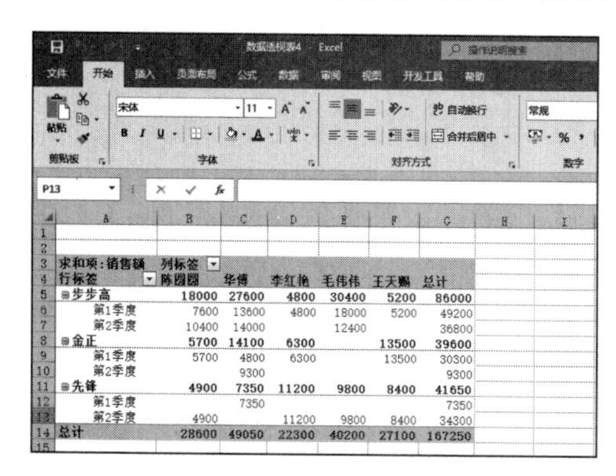

图 23-50　数据透视表

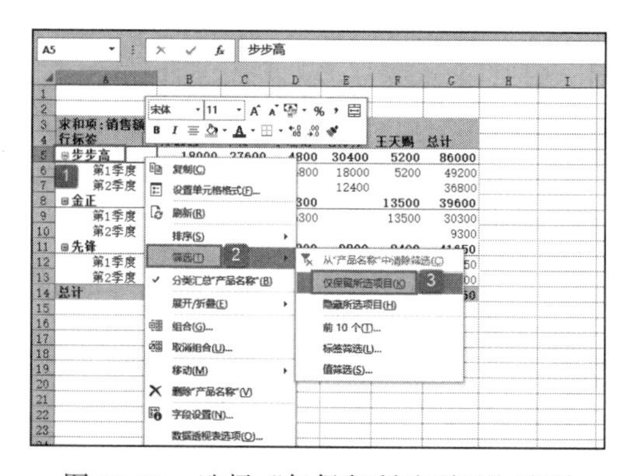

图 23-51　选择“仅保留所选项目”选项

STEP03：如图 23-53 所示，在 A5 单元格处再次单击鼠标右键，在弹出的隐藏菜单中选择“筛选”选项，然后在展开的级联列表中选择“从‘产品名称’中清除筛选”选项，即可清除筛选结果，此时数据透视表将恢复到打开时的状态。

如果要对数据透视表中的业务员进行筛选，例如筛选出业务员“陈圆圆”和“李红艳”的相关数据，具体操作步骤如下。

STEP01：单击“列标签”处的筛选按钮，在展开的下拉列表中取消勾选“全选”复选框，然后依次勾选“陈圆圆”复选框和“李红艳”复选框，最后单击“确定”按钮即可返回筛选结果，如图 23-54 所示。

STEP02：此时，筛选结果如图 23-55 所示。工作表中只显示了“陈圆圆”和“李红艳”两位业务员的销售数据。

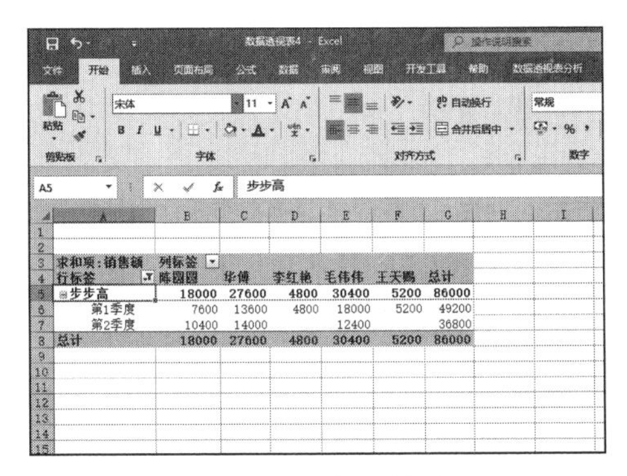

图 23-52　筛选结果

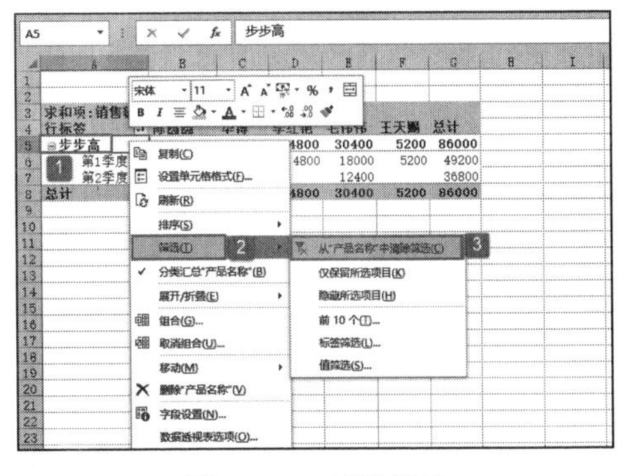

图 23-53　清除筛选

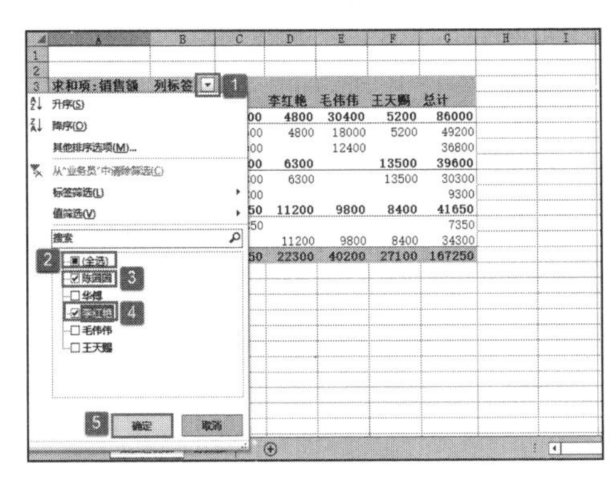

图 23-54　筛选业务员

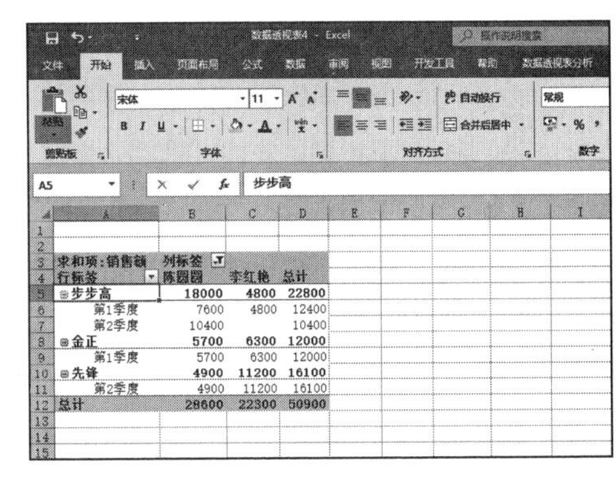

图 23-55　业务员筛选结果

STEP03：再次单击“列标签”处的筛选按钮，在展开的下拉列表中选择“从‘业务员’中清除筛选”选项即可清除当前的筛选结果，如图 23-56 所示。

如果要在数据透视表中筛选出销售额大于或等于 30000 的业务员，具体操作步骤如下。

STEP01：单击“列标签”处的筛选按钮，在展开的下拉列表中选择“值筛选”选项，然后在展开的级联列表中选择“大于或等于”选项，如图 23-57 所示。

STEP02：随后会打开如图 23-58 所示的“值筛选（业务员）”对话框，在数值条件文本框中输入“30000”，单击“确定”按钮便可以返回工作表。此时，筛选结果如图 23-59 所示。

图 23-56　清除业务员筛选结果

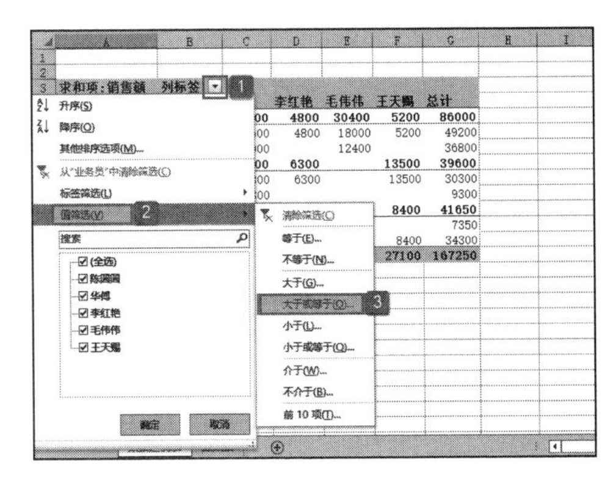

图 23-57　选择值筛选条件

STEP03：随后会打开如图 23-58 所示的“值筛选（业务员）”对话框，在数值条件文本框中输入“30000”，单击“确定”按钮便可以返回工作表。此时，筛选结果如图 23-59 所示。

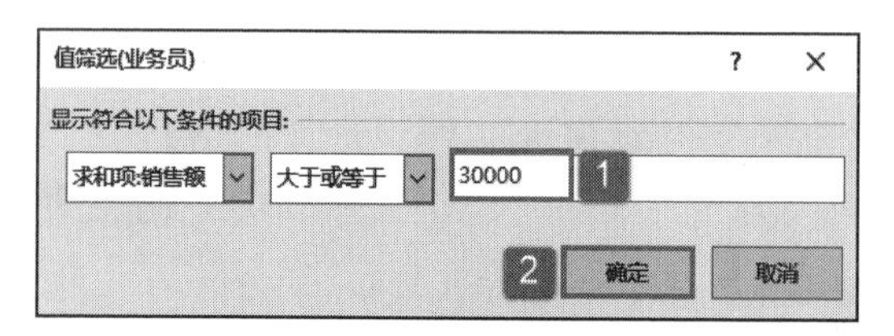

图 23-58　输入筛选条件

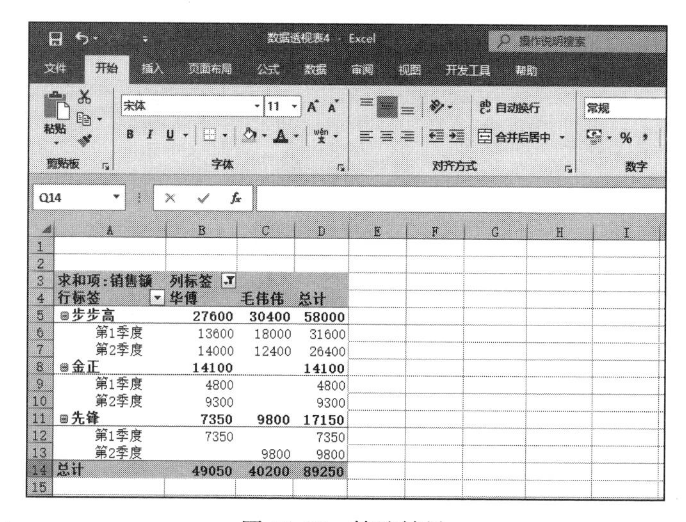

图 23-59　筛选结果

第24章

固定资产折旧分析应用

固定资产作为企业生产经营所需的资产，其服务潜力会随着使用年限逐渐降低，其价值也随着固定资产的使用而逐渐转移到生产产品的成本和费用中去。因此固定资产折旧是一种前期即已经发生的费用，其收益在投入使用后的有效使用期内实现。为了正确地确定固定资产的现时价值和计算生产成本，企业应将固定资产在其有效使用年限内分摊形成折旧费用，从而对企业的成本、收入和税金进行正确的核算与管理，使企业的生产经营过程适应价值规律的要求。

本章将介绍固定资产折旧的常用方法，通过具体的案例介绍如何制作“固定资产折旧分析表”和“固定资产折旧分析图”，在实际操作中掌握使用 Excel 2019 进行固定资产折旧分析的方法。

- 常用固定资产折旧计算方法
- 实战：固定资产折旧分析图制作

24.1 常用固定资产折旧计算方法

计算固定资产折旧的计算方法常见的有直线法、年数总和法、双倍余额递减法、固定余额递减法。本节将通过实例分别介绍这几种不同的方法。

24.1.1 创建固定资产折旧分析表

在使用不同折旧方法之前，首先创建一个用于练习的固定资产折旧分析表。具体操作步骤如下。

STEP01：首先新建一个空白工作簿，将其重命名为“固定资产折旧分析.xlsx”，并将“Sheet1”工作表重命名为“直线法”，如图24-1所示。该工作表主要用于做折旧分析表，其他方法将基于此分析表做适当修改。

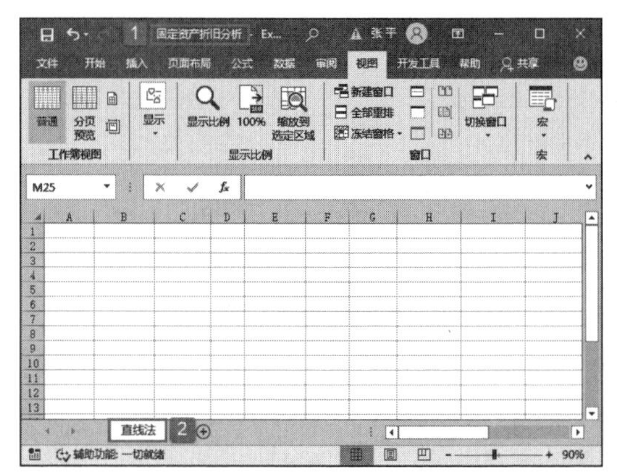

图24-1　新建工作表

STEP02：在“直线法”工作表中输入所需文本、数据，并适当设置文本和表格的格式。这里将字体设置为“宋体”，并设置单元格的背景颜色，标题处的背景颜色以“红色，个性色2”和“蓝色”为主，文本内容处的背景颜色以“浅黄色”为主，最后为表格依次添加内边框和外边框。用户可根据实际情况对文本和表格格式进行设置，设置后的效果如图24-2所示。

STEP03：切换至“视图”选项卡，在“显示”组中取消勾选“网格线”复选框，用于隐藏工作表中的网格线，以使表格看起来更加美观，最终效果如图24-3所示。

固定资产折旧分析示例

2018年6月

残值率	残值	可使用年限	可使用月数	已使用月数	月折旧额	本期折旧	累计折旧	账面价值
5%		5						
5%		5						
5%		7						
5%		7						
5%		10						
5%		10						
5%		12						
5%		12						
5%		20						
5%		10						
5%		15						
5%		10						

图24-2　输入所需文本、数据并设置格式

固定资产折旧分析示例

2018年6月

残值率	残值	可使用年限	可使用月数	已使用月数	月折旧额	本期折旧	累计折旧	账面价值
5%		5						
5%		5						
5%		7						
5%		7						
5%		10						
5%		10						
5%		12						
5%		12						
5%		20						
5%		10						
5%		15						
5%		10						

图24-3　隐藏网格线

STEP04：选中E4单元格，在编辑栏中输入公式“=C4*D4”，然后按“Enter”键返回，即可计算出第1台机器的总金额，即固定资产的原值，如图24-4所示。

STEP05：选中E4单元格，将鼠标光标定位于单元格右下角，使用填充柄工具向下复制公式至E15单元格，通过自动填充功能计算出其他机器的原值，计算结果如

图 24-5 所示。

E4　=C4*D4

	C	D	E	F	G	H	I	J	K	L
1	固定资产折旧分析示例									
2	当前月份				2018年6月					
3	单价	数量	原值	残值率	残值	可使用年限	可使用月数	已使用月数	月折旧额	本期折旧
4	¥18,000	1	¥18,000	5%		5				
5	¥6,400	2		5%		5				
6	¥12,000	4		5%		7				
7	¥2,500	2		5%		7				
8	¥6,000	5		5%		10				
9	¥8,900	4		5%		10				
10	¥13,000	12		5%		12				
11	¥3,000	3		5%		12				
12	¥5,400	5		5%		20				
13	¥6,800	8		5%		10				
14	¥9,000	9		5%		15				
15	¥23,000	2		5%		10				

图 24-4　计算原值

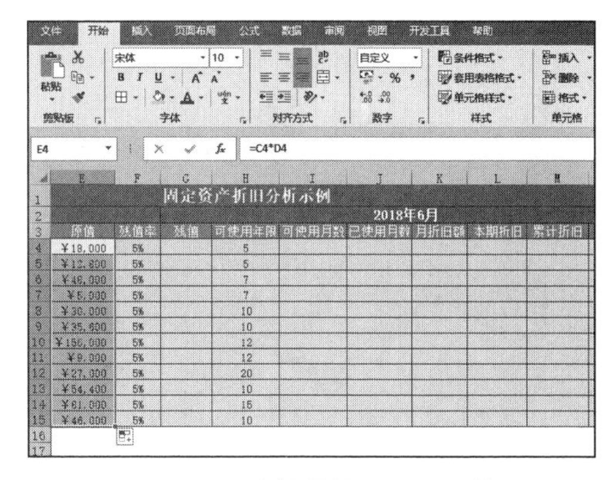

E4　=C4*D4

	E	F	G	H	I	J	K	L	M
1	固定资产折旧分析示例								
2			2018年6月						
3	原值	残值率	残值	可使用年限	可使用月数	已使用月数	月折旧额	本期折旧	累计折旧
4	¥18,000	5%		5					
5	¥12,800	5%		5					
6	¥48,000	5%		7					
7	¥5,000	5%		7					
8	¥30,000	5%		10					
9	¥35,600	5%		10					
10	¥156,000	5%		12					
11	¥9,000	5%		12					
12	¥27,000	5%		20					
13	¥54,400	5%		10					
14	¥81,000	5%		15					
15	¥46,000	5%		10					

图 24-5　计算其他机器的原值

STEP06：选中 G4 单元格，在编辑栏中输入公式“=E4*F4”，然后按“Enter”键返回，即可计算出第 1 台机器的残值，如图 24-6 所示。

STEP07：选中 G4 单元格，将鼠标光标定位于单元格右下角，使用填充柄工具向下复制公式至 G15 单元格，通过自动填充功能计算出其他机器的残值，计算结果如图 24-7 所示。

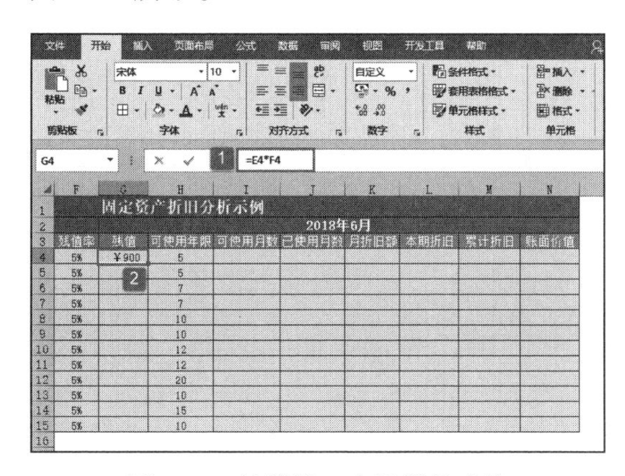

G4　=E4*F4

	F	G	H	I	J	K	L	M	N
1	固定资产折旧分析示例								
2		2018年6月							
3	残值率	残值	可使用年限	可使用月数	已使用月数	月折旧额	本期折旧	累计折旧	账面价值
4	5%	¥900	5						
5	5%		5						
6	5%		7						
7	5%		7						
8	5%		10						
9	5%		10						
10	5%		12						
11	5%		12						
12	5%		20						
13	5%		10						
14	5%		15						
15	5%		10						

图 24-6　计算第 1 台机器的残值

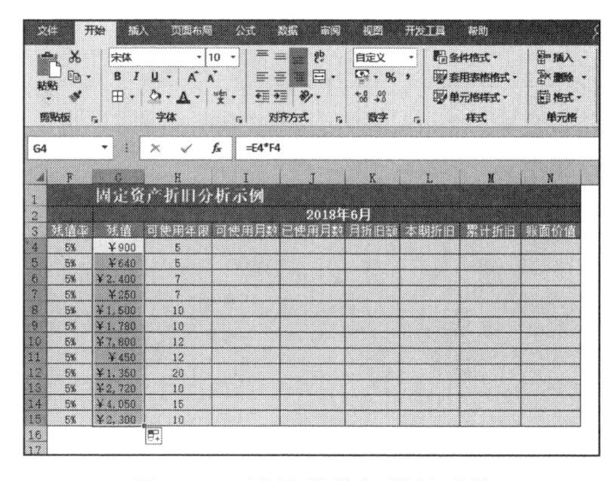

G4　=E4*F4

	F	G	H	I	J	K	L	M	N
1	固定资产折旧分析示例								
2		2018年6月							
3	残值率	残值	可使用年限	可使用月数	已使用月数	月折旧额	本期折旧	累计折旧	账面价值
4	5%	¥900	5						
5	5%	¥640	5						
6	5%	¥2,400	7						
7	5%	¥250	7						
8	5%	¥1,500	10						
9	5%	¥1,780	10						
10	5%	¥7,800	12						
11	5%	¥450	12						
12	5%	¥1,350	20						
13	5%	¥2,720	10						
14	5%	¥4,050	15						
15	5%	¥2,300	10						

图 24-7　计算其他机器的残值

STEP08：选中 I4 单元格，在编辑栏中输入公式“ =12*H4”，然后按“ Enter”键返回，即可计算出第 1 台机器的可使用月数，如图 24-8 所示。

STEP09：选中 I4 单元格，将鼠标光标定位于单元格右下角，使用填充柄工具向下复制公式至 I15 单元格，通过自动填充功能计算出其他机器的可使用月数，计算结果如图 24-9 所示。

STEP10：选中 J4 单元格，在编辑栏中输入公式“ =IF(($G$2-B4)/365*12 ＞ 0,IF(($G$2-B4)/365*12 ＜ I4,ROUND(($G$2-B4)/365*12,0),I4),0)”，然后按“ Enter”键返回，即可计算出第 1 台机器的已使用月数，如图 24-10 所示。其中的 ROUND 函数用于将数值舍入到小数点左边或右边的指定位置，第 1 个参数是要被舍入的数值，第 2 个参数是位数，此处要被舍入的数值是当前日期减去入库日期，位数为 0。

STEP11：选中 J4 单元格，将鼠标光标定位于单元格右下角，使用填充柄工具向下复制公式至 J15 单元格，通过自动填充功能计算出其他机器的已使用月数，计算结果如图 24-11 所示。

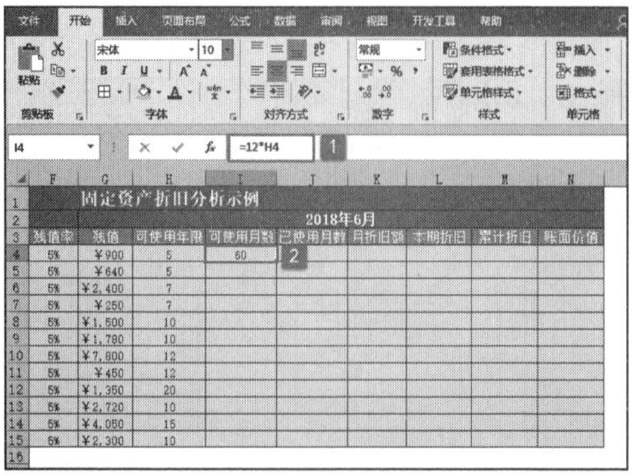

图 24-8 计算第 1 台机器的可使用月数

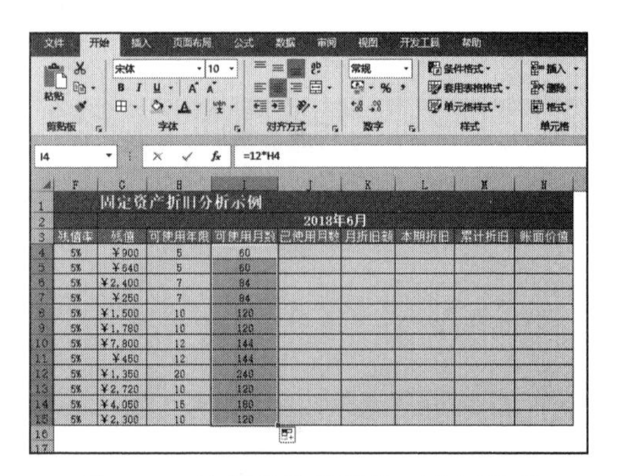

图 24-9 计算其他机器的可使用月数

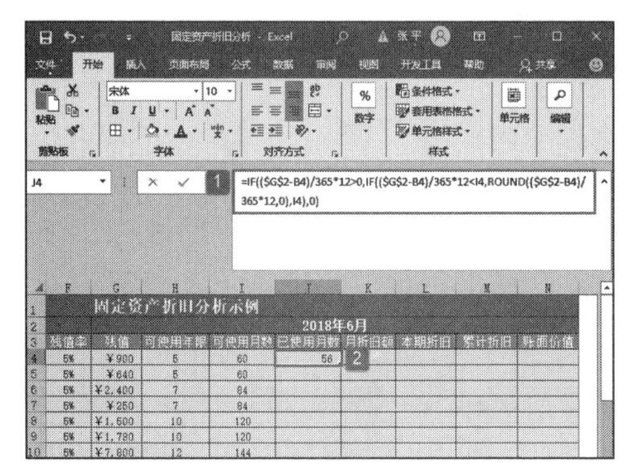

图 24-10 计算第 1 台机器的已使用月数

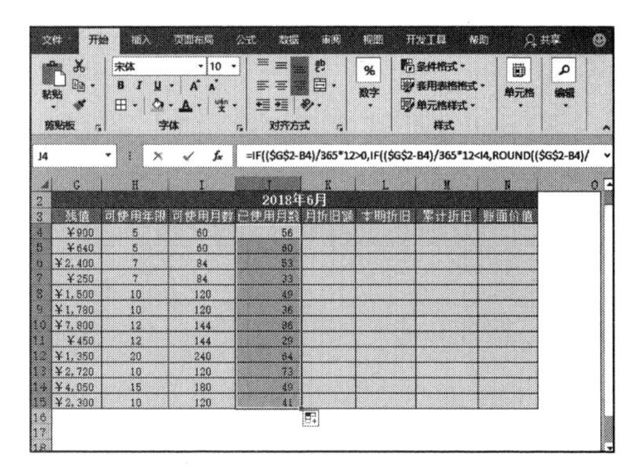

图 24-11 计算其他机器的已使用月数

24.1.2 直线法计算折旧值

采用直线法计算折旧，使用的是直线法折旧函数——SLN 函数。直线法是企业计算固定资产折旧最常用的一种方法。SLN 函数的语法为：

```
SLN(cost,salvage,life)
```

其中，cost 参数表示固定资产原值（即例子工作表中的“总金额”），salvage 参数表示固定资产报废时的预计净残值（即例子工作表中的“残值”），life 参数表示折旧期限，也就是固定资产预计使用年限。使用 SLN 函数可以计算固定资产在使用期间每期按平均年限计算的线性折旧额。

STEP01：首先计算月折旧额。选中 K4 单元格，切换至“公式”选项卡，单击“函数库”组中的“插入函数”按钮，打开“插入函数”对话框，如图 24-12 所示。

STEP02：打开“插入函数”对话框后，单击“或选择类别”选择框右侧的下拉按钮，在展开的下拉列表中选择“全部”选项，然后在“选择函数”列表框中选择“SLN”函数，单击“确定”按钮打开“函数参数”对话框，如图 24-13 所示。

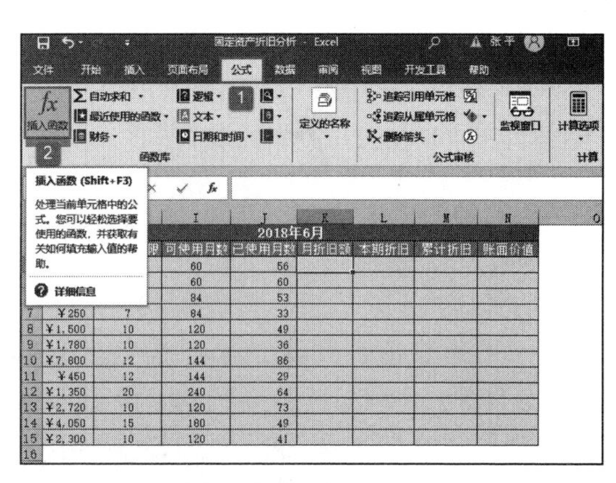

图 24-12 单击“插入函数”按钮

STEP03：打开“函数参数”对话框后，在 Cost 文本框中输入“E4”，即固定资产的原值（总金额）；在 Salvage 文本框中输入“G4”，即固定资产残值；在 Life 文本框中输入 I4，即固定资产的可使用月数。此时在这些文本框的右侧会出现具体数值，并在下方计算出固定资产的每期线性折旧费。最后单击“确定”按钮完成函数的插入操作，如图 24-14 所示。此时如果选中工作表中的 K4 单元格，可以看到公式“=SLN(E4,G4,I4)”，如图 24-15 所示。

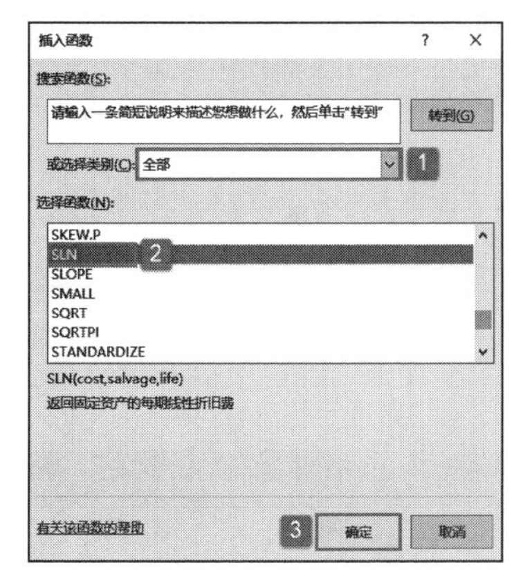

图 24-13 选择函数

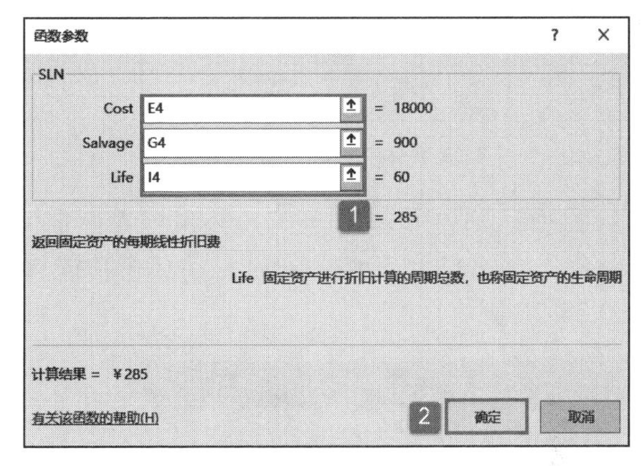

图 24-14 输入函数参数

STEP04：选中 K4 单元格，将鼠标光标定位于单元格右下角，使用填充柄工具向下复制公式至 K15 单元格，通过自动填充功能计算出其他机器的月折旧额，计算结果如图 24-16 所示。

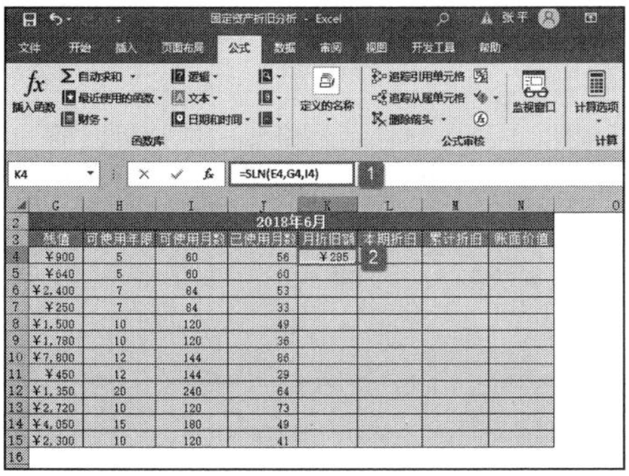

图 24-15 计算第 1 台机器的月折旧额

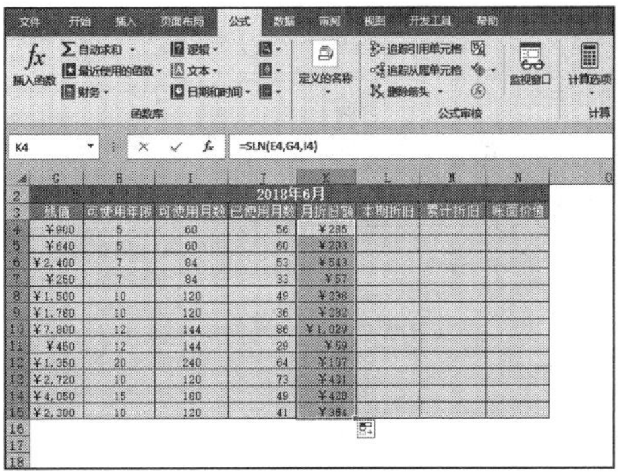

图 24-16 计算其他机器的月折旧额

STEP05：接下来计算本期折旧。选中 L4 单元格，在编辑栏中输入公式“=(IF(AND(YEAR($G$2)＞YEAR(B4),YEAR($G$2)＜(YEAR(B4)+H4)),MONTH($G$2),IF(YEAR($G$2)=YEAR(B4)+H4,MONTH(B4),IF(YEAR($G$2)=YEAR(B4),MONTH($G$2)-MONTH(B4),0))))*K4”，然后按“Enter”键返回，即可计算出第 1 台机器的本期折旧额，如图 24-17 所示。

STEP06：选中 L4 单元格，将鼠标光标定位于单元格右下角，使用填充柄工具向下复制公式至 L15 单元格，通过自动填充功能计算出其他机器的本期折旧额，计算结果如图 24-18 所示。

STEP07：接下来计算累计折旧额。选中 M4 单元格，在编辑栏中输入公式“=J4*K4”，然后按“Enter”键返回，即可计算出第 1 台机器的累计折旧额，如图 24-19 所示。

L4 =(IF(AND(YEAR($G$2)>YEAR(B4),YEAR($G$2)<(YEAR(B4)+H4)),MONTH($G$2),IF(YEAR($G$2)=YEAR(B4)+H4,MONTH(B4),IF(YEAR($G$2)=YEAR(B4),MONTH($G$2)-MONTH(B4),0))))*K4

2018年6月							
残值	可使用年限	可使用月数	已使用月数	月折旧额	本期折旧	累计折旧	账面价值
¥900	5	60	56	¥285	¥2,850		
¥640	5	60	60	¥203			
¥2,400	7	84	53	¥543			
¥250	7	84	33	¥57			
¥1,500	10	120	49	¥238			
¥1,780	10	120	36	¥282			
¥7,800	12	144	86	¥1,029			
¥450	12	144	29	¥59			
¥1,350	20	240	64	¥107			
¥2,720	10	120	73	¥431			

图 24-17　计算第 1 台机器的本期折旧额

L4 =(IF(AND(YEAR($G$2)>YEAR(B4),YEAR($G$2)<(YEAR(B4)+H4)),

2018年6月							
残值	可使用年限	可使用月数	已使用月数	月折旧额	本期折旧	累计折旧	账面价值
¥900	5	60	56	¥285	¥2,850		
¥640	5	60	60	¥203	¥0		
¥2,400	7	84	53	¥543	¥3,257		
¥250	7	84	33	¥57	¥339		
¥1,500	10	120	49	¥238	¥1,425		
¥1,780	10	120	36	¥282	¥1,691		
¥7,800	12	144	86	¥1,029	¥6,175		
¥450	12	144	29	¥59	¥356		
¥1,350	20	240	64	¥107	¥641		
¥2,720	10	120	73	¥431	¥2,584		
¥4,050	15	180	49	¥428	¥2,565		
¥2,300	10	120	41	¥364	¥2,185		

图 24-18　计算其他机器的本期折旧额

STEP08：选中 M4 单元格，将鼠标光标定位于单元格右下角，使用填充柄工具向下复制公式至 M15 单元格，通过自动填充功能计算出其他机器的累计折旧额，计算结果如图 24-20 所示。

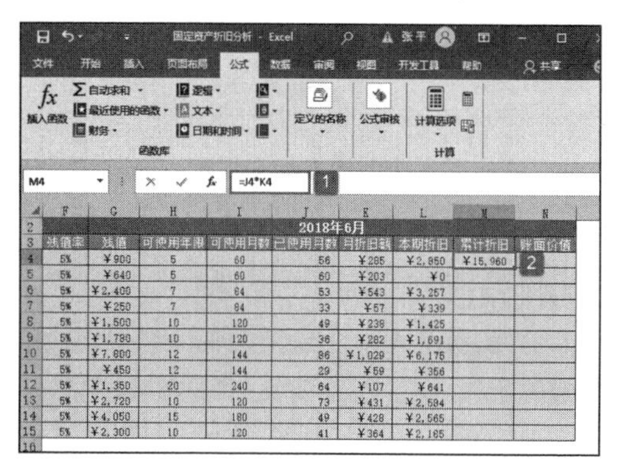

M4 =J4*K4

2018年6月								
残值率	残值	可使用年限	可使用月数	已使用月数	月折旧额	本期折旧	累计折旧	账面价值
5%	¥900	5	60	56	¥285	¥2,850	¥15,960	
5%	¥640	5	60	60	¥203	¥0		
5%	¥2,400	7	84	53	¥543	¥3,257		
5%	¥250	7	84	33	¥57	¥339		
5%	¥1,500	10	120	49	¥238	¥1,425		
5%	¥1,780	10	120	36	¥282	¥1,691		
5%	¥7,800	12	144	86	¥1,029	¥6,175		
5%	¥450	12	144	29	¥59	¥356		
5%	¥1,350	20	240	64	¥107	¥641		
5%	¥2,720	10	120	73	¥431	¥2,584		
5%	¥4,050	15	180	49	¥428	¥2,565		
5%	¥2,300	10	120	41	¥364	¥2,185		

图 24-19　计算第 1 台机器的累计折旧额

M4 =J4*K4

2018年6月								
残值率	残值	可使用年限	可使用月数	已使用月数	月折旧额	本期折旧	累计折旧	账面价值
5%	¥900	5	60	56	¥285	¥2,850	¥15,960	
5%	¥640	5	60	60	¥203	¥0	¥12,160	
5%	¥2,400	7	84	53	¥543	¥3,257	¥28,771	
5%	¥250	7	84	33	¥57	¥339	¥1,866	
5%	¥1,500	10	120	49	¥238	¥1,425	¥11,638	
5%	¥1,780	10	120	36	¥282	¥1,691	¥10,146	
5%	¥7,800	12	144	86	¥1,029	¥6,175	¥86,508	
5%	¥450	12	144	29	¥59	¥356	¥1,722	
5%	¥1,350	20	240	64	¥107	¥641	¥6,840	
5%	¥2,720	10	120	73	¥431	¥2,584	¥31,439	
5%	¥4,050	15	180	49	¥428	¥2,565	¥20,948	
5%	¥2,300	10	120	41	¥364	¥2,185	¥14,931	

图 24-20　计算其他机器的累计折旧额

STEP09：最后需要根据机器的原值金额和累计折旧金额计算出机器的账面价值。选中 N4 单元格，在编辑栏中输入公式“=E4-M4”，然后按“Enter”键返回，即可计算出第 1 台机器的账面价值，如图 24-21 所示。

STEP10：选中 N4 单元格，将鼠标光标定位于单元格右下角，使用填充柄工具向下复制公式至 N15 单元格，通过自动填充功能计算出其他机器的账面价值，计算结果如图 24-22 所示。

N4 =E4-M4

2018年6月							
残值	可使用年限	可使用月数	已使用月数	月折旧额	本期折旧	累计折旧	账面价值
¥900	5	60	56	¥285	¥2,850	¥15,960	¥2,040
¥640	5	60	60	¥203	¥0	¥12,160	
¥2,400	7	84	53	¥543	¥3,257	¥28,771	
¥250	7	84	33	¥57	¥339	¥1,866	
¥1,500	10	120	49	¥238	¥1,425	¥11,638	
¥1,780	10	120	36	¥282	¥1,691	¥10,146	
¥7,800	12	144	86	¥1,029	¥6,175	¥86,508	
¥450	12	144	29	¥59	¥356	¥1,722	
¥1,350	20	240	64	¥107	¥641	¥6,840	
¥2,720	10	120	73	¥431	¥2,584	¥31,439	
¥4,050	15	180	49	¥428	¥2,565	¥20,948	
¥2,300	10	120	41	¥364	¥2,185	¥14,931	

图 24-21　计算第 1 台机器的账面价值

N4 =E4-M4

2018年6月							
残值	可使用年限	可使用月数	已使用月数	月折旧额	本期折旧	累计折旧	账面价值
¥900	5	60	56	¥285	¥2,850	¥15,960	¥2,040
¥640	5	60	60	¥203	¥0	¥12,160	¥640
¥2,400	7	84	53	¥543	¥3,257	¥28,771	¥19,229
¥250	7	84	33	¥57	¥339	¥1,866	¥3,134
¥1,500	10	120	49	¥238	¥1,425	¥11,638	¥18,363
¥1,780	10	120	36	¥282	¥1,691	¥10,146	¥25,454
¥7,800	12	144	86	¥1,029	¥6,175	¥86,508	¥67,492
¥450	12	144	29	¥59	¥356	¥1,722	¥7,278
¥1,350	20	240	64	¥107	¥641	¥6,840	¥20,160
¥2,720	10	120	73	¥431	¥2,584	¥31,439	¥22,961
¥4,050	15	180	49	¥428	¥2,565	¥20,948	¥60,053
¥2,300	10	120	41	¥364	¥2,185	¥14,931	¥31,069

图 24-22　计算其他机器的账面价值

24.1.3 年数总和法计算折旧值

采用年数总和法计算折旧，使用的是年数总和法折旧函数——SYD 函数。年数总和法是加速折旧法的一种，用固定资产原值减去预计净残值后的余额作为基数，乘以一个逐年递减的分数来计算每期的折旧额。分数的分子表示固定资产还可以使用的年限，分母代表使用年限逐年数字的总和。SYD 函数的语法为：

```
SYD(cost,salvage,life,per)
```

其中，per 参数为指定要计算折旧的期间，时间单位与 life 相同。SYD 函数用于计算某项固定资产按年数总和法计算的指定期间的折旧额。

STEP01：打开“固定资产折旧分析 .xlsx”工作簿，在“直线法”工作表的标签处单击鼠标右键，在弹出的隐藏菜单中选择“移动或复制”选项，如图 24-23 所示。

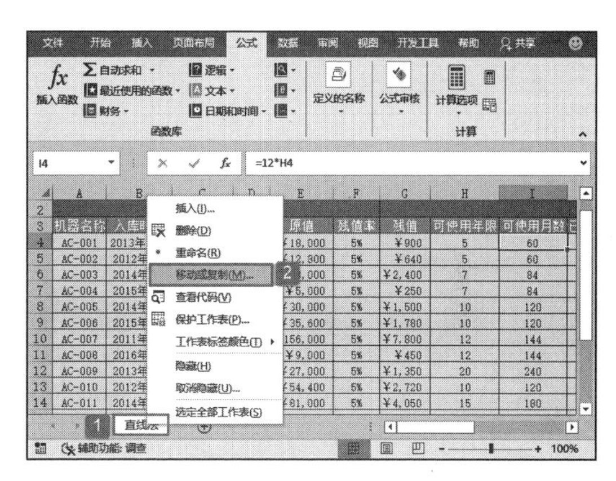

图 24-23 复制工作表

STEP02：随后会打开“移动或复制工作表”对话框，在“下列选定工作表之前”列表框中选择“(移至最后)”选项，勾选下方的“建立副本”复选框，然后单击“确定”按钮完成工作表的复制操作，如图 24-24 所示。

STEP03：工作表复制完成后，在“直线法”工作表的后会新增一个“直线法（2）”工作表，将“直线法（2）”工作表重命名为“年数总和法”。在“年数总和法”工作表中删除“ K3:N15”单元格区域中的全部内容，将 I3 单元格和 J3 单元格中的文本标题分别修改为“当前年限”“本期折旧”，然后仅清除 I4:J15 单元格区域中的数据，保留其文本和表格源格式。最终将工作表修改为如图 24-25 所示的效果。

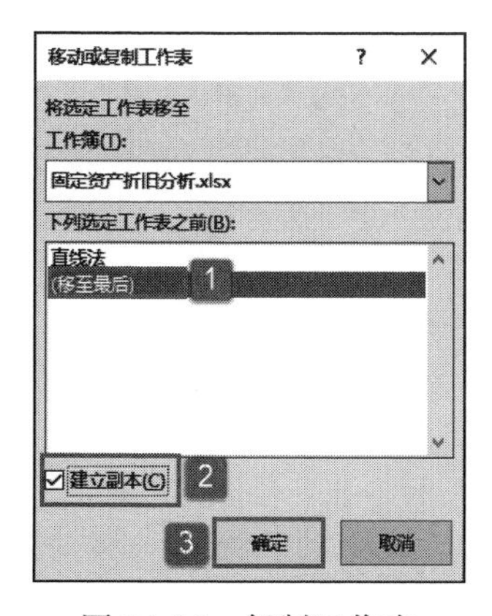

图 24-24 复制工作表

固定资产折旧分析示例							
当前月份				2018年6月			
单价	数量	原值	残值率	残值	可使用年限	当前年限	本期折旧
¥18,000	1	¥18,000	2%	¥360	5		
¥6,400	2	¥12,800	5%	¥640	5		
¥12,000	4	¥48,000	5%	¥2,400	7		
¥2,500	2	¥5,000	5%	¥250	7		
¥6,000	5	¥30,000	5%	¥1,500	10		
¥8,900	4	¥35,600	5%	¥1,780	10		
¥13,000	12	¥156,000	5%	¥7,800	12		
¥3,000	3	¥9,000	5%	¥450	12		
¥5,400	5	¥27,000	5%	¥1,350	20		
¥6,800	8	¥54,400	5%	¥2,720	10		
¥9,000	9	¥81,000	5%	¥4,050	15		
¥23,000	2	¥46,000	5%	¥2,300	10		

图 24-25 准备固定资产折旧分析表

STEP04：首先计算当前年限。选中 I4 单元格，在编辑栏中输入公式“=IF(YEAR($G$2)-YEAR(B4) > H4,H4,YEAR($G$2)-YEAR(B4))”，然后按“ Enter”键返回，即可计算出第 1 台机器的当前年限，如图 24-26 所示。

STEP05：选中 I4 单元格，将鼠标光标定位于单元格右下角，使用填充柄工具向下复制公式至I15单元格，通过自动填充功能计算出其他机器的当前年限，计算结果如图24-27所示。

=IF(YEAR($G$2)-YEAR(B4)>H4,H4,YEAR($G$2)-YEAR(B4))

固定资产折旧分析示例							
当前月份				2018年6月			
单价	数量	原值	残值率	残值	可使用年限	当前年限	本期折旧
¥18,000	1	¥18,000	2%	¥360	5	5	
¥6,400	2	¥12,600	5%	¥640	5		
¥12,000	4	¥48,000	5%	¥2,400	7		
¥2,500	2	¥5,000	5%	¥250	7		
¥6,000	5	¥30,000	5%	¥1,500	10		
¥8,900	4	¥35,600	5%	¥1,780	10		
¥13,000	12	¥156,000	5%	¥7,800	12		
¥3,000	3	¥9,000	5%	¥450	12		
¥5,400	5	¥27,000	5%	¥1,350	20		
¥6,800	8	¥54,400	5%	¥2,720	10		
¥9,000	9	¥81,000	5%	¥4,050	15		
¥23,000	2	¥46,000	5%	¥2,300	10		

图24-26　计算第1台机器的当前年限

=IF(YEAR($G$2)-YEAR(B4)>H4,H4,YEAR($G$2)-YEAR(B4))

固定资产折旧分析示例							
当前月份				2018年6月			
单价	数量	原值	残值率	残值	可使用年限	当前年限	本期折旧
¥18,000	1	¥18,000	2%	¥360	5	5	
¥6,400	2	¥12,800	5%	¥640	5	5	
¥12,000	4	¥48,000	5%	¥2,400	7	4	
¥2,500	2	¥5,000	5%	¥250	7	3	
¥6,000	5	¥30,000	5%	¥1,500	10	4	
¥8,900	4	¥35,600	5%	¥1,780	10	3	
¥13,000	12	¥156,000	5%	¥7,800	12	7	
¥3,000	3	¥9,000	5%	¥450	12	2	
¥5,400	5	¥27,000	5%	¥1,350	20	5	
¥6,800	8	¥54,400	5%	¥2,720	10	6	
¥9,000	9	¥81,000	5%	¥4,050	15	4	
¥23,000	2	¥46,000	5%	¥2,300	10	3	

图24-27　计算其他机器的当前年限

STEP06：接下来计算本期折旧。选中J4单元格，在编辑栏中输入公式“=IF(AND(I4＜H4,MONTH(B4)＜12),SYD(E4,G4,H4,I4+1)*(MONTH($G$2)-MONTH(B4))/12+SYD(E4,G4,H4,I4)*MONTH(B4)/12,IF(AND(YEAR($G$2)-YEAR(B4)=H4,MONTH(B4)＜12),SYD(E4,G4,H4,I4)*MONTH(B4)/12,0))”，然后按“Enter”键返回，即可计算出第1台机器的本期折旧额，如图24-28所示。

STEP07：选中J4单元格，将鼠标光标定位于单元格右下角，使用填充柄工具向下复制公式至J15单元格，通过自动填充功能计算出其他机器的本期折旧额，计算结果如图24-29所示。

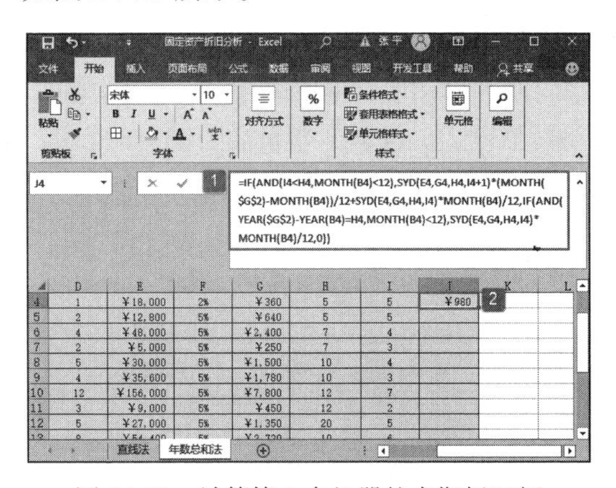

=IF(AND(I4<H4,MONTH(B4)<12),SYD(E4,G4,H4,I4+1)*(MONTH($G$2)-MONTH(B4))/12+SYD(E4,G4,H4,I4)*MONTH(B4)/12,IF(AND(YEAR($G$2)-YEAR(B4)=H4,MONTH(B4)<12),SYD(E4,G4,H4,I4)*MONTH(B4)/12,0))

D	E	F	G	H	I	J
1	¥18,000	2%	¥360	5	5	¥980
2	¥12,800	5%	¥640	5	5	
4	¥48,000	5%	¥2,400	7	4	
2	¥5,000	5%	¥250	7	3	
5	¥30,000	5%	¥1,500	10	4	
4	¥35,600	5%	¥1,780	10	3	
12	¥156,000	5%	¥7,800	12	7	
3	¥9,000	5%	¥450	12	2	
5	¥27,000	5%	¥1,350	20	5	

图24-28　计算第1台机器的本期折旧额

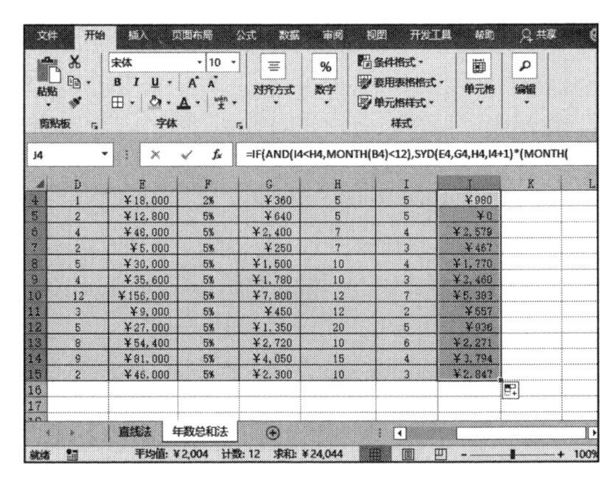

=IF(AND(I4<H4,MONTH(B4)<12),SYD(E4,G4,H4,I4+1)*(MONTH(

D	E	F	G	H	I	J
1	¥18,000	2%	¥360	5	5	¥980
2	¥12,800	5%	¥640	5	5	¥0
4	¥48,000	5%	¥2,400	7	4	¥2,579
2	¥5,000	5%	¥250	7	3	¥467
5	¥30,000	5%	¥1,500	10	4	¥1,770
4	¥35,600	5%	¥1,780	10	3	¥2,460
12	¥156,000	5%	¥7,800	12	7	¥5,383
3	¥9,000	5%	¥450	12	2	¥557
5	¥27,000	5%	¥1,350	20	5	¥936
8	¥54,400	5%	¥2,720	10	6	¥2,271
9	¥81,000	5%	¥4,050	15	4	¥3,794
2	¥46,000	5%	¥2,300	10	3	¥2,847

平均值：¥2,004　计数：12　求和：¥24,044

图24-29　计算其他机器的本期折旧额

24.1.4　双倍余额递减法计算折旧值

采用双倍余额递减法计算折旧，使用的是双倍余额递减法折旧函数——DDB函数和VDB函数。双倍速余额递减法也是一种加速折旧法，指的是不考虑固定资产预计净残值，根据每期期初固定资产账面余额和双倍的直线法折旧率计算固定资产折旧。本节采用VDB函数进行折旧计算。VDB函数的语法为：

```
VDB(cost,salvage,life,start_period,end_period,factor,no_switch)
```

其中，start_period参数为进行折旧计算的起始期间，start_period参数必须与life

的单位相同。end_period 参数为进行折旧计算的截止期间，end_period 参数必须与 life 的单位相同。factor 参数为余额递减速率（折旧因子），如果 factor 参数被省略，则假设为 2（双倍余额递减法）。如果不想使用双倍余额递减法，可改变 factor 参数的值。no_switch 参数为一逻辑值，指定当折旧值大于余额递减计算值时，是否转用直线折旧法。如果 no_switch 参数为 TRUE，即使折旧值大于余额递减计算值，Excel 也不转用直线折旧法；如果 no_switch 参数为 FALSE 或被忽略，且折旧值大于余额递减计算值时，Excel 将转用直线折旧法。除 no_switch 参数以外的所有参数必须为正数。具体计算步骤如下。

STEP01：按照上述复制“直线法”工作表的方法复制“年数总和法”工作表，将复制后的“年数总和法（2）”工作表重命名为“双倍余额递减法”，并清除 J4:J15 单元格区域中的数据，保留文本和表格源格式，最终效果如图 24-30 所示。

固定资产折旧分析示例								
当前月份						2018年6月		
入库时间	单价	数量	原值	残值率	残值	可使用年限	当前年限	本期折旧
2013年10月	¥18,000	1	¥18,000	2%	¥360	5	5	
2012年3月	¥6,400	2	¥12,800	5%	¥640	5	5	
2014年1月	¥12,000	4	¥48,000	5%	¥2,400	7	4	
2015年9月	¥2,500	2	¥5,000	5%	¥250	7	3	
2014年5月	¥6,000	5	¥30,000	5%	¥1,500	10	4	
2015年6月	¥8,900	4	¥35,600	5%	¥1,780	10	3	
2011年4月	¥13,000	12	¥156,000	5%	¥7,800	12	7	
2016年1月	¥3,000	3	¥9,000	5%	¥450	12	2	
2013年2月	¥5,400	5	¥27,000	5%	¥1,350	20	5	
2012年5月	¥6,800	8	¥54,400	5%	¥2,720	10	6	
2014年5月	¥9,000	9	¥81,000	5%	¥4,050	15	4	
2015年1月	¥23,000	2	¥46,000	5%	¥2,300	10	3	

图 24-30　准备固定资产折旧分析表

STEP02：利用双倍余额递减法计算计算本期折旧。选中 J4 单元格，在编辑栏中输入公式“=IF(AND(I4 < H4,MONTH(B4) < 12),VDB(E4,G4,H4,I4−1,I4)*MONTH(B4)/12+VDB(E4,G4,H4,I4,I4+1)*(12-MONTH(B4))/12,IF(AND(I4 < H4,MONTH(B4)=12),VDB(E4,G4,H4,I4-1,I4),IF(AND(YEAR($G$2)-YEAR(B4)=H4,MONTH(B4) < 12),VDB(E4,G4,H4,I4-1,I4)*MONTH(B4)/12,0)))”，然后按“Enter”键返回，即可计算出第 1 台机器的本期折旧额，如图 24-31 所示。

STEP03：选中 J4 单元格，将鼠标光标定位于单元格右下角，使用填充柄工具向下复制公式至 J15 单元格，通过自动填充功能计算出其他机器的本期折旧额，计算结果如图 24-32 所示。

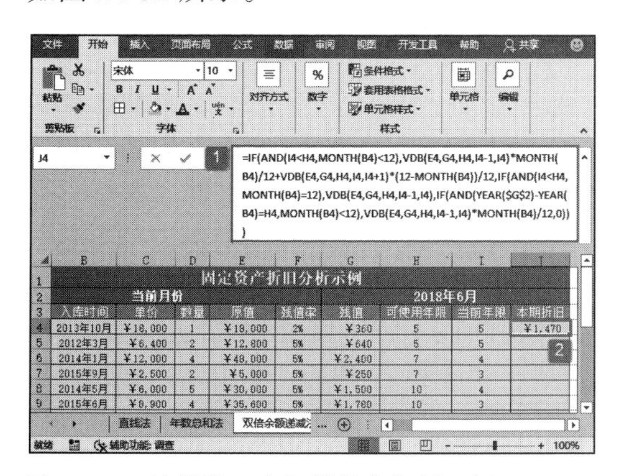

图 24-31　计算第 1 台机器的本期折旧额

C	D	E	F	G	H	I	J
¥18,000	1	¥18,000	2%	¥360	5	5	¥1,470
¥6,400	2	¥12,800	5%	¥640	5	5	¥0
¥12,000	4	¥48,000	5%	¥2,400	7	4	¥3,689
¥2,500	2	¥5,000	5%	¥250	7	3	¥677
¥6,000	5	¥30,000	5%	¥1,500	10	4	¥2,714
¥8,900	4	¥35,600	5%	¥1,780	10	3	¥4,101
¥13,000	12	¥156,000	5%	¥7,800	12	7	¥7,740
¥3,000	3	¥9,000	5%	¥450	12	2	¥1,059
¥5,400	5	¥27,000	5%	¥1,350	20	5	¥1,624
¥6,800	8	¥54,400	5%	¥2,720	10	6	¥3,169
¥9,000	9	¥81,000	5%	¥4,050	15	4	¥6,484
¥23,000	2	¥46,000	5%	¥2,300	10	3	¥4,309

图 24-32　计算其他机器的本期折旧

24.1.5　固定余额递减法计算折旧值

采用固定余额递减法计算折旧，使用的是固定余额递减法折旧函数——DB 函数。

DB 函数的语法为：

```
DB(cost,salvage,life,period,month)
```

其中，month 参数为第 1 年的月份数，如果省略，则假设为 12。固定余额递减法用于计算固定利率下的资产折旧值，函数 DB 使用下列计算公式来计算一个期间的折旧值：(cost- 前期折旧总值)*rate。式中 rate=1-((salvage/cost)^(1/life))，保留 3 位小数。第 1 个周期和最后 1 个周期的折旧属于特例。

对于第 1 个周期，函数 DB 的计算公式为：cost*rate*month/12。对于最后一个周期，函数 DB 的计算公式为：((cost- 前期折旧总值)*rate*(12-month))/12。

STEP01：按照上述复制“直线法”工作表的方法复制“双倍余额递减法”工作表，将复制后的“双倍余额递减法（2）”工作表重命名为“固定余额递减法”，并清除 J4:J15 单元格区域中的数据，保留文本和表格源格式，最终效果如图 24-33 所示。

STEP02：接下来计算本期折旧额。选中 J4 单元格，切换至“公式”选项卡，单击“函数库”组中的“插入函数”按钮，打开“插入函数”对话框，如图 24-34 所示。

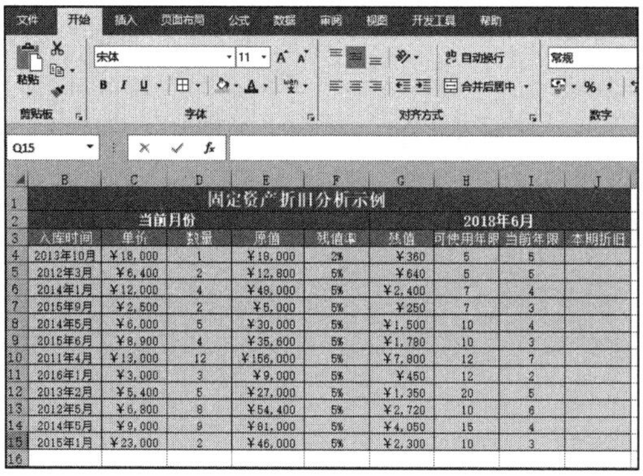

图 24-33　准备固定资产折旧分析表

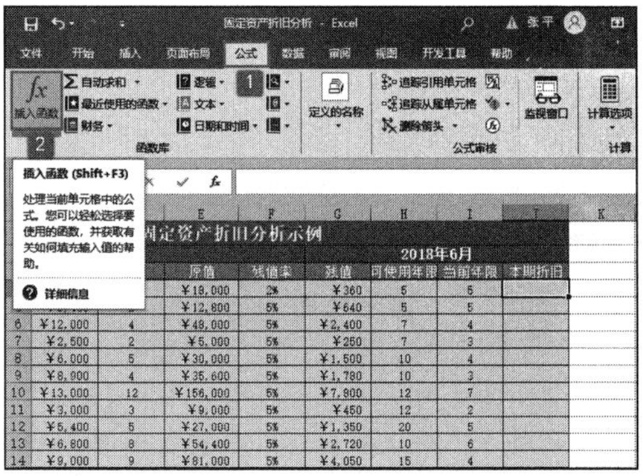

图 24-34　单击“插入函数”按钮

STEP03：打开“插入函数”对话框后，单击“或选择类别”选择框右侧的下拉按钮，在展开的下拉列表中选择“全部”选项，然后在“选择函数”列表框中选择“DB”函数，单击“确定”按钮打开“函数参数”对话框，如图 24-35 所示。

STEP04：打开“函数参数”对话框后，在 Cost 文本框中输入“ E4”，即固定资产的原值；在 Salvage 文本框中输入“ G4”，即固定资产残值；在 Life 文本框中输入“ H4”，即固定资产的可使用年限；在 Period 文本框中输入“ I4”，即固定资产的当前年限；在 Month 文本框中输入“ MONTH（B4）”，即第 1 年的月份数。输入完毕在这些文本框的右侧会出现具体数值，并在下方计算出指定期间固定资产的折旧值。最后单击“确定”按钮完成函数的插入操作，如图 24-36 所示。此时如果选中工作表中的 J4 单元格，可以看到公式“=DB(E4,G4,H4,I4,MONTH(B4))”，如图 24-37 所示。

STEP05：选中 J4 单元格，将鼠标光标定位于单元格右下角，使用填充柄工具向下复制公式至 J15 单元格，通过自动填充功能计算出其他机器的本期折旧额，计算结果如图 24-38 所示。

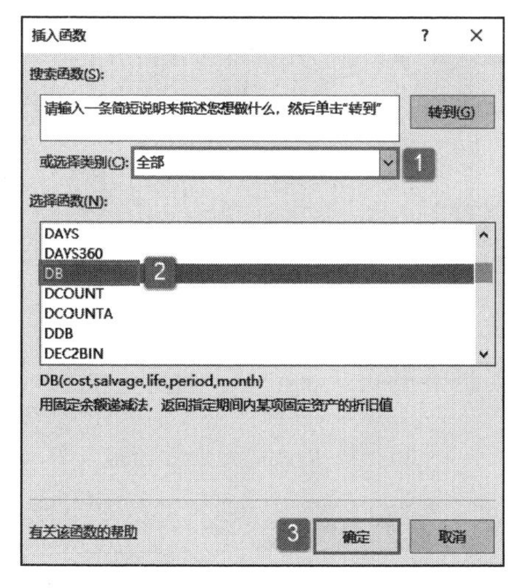

图 24-35 选择函数

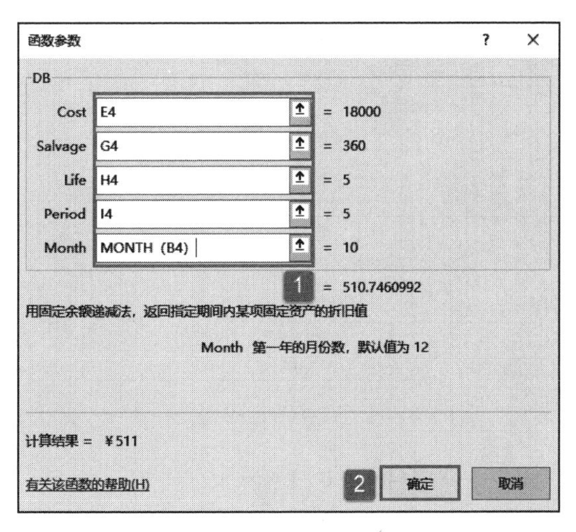

图 24-36 设置函数参数

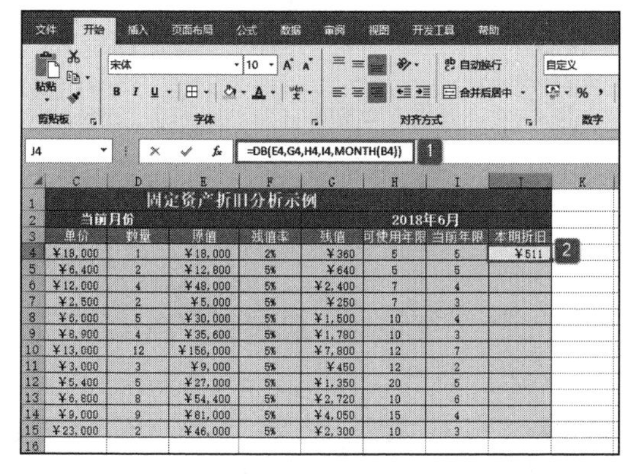

图 24-37 计算第 1 台机器的本期折旧额

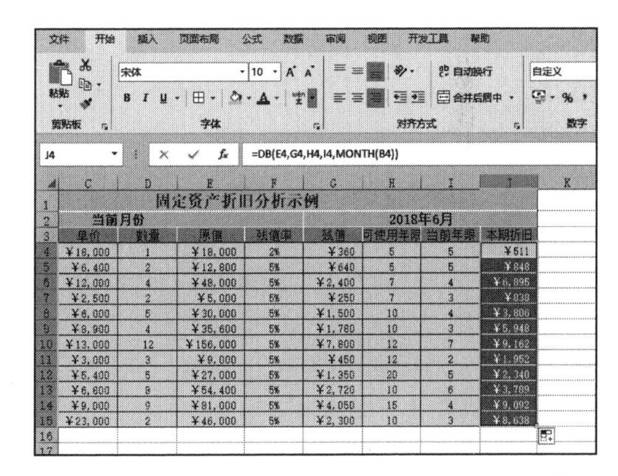

图 24-38 计算其他机器的本期折旧额

24.2 实战：固定资产折旧分析图制作

固定资产折旧分析表制作完毕之后，即可根据这些数据制作固定资产折旧分析图表。本节以直线法分析结果为例，介绍制作固定资产折旧分析图的具体步骤。

24.2.1 选择折旧图表类型

本节以插入柱形图为例介绍具体操作步骤。

STEP01：打开“固定资产折旧分析 .xlsx”工作簿，切换至“直线法”工作表。选中工作表中的任意单元格，如 H3 单元格，切换至“插入”选项卡，在“图表”组中单击“插入柱形图或条形图”下三角按钮，在展开的下拉列表中选择“二维柱形图”列表中的“簇状柱形图”选项，如图 24-39 所示。

STEP02：此时，当前工作表中会插入一个柱形图，如图 24-40 所示。

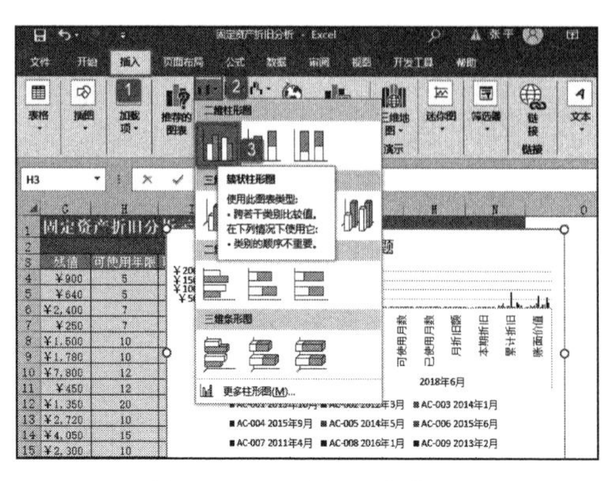
图 24-39　选择图表类型

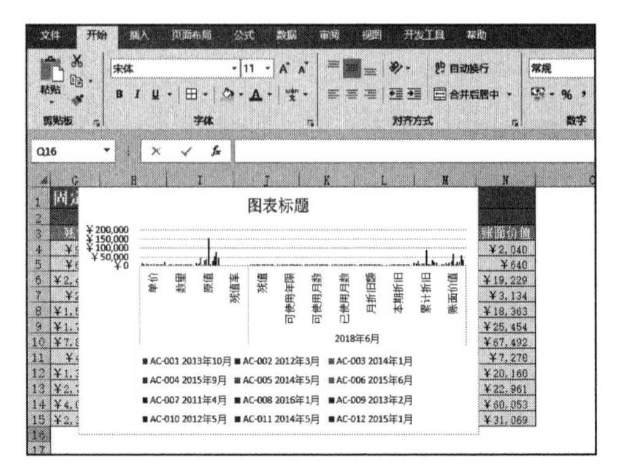
图 24-40　插入的图表效果图

24.2.2　选择折旧数据源

下面为图表选择数据源。

STEP01：选中插入的簇状柱形图，切换至“图表设计”选项卡，在“数据”组中单击“选择数据”按钮，打开“选择数据源”对话框，如图 24-41 所示。

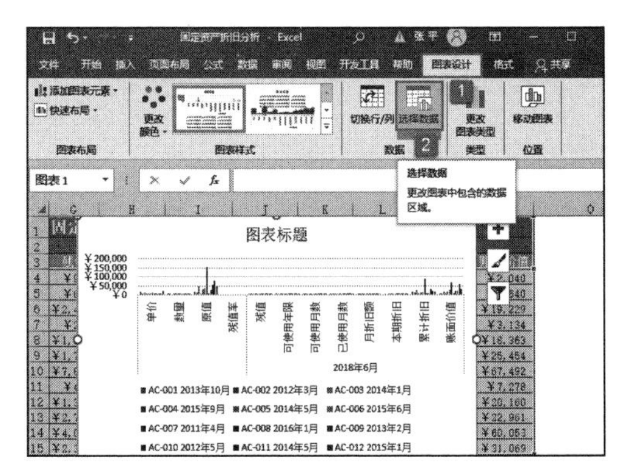
图 24-41　单击“选择数据”按钮

STEP02：打开“选择数据源”对话框后，选择图表中要显示的数据源，例如这里在“水平（分类）轴标签”列表框中依次勾选“单价”“数量”“原值”及“残值率”复选框，如图 24-42 所示。此时，工作表中的图表如图 24-43 所示。

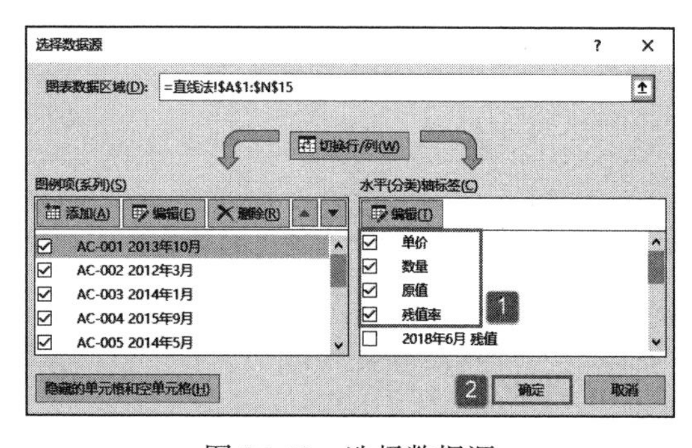

图 24-42　选择数据源

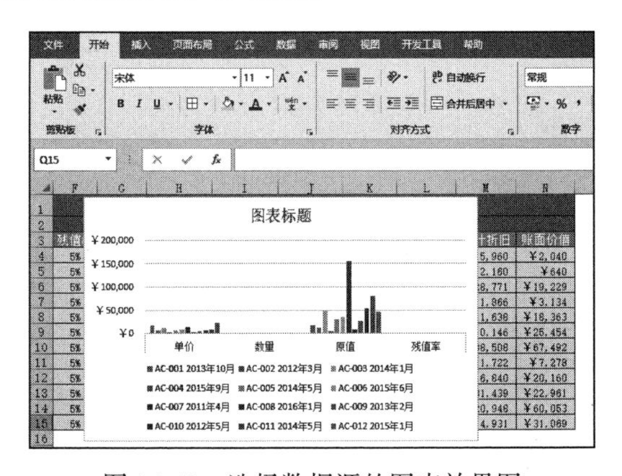
图 24-43　选择数据源的图表效果图

24.2.3　折旧图表元素设置

下面为图表添加标题，以便让使用者清楚图表的用途。

STEP01：选中插入的簇状柱形图，切换至“图表设计”选项卡，在“图表布局”组中单击“添加图表元素”下三角按钮，在展开的下拉列表中选择“图表标题”选项，然后在展开的级联列表中选择“图表上方”选项，如图 24-44 所示。

STEP02：在“图表标题”文本框中输入标题“固定资产折旧分析——直线法”，如图 24-45 所示。

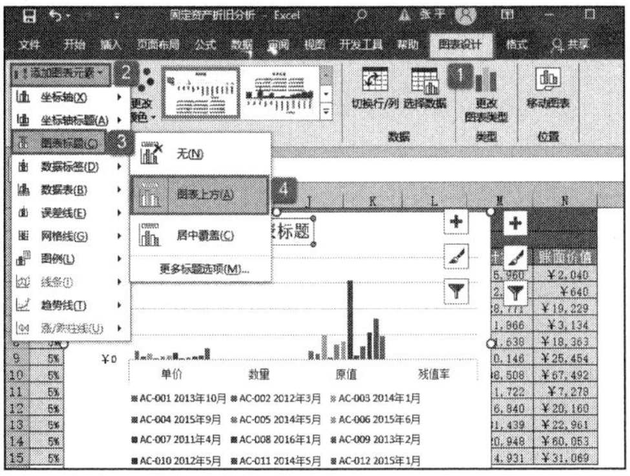

图 24-44 选择标题位置

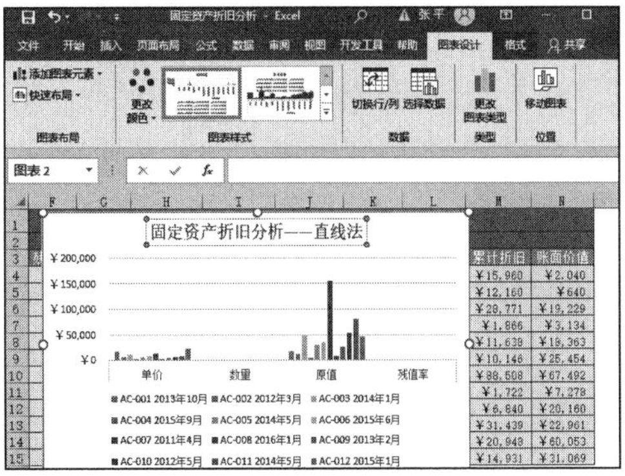

图 24-45 为图表添加标题

下面为坐标轴添加标题，以便让使用者清楚坐标轴的用途。

STEP01：选中插入的簇状柱形图，切换至“图表设计”选项卡，在“图表布局”组中单击“添加图表元素”下三角按钮，在展开的下拉列表中选择“坐标轴标题”选项，然后在展开的级联列表中选择“主要横坐标轴”选项，如图 24-46 所示。

STEP02：在“主要横坐标轴”文本框中输入标题“机器名称”，如图 24-47 所示。

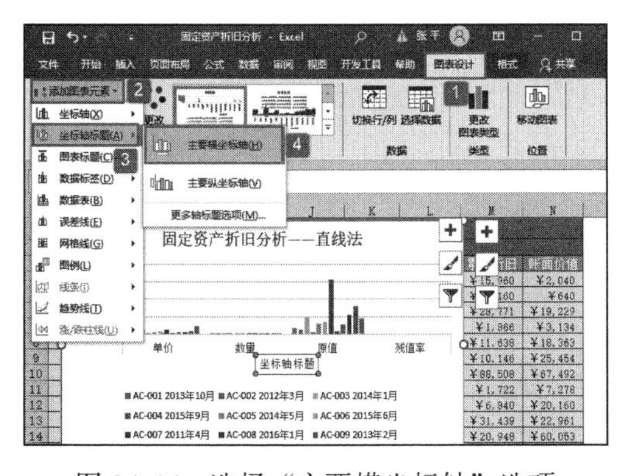

图 24-46 选择“主要横坐标轴”选项

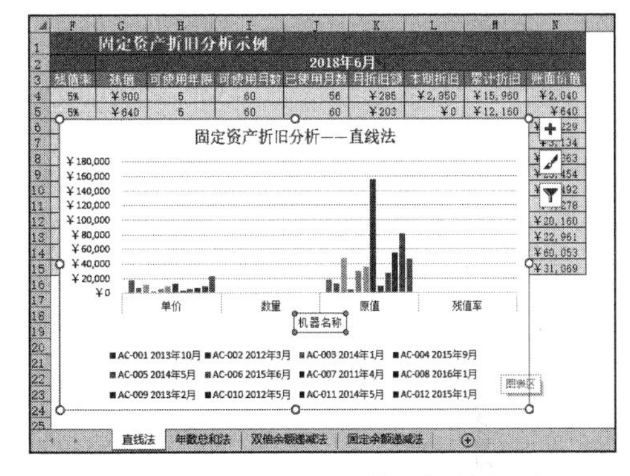

图 24-47 输入主要横坐标轴标题

STEP03：再次选中插入的簇状柱形图，切换至“图表设计”选项卡，在“图表布局”组中单击“添加图表元素”下三角按钮，在展开的下拉列表中选择“坐标轴标题”选项，然后在展开的级联列表中选择“主要纵坐标轴”选项，如图 24-48 所示。

STEP04：在“主要纵坐标轴”文本框中输入标题“单位：元”，如图 24-49 所示。

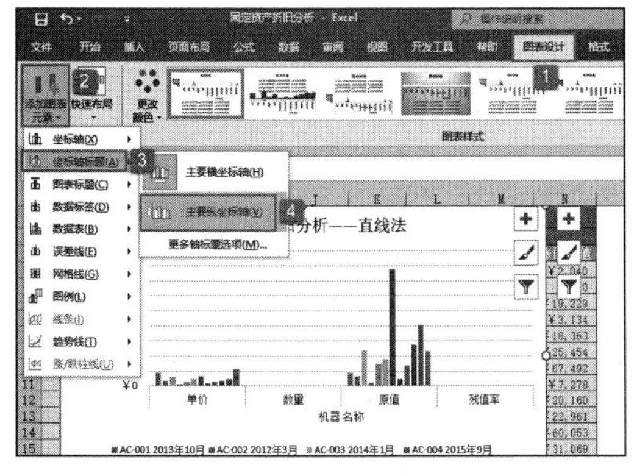

图 24-48 选择“主要纵坐标轴”选项

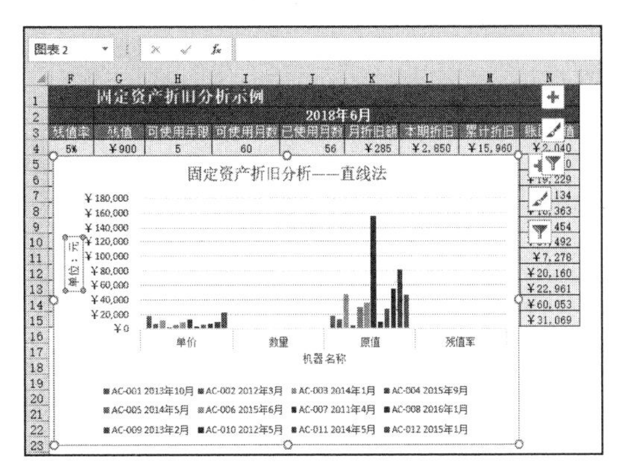

图 24-49 输入主要纵坐标轴标题

24.2.4 更改折旧图表类型

除了可以使用柱形图比较数据的不同之外，还可以使用其他图表类型，例如折线图。如果要更改图表类型，可以按以下步骤进行操作。

STEP01：选中插入的簇状柱形图，单击鼠标右键，在弹出的隐藏菜单中选择“更改图表类型”选项，如图 24-50 所示。

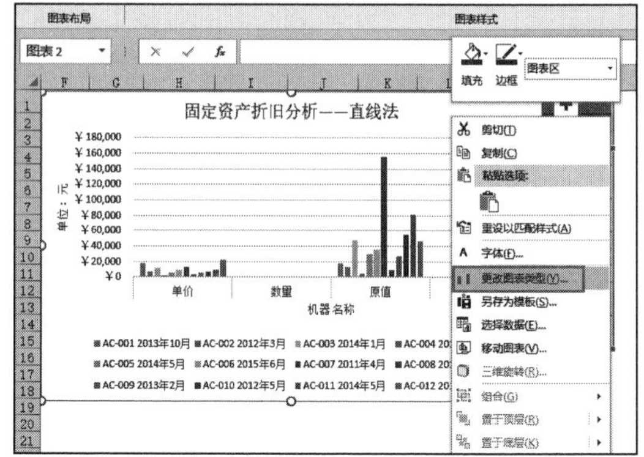

图 24-50 选择“更改图表类型“选项

STEP02：随后会打开“更改图表类型”对话框，切换至“所有图表”选项卡，单击左侧导航栏中的“折线图”标签，在对话框右侧选择一种折线图的类型，这里选择“带数据标记的折线图”选项，然后单击“确定”按钮完成图表的更改，如图 24-51 所示。

STEP03：此时，工作表中的簇状柱形图会更改为带数据标记的折线图，效果如图 24-52 所示。

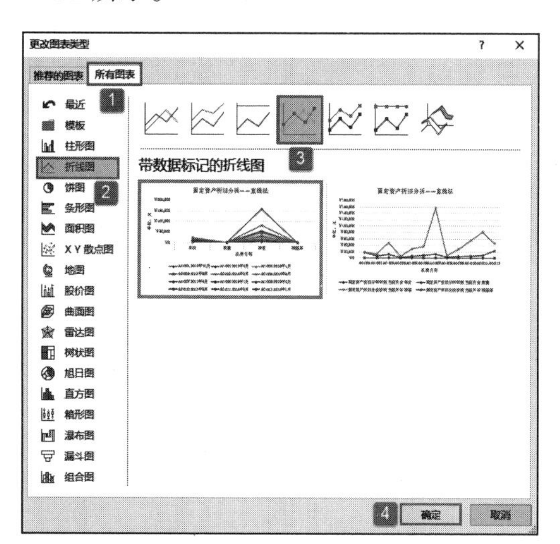

图 24-51 选择折线图类型

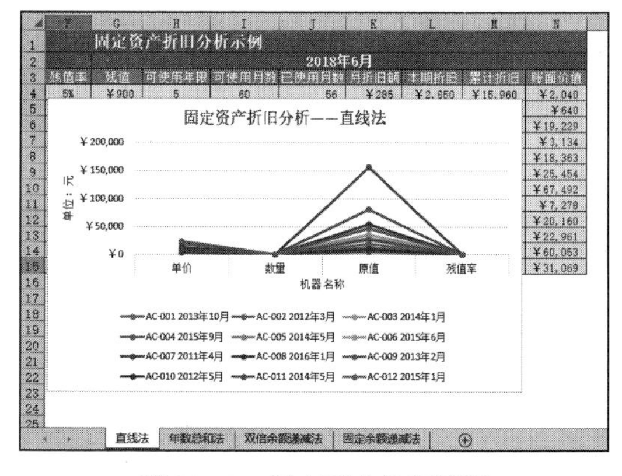

图 24-52 图表更改为折线图

24.2.5 数据图表分离

为了让数据与图表分离开来，也可以将图表移动到单独的新工作表。具体操作步骤如下。

STEP01：打开“固定资产折旧分析 .xlsx”工作簿，切换至“直线法”工作表。选中要移动的图表，切换至“图表设计”选项卡，在“位置”组中单击“移动图表”按钮，打开“移动图表”对话框，如图 24-53 所示。

STEP02：打开“移动图表”对话框后，在“选择放置图表的位置”列表下单击选中“新工作表”单选按钮，然后在右侧的文本框中输入新工作表的名称“直线法折线图”，单击“确定”按钮后，便可以将图表移动到新的工作表，如图 24-54 所示。折线图移动后的效果如图 24-55 所示。

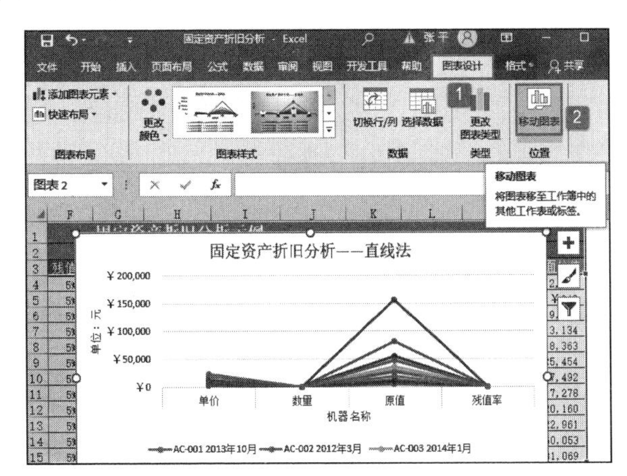

图 24-53 单击“移动图表”按钮

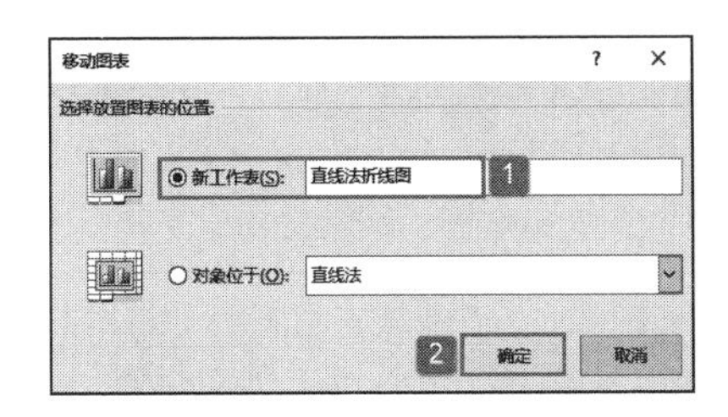

图 24-54 选中图表放置位置

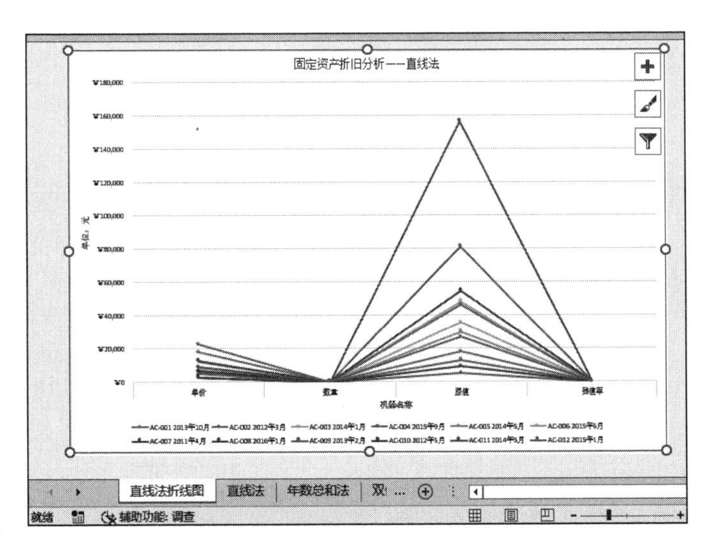

图 24-55 将图表移动到新的工作表

第25章 本量利分析应用技巧

本量利分析法也称为CVP分析（Cost-Volume-Profit Analysis），CVP3个字母取的是成本（Cost）、业务量（Volume）和利润（Profit）3个词的英语首字母。它是研究公司在一定期间和一定业务量范围内成本、业务量和利润3者之间数量依存关系的一种定量分析方法，在企业预测、决策、规划和控制中有广泛的应用。使用Excel可以简便、直观、经济、高效地进行本量利分析。

本章将介绍如何使用Excel来设计本量利分析模型，并进行盈亏临界点分析、影响利润各因素变动分析和敏感程度分析。

- 本量利分析基本原理应用
- 本量利分析基本模型应用
- 实战：本量利分析

25.1 本量利分析基本原理应用

本量利分析在成本性态分析和变动成本法的基础上，使用数量化的模型来提示企业的变动成本、固定成本、相关业务量、销售单价和利润之间在数量上的相互依存关系。企业为了实现目标利润，可以使用本量利分析的方法进行利润规划与管理，从而为实现利润最大化找到最佳途径。

先来看一下本量利的基本关系式：

利润 = 销售单价 × 销售量 − 单位变动成本 × 产量 − 固定成本总额

如果产量等于销售量，则关系式变为：

利润 =（销售单价 − 单位变动成本）× 销售量 − 固定成本总额

在以上关系式中，包含了 5 个变量。这 5 个变量互相联系，只要给出其中 4 个变量，就可以求出第 5 个变量的值。通过以上关系式，可以进行本量利分析，包括盈亏临界点分析、单因素变动对目标利润的影响分析、多因素变动对目标利润的影响分析和各个因素变化对目标利润变化影响的敏感程度分析。

25.1.1 盈亏临界点分析

盈亏临界点指的是企业利润为零的状态，也称为“保本点”或“损益平衡点”，此时企业不盈利也不亏损。盈亏临界分析是本量利分析的基础，企业在规划目标利润时，可以通过本量利分析来预计经营风险，从而控制生产与销售情况。

计算盈亏临界点的基本关系式为：

（销售单价 − 单位变动成本）× 盈亏临界点销售量 − 固定成本总额 =0

以上关系式又可以变化为：

盈亏临界点销售量 = 固定成本 /（销售单价 − 单位变动成本）

或：

盈亏临界点销售额 = 盈亏临界点业务量 × 销售单价

25.1.2 影响利润因素变动分析

本量利分析除了可以计算盈亏临界点之外，一个非常重要的用途是可以用于进行影响利润的各因素变动分析，从而预测利润，并帮助企业实现利润最大化。

影响利润各因素变动分析的具体方法是，把变化的因素代入以下关系式，以预测各因素对利润的影响。

利润 =（销售单价 − 单位变动成本）× 销售量 − 固定成本总额

因素变动分析分两种：单因素变动分析和多因素变动分析。针对这两种不同的分析方法，企业需要采取单一措施或综合措施来控制目标利润。

25.1.3 敏感分析

通过分析各种影响利润的因素，经营者可以搞清楚哪个因素对利润影响大，并且预测其影响程度，这样就可以根据具体情况的变化采取相应的措施，以便将生产经营活动控制在最佳状态。敏感分析是本量利分析中比较重要的一环，可以研究各个因素的变动对利润变化的影响程度。那些只需微小变化就能对利润变化产生很大影响的因素称为“敏感因素”，反之则称为“不敏感因素”。使用敏感系数可以反映各因素的敏感程度，其计算公式如下。

敏感系数 = 目标值变动百分比 / 参数值变动百分比

当敏感系数为正值时，表示利润与该因素为同方向变动；敏感系数为负值时，表示利润与该因素为反方向变动。

25.2 本量利分析基本模型应用

在 Excel 中建立本量利分析模型，可以使用公式设计与其强大的数据链接能力，实现各因素的动态计算。本节将通过实例介绍设计本量利分析模型的具体方法。

25.2.1 创建本量利分析基本模型

在进行本量利分析之前，首先创建一个用于练习的本量利分析基本模型。具体的操作步骤如下。

STEP01：首先新建一个空白工作簿，将其重命名为“本量利分析 .xlsx”，并将“ Sheet1”工作表重命名为“本量利分析”，如图 25-1 所示。该工作表主要用于制作本量利分析基本模型。

STEP02：在“本量利分析”工作表中输入所需文本、数据，并适当设置文本和表格的格式。这里将字体设置为“宋体”，设置字号为“11”，并设置标题处单元格的背景颜色，在“本量利分析模型”标题处设置背景颜色为“红色，个性色 2”，在“盈亏临界分析”标题处和“因素变动分析”标题处设置背景颜色为“蓝色”，然后为表格依次添加内边框和外边框。用户可根据实际情况对文本和表格格式进行设置，设置后的效果如图 25-2 所示。

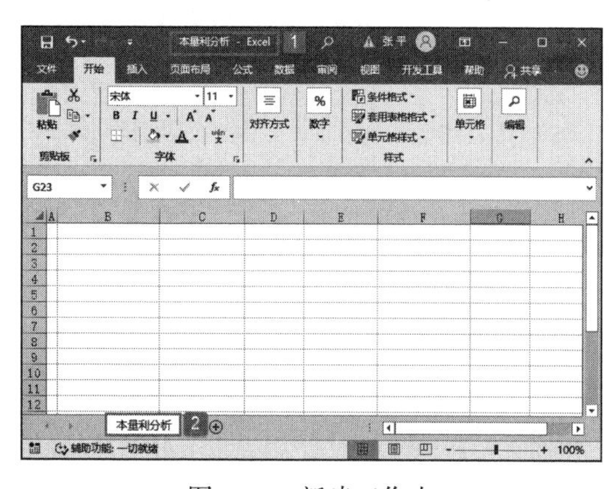

图 25-1　新建工作表

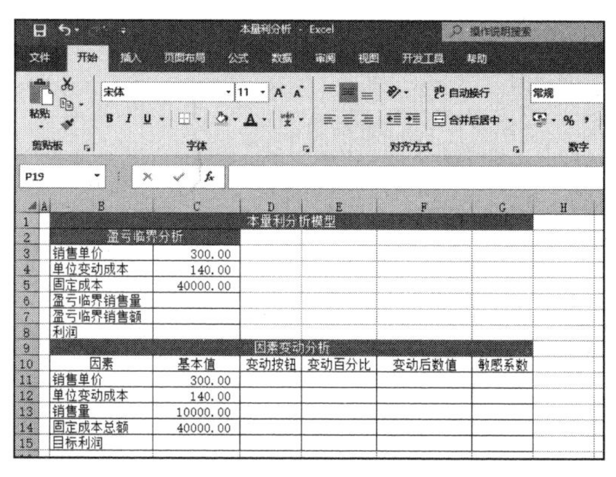

图 25-2　输入所需文本与数据并设置格式

25.2.2 设置单元格区域格式

在以上表格中，有些单元格区域的格式需要按设计要求再定义一下，设置为数值格式或百分比格式。下面介绍具体的操作步骤。

STEP01：选中 C3:C8 单元格区域，单击鼠标右键，在弹出的隐藏菜单中选择“设置单元格格式”选项，打开“设置单元格格式”对话框，如图 25-3 所示。

STEP02：切换至“数字”选项卡，在“分类”列表框中选择“数值”选项，并将“小数位数”设置为“2”，然后单击“确定”按钮，完成该单元格区域格式的设置，如图 25-4 所示。

STEP03：选中 C11:C15 单元格区域，单击鼠标右键，在弹出的隐藏菜单中选择“设置单元格格式”选项，打开如图 25-5 所示的“设置单元格格式”对话框。切换至“数字”选项卡，在“分类”列表框中选择“数值”选项，并将“小数位数”设置为“2”，然后单击“确定”按钮，完成该单元格区域格式的设置。

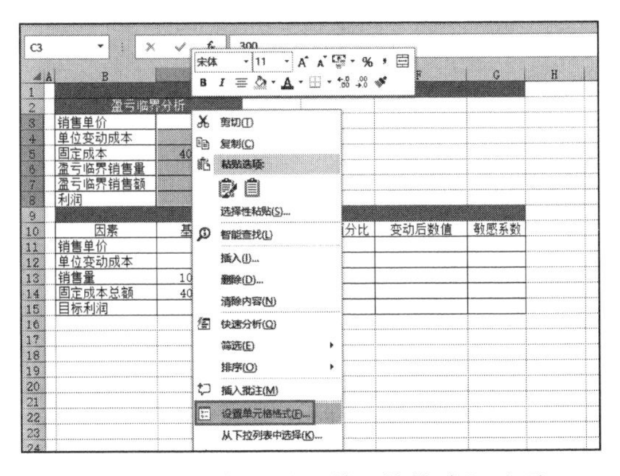

图 25-3　选择“设置单元格格式”选项

图 25-4　设置单元格格式

图 25-5　设置 C11:C15 单元格区域数字格式

STEP04：选中 E11:E15 单元格区域，单击鼠标右键，在弹出的隐藏菜单中选择“设置单元格格式”选项，打开如图 25-6 所示的“设置单元格格式”对话框。切换至“数字”选项卡，在“分类”列表框中选择“百分比”选项，并将“小数位数”设置为“0”，然后单击“确定”按钮，完成该单元格区域格式的设置。

STEP05：选中 F11:F15 单元格区域，用与上面类似的方法将单元格区域的格式设置为“数值”格式，小数位数设置为“2”。

STEP06：选中 G11:G15 单元格区域，单击鼠标右键，在弹出的隐藏菜单中选择“设置单元格格式”选项，打开如图 25-7 所示的“设置单元格格式”对话框。切换至“数字”选项卡，在“分类”列表框中选择“数值”选项，并将“小数位数”设置为“0”，然后单击“确定”按钮，完成该单元格区域格式的设置。

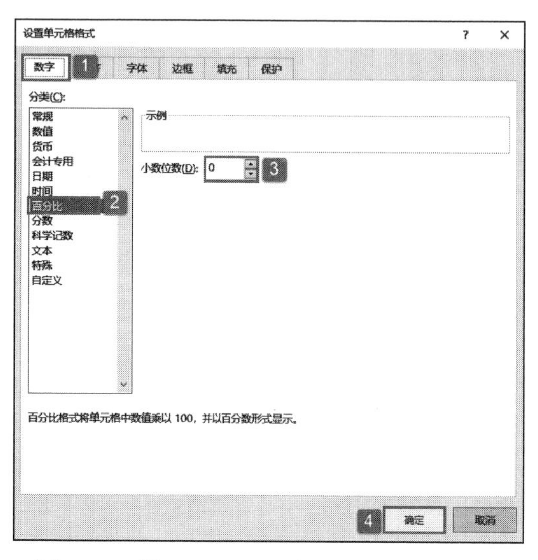
图 25-6　设置 E11:E15 单元格区域数字格式

图 25-7　设置 G11:G15 单元格区域数字格式

25.2.3　输入公式

接下来在需要的单元格中输入公式，以计算盈亏临界销售量、盈亏临界销售额、利润等。具体的操作步骤如下所示。

STEP01：选中 C15 单元格，在编辑栏中输入公式“=(C11−C12)*C13−C14”，然后按“Enter”键返回，即可计算出目标利润，如图 25-8 所示。

图 25-8　计算目标利润

STEP02：选中 E11 单元格，在编辑栏中输入公式“=D11/100-100%”，然后按“Enter”键返回，即可计算出销售单价的变动百分比，如图 25-9 所示。

STEP03：选中 E11 单元格，将鼠标光标移至单元格右下角，使用填充柄工具向下复制公式至 E14 单元格，通过自动填充功能计算出其他因素对应的变动百分比，如图 25-10 所示。

图 25-9　计算变动百分比

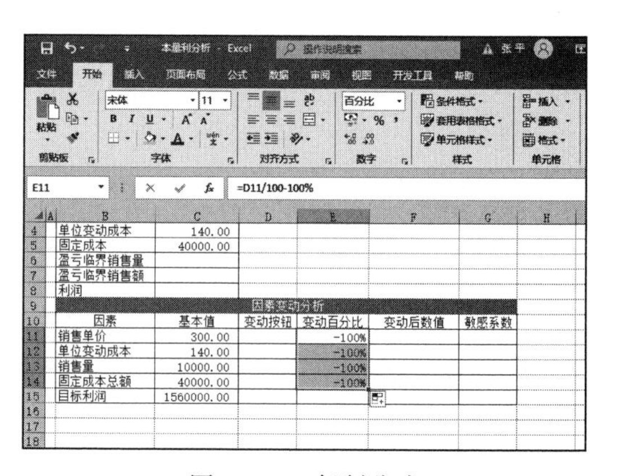
图 25-10　复制公式

STEP04：选中 E15 单元格，在编辑栏中输入公式“=(F15-C15)/C15”，然后按“Enter”键返回，即可计算出目标利润的变动百分比，如图 25-11 所示。

STEP05：选中 F11 单元格，在编辑栏中输入公式“=C11*(1+E11)”，然后按“Enter”键返回，即可计算出销售单价变动后的数值，如图 25-12 所示。

E15　=(F15-C15)/C15　1

	B	C	D	E	F	G
4	单位变动成本	140.00				
5	固定成本	40000.00				
6	盈亏临界销售量					
7	盈亏临界销售额					
8	利润					
9	因素变动分析					
10	因素	基本值	变动按钮	变动百分比	变动后数值	敏感系数
11	销售单价	300.00		-100%		
12	单位变动成本	140.00		-100%		
13	销售量	10000.00		-100%		
14	固定成本总额	40000.00		-100%		
15	目标利润	1560000.00		-100% 2		

图 25-11　计算目标利润的变动百分比

F11　=C11*(1+E11)　1

	B	C	D	E	F	G
4	单位变动成本	140.00				
5	固定成本	40000.00				
6	盈亏临界销售量					
7	盈亏临界销售额					
8	利润					
9	因素变动分析					
10	因素	基本值	变动按钮	变动百分比	变动后数值	敏感系数
11	销售单价	300.00		-100%	0.00	
12	单位变动成本	140.00		-100%	2	
13	销售量	10000.00		-100%		
14	固定成本总额	40000.00		-100%		
15	目标利润	1560000.00		-100%		

图 25-12　计算销售单价变动后的数值

STEP06：选中 F11 单元格，将鼠标光标移至单元格右下角，使用填充柄工具向下复制公式至 F14 单元格，通过自动填充功能计算出其他因素对应的变动后数值，如图 25-13 所示。

STEP07：选中 F15 单元格，在编辑栏中输入公式“=(F11-F12)*F13-F14”，然后按“Enter”键返回，即可计算出目标利润变动后的数值，如图 25-14 所示。

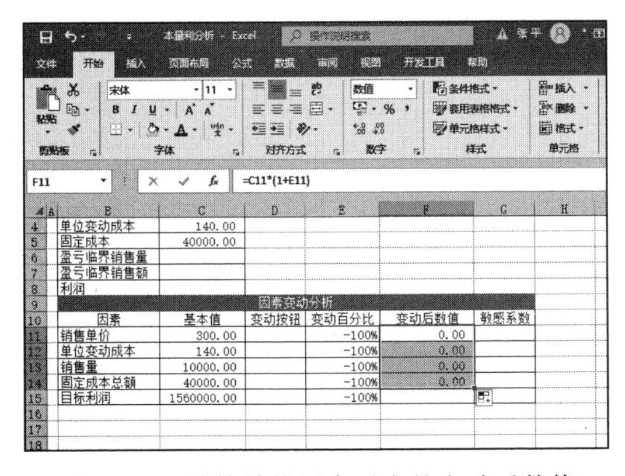

图 25-13　计算其他因素对应的变动后数值

F15　=(F11-F12)*F13-F14　1

	B	C	D	E	F	G
4	单位变动成本	140.00				
5	固定成本	40000.00				
6	盈亏临界销售量					
7	盈亏临界销售额					
8	利润					
9	因素变动分析					
10	因素	基本值	变动按钮	变动百分比	变动后数值	敏感系数
11	销售单价	300.00		-100%	0.00	
12	单位变动成本	140.00		-100%	0.00	
13	销售量	10000.00		-100%	0.00	
14	固定成本总额	40000.00		-100%	0.00	
15	目标利润	1560000.00		-100%	0.00	2

图 25-14　计算目标利润变动后的数值

STEP08：选中 G11 单元格，在编辑栏中输入公式“=E15/E11”，然后按“Enter”键返回，即可计算出销售单价的敏感系数，如图 25-15 所示。

STEP09：选中 G11 单元格，将鼠标光标移至单元格右下角，使用填充柄工具向下复制公式至 G14 单元格，通过自动填充功能计算出其他因素对应的敏感系数，如图 25-16 所示。

D11:D14 单元格区域中的数据将来要通过微调按钮调整出来，E11:E14 单元格区域中的数据由 D11:D14 单元格区域中的数据转换而来。

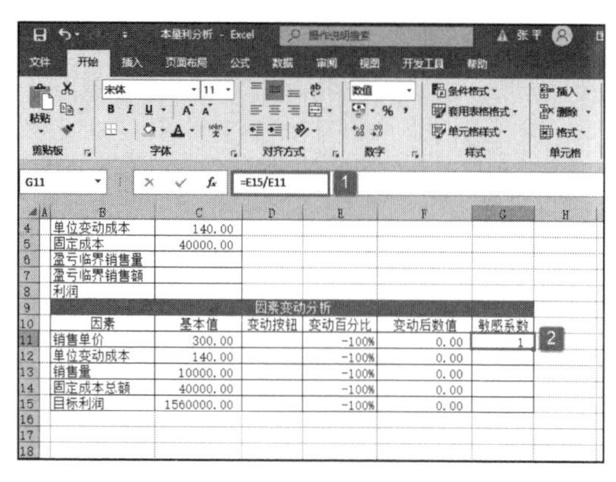

图 25-15 计算销售单价的敏感系数

图 25-16 计算其他因素对应的敏感系数

25.2.4 设置数值调节按钮

下面为 D11:D14 单元格区域添加并设置数值调节按钮，从而帮助实现数据的动态分析。具体操作步骤如下。

STEP01：选择工作表中的任意单元格，如 D11 单元格，切换至“开发工具”选项卡，单击“控件”组中的“插入”下三角按钮，在展开的下拉列表中单击“表单控件”列表中的“数值调节钮（窗体控件）”按钮，如图 25-17 所示。

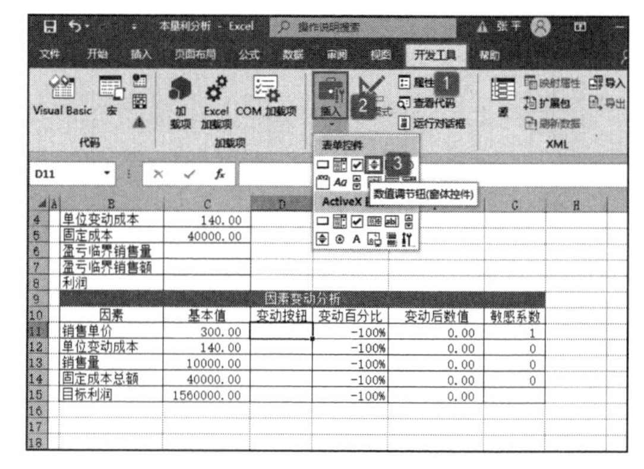

图 25-17 单击“数值调节钮（窗体控件）”按钮

STEP02：此时，鼠标指针会变成十字形状，将鼠标定位至 D11 单元格内，在 D11 单元格中绘制一个数值调节钮，并使用调节钮四周的调节句柄适当改变其大小，如图 25-18 所示。

STEP03：选中数值调节钮，单击鼠标右键，在弹出的隐藏菜单中选择“设置控件格式”选项，打开“设置对象格式”对话框，如图 25-19 所示。

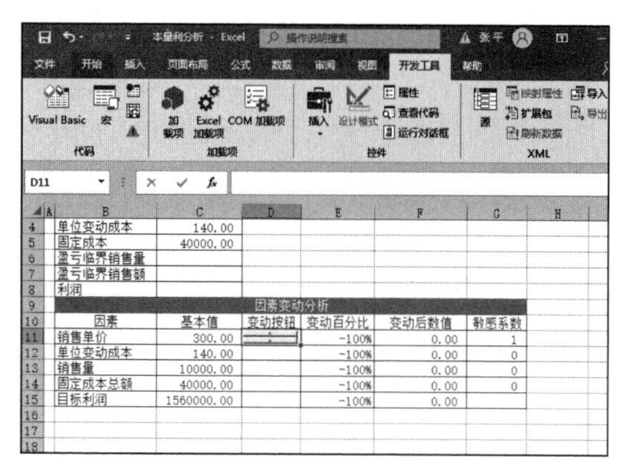

图 25-18 绘制数据调节钮

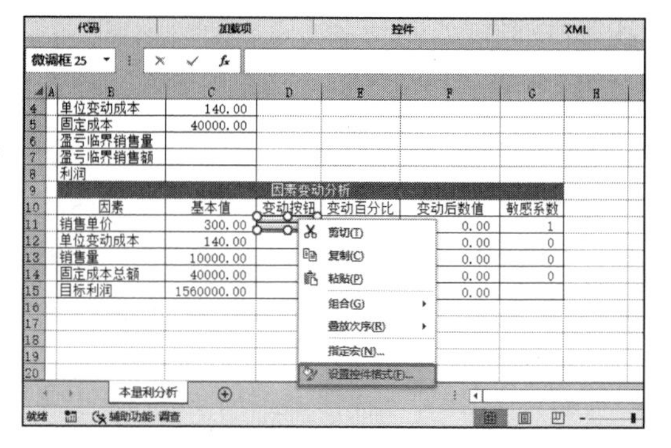

图 25-19 选择“设置控件格式”选项

STEP04：打开“设置对象格式”对话框后，切换至“控制”选项卡，在“最小值”调节框中设置“最小值”为“0”，在“最大值”调节框中设置“最大值”为“400”，在“步长”调节框中设置“步长”为“1”，然后将单元格链接地址设置为“$D$11”单元格，并勾选下方的“三维阴影”复选框，最后单击“确定”按钮即可完成控件格式的设置，如图 25-20 所示。

STEP05：使用同样的方法在 D12、D13、D14 单元格中绘制数值调节钮并设置控件格式，将其单元格链接分别设置为“$D$12”单元格、“$D$13”单元格、“$D$14”单元格，设置完成后的结果如图 25-21 所示。

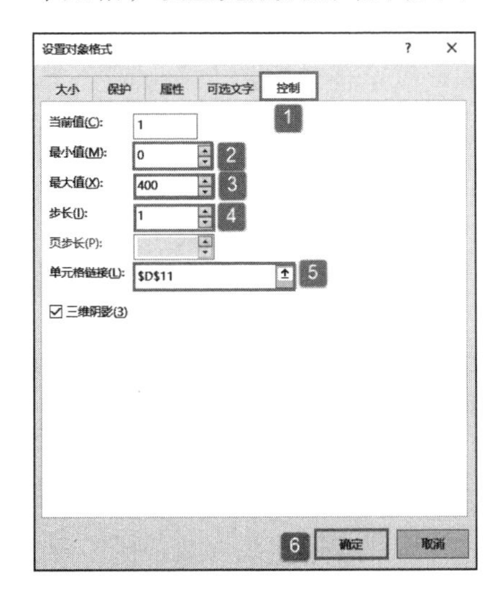

图 25-20　设置对象格式

图 25-21　绘制其他按钮

25.3 实战：本量利分析

建立了本量利分析模型之后，就可以方便地进行各种分析了。本节介绍进行盈亏临界分析、因素变动分析和敏感分析的具体方法。

25.3.1 盈亏临界分析

如果要进行盈亏临界分析，只需要按照以下步骤进行操作即可。

STEP01：选中 C6 单元格，在编辑栏中输入公式“=C5/(C3−C4)”，然后按“Enter”键返回，即可计算出盈亏临界销售量，如图 25-22 所示。该公式使用的是以下关系式：盈亏临界销售量 = 固定成本 /（销售单价 − 单位变动成本）。

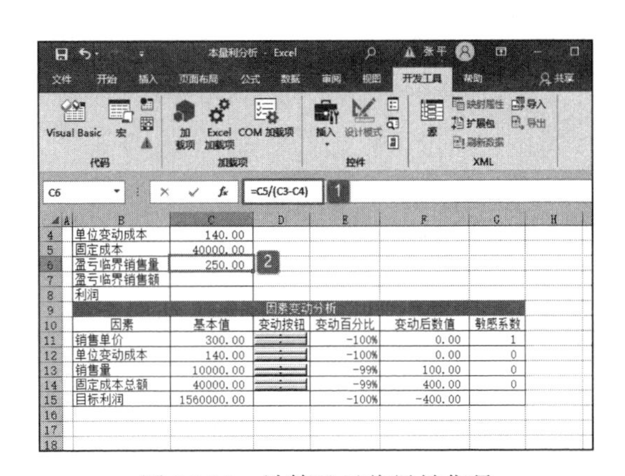

图 25-22　计算盈亏临界销售量

STEP02：选中 C7 单元格，在编辑栏中输入公式“=C6*C3”，然后按“Enter”键返回，即可计算出盈亏临界销售额，如图 25-23 所示。该公式使用的是以下关系式：盈亏临界销售额 = 盈亏临界销

售量 × 销售单价。

STEP03：选中 C8 单元格，在编辑栏中输入公式"=(C3-C4)*C6-C5"，然后按"Enter"键返回，即可计算出利润，如图 25-24 所示。该公式使用的是以下关系式：(销售单价 - 单位变动成本) × 销售量 - 固定成本。

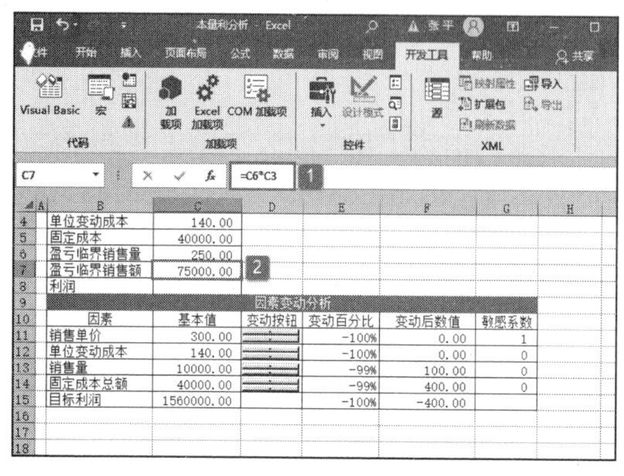

图 25-23 计算盈亏临界销售额

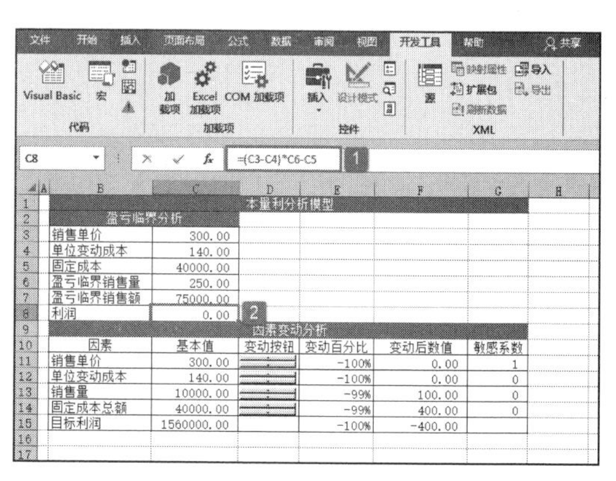

图 25-24 计算利润

25.3.2 因素变动分析

如果要进行因素变动分析，只需要用鼠标单击某个因素或几个因素的数值调节钮，就可以实时观察到其变动百分比、变动后的数值，以及与其相应的利润，如图 25-25 所示。

25.3.3 敏感分析

如果要进行敏感分析，则可以单击本量利模型中各变动因素的数值调节钮，使其中一个因素发生变化（即使变动百分比为非 0 数值），而其他因素保持不变（即变动百分比保持为 0 不变），这样就可以看到变化的因素对利润影响的敏感系数了，如图 25-26 所示。

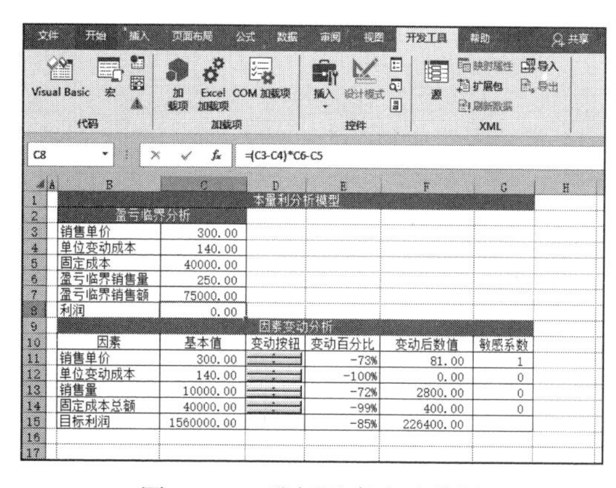

图 25-25 进行因素变动分析

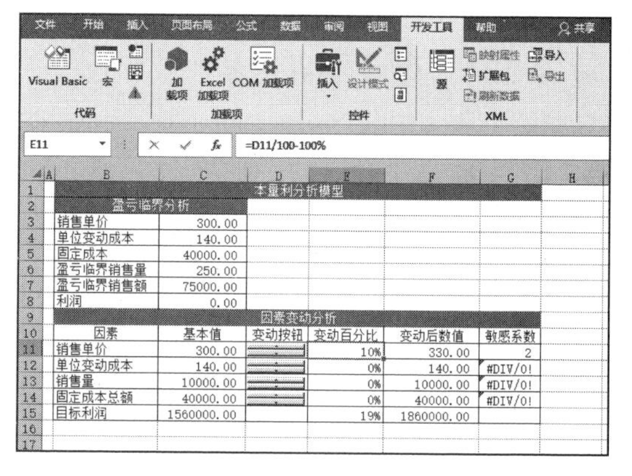

图 25-26 敏感分析